Irenäus Eibl-Eibesfeldt
DIE BIOLOGIE DES MENSCHLICHEN VERHALTENS
Grundriß der Humanethologie

Irenäus Eibl-Eibesfeldt

Die Biologie des menschlichen Verhaltens

Grundriß der Humanethologie
Dritte, überarbeitete und erweiterte Auflage

Seehamer Verlag

Genehmigte Lizenzausgabe 1997 für
Seehamer Verlag GmbH, Weyarn
ISBN 3-932131-34-7
© Piper Verlag GmbH, München 1984, 1995
Gesetzt aus der Aldus-Antiqua
Lithoarbeiten: Chemigraphia Gebrüder Czech
Satz: Jos. C. Huber KG, Dießen
Druck und Bindung: Wiener Verlag, Himberg
Printed in Austria

Inhalt

Vorwort zur dritten Auflage 11

Vorwort zur ersten Auflage 15

1. Zielsetzungen und theoretische Grundlagen einer
   Humanethologie 21
   1.1 *Fragestellung und Definition* 21
   1.2 *Stammesgeschichtliche und kulturelle Anpassung* 26

2. Die ethologischen Grundkonzepte 42
   2.1 *Der Begriff »angeboren«* 42
   2.2 *Stammesgeschichtliche Anpassungen im Verhalten* 48
   2.2.1 Erbkoordination und Instinkthandlung 50
   2.2.2 Stammesgeschichtliche Anpassungen im Bereich der
          Wahrnehmung: Das angeborene Erkennen. 62
   2.2.3 Sollmuster 104
   2.2.4 Motivierende Mechanismen, Triebe, biologische Rhythmen . . 105
   2.2.5 Emotionen 112
   2.2.6 Lernen und Lerndispositionen 114
   2.2.7 Die kulturelle Umsetzung angeborener Dispositionen. 122
   2.2.8 Handlungsschritte, Handlungsfolgen, Handlungsziele:
          Das Hierarchie- und Wegenetzkonzept 127
   2.3 *Die Entkoppelung der Handlungen von den Antrieben
        und die bewußte Selbstkontrolle: Zur Neuroethologie der
        menschlichen Freiheit* 130
   2.4 *Die Einheiten der Selektion – eine kritische Wertschätzung der
        Soziobiologie* 136

3. Methodik 154

3.1   *Gestaltwahrnehmung und Erkennen* 154

3.2   *Methoden der Datenerhebung, Beobachtungsebenen und*
       Beschreibung. 157

3.3   *Dokumentation in Laufbild und Ton* 164

3.4   *Das Vergleichen* 187

3.5   *Quantifizierende Ethologie* 209
3.5.1 Erhebung und statistische Auswertung von Beobachtungsdaten 209
3.5.2 Auswertung von Fragebögen 219

3.6   *Modelle.* 226

4. Sozialverhalten 232

4.1   *Wurzeln der Geselligkeit* 232

4.2   *Die Ambivalenz von Zuwendung und Abkehr im*
       zwischenmenschlichen Verhalten 237

4.3   *Die menschliche Familie als Kristallisationskern der*
       Gemeinschaft 254
4.3.1 Der Streit um die familiale Veranlagung 254
4.3.2 Die Mutter-Kind-Dyade: Bindungstheorien und Monotropie
       des Kindes. 258
4.3.3 Die Bedeutung von Mutter-Kind-Kontakten unmittelbar nach
       der Geburt 269
4.3.4 Verhaltensbiologische Aspekte der Geburt 279
4.3.5 Mutter-Kind-Signale – Interaktionsstrategien 282
4.3.6 Das Stillen 304
4.3.7 Der Vater als Bezugsperson, väterliches Verhalten 308

4.4   *Familie und Ehigkeit* 322

4.5   *Paarfindung, Werben, geschlechtliche Liebe.* 327
4.5.1 Heterosexuelle Partnerwahl und Verhaltensmuster
       des Werbens 327
4.5.2 Sexualmoral 337
4.5.3 Sex und Partnerbindung 345
4.5.4 Sexualsignale 349
4.5.5 Abweichende sexuelle Präferenzen. 356

4.6	Inzesttabu und Inzestmeidung	365
4.7	Die Geschlechtsrollen und ihre Differenzierung	371
4.8	Die individualisierte Gruppe: Familie, Sippe und Allianzen	410
4.9	Rangordnung, Dominanz	422
4.10	Bewahrung der Gruppenidentität	446
4.11	Territorialität	455
4.11.1	Universalität und Erscheinungsformen territorialen Verhaltens	455
4.11.2	Das Bedürfnis zum Abstandhalten	475
4.12	Ursprung und soziale Funktion des Besitzes	482
4.12.1	Objektbesitz Nahrung, Teilen	483
4.12.2	Soziale Bindungen, Rang	497
4.12.3	Zur Ethologie des Geschenketausches	498
4.13	Tod, Trauern, Trösten	509

5. Das innerartliche Feindverhalten – Aggression und Krieg . 516

5.1	Begriffsbestimmung	517
5.2	Aggressionstheorien	522
5.2.1	Lerntheorien	523
5.2.2	Die Aggressions-Frustrations-Hypothese	524
5.2.3	Die Trieblehren	525
5.2.4	Ethologische Aggressionstheorie	525
5.2.4.1	Auslösende Reizsituation	525
5.2.4.2	Bewegungsmuster	528
5.2.4.3	Motivierende Mechanismen	535
5.3	Funktionelle Aspekte aggressiven Verhaltens	549
5.4	Die Sozialisation aggressiven Verhaltens	557
5.5	Zweikämpfe	562
5.6	Zwischengruppenaggression – Krieg	565
5.6.1	Definition	565
5.6.2	Konventionen und die Frage der Tötungshemmung	568
5.6.3	Zur Geschichte des Krieges	573
5.6.4	Formen der kriegerischen Auseinandersetzung	576
5.6.5	Ideologische und psychologische Kriegsführung	582
5.6.6	Kriegsgründe und Kriegsfolgen: Die Frage nach der Funktion	583
5.6.7	Friedensschluß und Koexistenz	589

6. Kommunikation 596

6.1 *Geruchliche Kommunikation* 599

6.2 *Taktile Kommunikation.* 604

6.3 *Visuelle Kommunikation* 613
6.3.1 Ausdrucksbewegungen 614
6.3.1.1 Mimik 619
6.3.1.2 Gesten, Körperhaltungen und Fortbewegungsweisen
mit Ausdruckscharakter. 665

6.4 *Interaktionsstrategien – die universale Grammatik
menschlichen Sozialverhaltens* 677
6.4.1 Die Struktur komplexer Rituale 677
6.4.2 Funktionelle Aspekte ritualisierten Verhaltens 707
6.4.3 Störungen kommunikativen Verhaltens 712

6.5 *Zur Ethologie sprachlicher Kommunikation* 714
6.5.1 Ursprung, Sprachwurzeln 715
6.5.2 Universalien, Vorprogrammierungen 725
6.5.3 Begriffsbildung und sprachliches Handeln 734

7. Verhaltensentwicklung (Ontogenese) 749

7.1 *Entwicklungstheorien* 749

7.2 *Neugiererkunden und Spiel* 788

7.3 *Die Entwicklung der zwischenmenschlichen Beziehungen* 807
7.3.1 Geschwisterliche Ambivalenz 807
7.3.2 Kindergruppen – Kinderkultur 814
7.3.3 Adoleszenz 818

8. Der Mensch und sein Lebensraum – ökologische Betrachtungen 821

8.1 *Ökotypus Homo sapiens: Menschwerdung und Verhalten* . . . 821

8.2 *Von der individualisierten Gesellschaft zur
Industriegesellschaft* 836
8.2.1 Die neolithische Revolution 836

8.2.2	Die Entwicklung der Großgesellschaft	839
8.2.2.1	Staatenbildung und Staatsautorität – die Problematik der Beziehung zwischen Regierenden und Regierten	839
8.2.2.2	Das Miteinander der Vielen	849
8.3	*Zur Ethologie des Siedelns und Wohnens*	855
8.4	*Gesellschaftsordnung und menschliches Verhalten*	879
8.4.1	Zielsetzungen einer Überlebensethik	879
8.4.2	Um die Erhaltung des biologischen Gleichgewichtes: Differenzierung statt quantitativem Wachstum	881
8.4.3	Die Erhaltung der evolutiven Potenz	893

9.	**Das Schöne und Wahre: Der ethologische Beitrag zur Ästhetik**	899
9.1	*Ästhetik und bildende Kunst*	899
9.2	*Artspezifische Vorurteile der Wahrnehmung von ästhetischer Relevanz*	917
9.3	*Kunst als Kommunikation*	923
9.4	*Kulturelle Ausformungen: Eine Betrachtung über Stil und Stilisierung*	932
9.5	*Zur Ethologie von Musik, Tanz und Dichtung*	938
9.5.1	Musik	938
9.5.2	Tanz	944
9.5.3	Poetik	947
9.5.4	Wissenschaft und Kunst	952

10.	**Das Gute: Der Beitrag der Biologie zur Wertlehre**	955

Schlußwort	976
Danksagung	980
Bibliographie	983
Angaben zu den aus Filmen kopierten Bildsequenzen	1073
Filmveröffentlichungen	1074
Register	1081
Autorenregister	1081
Sachregister	1097

Vorwort zur dritten Auflage

An der Schwelle zum dritten Jahrtausend bedroht eine Bevölkerungsexplosion ungeahnten Ausmaßes den Weltfrieden. Eine Milliarde Menschen mehr werden in zehn Jahren auf diesem Planeten zu kleiden und zu ernähren sein. Der Zuwachs entspricht der gegenwärtigen Bevölkerung Afrikas und Amerikas zusammen, und er erfolgt vor allem in den Ländern der Dritten Welt. Die sozialen und wirtschaftlichen Konsequenzen sind kaum absehbar. Werden wir die Probleme in den Griff bekommen? Wird es uns gelingen, die vielen aufgeflammten Brände zwischenethnischer Auseinandersetzung zu löschen, die Migrationsproblematik zu lösen und eine Eskalation der Konflikte zu verhindern? Wir seien nicht gut genug für die Großgesellschaft, hat KONRAD LORENZ einmal behauptet. Das trifft wohl mit gewissen Einschränkungen zu. Wir sind in unseren genetischen Programmierungen auf ein Leben in Kleingruppen vorbereitet. Die anonyme Großgesellschaft bereitet uns Schwierigkeiten. Aber unter Nutzung unserer affiliativen Anlagen könnten wir wohl auch ein Solidargefühl für größere Gemeinschaften entwickeln. Ob uns die rasante kulturelle Evolution überrollt, ob wir sie verkraften und uns erfolgreich an sie anpassen, das hängt von unserer Fähigkeit ab, unser Verhalten einsichtig zu steuern, und dies setzt ein Wissen um uns selbst voraus. Dieses Wissen muß in einem interdisziplinären Bemühen erarbeitet und zur Kenntnis genommen werden. Die Angst, es könnte mißbraucht werden, darf nicht zum Forschungshemmnis werden, denn Nichtwissen ist viel gefährlicher als Wissen. In diesem Sinne bemüht sich die Humanethologie um eine offene Darstellung der verschiedenen Facetten menschlichen Verhaltens, und das Bild, das sie präsentieren kann, ist viel hoffnungsvoller, als die meisten es von einem Biologen erwarten.

Ein verbreitetes Klischee lautet nämlich, die Biologen würden aus der Natur einen rücksichtslosen Kampf ums Dasein ablesen und damit einen Sozialdarwinismus, »rot in Klauen und Zähnen«, als naturgegeben propagieren. Das ist eine verzerrte Darstellung. Wir Menschen sind, wie ich in diesem Buch aufzeigen werde (Kap. 4.2), mit einer Reihe von prosozialen Anlagen ausgestattet, die uns Mitempfindung, Sympathie und Liebe erleben lassen. Das genuine Bedürfnis nach Freundlichkeit und Kooperation kann helfen, unsere aggressiven Neigungen zu kultivieren. Der Mensch kann sich überdies als einziges Wesen dieser Erde Ziele setzen. Er baut sich bessere Welten in seiner Phantasie und strebt ihnen nach. Das eröffnet ihm einmalige Chancen, vorausgesetzt, er ist auch bereit, aus dem Wissen um die menschliche Natur und die Gesetzmäßigkeiten lebendigen Seins gewisse Rahmenbedingungen anzuerkennen, und schließlich, Fehler, die ihm bei seinen Experimenten auf der Suche nach einer besseren Welt unterlaufen, rechtzeitig zu korrigieren.

Die Biologie bringt in die Diskussion um uns Menschen die stammesgeschichtliche Zeitdimension ein. Wir wissen um den Werdegang des Lebens auf dieser Erde und überblicken dabei Zeiträume von zwei bis drei Milliarden Jahren. Verständlich, daß Biologen sich auch die Frage stellen: Was wird in hundert Jahren, was in tausend Jahren sein? Die Weichen stellen wir heute. Jede vernunftbegründete und prosozial motivierte Zukunftsplanung, jede politische Führung muß lernen, in größeren Zeiträumen vorauszudenken. Wenn wir uns nicht blind den Zufälligkeiten des Schicksals und der Selektion unterwerfen wollen, müssen wir ein generationenübergreifendes Überlebensethos entwickeln (Kap. 8.4).

»Die Biologie des menschlichen Verhaltens« hat sich die Aufgabe gestellt, die biologische Sichtweise und Fragestellung in die Wissenschaften vom Menschen einzuführen und in einem interdisziplinären Bemühen zum besseren Verständnis der Motive unseres Handelns und damit auch zur Lösung der Gegenwartsprobleme beizutragen. Das Buch wurde gut aufgenommen. Es erschien mittlerweile eine englische, spanische und italienische Ausgabe; japanische, rumänische und russische Ausgaben sind in Vorbereitung. Seit dem Erscheinen der 2. deutschen Auflage wurden viele Arbeiten zur Frage der genetischen Programmierung menschlichen Verhaltens sowie eine ganze Reihe von Diskussionsbeiträgen veröffentlicht, die ich in dieser überarbeiteten Auflage berücksichtige.

1987 kam auch die 7., völlig überarbeitete Auflage des »Grundrisses der Vergleichenden Verhaltensforschung« heraus, auf dem das vorliegende Werk aufbaut. In ihm habe ich die neueren Ergebnisse der Tierethologie und die Thesen der Soziobiologie ausführlich diskutiert. Aus dem Nachlaß von Konrad Lorenz wurde ferner 1992 vom Piper Verlag das »Russische Manuskript« veröffentlicht. Es wurde unter den extremen Bedingungen der russischen Gefangenschaft geschrieben und ist bemerkenswert durch die Frische des Stils und die Klarheit der Aussagen. Bei Piper erschien ferner eine Monographie zur Natur und Kunstgeschichte übelbannender Symbolik, die ich zusammen mit der Schweizer Kunsthistorikerin Christa Sütterlin verfaßte, ferner zwei Schriften zu Fragen der Gegenwart: (1988) »Der Mensch – das riskierte Wesen. Zur Naturgeschichte menschlicher Unvernunft«, München (Piper), und (1994) »Wider die Mißtrauensgesellschaft. Streitschrift für eine bessere Zukunft«, München (Piper), und bei Kiepenheuer und Witsch (1991) ein Buch über meine kulturenvergleichende Feldarbeit: »Das verbindende Erbe« und (1992) die Autobiographie: »Und grün des Lebens goldner Baum – Erfahrungen eines Naturforschers«. Über die Formen der Kommunikation der im westlichen Bergland von Neuguinea beheimateten Eipo erschien eine Monographie, in der zum ersten Mal auch photographisch belegt wird, wie sich Menschen einer bis dahin von der Außenwelt isolierten neusteinzeitlichen Kultur verhalten (I. Eibl-Eibesfeldt, W. Schiefenhövel, V. Heeschen: »Kommunikation bei den Eipo«, 1989, Berlin, D. Reimer).

Vorwort zur ersten Auflage

Mit der Entdeckung der bedingten Reflexe eröffnete I. P. PAWLOW den Verhaltenswissenschaften die Möglichkeit, nach dem Vorbild der klassischen exakten Naturwissenschaften zu experimentieren, und viele Psychologen hegten die Hoffnung, damit die Bausteine des Verhaltens gefunden zu haben, aus denen sich der ganze bunte Kosmos des Verhaltens konstruieren lasse. Eine experimentell ausgerichtete Psychologie erblühte, aus der sich in den zwanziger Jahren in den Vereinigten Staaten die einflußreiche Schule des Behaviorismus entwickelte. Von einem erzieherischen Idealismus bewegt, gab man sich der Hoffnung hin, Erziehung könne alle gewünschten Erfolge erzielen. Die seit JOHN LOCKE von den Empiristen vertretene Meinung, der Mensch käme als unbeschriebenes Blatt zur Welt, verhärtete sich im Behaviorismus gelegentlich zur Doktrin. Und sicherlich engte diese Annahme das Interesse ein. Die Behavioristen erforschten in der Folge zwar mit großer Sorgfalt verschiedene Aspekte des Lernverhaltens, und sie erarbeiteten auch einige fundamentale Lerngesetze, doch verhinderte die theoretische Fixierung des Behaviorismus die Wahrnehmung anderer Betrachtungsweisen, insbesondere jener, die sich aus der Abstammungslehre ergaben. Die Möglichkeit, ein Verhalten könnte in Teilbereichen auch durch stammesgeschichtliche Anpassungen vorprogrammiert sein, wurde aus weltanschaulichen Gründen gar nicht erst erwogen. Wies jemand auf eine möglicherweise vorgegebene menschliche Natur hin, dann wurde er noch bis vor kurzem als biologischer Determinist und Reduktionist disqualifiziert, so etwa in der Streitschrift von E. TOBACH und Mitarbeitern (1974). Bis in die siebziger Jahre galt für die Mehrzahl der Behavioristen und Soziologen, der Mensch sei im wesentlichen passiv den formenden Einflüssen der Umgebung unterworfen. Man meinte, ihn durch Belohnung und Strafe jederzeit in der gewünschten Weise konditionieren zu können (B. F. SKINNER 1938, 1971). Ein solcher extrem milieutheoretischer Ansatz überantwortet alle Macht den Erziehern und legitimiert sie letztlich, auch die Normen zu setzen. In der Anthropologie entwickelte sich parallel zum Behaviorismus ein ausgeprägter kultureller Relativismus (kritisch besprochen bei W. RUDOLPH 1968), demzufolge Kultur eine Einrichtung ist, auf die die Gesetze der Biologie keinen Einfluß haben. Die Ansicht geht auf Franz Boas zurück (F. Boas 1911, 1928, 1938), und sie entsprach wohl dem Zeitgeist, denn führende Anthropologen bekannten sich zu ihr (A. L. Kroeber 1915, M. J. Herskovits 1950 u. a.). Zu den tragischen Opfern dieser Lehre gehört Margaret Mead, die vom kulturellen Relativismus so überzeugt war, daß sie nur wahrnahm, was dazu paßte. Ihre vielzitierten Berichte über Samoa hielten einer kritischen Prüfung nicht stand (D. Freeman 1983).

Die entscheidenden Anstöße zur Revision des extrem milieutheoretischen Ansatzes kamen von der biologischen Verhaltensforschung (Ethologie). Die Arbeiten von Konrad Lorenz (1935, 1937, 1961) und Nikolaas Tinbergen (1948, 1951) klärten den bis dahin stark vitalistischen Instinktbegriff. Sie zeigten auf, daß stammesgeschichtliche Anpassungen das Verhalten der Tiere in wohldefinierter Weise bestimmen, und äußerten die Vermutung, daß vergleichbare Vorprogrammierungen im motorischen, rezeptorischen und Antriebsbereich auch das Verhalten des Menschen mitbestimmen. Damit wurde Charles Darwin in Erinnerung gebracht, den man in den Verhaltenswissenschaften unter dem Einfluß des Behaviorismus vergessen zu haben schien.

Etwa zur gleichen Zeit, in der Lorenz seine entscheidenden Thesen formulierte, widerlegte Erich von Holst (1935, 1939) die klassische Reflextheorie, derzufolge alles Verhalten Antwort auf Außenreize ist (Kap. 2.2.4).

Konrad Lorenz wies in seinen Schriften bereits früh darauf hin, daß die am Tier erarbeiteten Befunde entscheidend zum Verständnis menschlichen Verhaltens beitragen könnten. In seinem Aufsatz »Die angeborenen Formen möglicher Erfahrung« (K. Lorenz 1943) widmete er dem menschlichen Verhalten einige richtungweisende Kapitel, und 1950 bezeichnete er es als eine der wichtigsten Aufgaben der von ihm begründeten Forschungsrichtung, die am Tier erarbeiteten Hypothesen durch das Studium menschlichen Verhaltens auf ihre Tragfähigkeit hin zu prüfen.

Daß es dabei um mehr ging als um die bloße Übertragung der am Tier erarbeiteten Befunde und Modellvorstellungen auf uns Menschen, also um mehr als eine Neuinterpretation bekannter Tatsachen, war klar. Ethologische Forschung am Menschen war gefordert. Mit ihr begann man erst Mitte der sechziger Jahre. Ich durfte zu dieser Entwicklung beitragen. Dazu traf es sich glücklich, daß ich mir damals bereits aus praktischer Arbeit in Feld und Labor ein umfangreicheres Wissen über tierisches Verhalten, und zwar auf einer breiteren vergleichenden Basis, angeeignet hatte. Bereits als Student hatte ich von 1946 an Gelegenheit, auf der Biologischen Station Wilhelminenberg bei Wien das Verhalten von Amphibien und Säugern zu beobachten (I. Eibl-Eibesfeldt 1992).

Von einem Dachs, den ich aufzog, lernte ich viel über das tierische Spiel. In meiner Arbeit über seine Jugendentwicklung schlug ich bereits gedankliche Brücken zum menschlichen Verhalten. Es fiel mir auf, daß der Dachs im Spiel Verhaltensweisen verschiedener Funktionskreise frei kombinierte, daß sich hier im tierischen Spiel somit die ersten Ansätze jener für uns so typischen Freiheit des Verhaltens manifestierten, die auf der willentlichen Verfügbarkeit der Motorik beruhen (I. EIBL-EIBESFELDT 1950). 1949 schloß ich mich LORENZ an und übersiedelte 1951 mit ihm nach Deutschland an die neu gegründete Forschungsstelle für Verhaltensphysiologie der Max-Planck-Gesellschaft.

Die Verhaltensentwicklung begann mich damals besonders zu interessieren, aber auch Fragen, die die Kommunikation betreffen. Wie steuern Signale den Ablauf sozialer Interaktion? Wie entstehen Signale, und wie entwickelt sich das Signalverständnis? In diesem Zusammenhang befaßte ich mich insbesondere mit den Ritualisierungen aggressiven Verhaltens (I. EIBL-EIBESFELDT 1955 a, 1959).

Auf einer zehnmonatigen, von HANS HASS geführten Tauchexpedition in die Karibische See und zu den Galápagos-Inseln entdeckte ich die Putzsymbiosen von Fischen und andere zwischenartliche Beziehungen der Korallenfische (I. EIBL-EIBESFELDT 1955 b).

Auf den Galápagos-Inseln beobachtete ich die Turnierkämpfe der Meerechsen, und ich lernte aus eigener Anschauung die adaptive Radiation der Darwin-Finken kennen. Eine weitere Tauchexpedition führte mich 1957/58, wiederum mit HANS HASS, für ein Jahr in den Indischen Ozean (Malediven, Nikobaren). Das Verhalten und die Ökologie von Korallenfischen stand damals im Zentrum meines Interesses. Auch legte ich eine umfangreiche Sammlung von Korallenfischen an und lernte dabei viel über Systematik und funktionelle Anatomie. Auf diesen beiden mittlerweile als erste und zweite »Xarifa«-Expedition in die Geschichte der Meeresbiologie eingegangenen Forschungsreisen* schärfte sich meine Wahrnehmung für Zusammenhänge, insbesondere solche, die ökologische Probleme betreffen.

Von der Expedition heimgekehrt, schaltete ich mich in zunehmendem Maße in die Natur-Umwelt-Diskussion ein (Kap. 2.1). Ich widerlegte experimentell einige Behauptungen über die Ontogenese bestimmter Verhaltensweisen und zeigte, wie Angeborenes und Erworbenes im Verhalten der Säuger zusammenwirkt (I. EIBL-EIBESFELDT 1963).

In den frühen sechziger Jahren bezog ich auch menschliches Verhalten in meine Forschungen ein. Durch Untersuchungen an taub und blind geborenen Kindern gelang es mir, stammesgeschichtliche Anpassungen im menschlichen Verhalten nachzuweisen (I. EIBL-EIBESFELDT 1973). 1963 bis 1965 begann ich mit der Erprobung von Methoden zur Dokumentation ungestellten menschlichen Sozialverhaltens. Der Anstoß dazu ging von meinem Freunde HANS HASS aus, der mit der Entwicklung von Spiegelobjektiven dafür die technischen Voraussetzungen schuf. Wir erprobten sie 1964 in Afrika und 1965 auf einer Reise um die Welt (I. EIBL-EIBESFELDT und H. HASS 1966, 1967) und bauten aufgrund dieser

---

* Eine Zusammenfassung findet sich in den mittlerweile neu aufgelegten Büchern »Galápagos« (7. Aufl., Piper 1984) und »Die Malediven« (Piper 1982).

Erfahrungen ein kulturenvergleichendes Dokumentationsprogramm auf, das in Laufbild und Ton ungestellte soziale Interaktionen und Rituale des Alltags erfaßt.

Für die Longitudinalstudien wählte ich mehrere Kulturen, die verschiedene Stufen der kulturellen Evolution vom altsteinzeitlichen Jäger und Sammler bis zum Bauern repräsentieren (S. 169) (I. EIBL-EIBESFELDT 1991). Damit war die Humanethologie aus der Taufe gehoben. 1970 wurde ich mit dem Aufbau einer Forschungsstelle für Humanethologie im Rahmen der Max-Planck-Gesellschaft betraut. Die kulturenvergleichende Dokumentation bildet einen Schwerpunkt unserer Bemühungen*. Ziel ist die Erforschung stammesgeschichtlicher und kultureller Anpassungen, der Ritenbildung und ihrer Funktion, und generell der Verhaltensmuster der Kommunikation. Bei der Untersuchung der Strategien sozialer Interaktionen stellte ich fest, daß verbale und nichtverbale Interaktionen nach den gleichen universalen Regeln strukturiert sind (Kap. 6.4.1). Die Erforschung dieser universalen Grammatik sozialen Verhaltens bildet einen Schwerpunkt unseres Forschungsprogramms. Dazu pflegen wir die Zusammenarbeit mit Linguisten und bilden linguistisch geschulte Verhaltensforscher aus. Außerdem untersuchen wir die Ontogenese dieser Strategien in Kindergärten (S. 170, 214). 1967 schloß ich meine tierethologischen Arbeiten mit der Veröffentlichung des »Grundriß der vergleichenden Verhaltensforschung«** ab. Ich stelle diesem Werke nunmehr eine Humanethologie an die Seite.

Ich hoffe, daß sich dieses erste Lehrbuch der Humanethologie als Einheit präsentiert, auch wenn nicht jedes Teilgebiet mit gleicher Gründlichkeit behandelt werden konnte. Es stellt einen biologischen Standpunkt zur Diskussion und legt auch eigene Daten aus der kulturenvergleichenden Arbeit und aus der Forschung meines Instituts vor. Möge das zu vertieftem Gespräch und zum Gedankenaustausch über die traditionellen Fachgrenzen hinweg anregen.

Tierethologische Befunde sollen in diesem Buch nur gelegentlich erörtert werden, und dies auch nur, soweit sie zum Verständnis der ethologischen Konzepte notwendig sind. Wer mehr über Tierethologie erfahren will, der sei auf den schon erwähnten »Grundriß der vergleichenden Verhaltensforschung« verwiesen, der durch laufende Überarbeitung auf den jeweils neuesten Stand gebracht wird.

In den letzten Jahren hat sich innerhalb der Ethologie eine ökologisch und populationsgenetisch orientierte Richtung als »Soziobiologie« profiliert. Sie bereicherte die Diskussion über die Grenzen der biologischen Verhaltensforschung hinaus durch zum Teil provozierende, aber stets anregende Thesen. Wir

---

* Ich verbrachte mit der kulturenvergleichenden Dokumentation fast 5 Jahre im Feld, genau 1796 Tage an den Zielorten arbeitend, die Reisezeiten nicht eingerechnet. In dieser Zeit erarbeitete ich rund 250 km an 16-mm-Filmdokumenten. Viele meiner Aussagen stützen sich auf dieses umfangreiche Material. Meine zoologische Felderfahrung zählt 1607 Tage, so daß ich insgesamt über 9 Jahre auf Expedition war (Stand September 1994).

** 1987 erschien die 7. Auflage dieses Lehrbuchs.

werden uns mit ihnen auseinandersetzen. Insgesamt dürfen die biologischen Verhaltensforscher mit einer gewissen Genugtuung auf das letzte Jahrzehnt zurückblicken, wurden doch innerhalb von zehn Jahren sechs biologische Verhaltensforscher mit dem Nobelpreis ausgezeichnet: 1973 KONRAD LORENZ, NIKO TINBERGEN und KARL VON FRISCH als Begründer der Ethologie und 1981 ROGER W. SPERRY, DAVID HUBEL und TORSTEN WIESEL als Pioniere der Neuroethologie*.

Die Entdeckung, daß auch das Verhalten der höheren Wirbeltiere in definierten Bereichen durch stammesgeschichtliche Anpassung vorprogrammiert ist, erzwang in den bis dahin vom Behaviorismus beherrschten Humanwissenschaften einen Prozeß des Umdenkens. Die Entwicklung vollzog sich überraschend schnell, denn noch 1971 schrieb R. SPERRY, daß die neuen Erkenntnisse über die Selbstorganisation des Nervensystems zur funktionellen Reife gerade erst über das engere Fachgebiet der Biologie und Ethologie hinaus Aufmerksamkeit fänden.

Über zunächst oft heftige Streitgespräche mit Behavioristen, Anthropologen und Soziologen kam es zum Gedankenaustausch und zu einer gegenseitigen Annäherung, die in den letzten Jahren in vielen Fällen zu einer engen, die traditionellen Fachgrenzen überwindenden Zusammenarbeit führte.

Die Notwendigkeit, uns selbst zu verstehen, war noch nie so dringend wie heute. Eine ideologisch zerstrittene Menschheit ringt um ihr Überleben. Das erstaunliche Geschöpf, das in der Lage ist, Sonden zum Mars und zur Venus zu schicken und Bilder von Saturn und Jupiter aus dem Weltall zu funken, steht hilflos vor seinen sozialen Problemen. Es weiß nicht, wie es seine Arbeiter bezahlen soll, und experimentiert mit verschiedenen Wirtschaftssystemen, Verfassungen und Regierungsformen. Es bemüht sich um Frieden und stolpert in immer neue Konflikte. Die Bevölkerungskontrolle scheint dem Menschen längst aus der Hand geglitten; gleichzeitig kündigt sich die Erschöpfung vieler Ressourcen, verbunden mit einer Zerstörung der Lebensgemeinschaften, an. Bei Fortdauer des bisher ungebremsten exponentiellen Wachstums der Erdbevölkerung zeichnet sich die Katastrophe eines globalen Bevölkerungszusammenbruchs für die nächsten Jahrzehnte ab. In seinem Buch »Mutationen der Menschheit« schrieb PIERRE BERTAUX (1963): »Das Menschheitsgeschehen unserer Zeit als biologisches Ereignis zu betrachten und zu werten ist nicht nur erlaubt, sondern geradezu unumgänglich. Wer davor zurückschreckt, verkennt die Tragweite des Geschehens und damit das Ausmaß der Verantwortung ...« Unsere Hoffnung ist, durch Einsicht in die biologischen Abläufe eine Überlebensethik zu entwickeln. Wir müssen das Geschehen rational betrachten, um es in den Griff zu bekommen. Aber sicher nicht mit kaltem Verstand, sondern mit dem warmen Gefühl des engagierten Herzens, dem am Glück auch kommender Generationen gelegen ist. Zu einer solchen Betrachtungsweise möge das Buch einen Beitrag leisten.

---

* ERICH VON HOLST fehlt in dieser Reihe. Der Tod entriß ihn uns zu früh.

1. Zielsetzungen und theoretische Grundlagen einer Humanethologie

> *»Das Tier wird durch seine Organe belehrt, der Mensch belehrt die seinigen und beherrscht sie.«*
>
> JOHANN WOLFGANG VON GOETHE

> »Ob sich der Mensch als Sohn Gottes versteht, oder als arrivierten Affen, wird einen deutlichen Unterschied in seinem Verhalten zu wirklichen Tatsachen ausmachen, man wird in beiden Fällen auch in sich sehr verschiedene Befehle hören.«
>
> ARNOLD GEHLEN (1940:1)

1.1 Fragestellung und Definition

An Versuchen, den Menschen zu definieren und über eine Sinndeutung dem menschlichen Leben Inhalte zu vermitteln, hat es nie gemangelt. Priester, Künstler und Denker bemühen sich seit Jahrtausenden darum. Dem religiösen Offenbarungswissen stehen die Versuche gegenüber, das Wesen des Menschen durch Beobachtung und Introspektion, aufgrund von Erfahrungen also und mit Hilfe der Vernunft, zu erkunden. Mit der Abstammungslehre setzte die Biologie neue Akzente. Sie erschütterte unser anthropozentrisches Weltbild. Durch die Einbettung in den Gesamtzusammenhang eines Evolutionsgeschehens wurde sich der Mensch nicht allein seines tierischen Erbes bewußt, sondern auch der Tatsache seiner Unfertigkeit. Der Mensch konnte sich nicht weiterhin als fertiges Ergebnis, als »Krone« einer auf ihn angelegten Schöpfung, ansehen, sondern bestenfalls als Zwischenglied auf dem Weg zu höherem Menschentum, als Unfertigen.

Zwar eröffnete sich damit für ihn die Perspektive des fortschreitend Werdenden, der sich höhere Ziele setzen und ihnen zustreben kann, aber zugleich wurde sich der Mensch schmerzlich dessen bewußt, Wanderer auf schmalem Grat zu sein, mit allen Risiken des Absturzes, belastet mit der Bürde der Verantwortung, sofern er seine Weiterentwicklung als Auftrag akzeptierte.

War nun der Mensch für die einen eine Tierart unter vielen, ein »nackter Affe«, wie es DESMOND MORRIS bewußt provokativ formulierte, so meinten andere in Kontrastbetonung, der Mensch habe sich in seiner Evolution so weit über das Tier erhoben, daß er nichts mehr mit ihm teile, ja, durch seine Kultivierung habe er sich der biologischen Evolution entzogen. Der Mensch sei daher frei, sein Leben vernünftig zu gestalten, ohne irgendwelche Einschränkungen und Festlegungen. Eine wechselseitige Abgrenzung der Standpunkte führte zu einer Polarisierung, die nicht notwendig ist, denn in beiden Ansichten steckt Wahrheit. Biologisches Erbe bestimmt menschliches Verhalten, wie wir zeigen werden, in genau feststellbaren Bereichen. Aber ebenso gilt, daß nur der Mensch über die Wortsprache verfügt, mit der er schöpferisch immer neue Aussagen formulieren und kulturelles Erbe tradieren kann, und daß man nur ihn als Kulturwesen bezeichnen kann, selbst wenn einige Primaten bescheidene Ansätze dazu zeigen. Kunst, Vernunft und verantwortliche Moral sowie Weltoffenheit und Universalität sind weitere wesensbestimmende Merkmale des Menschen, an dessen Sonderstellung kein vernünftiger Biologe zweifelt*.

Wichtig ist allerdings, daß wir auch um die primitiveren Aktions- und Reaktionsnormen wissen, die unser Handeln bestimmen, und nicht so tun, als würde es dergleichen nicht geben. Gerade im Bereich des sozialen Verhaltens sind wir weniger frei, als wir gemeinhin annehmen. Das lehrt unter anderem der erstaunliche Gegensatz zwischen unseren Leistungen in der Beherrschung der außerartlichen Umwelt und unserem Unvermögen, unser soziales Zusammenleben befriedigend zu gestalten. Zur gleichen Zeit, da wir uns an den Farbbildern begeisterten, welche die Voyager-Sonde vom Jupiter funkte, las man in den Zeitungen von Hinrichtungen im Iran, von Terrorakten in Irland und von Massenmorden in Kambodscha. Sicher dürfen wir aus unserer Befähigung zu verantwortlicher Moral Hoffnung schöpfen, aber wohl nur dann, wenn wir zugleich die erbbedingten Motive unseres Handelns erkennen und in Rechnung stellen. Sonst bleiben wir deren Wirken unterworfen. In diesem Sinne leistet die Biologie einen Beitrag zur Aufklärung und Emanzipation.

Die Humanethologie kann man als Biologie menschlichen Verhaltens definieren. Sie fächert sich in ähnlicher Weise wie die Mutterdisziplin Ethologie in Teilgebiete auf, da man die Frage, weshalb wir Menschen uns so und nicht anders verhalten, auf verschiedene Weise präzisieren und beantworten kann. Richtet sich das Interesse auf die Funktionsweise der dem Verhalten zugrunde liegenden physiologischen Maschinerie, dann knüpft die Humanethologie an die Traditionen der Verhaltensphysiologie an. Es geht dabei um die Aufklärung der einem Verhalten zugrunde liegenden unmittelbaren Ursachen. Man will erfahren, was ein Verhalten auslöst, wie das geordnete Zusammenspiel der Muskeln zustande kommt, was ein Verhalten motiviert und auch wieder zu Ende bringt, und anderes mehr. Man kann aber auch die Frage stellen, wie es überhaupt dazu kam oder kommt, daß sich ein bestimmtes Verhalten ausgebildet hat, und wie sich die Entwicklung im einzelnen abspielte. Um diese Fragen zu beantworten, muß man zunächst einmal herausfinden, auf welche Weise ein Verhalten zum Überleben

---

* KONRAD LORENZ schrieb (1971 : 509): »Weit davon entfernt, die Verschiedenheit zwischen den beschriebenen Verhaltensweisen höherer Tiere und jenen menschlichen Leistungen zu unterschätzen, die von Vernunft und verantwortlicher Moral gesteuert sind, behaupte ich: Niemand ist imstande, die Einzigartigkeit dieser spezifisch menschlichen Leistungen so klar zu sehen, wie derjenige, der sie abgehoben von dem Hintergrund jener weit primitiveren Aktions- und Reaktionsnormen sieht, die uns auch noch mit höheren Tieren gemeinsam sind.«

des Merkmalsträgers in Nachkommen – zu seiner Eignung also – beiträgt; man muß seine Funktion ergründen, d. h. erforschen, welche »Aufgabe« die Verhaltensweise in diesem Sinne erfüllt. Die Beobachtung des Verhaltens im natürlichen Kontext spielt am Ausgangspunkt solcher Untersuchungen eine wichtige Rolle.

Wenn man eine Struktur oder ein Verhalten regelmäßig antrifft, ist es grundsätzlich vernünftig, die Frage nach der Funktion zu stellen, also von der Annahme auszugehen, daß sie Aufgaben erfüllen. Es kann sich dann zwar herausstellen, daß das betreffende Merkmal selektionistisch neutral war oder sogar als belastendes Erbe oder Beiprodukt anderer Anpassungen mitgeschleppt wird. Dies ist jedoch nur selten der Fall. Als äußerst anregend erwiesen sich für die Eignungsforschung die verschiedenen Kosten-Nutzen-Berechnungen der Soziobiologen, auf die wir in einem besonderen Abschnitt eingehen werden.

Manche Funktionen sind unmittelbar einsichtig. Findet ein Paläontologe einen versteinerten Flügelabdruck, dann kann er auch ohne experimentelle Prüfung aussagen, daß es sich um ein Flugorgan handelt. Und findet einer den fossilen Abdruck eines Gebildes, das wie ein Kameraauge aussieht, also Linse, Glaskörper, Akkomodationseinrichtungen und eine Projektionsfläche nach Art der Retina aufweist, dann darf er durchaus behaupten, er habe ein Auge gefunden, ein Organ, das visuelle Wahrnehmung vermittelt – selbst wenn er es in einem Meteoriten fände und ihm daher der experimentelle Nachweis einer Sehfunktion für immer verschlossen bliebe.

Die Fragen nach Funktion und Werdegang können wir für kulturelle Verhaltensmuster ebenso stellen wie für stammesgeschichtlich gewachsene. Wir betonen dies, weil man gelegentlich die Ansicht hört, Humanethologen würden sich allein mit den basalen »tierhaften« Strukturen im menschlichen Verhalten befassen. Das ist falsch. Wir erforschen auch die menschlichen Kulturleistungen unter den genannten biologischen Gesichtspunkten. O. KOENIG (1970) prägte sogar den Begriff »Kulturethologie«. Beispielhaft für die Vorgehensweise bei der biologischen Erforschung kulturellen Verhaltens sind seine Untersuchungen zur Biologie der Uniform, ferner die ethologische Analyse des Fußballspiels von D. MORRIS (1981). Zu korrigieren ist auch die häufige Gleichsetzung von stammesgeschichtlicher Anpassung mit tierhaftem Erbe. Das ist unzulässig, da es eine Vielzahl stammesgeschichtlicher Anpassungen gibt, die nur für *Homo sapiens* typisch sind. Man denke etwa an die uns angeborenen Voraussetzungen zum Sprechen oder an das spezifisch menschliche Weinen.

Als Verhalten untersuchen die Humanethologen komplexe Bewegungsfolgen und Handlungen von Personen, ferner Interaktionen von Personen und von Personengruppen. Sie arbeiten demnach auf einer höheren Integrationsebene als die Physiologen, die sich mit den elementaren Lebensvorgängen, wie etwa jenen der Reizaufnahme, Muskelkontraktion, Erregungsleitung und Erregungsübertragung befassen. Diese Vorgänge sind zwar für das Verständnis von Verhaltensabläufen eine wichtige Voraussetzung, aber man kann keineswegs aus solchen elementaren Gesetzmäßigkeiten alle Gesetze ableiten, die etwa einer sozialen Interaktion zugrunde liegen. Vielmehr gelten für jedes Niveau neue Gesetzlichkeiten, die nicht aus jenen des nächsttieferen Niveaus ableitbar sind. Mit zunehmender Komplexität entstehen neue Systemeigenschaften. Die Notwendigkeit niveauadäquater Fragestellung sei daher ausdrücklich betont.

Die Humanethologie bedient sich aller in den Nachbardisziplinen entwickelten experimentellen und analytischen Methoden der Verhaltensforschung, einschließlich der in der Anthropologie und Psychologie üblichen Methoden der Datenerhebung, zum Beispiel durch Informanteninterviews. Aus der Tierethologie übernimmt sie Methoden distanzierten Beobachtens und Techniken des Protokollierens und der Dokumentation sowie die Methodik des Vergleichens. Ferner legen Humanethologen Wert darauf, die zur Diskussion stehenden Verhaltensmuster im natürlichen Kontext (Kap. 3.3) zu studieren und erst danach zur experimentellen Analyse überzugehen.

Die erkenntnistheoretische Grundlage der Humanethologie ist der kritische Realismus (K. R. POPPER 1973, K. LORENZ 1973, 1983). Wir gehen also davon aus, daß jede »Anpassung« eine außersubjektive Wirklichkeit abbildet (Kap. 2.1).

Um »objektive«, d. h. auf die reale Welt bezogene Aussagen machen zu können, muß unsere Wahrnehmung in der Lage sein, aus den auf unsere Peripherie projizierten Sinnesdaten die Dinge an sich zu rekonstruieren. Dazu muß ihre Invarianz unter wechselnden Bedingungen erkannt werden. Das vermag unsere Wahrnehmung mittels raffinierter Konstanzmechanismen sowie kraft des Vermögens, Gestalten zu erkennen (Kap. 2.2.2). Die Annahme, daß es Invarianzen gibt (Invarianzhypothese), ist uns wohl angeboren.

Die Beziehungen zwischen Realität, Wahrnehmung und Erkenntnis kann man durch ein Modell der graphischen Projektion veranschaulichen (G. VOLLMER 1983). Wird ein Würfel optisch auf einen Schirm projiziert, dann könnten wir ihn vom Bild rekonstruieren, wenn wir seine Struktur, die Art der Projektion und die Eigenschaften des auffangenden Schirmes kennen. Auf diese Weise rekonstruieren wir unentwegt aus der zweidimensionalen Projektion auf unserer Netzhaut dreidimensionale Objekte. Auch wenn wir Bilder betrachten, vermögen wir die darauf dargestellten Objekte als dreidimensional zu interpretieren. Bei der Rekonstruktion dreidimensionaler Objekte muß die Information, die bei der Projektion verlorenging, zurückgewonnen werden. Das geschieht beim Wahrnehmungsakt relativ zuverlässig, sieht man von Spezialfällen ab, wie sie etwa die optischen Illusionen darstellen.

Unser Bemühen um Erkenntnis stellt sich als Versuch dar, die realen, »wahren« Strukturen einer außersubjektiven Wirklichkeit aus den Sinneseindrücken zu rekonstruieren, die wir als Projektionen dieser Strukturen wahrnehmen. So deuten wir die kosmischen Signale, die unsere Sinnesorgane empfangen, als Projektionen astronomischer Objekte. Daß wir mit diesen projektiv realistischen

Interpretationen auf dem richtigen Wege sind, beweisen die geglückten interplanetarischen Reisen unbemannter Raumsonden.

Die Fähigkeit, eine reale Welt aus Sinnesdaten zu rekonstruieren, setzt ein Wissen über diese Welt voraus. Dieses Wissen beruht zum Teil auf individueller Erfahrung, zum anderen auf Leistungen von datenverarbeitenden Mechanismen, die uns als stammesgeschichtliche Anpassungen mitgegeben sind. Das Wissen über die Welt wurde in diesem Falle im Laufe der Stammesgeschichte erworben. Es ist uns in diesem Sinne a priori – vor aller individueller Erfahrung –, jedoch nicht vor aller Erfahrung gegeben (Kap. 2.1).

»Der Erkenntnisprozeß besteht also in einer gestuften Rekonstruktion einer hypothetisch postulierten Realität, einer schrittweisen Befreiung von den Beschränkungen unserer Sinnesorgane (des ›Schirmes‹ . . .). Dieser Rekonstruktionsprozeß arbeitet der Projektionskette engegengesetzt. Während jede Projektion Informationsreduktion bewirkt, versuchen wir im Erkenntnisprozeß diese Rekonstruktion wenigstens teilweise zurückzugewinnen. Natürlich muß diese Rekonstruktion hypothetisch bleiben« (G. VOLLMER 1983 : 64).

Die Beziehungen zu anderen Disziplinen menschlichen Verhaltens und menschlicher Kulturleistungen haben sich in den letzten Jahren erfreulich entwickelt. Wir werden in diesem Buch sehr viele Arbeiten von Forschern diskutieren, die sich keineswegs als Ethologen bezeichnen, deren Resultate aber ethologisch relevant sind. Das gilt für Psychologen ebenso wie für Völkerkundler, Soziologen, politische Wissenschaftler, Rechtswissenschaftler oder Kunsthistoriker.

Engste Gesprächspartner sind die Völkerkundler und Sozialanthropologen (K. JETTMAR 1973, M. GODELIER 1978, H. SCHINDLER 1980, E. GOFFMANN 1963, 1967). Die Gemeinsamkeiten ergeben sich u. a. aus der kulturenvergleichenden Arbeit und dem Interesse an den allgemeinen, universal gültigen Gesetzen menschlichen Verhaltens, wie sie etwa auch der Strukturalismus von C. LÉVI-STRAUSS aufzeigt. Die Beziehungen sind so vielfacher Art, daß ich sie hier gar nicht aufzählen könnte. Das gemeinsame Interesse betrifft Fragen der frühkindlichen Entwicklung und Sozialisation, des Gesellschaftslebens, der hierarchischen Organisation, der Aggression, der ethischen Normen und vieles andere mehr. Das gilt ebenso für die Psychologie und Soziologie. Bei der Diskussion dieser Themenkomplexe kommen wir im einzelnen darauf zu sprechen. Mit der Linguistik ergeben sich gleichfalls viele Berührungspunkte, sowohl auf der Ebene der Begriffsbildung als auch auf jener sprachlichen Handelns (Kap. 6.5.3; W. J. M. LEVELT 1989). Seit langem bestehen Wechselbeziehungen zur Medizin, insbesondere zur Psychiatrie und Psychoanalyse (D. PLOOG 1964, 1966, 1969, J. BOWLBY 1969, 1973). Bemerkenswert ist das wachsende Interesse der politischen Wissenschaftler an den Ergebnissen der Ethologie. In den Vereinigten Staaten von Amerika entwickelte sich als neues Fach die Biopolitik (R. D. ALEXANDER 1979, C. BARNER-BARRY 1983, P. A. CORNING 1981, 1983, H. FLOHR und W. TÖNNESMANN

1983, R. D. Masters 1976, 1981, G. Schubert 1973, 1975, 1983, A. Somit 1976, A. Somit und R. Slagter 1983). Auch die Kunstgeschichte und Altertumskunde griff verschiedentlich Anregungen aus der Ethologie auf (D. Fehling 1974, G. Ch. Rump 1978, 1980, M. Schuster und H. Beisl 1978, I. Eibl-Eibesfeldt und Ch. Sütterlin 1992).

Zusammenfassung 1.1

Die Humanethologie kann als Biologie menschlichen Verhaltens definiert werden. Forschungsziel ist die Erhellung der einem Verhalten zugrunde liegenden physiologischen Wirkungsmechanismen, die Aufdeckung der durch das Verhalten erfüllten Funktionen und damit jener Selektionsdrucke, denen das betreffende Verhalten seine Existenz verdankt, und schließlich die Erforschung der Verhaltensentwicklung in Ontogenese, Phylogenese und Kulturgeschichte, wobei die Frage nach der Herkunft der ein Verhalten motivierenden, auslösenden, steuernden und koordinierenden Programme im Brennpunkt des Interesses steht. Die Humanethologie geht von den in der tierischen Verhaltensforschung (Ethologie) entwickelten Konzepten und Methoden aus, paßt diese jedoch an die Erfordernisse an, die sich aus der Sonderstellung des Menschen ergeben. Insbesondere übernimmt sie auch die in den Nachbardisziplinen Psychologie, Anthropologie und Soziologie entwickelten Arbeitsmethoden. Sie bemüht sich damit um den Brückenschlag zwischen den verschiedenen Wissenschaften vom Menschen. Das ergibt sich auch aus dem gemeinsamen Interesse. Humanethologen untersuchen sowohl das stammesgeschichtlich evoluierte Verhalten als auch die individuelle und kulturelle Modifikabilität des Menschen. Die erkenntnistheoretische Grundlage der Humanethologie ist der kritische Realismus.

> *»Du großes Gestirn! Was wäre dein Glück,*
> *wenn du nicht Die hättest, welchen du leuchtest.«*
> Friedrich Nietzsche, aus Zarathustras Vorrede

1.2 *Stammesgeschichtliche und kulturelle Anpassung*

Das Leben wird heute als energetischer Prozeß definiert, in dessen Verlauf die Organismen als die Träger dieses Prozesses aus ihrer Umwelt mehr arbeitsfähige Energie erwerben, als sie für diesen Erwerb aufwenden müssen. Organismen sind demnach energieerwerbende Systeme mit einer positiven Energiebilanz. H. Hass (1970), der diesen Sachverhalt meines Wissens zum ersten Mal klar formulierte, prägte für solche energieerwerbende Systeme den Begriff »Energon«. Über die Vielzahl der Organismen und die von ihnen entwickelten energieerwerbenden Systeme, den menschlichen Betrieben vergleichbar, wird der Lebensstrom erhalten – jenes rätselhafte Geschehen, dessen Entfaltung wir zwar verfolgen können, dessen naturwissenschaftliche Sinndeutung uns aber bisher nicht gelang.

Der energetische Prozeß hat Strukturen zur Voraussetzung, die an diese Aufgabe der Energieumsetzung »angepaßt« sind. Jeder Organismus muß Strukturen besitzen, mit deren Hilfe er der Umwelt Energie entnehmen kann. Sie sind an die jeweilige Energiequelle angepaßt, d. h. so beschaffen, daß sie die spezifische Energiequelle anzapfen können und so zur Erhaltung des energieerwerbenden Systems beitragen.

Die Umwelt bietet sich aber nicht nur fördernd als Energiequelle an. Es gibt auch eine Vielzahl störender und schädigender Einflüsse, gegen die sich Organismen abschirmen müssen. Sie müssen ferner Schäden reparieren und schließlich ihre positive Energiebilanz in die Erzeugung weiterer Organismen umsetzen können. Kurz, es gibt eine Vielzahl von Anpassungsfronten, die Investitionen erfordern, welche als Kosten für den Erwerbsakt, den Aufbau, Schutz und dergleichen mehr zu Buche schlagen (H. HASS 1970).

Da Organismen außerdem in einer sich ständig ändernden Umwelt leben, müssen sie in ihren Anpassungen Änderungen folgen können. Das erfordert unter Umständen grundsätzliche Umkonstruktionen im Bauplan. Daneben gibt es eine Vielzahl von Wechselfällen, auf die sich ein Individuum im Laufe seines Lebens neu einstellen muß. Es muß sich daher auch kurzfristig und reversibel auf vorübergehende Änderungen einstellen können. Muskulatur und Kreislauf müssen sich neuen Belastungen anpassen können, es müssen sich an Druckstellen der Haut Schwielen bilden können, und schließlich muß ein Tier aus Erfahrung lernen können, und zwar so, daß es sein Verhalten adaptiv modifiziert – angepaßt im Sinne der Eignung, die man an der Zahl der Nachkommen mißt. Das setzt die Selbsterhaltung des betreffenden Organismus voraus.

Anpassung ist somit ein zentrales Problem der Organismen. Da sich um die Herkunft der Angepaßtheit der ganze Natur-Erziehung-Streit dreht, wollen wir dazu einige grundsätzliche Bemerkungen vorausschicken.

Anpassungen bilden stets Umweltgegebenheiten ab. Sie spiegeln Facetten einer außersubjektiven Wirklichkeit wider, etwa Eigenschaften der Energiequelle, die sie anzapfen, oder des Milieus, in dem sie sich bewegen. So bilden sich in der Form des Fisches und des Delphins gewisse Eigenschaften des Wassers ab, funktionsbezogen auf die Fortbewegung dieser Organismen in diesem Medium. Nur so ist die Aussage, eine Anpassung bilde eine Vorlage ab, gemeint. Der Raster der Abbildung allerdings ist, da funktionsbezogen, von Fall zu Fall verschieden. Der Organismus spiegelt nur eignungsrelevante Merkmale der Umwelt in seinen Anpassungen wider. Immerhin kann der Raster der Abbildung erstaunlich fein sein, z. B. in Fällen von Mimikry, wo ein Nachahmer ein Vorbild bis in alle Einzelheiten kopiert. Man denke etwa an die Gespenstheuschrecke, die die Blätter der Sträucher, auf denen sie normalerweise lebt, bis in alle Einzelheiten nachahmt. Interessante Beispiele finden wir bei W. WICKLER (1968).

Zur Frage, was Wirklichkeit sei, hat K. LORENZ (1941, 1973) mit seiner biologischen Erkenntnistheorie einen wichtigen Beitrag geliefert. Wir bilden die Welt in unseren Anpassungen – und dazu gehört auch unser Gehirn als Weltbildapparatur – zwar nicht ikonisch ab, aber unsere Denk- und Anschauungsformen stimmen ebenso wie unsere körperlichen Anpassungen im Sinne einer Passung. »Unsere vor jeder individuellen Erfahrung festliegenden Anschauungsformen und Kategorien passen aus ganz denselben Gründen auf die Außenwelt, aus denen der Huf des Pferdes schon vor seiner Geburt auf den Steppenboden, die Flosse des Fisches, schon ehe er aus dem Ei schlüpft, ins Wasser paßt«, schrieb K. LORENZ bereits 1941 (S. 99).

Die Anpassungen im Verhalten und Körperbau der Organismen sind Hypothesen über diese Welt – Annahmen, die durch die Selektion geprüft wurden. Das trifft auch für unsere Anschauungsformen zu. Diese werden erst unstimmig, wenn wir in Bereiche vordringen, an die wir phylogenetisch nicht angepaßt sind, etwa in den atomaren oder den astronomischen Bereich. Unser Ursachendenken gibt davon Zeugnis. Wir assoziieren Ereignisse nach streng vorgegebenen Programmen (Kap. 3.1) und schließen aus dem Zusammentreffen von Ereignissen: wenn – dann (Koinzidenzen) auf Ursachen: weil – dann. Wir können gar nicht anders als in Ursachenketten denken. Das wird erst dann problematisch, wenn wir mit diesem intellektuellen Rüstzeug beispielsweise über den Ursprung des Kosmos sinnieren. DAVID HUME meinte, Kausalität sei möglicherweise in der Natur gar nicht enthalten, sondern bloß ein »Bedürfnis der Seele«, und R. RIEDL (1981) überschreibt ein Kapitel seines bemerkenswerten Essays über die Folgen des Ursachendenkens »Der Aberglaube von den Ursachen«. Dieser Titel ist irreführend. Er sollte wohl besser »Der bewährte Glaube von den Ursachen« heißen, denn es liegt Stimmigkeit im Sinne einer Anpassung an den mittleren Bereich, den »Mesokosmos«, vor. Wahrheitsgetreue Erkenntnis als ikonische Abbildung der Wirklichkeit ist sicher nicht möglich und für die Forschung auch gar nicht notwendig. Wir bilden die Welt mit vorgefaßten Wahrnehmungs- und Denkprogrammen ab, die unsere Hypothesenbildung ganz entscheidend beeinflussen. Aber dabei entdecken wir Stimmigkeiten, die so weit gehen, daß wir Sonden ins Weltall schicken können, die nach Jahren tatsächlich dort ankommen, wo wir sie haben wollen. Diese Passungen interessieren uns. Die festgestellten Stimmigkeiten sind für uns als erkennende Subjekte wahrheitsgetreu, und die Annahme, daß ihnen annäherungsweise eine außersubjektive Wirklichkeit entspricht, ist vernünftiger als der Standpunkt eines Solipsismus, der die Existenz einer vom erkennenden Subjekt unabhängigen Welt leugnet. In P. WATZLAWICKS (1981) Sammelband »Die erfundene Wirklichkeit« ist die Problematik von verschiedenen Autoren präzis und lesbar abgehandelt. Weitere bemerkenswerte Ausführungen dazu verdanken wir R. RIEDL (1979), G. VOLLMER (1975, 1983), D. CAMPBELL (1974) sowie G. RADNITZKY und W. W. BARTLEY (1987).

Organismen spiegeln mit ihren Weltbildapparaturen Facetten einer außersubjektiven Welt. Die Annahme eines kritischen Realismus ist zwar, wie Karl R. Popper betont, weder beweisbar noch widerlegbar, aber man kann, wie er sagt, »für ihn argumentieren, und die Argumente sprechen überwältigend für ihn« (K. R. Popper 1973 : 50). Das ist der Standpunkt, den man als Naturwissenschaftler vernünftigerweise einnehmen muß. Ob man ihn nun als »kritischen Realismus« oder »hypothetischen Realismus« bezeichnet, scheint mir weniger bedeutend. G. Vollmer (1983) meint, man müsse zwischen beiden unterscheiden, da der kritische Realismus wenigstens die Existenz der Welt als evident, nicht hinterfragbar und intuitiv garantiert ansehe, während der hypothetische Realismus zwischen psychologischer Gewißheit und erkenntnistheoretischer Ungewißheit unterscheide. Aber über diese erkenntnistheoretische Unsicherheit sind sich kritische Realisten wie Popper durchaus im klaren, und die hypothetischen Realisten gehen andererseits von der Annahme einer außersubjektiven Wirklichkeit aus, die wir in unseren Anpassungen zwar unvollständig, aber immerhin »passend« abbilden. Das ist nicht weiter verwunderlich, denn, um ein Bild von George Gaylord Simpson zu gebrauchen: Der Affe, der keine realistische Vorstellung von dem Ast hatte, auf den er springen wollte, war bald ein toter Affe – und gehört damit nicht zu unseren Vorfahren.

Aus dem Gesagten ergibt sich zwingend, daß jedes so angepaßte System zu irgendeinem Zeitpunkt passungsrelevante »Information« über die Umweltgegebenheiten erworben haben muß, die es in seinen Anpassungen gewissermaßen »spiegelt«. Dazu muß es sich aber irgendwann mit der Umwelt auseinandergesetzt haben (K. Lorenz 1961). Das kann im Laufe der Stammesgeschichte über den uns heute gut bekannten Mechanismus von Mutation, Neukombination und Selektion geschehen sein. Überlebensrelevante Informationen wurden auf diese Weise über Generationen hinweg gesammelt und im Erbgut kodifiziert. Sie bilden die Entwicklungsanweisungen, die den Prozeß der Selbstdifferenzierung steuern, über den sich die einzelnen Organismen, die »Phänotypen«, entwickeln. Diese Entwicklung ist über die in den Genen festgelegten Entwicklungsrezepte so abgesichert, daß sich die verschiedenen Strukturen des Individuums der Artnorm gemäß entwickeln. Eigene Korrekturmechanismen verhindern allzu große Abweichungen vom »Bauplan«; aus diesem Grunde schlüpfen letzten Endes aus Sperlingseiern Sperlinge und aus Buchfinkeneiern Buchfinken und nicht zufällig einmal Enten.

Jedes Merkmal entwickelt sich innerhalb einer bestimmten Modifikationsbreite. Die Reaktionsnorm ist erblich fixiert und damit Ergebnis stammesgeschichtlicher Anpassung. Die Standortmodifikationen der Pflanzen liefern dafür gute Beispiele. Die Hochgebirgsformen vieler Pflanzenarten sind oft filzig behaart und im allgemeinen kurzstengeliger und gedrungener als Pflanzen der gleichen Art, die im Tale wachsen. Die Modifikabilität kann zur Eignung (S. 137) beitragen, aber auch ein Epiphänomen sein. So gibt es Pflanzen, die auf saurem Boden rot und auf basischem blau blühen. Die Blütenfarbstoffe (Anthozyane) färben sich in saurem Zellsaft rot, in schwach alkalischem blau. Einen selektionistischen

Vorteil dafür, daß bestimmte Pflanzen beide Farbvarianten je nach Standort ausbilden, können wir noch nicht angeben. Möglicherweise ist diese Eigenschaft in Reaktionsnormen der geschilderten Art selektionistisch neutral. Die Modifikationsbreite für die Ausbildung von Merkmalen ist festgelegt. Die Umwelt kann keineswegs in jeder beliebigen Richtung Abweichungen erzwingen. Allerdings steckt an prospektiver Potenz vielfach mehr in den Erbanlagen, als normalerweise verwirklicht wird. Die Gallwespen vermögen mittels biochemischer Schlüssel die Pflanzengewebe zu Gallenbildungen anzuregen, die die Pflanzen normalerweise nicht erzeugen. Im allgemeinen sind die Modifikationsbreiten für die über die Gene gesteuerten Prozesse der Selbstdifferenzierung ziemlich eng, und mit jedem Differenzierungsschritt werden die Potentialitäten weiter eingeengt.

Stammesgeschichtliche Entwicklung ist nicht auf konkrete Ziele hin ausgerichtet. Die Richtung wird vielmehr von den Selektionsbedingungen diktiert. In einem dem Versuch-und-Irrtum-Lernen analogen Vorgang findet ein ungerichtetes Abtasten aller Möglichkeiten statt. Erst der Mensch tritt als bewußter Zielsetzer auf und erreicht damit eine neue Seinsstufe. Ausgangspunkt für jede Evolution ist die Variabilität der Organismen. Kein Individuum gleicht genetisch dem anderen. Die Organismen sind daher in ihrer Fähigkeit, um begrenzte Ressourcen zu konkurrieren, unterschiedlich gerüstet, was sich letztlich auf ihre Begabung, Nachkommen in die Welt zu setzen und aufzuziehen, auswirkt. Die unterschiedliche Fähigkeit, in Nachkommen zu überleben, führt dazu, daß das Erbgut der erfolgreichen Individuen von Generation zu Generation in einer Population zunimmt, ohne daß diese dabei selbst zu wachsen braucht. Der unterschiedliche Fortpflanzungserfolg führt zu Verschiebungen der Genfrequenzen und damit zu einem evolutiven Wandel. Worauf sich im einzelnen der Konkurrenzvorteil gründet, das wechselt. Es kann sich um unterschiedliche Effizienz bei der Erschließung von Nahrungsquellen, der Betreuung von Jungen, der Feindvermeidung, um unterschiedliches Geschick, einen Geschlechtspartner zu umwerben, unterschiedliche Lernbegabung und vieles andere mehr handeln. Die Selektion setzt zunächst am Individuum, bei in geschlossenen Gruppen lebenden Arten in einem weiteren Schritt auch auf der Gruppenebene an (Kap. 2.4). Auf diese Weise wird die Fähigkeit, sich fortzupflanzen, optimiert, nach der man die »Gesamteignung« (S. 137) eines Lebewesens mißt. Die der Evolution zugrunde liegende genetische Variabilität entsteht zwar regelhaft, aber in unvoraussagbarer Weise, gewissermaßen »zufällig«. Daß dem »Zufall« bei der Entwicklung all der erstaunlichen Formenmannigfaltigkeiten eine entscheidende Rolle zukommt, hat viele Denker gestört. Hat man sich aber einmal klar gemacht, daß es im Grunde darum geht, die Arten als Träger des Lebensstroms in einer unvorhersehbar sich ändernden Umwelt zu erhalten, dann sieht man ein, daß nur ein ständiges Abtasten aller Möglichkeiten konstruktiver Änderung eine solche Anpassung bewirken kann. Nur so entstehen jene »vielversprechenden Monstren« (R. B. GOLDSCHMIDT 1940), die der Entwicklung neue Wege eröffnen*. Diese können ethologische (S. 36) oder morphologische Monstren sein. So treten in jeder Fliegengeneration immer wieder flügellose Mutanten auf, die als Fehlkonstruktion ausgemerzt werden. Daß aber auch solche Monstren eine Chance haben, lehren uns die Kerguelen, auf denen nur flügellose Insektenarten – Käfer, Schmetterlinge und Fliegen – leben. Die Geflügelten werden von den ständigen Stürmen verblasen. Über den Mutationsmechanismus wird eine Variationsbreite des Angebotes von Generation zu Generation nach allen Richtungen hin erhalten. Gezielte Anpassung dagegen würde die Variabilität so einengen, daß Arten Gefahr liefen, Umweltveränderungen nicht zu überleben. Über das Verhalten allerdings kann die Evolution sekundär auch auf ein Ziel hin ausgerichtet werden (S. 34). Dennoch entsteht, nach Funktion bewertet, auch auf dem Wege der Selektion in gesetzmäßiger Weise Zweckmäßiges. Die unter Selektionsdruck erzwungene Organisation ist in diesem Sinne »teleonom«.

Im Alltag der Organismen gibt es viele Situationen, die eine rasche Anpassungsfähigkeit als vorteilhaft erscheinen lassen. Für ein blütenbesuchendes Insekt ist es vorteilhaft, wenn es sich merken kann, wo gerade ein Strauch erblüht ist. Ebenso ist es vorteilhaft, wenn ein Tier sich merkt, wo sich gerade Freßfeinde befinden oder welcher Weg zu einer Zuflucht führt. Es ist nützlich, wenn ein Tier aus individuellen Erfahrungen lernen kann, also in der Lage ist, Informationen über bestimmte Gegebenheiten und Ereignisse aufzunehmen, sie zu speichern und sein Verhalten daran anzupassen. Dazu wurden im Laufe der Stammesgeschichte Strukturen des Zentralnervensystems entwickelt, die es erlauben, individuelle Erfahrungen als Engramme abrufbar zu speichern, so daß künftiges Verhalten aufgrund dieser Erfahrungen neu ausgerichtet werden kann. Auch hier legen stammesgeschichtliche Anpassungen genau fest, was obligat oder was fakultativ gelernt werden kann. Tiere lernen, was zu ihrer Eignung beiträgt; das wechselt von Art zu Art, und dementsprechend wechseln die artspezifischen, angeborenen Lerndispositionen (Kap. 2.2.6).

---

* Der Zufall ist in diesem Sinne schöpferisch. Das hat H. MARKL (1980) treffend formuliert: »Ich habe diese Probleme so ausführlich behandelt, weil der arme Zufall bei gebildeten Leuten in so schlechtem Ansehen steht: Zufall, so heißt es, sei nie schöpferisch. Sie kennen ihn nämlich nur als den einfallslosen Hirten, der die Herde der Ereignisse durch das Tor der Durchschnittserwartung zutreibt, bar jeder Originalität. Selten wurde einer schlimmer verkannt. Dabei kann allein durch Zufall Neues entstehen, denn von wirklichem Neuigkeitswert ist nur, was sich nicht in gesetzmäßigem Zwang unausweichlich ereignet. Nennen wir ihn anerkennend ›Spontaneität‹, so erkennen wir in ihm eine der Voraussetzungen der Unvorhersagbarkeit, die allein Freiheit des Handelns verleihen kann. Allerdings, vom Molekularen bis zum Verhalten, eines ist schon zusätzlich wichtig: sich selbst überlassener Zufall kann nichts Bleibendes schaffen, er zerstört, wie er aufbaut. Um das innovative Potential des Zufalls nutzbar zu machen, muß daher zu seiner spontanen Erzeugung des Neuen ein Mechanismus kommen, der die Produkte des Zufallsspiels bewertet, Brauchbares erkennt und ausliest, Unbrauchbares erkennt und verwirft. Zufall schafft nichts von Wert ohne Auslese, aber Auslese hat nichts zu schaffen ohne Zufall.«

Obgleich das Lernvermögen somit auf stammesgeschichtlichen Anpassungen beruht, eröffneten sich mit seiner Entwicklung neue Perspektiven der Evolution. Die Fähigkeit zu lernen ist eine der Voraussetzungen der kulturellen Entwicklung.

Im allgemeinen lernt jedes Tier aus eigenen Erfahrungen für sich. Einige Arten können sich allerdings auch nach einem Vorbild orientieren. In einer Gruppe japanischer Makaken, die frei auf der japanischen Insel Koshima leben, kam ein Weibchen darauf, Süßkartoffeln vor dem Fressen zu waschen. Die anderen sahen das und machten es nach. Heute hat sich dieses Verhalten als gruppenspezifisches Merkmal eingebürgert. Es wird von Generation zu Generation tradiert. Man spricht in solchen Fällen gelegentlich von »protokulturellem Verhalten«. Aber erst mit der Entwicklung der Wortsprache und im weiteren Verlauf der Schrift und anderer künstlicher Datenspeicher konnte sich Kultur bilden.

Im protokulturellen Stadium mußte einer dem anderen das zu Erlernende zeigen. Mit der Entwicklung der Sprache dagegen wurde es möglich, objektunabhängig zu tradieren. Während ein japanischer Makake immer einem anderen zusehen muß, wie man Kartoffeln wäscht, kann ein Mensch einen anderen unterweisen, indem er sagt: «Kartoffeln wäscht man, bevor man sie ißt.« Ja, er kann diese Mitteilung schriftlich fixieren, und diese Information ist dann für jeden Lesekundigen und über Jahrhunderte hinweg abrufbar. Mit der Entwicklung der Schrift ist dem Gedächtnis ein neuer, überaus leistungsfähiger Informationsspeicher zur Seite gestellt, der es ermöglicht, Wissen ohne die unmittelbare Gegenwart eines Mitmenschen zu tradieren und damit Kultur zu entwickeln.

Mit der kulturellen Evolution ist insofern eine neue Seinsstufe erreicht, als kulturell erworbenes Wissen eine von den Erfindern weitgehend unabhängige Existenz führen kann. Wenn der Erfinder des Radios oder irgendeiner technischen Innovation ohne Nachkommen stirbt, kann sich seine Erfindung dennoch verbreiten. Theoretisch könnte sie selbst von genetisch nicht verwandten Bewohnern anderer Planeten übernommen werden. Das gilt auch für Ideologien, die in diesem Sinne ebenfalls eine eigene Existenz führen. K. R. POPPER (1973) spricht von einer Welt der objektiven Gedankeninhalte, die für sich existent ist, obgleich sie ein Produkt unserer geistigen Tätigkeit ist. Man kann diese Produkte – Theorien, Bücher und dergleichen mehr – studieren, ohne den Prozeß des Zustandekommens, etwa den Gang der Erkenntnis, selbst untersuchen zu müssen; so wie man Spinnennetze und Vogelnester untersuchen kann, ohne die Tiere zuvor beim Herstellen dieser Produkte zu beobachten. Bücher können uns überleben und von anderen intelligenten Wesen studiert werden. POPPER stellt diese Welt der objektiven Gedankeninhalte als Welt 3 der Welt der Bewußtseinszustände und Verhaltensdispositionen (Welt 2) und der physikalischen Welt (Welt 1) gegenüber*.

---

* Man kann die Welt 2 auch etwas weiter fassen, als die Welt des Organismischen, die sich durch die unter Selektionsdruck erzwungene Organisation von der Welt 1, der Welt des Physikalischen, unterscheidet, in der Ordnung herrscht (N. BISCHOF 1981).

Alle unsere »künstlichen Organe« (H. HASS 1970), vom Werkzeug bis zum Buch, von der Fabrik bis zur Schnellstraße, gehören zu POPPERS Welt 3. Sie zeigen am eindrucksvollsten, in welcher Weise die akkumulierende Kultur heute die Evolution des Menschen beherrscht. Neue Gedanken, Theorien und Erfindungen wirken wie Mutationen im biologischen Bereich, und sie haben sich wie solche an der Selektion zu bewähren. Die gestellte Aufgabe bleibt stets das Überleben in Nachkommen. Sie wird durch Fehlerbeseitigung gelöst. POPPER spricht davon, daß die Anpassungen, die Tiere und Pflanzen in ihrer Anatomie und ihrem Verhalten zeigen, biologische Analoga von Theorien seien: »Theorien entsprechen (gleich vielen äußeren Erzeugnissen wie Bienenwaben ...) körpereigenen Organen und ihrer Arbeitsweise. Ganz wie Theorien sind auch Organe und ihre Tätigkeit versuchsweise Anpassung an die Welt, in der wir leben« (K. R. POPPER 1973 : 125).

Erkenntnisfortschritte sind Ergebnisse eines Vorganges, der dem der natürlichen Auslese sehr ähnlich ist. Es handelt sich um Auslese von Hypothesen im Konkurrenzkampf. »Diese Interpretation läßt sich auf das tierische Wissen, das vorwissenschaftliche Wissen und die wissenschaftliche Erkenntnis anwenden. Während das tierische und das vorwissenschaftliche Wissen hauptsächlich dadurch wachsen, daß diejenigen, die untüchtige Hypothesen haben, selbst ausgemerzt werden, läßt die wissenschaftliche Kritik oft unsere Theorien an unserer Stelle sterben; sie merzt dann unsere falschen Vorstellungen aus, ehe wir selbst ihretwegen ausgemerzt werden« (POPPER 1973 : 289).

Die kulturelle Evolution ist keineswegs stets ein Ergebnis planender Vernunft. F. A. VON HAYEK (1979) wies ausdrücklich darauf hin, daß der Mensch mit der Fähigkeit, nachzuahmen und zu tradieren, eine Tradition erlernter Regeln des Verhaltens entwickelte, deren Zweck er in den meisten Fällen gar nicht versteht. Der Mensch habe, so führt VON HAYEK aus, sicherlich öfter gelernt, das Richtige zu tun, ohne einzusehen, warum es richtig war, und noch heute seien ihm Gewohnheiten oft dienlicher als das Verstehen.

Das System tradierter Regeln wurde in einem Prozeß des Aussiebens erprobt und entwickelt, der dem der Selektion auf biologischer Ebene analog ist. Der kulturelle Entwicklungsprozeß läßt sich demnach weniger auf das bewußte Wirken menschlicher Vernunft zurückführen, die planend eine Entwicklung steuerte. Er ist vielmehr das Ergebnis eines Auslesevorganges, der nicht vom Verstand, sondern vom Erfolg her gelenkt ist. In einem wettbewerblichen Prozeß setzen sich die erfolgreichen Einrichtungen durch. VON HAYEK hat sicher recht, wenn er betont, kulturelle Evolution könne auch ohne jede Einsicht stattfinden, und wenn er meint, sie sei wohl auch über die längste Zeit der Menschheitsentwicklung uneinsichtig abgelaufen.

Nimmt man Kultur als Gesamtheit der tradierten Anpassungen, dann stimmt auch seine Aussage, daß wir gar nicht in der Lage wären, Kultur zu entwerfen. Auch heute durchschauen wir nur Teilaspekte unserer eigenen Kultur*. Dennoch können und müssen wir uns gedanklich mit unseren Existenzproblemen auseinandersetzen und einsichtig nach Lösungen suchen. In vielen Bereichen der Wissenschaft, Wirtschaft und Technik erreichte der Mensch mit rationaler Planung durchaus große Erfolge. Wir können ferner Zielvorstellungen entwickeln und so unsere weitere kulturelle Entwicklung entscheidend bestimmen. Daß dies geht, lehren die von Staatsgründern und Ideologen eingeleiteten Entwicklungen.

Ideologien können bisherige Entwicklungstrends völlig umkehren. Durch neue Zielsetzungen verändern sich die Selektionsbedingungen. Ob das im speziellen Fall im Sinne der genetischen Fitneß vorteilhaft ist oder nicht, stellt sich erst später heraus. Für jene russische Sekte, die ihren Mitgliedern Sexualverkehr verbot – und die deshalb mangels Neurekrutierung bald wieder verschwand –, erwies sich die Ideologie als nachteilig.

Faszinierend sind die Experimente der einebnenden Ideologien der modernen Großgesellschaften. Mit wenigen Ausnahmen galt für die Mehrzahl der Kulturen, daß erfolgreiche Männer über die Kontrolle der Ressourcen auch mehr Nachkommen in die Welt setzten. Sie konnten sich mehrere Frauen leisten, und oft standen ihnen auch noch die Frauen ihrer Untergebenen zur Verfügung. Erfolgreiche Häuptlinge haben bei den Yanomami mehr Frauen und Nachkommen als andere (N. A. CHAGNON 1979). Bei den Chinesen hatten Reiche nicht nur Nebenfrauen und Konkubinen, sondern auch Zugang zu den Frauen ihrer Untergebenen. Die herrschende Ideologie der Chou-Dynastie (1100–222 v. Chr.) machte es ihnen zur Pflicht und nährte bei den Untergebenen den Wunsch, denn nur die herrschende Klasse, so glaubte man, verfüge über bestimmte magische Kräfte, die sie zum Wohle aller durch Fortpflanzung weitergebe.

In diesem Falle unterstützte die Ideologie diejenigen, die die Ressourcen kontrollierten, und führte zu deren Vermehrung auf Kosten der unteren Bevölkerungsschichten (weitere Beispiele bei K. MACDONALD 1983). Mit dem Christentum, das interessanterweise zunächst bei den Sklaven und Armen Roms Verbreitung fand, kam die Ideologie der Einebnung (wie FRIEDRICH NIETZSCHE es ausdrückte) in die Welt. Sie richtete sich gegen diejenigen, die die Ressourcen kontrollierten, bemühte sich um eine Ethik des Teilens und des Ausgleichs und um strengere Einhaltung der Monogamie. Päpstlicher Bann gegen Fürsten war ein Mittel, um den Herrschenden in Europa die Polygynie abzugewöhnen. Letzteres

---

* Ursachen und Wirkungen sind hier so vernetzt, daß wir mit unserer Neigung, in linearen Ursachen und Wirkungsketten zu denken, die Wirkungszusammenhänge in der Regel nicht durchschauen. D. DÖRNER und R. REITHER (1978) liefern dazu ein eindrucksvolles Experiment. Sie stellten 12 intelligenten Studenten die Aufgabe, die Lebensbedingungen des fiktiven Entwicklungslandes »Tana« zu verbessern. Die Verhältnisse des Landes waren bekannt und durften variiert werden. Es stellte sich heraus, daß fast alle Versuchspersonen das ursprünglich stabile Gefüge zerstörten und häufig katastrophale Zustände herbeiführten.

erwies sich als das Entscheidende. Denn durch die Ideologie der Monogamie bei Verbot der Geburtenkontrolle wurde den oberen Klassen das Fortpflanzungsprivileg genommen. Alle kamen damit zur Fortpflanzung, solange sie in der Lage waren, aus eigener Leistung eine Familie zu ernähren.

Besitzverteilung erwies sich als weniger wichtig, und Unterschiede dieser Art wurden vom Christentum schließlich toleriert. Eine solche Ideologie führt dazu, daß sich nicht nur eine begrenzte Anzahl Privilegierter reichlich, die anderen hingegen wenig vermehren, sondern daß viele sich vermehren. Ob dabei auf die einzelne Frau bei einer Monogamie ohne Geburtenkontrolle mehr Kinder kommen als in polygynen Gesellschaften, sollte man prüfen. Ich halte es für möglich, kenne aber keine Zahlen. Möglicherweise war das ein Faktor, der den großen Erfolg der Europäer in der Welt bedingte. Im Modell führen uns die Hutteriten in Kanada vor, wie eine Gruppe mit strenger Monogamie ohne Geburtenverhütung eine höhere Fortpflanzungsquote erreicht als andere Bevölkerungsgruppen dieses Landes. Die offene Frage ist, wie sich ein solches Muster auf lange Sicht auswirkt. Wahrscheinlich ist es im biologischen Bereich evolutionshemmend. Es könnte aber einer Gruppe zu bestimmten Zeiten Vorteile bringen, in Konkurrenz mit anderen. Wie man aber auf die Dauer degenerativen Erscheinungen entgegenwirkt, darüber wäre nachzudenken. Bis vor kurzem stand das Recht der Fortpflanzung in Europa nur jenen zu, die eine Familie ernähren konnten. Diese Anforderung wird heute nicht mehr gestellt.

In der modernen Gesellschaft werden in den weniger gebildeten und ökonomisch weniger erfolgreichen Gesellschaftsschichten mehr Kinder geboren als in den erfolgreichen. D. R. VINING (1982 a, b, 1986) spricht in diesem Zusammenhang von »non-fitness maximising behavior«, da dies gegenwärtig zum Absinken des durchschnittlichen Intelligenzniveaus um etwa einen Punkt pro Generation führt.

Durch ideologische Zielsetzungen entzieht sich der Mensch zwar nicht seiner Biologie, aber sie führten ihn aus der Ungerichtetheit der biologischen Entwicklung – falls diese wirklich völlig ungerichtet sein sollte (S. 31) – hinaus. Einfälle der verschiedensten Art – selbst die Ideen eines Wahnsinnigen – können analog den Mutationen im biologischen Bereich das Schicksal von Völkern zum Guten oder zum Schlechten wenden.

Wir erleben gegenwärtig, wie die Selektion die neu in die Welt gesetzten sozialen und wirtschaftlichen Regelsysteme auf ihre Eignung hin siebt. Wie das Experiment ausgeht, wissen wir nicht, aber zweifellos haben Zielvorstellungen selektionistische Konsequenzen, und sie können langfristig wohl auch die biologische Evolution beeinflussen.

Bereits im Tierreich sind Verhaltensänderungen Schrittmacher der stammesgeschichtlichen Entwicklung (E. MAYR 1950, 1970). Sollte z. B. eine Insektenlarve auf eine Wirtspflanze kommen, die die Art bisher nicht nützte, und dabei durch Lernprozesse so auf sie geprägt werden, daß das fertige Insekt diese Wirtspflanze künftig zur Eiablage aufsucht, dann zieht diese neue Präferenz sicher auch weitere Anpassungen in Lebensweise und Körperbau nach sich. Mit der Wahl der neuen Wirtspflanze unterwarf sich das Insekt ja neuen Selektionsbedingungen. Ist z. B. die Epidermis der neuen Wirtspflanze derber, dann wird das die Entwicklung kräftigerer Beißwerkzeuge erzwingen.

K. R. POPPER (1973) entwickelte in seiner »Speerspitzentheorie« der Verhaltensmutationen unabhängig von E. MAYR den gleichen Gedanken. Er nimmt an, daß bestimmte angeborene Tendenzen, wie solche der Gefahrenmeidung, Nahrungssuche etc., Mutationen unterworfen sind, ohne daß gleichzeitig Organe des Körpers betroffen wären. Die Änderungen betreffen nur den verhaltenssteuernden Teil: bei Wirbeltieren das Zentralnervensystem und nicht die ausführenden morphologischen Teile, die durch andere Mutationen unabhängig geändert werden können. Mutative Änderungen der verhaltenssteuernden Mechanismen – POPPER spricht von einer »zentralen Neigungsstruktur«* – stören die Funktionen des Organismus im allgemeinen weniger als Mutationen im ausführenden Teil. Eine Änderung der zentralen Neigungsstruktur kann leichter über Verhalten kompensiert werden, wenn sie stört. Sie kann aber die weitere Entwicklung ausrichten. POPPER führt Änderungen der Freßgewohnheiten als Beispiel an und erwähnt in diesem Zusammenhang das klassische lamarckistische Beispiel: die Giraffe. Er meint, daß Änderungen der Freßgewohnheiten den Änderungen des Halses vorangegangen sein müssen.

Die vieldiskutierte Ausgerichtetheit der Evolution – die Orthogenese – findet hiermit eine durchaus darwinistische Erklärung. »Hat sich einmal in der zentralen Neigungsstruktur ein neues Ziel, eine neue Tendenz oder Disposition, eine neue Fähigkeit oder eine neue Verhaltensweise entwickelt, so wird das die Wirkungen der natürlichen Auslese so beeinflussen, daß bisher ungünstige (aber der Möglichkeit nach günstige) Mutationen tatsächlich günstig werden, wenn sie die neuentwickelte Tendenz unterstützen. *Das bedeutet aber, daß die Entwicklung der Ausführungsorgane von dieser Tendenz oder diesem Ziel gesteuert wird, also eine ›zielgerichtete‹ wird«* (K. R. POPPER 1973 : 305).

POPPER (1973) spricht von »hoffnungsvollen ethologischen Monstren« (siehe auch S. 31), die in ihrem Verhalten von den Eltern entscheidend abweichen und damit neue Entwicklungen einleiten. Sicher wird über ein neues Verhalten eher eine neue Entwicklung eingeleitet als über eine Änderung in der Struktur, da ein neues Verhalten den Gesamtorganismus weniger leicht stören wird, also mit geringerer Wahrscheinlichkeit tödlich ist als eine monströse Anatomie. Ein neues Verhalten etwa, das sich bereits vorhandener lichtempfindlicher Stellen bedient,

---

* Diese »zentrale Neigungsstruktur« besteht einerseits in eingebauten Anweisungen, etwa in der einen Situation zu fliehen, in der anderen anzugreifen (POPPER spricht von Zielstrukturen), andererseits in Situationen, die die Fähigkeit vermitteln, die Umweltreize zu interpretieren (Fähigkeitsstruktur). Beide sind aber nicht voneinander zu unterscheiden: Deshalb führt POPPER den Begriff »zentrale Neigungsstruktur« ein, der beide Strukturen vereint.

könnte deren Selektionswert erheblich beeinflussen. Ein »Interesse« am Sehen kann so zum führenden Element einer orthogenetischen Entwicklung des Auges werden«*. Auf diese Weise, meint POPPER, werden Veränderungen in der Zielstruktur führend und ziehen die Entwicklung der anatomisch-physiologischen Strukturen nach.

»Die Richtung kann tatsächlich, wie es die Vitalisten wollen, von einer bewußtseinsähnlichen Tendenz bestimmt sein – von einer Zielstruktur oder der Fähigkeitsstruktur des Organismus, die eine Tendenz oder einen Wunsch entwickeln kann, das Auge zu gebrauchen, und eine Fähigkeit, die von ihm erhaltenen Wahrnehmungen zu interpretieren« (K. R. POPPER 1973 : 307). KARL POPPER hebt die aktive Rolle der Organismen im Evolutionsgeschehen hervor. Bereits auf den niedrigen Entwicklungsstufen erkunden und lernen sie. Sie begeben sich aktiv in neue Umwelten und werden so zu »Suchern nach einer besseren Welt«. Mit diesem dynamischen Bild wendet er sich gegen die verbreitete Vorstellung, Organismen wären bloß passiv der Auslese und Ausmerze unterworfen.

Ich habe diese Gedankengänge ausführlicher referiert, weil sie mir für uns Menschen höchst bedeutungsvoll zu sein scheinen. Was hier gesagt wurde, gilt nämlich nicht allein für genetisch bedingte Verhaltensmutationen. Beim Menschen können neue Einfälle, Ideologien und andere geistige Konzepte, wie gesagt, ebenfalls zu Schrittmachern der Evolution werden und diese ausrichten. Solche Entwicklungen führen zur kulturellen Abgrenzung und leiten damit auch eine biologische Sonderentwicklung ein (»kulturelle Pseudospeziation«, E. H. ERIKSON 1966). Sprachen spielen dabei eine große Rolle. Sie grenzen Populationen voneinander ab und schaffen damit Fortpflanzungsgemeinschaften, die eigene Wege gehen. LUIGI LUCA CAVALLI-SFORZA (1991, siehe auch L. L. CAVALLI-SFORZA, E. MINCH und J. L. MOUNTAIN 1992 sowie C. RENFREW 1992) hat in umfangreichen molekulargenetischen Erhebungen die weltweite Verbreitung mehrerer hundert menschlicher Gene erforscht, die genetischen Abstände der verschiedenen Populationen festgestellt und danach auf genetischer Verwandtschaft begründete Stammbäume rekonstruiert**. Sie entsprachen in bemerkenswerter Weise der gegenwärtigen Klassifikation der Sprachen. Gene, Völker und Sprachen entwickelten sich demnach gemeinsam auseinander (Abb. 1.1). Das Bild

---

* »Dadurch wird vielleicht das Interesse am Sehen genetisch festgelegt und kann zum führenden Element in der orthogenetischen Entwicklung des Auges werden; auch die kleinsten Verbesserungen seiner Anatomie können für das Überleben wertvoll werden, wenn sie von der Zielstruktur und der Fähigkeitsstruktur des Organismus genügend ausgenützt werden« (K. R. POPPER 1973 : 311).

** Die genetische Distanz bzw. den Grad der Verwandtschaft mißt man, indem man zum Beispiel den Prozentsatz rhesusnegativer Personen der Engländer (16 %) vom Prozentsatz der rhesusnegativen Personen unter den Basken (25 %) abzieht. Das ergibt eine Differenz von 9 Prozentpunkten. Der entsprechende Vergleich mit Asiaten ergibt 16 Punkte. Dies kann man für viele genetische Marker durchführen und danach Verwandtschaftsbeziehungen errechnen.

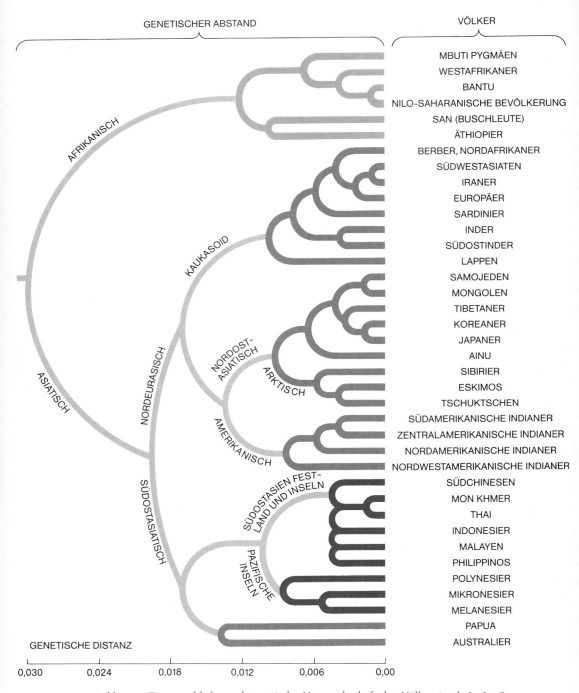

Abb. 1.1: Die sprachliche und genetische Verwandtschaft der Völker (nach L. L. Cavalli-Sforza 1991).

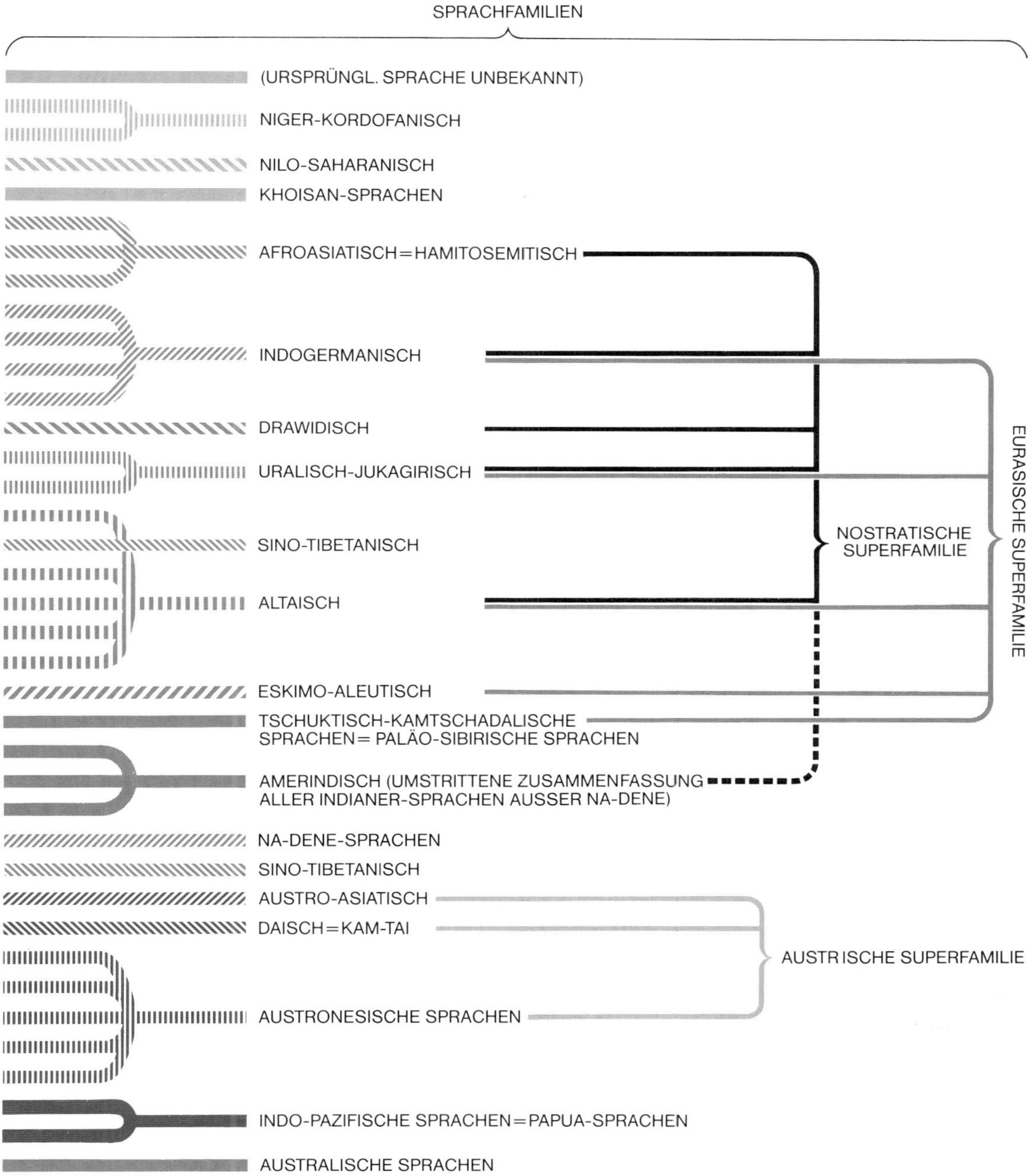

SPRACHFAMILIEN

(URSPRÜNGL. SPRACHE UNBEKANNT)

NIGER-KORDOFANISCH

NILO-SAHARANISCH

KHOISAN-SPRACHEN

AFROASIATISCH=HAMITOSEMITISCH

INDOGERMANISCH

DRAWIDISCH

URALISCH-JUKAGIRISCH

SINO-TIBETANISCH

ALTAISCH

ESKIMO-ALEUTISCH

TSCHUKTISCH-KAMTSCHADALISCHE
SPRACHEN = PALÄO-SIBIRISCHE SPRACHEN

AMERINDISCH (UMSTRITTENE ZUSAMMENFASSUNG
ALLER INDIANER-SPRACHEN AUSSER NA-DENE)

NA-DENE-SPRACHEN

SINO-TIBETANISCH

AUSTRO-ASIATISCH

DAISCH=KAM-TAI

AUSTRONESISCHE SPRACHEN

INDO-PAZIFISCHE SPRACHEN=PAPUA-SPRACHEN

AUSTRALISCHE SPRACHEN

NOSTRATISCHE
SUPERFAMILIE

EURASISCHE SUPERFAMILIE

AUSTRISCHE SUPERFAMILIE

39

wird sicher durch Fälle der Verdrängung von Sprachen oder auch durch genetische Verdrängung zunehmend verwischt, ist aber dennoch selbst für die europäischen Völker noch durchaus erkennbar (R. R. SOKAL und Mitarbeiter 1990 sowie L. L. CAVALLI-SFORZA und A. PIAZZA 1992). G. BARBUJANI und R. R. SOKAL maßen 63 Allelfrequenzen an 19 Genorten von 3119 europäischen Lokalitäten. Sie fanden Grenzen mit scharfem genetischen Wechsel, die mit Sprachgrenzen zusammenfielen. Sprachzugehörigkeit spielt demnach als abgrenzender Faktor für die Erhaltung und wahrscheinlich auch für die Entwicklung genetischer Unterschiede eine große Rolle (siehe auch R. R. SOKAL 1991 und S. G. LIVSHITS und Mitarbeiter 1991). Auf Sizilien und Sardinien verhalten sich Familiennamen und Vornamen wie genetische Marker (G. R. GUGLIELMINO und Mitarbeiter 1991, G. ZEI und Mitarbeiter 1983 a, b, A. PIAZZA und Mitarbeiter 1988). Wieweit darüber hinaus auch angeborene Wertungen die Evolutionsrichtung bestimmen, wird noch zu besprechen sein. Es gibt z. B. Hinweise dafür, daß Vorstellungen der »Differenziertheit« und des »Höheren« als universelle Zielstruktur unser Verhalten bestimmen (Kap. 8.4.3). Auch wird die kulturelle Entwicklung vom Wert der »Nächstenliebe« mitbestimmt, der ebenfalls nicht ausschließlich kulturell geprägt zu sein scheint.

Mit der kulturellen Evolution entwickelte der Mensch einen Mechanismus der Anpassung, der den der biologischen in geschichtlicher Zeit sicher an Bedeutung übertraf. Daß kulturelle Änderungen des Lebensstils in der Folge auch genetische Änderungen nach sich ziehen, ist wahrscheinlich. Es gibt gute Indizien dafür. So zeigen bei Völkern, die von Milchprodukten leben, die meisten Erwachsenen eine Laktosetoleranz, die Vertretern traditioneller Jäger- und Sammlervölker fehlt. Man nimmt an, daß mit der Erfindung des Ackerbaus und der Ausbildung der Gewohnheit, auch als Erwachsener Milch zu trinken, eine entsprechende genetische Anpassung selektiert wurde (L. L. CAVALLI-SFORZA 1981, dort weitere Literatur). Im übrigen dürften wir uns in den letzten 20 000 Jahren in Körperbau und Verhalten nicht wesentlich verändert haben. Menschen mit der Motivationsstruktur und intellektuellen Kapazität eines altsteinzeitlichen Jägers und Sammlers steuern heute Düsenjäger (I. EIBL-EIBESFELDT 1988).

Da stammesgeschichtliche und kulturelle Evolution vielfach gleichsinnig formenden Einflüssen der Auslese unterliegen, phänokopiert die kulturelle Evolution die stammesgeschichtliche in vielen Bereichen. Beispiele dazu liefert der Vergleich der kulturellen und stammesgeschichtlichen Ritualisierung (S. 616). Auch gelten für beide Bereiche gleiche grundsätzliche Funktionsgesetze. So darf es in beiden Fällen nicht zu allzu umfangreichen mutativen Abänderungen kommen. Eine zu hohe Mutationsrate wäre gefährlich. Auf ein ausgewogenes Zusammenspiel von bewahrenden und verändernden Kräften kommt es an. Man hält fest am Bewährten und variiert in kleinen Dosen. Und das ist sicher »adaptiv«; denn es ist unwahrscheinlich, daß von einer Generation zur anderen der gesamte Schatz kultureller Traditionen seine Angepaßtheit einbüßt. Unser

Bedürfnis nach Sicherheit läßt uns an den gewohnten »lieben« Bräuchen mit einer geradezu leidenschaftlichen Gefühlstönung festhalten. Von dieser sicheren Basis aus experimentieren wir mit neuen Ideen und Einfällen.

Zusammenfassung 1.2

Organismen leben von einer positiven Energiebilanz. Erzielen sie diese und setzen sie ihr Plus in Nachkommen und in die Erschließung neuer Nischen um, dann sind sie überlebensfähig, wenn nicht, fallen sie der Ausmerze anheim. In ihren Anpassungen spiegeln Organismen eignungsrelevante Eigenschaften der Umwelt, aber auch ihres inneren Milieus, wenn wir die Beziehungen der Organe zueinander betrachten.

Angepaßtheit beschreibt eine Beziehung zwischen einer lebenden (angepaßten) Struktur und einer eignungsrelevanten Gegebenheit (Paßform). Anpassung findet in Auseinandersetzung des angepaßten Systems mit seiner Umwelt statt. Sie kann sich im Laufe der Stammesgeschichte vollziehen, indem mutativ erzeugte Varianten auf ihre Eignung hin gesiebt werden. Die Rezepte zur Herstellung erfolgreicher Phänotypen bleiben erhalten; insofern wird Information genetisch gespeichert und bei Höherdifferenzierung auch vermehrt. Der gebräuchliche Ausdruck »Informationserwerb« mag einen Informationstransfer suggerieren; daher sei klargestellt, daß es der Organismus ist, der aktiv in seinem Genom Information aufbaut und speichert. Er informiert sich, aber er wird nicht informiert.

Neben der stammesgeschichtlichen Anpassung gibt es Anpassung über Lernen aus individueller Erfahrung, beim Menschen auch über tradiertes Wissen. Im letzteren Fall findet ein Informationstransfer statt. Die kulturelle Evolution phänokopiert in vielen Punkten die stammesgeschichtliche Evolution, da auch hier letzten Endes die Selektion über das Schicksal eines Merkmals entscheidet. Auch ein Brauch muß sich bewähren, doch kann aus Mißerfolgen gelernt werden, ohne daß bei der Fehlerausmerze notwendigerweise der Organismus stirbt. In der kulturellen wie in der stammesgeschichtlichen Evolution sind Verhaltensweisen oft Schrittmacher der Weiterentwicklung. Die kulturelle Evolution lief über die längste Zeit der Menschheitsgeschichte sicher ungeplant, und wir befolgen gewisse Regeln meist uneinsichtig, weil sie sich bewährt haben. Kultur ließe sich bei der Komplexität der verwickelten Zusammenhänge nur schwer planen; man kann ihr aber Ziele setzen und damit die Entwicklung ausrichten. Mit der Fähigkeit zur Zielsetzung hat der Mensch eine neue Seinsstufe erreicht.

2. Die ethologischen Grundkonzepte

2.1 Der Begriff »angeboren«

Ein Blauwal schwimmt unmittelbar nach der Geburt mit wohlkoordinierten Bewegungen. Ein neugeborenes Gnu läuft in Trab oder Galopp seiner Mutter nach, wenn Gefahr das erfordert, und ein frischgeschlüpftes Entlein watschelt zum Wasser, schwimmt ohne Vorübung, seiht den Schlamm nach Nahrung durch, trinkt, fettet sein Gefieder ein, und es bedarf dazu keines Vorbildes oder irgendwelcher Unterweisung. Es ändert auch nichts am typischen Entenverhalten, wenn ich die Eier einer Hühnerglucke unterlege. Es werden dennoch Entlein schlüpfen, die entgegen dem ziehmütterlichen Vorbild dem Wasser zustreben.

Solche offensichtlich angeborenen Fertigkeiten waren den Verhaltensforschern schon lange bekannt. H. S. REIMARUS (1762), CHARLES DARWIN (1872), W. JAMES (1890) und D. A. SPALDING (1873) diskutierten sie bereits und unterschieden zwischen ihnen und jenen Fertigkeiten, die ein Tier im Laufe seines Lebens durch Lernprozesse erwirbt. Sie wiesen auch darauf hin, daß nicht alle Verhaltensweisen gleich beim Eintritt in die Welt voll entwickelt sein müssen. Manche Verhaltensweisen reifen im Laufe der Jugendentwicklung heran. So beherrschen frischgeschlüpfte Erpel nicht einmal andeutungsweise die artspezifischen Balzbewegungen. Zieht man sie in völliger sozialer Isolation auf, dann werden sie dennoch diese für ihre Art typischen Balzbewegungen entwickeln, obgleich sie sie niemandem absehen konnten. Die naive Unterscheidung von angeborenen und erworbenen Verhaltensweisen bewährte sich beispielsweise in der Praxis der Tiersystematik. O. HEINROTH (1910) zog zur feinsystematischen Klassifizierung der Entenvögel auch deren Balzbewegungen heran. Er nützte sie wie körperliche Strukturen als Merkmale zur Kennzeichnung bestimmter systematischer Kategorien. Und er ging dabei nicht fehl. Er fand homologe Bewegungen in mehr oder weniger starker Abwandlung bei verwandten Arten und rekonstruierte so den Werdegang bestimmter Bewegungen, die er »arteigene Triebhandlungen« nannte. Er hob damit neben der Artspezifität die Spontaneität als Merkmal hervor – eine Eigenschaft, die wir noch diskutieren werden. K. LORENZ und N. TINBERGEN (1939) sprachen von »Erbkoordination« und betonten damit, daß die Bewegungen im Erbgang tradiert werden; d. h. genauer, daß die den Bewegungen zugrunde liegenden Neuronennetze und deren »Verdrahtung« mit Sinnes- und Erfolgsorganen in einem Prozeß der Selbstdifferenzierung aufgrund der im Erbgut festgelegten Entwicklungsanweisungen bis zur Funktionsreife heranwachsen. Die Erbkoordinationen sind häufig mit Orientierungsbewegungen (Taxien) zu komplexeren »Instinkthandlungen« verbunden.

Zum Nachweis des Angeborenseins einer Verhaltensweise diente den Zoologen bereits früh die Aufzucht unter Erfahrungsentzug. Gegen ihn erhoben eine Reihe von Kritikern Einwände. D. S. LEHRMAN (1953) faßte die Argumente in einer gegen KONRAD LORENZ gerichteten Streitschrift sehr klar zusammen. LEHRMAN meint, die Aussagekraft der Isolierexperimente sei gering, da man ein Tier nie von allen Umwelteinflüssen abschirmen könne. Auch bei extremer Isolation sei ein Tier immer in eine Umwelt eingebettet, die auf es einwirke – selbst im Ei oder im Uterus. Folglich könne es Erfahrungen sammeln und Vorstufen des zur Diskussion stehenden Verhaltens aufbauen. Er erwähnt in diesem Zusammenhang die Beobachtungen von Z. Y. KUO über die Entwicklung von Vorstufen des Pickens beim Hühnerembryo. Ich bin im »Grundriß der vergleichenden Verhaltensforschung« ausführlich auf diese und andere Experimente eingegangen (I. EIBL-EIBESFELDT [7]1987).

LEHRMAN betont ferner, der Begriff des Angeborenen werde von den Ethologen nur »negativ« als das, »was nicht erlernt sei«, definiert. Damit legt er den Finger auf eine schwache Stelle des Konzepts des Angeborenen und liefert einen positiven Beitrag zur Instinktdiskussion. K. LORENZ (1961) überdachte das Konzept aufgrund dieser Kritik neu und definiert es positiv nach der Herkunft der Angepaßtheit. Wir sagten bereits eingangs, daß jede Angepaßtheit eine Vorlage abbildet, was voraussetzt, daß eine die Vorlage betreffende Information von dem angepaßten System erworben worden sein muß. Für diesen Informationserwerb verfügen Organismen über drei Typen von Informationsspeichern:

1. über den genetischen Code;
2. über das individuelle Gedächtnis;
3. der Mensch schließlich auch über Sprache, Schrift und elektronische Informationsspeicher, mit deren Hilfe er Kultur schafft.

Der Begriff »angeboren« bedeutet stammesgeschichtliche Angepaßtheit. Sie kann durch Aufzucht unter Erfahrungsentzug nachgewiesen werden. Man muß dazu dem heranwachsenden Individuum Informationen über jene Vorlage, die sein

Verhalten als Anpassung kopiert, vorenthalten. Entwickelt es dennoch eine entsprechende Kopie oder Passung, dann ist die Aussage erlaubt, daß stammesgeschichtliche Anpassung vorliegt.

Verhindert man, daß ein Vogel während seines Heranwachsens den für seine Art typischen Gesang hört, und entwickelt er dennoch die artspezifischen Gesangsstrophen, dann ist das ein unumstößlicher Beweis dafür, daß die dem Gesangsmuster zugrunde liegenden Informationen im Laufe der Stammesgeschichte erworben wurden und genetisch kodifiziert sind. Das gängige Gerede, daß doch in der Ontogenese Vorläufer (Vorstufen, Precursors) festgestellt werden können, an deren Entwicklung auch Umwelteinflüsse beteiligt seien, ändert daran nichts. Wie ich seit 1963 immer wieder betont habe, bezieht sich die Aussage der stammesgeschichtlichen Angepaßtheit immer auf ein bestimmtes Integrationsniveau. Nehmen wir einmal den unwahrscheinlichen Fall an, die Atembewegungen eines Vogels wären gelernt, im übrigen würde er bei völliger Schallisolation den arttypischen Gesang entwickeln. Könnte ich dann noch von einer stammesgeschichtlichen Angepaßtheit des Gesangs sprechen? (Die Atembewegungen wären ja in diesem Falle gewissermaßen gelernte Bausteine des Gesangs.) Der hier konstruierte Fall würde an der Aussage der stammesgeschichtlichen Angepaßtheit des Gesanges nichts ändern, denn diese bezieht sich auf ein anderes, höheres Niveau. Und für dieses beweist der hier konstruierte Isolationsversuch, daß die Informationen, die das spezifische Gesangsmuster (Melodie, Rhythmus, Silbenaufbau) betreffen, dem Tier nicht während seiner Ontogenese zugeführt werden mußten. Folglich müssen die Informationen, welche die Passung auf diesem Niveau betreffen, im Laufe der Stammesgeschichte erworben sein.

Aus dem gleichen Grunde können wir behaupten, die Futterversteckhandlung des Eichhörnchens ist stammesgeschichtlich angepaßt. Jedes Eichhörnchen versteckt im Herbst Nüsse und Eicheln mit einer Folge stereotyper Bewegungen: Es scharrt dazu ein Loch, legt darin die Nuß ab, rammt sie mit schnellen Schnauzenstößen fest in den Boden, schiebt dann mit alternierenden Bewegungen der Vorderbeine die losgegrabene Erde über das Loch und drückt sie noch anschließend mit den Vorderbeinen fest. Diese adaptive Handlungsfolge wird auch von Eichhörnchen ausgeübt, die in völliger sozialer Isolation aufwuchsen und die keinerlei Gelegenheit hatten, mit festen Objekten umzugehen, wenn man ihnen zum ersten Mal Nüsse gibt und die Möglichkeit bietet, diese zu vergraben.

Die Eichhörnchen suchen nach einem Versteckplatz auf dem Boden, scharren ein Loch, legen die Nuß ab, rammen sie fest, decken sie mit Erde zu und drücken diese fest. Fehlleistungen in der Gefangenschaft zeigen die Starrheit des ablaufenden Programmes: Manchmal versucht ein Eichhörnchen in einer Zimmerecke zu vergraben, auch dann beobachtet man die gesamte Bewegungsfolge. Die Zudeck- und Festdrückbewegungen laufen ab, obgleich gar nichts aufgegraben wurde: Ein vorgegebenes Programm schnurrt ab (I. EIBL-EIBESFELDT 1963).

Würde nun jemand entdecken, daß Eichhörnchen die Koordination antagonistischer Muskeln während ihrer Embryonalentwicklung einüben, dann dürften wir aufgrund unserer Versuche dennoch aussagen, die Futterversteckhandlung verdanke ihre spezifische Angepaßtheit stammesgeschichtlichen Anpassungsvorgängen. Wir beziehen uns dabei nämlich ausdrücklich auf eine ganz bestimmte Ebene der Passung, die ein hochspezifisches »Wissen« voraussetzt, das in diesem Fall nachweislich nicht im Laufe der Ontogenese erworben werden konnte. In den während der Aufzucht herrschenden Versuchsbedingungen wurde die für ein Lernen nötige passungsrelevante Information ja nicht angeboten.

Ein sehr radikales Deprivationsexperiment machte J. C. FENTRESS (1976). Mäuse putzen bekanntlich mit ihren Vorderbeinen Kopf und Schnauze, indem sie die Arme von hinten nach vorne über Kopf, Augen und Schnauze streichen und danach die Pfoten ablecken. Neugeborene können das noch nicht. FENTRESS amputierte neugeborenen Mäusen die Arme. Es zeigte sich, daß die so am Lernen gehinderten dennoch die Kopfputzhandlung entwickelten. Man sah das an den Bewegungen der Armstümpfe, und man konnte von den Muskelstümpfen auch die korrespondierenden Muskelaktionsströme ableiten. Auch schlossen die Mäuse zu dem Zeitpunkt, an dem die Pfoten normalerweise über die Augen gestrichen hätten, die Augen, und sie leckten anschließend ins Leere, die nicht vorhandenen Pfoten waschend. Ich hoffe, es braucht nicht noch mehr solcher radikaler Experimente, um Wissenschaftler von der Existenz vorprogrammierter angeborener Bewegungsfolgen zu überzeugen. Wer meint, auch da noch irgendwelche mysteriösen Lernprozesse annehmen zu müssen, dem ist wohl nicht zu helfen.

Erstaunlicherweise werden diese keineswegs besonders schwierigen Zusammenhänge von den Kritikern ethologischer Fragestellungen oft bis heute nicht verstanden. Viele wiederholen mit stereotyper Monotonie die alten Argumente. Eine Ausnahme machte D. S. LEHRMAN, der 1970 den Gedankengang von LORENZ (1965) akzeptierte. Er meinte nur, seine Interessen seien anders gelagert, ihn interessierten die Details der Verhaltensgenese mehr als die Feststellung, daß etwas stammesgeschichtlich angepaßt sei. Dem halten wir entgegen, daß genau diese Feststellung der erste entscheidende Schritt einer Untersuchung der Ontogenese ist. Mit der Feststellung, ein Verhalten sei stammesgeschichtlich angepaßt, wischen die Ethologen keineswegs das Problem der Ontogenese vom Tisch. Das heute bei Gegnern ethologischer Fragestellung übliche Bekenntnis, daß das Erbe bei der Ausdifferenzierung von Verhaltensweisen zwar eine wichtige Rolle spiele, daß aber dabei immer Erbe und Umwelt interagierten – was wohl niemand anzweifelt –, dient im allgemeinen dazu, die Problematik zu verschleiern. Man bezeichnet sich nämlich als »Interaktionisten« und behauptet im gleichen Atemzug, es sei unmöglich, den Beitrag von Erbe und Umwelt an der Merkmalsbildung zu bestimmen*. Gerade im Hinblick auf die Herkunft spezifischer Angepaßtheiten kann ein Forscher verbindliche Aussagen machen.

Bereits um die Jahrhundertwende bemühten sich die Biologen darum, die Prozesse der Selbstdifferenzierung in der Embryogenese zu verstehen, und H. SPEMANN erhielt für seine Untersuchung der Organentwicklung von Molchkeimlingen bekanntlich den Nobelpreis. Er zeigte, daß verschiedenen Gewebestücken eine prospektive Potenz innewohnt. Von den verschiedenen Möglichkeiten, sich auszudifferenzieren, werden über spezifische chemische Reizschlüssel – man nennt die Stoffe Induktoren – ganz bestimmte Ausdifferenzierungen erwirkt.

Verpflanzt man z. B. den Augenbecher eines Molchkeimlings in dessen Bauchregion, dann bildet auch dort die über dem Augenbecher liegende Epidermis eine Linse. Substanzen, die vom Augenbecherrand abgeschieden werden, aktivieren von den verschiedenen genetisch vorgegebenen Möglichkeiten der Epidermiszellen jene, die zur Linsenbildung führen. Sie aktivieren »prospektive Potenzen«, die als Resultat stammesgeschichtlicher Anpassung vorgegeben sind.

Die Modifikabilität ist begrenzt; gegen zu starke Abweichungen von der Norm ist die Entwicklung geradezu abgesichert. Weder die Tatsache der Polymorphie noch die Gegebenheit von Modifikationsbreiten noch der Hinweis darauf, daß man gelegentlich auch Potentialitäten aufdecken kann, die normalerweise gar nicht aktiviert werden (S. 30), ändert etwas an der Tatsache, daß dem Prozeß der

---

* Ich habe in einem Target-Artikel einige Thesen der Humanethologie zur Diskussion gestellt (EIBL-EIBESFELDT 1979 b). In den Diskussionsbeiträgen der Meinungsgegner werden eifrig Bekenntnisse dieser Art vorgetragen: J. H. BARKOW (1979: 27): »Most researchers have now lost interest in the nature-nurture false dichotomy.« R. C. BOLLES (1979: 29): »I find it curious that the nature-nurture question, which is now so widely dismissed by behavioral scientists (because everything is known to depend upon both) might be revived just because some behavioral scientists have got interested in human behavior.« J. M. R. DELGADO (1979: 31): »Genetic heritage and instincts are obviously important elements in the organization of cerebral mechanisms of behavior, but the age-old debate of nature versus nurture, its dichotomy of percentages (50–50?) and the possible existence of a unique nature are losing scientific interest.« Und der sonst sehr einfallsreiche R. D. ALEXANDER (1979 a) schrieb: »For many years we asked: Is this behavior learned or genetic? Finally we are coming to realize that the answer is always both.« (J. H. BARKOW: »Die meisten Forscher haben jetzt das Interesse an der falschen Dichotomie ›Angeborenes – Erworbenes‹ verloren.« R. C. BOLLES: »Ich finde es eigenartig, daß man die Angeboren-erworben-Frage, die jetzt von den meisten Verhaltensforschern als erledigt betrachtet wird (weil alles bekanntlich von beidem abhängt), wieder aufleben lassen sollte, nur weil einige Verhaltensforscher ihr Interesse am menschlichen Verhalten gezeigt haben.« J. M. R. DELGADO: »Genetisches Erbe und Instinkte sind bekanntlich wichtige Elemente der Organisation zerebraler Verhaltensmechanismen, aber die alte Diskussion um Angeborenes versus Erworbenes, ihr prozentualer Anteil (50:50 Prozent?) und die mögliche Existenz einer einheitlichen Natur verlieren immer mehr an wissenschaftlichem Interesse.« R. D. ALEXANDER: »Jahrelang fragten wir: Ist ein bestimmtes Verhalten erlernt oder ererbt? Schließlich sind wir zu der Erkenntnis gelangt, daß die Antwort immer lauten muß: sowohl als auch.«) Das geht doch wirklich weit am Problem vorbei. Feststellungen dieser Art gewinnen auch durch die vielfache Wiederholung nicht an Aussagewert.

Selbstdifferenzierung im Erbgut vorgegebene Entwicklungsanweisungen zugrunde liegen. Das gilt für die Entwicklung des Nervensystems ebenso wie für die Entwicklung der Leber, des exkretorischen Systems oder der Sinnesorgane. Um eine Retina oder um Nierenglobuli zu entwickeln, braucht der heranwachsende Organismus sicher vielerlei aus seiner Umwelt, wie Nahrung, Sauerstoff, Luftfeuchtigkeit und eine bestimmte Temperatur. Aber in keinem dieser »Umwelteinflüsse« ist etwa die Information für die spezifische Zytoarchitektonik jener Gewebe enthalten.

Wie streng determiniert gerade die Entwicklung des Zentralnervensystems ist, zeigten unter anderem die Untersuchungen von R. W. SPERRY (1945 a, b, 1965, 1971). Verpflanzt man ein Stück Rückenhaut auf die Bauchseite eines Froschkeimlings, bevor die sensiblen Nerven ausgewachsen sind, dann wird dieses Hautstück von den auswachsenden Nervenfasern gefunden und so innerviert, als befände es sich am ursprünglichen Ort. Kratzt man den Frosch auf dem nunmehr bauchseitig liegenden Rückenhautstück, dann kratzt er sich auf dem Rücken. Diese und viele andere Versuche beweisen ein präzises und präfunktionell geordnetes Wachstum der Neuronennetze und der Nerven, dem genetische Anweisungen zugrunde liegen. Selektive chemische Affinitäten dürften dabei bestimmen, welche Zelle mit welcher anderen Kontakt aufnimmt. Ebenso dürften die wachsenden Nervenfasern selektiv auf bestimmte chemische Eigenschaften ihrer Endorgane abgestimmt sein (C. S. GOODMAN und M. J. BASTIANI 1986, C. S. GOODMAN und Mitarbeiter 1984, J. DODD und J. M. JESSEL 1988, A. C. HARRELSON und C. S. GOODMAN 1988). Nervenzellen in Kulturen fügen sich zu komplizierten Netzwerken mit vollreifen Verbindungen zwischen den Nervenzellen, auch wenn keinerlei Übung (Gebrauch) vorliegt. Xylocain unterdrückt alle elektrischen Funktionen. Dennoch entstehen unter Xylocain in Zellkulturen organisierte neuronale Netzwerke (P.G. MODEL und Mitarbeiter 1971).

Zusammenfassung 2.1

Der Begriff »angeboren« wird heute positiv nach der Herkunft der Angepaßtheit bestimmt. Stammesgeschichtlich angepaßt sind jene Fertigkeiten (Verhaltensweisen und Wahrnehmungsleistungen) eines Organismus, deren organisch-physiologisches Substrat – die Nervenzellen in ihrer speziellen Zusammenschaltung mit Sinnes- und Erfolgsorganen – in einem Prozeß der Selbstdifferenzierung aufgrund der im Erbgut festgelegten Entwicklungsanweisungen bis zur Funktionsreife heranwächst. Die Aufzucht unter Erfahrungsentzug erlaubt es, einem heranwachsenden Tier spezifische Information, die eine bestimmte Passage betrifft, vorzuenthalten. Handelt es dennoch angepaßt, dann ist damit der Nachweis stammesgeschichtlicher Angepaßtheit erbracht. Die Aussage bezieht sich aber immer nur auf eine ganz bestimmte Ebene der Passung. Statt stammesgeschichtlich angepaßt (= angeboren) kann man auch »genetisch vorprogrammiert« sagen, wenn man das hypothesenbelastete „angepaßt" meiden will.

2.2 Stammesgeschichtliche Anpassungen im Verhalten

Das Überleben eines Tieres hängt von sehr vielen, sehr verschiedenen Leistungen ab. Es muß sich z. B. ernähren, fortpflanzen, verteidigen können. Das alles erfordert eine Ausstattung mit unterschiedlichen, das Verhalten koordinierenden und steuernden Programmen. Das Tier muß sich im Raume bewegen und auf seine Umwelt einwirken können. Es muß wissen, was es zu tun und was es zu meiden hat. Es muß Reize wahrnehmen und verarbeiten können und so gebaut sein, daß es auf ganz bestimmte Reizkategorien mit ganz bestimmten Handlungen antwortet: daß es beispielsweise beim Erscheinen eines Geschlechtspartners um ihn wirbt, daß es aber vor Feinden davonläuft, sich totstellt oder verteidigt. Es muß zur rechten Zeit angepaßt handeln, was besondere Regelkreisschaltungen erforderlich macht, die Abweichungen vom physiologischen Gleichgewicht (der Homöostase) melden. Motivierende Mechanismen müssen dafür sorgen, daß Tiere aktiv nach Beute, sozialen Partnern, Ruheplätzen suchen oder auch nur neugierig nach neuer Information. Präferenzen und Aversionen müssen ihnen ebenso eingebaut sein wie komplizierte Regelsysteme, die Verhalten nach Bedarf aktivieren oder stoppen. Es müssen ihnen Normen mitgegeben sein, nach denen sie ihr Verhalten ausrichten.

Beim Menschen bestimmen solche Normen, was er als »gut« oder »böse« erlebt, und sie liegen im Konfliktfalle dem schlechten Gewissen zugrunde. Tiere und Menschen müssen ferner individuell ihr Verhalten sich ändernden Umweltbedingungen anpassen können. Adaptive Modifikabilität des Verhaltens durch Lernen erfordert komplizierte neuronale Systeme, die z. B. festlegen, was womit assoziiert wird und was als Belohnung gilt. In den Programmen ist enthalten, ob eine Art normalerweise monogam ist und wann sie von diesem Muster abweichen soll, ob sie in Gruppen lebt und Rangordnungen ausbildet, ob sie Inzesttabus befolgt, sich nach Geschlechtsrollen differenziert und vieles andere mehr.

Für Leistungen dieser Art müssen Tier und Mensch, selbst wenn sie viel lernen, eine bestimmte Grundausrüstung als stammesgeschichtliche Anpassungen mitbekommen, etwa in Form von Bewegungen, die ihnen wie fertige Werkzeuge zur Verfügung stehen, in Form eines Wissens um bestimmte auslösende Reizsituationen und in Form von Antrieben, die es aktivieren. Natürlich sind ihnen nicht die

Bewegungen oder Antriebe als solche angeboren. Wir sagten bereits, daß dies eine Kurzbeschreibung ist, die aussagt, daß die den Bewegungsweisen, Normen, Antrieben und anderen verhaltenssteuernden Einrichtungen zugrunde liegenden Nervennetze und ihre Verbindung zu den ausführenden und reizempfangenden Organen, ebenso wie ihre Schaltung zu Regelkreisen, in einem Prozeß der Selbstdifferenzierung heranwachsen.

Wie die Schaltungen der Nervennetze nun im einzelnen aussehen, das wissen wir in den wenigsten Fällen. Nur bei einigen Wirbellosen gelang es, die einigen Bewegungen zugrunde liegenden Generatorsysteme auf der Neuronenebene aufzuklären (G. S. STENT und Mitarbeiter 1978, J. C. FENTRESS 1976). Und auch in der Analyse der datenverarbeitenden Mechanismen ist man durch die Untersuchungen von D. H. HUBEL und T. N. WIESEL (1962, 1963), F. HUBER (1974, 1977) und J. P. EWERT (1974), um nur einige zu nennen, bis auf die neuronale Ebene vorgedrungen. Ich kann hier auf diese interessanten Befunde nicht eingehen, sondern muß auf meine ausführlichen Besprechungen im »Grundriß der vergleichenden Verhaltensforschung« verweisen. Wir wissen über das neuronale verhaltenssteuernde Substrat noch herzlich wenig.

Zusätzlich zur Kontrolle der Ausdifferenzierung der instinktivem Verhalten zugrunde liegenden Nervennetze müssen die Gene die Entwicklung jener Substanzen steuern und spezifizieren, die die einmal gebildeten Nervenverbindungen in vorbestimmter Weise erregen oder hemmen, so daß die geordneten Bewegungsfolgen der Erbkoordinationen ablaufen. Wie sie dies im einzelnen tun, konnte man am Eiablageverhalten der marinen Nacktschnecke *Aplysia* zum ersten Mal erforschen. Man lokalisierte eine Gruppe von Genen, die für die Entwicklung einer Gruppe verwandter Neuropeptide verantwortlich sind, deren geordnete Freisetzung die Erbkoordinationen der Eiablage kontrollieren (R. H. SCHELLER und Mitarbeiter 1982, 1983, L. B. McALLISTER und Mitarbeiter 1983, R. H. SCHELLER und R. AXEL 1984).

Die Behauptung, man könne den Anteil des Erbes an der Ausdifferenzierung eines Verhaltens nie bestimmen, hat die Biologen nicht entmutigt. Wir stehen sicher erst am Beginn der Erforschung solcher Zusammenhänge, aber entscheidende Durchbrüche sind geglückt.

Unser Wissen beschränkt sich in weiten Bereichen auf die Phänomene und ihre Abhängigkeit von kontrollierbaren Variablen. Diese Wechselbeziehungen können wir in Funktionsschaltbildern veranschaulichen. Sie repräsentieren eine Ebene der Wirklichkeit, zeigen das »Wirkungsgefüge«, und ihre Stimmigkeit auf diesem Niveau wird durch die Möglichkeit, experimentell prüfbare Voraussagen zu machen, belegt. Beispiele für solche Funktionsschaltbilder finden wir unter anderem in den Veröffentlichungen von B. HASSENSTEIN (1975, 1983), E. VON HOLST, U. VAN SAINT PAUL (1960) und N. BISCHOF (1975) (Kap. 3.6).

Wenn wir im folgenden die stammesgeschichtlichen Anpassungen nach solchen des motorischen Bereichs, der Wahrnehmung und Regelung des Antriebs und solchen im Dienste des Lernens unterscheiden, dann lösen wir damit Wirkmechanismen und relativ ganzheitsunabhängige Bausteine des Verhaltens aus einem im übrigen funktionellen Ganzen. Sie lassen sich bis zu einem gewissen Grade getrennt untersuchen. So kann ich die den Erbkoordinationen zugrunde liegenden neuronalen Generatorsysteme (Automatismen) oder die der visuellen Konstanzwahrnehmung zugrunde liegenden Regelkreise für sich studieren.

Wir dürfen über unserer Kategorisierung der Anpassungen nicht vergessen, daß es sich dabei um Untersysteme handelt, die erst im Zusammenwirken mit anderen ein funktionelles Ganzes ergeben. Man kann zwar z. B. die angeborenen Ausdrucksbewegungen und die angeborenen Auslösemechanismen für sich untersuchen, sollte aber dabei im Auge behalten, daß beide im Rahmen eines kommunikativen Systems zusammenwirken. Wir müssen uns ferner darüber im klaren sein, daß wir, wie schon erwähnt, noch weit davon entfernt sind, die vielen Programmen zugrunde liegenden physiologischen Mechanismen zu verstehen. Wir erkennen gewisse angeborene Dispositionen zu handeln – Normen und dergleichen mehr –, aber wie sie im einzelnen gebaut sind, wissen wir kaum. Lerndispositionen oder Triebe können sehr verschieden konstruiert sein. Wir erfassen sie auf der Ebene des Verhaltens als funktionelle Kategorien (S. 227).

2.2.1 Erbkoordination und Instinkthandlung

Bei Untersuchungen zur Systematik der Entenvögel entdeckte O. HEINROTH (1910), daß er die Verhaltensweisen der Balz gleich körperlichen Strukturen für feinsystematische Zwecke nützen konnte. Sie erwiesen sich als artspezifische Merkmale, und er sprach von arteigenen Triebhandlungen. Die Bewegungen zeichneten sich durch Formkonstanz aus. Es handelte sich um wiedererkennbare Bewegungsabläufe, die sich mit ähnlichen verwandter Arten homologisieren ließen. Mittlerweile hat man diese Anpassungen im motorischen Bereich näher untersucht und wiederholt auch den Nachweis ihres Angeborenseins erbracht (Beispiele S. 44). Man bezeichnet sie als Erbkoordinationen. Mit Orientierungshandlungen sind sie zu höheren funktionellen Einheiten zusammengefaßt: den Instinkthandlungen (K. LORENZ und N. TINBERGEN 1939).

Die englische Übersetzung des Begriffes Erbkoordination als »fixed action pattern« suggeriert eine große Starrheit. Das hat zu Untersuchungen über die Variabilität angeregt. Man maß z. B. die Zeitintervalle zwischen dem Auftreten zweier Verhaltensweisen (R. H. WILEY 1973) oder die Dauer einer bestimmten Verhaltensweise (J. A. STAMPS und G. W. BARLOW 1973). Damit wird aber nicht das entscheidende Merkmal der Formkonstanz erfaßt. Dank der Tatsache, daß die Ablauffolge und der relative Phasenabstand der an der Bewegung beteiligten Muskelaktionen stets gleichbleiben, kommt eine Bewegungsgestalt zustande, die transponierbar ist. Das Bewegungsmuster ist daher als solches stets wiederkennbar, auch wenn einmal die Bewegung langsamer oder schneller oder mit wechselnder Bewegungsamplitude abläuft. Eine Erbkoordination kann durchaus in diesem Sinne Variabilität aufweisen. Konstant bleibt der relative Phasenabstand der an der Bewegung beteiligten Muskelaktionen. Variabilität resultiert ferner aus der Tatsache, daß verschiedene gleichzeitig aktivierte Bewegungen einander überlagern können (Beispiele Kap. 4.2; ambivalentes Verhalten).

In diesem Zusammenhang sei jedoch ausdrücklich betont, daß jede Erbkoordination zwar formkonstant ist, daß aber nicht jede formkonstante Bewegung eine Erbkoordination ist! Auch gelernte Bewegungsfolgen können so eingeschliffen werden, daß sie eine transponierbare Bewegungsgestalt ergeben. Nur aus diesem Grunde ist ja die Handschrift ein verläßliches Merkmal einer Person. Gleich ob einer die Unterschrift langsam oder schnell schreibt, die Bewegungsgestalt bleibt stets erkennbar. Zur Formkonstanz muß das Kriterium des Angeborenseins kommen, erst dann kann man von einer Erbkoordination sprechen. Das wird oft vergessen. Außerdem sind Erbkoordinationen durchaus modulierenden Einflüssen über Rückmeldungen und Erfahrungen zugänglich, und zwar in von Fall zu Fall unterschiedlicher Weise.

Seit ERICH VON HOLSTS Untersuchungen (1935, 1936, 1937, 1939) wissen wir, daß den Erbkoordinationen der Wirbeltiere spontan aktive, automatische Zellgruppen zugrunde liegen, deren neuronale Aktivität zentral koordiniert wird, so daß auch das von zuführenden Informationen völlig isolierte (desafferenzierte) Nervensystem wohlgeordnete Impulsmuster zu den Muskeln schicken kann. Auch Präparate von Aalen mit völlig desafferenziertem Rückenmark schwimmen daher wohlkoordiniert. Bei Wirbellosen hat man solche Generatorsysteme mittlerweile genauer untersucht. Erbkoordinationen des Werbens, des Fliegens, des Schreitens und Schwimmens werden auf diese Weise zentral angetrieben und koordiniert. In der Regel wirken jedoch insbesondere an der Feinsteuerung Rückmeldungen über den Bewegungserfolg auf den Bewegungsvorgang ein. Gute Übersichten über diese Zusammenhänge finden wir bei J. C. FENTRESS (1976) und E. R. KANDEL (1976).

Vielfach sind Erbkoordinationen mit Orientierungshandlungen zu höheren funktionellen Einheiten zusammengefaßt, die man als Instinkthandlungen bezeichnet (K. LORENZ und N. TINBERGEN 1939). Über Lernprozesse können diese Bausteine der Motorik zu noch komplexeren funktionellen Einheiten integriert werden (Beispiele bei I. EIBL-EIBESFELDT [7]1987).

In der Motorik des Menschen lassen sich stammesgeschichtliche Anpassungen ebenfalls nachweisen. Herzschlag und Atmung reifen während der Embryonalentwicklung heran. Das Neugeborene verfügt über ein reiches Repertoire funktioneller Bewegungen, Lautäußerungen inbegriffen.

Frühgeburten können sich z. B. im Handhang an einer Leine festhalten.

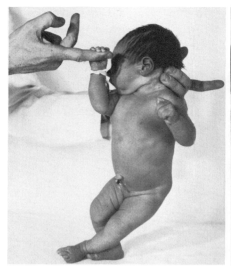
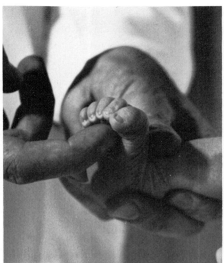

2.1 2.2

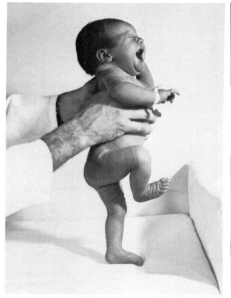

2.3 2.4

Abb. 2.1: Der Handgreifreflex eines Neugeborenen. Aus »Sie und Er« 36 (1967).
Abb. 2.2: Fußgreifreflex eines Neugeborenen. Aus »Sie und Er« 36 (1967).
Abb. 2.3: Primäres Schreiten eines Neugeborenen. Aus »Sie und Er« 36 (1967).
Abb. 2.4: Die Kreuzgang-Koordination eines kriechenden Säuglings. Nach M. B. McGraw (1943).

Neugeborene machen Schreitbewegungen, wenn man sie aufrecht über eine Unterlage führt (Abb. 2.1–2.4). Diese ersten Gehbewegungen sind nicht willentlich kontrolliert. Die Babies können nicht die Länge ihrer Schritte variieren, die Beine laufen sozusagen mit ihnen. Bäuchlings in warmes Wasser gehalten, bewegen sie Arme und Beine in Kreuzgangkoordination. Legt man sie unmittelbar nach der Geburt auf den Bauch der Mutter, dann können sie sich mit den Beinen zur Brust voranschieben (Abb. 2.5). Sie verfügen über eine besondere

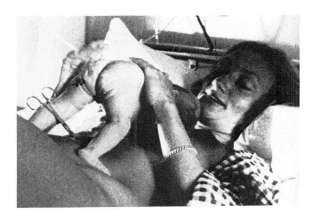

Abb. 2.5: Ein gerade eben abgenabeltes Neugeborenes kann sich aus eigener Kraft auf der Mutter vorwärtsschieben.
Foto: S. Austen.

Abb. 2.6: Rhythmisches Brustsuchen (Suchautomatismus). Nach H. F. R. Prechtl (1953).

 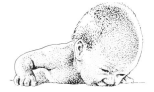 

automatische Suchbewegung (Suchautomatismus; H. F. R. Prechtl und W. M. Schleidt 1950; Abb. 2.6), vermögen ferner ohne Anleitung die Brustwarze mit den Lippen zu fassen und zu saugen, und zwar so mit den Atembewegungen koordiniert, daß sie sich nicht verschlucken. Dem Saugen sind noch andere Bewegungen zugeordnet. Sie ballen z. B. während des Trinkens die Fäuste und halten sich dabei fest, wenn sie etwas zu fassen bekommen. Während des Trinkens signalisieren sie Behagen und Unbehagen durch Lautgebung. Ihr Repertoire an Lautäußerungen ist recht differenziert.

Außer den verschiedenen Formen des Weinens verfügt der Säugling über 5 diskrete Lautäußerungen mit spezifischer Funktion (M. Morath 1977; Abb. 2.7):

a) Der Kontaktlaut ist eine Lautäußerung von 0,1 Sekunden Dauer: Er wird unmittelbar nach dem Aufwachen geäußert. Wenn die Mutter darauf nicht antwortet, beginnt das Kind zu weinen. Die Lautäußerung hat eine gemischte Frequenz mit einer oberen Grenze von 8 kHz.

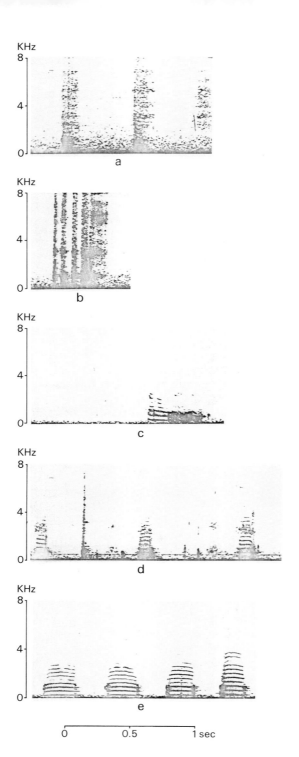

Abb. 2.7: Spektrogramme der im Text beschriebenen Lautäußerungen des Säuglings. Aus M. Morath (1977).

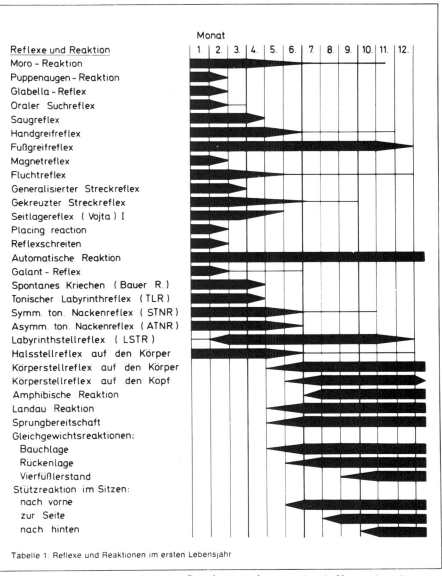

Abb. 2.8: Die diagnostisch wichtigen Reflexe des Neugeborenen. Aus A. Vossen (1971).

b) Der Unmutslaut besteht aus einer Reihe von 14mal pro Sekunde rhythmisch wiederholten kurzen Lautäußerungen. Die Einzellaute ähneln dem Kontaktlaut. Der Laut signalisiert der Mutter bei bestimmten Interaktionen Unmut, z. B. wenn sie dem Säugling die Nase putzt.

c) Der Schlaflaut wird in Abständen von etwa 15 Minuten während des

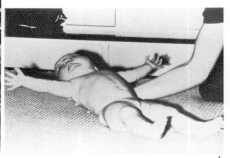

Abb. 2.9: a) Die Moro-Reaktion eines neugeborenen Eipo-Säuglings. Foto: W. SCHIEFENHÖVEL.

b) Die Moro-Reaktion eines neugeborenen europäischen Säuglings. Die Reaktion wird ausgelöst, indem man das auf der Hand liegende Kind mit dieser kurz absacken läßt. Aus A. VOSSEN (1971).

a b

Schlafens geäußert und signalisiert Wohlbehagen. Jeder Schlaflaut währt etwa 0,3 Sekunden. Er zeigt eine gemischte Frequenz mit einer oberen Grenze von 3 kHz. Man hört den angenehmen Laut vor allem, wenn der Säugling im Schlaf seine Stellung ändert. Unterbleibt er längere Zeit, dann sieht die Mutter nach dem Rechten. Sie handelt so, ohne zu wissen, weshalb.

d) Der Trinklaut ist ein ziemlich reiner Ton von 0,2 Sekunden Dauer mit Obertönen bis zu 8 kHz. Er wird im Rhythmus des Trinkens geäußert, vor allem wenn das Kind an der Brust trinkt. Er signalisiert, daß alles in Ordnung ist.

e) Der Wohligkeitslaut ist ein reiner Ton mit Obertönen bis zu 5 kHz und einer Dauer von 0,3 Sekunden. Er wird manchmal in Abständen von 0,5 Sekunden wiederholt. Der Laut signalisiert Wohlbehagen und Sättigung.

Es gibt eine große Anzahl von hochspezifischen Reflexbewegungen, die zur klinischen Diagnose herangezogen werden, da sie für den Reifezustand und die Gesundheit eines Säuglings typisch sind (H. F. R. PRECHTL 1958; Abb. 2.8).

Hält man einen Säugling in Rückenlage auf den Händen und läßt man ihn kurz absacken, dann breitet er die Arme aus und führt sie danach wieder vor der Brust zusammen (MORO-Reaktion; Abb. 2.9 a, b). Das tut er allerdings nur, wenn er nicht bereits etwas hält. Hat er vorher etwas ergriffen, dann verstärkt er den Zugriff: eine angepaßte Verhaltensweise. Schon das Neugeborene zeigt eine Reihe von Ausdrucksbewegungen. Auf sein reaktives Verhalten gehen wir im folgenden Abschnitt noch näher ein.

Der Säugling verfügt ferner über eine typische Augenwischreaktion, die ich

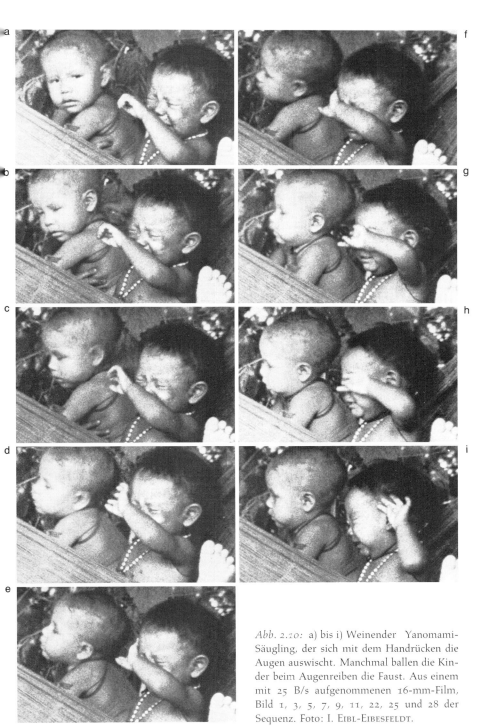

Abb. 2.10: a) bis i) Weinender Yanomami-Säugling, der sich mit dem Handrücken die Augen auswischt. Manchmal ballen die Kinder beim Augenreiben die Faust. Aus einem mit 25 B/s aufgenommenen 16-mm-Film, Bild 1, 3, 5, 7, 9, 11, 22, 25 und 28 der Sequenz. Foto: I. Eibl-Eibesfeldt.

Abb. 2.11: a) bis f) Müder Himba-Säugling, der sich mit dem Handrücken die Augen reibt. Aus einem mit 25 B/s aufgenommenen 16-mm-Film, Bild 1, 8, 13, 19, 26 und 38 der Sequenz. Foto: I. Eibl-Eibesfeldt.

noch nirgendwo beschrieben fand. Mit dem Fingerrücken, vor allem dem des Zeige- und Mittelfingers, und dem Handrücken wischt er mit einer von außen nach innen geführten Bewegung über das geschlossene Auge, manchmal auch einige Male hin- und herreibend. Auf diese Weise vermeidet es der Säugling, sich selbst im Auge zu kratzen. Wir behalten dieses Augenreiben zeitlebens bei. Ich fand es bei Säuglingen aller von uns besuchten Kulturen (Abb. 2.10, 2.11), und nie sah ich, daß sich ein Säugling irrtümlich einmal mit den Fingern ins Auge faßte.

Auf die Geschmackseindrücke »süß«, »sauer« und »bitter« reagieren Neugeborene ebenfalls mit ganz bestimmten, diesen Geschmäckern zugeordneten Gesichtsausdrücken. Es ist wichtig, daß sie so der Mutter signalisieren können, ob etwas mundet oder nicht und welche Geschmacksqualität sie wahrnehmen. Die Tatsache, daß auch anencephale (großhirnlose) Säuglinge diese Reaktion zeigen, ist ein weiterer interessanter Hinweis darauf, daß es sich hier nicht um individuell erworbene Gesichtsausdrücke handelt (J. E. STEINER 1973, 1974, 1979).

Eine Reihe von Verhaltensweisen reifen im Laufe der Entwicklung heran. Das kann man nachweisen, indem man Menschen studiert, die unter definierten Bedingungen des Erfahrungsentzuges heranwachsen. Blind geborene Kinder drücken Enttäuschung in ihrem Mienenspiel genauso deutlich aus wie Sehende (P. M. COLE und Mitarbeiter 1989). Ich habe Kinder beobachtet, die taub und blind auf die Welt kamen. Diese Unglücklichen wachsen in ewiger Nacht und Stille heran. Sie können nie das Mienenspiel ihrer Mitmenschen lesen noch deren Stimme hören; dennoch entwickelt sich ihre Mimik so, daß wir die wesentlichen Grundausdrücke jederzeit erkennen können. Taub und blind Geborene lächeln,

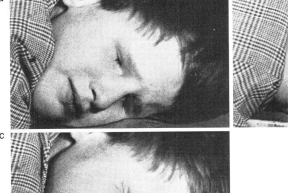

Abb. 2.12: Drei Gesichtsausdrücke eines taub und blind geborenen Mädchens (Alter etwa 10 Jahre): a) neutral; b) lächelnd; c) weinend. Aus einem 16-mm-Film. Foto: I. EIBL-EIBESFELDT.

wenn die Mutter sie kost, sie lachen beim Spielen, weinen, wenn sie sich anstoßen, und äußern dazu auch die entsprechenden Laute, machen senkrechte Stirnfalten und beißen die Zähne zusammen, wenn sie in Wut geraten, und sie stampfen dabei auch mit dem Fuß auf, wie das Ärgerliche auch sonst zu tun pflegen (I. EIBL-EIBESFELDT 1973; Abb. 2.12 bis 2.14).

Dem Einwand, diese Kinder hätten ja noch die Möglichkeit gehabt, das Gesicht ihrer Mutter abzutasten und so Informationen, die die Ausdrucksbewegungen betreffen, zu sammeln, kann ich mit der Beobachtung entgegnen, daß selbst taubblind geborene Contergan-Kinder, die das mit ihren Armstummelchen nicht tun konnten, die typischen Gesichtsbewegungen zeigten.

Die Mimik der taub und blind Geborenen ist sicherlich weniger differenziert als diejenige der Sehenden. Das dürfte aber zum wesentlichen Anteil darauf zurück-

Abb. 2.13: a) Das taubblinde Mädchen von Abb. 2.12 beißt sich verärgert in die Hand. b) Ausdruck der Verzweiflung: das in den vorangegangenen Abbildungen gezeigte taubblinde Kind wurde allein zurückgelassen. Nach ärgerlichem Protest mit Weinen umklammert sich das Mädchen selbst (Ärger gemischt mit Angst). Aus einem 16-mm-Film. Foto: I. EIBL-EIBESFELDT.

Abb. 2.14: Abweisende Handgebärde des in den vorangegangenen Aufnahmen gezeigten taubblinden Mädchens. Aus einem 16-mm-Film. Foto: I. EIBL-EIBESFELDT.

Abb. 2.15: Hals-Schulter-Reaktion eines Eipo-Mannes, der über ein ihm gezeigtes Gummitier erschrickt. Aus einem 50 B/s aufgenommenen 16-mm-Film. Bild 1, 24 und 130 der Sequenz. Foto: I. EIBL-EIBESFELDT.

Abb. 2.16: Kopfschutzreaktion eines weinenden balinesischen Knaben. Aus einem 16-mm-Film. Foto: I. EIBL-EIBESFELDT.

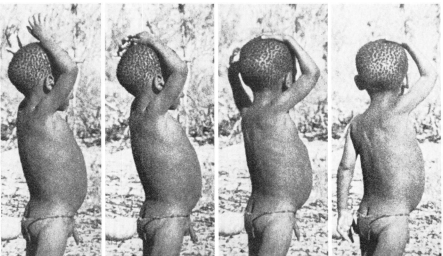

Abb. 2.17: a) bis d) Kopfschutzreaktion eines weinenden G/wi-Buschmann-Knaben. Aus einem mit 25 B/s aufgenommenen 16-mm-Film, Bild 1, 16, 40, und 56 der Sequenz. Foto: I. EIBL-EIBESFELDT.

zuführen sein, daß viele der differenzierten mimischen Ausdrücke in visueller und akustischer mitmenschlicher Kommunikation aktiviert werden, und diese Kanäle sind den Taubblinden verschlossen. Für diese Ausnahme spricht die erstaunliche interkulturelle Übereinstimmung sehr vieler Gesichtsausdrücke, die bis ins Detail geht. Der Augengruß ist ein Beispiel (S. 171, 634). Zu vielen Universalien im menschlichen Ausdrucksverhalten finden wir Homologa bei Menschenaffen. Das gilt unter anderem für das Mund-offen-Gesicht (S. 193) und das Schmoll-Gesicht (S. 641). Im Repertoire der Ausdrucksbewegungen können wir viele Erbkoordinationen nachweisen – wir werden sie gesondert besprechen (Kap. 6.3) –, aber nicht nur dort. Bei Schreck ziehen wir z. B. die Schultern hoch. Diese Hals-Schulter-Reaktion ist eine angeborene Schutzreaktion, mit der wir die empfindliche Halsregion (Karotiden) gegen Verletzung schützen (Abb. 2.15). Ferner gibt es eine Kopfschutz-Reaktion, bei der eine oder beide Hände mit der Handfläche nach unten über den Kopf gelegt werden. Wir beobachten sie bei Schreck und vor allem, wenn eine Person fürchtet, auf den Kopf geschlagen zu werden. Kinder, die weinen, legen oft eine Hand über den Kopf, als wollten sie sich vor Schlägen schützen (Abb. 2.16, 2.17). Das ist eine fast automatische Reaktion auch dann, wenn keinerlei Schläge drohen.

2.2.2 Stammesgeschichtliche Anpassungen im Bereich der Wahrnehmung: Das angeborene Erkennen

Die Leistungen der Wahrnehmung müssen vielfältigen Anforderungen entsprechen. Tier und Mensch müssen sich im Raume bewegen und dazu auch feststellen können, welche Objekte als Hindernisse ortsfest ruhen und welche sich in Relation zu ihnen bewegen. Sie müssen aber nicht nur in der Lage sein, Objekte wahrzunehmen, sondern auch angepaßt auf sie reagieren können, je nachdem, ob es sich z. B. um einen Raubfeind, eine Beute oder einen Geschlechtspartner handelt. Und sie müssen diese Leistungen des Erkennens auch sicher vollbringen, wenn sich die Objekte in verschiedenen Raumlagen, Entfernungen und unter verschiedenen Beleuchtungsverhältnissen befinden, was unter anderem komplizierte Mechanismen der Verrechnung erfordert. Solche und eine Fülle von anderen datenverarbeitenden Mechanismen stehen uns zur Bewältigung dieser Aufgaben zur Verfügung, und viele von ihnen liegen als stammesgeschichtliche Anpassungen vor.

Die Abbildungen 2.18 bis 2.20 zeigen jeweils zwei identische Aufnahmen, jeweils eine gegen die andere um 180 Grad gedreht. Nach dem Schattenfall interpretieren wir die »Landschaften« verschieden, wobei unsere Wahrnehmung von der Annahme ausgeht, daß das Licht von oben kommt.

Daß das Licht normalerweise Objekte von oben beleuchtet und diese entsprechende Schatten werfen, ist eine Erfahrung, die wir täglich von neuem machen. Es liegt daher auf der Hand anzunehmen, daß diese Wahrnehmungsleistung auf individuellen Erfahrungen beruht. Aber möglicherweise ist das gar nicht so. R. DAWKINS (1968) stellte fest, daß nichtgefütterte dreitägige Hühnerküken bevorzugt nach dreidimensionalen Objekten (halbkugeligen Nagelköpfen) picken. Sie bevorzugen aber auch Fotografien von solchen Objekten vor zweidimensionalen Plättchen; vorausgesetzt, sie sind so angeordnet, daß die hellere Seite oben ist. Diese Präferenz beruht nicht auf der individuellen Erfahrung, daß Objekte (Futterkörner) von oben beleuchtet werden. Auch Hühnerküken, die DAWKINS in von unten beleuchteten Käfigen aufzog, bevorzugten, ungeachtet ihrer gegenteiligen Erfahrungen, die Abbildungen mit den oben hellen Nagelköpfen. Sie reagieren offensichtlich aufgrund der stammesgeschichtlich eingespeisten Erfahrung, daß das Licht von oben einfällt; die gegenteilige individuelle Erfahrung ändert daran nichts.

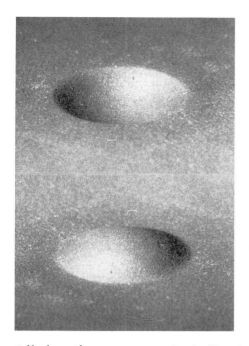

Abb. 2.18: Die beiden Aufnahmen sind identisch. Aber je nach der Orientierung (Schattenfall) nehmen wir einmal eine Kuhle (oben), das andere Mal (180 Grad gewendet) einen Hügel wahr (unten). Zeichnung: H. KACHER.

Offenbar gibt es so etwas wie ein Vorwissen aufgrund stammesgeschichtlicher Anpassungen im Wahrnehmungsapparat. Dadurch ist ein Tier in der Lage, bestimmte Umweltreize zu interpretieren und auf sie angepaßt, das heißt so, daß normalerweise seine Eignung gefördert wird, zu antworten.

Man hat dieses Vorwissen mittlerweile bei sehr vielen Tieren experimentell untersucht. Es steuert die Orientierung im Raum, die Objektorientierung, und erlaubt es einem Tier, bestimmte Gegebenheiten angeborenermaßen zu erkennen und auf sie mit vorgegebenen Programmen zu antworten. So erkennen Grillen ihren arteigenen Werbe- und Rivalengesang – der Prozeß der Datenverarbeitung ist bis in die neuronale Ebene genau erforscht (F. HUBER 1977, 1983, J. P. EWERT 1974a, b). Falter reagieren spezifisch auf Sexualpheromone (D. SCHNEIDER 1962, K. E. KAISSLING 1971), Korallenfische auf die bunten Farb- und Zeichnungsmuster ihrer Artgenossen. Die Fische können diese Kenntnisse gar nicht im Laufe des Heranwachsens erlernen, denn sie entwickeln sich meist vom Ei an weitab von den Eltern im Plankton des Meeres und kommen erst nach dem Larvenstadium an das Riff, das von einer Vielzahl von Arten bewohnt wird. Sie müssen dann wissen, wen sie bei Geschlechtsreife umwerben und wen sie bekämpfen müssen. In all diesen Fällen sind die Tiere offenbar mit datenverarbeitenden Mechanismen ausgestattet, die wie ein Reizfilter wirken und die mit der Motorik so zusammengeschaltet sind, daß sie beim Eintreffen bestimmter Reize ganz bestimmte Verhaltensweisen aktivieren. Wir sprechen von angeborenen auslösenden Mechanismen (AAM, N. TINBERGEN 1951). Diese haben sich oft einseitig auf die

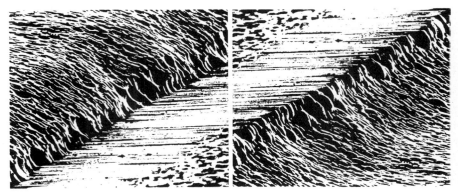

Abb. 2.19: Je nach der Orientierung des Bildes nehmen wir einen nach rechts in eine Ebene auslaufenden Hang oder einen von einem Hochplateau nach rechts abfallenden Abgrund wahr. Aus: »Umschau in Wissenschaft und Technik« (1972).

Abb. 2.20: Spanische Landschaft, normal orientiert und um 180 Grad gedreht. Wieder interpretieren wir die Landschaft aufgrund der Annahme, daß das Licht von oben kommt, nach dem Schattenwurf völlig verschieden. Foto: I. RENTSCHLER aus H. SCHOBER und I. RENTSCHLER (1979).

Wahrnehmung bestimmter Objekte oder Ereignisse eingestellt – etwa im Dienste der Feind- oder Beuteerkennung. Sie sprechen dabei auf bestimmte Schlüsselreize an, die die Situation in einfacher Weise und zugleich sicher charakterisieren. Im Falle der innerartlichen Kommunikation, bei Symbiosen auch zwischenartlich, war es nicht nur vorteilhaft, wenn der Wahrnehmende angepaßt reagierte. Es war vielmehr auch für den Partner vorteilhaft, wenn er richtig verstanden wurde. Damit entwickelten sich in wechselseitiger Anpassung zwischen Signalempfänger und -sender Signale im Dienste der Kommunikation, z. B. bunte Farbflecken. Man spricht in diesem Falle von Auslösern. Eine besondere Kategorie solcher Auslöser sind die Ausdrucksbewegungen; das sind Verhaltensweisen, die im Dienste der Signalgebung besondere Differenzierungen erfuhren (siehe Ritualisierung, Kap. 6.3.1).

Schlüsselreize und Auslöser aktivieren in der Regel sehr spezifische Verhaltensweisen, z. B. die des Flüchtens, Beutefangens, des Werbens oder Kämpfens. Artgenossen sind somit Sender von Signalen, die recht verschiedenes Verhalten in Gang setzen. Sie senden diese natürlich nicht alle zur gleichen Zeit. Oft genug aber werden Auslöser geboten, die zur gleichen Zeit gegensätzliche Verhaltenstendenzen aktivieren, z. B. solche der Kontaktsuche und solche der Abwehr. Das führt dann zu Konflikten (Kap. 4.2).

Auslöser lassen sich im Attrappenversuch nachahmen. Männliche Rotkehlchen reagieren auf die roten Brustfedern der Rivalen mit Aggressionen. Man kann diese aber auch auslösen, wenn man ihnen nur ein Büschel roter Federn auf einen Ast ins Revier montiert. Im Attrappenversuch kann man ferner das natürliche auslösende Objekt an Wirksamkeit übertreffen und so »übernormale Objekte« schaffen. Schließlich wird ein Verhalten über mehrere Merkmale des auslösenden Objekts aktiviert. Bietet man die einzelnen Reizschlüssel für sich, läßt man Reaktionen bestimmter Stärke aus. Bietet man aber mehrere zusammen, dann summiert sich die Wirkung. (Weitere Einzelheiten, insbesondere solche, die experimentelle Daten betreffen, entnehme man meinem »Grundriß der vergleichenden Verhaltensforschung«.)

Hanna Maria Zippelius (1992) übte Methodenkritik an Niko Tinbergen und anderen Pionieren der experimentellen Auslöser- und Schlüsselreizforschung. Dabei stützte sie sich im wesentlichen auf Experimente, die eine ihrer Schülerinnen an Silbermövenküken durchgeführt hat. Nun gehört es zum wissenschaftlichen Alltag, daß ältere Forschungsergebnisse aufgrund neuer Untersuchungen revidiert werden müssen. In diesem Fall reicht es dazu nicht aus, denn den Experimentatoren, die Zippelius zur Stütze ihrer Aussagen benützt, unterliefen selbst schwere methodische Fehler (F. Kuenzer 1993, J. Lamprecht 1993a, b). Vollends überzogen ist die Aussage, das Schlüsselreiz(Auslöser)-AAM-Konzept müsse aufgrund der Untersuchungen von Zippelius als überholt gelten und die Grundfesten des ethologischen Theoriengebäudes wären somit erschüttert. Davon kann wirklich nicht die Rede sein; wir wiesen schon darauf hin, daß es auch durch die neuroethologischen Experimente gestützt wird.

Wie liegen die Verhältnisse nun beim Menschen? Können wir auch bei ihm ein entsprechendes Vorwissen, eine Fähigkeit angeborenen Erkennens, nachweisen?

Beginnen wir mit einfacheren Prozessen der Wahrnehmung. Hier hat die Gestaltpsychologie eine Fülle von interessanten Einsichten geliefert. Die experimentelle Untersuchung der visuellen Wahrnehmung führte zur Formulierung einiger Gesetze des Sehens, die im Prinzip offenbar universale Geltung haben. Verschiedene kulturelle Einflüsse bedingen, soweit bekannt, nur graduelle Unterschiede. Man fand ferner, daß gewisse Erscheinungen, wie die Prägnanztendenz oder die kategoriale Wahrnehmung, nicht nur für die visuelle Wahrnehmung, sondern »transmodal« auch für andere Sinnesbereiche gelten.

Die Experimente der Gestaltpsychologen wurden nie mit erfahrungslosen Personen gemacht. Aber die Tatsache, daß die Umweltdaten überall in prinzipiengleicher Weise verrechnet werden, daß man also überall, wie die nachfolgend geschilderten Illusionen lehren, auch zu ähnlichen Fehlurteilen kommt, weist doch auf das Mitwirken angeborener Programme hin. Diese Annahme wird schließlich durch die Tatsache bekräftigt, daß auch besseres Wissen nicht vor den visuellen Illusionen schützt. Sehen wir bei leicht bewölktem Himmel zum Mond hinauf, dann erleben wir, daß der Mond gegen die Wolken fliegt. Wir wissen zwar, daß sich in Wirklichkeit die Wolken gegen den Mond bewegen, aber wir nehmen es anders wahr. Unser Wahrnehmungsapparat interpretiert es so, wider unser besseres Wissen. Er geht von der Erfahrung aus, daß sich normalerweise Objekte in einer ruhenden Umwelt bewegen, und diese Annahme hat sich hier auf der Erde bewährt. Tiere und Menschen bewegen sich gegen den Hintergrund einer ruhenden Kulisse, und da sie als Feinde oder Beute eine große Rolle spielen, war es wohl wichtig, sie ohne lange Überlegung als bewegte Objekte wahrzunehmen. Im Falle des Mondes bewegt sich nun ausnahmsweise die Kulisse der Wolken, was zu einem Fehlansprechen führt. Die Tatsache, daß wir wider besseres Wissen immer wieder dieser Täuschung erliegen, unterstützt unsere Annahme, daß es sich hier um stammesgeschichtlich vorprogrammierte Leistungen des Wahrnehmungsapparates handelt.

Betrachten wir zwei gleich lange Linien, die senkrecht aufeinander stehen, dann neigen wir dazu, die Vertikale zu überschätzen. Auch wenn wir von einer Mauer aus zwei Meter Höhe herabblicken, kommt uns diese Strecke länger vor als die gleiche Strecke in der Horizontalen. Das ist für einen schweren Säuger wichtig, der viel klettert. Es warnt ihn vor Absturzgefahr und verhindert, daß er allzu leichtsinnig aus größerer Höhe herabspringt. Bereits G. J. von Allesch (1931) wies auf die »nichteuklidische« Struktur unseres phänomenalen Raumes hin.

Bei der Müller-Lyer-Illusion (Abb. 2.21-1) erscheint uns jene Strecke als länger, die von den nach außen divergierenden kurzen Linien begrenzt wird. Auch unser besseres Wissen um den wahren Sachverhalt verhindert nicht, daß wir die gleich großen Strecken als unterschiedlich lang wahrnehmen. Wir schätzen die Größe eines Objektes ganz allgemein nach seiner Einbettung in einen Gesamtzusammenhang anderer Figuren (Abb. 2.21-2 bis 2.21-4), und das dürfte mit unserer Fähigkeit zur Konstanzwahrnehmung zusammenhängen (R. H. Day 1972). Wir erkennen ein Objekt in verschiedenen Entfernungen als etwa gleich groß.

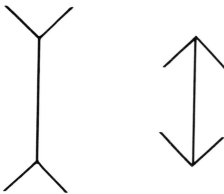

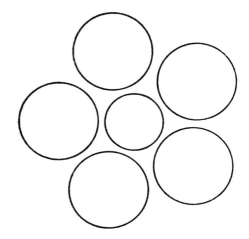

Abb. 2.21-1: Die Müller-Lyer-Illusion. Die beiden Geraden sind gleich lang, dennoch schätzt unsere Wahrnehmung sie als verschieden ein.

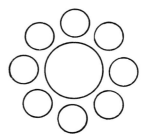

Abb. 2.21-2: Vergleichstäuschungen: Der von kleineren Kreisen umschlossene Mittelkreis erscheint größer als der an sich gleich große, aber von größeren Kreisen umschlossene.

Verschiedene Parameter liegen dieser Einschätzung zugrunde. Unsere Wahrnehmung verrechnet die Konvergenz der Augenachsen beim beidäugigen Fixieren eines Objektes und die Akkomodation. Aus der scheinbaren Bewegung der Objekte bei Kopfbewegungen können wir auch bei einäugigem Sehen die Entfernung der Objekte abschätzen. Nahe Objekte verschieben sich schneller in der Gegenrichtung als ferne (Bewegungsparallaxe). Bei beidäugigem Sehen kommt dazu die stereoskopische Wahrnehmung, die sich aus der Unterschiedlichkeit der Netzhautbilder ergibt, die dreidimensionale Objekte im rechten und linken Auge entwerfen. Weitere Kriterien der Tiefe sind die Lufttrübung (Albedo = atmosphärische Perspektive), die lineare (geometrische) Perspektive und der Textur-Gradient.

Auch in einer zweidimensionalen Darstellung vermeint man anhand der zuletzt genannten Kriterien Tiefe sehen zu können und schätzt dementsprechend die vermeintlich nahen Figuren und die entfernteren nach ihrer Größe ein. So erscheint die gleich große Personenfigur in Abbildung 2.21-3 verschieden groß, weil wir die im oberen Bildteil dargestellte Person als weiter im Hintergrund

Abb. 2.21-3: Größenillusion, die durch die Größe benachbarter Objekte sowie durch die Anordnung im Raum bewirkt wird, und ihre Deutung aus dem Funktionszusammenhang der Wahrnehmungsleistung der Größenkonstanz: Die Höhe eines Objekts im Bildfeld, Größengradient und Häufigkeit benachbarter Elemente indizieren in einer zweidimensionalen Darstellung Entfernung. Wir beurteilen nach der aufgrund dieser Merkmale geschätzten Entfernung die Größe eines Objektes. Die in A und B dargestellten *Menschen*figuren erscheinen uns trotz ihrer stark unterschiedlichen Größe jeweils etwa gleich groß, weil wir die kleinere aufgrund der Einbettung in die benachbarten Objekte bzw. aufgrund ihrer Position im höheren Teil des Bildes als im Hintergrund stehend interpretieren. Größenillusionen kommen zustande, wenn die Figuren und ihre Ebenbilder nicht variiert werden, wohl aber die Distanzsignale, wie in C und D dargestellt. So erscheint die höhere der beiden gleichgroßen Figuren besonders in C, aber auch in D größer, da ihre Umgebung den Eindruck erweckt, sie sei weiter entfernt. Aus R. H. DAY (1972).

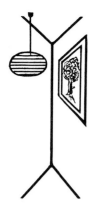 

Abb. 2.21-4: Die Müller-Lyersche Täuschung ist durch perspektivische Wirkung zu erklären. Die Figur mit den einwärts gerichteten Pfeilspitzen kann man als weiter zurückliegende Raumkante interpretieren, die demnach höher sein muß als die daneben gebotene, als Vorderkante interpretierte Figur. In einer gezimmerten Umgebung spielt dieses Merkmal eine besondere Rolle, weshalb Personen mit solchen Umgebungen der Müller-Lyer-Illusion besonders erliegen. Hier verstärkt die entsprechende Erfahrung eine an sich universale Art der Datenverarbeitung (siehe Abb. 2.22). Aus H. SCHOBER und I. RENTSCHLER (1979).

befindlich wahrnehmen. Dagegen erscheinen die verschieden großen Menschenfiguren aufgrund ähnlicher Kriterien als gleich.

Die geometrischen Illusionen sind im Grunde genommen Distanzillusionen. Mechanismen, die sich im Dienst der Objektkonstanz entwickelten, sprechen in der künstlichen Situation fehl an. Das gilt auch für viele andere Illusionen. DAY faßt dies als allgemeine Feststellung wie folgt zusammen: »... any stimulus which serves to maintain perceptual constancy of a property of an object as the visual representation of that property varies will, when independently manipulated with the retinal image not varied, produce an illusion« (R. H. DAY 1972 : 1340).

Welche dieser vielen Kriterien vom Säugling aufgrund vorgegebener Programmierung genützt werden und welche davon erst aufgrund individueller Erfahrung, wissen wir nicht. Immerhin läßt sich die Fähigkeit zur Tiefenwahrnehmung bereits im frühen Säuglingsalter feststellen, und bei einigen Tieren wies man experimentell das Angeborensein dieser Leistung nach.

Bedeckt man einen Tisch mit einer dicken Glasplatte, die weit über die Tischkante hinausragt, und legt man unter die Glasplatte eine Folie mit einem Schachbrettmuster und eine ebensolche auf den Boden, über den die Glasplatte hinwegragt, dann vermeiden es frischgeschlüpfte Hühner und neugeborene Lämmer, über den vorgetäuschten Abgrund zu laufen. E. J. GIBSON und R. D. WALK (1960) setzten 36 Säuglinge im Alter von 6 bis 14 Monaten auf ein schmales Polster, genau an die Grenze von Tisch und »Abgrund«, und ließen sie von der Mutter rufen. Neun blieben auf dem Polster. Von den 27, die zur Mutter krabbelten, mieden 24 deutlich die Abgrundseite.

Legt man 8 Wochen alte Säuglinge, die noch nicht krabbeln können, auf die Seite über den Abgrund, dann verlangsamt sich ihr Puls; legte man sie dagegen auf die »sichere« Seite (kein Abgrund), beschleunigt sich ihr Puls (J. CAMPOS und Mitarbeiter 1977). Die Säuglinge nehmen also bereits in diesem frühen Alter den Unterschied wahr. Allerdings wäre zu erwarten, daß der Puls sich beschleunigte, wenn sich die Säuglinge fürchten. Daß sich der Puls verlangsamt, spricht dafür, daß nur erhöhte Aufmerksamkeit in der für die Säuglinge neuen Situation ausgelöst wird. Auf der flachen Seite sind die Säuglinge in einer ihnen vertrauten Situation. Über einem Abgrund dagegen haben sie zuvor noch nie gelegen. Tiefenwahrnehmung ist demnach schon früh nachzuweisen und, wie auch andere Versuche zeigen, eine uns Menschen wohl angeborene Fähigkeit. Die Absturzscheu wird dagegen nach Meinung von J. CAMPOS und Mitarbeitern (1977) erworben. Nur ein Drittel der Kinder, die gerade zu krabbeln begannen, mieden in ihren Versuchen die Abgrundseite. Die anderen krochen darüber hinaus, wenn sie die Mutter lockte. Allerdings ist mit diesen Versuchen noch nicht nachgewiesen, daß es eines individuellen Lernens bedürfe. Man muß auch mit der Möglichkeit einer Funktionsreifung rechnen. Eine Reihe von neueren Experimenten zu dieser Frage tragen entscheidend zur Klärung der bisherigen Widersprüche bei (N. NADER, M. BAUSANO und J. E. RICHARDS 1987, J. E. RICHARDS und N. NADER 1981). Kinder, die kriechend den visuellen Abgrund meiden, gehen in einem Gehgestell ohne zu zögern darüber hinweg. Sie verhalten sich so, als würden sie von einem Helfer geführt. Säuglinge, die vor dem Alter von 6,5 Monaten zu krabbeln beginnen, orientieren sich taktil und bleiben dabei. Sie kriechen daher über die visuelle Klippe. Jene, die dagegen erst nach 6,5 Monaten zu krabbeln begannen, waren von Anfang an visuell orientiert, und obgleich sie weniger Krabbelerfahrung hatten, stutzten sie am vorgetäuschten Abgrund.

Projizieren wir in einem dunklen Raum in kurzem zeitlichen Abstand zwei Lichtpunkte auf einer Horizontalen versetzt nebeneinander, dann sehen wir eine Bewegung von a nach b. Unsere Wahrnehmung interpretiert dies als Wanderung eines Objekts. Daß es vorübergehend verschwindet, stört nicht. Offenbar nimmt unsere Wahrnehmung an, daß es auf dem Weg von a nach b durch ein Objekt verdeckt wurde. Nach der klassischen Theorie lernt das Kind dies durch Erfahrung. Es sieht Objekte, z. B. einen Ball, hinter anderen Objekten verschwinden, aber kann sie hinter diesen ertasten und auch ihr Wiederauftauchen im Vorbeirollen beobachten. T. G. BOWER (1971) wies jedoch experimentell nach, daß dies gar nicht gelernt zu werden braucht. Die Hypothese ist uns angeboren. Verdeckt man vor einem Säugling Gegenstände mit einem Schirm und entfernt man diesen nach kurzer Zeit, dann zeigen Säuglinge bereits im frühen Alter von 20 Tagen eine deutliche Erhöhung der Herzschlagfrequenz. War der verdeckte Gegenstand jedoch danach am Ort, zeigte der Säugling keinerlei Anzeichen von Beunruhigung. Acht Wochen alte Säuglinge erwarten auch, daß ein hinter einem Schirm verschwindender Gegenstand in der Bewegungsrichtung auf der anderen Seite wieder zum Vorschein kommt. Sie geben sich irritiert, wenn dies nicht der Fall ist. Es stört sie allerdings in diesem frühen Alter nicht, wenn ein Ball verschwindet und zum richtigen Zeitpunkt ein Würfel erscheint. Nur das Bewegungsmuster muß passen.

Säuglinge erkennen bereits im Alter von zwei Monaten Objekte in verschiedenen Raumlagen und Entfernungen wieder. Bietet man ihnen einen Würfel von 30 Zentimeter Kantenlänge in einer Entfernung von einem Meter und einen Würfel von 90 Zentimeter Kantenlänge in drei Meter Entfernung, dann verwechseln sie die beiden nicht, obgleich das Netzhautbild gleich groß ist, das die verschiedenen Objekte entwerfen. Sie erkennen dagegen den Würfel mit 30 Zentimeter Kantenlänge wieder, auch wenn er in drei Meter Entfernung gezeigt wird. Man stellte das fest, indem man die Kinder auf einen 30-Zentimeter-Würfel in einer Entfernung von einem Meter als positives Dressursignal konditionierte. Die Aufgabe bestand darin, einen Hebel im Kopfkissen beim Anblick des richtigen Dressursignals durch Kopfbewegung zu betätigen. Sie wurden dann durch freundliche Zuwendung belohnt (T. G. R. BOWER 1966).

Erfahrungen spielen bei den Leistungen der Tiefenwahrnehmung und Objektkonstanz sicher eine große Rolle. Wir dürfen jedoch auch hier annehmen, daß angeborene Leistungen der Wahrnehmung dem Säugling bereits eine grobe Orientierung gestatten.

Dafür spricht, daß die gleichen Illusionen bei verschiedenen Völkern nachgewiesen werden können. Sie werden allerdings durch die lokal verschiedenen Erfahrungen in ihrer Stärke beeinflußt. Die Müller-Lyer-Illusion und die Horizontal-Vertikal-Illusion wies man bei einer Reihe von Völkern nach (Abb. 2.22).

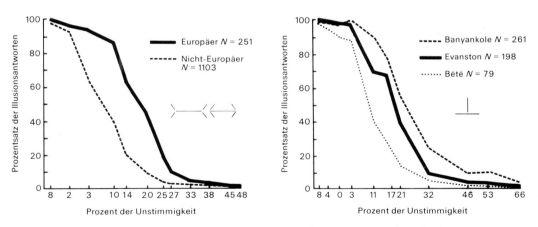

Abb. 2.22: Häufigkeitsverteilungskurven, die den Prozentsatz der Personen angeben, die bei wechselnder Verschiedenheit der verglichenen Strecken der Müller-Lyer-Illusion (links) und der Horizontal-Vertikal-Illusion (rechts) unterliegen. Im ersten Beispiel sehen die meisten Personen diejenige Strecke als länger, die von den nach außen divergierenden Winkeln begrenzt wird. Vergrößert man die bis dahin kleiner erscheinende Strecke, dann verfallen immer weniger Personen der Illusion. Entsprechendes gilt für die Horizontal-Vertikal-Illusion. Die Vertikale wird zunächst bei Gleichheit als länger eingeschätzt. Verlängert man die Horizontale, dann nimmt der Prozentsatz der Personen, denen die Vertikale länger erscheint, ab. Der Kurvenverlauf in verschiedenen Kulturen ist ähnlich, doch gibt es Unterschiede. Bei den Banyankole und Bété handelt es sich um Afrikaner. (Erläuterungen im Text.) Aus M. H. SEGALL und Mitarbeiter (1966).

Bewohner gezimmerter Wohnstätten, die stark von den Horizontalen und Vertikalen der Architektur und ihrer perspektivischen Wahrnehmung geprägt sind, sind für diese Illusionen empfänglicher als Personen aus einem nichtstädtischen Milieu (M. SEGALL und Mitarbeiter 1966). Schwarze Städter Zambias sind für die Illusionen empfänglicher als Landbewohner. Dagegen verhalten sich weiße und schwarze Städter der USA in dieser Hinsicht gleich (V. M. STEWART 1973). Die Wahrnehmung wird demnach auch von ökologischen Faktoren beeinflußt.

Von der Gestaltpsychologie wurde eine Reihe von Gestaltgesetzen erarbeitet, die auch für Vertreter außereuropäischer Kulturen gelten (S. MORINAGA 1933, T. OBONAI 1933, 1935, T. OBONAI und H. HINO 1930). Das Gesetz von Figur und Grund besagt, daß ein Bild in zwei Komponenten aufgeteilt wird – eine Figur, die sich scharf und vordergründig von einem eher diffusen Hintergrund abhebt. Das Herausgliedern der Figur ist ein aktiver Prozeß der Wahrnehmung. Der Rubinsche Becher illustriert den Vorgang. Ist der Pokal weiß wie die Buchseite, dann sieht man eher die Profile, die sich dunkel vom gesamtweißen Hintergrund abheben. Ist die Zwischenfigur schwarz, dann sieht man sie sogleich als Pokal (Abb. 2.23). Der Maler MAURITS ESCHER hat dieses Wahrnehmungsprinzip verschiedentlich künstlerisch genützt.

Unsere Wahrnehmung verarbeitet die ankommenden Sinneseindrücke so, daß wir eher das Ganze sehen als isolierte Einzelteile, und sie neigt dazu, Formen zu vereinfachen (Prägnanztendenz). So werden zwei Rechtecke, die sich kreuzweise überlappen, als Kreuz wahrgenommen und nicht als fünf Rechtecke. Die wichtigsten Gesetze, nach denen sich die Wahrnehmung organisiert, sind Ähnlichkeit, Nähe und Umschlossenheit der Form. Das Gesetz der Ähnlichkeit bezieht sich auf die Tendenz, ähnliche Elemente wie z. B. Punkte zu einer Figur zusammenzufassen. Das Gesetz der Nähe besagt, daß wir benachbarte Punkte oder Linien eher zu einer gemeinsamen Figur zusammenfassen als entfernte (Abb. 2.24). Fasse ich die bisher in dieser Figur voneinander entfernten Linien des Balkenkreuzes durch Linien zusammen, dann springt nunmehr eine neue Figur ins Auge. Umschlossene Dinge nehmen wir als Figur wahr (Gesetz der Umschlossenheit, Abb. 2.25).

Das Gesetz der Erfahrung besagt, daß wir bekannte Dinge in zufällige Strukturen hineinsehen, etwa Tiergestalten in Wolken. Ich möchte hinzufügen, daß wir nicht nur individuell Erfahrenes hineinsehen. Unsere Neigung zu physiognomisieren – bestimmte Ausdrücke in zufälligen Strukturen zu sehen – beruht wohl auf stammesgeschichtlichen Anpassungen (AAM, S. 63). Es handelt sich gewissermaßen um aufgrund stammesgeschichtlicher Erfahrung primär Bekanntes – um Vor-Urteile unserer Wahrnehmung.

Eine Eigenschaft der Gestaltwahrnehmung von besonderer Bedeutung ist die Tendenz zur Prägnanz: Durch Regelmäßigkeit und Geordnetheit vor anderen ausgezeichnete Gebilde fallen uns aus der Menge der ungeordneten, unregelmäßigen Gebilde auf. Es gibt mehrere Aspekte der Prägnanz. MAX WERTHEIMER (1927) zeigte, daß wir im Tachystoskop kurz dargebotene Figuren, etwa ein Dreieck mit

Abb. 2.23: Gesetz von Figur und Grund: Rubinscher Becher. In diesem Fall hebt sich der dunkle Becher vom diffusen Hintergrund ab. Die beiden hellen Profile entdeckt die Wahrnehmung später. Wären sie indes dunkel, würden sie als Figuren vor dem hellen Hintergrund zuerst auffallen.
Abb. 2.24: Gesetz der Nähe. Die näher beieinander liegenden Linien werden als zusammengehörig wahrgenommen, und wir sehen ein Balkenkreuz. *Abb. 2.25:* Verbinden wir jedoch die weiter voneinander entfernten Linien der in Abb. 2.24 gezeigten Figur, dann werden diese nunmehr als zusammengehörig gesehen (Gesetz der Umschlossenheit).

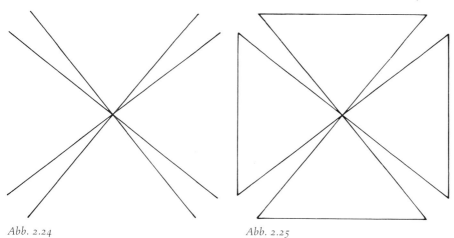

Abb. 2.24   *Abb. 2.25*

fehlendem Eck, eine leicht asymmetrische Figur oder eine mit leichter Verzerrung, ohne diese Mängel wahrnehmen. Das fehlende Eck wird von der Wahrnehmung zur guten Gestalt ergänzt, die unsymmetrische Figur erscheint als symmetrisch. Alternativ zur Einebnung geringfügiger Unterschiede kann es zu einer Verschärfung (Pointierung) charakteristischer Merkmale kommen. Läßt man Personen aus dem Gedächtnis wiederholt eine einmal gesehene Vorlage reproduzieren, dann kommt es entweder zu einer Übertreibung wesentlicher Charakteristika oder zu deren Einebnung (Abb. 2.26). Eine Zackenlinie wird z. B. bei Wiederholung immer steiler. Im einzelnen wird bei Wiedergabe einer Vorlagefigur
1. die Symmetrie verstärkt,
2. die Figur vereinfacht und
3. die Unterteilung verschärft. Ferner werden
4. die nichtpassenden Details isoliert,
5. Grenzlinien geschlossen,

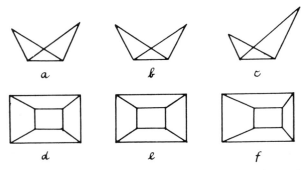

Abb. 2.26: Einebnung und Verschärfung: a) und d) zeigen geringfügige Abweichungen von der Symmetrie. In den Reproduktionen aus dem Gedächtnis sind diese Unterschiede entweder eingeebnet (b, e) oder übertrieben (pointiert). Aus M. Schuster und H. Beisl (1978) nach Arnheim (1956).

Abb. 2.27: Tendenz zur Vervollständigung von Formen in Richtung auf eine gute Gestalt. Aus M. Schuster und H. Beisl (1978).

6. ähnliche Formbestandteile wiederholt und
7. Schiefen begradigt.

Das alles vergrößert die Ordnung, Einfachheit und Vollkommenheit. Und diese Tendenz zur Ordnung und Prägnanz ist so stark, daß sie selbst dort die Ordnung herstellt, wo sie nicht vorhanden ist. W. Metzger sprach methaphorisch von einer »Ordnungsliebe unserer Sinne«.

Diese Ordnungsliebe findet wahrscheinlich in der tätig handelnden Ordnungsliebe des Menschen eine Entsprechung, denn Kinder ordnen bereits im vorsprachlichen Alter Bauklötze nach Farben; sie ergänzen ausgeschnittene Teile der Figur richtig (Abb. 2.27) und protestieren dagegen, wenn einer das fehlende Stück falsch ergänzt.

D. Dörner und W. Vehrs (1975) stellten Personen die Aufgabe, rote und grüne Farbquadrate so auf ein vorgegebenes Rasterfeld zu legen, daß dadurch einmal eine schöne und einmal eine unschöne Anordnung entsteht. Die Auswertung der Experimente ergab regelhafte Unterschiede zwischen schönen und nicht schönen Anordnungen. Schön gestaltete Rasterfelder ließen als Superzeichen Kreuze, parallele Reihen und andere Figuren erkennen (Abb. 2.28). Es befriedigt uns

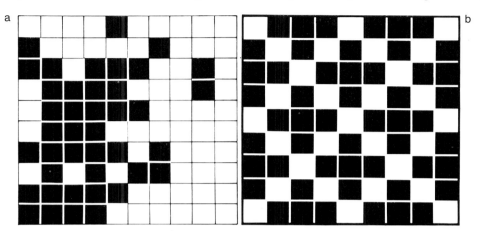

Abb. 2.28: Unschön (a) und schön (b) gestaltete Rasterfelder. Die als schön gestalteten Rasterfelder lassen Ordnungen (Superzeichen) erkennen. Aus M. SCHUSTER und H. BEISL (1978) nach D. DÖRNER und W. VEHRS (1975).

offenbar ästhetisch, in einer zunächst ungeordneten Reizkonfiguration Ordnungsrelationen zu entdecken.

Die aktive Leistung der Gestaltwahrnehmung wird uns in den sogenannten »Umspringbildern« deutlich vor Augen geführt. Betrachten wir den Neckerschen Würfel, dann sehen wir zunächst eines der beiden Quadrate als Vorderseite, das andere als Hinterseite des Würfels. Aber nach 2 bis 3 Sekunden springt das Bild um, und wir sehen nunmehr die bisherige Hinterseite als Vorderseite. Unsere Wahrnehmung ist demnach so konstruiert, daß sie sich vom einmal Erkannten löst, damit wir fragen können: »Was ist sonst noch zu sehen?« (E. PÖPPEL 1982; Abb. 2.29). Unsere visuelle Wahrnehmung sucht also aktiv nach Strukturen und sieht in dem Bedürfnis, Ordnung und Regelmäßigkeit zu erkennen, auch dort Zusammenhänge, wo sie primär nicht gegeben sind. So nehmen wir beim Betrachten der Abbildung 2.30 einen raschen Wechsel verschiedener Muster wahr, die wir als Deutung finden und wieder verwerfen.

Auf der Tendenz, gute Gestalten zu bilden, beruht unser Vermögen, gesehene Umweltobjekte zu kategorisieren. Wir bilden auf diese Weise schematische Repräsentationen – »erworbene Schemata« – von Bäumen, Häusern, Menschen, Hunden usw. Ohne diese Ordnungsleistung würden wir uns in der Umwelt gar nicht zurechtfinden (zur Schematen- und Typenbildung siehe auch das Kapitel Ästhetik, Kap. 9). Bereits ganz kleine Kinder vollbringen diese Leistung und

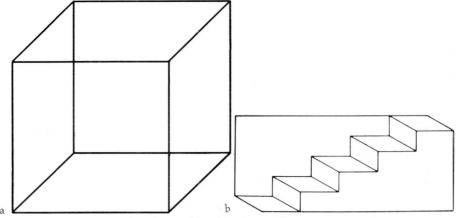

a b
Abb. 2.29: a), b) Der Neckersche Würfel und die Treppenillusion.

sprechen etwa einen Dackel als »Wau Wau« an, auch wenn sie bis dahin nur andere Hunde kannten. Die wiederholte Wahrnehmung von Ähnlichem erlaubt es, die invarianten Strukturen zu erkennen und perzeptive Schemata zu bilden.

S. ERTEL hat in einer höchst bemerkenswerten Untersuchung aufgezeigt, daß die Tendenz zur Prägnanz sich auch in den höchsten kognitiven Leistungen des Menschen manifestiert. Die kognitive Ordnungsliebe schlägt sich selbst im sprachlichen Verhalten nieder. Der Organismus geht dabei von der ihm im Laufe der Stammesgeschichte einprogrammierten Hypothese aus, daß er Regelmäßigkeiten vorfinden und diese daher entdecken kann:

»Auf allen Ebenen wartet der Organismus auf Regelmäßigkeiten – man erlaube mir den Vergleich – wie die Spinne in ihrem Netz auf Fliegen. Invarianz ist seine primäre Hypothese, die sich – was die Wahrnehmung im engeren Sinne betrifft – zu einem guten Teil vor aller Erfahrung bildet. Prägnanz der Wahrnehmung schlägt durch, wenn keine Bindung durch widersprechende sensorische Erfahrung den Wahrnehmenden daran hindert, seine primären Hypothesen zu bestätigen. Im übrigen behält er im Wahrnehmungsalltag mit seiner Hypothese sogar meistens recht. Die Gesetze des Sehens, nach denen die Dinge so redundant erscheinen, wie unter den gegebenen Umständen jeweils möglich, führen in der Regel tatsächlich zur besten Abbildung der Realität« (S. ERTEL 1981 : 123/24).

Allerdings führt dieser Prägnanzdruck auch zu Irrtümern. Das geozentrische Weltbild ist ein klassisches Beispiel. Zur Überwindung solcher, über die unmittelbare Wahrnehmung bewirkter, Fehlurteile, bedurfte es der Fähigkeit, sich von der unmittelbaren Wahrnehmung und deren Prägnanztendenz zu lösen, was nicht ein Verlassen der perzeptiven Ebene bedeutet, sondern Verfeinerung und Schärfung. Was fortschreitendes Erkennen und Problemlösen heißt, formulierte SUITBERT ERTEL treffend: »Aufbrechen guter Gestalten und Sichbefreien von der Güte der primären anschaulichen Organisation heißt nicht: Verlassen der perzeptiven Ebene

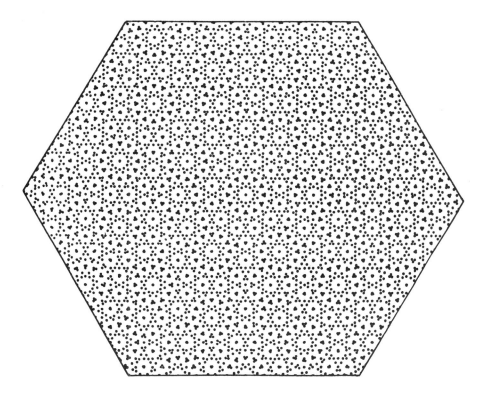

Abb. 2.30: Illustration des autonomen Strukturierungsprozesses unserer visuellen Wahrnehmung. Wir nehmen einen raschen Wechsel verschiedener Muster wahr. Unsere Wahrnehmung sucht nach Ordnung. Sie strukturiert das Wahrgenommene und interpretiert es auf verschiedene Weise. Aus D. Marr (1982).

(manche Abstraktheitskünstler sind vor ihr ständig auf der Flucht), sondern heißt: Beachten störender Epizyklen von Planeten, kleinen Flecken auf der Sonne, unregelmäßiger Zacken und Ausschläge an den Meß- und Zählapparaten der beobachtenden Wissenschaften, Aufsuchen von Asymmetrien und Anomalien, die vielleicht zur Auflösung der guten alten Vorstellungen und zur Entwicklung eines besseren Verstehens auf einer nächsthöheren Stufe führen« (S. Ertel 1981 : 124).

Die Prägnanztendenzen im sprachlichen Verhalten erläutert S. Ertel zunächst anhand einiger Beispielzitate:
1. Mao Tse-tung: »Die Welt schreitet vorwärts, die Zukunft ist glänzend, und niemand kann diese allgemeine Tendenz der Geschichte ändern.«
2. Hitler: »Sie werden uns weder militärisch besiegen noch wirtschaftlich vernichten oder gar seelisch zermürben. Unter keinen Umständen mehr werden sie irgendeine deutsche Kapitulation erleben.«
3. Kommunistisches Manifest: »Die Geschichte aller bisherigen Gesellschaft ist die Geschichte von Klassenkämpfen.«

4. Mohammed, der Prophet: »Siehe die, welche einen Unterschied machen wollen zwischen Allah und seinen Gesandten und sprechen: Wir glauben an einige und glauben an andere nicht, und einen Weg dazwischen einschlagen wollen: Jene sind die wahren Ungläubigen, und den Ungläubigen haben wir schändende Strafen bereitet.«

Diese Zitate sind nach dem Inhalt verschieden, ähneln einander jedoch, wie ERTEL betont, im Denkduktus: Die Weltentwicklung kann nicht aufgehalten werden, die Armeen können nicht geschlagen werden, die Geschichtsdeutung gilt uneingeschränkt, und der Mensch hat an alle Propheten unterschiedslos zu glauben. Die Autoren schaffen auf der Bühne des Denkens eine strenge Ordnung, die Unpassendes ausschließt und die Aussage klar und polarisierend gegen andere abgrenzt.

ERTEL formuliert zum Vergleich prägnanzschwache Aussagen zu den gleichen Punkten. Sie stehen in besserer Übereinstimmung mit der Wirklichkeit, sind aber weniger einprägsam und klar:

1. »In einigen Gebieten der Welt ist ein gewisser Fortschritt feststellbar, der sich voraussichtlich in der Zukunft fortsetzen wird, auch wenn es zu Beeinträchtigungen durch Konflikte zwischen den Staaten kommen sollte.«
2. »Sie werden uns – zumindest im Anfang – militärisch kaum besiegen. Wirtschaftlich können wir ihnen auch einige Zeit standhalten, auch seelisch scheint mir das deutsche Volk sehr widerstandsfähig zu sein. An eine Kapitulation brauchen wir – solange die Lage sich nicht wesentlich verändert – kaum zu denken.«

Wir sind hier mit zwei Denkstilen konfrontiert, für die ERTEL die Bezeichnungen A-Stil und B-Stil einführt. Man kann sie lexikalisch erkennen. Es gibt A- und B-Ausdrücke (Tab. 2.1). Aus der Untersuchung eines Textkorpus in bezug auf A- und B-Ausdrücke kann man die Disposition zum dogmatischen Überzeugungsdenken ablesen.

Der Dogmatismus-Quotient* eines Textes spiegelt das Prägnanzniveau der kognitiven Tätigkeit wider, die der Produktion der jeweils untersuchten Textmenge zugrunde liegt. In Wort-Bild-Zuordnungsversuchen ließ ERTEL A- und B-Worte sinnlosen, aber prägnanten und unprägnanten Figuren zuordnen. Die Probanden ordneten ohne große Schwierigkeit prägnante Worte wie »müssen« zu prägnanten Bildern, entsprechend zu unprägnanten Bildern unprägnante Worte, wie z. B. »können«.

Auswertungen von Problemschriften und Parteiprogrammen der Parteien nach dem Dogmatismus-Index zeigten einen U-förmigen Verlauf von der Linken über die Liberalen zur Rechten (Abb. 2.31). Bemerkenswert ist die Feststellung, daß

---

* Man ermittelt dazu die Gesamthäufigkeit des Vorkommens von A- und B-Ausdrücken und bildet den Quotienten DQ = A:(A + B). Für die Textauswertung erstellte ERTEL ein DoTA-Lexikon (Do = Dogmatismus, TA = Textauswertung) mit 430 Eintragungen.

	A-Ausdrücke	B-Ausdrücke
Kategorie 1 Häufigkeit, Dauer und Verbreitung	beständig, immer, jederzeit, jedesmal, nie, niemals, ständig, stets, allemal. endgültig u. a.	ab und zu, im allgemeinen, gelegentlich, gewöhnlich, häufig, hin und wieder, mehrfach, meistens, mitunter, normalerweise u. a.
Kategorie 2 Anzahl und Menge	alle, ausnahmslos, ohne Einschränkung, einzig, ganz, nicht im geringsten, gesamt, jede, jedermann, jegliche u. a.	eine Anzahl, ein bißchen, einzelne, etwas, gewisse, größtenteils, mehrere, eine Menge, ein Paar, teilweise u. a.
Kategorie 3 Grad und Maß	absolut, gänzlich, ganz und gar, grundlegend, grundsätzlich, von Grund auf, in vollem Maße, prinzipiell, restlos, total u. a.	besonders, ein bißchen, einigermaßen, im ~ Grade, höchst, kaum, mehr oder minder, relativ, sehr, vorwiegend u. a.
Kategorie 4 Gewißheit	ausgeschlossen, eindeutig, einwandfrei, fraglos, gewiß, nicht im mindesten, natürlich, notwendig, sicher, mit Sicherheit u. a.	allenfalls, dem Anschein nach, augenscheinlich, denkbar, fraglich, immerhin, kaum, möglich, mutmaßlich, offenbar u. a.
Kategorie 5 Ausschluß, Einbeziehung und Geltungsbereich	allein, alles andere als, ausschließlich, einzig und allein, entweder oder, lediglich, nichts als, nichts weiter, nur, weder noch u. a.	unter anderem, andererseits, auch, außerdem, darüber hinaus, ebenfalls, zum einen, einerseits, einschließlich, ferner u. a.
Kategorie 6 Notwendigkeit und Möglichkeit	müssen, haben zu (= müssen), sein zu (= müssen), nicht dürfen, nicht können, sich nicht lassen, nicht ~ bar sein, nicht imstande sein u. a.	dürfen, können, sich lassen, ~ bar sein, in der Lage sein, vermögen, nicht brauchen zu, nicht müssen u. a.

Tab. 2.1: A- und B-Ausdrücke aus dem DoTA-Lexikon von S. ERTEL (1981).

der DQ starken Beifall bei Gesinnungsgleichen auslöst und sensibel auf Affekte reagiert (Abb. 2.32–2.34). Er erhöht sich bei Furcht, Ärger und Aggression, aber auch bei positiven Affektwallungen (Euphorie, Verliebtheit, Triumph). Furcht verengt den Blick – Liebe macht blind. Wir werden im Zusammenhang mit der Diskussion der menschlichen Rationalität noch einmal auf diese Tatsachen zu sprechen kommen. Hier genügt uns die Feststellung, daß einige elementare Gesetze der Wahrnehmung transmodal auch den kognitiven Bereich durchgehend beherrschen.

Von besonderer Bedeutung sind die Konstanzleistungen der Wahrnehmung (Raumkonstanz, Größenkonstanz, Farbkonstanz). Wie sie zustande kommen, hat E. VON HOLST (1957) untersucht. Die Leistung der Raumkonstanz bewirkt, daß wir Dinge im Raum auch dann als ruhend sehen, wenn wir die Augen oder den

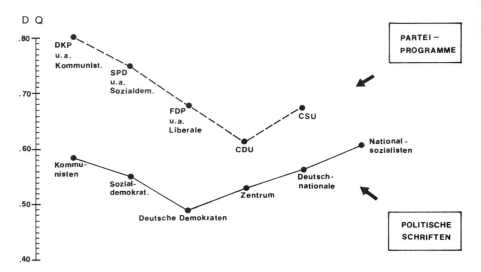

Abb. 2.31: Politische Schriften und Parteiprogramme: Der Verlauf des mittleren DQ über das Links-Rechts-Spektrum der politischen Parteien in Deutschland. Schriften unten: Zeit der Weimarer Republik. Programme oben: aus Gründen der Textmenge auch nach 1945. Aus S. ERTEL 1981.

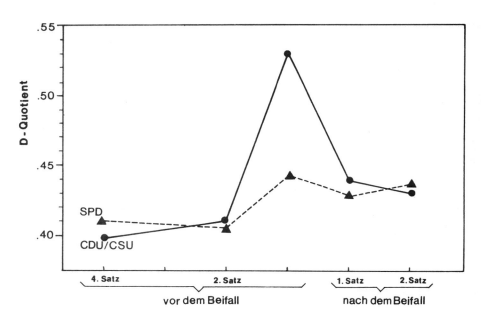

Abb. 2.32: Dogmatische Äußerungen lösen Zustimmung von Parteifreunden aus. Danach ist der D-Quotient der Redner (vorübergehend?) erhöht. D-Quotienten von Rednern im Deutschen Bundestag (1971, 1972, 1973) unmittelbar vor und nach dem Beifall. Aus S. ERTEL (1981).

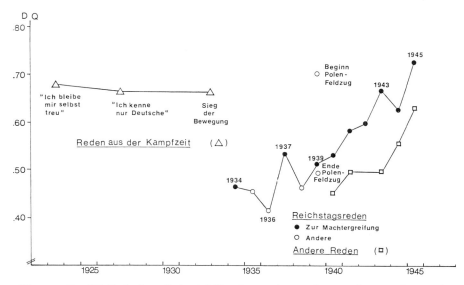

Abb. 2.33: Der DQ-Verlauf von Reden Adolf Hitlers: Reden aus der Kampfzeit, Reichstagsreden (zum 30. 1. und andere) und »andere« Reden nach 1933. Aus S. ERTEL (1981).

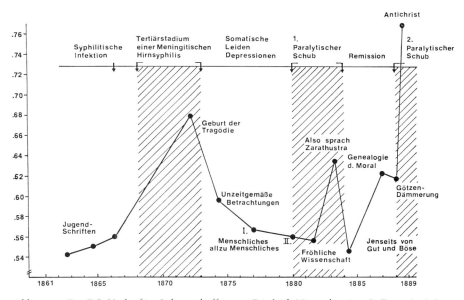

Abb. 2.34: Der DQ-Verlauf im Lebensschaffen von Friedrich Nietzsche. Aus S. ERTEL (1981).

Kopf bewegen, so daß das Abbild der Dinge über die Retina wandert. Dies wird dadurch bewirkt, daß mit dem Bewegungskommando für das Auge eine Kopie des Kommandos zentral abgezweigt und gespeichert wird (Efferenzkopie). Der Bewegungserfolg wird dann vom Auge als Reafferenz zurückgemeldet und mit der Efferenzkopie verglichen und gelöscht, wenn Kommando und Bewegungserfolg sich genau decken. Bei passiver Bewegung des Auges wird dagegen keine Efferenzkopie abgezweigt, da ja kein Kommando vorliegt – wir nehmen dann die Verschiebung des Netzhautbildes als Bewegung der Objekte wahr. Wir können uns leicht davon überzeugen, indem wir mit dem Finger gegen den Augapfel drücken: Das Bild wandert, die passive Bewegung des Augapfels wird als Umweltbewegung mißinterpretiert. Ein anderer Versuch läßt uns die Efferenzkopie wahrnehmen: Lähmen wir die Augenmuskeln durch eine Novocain-Injektion und lassen wir die Versuchsperson eine Blickwendung nach links ausführen, dann Sprung nach links machen. Da sich in diesem Falle weder die Umwelt noch das Auge bewegt haben, muß die Wahrnehmung ein zentrales Erzeugnis sein – nämlich die Kopie des Bewegungskommandos (Efferenzkopie), die nun, von keiner Reafferenz gelöscht, als Meldung wahrgenommen wird (Abb. 2.35, 2.36).

Nach dem gleichen Prinzip funktioniert die Größenkonstanz, bei der Konvergenz und Akkomodation verrechnet werden. Die Farbkonstanz basiert auf der »Annahme« des Wahrnehmungsapparates, daß die im Blickfeld vorherrschende Farbe auch die Farbe der Lichtquelle ist. Für den Organismus stellt sich nun die Aufgabe, diese vorherrschende Farbe zum Verschwinden zu bringen, so daß die Gegenstände in ihrer Farbe wahrgenommen werden. Dazu wurde die Farbe »weiß« erfunden, die keinen Farbwert besitzt. Ferner ordnet der Wahrnehmungsapparat jeder Farbe eine andere auslöschende Gegenfarbe zu, die er aktiv als sieht diese, daß die Umweltdinge im Augenblick des Bewegenwollens einen Wahrnehmung erzeugt und mit deren Hilfe er die unerwünschte Farbe als »weiß« löschen kann.

Diese Art der Datenverarbeitung führt natürlich auch zu Fehlschlüssen. Wenn wir ein kleines graues Feld in einer überwiegend roten Umgebung betrachten, dann sehen wir dieses Grau als Grün, da unsere Wahrnehmung nun annimmt, die Lichtquelle strahle Rot aus. Um das Zuviel an Rot zu löschen, wird Grün erzeugt. Die Erscheinung ist als Simultankontrast wohl bekannt. In unsere Wahrnehmung sind also Annahmen eingebaut. Sie basieren auf stammesgeschichtlichen Erfahrungen und spiegeln diese in Form von Schlußfolgerungen (»Voraus-Urteilen«) wider.

Eine Zeitlang glaubte man, die Farbkategorien wären kulturell geprägt. Man hatte nämlich Personen verschiedener Kulturen Farben zur Benennung vorgelegt und gefunden, daß nicht in allen Kulturen gleich viel Farben benannt wurden. Oft wurden mehrere Farben unter einem Begriff vereint. Aber solche Allgemeinbegriffe wie »bunt« oder »farbig« gibt es auch bei uns. Als man dann Farbzuordnungen vornehmen ließ, zeigte es sich, daß diese Zuordnungen kulturenübergreifend

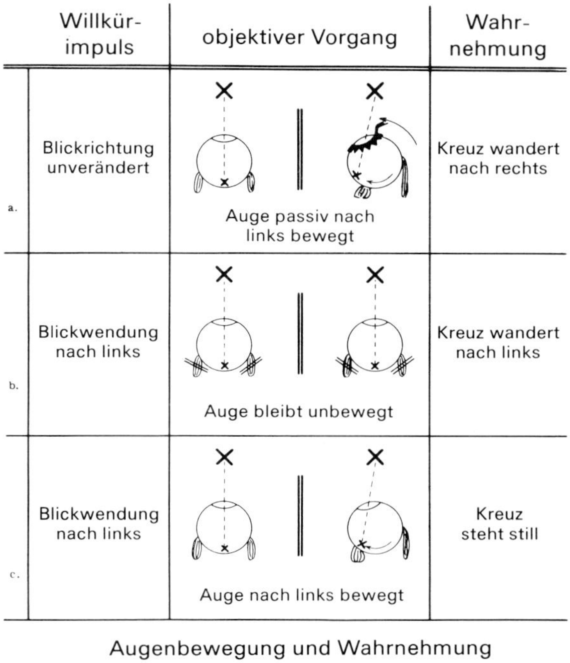

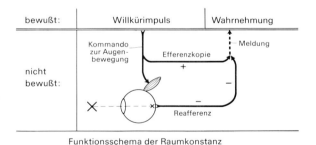

Abb. 2.35: Experimente zum Funktionsschema der Raumkonstanz. Aus E. von Holst (1955).

Abb. 2.36: Das Funktionsschema der Raumkonstanz nach E. von Holst (1955).

nach einem einheitlichen Muster erfolgten. Auch wenn kein Begriff für eine Farbe vorlag, konnten ähnliche Farben der gleichen Kategorie zugeordnet werden (Literatur bei P. Kay und W. Kempton 1984). Farbwahrnehmung ist demnach nicht kulturell relativ, vielmehr werden überall die gleichen Farbkategorien wahrgenommen.

Kategoriale Wahrnehmung gibt es auch in anderen Sinnesbereichen. So wie wir das Kontinuum des Lichtes nach einigen Hauptfarben ordnen, so ordnen wir auch akustische Eindrücke. Spielen wir einer Person ein Kontinuum von künstlich erzeugten Lauten vor, die allmählich von *ba* zu *pa* übergehen, dann hört die

Person bis zu einer ganz bestimmten Stelle *ba* und danach stets *pa*, nie aber etwas dazwischen (Abb. 2.37). Alle Personen erleben den Umschlag an gleicher Stelle,

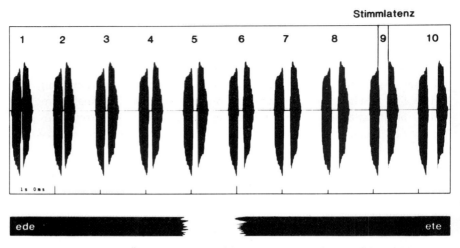

Abb. 2.37: Kategorischer Übergang vom Sprachlaut *ede* zum Sprachlaut *ete*. Die Abbildung zeigt den Verlauf der Amplitude über die Zeit in zehn Sprachlauten mit zunehmender Stimmlatenz. Der Umschlagpunkt liegt bei 5 oder 6, bei einer Stimmlatenz von etwa 80 Millisekunden. Aus W. J. M. LEVELT 1987.

auch Personen verschiedener Sprachgemeinschaften. Selbst Säuglinge im Alter von einem bis sechs Monaten hören kategorial. Wir werden darauf noch im Kapitel »Wortsprache« zurückkommen (H. LEVELT 1989).

Wie die Farbkategorien, so ist auch die in Kategorien geordnete und in ihnen erlebte Zeit ein Erzeugnis des menschlichen Hirns (E. PÖPPEL 1983, 1984). Die kleinste erlebte Zeiteinheit beträgt drei Tausendstel Sekunden. Was sich innerhalb von zwei Tausendstel Sekunden abspielt, erleben wir als gleichzeitig. Für das visuelle System sind die Werte anders. Hier werden erst Intervalle ab etwa 20 Tausendstel Sekunden als ungleichzeitig erlebt. Aber selbst wenn 20 Tausendstel Sekunden zwischen zwei Ereignissen liegen, kann ein Mensch noch nicht angeben, welches der beiden Ereignisse vor dem anderen lag. Um eine identifizierbare Folge erleben zu können, müssen mindestens 30 Tausendstel Sekunden zwischen den beiden Ereignissen liegen. Das gilt für Sehen, Hören und Tasten. Nach E. PÖPPEL liegt der Ereignisidentifikation ein Gehirnmechanismus zugrunde, der wie ein schwingendes System mit einer Frequenz von 30 Hz arbeitet.

Das Erlebnis der Folge – der Abzählbarkeit – von Ereignissen setzt einen weiteren Mechanismus voraus, der aufeinanderfolgende Ereignisse zu Wahrnehmungsgestalten zusammenfaßt, die wir als »jetzt« (gegenwärtig) erleben. Dieses Jetzt hat etwa drei Sekunden Dauer. Es ist ein universales Grundphänomen des Zeiterlebnisses, und seine Dauer entspricht den Äußerungseinheiten des Sprechens (S. 946). Das Gehirn gliedert also – um mit Pöppel zu sprechen – die Kontinuität des Sprechens in Zeitquanten von 3 Sekunden. Dem entspricht auch die Dauer der musikalischen Motive und die Länge der Zeilen in der Dichtkunst.

Gleichlaute Metronomschläge werden subjektiv strukturiert. Die wahrgenommene Lautstärke schwankt, und zwar ebenfalls in einem 3-Sekunden-Bereich. Unsere Wahrnehmung ist in diesem Sinne gewiß nicht »objektiv«. Sie ordnet, kategorisiert und interpretiert die Ereignisse.

Dieser 3-Sekunden-Segmentierung in der akustischen Wahrnehmung entspricht eine 3-Sekunden-Segmentierung unserer Motorik. Die Analyse motorischer Abläufe anhand von Filmaufnahmen verschiedener Kulturen (Europäer, Trobriander, Yanomami, Kalahari-Buschleute) zeigt, daß Bewegungsabläufe sich ebenfalls nach einem 3-Sekunden-Takt gliedern. Auf diese Weise gliedert sich das Verhalten der Wahrnehmung entsprechend. Es erweist sich auf sie abgestimmt, was Bewegungsweisen zur Kommunikation präadaptiert (M. Schleidt, E. Pöppel und I. Eibl-Eibesfeldt 1987, M. Schleidt 1988).

K. R. Popper (1973 : 165) hat also mit der Aussage recht, daß es keine Sinnesdaten oder Wahrnehmungen gibt, die nicht auf Theorien beruhen. Doch wertet er die Bedeutung der Sinnesdaten und damit der Induktion meines Erachtens zu sehr ab, wenn er sagt: »Die Daten sind also keine Grundlage oder Garantie für die Theorien, sie sind nicht sicherer als irgendeine Theorie oder irgendein ›Vorurteil‹, sondern höchstens weniger sicher ... In den Sinnesorganen sind die Äquivalente von primitiven und unkritisch angenommenen Theorien enthalten, die weniger umfassend geprüft sind als wissenschaftliche Theorien ...«

Dem ist entgegenzuhalten, daß sich die in unsere Wahrnehmung eingebauten Theorien immerhin in Jahrmillionen der Evolution an der Selektion bewährt haben. Anders als Popper würde ich sie daher zunächst einmal für *umfassender geprüft* halten als wissenschaftliche Theorien. Es ist daher irreführend, wenn Popper (1973 : 108) behauptet: »Die Naturgesetze *sind* unsere Erfindung, sie sind von Tieren und Menschen gemacht, genetisch a priori, aber nicht a priori gültig. Wir versuchen sie der Natur vorzuschreiben.« Popper folgt hier Kant, demzufolge der menschliche Verstand die Gesetze erfand und »dem sinnlichen Sumpfe« vorschrieb und dadurch erst die Ordnung der Natur schuf. Das stimmt sicher für Fälle wie jene der kategorialen Wahrnehmung, bei der ein Kontinuum dank einer Leistung des Wahrnehmungsapparates in Kategorien geordnet wird. Vielfach aber wird in unseren Denk- und Anschauungsformen eine für den mittleren Meßbereich unserer Welt gültige Wirklichkeit abgebildet, was Popper übrigens an anderen Stellen durchaus hervorhebt. K. Lorenz schreibt zu diesem Punkt (1959 : 263): »So wenig es die Fischflosse gibt, die dem Wasser seine physikalischen Eigenschaften vorschreibt, so wenig das Auge die des Lichtes bestimmt, so wenig sind es unsere Anschauungs- und Denkformen, die Raum, Zeit und Kausalität ›erfunden‹ haben.«

Die Wahrnehmung bildet mit der Motorik ein funktionelles System, an dessen Entwicklung Reifungsprozesse maßgeblich beteiligt sind.

Zwei Wochen alte Säuglinge greifen nach visuell gebotenen Objekten. Die Erwartung, daß man Gesehenes auch fassen kann, ist demnach vorgegeben. Die Reaktion ist noch wenig differenziert, weshalb C. TREVARTHEN (1975) auch von einem Protogreifen (»prereaching«) spricht.

Noch bevor Kinder in der Lage sind, nach Gegenständen zu greifen, machen sie Greifintentionen, indem sie die Arme und Hände vor dem Körper zusammenbringen. Sie führen ihre Arme bevorzugt dann in der Körpermitte zusammen, wenn das Objekt in der richtigen, ergreifbaren Größe ist. Bot man im Wahlversuch einen handlichen und einen zu großen Ball, dann machten sie beim handlichen Ball mehr Intentionsbewegungen des Greifens als beim großen; das zeigt, daß Greifen durch visuelle Information über die Ergreifbarkeit des Objektes koordiniert wird, über die das Kind bereits verfügt, bevor es Erfahrungen mit dem Ergreifen von Objekten sammelte (J. S. BRUNER und B. KOSLOWSKI 1972).

Bereits Neugeborene drehen ihren Kopf in die Richtung einer Schallquelle und versuchen hinzusehen, so als »wüßten« sie, daß man Gehörtes auch sehen kann. Sie tun es aufgrund eines vorgegebenen zentralen Fixierprogrammes. Auch Blindgeborene verhalten sich nämlich so (D. G. FREEDMAN 1964). Auf die soziale Bedeutung dieser Reaktion werden wir noch eingehen (S. 274).

Säuglinge wollen ferner scharf sehen, und sie lernen es, durch Saugen an einem Schnuller Bilder scharf zu stellen (I. V. KALNINS und J. S. BRUNER, zitiert in R. C. HULSEBUS 1973).

Kinder kommen demnach mit der Erwartung zur Welt, daß Dinge klare Konturen haben, und sie haben das Bedürfnis, diesen Zustand herzustellen, wenn sie nicht scharf sehen. Das kann über Akkommodation geschehen, aber auch über andere Verhaltensweisen. Nach T. G. R. BOWER (1971) greifen zweiwöchige Säuglinge nur nach Ergreifbarem und nicht nach Bildern von Objekten. D. DIFRANCO und Mitarbeiter (1978) konnten das nicht bestätigen. Die Kinder griffen bei ihren Versuchen nach dreidimensionalen Objekten ebenso wie nach Bildern. Das ändert im Prinzip aber nichts an der Feststellung, daß Säuglinge bereits sehr früh mit visuellen Eindrücken taktile Erwartungen verknüpfen. Das bestätigen andere Versuche.

Projiziert man vor einem in einem Stühlchen festgeschnallten 14- bis 20tägigen Säugling einen sich symmetrisch ausdehnenden dunklen Fleck, dann interpretiert das Kind diese Wahrnehmung als ein Objekt, das sich in Kollisionskurs auf es zu bewegt: Es hebt schützend einen Arm vors Gesicht, wendet sich ab und blinzelt. Ein sich asymmetrisch ausdehnender Fleck löst keine Abwehrreaktion aus. Er wird als vorbeigehend interpretiert (W. BALL und F. TRONICK 1971). Die Abbildung 2.38 zeigt eine Variante des Versuches von J. DUNKELD und T. G. R. BOWER (1976). A. YONAS und Mitarbeiter (1979) wiederholten die Versuche mit leichter Abwandlung. Sie fanden im Blinzeln einen guten Indikator für Kollisionserwar-

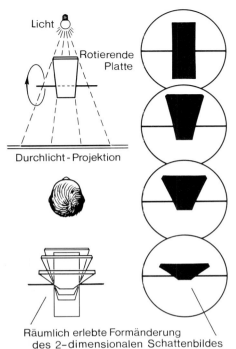

Abb. 2.38: Die Schattenwurfanordnung von DUNKELD und BOWER, mit der man den Säuglingen den Eindruck eines sich ihrem Gesicht entgegenbewegenden (rotierenden) Gegenstandes vermittelte. Nach J. DUNKELD und T. G. R. BOWER (1976).

tung. Die Säuglinge zwinkerten mit den Augen, wenn sich Objekte im Kollisionskurs auf sie zu bewegten. Sie bestätigten damit im Prinzip die Ergebnisse von BALL und TRONICK. Das tut auch eine Arbeit von J. E. NÁÑEZ (1988). 3 bis 4 Wochen alte Kinder reagieren auf sich ausdehnende dunkle Schatten mit Zurückziehen des Kopfes und Augenblinzeln. Auf sich kontrahierende dunkle Schattenprojektionen und auf sich ausdehnende Projektionen, die heller als der Hintergrund sind, zeigen sie keinerlei Meideverhalten.

Lange herrschte in der Entwicklungspsychologie die Vorstellung, das Kleinkind nehme zunächst über seine verschiedenen Sinne verschiedene Facetten der Wirklichkeit wahr, wisse aber nicht, daß die taktilen Eindrücke in Beziehung zu visuellen oder anderen Eigenschaften des Objektes stehen. Das Kind lerne vielmehr, so glaubte man, in den ersten zwei Jahren diese Zusammenhänge, erwerbe unter anderem die Leistungen der Objektkonstanz und erreiche damit nach J. PIAGETS Theorie eine neue kognitive Organisationsstufe. Die zitierten Versuche belegen, daß transmodale Integrationsleistungen nicht ausschließlich auf individuellen Erfahrungen zu beruhen brauchen.

Die Interpretation der Reize geschieht offensichtlich aufgrund stammesgeschichtlicher Erfahrungen. Es ist vorteilhaft, wenn man nicht immer erst individuell die schmerzlichen Erfahrungen mit kollidierenden Objekten sammeln muß, sondern Objekten von vornherein ausweicht. Das dazu nötige »Wissen« wurde als stammesgeschichtliche Anpassung bereits in die datenverarbeitenden Mechanismen eingespeist. Diese sind in solchen und ähnlich gelagerten Fällen so gebaut, daß sie auf die Wahrnehmung bestimmter Reize oder Reizkonfigurationen bestimmte motorische Instanzen aktivieren, also ganz spezifische Verhaltensweisen auslösen, in unserem Fall Ausweich- und Schutzreaktionen. Wir bezeichnen solche Mechanismen als angeborene Auslösemechanismen (AAM, N. Tinbergen 1951).

Sie wirken wie ein Reizfilter, indem sie erst beim Eintreffen bestimmter Schlüsselreize bestimmte Verhaltensweisen freigeben, für andere Reize dagegen undurchlässig sind. Man hat zur Beschreibung ihrer Funktionsweise auch die Schloß-Schlüssel-Analogie bemüht. Angeborene Auslösemechanismen sind nicht nur auf visuelle Reize abgestimmt. Berührt man ein Neugeborenes etwa mit dem Finger am Mundwinkel, dann pendelt es schneller als zuvor im »Suchautomatismus« mit seinem Kopf und packt schließlich den Finger, um daran zu saugen. Auch gezielte Hinwendung zur Berührungsstelle mit Mundöffnen in Zupackintention kann man auslösen (H. F. R. Prechtl 1958, H. F. R. Prechtl und H. G. Lenard 1968). Hier ist über einen angeborenen Auslösemechanismus ein taktiler Reiz mit einem bestimmten Verhalten verbunden.

Die Wirkungsweise angeborener Auslösemechanismen wurde bei Tieren sowohl in Attrappenversuchen als auch neuroethologisch gut untersucht (J. P. Ewert 1974 a, b, F. Huber 1974; weitere Beispiele I. Eibl-Eibesfeldt 1980). Viele soziale Reaktionen der Tiere werden über solche angeborene Auslösemechanismen aktiviert. In solchen Fällen entwickelten sich in wechselseitiger Anpassung von Reizempfänger und Reizsender besondere Einrichtungen als Signale. Sie können auf die verschiedensten Sinnesorgane abgestimmt sein als Sehreize, Hörreize, Geruchs- und Tastreize; ja, es gibt sogar elektrische Signale. Es kann sich um Verhaltensweisen (Ausdrucksbewegungen) ebenso handeln wie um morphologische Strukturen (Farbmuster, Mähnen etc.). Wir nennen solche eigens im Dienste der Signalgebung differenzierten Strukturen »soziale Auslöser«.

Auch im menschlichen Sozialverhalten spielen angeborene Auslösemechanismen und Auslöser eine große Rolle. Spielt man neugeborenen Säuglingen eine Auswahl von Tonbändern gleicher Lautstärke vor, dann reagieren sie auf Weinen mit Mitweinen (A. Sagi und M. L. Hoffmann 1978). Die Lautäußerung löst in ihnen ein Verhalten aus, das ebensolche Lautäußerungen produziert. Man spricht in solchen Fällen auch von Stimmungsübertragung. Der Ausdruck »Imitation« wäre schlecht gewählt, da sich mit ihm ja die Vorstellung des Probierens und langsamen Einübens verbindet. Hier handelt es sich um ein quasi vorgegebenes Reaktionsmuster. Ähnliche finden wir auch im Bereich der visuellen Wahrnehmung.

A. N. Meltzoff und M. K. Moore (1977) entdeckten, daß 12 bis 21 Tage alte Säuglinge Gesichtsbewegungen wie Mund öffnen, Zunge herausstrecken und

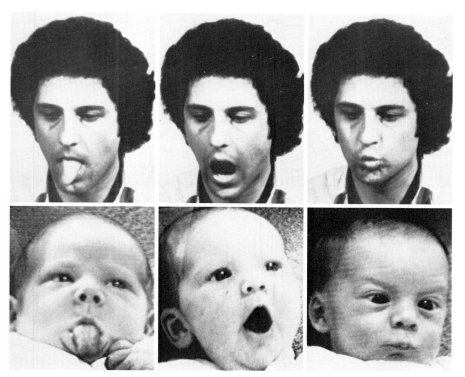

Abb. 2.39: Das Vorbild und seine Nachahmung durch einen 2 bis 3 Wochen alten Säugling. Aus A. Meltzoff und M. K. Moore (1977).

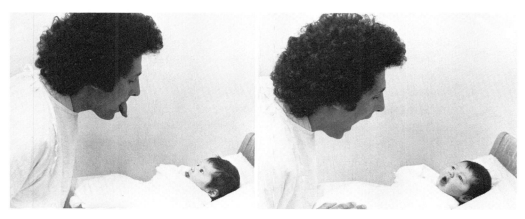

Abb. 2.40: Ein 19 Stunden altes Mädchen, das Mundöffnen und Zungezeigen nachahmt. Foto: A. N. Meltzoff.

Lippen vorstrecken sowie einige Fingerbewegungen nachahmten (Abb. 2.39, 2.40). 1983 konnten sie diese Fähigkeiten sogar bei Säuglingen in den ersten 72 Stunden nach der Geburt nachweisen. J. DUNKELD (1978), S. W. JACOBSON (1979), A. P. BURD und A. E. MILEWSKI (1981) und J. KUGIUMUTZAKIS (1985) bestätigen diese Ergebnisse. Sie fanden, daß außer Mundbewegungen auch noch Brauenbewegungen nachgeahmt werden konnten. T. M. FIELD und Mitarbeiter (1982) wiesen solche imitativen Fähigkeiten bereits bei Neugeborenen nach (Durchschnittsalter 36 Stunden). Sie spielten den Ausdruck des Erstaunens (geöffneter Mund), des Schmollens (vorgestreckte Lippen) und der Freude (lächelnd geöffnete und geweitete Lippen) vor und erhielten von den Säuglingen die gleichen Ausdrücke zur Antwort (Abb. 2.41, 2.42). N. REISLAND (1988) wies vergleichbare imitative Fähigkeiten bei nepalesischen Neugeborenen nach. Andere Untersucher konnten durch ihr Vorbild nur das Herausstrecken der Zunge auslösen, nicht aber komplexere Gesichtsausdrücke wie Trauer oder Überraschung (M. KAITZ und Mitarbeiter 1988). Bewegungsformung durch das Vorbild und stufenweise Belohnung schlossen sie aus. Einige Forscher berichten dagegen, sie hätten in ihrem Bemühen, imitative Fähigkeiten im frühen Säuglingsalter nachzuweisen, keinen Erfolg gehabt (M. HAMM, M. RUSSELL und J. KOEPKE 1979, L. A. HAYES und J. L. WATSON 1981, H. NEUBERGER und Mitarbeiter 1983, B. MCKENZIE und R. OVER 1983, O. M. EWERT 1983). A. N. MELTZOFF und M. K. MOORE (1983 a, b, c) diskutierten die Gründe dafür. Neuere Diskussionen bei M. ANISFELD (1991), M. HEIMANN und Mitarbeiter (1989), CL. POULSEN und Mitarbeiter (1989). In diesem Zusammenhang ist eine Arbeit von A. VINTER (1984) aufschlußreich. Sie konfrontierte viertägige Säuglinge mit statischen und bewegten Vorbildern. Nur die bewegten Vorbilder ahmten sie nach. Hielt das Vorbild die Zunge nur still herausgestreckt, dann hatten die Säuglinge offenbar Schwierigkeiten, das wahrzunehmen. Wir können davon ausgehen, daß Säuglinge fähig sind, gesehene Gesichts- und Handbewegungen mit entsprechenden eigenen Bewegungen zu beantworten, das Vorbild also im eigenen Verhalten zu kopieren, und zwar vor individueller Erfahrung. Das setzt die Existenz von Strukturen voraus, die im Grunde genommen ähnliches leisten, was angeborene Auslösemechanismen bewirken.

A. N. MELTZOFF und M. K. MOORE (1983 a, b, c) und T. M. FIELD und Mitarbeiter (1982) weisen in ihrer Diskussion auf die Möglichkeit einer solchen Interpretation hin, meinen jedoch, das Konzept des AAM würde zu einer Klärung dieser zweifellos angeborenen Fähigkeit des Säuglings nicht hinreichen. Die Antworten seien nicht so stereotyp, um diesem ethologischen Konzept zu entsprechen. Normalerweise würden ja nach dem AAM-Auslöser-Prinzip Verhaltensweisen ausgelöst, die sich vom auslösenden Reiz unterscheiden. Dazu wäre festzustellen, daß dies keineswegs immer so ist. Kämpfende Buntbarsche beantworten z. B. Schwanzschlag mit Schwanzschlag und Rammstoß mit Rammstoß. Der Effekt ist Quasi-Imitation. Er kommt aber nach dem Auslöserprinzip

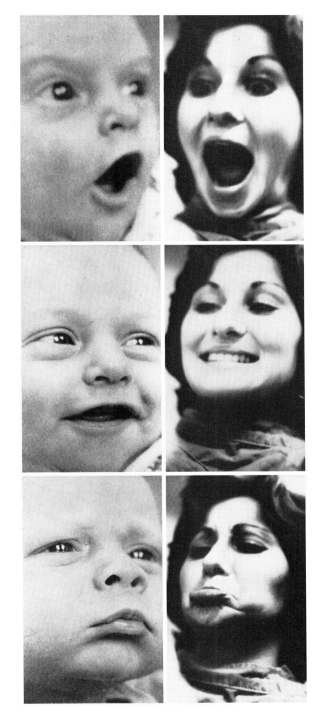

Abb. 2.41: Von T. M. Field vorgespielte Gesichtsausdrücke und deren Imitation. Aus T. M. Field und Mitarbeiter (1982).

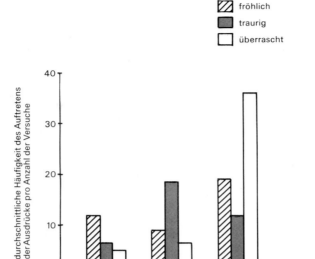

Abb. 2.42: Angaben zur Häufigkeit, mit der Säuglinge auf die drei vorgespielten Ausdrücke hin die drei registrierten Lippenbewegungen zeigten. Aus T. M. FIELD und Mitarbeiter (1982).

zustande. Sollte sich herausstellen, daß das Vermögen, wahrgenommenes Verhalten gewissermaßen auf Anhieb mit ebensolchem zu beantworten, x-beliebige Bewegungen umfaßt – auch solche, die gewiß keinen Signalcharakter besitzen –, dann wäre es wohl angebracht, diese angeborene Fertigkeit von Reaktionen auf Auslöser zu unterscheiden. Zur Zeit besteht dazu keine Notwendigkeit. In jedem Falle setzt die Leistung vorgegebene Projektionsbahnen von der Sensorik zur Motorik voraus, die es erlauben und dazu drängen, wahrgenommene Bewegungsmuster in eigene Bewegungen zu übersetzen*. Ein solches primäres Imitieren wäre vom Lernen durch Imitation zu unterscheiden, das mit Versuch und Fehlerkorrektur unter dauernder visueller propriozeptiver Bewegungskontrolle

---

* A. N. MELTZOFF und M. K. MOORE sprechen von »active intermodal matching«. »In contrast, we postulate that infants use the equivalence between the act seen and the act done as the fundamental basis for generating the behavioral match. By our account even this early imitation involves active matching to an environmentally provided target or ›model‹. Our corollary hypothesis is that this imitation is mediated by a representational system that allows infants to unite within one common framework their own body transformations and those of others. According to this view, both visual and motor transformations of the body can be represented in a common form and thus directly compared. Infants could thereby relate proprioceptive motor informations about their own unseen body movements to their representation of the visually perceived model and create the match required.« (A. N. MELTZOFF und M. K. MOORE 1983).

verbunden ist und bei dem sich ein offensichtlich allmählicher Lernfortschritt verfolgen läßt.

Zum Argument, die Antworten seien zu variabel, um sie mit dem AAM-Auslöser-Konzept zu erklären, ist zu sagen, daß die ethologischen Konzepte individuelle und situationale Variabilität nicht ausschließen. Es handelt sich keineswegs immer um Alles-oder-nichts-Antworten. Die ethologische Terminologie (»fixed action pattern«) hat hier zu Mißverständnissen geführt (S. 50). Das imitative Verhalten des Säuglings kann durchaus mit dem AAM-Auslöser-Konzept erklärt werden. Auch der von den Genannten vorgebrachte Einwand, es sei ja eine ganze Reihe von Gesichtsbewegungen, wie könne man da für jede einen AAM postulieren, überzeugt nicht. Warum sollten sich zu den vielen erwiesenermaßen angeborenen mimischen Ausdrucksbewegungen nicht die entsprechenden Anpassungen auf der Empfängerseite entwickelt haben?

Wie dem auch sei, fest steht, daß unseren amerikanischen Kollegen der Nachweis höchst differenzierter angeborener Fähigkeiten gelungen ist. Hier bewährt sich das experimentelle Geschick der Amerikaner und Engländer, das wohl ein wertvolles Erbe des experimentierfreudigen amerikanischen Behaviorismus ist.

Die Ergebnisse widersprechen in gewisser Weise Arbeiten, die eine langsame Entwicklung des Gesichtererkennens beim Säugling melden (R. AHRENS 1954, R. L. FANTZ 1966, D. MAURER 1985). Man bot bei diesen Versuchen den Säuglingen vereinfachte Skizzen menschlicher Gesichter mit normaler und durcheinandergebrachter Verteilung der Gesichtselemente sowie andere zweidimensionale, statische Attrappen dar und nahm die Fixierzeit als Maß für das Interesse des Säuglings und für seine Fähigkeit, menschliche Gesichter von anderen Dingen zu unterscheiden. Erst mit zwei Monaten fixierten die Säuglinge Gesichtsattrappen mit normaler Verteilung der Gesichtselemente länger als andere. Man schloß daraus, das Gesichtererkennen entwickle sich langsam. Auch hier gilt wohl, daß man mit bewegten Modellen (z. B. Film) arbeiten müßte, um diese Frage zu klären.

Attrappenversuche der Tierethologen ergaben, daß manche der visuellen Auslöser konfigurativ sind. Es kommt dabei auf sehr einfache Beziehungsmerkmale an. Sie zeigten außerdem, daß ein bestimmtes Verhalten oft über mehrere Reizschlüssel aktiviert werden kann, deren jeder für sich wirkt, die aber zusammen summativ stärkere Reaktionen auslösen. Schließlich konnte man künstlich »übernormale« Objekte erzeugen, die das natürliche auslösende Reizobjekt – etwa den natürlichen weiblichen Geschlechtspartner – an Wirksamkeit übertrafen. All dies gilt auch für uns Menschen. K. LORENZ (1943) wies darauf hin, daß wir auf gewisse Merkmale des Säuglings angeborenermaßen mit Betreuungshandlungen ansprechen. Wir nehmen Kleinkinder als herzig oder niedlich wahr, wobei der süddeutsche Ausdruck die Bewegung des Herzens beschreibt, eine echte Brutpflegehandlung also. Unsere Detektoren haben sich dabei in erster Linie einseitig an bestimmte Proportionsmerkmale des Säuglings angepaßt. Säuglinge haben im

Verhältnis zum Rumpf und zu den relativ kurzen Extremitäten einen großen Kopf. Die Erzeugnisse der Puppenindustrie beweisen, daß es auf dieses Merkmal ankommt. Man kann es im Attrappenversuch sogar übertreiben. Viele der Püppchen, aber auch die niedlichen Tier- und Menschenfiguren der Comics spielen dieses Merkmal aus. Diese Produkte der Industrie können als Attrappenversuche großen Stils ausgewertet werden. Zu den niedlich wirkenden Proportionsmerkmalen gehören außerdem der im Verhältnis zum Gesichtsschädel große Hirnschädel und die im kleinen Gesicht relativ großen Augen. Sowohl die Stirnwölbung als auch die relative Größe von Stirn und Augen werden in Zeichnungen und figürlichen Darstellungen übertrieben. B. Hückstedt (1965) prüfte 330 männliche und weibliche Versuchspersonen verschiedener Altersgruppen mit schematisierten Profilzeichnungen von Kinderköpfen, bei denen Stirnwölbung und Oberkopfhöhe variierte. Die Hirnschädelbetonung wurde von weiblichen Versuchspersonen von 10 bis 13 Jahren und von männlichen von 18 bis 21 Jahren bevorzugt. Weibliche Personen bevorzugten einen supra-normalen (also übertriebenen) Oberkopf, und zwar mehr als männliche. Diese Ergebnisse haben die Versuche von B. T. Gardner und L. Wallach (1965) und von W. Fullard und A. M. Rieling (1976) sowie von T. R. Alley (1981) bestätigt (Abb. 2.43, 2.44 a–c).

Alle diese Babymerkmale wurden von der Puppen- und »Comic«-Industrie in großangelegten Versuchen genützt und dabei im Laufe der Zeit gesteigert (Abb. 2.44a–c). So verbesserte sich der Kindchenappeal von Walt Disneys Mickey Mouse über die ersten 50 Jahre ihrer Existenz (S. J. Gould 1980). Kopfgröße, Augengröße und Schädelwölbung nahmen an Größe zu: die Augengröße von 27 auf 42 % der Kopfgröße und die Kopfgröße von 42,7 auf 48,1 % der Körpergröße. Die Rundung der Stirn konnte nicht weiter verändert werden, da der Kopf konventionell als Kreis gezeichnet wurde, doch wurden die Ohren nach hinten verschoben, so daß sich ihr Abstand von der Nase vergrößerte, was eine stärkere Stirnwölbung vortäuscht. Ähnliche Veränderungen erlebte der Teddybär in seiner Geschichte (Abb. 2.45). Die Extremitäten wurden zwischen 1900 und 1985 immer mehr verkürzt, der Kopf immer runder und im Verhältnis zum Rumpf größer (R. A. Hinde und L. A. Barden 1985). Diese schrittweisen Änderungen sind ein anschauliches Beispiel für die Selektion auf der kulturellen Ebene durch den Markt.

Einfache Körperumrißzeichnungen (Abb. 2.46-1), werden anders bewertet. Probanden, die fünf Körperumrißzeichnungen mit den Proportionsmerkmalen eines männlichen Neugeborenen, eines 2-, 6-, 12- und eines 25jährigen auf ihre Niedlichkeit hin zu bewerten hatten, wählten die Umrißzeichnungen des 6- und 12jährigen als die niedlichsten (Th. R. Alley 1983; Abb. 2.46-2). Möglicherweise wirkt die aufrechte Präsentation des Säuglings verfremdend; Säuglinge liegen ja normalerweise. Auch könnte für die aufrechte zeichnerische Präsentation das Kindschema ansprechen.

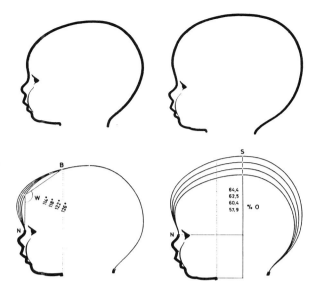

Abb. 2.43: Kindchenschema: Obere Reihe: Kopf mit normaler Kopfform (links) und übernormaler (rechts). Letzterer wurde im Auswahlversuch von Mädchen ab 10 bis 13 Jahren und von jungen Männern von 18 bis 21 Jahren bevorzugt. Darunter: Veränderung des Stirnbeinkrümmungswinkels (links) und der Oberkopfhöhe (rechts) in den Experimenten von B. Hückstedt. Bei isolierter Steigerung der beiden Merkmale wurde die mäßige, aber nicht die maximale Steigerung bevorzugt. Aus B. Hückstedt (1965).

Während all diese Proportionsmerkmale sicherlich nicht im Dienste der Signalgebung entwickelt wurden – die Anpassung erfolgte hier einseitig vom Empfänger –, dürfte es sich bei den Pausbacken des Säuglings und Kleinkindes um ein im Dienste der Signalgebung entwickeltes Merkmal handeln. Man hat vermutet, daß das Corpus adiposum buccae die Wangen für das Saugen verstärke. Unsere nächstverwandten Primaten kommen aber ohne diese Einrichtung zurecht. Säuglinge lösen allein durch ihr optisches Erscheinungsbild freundliche Zuwendung (Lächeln) aus, und zwar auch von fremden Personen (M. Schleidt und Mitarbeiter 1981, Ch. L. Robinson und Mitarbeiter 1979). Da mit der freundlichen Einstimmung zugleich Aggressionen abgeblockt werden, wird das Kleinkind oft in beschwichtigenden Zeremonien (Grußrituale, S. 649) präsentiert.

Die Frau trägt in ihren Gesichtszügen kindliche Merkmale, die betreuende Zuwendung auslösen. Sie werden in zeichnerischen Darstellungen gerne betont (Abb. 2.44 c).

Der Versuch, unsere starken emotionellen Reaktionen auf Kindchenmerkmale lerntheoretisch nach den üblichen Mechanismen der Andressur zu erklären, stößt auf Schwierigkeiten. Das Kind bezahlt nämlich für geleistete Dienste einzig und

Abb. 2.44: a) Kindchenschema: WALT DISNEYS bekannte Kreationen: Donald Ducks Neffen, Klein-Adlerauge und Strolchi. b) Die Entwicklung von WALT DISNEYS Mickey Mouse über die ersten 50 Jahre ihrer Existenz. Die Kopfgröße im Verhältnis zur Körpergröße nahm zu und so die relative Größe der Augen, während die Extremitäten kürzer und dicker wurden (Courtesy WALT DISNEY Production). c) Infantilisierte Frauendarstellung aus der Zeitschrift PICAPIEDRAS, Bogotá.

Abb. 2.45: Teddybär aus den Anfangsjahren seiner Produktion, links (Firma STEIFF 1905/06) und in seiner weiteren Evolution zum Kuscheltier: Die Gliedmaßen wurden verkürzt, Kopf und Rumpf runder, auch das Gesicht glich sich mehr dem Baby-Schema an. Aus CH. SÜTTERLIN (1993).

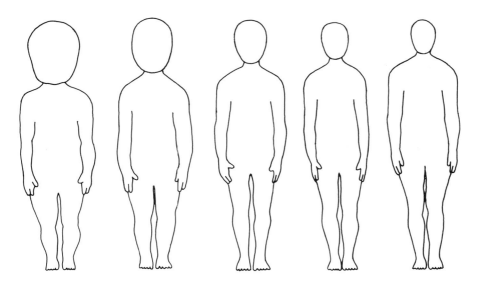

Abb. 2.46-1: Die von TH. R. ALLEY (1983) für den Niedlichkeitstest verwendeten Körperumrißzeichnungen, die Körperproportionen eines männlichen Neugeborenen sowie die eines 2-, 6-, 12- und 25jährigen zeigend.

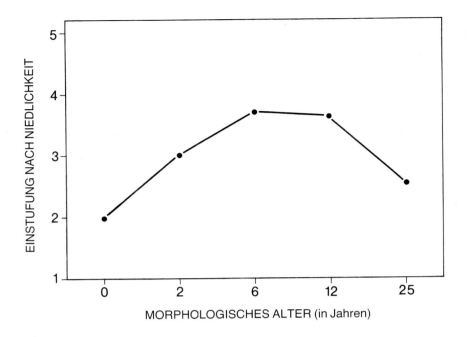

Abb. 2.46-2: Die Einstufung der in Abb. 2.46-1 getesteten Umrißzeichnungen nach Niedlichkeit. Aus R. ALLEY (1983), Society for Research in Child Development.

allein mit seiner Herzigkeit. Im übrigen ist sein Verhalten eher belastend und störend. Es schreit, ist unsauber und macht unendlich viel Mühe.

Zu den kindlichen Signalen gehören auch solche des Verhaltens. Unter anderem finden wir die ungeschickten Bewegungen niedlich. Da Kindchenmerkmale Aggressionen abblocken, werden Kindchenappelle verschiedenster Form in die Kommunikation Erwachsener einbezogen. Werbende spielen infantile Appelle aus; auch Personen, die Kummer haben, erreichen so betreuende Zuwendung. In Werbesendungen des Fernsehens werden sie eingeblendet, damit die Zuschauer nicht verärgert auf die Werbesendung reagieren. Aufkleber auf Kleinwagen arbeiten mit dem Kindappell, dessen beschwichtigende Wirkung M. MISCHKULNIG (1989) nachwies.

Wie stark das Vorurteil unserer Wahrnehmung in diesem Bereich ist, belegt unser Ansprechen auf Tiere, wenn sie gewisse Merkmale besitzen, die unserem Kindchenschema entsprechen. Daß es sich um basale Reaktionen handelt, geht aus der Tatsache hervor, daß bereits ganz kleine Kinder einfache Kindchenattrappen herzen und kosen.

Das LORENZsche Kindchenschema bezieht sich auf Merkmale des Säuglings und Kleinkindes. Mit dem Heranwachsen des Kindes ändern sich die Körperproportionen. Im Schulkindalter treten die Babymerkmale zurück, und andere Kindcharakteristika entwickeln sich. Das Gesicht bekommt feine Züge, und generell ist es die Zartheit, die nunmehr zusammen mit einigen persistierenden Kleinkindsignalen wie hohe Stimme Kindesbetreuung auslöst. Dieses Kindbild spielt als ästhetisches Leitbild auch bei der geschlechtlichen Partnerwahl eine Rolle (S. 920f.). Wieweit es bereits durch genetische Programmierung angelegt ist und welche Rolle individuell erworbenes Wissen spielt, wäre noch zu klären. Sicher gilt es dieses Kindschema vom LORENZschen Kindchenschema zu unterscheiden. Das sollte auch begrifflich geschehen. Dazu schlage ich vor, das LORENZsche Kindchenschema als Babyschema zu bezeichnen und den Begriff »Kindschema« für jene Charakteristika älterer Kinder zu reservieren, auf die wir emotionell mit Zuwendung und Fürsorglichkeit ansprechen*.

Anders als bei Säuglingen läßt sich das Ansprechen angeborener Auslösemechanismen bei Erwachsenen nur über Indizien erschließen. Wenn Menschen auf sehr einfache Attrappen auslösender Reizsituationen ansprechen, dann gilt dies als Hinweis dafür, daß die Reaktion über angeborene Auslösemechanismen aktiviert wird. Allerdings reicht das Kriterium allein nicht aus. Die Prägnanztendenz der Wahrnehmung, die »kognitive Ordnungsliebe« (S. 74), führt uns unentwegt dazu, Schemata und Allgemeinbegriffe zu bilden. Wenn Kinder Bäume, Häuser und Menschen zeichnen, schematisieren sie unentwegt, und sie greifen dabei das allgemeine Invariable heraus. Dies ist, wie erwähnt, eine uns angeborene Leistung des Wahrnehmungsapparates (S. 75). Zeichnen wir mit wenigen Strichen die Karikatur einer Person, dann heben wir entsprechend der Prägnanztendenz bestimmte Persönlichkeitsmerkmale hervor, pointieren also bei gleichzeitiger Vereinfachung des Ganzen. Allerdings gehen in eine Karikatur viele Beziehungsmerkmale ein, die nicht aus der Gestalt gelöst werden dürfen. Beim Kindchenschema dagegen können wir einzelne Beziehungsmerkmale (Stirn-Gesichtsschädel-Relation, Kopf-Rumpf-Relation) und Einzelmerkmale (Pausbakken) getrennt darbieten und dennoch Vernieldichungseffekte erzielen. Das gilt auch für andere soziale Signale, z. B. der Männlichkeit und Weiblichkeit, wobei auffällt, daß kulturenübergreifend die gleichen Partnermerkmale hervorgehoben und übertrieben werden, interessanterweise auch solche, die in Wirklichkeit keineswegs besonders auffällig sind (Abb. 2.47–2.50).

So werden beim Mann in verschiedenen Kulturen durch Kleidung oder Schmuck die Schultern künstlich betont (Abb. 2.48). Der Mensch unterstreicht damit ein heute gar nicht mehr hervorstechendes männliches Merkmal. Betrach-

---

* Zum Schemabegriff: Die Anpassung, dies sei noch einmal betont, liegt primär im Wahrnehmenden, manchmal bereits in den Sinnesorganen oder auch in zentraleren Referenzmustern, die angeboren oder auch erlernt sein können. W. SCHLEIDT (1962) spricht daher auch von angeborenen auslösenden Mechanismen (AAM) und erworbenen auslösenden Mechanismen (EAM). Das Kindchenschema steckt in unserer Wahrnehmung, die gewisse konstante Merkmale des Kindes erfaßt. In Anpassung an den Wahrnehmungsapparat des Empfängers haben Säugling und Kind bestimmte Merkmale zu sozialen Auslösern entwickelt.

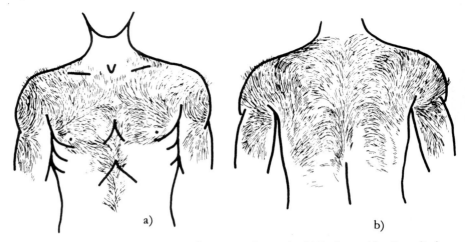

Abb. 2.47: Der Haarstrich beim Menschen: a) Vorderansicht; b) Rückenansicht. Er verläuft so, daß sich, wäre der Mensch stärker behaart, auf der Schulter Büschel bilden würden. Aus P. LEYHAUSEN (1983).

ten wir den Verlauf des Haarstrichs auf dem Rücken des Mannes, dann erhalten wir einen Hinweis, weshalb dies so ist. Der Haarstrich verläuft nämlich so, daß sich bei stärkerem Haarwuchs auf den Schultern Haarbüschel bilden würden (P. LEYHAUSEN 1983). Wir dürfen annehmen, daß der Mann früher behaarter war als heute und daß die besondere Anordnung des Haarstriches dazu diente, den Körperumriß des aufgerichteten Vorfahren zu vergrößern (Abb. 2.47). Das Haarkleid wurde im Verlauf der weiteren Hominisation abgebaut, aber die rezeptorische Anpassung könnte als Präferenz geblieben sein und den Mann dazu veranlassen, der Ausschmückung dieser Region besondere Aufmerksamkeit zu schenken.

In diesem Zusammenhang sind die Ergebnisse der Experimente von E. JESSEN (1981) bemerkenswert. Sie legte deutschen und tansanischen Kindern verschiedener Altersstufen Zeichnungen einfacher geometrischer Figuren (Kreise, Quadrate und auf der Basis oder auf der Spitze stehende Dreiecke) vor und forderte sie auf, diese Figuren dem Manne oder der Frau zuzuordnen. Kleinkinder (4 bis 6 Jahre) können keine klare Zuordnung vornehmen. Grundschülern (7–12) und Hauptschülern (11–16) gelingt es. Dabei interpretieren Grundschüler Merkmale in die Figuren hinein, die individuelle, kulturell geprägte Erfahrungen widerspiegeln: z. B. »Rock« als Merkmal für Frau und »dicker Bauch« für Mann in unserer Kultur, andere Merkmale hingegen in Tansania. In der Pubertät kommt es jedoch zu einem überraschenden Umschlag in der Merkmalsbewertung. Nunmehr werden Merkmale des Weichen-Rundlichen zur Charakterisierung des Weiblichen und Merkmale des Eckigen, Groben, Rauhen zur Charakterisierung des Männlichen ausgewählt. Das am häufigsten als männlich angesprochene, auf der Spitze stehende Dreieck kann man als abstrakte Übertreibung der Schulterbeto-

Abb. 2.48: Beispiele für künstliche Schulterbetonung beim Mann: ein festlich mit Federn geschmückter Yanomami-Indianer, ein Kabuki-Schauspieler (Japan) und Zar Alexander II. von Rußland nach einem zeitgenössischen Porträt. Zeichnung H. Kacher aus I. Eibl-Eibesfeldt (1970).

nung interpretieren. Der Umschwung der Wahrnehmungsabweichung in der Pubertät läuft bei tansanischen Kindern und europäischen Kindern konform. Durch die Entwicklung neuer Wahrnehmungsfilter werden andere, nun in beiden Kulturen übereinstimmende Schwerpunkte bei der Personenwahrnehmung gesetzt. Zum Körperumrißschema siehe auch K. H. Skrzipek (S. 357).

Wir müssen damit rechnen, daß manche der angeborenen Auslösemechanismen, z. B. solche, die auf Merkmale des Geschlechtspartners ansprechen, erst im Laufe der Ontogenese zur Funktion heranreifen. Während dieser Zeit strömen

Abb. 2.49: Die Mode der Frau betont die Hüftpartie und oft auch das Gesäß: a) MARIE ANTOINETTE, nach einem Stich; b) PAULINE LUCCA, Foto um 1870 aus M. VON BOEHN.

Abb. 2.50: Tänzerinnen aus Kaileuna (Trobriand-Inseln). Die Schürzchen betonen die Hüftpartie. Foto: I. EIBL-EIBESFELDT.

jedoch so viele Erfahrungen auf den Organismus ein, daß es nur in seltenen Ausnahmefällen möglich sein wird, den experimentellen Nachweis für das Ansprechen angeborener Auslösemechanismen zu erbringen. Wir sind also bei den erst später im Leben auftretenden Reaktionen auf einfache Schlüsselreize und Auslöser im wesentlichen auf Indizien angewiesen. Experimentiermöglichkeiten böten sich bei Geburtsblinden, die im späteren Alter operativ geheilt wurden (Katarakt-Operation). Allerdings könnte nur der positive Ausgang eines solchen Experimentes als Beweis gelten. Wir wissen aus Tierversuchen, daß bei der Geburt voll funktionsfähige visuelle Systeme schnell degenerieren, wenn sie nicht gebraucht werden (siehe »Grundriß der vergleichenden Verhaltensforschung«).

Von besonderem Interesse sind in diesem Zusammenhang taktile Zeichnungen Blindgeborener, die noch nie zuvor gezeichnet hatten. Sie zeichneten mit Kugelschreiber auf einer besonderen Unterlage eine erhabene Zeichenspur. In der Linienführung ihrer Zeichnungen kamen einige universale Prinzipien visueller Wahrnehmung zum Ausdruck. Sie zeichneten die Umrisse von Gegenständen und beachteten dabei den Blickpunkt des Betrachters. Überdeckte Teile einer Darstellung, die also, vom Betrachter her gesehen, verborgen blieben, wurden nicht gezeichnet, sondern nur die Linien des überdeckenden Objektes. Ein Tisch, von oben gesehen, wurde als Rechteck (Tischplatte) gezeichnet. Bei der Seitenansicht zeichneten sie die beiden Tischbeine, die auch der Betrachter sehen würde. Die Ansicht von unten zeigte vier Tischbeine. Die Blinden nutzten auch Konvergenz und Dicke der Linien, um Neigung, Nähe und Ferne auszudrücken (J. M. KENNEDY 1980, 1982, 1983).

Bei Rhesus-Affen hat G. P. SACKETT (1966) experimentell Reifungsprozesse in der Wahrnehmung nachgewiesen. Er zog die Äffchen sozial isoliert in Käfigen mit undurchsichtigen Wänden auf, die so beschaffen waren, daß die Affen sich auch nicht in den Wänden spiegeln konnten. Den Äffchen wurden täglich Diapositive projiziert, die Landschaften, Früchte, aber auch Äffchen zeigten. Nach der Darbietung eines Bildes konnten sie durch Hebeldrücken sich selbst das Bild projizieren. Es leuchtete bei Hebeldruck für 15 Sekunden auf. Die Selbstdarbietung konnte während einer 5-Minuten-Periode wiederholt werden. Das lernten die Äffchen schnell, und die Rate der Selbstdarbietung war ein gutes Maß für die Beliebtheit der Bilder. Dabei zeigte sich zunächst einmal eine angeborene Präferenz für Bilder von Artgenossen. Die Selbstdarbietungsfrequenz für Affenbilder war wesentlich höher als für Bilder, die anderes zeigten. Die Affenbilder lösten ferner Kontaktlaute, Annäherung und Verhaltensweisen der Spielaufforderung aus. Unter den Bildern war auch eines, das ein drohendes Tier zeigte. Auch dieses Bild löste zunächst Zuwendung aus. Mit zweieinhalb Monaten gab es jedoch einen dramatischen Umschlag im Verhalten. Während die anderen Affenbilder weiterhin Kontaktstreben bewirkten, löste das Bild des drohenden Affen von nun ab Abkehr und Angstlaute aus; gleichzeitig sank die Rate der Selbstdarbietung stark ab. Offensichtlich interpretierten sie in diesem Alter die Drohmimik und Haltung des Affen als gefährlich, und da sie bis dahin keinerlei Sozialerfahrung mit ihresgleichen sammeln konnten, kann dieses Vermögen nur auf Funktionsreifung angeborener Auslösemechanismen zurückzuführen sein. Die Entwicklung der Fremdenscheu beim Menschen weist auf ganz ähnliche Zusammenhänge hin (Kap. 4.2).

2.2.3 *Sollmuster*

Eine besondere Kategorie von Anpassungen im Wahrnehmungsbereich stellen die *Sollmuster* oder Leitbilder (englisch »templates«) dar. Sie erlauben es, aufgrund eines vorhandenen Bezugsmusters (Referenz) einkommende Meldungen zu vergleichen und dann das Verhalten entsprechend auszurichten. So müssen Buchfinken zwar ihren Gesang lernen, sie wissen aber, was sie nachahmen müssen, welcher der richtige Gesang ist. Spielt man Buchfinken, die sozial isoliert aufwuchsen, Tonbänder von verschiedenen Vögeln vor, dann wählen sie den der eigenen Art zum Vorbild (W. H. THORPE 1958). Hier liegen also angeborene Sollmuster vor. Bei der Sumpfammer *(Melospiza georgiana)* liegen die Verhältnisse ähnlich, nur beschränkt sich hier das Vorwissen auf die Kenntnis der arteigenen Silben. Man kann aus den Silben der Sumpfammer die verschiedensten Gesänge komponieren, sie werden gelernt. Gesänge, die aus artfremden Silben komponiert wurden, werden nicht angenommen, auch wenn sie zu einem Gesang zusammengesetzt wurden, der dem Muster des Artgesanges entspricht (P. MARLER 1976, 1978). Das Sollmuster des Gesamtgesanges wird bei den Sumpfammern gelernt. Angeboren ist das Sollmuster der Silben. Das Sollmuster des Gesanges wird zu einem Zeitpunkt erworben, zu dem die Sumpfammern noch nicht singen können. Isoliert man sie, nachdem sie es erwarben, dann lernen sie später nach diesem erworbenen Schema ihren Gesang. Sie müssen sich dazu selbst hören können; wenn sie ertaubt sind, entwickeln sie atypische Gesänge.

Wir müssen annehmen, daß auch die Normen, nach denen wir Menschen unser Verhalten ausrichten, in vergleichbaren neuronalen Strukturen festgelegt sind. Sie legen als Sollmuster fest, was richtig oder falsch, gut oder schlecht ist. Die Universalität gewisser Normen, die sich unter anderem in den immer wiederkehrenden Situationsklischees äußert, und die Tatsache, daß sie sich sogar gegen die erzieherischen Bemühungen durchzusetzen vermögen, spricht dafür, daß uns manche dieser Sollmuster angeboren sind. Normabweichung löst beim Menschen Unbehagen aus, normgerechtes Verhalten dagegen Zufriedenheit. Das könnte unter anderem über Hirnamine und andere Überträgersubstanzen und Hirnhormone gesteuert werden (Kap. 2.2 5) (M. GRUTER 1979, 1983).

2.2.4 Motivierende Mechanismen, Triebe, biologische Rhythmen

Der Mensch ist wie jedes andere Wirbeltier wechselnden Stimmungen unterworfen, die nicht allein auf entsprechende Schwankungen in den äußeren Umweltbedingungen zurückzuführen sind. Motivierende Mechanismen sorgen dafür, daß wir nicht passiv auf das Eintreffen von Umweltreizen warten. Sie bewirken spezifische Handlungsbereitschaften, die wir als »Stimmungen« erleben und in denen wir, quasi getrieben, aktiv nach Reizsituationen suchen, die es erlauben, bestimmte Verhaltensweisen auszuführen. Sind wir hungrig, dann suchen wir nach Nahrung, sind wir durstig, nach Wasser, und ist es uns langweilig, dann suchen wir, von Neugier angetrieben, nach Kurzweil. Unsere Sinne sprechen, der jeweiligen Stimmung entsprechend, selektiv auf bestimmte Reize an.

Das Suchverhalten, das uns einer auslösenden Reizsituation entgegenführt, nennen wir seit W. CRAIG (1918) *Appetenzverhalten* (von Appetit). Hat ein Hungriger Nahrung gefunden, dann laufen verschiedene Handlungen ab, die mit dem Verzehren der Nahrung, der triebbefriedigenden Endhandlung, ihren Abschluß finden. Bis dahin sind oft viele Handlungsschritte zu durchlaufen.

Der Ablauf eines Verhaltens führt also zur Triebbefriedigung. Tier und Mensch geben sich danach »umgestimmt«. Recht verschiedene Mechanismen wirken dabei zusammen. Rückmeldungen über die durch den Verhaltensvollzug geänderten äußeren Bedingungen können im Sinne einer abschaltenden Endsituation eine Appetenz befriedigen; das können aber auch Rückmeldungen von inneren Sinnesorganen. Das noch weitgehend ungelöste neurophysiologische Problem sind zentrale Umstimmungen im Sinne einer Abreaktion durch ein bestimmtes Verhalten.

Die Hunger und Durst zugrunde liegenden Mechanismen sind gut untersucht. Sinneszellen messen den Blutzuckerspiegel beziehungsweise den osmotischen Wert der Gewebeflüssigkeit. Abweichungen von der Norm lösen Verhaltensweisen aus, die letztlich zur Wiederherstellung des physiologischen Gleichgewichts – der »Homöostase« – führen. Aber schon bevor diese erreicht wird, hört das Individuum zu essen oder zu trinken auf. Besondere Instanzen registrieren die Tätigkeit des Trinkens, Essens und den Füllungszustand des Magens und schalten Hunger oder Durst zunächst einmal ab. So wird eine übermäßige Wasser- und Nahrungsaufnahme verhindert. Bis zur Herstellung des physiologischen Gleichgewichtes braucht es ja Zeit; Nahrung und Flüssigkeit müssen resorbiert werden. Stellt sich aber innerhalb einer bestimmten Zeit nicht auch die Sättigung des physiologischen Bedürfnisses ein, dann erwacht die Appetenz nach einer Weile von neuem. Schaltet man bei Säugern die Glukoserezeptoren des Hypothalamus aus, dann kommt es zu Hyperphagie: Die Tiere überfressen sich; ihr Hunger ist unstillbar (Literatur bei I. EIBL-EIBESFELDT [7]1987).

Nicht jede Appetenz hat in einem physiologischen Ungleichgewicht ihre motivierende Ursache. Ganz anders als der Hunger ist der Sexualtrieb konstruiert. Hormonale Einflüsse bauen eine langanhaltende Bereitschaft auf. Ihr überlagern sich Schwankungen der sexuellen Handlungsbereitschaft, die von Außenreizen, inneren Sinnesreizen und zentralnervösen Instanzen bedingt werden. Beim Mann scheint der Abfall des Geschlechtstriebes nach dem Orgasmus vom Füllungszustand der Samenblasen mitbestimmt, aber sicher nicht allein; denn es gibt Männer, die einen Orgasmus ohne Ejakulation erleben.

Viele Wirbeltiere zeigen eine deutliche Appetenz zu kämpfen. Das hat zur Annahme eines »Aggressionstriebes« geführt. Die aggressive innere Handlungsbereitschaft hängt beim Mann unter anderem vom Spiegel androgener Hormone ab. Sowohl Abreaktion als auch das Erreichen einer abschaltenden Endsituation senken die Kampfappetenz (Kap. 5.2.4).

Wieder anders verhält es sich mit der schon erwähnten Neugier. Wir sind sehr neugierige Wesen und suchen aktiv nach neuen Informationen. Ganze Industrien leben davon, uns täglich Nachrichten zu verkaufen, die wir im Grunde gar nicht benötigen. Zeitungen, Illustrierte, Television und Rundfunk sorgen dafür, daß es uns nicht langweilig wird. Eine Tourismusindustrie mit Milliardenumsätzen bemüht sich mit Erfolg, uns zu Reisen in ferne Länder zu bewegen. Wie die Neugier-motivierenden Mechanismen jedoch im einzelnen konstruiert sind, wissen wir nicht. Sicher ist, daß der neugierige Mensch keineswegs die Herstellung eines physiologischen Gleichgewichtes erstrebt, sondern Erregung sucht, Anreiz, Nahrung für die Phantasie, aber auch nach Bewährung im Risiko (»Risikoappetenz«, I. EIBL-EIBESFELDT 1984)*. Ist sein Bedürfnis danach gestillt, dann sucht er Ruhe (Appetenz nach Ruhezuständen, M. MEYER-HOLZAPFEL 1940).

Für die ethologische Theorienbildung war die Entdeckung der neurogenen Motivation von entscheidender Bedeutung. KONRAD LORENZ sah bereits sehr früh, daß es Tiere aus innerem Antriebe dazu drängt, bestimmte Verhaltensweisen auszuführen. Im Extremfall staut sich der Triebdruck so auf, daß ein Verhalten zuletzt auch ohne adäquaten auslösenden Reiz, quasi im Leerlauf, losgeht. LORENZ entwickelte aufgrund dieser Beobachtungen die Vorstellung der zentralen Produktion aktionsspezifischer Energie, die sich irgendwie aufstaue – und im Verhaltensvollzug schließlich entlade. Er bezeichnete aber interessanterweise in seinen ersten Arbeiten die Instinkthandlungen noch als Kettenreflexe. Erst die Arbeiten ERICH VON HOLSTs brachten ihn dazu, vom Reflexkonzept ganz abzurücken. VON HOLST hatte nachgewiesen, daß völlig desafferenzierte Aale**

---

* Es gibt eine Art »Funktionslust« für die meisten biologischen Systeme einschließlich jener, die die Homöostase erhalten. Nur so ist zu erklären, daß sich der Zivilisationsmensch ohne Not Gefahren (Bergsteigen, Hanggleiten, Tauchen) und den Entbehrungen (Hitze, Kälte, Hunger) von Abenteuerreisen aussetzt.

** Es handelte sich um Rückenmarkspräparate: Hirn und Rückenmark hatte man durch Einstich voneinander getrennt. Man hatte auch alle dorsalen Rückenmarkswurzeln durchtrennt, über die dem Nervensystem normalerweise Meldungen aus der Peripherie zugeführt werden. Die Präparate konnten also nur zeigen, was sie selbst zentral an Verhalten produzieren.

wohlkoordiniert schwimmen. Damit war ein neurogener Antrieb für die Lokomotionsbewegungen nachgewiesen. Automatisch tätige motorische Zellgruppen – die sogenannten Automatismen – erzeugen spontan Impulse und koordinieren diese zentral, so daß ein wohlgeordnetes Impulsmuster den Muskeln zufließt. Mittlerweile hat man solche zentralen Generatorsysteme für eine Reihe von Verhaltensweisen nachweisen können (Literatur bei J. C. FENTRESS 1976, E. R. KANDEL 1976, G. S. STENT und Mitarbeitern 1978, C. R. GALLISTEL 1980, F. DELCOMYN 1980, G. HOYLE 1984).

Die Annahme, daß auch unser Bedürfnis nach lokomotorischer Betätigung (Laufen, Schwimmen, Spazierengehen) unter anderem auf der spontanen Aktivität motorischer Neuronengruppen basiert, also neurogen motiviert ist, ist gut begründet. Bei Tieren dürften viele Instinkthandlungen so angetrieben werden. Als klassisches Beispiel diene der von LORENZ oft erwähnte gefangengehaltene, wohlgefütterte Star, der nicht hungrig war, aber keine Gelegenheit zum Jagen hatte. Er flog von Zeit zu Zeit auf, schnappte nach nicht Vorhandenem, kehrte dann zu seiner Sitzstange zurück, machte die Totschlagbewegung und schluckte danach. Die Bewegungen des Beutefangens gingen mangels natürlicher Betätigung im »Leerlauf« los. Beispiele für solche Leerlaufhandlungen gibt es viele. Man hat sie auch bei Säugern beobachtet (P. LEYHAUSEN 1965). Mit der Wiederherstellung einer Homöostase haben solche Aktivitäten nichts zu tun.

Selbst gelernte Bewegungen entwickeln ihre eigene Appetenz (z. B. das Skifahren), was nicht weiter verwunderlich ist, liegen doch auch den Erwerbkoordinationen automatische motorische Zellgruppen zugrunde. Was sie von den Erbkoordinationen unterscheidet, sind die neuen stabilen Phasenbeziehungen zwischen den Automatismen, die aufgrund von Lernvorgängen zustande gekommen sind.

Die Phänomenologie des Erregungsstaus und der Abreaktion ist gut bekannt, nicht aber deren Physiologie. Es gibt allerdings Hinweise dafür, daß ein Schlüssel zum Verständnis dieses Phänomens im Aminstoffwechsel des Hirns liegt. Wir wissen, daß es spezifische Überträgersubstanzen gibt, die sich in submikroskopischen Vesikeln in der Nähe der Synapsen sammeln, dem Ort, an dem zwei Nervenzellen miteinander in Verbindung stehen. Die von der präsynaptischen Zelle erzeugten Transmittersubstanzen werden auf Anregung oder spontan in den Spalt zwischen den Synapsen abgegeben. Sie besetzen Rezeptoren an der Membran der postsynaptischen Zelle. Jedem Neurotransmitter-Molekül entspricht nach dem Schlüssel-Schloß-Prinzip ein bestimmtes Molekül an der Synapse der postsynaptischen Zelle. Durch die Vereinigung dieser beiden Moleküle ändern sich die elektrischen Eigenschaften der postsynaptischen Zellmembran, was die Wahrscheinlichkeit einer elektrischen Entladung der postsynaptischen Zelle entweder erhöht oder mindert. Neurotransmitter können auf diese Weise einen hemmenden oder fördernden Einfluß auf die Zelltätigkeit ausüben und so Aktivität steuern. Neurotransmitter werden jedoch nicht nur in der Nervenzelle, sondern auch in den Dendriten und an anderen Orten erzeugt. Das gilt z. B. für

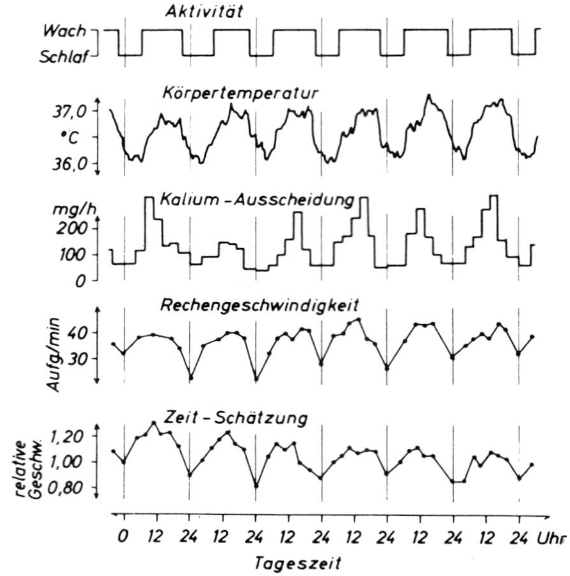

Abb. 2.51: Tagesperiodische Variationen einiger Variablen, gemessen an einem 31jährigen männlichen Probanden, der unter standardisierten Bedingungen in strenger 24-Stunden-Routine lebte. Nach R. A. WEVER (1978).

Adrenalin, das von einigen Nervenzellen als Neurotransmitter erzeugt wird, aber auch mit dem Blutstrom als Hormon von anderen Produktionsorten dem Hirn zugeführt wird und dort als Neurohormon wirkt. Man kennt mittlerweile rund 60 verschiedene Neurotransmitter und Neurohormone und hat festgestellt, daß in bestimmten Hirnbereichen bestimmte Neurotransmitter vorherrschen: z. B. Serotonin im Raphe-Kern des Hirnstammes, Noradrenalin im blauen Kern des Hirnstammes, Dopamin in der schwarzen Substanz und der ventralen Haube des Mittelhirns (D. T. KRIEGER 1983).

Die Vielzahl von Neurotransmittern und Hirnhormonen fördert oder hemmt selektiv die Aktivität bestimmer Neuronenpopulationen und bewirkt damit spezifische Handlungsbereitschaften (»Gestimmtheiten« mit ihren subjektiver Gefühlskorrelaten). Zu diesen Stoffen gehören die Endorphine, auch Hirnopioide oder Enkephaline genannt, die beruhigend wirken, angenehme Gefühlszustände auslösen (Wohlbehagen) und Schmerzempfindungen unterdrücken. Sie beeinflussen auch das Sozialverhalten. Jungtiere und bei geselligen Tieren auch Erwachsene zeigen deutliche Streßerscheinungen, wenn sie von der Mutter bzw. ihren erwachsenen Gruppenmitgliedern getrennt sind. Drogen, die die Hirnopioidproduktion anregen, mildern den Streß isolierter Jungtiere. Gibt man Gegenspieler der Hirnopioide, dann steigert das die Unruhe der Alleingelassenen (J. PANKSEPP und Mitarbeiter 1985). Die Hirnopioide wirken triebbefriedigend, absättigend, schmerzdämpfend und erzeugen Zustände des Wohlbehagens. Sie werden ausgeschüttet, wenn man den Körper stark bis an die Schmerzgrenze beansprucht, z. B. durch Jogging oder langes Tanzen (siehe Trance). Auf diese

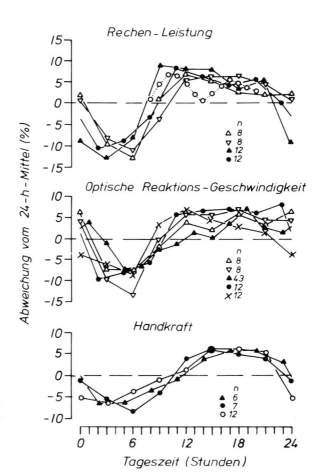

Abb. 2.52: Tagesperiodische Variationen dreier Variablen, gemessen an mehreren Personengruppen, die unter Bedingungen wie in 2.46 lebten. Aus J. Aschoff und R. A. Wever (1980).

Weise kann man die Endorphinausschüttung selbst herbeiführen, und manche Menschen scheinen sogar eine gewisse Sucht danach zu entwickeln.

Den Anstoß zur Erforschung dieser Substanzen gab die Drogenforschung. Man fragte sich, wie Opiate wirken, und fand heraus, daß sie bestimmte Rezeptoren der Nervenzellen besetzen. Man forschte nach den natürlichen, vom Körper selbst produzierten Substanzen, für die die Opiate offenbar Attrappen darstellen, und entdeckte so die Hirnopioide. Ihre Gegenspieler sind die Katecholamine, die als Energetica antreiben und erregen, wie Norephinephrin, Epinephrin (= Adrenalin), Dopamin und Phenyläthylamin. Depression könnte auf einen verringerten Spiegel dieser Stoffe zurückzuführen sein. Weitere wichtige Botenstoffe des Hirns sind Serotonin, Glycin, Glutamin und die Gamma-Aminobuttersäure (GABA). Serotonin erfüllt sowohl erregende wie hemmende Funktionen. Es beeinflußt die Schlafaktivität und die emotionelle Erregung. Bei Ratten hemmt es Aggressionen; das scheint auch beim Menschen der Fall zu sein (L. Valzelli und

L. Morgese 1981). Hochrangige Meerkatzen *(Cercopithecus)* zeigen einen hohen Blutserotoninspiegel. Isoliert man sie, sinkt er. Sehen sie während ihrer Isolation durch einen Einwegspiegel niederrangige Artgenossen, dann drohen sie. Aber das hat keine Auswirkungen auf die Niederrangigen, da diese ja die Drohenden nicht sehen. Daher sinkt der Serotoninspiegel der Isolierten weiter. Erst wenn die Niederrangigen das Drohen der isolierten Ranghohen wahrnehmen und darauf reagieren, steigt deren Serotoninspiegel wieder an – ein schönes Beispiel für die physiologischen Rückwirkungen sozialer Interaktionen (M. J. Raleigh und Mitarbeiter 1992). GABA ist der wichtigste hemmende Neurotransmitter des Hirns und Glutamin der wichtigste erregende Transmitter.

Das Gebiet der Hirnchemie entwickelt sich rasch. Gute Übersichten vermitteln die Arbeiten von M. Angrick (1983), K. G. Bailey (1987), R. C. Bolles und M. S. Faneslow (1982), A. Herz (1984), M. Konner (1982), J. Panksepp (1981, 1986), J. Panksepp und Mitarbeiter (1978), V. P. Poshivalov (1986), M. R. Rosenzweig und A. L. Leiman (1982), S. H. Snyder (1980) und K. Vereby (1982).

Besonders eindrucksvolle Beispiele endogener Motivation verdanken wir der biologischen Rhythmenforschung. Viele Organismen zeigen tagesperiodische Schwankungen der Aktivität im 24-Stunden-Rhythmus. Durch eine Vielzahl von Untersuchungen wurde festgestellt, daß der regelmäßige Wechsel von Rast- und Wachperioden von endogenen Faktoren bestimmt wird, die etwa dem 24-Stunden-Rhythmus entsprechen – man spricht von inneren Uhren. Sie werden von äußeren Zeitgebern in Phase gezogen, d. h. mit dem natürlichen Tag synchronisiert. Der Hell-Dunkel-Wechsel ist solch ein Zeitgeber. Unter konstanten Bedingungen halten die Organismen eine etwa 24-Stunden-Periode ein; man spricht daher von einer »circa«-dianen Periode (J. Aschoff 1981, E. D. Weitzman 1982, dort weitere Literatur). Bei Ausschluß äußerer Zeitgeber kommt es zu einer freilaufenden Aktivitätsperiode, die vom Naturtag abweicht. Bei Einschalten der äußeren Zeitgeber wird die Aktivität wieder in Phase gezogen. Unter konstanten Bedingungen erbrütete Hühnerküken, die auch nach dem Schlüpfen ohne äußere Zeitgeber lebten, zeigten eine circadiane Periodik. Die innere Uhr ist ihnen als stammesgeschichtliche Anpassung mitgegeben.

Beim Menschen wies man ebenfalls eine circadiane Periodik nach, z. B. für Schlafen und Wachen, den Verlauf der Körpertemperatur, die Kaliumausscheidung und viele andere Prozesse (Abb. 2.51, 2.52). Die physikochemische und psychische Verfassung wechselt im Tagesablauf, so daß Drogen zu verschiedenen Tageszeiten verschieden wirken, was für die Chemotherapie von Bedeutung ist.

Unter konstanten Bedingungen zeigen Menschen einen periodischen Wechsel von Wachen und Schlafen. Die Periode ist in der Regel etwas länger als der Naturtag. Verschiedene physiologische Prozesse haben bemerkenswerterweise ihren eigenen circadianen Rhythmus. So wird die Körpertemperatur von einem Oszillator geregelt, der eine geringere Periodenlänge hat als jener, der Schlafen und Wachen reguliert. Unter konstanten Bedingungen kommt es daher zu einer

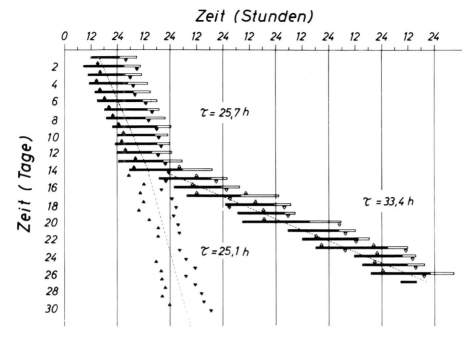

Abb. 2.53: Beispiel einer inneren Desynchronisation. Die in einem Bunker unter konstanten Bedingungen ohne Zeitgeber lebende Versuchsperson zeigt zunächst einen freilaufenden Rhythmus für Körpertemperatur und Wachen von 25,7 Stunden. Vom 14. Tag an beginnen die beiden Prozesse sich selbständig zu machen. Beide Rhythmen laufen frei: die Körpertemperatur mit 25,1 Stunden und der Wach-Schlaf-Rhythmus mit 33,4 Stunden. Aus R. A. WEVER (1975).

inneren Desynchronisation (Abb. 2.53); sie wird subjektiv als Unbehagen erlebt (J. ASCHOFF und R. WEVER 1980, 1981, R. WEVER 1978).

Säuglinge verhalten sich zunächst polyphasisch. P. STRATTON (1982) registrierte bei einem Eintägigen einen 40-Minuten-Zyklus der Vokalisation. J. N. MILLS (1974) zog Säuglinge unter relativ konstanten Bedingungen (Dauerlicht) auf. Sie entwickelten nach 8 Wochen eine circadiane Periodik. Sie begann asynchron mit dem Naturtag und war freilaufend circadian. Das beobachtet man auch unter normalen Bedingungen. Der Schlafbeginn verschiebt sich anfangs täglich, was auf eine etwa 25-Stunden-Periodik hinweist (N. KLEITMAN und TH. C. ENGELMANN 1953, N. KLEITMAN 1963). Es gibt aber auch Fälle mit einer kürzeren Periode (Abb. 2.54, 2.55).

Außer circadianen und den noch weniger genau erforschten ultradianen Rhythmen gibt es auch eine jahreszeitliche Periodik im menschlichen Verhalten. J. ASCHOFF (1981) wies dies für Selbstmord, Sterblichkeit und Konzeption nach.

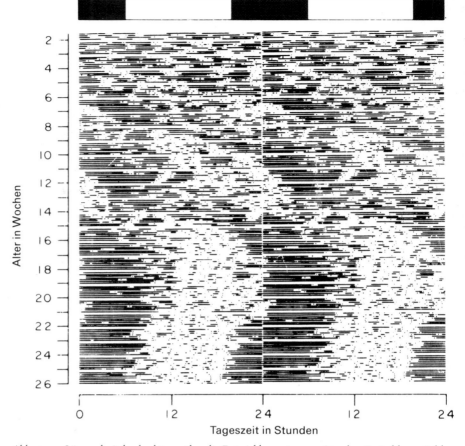

Abb. 2.54: Längsschnittbeobachtung über die Entwicklung einer 24-Stunden-Periodik von Schlafen und Wachen bei einem Säugling. Nach polyphasischem Beginn entwickelt sich ein zunächst freilaufender circadianer Rhythmus (erkennbar etwa vom 6. bis zum 16. Tag), der sich schließlich mit dem Naturtag synchronisiert. Aus N. KLEITMAN und TH. C. ENGELMANN (1953).

2.2.5 Emotionen

Verhaltensweisen und Wahrnehmungen werden von subjektivem Erleben begleitet. Wir sprechen von Gefühlen, Bewegungen des Gemütes oder Emotionen. Der Behaviorismus, aber auch die biologische Verhaltensforschung haben es vermieden, sich mit solchen subjektiven »Begleitphänomenen« von Verhaltensweisen auseinanderzusetzen. Soweit sie sich mit tierischem Verhalten befaßten, taten sie daran gewiß gut. Mitmenschen können wir jedoch befragen und damit statistisch auswertbare Aussagen darüber erhalten, was sie erleben. Man kann sich über Gefühle unterhalten oder Dokumente der Literatur auswerten, und dabei hat man

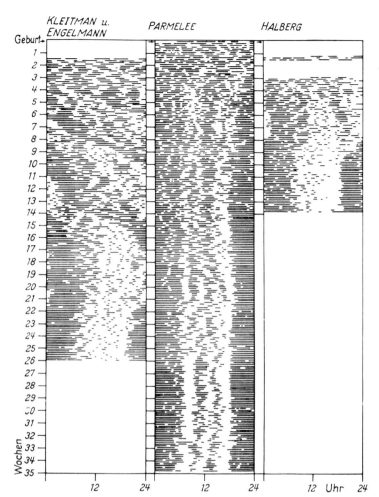

Abb. 2.55: Längsschnittbeobachtungen über die Entwicklung einer 24-Stunden-Periodik von Schlafen und Wachen bei drei Kindern mit selbst bestimmtem Tagesgang. Man beachte die individuell verschiedene Dauer des circadianen Einschwingens. Nach T. Hellbrügge (1967).

weitestgehende Übereinstimmung festgestellt. Wir finden z. B. überall die gleichen Erlebenskategorien: Wut, Haß, Liebe, Eifersucht, Neid, Angst, schlechtes Gewissen, um nur einige zu nennen. Das ist bemerkenswert, denn wir könnten das einander nicht beibringen. Wir können die subjektiven Korrelate zu bestimmten Verhaltensweisen oder Wahrnehmungen nicht lernen – was wir lernen, ist der Gegenstand des Hasses oder der Liebe, nicht aber die Empfindung selbst. Wir können über sie zu anderen sprechen; daß wir uns dabei auch verstehen, setzt ein gemeinsames biologisches Erbe voraus.

Emotionen dürften ihren Ursprung in fest programmierten Neuronen-Schaltkreisen des visceral-limbischen Systems nehmen. Wir können über Introspektion und Befragung von anderen Informationen über die Arbeitsweise dieser emotiven Schaltkreise (J. PANKSEPP 1982) erhalten und sie auch mit konkretem Verhalten in Beziehung setzen und so Schaltpläne der Emotionen entwerfen, die für die Hypothesenbildung nützlich sein können (siehe auch R. PLUTCHIK 1980 und C. E. IZARD 1971). Subjektiven Erfahrungen (Gefühlserregungen, Emotionen) entsprechen bestimmte biochemische Prozesse im Gehirn (S. 108) – Stimmungsübertragung hat wohl generell mit der Aktivierung der den Emotionen zugrunde liegenden hirnchemischen Prozesse zu tun. Nehmen wir ein Lächeln wahr, so setzt dies, vermuten wir, jene hirnchemischen Prozesse in Gang, die Mitlächeln und freundliche Stimmung bewirken, entsprechend die Wahrnehmung des Weinens jene Vorgänge, die Trauer und oft Mitweinen aktivieren. Soziale Signale, wie hier solche der Mimik und Lautgebung, triggern chemische Prozesse, die dazu führen, daß wir Emotionen und Ausdruck des Partners spiegeln. M. R. LIEBOWITZ (1983) hat einige interessante Spekulationen zur Hirnchemie der Verliebtheit veröffentlicht. Sicher steckt die Biochemie der Gefühle erst in ihren Anfängen. Mir scheinen sie vielversprechend (D. M. WARBURTON 1975).

2.2.6 *Lernen und Lerndispositionen*

Die meisten tierischen Organismen sind in der Lage, ihr Verhalten aufgrund individueller Erfahrungen in adaptiver Weise zu modifizieren: Sie lernen. Die Lernbegabungen sind für die verschiedenen Arten nicht nur nach der allgemeinen Lernkapazität, sondern auch nach dem, was und wann bevorzugt gelernt wird, verschieden. Tiere lernen das bevorzugt, was zu ihrer Eignung beiträgt, und das wechselt von Art zu Art, und dementsprechend wechseln auch die angeborenen Lerndispositionen. Der Behaviorismus hat diese Tatsache zunächst nicht gesehen. Erst relativ spät wiesen Forscher wie K. und M. BRELAND (1966) auf artspezifische Lernbegabungen hin.

Die klassische Lerntheorie unterschied im wesentlichen zwei Typen des Lernens: die Bildung bedingter Reaktionen (»classical conditioning« oder »conditioned reflex type I«) und das Lernen am Erfolg (»instrumental« oder »operant conditioning«, auch »conditioned reflex type II«). Geht einem auslösenden Reiz für eine bestimmte Reaktion ein bis dahin neutraler Reiz unmittelbar voraus, dann kann dies dazu führen, daß der bis dahin unwirksame Reiz das Verhalten in Gang bringt. Zeigt man einem Hund ein Stück Fleisch, dann speichelt er (unbedingter Reiz – unbedingte Reaktion). Läßt man nun vor der Darbietung des Fleisches ein Glockensignal ertönen, dann verbindet (assoziiert) der Hund das Signal mit der bevorstehenden Fütterung und reagiert nach einigen Wiederholungen schließlich allein auf das Glockensignal (bedingter Reiz) mit Speicheln. Auf eine Wahrnehmung folgt eine gute Erfahrung, und dies führt dazu, daß das

Signal bestimmte Verhaltensweisen aktiviert. I. Pawlow arbeitete mit gefesselten Hunden, die daher nicht viel mehr als »speicheln« konnten. Er sprach von bedingten Reflexen. Hätte er mit frei beweglichen Tieren gearbeitet, dann hätte er gesehen, daß er in Wirklichkeit das gesamte Appetenzverhalten zur Nahrungssuche und -aufnahme aktiviert hatte. B. Hassenstein (1973) spricht deshalb von »bedingter Appetenz«.

Schlechte Erfahrungen bedingen entsprechende Aversionen: Geht einem schmerzauslösenden Reiz – etwa einem elektrischen Schock – regelmäßig ein bestimmtes, bis dahin neutrales Signal voraus, dann bewirkt dies Meidereaktionen (Schreck, Flucht). Man spricht von negativer Konditionierung oder von einer »bedingten Aversion« (B. Hassenstein 1973).

Von diesem assoziativen Lernen aufgrund von Wahrnehmungen, die mit positiven oder negativen Ereignissen verknüpft sind, muß man die operanten Lernformen nach Informationszufuhr und Art der wahrgenommenen Umweltänderung unterscheiden. Durch selbsttätiges Probieren lernt der Mensch oder das Tier am Erfolg dieser Eigentätigkeit. Neue Anwendungsweisen bereits gekonnter Bewegungen oder sogar neue Bewegungskoordinationen werden so erworben. Ein Tier, das sich durch bestimmte Verhaltensweisen (Hebeldrücken) aus einem Käfig befreit oder an Futter kommt, wird dieses Verhalten beibehalten, ja, man kann durch systematische Belohnung bestimmter Verhaltenselemente über deren Verkettung recht komplizierte Bewegungsmuster andressieren.

B. F. Skinner hat darin eine Virtuosität entwickelt. Er brachte Tauben Ballspiele bei! W. Verplanck erzählte mir, seine Studenten hätten es auf ähnliche Weise fertiggebracht, Professoren zu konditionieren, indem sie konsequent bestimmte Verhaltensweisen bekräftigten. Einer der Vortragenden hatte z. B. die Gewohnheit, einen Fuß während des Vortrages auf einen Stuhl zu stellen – und immer, wenn er es tat, mimten die Zuhörer besonderes Interesse. Die weiblichen Zuhörer schoben ihre Röcke ganz unauffällig etwas über die Knie! Stieg der Vortragende von seinem Stuhl, dann wendeten sich die Zuhörer von ihm ab, und die Röcke fielen um einige Zentimeter. Bald stand der Vortragende mit einem Bein auf dem Stuhl – und zuletzt stieg er sogar darauf. Einem anderen, der beim Vortragen hin- und herpendelte, brachten sie auf die gleiche Art eine Seitenstetigkeit bei. Zuletzt unterrichtete er aus einem Winkel des Saales heraus.

Folgt auf ein Verhaltenselement eine schlechte Erfahrung, dann kommt es zu einer Abdressur. Man spricht in diesem Falle von einer »bedingten Hemmung«. Zur Veranschaulichung der Verhältnisse diene eine graphische Darstellung von B. Hassenstein (Tab. 2.2).

Bei der Bildung neuer Bewegungskoordinationen kommt es nach E. von Holst (1939) zu einem neuen Arrangement zentraler Automatismen, die neue stabile Phasenbeziehungen eingehen. Sie bilden dann eine neue transformierbare Bewegungsgestalt. Erwerbskoordinationen sind formkonstant – aus diesem Grunde kann man Unterschriften zur Identifikation einer Person verwenden (S. 51). Zur

Art der Erfahrung:	*erlernt:* auslösende Reizsituation	Verhaltenselement
Belohnung	bedingte Appetenz	bedingte Aktion
	1	2
Strafe	bedingte Aversion	bedingte Hemmung
	3	4

Tab. 2.2: Elementare Lernprozesse aus dem Bereich des Sammelbegriffs »Lernen aus Erfahrung«.

Bildung dieser neuen Phasenbeziehungen zwischen motorischen Zellgruppen ist nicht immer sensorische Rückmeldung vom Erfolgsorgan erforderlich. Rhesus-Affen, die zum Versuch auf einem Stuhl fixiert waren, lernten mit einer völlig desafferenzierten Hand nach einem stets am gleichen Ort befindlichen Zylinder zu greifen, um dadurch einen elektrischen Strafreiz abzuschalten, der durch ein akustisches Signal angekündigt wurde (E. TAUB und Mitarbeiter 1965). Sie konnten ihre Hände weder während der Trainingsphase noch während des Tests sehen. VON HOLST weist darauf hin, daß es für die Bildung einer neuen Bewegungskoordination nicht immer günstig ist, sie in Teilakten einzuüben. Denn dann muß bei jedem neuen Lernschritt die vorhandene Phasenbeziehung zwischen den motorischen Zellgruppen aufgebrochen und neu arrangiert werden. Wie weit dies als Regel gilt, müßte noch geprüft werden. Es ist sicher auch möglich, gekonnte Teilakte zu neuen komplexeren Bewegungsmustern zu integrieren.

Nicht alles motorische Lernen ist Integration. Über Entkoppelung werden Bewegungen in kleinere Einheiten zerlegt, was eine Voraussetzung für ihre willkürliche Verfügbarkeit (S. 824) ist. Als Beispiel für solche »Differenzierung« kann die Entwicklung des gezielten Greifens aus dem reflektorischen Greifen dienen.

Unter normalen Bedingungen ändert sich das Verhalten eines Tieres aufgrund individueller Erfahrungen so, daß es dessen Fähigkeit zu überleben förderlich ist. Dies setzt besondere stammesgeschichtlich entwickelte und im Genom enkodierte Programme voraus. Sie bereiten das Individuum auf zu erwartende Veränderungen in seiner Umgebung vor.

Im allgemeinen wird bei der Bildung einer bedingten Appetenz oder Aversion der dem unbedingten Reiz unmittelbar vorangehende Reiz assoziiert. Wir erwähnten das Zusammentreffen von Futter und Glocke, wobei das Glockensignal der Futterdarbietung unmittelbar vorangehen muß, wenn es mit ihr assoziiert werden soll. Folgt es danach, wird es nicht mit der Fütterung verbunden. Der Organismus operiert gewissermaßen mit einer Wenn-dann-Annahme, er schließt auf Ursache und Wirkung, und zwar aufgrund stammesgeschichtlicher Erfahrung. Wenn zwei Ereignisse auf die beschriebene Weise zusammenfallen, vermuten wir kausalen Zusammenhang. Die Kontiguitätstheorie von E. R. GUTHRIE (1952) nimmt nun an, daß alles, was zeitlich und räumlich zusammenfällt, miteinander verknüpft – assoziiert werde. Das ist aber nicht immer der Fall. Es gibt aufgrund angeborener Programme auch andere Ursachenverknüpfungen. J. GARCIA und F. R. ERVIN (1968) erzeugten durch Röntgenbestrahlung bei Ratten körperliche Übelkeit. Diese wurde nun nicht mit den zum Zeitpunkt des Eintretens der Übelkeit vorhandenen akustischen und optischen Signalen assoziiert. Vielmehr mieden die Tiere in der Folge das, was sie ein bis zwei Stunden zuvor gefressen hatten (siehe auch J. GARCIA und Mitarbeiter 1968). Ähnlich wird auch beim Menschen körperliche Übelkeit mit dem vorher Gegessenen assoziiert und die entsprechende Aversion entwickelt. Auch hier geht ein Vorwissen, das auf stammesgeschichtlicher Erfahrung beruht, in den Kausalschluß ein. Es gibt also verschiedene Programme für Ursachenverknüpfung und damit verschiedene Formen des Kausaldenkens. Was mit welchen Situationen im Sinne einer An- oder Abdressur assoziiert wird, das ist durch artspezifische Lerndispositionen festgelegt. Ein eindrucksvolles Beispiel dafür lieferten die Experimente von S. MINEKA und M. COOK (1987). Rhesusaffen lernen die Furcht vor Schlangen durch das soziale Vorbild. Sie brauchen dazu nur einmal zu sehen, wie ihre Mutter vor einer Schlange erschrickt. Diese Schlangenfurcht kann ein unerfahrenes Jungtier auch erwerben, wenn es in einem Videofilm sieht, wie ein erwachsenes Tier vor einer Schlange erschrickt. Durch einen technischen Kniff kann man nun nach der Aufnahme der Schreckreaktion des sozialen Modells die Schlange durch eine Blume ersetzen. Dann sieht das Jungtier, wie ein erwachsener Affe vor einer Blume erschrickt, und das berührt ihn interessanterweise überhaupt nicht. Es entspricht nicht der stammesgeschichtlich entwickelten Erwartung, daß ein Affe vor einer Blume erschrickt.

Es fällt auf, daß der Mensch Phobien wie die Schlangenfurcht oder die Furcht vor Spinnen ähnlich schnell lernt und an ihnen in oft irrationaler Weise festhält, während er viel weniger vorbereitet scheint, Ängste mit dem Automobil zu assoziieren, obgleich der moderne Mensch mit dessen Gefahren täglich konkret konfrontiert ist. Das weist darauf hin, daß auch wir Menschen biologisch nur für den Erwerb ganz bestimmter Phobien vorbereitet sind (M. E. P. SELIGMAN 1971, R. J. MCNALLY 1987). In diesem Zusammenhang ist ein älteres Experiment von VALENTINE (1930, zitiert in P. K. SMITH 1979) von Interesse. Wann immer seine 11 Monate alte Tochter ein Opernglas berührte, blies er laut auf einer Trillerpfeife. Die Tochter reagierte darauf nur mit Aufblicken; sie suchte zu ergründen, woher der Pfiff kam. Als er jedoch die Trillerpfeife blies, während ihr eine behaarte Raupe auf der Hand ihres Bruders gezeigt wurde, schrie sie auf und kehrte sich ab.

Ursprünglich nahm man an, daß alles, was mit der Erfüllung physiologischer Bedürfnisse zusammenhängt (Hunger, Durst, sexuelle Bedürfnisse), im Sinne einer Andressur positiv verstärkend wirkt. Mittlerweile weiß man, daß es noch viele andere Bedürfnisse gibt, deren Erfüllung einen Dressuranreiz darstellt. Beim Hamster kann man bestimmte Reaktionen, wie Graben und Sich-Aufrichten, durch Nahrung bekräftigen. Andere dagegen, wie Geruchsmarkieren, Gesichtsputzen und Körperpflegehandlungen, werden dadurch eher unterdrückt (J. S. SHETTLEWORTH 1975). Ratten lernen es schnell, einen Hebel zu drücken, wenn sie sich dadurch bestimmte Regionen im Hypothalamus reizen können (J. OLDS 1956). Die Selbstreizung wirkt »belohnend«. Hier werden offenbar Regionen aktiviert, die Lustempfindungen bewirken, natürliche Belohnungszentren gewissermaßen, und die normalerweise bei der Paarung, dem Fressen und bei anderen lustvollen Betätigungen aktiviert werden. Sie zeichnen sich auch durch eine gemeinsame Hirnchemie aus. Neurohormone und Neurotransmitter (siehe S. 107) motivieren, steuern und beenden Verhaltenssequenzen, und zwar über Belohnung bei »richtigem« Verhalten in den verschiedenen Etappen eines längeren Verhaltensablaufs (L. STEIN 1980). Darüber hinaus gibt es offenbar Hirnregionen, die Unbehagen, Unlust und damit Meidereaktionen bewirken, gewissermaßen Aversionszentren. Eine ausgezeichnete Diskussion zu Fragen der Motivation und des Lernens verdanken wir K. BAILEY (1988).

Beim Menschen ist die Neugier (Kap. 7.2) oder die Aussicht, eine Aufgabe zu lösen, wichtiger Dressuranreiz. Er genügt bereits Säuglingen als Motiv. Ertönt ein Summer, wenn der Säugling den Kopf nach rechts dreht, dann lernt er dies schnell; er verliert aber das Interesse, sobald er weiß, daß dies so geht. Erst wenn man das Programm wechselt und nunmehr bei Linksdrehung der Summer ertönt, erwacht das Interesse an der Aufgabe von neuem, bis sich der Säugling auch über die Regelmäßigkeit dieses Vorganges informiert hat. Durch Wechsel der Programme kann man das Interesse wachhalten (T. G. R. BOWER 1977, H. PAPOUŠEK 1969, E. R. SIQUELAND und L. P. LIPSITT 1965). Für den Säugling ist es belohnend und daher offensichtlich lustvoll, etwas bewirken zu können. Kann er durch eine gelernte Handlung selbständig ein Mobile in Bewegung setzen, dann lächelt er mehr, als wenn es sich ohne sein Zutun bewegt. Das kann man bereits bis zwei Monate alten Säuglingen nachweisen (J. S. WATSON 1971, 1972, 1979, J. S. WATSON und C. T. RAMSEY 1972).

Der Säugling empfindet bereits sehr früh Zuwendung und Lächeln als Belohnung, und man kann dies als Dressuranreiz verwenden, ebenso wirken Ermutigung und Lob. Die Erwartung, gelobt zu werden, ist vermutlich Teil eines vorgegebenen Programms. Enttäuschung, wenn diese Erwartung nicht erfüllt wird, kann man bereits bei kleinen Kindern beobachten.

Strafreize wirken nicht immer abdressierend. Manche Aktionen werden wohl durch Strafreize gehemmt, andere dagegen durch die gleichen Reize gefördert. Das wechselt sogar innerhalb einer Art nach Funktionskreisen. Bestraft man einen Hahn durch elektrische Strafreize, wann immer er imponiert, dann gewöhnt er sich das Imponieren ab. Es wird eine bedingte Hemmung aufgebaut. Straft man den gleichen Hahn aber immer dann, wenn er submissives Verhalten zeigt, dann bekräftigt man dieses Verhalten: Der Hahn wird noch submissiver. Die Funktion dieses Verhaltens ist einleuchtend. Submission ist eine Antwort auf Strafreize, die von Artgenossen kommen. Durch Submission entzieht man sich weiteren Mißhandlungen. Ähnlich zeigen von Müttern mißhandelte Kinder keineswegs immer Meidereaktionen. Vielmehr erweisen sie sich in der Regel als stark an die Mutter gebunden. Hühner, Entenküken und Rhesus-Affen folgen der Mutter auch dann, wenn man sie dafür bestraft (D. W. RAJECKI und Mitarbeiter 1978).

Solches Verhalten ist unter natürlichen Bedingungen adaptiv, denn bei Schmerz sucht man am besten bei der Mutter Schutz. Daß diese selbst die Ursache des Schmerzes sein könnte, ist bei Tieren unwahrscheinlich, und selbst in einem solchen Falle wäre die Schutzsuche als Appell der Beschwichtigung nützlich. Allein ginge das Kind sicherlich zugrunde. Paviane suchen bei Angst Zuflucht bei Ranghohen, auch wenn diese die Ursache der Angst sind – und vom Menschen wissen wir, daß Angst das Bedürfnis nach einer starken, führenden Persönlichkeit wachruft. In Diktaturen nützt man diese Bindung über die Angst (siehe S. 253) (I. EIBL-EIBESFELDT 1970).

Angst induziert nicht allein infantile Verhaltensmuster, die als Appelle Anteilnahme erwecken. Sie induziert auch eine kindliche Lernbereitschaft. Daher sind Erwachsene unter Angst ideologisch leichter umdrehbar. Es gibt eine Konversion unter Angst, eine Bereitschaft, deren man sich bei der Gehirnwäsche bedient. Dagegen wird man einem Menschen ängstliches Verhalten kaum durch Strafreize abgewöhnen können.

Hunde, die der Pfleger schlecht behandelt, erweisen sich als stärker an diesen gebunden als gut behandelte (A. E. FISHER 1955). Objekte, die man Jungtieren als Ersatzmutter anbietet, werden ebenfalls auch dann angenommen, wenn sie Strafreize austeilen. Hühner, die man mit dem Prägungsobjekt (S. 121) schlug und umstieß, folgten diesem besonders gut. Affenjunge nahmen Mutterattrappen auch dann an, wenn sie dafür mit einem kalten Luftstrahl bestraft wurden (L. A. ROSENBLUM und H. F. HARLOW 1963). Jungtiere von isoliert aufgezogenen Affenmüttern, die von ihren Müttern mißhandelt wurden, zeigten eine eher größere Vorliebe für ihre Mütter als Jungtiere einer Kontrollgruppe (B. SEAY und Mitarbeiter 1964).

Die Anwesenheit der Mutter oder des Mutter Surrogates vermittelt den Jungen Sicherheit. Hühnerküken picken bei Anwesenheit des Prägungsobjektes signifikant häufiger gegen ein fremdes Objekt oder einen fremden Artgenossen als wenn das Bezugsobjekt fehlt. Junge Rhesus-Affen sind in fremder Umgebung weniger aufgeregt, wenn sie ein Bezugsobjekt (Handtuch) bei sich haben (D. K. CANDLAND und W. A. MASON 1968). Ein Dachs, den ich aufzog, beruhigte sich in fremder Umgebung schnell, wenn ich ihm seine Duftmarken vor die Nase hielt (I. EIBL-EIBESFELDT 1950).

Auch für Kinder ist die Mutter zweifellos eine sichere Basis (Kap. 4.3.2), und auch hier gilt, daß von Eltern mißhandelte Kinder im allgemeinen eine sehr starke

Bindung an die Eltern haben und zum Erstaunen der Fürsorge dagegen protestieren, wenn man sie zu ihrem Schutze aus dem Elternhaus in ein Heim bringen will. Das fanden D. W. Rajecki und Mitarbeiter (1978) erstaunlich, und sie meinten, solche Beispiele zeigten doch, daß die ethologische Aussage, ein Kind sei an seine Mutter angepaßt, revidiert werden müsse:

»Ethological theory emphasizes that infant behavior systems have been shaped by the ordinarily expectable environment and depend on that environment for their functioning, yet infants of many species form bonds to objects not typical in any species environment, or even to sources of maltreatments (S. 417)*.

Und an anderer Stelle:

»In terms of the behavior of social objects, can we possibly view abuse or maltreatment as constituting part of an ordinarily expectable environment? These conditions hardly seem conductive to the survival of the offspring, yet infants do become attached to objects that severely maltreat them« (S. 426)**.

Darauf ist zu antworten, daß Kindesmißhandlung doch relativ selten ist. Außerdem blieb über die längste Zeit der Geschichte einem Kind gar keine andere Wahl, als sich weiterhin der Mutter anzuschließen. Ein Kind, das seine Mutter aus Angst meiden würde, hätte gewiß nur geringe Überlebenschancen.

Lernen kann zu einem bestimmten Zeitpunkt in einem bestimmten Funktionskreis fest im Entwicklungsplan vorgesehen sein (»obligatorisches Lernen«). So erwerben viele Tiere in begrenzten »sensiblen« Phasen ihres Lebens bestimmte Kenntnisse, etwa der Merkmale des Sexualpartners oder die Kenntnis des arteigenen Gesangs. Am einmal Gelernten halten sie oft zäh fest, so daß in solchen Fällen der Priorität der Erfahrung stärkeres Gewicht zukommt als ihrer Gegenwärtigkeit, anders als es die klassische Lerntheorie forderte. Seit der Entdeckung des Phänomens der sexuellen Objektprägung (K. Lorenz 1935) sind Prägungen vielfach untersucht worden (K. Immelmann 1965, 1970, 1975, E. H. Hess 1975, P. Marler und S. Peters 1977, W. H. Thorpe 1961, St. Green und P. Marler 1979). Singammern *(Melospiza melodia)*, Zebrafinken *(Taeniopygia castanotis)* und andere Singvögel memorieren in einer sensiblen Phase, noch bevor sie selbst zu singen beginnen, den Artgesang und lernen dann nach dem Erinnerungsbild. Bei anderen Vögeln bestimmen angeborene Sollmuster, was gelernt wird (Kap. 2.2.3).

Eine von Konrad Lorenz entdeckte Lerndisposition ist die Objektprägung. Bei

---

* »Die ethologische Theorie hebt hervor, daß die Verhaltenssysteme junger Tiere durch die normalerweise zu erwartende Umwelt geformt wurden und in ihrer Funktion von dieser Umwelt abhängen. Jedoch bauen die Jungen verschiedener Arten Beziehungen zu Objekten auf, die für die Umwelt dieser Arten untypisch oder sogar Quellen von Mißhandlung sind.«

** »Können wir bezüglich des Sozialverhaltens möglicherweise derartige Mißhandlungen als einen wesentlichen Teil der normalen Umwelt betrachten? Solche Bedingungen scheinen kaum das Überleben der Nachkommen zu begünstigen – trotzdem bauen Kinder Bindungen zu Personen auf, die sie schwer mißhandeln.«

Enten und Gänsen zeigen Jungtiere eine angeborene Folgereaktion. Sie laufen auf Objekte zu, die größer sind als sie selbst, vor allem wenn diese bestimmte Lockrufe äußern, wobei eine angeborene Präferenz für die arteigenen mütterlichen Lockrufe nachweisbar ist. Ersatzobjekte, wie ein Ball, ein Schaumstoffwürfel, eine Henne oder ein Mensch, lösen ebenfalls Zulaufen aus. Sie werden von den Jungen als Ersatzmutter angenommen. Für eine Absicherung gegen derartige Irrtümer gab es stammesgeschichtlich offenbar keinen Grund. Es dürfte ja kaum je vorkommen, daß eine Ente von einem Artfremden erbrütet wird. Ein Programm, das angibt: »Folge dem, mit dem du nach dem Schlüpfen beisammen bist!«, reichte also aus. Die einmal hergestellte Bindung ist sehr fest. Folgte die Ente eine Weile einem bestimmten Objekt, dann erweist sie sich als auf dieses »geprägt«, und die Bereitschaft, anderen Objekten zu folgen, verliert sich (K. LORENZ 1935). Folgt ein Gössel nur kurze Zeit einem Menschen, dann ist es z. B. nicht einmal mehr bereit, sich der eigenen Mutter anzuschließen. Die Bindung ist therapieresistent bis irreversibel – das wechselt mit den Arten. Als weiteres Charakteristikum ist die Existenz einer sensiblen Periode zu vermerken. Nur während dieser Phase kann die Ente geprägt werden. Geprägt wird die Folgehandlung auf ein bestimmtes Objekt. Mitunter werden allerdings zugleich auch Verhaltensweisen aus dem sexuellen Funktionskreis auf eine bestimmte Objektgattung geprägt, obgleich diese Handlungen zu dem Zeitpunkt gar nicht ausgereift sind. In diesem Falle abstrahiert das geprägte Tier die Artmerkmale des Prägungsobjektes. Handelt es sich etwa um einen Menschen, dann balzt der Vogel später Menschen an. Die spezifische Folgereaktion ist dagegen im allgemeinen individualisiert, wie die Entmischungsversuche von LORENZ an Graugänsen deutlich zeigen. Die Gössel erkennen ihre Mutter und folgen ihr – beziehungsweise der Ziehmutter –, in diesem Falle LORENZ. Das Folgeprogramm ist so beschaffen, daß der Jungvogel in Gegenwart der Mutter beruhigt und selbstsicher ist; er exploriert dann und verhält sich gegenüber anderen zugesetzten Jungvögeln aggressiv dominant. Abwesenheit der Mutter ängstigt. Das Jungtier sucht den Kontakt mit ihr unter Rufen des Verlassenseins. Schmerz und Angst verstärken die Kontaktsuche, selbst wenn im Experiment das Folgeobjekt die Strafreize austeilt (J. K. KOVACH und E. H. HESS 1963, J. E. BARRETT 1972, E. A. SALZEN 1967).

Objektprägungen können zu einem Zeitpunkt stattfinden, an dem die Handlungen, deren Ziel diese Objekte sind, noch gar nicht ausgereift sind. Das ist bei der sexuellen Objektprägung der Fall. Männliche Dohlen und Wellensittiche, die von Menschenhand aufgezogen werden, erweisen sich später als sexuell auf den Menschen geprägt. Auch wenn sie danach nur mit ihresgleichen zusammengehalten werden, ziehen sie bei Eintritt der Geschlechtsreife den Menschen als Geschlechtspartner vor und balzen ihn an. Die Prägung ist lange vorher erfolgt, und das lehrt uns, daß nicht immer die jüngere Erfahrung das größere Gewicht hat.

Menschen entwickeln während einer bestimmten sensiblen Periode Hemmungen, sich später in einen Partner des Gegengeschlechtes zu verlieben, wenn sie in dieser Zeit mit ihm aufwuchsen. Ihre Beziehungen werden dann geschwisterlich, auch wenn es sich um Nicht-Verwandte handelt (siehe Inzesttabu, Kap. 4.6).

Was sich bei der Prägung im Zentralnervensystem abspielt, zeigten E. WALL-HÄUSER und H. SCHEICH (1987). Sie fanden im Vorderhirn von Hühnerküken einen Typus großer Nervenzellen, deren Dendriten bei ungeprägten Küken viele Fortsätze (»Spines«) aufwiesen. Es handelt sich um Oberflächenvergrößerungen für synaptische Kontakte mit anderen Nervenzellen; man könnte funktionell von »Lauschstellen« der Neuronen sprechen. Nach Prägung der Folgereaktion der Küken auf einen reinen Ton war die Zahl dieser Spines um 45 % gegenüber den ungeprägten Kontrollen reduziert. Prägte man auf den natürlichen Locklaut der Glucke, der ein breiteres Frequenzspektrum aufweist, dann war ebenfalls eine deutliche, aber nur mäßige Reduktion (27 %) der Spines festzustellen. Mit dem Prägungserlebnis scheint eine irreversible oder zumindest gegen Änderungen resistente Abstimmung der Nervenzellen auf ganz bestimmte Signale zu erfolgen, so daß deren Empfangsbereich selektiv eingeengt wird. Eine ähnliche Einengung des perzeptiven Potentials der Neuronen findet bei dem zu den Starenverwandten gehörenden Beo *(Gracula religiosa)* statt, wenn er Gesänge lernt (G. RAUSCH und H. SCHEICH 1982).

2.2.7 Die kulturelle Umsetzung angeborener Dispositionen

Stammesgeschichtliche Anpassungen der in den vorangegangenen Abschnitten beschriebenen Art bestimmen das kulturelle Gestalten des Menschen in vielfacher Weise. Schon C. G. JUNG glaubte in den Kunstschöpfungen des Menschen den Niederschlag archetypischen Vorwissens zu sehen. Allerdings blieb er dabei psychoanalytischen Deutungen verhaftet, die einer Begründung in kulturenvergleichenden Untersuchungen vielfach entbehrten. Seine Intuition führte ihn jedoch in die richtige Richtung.

Untersuchen wir z.B. Figuren und Amulette, die der Mensch anfertigt, um Gefahren verschiedenster Art zu bannen, dann fällt auf, daß diese häufig einen erigierten Phallus zeigen. Meist geschieht dies in Kombination mit einem drohenden Gesicht und mit anderen abweisenden Gebärden (Abb. 2.56). Es handelt sich um ein phallisches Drohen, das als ritualisierte Aufreitdrohung gedeutet werden kann und zu dem man homologe Verhaltensmuster bei verschiedenen Affen findet (I. EIBL-EIBESFELDT 1970, I. EIBL-EIBESFELDT und W. WICKLER 1968, W. WICKLER 1967a).

Hält sich ein Meerkatzentrupp zum Fressen auf dem Boden auf, dann beobachtet man, daß einzelne Männchen mit dem Rücken zur Gruppe »Wache« sitzen. Sie halten die Beine dabei leicht gespreizt und stellen ihre auffällig gefärbten äußeren Geschlechtsorgane zur Schau. Der Hodensack ist bei diesen Affen blau und der

Abb. 2.56: Dämonenabweisende Hockerfigur von Bali in Vorder- und Seitenansicht. Die beiden übereinander hockenden Figuren zeigen Drohgesicht und phallisches Imponieren. In der Seitenansicht sieht man ferner, daß sie ihre Gesäßbacken auseinanderziehen. Auf dem Tischchen oben legt man Opfergaben ab. Man kombiniert so Drohen mit Beschwichtigung. Foto: I. Eibl-Eibesfeldt.

Penis leuchtend rot; ganz offensichtlich wurde hier auf Signalwirkung selektiert. Das Wachesitzen richtet sich gegen Artgenossen anderer Gruppen. Sie sollen auf Abstand gehalten werden. Kommen Fremde zu nah heran, dann bekommen die Wachesitzenden eine Erektion. Ähnliches hat man von einer Reihe anderer Primaten beobachtet (D. Ploog und Mitarbeiter 1963, W. Wickler 1965, 1967a). Das Verhalten ist als ritualisierte Aufreitdrohung zu deuten. Aufreiten ist ja bei vielen Säugern Zeichen für Dominanz, und als solches hat es sich von seiner ursprünglichen Funktion der Paarung abgelöst – es wurde zum soziosexuellen Signal.

Beim Menschen finden wir ein vergleichbares phallisches Drohen. Verschiedene Völker Neuguineas betonen den Phallus durch aufgesteckte Phallokrypten (Penishüllen, Abb. 2.57). Wollen Eipo einen Gegner verhöhnen, dann lösen sie die Schnur, die die Spitze der Penishülle um die Lenden festhält, und springen am Ort, meist auf einem erhöhten Platz weit sichtbar. Dabei pendelt die Penishülle

Abb. 2.57: Papua mit Phallokrypt (In, Irian Jaya/West-Neuguinea). Foto: I. EIBL-EIBES-FELDT.

auffällig auf und ab. Bei Schreck und Überraschung klicken sie mit dem Daumennagel gegen die Penishülle, um durch diese Drohgebärde die mögliche Gefahr zu bannen (I. EIBL-EIBESFELDT 1976). In anderen Kulturen erfolgt dieses phallische Drohen indirekt über phallische Figuren aus Stein und Holz, die man anfertigt, um Grenzen zu markieren, böse Geister abzuwehren. Kleinere Figuren dieser Art dienen als Amulette ebenfalls dazu, Übel, das man bösen Geistern zuschreibt, abzuwehren (Abb. 2.58). Wir finden solche Figuren und Amulette in allen Erdteilen (I. EIBL-EIBESFELDT und CH. SÜTTERLIN 1992). Die Figuren wurden in der Literatur gelegentlich als Fruchtbarkeitsdämonen mißdeutet, wohl weil man nicht wußte, wie man sie aufstellt und verwendet. Aber bereits das Wort »Dämonen« weist auf abschreckende Merkmale des Ausdruckes dieser Figuren hin. Die beigefügte Abbildung aus Bali zeigt z.B. die Drohmiene mit entblößten Zähnen, die vorquellenden Drohaugen und noch andere Merkmale, die deutlich abweisen, sowie Handgebärden, Gesäßweisen und anderes mehr (Abb. 2.56).

Im antiken Griechenland stellte man phallische Figuren (Hermen) an Wegkreuzungen und Gebietsgrenzen auf. Sie zeigen einen Männerkopf mit Bart und einen erigierten Penis. Phallisch sind viele der romanischen Figuren, die an Fenstern und Eingängen der Kirchen wachen und Übel abhalten sollen. In früheren Zeiten pflegten Europäer in der Männerkleidung die Geschlechtsregion zu betonen. In der Landsknechtstracht des Mittelalters ist dies recht deutlich. Und es ist sicher kein Zufall, daß sich das phallische Imponieren mit dem eigenen Körper hier am längsten hielt, mußten die Landsknechte doch durch aggressives Auftreten für

Abb. 2.58: Phallische Amulette aus Japan. Oben: phallisches Bärchen. Der Phallus ist normalerweise mit der Bodenplatte in die Figur eingeschraubt. Darunter Amulett mit Drohgesicht und auf der Kehrseite durch Schuber verborgenem Penis. Zeichnung: H. KACHER nach dem Original, aus I. EIBL-EIBESFELDT (1970).

ihre Einstellung werben. Im Rahmen des Abbaues provozierender Merkmale wurde in der anonymen Großgesellschaft das phallische Imponieren weitgehend zurückgenommen. Es hielt sich jedoch in gewissen Redewendungen, die eine männliche Dominanzdrohung ausdrücken. »Den Phallus in Dein Auge« lautet eine Redewendung der Araber, was etwa dem englischen »fuck you« und dem »allez vous faire foutre« der Franzosen entspricht. Auch die aggressiven Rededuelle männlicher Türken beziehen sich auf den Geschlechtsakt (S. 740). Hier wird instinktives Verhalten gewissermaßen verbalisiert – wir werden darauf noch näher eingehen. In Ausnahmefällen kommt es beim Menschen auch heute noch zu aggressivem Aufreiten mit der Absicht, zu demütigen und zu unterwerfen. So wurde der letzte algerische Konsul von den Aufständischen rituell vergewaltigt. Gleiches geschah bis vor kurzem bei Hirtenjungen in Ungarn, wenn sie in die Weidegebiete anderer eindrangen. Der erigierte Phallus wird vielfach auch zum Rangabzeichen. Er verschafft Respekt. Es gibt viele Götterdarstellungen mit erigiertem Glied (Altgermanien, Ägypten, Indien, Mexiko). D. FEHLING weist darauf hin, daß die Wendung einiger antiker Schriftsteller »ein Mann mit Hoden« hohe Anerkennung ausdrückte. Und dazu gibt es Entsprechungen in modernen Sprachen (italienisch »cazzo«). Das negative Gegenstück wäre unser deutsches »Schlappschwanz«. Weitere Beispiele bei I. EIBL-EIBESFELDT und W. WICKLER

(1968), I. Eibl-Eibesfeldt (1979), D. Fehling (1974), D. Rancourt-Laferriere (1979), I. Eibl-Eibesfeldt und Ch. Sütterlin (1992).

Der Mensch kann auch die seinem angeborenen Signalkode angehörenden Auslöser in verschiedener Weise und abgelöst von seinem Körper wie Schriftzeichen einsetzen. Er kann einzelne Reizschlüssel aus dem Zusammenhang lösen und mit anderen relativ frei kombinieren. So werden in vielen Abwehrfiguren Tierfeindmerkmale (Raubtierrachen, Reptilmerkmale) mit menschenspezifischen Drohsignalen kombiniert (I. Eibl-Eibesfeldt und Ch. Sütterlin 1992) und damit die Wirksamkeit übelbannender Skulpturen gesteigert.

Die uns Menschen angeborenen Verhaltensdispositionen schreiben uns nicht zwingend vor, wie wir im einzelnen mit ihnen umzugehen haben. Sexualität, Aggressivität und affiliative Verhaltensdispositionen können kulturell verschieden ausgestaltet und gewichtet werden. So wird das freundliche Geben im Potlatch der Kwakiutl (S. 437) zu einem Kampf um Macht umgestaltet, aus dem derjenige als Sieger hervorgeht, dem es gelingt, seine Gegner durch Großzügigkeit und Verschwendung bei der Beschenkung und Bewirtung seiner Rivalen zu übertrumpfen. Es kommt darauf an, ihnen die Möglichkeit zu nehmen, durch Gegeneinladung einen Ausgleich zu schaffen, oder den Gegner gar zu übertrumpfen. Das funktioniert nur, weil das Gesetz der Reziprozität (Kap. 4.12.3) in uns stammesgeschichtlich so tief verwurzelt ist, daß wir über die empfundene Verpflichtung zu dessen Erfüllung in psychologische Abhängigkeit geraten.

Ein anderes Beispiel für die unterschiedliche Ausgestaltung angeborener Dispositionen liefert die kulturenvergleichende Untersuchung des Umgangs mit dem Streben nach Ansehen und Macht. Das Rangstreben ist altes Primatenerbe. Bei den meisten altsteinzeitlichen Jäger- und Sammlervölkern wird es allerdings im Interesse der Erhaltung des inneren Friedens unterdrückt. So dürfen die Buschmänner der zentralen Kalahari nicht mit ihrem Jagderfolg prahlen. Die Beute wird nach genauen Regeln verteilt, und das einzige, was dem Jäger bleibt, ist das Recht, zu verteilen. Damit ein erfolgreicher Jäger aber nicht zu oft als Verteiler auftritt und sich damit vielleicht über die anderen heraushebt, gehört es zu den Pflichten eines jeden, im eigenen Köcher auch Pfeile anderer Jäger bei sich zu tragen und diese auch zu verwenden. Das Recht, zu verteilen, fällt dem Besitzer des Pfeiles zu, der das Tier tötete und damit nicht notwendigerweise dem erfolgreichen Schützen. Die Egalität wird hier kulturell erzwungen, sie ist nicht primär gegeben, wie das im älteren Schrifttum gelegentlich fälschlich behauptet wird. Andere Völker belohnen das Rangstreben oft in ganz speziellen Bereichen unter Ausklammerung bestimmter Personen. So viele Hirtenvölker, die ihr Vieh als Lebensbasis verteidigen müssen und die mutige Führer brauchen, um Verteidigung und Angriff zu koordinieren.

Für den Umgang mit unseren stammesgeschichtlichen Vorgaben gibt es also viele Optionen, und im Rahmen des Bemühens um kulturelle Neuanpassung an die sich ständig ändernden Lebensbedingungen experimentieren wir Menschen mit verschiedenen Sozialtechniken der Führung und anderen Formen des Zusammenlebens. Insbesondere die technische Zivilisation, die Millionenstadt und die anonyme Großgesellschaft stellen uns dabei vor noch ungelöste Probleme (I. EIBL-EIBESFELDT 1988, 1994).

2.2.8 Handlungsschritte, Handlungsfolgen, Handlungsziele: Das Hierarchie- und Wegenetzkonzept

Das CRAIGSCHE Schema Appetenzverhalten – auslösender Reiz – triebbefriedigende Endhandlung beschreibt den seltenen Spezialfall. In der Regel wird ein Tier über viele Handlungsschritte einem Endziel zugeführt, von dem es zwar in vielen Fällen sicher nichts weiß, das aber der Beobachter durchaus feststellen kann. Da jeder Handlungsschritt seine eigene Appetenz hat, durchläuft ein Tier dabei auch eine Kette von Appetenzen.

NIKO TINBERGEN (1951) führte aus, wie die Stichlinge im Frühjahr zunächst in Wanderstimmung zu den Laichplätzen im Seichten wandern. Sie schwimmen dazu verträglich im Schwarm. Dort angekommen, besetzen die Männchen Territorien, und erst danach färben sie um, werden unverträglich, bereit zu balzen, ein Nest zu bauen und andere Verhaltensweisen aus dem Funktionsbereich der Fortpflanzung auszuführen. TINBERGEN entwickelte die Vorstellung einer hierarchischen Organisation funktioneller Zentren, die auf gleicher Integrationsebene sich gegenseitig hemmen und die, von äußeren und inneren motivierenden Faktoren angeregt sowie durch spezifische auslösende Reize, Verhalten bewirken. Das TINBERGENSche Schema läßt einen hierarchischen Aufbau erkennen. Die funktionellen Zentren verschiedenen Integrationsniveaus bezeichnet er als Instinkte verschiedener Ordnung, und er spricht von einer »Hierarchie der Instinkte«. Auf der unteren Ebene der Endhandlung (Schwimmen, Beißen) kommt es zu einer zunehmenden Vernetzung, da die Handlungen oft im Dienst mehrerer Unterinstinkte (Kampf, Werben etc.) stehen können. Elektrische Hirnreizversuche an Hühnern belegen einen vergleichbaren hierarchischen Aufbau des Verhaltens (E. VON HOLST und U. VON SAINT PAUL 1960). Das Auftreten der Verhaltensweisen auf einer Ebene wird durch deren verschiedene Schwellenwerte und über spezifische angeborene Auslösemechanismen geordnet. Über das Ausleben von Appetenzen auf den verschiedenen Ebenen wird das Tier in einem hierarchischen System zu den Endhandlungen geführt, von denen es keine weiteren Vorstellungen zu haben braucht. Das fast maschinenhafte Funktionieren der Insekten spricht für diesen Ablauf. Bei Vögeln und höheren Säugern dürfen wir aber annehmen, daß ihr Appetenzverhalten durch Zielvorstellungen ausgerichtet wird. Ein Hunderüde, der jagdgestimmt ist, sucht durchaus gezielt einen weitentfernten Hühnerhof auf, an den er sich offenbar erinnert. Er wird sich durch Hindernisse und Umwege nicht davon abbringen lassen. Das hängt im einzelnen von seiner Gestimmtheit durch das Parlament seiner Instinkte ab. Ist er nicht nur jagdgestimmt, sondern auch ängstlich, dann mag ihn das Auftauchen einer Gefahr zur Umkehr oder zu einem größeren Umweg bewegen. Begegnet dem Rüden ein Weibchen, dann kann ihn das wohl auch, zumindest vorübergehend, vom Wege abbringen. Er ist, abhängig von seiner Gestimmtheit, ablenkbar, agiert aber dennoch so, als würden ihn Zielvorstellungen leiten. Objektiv läßt sich darüber natürlich nichts Verbindliches aussagen.

Menschliches Verhalten wird dagegen meist von konkreten Zielvorstellungen geleitet. Stets läßt es sich als geregelte Folge von Handlungsschritten beschreiben, die zu bestimmten Zielen führen. Ein Ziel kann dabei auf mehreren Wegen erreicht werden. Wir können das Verhalten demnach auch in Form eines Wegenetzes mit mehreren Entscheidungspunkten beschreiben (S. 162). Wie die Entscheidungen an den Kreuzungspunkten fallen, hängt von der Gestimmtheit, der Reizsituation und ganz entscheidend von den persönlichen Erfahrungen des einzelnen ab – was menschliches Verhalten variationsreich, aber keineswegs unvoraussagbar macht. Kulturelle Konventionen und stammesgeschichtliche Anpassungen engen die Möglichkeiten des Handelns entscheidend ein. Unter anderem können wir feststellen, daß Menschen überall im Prinzip die gleichen Strategien verfolgen, um Bestimmtes zu erreichen. Es gibt eine universale Grammatik, die unsere sozialen Interaktionen strukturiert. Wir werden sie noch erörtern (Kap. 6.4.1).

Zusammenfassung 2.2

Ein basales Konzept der Ethologie ist die Erbkoordination. Dem formkonstanten Bewegungsablauf liegen zentralnervöse Generatorsysteme zugrunde, die sich oft bereits zentral so koordinieren, daß wohlgeordnete Bewegungskommandos an die Muskulatur gesendet werden. Rückmeldungen wirken hemmend oder fördernd nach vorgegebenem Programm ein.

Erbkoordinationen sind nicht formstarr, sondern formkonstant; d. h. der Phasenabstand der an der Bewegung beteiligten Muskelaktionen, die spezielle »Partitur«, nach der die Bewegungen ablaufen, bleibt gleich, so daß die Bewegung eine transponierbare, wiedererkennbare Gestalt ergibt. Eine Erbkoordination wird jedoch nicht durch die Formkonstanz allein definiert. Wie der Name bereits ausdrückt, kommt das Kriterium des Angeborenseins dazu. Das heißt, die der Bewegung zugrunde liegenden Nervennetze, Sinnesorgane und Erfolgsorgane wachsen in einem Prozeß der Selbstdifferenzierung aufgrund im Erbgut festgelegter Entwicklungsanweisungen bis zur Funktionsreife heran. Erbkoordinationen sind in der Regel mit Orientierungshandlungen zu höheren funktionellen Einheiten – den Instinkthandlungen – integriert. Das Studium der Taub- und Blindgeborenen und der Säuglinge sowie der Arten- und Kulturenvergleich belegen, daß auch wir Menschen mit einem Grundrepertoire von Erbkoordinationen ausgerüstet sind.

Die Wahrnehmung wird auf verschiedenen Ebenen durch stammesgeschichtliche Programme mitbestimmt, wobei einige Leistungen transmodal in verschiedenen Sinnesgebieten gleicherweise festgestellt werden. Das gilt z. B. für die kategoriale Wahrnehmung. Das Farbensehen und Silbenhören sind Beispiele dafür. Die »Ordnungsliebe der Sinne« gestaltet jedoch auch höhere Wahrnehmungsleistungen. Auch die Prägnanztendenz läßt sich transmodal nachweisen. Unsere Wahrnehmung hebt charakteristische Merkmale heraus (Pointierung) und ebnet weniger wichtige ein. Das vereinfacht die Darstellung – schematisiert sie – im visuellen Bereich ebenso wie in der Rede.

Große Bedeutung für die Erklärung menschlichen Verhaltens hat das Schlüsselreiz-AAM-Konzept. In Anpassung an Reize, die für den Organismus eignungsrelevante Gegebenheiten melden, entwickelten sich spezielle Einrichtungen des Reizempfanges und der Reizverarbeitung. Sie sind so beschaffen, daß sie auf einige kennzeichnende Merkmale der Reizsituation ansprechen. Sie wirken wie ein Reizfilter, und sie sind so mit der Motorik verbunden, daß sie beim Eintreffen der passenden Schlüsselreize ganz bestimmte Verhaltensweisen, etwa der Freßfeindvermeidung oder des Beutefangs, auslösen. Man spricht daher von angeborenen Auslösemechanismen (AAM). Im Dienste der Kommunikation kommt es zu wechselseitiger Anpassung von Sender und Empfänger. Im Dienste der sozialen Kommunikation entwickelte Signale nennt man Auslöser. Die mimischen Ausdrucksbewegungen und einige der »Kindchenmerkmale« sind Beispiele dafür.

»Sollmuster« oder Leitbilder nennt man zusammenfassend all jene neuronalen Referenzmuster, in denen ein Vorwissen um richtiges, normgerechtes Verhalten vorgegeben wird.

Verhalten ist jedoch keineswegs stets bloß Antwort – wie das die klassische Reflexlehre und die Reiz-Reaktionspsychologie postulierte –; vielmehr sind Organismen so konstruiert, daß sie von sich aus aktiv sind: angetrieben von einer Vielzahl im einzelnen recht verschieden konstruierter motivierender Mechanismen. Ihr Wirken führt dazu, daß Tiere und Menschen im sogenannten Appetenzverhalten nach Reizsituationen suchen, die es gestatten, bestimmte Verhaltensweisen ablaufen zu lassen. Endogen-neurogene Motivation spielt dabei unter anderem eine große Rolle. Automatische motorische Zellgruppen treiben die Erbkoordinationen an. Als subjektive Korrelate des Handelns und Wahrnehmens erlebt der Mensch Emotionen. Sie gehören zu den Universalien.

Die individuelle Modifikabilität des Verhaltens wird oft in sehr spezifischer Weise durch stammesgeschichtliche Anpassungen bestimmt. Es gibt angeborene Lerndispositionen. Keineswegs gilt, daß alles zu jeder Zeit gleich gut gelernt und vergessen wird oder daß zeitlich und räumlich zusammenfallende Ereignisse jederzeit kausal verknüpft werden. Die dem Lernen zugrunde liegenden stammesgeschichtlich entwickelten Hypothesen, von denen Organismen beim Lernen ausgehen, sind oft viel differenzierter. Das bewirkt, daß Organismen Relevantes assoziieren: z. B. Übelkeiten mit längere Zeit vorher Verspeistem und nicht mit dem zum Zeitpunkt des Eintretens der Übelkeit Gegenwärtigen. Auf ein und dieselbe Reizsituation kann ein Organismus auch in verschiedenen Funktionszusammenhängen und Gestimmtheiten verschiedene Lernantworten geben. Oft wird nur ganz Bestimmtes und in wohldefinierten sensiblen Perioden gelernt. Stammesgeschichtliche Vorprogrammierungen kommen auch im kulturellen Gestalten des Menschen zum Ausdruck, z. B. in Figuren mit apotropäischer Funktion.

Verhalten ist hierarchisch organisiert. Mit zunehmender Entwicklungshöhe wird diese Ordnung weniger streng, die Vernetzung zwischen verschiedenen Verhaltenssystemen nimmt zu und damit auch die instrumentale Verfügbarkeit über das vorgegebene Verhaltensrepertoire.

2.3 Die Entkoppelung der Handlungen von den Antrieben und die bewußte Selbstkontrolle: Zur Neuroethologie der menschlichen Freiheit

Der Mensch erlebt subjektiv, daß er sich entscheiden kann, dies zu tun und jenes zu unterlassen, daß er die Freiheit hat, zwischen verschiedenen Alternativen zu wählen. Er setzt sich Ziele, geht im Geiste verschiedene Möglichkeiten des Handelns durch und erwägt und wählt dann die ihm den Umständen angemessen erscheinende Strategie. Dieses Erwägen setzt ein Abstandnehmen voraus, selbst wenn das erstrebte Ziel die Befriedigung eines Triebes ist. Der Mensch ist in der Lage, die Erfüllung eines Triebzieles zurückzustellen, seine Triebsphäre so weit abzukoppeln, daß ein entspanntes Feld entsteht, in dem er überlegt und vernünftig handeln kann. Tiere zeigen diese Fähigkeit in beschränktem Maße. Ihr Appetenzverhalten spielt sich in einem relativ »entspannten Feld«* (G. Bally 1945) ab. Das jagdgestimmte, nach Beute suchende Tier variiert sein Verhalten der Situation angepaßt. Es umgeht Hindernisse, meidet Gefahren, kurz, variiert sein Verhalten der Situation gemäß. Nimmt es jedoch seine Beute wahr, dann klinken

---

* G. Bally erläutert den Begriff der Feldspannung mit folgendem Beispiel: Legt man einem Hund ein Stück Fleisch direkt vor die Nase hinter einen beiderseits offenen Zaun, dann versucht der Hund vergeblich durch den Zaun an den Bissen zu gelangen. Die Feldspannung ist so groß, daß der Hund nicht darauf kommt, den Zaun zu umgehen. Legt man jedoch das Fleisch einige Meter hinter den Zaun, dann stutzt der Hund nach einem vergeblichen Versuch, direkt zum Ziel zu kommen, und läuft um den Zaun herum.

seine Instinktmechanismen voll ein, so daß eine weitgehend festgelegte Folge von Instinkthandlungen abläuft, die schließlich zur abschaltenden oder triebbefriedigenden Endhandlung führt. Im Spiel der Säuger erleben wir nun insofern einen bemerkenswerten Schritt in Richtung auf eine Autonomie des Handelns, als sich hier zum erstenmal die Fähigkeit manifestiert, die Handlungen aktiv von den Antrieben abzukoppeln und so ein vor allem von agonistischen Emotionen entspanntes Feld zu schaffen, das größere Handlungsfreiheiten ermöglicht.

Ein Dachs oder ein Hund kann kampfspielen, ohne aggressiv zu werden, und er verfügt dann so »frei« über seine Bewegungen, daß er sogar solche aus verschiedenen Funktionskreisen kombinieren kann, was im Ernstfalle nicht möglich ist (Kap. 7.2).

Die Handlungen erscheinen beim Spiel von den ihnen normalerweise vorgesetzten Instanzen abgekoppelt. Das erlaubt ein Experimentieren und aktives Erfahrungssammeln, in dessen Verlauf es sogar zur Ausbildung von neuen Bewegungskoordinationen (Erwerbskoordinationen) kommen kann.

Beim Menschen ist die Fähigkeit freien Handelns im Sinne eines Wählens zwischen Alternativen in ganz besonderer Weise ausgeprägt. Wir erleben dies subjektiv als »Freiheit der Entscheidung«. Diese »Freiheit« darf keineswegs mit »Nicht-Determiniertheit« gleichgesetzt werden, denn Zielvorstellungen und Normen, die wir beim Erwägen gewichten, bestimmen unsere Entscheidung, und »Freiheit« im Sinne von Undeterminiertheit wäre wohl auch ein sinnentleerter Begriff.

Freiheit, schreibt F. Seitelberger (1981 : 27), »existiert nicht in realer oder in begrifflicher Objektivierung, sondern in der Selbstbezogenheit des handelnden Subjekts. Freiheit bedeutet daher auch nicht Akausalität, sondern Autonomie ...« Seitelberger weist in diesem Zusammenhang auf die Bedeutung der Entwicklung der Hirnrinde hin, die »Kortikalisation«; durch sie gerät die Triebsphäre unter Kontrolle des Bewußtseins, was zu einer Humanisierung des Trieblebens führt.

Die Kortikalisation ist jedoch nur der erste wichtige Schritt in Richtung einer Selbstkontrolle des Verhaltens. Ein zweiter entscheidender Schritt ist die Lateralisation – die Aufgabentrennung der beiden Großhirnhälften. Die Untersuchungen von R. W. Sperry (1964), R. W. Sperry und B. Preilowski (1972), J. Levy (1972), M. S. Gazzaniga und Mitarbeiter (1963, 1965, 1977) haben gezeigt, daß die beiden Hirnhälften so auf verschiedene Leistungen spezialisiert sind, daß links, grob gesprochen, die Fähigkeit zu sprechen und in Worten zu denken sowie das mathematisch-sachliche Denken, rechts die integrativen Fähigkeiten der Gestaltwahrnehmung und vor allem die emotionellen und künstlerischen Begabungen lokalisiert sind.

Personen, deren linke Hirnseite beschädigt ist, sind zwar sprachlich behindert, aber emotionell intakt. Sie zeigen Mitgefühl und Emotionalität und erweisen sich als musisch. Personen mit rechtsseitiger Schädigung dagegen sind emotionell gestört; sie zeigen nur seichte Gefühlswallungen oder unangebrachte Euphorie, und sie haben die Fähigkeit, mit anderen zu fühlen, verloren. Sie verstehen keinen Spaß, sind amusisch, und ihre integrativen Fähigkeiten sind stark eingeschränkt.

Wir verfügen also gewissermaßen in der linken Hemisphäre über ein sachlich nüchternes, analytisches Hirn und in der rechten über ein emotionelles, synthetisch begabtes Hirn. Die beiden Hemisphären sind durch dicke Faserbündel (Corpus callosum) an der Basis miteinander verbunden. Beim Orgasmus kann man z. B. von der rechten Hemisphäre Theta-Wellen ableiten, die Indikatoren von Aktivität sind, während man von der linken Hirnhälfte den Alpha-Rhythmus registrieren kann, der für Ruheaktivität typisch ist.

Interessant ist, daß bei Frauen das Corpus callosum im hinteren Abschnitt dicker ist als beim Mann (Ch. de Lacoste-Utamsing und R. L. Holloway 1982). Vielleicht reflektiert die unterschiedlich starke Verbindung der Hirnhälften eine unterschiedliche Emotionalität von Mann und Frau. Es scheint, als sei die Frau in ihrem Handeln seltener bar einer Gefühlsregung als ein Mann. Das könnte mit ihrer primären Fürsorglichkeit zusammenhängen, die mehr auf das Bindende angelegt ist. Beim Mann dominiert oft distanzierendes Verhalten (Aggression). Nun schadet ein Übermaß an Liebe sicher weniger als ein Übermaß an Aggression, die daher besonders gezügelt werden muß. Man braucht die aggressive Emotionalität in bestimmten Phasen der kämpferischen Auseinandersetzung, aber es bedarf auch ihrer Kontrolle, wenn der Kampf nicht ins Destruktive eskalieren soll.

Eine stärkere Trennung des nüchternen Hirns vom emotionellen Hirn scheint beim Mann in diesem Sinne adaptiv zu sein.

Wegen der teilweisen Überkreuzung der Sehnervenbahnen im Chiasma opticum wird das linke Gesichtsfeld in die rechte und das rechte Gesichtsfeld in die linke Hirnhälfte (Sehrinde) projiziert. In ähnlicher Weise kreuzt sich der Hörsinn, während der Geruchssinn ipsilateral bleibt. Bei Personen mit durchtrenntem Balken weiß daher die sprechende linke Hirnhälfte nichts von dem, was die rechte Hälfte sieht und umgekehrt (Abb. 2.59). Projiziert man zum Beispiel das Wort »Schraubenmutter« auf das linke Gesichtsfeld, dann wird es von dort zur rechten Hirnhälfte projiziert und über verschiedene Erkennungsbahnen zur motorischen Rinde weitergeleitet, die die linke Hand kontrolliert. Die Person kann mit der linken Hand ohne Sichtkontrolle aus einem Haufen von Gegenständen eine Schraubenmutter heraussuchen. Befragt, kann sie jedoch nicht angeben, was die Linke suchte und fand. Die linke Hemisphäre, in der die sprechende Versuchsperson repräsentiert ist, weiß von dem Vorgang nichts. Als rationales Hirn bemüht sich die linke Hemisphäre, Verhalten zu interpretieren. Wie die Versuche von J. E. LeDoux und Mitarbeitern (1977) zeigen, müssen diese Hypothesen nicht mit der tatsächlich wahrgenommenen Wirklichkeit übereinstimmen. Die Genannten boten einem Split-Brain-Patienten (nach Hemisphärentrennung) zwei unabhängige Bildszenen, links eine Winterlandschaft mit Schnee (für die rechte Hemi-

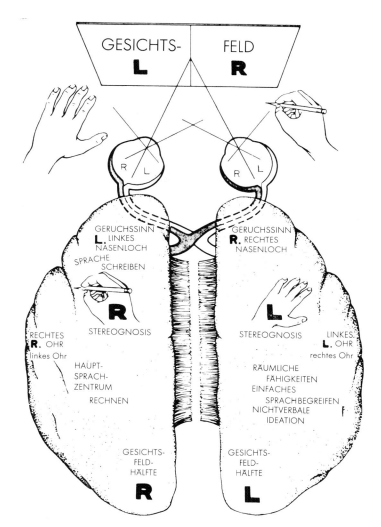

Abb. 2.59: Schema der Projektion der linken und rechten Gesichtsfelder auf die rechte und linke Sehrinde, aufgrund der partiellen Kreuzung im Chiasma opticum. Das Schema zeigt auch andere sensorische Inputs von den rechten Extremitäten zur linken Hemisphäre und von den linken Extremitäten zur rechten Hemisphäre. In ähnlicher Weise kreuzt der Input des Hörens weitgehend, doch der Geruchssinn ist ipsilateral. Es ist bildlich dargestellt, daß die Programmierung der rechten Hand beim Schreiben von der linken Hemisphäre kommt. Aus R. W. Sperry (1974).

sphäre), rechts einen Hühnerfuß (für die linke Hemisphäre). Aufgefordert, durch Wahl von Bildkarten mitzuteilen, was er zuvor gesehen hatte, wählte er mit der rechten Hand (linke Hemisphäre) die Karte mit einem Huhn, mit der linken Hand (rechte Hemisphäre) eine mit abgebildeter Schaufel! Auf die Frage, was er gesehen habe, antwortete er (unter Einsatz der linken Hemisphäre mit verbaler Kompetenz): »Einen Hühnerfuß, deshalb wählte ich das Huhn – und eine Schaufel, mit welcher der Hühnermist entfernt werden kann« (Abb. 2.60).

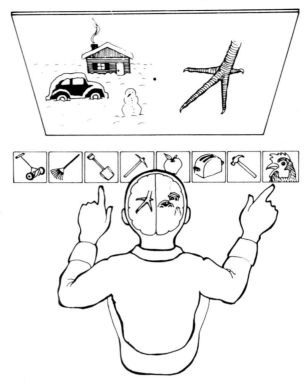

Abb. 2.60: Der Versuch von J. E. LeDoux und Mitarbeitern (1977). Erläuterung im Text.

Der Patient verhielt sich also so, daß die linke Hemisphäre eine Hypothese über das von ihr Wahrgenommene entwarf, in deren Rahmen sie das mit der rechten Hemisphäre Gesehene sogleich rational einbaute, ohne daß dies mit der tatsächlich rechts gesehenen Information übereinstimmte.

Die unterschiedliche funktionelle Spezialisierung der Hemisphären erlaubt es dem Menschen, verschiedenen Seiten seiner Persönlichkeit durch unterschiedliche Aktivierung der beiden Hälften verschiedenes Gewicht zu verleihen. Wir können bewußt auf Sachlichkeit umschalten; die linke Hemisphäre wird dann gewissermaßen zum Spiegel, in dem wir unser anderes Selbst betrachten, das in der rechten Hirnhälfte lokalisiert ist. Diese Fähigkeit bewußter Reflexion kam vermutlich im Gefolge der Sprachevolution in die Welt. Sprache übersetzt Handeln, und das erfordert eine gewisse Fähigkeit, sich selbst zu beobachten und damit zu sich selbst Distanz zu gewinnen (S. 722 f.).

Selbstbeobachtung lehrt, daß wir uns in der Tat in verschiedene Stufen der Sachlichkeit oder auch der Emotionalität einstimmen können; ja, mir scheint, als würden die beiden Hemisphären gelegentlich wie rivalisierende Brüder in Konkurrenz um Dominanz gegeneinander auftreten. Im Bemühen um Sachlichkeit und Nüchternheit, in der Kunst um Abstraktion, tritt die linke Hemisphäre oft geradezu lebensverneinend gegen die rechte auf, als intellektuelle Abwertung des Gefühlsbetonten, als Lebensfeindlichkeit und intellektuelle Zerstörung, als wollte sich das Intellektuelle vom alten Gefühlsverhafteten befreien. In der Tat handelt es sich, wie die Versuche mit Personen mit durchtrenntem Corpus callosum zeigen, um zwei verschieden wahrnehmende und fühlende Persönlichkeiten. Sie sind normalerweise symbiotisch verbunden, wissen voneinander und handeln als eins, doch kann der Mensch der einen oder der anderen Seite seines Wesens willentlich mehr Gewicht verleihen.

P. D. MacLean (1970) ordnet hypothetischen Entwicklungsstadien des Gehirns bestimmte Verhaltensleistungen zu. Er spricht von einem »triune brain« – einem »dreieinigen Hirn« (es wird auch »tripartite brain« genannt). Die drei Anteile sind anatomisch greifbar. Das alte Reptilienhirn umfaßt den oberen Hirnstamm, das retikuläre System und das Mittelhirn. Das Altsäugerhirn wuchs aus dem Reptilienkortex heraus und entspricht dem limbischen System, über das das Neusäugerhirn hinauswuchs. Das Modell erklärt einige Merkmale der hierarchischen neuralen Organisation. Vereinfacht ausgedrückt erzeugt das protoreptilische Gehirn stammesgeschichtlich vorprogrammiertes Verhalten. Mit dem Altsäugerhirn verbessert sich die Fähigkeit der Anpassung durch Lernen – ein erster Schritt zur Ablösung von starrer Instinktgebundenheit. Das Neusäugerhirn schließlich schafft jene eben besprochene Distanz, die es ermöglicht, von agonistischen Antrieben distanziert zu handeln. Spielen wird erst auf dieser Stufe möglich und mit der weiteren Entwicklung dieses Vermögens auch »klares«, das heißt von Emotionen ungestörtes Denken als internalisiertes Handeln und Abwägen von Möglichkeiten. Die Lateralisation stellt in dieser Entwicklung einen weiteren entscheidenden Evolutionsschritt dar. Mit ihr wurde die Möglichkeit verbessert, agonistische Emotionen vorübergehend auszuschalten. Ich vermute, daß die Entwicklung des Werkzeuggebrauchs dabei eine ganz ausschlaggebende Rolle spielte. Sieht man Schimpansen beim Termitenfischen zu, dann fällt einem die Geduld und Ruhe auf, mit der die sonst so leicht erregbaren Menschenaffen zu Werke gehen (I. Eibl-Eibesfeldt und Jane Goodall 1993). Sie sind ganz bei der Sache – sachlich gewissermaßen. Beim Menschen kam es mit der Weiterentwicklung des Werkzeuggebrauchs und der Werkzeugkultur zur Entwicklung der Rechtshändigkeit (S. 722). Die Rechte wird von der linken Hirnhälfte gesteuert, ebenso die Sprachmotorik, für die gleichfalls eine gewisse Entlastung von der Emotionalität förderlich ist. Mit der Lateralisation der Hemisphären konnten Emotionalität und Sachlichkeit noch besser voneinander getrennt werden. Das Wort »Objektivität« weist auf die große Bedeutung hin, die Objektmanipulation und Werkzeuggebrauch bei dieser Entwicklung spielten.

Mit der Lateralisation durch unterschiedliche Spezialisierung der beiden

Hemisphären erwächst aus dem »dreieinigen« Hirn ein »viereiniges«. In Anlehnung an die Begriffsbildung von P. D. MacLean kann man von einem »viereinigen Hirn« (»fourune brain« oder »fourpartite brain«) sprechen.

Zusammenfassung 2.3

Bei der Evolution des Wirbeltierhirns kommt es zu einer zunehmenden Kortikalisierung, die es erlaubt, Handlungen vorübergehend von den Stammhirnantrieben abzukoppeln und so ein entspanntes Feld zu schaffen, das Gelegenheit zu distanziertem Überlegen und Probieren schafft. Mit der Lateralisation, die durch die Entwicklung des Werkzeuggebrauchs gefördert wurde, kommt es beim Menschen zu einer weiteren arbeitsteiligen Spezialisierung des Hirns durch Trennung der beiden Hemisphären in ein rational-analytisches linkes und ein emotional-synthetisch begabtes rechtes Hirn mit ausgeprägter gestaltseherisch-integrativer und künstlerischer Begabung. Die Arbeitsteilung gestattet es dem Menschen, sich nüchtern vom emotionellen Ich zu distanzieren, und befähigt uns damit zu bewußter Selbstkontrolle über Reflexion und Selbstbeobachtung. Unsere Fähigkeit und Neigung zu dialektisch-polarisierender Denkweise dürfte in dieser arbeitsteiligen Spezialisierung begründet sein. Aus dem dreieinigen (»triune brain«) Hirn der höheren Säuger wurde ein viereiniges Hirn.

2.4 Die Einheiten der Selektion – eine kritische Wertschätzung der Soziobiologie

Eine für das Evolutionsgeschehen äußerst bedeutungsvolle Tatsache ist, daß die Lebewesen einer Art beziehungsweise Population sich in unterschiedlicher Weise fortpflanzen. Sie erweisen sich in Hinblick auf die Grundprobleme der Selbsterhaltung und Fortpflanzung unterschiedlich erfolgreich und erzeugen demnach mehr oder weniger Nachkommen. Dabei kommt es nicht auf die Zahl der produzierten Nachkommen an, sondern auf die Zahl, die ihrerseits zur Fortpflanzung kommt. Ein Individuum, das weniger Nachkommen in die Welt setzt, diese aber dafür besser betreut, kann erfolgreicher sein als ein Individuum, das zwar viele Junge produziert, diese aber schlechter betreut, so daß weniger zur Fortpflanzung gelangen. Dieser unterschiedliche Erfolg in der Fortpflanzung führt dazu, daß die genetischen Programme der biologisch Erfolgreicheren in der Population zunehmen, auch dann, wenn sich die Gesamtzahl ihrer Individuen nicht ändert.

Mangel an Nahrung, Brutplätzen und anderen Ressourcen setzt ja der Vermehrung normalerweise Grenzen. Die Konkurrenz um die Lebensgrundlagen, bei der sich die Individuen als verschieden erfolgreich erweisen, führt zu Verschiebungen in den Genhäufigkeiten in einer Population und damit zum evolutiven Wandel. Was im einzelnen den Konkurrenzvorteil ausmacht, wechselt. Ein Individuum kann, wie wir gleich ausführlicher besprechen werden, auch dann zur Verbreitung seiner Gene beitragen, wenn es selbst keine Nachkommen erzeugt, aber dafür die Nachkommen naher Verwandter fördert, die mit einer berechenbaren Wahrscheinlichkeit ebenfalls Träger derjenigen Gene sind, die das betreffende Individuum als Individualität charakterisieren und damit gewissermaßen zu einem potentiellen Pionier der Evolution machen.

Mit den Fragen, wie Verhalten, Ökologie und populationsgenetische Änderungen das Evolutionsgeschehen bewirken, setzt sich seit Mitte der siebziger Jahre eine Zweigdisziplin der Ethologie auseinander, die E. O. WILSON (1975) in einer monumentalen Schrift als »Sociobiology« (Soziobiologie) einführte. Die neue Disziplin hat lebhafte Diskussionen ausgelöst, viele geistreiche, aber auch weniger brillante. Zweifellos aber haben ihre Kosten-Nutzen-Rechnungen entscheidend zu unserem Verständnis der Mechanismen der Evolution beigetragen. Sie zeigten, daß es neben der direkten Selektion, die sich in den Nachkommen eines Organismus niederschlägt (»Darwinian fitness«), auch eine sehr wirksame indirekte Selektion geben kann, indem sich bestimmte Gene beziehungsweise deren Allele dadurch verbreiten, daß ihre Träger anderen Individuen, die Träger gleichartiger Gene oder Allele sind, altruistisch helfen, so daß diese einen höheren Fortpflanzungserfolg haben. Der Altruist kann dadurch zur Verbreitung seiner Gene beitragen, selbst wenn er dabei auf eigene Fortpflanzung verzichtet. Die durch eigene Fortpflanzung bewirkte Eignung bezeichnet man als direkte Eignung, die durch Verwandtenunterstützung als indirekte Eignung. Beides ergibt die Gesamteignung.

Die Kosten-Nutzen-Kalkulationen gehen von der Tatsache aus, daß es auf das genetische Überleben ankommt. Organismen, die ihr Erbgut nicht weitergeben, sterben aus. Alles, was nun den Fortpflanzungserfolg mindert, geht daher in die Berechnungen als Kosten ein; jedes Risiko und jede Investition an Zeit und Arbeit müssen als solche in Rechnung gestellt werden. Investiert nun ein Individuum in andere, dann darf darüber sein Saldo nicht negativ werden. Der Nutzen, gemessen an der erfolgreichen Weitergabe seiner Gene (Fortpflanzungserfolg), muß die Kosten zumindest aufwiegen. Ein Organismus handelt daher richtig, wenn er durch sein Verhalten die Verbreitung seiner Gene maximiert. Man hat daher oft gesagt, Organismen seien perfekte Maschinen für die Verbreitung ihrer Gene – ein treffliches, wenn auch stark vereinfachendes Bild. Es stellt das Problem dar, man muß sich jedoch darüber im klaren sein, daß es einen in die Irre leiten kann, wenn man die Aussage zu wörtlich nimmt und so redet, als seien Organismen »nichts als« Zusatzeinrichtungen, die sich die Gene zu ihrer Verbreitung schufen.

Das mag am Ausgangspunkt der Entwicklung der Fall gewesen sein, als die ersten sich selbst reduplizierenden Moleküle Schutzhüllen und andere organisierte Zusatzeinrichtungen schufen. In den höheren Organismen wurde jedoch eine Seinsebene erreicht, für die eine solche Beschreibung wohl nicht zutrifft. Man sollte auch vermeiden, von »selbstsüchtigen Genen«* zu sprechen (R. DAWKINS 1976), gibt es doch genug der Unkritischen, die das nicht als Metapher nehmen. Um die Problematik zu verdeutlichen, mag es angehen zu sagen, alles, was ein Gen »tue«, sei seinem Überleben dienlich. Man muß aber stets im Bewußtsein behalten, daß Organismen und Gene eine funktionelle Einheit bilden und daß es daher wenig Sinn hat, darüber zu diskutieren, ob eine Henne die Methode des Eies sei, weitere Eier zu produzieren, oder umgekehrt. Und Emotionen oder Strebungen wie »Selbstsucht« sind natürlich nur Organismen eigen und nicht den Genen.

Verwirrung gab es ferner um die »Einheiten der Selektion«. Als solche wurden abwechselnd Gene, Individuen oder Gruppen angeführt. Man unterschied dabei nicht sauber die Einheit, an der die Selektion angreift – das ist natürlich der Phänotyp –, von dem, was letztlich ausgelesen wird, und das sind die Gene als die eigentlichen Replikatoren.

Die Frage, wie Tiere und Menschen sich verhalten müßten, um die Verbreitung ihrer Gene zu fördern, war nun Gegenstand zahlreicher Modellrechnungen. Von den vielen Problemen, die die Soziobiologen aufgriffen, stand das, wie sich altruistisches Verhalten entwickeln konnte, am Beginn der Diskussion. Modelle der Individual-, Sippen- und Gruppenselektion kamen dabei zur Sprache**. CH. DARWIN (1859) sah als erster die Problematik der Evolution altruistischen Verhaltens, als er sich mit den sozialen Insekten befaßte. Das Problem schien ihm fast unlösbar zu sein und im Widerspruch zu seiner Theorie zu stehen. Er vermutete hier einen Fall von Gruppenselektion. Erst die soziobiologischen Kalkulationen zeigten, daß diese und andere Fälle von Altruismus sich durch Individualselektion erklären lassen.

Erklärungen auf der Basis der Individualselektion ziehen die Soziobiologen aus zwei Gründen den gruppenselektionistischen vor: Erstens treten Mutationen im Erbgut einzelner Individuen auf. Sie müssen sich also zunächst durch Individualselektion in der Gruppe verbreiten. Zweitens dürfte im Tierreich differentielle

---

* Vor solcher Terminologie warnen auch E. MAYR (1973), M. MIDGLEY (1979) und M. A. KAPLAN (1979).

** R. D. ALEXANDER (1974, 1978, 1979), W. D. HAMILTON (1964, 1972), J. MAYNARD-SMITH (1964), E. O. WILSON (1975), R. L. TRIVERS (1971), B. J. WILLIAMS (1974, 1980, 1981), D. S. WILSON (1977, 1975), S. YOKOYAMA und J. FELSENSTEIN (1978), D. P. BARASH (1977), W. CHARLESWORTH (1978), R. DAWKINS (1978, 1979), M. K. UYENOYAMA und M. W. FELDMAN (1980), M. J. WADE (1978, 1980), M. J. WEST-EBERHARD (1975), W. WICKLER und U. SEIBT (1977), G. C. WILLIAMS (1966), J. H. BARKOW (1978), K. E. BOULDING (1978), N. A. CHAGNON und W. IRONS (1979), D. T. CAMPBELL (1975), D. L. HULL (1978), M. J. KONNER (1977), H. MARKL (1976) und andere.

Fortpflanzung der Individuen eine größere Rolle spielen als differentielle Verdrängung und Ausrottung ganzer Gruppen. Individualselektion ist daher sicher bei den meisten Tieren entscheidender als die Gruppenselektion (G. C. WILLIAMS 1966). Eine solche wird aber dadurch nicht ausgeschlossen; man sollte jedoch nur dann auf sie zurückgreifen, wenn einfachere Erklärungen nicht ausreichen.

Der vielleicht bedeutendste Beitrag zum Verständnis der Evolution altruistischen Verhaltens war die Entwicklung des Konzeptes der Gesamteignung (»inclusive fitness«), das zum erstenmal bei J. B. S. HALDANE (1955) auftaucht. W. D. HAMILTON (1964) hat das Konzept gründlicher durchdacht und weiterentwickelt. Es basiert auf folgenden Argumenten:

Opfert ein Individuum sein Leben, um ein anderes zu retten, dann ist zunächst einleuchtend, daß seine Gene nicht in eigenen Nachkommen überleben werden. Zieht man aber nur die Gene in Betracht, dann wird einem klar, daß nicht nur das Überleben in eigenen Nachkommen zählt, sondern auch das Überleben und die Fortpflanzung der Gesamtzahl derjenigen Individuen, die mit dem Altruisten einen gewissen Prozentsatz der Gene gemeinsam haben. Die Berechnungen der Soziobiologen gehen dabei davon aus, daß Individuen mit ihren Kindern und Geschwistern 50 Prozent ihrer Gene teilen, 25 Prozent mit ihren Enkeln, Nichten und Neffen und so fort. Wenn also einer sich opfert, um zwei seiner Kinder oder vier seiner Enkel zu retten, dann würde sich das nach den Vorstellungen der Soziobiologen ausgleichen; Kosten und Nutzen würden einander Balance halten. Das sind natürlich ganz grobe Berechnungen, denn in die Rechnung geht noch eine Fülle von anderen Faktoren ein, wie etwa das Alter des Altruisten. Ist er wirklich alt und daher seine Chance, sich fortzupflanzen, gering, dann rentiert es sich genetisch, wenn er sein Leben einsetzt, um auch nur eines seiner Enkelkinder zu retten. Außerdem gelten alle diese Kalkulationen nur für die selteneren Gene, die das Individuum beziehungsweise seine Sippe charakterisieren. Die große Mehrzahl der Gene teilt man ja mit allen übrigen Gruppenmitgliedern.

Geht man von diesen Annahmen aus, dann kann man mathematische Modelle konstruieren, die experimentell prüfbare Voraussagen gestatten*. Das Konzept der Verwandtschaftsselektion (»kin selection«) besagt nun, daß Individuen so handeln müssen, daß sie durch ihre altruistischen Akte andere nach dem Grad ihrer genetischen Verwandtschaft mit ihnen fördern. Die häufig gebrauchte Redewendung von der »genetischen Selbstsucht« ist so zu verstehen.

In einer einfallsreichen Analyse hat W. D. HAMILTON (1964) dieses Modell der Sippenselektion benützt, um die Evolution der sozialen Organisation der staatsbildenden Hautflügler (Hymenopteren) zu erklären. Auf Kosten ihrer eigenen Fortpflanzung investieren die sterilen Arbeiterinnen in Schwestern, und sie profitieren dabei genetisch mehr, wenn sie in die Königin und deren Junge investieren, als wenn sie eigene Junge hätten. Der Verwandtschaftskoeffizient

---

* Man kann dazu auch das große Experiment der verschiedenen Kulturen nützen.

zwischen Geschwistern beträgt nämlich 0,75, weil alle die Gene ihrer haploiden Väter teilen, zusätzlich der 50 Prozent Gene ihrer diploiden Mutter! HAMILTON hat so das Rätsel gelöst, das seit DARWINS Zeiten die Biologen bekümmerte.

Das Konzept der »genetischen Selbstsucht« hat aber auch Vorstellungen in die Biologie eingeschleust, die kritisch zu bewerten sind. Es gibt zwar Fälle, in denen Individuen einer Art grundsätzlich ihr Eigeninteresse über das Gruppen- oder Artinteresse stellen und bei Interessenkonflikten eindeutig gegen die Interessen anderer betroffener Artangehöriger handeln. Viele Soziobiologen behaupten jedoch, dies sei die Regel, und diese Verallgemeinerung ist sicher voreilig. Wir müssen bei der Diskussion dieser Frage zwischen kurzzeitigen und langzeitigen Auswirkungen gewisser Ereignisse unterscheiden. Über die Individualselektion herbeigeführte Änderungen der Genfrequenzen einer Population – etwa durch Zunahme der Gene mörderischer Individuen – könnten deren Fähigkeit mindern, in Konkurrenz mit anderen Populationen ohne kindsmörderische Individuen zu bestehen. Beim Menschen mag Rücksichtslosigkeit gegen Mitmenschen individualselektionistische Vorteile einbringen. Aber in der Konkurrenz zwischen Menschengruppen könnte sich die Zunahme eines solchen Merkmals in einer Population als eignungsmindernd erweisen.

Zur Stützung der These von der genetischen Selbstsucht, die keine Rücksicht kennt, werden eine Reihe von dramatischen Beispielen zitiert. Als Musterbeispiel dienen unter anderem die Hanuman-Languren *(Presbytis entellus)*. Y. SUGIYAMA (1964) hatte beobachtet, daß in einigen Fällen nach der Übernahme eines Harems durch ein neues Männchen kleine Säuglinge, die ihr Vorgänger gezeugt hatte, verletzt und getötet worden waren; wie SUGIYAMA annahm, durch das neue Männchen. In der Folge berichteten S. M. MOHNOT (1971) und S. HRDY (1977 a, 1977 b, 1979) über weitere Fälle von Jungenmord, allerdings nur in bestimmten Populationen dieses Languren. Das Verhalten wurde als »reproduktive Strategie« der Usurpatoren gedeutet: Durch das Töten der von ihrem Vorgänger gezeugten Säuglinge würden die Weibchen wieder in Östrus geraten und könnten von den neuen Männchen gedeckt werden, die so ihren eigenen Fortpflanzungserfolg steigerten, und zwar auf Kosten des Nachwuchses ihrer Vorgänger und natürlich auch der Weibchen, die ja in die ermordeten Jungen bereits erheblich investiert hatten*.

---

* »Hanuman langurs (are) a species in which adult males routinely resolve their conflicting interests with females by killing the female offspring« (S. HRDY 1977: 2); und: »Infant killing is part of a reproductive strategy whereby (an) usurping male increases his own reproductive success at the expense of the former leader, the mother and her infant« (S. HRDY 1977: 247).(»Languren sind eine Spezies, in der die männlichen Erwachsenen ihre Interessenkonflikte um Weibchen auf die Weise lösen, daß sie den Nachwuchs des Weibchens töten«; und: »Die Tötung der Kinder ist Teil einer Fortpflanzungsstrategie, wobei ein Männchen, das ein Weibchen übernommen hat, seinen eigenen Fortpflanzungserfolg auf Kosten des ehemaligen Alpha-Tieres, des Muttertieres und ihrer Kinder erhöht. «)

Die Verallgemeinerung führte bald zu der Aussage, dies sei eine reproduktive Strategie sehr vieler Primaten; es häuften sich Meldungen über das Verschwinden von Jungen auch bei anderen Arten, und die Vermutung, daß sie von den Männchen getötet wurden, fehlte ebensowenig wie der Hinweis, daß auch die menschliche Geschichte voll von Berichten über Infantizide sei. Vom Löwen beschrieb B. C. R. BERTRAM (1976), die Männchen würden bei Übernahme eines Harems die Jungen ihres Vorgängers töten.

Nun bringt ein Männchen, das Junge tötet, sicher auch viele seiner eigenen Gene um, denn in den Populationen ist ja zunächst einmal jeder mit jedem verwandt. Nur wenn ein mörderisches Gen neu auftauchen sollte, könnte es sich zunächst einmal so durchsetzen. Dann allerdings kommt der Zeitpunkt, da der Mörder das, was er am Anfang gewinnt, am Ende auch wieder verliert, tötet doch sein Nachfolger seinerseits nunmehr die vom Mörder stammenden Kleinen. Bestenfalls könnte sich eine solche Mutante zu einem gewissen Prozentsatz in der Bevölkerung halten, so wie sich beim Menschen Erbkrankheiten, z. B. Mongolismus, halten, weil die Gegenselektion nicht ausreicht, die Gene ganz aus der Population zu entfernen. In solchen Fällen spricht man üblicherweise von einer Pathologie, denn in Konkurrenz mit einer Population, die keine mörderischen Individuen kennt, dürften die mit mörderischen Individuen belasteten Gruppen schlechter abschneiden. Vom Jungentöten als einer reproduktiven Strategie der Hanuman-Languren zu sprechen ist daher sicher voreilig, zumal eine genaue Überprüfung der Daten ergibt, daß das Verhalten keineswegs so verbreitet ist, wie es die Berichte erscheinen lassen. Zunächst hat man das Verhalten nur in einigen Populationen beobachtet, in anderen dagegen trotz eingehender Beobachtungen nie. CH. VOGEL (1979), der mit seinen Mitarbeitern über viele Jahre Languren beobachtete und mehrere Wechsel von Männchen registrierte, sah zunächst keinen einzigen Fall von Jungentöten. Er sichtete daraufhin kritisch die Literatur und fand, daß man nur in drei Fällen das Jungentöten wirklich beobachtet hatte. In allen diesen Fällen handelte es sich um ein und dasselbe Männchen (S. M. MOHNOT 1971). Zwei dieser Jungenmorde ereigneten sich unmittelbar nach der Übernahme des Harems, das dritte Junge wurde erst 6 Monate danach umgebracht, zu einem Zeitpunkt also, da dies unnötig war, denn es konnte den Fortpflanzungserfolg des Männchens ja nicht mehr beeinflussen. All die übrigen 40 Fälle angeblichen Jungentötens beruhen auf Spekulationen, die anläßlich des Verschwindens von Jungen oder nach Registrierung von Verletzungen angestellt worden sind. Da vermißte einer ein Junges und trug es in die Liste als »vom Usurpator getötet« ein; dort fand man ein Junges mit Wunden und machte das neue Männchen dafür verantwortlich.

CH. VOGEL fand, daß in dem Untersuchungsgebiet Hunde die Languren verfolgen, was die registrierten Verwundungen erklären könnte. Dazu würde auch passen, daß beinahe die Hälfte aller Fälle vermuteten Jungentötens den Voraussagen der Soziobiologen gar nicht entsprechen würde, da das getötete

Junge entweder bereits so alt war, daß das Weibchen auch ohne diesen Eingriff wieder in Östrus gekommen wäre, oder weil das Junge viel zu lange nach Übernahme des Harems getötet wurde, so daß das Geschehen den Fortpflanzungserfolg des Männchens gar nicht positiv beeinflussen konnte. Mit anderen Worten, ein vielzitiertes Beispiel für die Rücksichtslosigkeit genetischer Selbstsucht erweist sich als Produkt voreiliger Schlüsse (I. EIBL-EIBESFELDT [7]1987, G. SCHUBERT 1982).

Später haben CH. VOGEL und H. LOCH (1984) Fälle von Jungentöten bei Übernahme eines Harems beobachtet, so daß sich die Anzahl der beobachteten und in das Konzept der soziobiologischen Berechnungen passenden Fälle auf insgesamt 8 erhöht hat, die von S. M. MOHNOT registrierten inbegriffen. Verantwortlich dafür zeichnen drei Männchen. Das ist kaum ein überzeugender Beleg für die »Normalität« dieses Verhaltens!

Für die Annahme, daß es sich um eine Pathologie handelt, spricht eine Reihe von Indizien. Zunächst einmal tritt das Verhalten, wie erwähnt, keineswegs in allen Populationen auf, sondern nur in einigen wenigen Gruppen. Ferner sind für die wirklich erwiesenen Fälle nur wenige Männchen verantwortlich. Schließlich wäre das Jungentöten bei der Haremsübernahme nach den Berechnungen der Soziobiologen nur dann sinnvoll, wenn Jungen bis zum Alter von 4 Monaten getötet würden. Solange tragen aber die Jungen ein Jungenkleid. Wäre das Jungentöten eine Strategie der Männchen, dann wäre zu erwarten, daß die Jungen eine Gegenstrategie entwickeln. Unter anderem sollte eine Gegenselektion gegen das Jungenkleid stattfinden. Ferner wäre zu erwarten, daß die Weibchen ihre Jungen wirksamer verteidigen. Beobachtungen von CH. VOGEL (mündliche Mitteilung) zeigen jedoch, daß viele Weibchen ein geringes Engagement beim Brutschutz zeigen. Säuglinge spielen gelegentlich mit anderen Jungen. Kommen sie dabei einer fremden Mutter zu nahe, dann tritt diese nach ihnen; in einigen Fällen wurde das Jungtier in den Abgrund getreten, ohne daß die wenige Meter entfernt sitzende Mutter eingeschritten wäre, obgleich ihr Junges jämmerlich schrie!

Zum gegenwärtigen Zeitpunkt dürfte es verfrüht sein, das gelegentlich vorkommende Jungentöten als adaptive männliche Fortpflanzungsstrategie zu interpretieren. Der Nachweis, daß Infantizid eine adaptive Strategie der Männchen ist, die der Verbreitung ihres Erbes dient, ist bisher nicht erbracht worden. Für die Fälle erwiesenen Jungentötens durch Männchen (z. B. F. S. VOM SAL und L. S. HOWARD 1982, I. G. MCLEAN 1983) wird das zwar als plausible Erklärung vorgetragen, aber auch andere Deutungen sind denkbar. Das hat auch eine weitere seit dem Erscheinen der letzten Auflage dieses Buches veröffentlichte Untersuchung ergeben (TH. Q. BARTLETT, R. W. SUSSMAN und J. M. CHEVERUD 1993). Die Mehrzahl der verläßlich dokumentierten Fälle des Jungentötens stammen dieser Arbeit zufolge von einer sehr kleinen Anzahl von Arten, und eine sorgfältige Untersuchung jedes Einzelfalles zeigt, daß das vorliegende Material keineswegs ausreicht, das Jungentöten als adaptive Fortpflanzungsstrategie männlicher Primaten auszugeben.

Ich meine, daß es sich hier um Pathologien handelt. Paviane und Schimpansen eskalieren auch im natürlichen Habitat oft in ihrem aggressiven Verhalten. Im Gombe National Park läuft ein Pavianweibchen umher, das nur eine Hand gebrauchen kann. Es wurde von einem Männchen der eigenen Gruppe verletzt. Bei dieser Gelegenheit starb auch ihr Junges. Nach JANE GOODALL (mündlich) war das ein Unfall. Das Männchen hatte es nicht auf das Junge abgesehen, das ja vermutlich auch sein eigenes war. Auch Schimpansen neigen zu Wutanfällen und verletzen dabei ebenfalls Gruppenmitglieder und Junge. JANE GOODALL beschrieb ferner Kannibalismus von Weibchen an Kindern der eigenen Gruppe. Ich vermute, daß diese mangelnde Ausgeglichenheit und Pathologieanfälligkeit mit der raschen Hirnevolution bei diesen Primaten zusammenhängt. Mit der Zellvermehrung hielt die für die Steuerung sozialen Verhaltens notwendige Feinstrukturierung möglicherweise nicht ganz Schritt, so daß die Absicherung kritischer Stellen des Sozialverhaltens wie auch bei uns Menschen nicht immer ausreicht.

Alle bisherigen Modelle der Soziobiologen sind auf die Maximierung des Fortpflanzungserfolges hin ausgerichtet. Faßt man Strategien ins Auge, die darauf abzielen, das Risiko zu mindern, dann müßten die Modelle ganz anders aussehen. Der Grundgedanke der Kosten-Nutzen-Erwägungen ist richtig und geeignet, der Forschung neue Impulse zu geben. Die Frage nach den Einheiten der Selektion ist jedoch keineswegs ausdiskutiert. Sicher spielen Individual- und Verwandtschaftsselektion eine wichtige Rolle. Beim Menschen treten aber zusätzlich auch noch die geschlossenen Gruppen als Einheiten in der Selektion auf (S. 148 ff.); ob dies auch bei gruppenbildenden höheren Wirbeltieren der Fall ist, müßte geprüft werden.

Bevor wir darauf eingehen, sei noch auf ein anderes soziobiologisches Konzept von Bedeutung eingegangen: das von J. MAYNARD-SMITH und G. R. PRICE (1973) entwickelte Modell der evolutionsstabilen Strategien (»evolutionary stabile strategies«, ESS). Es ging aus der Überlegung hervor, wie altruistisches Verhalten ohne Zugrundelegung gruppenselektionistischer Annahmen zu erklären sei. MAYNARD-SMITH und PRICE wählten zur Erläuterung ihrer Gedankengänge die Turnier- und Beschädigungskämpfe der Wirbeltiere.

Bekanntlich kämpfen viele Tiere mit Artgenossen turnierhaft. Der Verlierer wird zwar verdrängt, aber nicht getötet und kann sich ein anderes Mal bewähren. Würden sich Artgenossen bei den Rivalenkämpfen gegenseitig beschädigen, dann würde das – so etwa lautete die bis dahin übliche Argumentation der Ethologen – die Art oder, genauer genommen, die Fortpflanzungsgemeinschaft im Konkurrenzkampf mit anderen schwächen. MAYNARD-SMITH und PRICE legen ihren Berechnungen eine Reihe von Annahmen zugrunde:

1. Jeder Kampf muß eine Entscheidung bringen.

2. Wer aufgibt, verliert; der andere ist Sieger.
3. Wer im Kampf nicht getötet wird, hat Möglichkeiten zu mehreren Kämpfen.
4. Vorangegangene Kämpfe haben keinerlei Einfluß auf das Kampfverhalten, so als hätten die Rivalen daran keine Erinnerung.

Außerdem unterscheiden die Autoren nur die beiden Strategien Kommentkampf, bei dem nur gedroht, aber nicht beschädigt wird, und den mit allen Mitteln ausgetragenen Beschädigungskampf. In einer Population mit Kommentkämpfern (K) und Beschädigungskämpfern (B) ergeben sich damit folgende Kombinationen:

1. B trifft auf B, und der Kampf endet, wenn einer verletzt oder getötet wurde.
2. K trifft auf K. Wer zuletzt aufgibt, hat verloren, aber keiner wird beschädigt.
3. K trifft auf B. K läuft sogleich davon, und keiner wird verletzt.

Gibt man nun dem Verlierer 0 Punkte, dem Sieger 50 Pluspunkte, dem, der verletzt wird, 100 Minuspunkte und für den Zeit- und Energieaufwand beim Kampf 10 Minuspunkte, bezogen auf die Fortpflanzungschance der Individuen, dann kann man rechnerisch zeigen, daß Kommentkämpfer auch bei Annahme einer Individualselektion bestehen können, allerdings in einem bestimmten Mischverhältnis mit Beschädigungskämpfern. Das ergibt sich aus folgender Berechnung*:

Kämpfen Kommentkämpfer, dann investieren beide viel Energie, weil der Kampf lange dauert. Sie werden also mit 10 Minuspunkten belastet. Der Sieger bekommt 50 Pluspunkte und schließt mit einem Saldo von 40 Pluspunkten ab. Der Verlierer bekommt 0 Pluspunkte und geht demnach mit 10 Minuspunkten aus dem Kampf hervor. Bei gleicher Gewinnchance erwartet jeder Rivale als Ergebnis eines solchen Kampfes:

$$\text{K gegen K:} \quad \frac{+\,40\,-\,10}{2} \quad = +\,15 \text{ Punkte.}$$

Kämpfen Beschädigungskämpfer gegen Beschädigungskämpfer, dann gibt es einen Gewinner, der 50 Pluspunkte erhält, und einen Verlierer, der mit 100 Minuspunkten belastet wird. Jeder erwartet damit im Durchschnitt:

$$\text{B gegen B:} \quad \frac{+\,50\,-\,100}{2} \quad = -\,25 \text{ Punkte.}$$

Rein rechnerisch bringen also Beschädigungskämpfe mehr Nachteile als Kommentkämpfe.

Tritt also in einer Population von Beschädigungskämpfern ein Kommentkämpfer auf, dann hat dieser zunächst rechnerisch Vorteile. Trifft auf K ein B, dann läuft er weg und bekommt 0 Punkte, während B ohne Aufwand als Sieger 50

---

* Wir folgen hier im wesentlichen der sehr klaren und lesenswerten Darstellung von W. WICKLER und U. SEIBT (1977).

Punkte erhält. In einer reinen B-Population wäre K aber im Vorteil, da er ja immer mit Null abschließt, während B beim Zusammentreffen mit B, und das ist ja zunächst der häufigere Fall, immer mit einem Saldo von − 25 abschließt. K wird also in einer Population zunehmen und damit auch häufiger auf K treffen und 15 Pluspunkte erwerben. Damit trifft aber auch B häufiger auf K und kommt zu vorteilhafteren Abschlüssen. In einer solchen Mischpopulation wird sich schließlich ein Gleichgewicht zwischen beiden Kämpfertypen einstellen, das sich folgendermaßen errechnet:

B erwartet im Kampf mit B wie gesagt − 25 Punkte. Diese Erwartung trifft in der Population so oft ein, wie es B gibt, also − 25 · [B].

K erhält aus Kämpfen mit B 0 Punkte und aus Kämpfen mit K + 15 Punkte, und zwar beides so häufig, wie B und K in der Population vertreten sind. Die Gesamtpunkteerwartung von K errechnet sich in einer Mischpopulation also nach der Formel 0 · [B] + 15 · [K].

Das stabile Mischverhältnis von B und K errechnet sich aus der Erwartungsgleichung:

$$- 25 \cdot [B] + 50 \cdot [K] = 0 \cdot [B] + 15 \cdot [K]$$
$$25 \cdot [B] = 35 \cdot [K]$$

Demnach ist das Verhältnis B : K wie 7 : 5. Die mittlere Punkteerwartung für Beschädigungskämpfer und Kommentkämpfer ist bei diesem Verhältnis gleich, und die Vor- und Nachteile für beide Kämpfertypen halten sich die Waage, so daß die Selektion keine Angriffsfläche findet, einen der beiden Typen zu bevorzugen[*].

Man spricht in einem solchen Falle von einer evolutionsstabilen Strategie – ein etwas unglücklich gewählter finalistischer Begriff; neutral wäre es ein evolutionsstabiler Zustand (»evolutionary stabile state«). Strategie impliziert Handeln in Verfolgung eines bestimmten Zieles, etwa im Sinne der von Soziobiologen doch offensichtlich abgelehnten Arterhaltung, die gefördert wird, wenn neben Kommentkämpfern auch Beschädigungskämpfer vorkommen. Das ist aber sicher nicht gemeint. Die Formulierung »evolutionsstabiler Zustand« beschreibt die Tatsache, daß in einer Population genetische Varianten in einem bestimmten Verhältnis nebeneinander bestehen. Einen interessanten Fall von Verhaltenspolymorphis-

---

[*] Da jedes Mitglied einer solchen Population im Durchschnitt 7 Beschädigungskämpfer auf 5 ritualisierte Kämpfer antrifft, ist die mittlere Punkteerwartung für beide 7mal die Punkteerwartung aus einem Treffen mit einem Beschädigungskämpfer plus 5mal die Punkteerwartung aus einem Treffen mit einem Kommentkämpfer, dividiert durch die Summe beider Treffen (7 + 5 = 12). Die mittlere Erwartung für B in einer solchen Population ist

$$\frac{7 \cdot (- 25) + 5 \cdot 50}{12} = 6{,}25 \text{ und für}$$

Kommentkämpfer: $\dfrac{7 \cdot 0 + 5 \cdot 15}{12} = 6{,}25$

mus beschrieb G. M. Burghardt (1975) bei der Strumpfbandnatter *(Thamnophis sirtalis)*. Aus jedem Gelege schlüpfen Nattern mit unterschiedlichen angeborenen Nahrungspräferenzen. Damit verfügt eine Population über eine vergrößerte Anpassungsbreite. Ein etwas anders gelagertes Beispiel sind die Satellitenmännchen mancher Frösche und Fische, die anderen die Mühe des Werbens überlassen und dann die von diesen angelockten Weibchen befruchten (Beispiele bei W. Wickler und U. Seibt 1977). Das kann sich für beide rentieren, wenn es sich z. B. um Brüder handelt, die auf diese Weise in Kooperation ihre Eignung fördern. Gewinnt das Satellitenmännchen dagegen einen Vorteil auf Kosten des Werbenden, dann läge ein klarer Fall sozialen Parasitismus vor.

In der finalistischen Ausdrucksweise der Soziobiologen wäre dies die »Strategie« des Sozialparasiten, sein Genom durchzusetzen. Davon zu unterscheiden sind schließlich alle jene Fälle, die zwar in einem bestimmten Prozentsatz in einer Population anzutreffen sind, aber nicht, weil sie sich genetisch halten, sondern weil sie als Aberration immer wieder neu entstehen, so daß die Gegenselektion nicht ausreicht, sie auszumerzen. Ohne Neuentstehung würden sie sich nicht halten. In solchen Fällen kann man durchaus von Pathologien sprechen. Das wird zu wenig klar herausgestellt. Man erhält im Gegenteil bei der Lektüre vieler Arbeiten den Eindruck, als wäre man bemüht, für jede Aberration den Nachweis der Eignung zu erbringen. E. O. Wilson (1975) bemüht sich um einen solchen Nachweis für die Homosexualität, W. M. und L. M. Shields (1983) und R. Thornhill und N. Wilmsen-Thornhill (1983) bemühen sich um einen solchen für Vergewaltigung und L. K. Hong (1984) für Ejaculatio praecox.

Die Modellrechnungen der Soziobiologen belegen die Verträglichkeit bestimmter Befunde mit der Annahme individual- und verwandtschaftsselektionistischer Prinzipien. Man kann dabei verschiedene Modelle entwickeln und überprüfbare Voraussagen machen. Berechnungen, die die Turnierkämpfe betreffen, ergaben, daß die erfolgreichste Strategie die des Vergelters ist. Ein solcher beginnt turnierhaft z. B. mit Drohen und kämpft turnierhaft, wenn der andere mitmacht; er schaltet aber sogleich auf Beschädigungskampf um, wenn der Gegner ein Beschädigungskämpfer ist. Da K in solchen Fällen sofort auf B umschaltet, wenn er B trifft, kann B – um beim Beispiel unserer Modellrechnung zu bleiben – nie den Vorteil von 15 Punkten gewinnen. Er sieht sich letzten Endes immer mit Beschädigungskämpfern konfrontiert. Daher kann sich eine B-Mutante in einer K-Population nicht durchsetzen.

Bereits bei der Beobachtung der Meerechsen fiel mir auf (I. Eibl-Eibesfeldt 1955), daß die Kommentkämpfer auch beschädigend kämpfen können und dies dann tun, wenn die Kampfpartner sich nicht an den Komment halten, z. B. ins Revier eindringen, ohne das einleitende Drohzeremoniell zu zeigen; ich erwähnte damals, daß dies auch bei vielen Fischen und anderen Echsen die Regel sei. Wären in einer Population nur reine Beschädigungskämpfer und reine Kommentkämpfer vorhanden, dann könnte sich das oben geschilderte Gleichgewicht einstellen. Ein solcher Fall ist mir bisher nicht bekanntgeworden.

Die Kosten-Nutzen-Analysen der Soziobiologen haben zu sehr anregenden Überlegungen über viele Erscheinungen des Verhaltens geführt: z. B. jene des elterlichen Investments und der sexuellen Selektion (R. L. TRIVERS 1972), des Eltern-Kind-Konfliktes (R. L. TRIVERS 1974), des Geschlechterverhältnisses (W. D. HAMILTON 1967), einschließlich einer Reihe kultureller Konventionen wie jene des Avunkulates (R. A. ALEXANDER 1977, J. A. KURLAND 1979) und der Cross-Cousin-Heiraten (A. L. HUGHES 1981).

Die Datenbasis, auf der viele Aussagen beruhen, ist allerdings häufig unzureichend und die Argumentation oft nachlässig. Unter Heranziehung des MURDOCKschen Datenkataloges untersuchen ST. J. C. GAULIN und A. SCHLEGEL (1980) den Zusammenhang zwischen väterlicher Investition und Sicherheit der Vaterschaft. Sie gehen von der Annahme aus, daß dort, wo eheliche Untreue verbreitet und daher die Vaterschaft unsicher ist, die Väter mehr in die Kinder ihrer Schwestern investieren, die ja mit Sicherheit ein Viertel ihres Erbgutes trügen. Sie untersuchten zur Prüfung dieser Annahme die Verbreitung des Avunkulates in Kulturen mit permissiver und strikter Sexualmoral und glauben, einen Zusammenhang zwischen Permissivität (und damit unsicherer Vaterschaft) und Avunkulat feststellen zu können. In ihrer Tabelle führen sie allerdings als Gruppen mit unsicherer Vaterschaft auch die Samoaner und einige andere an, bei denen Ehebindungen eifersüchtig gewahrt werden, so daß man doch mit einiger Sicherheit den Ehemann als Vater der meisten Kinder der Ehefrau ansehen kann. Es dürfte in der Tat sehr schwer sein, Gruppen zu finden, in denen die Vaterschaft in mehr als 50 Prozent der Fälle unsicher ist; und nur dann würden die soziobiologischen Berechnungen zutreffen. Bei der allgemeinen Verbreitung ehiger Partnerbeziehungen ist eine solche Unsicherheit selbst in permissiven Gesellschaften nicht zu erwarten. Es ist ja nicht nur für den Mann, sondern auch für die Frau vorteilhaft, wenn sie ihren Mann dazu bringt, in die Kinder ihrer Verbindung zu investieren. Ganz abgesehen davon, daß man unsichere Vaterschaft zunächst einmal durch genetische Untersuchungen nachweisen müßte, wäre auch die Frage zu diskutieren, weshalb diese vorkommen sollte, wo es doch für keinen der Ehepartner wirklich vorteilhaft ist.

Ein weiteres Beispiel für nachlässige Argumentation: CH. J. MORGAN (1979) fand, daß die Besatzungen von Walfänger-Booten der Eskimos miteinander meist eng verwandt sind. Das, so meint er, weise auf Verwandtschaftsselektion hin. Geriete ein solches Boot in Not, so spekuliert MORGAN, dann würden ja Verwandte einander bedingungslos beistehen. Was er nicht bedenkt, ist, daß es sich dabei wohl um eine »high risk«-Strategie handelt. Bevor man überhaupt Aussagen machen kann, müßte man erst einmal das Risiko ausrechnen, das erwächst, wenn man alle seine Gene in ein Boot steckt. MORGAN hat das gar nicht erst diskutiert. Wäre der Verwandtschaftskoeffizient der

Walfänger-Besatzung klein, dann hätte MORGAN das vielleicht als Strategie gedeutet, das Überleben der Gene durch Verteilung auf verschiedene Boote zu sichern*.

Bei der Entwicklung genetischer Modelle für die Evolution eines reziproken Altruismus sehen sich Soziobiologen mit der Schwierigkeit konfrontiert, das erste Auftreten zu erklären, da ja der erste Altruist in einer Population ein »einsamer Altruist« ist (J. MOORE 1984). Man bemüht sich daher oft aufzuzeigen, daß das vermeintlich altruistische Verhalten gar nicht altruistisch, sondern selbstsüchtig sei und daher individuell oder sippenselektionistisch erklärt werden könne. So leitet N. G. BLURTON-JONES (1984) das Teilen von Nahrung bei Menschen aus »toleriertem Diebstahl« ab. Er meint, es hätte sich für unsere Vorfahren nicht rentiert, Nahrung zu verteidigen, von der man sich schon gesättigt habe, also tolerierte man den Diebstahl. Von Altruismus also keine Rede. Etwas anders, aber doch ähnlich sieht es J. MOORE: Er nimmt die Schimpansen als Modell und meint, der Besitzer könne zwar leicht eine Beute verteidigen, aber wohl nicht so leicht ungestört fressen. Und deshalb gebe er in kleinen Portionen ab, um sich die Ruhe zum Fressen einzuhandeln. Beide übersehen bei diesen gekünstelten Erklärungsversuchen, daß mit der Brutpflege Füttern (Abgeben) und viele andere Betreuungshandlungen als fertige Werkzeuge zur Freundlichkeit vorliegen (Kap. 3.4). Ebenfalls mit der Brutpflege kam die aggressionsabschwächende und bindende Wirkung persönlicher Bekanntheit in die Welt. Diese individualselektionistisch entwickelten Eigenschaften eröffneten aber als Voranpassungen ganz neue Möglichkeiten (I. EIBL-EIBESFELDT 1970). Sind sie gegeben, dann ist es nicht sonderlich schwierig, sich vorzustellen, wie in Gruppen Zusammenlebende einander wie Angehörige einer Familie behandeln. Alle bringen ja bereits die Voranpassungen dazu mit.

Das große Verdienst der soziobiologischen Modelle liegt in der Integration ökologischer und genetischer Theorien. Ihre Schwäche ist, daß sie über die Konstruktion von Modellen bisher kaum zu neuen praktischen Forschungsansätzen geführt haben. Außerdem wurde in den Jahren 1966 bis 1978 die Bedeutung der Individual- und Verwandtschaftsselektion sicherlich überbetont, obgleich E. O. WILSON (1975) auch gruppenselektionistische Modelle berücksichtigt hat.

---

* POLLY WIESSNER, mit der ich über MORGANS Arbeit korrespondierte, schrieb mir dazu: »Until we have statistical data showing that the probability of individual accidents requiring great heroism or altruism on the part of crew members to save the individual is much higher than the risk of everybody in the boat being killed, that argument does not hold. Again, putting all of ones genes in one boat strikes me as a potentially maladaptive strategy!« (»Erst wenn wir statistische Angaben haben, die zeigen, daß die Wahrscheinlichkeit eines Unfalls, der großen Heroismus oder Altruismus von den Mitgliedern einer Mannschaft verlangt, damit ein einzelner Schiffbrüchiger gerettet werden kann, höher ist als das Risiko eines jeden im Boot, getötet zu werden, kann seiner Argumentation zugestimmt werden. Nochmals, alle seine Gene in *ein* Boot zu setzen ist meiner Meinung nach eine potentielle Fehlanpassung.«)

Beim Menschen spielt Gruppenselektion eine bedeutende Rolle. Mit der individualselektionistischen Entwicklung der persönlichen Bindung und einiger anderer Anpassungen im Dienste der Brutfürsorge (Kap. 3.4 und 4.1) standen dem Menschen Verhaltensweisen und Strategien der Bindung und Erhaltung der Gruppenharmonie (Aggressionsabblockung, Teilen etc.) als »Präadaptionen« zur Verfügung, die es ihm erlauben, auch Nichtblutsverwandte in Gruppen so eng zu binden, daß diese nunmehr als Einheiten auftreten, selbst wenn dies gegen die Interessen vieler Individuen geht.

Zur stammesgeschichtlich-emotionellen Basis der Familialität tritt dabei die kulturelle Begabung des Menschen, sein Familienethos zum Gruppenethos zu erweitern. Die Kriegsethik, die Indoktrinierbarkeit des Menschen mit Werten der Gruppe, seine Loyalität Autoritäten gegenüber und sein Ethos des Teilens hätten sich auf der Basis der Individualselektrion kaum als neue Merkmale etablieren können (I. EIBL-EIBESFELDT 1982). Gruppenselektrion ist nach dem Gesagten beim Menschen nicht nur möglich, sondern wahrscheinlich, vorausgesetzt, die in Gruppen vereinten sind näher miteinander verwandt als mit anderen, gegen die sie sich absetzen, und teilen daher ein gemeinsames genetisches Intresse. Das war über die längste Zeit der Menschheitsgeschichte tatsächlich der Fall. Menschen lebten in relativ geschlossenen und nicht sehr volkreichen Verbänden. Die Gruppen waren gut gegen andere abgeschirmt und stellten Fortpflanzungseinheiten dar. Noch heute zählen intakte Jäger- und Sammlerkulturen einige hundert – in der Regel etwa 500 – Personen (J. B. BIRDSELL 1968, H. M. WOBST 1976). Solche Populationen sind durch eine eigene Sprache und durch eigenes Brauchtum verbunden und gegen andere abgesetzt. Sie bilden eine enge Fortpflanzungsgemeinschaft. Auch bei neusteinzeitlichen Pflanzern sind es meist nur wenige Tausend, die ein Volk ausmachen. Wo es mehrere Tausend sind, zerfallen diese bereits in sich bekriegende Untergruppen, die oft in ihren Dialekten voneinander abweichen (siehe auch kulturelle Pseudospeziation). Die in solchen Volksgruppen Zusammenlebenden sind ganz sicher näher miteinander verwandt als mit anderen Gruppen. Das gilt selbst für einige der modernen Nationalstaaten, statistisch gesehen. In solchen Gruppen rentiert es sich, wenn sich jedes Gruppenmitglied für jedes andere einsetzt; ja, es entwickelten sich kulturelle Einrichtungen, die Gruppeninteressen über die Interessen des Individuums stellten (S. 969 f.). Der Fortpflanzungserfolg einzelner führt zu einer Anreicherung des Genpools mit bestimmten Allelen. Keineswegs wird aber in reinen Linien weitergezüchtet. Vielmehr bewirken besondere Heiratsregeln eine ständige Durchmischung des Genpools. Das wirkt einem Nepotismus entgegen.

Versuche, die Rentabilität altruistischer Akte nach dem Grad der Blutsverwandtschaft zu kalkulieren, sind bisher gescheitert. K. KAWKES (1977, 1983) untersuchte im Hochland von Neuguinea bei den Binumarian, welche Personen einander bei der Gartenarbeit und Schweinehaltung helfen, und fand, daß nahe genetisch Verwandte keineswegs Stiefverwandten und Adoptivkindern vorgezogen wurden. Die Nachbarschaft spielt eine bedeutende Rolle. Auf P. WIESSNERS Arbeiten (1977, 1981) werden wir in diesem Zusammenhang noch eingehen (Kap. 4.8). Die als Wildbeuter lebenden Ache Paraguays teilen Fleisch und Honig mit allen Mitgliedern der Gruppe, und zwar ohne Sippenmitglieder zu bevorzugen. Man erhält keineswegs mehr von Verwandten als von anderen. Eine Ausnahme machen sie nur bei den Mitbringseln von einer Mission, die sie vor allem in der Familie teilen (H. KAPLAN und Mitarbeiter 1984).

Neuerdings berücksichtigt man gruppenselektionistische Modelle wieder mehr (B. J. WILLIAMS 1981, P. L. VAN DEN BERGHE 1981, R. BOYD und P. J. RICHERSON 1982). Dabei macht sich auch ein neuer Trend bemerkbar. Man sagt, die Unterscheidung von Blutsverwandten und sozial Nahestehenden (»social kin«) sei nicht so wichtig, vorausgesetzt, soziale und biologische Verwandtschaft weise insgesamt einen höheren Verwandtschaftskoeffizienten auf als die als »non kin« aufgefaßte Gruppe (S. M. ESSOCK-VITALE und M. T. McGUIRE 1980). Dies war allerdings von Anbeginn unser Standpunkt.

E. O. WILSON (1978) unterschied zwischen »hardcore«- und «soft«-Altruismus. Der letztere deckt sich mit dem, was R. L. TRIVERS reziproken Altruismus nannte. Ein solcher Altruismus auf Gegenseitigkeit gestattet Beistand über die Gruppen – ja sogar über die Artengrenzen hinweg (Beispiel Symbiosen) zum beiderseitigen Vorteil. Hardcore-Altruismus ist der spontane, bis zur Selbstaufopferung im Dienste der Familie und Kleingruppe gehende Altruismus. Wäre nur dieser bei uns Menschen existent – wir würden in Kleingruppen rücksichtslos nach dem Vorbild der sozialen Insekten gegeneinander vorgehen. Der Mensch verbindet aber zum Glück beide Formen des Altruismus, und das erlaubt es ihm, mit Mitgliedern fremder Gruppen zu kooperieren und damit theoretisch auch eine Weltgemeinschaft aufzubauen. Allerdings setzt dies Gegenseitigkeit voraus. Wer andere ohne Gegenleistung unter Hintanstellung der eigenen Fortpflanzungschancen fördert, würde seine eigene genetische Verdrängung einleiten (siehe auch R. D. ALEXANDER 1987: 191).

E. O. WILSONS »Soziobiologie« (1975) hat dem biologisch evolutionistischen Denken in den Vereinigten Staaten zum Durchbruch verholfen. Er wurde seitens einiger extrem milieutheoretischen ausgerichteter Biologen heftig angegriffen (R. C. LEWONTIN 1977), nicht immer in fairer Diskussion. Die Kritiker weisen zwar zu Recht auf einige Schwächen und Nachlässigkeiten in der Argumentationsführung hin, versäumen es aber, auf die bahnbrechenden positiven Ergebnisse dieser neuen Forschungsansätze hinzuweisen. Dieser Mangel fiel mir auch in der sonst so bemerkenswerten Kritik von P. KITCHER (1985, 1987) auf. WILSON wurde beschuldigt, einen biologischen Determinismus zu vertreten, der zu Rassismus, Imperialismus, Genozid und anderem Unheil führe. Solche Vorwürfe sind unangebracht. Alles Wissen kann mißbraucht werden, auch jede Theorie, selbst die Milieutheorie. W. CHARLESWORTH (1981 : 22) hat das sehr treffend formuliert:

»Speaking of rhetoric, there should be an editorial rule that sentences associated with sciobiology, with effort to justify slavery, imperialism, racism, genocide, and to oppose equal rights should always appear next to sentences associating environmentalist/learning theory with effort to justify propaganda, pychological terror, false advertisement, public indoctrination of hatred of foreigners, class enemies, minority groups, and so on and so on. Juxtaposing sociobiology and learning theory in this manner ought to show how unproductive it is to claim through innuendo or otherwise that science will lead to pseudoscience, will lead to man's inhumanity to man: ergo no science. Actually, one could argue that since man is such a cultural/learning animal we should have greater fear of learning theory since learning has far more power over man's behavior than genes. More specifically, if humans were not such learning animals , they would not learn all that Galton trash: ergo stop learning research so that bad guys will not use the data to teach the trash more effectively.«*

Zweifellos hat uns die Soziobiologie viele neue Denkanstöße vermittelt. WiL-sons integrativer Leistung gebührt dabei volle Anerkennung. In der Hoffnung auf den neuen Durchbruch sprangen jedoch sehr viele unkritisch auf den fahren-den Zug, und eine Fülle von Publikationen minderen Niveaus hat den Markt überflutet. Wilsons Bemerkung, die Soziobiologie würde in absehbarer Zeit die Sozialwissenschaften und die Athologie kannibalisieren, hat zu dieser Entwick-lung beigetragen. Bisher ist es die Soziobiologie schuldig geblieben, ihren Anspruch zu belegen. Sie beschränkt sich im wesentlichen auf interessante Modellrechnungen. Oft wird nur das Triviale umständlich als »Strategie« rechne-risch begründet. So durfte man auf dem Internationalen Ethologenkongreß in Brisbane (1983) erfahren, daß Jungfische zusätzliches Futter in Wachstum, erwachsene Fische dagegen in Fortpflanzung investieren. Ein wirklich überra-schendes Ergebnis! Dazu gibt es doch wohl kaum eine vernünftige Alternative.

Schließlich ist den Soziobiologen Verwirrung der Handlungsebenen durch

---

* »Bezüglich der Rhetorik in Publikationen: Es sollte als Regel für alle Herausgeber gelten, daß Sätze, die sich auf die Soziobiologie beziehen und ihr unterstellen, Sklaverei, Imperialis-mus, Rassismus, Rassenmord zu rechtfertigen und das Prinzip ›Gleiche Rechte für alle‹ abzulehnen, Sätzen gegenübergestellt werden müssen, die aussagen, daß die Lerntheorie Propaganda, Psychoterror, unlautere Werbung, öffentliche Indoktrination in Richtung Aus-länderhaß, Haß gegen Klassenfeinde, Minderheiten etc. etc. rechtfertigen will. Wenn man die Soziobiologie und die Lerntheorie so nebeneinanderstellt, sollte sich zeigen, wie unproduktiv es ist, durch bestimmte Auslegungen oder auf andere Weise zu behaupten, daß die Wissenschaft zu einer Pseudowissenschaft, zu Unmenschlichkeit des Menschen gegen den Menschen führt: ergo überhaupt keine Wissenschaft mehr ist. Tatsächlich könnte man aber argumentieren, daß gerade weil der Mensch so ein kulturelles/lernendes Tier ist, wir größere Angst vor der Lerntheorie haben sollten, weil Lernprozesse einen viel größeren Einfluß auf den Menschen haben als die Gene. Genauer gesagt, wenn die Menschen nicht solche lernenden Tiere wären, dann würden sie nicht all den Galtonschen Unfug lernen: Also hört auf, Wissenschaft zu betreiben, damit böse Zeitgenossen Forschungsergebnisse nicht dazu benutzen können, den Unsinn noch besser zu lehren!«

Verwendung von Begriffen aus der Psychologie für die Beschreibung und Interpretation des genetischen Geschehens anzukreiden. Sie führt die Soziobiologen schließlich selbst zu so absurden Schlußfolgerungen wie etwa der, es gebe gar keinen Altruismus. Sie gehen dabei von der Tatsache aus, daß nur das genetische Überleben zählt und Organismen demnach nur dann richtig handeln, wenn sie ihre diesbezügliche Gesamteignung (S. 139) fördern. Das wird dann samt und sonders als »selbstsüchtiges Verhalten« definiert, und Sympathie, Freundschaft, Nächstenliebe werden als Täuschung hingestellt. Ein erschreckender Trugschluß, denn natürlich sind wir so konstruiert, daß wir Liebe und Freundschaft subjektiv empfinden und, von solchen Gefühlen angespornt, uns auch für bestimmte Mitmenschen aufopfern. Daß wir dabei auch angepaßt handeln, also für die Verbreitung unserer Gene sorgen, widerspricht dem nicht. Beistand und Kooperation sind Strategien im Kampf ums Dasein, und die entsprechenden Emotionen haben sich im Dienste dieser Aufgaben entwickelt. In diesem Sinne existiert Freundlichkeit neben Wettstreit, und es ist einfach falsch zu behaupten, daß ein Organismus nur auf Kosten des anderen seinen Vorteil suche; daß das, was man als Kooperation bezeichne, nur eine Mischung von Opportunismus und Ausbeutung sei und daß bei voller Möglichkeit, im Eigeninteresse zu handeln, lediglich Kalkulation einen Organismus davon abhalte, sogar seinen Bruder, Ehegefährten, seine Eltern oder Kinder zu unterdrücken oder gar zu ermorden*. In dieser

---

* »The Evolution of Society fits the Darwinian paradigm in its most individualistic form. Nothing in it cries out to be otherwise explained. The economy of nature is competitive from beginning to end. Understand that economy, and how it works, and the underlying reasons for social phenomena are manifest. They are the means by which one organism gains some advantage to the detriment of another. No hint of genuine charity ameliorates our vision of society, once sentimentalism has been laid aside. What passes for cooperation turns out to be a mixture of opportunism and exploitation. The impulses that lead one animal to sacrifice himself for another turn out to have their ultimate rationale in gaining advantage over a third; and acts ›for the good‹ of one society turn out to be performed to the detriment of the rest. Where it is in his own interest, every organism may reasonably be expected to aid his fellows. Where he has no alternative, he submits to the yoke of communal servitude. Yet given a full chance to act in his own interest, nothing but expediency will restrain him from brutalizing, from maiming, from murdering – his brother, his mate, his parent or his child. Scratch an ›altruist‹, and watch a ›hypocrite‹ bleed‹ (M. T. GHISELIN 1974: 2). (»Die Evolution der Gesellschaft paßt genau zu dem darwinistischen Paradigma in seiner individualistischen Form. Die Ökonomie der Natur ist von Anfang bis Ende kompetitiv. Verstehe diese Ökonomie und wie sie funktioniert, und die den sozialen Phänomenen zugrunde liegenden Ursachen werden sichtbar! Sie sind die Mittel, durch die ein Organismus Vorteile gegenüber einem anderen erlangt. Kein Hinweis auf echte Barmherzigkeit mildert unsere Sicht der Gesellschaft, hat man erst einmal jegliche Sentimentalität beiseite gelassen. Das, was man als Kooperation bezeichnet, erweist sich als eine Mischung aus Opportunismus und Ausbeutung. Der Drang eines Tieres, sich selbst für ein anderes zu opfern, hat seine letzte Begründung darin, daß es auf diese Weise einen Vorteil gegenüber einem Dritten gewinnt; und Handlungen zum Wohle der Gesellschaft erweisen sich oft als nachteilig für den Rest. Wo es mit seinen eigenen Interessen übereinstimmt, kann man von jedem Lebewesen vernünftigerweise erwarten, daß es seinen Artgenossen hilft. Wo es keine

allgemeinen Form führt die Aussage in die Irre, und sie provoziert unnötig jene, mit denen man ins Gespräch kommen will.

Zusammenfassung 2.4

Die Kosten-Nutzen-Rechnungen der Soziobiologen belegen, daß sich altruistisches Verhalten auf dem Wege der Individual- und Verwandtschaftsselektion entwickeln kann. Die Modellrechnungen regen zur Hypothesenbildung an und gestatten Voraussagen darüber, wie ein Organismus sich verhalten müßte, um seine Eignung zu optimieren. In Populationen einer Art erhalten sich alle Gene in einem bestimmten Gleichgewicht als evolutionsstabile Zustände. Daneben gibt es jedoch stets von Generation zu Generation neu auftretende Mutanten und Rekombinanten, die ebenfalls in einem bestimmten Prozentsatz auftreten, die aber als Ausfallsmutanten zu werten sind, da sie sich ohne dauernde Neubildung nicht in der Population halten würden. In dem Bemühen, alle regelmäßig auftretenden Erscheinungen als Anpassungen zu deuten, wird das oft übersehen. Damit setzt sich die Soziobiologie ganz unnötigerweise der Kritik aus, des weiteren auch durch die nachlässige Verwendung von Begriffen. Die Aussage, es gebe kein wirklich altruistisches Verhalten, da ein Altruist ja im Sinne seiner Eignung eigennützig handle, beruht auf einer Verwechslung der Niveaus. Auch wenn der Altruist bei Selbstaufopferung für Kinder und Verwandte zur Verbreitung seiner eigenen Gene beiträgt, so handelt er doch auf der Ebene beobachteten und erlebten Handelns »uneigennützig«. Mitgefühl, Sympathie und dergleichen werden erlebt und beobachtet und sind mithin existent. Daß sie zur Eignung beitragen, verträgt sich durchaus mit der Tatsache, daß einer aus genuinem Antriebe altruistisch handelt. Auch kann das unkritische Zitieren extremer Beispiele – wie das des Infantizids der Languren – nicht dazu verwendet werden, die Aussage zu stützen, die biologische Evolution schreite grundsätzlich im Kampf aller gegen alle voran. Gerade der Mensch denkt sein Familienethos auf die Gruppe aus, und seine emotionale und verhaltensmäßige Ausstattung gestattet es ihm, sich mit anderen zu geschlossenen Gruppen zu vereinen, die als Einheiten handeln und damit auch als Einheiten in der Selektion auftreten. Die Indoktrinierbarkeit, das Kriegsethos und das Ethos des Teilens führen beim Menschen dazu, daß der einzelne Eigeninteressen oft hinter jene der Gruppe zurückstellt. Beim Menschen zumindest können wir verschiedene Ebenen der Selektion nachweisen: Individual-, Verwandtschafts- und Gruppenselektion.

Alternative hat, beugt es sich dem Joch des Sich-gegenseitig-zu-Diensten-Seins. Ist ihm aber die Möglichkeit gegeben, innerhalb seiner eigenen Interessensphäre zu handeln, wird nichts außer der Zweckdienlichkeit dieses Lebewesen daran hindern, seinen Bruder, Geschlechtspartner, seine Eltern oder sein Kind brutal zu behandeln, zu verstümmeln oder zu töten. Kratze an der Haut eines ›Altruisten‹, und du wirst einen ›Hypokriten‹ bluten sehen.«)

3. Methodik

3.1 Gestaltwahrnehmung und Erkennen

Grundlage biologischer Forschung ist die Wahrnehmung. Sie bildet, wie wir schon ausführten (S. 24 f.), eine außersubjektive Wirklichkeit mit einem mehr oder weniger groben Raster ab. Die Gestaltpsychologie lehrt zwar, daß uns die Wahrnehmung aufgrund der bereits in unseren Erkenntnisapparat eingebauten Programme gelegentlich in die Irre führt. Die Erfahrung lehrt uns aber auch, daß wir solche eingebauten Vorurteile aufdecken können. Die Phänomene der Gestaltwahrnehmung sind zwar nicht der verstandesmäßigen Kontrolle, wohl aber der Selbstbeobachtung zugänglich (K. LORENZ 1973). Unser Vermögen, uns dialogisch mit unserer Umwelt auseinanderzusetzen, erlaubt es uns ferner, ein Problem unter verschiedenen Gesichtswinkeln und unter Einschaltung verschiedener Meßinstrumente zu betrachten und damit auch die Arbeitsweise unseres Hirns als Erkenntnisapparat zu erforschen. So können wir messen, daß zwei Linien gleich lang sind, auch wenn unsere Wahrnehmung es uns anders vorspiegelt, wie etwa im Fall der geschilderten Müller-Lyer-Illusion.

Die Leistungen der Gestaltwahrnehmung liefern uns aber sicherlich nicht nur Täuschungen, die wir listig aufdecken müssen. Der Apparat wurde im Laufe der Stammesgeschichte auch darauf geeicht, Dinge unter verschiedenen Bedingungen (Raumlage, Entfernung, Beleuchtung) als dasselbe wiederzuerkennen. Invariantes wird dabei vom Hintergrund abgehoben. Das geschieht auf verschiedene Weise (siehe z. B. Farbkonstanz, S. 82), unter anderem durch Mustervergleich. Die einkommenden Sinnesdaten werden dabei mit zentralen Referenzmustern verglichen. Diese können als stammesgeschichtliche Anpassung vorliegen oder auch durch individuelle Erfahrung gebildet sein. Der Prozeß der individuellen Referenzmusterbildung kann viele Jahre beanspruchen, da es vieler Einzelerfahrungen bedarf, um das Regelmäßige so fest einzuprägen, daß es oft ganz plötzlich aufgrund einer Schlüsselbeobachtung* mit einem Erkenntnisruck als »Aha-Erlebnis« ins Bewußtsein rückt. Konrad Lorenz schreibt dazu: »Offensichtlich besitzen wir einen Verrechnungsapparat, der imstande ist, schier unglaubliche Zahlen einzelner ›Beobachtungsprotokolle‹ aufzunehmen und über lange Zeiträume festzuhalten, und der dazu noch die Fähigkeit besitzt, echte Statistik mit ihnen zu betreiben. Diese beiden Leistungen müssen angenommen werden, um die unbezweifelbare Tatsache zu erklären, daß unsere Gestaltwahrnehmung fähig ist, aus einer Vielzahl von Einzelbildern, deren jedes mehr akzidentielle als essentielle Daten enthält und die sie über große Zeiträume gesammelt hat, die essentielle Invarianz zu errechnen« (K. Lorenz 1973: 162). (Siehe dazu auch das S. 900 f. über ästhetische Referenzmusterbildung Gesagte und Abbildung 9.1, die eine Modellvorstellung zu diesem Prozeß liefert.)

Die diese Abstraktionsleistungen vollbringende zentralnervöse Apparatur vermag mehr, als nur die konstanten Eigenschaften eines Dinges herauszugliedern. Als neue Systemeigenschaft (K. Lorenz 1973) kommt ihr die Fähigkeit zu, auch die einer Gattung von Dingen angehörenden Charakteristika von den nicht gattungskonstanten individuellen Merkmalen zu abstrahieren. Bereits kleine Kinder bilden so schon früh Allgemeinbegriffe wie »wau-wau« für Säugetiere oder »piep-piep« für Vögel.

Regelmäßigkeiten zu erkennen ist eine wichtige Voraussetzung für jede wissenschaftliche Erkenntnis.

Die Vorgänge, die unserer Gestaltwahrnehmung zugrunde liegen, sind, wie K. Lorenz (1959) betonte, rationalen Operationen analog, etwa jenen, die zu Schlußfolgerungen führen; man spricht daher auch von ratiomorphen Leistungen. »Die Gestaltwahrnehmung ermöglicht es, eine im komplexen Naturgeschehen obwaltende Gesetzlichkeit unmittelbar zu erfassen, d. h. aus dem Hintergrund der zufälligen, nichtssagenden Information herauszugliedern, die uns von unseren Sinnesorganen und niedrigeren Wahrnehmungsleistungen gleichzeitig übermittelt werden« (K. Lorenz 1959 : 257). Wir erfassen solche Zusammenhänge »intuitiv«, und dieser Erkenntnisvorgang kann durch keine noch so saubere Quantifikation ersetzt werden. Wir müssen uns nur dessen bewußt bleiben, daß »Gestaltungsdruck«, »Prägnanztendenz« und andere Gesetzlichkeiten dieser Wahrnehmung uns gelegentlich auch etwas als ›wahr‹ anzunehmen zwingen, was Nachprüfung auf anderem Wege dann als Täuschung entlarvt.

Die Fußangeln liegen jedoch gewiß nicht nur im Bereich der Wahrnehmung. Unser Denken folgt ebenso vorgegebenen Bahnen; man kann von Denkzwängen sprechen. Der Prägnanzdruck (siehe oben) verleitet uns dazu, in Gegensätzen zu denken, was zur Polarisierung unseres Denkens führt. Diese Neigung ist eine Ordnungsleistung unseres Hirns. Vorhandene Gegensätze werden nach dem

---

* Sie wird aus Unkenntnis dieser Zusammenhänge oft als »anekdotisch« abgewertet.

Prinzip der Kontrastbetonung hervorgehoben, und das vermittelt Orientiertheit und Klarheit, führt aber andererseits zu einer Vereinfachung des Weltbildes.

Unser Alltag, ebenso wie unser politisches Denken, wird von dieser polarisierenden Kontrastbetonung beherrscht. Selbst wissenschaftliches Arbeiten ist nicht frei davon. Man liebt auch hier »klare« Standpunkte und Stellungnahmen, und wo eine klare Gegenposition fehlt, da schafft man sie. Der Natur-Umwelt-Streit (Kap. 2.1) war streckenweise von diesem Zwang beherrscht. Das ist nicht nur negativ zu sehen. Im Gegensatz entzünden sich die Geister, und aus diesem Grunde überzeichnen wir gelegentlich unsere eigene Position und fördern so den Meinungsstreit. Nur müssen wir uns darüber im klaren sein, daß wir in solchen Fällen den Gegensatz künstlich betonen, um den Gesprächspartner aus der Reserve zu locken.

Ein weiterer Denkzwang, der uns im Alltag wie in der Forschung oft irreführt, ist das monokausale Denken. Sicher ist es für einen Organismus wichtig, die unmittelbare Ursache eines Ereignisses schnell zu erfassen, und die Annahme, daß etwas eine Ursache hat, bewährte sich offenbar in der Evolution. Wir neigen daher auch im Alltag und in der Forschung dazu, »die Ursache« aufzuklären.

In der Forschung führt solches Denken zu einem Reduktionismus, der der Differenziertheit der Erscheinungen nicht mehr gerecht wird. Auch vorgegebene Wertungen beeinflussen unser Denken entscheidend. So bewerten wir Involutionserscheinungen, die einen Differenzierungsverlust bedeuten, negativ und sprechen von den differenzierteren stets als von den höheren Organismen (K. LORENZ 1983).

Man kann demnach gewiß nicht von vorurteilsfreier Beobachtung und Forschung sprechen, benützen wir doch für diese Zwecke einen Apparat, der sich im Laufe der Stammesgeschichte im Dienst der Wahrnehmung entwickelt hat und dem bereits Vorurteile aufgrund stammesgeschichtlicher Erfahrungen eingegeben sind. Die sich daraus ergebenden Mängel seiner abbildenden Funktion können wir jedoch aufdecken, indem wir uns mit verschiedenen Fühlern an die Wirklichkeit herantasten. Auch sind wir mit Fähigkeiten begabt, unser Handeln, also auch unser Denken, vom emotionellen Bereich abzuhängen und damit in einem entspannten Feld sachlich zu operieren, ja dank unterschiedlicher hemisphärischer Spezialisierung sogar uns selbst zu beobachten (Kap. 2.3).

Wenn Forscher dennoch von der Tugend vorurteilsfreier Beobachtung sprechen, dann meinen sie damit in erster Linie die Ausschaltung individueller Vorurteile, die aus persönlicher Erfahrung resultieren.

Schließlich ist auf die mangelnde Bereitschaft hinzuweisen, Hypothesen aufzugeben, selbst wenn sie sich nicht mehr als tragfähig erweisen. Sie dienen nämlich als Orientierungshilfen und vermitteln damit Sicherheit. Bereits der steinzeitliche Mensch projizierte sie als Ordnungsgerüst in diese Welt. So erklären die Buschleute der Kalahari Krankheiten mit unsichtbaren Pfeilen, die Feinde in den Körper der Erkrankten pflanzten. Daraus folgt, daß sie diese über Extraktionszauber entfernen können, was von Angst befreit. Hypothesen entwickeln sich darüber oft zu Glaubenssystemen. Die fatale Neigung, Hypothesen aus dem Gebiet der Ökonomie und Soziologie zu Weltanschauungen zu erheben, ist ja genügsam bekannt. Solche Überzeugungen oder Weltanschauungen werden dann auch zu Gruppenmerkmalen und Markern der Identität, die der Abgrenzung dienen. Und mit dieser neuen Funktion beladen halten sie sich zäh gegen jede rationale Anfechtung (I. EIBL-EIBESFELDT 1988, 1994).

Zusammenfassung 3.1

Die menschliche Wahrnehmung verarbeitet die Sinnesdaten nach vorgegebenen Programmen. Sie zieht unter anderem Schlüsse aufgrund von Annahmen, die ihr bereits als biologisches Programm vorgegeben sind, und sie ist selektiv. Insofern gibt es keine vorurteilsfreie Wahrnehmung und Forschung. Die Hypothesen, auf die sich unsere Wahrnehmung stützt, wurden jedoch im Laufe der Stammesgeschichte in Auseinandersetzung mit einer real existierenden Umwelt geprüft. Deshalb können wir davon ausgehen, daß sie im allgemeinen insofern zutreffen, als sie auf bestimmte für uns relevante Facetten der Umwelt passen. Wir nehmen zwar nicht verzerrungsfrei, aber doch in der Regel existente Zusammenhänge wahr. Wo wir Täuschungen unterliegen, vermögen wir sie durch Messung und Betrachtung aus anderen Gesichtswinkeln aufzuklären. Insbesondere die Gestaltwahrnehmung bleibt eine wichtige Quelle der Erkenntnis, auch wenn uns einige ihrer Eigenschaften, wie z. B. die Prägnanztendenz, gelegentlich irreleiten.

Eine gewisse Neigung zum Dogmatismus erwächst aus dem Kategorisierungs- und Ordnungsbedürfnis, insbesondere aus dem Bedürfnis, polarisierend nach Gegensatzpaaren zu ordnen, ferner aus dem monokausalen Denken und der mangelnden Bereitschaft, überholte Hypothesen über Bord zu werfen.

3.2 *Methoden der Datenerhebung, Beobachtungsebenen und Beschreibung*

Die Datenerhebung ist so vorzunehmen, daß andere Forscher sie nachvollziehen und die Ergebnisse überprüfen können. Im Bemühen um Objektivität setzt man gerne technische Aufzeichnungsmittel ein, z. B. Film- und Tonaufnahmegeräte (Kap. 3.3). Es gibt außerdem Methoden, die subjektive Selektivität etwa bei der Auswahl der zu beobachtenden Individuen auszuschalten, indem man z. B. die zu beobachtenden Individuen mit Hilfe einer Tabelle mit Zufallszahlen aus einer Gruppe auswählt (Zufallsstichprobe – »random sampling«, Kap. 3.5.1). Auch die Auswertung wird vielfach unter Einschaltung von Apparaten vorgenommen.

Man versucht Objektivität unter anderem durch distanzierte Beobachtung zu erreichen, eine Methode, die ja die Tierethologen zu großer Perfektion entwickelt haben. H. HASS (1968) sprach davon, daß man sich bei der Beobachtung des Menschen in die Lage des Besuchers von einem anderen Stern versetzen müsse. Da man sich jedoch über Neigungen, Wünsche und Zielvorstellungen des Menschen einerseits durch Introspektion und andererseits durch Teilnahme und Befragung informieren kann, legen andere wiederum auf die teilnehmende Beobachtung besonderen Wert; ja sie verwerfen sogar die distanzierte Beobachtung, da sie ihrer Meinung nach über die wirklichen Intentionen der beobachteten Mitmenschen keinen Aufschluß geben könne.

Eine solche Polarisierung der Meinungen ist unangebracht, da beide Methoden ihre Vor- und Nachteile haben. Über eine teilnehmende, befragende Vorgehensweise erfahre ich in der Tat meist schnell, welche Vorstellungen und Ziele das Verhalten meiner Mitmenschen leiten, vorausgesetzt, man stellt keine suggestiven Fragen, und vorausgesetzt, die Befragten lügen einen nicht an*. Allerdings wäre es falsch, wenn man die vorgebrachten Gründe als die wirklich letzten Gründe akzeptieren wollte. Würde sich einer mit der Antwort der Hopi-Indianer zufriedengeben, ein Regentanz diene dazu, Regen zu bewirken, dann wäre er schlecht beraten. Bestenfalls käme er zum Schluß, es handle sich um ein funktionsloses Ritual, da es ja nicht den erstrebten Regen bringe. Die distanzierte Beobachtung kann hier weiterführen, indem sie uns lehrt, daß solche Rituale die Gruppe in Zeiten der Not zusammenführen, ihre Bindung bekräftigen und sie gleichzeitig gegen andere Gruppen absetzen. Damit hätte man den selektionistischen Wert dieses Rituals erfaßt.

N. A. CHAGNON (1968, 1974) führt in einer Reihe von Arbeiten aus, das Konzept der Territorialität würde die kriegerischen Handlungen der Yanomami nicht erklären. Diese würden nicht Kriege führen, um Konkurrenten auf Abstand zu bringen und sich Jagdgebiete zu sichern; vielmehr habe er auf Befragung immer nur erfahren, daß es den Männern beim Krieg um den Raub von Frauen ginge (N. A. CHAGNON 1968). In einer späteren Version liest man (N. A. CHAGNON 1974), die Kriege würden dazu dienen, die Souveränität der Yanomami-Dörfer zu erhalten, aber um Jagdreviere oder andere Lebensgrundlagen gehe es dabei nicht. Nun mag der von den Yanomami selbst vorgegebene Grund, daß Krieg primär um Frauen geführt werde, durchaus die Motivation des einzelnen erhellen. Der Beobachter muß aber weiter nach den selektionistischen Vorteilen

---

* Die Gefahr verringert sich, wenn man zunächst Tonbänder ungestellter Ereignisse – etwa eines Streitgesprächs – analysiert und erst nachdem man sich so z. B. über Wertvorstellungen informiert hat, diese dann gezielt hinterfragt.

des Verhaltens forschen. Individuelle Motivation und arterhaltende Leistung decken sich nicht notwendigerweise. M. HARRIS (1979) wies darauf hin, daß tierisches Eiweiß für die Yanomami ein limitierender Faktor ist. Mit zunehmender Größe eines Dorfes würde der Arbeitsaufwand der Jagd zunehmen (K. GOOD 1980). Mangelnder Jagderfolg führt zu Spannungen, und wir beobachten, daß sich Gemeinschaften von einer bestimmten Größe an zerstreiten und aufspalten. Ferner führt die Zwischengruppenaggression dazu, daß Gruppen nicht allzu nahe beieinander wohnen. Und was immer den einzelnen auch motivieren mag, dieser Effekt zählt. Die Unverträglichkeit verhindert, daß sich die Gebiete erschöpfen.

Jede ethologische Untersuchung beginnt mit der Beschreibung und Dokumentation der zur Diskussion stehenden Verhaltensweisen. Die so erstellten Verhaltenskataloge oder Ethogramme sind die Grundlage der weiteren Arbeit. Der unvoreingenommene Beobachter hat im allgemeinen keine Schwierigkeiten, aus einem Verhaltensstrom bestimmte wiederkehrende Verhaltensweisen als Einheiten herauszugliedern. Wir stellen fest, daß einer lächelt oder weint, nach etwas greift oder jemanden begrüßt. Wir erfassen sowohl den Gruß als Verhaltenskategorie als auch die im Verlaufe der Begrüßung auftretenden einfacheren Verhaltensmuster wie das Lächeln, das schnelle Brauenheben, Zunicken und Händereichen. Liest man die Verhaltenskataloge verschiedener Forscher, dann findet man verschiedene Prinzipien der Einteilung. Verbreitet ist der Versuch, deskriptiv nach Bewegungsweisen, wie Lächeln oder schnelles Brauenheben, zu kategorisieren. Die Kategorien werden meist nur nach dem Erscheinungsbild beschrieben, gelegentlich aber auch nach dem Zusammenspiel der an der Bewegung beteiligten Muskeln. Oft, wie beim Lachen und Weinen, ist die Bewegungsgestalt bereits vorwissenschaftlich kategorial erfaßt und benannt. Verbreitet ist die Kategorisierung nach der Funktion. Sie setzt ein Wissen voraus. Handelt es sich um soziale Verhaltensweisen, dann basiert unser Wissen um die Funktion häufig auf Intuition. Funktionelle Kategorien dieser Art sind z. B. Grüßen, Werben, Trösten oder Beschwichtigen. Will man solche Kategorien verwenden, dann muß man sie genau definieren und die Funktion auch nachweisen. Ferner muß man sich darüber im klaren sein, daß, entsprechend der hierarchischen Organisation des Verhaltens, die Kategorien verschieden umfangreich sein können. Ein Gruß setzt sich aus Verhaltensweisen wie Zunicken, Lächeln, schnellem Brauenheben und anderem mehr zusammen.

Das ist in den ersten Ethogrammen der Kinderethologie nicht immer klar herausgearbeitet worden, was bei verschiedenen Autoren zu recht unterschiedlichen Listen führte. E. C. GRANT (1968, 1969) benennt im Ethogramm des Kindes 118 Verhaltensweisen. N. G. BLURTON-JONES (1972) zählt 31 auf, W. C. McGREW (1972) 42, C. R. BRANNIGAN und D. A. HUMPHRIES (1972) 136.

Welche Kategorien man benützen soll, hängt von der speziellen Fragestellung des Forschers ab. In ihrer Arbeit über den Aufbau von Freundschaften registrierten M. LEWIS und Mitarbeiter (1975) das Vorkommen von Körperkontakten

(Berührung), Nähe, Anschauen, Lächeln, Anbieten und Wegnehmen von Spielmaterial, Teilen und gegen den Partner gerichtete Aggressionen. Das reichte für die von ihnen untersuchten Ein- bis Zweijährigen aus. Für ältere Kinder genügen diese Kategorien jedoch nicht. G. ATTILI, B. HOLD und M. SCHLEIDT (1982), die eine ähnliche Untersuchung an Drei- bis Sechsjährigen machten, nahmen als weitere Kategorien Unterstützen, Helfen und Initiieren auf.

Wichtig ist in allen Fällen, daß man die Kategorien definiert. Dazu gehört eine genaue empirische Beschreibung der Bewegungen der Körperteile in einem räumlichen Bezugssystem, was im Falle einer Interaktion natürlich auch den Kommunikationspartner miteinbeziehen muß. Seine Distanz und Orientierung zum Partner müssen notiert werden. Bei der Beschreibung ist ferner zu beachten, daß auch die Geschwindigkeit des Verhaltensablaufes ein Verhalten definieren kann. Langsame Abwendung vom Kommunikationspartner im Sinne eines allmählichen Öffnens einer Dyade bereitet den Abschied vor, schnelle Abwendung dagegen signalisiert oft Anstoßnehmen (Beleidigtsein oder Gekränktsein), Berührung und Stoß sind ebenfalls durch die Geschwindigkeit spezifiziert, mit der die Bewegungen gegen den Partner hin ausgeführt werden.

Ein leichter Schlag oder Stoß kann, je nach dem Kontext, Ermahnung oder Bestrafung sein, aber auch freundschaftlicher Hinweis. Das ist erst aus dem sozialen Zusammenhang zu ersehen, und oft bedarf es zur richtigen Einschätzung der Situation auch eines Wissens um vorangegangene Ereignisse. Hatten die Kinder vorher Streit? Sind sie miteinander seit längerem befreundet? Bei der Interpretation einer Situation geht unser Vorwissen in die Bewertung der Situation ein. Soweit es sich um individuelle Vorurteile handelt, kann man sie durch Prüfung der Beobachterübereinstimmung ausschalten. Man läßt dazu z. B. die auf Film aufgenommenen Szenen von anderen Beobachtern beurteilen.

Bei der Beurteilung eines Verhaltens spielt nicht nur die soziale Umwelt eine Rolle. Kinder einer Kindergarten-Gruppe zeigten im Gebäude des Kindergartens eine ganz andere Aufmerksamkeitsstruktur als im Garten (K. GRAMMER 1988).

Vor ein besonderes Problem stellt uns die Kodierung der Bewegungen für die Auswertung (H. M. ROSENFELD 1982). Die Angst vor einer Wahrnehmungstäuschung – und gegen diese sichert auch eine Beobachterübereinstimmung nur insofern, als sie hilft, individuelle Fehler aufzudecken – führte zum Bemühen um Objektivität. Meßinstrumente, so argumentierte man, täuschen sich nicht, und so bemühte man sich auch im Bereich der Verhaltensforschung, sich messend und rechnend an die Wirklichkeit heranzutasten.

In einigen Bereichen kommt man in der Tat nur so zum Ziel. Der Versuch, Bewegungsgestalten durch aufeinanderfolgende Positionskodierung von Körper und Körperteilen in einem auf den Körper bezogenen Koordinatensystem (oben-unten, rechts-links, hinten-vorne) objektiv zu notieren (I. GOLANI 1969, R. LABAN 1965), hat jedoch bisher keine befriedigenden Resultate erbracht. Abgesehen davon, daß »Beschreibungen« von Organen und Körperbewegungen in Winkeln,

Raumebenen und Positionen schwer leserlich sind – es sei denn, man vereinfacht stark –, erfassen sie, wie die Praxis lehrt, oft nicht das Wesentliche: Eine Person, die in einer Vorlesung sitzt, kann einen Freund durch intentionales Zukehren der Handfläche grüßen, ohne den Arm dabei vom Pult zu heben; der Freund, aber auch ein neutraler Betrachter wird dies als Gruß verstehen. In der Vorlesungspause wird die gleiche Person sicherlich anders grüßen. Sie braucht sich dann ja nicht auf die weniger auffällige Intentionsbewegung zu beschränken. Sie kann z. B. den Arm voll erheben, ja sogar mit der dem zu Grüßenden zugekehrten Hand winken. Im räumlich-zeitlichen Notationssystem erscheinen beide Verhaltensweisen als kaum wiedererkennbar verschieden. Der Verzicht auf die integrative Leistung unserer Gestaltwahrnehmung zugunsten einer vermeintlichen Objektivität führt hier ganz offensichtlich in die Irre. Die physische Beschreibung in Begriffen der Alltagssprache erlaubt es jedoch, den Sachverhalt verständlich wiederzugeben. Ein vorübergehendes Zukehren der Handfläche – wie lange, muß man messen und angeben – wird in unserer Kultur als Grußgeste verwendet. Die Bewegung kann intentional und vollintensiv in den verschiedensten Intensitätsstufen ablaufen, und die Stellung von Oberarm und Unterarm zueinander kann in weiten Bereichen variieren.

Das Zukehren der Handfläche für eine bestimmte Zeit ist ein relevantes Muster für diese Art von Mitteilung. Es gibt Details des Bewegungsablaufes und Kontextes, die es uns erlauben, ein grüßendes Zukehren der Handfläche von einem Abweisen zu unterscheiden.

Auch diese sind in der unmittelbaren Beschreibung besser darzustellen als in einem der bisher gebräuchlichen Notierungssysteme. Das gilt auch für die als Begleitbewegungen auftretenden mimischen Äußerungen, die Gruß und Ablehnung kennzeichnen.

R. L. BIRDWHISTELL (1960, 1973) bemühte sich um eine Analyse der Mikrobewegungen, aus denen sich ein Ausdruck zusammensetzt. Dabei ging er von der Annahme aus, daß bestimmte Bewegungen den Phonemen der Sprache gleichzusetzen sind. Die mühevollen Analysen haben aber nicht weitergeführt.

K. R. SCHERER und Mitarbeiter (1979) schlagen vor, für eine Beschreibung der im kommunikativen Verhalten vorkommenden nichtverbalen Zeichen eine Segmentierung der Bewegungen in funktionelle Einheiten vorzunehmen, da eine Transkription sonst schwer, »wenn nicht gar unmöglich« sei. Nun sind Verhaltensweisen Zeitstrukturen, die durch einen Ablauf charakterisiert sind. Der Ablauf der nichtverbalen Ausdrucksbewegungen ist durch Formkonstanz gekennzeichnet, d. h. der relative Phasenabstand der an der Bewegung beteiligten Muskelkontraktionen ist, wie bereits im Kapitel 2.2.1 hervorgehoben, konstant. Deshalb ist das Verhalten für den Beobachter auch als Bewegungsgestalt jederzeit zu erkennen, gleich, ob es sich um eine Intentionsbewegung handelt, die gerade andeutet, was die Person vorhat, oder um eine voll durchgeführte Ausdrucksbewegung. Schreibe ich also die zeitliche Ablauffolge der Muskelkontraktion in einer Art Partitur nieder – ich kann dazu jedem Muskel eine Nummer geben –, dann kann ich Bewegungen wiedererkennbar beschreiben. Das hat sich für die Gesichtsbewegungen bewährt.

Unter Zugrundelegung eines von C. H. HJORTSJÖ (1969) entwickelten Systems, das Gesichtsbewegungen nach Muskelaktionen beschreibt, bauten P. EKMAN und Mitarbeiter (1971 a, b) ein Kodierungssystem auf. Sie stellten fest, welche sichtbaren Veränderungen die Kontraktion verschiedener Gesichtsmuskeln bewirken, und versahen die einzelnen Gesichtsmuskeln mit Nummern. Mitunter erfaßten sie auch mehrere sich kontrahierende Muskeln als »Aktionseinheit« (S. 623 ff.). Die menschliche Mimik eignet sich für diese Art der Aufzeichnung besonders gut, da sich die Muskelkontraktionen auf der Gesichtsfläche deutlich ablesen lassen, wenn man EKMANS Kodierungssystem gelernt hat.

Uneinigkeit herrscht darüber, auf welcher Ebene man mit der Analyse beginnen soll. Soll man von elementaren Bewegungsformen aufsteigend analysieren? J. A. VAN HOOFF (1971) wie auch S. FREY und J. POOL (1976) meinen, man solle von unten beginnen, da man die kleinsten Einheiten am besten exakt erfassen könne. Aus ihnen ließen sich die Einheiten der nächsthöheren Ebene aufbauen. U. KALBERMATTEN und M. VON CRANACH (1980) sind hingegen der Ansicht, es gebe keine Synthesevorschrift, die uns sage, wie die Einheiten zu Übersystemen zusammenzuschließen seien. Angemessener erscheine daher die abwärts gerichtete Analyse von den oberen Ebenen her. M. VON CRANACH und Mitarbeiter (1980) gehen bei ihrer Verhaltensanalyse von der komplexen, zielgerichteten Handlung aus. Sie definieren als Handlung jedes menschliche Tun, das durch Zielorientierung, Bewußtsein, Planung und Absicht charakterisiert ist (U. KALBERMATTEN und M. VON CRANACH 1980). Ein solcher handlungstheoretischer Ansatz erscheint zunächst problematisch, wenn man an die Erforschung kindlichen Verhaltens oder gar an den Kulturenvergleich denkt. Bewußtsein, Planung und Absicht kann ich bei distanzierter Beobachtung in solchen Fällen bestenfalls erschließen, aber sicher nur selten nachweisen. Dennoch erscheint mir der handlungstheoretische Ansatz auch für die distanzierte Verhaltensanalyse geeignet. Man kann nämlich auch rein beobachtend feststellen, daß es Handlungen gibt, die sich über einen längeren Zeitraum erstrecken und die offensichtlich deshalb zu Ende kommen, weil ein erkennbares Ziel erreicht wird. Das kann z. B. der Erwerb eines Objektes oder aber auch der Ablauf einer »Endhaltung« sein, die triebbefriedigend wirkt.

Für den Beobachter ist es zunächst gleichgültig, ob das festgestellte Ziel bewußt angestrebt wird oder nicht. Wichtig ist, daß ein Handlungsverlauf festgestellt werden kann, der durch Start und Endpunkt definiert wird. Der Handlungsstrom zu einem solchen Ziel kann in Teilakte zerlegt werden. M. VON CRANACH und Mitarbeiter (1980) sprechen von Handlungsschritten. Die Zubereitung des Frühstücks als Handlung setzt sich aus einer Reihe von Handlungsschritten zusammen, wie Eier kochen und Kaffee zubereiten, die nach Zwischenzielen definiert sind und die sich in weitere Teilakte zerlegen lassen. Man mahlt den Kaffee, zündet den Herd an, füllt den Wasserkessel, setzt ihn auf und dergleichen mehr.

Jeder dieser Akte setzt sich aus einer Reihe von komplizierten funktionellen Bewegungseinheiten zusammen. Ein hierarchischer Aufbau ist unverkennbar. Die Einheiten auf der höheren Ebene umfassen jeweils mehrere auf der niederen Ebene, und mit absteigendem Niveau erfolgt eine zunehmende Einengung der Handlungsmöglichkeiten. Teilakte und Teilziele sind funktionell definiert, und manche Handlungsschritte sind starr aneinander gekoppelt, andere wieder zeichnen sich durch eine große Variabilität aus. Manchmal sind sie starr linear angeordnet, dann folgt eine Handlung der anderen wie beim Ablaufen eines vorgegebenen Weges zum Ziel.

Es gibt Weggabelungen, an denen sich die Handlungsschritte verzweigen und verschiedene Wege zum erstrebten Ziel einschlagen können. Ich kann z. B. in den Besitz eines gewünschten Objektes kommen, indem ich darum bitte. Ich kann aber als Alternative auch das Objekt vom anderen fordern und dabei drohen, und ich kann es dem anderen schließlich entreißen. Fahre ich mit dem Auto zu einem Treffen, dann kann ich den kürzesten Weg wählen oder einen längeren, falls ich über das Radio von einer Verkehrsstörung höre. Diese Möglichkeiten sind mir als Handlungsrezepte gegenwärtig, und je reicher mein verfügbares Repertoire ist, desto mehr Möglichkeiten zur Erreichung des Zieles eröffnen sich mir, desto kompetenter bin ich demgemäß. Ein Handeln läßt sich also im Rahmen eines Wegenetzes darstellen.

M. von Cranach und Mitarbeiter nennen die subjektive Repräsentation eines nach Vorliebe geordneten und mit Entscheidungskriterien versehenen Wegenetzes eine Strategie. Ich ziehe eine etwas engere Fassung des Strategiebegriffes vor. Wenn wir beobachten, wie etwa eine Aggression abgeblockt wird, dann stellen wir fest, daß zu diesem Ziel verschiedene Wege führen können, mit verschieden vielen Handlungsschritten. Ich finde es daher zweckmäßiger, die verschiedenen Wege dieses Handlungsnetzes als Strategien der Aggressionsabblockung zu beschreiben und nicht bloß von einer Strategie zu sprechen. Eine Strategie wäre dann der konkret in Handlungsschritten durchlaufene Weg zum Endziel, und da wir verschiedene bevorzugte Wege zu diesem Ziele registrieren, gibt es eben mehrere Strategien der Aggressionsabblockung. Man könnte sie in ihrer Gesamtheit als das dem betreffenden Individuum für diese Aufgabe zur Verfügung stehende Strategienrepertoire bezeichnen.

Für Untereinheiten, die sich aus mehreren Handlungsschritten zusammensetzen, verwendet man auch den Begriff Taktik. Ob das zweckmäßig ist, muß sich im Einzelfalle erweisen. Die von M. von Cranach und Mitarbeitern erarbeitete Darstellung von Verhaltensabläufen – in Form eines in einer Folge von Handlungsschritten durchlaufenen Wegenetzes – eignet sich vorzüglich zur Beschreibung menschlicher Handlungen. Wir werden Beispiele bei der Erörterung universaler Interaktionsstrategien beschreiben (Kap. 6.4). Ausgangspunkt für jede

Verhaltensbeschreibung ist das konkrete Ereignis. Handelt es sich um eine soziale Interaktion, z. B. zwischen einer Mutter und ihrem Kind, dann muß man in Rechnung stellen, daß es sich hier um eine gewachsene Beziehung handelt, deren spezielle Qualität man nur versteht, wenn man mehr als diese eine Interaktion beobachtet. Und da man überdies ja etwas über die allgemeingültigen Grundmuster der Mutter-Kind-Interaktion in dieser Kultur oder auch der Art Homo sapiens erfahren möchte, muß man natürlich auch andere Mütter und in anderen Kulturen beobachten. Die Verhaltensbeschreibung findet also auf verschiedenen Ebenen und auf verschiedenen Integrationsstufen statt (R. A. HINDE und J. STEVENSON HINDE 1976).

Zusammenfassung 3.2

Distanzierte und teilnehmende Methoden der Beobachtung ergänzen einander. Die Humanethologie benützt beide, legt aber auf die distanzierte Beobachtung im natürlichen Kontext besonderen Wert. Wiedererkennbare Einheiten des Verhaltens müssen beschrieben und benannt werden. Bei der Benennung sind interpretierende Termini nur dann gestattet, wenn die implizierte Funktion auch nachgewiesen wurde. Es ist ferner darauf zu achten, daß Verhalten hierarchisch organisiert ist, was in Nomenklatur und Beschreibung klargestellt werden muß. Für die Beschreibung der menschlichen Mimik bewährt sich das HJORTSJÖ-EKMANSCHE Kodiersystem nach Muskelkontraktionen. Für komplexere Handlungsabläufe empfehlen wir die von M. VON CRANACH entwickelte Wegenetzdarstellung: Ein bestimmtes Handlungsziel kann über eine Reihe von Handlungsschritten erreicht werden. Mehrere solcher Wege können begangen werden. Sie sind untereinander zu einem Wegenetz verbunden. Jeder dieser Wege beschreibt eine zu einem bestimmten Ziel führende Strategie. Die Gesamtheit der Wege repräsentiert das Strategienrepertoire, das einem Individuum oder einer Art zur Erreichung eines Ziels zur Verfügung steht.

3.3 Dokumentation in Laufbild und Ton

Eine wichtige Methode der Rohdatenerhebung ist die Aufzeichnung der Verhaltensweisen in Laufbildaufnahmen und auf Tonträgern. Beachtet man einige Grundregeln, dann kann man Dokumente von Ereignissen erarbeiten, die sowohl als Beleg für Aussagen verschiedenster Art als auch als Ausgangsmaterial für weitere Analysen dienen können.

Durch die technische Aufzeichnung lassen sich Bewegungen objektiv aufzeichnen und als »Bewegungskonserven« für spätere Untersuchungen archivieren. Das ist wichtig, denn eine Beschreibung von Bewegungsabläufen ist immer bereits eine subjektive Interpretation. Selbst ein Beobachter, der sich um größte Objektivität bemüht, zeichnet nur das auf, was ihm bemerkenswert erscheint. Einem anderen Untersucher wichtig erscheinende Einzelheiten können dabei unter den Tisch fallen. Die Tierethologen machen daher bereits seit vielen Jahren Filmaufnahmen von tierischem Verhalten. In den Humanwissenschaften haben vor allem die Völkerkundler die Bedeutung des Films erkannt. Allerdings bemühen sie sich dabei in erster Linie um die Dokumentation von vorgeführten handwerklichen Tätigkeiten, Tänzen und Ritualen. Wie man Hütten baut, Brot bäckt, Matten webt, töpfert, Wild erjagt oder tanzt, das hat man in zahlreichen Filmen von verschiedenen Kulturen festgehalten*.

Aufnahmen dieser Art finden wir in den Filmarchiven. Sucht man jedoch nach Dokumenten ungestellten Sozialverhaltens, dann wird man sich vergebens bemühen. Wie Menschen einander in verschiedenen Kulturen begrüßen, wie Mütter ihre Kinder herzen, Pärchen flirten und Kinder ihre Konflikte austragen – um nur ein paar Beispiele zu nennen –, darüber gibt es keine systematisch gesammelten Dokumente. Es blieb bei pionierhaften Ansätzen, wie jenen von G. BATESON und M. MEAD (1942), die sich um eine Dokumentation des Alltagsverhaltens der Balinesen bemühten (siehe auch E. R. SORENSON und D. GAJDUSEK 1966 sowie E. R. SORENSON 1967).

Als ich zusammen mit HANS HASS in den frühen 60er Jahren nach Universalien im menschlichen Verhalten zu forschen begann, glaubten wir zunächst, die benötigten Informationen aus den vorhandenen Filmarchiven abrufen zu können – schließlich ist der Mensch sicherlich das am meisten gefilmte Wesen auf Erden. Als wir die Informationslücke entdeckten, waren wir alarmiert, denn uns war klar, daß die Gelegenheit, solche Dokumente auf kulturenvergleichender Basis zu schaffen, wegen des raschen Kulturenverfalls, insbesondere der sogenannten Stammeskulturen (Naturvölker), rapide dahinschwand. Hat man es aber versäumt, rechtzeitig etwa die Grußrituale des Alltags im natürlichen Kontext aufzunehmen, dann ist eine Rekonstruktion des Vorganges später nicht mehr möglich; denn zum Unterschied von handwerklichen Fertigkeiten hinterlassen solche Tätigkeiten keine Spuren, die eine Rekonstruktion ermöglichen. Wie eine Matte gewebt oder ein Topf getöpfert wurde, das kann einer hingegen mit einiger Sicherheit auch vom Produkt her rekonstruieren, selbst wenn die Erzeuger des Produktes längst dem Kulturentod anheimgefallen sind.

---

* Allerdings sind viele ethnographische Filme, die man meist nur in didaktisch aufbereiteter Form vorgeführt bekommt, oft, wie I. C. JARVIE (1983) zu Recht bemängelt, »fraught with distortion« (völlig entstellt) und damit bestenfalls »hearsay evidence« (Zeugnisse des Hörensagens). Das muß aber nicht so sein!

Eine kulturenvergleichende Dokumentation muß folgenden Ansprüchen gerecht werden:

1. Die Filme sollen die Alltagswirklichkeit erfassen, d. h. ungestellte soziale Interaktionen dokumentieren.

Da Menschen ihr Verhalten ändern, wenn sie sich beobachtet fühlen, bedarf es dazu einer Technik, die es erlaubt aufzunehmen, ohne das Verhalten der Personen zu stören. Eine Ausnahme bilden Tänze und Rituale, die oft, aber keineswegs immer, auch im natürlichen Kontext vor einem Publikum ablaufen. In einem solchen Fall fühlen sich die Akteure durch die Aufnahme seltener gestört. Die Betonung der Alltagswirklichkeit schließt Aufnahmen künstlich herbeigeführter Situationen (geschauspielter Ausdruck) natürlich nicht aus. Vielmehr empfiehlt es sich, zusätzlich standardisierte Testsituationen für die experimentelle Auslösung bestimmter Verhaltensweisen zu verwenden.

2. Das Material soll so erarbeitet werden, daß es auch späteren Forschergenerationen als Ausgangsmaterial für Forschung dienen kann.

Das spezielle Vorurteil des Aufnehmenden sollte demnach tunlichst nicht in die Aufnahme eingehen. Mit dieser Forderung verbinden sich besondere Ansprüche an die zusätzliche Datenerhebung und Archivierung.

Um diesen Forderungen zu entsprechen, bedurfte es einer besonderen Aufnahmetechnik. Versuche, mit Teleobjektiven unbemerkt aufzunehmen, scheiterten an der Tatsache, daß Menschen sichern (H. HASS 1968). Sie blicken bei ihren Tätigkeiten in regelmäßigen Abständen auf, tasten mit dem Blick oft wie abwesend den Horizont ab, registrieren aber dabei jede auf sie gerichtete Aufmerksamkeit, auch ein auf sie gerichtetes Objektiv. H. HASS entwickelte jedoch Spiegelobjektive, die es erlauben, nach der Seite zu filmen. Das Prinzip ist einfach: Dem Objektiv wird eine Objektivattrappe vorgesetzt, die ein seitliches Fenster aufweist. Ein eingebautes Prisma gestattet es, durch dieses Fenster Objekte aufzunehmen, die sich im rechten Winkel zur Kamera befinden, und zwar je nach der Brennweite in wechselnden Entfernungen. Wir erprobten diese Technik und entwickelten ein kulturenvergleichendes Dokumentationsprogramm (I. EIBL-EIBESFELDT und H. HASS 1966, 1967, H. HASS 1968; Abb. 3.1–3.3). Mein Mitarbeiter D. HEUNEMANN hat diese Objektive mittlerweile so weit verbessert, daß man selbst Zoomobjektive mit Spiegeleinrichtungen versehen kann. Die Aufnahmetechnik hat sich auch bei Kulturen bewährt, die nichts von Filmaufnahmen wissen. Ein Objektiv, das auf eine Person gerichtet ist, löst auch bei Angehörigen solcher Kulturen Angst aus. Zeigt die Kamera dagegen in eine andere Richtung, dann fühlen sich die Leute nicht bedroht.

Wegen der Bildqualität empfehlen wir 16-mm-Film. Die Wahl der Aufnahmegeschwindigkeit hängt von der Geschwindigkeit des aufzunehmenden Vorganges ab. Neben der normalen Aufnahmegeschwindigkeit von 25 Bildern pro Sekunde verwenden wir die Zeitlupe (50 Bilder pro Sekunde), die es erlaubt, schnell ablaufende Bewegungsvorgänge zu analysieren. Auch verändert sich dabei die

Abb. 3.1: a) Spiegelobjektiv. Blick auf das Fenster der Objektivattrappe, die dem Objektiv vorgeschaltet ist; b) Spiegelobjektiv, das zur direkten Aufnahme weggeklappt ist.

Abb. 3.2: Der Verfasser filmt vor einer Buschmannhütte mit dem Spiegelobjektiv. Foto: D. Heunemann.

Abb. 3.3: Arbeit mit dem Spiegelobjektiv im Dorf Tauwema (Trobriand-Inseln). Die Mutter mit dem Säugling ist Gegenstand meiner Aufmerksamkeit. Von ihr liegt eine umfangreiche Dokumentation vor. Foto: R. Krell.

Signalwirkung von Ausdrucksbewegungen: Wir werden weniger unmittelbar angesprochen und können distanziert beobachten. Länger währende Aktionen kann man zusätzlich im Zeitraffer festhalten. Wählt man eine Aufnahmefrequenz von 6,25 Bildern pro Sekunde, dann kann man auf einer 120-Meter-Filmrolle (16 mm) ein lückenloses Dokument eines 40 Minuten dauernden Vorganges erhalten. Ein solches Dokument kann den Gesamtablauf z. B. eines Rituals, eines Tanzes, aber auch einer Mutter-Kind-Interaktion festhalten. Man kann dabei Regelmäßigkeiten feststellen, die normalerweise dem Beobachter entgehen – Stereotypien etwa (H. Hass 1968) –, man kann auszählen, wie oft ein Kind

Kontakt mit der Mutter aufnimmt, wie weit es sich von ihr in verschiedenen Situationen entfernt und dergleichen mehr.

Mit einer zweiten Kamera kann man den gleichen Vorgang ausschnittweise in Normalfrequenz aufnehmen. Wichtig sind tonsynchrone Aufnahmen. Seit Herbst 1976 verwenden wir dazu die von den Firmen NAGRA und ARRIFLEX entwickelte Zeitkodierung. Mit einer quarzgesteuerten Zeituhr, die Jahr, Monat, Tag, Stunde, Minute und Sekunde festhält, speist man die Daten in die Elektronik der Kamera und des Tonbandgerätes. Zwischen der Perforation des Filmes und ohne jede mechanische Verbindung wird unabhängig auf dem Tonband die Zeit kodiert. Ein mit dem Schneidetisch verbundener Computer kann diese Kodierung sowohl auf dem Ton als auch auf dem Film ablesen und auf Wunsch automatisch zur Deckung bringen. Man kann ihm also die Aufgabe stellen, zu einem bestimmten Bild die passende Tonaufnahme zu suchen oder umgekehrt zum Ton die passende Filmszene.

Ein Zusatzprotokoll muß zu jeder Filmaufnahme festhalten, was dem gefilmten Verhalten voranging und was ihm folgte; außerdem in welchem Kontext ein Verhalten auftrat, sofern das nicht aus der Aufnahme ersichtlich ist. Solche Angaben sind eine Voraussetzung für spätere Korrelationsanalysen.

Gelegentlich wird dem Filmenden vorgehalten, seine Aufnahmen wären ein subjektives Dokument, denn er wähle ja aus, was er filme. Das ist sicher zutreffend. Wir setzen uns mit der Kamera keineswegs irgendwohin, noch wählen wir die zu beobachtenden Individuen nach dem Zufall. Vielmehr setzen wir uns dorthin, wo soziale Interaktionen zu erwarten sind: etwa bei einer Kinderspielgruppe, am Dorfplatz, wo Männer oder Frauen versammelt sind, bei einer Familie, die vor einer Hütte sitzt oder gerade den Garten bestellt. Wir filmen nach dem besten Bemühen jede soziale Interaktion, gleich ob wir sie bereits einmal gefilmt haben oder nicht. Und wir filmen, wann immer ein Ereignis zu erwarten ist, z. B. dann, wenn zwei Personen sich einander zuwenden oder begegnen, ohne daß wir vorher wissen, was wirklich geschehen wird. Wir beschränken uns also nicht darauf, etwa nur Bestimmtes zu erfassen. Da wir in allen Kulturen nach der gleichen Weise vorgehen, gleichen sich die Fehler aus; das Material wird vergleichbar und in vielfältiger Weise auswertbar. Wir werden dies anhand von Beispielen belegen. Etwas schwieriger als den Beginn ist es, das Ende einer Szene zu bestimmen. Wenn sich zwei Partner trennen oder sich voneinander abwenden, dann ist das im allgemeinen ein Zeichen für das Ende einer Interaktion. Aber oft pausieren sie nur. Man stellt die Kamera ab, und prompt setzen die Partner ihre Interaktionen fort. Man beginnt wieder zu filmen, hat aber unter Umständen wichtige Ereignisse nicht aufgenommen. Schon aus diesem Grunde ist es gut, wenn eine zweite Kamera mit Zeitraffer den Gesamtablauf ohne Unterbrechung festhält. Das ist natürlich in der Praxis selten möglich, wir haben es aber wiederholt getan, um festzustellen, wieviel man durch Unterbrechung der Aufnahme bei Normalfrequenz verliert.

Damit das Material auch von anderen Forschern zu einem späteren Zeitpunkt bearbeitet werden kann, wird das Filmoriginal unzerschnitten archiviert. Wir arbeiten nur mit Kopien und fertigen für Veröffentlichungen vom Original Duplikate. Zu diesem Vorgehen müssen sich auch künftige Bearbeiter verpflichten, da die Daten vielfach nicht noch einmal erhoben werden können. Die Kulturen unterliegen einem raschen Kulturwandel!

Die Filme werden in Zusammenarbeit mit dem Göttinger Institut für den Wissenschaftlichen Film veröffentlicht und als gemeinsame Produktion des Humanethologischen Filmarchivs der Max-Planck-Gesellschaft und der Encyclopaedia cinematographica des Instituts für den Wissenschaftlichen Film gekennzeichnet. Für die Dokumentation wählten wir eine Reihe von traditionellen Kulturen verschiedener Wirtschaftsformen, die uns zugleich im *Modell* verschiedene Stufen der kulturellen Evolution vorführen. Sie sind so ausgewählt, daß sie aus möglichst verschiedenen geographischen Räumen stammen:

1. Die G/wi-, !Ko- und !Kung-Buschleute der Kalahari (Botswana und Südwestafrika), von denen in den ersten Jahren unserer Datenerhebung (1970 bis 1975) noch viele in Kleingruppen als Jäger und Sammler lebten. Mit Vorbehalt können sie Modell für eine »altsteinzeitliche« Lebensführung stehen.

2. Die Yanomami (Waika) des oberen Orinoko-Gebietes und der Serra Parima (Venezuela); sie sind beginnende Pflanzer. Zum Unterschied von den Buschleuten handelt es sich um eine recht kriegerische Kultur.

3. Die Eipo und andere Vertreter der Mek-Sprecher in West-Neuguinea. Sie wurden auf Initiative von GERD KOCH und KLAUS HELFRICH von einem interdisziplinären Team kontaktiert, mit dem wir seither eng zusammenarbeiten. Es handelte sich um eine zum Zeitpunkt der Kontaktaufnahme völlig von Außeneinflüssen freie, intakte neusteinzeitliche Pflanzerkultur.

4. Die Himba des Kaokolandes (Südwestafrika), die als nicht akkulturierte Hereros die Lebensweise eines traditionellen Hirtenkriegervolkes führen.

5. Die Bewohner der Trobriand-Inseln, einer Kultur von Gartenbauern und Fischern, die trotz zivilisatorischer Einflüsse viele traditionelle Züge ihrer Kultur bewahrten.

6. Als Bauernkultur nichtwestlicher Prägung wählten wir die Balinesen.

Wir besuchen diese Modellkulturen nach Möglichkeit in regelmäßigen Abständen und arbeiten mit Völkerkundlern und Linguisten zusammen*. Wir nahmen bisher rund 250 km Film auf.

---

* Am Buschmann-Projekt wirken als auswärtige Mitarbeiter die Völkerkundler H. J. HEINZ und P. WIESSNER-LARSEN mit. Bei den Yanomami arbeitete ich mit KENNETH GOOD (Anthropologe) und HARALD HERZOG (Linguist) zusammen. Derzeit (1994) sind die Ethnologin GABRIELE HERZOG-SCHRÖDER und die Linguistin MARIE-CLAUDE MATTEI-MÜLLER an dem Yanomami-Projekt beteiligt. Bei den Mek-Kulturen forschten meine beiden Mitarbeiter VOLKER HEESCHEN (Linguist) und WULF SCHIEFENHÖVEL (Völkerkundler und Mediziner). Am Trobriand-Projekt wirkten die Völkerkundlerin INGRID BELL-KRANNHALS, der Linguist GUNTHER SENFT und WULF

Einige der Projekte laufen seit 1965, und alle werden nach Möglichkeit weitergeführt. Neben diesen Langzeitstudien benützen wir günstige Gelegenheiten, um auch bei anderen Kulturen Stichproben zu sammeln. Wir konzentrieren uns dann auf die Aufnahmen von Eltern-Kind-Beziehungen, Geschwister-Interaktionen, filmen ferner Rituale und lösen schließlich bestimmte Ausdrücke wie Überraschung, Zustimmung, Ablehnung und anderes zum Zwecke des Filmens aus.

In unserer Kultur haben wir in einem öffentlichen Kindergarten mit Einverständnis der Eltern eine Videoanlage eingebaut, die es erlaubt, die Interaktionen der Kinder aufzunehmen. Wir gewinnen durch diese Untersuchungen eine wichtige Bezugsbasis für die kulturenvergleichende Arbeit (K. GRAMMER 1988)*.

Filmauswertung kann unter sehr verschiedenen Gesichtspunkten erfolgen. Absolute Häufigkeiten bestimmter Verhaltensweisen auszuzählen – etwa wie oft man in einer Kultur lächelt – ist sinnlos, da es sich bei den Aufnahmen nicht um Zufallsstichproben handelt. Wohl aber ist es aufschlußreich, Häufigkeiten innerhalb bestimmter Verhaltenskategorien auszuzählen, ihr Auftreten in bestimmten Situationen zu vergleichen und ihre Folgen zu notieren. So entdeckte POLLY WIESSNER bemerkenswerte kulturelle Unterschiede im Bitten um und im Anbieten von Nahrung bei den Kindern (S. 693).

Das Filmdokument ist Voraussetzung für eine genaue Bewegungsbeschreibung und damit für jede vergleichende Arbeit. Nur anhand von Filmaufnahmen kann man die Partituren der zusammenspielenden Aktionen erfassen und die Variationsbreiten ausmessen (Abb. 3.4).

Die Ausmessung und statistische Analyse von 233 ungestellten Aufnahmen, die schnelles Brauenheben in einer Kontaktsituation bei den Eipo, Yanomami und Trobriandern zeigen (unter Zugrundelegung des Facial-Action-Coding-Systems nach C. H. HJORTSJÖ und P. EKMAN, Kap. 2.2.1), ergaben z. B., daß die Kontraktion des Stirnmuskels, die zum Anheben der Brauen führt, in allen drei Kulturen

---

SCHIEFENHÖVEL mit. Für die Arbeit bei den Himba steht mir der Herero sprechende Völkerkundler KUNO BUDACK hilfreich zur Seite. Die ethologische Filmdokumentation ruht im wesentlichen auf meinen Schultern.

* Das Projekt wurde von meiner Mitarbeiterin BARBARA HOLD aufgebaut. Nach Vorversuchen in Münchner Kindergärten richtete sie im Söckinger Kindergarten eine ferngesteuerte Videobeobachtungsanlage ein. Drei fest an der Decke montierte, in allen Ebenen frei bewegliche Kameras erlaubten es, mit drei Mikrophonen Aufnahmen zu machen, ohne die Kinder zu stören. Für die Mehrfachauswertung wurden pro Kind über ein Jahr lang an zufällig wechselnden Tagen 2 × 5 Minuten pro Woche aufgenommen. Insgesamt liegen von 20 Kindern 850 5-Minuten-Aufzeichnungen (4250 Minuten) vor, im Durchschnitt 42 Aufzeichnungen pro Kind. Der Datensatz ist mittlerweile unabhängig von verschiedenen Forschern unserer Gruppe (G. ATTILI, K. GRAMMER, B. HOLD, G. VON OETTINGEN, H. SHIBASAKA, M. SCHLEIDT UND R. SCHROPP) auf soziale Strategien, Rangordnungsphänomene, Konflikte, Objekttransfer, Selbstdarstellung, Entwicklung von Freundschaftsbeziehungen und anderes mehr untersucht worden. Wir werden an verschiedenen Stellen auf diese Arbeiten verweisen.

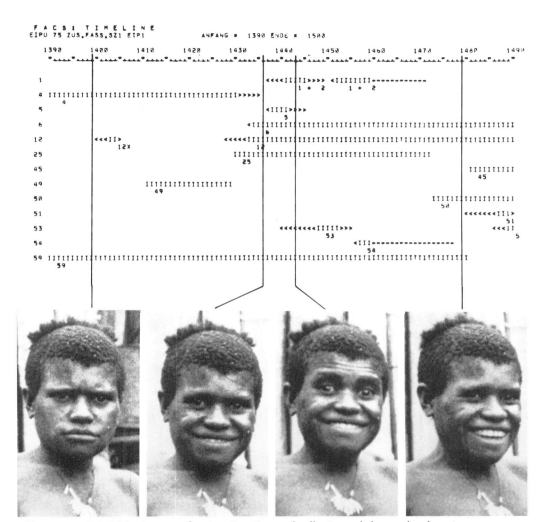

Abb. 3.4: Am Beispiel des Augengrußes einer Eipo-Frau – schnelles Brauenheben, verbunden mit Lächeln und einem Heben des Kopfes – werden die Möglichkeiten der Codierung mimischen Ausdrucks durch FACS (»facial action coding system«, P. EKMAN und W. V. FRIESEN 1978) dargestellt. Es werden entweder die Bewegungen einzelner Muskeln (actions units: AU) oder von Muskelgruppen (action descriptors: AD) in der Bild-für-Bild-Analyse erfaßt. Zur Darstellung dieses Beispiels wurden 110 Bilder auf die Bewegungen von bestimmten Muskeln hin untersucht. In Bild Nr. 1399 sind die Brauen der Frau gesenkt und nach unten gezogen. Diese Bewegung wird durch AU 4 (Brauensenker: depressor glabellae, Depressor supercilii und Corrugator supercilii) hervorgerufen und hat hier den Höhepunkt der Kontraktion erreicht (Apex: Symbol I). Zusätzlich wurde AU 59 (Blick zur Kamera) codiert. 37 Bilder später, in Bild Nr. 1436, verringert sich die Augenöffnung (AU 6 Wangenheber: Orbicularis oculi, Pars orbitalis), und sie lächelt (AU 12 Mundwinkelzieher: Zygomaticus major). Außerdem hat sie den Mund leicht geöffnet (AU 25 Lippen offen: Depressor labii oder Entspannung von Mentalis oder Orbicularis oris). Alle Bewegungen befinden sich auf ihrem Höhepunkt. Wiederum wurde zusätzlich die Orientierung

Fortsetzung von Seite 169

zur Kamera erfaßt (AU 59). 7 Bilder später, in Nr. 1443, sind bereits die Brauen angehoben (AU 1 Innerer Brauenheber: Frontalis, pars medialis und AU 2 Äußerer Brauenheber: Frontalis/pars lateralis). Die zuvor angehobenen Oberlider senken sich wieder (AU 5 Oberlidheber: Levator palpebrae superioris, Offset: Symbol >). Außerdem sind AU 6 und AU 12 noch auf dem Höhepunkt; sie hat den Mund geöffnet (AU 25) und beginnt den Kopf zu heben (AU 53 Kopf oben, Onset: Symbol <). Im letzten Bild, Nr. 1479, sind AU 1 und 2 in ihre Ausgangsstellung bereits zurückgekehrt, nur das Lachen und das Anheben der Wangen dauern an (AU 6 + 12). Dazugekommen ist AU 50, die Frau hat zu sprechen begonnen, und der Blick ist noch immer auf die Kamera gerichtet (AU 59).

Bemerkenswert sind das vor dem Brauenheben einsetzende Lächeln (AU 12) und das Aufhören der AU 4. Aus I. EIBL-EIBESFELDT (1983). Foto: I. EIBL-EIBESFELDT.

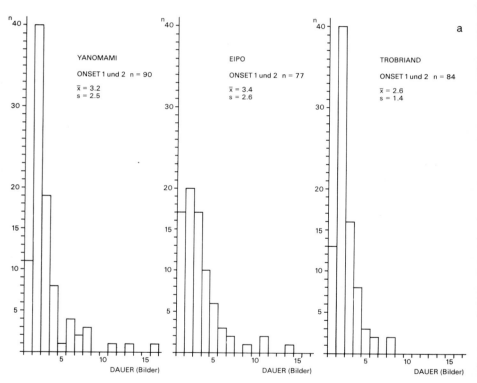

Abb. 3.5: a)–c) Die Verteilungen der Dauer von Ansteigen (Onset), Höhepunkt (Apex) und Abklingen (Offset) der Kontraktion der Gesichtsmuskeln, Innerer Brauenheber (Frontalis, pars medialis) und Äußerer Brauenheber (Frontalis, pars lateralis). Aufgetragen sind die Häufigkeiten, mit denen Bewegungen einer bestimmten Dauer in Filmbildern vorkommen (ein Bild entspricht 0.04 Sekunden). Für die Mittelwerte von Onset, Apex und Offset sind in den drei Kulturen keine signifikanten Unterschiede zu finden. Die Verteilungen sind mit Ausnahme der Dauer des Apex fast identisch. Für den Apex ergibt sich in der Varianz der Verteilung ein signifikanter Unterschied (F_{max}-test, $p = 0.05$), bei den Eipo wird der Höhepunkt der Kontraktion stärker variiert als bei den Yanomami. Aus K. GRAMMER und Mitarbeiter (1988).

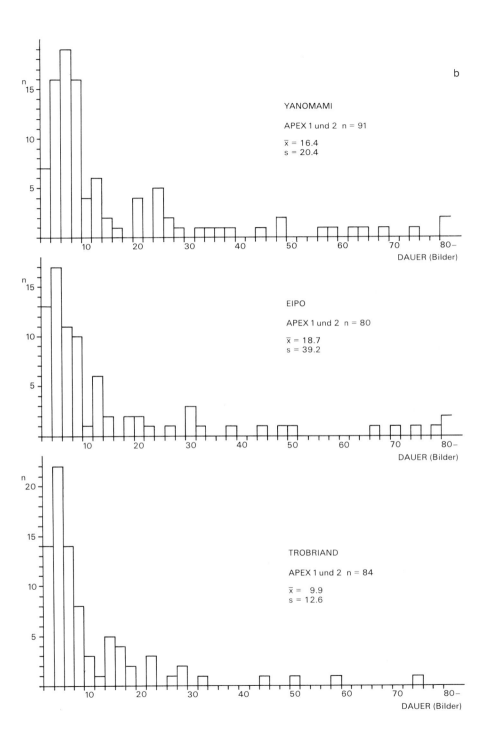

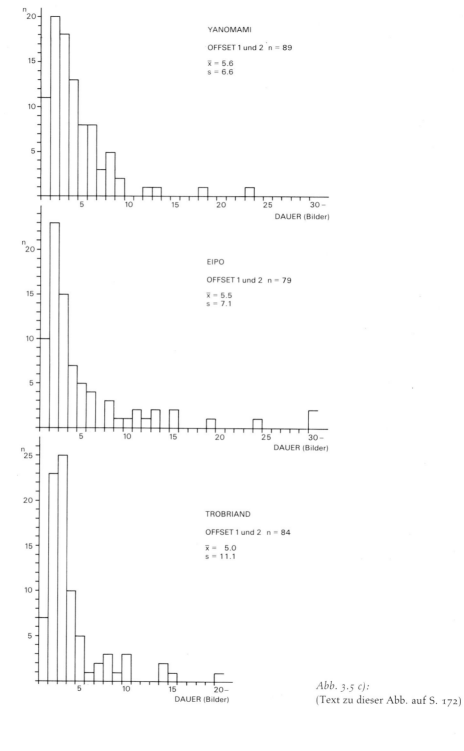

174   *Abb. 3.5 c):* (Text zu dieser Abb. auf S. 172)

nahezu deckungsgleich verläuft. Die Phasen des Anstiegs der Kontraktion und ihres Abklingens sind intra- und interkulturell nicht signifikant unterschieden. Variiert wird nur die Dauer der maximalen Kontraktion und nur interindividuell. Interkulturell ergaben sich hier keine Unterschiede. Tritt das Brauenheben als Marker beim Sprechen auf, dann ist die Variation am geringsten. Trotz der Verschiedenartigkeit der untersuchten Menschen läuft also das Brauenheben nach einem recht starren Programm ab.

Die Computerauswertung zeigte ferner, daß Säuglinge, Kinder und Jugendliche in der Varianz des zeitlichen Verlaufs des Brauenhebens weniger individuell variieren als Erwachsene, was eine stärkere Gebundenheit an das biologische Programm wiedergibt. Erwachsene lernen es offenbar, dem Brauenheben durch eine willkürliche Verlängerung der Kontraktion eine andere Note zu geben (K. GRAMMER und Mitarbeiter 1988).

Die Kontraktion der inneren und äußeren Stirnmuskelanteile ist nicht in beliebiger Weise mit anderen Ausdrucksbewegungen des Gesichtes verknüpft. Brauenheben und Lächeln treten am häufigsten gemeinsam auf, was meine ursprüngliche Deutung des schnellen Brauenhebens als »Ja zum sozialen Kontakt« (Augengruß) bestätigt. Das wird ferner durch die Tatsache erhärtet, daß Emotionen der Abwehr, die sich in der senkrechten Stirnfalte über der Nasenwurzel (finsterer Blick) äußern, nur stark unterdrückt (Eipo) oder gar nicht (Yanomami) vorkommen (Abb. 3.5 a–c). Physisch wäre eine solche Kombination nicht unmöglich, da an den Aktionseinheiten verschiedene Muskeln beteiligt sind. Es bedarf aber großer Anstrengung. Offenbar ist die Verdrahtung anders angelegt. Vor dem Brauenheben können senkrechte Stirnfalten dagegen als Ausdruck leichter Skepsis durchaus vorkommen (S. 171).

Als weiteres Beispiel einer Verhaltensanalyse aufgrund von Filmaufnahmen diene eine Arbeit von WALTHER SIEGFRIED (1983, 1988). Aus der phänomenologischen Beschreibung des Tanzgeschehens entwickelte er die Hypothese, daß Tanzende eine verbindliche, der Tanzgruppe gemeinsame Raum-Zeit-Struktur entwickeln, stabilisieren und variieren. Die verschiedenen Elemente dieser Hypothese testete er anhand von Filmaufnahmen, die ich bei verschiedenen Völkern gesammelt hatte.

Den Aufbau einer Raumgestalt verfolgte er anhand der Aufnahmen eines Werbetanzes der Himba (Abb. 3.6). Die jungen Männer bauen gegenüber einem Halbkreis junger Frauen einen weiteren Halbkreis auf. Aus diesen Halbkreisen springen nun einzelne Männer oder Frauen heraus, um vor den anderen einen kurzen Schautanz zu absolvieren. Männer machen dabei kraftvolle Hochsprünge. Frauen drehen sich dabei, so daß ihr Gesäßschurz kurz hochfliegt und das Gesäß für Bruchteile einer Sekunde entblößt wird.

Die Entwicklung der Raum-Zeit-Struktur verfolgte er anhand von Aufnahmen verschiedener Buschmanntänze. Beim Mädchentanz »Schamschürzchenwippen« der !Ko-Buschleute stehen die Tänzerinnen im Kreis zum Mittelpunkt orientiert,

in den sie abwechselnd vor- und zurückspringen (Abb. 3.7). Um den Synchronisationsprozeß zu verfolgen, notierte er die Sprünge aller Tanzenden.

Da das Auftreffen des Fußes im Film meist schlecht sichtbar ist (der Fuß versinkt oft im Sand, bevor er richtig auf Boden trifft) und nicht mit dem erlebten dynamischen Akzent zusammenfällt, wurde als Meßpunkt jeweils das Bild bestimmt, in welchem die Kniebeuge an ihrem Tiefstpunkt anlangte. Dieser Punkt fällt mit dem dynamischen Schwerpunkt zusammen, und er ist fast immer exakt sicher (vgl. Abb. 3.8). In einer Bild-zu-Bild-Analyse wurden nun für alle vier Tanzenden diese Tiefstpunkte der Kniebeugen bestimmt und in ein Ablaufschema eingetragen. In Abbildung 3.9 und 3.10 ist die Anfangs- und Endphase des Synchronisationsprozesses ersichtlich. Die am Anfang unkoordinierten Tiefstpunkte der Kniebeugen sind am Ende bis auf wenige 25stel Sekunden Abweichung koordiniert. Um nun gleichzeitig die räumliche Struktur mit zu erfassen, wurde notiert, ob die Kniebeuge in Mittel-, Vorne- oder Hintenposition stattfand. Ersetzt man die Punkte aus Abbildung 3.10 jetzt durch die Raumsignatur, so wird die sukzessive Entwicklung der gemeinsamen Raum-Zeit-Struktur der vier Tanzenden anschaulich lesbar.

Die Stabilität des einmal aufgebauten Tempos und die Variationen der Zeitstruktur belegt eine Analyse von Filmaufnahmen des Grashüpfertanzes der !Ko-Buschleute, eines Männertanzes, bei dem zwei vor der Riege der Männer Tanzende im Rhythmus des Tanzes verschiedene Figuren absolvieren und übereinander wegspringen (I. EIBL-EIBESFELDT 1982). Der einmal entwickelte Grundpuls des Tanzrhythmus wird mit erstaunlicher Präzision über längere Phasen beibehalten. Dem einfachen Grundpuls überlagern sich reiche Variationen (Abb. 3.12). In einer experimentell von W. SIEGFRIED aufgebauten Tanzgruppe von Studenten der Münchner Universität wurde der etablierte Grundrhythmus ebenfalls über längere Phasen beibehalten. Einem Tempo I folgte nach einer instabilen Zwischenpause eine wiederum stabile Phase mit Tempo II (Abb. 3.11 b).

Filmt man Tänze oder andere Rituale ganz, dann kann man solche langen Abläufe auf Variabilität und andere Charakteristika hin ebenfalls untersuchen. Als Beispiel diene der Vergleich von drei Abschnitten aus dem Legong-Tanz auf Bali (I. EIBL-EIBESFELDT und H. KACHER 1982). Es handelt sich um den »pengipuk«

◀ *Abb. 3.6:* Der Tanzraum wird durch das räumliche Verhältnis der Tanzenden zueinander gebildet. WALTHER SIEGFRIED legte der Darstellung das Schema von R. DEUTSCH zugrunde. Aufbau und Variation der Raumgestalt werden hier am Werbetanz der Himba gezeigt. Gegenüber dem Halbkreis der Frauen wird ein Halbkreis der Männer aufgebaut, aus dem Männer und Frauen sprungweise zum »Schautanz« in den von den anderen gebildeten Tanzraum vor- und zurücktanzen. Schließlich tanzen die Männer so nahe an die jungen Frauen heran, daß diese – sobald der letzte dort angelangt ist – wegspringen, um in Distanz wieder einen neuen Halbkreis aufzubauen. Diese Raumentwicklung erstreckt sich über circa 20 Minuten. Die Zeichnungsserien wurden direkt von den Filmbildern kopiert. Aus W. SIEGFRIED (1988). Foto: I. EIBL-EIBESFELDT.

Abb. 3.7 bis 3.10: Der Aufbau der Raum-Zeit-Struktur beim Mädchentanz »Schürzchenwippen« der !Ko (zentrale Kalahari):

Abb. 3.7: Skizze des Bildes 128 der Szene. Die Tänzerinnen sind noch nicht synchronisiert.
Abb. 3.8: Raum-Zeit-Struktur bei Synchronisation der Tänzerinnen.

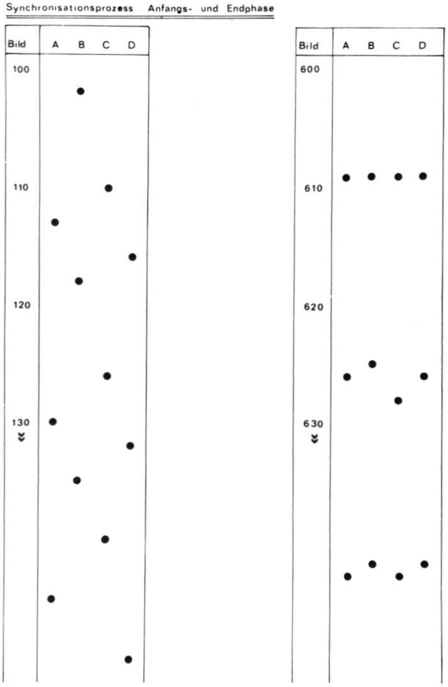

Abb. 3.9: Meßpunkte für die Filmanalyse waren die Tiefstpunkte der Kniebeugen.
Abb. 3.10: Anfangs- und Endphase des Synchronisationsprozesses. Weitere Erläuterungen im Text. Nach W. SIEGFRIED (1988).

3.11 a

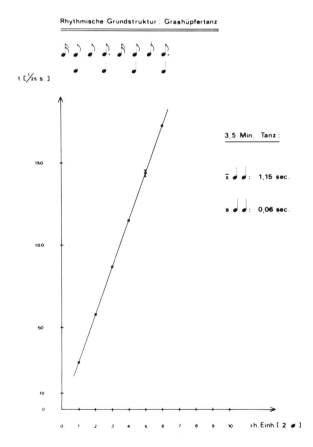

Abb. 3.11: a) Die Stabilität des aufgebauten Tempos im Grashüpfertanz der !Ko-Buschleute; b) in einer Tanzgruppe von Münchner Medizinstudenten (S. 180). Der einmal etablierte Grundpuls wird über längere Phasen mit geringfügigen Abweichungen beibehalten. Tempowechsel voll-

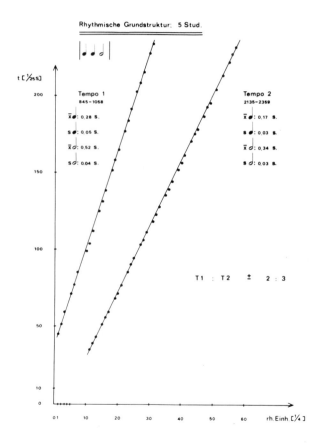

zogen sich meist in Stufen. Die Verhältnisse der verschiedenen Tempostufen zueinander müssen noch weiter untersucht werden. Nach W. Siegfried zeichnen sich Parallelen zu David Epsteins ganzzahligen Verhältnissen in der Musik ab (D. Epstein 1979, 1983). Aus W. Siegfried (1988).

RHYTHMISCHE AUSGESTALTUNGEN DER GRUNDSTRUKTUR

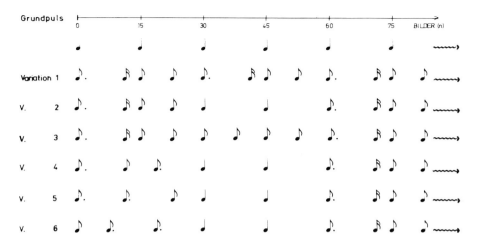

Abb. 3.12: Die Variationen der Zeitstruktur basieren auf dem gemeinsamen stabilisierten Grundpuls. Im hier dargestellten Grashüpfertanz der !Ko überlagern reiche Variationen einen einfachen Grundpuls. Aus W. SIEGFRIED (1988).

genannten Abschnitt, der das Werben des Königs von Lasem um die Prinzessin Lankesari zeigt (Abb. 3.13).

Der Abschnitt beginnt mit einer förmlichen Begrüßung der beiden Tanzpartner, die, einander diagonal gegenüberstehend, zart kopfpendeln, und er endet mit einem deutlichen Abschied, bei dem diesmal die Partner viel näher, und das einzige Mal in dieser Stellung unmittelbar gegenüber, kopfpendeln. In den Tanzphasen wird durch Zuwendung und Abkehr das ambivalente Verhalten der Prinzessin dem Prinzen gegenüber zum Ausdruck gebracht. Durch eine stilisierte Trauerhaltung drückt sie ihr Bedauern über ihre ablehnende Haltung aus. Sie muß die Annäherungsversuche des Prinzen abweisen, da sie bereits versprochen ist. Später wehrt sie dessen stürmischere Werbung durch Drohblick, Schlagen mit dem Fächer, Stoß mit dem Ellenbogen und mit Ausweichen ab. Das zarte Kopfpendeln, das beide Tänzer oft gleichzeitig ausführen, ist ein ritualisiertes Nasenreiben. Nasenreiben gilt in Bali ganz allgemein als Ausdruck der Zärtlichkeit. Darüber hinaus erfährt der Tanz durch kunstvoll ausgestaltete Hand- und Körperbewegungen eine Ausdifferenzierung, die Ausdruck des menschlichen Strebens ist, sein Verhalten selbst zu gestalten und seinen Körper zu beherrschen.

Die beigefügten Graphiken erlauben es, den Ablauf der Filme mit einem Blick zu erfassen und Regelmäßigkeiten ebenso wie zeitliche Variabilität abzulesen (Abb. 3.14, 3.15). Da der zeitliche Ablauf der drei Tänze variiert und überdies in der Abbildung bei AT Anfang und Abgang nicht voll erfaßt wurden, wurden alle drei Tänze an der mit Z markierten Stelle in Übereinstimmung gebracht. Mit

Abb. 3.13: Aus einem Probetanz herauskopierte Bilder: a) Grußkonfrontation 1/1 in Phase a; b) Imponierhaltung (T-Stellung) des Prinzen und Trauerhaltung (2) der Prinzessin in Phase A; c) Kopfpendeln (3) des Prinzen und (2) der Prinzessin (Phase B); d) S-Haltung (Phase C); e) W-Haltung und Rücken-zu-Rücken-Orientierung (Phase d); f) gemeinsames Hochgehen (h h) in Phase d; g) gemeinsame Kniebeuge (t t) und S-Stellung (Phase d); h) Fingertrillern (4) des Prinzen (Phase E); i) 4 und w (Phase E); k) Prinz aufstampfend (k) und Prinzessin 2mal Intention zur

Trauerhaltung (2); l) Kopfpendeln des Prinzen und der Prinzessin (3/3) Phase H 1; m) Nasenkuß-antrag (5) und Abwehr (6) Phase H; n) Kneifangriff (7) Phase K; o) Kneifangriff (7) und Abwehr (8) Phase K; p) Abschiedskonfrontation 9 (3/3) Phase M; q) Abgang: Der Prinz tanzt hinter der Prinzessin her und versucht sie zu fassen. Diese Aufnahme wurde aus einer anderen Filmszene kopiert. Alle übrigen Bilder dieser Sequenz sind dem Tanz P_1 der Abbildung 3.14 entnommen (siehe auch Film E 2687 der Encyclopädia cinematographica).

Hilfe des beigefügten Schlüssels kann man ablesen, daß sich alle Tänze in die mit aA−nN bezeichneten Phasen gliedern lassen. Jede dieser Phasen ist durch einen Tanzabschnitt charakterisiert, der mit einer Ortsveränderung der Tänzerinnen (schwarze Felder) verbunden ist, sowie durch einen, bei dem die Tänzerinnen stationär, also am Ort tanzen (weiße Felder). Am Rande der Darstellung sind diese Phasen noch einmal durch Kleinbuchstaben (mobiler Tanzabschnitt) und Groß-buchstaben (stationärer Tanzabschnitt) gekennzeichnet. Ebenso ist die Orientie-rung der Tanzpartner zueinander, aufgeschlüsselt nach männlichen und weib-lichen Rollen, eingetragen. Jede der Phasen ist schließlich durch Auftreten bestimmter Verhaltensweisen (1−10 und T) gekennzeichnet. Links in der Ab-bildung 3.14 ist schließlich der zeitliche Ablauf abzulesen. Die Verhaltenswei-sen sind immer nur bei ihrem ersten deutlichen Auftreten mit Zahlen bezeichnet und daneben mit dem Kreissymbol, mit dem sie im weiteren Verlauf eingetragen sind.

Folgende Verhaltenselemente wurden erfaßt (Abb. 3.13):

1 Das erste gegenseitige Sichanblicken der Tanzpartner mit angedeutetem Kopfpendeln, das hier nicht gesondert eingezeichnet wurde. Auch haben wir in der rechten Sparte diese nur kurz den be-wegten Tanzabschnitt unterbrechende Stellung der Partner zueinander nicht eintragen können.

2 »Trauerhaltung« nach ritualisiertem Tränenabwischen (stationär).

S Stationärtanz der Prinzessin mit betont ästhetischen Körper-, Arm- und Handbewegungen, die die weiblichen Reize der Prinzessin zur Geltung kommen lassen.

3 Kopfpendeln als Ausdruck der Zuneigung (ritualisiertes Nasenreiben). Der Prinz beginnt mit 3 auf Distanz bereits in 1, dann wieder in B. Sie zeigt nur Andeutungen dieser Bewegung. Gleichzeitiges deutliches 3 auf Distanz zeigen der Prinz und die Prinzessin in und ab E. In H 1 und H 2 wird ge-meinsame 3 Kopf an Kopf ausgeübt, die Nasenkußanträge 5 gehen dann jeweils aus dem kopfnahen 3 hervor. Bei 9, der Konfrontation, zeigt das Paar I in P 1 und in AT Gesicht vor Gesicht kurz 3 in der eindeutigsten Nasenkußsituation.

T	2
3	2
3	
	2

Ausdrucksbewegungen, die männliche und weibliche Grundtendenzen aufzeigen.

4	

»Fingertrillern« des Prinzen. Die Hände sind in der Ausgangsstellung mit nach außen gekehrten Handflächen über der Brust gekreuzt. Sie werden seitlich vor der Brust auseinandergezogen. Gleichzeitig bewegen sich die Finger scherenartig gegeneinander.

Abb. 3.14: Die Aufzeichnung der Tanzelemente eines Legong-Aktes (Pengipuk). Der Aufzeich-nung liegen drei vollständige Aufnahmen des Pengipuk zugrunde. Weitere Erläuterungen im Text. Aus I. EIBL-EIBESFELDT und H. KACHER (1982).

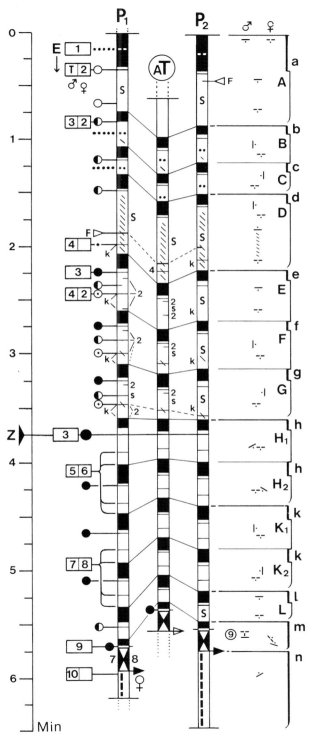

P 1 = erster Probetanz des Paares 1;
AT = abendliche Vorführung vor dem Tempel (Paar 1);
P 2 = Probeaufführung des Paares 2;
E = Tanzelemente 1–10;
Z = Zeitübereinstimmung bei H_{1-3};
a–n und A–L = Tanzabschnitte.

Die Kleinbuchstaben (schwarze Abschnitte) bezeichnen Tanzphasen mit Ortsveränderung (geschrittene Tanzphasen, Wendebogen, Wechselschleifen), Großbuchstaben (weiße Abschnitte) Tanzphasen ohne Ortsveränderung.

Auflistung der Tanzelemente: (Das erste deutliche Auftreten einer Verhaltensweise ist durch Zahlen und ein Kreissymbol markiert. In der Folge werden der Übersicht halber meist nur die Kreissymbole eingesetzt.)

1   Anblicken
2   S = Haltung Prinzessin
T   T = Haltung Prinz
2   S = Haltung Prinzessin mit geschlossenem Fächer = Trauerhaltung (nach Tränenabwischen)
3   ● Kopfpendeln (Prinzessin und Prinz);
    ◐ Prinz kopfpendelt allein;
    ○ angedeutetes Kopfpendeln
F   Fächerschließen
4   Fingertrillern des Prinzen
K   Aufstampfen mit dem Fuß
5   Nasenkuß des Prinzen
6   Wegwenden mit Armabwehrbewegung der Prinzessin
7   Kneifangriff des Prinzen
8   Abwehrschlag mit dem Fächer (und Ausweichschritt) der Prinzessin
9   Konfrontation Prinz/Prinzessin: frontales Gegenüberstehen – mit Kopfpendeln – mit anschließendem Kneifversuch (7) und gleichzeitigem Abwehrschlag (8)
7+ Flucht und Verfolgung mit mehreren Aktionen 7 und 8, bis der Prinz sie mit beiden Händen an die Hüften faßt und sie über die Treppe flüchtet
10 »Ärgerliches« Fußstampfen, nachdem die Prinzessin enteilte

K 4 kommt oft kombiniert mit K = Fußstoßen (ritualisiertes Aufstampfen) davor und danach. 4 wird das erstemal in D nach dem F = Fächerschließen abgewendet gezeigt. Nur in E trillert der Prinz der Prinzessin zugewendet mit den Fingern zu. In F und G stehen beide wieder Rücken gegen Rücken.

| 5 | 6 | Nasenkuß-Versuch mit Armabwehrgeste.

Die Prinzessin erwidert die Nasenküsse, wendet sich aber stets unter Armabwehr ab.

| 7 | 8 | Kneifangriff mit Abwehrschlag mit dem Fächer.

| 9 | Schluß-Konfrontation. Das einzige frontale Zusammentreffen während des gesamten »pengipuk«, herbeigeführt durch ein Nach-vorne-Laufen des Prinzen zu Beginn des Abschnitts m. Es handelt sich vermutlich um eine formalisierte Verabschiedung. Aus 9, bei dem das Paar 1 kopfpendelt (3), das Paar 2 aber nicht, kommt es abrupt zum Abgang.

| 7 | 8 | – Abschnitt in m. Nach mehreren Kneifversuchen und Kneifabwehrschlägen während einiger Laufbögen nach hinten zur Tempeltreppe hin faßt der Prinz die Prinzessin zuletzt mit beiden Händen 7mal an den Hüften, um sie doch noch zu halten. Sie entkommt ihm unter Armabwehrschlägen dennoch und flieht die Treppe hinauf in den Tempel hinein.

| 10 | Der Prinz bleibt zurück, sieht der Entflohenen nach und zeigt wiederholt ein typisches Aufstampfen mit den Füßen (Links- und Rechtsstampfserien) – (Ausdruck der Verärgerung?).

HvG In den Abschnitten K₁ und K₂ und bei Paar 2 auch, als die Prinzessin sich schon auf der Treppe noch umwendet, zeigt sie das »Hände-vor-das-Gesicht-Ziehen« (Gesichtverbergen).

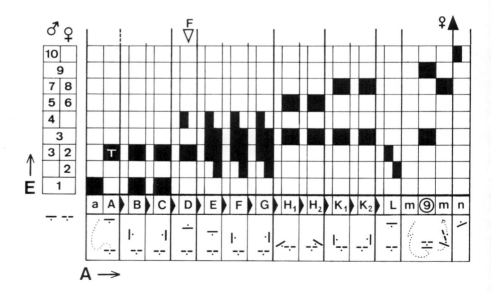

Abb. 3.15: Die graphische Darstellung faßt die drei Tänze noch einmal auf andere Weise zusammen. Die Bewegungselemente sind hier in der Vertikalen (Sparte E) angeführt. Phasen und Positionsschlüssel sind in der Horizontalen eingetragen, mobile Tanzabschnitte durch ein schwarzes Dreieck markiert. Die schwarzen Quadrate zeigen das Auftreten bestimmter Verhaltensmuster an. a–n = Tanzabschnitte, 1–10 = Tanzelemente, A = Ablauf der Abschnitte und Positionsschlüssel, E = Elementkennziffern. Weitere Erläuterungen im Text. Aus I. EIBL-EIBESFELDT und H. KACHER (1982).

Zusammenfassung 3.3

Auf Beobachtungen gestützte Beschreibungen eines Verhaltens reichen für eine Dokumentation nicht aus. Wir benötigen auch Laufbild- und Tondokumente der untersuchten Vorgänge. An solchen mangelt es. Insbesondere fehlen Dokumente ungestellten menschlichen Verhaltens, aufgenommen im Kontext ihres normalen Auftretens, kurz Dokumente der Wirklichkeit. Methodische Schwierigkeiten, die sich aus der Scheu des Menschen vor einer auf ihn gerichteten Kamera ergeben, kann man durch den Einsatz von Spiegelobjektiven überwinden. Es wird ein Programm zur Erarbeitung von Dokumenten natürlicher sozialer Interaktionen – der Alltagswirklichkeit – im Kulturenvergleich vorgestellt. Damit die Dokumente auch kommenden Forschergenerationen als Ausgangsmaterial für Forschung dienen können, werden besondere Ansprüche an die zusätzliche Datenerhebung gestellt. Ferner darf das Original nicht durch Schnitt verändert werden. Die Zeittransformation (Zeitraffer und Zeitlupe) dient dazu, Verhaltensweisen zu erfassen, die der normalen Beobachtung entgehen. Vor allem der Zeitraffer macht übergeordnete Superzeichen sichtbar. Für die Möglichkeiten der Filmauswertung werden Beispiele gebracht.

3.4 Das Vergleichen

In den biologischen Wissenschaften spielt das Vergleichen eine große Rolle. Wir verdanken dieser Methode unter anderem die Einsicht in unser stammesgeschichtliches Gewordensein. Es war der Vergleich rezenter Arten, der DARWIN den Gedanken einer natürlichen Verwandtschaft der heute lebenden Organismen aufdrängte. Er sah die abgestufte Ähnlichkeit der heute nach ihm benannten Finken (Geospizidae) der Galápagos-Inseln und mochte sie nicht als Spiel des Zufalls deuten. Er schloß aus der Ähnlichkeit auf eine natürliche Verwandtschaft, die sich aus der Abstammung von einer gemeinsamen Ahnform ergibt.

Verwandtschaft ist natürlich nur eine Ursache von Ähnlichkeiten. Eine andere ergibt sich aus der Tatsache, daß die Umwelt auf Organismen ganz verschiedener Herkunft in ähnlicher Weise formend einwirkt. Tiere etwa, die sich im Wasser fortbewegen, müssen ihre Körperform an dieses Milieu anpassen. Sie sind ähnlichen formenden Selektionsdrucken unterworfen und entwickeln sich dementsprechend in paralleler Anpassung, unabhängig voneinander, in gleichsinniger Richtung. Hochseefische, Ichthyosaurier, Pinguine und Delphine haben unabhängig voneinander ähnliche Fortbewegungsorgane (Flossen) und eine ähnliche Körperform entwickelt. Man spricht in einem solchen Falle von analoger Entwicklung oder Konvergenz und bezeichnet die unabhängig in ähnlicher Weise entwickelten Merkmale als Analogien zum Unterschied von homologen Merkmalen (Homologien), die ihre Ähnlichkeit gemeinsamen stammesgeschichtlichem Erbe verdanken.

Die vergleichende Gestaltlehre der Morphologie hat in dem Jahrhundert nach DARWIN in zahlreichen Untersuchungen den Wert der vergleichenden Betrachtungsweise belegt und verläßliche Kriterien ausgearbeitet, die es ermöglichen, Homologien von Analogien zu unterscheiden (A. REMANE 1952, W. WICKLER 1967, K. LORENZ 1978, K. MEISSNER 1976).

Das Kriterium der *speziellen Qualität* bezieht sich auf die formale Ähnlichkeit der verglichenen Strukturen. Eine solche Ähnlichkeit deutet um so eher auf Homologie hin, je zahlreicher die übereinstimmenden Einzelmerkmale und je verschiedener zugleich Lebensweise und Umwelt der verglichenen Merkmalsträger ist. Das Kriterium reicht aber allein im allgemeinen nicht aus, um Analogie mit Sicherheit auszuschließen.

Das zweite Hauptkriterium der *speziellen Lage im Gefügesystem* zieht die Einbettung des Merkmals in das Systemganze als Kriterium heran. So kann der Morphologe anhand der Lage der verschiedenen Schädelknochen die Parietalknochen der Nasenbeine bei verschiedenen Wirbeltieren als homolog erkennen, auch wenn sie in ihrer Form sehr stark voneinander abweichen.

Als drittes Hauptkriterium gilt die *Verbindung durch Übergangsformen*. Dieses Kriterium ermöglicht es ebenfalls, verschieden aussehende Strukturen als homolog zu erkennen, etwa die dritte Zehe der fünfzehigen Säugerextremität mit den Hufen der Pferde. Die Entwicklung wird uns, in Fossilreihen in zeitlicher Ablauffolge nach Erdschichten geordnet, in allen Übergangsstufen vorgeführt.

Aber man braucht nicht erst Fossilreihen zu studieren, um solche »Übergänge« festzustellen. Man findet sie auch beim Vergleich rezenter Arten. Das Urogenitalsystem, der Blutkreislauf und das zentrale Nervensystem der Wirbeltiere liefern dafür eindrucksvolle Beispiele. Es gibt zwar keine primitiven Organismen – wohl aber primitive, d. h. ursprüngliche Merkmale.

Als *Hilfskriterium* gilt, daß auch einfache Strukturen wahrscheinlich dann homolog sind, wenn sie bei einer großen Anzahl nahe verwandter Arten auftreten, daß sie hingegen mit zunehmender Wahrscheinlichkeit nicht homolog sind, wenn sie bei nichtverwandten Arten vorkommen.

Analogien liegen dann vor, wenn die Strukturen bei Tieren mit einer bestimmten Lebensweise (Aaasfresser, Räuber) oder bei Bewohnern eines bestimmten Biotops (Wüstenbewohner, Klippenbrüter, Waldbewohner) *gehäuft* auftreten, und zwar *unabhängig* von ihrer systematischen Zusammengehörigkeit. Das gilt vor allem dann, wenn die Stammformen der miteinander verglichenen und in bestimmten Merkmalen ähnlichen Arten diese Ähnlichkeiten nicht zeigen und eine andere Lebensweise führten.

Die Begriffe homolog und analog beziehen sich immer auf eine bestimmte

Bezugsebene. Ein und dasselbe Organ kann unter dem einen Gesichtswinkel als homolog, unter einem anderen als analog angesprochen werden. Betrachte ich die Flügel des Pinguins und die Vorderflosse des Wals in Hinblick auf ihre Ähnlichkeit als Flosse, dann handelt es sich hier zweifellos um analoge Anpassungen. Betrachte ich sie dagegen als Wirbeltierextremitäten, dann sind beide natürlich homolog. Solche Analogien, die sich auf der Grundlage einer homologen Struktur entwickeln, bezeichnet man als *Homoiologien*.

Abb. 3.16: Verhaltensanalogien im Tierreich: Submissives Futterbetteln entwickelte sich zum Zweck der Beschwichtigung bei Säugern und Vögeln unabhängig aus infantilem Verhalten: a) Ein rangniederer Wolf stimmt einen Ranghohen freundlich, indem er wie ein futterbettelnder Welpe mit der Schnauze gegen den Mundwinkel des Ranghohen stößt. Nach R. Schenkel aus I. Eibl-Eibesfeldt (1970); b) Eine weibliche Lachmöwe nähert sich, wie ein Jungvogel futterbettelnd, einem Männchen während des Paarungsvorspiels. Nach N. Tinbergen aus I. Eibl-Eibesfeldt (1970).

Kompliziert werden die Verhältnisse durch die Tatsache, daß nicht nur Organe verschiedener Organismen verglichen werden können, sondern z. B. auch die serial angeordneten Organe eines Tieres. Vergleicht man die Schreitbeine mit den Freßwerkzeugen des Krebses, dann stellt man Übergänge fest, die es erlauben, die Freßwerkzeuge als abgewandelte Beine zu erkennen. In solchen Fällen spricht man von serialer Homologie oder Homonomie.

Im Verhalten können wir nun ebenfalls Ähnlichkeiten beim Artenvergleich registrieren und zwar in ganz verschiedenen Bereichen. Wir finden formal ähnliche Bewegungsabläufe, aber auch ähnliche Sozialstrukturen, ähnliche Normen, Wahrnehmungsprozesse, Antriebe und dergleichen mehr. Wie im Falle der körperlichen Strukturen können diese Ähnlichkeiten auf verschiedene Weise zustande kommen.

Wenn ein flugunfähiger Kormoran *(Nannopterum harrisi)* vom Fischen zurückkehrt, um seinen am Nest verbliebenen Partner beim Brüten abzulösen, dann trägt er im Schnabel immer ein Zweiglein, Tangbüschel oder anderes herbei, das er dem Partner überreicht. Der übernimmt die Gabe, baut sie in den Nestrand ein und überläßt dann dem Ehegatten die Brut. Kommt dieser aber ohne Gabe an, wird er angegriffen und vertrieben. Offensichtlich besteht die Aufgabe dieses einfachen Rituals, das Ethologen in Übertragung menschlicher Begriffe als »Grußritual« bezeichnen, darin, Aggressionen des Partners abzufangen.

Vergleichbare Grußrituale kennen wir nicht nur von anderen Tieren, sondern auch vom Menschen, und es wird dem unbefangenen Leser nicht schwerfallen, sogar Parallelen in Einzelheiten des Ablaufes zu entdecken. Auch wir überreichen z. B. vielfach zur Begrüßung Gaben. Diese Ähnlichkeiten im Grußritual von Vogel und Mensch basieren jedoch keineswegs auf gemeinsamem Erbe. Sie sind das Ergebnis paralleler Anpassung an ähnliche Aufgaben.

Es finden sich im Artenvergleich keinerlei verbindende Übergänge. Wir wissen vielmehr, daß sich das Grußritual des Kormorans vom Nestbauverhalten ableitet und damit sicher anderen Ursprunges ist als das Gabenüberreichen des Menschen. Auch in Einzelheiten des Bewegungsablaufes sind die Verhaltensmuster deutlich unterschieden. Gemeinsam ist die beschwichtigende, freundlich stimmende Funktion der Objektüberreichung. Ähnlich wurden Infantilismen unabhängig bei Vögeln und Säugern zu beschwichtigenden Appellen (Abb. 3.16). Anders ist es dagegen um jene Ähnlichkeiten bestellt, die wir im Ausdrucksverhalten höherer Primaten feststellen können. In vergleichbaren Situationen treten hier formal recht ähnliche Ausdrucksbewegungen mit ähnlicher Funktion auf. Das gilt z. B. für das entspannte Mund-offen-Gesicht (Abb. 3.17–3.20), das als »Spielgesicht« freundliche Beißintention signalisiert. Man sieht es regelmäßig bei kleinen Kindern, wenn sie ein anderes Kind zum Spielen auffordern oder sich mit ihm spielerisch balgen. Der Mund ist dabei geöffnet, so daß man die Front der Zähne sieht. Oft wird dabei rhythmisch betont, aber stimmlos, geatmet (»h–« »h – h«). Kleinkinder zeigen im vorsprachlichen Alter diesen Ausdruck z. B. stets, wenn sie mit einem Stöckchen spielerisch auf einen Erwachsenen einschlagen oder sich mit ihm balgen wollen. In dieser Situation kann man die beschriebene Verhaltensweise bei Kleinkindern aus den verschiedensten Kulturbereichen beobachten (Abb. 3.18–3.20).

Formale und situationale Ähnlichkeiten sprechen dafür, daß es sich um eine kulturenübergreifende homologe Verhaltensweise handelt. Nichts spricht dafür,

Abb. 3.17: a) Das Spielgesicht oder entspannte Mund-offen-Gesicht eines sich spielerisch balgenden sechs Jahre alten männlichen Schimpansen. Er äußert keine Laute, und die oberen Schneidezähne bleiben bedeckt. Foto: DE WAAL, Arnhem-Zoo Niederlande; b) ein vier Jahre alter lachender männlicher Schimpanse. Er wird von einem erwachsenen Weibchen gekitzelt. Dabei äußert er sanfte Keuchlaute, die sehr an das Lachen beim Menschen erinnern. Die oberen Schneidezähne sind beim Lachen oft entblößt. Stilles Mund-offen-Gesicht und Lachen sind durch Übergänge verbunden. Foto: F. DE WAAL, Arnhem Zoo Niederlande.

daß die Bewegung sich analog und unabhängig in dieser Form entwickelt haben könnte, denn eine funktionelle Notwendigkeit dafür, daß die Bewegung so aussieht und nicht anders, ist nicht einsichtig. Es handelt sich offensichtlich um eine Ausdrucksbewegung, deren spezifische Form auf einer stammesgeschichtlich gewachsenen Übereinkunft zwischen Sender und Empfänger beruht. Die Tatsache, daß die Bewegung in den verschiedenen Kulturen in so konservativ gleicher Weise auftritt, spricht ferner dafür, daß es sich hier um eine phyletische Homologie handelt. Schreiten wir nun weiter zum Tier-Mensch-Vergleich, dann können wir diese Annahme durch weitere Indizien erhärten. Bei den nichtmenschlichen Altweltprimaten gibt es ein formal ganz ähnliches »Spielgesicht«,

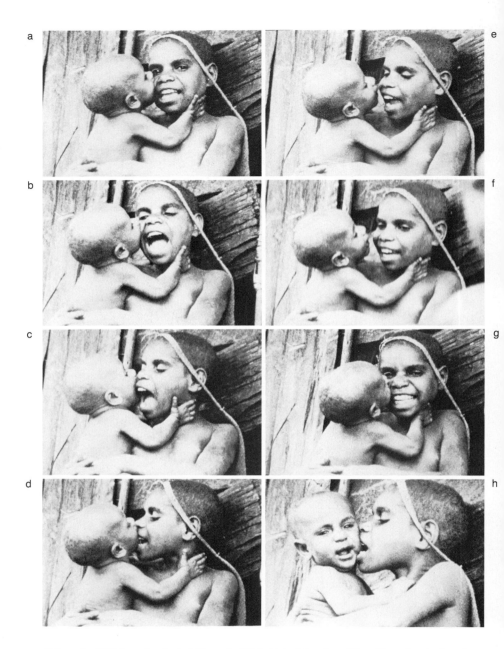

Abb. 3.18: Mädchen der In bei Kosarek (Wahaldak, Irian Jaya/West-Neuguinea), das einen Säugling spielerisch beißt und beknabbert und zwischendurch mit Spielgesicht die Reaktion des Kindes abwartet. Dabei wird deutlich, daß sich das Spielgesicht von einer Intentionsbewegung spielerischen Zubeißens ableitet. Aus einem mit 25 B/s aufgenommenen 16-mm-Film, Bild 1, 27, 42, 71, 92, 95, 136 und 1021 der Sequenz. Foto: I. EIBL-EIBESFELDT.

Abb. 3.19: a) bis e) Ein kleines Yanomami-Mädchen schlägt spielerisch nach einem Spielgefährten und macht dazu das Spielgesicht, um die freundliche Intention zu signalisieren. Aus einem mit 25 B/s aufgenommenen 16-mm-Film, Bild 1, 22, 34, 49 und 53 der Sequenz. Foto: I. EIBL-EIBESFELDT.

das auch in der gleichen Situation auftritt. Man nennt es das entspannte Mund-offen-Gesicht. Nach J. A. VAN HOOF (1971) leitet sich der Ausdruck von einer Intentionsbewegung spielerischen Zubeißens ab, und er ist ein phyletischer Vorläufer des Lachens, das sich beim Menschenkind kontinuierlich aus dem entspannten Mund-offen-Gesicht entwickeln kann (Abb. 3.17).

Der Ausdruck hat auch große Ähnlichkeit mit dem Lächeln. Ich vermute, daß beides auf die gleiche Wurzel zurückgeht, nämlich auf die Beißintention. Diese kann defensiv sein und kommt so als stummes Zähnezeigen bereits bei nichtmenschlichen Primaten vor. Das freundliche submissive Lächeln ist vielfach angstmotiviert. Dagegen ist das Lachen nicht angstmotiviert, sondern draufgängerisch-freundlich aggressiv (Abb. 3.18–3.20).

Beim Schimpansen und beim Menschenkind ist das Spielgesicht so ähnlich entwickelt, daß beide einander durchaus verstehen (J. A. VAN HOOFF 1971, siehe

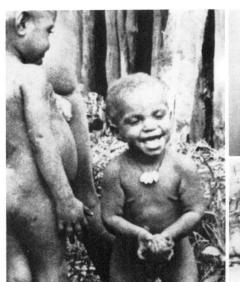

Abb. 3.20: a) bis c) Spielgesicht: a) Eipo-Junge (Irian Jaya/West-Neuguinea); b) Himba-Säugling; c) Trobriand-Junge, der sich einem kleinen Mädchen freundlich zuwendet. Aus 16-mm-Filmen. Foto: I. EIBL-EIBESFELDT.

»Grundriß der vergleichenden Verhaltensforschung«). Sich spielerisch mit Spielgesicht Balgende äußern dazu noch stoßweise Keuchlaute.

Die Lautäußerung des Lachens leitet sich von einer alten Verhaltensweise sozialen Drohens ab, bei dem mehrere Gruppenmitglieder gleichzeitig einen gemeinsamen Feind bedrohen, also um eine Art des »Hassens« (mobbing). Es handelt sich also um aggressives Verhalten besonderer Art, und diese Komponente behält ihre ursprüngliche Bedeutung auch bei. Wenn man laut über jemanden lacht, ihn also auslacht, dann ist dies ein aggressiver Akt. Er verbindet jene, die gemeinsam lachen, im aggressiven Bund. Gemeinsames Lachen wird so zum verbindenden Signal.

Der Kuß ist eine weitere einfache Verhaltensweise, deren Ursprung durch den Kulturen- und den Tier-Mensch-Vergleich einsichtig wird. Der Kulturenvergleich lehrt zunächst einmal, daß in allen uns bekannten Kulturen Mütter ihre Kinder zärtlich küssen. Wir beobachten ferner, daß es in allen uns bekannten Kulturen ein »Kußfüttern« gibt. Der Säugling wird von der Mutter zusätzlich mit vorgekauter Nahrung gefüttert. Das war auch in unserer Kultur einst der Brauch. Kußfüttern wird aber auch ohne ernährende Funktion als freundliche und beruhigende Geste ausgeübt. In diesem Fall werden die Lippen auf die Lippen des Kindes aufgesetzt, und die Zunge wird kurz zwischen die empfangsbereit geöffneten Lippen des Kindes geschoben, ohne daß dabei mehr als Speichel übertragen wird. Es gibt demnach alle Übergänge zwischen Kußfüttern und Küssen, was vermuten läßt, daß sich das Küssen vom Kußfüttern ableitet (Abb. 3.21–3.25).

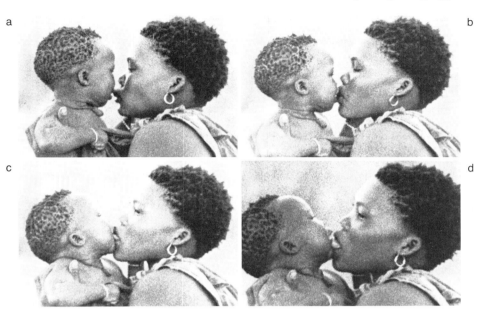

Abb. 3.21-1: !Ko-Buschmannfrau, die ihr kleines Halbgeschwisterchen durch Kußfütterung beruhigt. Der Säugling öffnet auf Lippenberührung den Mund, und es wird ihm mit der Zunge ein winziges Melonenstückchen in den Mund geschoben. Aus einem mit 50 B/s aufgenommenen 16-mm-Film, Bild 1, 13, 45 und 50 der Sequenz. Foto: I. Eibl-Eibesfeldt.

Immer handeln die Partner in zwei Rollen aufeinander abgestimmt: Der übergebende Akteur preßt seine Lippen dem Partner auf und schiebt bei vollem Verhaltensvollzug seine Zunge zwischen die Lippen des Partners, und der übernehmende Akteur öffnet seine Lippen und nimmt bei vollem Verhaltensvollzug saugend auf. Zwischen vollem Ablauf und intentionalen leichten Berührungen der Lippen gibt es alle Übergänge. Auch erfährt der Kuß viele kulturspezifische Ritualisierungen, z. B. als Handkuß zum Zeichen der Ehrerbietung, heute vor allem noch im süddeutschen Raum verbreitet, wenn ein Mann eine Frau begrüßt.

Die Ansicht, daß Küssen ritualisiertes Kußfüttern ist, wird durch den Primatenvergleich bekräftigt. Menschenaffen (Gorilla, Orang-Utan und Schimpanse) kußfüttern nämlich ihre Jungen ebenfalls, und vom Schimpansen wissen wir, daß Freunde einander durch Umarmen und Kußfüttern oder auch nur flüchtige Mund-zu-Mund-Berührung begrüßen (J. van Lawick-Goodall 1975, R. Bilz 1944, M. Rothmann und E. Teuber 1915).

Während der mütterliche Kuß universell sein dürfte, weiß man über die

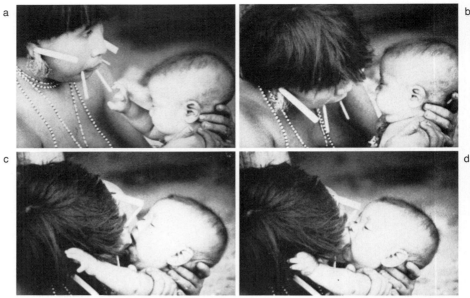

Abb. 3.21-2: Yanomami-Mutter, die ihren dreieinhalb Monate alten Säugling mit vorgekauter Banane kußfüttert. Der Säugling öffnet bei Annäherung der Mutter übernahmebereit den Mund. Aus einem mit 50 B/s aufgenommenen 16-mm-Film, Bild 1, 24, 67 und 97 der Sequenz.

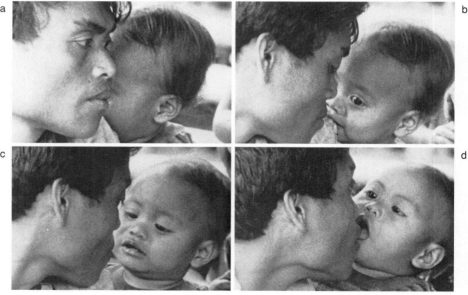

Abb. 3.21-3: Orale Zärtlichkeit: Eine kleines Blit-Mädchen (Mindanao/Philippinen) fordert ihren Vater durch Beißen in die Schulter zur Zuwendung heraus. Er küßt sie, und sie öffnet den Mund wie bei der Übernahme von Nahrung. Aus einem mit 25 B/s aufgenommenen 16-mm-Film, Bild 1, 114, 132 und 200 der Sequenz. Fotos: I. Eibl-Eibesfeldt.

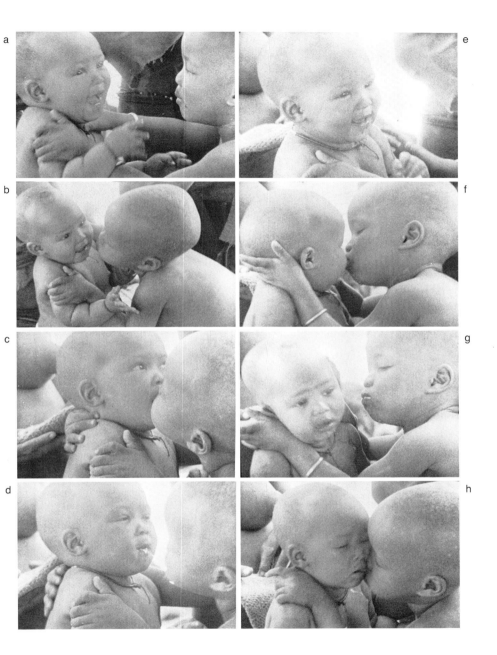

Abb. 3.22: G/wi-Mädchen, das einen weiblichen Säugling mit Speichel und Wasser kußfüttert. Der Säugling übernimmt beim ersten Mal und lächelt danach (Bild 817-859). Den zweiten Fütterungsversuch lehnt er ab. Aus einem mit 25 B/s aufgenommenen 16-mm-Film, Bild 1, 734, 817, 831, 859, 970, 979 und 1005 der Sequenz. Foto: I. Eibl-Eibesfeldt.

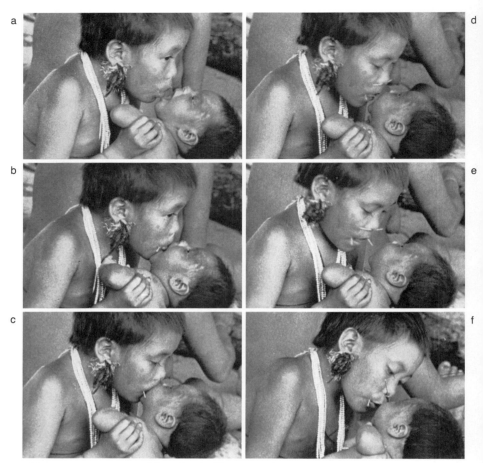

Abb. 3.23: Yanomami-Mädchen, das ihr kleines Geschwisterchen mit Speichel zärtlich kußfüttert. Aus einem mit 25 B/s aufgenommenen 16-mm-Film, Bild 1, 54, 124, 127, 129 und 219 der Sequenz. Foto: I. Eibl-Eibesfeldt.

Verbreitung des Küssens als Ausdruck heterosexueller Zärtlichkeit recht wenig. Es wird oft gesagt, diese Form des Kusses fehle in bestimmten Kulturen. Das kann durchaus so sein und widerspricht nicht unserer Aussage, daß der Kuß eine Universalie, d. h. als Programm angelegt ist. Der Mensch kann die meisten der ihm angeborenen Verhaltensmuster unterdrücken.

Allerdings liegen zum sexuellen Kuß nur wenig Beobachtungen vor. Der Mensch schirmt seinen Intimbereich in der Regel vor anderen ab. Von den Japanern wurde oft gesagt, sie hätten das Küssen erst von den Europäern gelernt. Das hielt ich für glaubwürdig, bis ich in einer Untersuchung von F. J. Krauss (1965) auf ein altes japanisches Zitat stieß, in dem der Liebhaber davor gewarnt wird, während des Geschlechtsverkehrs die Zunge zwischen die Lippen der

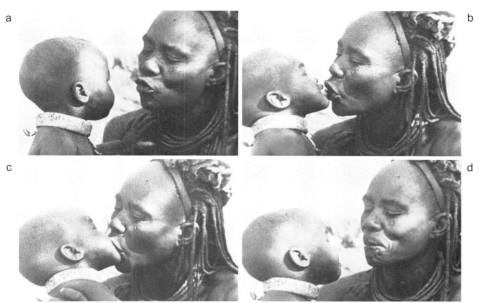

Abb. 3.24: Kußfütterung bei den Himba (Kaokoland/Südwestafrika). Großmutter und Enkelin beim Kußfüttern. Die Enkelin übergibt der Großmutter einen kleinen Leckerbissen. Die vorgeschobene Zunge der Gebenden ist deutlich zu sehen. Aus einem mit 50 B/s aufgenommenen 16-mm-Film, Bild 1, 72, 110 und 147 der Sequenz. Foto: I. EIBL-EIBESFELDT.

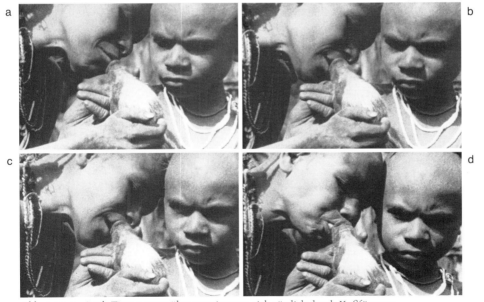

Abb. 3.25-1: Auch Tieren gegenüber erweist man sich zärtlich durch Kußfüttern:
a) bis d) Eine Eipo-Frau begrüßt ein kleines Ferkel, das von einer anderen getragen wird, mit Speichel. Aus einem 16-mm-Film. Foto: I. EIBL-EIBESFELDT.

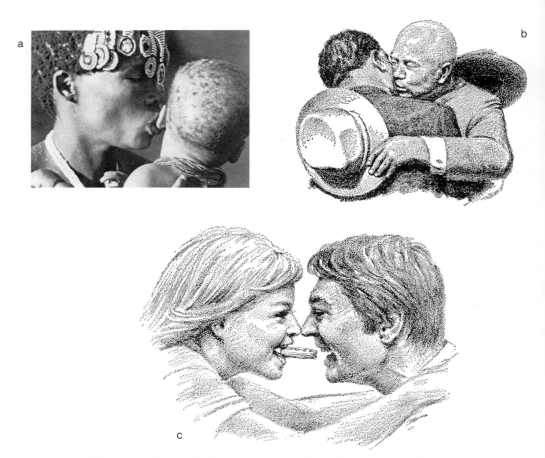

Abb. 3.25-2: Der vom Kußfüttern abgeleitete Kuß: a) !Kung-Buschmannfrau, die einem Säugling das Ohrläppchen küßt. Foto: I. Eibl-Eibesfeldt; b) Parteichef Nikita Chruschtschow begrüßt seinen amerikanischen Gastgeber mit Wangenkuß. Nach einem UPI-Foto; c) Fütterung als freundliche Geste in der Werbung. Nach einer Anzeige in der »Bunten Illustrierten« 20 (1968). Zeichnung H. Kacher aus I. Eibl-Eibesfeldt (1970).

Geliebten zu stecken, da es schon vorgekommen sei, daß Frauen während des Orgasmus dem Liebhaber die Zungenspitze abgebissen hätten. Demnach gab es bereits im alten Japan den Kuß.

Meine Deutung des Kusses als ritualisiertes Kußfüttern wurde von G. Hausfater (1979) als intuitive Spekulation abgetan. Er könne aufgrund seiner Intuition ebensogut behaupten, sagt er, es handele sich hier um ein ritualisiertes Verhalten aus dem Bereich der Körperpflege. Er neige zu dieser Annahme, da Säuger einander oft bei der Körperpflege ablecken. Dem kann man entgegenhalten, daß der formale Bewegungsablauf von Küssen und Lecken doch sehr verschieden ist. Außerdem liegen ja alle Übergänge von Kußfüttern zum Küssen vor. Von der

Körperpflege abgeleitete Verhaltensweisen werden zwar oft als Ausdruck zärtlichen Verhaltens verwendet, und zwar sowohl Ablecken als auch zartes Beißen und Beknabbern. Aber bereits der Bewegungsablauf sieht hier ganz anders aus.

Mit den gleichen Methoden, die es uns erlauben, beim Artenvergleich Homologien von Analogien zu unterscheiden, kann man auch die beim Kulturenvergleich festgestellten Ähnlichkeiten als Verwandtschaftsähnlichkeiten oder Analogien deuten (Beispiele im Kap. 6). In Anlehnung an die den Zoologen so oft gestellte Frage, wieweit man eigentlich tierethologische Befunde auf den Menschen »übertragen« könne, wird oft gefragt, inwieweit sich die Befunde von Erhebungen in einer Kultur auf andere Kulturen übertragen lassen.

Hier gilt zunächst, was wir schon eingangs ausführten: So wie wir aus dem Studium einer Art nur Arbeitshypothesen gewinnen, die wir auf ihre spezielle Tragfähigkeit in Hinblick auf ihren Beitrag zum Verständnis anderer Arten prüfen müssen, so gilt auch für den Kulturenvergleich, daß man nicht einfach von einer Kultur auf die andere überträgt. Wir können nur Ähnlichkeiten und Verschiedenheiten abgestufter Art feststellen. Wir entwickeln dabei Annahmen, die wir auf recht verschiedene Weise, etwa durch das Studium der Ontogenese oder durch experimentelle Forschung, prüfen können. Kulturen bieten sich häufig als Experimente an, etwa wenn die Sozialisationspraktiken von einem bestimmten Ideal geleitet werden. Ich erwähne hier nur die bemerkenswerten Untersuchungen von M. E. SPIRO (1979) über die Entwicklung der Geschlechtsrollen im Kibbuz (S. 402).

Lange ging man nun bei der Untersuchung der (aufgrund der genannten Homologiekriterien) als homolog erkannten Bewegungen davon aus, daß es sich hier immer um stammesgeschichtliche Anpassungen handle, daß die Bewegungen also angeboren seien. Im Tierreich ist Homologie in der Regel zugleich ein Hinweis darauf, daß die Träger des homologen Merkmals auch genetisch miteinander verwandt sind. Es gibt allerdings auch Traditionshomologien, und diese muß man von phyletischen Homologien sauber trennen (W. WICKLER 1967).

Diese Unterscheidung ist vor allem für uns Menschen wichtig. Aber auch viele Singvögel lernen z. B. den Gesang von ihren Eltern und tradieren ihn an ihre Kinder. Ihr Gesang ist nach allen Kriterien dem der Eltern homolog, denn die ihm zugrunde liegenden Informationen stammen ja von diesen. Ähnliches gilt für die menschliche Sprache. Mit Hilfe der Homologiekriterien stellten Sprachforscher schon lange Sprachverwandtschaften fest, die jedoch keineswegs genetisch begründet sind. Auch das Chinesisch, das ein Europäer lernt, ist dem der Chinesen homolog, aber eben nach Tradition. Ob eine Ähnlichkeit traditionshomolog oder phyletisch homolog ist, kann man mit den Homologiekriterien nicht herausfinden, dazu bedarf es zusätzlicher Information über die Ontogenese oder Genetik des betreffenden Merkmals. Die Homologiekriterien entscheiden lediglich, ob die in einem Merkmal ausgeprägten Informationen aus dem gleichen Informationsspeicher stammen oder nicht (W. WICKLER 1967 : 429).

Für uns Menschen gilt als Faustregel, daß Traditionshomologien auf bestimmte Menschengruppen beschränkt sind. Die Sprachforschung liefert dafür gute Beispiele. Man spricht von germanischen oder indoeuropäischen Sprachen und Völkerschaften.

Sind dagegen als homolog erkannte Merkmale in allen Kulturen und bei allen Menschenrassen anzutreffen, dann handelt es sich mit größter Wahrscheinlichkeit um phyletische Homologien. Die Gesichtsausdrücke sind dafür ein gutes Beispiel. Sie treten in allen Kulturen auf, und zwar in ähnlichen Situationen, und sie bewirken auch Ähnliches.

Gelegentlich hört man den Einwand, Übereinstimmungen, wie wir sie beim Kulturenvergleich feststellen, könnten rein zufällig sein. So sei ja die Anzahl der Ausdrucksmöglichkeiten wegen der Anzahl von Muskeln, die zur Verfügung stehen, begrenzt.

Aber die Zahl der möglichen Kombinationen ist doch viel größer als das, was man tatsächlich zu beobachten pflegt. Nehmen wir an, daß ein Gesichtsausdruck durch die Kontraktion von zwei Muskeln zustande kommt, dann ergibt dies bei 23 Gesichtsmuskeln bereits 253 mögliche Kombinationen. Und legen wir jedem Ausdruck die Kontraktion von vier Muskeln zugrunde, dann ergeben sich bereits 8855 Kombinationsmöglichkeiten. Da sich jeder Muskel ferner verschieden stark kontrahieren kann und auch mehr Muskeln als angenommen zusammenwirken können, sind die Kombinationsmöglichkeiten um ein Vielfaches größer. Daraus wird schon deutlich, daß das regelmäßige Auftreten selbst eines so einfachen Bewegungsmusters wie des Lächelns kaum Ergebnis einer wiederholt unabhängig entwickelten Anpassung sein dürfte. Und eine solche liegt ja einer Ausdrucksbewegung stets zugrunde. Daß gerade *diese* Bewegung, und nicht etwa herabgezogene Mundwinkel, eine freundliche Grundhaltung signalisiert, ist zwar historisch, aber sonst nicht funktionell begründet.

Wir argumentieren hier nach ähnlichen Kriterien für Homologie, nach denen ein Archäologe die Zeugnisse vergangener Kulturen bewertet. Aus der ähnlichen Klingenform von Steinbeilen wird er sicher nicht auf einen Kulturenzusammenhang schließen, denn die Funktion des Beiles läßt nicht viele Möglichkeiten zu, und man wird daher ähnliche Klingen in verschiedenen Kulturen unabhängig entwickeln. Eine bestimmte, nicht funktionsbedingte Form der Keramik (Glokkenbecher) oder eine bestimmte Art der Verzierung (Schnurkeramik) läßt dagegen auf kulturellen Zusammenhang schließen. Ähnlich sind Gemeinsamkeiten des Vokabulars zu deuten. Daß Übereinstimmungen von Worten wie mater, Mutter, madre, mère, pater, father, Vater, père oder in den Zahlworten dwa, zwei, two, dos zufällig zustande gekommen sein sollten, ist unwahrscheinlich.

Die Humanethologie bedient sich der vergleichenden Betrachtungsweise zu verschiedenen Zwecken, und sie arbeitet dazu auch auf verschiedenen Vergleichsebenen und mit verschiedenen systematischen Kategorien. Sie vergleicht überdies nicht nur Bewegungsmuster, sondern auch Prozesse der Wahrnehmung, motivierende Mechanismen, ethische Normen und anderes mehr.

Es geht bei diesen Vergleichen keineswegs allein um die Aufdeckung von Homologien. Ich möchte dies hervorheben, da man immer wieder hört, man könne für den Menschen »Relevantes« nur aus dem Vergleich mit den uns nächsten Verwandten erfahren; was uns dagegen Graugänse oder Buntbarsche vorführten, das diene bestenfalls zu unserer Erbauung, könne aber nicht zum Verständnis menschlichen Verhaltens beitragen. Diesem Denken liegt die irrige Ansicht zugrunde, es gehe bei der vergleichenden Forschung immer nur um die Erhellung phyletischer oder kultureller Zusammenhänge. Es sei daher betont, daß die Konvergenzforschung – die Untersuchung von Analogien also – über Gesetzmäßigkeiten Aufschluß gibt, die sich aus einer bestimmten Funktion ergeben und die damit als Konstruktionsgesetze allgemeine Gültigkeit haben. So kann man aus dem Vergleich der Flugorgane von Insekten, Vögeln und Säugern lernen, nach welchen Gesetzmäßigkeiten der Aerodynamik diese Flügel gebaut sind, ja ich kann in den Vergleich durchaus die künstlichen Flugorgane des Menschen einbeziehen. Die »Biotechnik« führt uns die Nützlichkeit dieser Art des Vergleichens deutlich vor Augen.

Mit der gleichen Fragestellung kann man auch Rituale, Sozialstrukturen und andere Eigentümlichkeiten des Verhaltens vergleichen (W. WICKLER 1967 b). Unter welchen Bedingungen bilden sich Familien, wann Rangordnungsverhältnisse, wann Einehe und wann Inzesthemmungen? Das vergleichende Studium solcher Phänomene gerade bei Tiergruppen, die nicht näher miteinander verwandt sind, gibt Aufschluß über die den Verhaltensmustern zugrunde liegenden Funktionsgesetze. Das gilt für das Verständnis bandstiftender und die Bindung bekräftigender Rituale ebenso wie für das Verständnis sozialer Strukturen.

Ein schönes Beispiel für solche Konvergenzforschung verdanken wir MELVIN und CAROL R. EMBER (1979). Sie prüften die Frage, warum in allen Kulturen die Ehe als Institution vorkomme. Der Kulturenvergleich bot aber nicht die gewünschten Hinweise, da es zu viele andere Universalien gibt, die man zur Erklärung heranziehen könnte. Eine breit angelegte, viele Arten umfassende Studie – es handelte sich um eine Zufallsauswahl verschiedener Vögel und Säuger – lieferte dagegen den Nachweis: Heterosexuelle Partnerbindung entwickelt sich immer dort, wo das Bedürfnis der Mutter, Nahrung zu erwerben, mit der Notwendigkeit der Kindesbetreuung interferiert. Die Dauer der Bindung ist von der Dauer der Jungenbetreuung abhängig. Weitere Beispiele für diese Art der Betrachtung bei W. WICKLER und U. SEIBT (1981) und G. E. KING (1980).

Unabhängig davon, wie eine Konvergenz zustande kam, können wir aus ihrem Studium Aufschluß über Funktionsgesetze erhalten. Man kann dazu sogar phylogenetisch und kulturell entwickelte Verhaltensmuster vergleichen.

Vergleichen wir Form und Ursprung bindender (freundlich-zärtlicher) Verhaltensweisen in einem weiteren Rahmen, dann stellen wir fest, daß überall dort, wo

Brutpflege entwickelt wurde, auch Zärtlichkeit zwischen Erwachsenen beobachtet werden kann, wobei als bindende Verhaltensweisen grundsätzlich solche dienen, die primär in der Mutter-Kind-Beziehung entwickelt wurden. Abgewandelte Verhaltensweisen aus dem Mutter-Kind-Bereich sind es also, die bevorzugt in den Dienst der Erwachsenenbindung gestellt werden: kindliche Appelle und betreuende Handlungen. Wirbt ein Sperlingsmännchen um ein Weibchen, dann zittert es mit den Flügeln wie ein bettelndes Jungtier und löst so Füttern aus. Die Rollen wechseln, auch das werbende Weibchen bettelt und wird dann seinerseits gefüttert. Zärtlichkeitsfüttern ist bei Vögeln weit verbreitet, oft als reine Symbolhandlung des Schnäbelns. Die Beispiele ließen sich mehren (I. EIBL-EIBESFELDT 1970, 1980). Entsprechende Infantilismen gibt es im menschlichen Werbeverhalten (Kap. 4.5).

Bei den geschilderten Parallelen handelt es sich um reine Analogien. Die Vögel und Säuger haben die Brutpflege unabhängig voneinander entwickelt. Mit ihr wurden Mutter-Kind-Signale als Voranpassung für eine höhere Geselligkeit verfügbar. Es handelt sich um eine Schlüsselerfindung, ohne die unser kooperatives, menschliches Zusammenleben nie möglich geworden wäre; denn was wir an Verhaltensweisen der Bindung und des Beistands besitzen, leitet sich vom Repertoire elterlicher Betreuungshandlungen und der sie auslösenden infantilen Appelle ab. Selbst unser Gruppenethos ist ein erweitertes Familienethos. Der außerordentliche Unterschied zwischen der Geselligkeit von Vögeln und Säugern und anderen, nicht brutpflegenden Wirbeltieren wird deutlich, wenn man die Interaktionen studiert. Die Meerechsen der Galápagos-Inseln sind gesellig. Man kann sie zu Hunderten neben- und übereinander auf den Felsen liegen sehen. Aber sie leben eigentlich nebeneinander und nicht miteinander. Sie können einander nichts Freundliches tun. Sie füttern einander nicht, kraulen einander nicht, lecken sich nicht gegenseitig ab. Alle Kommunikation basiert auf Imponiergehabe. Männchen schüchtern so ihre Rivalen und auch ihre Weibchen ein. Anders können sie nicht werben. Freundliche Verhaltensweisen stehen ihnen nicht zur Verfügung. Diese wurden erst mit der Brutpflege geboren (I. EIBL-EIBESFELDT 1970).

Die Erforschung der Analogien macht uns auf interessante Zusammenhänge aufmerksam. Und im Kontrast bemerkt man auch die Unterschiede. So fällt beim Vergleich der Insektenstaaten und der höheren Wirbeltiergemeinschaften die Bedeutung der individualisierten Bindung auf, die anders als bei Vögeln und Säugern bei Insekten nicht zum tragenden Element der Gemeinschaft wurde. Liebe definiert durch persönliche Bindung, entwickelte sich bei Vögeln und Säugern primär als Anpassung im Dienste der Mutter-Kind-Bindung, sekundär wurde sie zusammen mit anderen affiliativen Präadaptationen in den Dienst der Erwachsenenbindung übernommen (siehe Kap. 4.1).

Auf bemerkenswerte Analogien stößt man beim Kulturenvergleich. So entdeckte ich bei den Himba des Kaokolandes Rituale der Disziplinerhaltung, deren besondere Bedeutung mir erst beim Vergleich mit entsprechenden Ritualen in anderen Kulturen klar wurde. Bei den Himba handelt es sich um ein Herero-Volk, das noch gänzlich traditionell von der Rinderzucht lebt. Jeder Kralgemeinschaft steht ein Kralsherr vor. Diese Kralgemeinschaften wieder sind unter einer Häuptlingshierarchie zu einem Stamm zusammengeschlossen, der in Notzeiten als einheitlicher Kriegsverband auftreten kann. Für Rinderhirten, die in einem Trockengebiet in dünner Verteilung leben, ist dies von lebenswichtiger Bedeutung. Rinder sind begehrter Besitz, und man muß sie verteidigen können. Die Himba wurden oft von Hottentotten überfallen, und nur die Tatsache, daß sie Vergeltung üben konnten, bewirkte einen gewissen Schutz. Auch müssen Rinderhirten gelegentlich neue Weiden erobern, was ebenfalls konzertierte militärische Aktionen erfordert. Eine solche militante Bereitschaft kann man aber nicht erst dann kurzfristig wecken, wenn man sie braucht. Einsatzbereitschaft und Gefolgsgehorsam müssen im Alltag gepflegt werden. Gehorsam gegenüber dem Häuptling wird nun täglich durch das sogenannte Milchritual (»Okumakera«) geübt. Wenn die Angehörigen der Kralgemeinschaft die Milch bestimmter, »heiliger« Kühe gemolken haben, dann dürfen sie nicht sogleich davon genießen. Sie müssen vielmehr mit der gemolkenen Milch beim Häuptling antreten, der offiziell als Besitzer aller Kühe gilt. Sie reichen dem Häuptling das Milchgefäß, und er nimmt einen Schluck davon oder taucht nur symbolisch den Finger ein, und erst nach diesem Akt ist die Milch zum Verbrauch freigegeben. Der Häuptling demonstriert auf diese Weise sein Besitzrecht und verschenkt anschließend gewissermaßen symbolisch die Milch. Dieser Morgenappell bewirkt eine tägliche Bekräftigung der Abhängigkeit und damit der Unterordnung der Kralmitglieder unter die Führung des Häuptlings. Täglich wird ihm sein Rang bestätigt, und sollte einmal ein Rebell aus der Reihe tanzen, was ich nie erlebte, dann kann er entsprechende disziplinarische Maßnahmen ergreifen. Der auf dem Stock zum Grüßen aufgestellte Hut des Landvogtes Geßler, den Wilhelm Tell nicht grüßte, erfüllte wohl den gleichen Zweck.

In unserer Kultur sind vergleichbare Rituale der Gehorsamserweisung und Disziplinerhaltung durchaus bekannt. Der militärische Morgen- und Abendappell mit dem Grüßen der Fahne gehört hierher. In Schulen und anderen Organisationen Europas, Amerikas und Japans gibt es Entsprechendes.

Über diese Bereitschaft zum Gefolgsgehorsam hinaus trainieren die Himba die militante Einsatzbereitschaft durch Pflege heroischer Traditionen. Dies geschieht dadurch, daß man bei geselligen Anlässen in Erzählungen und Preisgesängen heroische Vorbilder lobt. Auch dazu findet man in den von kriegerischen Traditionen geleiteten Völkern Europas in den Heldensagen und Kriegsliedern Analoges. Dagegen fehlen solche Einrichtungen bei Kulturen, bei denen Kriegführen nicht zu den Traditionen gehört. Bei den Buschleuten der Kalahari hörte ich weder Preisgesänge, noch sah ich Rituale der Gehorsamserweisung.

In der Linguistik und Völkerkunde spricht man oft von Universalien. Es handelt

basale Histozoa	*Wirbeltiere* Fische, Amphibien, Reptilien	Affen	Menschenaffen	Menschen
einige *Weichtiere* viele *Gliedertiere*		andere höhere Säuger höhere Vögel	Delphine?	

	Wirbeltiere	Affen	Menschenaffen	Menschen
				verantwortliche Moral, Gewissen
				Wollen
				überindividuelles Wissen
				Lehren
				Wortsprache
				objektunabhängige Tradition
			Nachahmung objektlos	
		Beobachtungslernen mit Objekt (mit Willkürbewegung)		
		Einsicht		
		Objektabhängige Tradition (ohne Willkürbewegung)		
				begriffliches Denken
				Reflexion, das eigene Denken wird zum Objekt
			Selbstexploration, das Ich wird zum Objekt	
			Handeln im Anschauungsraum	
		soziale Funktionen des Intellekts		
		Neugier und Spiel		
	operantes Erwerben bedingter Aktionen			
	operantes Erwerben bedingter Reaktionen			
	EAAM			

AAM

Appetenzverhalten

| | bedingte Appetenz | | | |
| | hoch selektives Erkennen der optimalen Afferenz während der triebbefriedigenden Endhandlung | | | |

Endhandlung

| | | Erbkoordinationskomponenten werden immer kürzer | | |

ungefähres Alter in Mill a:

| | | Willkürbewegung | | |

| 800; Zentralisation: 600; Wirbeltiere: 550 | (200–100) | 50 | 15 (Homoiologien?) | 2–1 |

Tab. 3.1: Idealisiertes und vereinfachtes Schema eines hypothetischen Stammbaumes psychischer Leistungen, basierend auf Lorenz (1973); nach Medicus (1985, 1987 a).

sich dabei um Merkmale, die unabhängig von Rasse und ethnischer Zugehörigkeit Menschen aller Gruppen eigen sind. Man schließt das unter anderem aus der weiten Streuverteilung bestimmter Merkmale. Im Grunde handelt es sich meist um vermutete Universalien, da man den Nachweis, etwas sei allen Menschen eigen, kaum erbringen kann. Ob es sich dabei um gemeinsames kulturelles oder biologisches Erbe oder um unabhängig entwickelte parallele Anpassungen handelt, bleibt mit der Feststellung der Universalität zunächst einmal offen. Erst mit der im Vorhergehenden diskutierten Methode des Vergleichens erarbeitet man jene Indizien, die es erlauben, bestimmte Universalien als stammesgeschichtliche Anpassungen zu deuten.

Schließlich zeigt der Vergleich, daß bestimmte Leistungen im Tierreich als völlig neue Systemeigenschaften (S. 23) und unabhängig voneinander in ver-

Tab. 3.1: Zum »Stammbaum psychischer Leistungen«: Die Tabelle zeigt hypothetische phylogenetische Stufen von Verhalten und Intellekt. Auf der linken Seite beginnend zeigt sie Spalte für Spalte die stammesgeschichtliche Entwicklung von neuen Leistungen des Nervensystems als eine Abfolge von Vorbedingungen. Die Einteilung in sechs Stufen stellt natürlich eine grobe Vereinfachung dar.
In den obersten beiden Zeilen ist in bezug auf die Spalten ein Stammbaum so eingezeichnet, daß aus anthropologischer Sicht analoge und homologe Entwicklungen verdeutlicht werden: Die Entwicklungslinie der ersten Zeile soll andeuten, daß ähnliche Leistungen bei diesen Tierarten und beim Menschen vermutlich homolog sind. Im Gegensatz dazu zeigen die fünf Äste, die in die zweite Zeile weisen, analoge, auf die entsprechenden Leistungen bezogene Entwicklungslinien auf. Das bedeutet z. B., daß individuelles Lernen mindestens dreimal unabhängig entstanden ist, bei Wirbeltieren, Weichtieren und Gliedertieren. Die Altersangaben in der Tabelle beziehen sich auf die menschliche Ahnenreihe, die Altersangabe zur Spalte 3, bei aller Unsicherheit, auf die stammesgeschichtlich jüngere bedingte Aktion.
Die Schattierung einer Abfolge von Stufen soll, entsprechend der zweiten Prämisse, exemplarisch das Prinzip dieses Schichtenbaus am Beispiel einer Vorbedingungsreihe verdeutlichen: Spalte 2 = 1 + 2; Spalte 3 = 1 + 2 + 3 usw. Dabei ist aus rein logischen Gründen ein Austausch zweier aufeinanderfolgender Begriffe der Tabelle 1 ausgeschlossen; z. B. muß AAM EAAM vorausgehen; EAAM ist wiederum eine Vorbedingung für das operante Erwerben bedingter Reaktionen. Bedingte Reaktionen entfalten sich in der Stammesgeschichte früher als bedingte Aktionen, dabei ist die bedingte Reaktion keine neurokybernetische Vorbedingung für die bedingte Aktion (B. HASSENSTEIN 1973). Das operante Erwerben bedingter Aktionen ist eine Vorbedingung für Spielverhalten, das stammesgeschichtlich gemeinsam mit der Neugier entsteht (K. LORENZ 1973, 1978). Neugier und Spiel sind mit sozialen Funktionen des Intellekts wiederum Vorbedingungen für die Selbstexploration, die selbst als eine wichtige Kategorie der sozialen Funktion des Intellekts gesehen werden kann. Letztere können wiederum als Vorbedingungen für die Reflexion angesehen werden. Die Begriffe der Tabelle sind funktionell definiert und erlauben keine voreiligen Rückschlüsse auf neuroanatomische Homologien.
Durch ein Absetzen von Begriffen vom Spaltenrand soll angedeutet werden, daß die entsprechenden Leistungen in bezug auf andere Begriffe dieser Spalte etwas früher oder später entstanden sein dürften (z. B. objektabhängige Tradition, Spalte 4, und bedingte Aktion, Spalte 3). Aufsteigende oder fallende Folgen von Vorbedingungen oder leere Felder, z. B. zwischen Appetenzverhalten und Endhandlung (Spalte 1), ergeben sich durch graphische Zwänge. (Nach G. MEDICUS 1987)

schiedenen Tiergruppen entstehen. So wurde das operante Lernen wahrscheinlich dreimal unabhängig bei den Wirbeltieren, Weichtieren und Gliedertieren ausgebildet. Mit der höheren Differenziertheit (Kap. 8.4.3) wird die Informations- und Verarbeitungskapazität umfassender und daher auch die Prognosekapazität des Systems (vgl. auch G. MEDICUS 1985, Tab. 3.1). Das heißt nicht, daß die differenzierteren Organismen lebenstüchtiger sind, weil sie mehr Facetten der Wirklichkeit spiegeln und verarbeiten können. Eine Amöbe ist nicht besser angepaßt als EINSTEIN, pflegte KARL POPPER zu sagen. Aber die Chance, daß sie aus diesem Planeten- und Sonnensystem ausbricht und neue Welten besiedelt, ist für sie wohl geringer als für uns.

Zusammenfassung 3.4

Vergleicht man das Verhalten verschiedener Arten, dann findet man oft Ähnlichkeiten, die eine Deutung verlangen. Erklärt sich die Ähnlichkeit der verglichenen Merkmale zweier Arten aus der Herkunft einer gemeinsamen Ahnform, die dieses Merkmal besaß, dann spricht man von Abstammungsähnlichkeiten oder Homologien. Ist die Ähnlichkeit dagegen Ergebnis einer unabhängig entwickelten Anpassung an ähnliche Anforderungen seitens der Umwelt, dann spricht man von Analogien. Die in der Morphologie entwickelten Homologiekriterien – Kriterium der speziellen Qualität, der speziellen Lage im Gefügesystem und der Verbindung durch Übergangsformen – sind auch auf das Verhalten anwendbar. Die Homologiekriterien weisen auf den gemeinsamen Ursprung eines Verhaltensmerkmals hin. Von phyletischen Homologien sprechen wir, wenn eine genetische Überlieferung des Merkmals vorliegt; von Traditionshomologien, wenn das Merkmal durch Lernen tradiert wird. Traditionshomologien spielen beim Menschen eine große Rolle; die vergleichende Sprachwissenschaft liefert zahlreiche Beispiele. Traditionshomologien beschränken sich, soweit bekannt, auf eine begrenzte Anzahl von Menschengruppen. Es gibt darüber hinaus Universalien im menschlichen Verhalten, die man als phyletische Homologien deuten kann. Als Beispiel brachten wir unter anderem das entspannte Mund-offen-Gesicht (Spielgesicht). Entgegen einer weitverbreiteten Meinung sind die Ethologen nicht nur an der Aufklärung von Verwandtschaftszusammenhängen und demnach an der Homologieforschung interessiert. Aus dem Studium der Analogien erfahren sie, welche Selektionsdrucke ein Verhalten in ähnlicher Weise formten. Die dabei abgeleiteten Regeln gelten unabhängig von der systematischen Stellung der Art. Sie sind von allgemeiner Gültigkeit.

3.5 Quantifizierende Ethologie

3.5.1 Erhebung und statistische Auswertung von Beobachtungsdaten

Wir haben in den vorangegangenen Abschnitten betont, daß die Ethologen großen Wert auf die Beobachtung des im natürlichen Kontext auftretenden Verhaltens legen. Sie haben dabei Methoden der Datenerhebung und der statistischen Auswertung entwickelt, die es erlauben, auch aus reinen Beobachtungsdaten vernünftige Hypothesen abzuleiten. Wir wollen auf diese quantifizierenden Techniken hier kurz eingehen und stützen uns dabei im wesentlichen auf die Ausführungen von J. ALTMANN (1974), D. S. TYLER (1979) und P. W. COLGAN (1978).

Ein großes Problem bei der Datenerhebung stellt sich aus dem persönlichen Vorurteil des Beobachters, das zu einer starken Selektivität führen könnte. Um solche tunlichst auszuschalten, werden gelegentlich die zu beobachtenden Individuen mit Hilfe einer Tabelle mit Zufallszahlen aus einer Gruppe ausgewählt – man spricht von einer *Zufallsstichprobe* (»random sample«). Geschieht dies aus einer vorgegebenen Anzahl von Alters- und Geschlechtsklassen, dann spricht man von einer *schichtenspezifischen Zufallsstichprobe* (»stratified random sample«). Natürlich heißt das nicht, daß man immer die Auswahl dem Zufall überlassen müsse.

Von *Ereigniserhebung* (»event sampling« oder »all occurences sampling«) spricht man, wenn alle Ereignisse einer Klasse, die innerhalb einer Beobachtungsperiode in einer Gruppe auftreten, aufgezeichnet werden.

Als *gerichtetes Stichprobenverfahren* (Multimomentverfahren, »time sampling«) bezeichnet man folgende drei Erhebungsmethoden (Abb. 3.26):

1. Bei der *Eins-Null-Erhebung* (»one-zero sampling«) wird nur das Auftreten oder Nichtauftreten eines Verhaltens einer Einzelperson oder Gruppe innerhalb eines vorgegebenen Zeitintervalls aufgezeichnet. Für die Erhebung von Dauer und Frequenz eines Verhaltens ist sie von begrenztem Wert.

2. Bei der *Simultanerhebung* (»instantaneous sampling« oder »scan sampling«) wird das Verhalten einer Person in regelmäßig vorgegebenen Zeitabständen aufgezeichnet. Sind die Beobachtungsintervalle kurz und werden alle Individuen der Reihe nach betrachtet, so ergibt diese Methode annäherungsweise eine gleichzeitige Beobachtung aller Gruppenmitglieder (Beispiel S. 214).

3. Bei der *Erhebung der Hauptaktivität* (»predominant activity sampling«) wird die Verhaltensweise notiert, die in einem vorgegebenen Intervall die meiste Zeit beansprucht.

Eine *Sequenz-Erhebung* (»sequence sampling«) liegt vor, wenn die Aufzeichnung mit dem Beginn einer Interaktion zwischen zwei Individuen einsetzt und

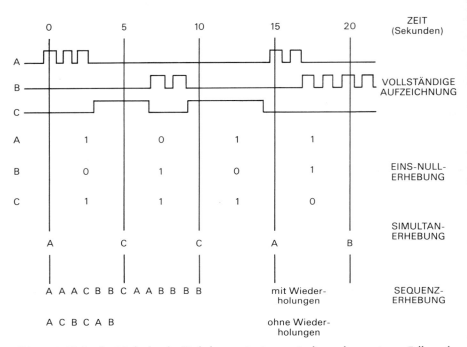

Abb. 3.26: Einige der Methoden der Verhaltensregistrierung: In diesem konstruierten Fall wurde das Individuum 20 Sekunden lang beobachtet, und es wurden drei verschiedene Verhaltensweisen (A, B, C) registriert. Oben ist die vollständige Aufzeichnung wiedergegeben. Aufzeichnung z. B. durch Vielfachschreiber, der durch Tastendruck – jeder Taste eine Verhaltensweise zugeordnet – Zeitpunkt und Dauer jedes Ereignisses aufzeichnet. Darunter Aufzeichnungen mit alternativen Methoden. Die Simultanerhebung wird auch als Multimomentverfahren (»time sampling«) bezeichnet. Wir haben diesen Begriff als Überbegriff für drei Erhebungsmethoden (Eins-Null-Erhebung, Simultanerhebung und Erhebung der Hauptaktivität) genommen. Die Erhebung der Hauptaktivität (hier nicht eingezeichnet) unterscheidet sich von den beiden anderen Methoden der Multimomentverfahren durch eine zeitliche Definition. Der vorherrschende Akt, der mehr als die Hälfte der Zeit einer beobachteten Spanne einnimmt, wird registriert (weitere Erläuterungen im Text).

dabei bis zu deren Ende alle vorkommenden Verhaltensweisen erfaßt. Dabei richtet sich das Interesse mehr auf die Interaktionen und weniger auf das Individuum. Werden dagegen alle auftretenden Interaktionen oder Aktionen eines Individuums innerhalb eines bestimmten, meist längeren Zeitraums erfaßt, dann spricht man von *personenkonzentrierter Erhebung* (»focal person sampling«). Die letzten beiden Methoden liegen der Filmdokumentation zugrunde. Über die statistischen Auswertungstechniken gibt es zahlreiche Darstellungen (Zusammenfassung bei P. W. COLGAN 1978).

Für die Auswertung der erhobenen Daten können verschiedene statistische Methoden verwendet werden.

Die *Korrelationstechnik* wird benützt, wenn es darum geht, die Wechselbeziehungen zwischen zwei Variablen festzustellen. Positive Korrelationen weisen auf mögliche gemeinsame verursachende Faktoren hin, negative zeigen mögliche gegenseitige hemmende Einflüsse an, und bei niedrigen Korrelationen sind keinerlei kausale Zusammenhänge zu erkennen. Es handelt sich aber nur um Hinweise. Auf einen tatsächlichen ursächlichen Zusammenhang kann aus dem Korrelationskoeffizienten allein nicht geschlossen werden. Die Wahl der Zeiteinheit ist bei solchen Analysen von Bedeutung. Zwei Verhaltensweisen, die miteinander signifikant korrelieren, wenn man Halbstundenintervalle beobachtet, müssen das nicht notwendigerweise tun, wenn man Minutenintervalle zugrunde legt!

Mit Hilfe der MARKOV-Analyse stellt man die Wahrscheinlichkeit fest, mit der ein bestimmter Akt auf einen bestimmten anderen folgt. Eine Übergangshäufigkeit 1 sagt aus, daß eine Handlung immer auf die andere folgt.

Multivariate statistische Methoden

Statistische Methoden, die es erlauben, an einem Untersuchungsobjekt mehrere Variablen gleichzeitig zu beobachten und auszuwerten, bezeichnet man als multivariat. Große Datenmengen können damit übersichtlich geordnet und in ihrer Komplexität reduziert werden. Dadurch können häufig die Beziehungen, die zwischen den einzelnen Variablen bestehen, erkannt werden. Abgesehen von der MANOVA und der Diskriminanzanalyse eignen sich diese Methoden aber nicht dazu, konkrete Hypothesen zu testen; sie sind vielmehr Hilfsmittel zur Beschreibung der Daten und zur Schaffung von neuen Hypothesen.

Die multivariate Varianzanalyse (»multivariate analysis of variance« = MANOVA) ermöglicht es zu testen, welche der untersuchten Variablen einen signifikanten Einfluß auf die Daten ausüben. Somit kann man auch die relative Einflußstärke der einzelnen Variablen abschätzen. FRIEDMANS Zweiweg-Rangvarianz-Analyse ist ein bekanntes Beispiel für eine MANOVA; sie erlaubt die gleichzeitige Analyse von zwei Variablen.

Die Diskriminanzanalyse – auch »Trennverfahren« genannt – untersucht, ob und über welche Variablen sich zwei oder mehr von vornherein postulierte Gruppen voneinander unterscheiden lassen. Die Diskriminanzanalyse ist in solchen Fällen angebracht, in denen die postulierten Gruppen nicht aufgrund einer einzelnen Variable voneinander getrennt werden können.

Die Cluster-Analyse dient zum Ordnen des Datenmaterials. Sie organisiert eine Menge von Objekten (z. B. Individuen oder Verhaltensweisen) in Teilgruppen (= Cluster). Dabei geht man davon aus, daß die Mitglieder einer Teilgruppe in engerer Beziehung zueinander stehen als zu den übrigen Gruppenmitgliedern. Als Beziehungsmaßstab können die unterschiedlichsten Variablen oder Variablen-Kombinationen verwendet werden. Die gefundenen Verhältnisse werden dann visuell übersichtlich in einem sogenannten *Dendrogramm* angeordnet.

Ein jedem Biologen geläufiges Beispiel einer Cluster-Analyse stellt die Systematisierung des Tierreichs dar: Über die unterschiedlichsten Maßstäbe werden die Beziehungen zwischen den Tierarten ermittelt und anschließend als Stammbaum (Dendrogramm) graphisch dargestellt.

Die multiple Regressionsrechnung ist die multivariate Weiterentwicklung der einfachen Regressionsrechnung. Sie ermöglicht es, den Wert einer (abhängigen) Variablen über die Werte von (unabhängigen) Variablen zu bestimmen. Voraussetzung hierfür sind Korrelationen zwischen der abhängigen und den unabhängigen Variablen. Bei zwei unabhängigen Variablen (z. B. Fahrgeschwindigkeit eines Autos und Steigung der Straße) läßt sich die abhängige Variable (z. B. Benzinverbrauch des Autos) als Regressionsebene im dreidimensionalen Raum darstellen.

Die Hauptkomponenten- und die Faktorenanalyse stehen in enger Beziehung zueinander. Sie dienen dazu, aus großen Variablenmengen wenige »Faktoren« zu extrahieren, welche selbst nicht direkt meßbar sind, welche aber mehrere der gemessenen Variablen gemeinsam beeinflussen. – Auch die Ethologie postuliert die Existenz solcher Faktoren: P. R. Wiepkema (1961) untersuchte z. B. das Fortpflanzungsverhalten des Bitterlings. Er registrierte die Übergangswahrscheinlichkeiten von zwölf typischen Verhaltensweisen, welche seine meßbaren Variablen darstellten. Wiepkema fand, daß einige Verhaltensweisen durch enge Korrelationen miteinander verbunden sind und häufig aufeinander folgen, während sich andere gegenseitig ausschließen. Über diese Beziehungen zwischen den Variablen extrahierte er drei »aus dem Hintergrund« wirkende Faktoren, die er als Verhaltenstendenzen und Motivationen interpretierte: Er nannte sie den sexuellen, den aggressiven und den nicht-reproduktiven Faktor.

Kritik der multivariaten Methoden: Die multivariaten statistischen Methoden sind – vor allem bei der Berücksichtigung von vielen Variablen – mit erheblichem rechnerischen Aufwand verbunden, der zum Teil nur mit elektronischen Rechenmaschinen zu bewältigen ist.

Auch die formale statistische »Konstruktion« einiger Verfahren ist unter Fachleuten umstritten. Cluster-, Faktoren- sowie Hauptkomponentenanalysen z. B. strukturieren das Datenmaterial »von sich aus« in spezifischer Weise, selbst wenn sie an organisationslosen, durch Zufallsgeneratoren produzierten Daten durchgeführt werden. J. A. van Hooff (1982) erwähnt einige statistische Kunstgriffe, mit denen die dadurch entstehenden Reliabilitätsprobleme umgangen werden können. Das Hauptkriterium zur Beurteilung der gefundenen Ergebnisse sieht van Hooff jedoch darin, ob die Ergebnisse aussagekräftig und konsistent mit schon bestehenden Ergebnissen und Theorien sind.

Eine solche Aussagekräftigkeit der Ergebnisse kann nach P. Lehner (1979) jedoch nur erreicht werden, wenn die multivariate Analyse sorgfältig geplant und durchgeführt wird. Wesentlich ist hierbei das methodisch einwandfreie Sammeln von relevanten Daten. Die multivariaten Methoden sind kein Wundermittel, das willkürlich gesammelte Daten im Computer zu aussagekräftigen Ergebnissen transformiert, sondern sie stehen gleichberechtigt neben anderen Analysemethoden. Dementsprechend rät LEHNER seinen Lesern: »In short, use the best methods and equipment available to both generate and test hypotheses; however avoid methodological overkill« (1979 : 294). Weiterführende Literatur: W. P. ASPEY und J. E. BLANKENSHIP (1977, 1978), B. J. T. MORGAN und Mitarbeiter (1976), P. H. SNEATH und R. SOKAL (1973), D. W. SPARLING und J. D. WILLIAMS (1978), H. L. SEAL (1966) und J. P. VAN DE GEER (1971).

Der Wert quantifizierender Vorgehensweisen sei anhand einer Arbeit von KARL GRAMMER (1979, 1982, 1985) illustriert, der die Verhaltensweisen Helfen und Unterstützen (Beistehen im Streit) in ihrer Abhängigkeit von Freundschaft und Rangposition bei Kindern in zwei Kindergärten untersuchte. Von Helfern spricht er, wenn eine Person A einer Person B, deren Handeln sich ein Hindernis entgegenstellt, hilft, dieses zu überwinden und ihr Ziel zu erreichen. Unterstützen bezieht sich auf eine Konfliktsituation. Es sind also stets mindestens drei Personen daran beteiligt. Im einfachsten Falle findet eine aggressive Auseinandersetzung zwischen den Akteuren B und C statt. A kommt dazu, ergreift Partei und versetzt durch sein Eingreifen B in die Lage, den Streit für sich zu entscheiden.

Um die Beziehung der Verhaltensweisen Helfen und Unterstützen zum Rang der Akteure und zu ihren Freundschaftsbeziehungen herauszubekommen, mußte GRAMMER beides zunächst einmal feststellen. Für die Erforschung der Rangbeziehungen in einer Gruppe hat M. R. A. CHANCE (1967) bei seinen Untersuchungen an Affen die Aufmerksamkeitsstruktur (»attention structure«) entdeckt. Die Rangniederen haben zum Ranghohen ein ausgesprochen ambivalentes Verhältnis. Sie finden ihn attraktiv und fürchten zugleich seine Aggressivität. Daher informieren sie sich stets über seinen Standort (M. R. A. CHANCE und R. R. LARSEN 1976). Der Ranghöchste ist demnach jener, der am meisten von den anderen angeschaut wird. Er genießt »Ansehen«, er steht im Blickpunkt der Aufmerksamkeit. B. HOLD (1974, 1976, 1977) zeigte, daß man nach diesem Kriterium auch die Rangordnung in Kindergruppen feststellen kann. Das Kind, das am häufigsten angeschaut wird, zeigt auch Verhaltensweisen, die man als charakteristisch für hohe Rangstellung ansehen würde. Die ranghohen Kinder machen Vorschläge für Spiele, organisieren diese, beschützen andere Kinder, schlichten Streit, vertreten die Gruppe nach außen, und sie wissen ihre Vorzugsstellung auch notfalls durch aggressive Akte zu schützen. Rangniedere suchen, folgen, fragen und zeigen den Ranghohen Dinge. Das Aufmerksamkeitskriterium ist demnach ein verläßlicher Indikator für Rang. K. GRAMMER legte es seinen Untersuchungen zugrunde. Als Kriterium galt, wenn ein Kind mindestens von drei oder mehr Kindern gleichzeitig angeschaut wurde.

Als Kriterium für Freundschaft wurde die Bevorzugung als Spielpartner genommen. Die Daten wurden nach dem Stichprobenverfahren (»time sampling«) erhoben. – Das Vorgehen empfiehlt sich, wenn das Beobachtungskriterium häufiger als einmal in 15 Minuten auftritt. – Als Zeitabstand für die Notierungen wählte GRAMMER eine Zeitbasis von 8 Sekunden. Alle 8 Sekunden beobachtete er ein anderes Kind und notierte, ob es im Zentrum der Aufmerksamkeit stand und wer sich ihm zuwandte, ob es allein spielte, ob in einer Gruppe und wenn ja, mit wem, und schließlich, ob es allein saß oder stand und anderen zuschaute. Über einen Zeitraum von 4 Wochen führte er pro Kind 75 bis 100 Beobachtungen durch.

Die Ergebnisse dieser Erhebung aus zwei Kindergartengruppen sind in Abbildung 3.27 zusammengefaßt. Jedes Diagramm zeigt links die Verteilungen für das Rangkriterium »im Zentrum der Aufmerksamkeit«. Da die Kinder verschieden oft anwesend waren, wurde für jedes Kind die relative Häufigkeit errechnet. Dem Kind, das am häufigsten im Zentrum der Aufmerksamkeit stand, wurde Rang 1 zugeteilt. Die Kinder wurden nach der Häufigkeit, mit der sie im Zentrum der Aufmerksamkeit standen, geordnet. 1 bezeichnet also als Rangziffer das ranghöchste Kind. Standen mehrere Kinder gleich häufig im Zentrum der Aufmerksamkeit, dann wurde der für den Rang entsprechende Verbundwert errechnet, und zwar aus der Summe der Rangplätze der gleichrangigen Kinder, geteilt durch die Anzahl der ranggleichen Kinder. In der rechten Seite der Diagramme sind die relativen Häufigkeiten eingetragen, mit der die Kinder zuschauen und allein spielen. Aus der Darstellung wird ersichtlich, daß die Häufigkeit des Alleinspielens und Zuschauens mit abnehmendem Rang zunimmt. Am Beispiel des Jungen A1 des Diagramms (Abb. 3.28-1) wird überdies deutlich, daß auch Alleinspieler, die weniger häufig am Gruppenleben teilnehmen, von dem der Untersuchung zugrunde gelegten Kriterium »im Zentrum der Aufmerksamkeit« erfaßt werden, wenn sie ranghoch sind.

Um die Freundschaftsbeziehungen festzustellen, zählte GRAMMER die Häufigkeit der Spielkontakte beim Zusammenspiel, was nach W. W. HARTUP (1975) dafür das beste Maß ist. Da die Gruppenzusammensetzung an verschiedenen Tagen wechselte, mußte die absolute Häufigkeit der Spielkontakte für den Vergleich auf die Zeit bezogen werden, die beide Kinder gemeinsam in der Gruppe verbrachten:

$$\text{Spielbeziehung a, b} = \frac{\text{Anzahl der beobachteten Spielkontakte zwischen a und b}}{\text{gemeinsam in der Gruppe verbrachte Zeit (in »time spacing«-Intervallen)}}$$

Damit beschreibt GRAMMER das Verhältnis von tatsächlich beobachteten Spielkontakten zwischen a und b und der Anzahl der Möglichkeiten, die die beiden zusammen spielend hätten beobachtet werden können. Um den Vergleich der Spielbeziehungen innerhalb einer Gruppe zu ermöglichen, wurde nach F. B. MORENO (1942) der prozentuale Anteil einer Spielbeziehung an der Summe aller Spielbeziehungen eines Kindes errechnet:

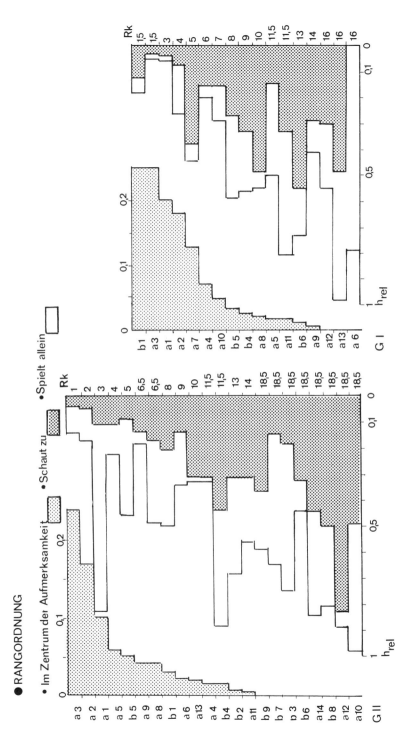

Abb. 3.27: Rangordnung: Die Abbildungen zeigen die Verteilungen für die Rangkriterien »im Zentrum der Aufmerksamkeit«, »schaut zu« und »spielt allein«. Dargestellt sind die relativen Häufigkeiten der beobachteten Kriterien. »Schaut zu« und »spielt allein« sind in den Histogrammen als Summen abgebildet. Rechts ist jeweils die Rangkennziffer (RK) der Kinder vermerkt. Aus K. GRAMMER (1979).

$$\text{Freundschaftsindex} = \frac{\text{Spielbeziehung a, b}}{\text{Summe der Spielbeziehungen}} \times 100$$
($FI_{a,b}$)

Der Freundschaftsindex beschreibt somit den prozentualen Anteil einer Spielbeziehung an der gesamten Zeit, die ein Kind mit anderen Kindern der Gruppe spielt. Abbildung 3.28 zeigt die erarbeiteten Spielstrukturmatrizen. In ihnen stehen die jeweils miteinander Spielenden nebeneinander. Man kann ablesen, daß jedes Kind einen bestimmtem Kreis von Kindern als Spielpartner bevorzugt, davon wieder ein oder zwei Kinder mit »deutlicher Präferenz«. Die »Präferenzen« sind keineswegs reziprok.

Eine Analyse der Beziehungen zwischen Rang und Freundschaft ergab, daß die Rangdifferenz zwischen Freunden gegen Null tendiert; rangbenachbarte Kinder sind in der Regel befreundet. Die Verhaltensweisen Helfen und Unterstützen beobachtete GRAMMER nach der Technik der Ereigniserhebung über einen Zeitraum von insgesamt 80 Stunden immer nur zwischen 9 und 10 Uhr morgens. Helfen registrierte er in Gruppe I 47mal und in der Gruppe II 20mal. Die Verhaltensweisen sind also nicht besonders häufig; sie können daher nur mit der Technik der Ereigniserhebung erfaßt werden.

Mit Hilfe der Gesamtverteilung der Freundschaftsindizes errechnete GRAMMER

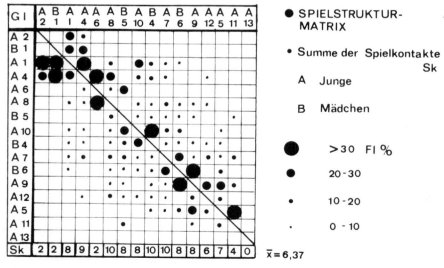

Abb. 3.28-1: Spielstrukturmatrix: Die Abbildung zeigt die Verteilung der Freundschaftsindizes innerhalb der beiden Gruppen. Der Durchmesser der Punkte gibt die Größe des FI an. Von links nach rechts stehen die Kennziffern der Kinder, von denen aus die Beziehung betrachtet wird, von oben nach unten die der jeweiligen Partner. In jeder Matrix ist unten von links nach rechts die Summe der Spielkontakte eines jeden Kindes (Sk) und deren Mittelwert (x̄) angegeben.
In der Waagrechten kann man ablesen, wie beliebt einer ist; in der Senkrechten, wer seine bevorzugten Spielpartner sind. Aus K. GRAMMER (1979).

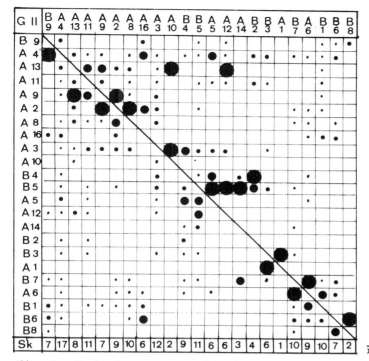

Abb. 3.28-2: Spielstrukturmatrix, Beispiel 2 (Erläuterungen siehe 3.28-1).

für die Interaktion *Helfen* eine erwartete Verteilung innerhalb der FI-Klassen von 0–30 (Abb. 3.29 oben). In der Mitte dieser Abbildung befindet sich die beobachtete Verteilung in den verschiedenen FI-Klassen und unten die daraus resultierende Differenz, die deutlich macht, daß in Gruppe I innerhalb von Freundschaftsbeziehungen FI häufiger geholfen wird als außerhalb. Für Gruppe II ist nur eine Tendenz in dieser Richtung festzustellen.

Für das *Unterstützen* (Beistehen im Streit) ergibt sich in Gruppe I keinerlei Zusammenhang mit der Freundschaftsbeziehung. In der Gruppe II wird dagegen signifikant häufiger gegen Nicht-Freunde als gegen Freunde unterstützt. Mädchen werden von Buben und Mädchen gegen Angriffe ranghöherer Jungen unterstützt. In den Streit zwischen zwei Mädchen dagegen mischte sich niemand ein.

Ranghohe unterstützen in der Regel Rangniedere, und zwar meist gegen Kinder, die selber niedriger im Rang sind als der Unterstützer (Abb. 3.30). Helfen und Unterstützen lassen sich aufgrund von GRAMMERS Befunden als Handlungsstrategien im Dienste verschiedener Funktionen deuten. Helfen steht im Dienste der Anknüpfung und Festigung von Freundschaften; Unterstützen im Streit scheint dagegen der Bekräftigung und Verbesserung des eigenen Ranges zu nützen. Wer einem Schwachen im Kampfe beisteht, gewinnt an »Ansehen«.

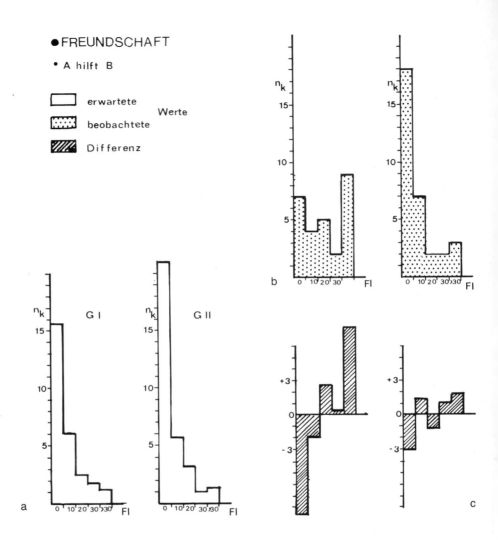

Abb. 3.29: Freundschaft und Helfen: Die Tabellen zeigen links die Ergebnisse der Gruppe I und rechts die der Gruppe II. a) Die mit Hilfe der Gesamtverteilung der FI berechneten erwarteten Verteilungen für Helfen in den fünf Klassen. Sie zeigen eine Abnahme der Häufigkeiten in Richtung der größeren FI. b) Die beobachteten Verteilungen von Helfen innerhalb der FI-Klassen. Es ist zu sehen, daß mit steigendem FI auch die Klassenfrequenzen des Helfens (n_k) zunehmen. c) Dies wird an der Darstellung der Differenzen (beobachtete minus erwartete Werte) besonders deutlich; sie sind bei niederen FI negativ und werden bei größeren positiv, d. h. bei kleinen FI wurde weniger Helfen beobachtet als erwartet und bei hohen FI mehr (G I: n = 27; G II: n = 32). Aus K. GRAMMER (1979).

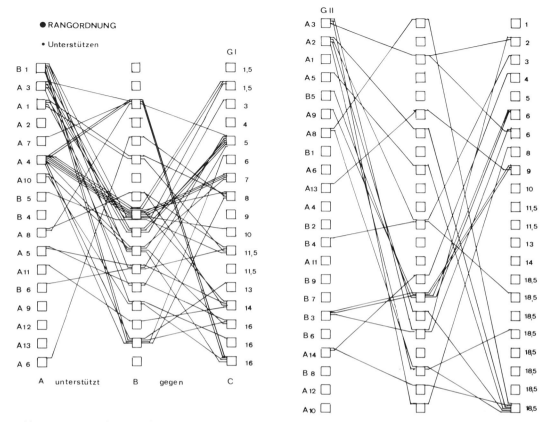

Abb. 3.30: Rangordnung und Unterstützen: Die Kinder sind entsprechend ihrem Rang von oben nach unten eingezeichnet. Von links nach rechts bedeutet jedes Kästchen die Rollen, die ein Kind innerhalb eines Ereignisses »Unterstützen« einnehmen kann: A = Unterstützer, B = Unterstützter, C = Kind, gegen das unterstützt wird. Die Verbindungslinie von drei Kästchen stellt ein Ereignis »Unterstützen« dar. Rechts ist die Rangkennziffer für jedes Kind eingetragen. Aus K. GRAMMER (1979). Analysiert man diese Ereignisse in Hinblick auf die Effektivität des Eingriffs, so kann man im wesentlichen drei Typen unterscheiden. Effektive Eingriffe erscheinen als V mit kurzem rechten Schenkel (der Eingreifer unterstützt rangniedrigere Kinder gegen andere Rangniedrigere), ineffektive Eingriffe als V mit langem rechten Schenkel (Rangniedrigere gegen Ranghöhere) und »Ausnützer«, d. h. Eingriffe in bereits entschiedene Konflikte auf der Seite des Gewinners, als auf den Kopf gestelltes V (Ranghöhere gegen Rangniedrigere). Aus K. GRAMMER 1981 und 1985.

3.5.2 Auswertung von Fragebögen

H. MORISHITA und W. SIEGFRIED (1983) interessierte die Frage, inwiefern kulturell stilisierter Ausdruck (Theatermimik) interkulturell verstanden wird. Als Material nahmen sie dazu Filmaufnahmen von Kabuki-Schauspielern, die HANS HASS mit meiner Assistenz in Japan aufgenommen hatte.

MORISHITA wählte aus dem Filmmaterial 16 Standbilder, in denen sie als Japanerin die Emotionen deutlich erkannte. Diese Bilder wurden 44 japanischen und 36 westeuropäischen Versuchspersonen vorgelegt, mit der Aufforderung, ihren Ausdrucksgehalt in einen vorgegebenen Fragebogen einzutragen (Abb. 3.31).

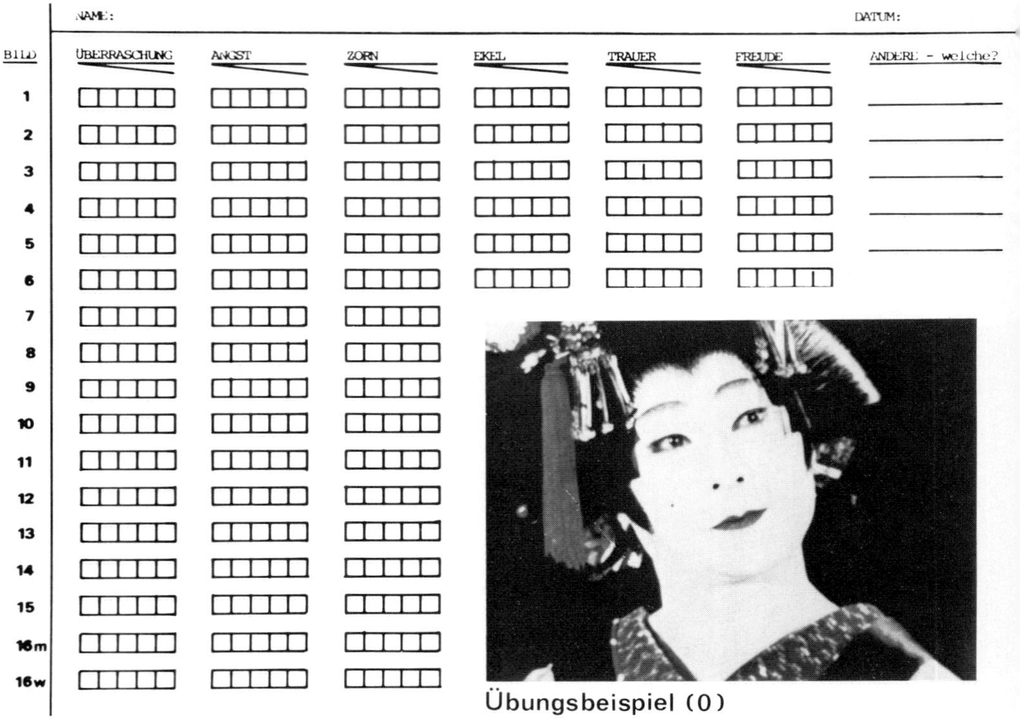

NAME: DATUM:

BILD	ÜBERRASCHUNG	ANGST	ZORN	EKEL	TRAUER	FREUDE	ANDERE – welche?
1	□□□□	□□□□	□□□□	□□□□	□□□□	□□□□	_____
2	□□□□	□□□□	□□□□	□□□□	□□□□	□□□□	_____
3	□□□□	□□□□	□□□□	□□□□	□□□□	□□□□	_____
4	□□□□	□□□□	□□□□	□□□□	□□□□	□□□□	_____
5	□□□□	□□□□	□□□□	□□□□	□□□□	□□□□	_____
6	□□□□	□□□□	□□□□	□□□□	□□□□	□□□□	
7	□□□□	□□□□	□□□□				
8	□□□□	□□□□	□□□□				
9	□□□□	□□□□	□□□□				
10	□□□□	□□□□	□□□□				
11	□□□□	□□□□	□□□□				
12	□□□□	□□□□	□□□□				
13	□□□□	□□□□	□□□□				
14	□□□□	□□□□	□□□□				
15	□□□□	□□□□	□□□□				
16m	□□□□	□□□□	□□□□				
16w	□□□□	□□□□	□□□□				

Übungsbeispiel (0)

Abb. 3.31: Fragebogen zur Testserie mit Übungsbeispiel (o) (Erläuterungen im Text).

Die sechs vorgegebenen Kategorien (Überraschung, Angst, Zorn, Ekel, Trauer, Freude) halten sich an die von P. EKMAN (1973) vorgeschlagenen. Die Zusatzkategorie »Andere« wurde gebildet, weil uns gewisse Dimensionen des in den Bildern Erscheinenden zu fehlen schienen. Für jede Emotion bestand die Möglichkeit, Intensitäten zu signieren (die fünf Kästchen). Pro Bild durften jeweils fünf Punkte verteilt werden, so daß auch Mischungen von Emotionen möglich wurden: zum Beispiel drei Punkte Freude und zwei Punkte Überraschung. Die Einstufung im Fragebogen wurde jeweils an einem Übungsbeispiel (o) demonstriert. Die Expositionszeit der Bilder betrug 10 Sekunden.

Die Antworten wurden in ein graphisches Schema übertragen, aus dem sowohl die eingestuften Emotionen (waagrecht) als auch deren Intensitäten (senkrecht) ablesbar sind (vgl. Abb. 3.32). Summieren sich die Punkte auf einer Säule, ist die

Emotion eindeutig eingestuft. Sind die Punkte stark verstreut, wird die angebotene Mimik mehrdeutig interpretiert. Bleiben die Punkte im unteren Bereich des Schemas, wird der Ausdruck als schwach gedeutet. Versammeln sich die Punkte im oberen Bereich, so stufen die Versuchspersonen die Mimik als starken Ausdruck dieser Emotion ein. Die Resultate der Befragungen von Europäern und Japanern gleichen sich insgesamt mit wenigen Ausnahmen. Wir wollen Ähnlichkeit und Diskrepanz der Deutungen an einigen Beispielen modellhaft beschreiben.

Die Abbildungen 3.32–3.37 zeigen eine Auswahl der Testbilder mit den Antwortschemata der Japaner (oben) und der Europäer (unten). Die meisten Bilder wurden von den Europäern ähnlich gedeutet wie von den Japanern:

Freude	(Abb. 3.32)
Überraschung	(Abb. 3.33)
Trauer	(Abb. 3.34)

Bei drei Bildern wird die Hauptemotion von den Europäern gleich eingestuft wie von den Japanern, aber sie setzen noch eine weitere Emotion stark dazu:

Trauer, aber mit Ekel	(Abb. 3.35)
Zorn, aber mit Angst	(Abb. 3.36)

Tendenzmäßig stufen die Japaner eindeutiger ein als die Europäer.

Markante Unterschiede zwischen Japanern und Europäern treten vor allem beim Deuten der Freude (besonders des Mannes) auf (Abb. 3.37). Für Freude der Frau nannten die Japaner zusätzlich Ekel und die Europäer Überraschung. Der Schauspieler führte dabei die Hand mit seinem Ärmel an den Mund in einer Geste der Verlegenheit, was wohl zu Mißdeutungen führte, denn auch bei Überraschung und Ekel führen wir die Hand vor den Mund.

Tendenzmäßig zeigt die graphische Analyse, daß das Ausdrucksgeschehen von den Europäern recht ähnlich interpretiert wird wie von den mit diesem Theaterstil vertrauten Japanern. Der einzige auffällige Unterschied besteht im Deuten der Freude. Das mag einerseits am Schminkstil liegen, andererseits ist sicherlich auch das für das Kabuki-Theater typische mimische Agieren, das sich durch antagonistische Muskelkontraktionen auszeichnet, die die emotionalen Reaktionen bremsen sollen, für das Mißverständnis mit verantwortlich. Das Zurücknehmen und Bremsen der Emotionen ist ein ganz wesentliches Element des Kabuki. Dieser Kabuki verkörpert aber nur einen der Spielstile. Verschiedene Inhalte führen in der dortigen Theatertradition zu je verschiedenem Agieren. So werden etwa im »Aragoto-Stil« Emotionen viel ungehaltener ausgedrückt. Die vorgelegten Resultate können also nicht schlechthin auf *das* japanische Theater ausgeweitet werden, sondern gelten spezifisch für den Kabuki-Stil. Das Spannende an der Untersuchung von Theatermimik liegt darin, daß im Gegensatz zur spontanen Mimik die

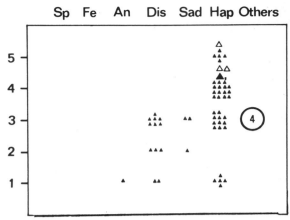

Abb. 3.32 bis 3.37: Testbilder mit den japanischen (oben) und europäischen (unten) Resultaten im Vergleich. Bei den Japanern bedeuten:
- ▲ : 44 Versuchspersonen
- ▲ : Schauspieler der Männerrolle
- △ : Kabuki-Experten

Erklärung der englischen Abkürzungen: Sp = Überraschung; Fe = Angst; An = Zorn; Dis = Ekel; Sad = Trauer; Hap = Freude; Others = andere (Erläuterungen im Text).
Aus H. Morishita und W. Siegfried (1983).

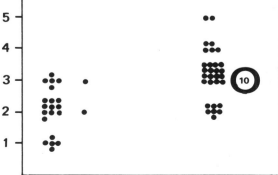

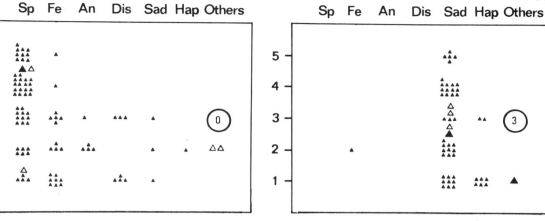

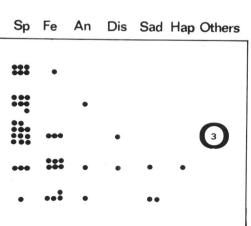
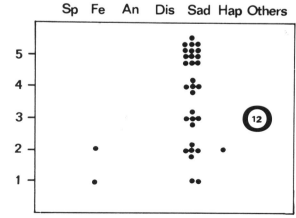

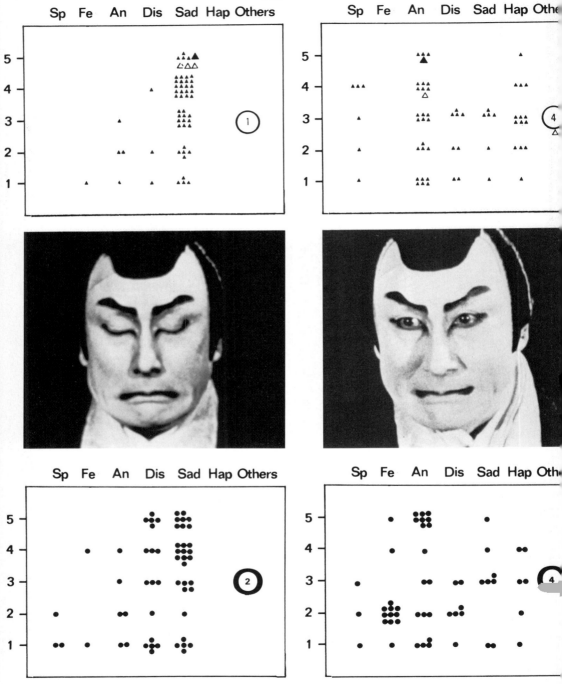

3.37

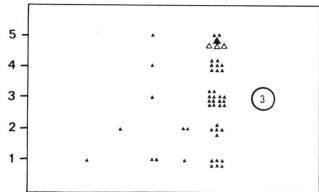

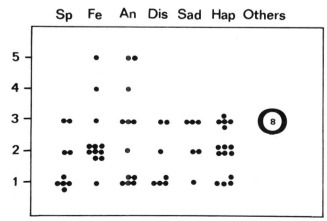

225

Elemente der kulturellen Überformung deutlich hervortreten und damit das Nebeneinander von Natur und Kultur am Leib selber anschaulich werden. Wie etwa drückt man Freude in verschiedenen Kulturen und Theaterstilen aus? Wie wird mit den verschiedenen Emotionen jeweils umgegangen? In welcher Richtung werden die universalen Ausdrucksweisen stilisiert und transformiert, und bis wohin werden solche Stilisierungen und Transformationen verstanden?

Zusammenfassung 3.5

Bestimmte Methoden der Datenerhebung und der statistischen Auswertung erlauben es, aus Beobachtungsdaten Hypothesen abzuleiten. Vor allem die in der Psychologie entwickelten Methoden des gerichteten Stichprobenverfahrens, der Korrelationstechnik und der Multivarianzanalyse bieten sich als methodische Werkzeuge für den Humanethologen an. Aussagen über Rangordnungen in Kindergartengruppen, über Freundschaftsbeziehungen und über die Auswirkungen von solchen sozialen Beziehungen auf bestimmte Verhaltensweisen, wie jene des Helfens bei Aufgaben oder des Unterstützens im Kampf gegen andere, können nur über quantifizierende Methoden gewonnen werden. Das methodische Vorgehen wird anhand einer solchen Kindergartenuntersuchung und an einer statistischen Auswertung von Aussagen (Fragebogenerhebung) illustriert.

3.6 Modelle

Modelle veranschaulichen Hypothesen. Sie erleichtern es uns, Zusammenhänge aus einem Funktionsschema unmittelbar abzulesen und Voraussagen zu machen, die man experimentell prüfen kann. Treffen die Voraussagen ein, dann kann das Schema als eine Form der Beschreibung der Sachverhalte gelten.

In der Ethologie wurden solche Darstellungen viel verwendet. Beispielhaft etwa von G. P. BAERENDS und R. H. DRENT (1970) und von E. VON HOLST und H. MITTELSTAEDT (1950). Bekannt ist auch das »psychohydraulische« Modell von KONRAD LORENZ, das sehr anschaulich die Abhängigkeit der Intensität eines Verhaltensablaufes von endogenen motivierenden Faktoren und auslösenden Reizen veranschaulicht (Abb. 3.38). B. HASSENSTEIN (1966:644) schrieb über dieses Modell:

»... es ist viel diskutiert (und – von Dilettanten in der Beurteilung theoretisch-wissenschaftlicher Pionierleistungen – als ›Psychohydraulik‹ bespöttelt) worden.

Abb. 3.38: Das »LORENZsche Triebmodell« von 1950. Beschriftung vervollständigt. Aus B. HASSENSTEIN (1983).

Viele Instinkthandlungen und analog dazu das Gedankenmodell haben folgende Eigenschaften: Zweierlei Einflüsse wirken auf die Intensität von Instinkthandlungen, also auch auf den Ausstrom aus der dafür verantwortlichen zentralnervösen Instanz, ein: Die Reizintensität und ein als ›Bereitschaft‹ zu kennzeichnender endogener Faktor, ein ›aktionsspezifisches Potential‹; SEITZ, der Entdecker dieses Zusammenhangs, sprach von ›doppelter Quantifizierung‹ der Instinkthandlung durch *äußere* und *innere* Bedingungen (18). Ein Weniger des einen kann durch ein Mehr des anderen Einflusses aufgewogen werden, um gleichen Ausstrom zu erhalten. Fehlt die Bereitschaft völlig, so sind auch optimale Reize wirkungslos. Vielfach, wenn auch nicht immer, gilt auch das Umgekehrte: Noch so starke Bereitschaft bringt keine Instinkthandlung zustande, wenn die auslösenden Reize fehlen. Die *Ausführung* von Instinkthandlungen *vermindert* die Bereitschaft, sie erneut auszuführen. Doch steigt die Bereitschaft unabhängig von den Außenreizen, also ›spontan‹ oder ›endogen‹, langsam wieder an. Nicht-Auslösen von Instinkthandlungen führt zur Aufstauung von aktionsspezifischem Potential und unter Umständen zum Ausbruch im ›Leerlauf‹. Unterschiedliche Instinkthandlungen, die von gleichen Reizen und gleicher Bereitschaft abhängen, benötigen gewöhnlich verschiedene Quantitäten des auslösenden Ursachenkomplexes, um in Gang zu kommen.«

Diese funktionellen Zusammenhänge kann man auch in Form eines Funktionsschaltbildes wiedergeben (Abb. 3.39). Solche Funktionsschaltbilder werden in der Biologie häufig gebraucht. Die Verbindungslinien repräsentieren in solchen Darstellungen signalübertragende Bahnen. Die wichtigsten graphischen Symbole sind in Abbildung 3.40 zusammengestellt. In der Technik würde dem biologischen Funktionsschaltbild der gerätetechnische Schaltplan eines elektronischen Gerätes am ehesten entsprechen. Funktionsschaltbilder lassen sich besser als verbale

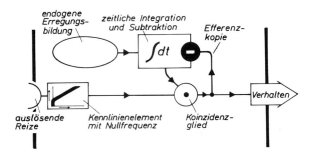

Abb. 3.39: Funktionsschaltbild für einen Teil des in Abb. 3.38 modellmäßig dargestellten Funktionszusammenhanges. Aus B. HASSENSTEIN (1983).

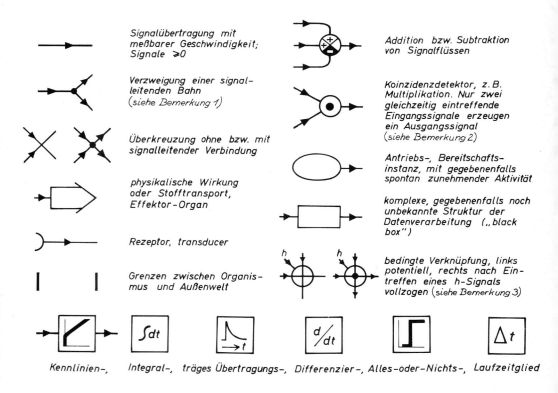

Abb. 3.40: Die wichtigsten graphischen Symbole für biologische Funktionsschaltbilder.
Bemerkung 1: Wenn ein bestimmter Signalstrom die Verzweigungsstelle erreicht, so fließt ein gleich großer (nicht etwa nur ein halb so großer) Signalstrom auf jeder der beiden Bahnen weiter. Bemerkung 2: Nur wenn gleichzeitig Signale eintreffen, wird ein Signal abgesandt. Bemerkung 3: Ein von links schräg oben eintreffendes Signal führt zur Entstehung einer signalleitenden Verbindung zwischen der waagrecht und der senkrecht gezeichneten Bahn. Aus B. HASSENSTEIN (1983).

Erörterungen auf innere Widerspruchslosigkeit prüfen. Sie sind ferner frei von Begleiterscheinungen, die Worten und Begriffen aus der Umgangssprache häufig anhaften. Das erläutert B. HASSENSTEIN (1983) am Beispiel der vieldiskutierten Begriffe Reaktionsbereitschaft, Antrieb, Motivation, Drang und Stimmung. Wenn man sich die Funktion aller dieser Parameter der Verhaltenssteuerung vergegenwärtigt und ein Funktionsschaltbild entwirft, wird klar, daß die Bedeutung dieser Begriffe auf funktioneller Ebene gleichzusetzen ist. Als neutralen Ausdruck schlägt HASSENSTEIN dafür »innere Bedingungen« vor. Am schon

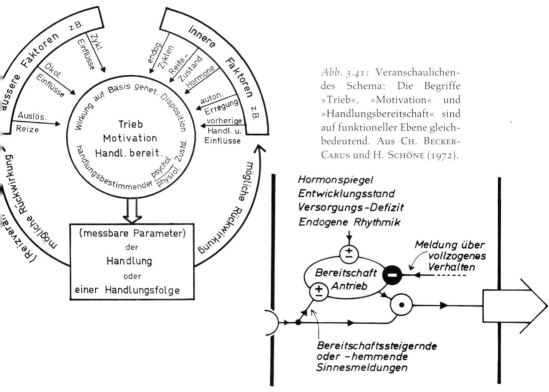

Abb. 3.41: Veranschaulichendes Schema: Die Begriffe »Trieb«, »Motivation« und »Handlungsbereitschaft« sind auf funktioneller Ebene gleichbedeutend. Aus CH. BECKER-CARUS und H. SCHÖNE (1972).

Abb. 3.42: Funktionsschaltbild für den in Abb. 3.41 angedeuteten Zusammenhang. Aus B. HASSENSTEIN (1983).

besprochenen Funktionsschaltbild des LORENZschen Triebmodells wird schließlich deutlich, daß auf diese Weise nicht nur theoretische Konzepte dargestellt, sondern auch Arbeitshypothesen hinsichtlich des im Sinnes-Nerven-Effektoren-System verwirklichten Netzes von informationsübertragenden Bahnen und datenverarbeitenden Instanzen gebildet werden (Abb. 3.41, 3.42).

Eine Systemanalyse menschlichen Sozialverhaltens hat N. BISCHOF (1975) vorgelegt. Er untersuchte das Zusammenwirken von Kontaktstreben und Furcht

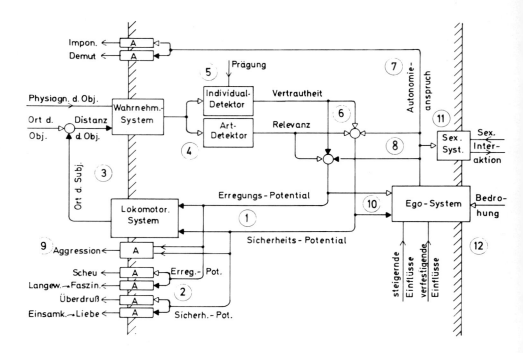

Abb. 3.43: Hypothetisches Wirkungsgefüge der sozialen Motivation bei höheren Säugern einschließlich des Menschen.

Die erläuternden Begriffe sind größtenteils anthropomorph und müssen bei Übertragung auf Tiere durch entsprechend neutralere Ausdrücke ersetzt werden.

Erklärung der Symbole: Pfeil = variable Größe (*nicht* Kanal). Block = System, Teilsystem, Kanal. Die Orientierung der Pfeilköpfe kennzeichnet die Richtung der kausalen Abhängigkeit. In einen Block einmündender Pfeil = Eingangsgröße (input), vom Block wegweisender Pfeil = Ausgangsgröße (output) des betreffenden Teilsystems. Pfeile, die im Leeren entspringen bzw. ins Leere weisen = Variable, deren Determination bzw. Auswirkung im Modell nicht spezifiziert wird. Verzweigungen (»Lötstellen«) bezeichnen die Wirkung einer Variablen auf die Ausgangsgrößen mehrerer, durch gesonderte Blöcke bezeichneter Teilsysteme. Leere dreieckige Pfeilköpfe = Beibehaltung des Vorzeichens bzw. positive Korrelation mit der nachfolgenden (abhängigen) Größe, ausgefüllte dreieckige Pfeilköpfe = Umkehr des Vorzeichens bzw. negative Korrelation mit der nachfolgenden Variablen. Einfache Pfeilköpfe = keine Aussage über Vorzeichenbeziehungen. Leere Kreise = nicht näher spezifizierte mathematische Operationen vom Typ einer Addition oder Multiplikation (bzw. – bei ausgefüllten Pfeilköpfen – einer Subtraktion oder Division). Schraffierte Linien = Grenzen des Organismus. Variable außerhalb dieser Grenzen sind observabel, solche innerhalb der Grenzen hypothetisch. Von den letzteren wird unterstellt, daß sie in einem späteren Stadium neurophysiologisch oder endokrinologisch interpretierbar sein werden. A = motorische Systeme, die das Ausdrucksverhalten (im weiteren Sinn) kontrollieren. Von den jeweils paarweise zusammenhängenden A-Blöcken tritt jeweils der obere (untere) in Aktion, wenn die Eingangsgröße ihren Sollwert über(unter-)-schreitet. Aus N. BISCHOF (1975).

in zwischenmenschlichen Beziehungen. Bekanntlich sucht das Kleinkind Kontakt mit der Mutter, und es meidet Fremde, ganz offensichtlich angstmotiviert. Später allerdings wird gerade der andersgeschlechtliche Fremde zum gesuchten Partner, und jene Personen, zu denen man eine enge familiäre Beziehung hat, wie sie für Blutsverwandte üblich ist, werden als Geschlechtspartner gemieden.

Mehrere Variable bestimmen, ob und wie weit sich das Kind von seiner Mutter entfernt, wie nah es sich an einen Fremden heranwagt, ob es exploriert und anderes mehr. N. BISCHOF zeichnet in seinem Modell das Netzwerk kausaler Faktoren (angenommener wie beobachteter) auf, die diesen Prozessen unterliegen. Sein Funktionsschaltbild nimmt zwei Systeme an, jedes mit einem Regelkreis:

1. Ein »Erregungs«-System, das mit 8 Monaten reift; sein Sollwert wird als »Enterprise« (Unternehmungslust) bezeichnet. Normalerweise führt ein Defizit an »Erregung« zu explorativem Verhalten, ein Überschuß zur Flucht.

2. Ein »Sicherheits«-System, das ab der Geburt oder spätestens mit 3 Monaten herangereift ist. Den Sollwert dieses Regelkreises nennt er »dependency« (Abhängigkeit). Er ist bei kleinen Kindern hoch und erreicht sein Minimum in der Pubertät. Ein Defizit an »Sicherheit« führt zu betontem Bindungsverhalten; ein Überschuß zu Kontaktverweigerung gegenüber der Familie. Dieses Verhaltensmuster wird als Überdruß-Verhalten bezeichnet.

N. BISCHOFS Funktionsschaltbild ist meines Wissens die erste und bisher einzige theoretische Systemanalyse menschlichen Sozialverhaltens (Abb. 3.43).

Zusammenfassung 3.6

Modelle erleichtern es uns, Zusammenhänge anschaulich zu machen. Man kann aus den Funktionsschemata Wirkungszusammenhänge ersehen und Voraussagen machen, die eine experimentelle Prüfung gestatten. Sie eignen sich insbesondere für die Darstellung komplexer Systemzusammenhänge.

4. Sozialverhalten

4.1 Wurzeln der Geselligkeit

Tiere schließen sich zu verschiedenen Zwecken zusammen. Fische des freien Ozeans bilden z. B. Schwärme. Das sind in erster Linie Schutzverbände. Im freien Wasser ist der einzelne ein leicht fixierbares Ziel. Einmal von einem Freßfeind ins Auge gefaßt, gibt es für ihn kaum ein Entkommen. Im Schwarmverband kann er dagegen im Gewimmel der anderen untertauchen. Jeder ist im Schwarmverband sicherer als allein, denn der Raubfisch muß vor dem Zuschnappen fixieren können, und das Durcheinander der Zielpunkte verwirrt seinen Zielmechanismus (I. EIBL-EIBESFELDT 1962). In solchen Fällen entwickelten sich Signale, die dem Zusammenhalt dienen und auch der Verständigung zum Beispiel bei Gefahr. So sondern manche Schwarmfische einen Schreckstoff ab, wenn sie verletzt wurden, der die anderen warnt (K. VON FRISCH 1941). Die Verbände sind in der Regel anonym, d. h. die Schwarmfische kennen einander nicht individuell. Der Freßfeinddruck gab hier den Anstoß zum Zusammenschluß.

Die geschlechtliche Fortpflanzung und die Betreuung des Nachwuchses führte bei vielen Tieren zur Entwicklung partnerschaftlicher Beziehungen. Die Geschlechtsprodukte müssen einander nahe gebracht werden, und dazu sucht im allgemeinen ein Partner den anderen zur Befruchtung auf. Dort, wo sich die Geschlechtspartner nur unter großen Schwierigkeiten, oder nur selten, treffen, kommt es zu engen Partnerbindungen, z. B. bei einigen Tiefseefischen, wo die Männchen sich an dem einmal gefundenen Weibchen sogar festheften und mit ihm verwachsen. Bindung kann auch über eine verhaltensmäßige Fixierung an den Geschlechtspartner erfolgen, die dann so beschaffen ist, daß jeder die Nähe seines ihm persönlich bekannten Partners sucht. In einem solchen Falle spricht man von einer persönlichen Bindung an den Partner. Merkmal der *Bindung* ist die Appetenz nach *Partnernähe*. Die Nähe allein könnte auch durch Bindung an einen bestimmten Ort zustande kommen, dann allerdings würde man nicht von Partnerbindung sprechen. Des weiteren ist für die Bindung eine *partnerbeschränkte Verträglichkeit* typisch, und schließlich ist der Partner *selektives Ziel bindender* Verhaltensweisen, ja ohne ihn kann das Bedürfnis für bestimmte Verhaltensweisen oft nicht ausgelebt werden. Dies gilt z. B. für das Duettsingen bestimmter Vögel (W. WICKLER und D. UHRIG 1969). In diesem Fall ist die Appetenz zu singen, die nur in Gegenwart eines Duettpartners ausgelebt werden kann, der entscheidende Faktor, der die Vögel aneinander bindet. Ähnliches gilt für das »Triumphgeschrei« der Graugans (K. LORENZ 1963). Des weiteren wissen wir durch die Untersuchungen von MONIKA MEYER-HOLZAPFEL (1940), daß Tiere auch Appetenzen nach triebbefriedigenden Endsituationen (S. 106) haben. Ein Tier sucht seinen Bau oder sein Nest auf, um dort an einem sicheren Ort zu ruhen. Für viele höhere Wirbeltiere ist der Artgenosse ein solcher Ort der Geborgenheit. Für viele Jungtiere hat die Mutter als Ort der Zuflucht geradezu Heimcharakter.

Ein für die Entwicklung der Geselligkeit der Wirbeltiere höchst bedeutsames Ereignis stellt die bereits im vorangegangenen Abschnitt angesprochene Entwicklung der individualisierten Brutpflege dar. Mit ihr bilden sich die Motivation (Appetenz) zu betreuen, das Instrumentarium betreuender Verhaltensweisen sowie die darauf abgestimmte Motivation des Kindes, Betreuung zu suchen, und die Kindsignale, über die das mütterliche (oder elterliche) Betreuungsverhalten (Füttern, Beschützen, Wärmen usw.) ausgelöst wird. Damit waren Verhaltensweisen und Motivationen verfügbar, die auch einen freundlich-zärtlichen Umgang zwischen Erwachsenen möglich machten (I. EIBL-EIBESFELDT 1970). Man kann daher von einer »Sternstunde« der Verhaltensevolution sprechen. Von dem Repertoire der Verhaltensweisen der Betreuung und den sie auslösenden Kindsignalen wurden viele in abgeleiteter Form in den Dienst der Erwachsenenbindung gestellt (Kap. 3.4). Mit der individualisierten Brutpflege kam ferner die Fähigkeit, persönliche Bindungen auszubilden, in die Welt und damit die Fähigkeit zu lieben, denn Liebe ist durch die starke, emotionell getönte, individualisierte Bindung definiert. Sie ist exklusiv. Und das gilt bei vielen Säugern auch für die Mutter-Kind-Bindung. Eltern und Junge suchen aktiv den Kontakt miteinander. Sie kennen sich persönlich und verteidigen die Bindung gegen störende Einflüsse. Wenn bei Tieren individualisierte Bindung zwischen Mutter und Kind vorliegt, weisen die Mütter z. B. fremde Junge ab, die sich ihnen zu nähern suchen (I. EIBL-EIBESFELDT 1958, 1970). Die persönliche Bindung entwickelte sich bei denjenigen Säugern, deren Jungtiere sich bald nach der Geburt selbständig fortbewegen können. Man sprach in diesem Zusammenhang auch von »Nestflüchtern«, da diese Tierjungen früh ihr Nest verlassen (Beispiel Gänsevögel und Feldhasen), zum Unterschied von den »Nesthockern«, die in einem recht unfertigen Entwicklungszustand zur Welt kommen und zunächst im Nest verweilen. Allerdings ist der Begriff »Nestflüchter« nicht gut gewählt, gehören doch auch die Antilopen und Wale, die gar kein Nest bauen, zu diesem Typus der »Frühreifen«. H. SCHNEIDER (1975) schlägt daher für die Säugerjungen dieses Typs den Begriff »Mutterfolger« vor. Er unterscheidet ferner als zwei weitere Typen jene, bei denen die Mütter ihre Jungen ablegen (Beispiel Reh), als »Ablieger«, und jene, die auf der Mutter sitzen und sich an ihr aktiv festhalten, als »Mutterhocker« (Beispiel viele Affen). Für den Menschensäugling, der sich nicht mehr aktiv an der Mutter festhalten kann, prägte B. HASSENSTEIN (1975) die treffende Bezeichnung »Tragling«.

In allen zuletzt genannten Fällen muß der Gefahr der Jungenvertauschung vorgebeugt werden. Mutter und Kind sind ja physiologisch genau aufeinander abgestimmt, und nur ein Verbleiben bei der Mutter garantiert die erfolgreiche Aufzucht. Weiter muß das Kind davor geschützt werden, sich fremden Artgenossen zu nähern, die ja in vielen Fällen aggressiv auf Artangehörige reagieren. Ein persönliches Mutter-Kind-Band ist auch in dieser Beziehung vorteilhaft. Die persönliche Bindung zwischen Mutter und Kind entwickelt sich oft unmittelbar nach dem Schlüpfen oder nach der Geburt der Jungen und trägt bisweilen den Charakter einer prägungsähnlichen Fixierung.

Auch bei denjenigen Tieren, bei denen sich eine persönliche Bindung zwischen Mutter und Kind entwickelt, wird ein primärer Mutter-Kind-Kontakt zunächst über ein Repertoire kindlicher Signale bewirkt, auf die die Mutter angeborenerweise reagiert; umgekehrt spricht das Junge auf bestimmte Signale der Mutter an. Es verfügt ferner über Lerndispositionen, die sichern, daß es die Bindung an das richtige Objekt eingeht.

Die Mutter-Kind-Beziehung ist eine wechselseitige. Dementsprechend ist nicht nur das Kind auf die Mutter, sondern diese auch auf ihr Kind abgestimmt. Mütter verstehen die Notrufe der arteigenen Jungen und eilen herbei, auch wenn sie sie zum erstenmal hören. Sie lernen darüber hinaus ihre Jungen persönlich kennen. Bei Säugern spielt geruchliches Erkennen eine besondere Rolle.

Die persönliche Bindung der Mutter an ihr Kind wird bei einigen Säugern nur während einer kurzen sensiblen Phase ausgebildet. Ziegenmütter sind nur während dieser Phase bereit, ein Junges anzunehmen. Beläßt man ihnen das Junge fünf Minuten nach der Geburt und trennt sie danach für eine Stunde, dann begrüßen die Mütter das Junge nach der Rückkehr und nehmen es an. Sie erkennen es offensichtlich, denn fremde Jungen werden abgelehnt. Entfernt man jedoch das eigene Junge unmittelbar nach der Geburt für eine Stunde, so wird es danach von der Mutter wie ein fremdes Jungtier behandelt und angegriffen, wenn es Kontakt sucht. Möglicherweise ist die Oxytocin-Ausschüttung bei der Geburt für diese kurze sensible Periode verantwortlich.

Oxytocin wird beim Durchtritt des Kindes durch den Gebärmutterhals (Cervix) ausgeschüttet und innerhalb von fünf Minuten wieder abgebaut. Durch künstliche Erweiterung der Cervix bei Ziegen, die noch nicht geboren haben und die auch nicht schwanger sind, kann man diese Oxytocin-Ausschüttung auslösen und zugleich die Bereitschaft, ein Junges anzunehmen (P. KLOPFER 1971). E. B. KEVERNE und Mitarbeiter (1983) induzierten durch eine fünfminütige mechanische vaginal-zervikale Reizung volles mütterliches Verhalten bei nichtschwangeren Schafen, die sie hormonal mit Östrogen und Progesteron vorbereitet hatten. Reizten sie Schafe, die frisch geboren und bereits ihr eigenes Junges angenommen hatten, auf ähnliche Weise, dann waren diese Schafe wieder bereit, ein fremdes Junges zu adoptieren, das sie vor dieser Behandlung bereits abgelehnt hatten, da ihre natürliche Phase der Aufnahmebereitschaft verstrichen war. Der über die vaginal-zervikale Reizung ausgelöste Hormonreflex (Oxytocinausschüttung) spielt offensichtlich eine wichtige Rolle bei der Auslösung mütterlichen Verhaltens. Mittlerweile haben sich viele Untersucher mit der Rolle des Oxytocins bei der Herstellung der Bindebereitschaft befaßt. Wir wissen, daß dieses Hormon bei verschiedenen Säugern und auch bei uns Menschen als »Bindehormon« eine wichtige Rolle spielt. Es wird auch beim Stillen und beim Menschen auch beim Sexualakt ausgeschüttet (C. A. PEDERSEN und Mitherausgeber 1992, C. A. PEDERSEN und Mitarbeiter 1992, E. B. KEVERNE 1992, J. D. CALDWELL 1992, R. ARLETTI und Mitarbeiter 1992). Wir werden im Kapitel über das menschliche Sexualverhalten darauf zurückkommen.

Die Evolution der individualisierten Brutpflege war zweifellos ein Schlüsselereignis in der Stammesgeschichte des sozialen Verhaltens der Wirbeltiere. Ohne dieses Ereignis gäbe es bei uns Menschen keine Mitempfindung, kein Mitleid, keine Liebe und damit auch keine höheren Formen der Geselligkeit. Auch unser Gruppenethos kann als erweitertes Familienethos aufgefaßt werden (Kap. 8.2.2).

Ich bin in diesem Punkt anderer Meinung als K. LORENZ (1963), der die Liebe als Kind der Aggression betrachtet. Er meint, die gemeinsame Verteidigung gegen Feinde habe am Ausgangspunkt der Entwicklung gestanden; er weist in diesem Zusammenhang darauf hin, daß Graugänse bei der Paarbildung über ritualisiertes Drohen gegen Dritte zuerst eine Verteidigungsgemeinschaft bilden und daß der Drohgruß zeitlebens das Paar bindet. Ich kenne allerdings kein Landwirbeltier, das allein auf der Basis der Aggression zu einer individualisierten Gruppe vereint würde. Vielmehr kann in allen Fällen, in denen die Aggression im Dienste der Bindung steht, auch festgestellt werden, daß die Brutpflege im Leben dieser Tiere ebenfalls eine hervorragende Rolle spielt und daß aus diesem Bereich abgeleitete Signale Erwachsene binden. Dies spricht dafür, daß sich die bindende Funktion des Kämpfens von der Familienverteidigung ableitet. Erst mit der Jungenverteidigung entwickelt sich die Potenz zum aggressiven Einsatz für die Gruppe.

Die Erfindung der Brutpflege steht gewiß am Ausgangspunkt der Entwicklung differenzierter höherer Sozialsysteme. Sie vollzieht sich in zwei entscheidenden Schritten. Brutpflege ohne die individualisierte Bindung reichte aus, die Organisation der staatenbildenden Insekten anzustoßen. Die gegenseitige Fütterung (Trophallaxis), ein von der Brutpflege abgeleitetes Verhalten, ist in den Insektenstaaten der wichtigste Gruppenkitt. Allerdings sind die Individuen zu einer anonymen Gemeinschaft gebunden, die bei Bienen und Ameisen ein gemeinsamer Gruppenduft ausweist.

Für uns Menschen war die entscheidende weiterführende Erfindung die zusätzliche Entwicklung der individualisierten Bindung zwischen Mutter und Kind. Sie steht am Ausgangspunkt der individualisierten Gruppe. Mit ihr erst kam die Liebe, definiert als persönliche Bindung (I. EIBL-EIBESFELDT 1970), in die Welt. In der anonymen Gesellschaft, der wir in raschen Schritten entgegeneilen, läuft die Liebe Gefahr zu sterben.

Bemerkenswert ist, daß nur die Brutpflege Anstoß für die Entwicklung höher organisierter Sozialverbände gab. Weder Sexualität noch Aggression oder Angst reichten dazu aus. Angst führt bei Fischen zur Bildung von Schwärmen, welche jedoch nicht höher organisiert sind. Als zusätzlich bindende Mechanismen spielen die genannten Motivationen beim Menschen allerdings eine bedeutende Rolle: die Sexualität z. B. bei der ehigen Partnerbindung (Kap. 4.4), die Angst bei der Bindung der Rangniederen an die Ranghohen (ursprünglich wohl der Kinder an die Eltern, S. 119, 253) und die Aggression, wenn sich die Gruppenmitglieder gegen einen gemeinsamen Feind verteidigen mußten.

Zusammenfassung 4.1

Geselligkeit entwickelte sich in mehreren Evolutionsschritten. Appetenz nach Partnernähe und Verträglichkeit finden wir bereits bei Fischen, die in Schwärmen Schutz vor Raubfeinden suchen. Zu differenzierteren Formen geselligen Zusammenlebens kam es jedoch erst nach der Entwicklung der Brutpflege. Mit ihr entwickelten sich die Motivation zu fürsorglichem Verhalten ebenso wie die Motivation, sich betreuen zu lassen, die betreuenden Verhaltensweisen sowie das Repertoire der Mutter-Kind-Signale. Verhaltensweisen der Betreuung und infantile Appelle konnten als primär freundlich in den Dienst der Erwachsenenbindung gestellt werden. Mit der Brutpflege kam die Freundlichkeit in die Welt. In einem weiteren entscheidenden Entwicklungsschritt bildete sich, ebenfalls zunächst in der Mutter-Kind-Beziehung, die Fähigkeit zu individualisierter, d. h. persönlicher Bindung aus. Sie diente zunächst dazu, die Mutter-Kind-Bindung, z. B. bei Arten mit langer Brutpflege, zu sichern. Liebe, definiert als individualisierte Bindung, war damit möglich geworden. Die im Dienste der Brutfürsorge entwickelten Verhaltensweisen erlauben es aber auch, Nichtblutsverwandte in Gruppen so zu binden, daß höher organisiertes kooperatives Gruppenleben und Gruppenselektion möglich werden.

4.2 Die Ambivalenz von Zuwendung und Abkehr im zwischenmenschlichen Verhalten

Die Beziehungen zum Artgenossen sind bei höheren Wirbeltieren von einer deutlichen Ambivalenz gekennzeichnet. Der Artgenosse ist einerseits ein Partner, den man sucht. Den Neigungen zur Kontaktsuche (Bindetrieb) stehen jedoch aggressive Impulse entgegen, die auf Distanzierung hinwirken. Der Artgenosse ist Träger von Signalen, die sowohl freundliche Zuwendung als auch fluchtmotivierte Abkehr oder Aggression auslösen. Lachmöwen z. B. haben in den ersten Phasen der Paarbildung große Schwierigkeiten, freundlichen Kontakt aufzunehmen. Beide haben ein schwarzes Gesichtsgefieder, und diese dunkle Maske ist ein aggressionsauslösendes Signal. Wollen die Geschlechtspartner einander näherkommen, so dürfen sie sich anfangs nie voll ins Gesicht sehen. Sie dürfen dies höchstens in geduckter Haltung tun bei gleichzeitigem intensivem Betteln, das Aggressionen hemmt. Immer wieder wenden sie sich dabei mit einer betonten Bewegung das helle Hinterhaupt zu (N. TINBERGEN 1953, 1959). Sie betrachten einander zunächst bevorzugt aus den Augenwinkeln. Erst wenn die künftigen Ehepartner sich persönlich gut kennen, wird über diese Bekanntheit die aggressionsauslösende Wirkung der Gesichtsmaske so weit abgeschwächt, daß die Tiere einander auch ohne beschwichtigendes Zeremoniell nahe kommen und voll ansehen können.

Eine vergleichbare Ambivalenz kennzeichnet auch die zwischenmenschlichen Beziehungen. Sie manifestiert sich bereits in sehr frühem Lebensalter. Mit 5 bis 6 Monaten beginnen Säuglinge zu »fremdeln«. Während sie bis dahin jedermann anlächeln, der sich ihnen zuwendet, beginnen sie nunmehr zwischen ihnen bekannten Personen und Fremden zu unterscheiden. Während der Säugling Bezugspersonen nach wie vor anlächelt, kommt nun Fremden gegenüber eine deutliche Scheu zum Ausdruck. Das Kind lächelt zwar auch den Fremden an, dann aber wendet es sich ab und birgt sich kurz an der Mutter, um meist neuerlich freundlichen Blickkontakt aufzunehmen (Abb. 4.1–4.4). In einem zyklischen Prozeß können so Abkehr und Zuwendung wechseln. Respektiert der Fremde diese Anzeichen der Scheu und bleibt er auf Distanz, dann kann sich das Kind mit ihm anfreunden. Kommt er jedoch näher, dann schlägt das Verhalten des Kindes oft in Angst um, es beginnt zu weinen, ja, es kann geradezu in Panik geraten, wenn der Fremde es gegen seinen Protest aufzunehmen versucht. Die Reaktion ist stärker, wenn der Fremde vom gewohnten Erscheinungsbild der Ethnie der Eltern stark abweicht. In den Experimenten von S. FEINMAN (1980) fürchteten weiße und afroamerikanische Kinder Fremde der eigenen Rasse weniger als Fremde der anderen Rasse. R. SPITZ (1965) interpretierte die Fremdenscheu des Kindes als Angst, die Mutter verloren zu haben. Das Kind, so meint er, glaube beim Anblick des Fremden, seine Mutter komme nicht mehr zurück. Da Kinder

Abb. 4.1: Fremdeln eines Säuglings der In (West-Neuguinea): Ein Besucher möchte den Jungen aufnehmen. Er protestiert und flüchtet zum Vater. Aus einem mit 25 B/s aufgenommenen 16-mm-Film, Bild 1, 16, 30, 41, 96, 125, 215 und 276 der Sequenz. Foto: I. Eibl-Eibesfeldt.

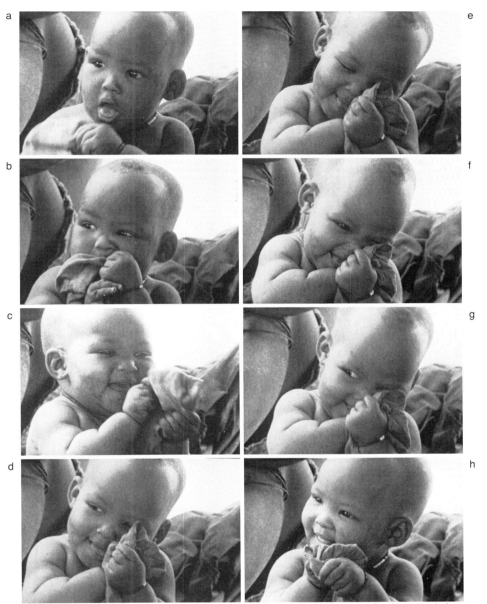

Abb. 4.2: a) bis h) Die Ambivalenz zwischen Zuwendung und Abkehr, ausgedrückt im Verhalten eines weiblichen G/wi-Buschmannsäuglings (zentrale Kalahari). Auf Blickkontakt hin führt das Kind die Hand wie zum Verbergen des Untergesichts an den Mund, lächelt und wendet sich ab. Es nimmt dann neuerlich Blickkontakt auf, sieht wieder weg und pendelt so zyklisch zwischen Zuwendung und Abkehr. Bemerkenswert ist die simultane Überlagerung von Wegorientierung (Körperhaltung) und Zuorientierung (Augen) in Bild 287. Aus einem mit 25 B/s aufgenommenen 16-mm-Film, Bild 1, 40, 199, 244, 247, 275, 287 und 332. Foto: I. EIBL-EIBESFELDT.

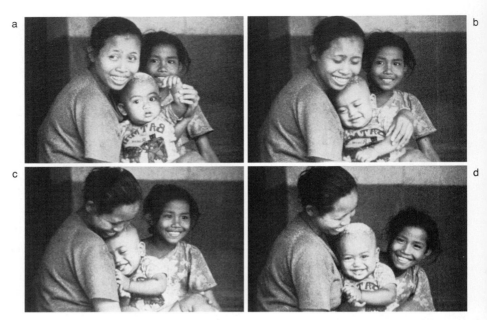

Abb. 4.3: Verlegenheit (Ambivalenz) von Mutter und männlichem Säugling auf Bali. Die Mutter winkt dem Beobachter mit der Hand ihres Säuglings zu und macht den Augengruß; dann suchen sie beieinander Zuflucht und wenden sich daraufhin wieder dem Fremden freundlich zu. Aus einem mit 50 B/s aufgenommenen 16-mm-Film, Bild 1, 14, 58 und 101 der Sequenz. Foto: I. EIBL-EIBESFELDT.

aber auch Fremdenfurcht zeigen, wenn sie sich auf dem Arm der Mutter befinden, dürfen wir diese Hypothese verwerfen.

Das Verhalten des Kindes belegt vielmehr, daß der Mitmensch Träger von Signalen ist, die widersprüchliche Verhaltenstendenzen aktivieren. Da wir wissen, daß Kinder einen Fremden auch dann scheuen, wenn sie nie zuvor schlechte Erfahrungen mit Fremden sammelten, dürfen wir annehmen, daß sie dabei angeborenermaßen auf bestimmte Merkmale des Mitmenschen mit Furcht reagieren. Die Detektoren, die auf diese furchtauslösenden Signale abgestimmt sind, reifen offenbar in den ersten Lebensmonaten zur Funktionsfähigkeit. Das erinnert an entsprechende Befunde über das Erkennen von Drohsignalen bei Rhesus-Affen, die G. P. SACKETT (1966) sozial isoliert aufzog.

Die Mutter und andere Bezugspersonen sind als Mitmenschen natürlich ebenfalls Träger dieser furchteinflößenden Merkmale, allerdings schwächt persönliche Bekanntheit die Wirkung dieser Signale ab. Was alles am Mitmenschen schreckt, wissen wir nicht. Beim sehenden Menschen spielen die Augen eine große Rolle. Wir nehmen sie mit einer gewissen Ambivalenz wahr. Einerseits brauchen wir den Blickkontakt, um mit unserem Mitmenschen zu kommunizieren. Wir teilen so mit, daß die Kanäle für die Kommunikation offen sind.

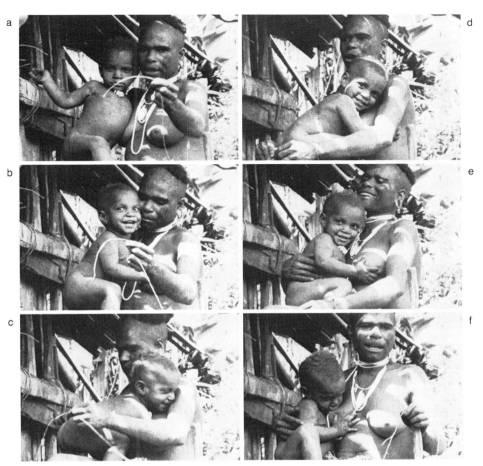

Abb. 4.4: Eine Eipo-Mutter (West-Neuguinea) macht ihren Säugling auf den Beobachter freundlich aufmerksam. Der Säugling lächelt, birgt sich dann an der Mutter, nimmt wieder freundlichen Blickkontakt auf und trinkt schließlich (Beruhigungstrinken). Aus einem mit 25 B/s aufgenommenen 16-mm-Film, Bild 1, 19, 36, 93, 120 und 194 Sequenz. Foto: I. Eibl-Eibesfeldt.

Andererseits dürfen wir nicht zu lange den Blick halten, denn sonst wird er zum Starren und damit bedrohlich. Früher konnte man jemanden durch Anstarren zum Duell herausfordern, und einen Fremden anzustarren gilt auch heute noch als unschicklich, wenn nicht unverschämt. Ein Redender, der den Angeredeten unentwegt fixiert, wirkt aggressiv, dominierend. Im normalen Gespräch beobachten wir daher, daß Redende immer wieder den Blickkontakt unterbrechen. Der Zuhörende dagegen darf den Redenden dauernd ansehen. Das Prinzip gilt trotz kultureller Variation überall. Vor allem Naturvölker reagieren empfindlich auf Blickkontakt. Die Tasaday fürchteten sich vor unseren »stechenden« Augen

(I. Eibl-Eibesfeldt 1976). Das Drohstarren gehört zum normalen Repertoire aggressiven Verhaltens (S. 528).

E. Waters und Mitarbeiter (1975) zeigten, daß bei Annäherung eines Fremden an 5 bis 10 Monate alte Kinder deren Pulsschlag schnell ansteigt, auch wenn der Fremde sich mit freundlichen Worten nähert. Durch Wegsehen kann das Kind den Kontakt abbrechen und seinen eigenen Erregungsspiegel regulieren. Die Pulsschlagfrequenz sinkt beim Wegschauen schnell wieder ab.

Neben den Augen müssen jedoch auch andere Signale wirksam sein; denn von Geburt an blind, ja selbst taubblind geborene Kinder fremdeln in einem bestimmten Alter. Blindgeborene erkennen Personen an der Stimme und meiden Fremde mit allen Anzeichen der Angst (S. Fraiberg 1975). Taubblindgeborene erkunden Personen taktil und geruchlich, wobei dem Geruch bei der Personenunterscheidung größere Bedeutung zukommt. Auch sie fürchten Fremde (I. Eibl-Eibesfeldt 1973). Schließlich haben wir frühkindliche Xenophobie in allen von uns untersuchten Kulturen festgestellt, bei Buschleuten ebenso wie bei den Yanomami, Eipo, Himba, Tasaday oder Pintubi, um nur einige zu nennen, und zwar nicht nur dem weißen Besucher, sondern auch Fremden der eigenen Ethnie gegenüber. M. J. Konner (1972) untersuchte die Fremdenfurcht der !Kung-Buschleute. Offensichtlich bildet die Xenophobie einen wichtigen Bestandteil des menschlichen Verhaltensrepertoires. Sie liegt als stammesgeschichtliche Anpassung vor, kann aber durch Erziehung stark beeinflußt werden. In vielen Kulturen wird sie von den Eltern zu erzieherischen Zwecken benutzt und dabei als Sekundäreffekt sicher bekräftigt: Als ein Tasadaysäugling greinte, ermahnte ihn die Mutter, daß der Fremde ihn mitnehmen würde, wenn er nicht ruhig sei. Entsprechendes hörte ich immer wieder von den Yanomami.

Über die Fremdenfurcht europäischer Kinder gibt es eine reiche Literatur (siehe Sammelreferat L. A. Sroufe 1977). Nach H. J. Rheingold und C. Eckerman (1973) ist das Konzept von geringem Wert, da ja die Kinder Fremden gegenüber nicht nur Furcht, sondern auch Verhaltensweisen der Kontaktbereitschaft zeigten. Ähnlich argumentiert M. Ferrari (1981). Das genau meinen wir mit »Ambivalenz«, und auf die Bereitschaft zu freundlichem Kontakt wiesen wir auf S. 237 bereits hin.

Unsere Aufnahmen zeigen, daß in der Tat zwei antagonistische Systeme aktiviert werden: Verhaltensweisen der Zuwendung und Abkehr wechseln oft zyklisch. Sie können einander aber auch simultan überlagern. Das System, das bindende Verhaltensweisen bewirkt, aktiviert Verhaltensweisen der Annäherung, der Zuwendung und Signale der Kontaktbereitschaft; das ihm entgegengesetzte agonale System (Kap. 5.1) Verhaltensweisen des Ausweichens, des Rückzugs (Flucht), aber auch der Aggressionen. Letztere können sich in Abwehrhandlungen oder in Autoaggressionen ausdrücken (Abb. 4.5–4.11).

Die Interpretation des »widersprüchlichen« Verhaltens bereitet also keinerlei theoretische Schwierigkeiten. Natürlich variiert das Verhalten individuell und

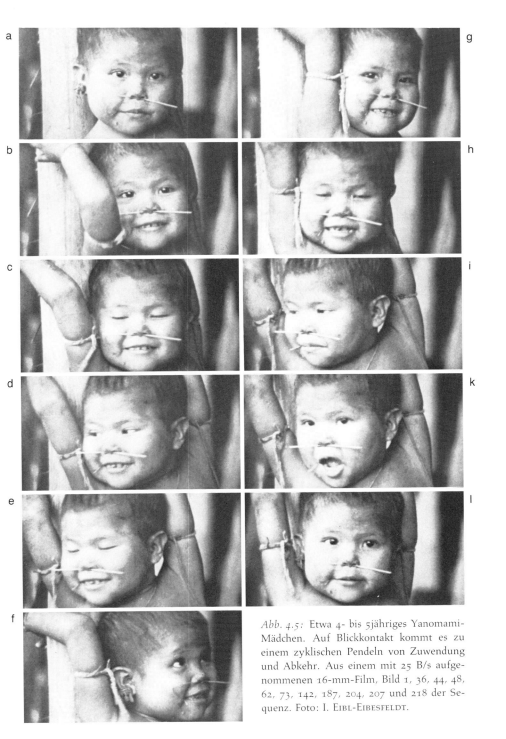

Abb. 4.5: Etwa 4- bis 5jähriges Yanomami-Mädchen. Auf Blickkontakt kommt es zu einem zyklischen Pendeln von Zuwendung und Abkehr. Aus einem mit 25 B/s aufgenommenen 16-mm-Film, Bild 1, 36, 44, 48, 62, 73, 142, 187, 204, 207 und 218 der Sequenz. Foto: I. Eibl-Eibesfeldt.

Abb. 4.6: Himba-Mädchen (Kaokoland/Südwestafrika), das auf Blickkontakt hin verlegen züngelt und sich in den Handrücken beißt. Aus einem 16-mm-Film. Foto: I. EIBL-EIBESFELDT.

nach Kontext und Versuchsaufbau, aber das Phänomen Xenophobie kann nicht einfach als Artefakt einer künstlichen Experimentalsituation abgetan werden. Es handelt sich vielmehr um eine elementare zwischenmenschliche Reaktion, die man durchaus auch im natürlichen Kontext beobachten kann.

Die Arbeiten von M. D. S. AINSWORTH (1963, 1969, 1973) und von L. SMITH und H. MARTINSEN (1977) belegen, daß ein Kind selektiv die Nähe der Mutter sucht. Das Kind spricht und spielt weniger explorativ, wenn die Mutter den Raum verläßt, und es weint mehr. Kommt die Mutter zurück, dann beruhigt sich das Kind und sucht Kontakt. Bleibt es allein mit einem Fremden zurück, dann sucht es auch dessen Nähe. »Contrary to attachment theory, stress may induce nonspecific proximity seeking in a young child« (L. SMITH und H. MARTINSEN 1977: 51). Wieso aber »contrary«? Das eine schließt das andere nicht aus. Bei großer Angst sucht man eben auch die Nähe des fremden Mitmenschen. Wir können durchaus darauf selektiert worden sein, Alternativen zu wählen: Ist die Mutter da, dann meide alle Fremden, ist sie dagegen verschwunden, dann suche Nähe von anderen Menschen! Allein würde ein Kind auf jeden Fall umkommen.

K. KALTENBACH und Mitarbeiter (1980) beschreiben, daß nicht nur die Säuglinge bei Annäherung eines Fremden Vermeidereaktionen zeigen, sondern in noch stärkerem Maße die Mütter. Deshalb, so meinen sie, sei die Fremdenfurcht des Säuglings kein besonderes entwicklungsspezifisches Phänomen. – Sicher hat auch der Erwachsene zum Mitmenschen ein zwiespältiges Verhältnis. Neben Impulsen der Zuwendung induziert dieser auch deutliche Scheu. Deshalb verliert das Konzept der Fremdenfurcht für den Entwicklungspsychologen aber nicht an Bedeutung.

Die Fähigkeit, fremde Personen von bekannten zu unterscheiden, setzt Erfahrungen voraus. Daß eine fremde Person Angst auslöst, versuchten einige Psychologen damit zu erklären, daß das Kind zunächst auf Grund von Lernprozessen Schemata (Referenzmuster) bilde, und wenn das neu Wahrgenommene nicht der Erinnerung entspreche, also keine Übereinstimmung vorliege, würde es ängstlich (»Incongruity«-Hypothese). Das würde allerdings bereits ein uns angeborenes

Abb. 4.7: Etwa zehnjähriges balinesisches Mädchen. Bei Blickkontakt Lächeln, Blickvermeidung, scherzhaftes Anrempeln der neben ihr stehenden Freundin mit anschließendem Festklammern; zuletzt freundliche Zuwendung. In allen Fällen wird deutlich, daß neben Reaktionen der Zuwendung auch Aggressionen und Fluchtmotivationen aktiviert werden. Aus einem mit 50 B/s aufgenommenen 16-mm-Film, Bild 1, 16, 22, 29, 39, 49, 77, 95, 108 und 126 der Sequenz. Foto: I. Eibl-Eibesfeldt.

Abb. 4.8: Reaktion einer Eipo-Frau auf freundliches Zunicken und Ansprechen. Aus einem mit 25 B/s aufgenommenen 16-mm-Film, Bild 1, 8, 30, 36, 49, 59, 67, 83 und 93 der Sequenz. Foto: I. EIBL-EIBESFELDT.

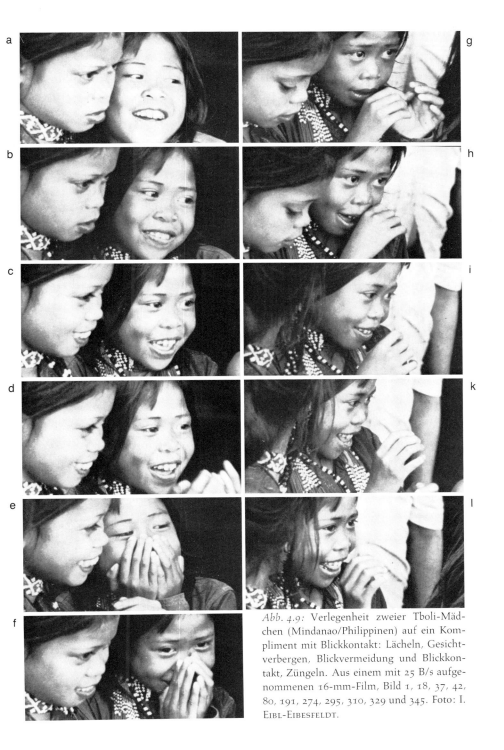

Abb. 4.9: Verlegenheit zweier Tboli-Mädchen (Mindanao/Philippinen) auf ein Kompliment mit Blickkontakt: Lächeln, Gesichtverbergen, Blickvermeidung und Blickkontakt, Züngeln. Aus einem mit 25 B/s aufgenommenen 16-mm-Film, Bild 1, 18, 37, 42, 80, 191, 274, 295, 310, 329 und 345. Foto: I. Eibl-Eibesfeldt.

247

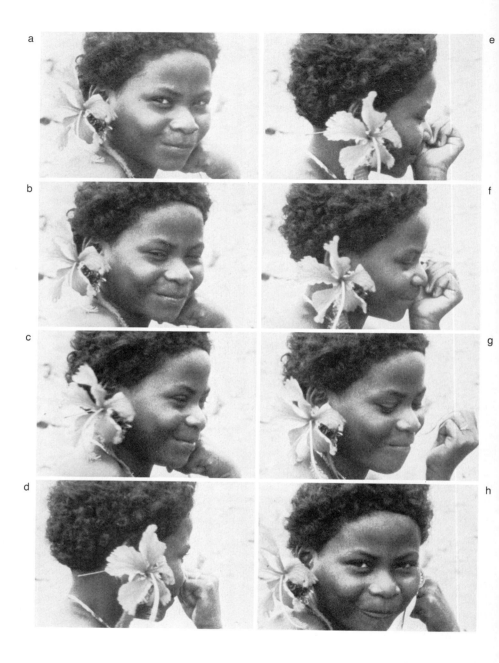

Abb. 4.10: Verlegenheit einer jungen Agta-Frau (Luzon/Philippinen). Kontaktstreben und Scheu kennzeichnen das Verhalten des Menschen zum Mitmenschen bis ins Erwachsenenalter. Aus einem mit 50 B/s aufgenommenen 16-mm-Film, Bild 1, 16, 21, 29, 61, 67, 88 und 131 der Sequenz. Foto: I. Eibl-Eibesfeldt.

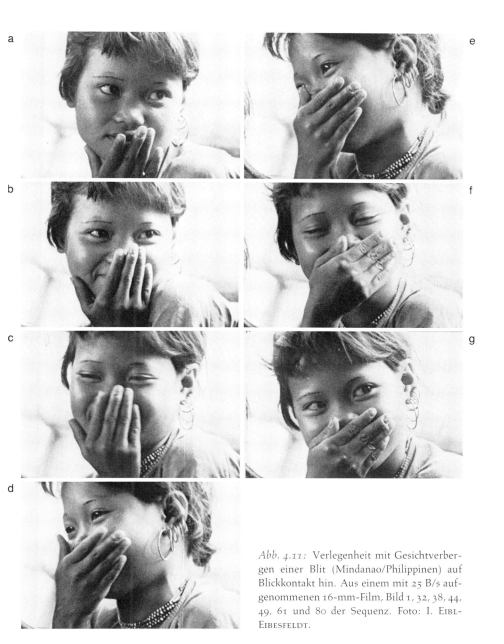

Abb. 4.11: Verlegenheit mit Gesichtverbergen einer Blit (Mindanao/Philippinen) auf Blickkontakt hin. Aus einem mit 25 B/s aufgenommenen 16-mm-Film, Bild 1, 32, 38, 44, 49, 61 und 80 der Sequenz. Foto: I. EIBL-EIBESFELDT.

Programm voraussetzen, auf Neues ängstlich zu reagieren. Darüber hinaus ist die Reaktion spezifischer. Es ist der fremde Mitmensch, der widersprechende soziale Verhaltenstendenzen der Zuwendung und Meidung auslöst. Fremdes Spielzeug dagegen löst kein Befremden aus, sondern Neugiererkunden, und auch wenn sich das Kind in einem ihm völlig fremden Raum befindet, zeigt es keine Angst, wenn es bei seiner Mutter ist. Dagegen zeigt es Fremdenscheu, auch wenn es die Mutter hält, und zwar bei Annäherung des Fremden. Auf Distanz wird dieser Fremde durchaus angelächelt. Es handelt sich bei der kindlichen Xenophobie um ein spezifisches und zugleich universales Reaktionsmuster. In der Abbildung 3.43 brachten wir das hypothetische Wirkungsgefüge der sozialen Motivation, das N. BISCHOF (1975) erarbeitete. Es zeigt die Verknüpfung verschiedener Systeme zu einem höheren funktionellen Ganzen. Bei der Fremdenscheu spielt die persönliche Bindung an Bezugspersonen, insbesondere die Mutter, eine Rolle. Hat das Kind hier eine sichere Basis, dann tritt es seiner Umwelt vertrauensvoller entgegen. Des weiteren wird im Kontakt mit Fremden sowohl ein affiliatives Verhaltenssystem aktiviert, das Zuwendung auslöst, als auch ein agonistisches, das Meidung auslöst, was zu ambivalentem Verhalten führt. Je nach Situation und Person des Fremden gewinnt einmal das eine oder das andere die Überhand. Fremde Männer lösen z. B. größere Furcht aus als Frauen, bärtige mehr als rasierte, Erwachsene mehr als Kinder (Literatur bei P. K. SMITH 1979 und R. A. THOMPSON und S. P. LIMBER 1990). Schließlich wird auch ein Neugiersystem aktiviert. Mit dem Heranwachsen verschieben sich die Gewichte dieser Systeme. Die Neugier wird beispielsweise stärker, die Ängstlichkeit vermindert sich, und das Kind wird dementsprechend wagemutiger und löst sich schließlich aus der engen Bindung zur Bezugsperson.

Die Scheu des Menschen vor dem Mitmenschen gehört zu den Universalien, und sie beeinflußt unser soziales Zusammenleben entscheidend. Sie führt dazu, daß wir uns u. a. gerne von Fremden abschließen – eine Besonderheit, die sicher die kulturelle Evolution des Menschen beschleunigt hat. Über die längste Zeit seiner Geschichte lebte der Mensch in relativ geschlossenen Kleinverbänden ihm vertrauter Personen, vor denen er keine Angst hatte. Fremde spielten nur als gelegentliche Besucher oder als Feinde eine Rolle. Dann begegnete man ihnen mit Höflichkeit, Achtung, Zurückhaltung oder Aggression. Im Verband persönlich Bekannter war das gesamte Verhalten in Richtung auf Vertrauen verschoben. Heute dagegen leben wir in erster Linie in anonymen Gesellschaften, in denen die meisten Mitmenschen, denen man im Alltag begegnet, Fremde sind. Die angstauslösenden Signale der Mitmenschen kommen daher mehr zur Wirkung, und das gesamte Verhalten ist in Richtung auf Mißtrauen verschoben. Man hat festgestellt, daß Menschen in Großstädten um so schneller gehen, je größer die Städte sind (M. H. und H. G. BORNSTEIN 1976, M. H. BORNSTEIN 1979). Es besteht ein klarer Zusammenhang zwischen Siedlungsdichte und Geschwindigkeit (Abb. 4.12). P. WIRTZ und G. RIES (1992) bestätigten die positive Korrelation zwischen Gehgeschwindigkeit und Größe der Stadt. Sie führen allerdings die Unterschiede auf eine unterschiedliche Zusammensetzung der Bevölkerung zurück. In größeren Städten ist der Prozentsatz jüngerer Männer deutlich höher und der Anteil der über 60jährigen deutlich geringer als in Kleinstädten. Nach

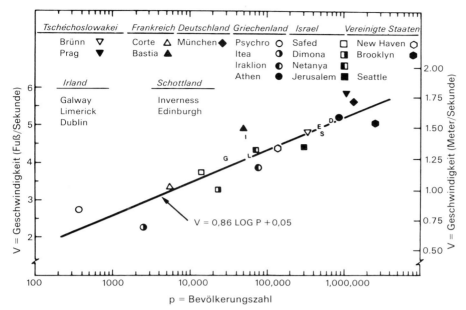

Abb. 4.12: Die Gehgeschwindigkeit als eine Funktion der Bevölkerungsgröße. Aus M. H. BORNSTEIN (1979).

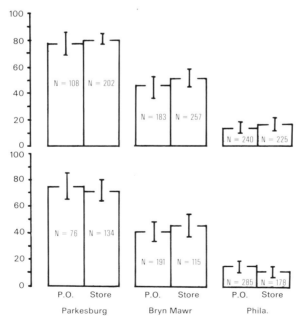

Abb. 4.13: Prozentsatz der Passanten, die mit einem weiblichen (oben) und einem männlichen Experimentator (unten) vor einem Postamt (P. O.) und vor einem Geschäft in verschieden großen Städten Augenkontakt aufnehmen. Aus J. NEWMAN und C. MCCAULEY (1977).

K. Atzwanger und A. Schmitt (Manuskript 1994) beeinflußt ferner der Autoverkehr die Gehgeschwindigkeit. Sie nimmt mit der Verkehrsdichte zu. Es sind also neben der sozialen Irritation noch eine Reihe von weiteren Faktoren in Rechnung zu stellen.

Die Scheu des Menschen vor dem fremden Mitmenschen manifestiert sich in vielfältiger Weise. Muß man mit Fremden einen Bus oder Aufzug teilen, dann vermeidet man den Blickkontakt; E. Goffman (1963) sprach von »civil inattention«. J. Newman und C. McCauley (1977) zählten, wie oft Passanten in drei verschieden großen Städten Augenkontakt mit einer an einem Postamt und an einem Geschäft postierten weiblichen bzw. männlichen Versuchsperson aufnahmen. In der Großstadt erhielten die Personen die wenigsten Blickkontakte, in der ländlichen Kleinstadt die meisten (Abb. 4.13).

Zu diesen Strategien der Kontaktvermeidung kommt noch das Maskieren des Ausdrucks. Man zeigt keine Gefühlsregungen, vor allem keine Anzeichen von Schwäche. Das könnte ein anderer zu seinem Vorteil nützen. Man gibt sich dem Mitmenschen gegenüber neutral bis abweisend. Die Fremden, die einen im Alltag umgeben, werden in gewisser Hinsicht zum Stressor. Wir sind gezwungen, dauernd ihnen gegenüber das Gesicht zu wahren, uns zu beherrschen, damit keine Gefühle verraten werden, die ein nicht durch Freundschaft Gebundener zu seinen Zwecken nützen könnte. Das kann zu Verhaltensfixierungen führen, die der Betreffende nicht mehr los wird, so daß er zuletzt selbst im Kreis der ihm Vertrauten nicht mehr aus sich herausgehen kann und dauernd die Maske trägt. Das heißt nicht, daß wir grundsätzlich den engen Kontakt mit Mitmenschen meiden. Wir suchen ihn, aber eben bevorzugt mit jenen, mit denen wir bereits bekannt sind. Nicht der Mitmensch an sich belastet uns in der Stadt, sondern der Fremde. Im übrigen sind wir gerade in den Städten oft einsam, da wir aus dem uns vertrauten Verband der Großfamilie und Freunde herausgelöst worden sind. Die Bekannten eines Städters leben dank unserer großen Mobilität über weite Gebiete verstreut (C. McCauley und J. Taylor 1976, I. Eibl-Eibesfeldt 1977, 1978). Die Anonymität vergröbert ferner die zwischenmenschlichen Beziehungen. Appelle der Beschwichtigung, die persönliche Bindung voraussetzen (S. 686), versagen. Die plumpe Zudringlichkeit des »Mannes auf der Straße« belästigt die Frauen (Ch. Benard und E. Schlaffer 1980). In Neuguinea kommt es mit der Verstädterung gleichfalls zu Änderungen der zwischenmenschlichen Beziehungen in der eben aufgezeigten Richtung (P. R. Amato 1983).

Der Mensch steht seinem fremden Mitmenschen aber keineswegs nur ablehnend gegenüber, seine Haltung ist ambivalent. Wir scheuen den Fremden, suchen aber auch seine Nähe. Wir müssen uns allerdings dazu über wiederholte zwanglose Begegnungen näherkommen können; die aber setzen Stätten der Begegnung voraus, wie sie früher etwa der Dorfplatz, der Brunnen oder die Schänke darstellten. An solchen Stätten mangelt es in der Großstadt, deren Straßen in

Infantilisierung kann aber auch die Massen ergreifen; sie werden dann unkritisch und bereit, sich führen zu lassen.

Zusammenfassung 4.2

Die zwischenmenschlichen Beziehungen zeichnen sich durch einen Widerstreit von Appetenzen der kontaktmotivierten Zuwendung und von solchen der Meidung aus. Diese Ambivalenz entwickelt sich bereits im Säuglingsalter. In den ersten Lebensmonaten wendet sich der Säugling jedermann freundlich zu. Ab Mitte des ersten Jahres zeigt er Fremden gegenüber auch Scheu, und zwar ohne daß er dazu schlechte Erfahrungen mit ihm unbekannten Personen sammeln müßte. Offenbar reift zu diesem Zeitpunkt die Fähigkeit, mitmenschliche Merkmale zu erkennen, die Angst und Abwehr auslösen. Persönliche Bekanntschaft schwächt die Wirkung dieser Signale ab. Daher herrscht im Verband der einander Bekannten Vertrauen vor. Dieses wohl im Familienverband entwickelte Verhalten fördert die Bildung individualisierter Kleingruppenverbände. Der Mensch der anonymen Großgesellschaft hat täglich mit Fremden zu tun, deren angstauslösende Signale Reaktionen der Kontaktmeidung und Ausdrucksmaskierung zum Selbstschutz bewirken. Der Mitmensch wird dadurch zum Stressor, und die ständige unterschwellige Angstmotivation infantilisiert den Menschen der Großgesellschaft und macht ihn anfällig für die Parolen jener, die Sicherheit versprechen.

4.3 Die menschliche Familie als Kristallisationskern der Gemeinschaft

4.3.1 Der Streit um die familiale Veranlagung

Wie familial sind wir veranlagt? Es mangelt nicht an Versuchen, die Familie als rein kulturelle Institution darzustellen, die jeder biologischen Grundlage entbehre. Die Motive, die diesen Bestrebungen zugrunde liegen, sind zunächst der Wunsch, der Mensch möge doch allen Mitmenschen gegenüber gleich verantwortlich und freundlich sein. Man meint, dem würden die sehr persönlichen familialen Bindungen entgegenstehen. – Daß wir erst in der Familie jene Eigenschaften voll zur Entfaltung bringen, die es uns ermöglichen, auch im fremden Mitmenschen »Brüder und Schwestern« zu sehen, wird dabei nicht erkannt.

Außerdem bemüht sich eine feministische Fraktion um den Nachweis der sekundären Familialität des Menschen. In diesem Zusammenhang wird auch behauptet, die Frau sei nicht von Natur aus mütterlich (E. BADINTER 1981, A. SKOLNIK 1973). Dahinter steht die Ablehnung der traditionellen geschlechtlichen Arbeitsteilung.

Die Argumentationsweise ist oft recht oberflächlich. So liest man, die Frauenrolle sei erst vor 10 000 Jahren erfunden worden, als die Männer bei der Haustierhaltung lernten, was Vaterschaft bedeute (E. FISHER 1979). Das hätte die Männer dazu angetrieben, die Kontrolle über den weiblichen Körper zu erlangen, um so die eigene Vaterschaft zu sichern. Die Frau wurde damit wertvoller sozialer und ökonomischer Besitz. Die Vorherrschaft weiblicher Gottheiten in der jüngeren Steinzeit, die gelegentlich als Hinweis auf die hohe Stellung der Frau gedeutet wird, sei in Wirklichkeit ein Zeichen der sozialen Abwertung der Frau gegenüber der Altsteinzeit. Die Frau verliere damit auch die Kontrolle über die Anzahl der Kinder, die sie wolle, und sei auf ihre reproduktive Funktion reduziert.

Das alles kann man gut schreiben, wenn man das Wissen um lästige Fakten verdrängt und sich gar nicht erst der Mühe unterzieht, die anthropologische Literatur gründlich zu studieren. Die Stellung der Frau in der Gesellschaft wechselt nämlich, jedoch keineswegs nach dem einfachen Muster: Altsteinzeit = egalitär – Neusteinzeit bis Moderne = männliche Dominanz.

M. GERSON (1978) führt für den »creeping familialism« (schleichende Rückwendung zur Familie), den man neuerdings im Kibbuz beobachtet (S. 394), nicht unterschiedliche Anlagen von Mann und Frau als Ursache an, sondern die »Tatsache«, daß der ideale und der wirkliche Kibbuz vom Ideal der Emanzipation noch weit entfernt seien; die Frauen seien immer diskriminiert gewesen und würden sich daher darum bemühen, wieder in der Familie zu Ansehen zu kommen. Diese Feststellung beruht allerdings weder auf Befragungen der Frauen noch auf Beobachtungen. Solche ergeben nämlich ein anderes Bild (S. 396). E. BEN-RAFAEL und S. WEITMAN (1984) folgen einer ähnlichen Argumentationslinie. Im Wettstreit um Status blieben die Frauen unbefriedigt. In der Berufsrolle war ihr Ansehen geringer als das der mit ihnen konkurrierenden Männer. Die Rückkehr zur Familie eröffnete ihnen eine alternative Möglichkeit der Selbsterfüllung und eine alternative Quelle der Macht und Einflußnahme. Auf dieser Basis waren sie im Ansehen und in der Anerkennung durch die Gemeinschaft eher den Männern gleichgestellt. Und das wurde im Kibbuz durch die wirtschaftliche Unabhängigkeit der Frauen von den Männern gefördert. Zahlungen an die Erwachsenen kamen ja von der Gemeinschaft und nicht vom geldverdienenden Mann. Damit gewannen die Frauen im Prozeß der Refamilialisierung im Kibbuz besondere Macht und Ansehen. Bemerkenswert ist, daß dieser Prozeß sich allmählich auf individueller Basis abspielte, ein interessanter Fall der Selbstorganisation des Gruppenlebens. Die genannten Autoren meinen, man solle dies nicht im Sinne der Biologen dahingehend interpretieren, daß sich mit dieser Entwicklung die Familie als universale, unverzichtbare Institution erwiesen habe, sie würde nicht belegen, daß die Familie etwas grundsätzlich Unverzichtbares sei. Dem möchte ich entgegenhalten, daß es erwiesene Unterschiede in der fürsorglichen Begabung von Mann und Frau gibt, und da eine diesen Anlagen entsprechende Arbeitsteilung die Konkurrenz zwischen den Geschlechtern mildert, dürfte sie im allgemeinen zu begrüßen sein. Die Option der modernen Frau, berufstätig zu sein, wird davon nicht berührt.

Seit FRIEDRICH ENGELS glauben viele, nur die berufstätige Frau sei emanzipiert. Nach ENGELS ist die »Wiedereinführung des ganzen weiblichen Geschlechts in die öffentliche Industrie«[*] eine Vorbedingung für die Befreiung der Frau. Das erfordere aber die Auflösung der Einzelfamilie als wirtschaftliche Einheit der Gesellschaft und eine kollektive Kinderfürsorge. Dem steht die traditionelle Familie entgegen, und daher bemüht man sich, deren Unverbindlichkeit nachzuweisen. Als MARGARET MEAD (1935) schrieb, die Kinder auf Samoa würden kollektiv aufgezogen und es bestünde keine besonders ausgezeichnete Mutter-Kind-Bindung, wurde dies bereitwillig akzeptiert – obgleich die Behauptung nicht weiter begründet und, wie sich später herausstellte, falsch war (D. FREEMAN 1983). Ich erinnere mich lebhaft daran, wie mir DEREK FREEMAN im Jahre 1967 jene Stelle aus MARGARET MEADS Buch vorlas, an der sie behauptet, es gebe keine starken emotionellen Bindungen zwischen Mutter und Kind, und wie er mir dann sagte: »Wait and see« – »Paß auf, dort geht diese Mutter gerade zum Fischen!« – Und während sie eilig zum Boot strebte, hielten zwei Kinder ein schreiendes Kleinkind zurück, das unbedingt der Mutter folgen wollte!

Biologen und Psychologen, die auf die ausgezeichnete Bedeutung einer engen Mutter-Kind-Bindung hinweisen, werden oft beschuldigt, eine »Ideologie der Mutterschaft« zu vertreten. Die Tatsache, daß in früheren Zeiten in Europa – und heute noch bei einigen Naturvölkern – Kindstötung üblich war, dient in der Auseinandersetzung um die Frage der Natürlichkeit mütterlichen Verhaltens dazu, Mütterlichkeit als kulturell geprägt auszuweisen. A. SKOLNIK (1973 : 312) begründet so ihre Aussage, daß Freundlichkeit gegenüber dem Kind nicht in der menschlichen Natur verankert und daher kein gesellschaftlicher Imperativ sei. (»The fact that infanticide has been widely practiced in Western society and elsewhere is evidence that benevolence toward children is not built into human nature, and is not a societal imperative.«[**])

---

[*]   »Es wird sich dann zeigen, daß die Befreiung der Frau zur ersten Vorbedingung hat die Wiedereinführung des ganzen weiblichen Geschlechtes in die öffentliche Industrie, und daß dies wiederum erfordert die Beseitigung der Eigenschaft der Einzelfamilie als wirtschaftlicher Einheit der Gesellschaft« (1884: 213). Und weiter: »Die Pflege und Erziehung der Kinder wird öffentliche Angelegenheit; die Gesellschaft sorgt für alle Kinder gleichmäßig, seien sie eheliche oder uneheliche« (214).

[**]   »Die Tatsache, daß Kindstötung in der westlichen Gesellschaft und anderswo üblich war, macht offensichtlich, daß die Zuneigung zum Kind nicht in der menschlichen Natur verankert und daher auch kein gesellschaftlicher Imperativ ist.«

H. Tyrell (1978) äußert sich ganz ähnlich. Auch er sieht in der Menschenfamilie eine rein kulturelle Institution. Bestenfalls die Mutter-Kind-Dyade könnte ihm zufolge biologisch begründet sein, wobei allerdings die angeblich nur schwache emotionelle Mutter-Kind-Bindung einer kulturellen Bekräftigung bedürfe. Tyrell schreibt: »Solche kulturelle Stützung und Spezifizierung, deren Notwendigkeit für die instinktiv nur unzureichend garantierten menschlichen Antriebsanlagen gerade am Beispiel der ›elterlichen Liebe‹ schon B. Malinowski (1926 : 197) betont hat, mag dann aber weiterhin auch den Effekt einer Forcierung der an sich beim Menschen zweifellos stark reduzierten Tötungshemmung zumal gegenüber Säuglingen und Kindern gehabt haben« (S. 629). Nun, die kulturvergleichenden Beobachtungen lehren ganz anderes. Infantizid wird zwar in verschiedenen Gebieten unserer Erde praktiziert, aber keineswegs ohne Regungen des Gewissens (S. 269f.).

Ähnlich ist es um die Aussage von P. Aries (1978) bestellt, es habe nicht immer eine Kindheit gegeben. Im Mittelalter habe man das Kind als kleinen Erwachsenen behandelt, und was wir die Familie nennen, die Gemeinschaft von Eltern und Kindern, sei erst während des 15. und 16. Jahrhunderts aus der Sippen- und Stammesgemeinschaft gewachsen. Die Familie sei daher nicht die biologische Keimzelle der Stammesgemeinschaft gewesen. Ein Blick auf die dazu bereits vorliegende ethnologische Literatur hätte Aries eines Besseren belehrt (Kap. 4.4).

Margit Eichler (1981) verneint die Frage, ob die Familie ein Liebe und Sicherheit spendender Platz sei, mit dem Hinweis, daß innerhalb der Familie die meisten Morde stattfänden und Kindesmißhandlungen an der Tagesordnung seien.

Nun gibt es sicher viele Eifersuchtsdelikte, und das enge Zusammenleben in der modernen Großgesellschaft belastet die ehelichen Beziehungen ebenso wie die Einstellung zum Kinde sicherlich in besonderer Weise. Dabei handelt es sich jedoch um pathologische Entwicklungen der Neuzeit. Normalerweise, und das lehrt vor allem auch der Blick auf jene Kulturen, die nicht der technisch-zivilisierten Massengesellschaft angehören, sind Familienmitglieder einander freundlich verbunden. Daß die Beziehung konfliktfrei sei, soll damit sicher nicht behauptet werden.

Es soll auch nicht übersehen werden, daß die Frau heute in der isolierten Kleinfamilie als Mutter besonderen Belastungen ausgesetzt ist und öffentliche Institutionen, wie etwa Kindergärten, zu ihrer Entlastung braucht. Das Bedürfnis des Kindes nach persönlicher Zuwendung seitens der Eltern darf dabei aber nicht zu kurz kommen. Sicher lehren uns die verschiedenen Ausprägungen von Ehe und Familie, daß der Mensch auch in diesem Bereich sehr anpassungsfähig ist. Aber wir werden zeigen, daß dieser Anpassungsfähigkeit auch Grenzen gesetzt sind, die man beachten sollte, wenn man das allgemeine Wohl im Auge hat. Der Mensch ist durch stammesgeschichtliche Anpassungen auf die eheliche Partnerschaft und das Familienleben vorbereitet.

Die Entwicklung ging von der Mutterfamilie aus, in der, wie oben besprochen, Mutter-Kind-Signale und die individualisierte Bindung entwickelt wurden. Bei den meisten Säugern betreut die Mutter ihre Jungen allein und wird hormonal auf diese Aufgaben in besonderer Weise eingestimmt. Das ist bei allen uns bekannten Säugern so und dürfte demnach wohl seit wenigstens 200 Millionen Jahren so gewesen sein. Die Rolle der Männchen beschränkt sich bei sehr vielen Arten auf die Zeugung der Nachkommen, seltener auch auf deren Verteidigung, meist in Form der Revierverteidigung. Gelegentlich verteidigen sie aber auch gezielt ihren Nachwuchs. Der Galápagos-Seelöwe verhindert z. B., daß Jungtiere ins tiefe Wasser hinausschwimmen, indem er ihnen den Weg abschneidet und sie ins Seichte zurückdrängt. Das schützt sie vor Haien. Gelegentlich greift er sogar Haie an (G. W. BARLOW 1972, I. EIBL-EIBESFELDT 1955, 1978). – Bei Säugern, die in individualisierten Kleinverbänden (Wölfe, Makaken) oder monogamen Familien (Gibbon) leben, beteiligt sich das Männchen noch gezielter an der Jungenverteidigung; er trägt gelegentlich auch Nahrung herbei, spielt mit den Kleinen oder toleriert zumindest deren soziales Explorationsverhalten, und hin und wieder trägt er ein Junges. Auf Einzelheiten zur Brutpflege der Säuger können wir hier nicht eingehen. Umfassende Darstellungen findet man bei R. F. EWER (1968) und J. F. EISENBERG (1981). Einige höhere Säuger bilden Verbände, deren verschiedengeschlechtliche Partner einander persönlich kennen, ja es kommt sogar manchmal zu quasi-ehigen Dauerpartnerschaften. Die lange Stammesgeschichte von Brutfürsorge und arbeitsteiliger Spezialisierung der Geschlechter macht es unwahrscheinlich, daß der Mensch dieses Säugererbe völlig überwand.

4.3.2 *Die Mutter-Kind-Dyade: Bindungstheorien und Monotropie des Kindes*

Der Mensch wird in einem sehr unfertigen Entwicklungszustand geboren. Allerdings zeigt er Spezialisierungen, die ihn als Tragling ausweisen. Sein Handgreifreflex ist z. B. so gut ausgebildet, daß er sich durchaus an der Kleidung oder den Haaren der Mutter festhalten kann. Er verfügt auch über relativ reife Sinne, was ihm hilft, seinerseits bereits in den ersten Monaten nach der Geburt eine persönliche Bindung zur Mutter einzugehen. Über den Mechanismus des Zustandekommens dieser Bindung hat man eine Reihe von Theorien entwickelt. Eher als Kuriosum wird heute die Theorie von ANNA FREUD zitiert, derzufolge sich die »Liebe« des Kindes über die Nahrungsaufnahme entwickle, die das Kind dann mit den wunscherfüllenden Objekten – der Flasche, der Milch, der Brust – assoziiere. Damit würden diese Objekte zu solchen der Liebe. Schließlich begreife das Kind, daß eigentlich die Mutter für die Erfüllung dieser Wünsche verantwortlich sei.

Schon die vorher diskutierten vergleichenden Beobachtungen machen diese Deutung obsolet. Die Bindung an die Mutter als Bezugsperson hängt nicht davon ab, daß diese als Nahrungsquelle auftritt oder füttert (E. R. HILGARD und G. H.

Bower 1975, C. T. Morgan und R. A. King 1975, R. A. Silverman 1975, R. E. Smith und Mitarbeiter 1978).

Der Auffassung von Anna Freud (1946) steht jene von F. Dollard und N. Miller (1950) nahe. Das Kind, so meinen sie, lerne schnell, daß die Mutter oder die Bezugsperson seine physischen Bedürfnisse erfülle, und erfasse dabei schnell, daß bei Abwesenheit der Bezugsperson Hunger, Nässe, Kälte und andere Unannehmlichkeiten vorherrschen. Deshalb suche das Kind schließlich aktiv den Kontakt mit der Bezugsperson.

Würde diese sekundäre Verstärkertheorie zutreffen, dann brauchte man das Kind nur an solche Personen zu binden, die für sein physisches Wohl sorgen. Das ist aber keineswegs der Fall. Im Kibbuz werden die Kinder von eigens dazu abgestellten Betreuern versorgt. Der Kontakt mit den Eltern beschränkt sich auf eine Spielstunde am Abend. Dennoch sind die Kinder an die Eltern als Bezugspersonen in ausgezeichneter Weise emotionell gebunden. Die Qualität der Kontakte und nicht die physische Betreuung ist ausschlaggebend. H. R. Schaffer und P. Emerson (1964) fanden in ihrer Erhebung, daß 22 Prozent der Kibbuz-Kinder in ihrer Stichprobe eine starke Bindung an Bezugspersonen entwickelt hatten, die niemals mit deren physischer Betreuung befaßt waren. 17 Prozent der Kinder waren an Personen gebunden, die sie nur gelegentlich auch physisch betreuten. Wir wollen hier nicht weiter auf die zum Teil recht simplen Modelle zur Genese der Mutter-Kind-Beziehung eingehen. Sie wurden von D. W. Rajecki und Mitarbeitern (1978) vorgestellt, kritisch diskutiert – und verworfen.

Als Theorie von Wert erwies sich die von J. Bowlby (1958, 1969) entwickelte und von M. D. S. Ainsworth (1963, 1967, 1969) weiter ausgebaute biologische Bindungstheorie (»biological attachment theory«), die auf den Befunden der Ethologie basiert. In Essenz besagt sie, daß Mutter und Kind von vornherein durch stammesgeschichtliche Anpassungen aufeinander abgestimmt seien und für die weitere Entwicklung einer Beziehung individualisiert vorbereitet handeln. Beide sind dabei aktive Partner. Das Kind ist keineswegs nur passiver Empfänger sozialisierender Reize. Unter anderem zeigt das Kind eine deutliche »Monotropie« (J. Bowlby 1958), den Drang, mit einer bestimmten Bezugsperson – normalerweise handelt es sich um die Mutter – eine persönliche Beziehung einzugehen. Entscheidend für die Auswahl der Bezugspersonen sind dabei nicht das Ausmaß an physischer Betreuung, sondern Verhaltensmuster liebevoller Zuwendung, wie Herzen, Küssen, Ansprechen, zum Dialog Ermuntern und schließlich das gemeinsame Spielen.

Jedes Kind braucht eine in dieser Weise interagierende und immer wieder verläßlich auftretende Bezugsperson. Entfernt sie sich, dann erlebt das Kind »Trennungsängste«. Am Anfang sind diese noch unspezifisch. Wird das Kind im ersten Vierteljahr abgelegt, dann protestiert es, ist aber beruhigt, wenn irgendwer es aufnimmt. Es gibt allerdings besonders sensible Kinder, die sich bereits im ersten Lebensmonat nur von ihrer Mutter beruhigen lassen. Kann das Kind mit etwa vier Monaten die Mutter sehend verfolgen, dann protestiert es nur, wenn sich die Mutter aus dem Raum entfernt. Es versucht ihr später in einer solchen Situation nachzukrabbeln. Gelingt das nicht, dann schreit es, als hätte es große Angst. Wir kennen ein solches »Weinen des Verlassenseins« auch von vielen Säugetierjungen.

Für das Menschenkind ist die Mutter eine Basis der Sicherheit. Wird sie dem Kinde entzogen, dann ängstigt es sich. Man hat diese Angst als »Trennungsangst« bezeichnet. Man soll sie nicht so interpretieren, als befürchte das Kind, die Bezugsperson zu verlieren. Man muß dem Kind nicht irgendwelche Vorstellungen über Zukünftiges unterschieben. Die einfache Abwesenheit der Bezugsperson ängstigt, und diese Angst ist gewiß elementar! Der Säugling ist ja allein Gefahren hilflos preisgegeben.

Ein Kind protestiert aber bemerkenswerterweise auch dann, wenn es von der Mutter bei anderen Bezugspersonen (Geschwistern, Tanten) zurückgelassen wird – vorausgesetzt natürlich, daß bereits eine persönliche Bindung besteht. Hier kann nicht die Angst vor dem Alleingelassenwerden den Ausschlag geben, denn die anschließende Beobachtung lehrt, daß die anderen Personen durchaus Sicherheit gewähren können. Man darf demnach vermuten, daß es der Weggang einer geliebten Person ist, der schmerzlich empfunden wird. In solchen Fällen kann man von Trennungsschmerz sprechen. Wir können auch beim Weggang des Vaters beobachten, daß das Kind weinend dagegen protestiert, selbst wenn es bei der Mutter zurückbleibt.

Die Trennungsangst setzt wie die Fremdenfurcht, die wir (S. 237 f.) besprachen, eine Bindung an eine Bezugsperson voraus. Im übrigen unterscheiden sich die beiden Ängste aber in einer Reihe von Merkmalen. Die Trennungsangst bezieht sich immer auf eine Bezugsperson – meist die Mutter –, deren Weggang dem Kinde die Sicherheit raubt. Die Fremdenfurcht dagegen bezieht sich auf die mitmenschliche Umwelt. Der Fremde löst Angst aus, auch wenn sich das Kind bei der Mutter befindet. Das Kind fühlt sich offenbar vom Fremden bedroht. Die Situation der Verlassenheit ist von einer Situation der Bedrohung deutlich unterschieden. F. R. RENGGLI (1977 : 69) stellte die Unterschiede zwischen Fremdenangst und Trennungsangst in folgender Übersicht zusammen:

Fremdenangst	Trennungsangst
1. Phänomenologie	
Trotz zunehmender Kontaktfreudigkeit und allgemeiner Kontaktsuche lehnt das Kind in einem bestimmten Alter den Kontakt mit ihm fremden, unbekannten Gruppenmitgliedern ab.	Trotz zunehmender Selbständigkeit des Kindes – bedingt durch seine motorische Reifung – kehrt es spontan immer wieder zur Mutter zurück, um sich ihrer Gegenwart zu vergewissern.

Fremdenangst	Trennungsangst
2. Eigentliches Angsterlebnis tritt in folgenden Situationen auf	
Wenn das fremde Gruppenmitglied dem Kind in irgendeiner Form zu nahe tritt, z. B. indem der Fremde das Kind herumtragen will.	Wenn sich die Mutter wegbewegt oder noch stärker, wenn die Mutter bei spontanem Zurückkehrenwollen zu ihr nicht mehr dort gefunden wird, wo sie vom Kind gesucht wird.
3. Zur zeitlichen Limitierung	
Beginn zu dem Zeitpunkt, da es die Mutter kennt, das heißt mit dem Beginn der Prägungsphase.	Nach vollendeter Prägung, das heißt mit vollzogener Bindung des Kindes an die Mutter wird die Trennungsangstbereitschaft definitiv wirksam.
4. Funktion	
Liegt in der Prägung, das heißt eine immer stärkere Bevorzugung der primären Kontakt- und Pflegeperson, was als Bindung des Kindes an die Mutter bezeichnet wird. Gründe: Ernährung und Schutz des Kindes sind besser garantiert.	Die einmal etablierte Bindung, das heißt die enge Beziehung zwischen Mutter und Kind zu verlängern. Anders ausgedrückt: Das Kind benutzt die Mutter als *secure base*, von der aus die Umwelt erforscht und erkundet wird. Gründe: Bessere Umweltorientierung und verlängerte Lernphase (Imitation).
5. Mutter-Kind-Beziehung	
Die Mutter orientiert sich nach dem Kind, läßt es nie aus den Augen; Einschränkung der Ablösungstendenzen des Kindes und sofortiges Zurückholen, wenn es sich zu weit wegbewegt hat.	Das Kind orientiert sich nach der Mutter, läßt sie nicht aus den Augen bzw. muß dauernd um ihre Gegenwart wissen. Wenn sich die Mutter wegbewegt, kehrt das Kind sofort zu ihr zurück (Nachfolgereaktion).
6. Hauptsächliche Beschäftigung des Kindes	
Visuelle und vor allem manuelle Exploration der nahen Umwelt rund um die Mutter, der Mutter selbst und des eigenen Körpers. Beginnt mit anderen ihm bekannten, vorwiegend erwachsenen Partnern außer der Mutter Kontakt aufzunehmen.	Erkundungsverhalten: Exploration der weiteren Umgebung (Mutter als Zentrum des zu erkundenden Territoriums) und Spielverhalten. Beginnt mit Gleichaltrigen Kontakt aufzunehmen *(peer relationship)*, Spielkontakte.
7. Störungsfrei verläuft diese Phase in folgenden Situationen	
Wenn das Kind sich jederzeit an die Mutter anklammern kann (Körperkontakt) oder in einer anderen Form mit ihr in Kontakt treten darf.	Wenn das Kind jederzeit zur Mutter zurückkehren darf bzw. um ihre dauernde Gegenwart weiß.
8. Bei Fehlen der Mutter in dieser Phase	
Fehlt der adäquate Partner in dieser frühen Phase, bleibt dem Kind als letzte Möglichkeit der Antriebsbetätigung die Verwendung von Teilen des eigenen Körpers als Ersatzobjekt.	Entweder wildes, planloses Herumrennen oder Angstzusammenbruch mit wilden Schreiausbrüchen. Das bedeutet totale Antriebshemmung, da die Fluchtbereitschaft dauernd in Aktion ist.

Tab. 4.1

Kann das Kind aus irgendeinem Grund keine Bindung zu einer Bezugsperson herstellen, dann ist seine weitere Entwicklung meist empfindlich gestört. In besonders krasser Weise zeigen dies hospitalisierte Kinder. Werden Säuglinge, die bereits zwischen einer Bezugsperson und fremden Personen unterscheiden können, wegen eines Klinikaufenthaltes von ihrer Bezugsperson getrennt, dann erleben sie einen Trennungsschock. Sie protestieren zunächst, verstummen dann und bemühen sich schließlich, eine Pflegerin zur neuen Kontaktperson zu erwählen. Das ist allerdings schwierig, denn Säuglingsschwestern haben im allgemeinen wenig Zeit für das einzelne Kind. Dennoch mag der Kontakt glükken. Aber Schwestern wechseln einander ab: Sie haben Urlaub, sie kommen in den Nachtdienst; in der Regel also währt der Kontakt nicht allzu lange, und das Kind erlebt mit dem neuerlichen Verlust der Bezugsperson eine neue Enttäuschung. Nach Protest folgt wohl ein neuer Versuch, Kontakt anzubahnen. Allzu oft kann das Kind dies aber nicht wiederholen. Zwei Möglichkeiten stehen ihm dann offen: Es kann lernen, rasch neue Kontakte zu knüpfen, ohne starkes emotionelles Engagement. Solche Kinder weinen dann nicht mehr, wenn die Bezugsperson fortgeht; sie weinen auch nicht, wenn die Mutter nach einem Besuch wieder geht. Sie sind zu jedermann gleich freundlich, geradezu distanzlos. Das Kind geht keine tiefen Beziehungen mehr ein. J. BOWLBY (1969:28) schildert diese Art der Anpassung der Hospitalkinder wie folgt:

»Should his stay in hospital or residential nursery be prolonged and should he, as is usual, have the experience of becoming transiently attached to a series of nurses each of whom leaves and so repeats for him the experience of the original loss of his mother, he will in time act as if neither mothering nor contact with humans had much significance for him. After a series of upsets at losing several mother-figures to whom in turn he has given some trust and affection, he will gradually commit himself less and less on succeeding figures and in time will stop altogether attaching himself to anyone. He will become increasingly selfcentred and, instead of directing his desires and feelings towards people, will become preoccupied with material things such as sweets, toys and food. A child living in an institution or hospital who has reached this state will no longer be upset when nurses change or leave. He will cease to show feelings when his parents come and go on visiting day; and it may cause them pain when they realise that, although he has an avid interest in the presents they bring, he has little interest in them as special people. He will appear cheerful and adapted to his unusual situation and apparently easy and unafraid of anyone. But this sociability is superficial: he appears no longer to care for anyone.«*

---

* »Wenn der Aufenthalt des Kindes im Krankenhaus oder in einem Kinderheim besonders lang ist und wenn es, wie üblich, die Erfahrung gemacht hat, immer wieder eine andere Krankenschwester als Bezugsperson zu haben, die es stets wieder verläßt, dann wird dies eine

Kinder, die diese Anpassung nicht vornehmen können, schließen sich von ihrer Umwelt ab. Sie gehen gar keine Bindungen mehr ein, sondern verfallen in eine Art Apathie. Sie protestieren nicht mehr, sondern verhalten sich »brav«, still und bleiben in ihrer Entwicklung zurück. Sie erweisen sich anfällig gegen Krankheiten.

Art der Umwelt	Kulturelles und soziales Milieu	Entwicklungsquotienten im 1. Lebensjahr	
		Durchschnitt für die ersten 4 Monate	Durchschnitt für die letzten 4 Monate
Familie	Akademiker	133	131
	Dorfbevölkerung	107	108
Anstalt	Findelhaus	124	72
	Kinderheim	101,5	105

Tab. 4.2

R. A. Spitz (1965, 1968) schilderte dies sehr eindrucksvoll. Die hohe Sterblichkeit eines Drittels der Kinder bis zum Ende des zweiten Lebensjahres, die er bei den Findelheimkindern fand, ist jedoch nach neueren Erhebungen zum Teil auch auf Mangelernährung zurückzuführen. Die übrigen Hospitalismuserscheinungen findet man aber auch bei gut ernährten Heimkindern. Unter anderem bleibt der Entwicklungsquotient weit hinter dem persönlich betreuter Kinder zurück. Dies ergab ein Vergleich, den Spitz mit Kindern in einem Findelhaus und einem Kinderheim für straffällige Mütter anstellte. Im Findelheim wurden die Kinder routinemäßig von Schwestern betreut, im Kinderheim von meist minderjährigen straffälligen Müttern, die schwanger eingeliefert worden waren. Im ersten

Wiederholung seiner Erfahrung sein, daß es ursprünglich seine Mutter verlor. Das Kind wird bald so handeln, als ob weder die Beziehung zu seiner Mutter noch der Kontakt zu den Menschen irgendeine Bedeutung für es hätte. Nach einer Reihe von derartigen Enttäuschungen des Verlustes der Bezugspersonen, denen es Vertrauen und Zuneigung geschenkt hat, wird es sich nach und nach immer weniger auf eine der aufeinander folgenden Personen festlegen und bald aufhören, zu irgend jemand eine Bindung aufzubauen. Es wird mehr und mehr egozentrisch werden, und anstatt seine Wünsche und Gefühle auf Personen zu richten, wird es sich vorwiegend mit materiellen Dingen wie Süßigkeiten, Spielzeug und Nahrungsmitteln beschäftigen. Ein Kind, das in einem Heim oder Krankenhaus lebt und das diesen Zustand erreicht hat, wird über einen Wechsel seiner Bezugspersonen nicht mehr traurig sein. Es wird seinen Eltern gegenüber bei Ankunft und Abschied am Besuchstag keine Gefühle mehr zeigen; es mag für sie schmerzlich sein, erkennen zu müssen, daß das Kind zwar reges Interesse an den mitgebrachten Geschenken zeigt, sie selbst aber nicht als besondere Personen empfindet. Das Kind wird gutgelaunt, an seine ungewöhnliche Situation angepaßt und unbekümmert und furchtlos gegenüber anderen erscheinen. Aber diese soziale Angepaßtheit ist oberflächlich; man erkennt, daß das Kind sich aus niemandem mehr etwas macht.«

Jahresdrittel war der Entwicklungsquotient der Findelkinder deutlich höher als jener der Kinderheimkinder, wohl weil die Findelkinder aus sozial höheren Schichten stammten. Im letzten Drittel des ersten Jahres war der Entwicklungsquotient weit unter das Ausgangsniveau gesunken, während er sich bei den Heimkindern als Folge der intensiven Bemühungen der Mütter deutlich gebessert hatte. R. A. SPITZ (1968) faßte die Ergebnisse in einer Tabelle zusammen. Zuoberst steht im Vergleich der Entwicklungsquotient für insgesamt 34 Kinder verschiedener Sozialschichten, darunter Angaben über die Anstaltskinder (69 Kinderheimkinder und 61 Findelheimkinder) (siehe Tab. 4.2.).

Das Kind braucht eine verläßliche Bezugsperson, um sowohl Vertrauen in Mitmenschen zu bilden als auch Vertrauen zu sich selbst. Es erfährt ja aus den Reaktionen der Partner, daß es Zuwendung bewirken kann und daß es um seiner selbst willen geliebt wird (Abb. 4.14).

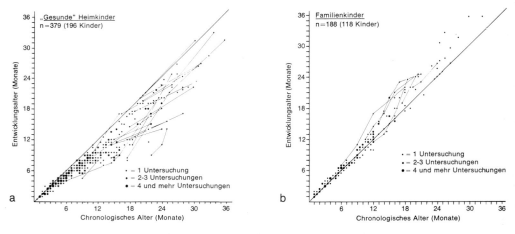

Abb. 4.14: a) Der Rückstand in der Verhaltensentwicklung von gesunden Münchener Heimkindern, bei denen es keinerlei Anzeichen für genetische oder sonstige gesundheitliche Behinderungen gab. Getestet wurden Körpermotorik, Handgebrauch, Wahrnehmung, Spiel, Sprechen und Sprachverständnis sowie mitmenschlicher Kontakt. Für jeden Verhaltensbereich wurde für jedes Kleinkind das »Entwicklungsalter« festgestellt; das ist jenes Lebensalter, gemessen am Durchschnitt von Familienkindern, dem die ermittelten Fähigkeiten entsprachen. Der jeweils aus den Verhaltensbereichen ermittelte Durchschnittswert wurde in das Diagramm eingetragen. Der senkrechte Abstand von der 45-Grad-Linie gibt den Entwicklungsrückstand in Monaten an. Die Werte von mehrmals untersuchten Kindern wurden mit Linien verbunden.
b) zeigt das Ergebnis einer parallel geführten Vergleichsuntersuchung an Familienkindern. Relativ zu diesen ist der Entwicklungsrückstand der Heimkinder noch erheblich größer. Nach J. PECHSTEIN aus B. HASSENSTEIN (1972).

Mit dem Hinweis, daß frühkindliche Deprivationserscheinungen im späteren Alter bis zu einem gewissen Grad auch kompensiert werden können, versucht man gelegentlich, die Mütter über die Folgen sozialer Entbehrungserlebnisse zu beruhigen. Aber Kompensation heißt nicht Beseitigung aller Folgen. Außerdem leiden die Kinder, wenn ihnen die sichere Basis und liebevolle Zuwendung einer Bezugsperson fehlt.

BOWLBYS Konzept der Monotropie darf aber nicht zu eng gefaßt werden. BOWLBY meinte wohl auch nicht, daß ein Kind nur an eine Bezugsperson gebunden sein könne oder solle. Für das Gedeihen des Kindes ist es vielmehr förderlich, wenn es auch eine Bindung zum Vater als Bezugsperson und noch zu einigen anderen Personen entwickelt (siehe auch H. R. SCHAFFER und P. E. EMERSON 1964). Wir werden die Bedeutung eines differenzierten sozialen Beziehungsnetzes für die Entwicklung des Kindes noch genauer behandeln. Bei einem größeren Angebot von möglichen Bezugspersonen unterscheidet das Kind jedoch deutlich zwischen verschiedenen Personen, zu denen es unterschiedlich starke Bindungen hat. So kann man häufig bei Kindern beobachten, daß sie Trennungsschmerz zeigen, wenn der Vater oder die Mutter weggeht, auch wenn der andere Elternpartner zurückbleibt (S. 260). Entfernt sich dagegen ein älteres Geschwister oder eine durchaus geliebte Tante, dann vollzieht sich die Trennung keineswegs so dramatisch. Bei Abwesenheit der Eltern können aber Geschwister durchaus für die jüngeren die Elternrolle vertreten, insbesondere als sichere Basis in ängstigenden Situationen (R. B. STEWART 1983).

Im Kibbuz sind die Mutter und die Tagesmutter (Metapelet, Erzieherin) in bezug auf ihre Rolle als sichere Basis austauschbar. Konfrontiert man die Kinder mit Fremden, dann suchen sie auch bei der Metapelet Schutz. Beobachtet man allerdings das Verhalten bei Wiedervereinigung mit der Bezugsperson nach Trennung, dann wird deutlich, daß die emotionelle Bindung an die Mutter viel stärker ist (N. FOX 1977). Die Bedeutung der Mutter-Kind-Bindung für die gesunde Entwicklung des Kindes ist groß (J. BOWLBY 1969, B. HASSENSTEIN 1973, D. N. STERN 1974, 1977). Die Mutter kann wohl durch eine andere Bezugsperson ersetzt werden, die aber dann voll als Adoptivmutter einspringen muß. Allerdings sollte sich die soziale Entwicklung des Kindes nicht ausschließlich in der Mutter-Kind-Dyade vollziehen (B. STACEY 1980). Bei Naturvölkern kümmern sich viele Personen um ein Kind. Es wächst, eingebettet in eine Vielzahl sozialer Beziehungen, heran und stellt dabei aktiv Kontakte her. Die Mutter spielt aber immer eine ausgezeichnete Rolle, und es ist daher falsch, von einem »multiple mothering« bei Naturvölkern zu sprechen. Geschwister, Onkel, Tanten und die vielen anderen Dorfbewohner, die einen Säugling herzen, spielen für das Kind nicht die gleiche Rolle wie die Mutter. Das Kind braucht für sein gutes Gedeihen beides, eine enge Mutter-Kind-Beziehung – in die natürlich auch eine Ersatzmutter eintreten kann – und ein differenziertes soziales Beziehungsnetz. In den Diskussionen wird bedauerlicherweise oft einseitig die Bedeutung der Mutter-Kind-Dyade oder der Gemeinschaft betont, so als stünde die Alternative ernsthaft zur Diskussion.

Extreme Vertreter der Frauenbewegung treten sogar allen Ernstes dafür ein, die

Mühe der Kinderfürsorge dem Staate zu überlassen, was auch jenen ins Konzept paßt, die der Ansicht sind, jede individualisierte Bindung sei wegen der damit notwendigerweise verbundenen Diskriminierung anderer Personen abzulehnen. Um dem entgegenzuwirken, meinen sie, sollte man Kinder von vornherein im Kollektiv aufziehen. Nur dann würden sie sich auch einem Kollektiv verantwortlich fühlen.

Plädoyers dieser Art verbinden sich oft mit der Behauptung, Mütterlichkeit basiere nicht auf biologischer Anlage (E. BADINTER 1981, PH. ARIES 1978, A. SKOLNIK 1973 und andere). Das wird dann auch in sonst durchaus kritischen Büchern weitergegeben. So schreibt E. SHORTER (1977): »Mütterliche Fürsorge für das Kleinkind ist eine Erfindung der Moderne. In der traditionellen Gesellschaft waren die Mütter der Entwicklung und dem Wohlbefinden von weniger als zwei Jahre alten Kindern gegenüber gleichgültig« (S. 196). SHORTER bezieht sich dabei auf Berichte aus dem 18. und beginnenden 19. Jahrhundert aus Frankreich, Deutschland und England. Die Tatsache, daß man damals oft Kinder an Ammen zur Pflege abgab, dient ihm als Beleg für die Aussage. Daß es sich hier um die Pathologie einer Gesellschaftsschicht handeln könnte, kommt ihm nicht in den Sinn. Bauern konnten sich damals gewiß keine Ammen leisten. Und daß die Bauern ihre Säuglinge nicht liebten, ist eine lieblose Behauptung. Das Studium der Naturvölker lehrt auf jeden Fall, daß mütterliche Fürsorge keineswegs erst eine Erfindung der Moderne ist. Es gehört schon eine Portion Blindheit und Ethnozentrismus dazu, so zu argumentieren.

1989 nahm ich bei den Yanomami den Trauergesang eines Elternpaares auf, das ich gut kannte. Sie hatten etwa drei Monate vor meinem Besuch ihr nicht ganz zweijähriges Töchterchen verloren. Der Text ihrer Trauerlieder belegt in erschütternder Weise die Liebe der beiden zu ihrem Kind und den Schmerz über dessen Tod (I. EIBL-EIBESFELDT und MARIE-CLAUDE MATTEI-MÜLLER 1990). In bewegender Weise schildern die beiden kleine Episoden aus dem Leben ihres Töchterchens, vom gemeinsamen Fischfang und anderen Ereignissen, und zwischendurch wurde die Klage unterbrochen von Weinen. So klagte die Mutter:

»Überall sind noch die Spuren von dir,
nah und fern,
liebes kleines Mädchen, liebes kleines Mädchen!
Dein Großvater war gerade noch dabei,
dir das Sprechen zu lehren,
liebe Kleine!
Du mußt ja so gelitten haben,
meine liebe Kleine!
Ich umfing dich mit meinen Armen voller Liebe,
mein liebes kleines Mädchen ...«

Der Vater schilderte in seinem Trauergesang, unterbrochen von Weinen, Episoden aus dem Leben der Tochter:

»... Mein kleines Kind, von der Mutter auf dem Rücken getragen,
ging fort, um die Ketipafrucht zu suchen.
Mein Kleines, mein Kleines!
Armes Mädchen, armes Mädchen!
Ach, ich Armer! Ach, ich Armer!
Hii, hii, hii! [Klagelaute]
...
Ihr beide (du und deine Mutter) habt den
kleinen »eiei«-Fisch geangelt [eine Art kleiner Wels].
Du wirst nicht mehr fischen,
nie wieder!
Meine kleine Tochter, meine kleine Tochter, Tochter, Tochter,
mein kleines Kind, mein kleines Kind, mein kleines Kind,
liebes, liebes Kind ...
Ach, ich Armer, ach, ich Armer!
Kleines, Kleines,
Liebes, Liebes, Liebes, Liebes,
Hii, hii, hii! [Klagelaute]
Kleines, du hast deinen Vater verlassen,
hier bin ich, ganz allein ...«

Die Auseinandersetzung wird stark von der Angst einiger Feministinnen beeinflußt, die Akzeptanz einer biologischen Vorbereitetheit der Frau für die Mutterschaft würde einem Sexismus Vorschub leisten (vgl. die Literatur in A. EFRON 1985). Dabei wird mit Schlagworten wie »biologischer Imperativ« ein biologischer Standpunkt karikiert, den Biologen keineswegs allgemein vertreten. (Wir werden darauf bei der Besprechung der Geschlechtsrollen noch zurückkommen.)

Mit dem Hinweis, frühkindliche Deprivationsschäden könnten im späteren Alter bis zu einem gewissen Grad kompensiert werden, versucht man jene berufstätigen Mütter zu beruhigen, die ihre Kinder schon in sehr frühem Alter in die Obhut von Kinderkrippen geben müssen. Im Grunde belastet die frühe institutionelle Kinderbetreuung Mutter und Kind. »Welche Erfahrungen wurden in der ehemaligen DDR mit dem Massenexperiment Kinderkrippe gemacht?« fragte GISELA KALZ (1990). »Wenn sie einen einigermaßen neutralen ehemaligen DDR-Bürger heute nach den Krippen fragen, fällt ihm wohl zuerst das Bild einer gestreßten Mutter ein, die frühmorgens gegen 6 Uhr ihr apathisches, monoton weinendes oder sich sträubendes Kleinkind die Straße entlangzerrt. Es gibt kaum Mütter, die dieses morgendliche Zeremoniell nicht schmerzhaft empfanden und empfinden. Wie können sie sich vor dieser täglichen Bedrückung schützen? Nun, indem sie den tröstenden, wohlmeinenden Worten der Krippenerzieherinnen Glauben schenken: ›Wenn Sie fort sind, spielt Ihr Kind schön mit den anderen Kindern.‹«

Die Wahrheit sah jedoch anders aus. Die Erzieherinnen waren überlastet, hatten kaum Zeit, die weinenden Kinder zu trösten, da ihre Zeit streng reglementiert war und keinen Platz für den Eigenrhythmus der Kinder, für Individualität und Eigenaktivität ließ. Immer auch warteten die Kleinen bereits vor dem Mittagessen mit »Mama kommt gleich« vergeblich auf die Mutter. Natürlich heißt dies nicht, daß deshalb keine Kinderkrippen eingerichtet werden sollten. Aber sie sollten verbessert werden und als Lösung der zweiten Wahl gelten. Eingewöhnungsphase im Beisein der Mutter, weniger Kinder pro Betreuerin und weniger Wechsel der neuen Bezugspersonen sind notwendig. Selbst im Kindergartenalter zeigen Kinder morgens noch deutliche Belastungserscheinungen beim Betreten des Kindergartens.

Gerade weil gewisse Kreise den einem Kollektiv verantwortlichen Menschentypus heranziehen wollen, sei noch einmal hervorgehoben, daß in der Mutter-Kind-Beziehung jenes »Urvertrauen« entwickelt wird, das die Voraussetzung für eine weiter ausgreifende Nächstenliebe ist. Erst in der individualisierten Familienbeziehung werden die Anlagen entwickelt, die es uns ermöglichen, auch in uns unbekannten Menschen »Brüder« und »Schwestern« zu sehen, also das familiale Ethos auf die Gruppe zu übertragen. Ein Miteinander-Leben in der anonymen Großgesellschaft wird dadurch überhaupt erst möglich. Ohne familiale Sozialisation kommt es zu einer Brutalisierung der zwischenmenschlichen Beziehungen, wie die Zustände in einigen süd- und nordamerikanischen Großstädten in erschreckender Weise zeigen.

Die Folgen frühkindlicher Verwahrlosung sind schlimm. Eine Erhebung von B. GAREIS (1978) ergab, daß 1972 von den Zugängen der größten bayerischen Strafanstalt 21 Prozent frühkindlich geschädigt waren. Im Jahre 1974 waren es bereits 24,6 Prozent und 1977 34 Prozent. G. KAISER (1978) fand, daß nur 5 Prozent der Insassen der von ihm untersuchten deutschen Haftanstalten mit einer festen Bezugsperson aufgewachsen waren. 50 Prozent der Straffälligen hatten bis zu ihrem 14. Lebensjahr mehr als 5 Bezugspersonen. Frühkindliche soziale und emotionale Entbehrungen führen zu einem Sozialisationsdefizit, das für spätere Kriminalität anfällig macht. Unter anderem führt sie zu einer Gefühlsverflachung und Empfindungslosigkeit, die sich unter anderem in einem Mangel an Schuldgefühlen äußert.

Da man heute um diese Zusammenhänge Bescheid weiß, hat sich die Situation der Heimkinder in den letzten Jahren entscheidend verbessert. Auch bemüht man sich um frühe Vermittlung von Adoptiveltern. Vorzüglich bewähren sich die SOS-Kinderdörfer von HERMANN GMEINER, in denen jeweils eine Ersatzmutter eine bestimmte Anzahl von Kindern als bleibende Bezugsperson betreut. Der Schutz der individualisierten Bindung durch das Gesetz ist allerdings noch mit Mängeln behaftet. Lassen sich Eltern scheiden, dann bleibt das Kind in der Regel bei einem Elternteil. Heiratet dieser, dann bekommt das Kind als weitere Bezugsperson einen Stiefvater oder eine Stiefmutter. Stirbt nun der leibliche Elternteil dieser Familie, dann kann die elterliche Gewalt nach dem in der Bundesrepublik

Deutschland geltenden Recht ohne weiteres auf den anderen leiblichen Elternteil übertragen werden, auch wenn dieser sich nie um das Kind gekümmert hat, wenn keine persönliche Bindung besteht und sich das Kind gegen die Herauslösung aus der faktischen Familie sträubt. Auf diesen Mißstand wies B. HASSENSTEIN (1977) hin. Wo das Kind emotionell an einen Stiefelternteil gebunden ist, sollte man diese Tatsache respektieren.

4.3.3 Die Bedeutung von Mutter-Kind-Kontakten unmittelbar nach der Geburt

Für die emotionelle Bindung der Mutter an ihr Kind und damit für den Aufbau der Mutter-Kind-Beziehung dürften bereits die ersten Minuten nach der Geburt von Bedeutung sein. Dafür sprechen dramatische Indizien. Wo Infantizid zur Bevölkerungskontrolle praktiziert wird, töten die Mütter ihre Kinder nur unmittelbar nach der Geburt, ohne sich ihnen zuzuwenden. Bei den Eipo* filmte das Ehepaar GRETE und WULF SCHIEFENHÖVEL (1978) eine Eipofrau bei der Geburt, die erklärt hatte, sie würde ihr Kind töten, wenn es ein Mädchen sei. Sie gebar eine Tochter und bereitete nun alles für die Kindstötung vor. Sie verpackte die Kleine samt Nachgeburt ohne abzunabeln in Farnblätter und legte die Pflanzenrebe bereit, um das Paket zu verschnüren. Aber irgendwie verzögerte die Gegenwart der Filmenden den Vorgang. Man sieht, wie die Mutter nachdenklich vor dem Bündel Farnblätter sitzt, aus dem es schreit und aus dem die rosa Füßchen und Fäuste sich lebenshungrig durchboxen. Die Mutter verläßt die Szene, ohne das ihr offensichtlich schwerfallende Werk zu vollziehen. Nach zwei Stunden kommt sie zurück, durchtrennt die Nabelschnur und nimmt das Baby zu sich. Es wäre ein so kräftiges Kind, erklärt sie, fast wie zur Entschuldigung (G. und W. SCHIEFENHÖVEL 1978).

Es gibt viele Beobachtungen, die belegen, daß Mütter ihre Kinder nur töten können, solange sie keine persönliche Beziehung herstellten. Hat sich eine solche entwickelt, dann gilt die Kindstötung, auch wenn sie sonst praktiziert wird, als Mord (I. EIBL-EIBESFELDT 1975), so früher in vielen Gebieten Polynesiens, nachdem eine Mutter ihr Kind einmal gestillt hatte. Davon, daß es den Müttern leicht falle, ihr Kind zu töten, kann nun wirklich nicht die Rede sein. Man bringt die Kinder keineswegs »leichten Herzens« um, wie das u. a. W. SCHMIDBAUER (1971) behauptet. Dort, wo genaue Beschreibungen vorliegen, wird deutlich, daß die Erwachsenen einen starken Konflikt erleben. H. J. HEINZ (1966 : 36) schreibt diesbezüglich: »I agree with Mrs. MARSHALL (1960 : 327) that Bushmen are disturbed about the necessity of losing a child. They denied the practice of parting

---

* Zum Zeitpunkt der Aufnahme waren die im westlichen Bergland von Neuguinea lebenden Eipo eben erst kontaktiert worden. Die Mütter handeln bei der Kindstötung aus eigenem freien Entschluß und, wie die Befragungen zeigen, im Wissen um den Ertrag ihrer Süßkartoffelfelder.

with children most convincingly until the author witnessed G.'s indecision in the matter of retaining her baby.«*

Als N. A. CHAGNON eine junge Yanomami-Mutter, die gerade geboren hatte, aber ohne Kind zurückgekehrt war, nach dem Verbleib des Säuglings fragte. brach die Mutter in Tränen aus, und der Ehemann machte ihm verständlich, daß man nicht weiter in sie dringen möge:

»›What happened to the baby?‹ I whispered to Bahimi. We sat huddled under the eaves of the great sloping roof in the circular village ... Bahimi's cheeks were smeared with black ›sadness‹, a crust of dirt with tears, to signify her mourning. Across the village, women were returning home with firewood. Bahimi gazed at them without seeing. ›She exists no more ... I ... I ...‹, more tears welled up her soft brown eyes, and I knew then that she had killed her daughter at birth. Kaobawa, her husband, the village headman, pressed my arm gently and whispered softly: ›Ask no more of this my nephew. Our other baby is still nursing, and he needs the milk‹! (N. A. CHAGNON 1976 : 211)**.

Bei diesem erschütternden Dokument wollen wir es belassen. Wer immer sich die Mühe macht, Menschen anderer Kulturen einfühlend zu begegnen, wird feststellen, daß sie in ihren Gefühlsregungen kaum nennenswert von uns abweichen. Es spricht schon für ein erhebliches Ausmaß ethnozentrischer Überheblichkeit, für Mangel an Einfühlungsvermögen und für profundes Unwissen, wenn jemand behauptet, eine gesunde Mutter brächte irgendwo in der Welt ihr Neugeborenes »leichten Herzens« um. Wo Infantizid aus Gründen der Bevölkerungskontrolle notwendig ist, handelt es sich um einen kulturell als notwendig empfundenen Zwang, dem man sich fügt. Und es gilt dabei als Regel, daß man schnell unmittelbar nach der Geburt handelt, bevor die Bindung der Mutter an ihr Kind gefestigt wurde. Danach sind die Hemmungen zu stark.

Unter den Bedingungen einer normalen Entbindung wird die Bindung relativ schnell gestiftet. Eipo-Mütter sitzen nach der Geburt zunächst einmal wie in Gedanken versunken da. Sie betrachten ihr Kind und nehmen es nach dem Abnabeln an ihre Brust. Mütter, die in unserer Kultur natürlich, d. h. ohne

---

* »Ich stimme mit Frau MARSHALL überein, daß die Buschleute beunruhigt sind über die Notwendigkeit, ein Kind zu verlieren. Sie leugneten sehr glaubhaft, sich von Kindern zu trennen, bis der Autor Zeuge wurde von G.'s Zögern, ob sie ihr Baby behalten sollte.«

** »›Was ist mit dem Baby geschehen?‹ flüsterte ich Bahimi zu. Wir saßen geduckt unter dem Rand des großen, überhängenden Daches in dem runden Dorf. Bahimis Wangen waren mit schwarzer ›Traurigkeit‹ beschmiert: eine Kruste aus Schmutz vermischt mit Tränen – ein Zeichen ihrer Totenklage. Alle Frauen des Dorfes kamen mit Brennholz heim. Bahimi starrte sie an, ohne sie zu sehen. ›Sie lebt nicht mehr...ich...ich...‹ Erneut kullerten Tränen aus ihren sanften braunen Augen, und ich wußte jetzt, daß sie ihre Tochter bei der Geburt getötet hatte. Kaobawa, ihr Ehemann, der Häuptling des Dorfes, drückte meinen Arm leicht und flüsterte leise: ›Stell keine weiteren Fragen mehr, mein Neffe. Unser anderes Baby wird noch gestillt, und es braucht die Milch.‹«

Narkose und örtliche Betäubungsmittel, entbinden, zeigen eine starke emotionelle Zuwendung, wenn man das Neugeborene auf ihren Bauch legt. M. H. KLAUS und J. H. KENNELL (1976) beschreiben ihren Zustand als »ekstatisch«. Sicher gibt es kulturelle Unterschiede im Temperament – aber das Prinzip der aktiven Zuwendung seitens der Mutter bleibt sich gleich (M. H. KLAUS und J. H. KENNELL 1976, S. AUSTEN 1979). Die Mütter sprechen zu ihrem Kind, berühren es mit den Fingerspitzen, streicheln es, massieren es zart mit den Händen, zeigen es ihren Ehemännern oder den Schwestern und bemühen sich schließlich um den Augenkontakt mit ihren Kleinen (Abb. 4.15).

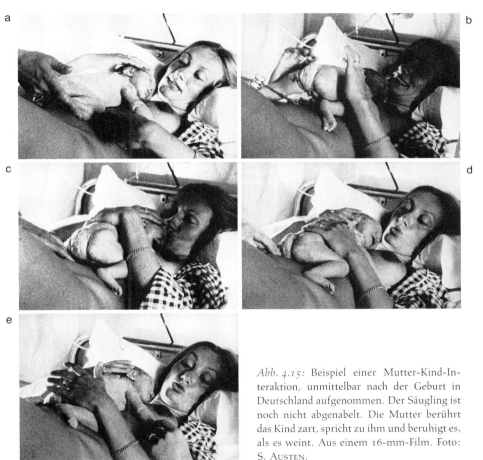

Abb. 4.15: Beispiel einer Mutter-Kind-Interaktion, unmittelbar nach der Geburt in Deutschland aufgenommen. Der Säugling ist noch nicht abgenabelt. Die Mutter berührt das Kind zart, spricht zu ihm und beruhigt es, als es weint. Aus einem 16-mm-Film. Foto: S. AUSTEN.

M. H. KLAUS und J. H. KENNELL (1976) nahmen die verbalen Äußerungen von amerikanischen Müttern während der frühen Kontaktperiode auf. Sie fanden, daß sich 70 Prozent der Äußerungen auf die Augen beziehen. Sie sagten z. B.: »Laß mich deine Augen anschauen« oder »Mach die Augen auf, damit ich weiß, daß du mich lieb hast.« Dabei versuchen sie, ihr Gesicht genau gegenüber dem ihres Säuglings zu bringen. Deutsche Mütter verhalten sich ebenso. Die große Bedeutung des Augenkontaktes für das Verhalten der Mütter wird durch eine Untersuchung von K. GROSSMANN (1978) bestätigt. Sie registrierte das Verhalten von zehn Müttern zu je drei Mahlzeiten an drei aufeinanderfolgenden Tagen ihrem Neugeborenen gegenüber, und zwar in der Zeitspanne 3 bis 5 Sekunden vor und nach dem Augenöffnen ihres Kindes. Das Verhalten änderte sich in 92,5 Prozent der Fälle in auffälliger Weise. Die Mütter zeigten nach dem Augenöffnen des Neugeborenen eine lebhaftere Mimik; sie sprachen vielfältiger zu ihrem Kinde als vor dem Augenöffnen und näherten sich dem Kind mehr. Lächeln, Streicheln und Küssen (zärtliches Verhalten) steigerten sich um 50 Prozent, Verhaltensweisen der Pflege (Füttern) blieben unverändert. Anderweitig orientierte Verhaltensmuster, etwa Gespräche mit Nachbarinnen, nahmen ab (Abb. 4.16, 4.17).

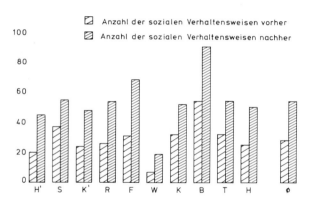

Abb. 4.16: Vergleich der Häufigkeiten der »sozialen« Verhaltensweisen der 10 Mütter *vor* dem Augenöffnen ihrer Neugeborenen mit den Häufigkeiten der »sozialen« Verhaltensweisen *nach* dem Augenöffnen. Die Buchstaben unter den Säulen bezeichnen einzelne Personen. Aus K. GROSSMANN (1978).

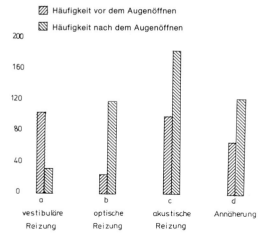

Abb. 4.17: Vergleich der vestibulären (a), optischen (b) und akustischen (c) Anregungen der Neugeborenen durch ihre Mütter sowie die Häufigkeit der Annäherungen der Mutter an ihr Kind (d), jeweils *vor* und *nach* dem Augenöffnen der Neugeborenen. Aus K. GROSSMANN (1978).

K. S. Robson (1967 : 15) weist in diesem Zusammenhang darauf hin, daß der Säugling nur über sehr begrenzte Möglichkeiten verfügt, die Mutter für all die Mühe und Unannehmlichkeiten zu entlohnen. Der Augenkontakt und das Lächeln würden dabei eine ausgezeichnete Rolle spielen:

»The human mother is subject to an extended, exceedingly trying and often unrewarding period of caring for the infant. Her neonate has a remarkably limited repertoire with which to sustain her. Indeed, his total helplessness, crying, elimination behavior and physical appearance frequently elicits aversive reactions. Thus, in dealing with the human species, nature has been wise in making both eye-to-eye contact and the social smile, that often releases in these early months, behaviors that at this stage of development generally foster positive maternal feelings and a sense of payment for services rendered ... Hence, though a mother's response to these achievements may be an illusion, from an evolutionary point of view it is an illusion with survival value.«[*]

Der Säugling kommt den Kontaktbemühungen der Mutter entgegen, indem er in der ersten Stunde nach der Geburt in einem Zustand auffälliger Wachheit ist. Dafür ist die durch den Geburtsstreß verursachte Ausschüttung von Streßhormonen (Adrenalin, Noradrenalin) verantwortlich. Das fördert die Blutzufuhr zum Gehirn und zur Muskulatur und induziert eine Wachheit, die den Prozeß der Mutter-Kind-Beziehung in den ersten Stunden nach der Geburt fördert (H. Lagerkrantz und Th. A. Slotkin 1986). Beläßt man den Säugling bei der Mutter und gebar die Mutter ohne Schmerzmittel, dann bemühen sich die Neugeborenen aktiv, zur Brust zu kriechen (Abb. 4.15), und durchschnittlich 50 Minuten nach der Geburt tranken nach einer Erhebung von L. Righard und M. O. Alade (1990) die meisten. Diejenigen, die man nach der Geburt routinemäßig vorübergehend von der Mutter getrennt hatte, waren weniger erfolgreich. Und bei jenen Müttern, die das Schmerzmittel Pethidine erhalten hatten, waren auch die Neugeborenen sediert, und die meisten tranken nicht.

Die Säuglinge orientieren sich bereits in diesem frühen Lebensabschnitt nach dem Gesicht der Mutter. Welche Einzelheiten sie dabei wahrnehmen, weiß man nicht. Sie sehen aber offensichtlich doch mehr, als man bisher vermutete, sonst könnten sie nicht Gesichtsbewegungen von Erwachsenen spiegeln (S. 89 ff.) noch

---

[*] »Der Menschenmutter obliegt eine lange, äußerst schwierige und oft unbelohnte Zeit der Sorge um ihr Kind. Ihr Neugeborenes hat ein sehr begrenztes Repertoire, mit dem es sie belohnen kann. Seine völlige Hilflosigkeit, sein Schreien, sein Ausscheidungsverhalten und seine physische Erscheinung rufen in der Tat häufig widerwillige Reaktionen hervor. Demnach ist die Natur mit der Spezies Mensch sehr weise verfahren, als sie ihr sowohl den Augenkontakt als auch das soziale Lächeln verlieh. In den ersten Monaten lösen diese beiden Verhaltensweisen bei der Mutter im allgemeinen positive Reaktionen und das Gefühl aus, für die Mühe mit der Betreuung des Säuglings belohnt worden zu sein. Mag auch die Reaktion der Mutter auf diese Signale des Kindes auf einer Illusion beruhen, evolutionär betrachtet trägt diese Illusion jedoch zum Überleben der Kleinkinder bei.«

bereits wenige Stunden nach der Geburt das Gesicht ihrer Mutter visuell von Gesichtern anderer Frauen unterscheiden (I. W. R. BUSHNELL und Mitarbeiter). Wir wissen aber, daß Neugeborene sich einer Lichtquelle zuwenden können (P. HARRIS und A. MACFARLANE 1974) und einem bewegten Objekt mit den Augen folgen (S. BARTON, B. BIRNS und J. RONCH 1971). Im Alter von 3 bis 5 Wochen beachten sie (gemessen an der Fixierdauer) vor allem die Konturen (Umrisse) eines menschlichen Antlitzes (57,4 Prozent der Fixierzeit) und bevorzugt die Augen (29,8 Prozent), während Nase und Mund mit 7,9 Prozent und 4,9 Prozent weit weniger Interesse erwecken. Für 9 bis 11 Wochen alte Säuglinge haben die Augen mit 48,9 Prozent bereits mehr Attraktivität als die Konturen (32,7 Prozent der Fixierzeit, M. M. HAITH und Mitarbeiter 1977).

Bereits Neugeborene bewegen, wie Seite 86 erwähnt, ihre Augen koordiniert in die Richtung einer seitlichen Schallquelle, als wollten sie diese fixieren (M. J. MENDELSOHN und M. M. HAITH 1976). Dieses Fixieren erfolgt aber zunächst aufgrund eines zentralen Fixiervorganges, der gar kein Sehvermögen und damit keine Rückmeldung vom Gesehenen voraussetzt, denn auch blindgeborene Kinder können die sprechende Mutter fixieren (D. G. FREEDMAN 1964). Entscheidend ist, daß sie so tun, als würden sie die Mutter anschauen. Mütter reagieren auf diese Zuwendung mit starken positiven Emotionen. Allerdings sind nicht alle Blindgeborenen eines solchen Blickkontaktes fähig, und Mütter von solchen Blinden empfinden diesen Mangel an Blickkontakt äußerst belastend (S. FRAIBERG 1975).

In diesem Zusammenhang ist darauf hinzuweisen, daß die zur Desinfektion der Augen angewandte Silbernitratbehandlung nach der Geburt diesen Blickkontakt behindert. Die Säuglinge halten dann im Vergleich zu Kontrollgruppen, die nicht so behandelt wurden, ihre Augen lange geschlossen (Abb. 4.18). Die Routinebehandlung behindert demnach den Mutter-Kind-Kontakt in einer entscheidenden Phase (J. WINBERG und P. DE CHATEAU 1982).

Der Säugling erweist sich an die frühe Kontaktaufnahme auch dadurch angepaßt, daß seine Saugbereitschaft 20 bis 30 Minuten nach der Geburt einen Höhepunkt erreicht. Die gleiche Triebstärke beobachtet man erst wieder nach 40 Stunden (I. A. ARCHAVSKY 1952). Dieses Saugen bewirkt Progesteronausschüttung und über Oxytocinausschüttung Uteruskontraktionen, die die Blutung mindern. Schließlich bewirkt es eine starke emotionelle Zuwendung und den Aufbau der Stillbereitschaft. Mütter, die ihr Kind unmittelbar nach der Geburt drei Stunden bei sich behalten und davon zwei Stunden stillen durften und die an den folgenden drei Tagen weitere 15 Stunden mit ihrem Kinde beisammen waren, zeigten bei einer Nachuntersuchung nach einem Monat ein größeres Ausmaß emotioneller Zuwendung als Mütter ohne solch intensiven Frühkontakt (Abb. 4.19; M. H. KLAUS und J. H. KENNELL 1976).

Mütter, die frühen Kontakt erlebten, sind auch eher bereit, ihr Kind zu stillen (M. H. KLAUS und J. H. KENNELL 1976), was für das Wohlergehen des Kindes von ausschlaggebender Bedeutung ist. Frühkontakt bewirkt eine stärkere emotionelle

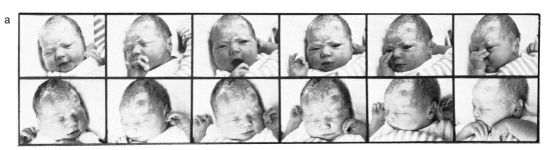

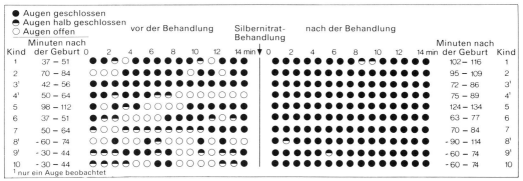

Abb. 4.18: a) Eine Reihe von Aufnahmen, die einen Säugling vor und nach Silbernitratbehandlung der Augen zeigen. Die sechs Aufnahmen der oberen Reihe sind vor der Behandlung, die darunter nach der Behandlung gemacht worden. Zwischen jeder Aufnahme liegen 180 Sekunden. Aus J. WINBERG und P. DE CHATEAU (1982).
b) Das Schauverhalten von 10 Kindern vor und nach der Prophylaxe mit Silbernitrat. Die Aufnahmen wurden in 1-Minuten-Intervallen während einer 15-Minuten-Periode gemacht. In den Fällen 3, 4, 8 und 9 hatte das Kind den Kopf zur Seite gedreht, so daß nur ein Auge aufgenommen werden konnte. Aus Y. ANDERSSON und Mitarbeiter (1978).

Zuwendung der Mütter zu ihren Kindern, die sich noch zwei Jahre nach der Geburt des Kindes darin äußert, daß Mütter zu ihren gleich nach der Geburt angelegten Kindern differenzierter sprechen, was die geistige Entwicklung fördert. Sie stellten doppelt so viele Fragen wie Kontrollmütter, verwendeten mehr Worte für eine Proposition, weniger »content words« (bedeutungsreiche Begriffe), mehr Adjektive und weniger Befehlsworte. Letzteres belegt eine ausgeglichene Beziehung, da Befehle Ausdruck aggressiver Dominanz sind (N. M. RINGLER und Mitarbeiter 1975, 1978, F. BROAD 1976). M. H. KLAUS' und J. H. KENNELLS Daten zeigen, daß eine aus klinischen Gründen notwendige Trennung von Mutter und Kind unmittelbar nach der Geburt und während der ersten Lebenstage des Neugeborenen das Risiko für das Kind erhöht, später von der Mutter falsch behandelt zu werden. Der Prozentsatz mißhandelter Kinder sowie solcher, die ohne organischen Grund nicht gedeihen, ist z. B. für Frühgeborene, die routinemäßig zunächst von der Mutter getrennt werden, unverhältnismäßig

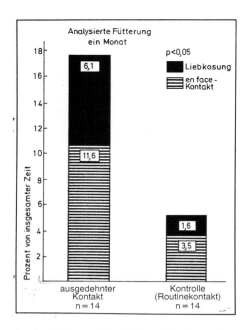

Abb. 4.19: Mutter-Kind-Interaktion einer Kontrolluntersuchung am Ende des ersten Lebensmonats. Das Ausmaß an »Liebkosung« und Gesicht-zu-Gesicht-Orientierung ist bei Müttern, die unmittelbar nach der Geburt ausgiebigen Kontakt zu ihrem Kind hatten, signifikant erhöht. Nach M. H. KLAUS und J. H. KENNELL (1976) aus H. SCHETELIG (1979).

hoch. Mütter, die frühen Kindkontakt erlebten, zögerten auch eher, ihr Kind während der ersten Monate in die Obhut eines anderen zu geben.

Mütter, die unmittelbar nach der Geburt intensiven Kontakt mit ihren Kindern hatten, waren noch 4 bis 6 Wochen später deutlich sicherer im Umgang mit ihren Säuglingen als Mütter ohne solchen Kontakt, die ängstlicher waren (A. M. SOSTEK und Mitarbeiter 1982).

D. J. HALES und Mitarbeiter (1977) gestatteten je 20 normal entbundenen Müttern in Guatemala 45 Minuten Hautkontakt mit ihrem Säugling. Die erste Gruppe erhielt ihn unmittelbar nach der Geburt, die andere 12 Stunden danach. Eine dritte Gruppe von 20 Frauen erlebte die übliche Spitalroutine. Sie durften das Baby nach der Geburt kurz sehen, etwa 12 Stunden später kam es dann in der üblichen Verpackung zur Mutter. Alle Mütter wurden 36 Stunden danach beobachtet. Die Mütter, die unmittelbar nach der Geburt Hautkontakte hatten, zeigten mehr affektive Zuwendungsreaktion, wie Gesicht-zu-Gesicht-Reaktion, als die anderen beiden Gruppen. Die verzögerte Kontaktgruppe lag in den Werten zwischen der Frühkontaktgruppe und der Kontrollgruppe, die der normalen Routine unterworfen war.

P. DE CHATEAU und B. WIBERG (1977) beobachteten schwedische Erstgebärende, die unmittelbar nach der Geburt Kontakt mit ihrem Kinde hatten, drei Monate später in ihrem Heim. Diese Mütter schauten ihren Kindern mehr ins Gesicht und küßten sie öfter, während die Mütter einer Kontrollgruppe ohne frühen Kindkontakt, die man ebenfalls nach 3 Monaten zu Hause beobachtete, ihre Kinder mehr säuberten. J. SCHALLER und Mitarbeiter (1979) fanden dagegen, daß eine erhöhte

Zuwendung der Mütter mit frühem Säuglingskontakt nur in der ersten Lebenswoche des Säuglings nachzuweisen war. Sie meinen daher, man möge die Bedeutung frühen Mutter-Kind-Kontaktes nicht überschätzen. Diese Warnung ist sicher wichtig, vor allem im Hinblick auf die sonst mögliche Verunsicherung von Müttern, die aus irgendwelchen Gründen mit ihren Kindern keinen Frühkontakt aufnehmen können. Wir können sie dahingehend beruhigen, daß sich im Verlauf der ersten Lebensmonate bei ihnen ein ebenso intensiver Mutter-Kind-Kontakt entwickelt wie bei natürlich Entbindenden. Wie so oft sind hier eben mehrfache Sicherungen am Werke, um die innige Mutter-Kind-Beziehung zu garantieren. Die sensible Phase unmittelbar nach der Geburt dürfte sich wohl entwickelt haben, um zu garantieren, daß die Mutter trotz aller Unannehmlichkeiten der Geburt das Kind sogleich annimmt, und ich möchte voraussagen, daß die Annahmebereitschaft jener Frauen, die gleich nach der Geburt einen längeren Kindkontakt erleben, zunächst höher ist als die jener Mütter, die traditionell klinisch entbinden. Von den Müttern, die sich vor der Geburt entschlossen, ihr Kind zur Adoption freizugeben, müßten, wenn diese Vermutung zutrifft, natürlich Gebärende, die engen Kindkontakt erleben, ihren Entschluß zu einem höheren Prozentsatz verwerfen als jene, die keinen solchen Kontakt erleben.

Man sollte also die Bedeutung des frühen Mutter-Kind-Kontaktes nicht überschätzen, aber auch nicht geringachten. Die Daten über das Stillen belegen einen positiven Einfluß auf die Mutter-Kind-Beziehung, und die Daten über Kindesvernachlässigung und Kindesmißhandlung bei früher Kontaktunterbrechung weisen ebenfalls auf die große Bedeutung eines frühen Mutter-Kind-Kontaktes für die Qualität der Bindung hin. Schließlich läßt bereits die Tatsache, daß Mutter und Kind unmittelbar nach der Geburt in so auffälliger Weise aufeinander abgestimmt handeln können, darauf schließen, daß diese Interaktion von Bedeutung ist. Dazu noch einige weitere bemerkenswerte Einzelheiten:

Nach W. S. CONDON und L. W. SANDER (1974) beachten Neugeborene bereits im Alter von 16 Stunden die Sprache und antworten auf deren Struktur mit ihren Bewegungen: »When the infant is already in movement, points of change in the configuration of his moving body parts become coordinated with points of change in the sound patterns characterising speech . . .«[*]

Wenn der Sprecher pausiert, um Luft zu holen, oder wenn er eine Silbe betont, dann reagiert das Kind darauf, indem es z. B. fast unmerklich eine Braue hebt oder einen Fuß senkt. Diese Mitbewegungen beobachtet man nur, wenn natürliche – rhythmische – Sprache präsentiert wird, nicht, wenn andere rhythmische Laute oder unzusammenhängende Silben geboten werden. Englisch oder Chinesisch

---

[*] Wenn das Kind bereits vorher damit begonnen hat, sich zu bewegen, koordiniert es die Umkehrpunkte seiner Bewegungskonfiguration mit den phonetischen Strukturen, die typisch für unsere Sprache sind . . .«

wird dagegen von den 16 Stunden alten Säuglingen durch Mitbewegung »kommentiert«. Das Neugeborene kann demnach bereits in den ersten Lebensstunden die Worte seiner Mutter mit seinen Bewegungen »kommentieren«. Letzteres mag auch für das Sprechenlernen von Bedeutung sein. W. S. CONDON und L. W. SANDER (1974) bemerken dazu: »This study reveals a complex interaction system in which the organisation of the neonate's motor behavior is entrained by and synchronised with the organised speech behavior of adults in his environment. If the infant, from the beginning, moves in precise shared rhythm with the organisation of the speech structure of his culture, then he participates developmentally through complex socio-biological entrainment he later uses in speaking and communicating.«*

Geradezu erstaunlich ist es, daß Säuglinge bereits in den ersten drei Tagen nach der Geburt nicht nur die menschliche Stimme vor anderen Geräuschen bevorzugen, sondern auch die Stimme der Mutter vor der fremder Personen. Sie können also bereits Personen an der Stimme unterscheiden und bevorzugen die der Mutter. Die Säuglinge konnten durch verschiedene Arten einen Schnuller zu besaugen, die Stimme ihrer Mutter oder einer anderen Frau abrufen. Sie lernten rasch, die Stimme ihrer Mutter auszulösen (A. J. DECASPER und W. P. FIFER 1980, M. MILLS und E. MELHUISH 1974). Es handelt sich dabei interessanterweise um Kinder, die der üblichen Hospitalroutine einer amerikanischen Klinik unterworfen waren und nur viermal am Tag zur Fütterung mit der Mutter beisammen waren, im besten Fall bis zum Test insgesamt zwölf Stunden. Auch geruchlich können die Säuglinge ihre Mutter bereits früh von anderen Personen unterscheiden. Bietet man eine Woche alten Säuglingen ein Tuch an, das mit dem Geruch ihrer Mutter imprägniert wurde, den sie beim Stillen gerochen hatten (Brustgeruch: A. MACFARLANE 1975, M. J. RUSSELL 1976, B. SCHAAL und Mitarbeiter 1980; Achselgeruch: J. B. CERNOCH und R. H. PORTER 1985; Parfümgeruch: M. SCHLEIDT und C. GENZEL 1990), und eines, das nach dem gleichen Geruch einer fremden Mutter duftete, dann wenden sich die Kleinen signifikant häufiger dem Brustgeruch der eigenen Mutter zu (J. A. MACFARLANE 1975, 1977, M. J. RUSSELL 1976). Die Kinder können diese Unterscheidung schon ab dem 2. Lebenstag treffen (B. SCHAAL und Mitarbeiter 1980).

Umgekehrt sind auch die Mütter, wie gesagt, auf ihre Kinder vorbereitet. Sie können bereits 6 Stunden nach der Geburt und nach nur einer vorherigen Darbietung ihren eigenen Säugling von fremden Kindern unterscheiden. Väter konnten das im Experiment nicht (M. J. RUSSELL und Mitarbeiter 1983). Mütter

---

* »Diese Studie deckt ein komplexes interaktionales System auf, in dem die Organisation der Motorik des Neugeborenen durch die Sprachstruktur eingeübt und synchronisiert wird, die durch das Sprechen der Erwachsenen auf das Kind einwirkt. Wenn sich das Kind von Anfang an genau im gemeinsamen Rhythmus mit der temporalen Struktur der Sprache seiner Kultur bewegt, dann unterliegt es einem komplexen kulturell-biologischen Einfluß, dem es auch später beim Sprechen und allgemein bei der Kommunikation unterworfen ist.«

mit kleinen Säuglingen können ferner das Hungerweinen, Schmerzweinen und andere Lautäußerungen von Säuglingen viel besser verstehen als Frauen, die keine kleinen Kinder haben, selbst wenn diese bereits ältere Kinder hatten. A. SAGI (1981) testete dazu 36 Mütter mit 1 bis 4 Monate alten Säuglingen. 14 dieser Mütter hatten bereits Erfahrungen mit der Kinderpflege, 17 waren unerfahren. Die »Nicht-Mütter« waren dagegen schwanger, und alle hatten bereits eines bis mehrere Kinder. Dennoch schnitten die erfahrenen »Nicht-Mütter« im Test schlechter ab als die unerfahrenen Mütter. »There is apparently some kind of predisposition which either naturally attunes the mother to correctly understand the infant's cries, or makes her differential experience with the crying infant more meaningful and thus increases her skill in identifying his intent ... The fact that mothers performed better than women who were nine months pregnant, suggests that the changes, whatever they are, occur at parturition and not during pregnancy. However, it is also plausible that the major changes do take place during pregnancy, and establish initial predispositions for an effective mother-infant interaction soon after giving birth. This deserves further investigation« (A. SAGI 1981 : 40)*.

Daß Mütter bereits unmittelbar nach der Geburt starke Zuwendungsreaktionen zu ihrem Kinde zeigen, führten wir aus. Insbesondere sprechen sie viel (H. L. RHEINGOLD und J. L. ADAMS 1980). Wir werden die Mutter-Kind-Interaktionen noch ausführlicher behandeln.

4.3.4 Verhaltensbiologische Aspekte der Geburt

Die üblichen Bedingungen der klinischen Entbindung fördern die Entwicklung einer frühen Mutter-Kind-Bindung im allgemeinen nicht. Das liegt im wesentlichen an der Gesamtatmosphäre, die steril-hygienisch, aber fremd ist und daher die Mutter ängstigt. Geborgenheit ist aber eine Voraussetzung für eine natürliche Geburt, Angst erschwert den Geburtsvorgang. Viele Huftiere verzögern bei Anwesenheit eines Beobachters das Gebären. Das ist wohl eine Anpassung an Raubfeinde. Bemerkt ein Huftier, daß ein Raubtier in der Nähe ist, dann ist es vorteilhaft, wenn es die Einleitung der Geburt hinauszögern kann. Angst unterdrückt die Wehentätigkeit. Das gilt auch für uns Menschen. Man spricht von einer

---

* »Es gibt offensichtlich so etwas wie eine Veranlagung, die eine Mutter entweder von Natur aus vorbereitet, das Weinen des Kindes zu verstehen oder ihre unterschiedliche Erfahrung mit dem weinenden Kind aussagefähiger macht, so daß sie immer besser versteht, was das Baby will... Die Tatsache, daß Mütter ihre Aufgabe besser erfüllten als Frauen im neunten Monat der Schwangerschaft macht deutlich, daß die Veränderungen – wie auch immer sie ausfallen mögen – bei der Geburt und nicht während der Schwangerschaft auftreten. Allerdings ist es auch möglich, daß sich doch wesentliche Veränderungen bereits während der Schwangerschaft abspielen und damit die primären Voraussetzungen für geglückte Mutter-Kind-Interaktionen kurz nach der Geburt schaffen. Dies muß noch eingehender untersucht werden.«

psychischen Wehenschwäche; sie verzögert die Geburt und verlängert, was in diesem Falle sicher nicht adaptiv ist, den Geburtsvorgang. C. NAAKTGEBOREN und E. H. M. BONTEKOE (1976) machen für diese Veränderung eine erhöhte Ausschüttung von Adrenalin verantwortlich. Der Transport zur Klinik und die fremde Umgebung stellen für die Frau sicherlich eine arge Belastung dar. Es ist bekannt, daß Frauen, die zu Hause schon die ersten Wehen verspürten, diese auf dem Transport zur Klinik wieder verloren haben. Wir wissen, daß eine Verfrachtung in eine fremde Umgebung auch andere physiologische Prozesse des Menschen und vieler Säuger im gleichen Sinne beeinflußt. So ist unter anderem häufig die Defäkation gehemmt. Das Phänomen ist als Reiseobstipation bekannt. Man könnte analog von einer »Geburtsverhaltung« in fremder Umgebung sprechen.

Das Geburtsverhalten der Naturvölker kann uns gerade in dieser Hinsicht Denkanstöße geben. Besonders gut untersucht und zum großen Teil auch filmisch dokumentiert ist die Geburt bei den Eipo und ihren Nachbarn im Hochland von West-Neuguinea; GRETE und WULF SCHIEFENHÖVEL konnten bei sieben Geburten anwesend sein und Protokolle anfertigen, die bis zu 16 Stunden abdecken (G. und W. SCHIEFENHÖVEL 1978, W. SCHIEFENHÖVEL 1980, 1982, 1983 a). Bei den Eipo gebären die Frauen im Sitzen und Hocken am oder im Frauenhaus, in dem sie sich auch während der Menstruation aufhalten; in diesem Territorium sind sie also heimisch. Verwandte und befreundete Frauen mit eigener Geburtserfahrung übernehmen die Betreuung der Kreißenden, was insbesondere bei Erstgebärenden sehr liebevoll geschieht. Schmerzen und Angst versucht man durch Hautkontakt, Massage und Heilsprüche zu mildern. Nach der Geburt des Kindes kümmert sich die Mutter aktiv um das Kind, reinigt es mit Blättern, durchtrennt die Nabelschnur mit einem Bambusmesser und beseitigt häufig auch die Plazenta. In vielen anderen traditionellen Kulturen sind ähnliche Bräuche zu beobachten. Zum Geburtsverhalten in Stammesgesellschaften siehe W. SCHIEFENHÖVEL und D. SICH (1983).

Kulturenvergleichende und verhaltensbiologische Überlegungen sprechen also für eine Entbindung in vertrauter Umgebung. Wo Klinikentbindung erforderlich ist, sollte sich die Mutter schon vor dem Gebären mit ihrer Umgebung vertraut machen können. Heimgeburten nehmen im Durchschnitt weniger Zeit in Anspruch als Klinikgeburten (C. NAAKTGEBOREN und E. H. M. BONTEKOE 1976). G. und W. SCHIEFENHÖVEL (1983 b) sowie M. und C. PACIORNIK (1983) äußern sich auch kritisch über die bei uns übliche Rückenlage beim Gebären. In der Hocke gebiert eine Frau leichter, da sie nicht gegen die Schwerkraft arbeiten muß (Abb. 4.20, 4.21). Man sollte auch mit der Anwendung von Narkosen und stärkeren lokalen Betäubungsmitteln sparsam sein. Mütter berichten, daß sie die Entspannung nach der Geburt als höchst befreiendes Erlebnis empfinden und dies mit dem Erscheinen des Kindes verbinden. Das stimmt mit den bereits erwähnten Berichten über die euphorisch-festliche Gestimmtheit überein, in der sich Mütter nach normaler Entbindung befinden. Bei Narkose fühlen sich viele Frauen um den

Abb. 4.20: Bei Naturvölkern gebären Frauen meist in der Hocke. Das erleichtert die Geburt. Gebärende Eipo-Frau. Foto: W. Schiefenhövel.

bewußten Erstkontakt mit dem Kinde betrogen. Der bewußt erlebte Kontakt mit dem Kinde gleich nach der Geburt ist sicher für beide Partner von Bedeutung, was nicht heißt, daß eine Mutter, die aus ärztlichen Gründen in Vollnarkose entbindet und erst Stunden nach dem Erwachen aus der Narkose ein zunächst wohl ebenfalls benommenes Kind gereicht bekommt, nicht ein ebenso tiefes emotionelles Band zu dem Kinde entwickeln kann wie eine normal Entbindende. Aber sicherlich braucht das dann etwas Zeit, und man darf vermuten, daß die Bindung am Anfang störanfälliger ist. M. H. Klaus und J. H. Kennell (1976:134) schreiben dazu »Unconsciousness during delivery does not cause the mother to reject her infant in an obvious manner as has been observed in some animals. However, early unconfirmed reports suggest that there may be a tenfold increase in child abuse after delivery by Caesarean section when compared with vaginal deliveries.«[*]

Gegenwärtig wird diskutiert, ob Väter ihrer Gattin bei der Geburt Hilfe und Zuspruch leisten sollen. Bei Naturvölkern stehen im allgemeinen Mütter ihren Töchtern bei oder andere der Gebärenden nahestehende weibliche Personen, aber

---

[*] »Bewußtlosigkeit während der Geburt verursacht offensichtlich keine ablehnende Haltung der Mutter gegenüber ihrem Kind, wie man es bei manchen Tieren beobachten kann. Allerdings sprechen erste, noch ungeprüfte Berichte davon, daß der Prozentsatz von Kindesmißhandlungen an Kindern, die per Kaiserschnitt geboren wurden, zehnmal höher sein soll als an solchen, die auf normalem Wege geboren wurden.«

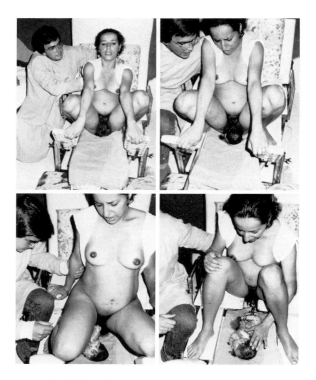

Abb. 4.21: Moderne Brasilianerin, die in der Hocke mit ärztlichem Beistand gebiert. Man beachte die erste Kontaktaufnahme mit dem Neugeborenen durch Handberührung. Aus M. und C. PACIORNIK (1983).

nur sehr selten der Ehemann (Abb. 4.22, 4.23). Warum das so ist, wissen wir nicht. Es könnte sein, daß das Ereignis der Geburt bei einzelnen zu Schuldgefühlen führt und daß sich das Erlebnis negativ auf die sexuellen Beziehungen auswirkt. Das sollte man untersuchen, um Hinweise für die zu wählende Art des Beistandes zu erhalten. Denn sicher besteht das Bedürfnis nach Beistand durch eine vertraute Bezugsperson, und dafür steht in der Gegenwart oft nur mehr der Ehemann zur Verfügung. Daraus ergibt sich die Notwendigkeit seiner Mitwirkung.

4.3.5 Mutter-Kind-Signale – Interaktionsstrategien

Der Säugling verfügt bereits unmittelbar nach der Geburt über ein Repertoire an Signalen, und er ist darüber hinaus in der Lage, auf die Zuwendung seiner Mutter angepaßt zu reagieren. Auf das Repertoire seiner Lautäußerungen sind wir bereits eingegangen (S. 53 ff.).

Von den mimischen Ausdrucksbewegungen des Säuglings sind vor allem das Weinen als Signal des Hilfeforderns und das Lächeln als Auslöser für freundliche Zuwendung von großer Bedeutung. Beide Ausdrucksbewegungen sind bereits bei der Geburt vorhanden. Das Lächeln wird als spontanes Lächeln noch nicht bewußt

Abb. 4.22: Bei den Eipo werden Gebärende von weiblichen Familienangehörigen oder Nachbarn fürsorglich betreut. Man stützt die Gebärende, hilft durch ermunternden Zuspruch, massiert die Wehen an und zieht mitunter auch magische Praktiken heran. Foto: W. SCHIEFENHÖVEL.

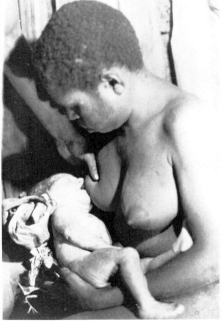

Abb. 4.23: Das erste Anlegen erfolgt entweder gleich oder einige Stunden nach der Geburt. Hier hilft eine andere Person beim Anlegen. Foto: W. SCHIEFENHÖVEL.

eingesetzt, aber es erfüllt dennoch seine Funktion, denn wie der Augenkontakt entlohnt es die Mutter für ihre Mühen. Sie interpretiert das Signal als Zuwendung. Mütter von Blindgeborenen vermissen, daß ihr Kind auf Blickkontakt lächelt. Sie bemühen sich, das Lächeln durch starke taktile Reize auszulösen. »As observers we were initially puzzled and concerned by the amount of bouncing, jiggling, tickling and muzzling that all of our parents, without exception, engaged in with the babies. In several cases we judged the amount of such stimulations as excessive by any standards ... The parents' own need for the response smile, which is normally guaranteed with the sighted child at this age, led them to these alternative routes in which a smile could be evoked with a high degree of reliability« (S. FRAIBERG 1975 : 231)*.

Mütter erkennen sehr schnell das Weinen ihres eigenen Kindes. Hören sie ihr eigenes Kind, dann erhöht sich der Blutfluß in der Brust (J. LIND und Mitarbeiter 1973). Bei vielen Frauen wird der Milchfluß so stark angeregt, daß Milch von den Brustwarzen abtropft. In ihrer Bewertung von Kinderweinen stimmten 20 Eltern und 24 kinderlose Männer und Frauen grundsätzlich überein, was darauf hinweist, daß es sich um einen artspezifischen Wahrnehmungsprozeß handelt. Durch Erfahrung in der Kinderfürsorge erfolgt die Feinabstimmung (J. GREEN und Mitarbeiter 1987).

Das Neugeborene kann ferner durch sein Mienenspiel mitteilen, ob ihm etwas schmeckt oder nicht. Bitteres und Saures lehnt es mit unmißverständlicher Mimik ab, Süßes akzeptiert es. Diese Gesichtsausdrücke treten auch bei Anencephalen auf (J. E. STEINER und R. HORNER 1972). Das Repertoire an Ausdrucksbewegungen differenziert sich schnell. Mit 2 Monaten kann der Säugling bereits seine Mutter gezielt anlächeln, und mit 3 Monaten kann er bereits schmollen und durch »Androhen« des Kontaktabbruchs seine Mutter für Vernachlässigung strafen. C. TREVARTHEN (1979) berichtet von Experimenten L. MURRAYS (1977), in deren Verlauf Mütter dazu angehalten waren, nach einer freundlichen Interaktion mit ihrem Säugling ihr Kind eine Minute lang anzusehen, ohne irgendwelche Äußerungen der Zuwendung zu zeigen. Danach durften sie sich dem Kind wieder voll zuwenden. Das Kind reagiert auf die sich so ungewöhnlich kontakt-unwillig verhaltende Mutter zunächst einmal mit Kontaktstreben, dann mit Protestweinen. Wendete sich die Mutter danach dem Kinde zu, drehte es sich zunächst einmal schmollend ab! Das Kind erfaßt dabei sicherlich nicht kognitiv die soziale

---

* »Als Beobachter waren wir anfänglich erstaunt und besorgt über das viele Hüpfen, Schütteln, Kitzeln und Berühren mit dem Mund, das alle unsere Eltern ausnahmslos an ihren Babys machten. In einigen Fällen fanden wir all diese Reize übertrieben und weit über das normale Maß hinausgehend. Das Bedürfnis der Eltern, von ihrem Baby eine Antwort zu bekommen, was normalerweise bei sehenden Kindern dieses Alters die normale Reaktion ist, führte sie zu diesen ungewöhnlichen Wegen der Kontaktaufnahme, mit deren Hilfe sie in einem hohen Prozentsatz an Fällen bei den Babys ein Lächeln hervorrufen konnten.«

Bedeutung eines solchen Kontaktabbruches; die Strategie ist ihm angeboren (S. 686 ff.).

Die visuellen Kindchensignale, die K. LORENZ (1943) als Kindchenschema beschrieb (S. 94 ff.), sind bei der Geburt noch nicht voll entwickelt. Es bedarf deren auch weniger, da die Mutter durch so viele andere Signale gebunden ist und das Kind ja zunächst sehr eng an die Mutter gebunden bleibt. Es kann sich eigenständig gar nicht von ihr entfernen. Erst wenn der Säugling etwas älter ist, und ganz besonders im Krabbelalter, bekommt er auch zunehmend Kontakt mit Personen, die nicht der Familie angehören. Und dann braucht er Signale, die ihn vor Aggressionen der Mitmenschen schützen, vor allem, wenn er in seiner Tolpatschigkeit etwas anstellt: Dem »herzigen« Säugling und Kleinkind vergibt man.

Daß der Säugling offenbar bereits nach der Geburt auf Sprechen reagiert, erwähnten wir. Bereits im Alter von drei Monaten können Mutter und Kind nachweislich lautlich interagieren, wobei zwei strukturell und funktionell verschiedene Kommunikationsweisen zu beobachten sind, die von ihren Entdeckern (D. N. STERN und Mitarbeitern 1977) als *Ko-Aktion* und *Alternation* beschrieben wurden.

Bei der Ko-Aktion vokalisierten Mutter und Kind gleichzeitig. Bei der Alternation plappern Mutter und Kind abwechselnd. Die Lautgebung der Partner alterniert, weil jeder zu plappern beginnt, wenn der andere pausiert (Wechselplappern). Das Muster der Ko-Aktion dominiert in den Beziehungen von Mutter und Kind, wenn der Säugling drei bis vier Monate alt ist. Es tritt dann etwa doppelt so häufig auf wie die Alternation. Das darf uns jedoch nicht zu der Annahme verleiten, sie sei ein Vorläufer der Alternation. D. N. STERN und Mitarbeiter betonen, daß beide Strategien zeitlebens beibehalten werden. Alternation tritt ein, wenn die Mutter ihr Kind etwas lehrt. Ko-Aktion kennzeichnet dagegen ein höheres emotionelles Erregungsniveau: »When the two start to really have fun together, they move into a co-action pattern« (D. N. STERN und Mitarbeiter 1977)[*]. Und das bleibt so bis ins Erwachsenenalter. »As the interpersonal situation moves toward intensive anger, sadness, joy, or expression of love, the alternation dialogue pattern ›breaks down‹ and co-actional vocalizing again becomes a crucial communicative note ...«[**]

In kulturellen Ritualen Erwachsener, die eine starke emotionale Bindung ausdrücken, wird die gleiche Regel befolgt. So beispielsweise im Liebesduett in der Oper, beim Choralsingen in der Kirche, in Marschliedern bei Aufmärschen (D. N.

---

[*] »Wenn die beiden beginnen, Spaß an der Sache zu haben, verfallen sie in ein Ko-Aktionsmuster.«

[**] »Wenn die zwischenmenschliche Beziehung durch großen Ärger, Traurigkeit, Freude oder Liebe bestimmt wird, bricht das Muster alternierender Interaktion ab, und ko-aktionales Vokalisieren bestimmt wieder die Kommunikation ...«

STERN und Mitarbeiter 1977). Ganz allgemein handelt es sich hier um das Prinzip der Bindung über gemeinsames gleichzeitiges Handeln, das auch in den Tänzen zum Ausdruck kommt (I. EIBL-EIBESFELDT 1973). Aber auch die Abstimmung im Rhythmus der Alternation ist Ausdruck eines Verstehens und Einsseins. Auf dieser Tatsache basiert die bindende Funktion vieler Synchronisationsrituale. Das kommt in bestimmten Tanzformen ebenfalls zum Ausdruck.

Die Mütter beherrschen differenzierte altersstufengemäße Strategien für den Umgang mit ihrem Säugling, ohne sich dessen bewußt zu sein. Vermutlich handeln sie zum Teil aufgrund stammesgeschichtlich vorgegebener Programme. So nähern sie ihr Gesicht dem des Säuglings auf die richtige Distanz von 30 cm, in der der Säugling am besten sieht. Dazu brauchen die meisten Mütter keine spezielle Unterrichtung. H. und M. PAPOUŠEK empfehlen geradezu, die Mütter mögen sich spontan verhalten, dann würden sie im allgemeinen das Richtige tun. Mütterliches Verhalten muß ständig modifiziert werden, damit es dem Kind nicht langweilig wird. Die Mutter zeigt im allgemeinen eindeutige Bereitschaft, sich auf die beschränkten Fähigkeiten ihres Kindes einzustellen (H. KELLER 1980). H. und M. PAPOUŠEK (1977) sprechen von einer Spiegelfunktion mütterlichen Verhaltens und bezeichnen die Mutter als »biologischen Spiegel« des Kindes. Damit nehmen sie auf die Tatsache Bezug, daß die Mutter die Äußerungen des Kindes aufgreift und daran anknüpfend »Konversation« betreibt. Bis zum Ende des ersten Jahres, so meinen die Fachleute, ist die Mutter dafür verantwortlich, daß eine Interaktion aufrechterhalten bleibt. Daher spricht man auch von einem »Pseudodialog«. Es scheint mir etwas zu einseitig und ist wohl nur der durch die oft künstlichen Experimentiersituationen hervorgerufene Eindruck. Sicherlich knüpft die Mutter gerne an Äußerungen des Kindes imitativ an und bemüht sich, von ihrer Seite eine Kommunikation aufrechtzuerhalten. Das Kind zeigt aber gleichfalls Initiative, sowohl bei der Kontaktaufnahme als auch, indem es auf die Äußerungen der Mutter eingeht und z. B. diese seinerseits nachahmt. Kontaktinitiative und damit auch Intentionalität ist bereits beim Kleinkind nachzuweisen. Dies wird keineswegs nur von der Mutter hineininterpretiert. Wie wichtig der Beitrag des Kindes in diesen frühen Mutter-Kind-Dialogen ist, zeigten die Experimente von L. MURRAY und C. TREVARTHEN (1986), in denen die Mütter mit ihren 8 bis 9 Wochen alten Säuglingen über ein Videosystem kommunizierten. Bei zeitgleicher Kommunikation hatten die Mütter keinerlei Schwierigkeiten. Verschob man allerdings die Antworten der Säuglinge, indem man ihre bereits zuvor aufgenommenen Verhaltenssequenzen wiederholte, dann strengte das die Mütter sehr an. Ihre Sprache unterschied sich von der Life-Situation. Die Mütter verwendeten mehr Imperative und Deklarative.

Im Kulturenvergleich erweisen sich die Grundmuster der frühen Mutter-Kind-Interaktion als weitgehend gleich. Auch Yanomami-Mütter interpretieren zunächst jede Äußerung ihrer Kleinen als Beitrag zur Kommunikation. Sie bemühen sich, solche auszulösen und durch zärtliche Zuwendung zu bekräftigen.

Später erfolgt die Bekräftigung bei mehr adäquaten Äußerungen (I. Eibl-Eibes-feldt und H. Herzog 1986).

Bereits mit drei Monaten verfügt das Kind über ein Repertoire von Verhaltens-weisen, mit dem es seine Bezugsperson fesseln oder sich von ihr distanzieren kann. Mütter ermuntern, kommentieren, zeigen und machen vor, kurz, setzen eine Vielzahl von Techniken ein, die an die Aufnahmefähigkeit der Kinder angepaßt sind (H. Keller 1980). Zu Kommunikationsstörungen kann es bei mangelnder Anregung des Kindes oder wenn es überreizt ist kommen. Eine gestörte Eltern-Kind-Beziehung erkennt man unter anderem an der Form und Qualität des wechselseitigen Blickkontaktes. Es gibt Säuglinge, die bereits im Alter von drei Monaten den Blickkontakt mit den Bezugspersonen aktiv meiden. Sie brechen auf diese Weise belastenden Kontakt mit ihren Bezugspersonen ab. Das kann auf einem Fehlverhalten der Bezugspersonen beruhen oder auf einer allzu ängstlichen Disposition des Säuglings. Und sehr oft spielt beides eine Rolle und steigert sich damit wechselseitig in einer Art Teufelskreis. Gehen die Bezugspersonen auf die Kontaktinitiative des Säuglings nicht richtig ein, halten sie den Säugling z. B. aus Ängstlichkeit weit von sich ab oder gar so orientiert, daß es nicht zu einer Gesicht-Gesicht-Interaktion kommen kann, dann vermeidet das Kind schließlich von sich aus den schmerzlichen Kontakt. Ich vermute, daß es aufgrund dauernder Kränkung in eine Art Schmollhaltung verfällt, aus der es nicht mehr herauskommt. Zu dieser Deutung paßt, daß die Strategie, sich schmollend von Mitmenschen abzuwenden, um sie so zu neuer Kontaktinitiative zu ermuntern, schon sehr früh nachgewiesen werden kann (S. 770).

Zu unterscheiden ist dieses Kränkungssyndrom, das ich bisher nicht erörtert fand, von dem nach E. A. und N. Tinbergen (1972, 1983) offenbar auf übergroße Ängstlichkeit des Kindes zurückzuführenden kindlichen Autismus. Hier vermei-det es das Kind wegen allzu großer Sozialangst, den Kontakt – und insbesondere den Blickkontakt – mit Personen aufzunehmen. Es zieht sich auf sich selbst zurück und kapselt sich von seiner mitmenschlichen Umwelt ab. Solche ängstlichen Kinder induzieren ihrerseits eine ablehnende Haltung, die auf Enttäuschung über die mangelnde Ansprechbarkeit des Kindes beruht. Reagieren Kinder schließlich auf irritierende Weise, dann können sie sogar aggressive Ablehnung bewirken. Nach A. M. Frodi und M. E. Lamb (1980) sind z. B. Kinder, die zu viel weinen oder auf abweichende Art weinen (Katzenschreisyndrom, Frühgeburten), eher Opfer von Kindesmißhandlung als ausgereifte gesunde Säuglinge. Neben solchen Mißhandlung auslösenden Merkmalen des Kindes spielt noch eine Reihe von anderen Faktoren des sozialen Milieus bei der Kindesmißhandlung eine Rolle (J. Belsky 1980).

Die Art und Weise, wie eine Mutter mit ihrem Säugling interagiert, weicht in einer Reihe von Punkten entscheidend von den unter Erwachsenen üblichen Kommunikationsweisen ab. Die Sprechweise, die sie ihrem Kinde gegenüber gebraucht, ist in Rhythmus, Betonung, Wortwahl, Lautstärke, Geschwindigkeit,

Tonhöhenanstieg und Tonhöhenabfall gegenüber der normalen Sprechweise abgewandelt. Die Sprachelemente werden meist verlangsamt und bestimmte Silben verlängert, wohl um die Sprachelemente der Wahrnehmungsfähigkeit des Kindes anzupassen (S. W. ANDERSON und J. JAFFE 1972). Bemerkenswert ist die um etwa eine Oktave höhere Tonlage. Diese Anhebung der Tonhöhe fiel mir auch bei den Eipo, Buschleuten, Yanomami und anderen Kulturen auf (Abb. 4.24, 4.25). C. A. FERGUSON (1964) untersuchte die Babysprache in sieben Kulturen und fand in allen gleichsinnige Veränderungen gegenüber der Erwachsenensprache (siehe auch A. FERNALD und TH. SIMON 1984). Auch Mandarin sprechende Mütter verwenden eine vereinfachte und in ihrer Tonlage angehobene Sprechweise, wenn sie mit ihren Säuglingen kommunizieren. Basisfrequenz und Spitzenfrequenzen sind deutlich gegenüber der Normalsprechweise angehoben, Fluktuationen der Basisfrequenzen sind vermindert, und die Anzahl terminaler Frequenzanhebungen ist erhöht (M. PAPOUŠEK und SHU-FEN C. HWANG 1991, D. L. GRIESER und P. K. KUHL 1988).

Die in der Tonlage angehobene Babysprache dient der Ermunterung des Säuglings zu Kontakt und Spiel. Sie ist von einer weiteren Form der Babysprache zu unterscheiden, die sich durch eine tiefe, »beruhigende« Tonlage unterscheidet, im übrigen aber das Merkmal der grammatischen Vereinfachung mit der anderen Form der Babysprache teilt. Sie dient dazu, einen weinenden oder aus sonstigen Gründen unruhigen oder erregten Säugling zu beruhigen. Um beide »Babysprachen« zu unterscheiden, spreche ich im ersteren Fall von »Animiersprache«, im letzteren von »Beruhigungssprache« bzw. von animierender und beruhigender Babysprache.

Männer, Frauen und Kinder verwenden die Babysprache im Umgang mit Säuglingen und Schutzbedürftigen. Erwachsene sprechen auch zu hilfsbedürftigen Alten so. Das ist nicht, wie oft gesagt wird, Ausdruck der Überheblichkeit, sondern genuiner Ausdruck der Zuwendung und wird auch vom Adressaten so empfunden (L. R. CAPORAEL 1981, 1983).

Die Merkmale der animierenden Babysprache sind:

1. Die Anhebung der Tonhöhe gegenüber der Normalsprache um eine Oktave (»Ammenton«).

2. Die Übertreibung der Intonationskontur (Satzmelodie), wobei die Form des Melodienverlaufs Spezifisches mitteilt (D. N. STERN und Mitarbeiter 1982). Mütter benützten z. B. ansteigende Konturen, wenn sie ihre Kinder zum Blickkontakt aufforderten. Auch Ja-Nein-Fragen hatten einen solchen Verlauf. Warum-Fragen und Forderungen zeichneten sich durch fallende Konturen aus. Sinus- und glockenförmige Verlaufskonturen wurden von Müttern verwendet, die das positive Interesse des Säuglings wachhalten wollten.

3. Betonung wichtiger Elemente.

4. Klare, einfache Sprache.

5. Vereinfachung der Grammatik.

DEUTSCHLAND: MUTTER – KIND

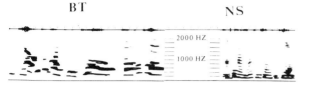

SAN (BUSCHMÄNNER): MUTTER – KIND

YANOMAMI: MUTTER – KIND

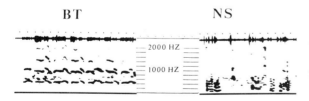

EIPO: MUTTER – KIND

Abb. 4.24: Wenn Mütter zu ihren Säuglingen sprechen, heben sie ihre Tonlage an. Beispiele aus verschiedenen Kulturen sollen die Universalität des Phänomens aufzeigen. Die Normalsprache (NS) der Mitteleuropäer erstreckt sich auf den Bereich zwischen 170 HZ und 350 HZ. Der Babytalk (BT) ist dagegen im Bereich zwischen 500 HZ und 850 HZ angesiedelt, also ungefähr eine Oktave höher. Die klare rhythmische Strukturierung des BT ist in der spektralanalytischen Abbildung gut zu sehen. Auch die um über die Hälfte reduzierte Sprechgeschwindigkeit ist am Amplitudenverlauf (Lautstärke) auf der obersten Linie des Spektrogramms erkennbar. – Die Normalsprache der Buschmänner bewegt sich im Bereich um 250 bis 500 HZ. Gut erkennbar sind ihre Schnalz- oder Klicklaute. Der Babytalk bewegt sich zwischen 500 und 1000 HZ. Der BT ist höher als die NS, klarer im Melodieverlauf, rhythmisch einfacher strukturiert und in der Sprechgeschwindigkeit auf über die Hälfte reduziert, was am Amplitudenverlauf auf der obersten Linie im Spektrogramm sichtbar ist. – Die Normalsprache der Yanomami liegt um 180 bis 400 HZ, der Babytalk um 800 bis 1000 HZ. Schöner Melodienverlauf beim BT, klare rhythmische Strukturierung und schöne Obertonaufzeichnung. Reduzierte Sprechgeschwindigkeit: siehe Amplitudenverlauf auf der obersten Linie. – Die Sprache der Eipo ist stark ritualisiert. Sprachmelodische Merkmale sind im Vergleich zu anderen Kulturen nur in geringerem Maße bemerkbar. Normalsprache, Gesang und Babytalk zeigen daher alle einen ähnlichen Melodieverlauf: nach hinten fällt jede lautlich-sprachliche Äußerung stark ab, um auf einer Tonhöhe verharrend langsam auszuklingen. Die NS bewegt sich ziemlich exakt um 200 HZ. Der BT ist erhöht: 400 bis 500 HZ. Interessant ist, daß beim BT zwar eine rhythmische Strukturierung erkennbar ist, daß die Sprechgeschwindigkeit jedoch kaum reduziert ist. Im BT sind jedoch Lautstärkeschwankungen erkennbar (siehe Amplitudenverlauf). Aus R. EGGEBRECHT (1983).

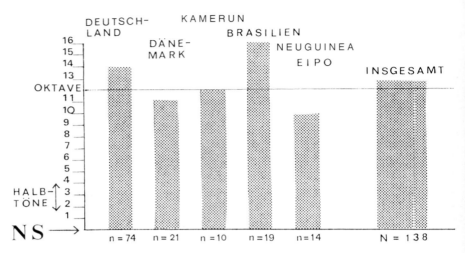

Abb. 4.25: Durchschnittliche Tonhöhendifferenz von Babysprache und Normalsprache in fünf Kulturen. Als Basislinie wird die durchschnittliche Tonhöhe der Normalsprache angegeben. Aus R. EGGEBRECHT (1983).

An der Verniedlichung der Sprache wird gelegentlich akademische Kritik geübt. Wer das tut, übersieht, wie HANNELORE GRIMM (1983) klar ausdrückt, die Bedeutung der positiven emotionalen Funktion dieser Ausdrucksweise:

»Rein akademisch betrachtet und theoretisch auf die linguistische Seite der Sprache reduziert, mag dieser Argumentation eine gewisse Berechtigung zukommen. Bezogen auf das, was tatsächlich in der konkreten Interaktionssituation abläuft, oder in diesem Zusammenhang richtiger: ablaufen sollte, ist sie jedoch von Grund auf falsch. Es sei denn, man wollte einer Entwicklung ohne Affektivität das Wort reden« (H. GRIMM 1983:591). Unter experimentellen Bedingungen bekunden 4 Monate alte Säuglinge bereits eine Vorliebe für die »mütterlichen« Sprachregister (A. FERNALD 1985).

Auch die Ausdrucksbewegungen des Gesichtes werden im Umgang mit einem Kind in besonderer Weise abgewandelt. Die Mutter übertreibt die Bewegungsausschläge und agiert langsamer. Der Blickkontakt wird länger gehalten als beim Umgang mit Erwachsenen. Die Brauen werden wiederholt betont im »Augengruß« (S. 634ff.) gehoben, häufig in Verbindung mit dem Ausdruck scherzhafter Überraschung*. Wir sind das so gewohnt, daß es uns nicht weiter auffällt (Abb.

---

* Diese Verlangsamung der Bewegungen zur Verdeutlichung des Ausdrucks finden wir auch, wenn zwei Menschen nicht miteinander reden können, weil sie verschiedener Kulturen

4.26–4.29). Erst wenn man sich vorstellt, eine Frau würde all diese Verhaltensweisen in dieser Art gegenüber Erwachsenen zeigen, würde man sich des außergewöhnlichen Gebarens bewußt werden. STERN meint, daß es sich bei diesen Verhaltensweisen wohl um artspezifische Bewegungsmuster handeln könne – eine Annahme, die meine kulturvergleichenden Aufnahmen durchaus stützen.

Das Grundrepertoire zärtlicher Verhaltensweisen erwies sich in allen von uns besuchten Kulturen (S. 169) als gleich. Wir erwähnten bereits den Kuß, der sich nicht nur auf die Mundregion beschränkt. Es werden bevorzugt die Wangen, aber auch andere Teile des Körpers geküßt. Andere Formen oraler Zärtlichkeit, wie zärtliches Ablecken oft auch der Geschlechtsorgane oder Blasen mit aufgesetzten Lippen, treten als kulturspezifische Ausdifferenzierungen auf. Weiter verbreitet und vielleicht an das Primatenverhalten anschließend ist das zarte Beknabbern (Abb. 4.30, 4.31). Gesicht-zu-Gesicht-Interaktion mit Kopfanheben, Brauenheben und anschließendem Annähern des Gesichtes oder Zunicken gehört zu den universellen Interaktionsmustern. Dabei redet die Mutter oft in der schon beschriebenen Art. Mütter betätscheln in allen Kulturen ihre Säuglinge. Sie stemmen sie auch hoch und wiegen sie bei Kummer (Abb. 4.32, 4.33). Das Schaukeln, Schütteln und Hochstemmen der Kleinen, das Mütter so gerne praktizieren, kommt dem Bedürfnis des Säuglings nach vestibulärer Reizung entgegen. Wiegt man einen unruhigen Säugling, dann kann man ihn beruhigen. Bei Naturvölkern wird der Säugling die meiste Zeit von der Mutter oder anderen Personen herumgetragen: Über die vestibulären Reize erfährt er, daß er nicht allein ist. Hospitalisierte Kinder, die diese Reizung im Extrem entbehren, entwikkeln oft Stereotypien, die der Selbstreizung dienen (E. THELEN 1980).

L. SALK (1973) entdeckte, daß Mütter ihre Kinder in 80 Prozent der Fälle auf der linken Körperseite halten oder tragen. Untersuchungen von Kunstwerken und Photographien lassen vermuten, daß es sich hier um eine Universalie handelt (O. J. GRÜSSER 1983). Auch unsere Filmaufnahmen belegen eine solche Neigung (siehe ferner P. DE CHATEAU und Mitarbeiter 1976, 1978, J. S. LOCKARD und Mitarbeiter 1979, M. M. SALING und W. L. COOKE 1984). Das könnte mit dem Vorherrschen der Rechtshändigkeit in allen Kulturen zusammenhängen. Die Mutter hat so die rechte Hand für die vielen Verrichtungen frei. Erwachsene Männer zeigen beim Tragen von Säuglingen keine Seitenpräferenz (J. S. LOCKARD und Mitarbeiter 1979). L. SALK fand, daß auch Linkshänderinnen ihre Kinder links tragen. Er vermutet, daß die Kinder im Uterus auf den Herzschlag der Mutter konditioniert werden und daß dieser auch nach der Geburt einen beruhigenden Einfluß auf das Kind ausübt. Dies würden die Mütter schnell herausbekommen und demnach ihr Kind an der linken Brustseite tragen, wo jene den Herzschlag besser wahrnehmen könnten. H. J. GINSBURG und Mitarbeiter (1980) fanden

---

angehören. Dann wird z. B. das Brauenheben des Augengrußes verlangsamt und das Nicken mit seiner Amplitude betont.

a   b

Abb. 4.26: a) und b) Yanomami-Mutter, die ihr Kind mit »Augengruß« grüßt. Aus einem 16-mm-Film. Foto: I. EIBL-EIBESFELDT.

jedoch, daß wenige Stunden alte Säuglinge deutliche Präferenzen der Kopfwenderichtung zeigen. Fixiert man den Kopf des Säuglings kurz in der Medianen (Mittellage) und läßt ihn danach frei, dann dreht er den Kopf nach einer Seite, wobei eine deutliche individuelle Präferenz festzustellen ist. Etwa zwei Drittel sind Rechtsdreher. Die Mütter tragen diese Kinder links. Säuglinge, die dagegen eine Präferenz, den Kopf nach links zu drehen, zeigen, werden rechts getragen. In beiden Fällen wäre also das Verhalten der Mutter der Kopfdrehtendenz des Säuglings angepaßt. Versuche mit älteren Kindern ergaben das gleiche Bild. Auch hier wurden rechtsdrehende Kinder bevorzugt links und linksdrehende Kinder rechts getragen. Das Verhalten der Mutter könnte demnach eine Antwort auf diese Kopfdrehtendenz des Säuglings sein. Die Hypothese, Kinder würden intrauterin auf den Herzschlag der Mutter geprägt, ist durch diese alternative Erklärung nicht widerlegt. Sie scheint mir aber doch etwas weit hergeholt. Die Geräusche, die ein Kind im Uterus wahrnimmt, sind sicher sehr vielfältiger Art. Die erwiesenermaßen beruhigende Wirkung eines akustisch präsentierten »Herzschlagrhythmus« kann ganz andere Gründe haben*.

Unter anderem nimmt das Kind ja selbst seinen Rhythmus wahr. Es ist überdies bekannt, daß man mit rhythmischen Zeitgebern selbst bei niederen Wirbeltieren physiologische Prozesse einfangen kann; so z. B. mit Hilfe eines Metronoms die Atemfrequenz von Goldfischen, die sicher nicht intrauterin auf Rhythmus geprägt wurden (J. KNEUTGEN 1964). Man sollte auch noch an einer größeren Anzahl von Personen eventuelle Zusammenhänge zwischen Tragweise und Händigkeit überprüfen. Nach wie vor scheint mir dies ein Faktor von Bedeutung, denn es leuchtet unmittelbar ein, daß es für die Mutter vorteilhaft ist, ihre Arbeitshand für die häuslichen Verrichtungen frei zu haben. Dazu würde passen,

---

* Nach J. A. AMBROSE (1969, mündliche Mitteilung) beruhigt sich ein Säugling am besten, wenn man ihn einmal pro Sekunde wiegt. Das entspricht nach W. SCHIEFENHÖVEL der Frequenz normalen Schreitens. Ob es eine universal gültige Grundfrequenz der Zärtlichkeit gibt und ob sich diese vom Herzschlag oder Schreitrhythmus herleitet, bedarf noch der Feststellung.

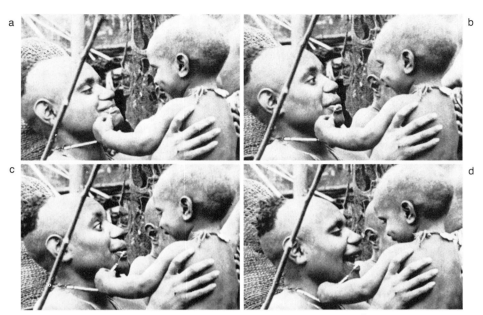

Abb. 4.27: Eipo-Frau, die einen Säugling mit dem Ausdruck scherzhafter Überraschung und mit Brauenheben anspricht. Aus einem mit 25 B/s aufgenommenen 16-mm-Film, Bild 1, 10, 14 und 24 der Sequenz. Foto: I. EIBL-EIBESFELDT.

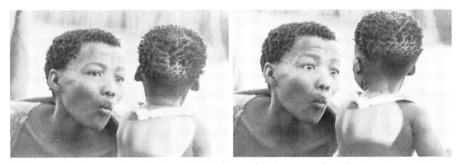

Abb. 4.28: Buschmannfrau, die einem Kind scherzhaft Grimassen schneidet. Aus einem 16-mm-Film. Foto: I. EIBL-EIBESFELDT.

daß die Kinder, auch wenn sie auf der Hüfte reiten, zumeist links getragen werden.

Bei Naturvölkern haben die Kinder im allgemeinen mehr unmittelbaren Körperkontakt mit der Mutter als in technisch-zivilisierten Kulturen. Mütter und Väter kommunizieren auch über vielfältige Formen taktiler Reizung mit ihren Säuglingen. Yanomami-Mütter und -Väter bedenken ihre Kleinen – Buben und Mädchen in gleicher Weise – mit »Blasküssen«*. Die starke Vibration erheitert

---

* Auspressen der Luft bei auf die Haut des Kindes gepreßten Lippen.

Abb. 4.29: Trobriander-Mutter, die ihrem wenige Monate alten Säugling Grimassen schneidet; mit diesem auffälligen Verhalten will sie wahrscheinlich die Aufmerksamkeit des Kindes finden. Aus einem mit 25 B/s aufgenommenen 16-mm-Film, Bild 1, 21 und 51 der Sequenz. Foto: I. EIBL-EIBESFELDT.

Abb. 4.30: Neben dem Kuß gibt es noch viele andere Formen oraler Zärtlichkeit. Das Nasenreiben der Trobriander-Mutter bewirkt einen fröhlichen Ausdruck des Kindes (Spielgesicht), über den sich die Mutter sichtlich freut. Aus einem mit 25 B/s aufgenommenen 16-mm-Film, Bild 1, 9, 26 und 125 der Sequenz. Foto: I. EIBL-EIBESFELDT.

die Kleinen. Die Eltern belutschen auch Penis und Scham ihrer Kleinen, ein Verhalten, das man vielleicht heute bei uns als inzestuöse sexuelle Verführung und Kindesmißbrauch anprangern würde. Aber es handelt sich hier nicht um sexuelle Zuwendung, sondern um einen elterlichen Ausdruck der Zärtlichkeit. Ich

Abb. 4.31: Eipo-Mutter, die ihren kleinen Sohn zärtlich in die Wange beißt. Sie beobachtet seine Reaktion und setzt die orale Zärtlichkeit fort, indem sie ihm einen Blaskuß auf die Brust gibt. Aus einem mit 25 B/s aufgenommenen 16-mm-Film, Bild 1, 13, 70 und 119 der Sequenz. Foto: I. EIBL-EIBESFELDT.

konnte bei meinen Filmaufnahmen keinerlei Zeichen sexueller Erregung bei den Eltern feststellen (I. EIBL-EIBESFELDT und H. HERZOG 1986).

Die Kinder werden nach Bedarf gestillt. Da der Reiz des Stillens eine Prolaktinausschüttung bewirkt, unterdrückt diese Art des Stillens den Follikelsprung und verhindert damit eine vorzeitige nächste Schwangerschaft. Die ebenfalls aktivierte Oxytocinausschüttung bekräftigt die emotionelle Bindung an das Kind.

Der Körperkontakt vermittelt einem Kinde Vertrauen und Sicherheit. Wie sich der geringere Körperkontakt in unserer Kultur auswirkt, darüber können wir nur Vermutungen anstellen. Ich habe bei meiner Arbeit unter Naturvölkern den Eindruck gewonnen, daß der lange intensive Körperkontakt eine starke Abhängigkeit des Kindes von der Mutter bewirkt. Auch wird oft recht abrupt mit dem Erscheinen des nächsten Säuglings abgestillt. Nach oft drei- bis vierjähriger intensiver Zuwendung kommt es z. B. bei den Buschleuten zu einer recht dramatischen Abwendung der Mutter, die sich nunmehr ganz dem nächsten Kinde widmet. Das wird von dem betroffenen Kind oft als Trauma erlebt, und es entwickeln sich vorübergehend oft scharfe Rivalitäten zwischen den Geschwistern (Kap. 7.3.1; I. EIBL-EIBESFELDT 1974). Bei den meisten europäischen Völkern werden die Kinder schon früh an eine gewisse Selbständigkeit gewöhnt. Sie schlafen allein ohne Körperkontakt, gewöhnen sich aber offenbar gut daran,

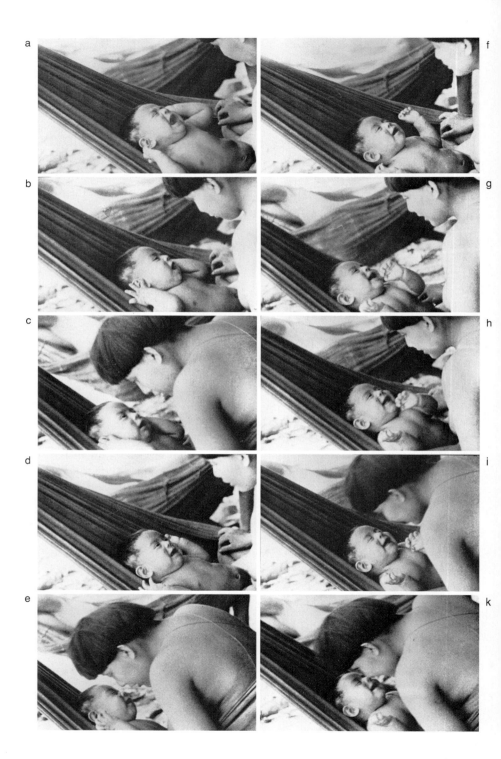

zumal wenn sie Ersatzobjekte für mütterlichen Kontakt während des Schlafens haben. Schnuller, Lieblingsdecke oder Lieblingspuppe sind solche Übergangsobjekte, die Sicherheit geben. K. STANJEK (1979) stellte fest, daß Säuglinge in Ost-Gabun und Südindien trotz unterschiedlicher Stillerfahrung (N'Bono: 13 Monate; Mottavila und Vizhinjam: 30 Monate im Mittel) keine persönliche Bindung mit einem Objekt eingehen. Es ist also nicht die orale Erfahrung, sondern die Einsamkeit des ins Einzelbett abgelegten Kindes, die das Bedürfnis nach einem Ersatzobjekt weckt. Die Kinder der Stichproben aus Südindien und Ost-Gabun haben mehr Sozialpartner zur Verfügung als die Kinder einer Münchner Stichprobe, denen nur wenige Bezugspersonen zur Verfügung standen. Das entspricht den in den USA vorgefundenen Verhältnissen (F. BUSCH und J. McKNIGHT 1973). Erfährt das Kind im übrigen genügend Zuneigung, dann dürfte das frühe Selbständigkeitstraining keine schlechten Folgen für seine Entwicklung haben. Es könnte sogar sein, daß das Emanzipationstraining die Entwicklung einer kritischen Persönlichkeit fördert.

M. MEAD (1965) glaubte, Gewährung von Körperkontakt im frühkindlichen Alter erziehe zur Friedlichkeit, Verweigerung dagegen zu aggressiv-kriegerischen Persönlichkeiten. Die Mundugumur sollen MEAD zufolge wenig Körperkontakt gewähren und deshalb aggressiv und kriegerisch sein, während die Arapesh, die ihren Kindern viel Körperkontakt vermitteln, friedlich seien.

Ganz abgesehen davon, daß auch die Arapesh Krieg führen (R. F. FORTUNE 1939), ist diese Verallgemeinerung unhaltbar. Die Massai, Himba, Eipo und Yanomami – um nur vier Beispiele zu nennen – gewähren ihren Kindern reichlich Körperkontakt und zärtliche Zuwendung. Dennoch handelt es sich um kriegerische Völker. Die freundliche Zuwendung schafft eine starke Bereitschaft, sich mit dem Vorbild der geliebten Erwachsenen zu identifizieren (Kap. 5.4). Sind diese kriegerisch, dann prägt dieses Vorbild auch die Kinder. Ein achtzehn Monate alter Bub aus dem kriegerischen Volke der In (West-Neuguinea Wahaldak) hatte an drei aufeinanderfolgenden Tagen pro Erhebungstag (rund zehn Stunden) durchschnittlich 50 Einzelkontakte mit verschiedenen Personen, so daß W. SCHIEFEN-HÖVEL (1984) von einer »kindzentrierten Interaktionsdrehscheibe« spricht. Die folgende Tabelle faßt die Daten zusammen. Sie entsprechen weitgehend jenen, die wir bei Buschleuten erhoben (I. EIBL-EIBESFELDT 1972, siehe auch M. KONNER 1977). Das aggressiv kriegerische Auftreten des erwachsenen In ist gewiß nicht eine Folge mangelnden Körperkontaktes in der frühen Kindheit.

Drei Monate alte Säuglinge beginnen auf die angstauslösenden Signale des Mitmenschen anzusprechen. Die bereits beschriebene Ambivalenz der zwischen-

◄ *Abb. 4.32:* Trösten durch Annäherung, Zuspruch und Berührung: Weinender Yanomami-Säugling (oberer Orinoko). Die Mutter redet ihm zu, nähert dabei ihr Gesicht und berührt ihn zugleich am Knie. Der Säugling lächelt. Die Sequenz endet mit zartem Nasenreiben. Aus einem mit 25 B/s aufgenommenen 16-mm-Film, Bild 1, 42, 63, 99, 118, 141, 174, 182, 190 und 196 der Sequenz. Foto: I. EIBL-EIBESFELDT.

Abb. 4.33: Trösten eines weinenden Eipo-Säuglings (Irian Jaya/West-Neuguinea). Eine Frau übergibt den Weinenden einer anderen, die am Boden sitzt. Die Mutter im Hintergrund berührt den Säugling kurz am Arm (Bild 351), während die Sitzende den Säugling hält und zur Ablenkung auf mich hinweist. Dann umarmt und betätschelt die sitzende Frau den Säugling, der seine offenbar leicht verletzte Hand betrachtet und sich schnell beruhigt. Aus einem mit 50 B/s aufgenommenen 16-mm-Film, Bild 1, 85, 351, 400, 558, 565, 613 und 711 der Sequenz. Foto: I. Eibl-Eibesfeldt.

	1. Tag (21. 10. 81)	2. Tag (22. 10. 81)	3. Tag (23. 10. 81)	Σ	%
Beobachtungsdauer	633 min	648 min	528 min	1809 min	100 %
Hautkontakt Mutter	244 min	204 min	119 min	567 min	31 %
Hautkontakt Vater	98 min	37 min	94 min	229 min	12 %
Hautkontakt Dritte	64 min	120 min	117 min	301 min	17 %
Σ	406 min	361 min	330 min	1097 min	60 %
Kein Hautkontakt				ca. 712 min	40 %

Tab. 4.3: Hautkontakt (Beres,   Säugling, 18 Monate, Hochland von West-Neuguinea.
Aus W. SCHIEFENHÖVEL (1984)

menschlichen Beziehungen (Kap. 4.2) manifestiert sich auch in der Mutter-Kind-Beziehung. Nach längerer Gesicht-Gesicht-Interaktion mit der Mutter wenden sie sich vorübergehend von ihr ab (D. N. STERN 1971, 1974: 208). In dieser Phase beginnen Spiele, die D. N. STERN als Pre-peek-a-boo-game beschreibt: »During play a sequence is often observed between mother and infant. In our laboratory we call it the ›Pre-peek-a-boo-game‹ with no certainty of its relationship to later peek-a-boo. It consists of the infant looking at the mother, smiling, vocalizing and showing other signs of mounting arousal and positive affects, momentary sobering, and a fleeting grimace interspaced with smiling. The intensity of arousal continues to build up until he suddenly averts gaze sharply with a quick but not extensive head turn which keeps the mother's face in good peripheral view, while his level of ›excitement‹ clearly declines. He then returns gaze bursting into a smile, and the level of arousal and affect build again. He averts gaze, and so on. «[*] Die hier geschilderte Blickkontaktmeidung ist bemerkenswert, da sie zeigt, daß der Säugling nicht nur in Interaktion mit Fremden seinen Erregungspegel durch

---

[*] »Beim gemeinsamen Spielen beobachten wir oft eine bestimmte Sequenz zwischen Mutter und Kind, die wir in unserem Labor ›Prä-Kuckuck-Spiel‹ genannt haben, ohne daß wir sicher sind, ob eine Beziehung zum späteren Kuckuck-Versteck-Spiel besteht. Das Verhalten besteht darin, daß das Kind seine Mutter anschaut, sie anlächelt, zu ihr in Vokallauten spricht und andere Zeichen steigender Erregung und positiver Stimmung zeigt, für einen Moment wieder ›nüchterner‹ wird und ein flüchtiges Mienenspiel, unterbrochen von Lächeln, aufweist. Die Stärke der Erregung baut sich immer weiter auf, bis das Kind plötzlich seinen Blick scharf abwendet, mit einer schnellen, aber gar nicht weiten Kopfdrehung, die es ihm immer noch erlaubt, das Gesicht der Mutter gut im peripheren Gesichtsfeld zu haben; dabei sinkt das Maß der Erregung deutlich. Dann wendet das Kind den Blick der Mutter wieder zu, ein Lächeln bricht aus ihm heraus, Erregung und Affekt bauen sich erneut auf; danach wendet es den Blick wieder ab etc. etc. «

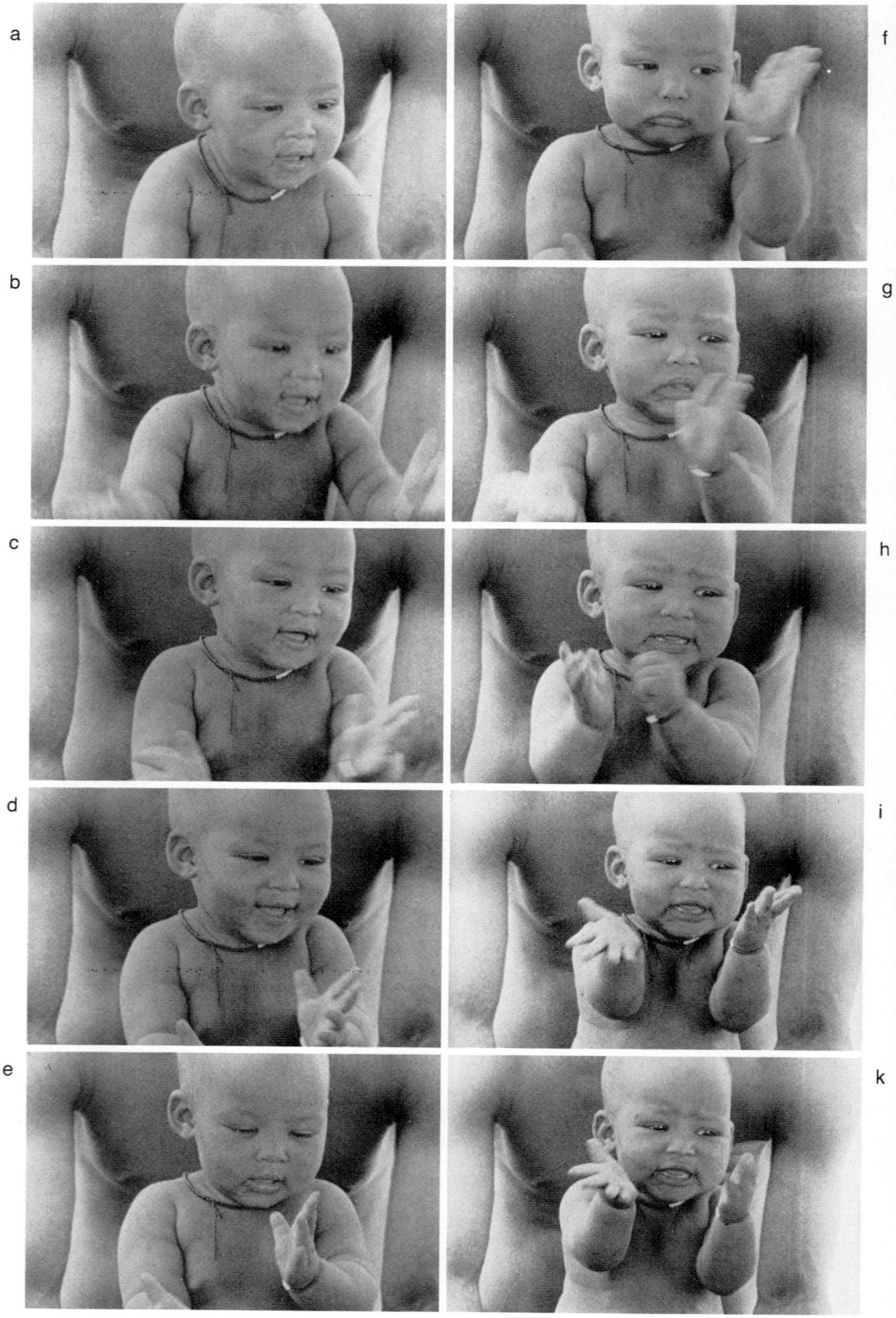

a

b

c

d

e

f

g

h

i

k

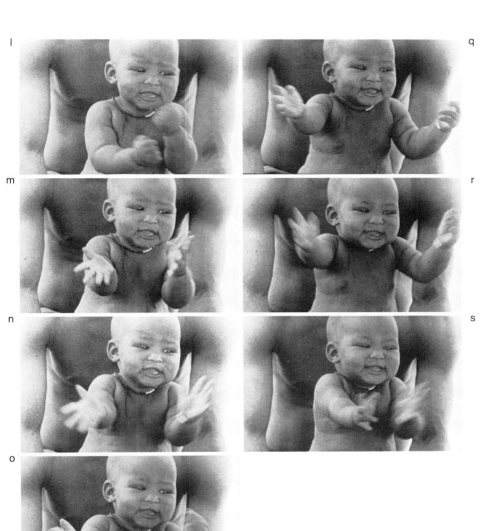

Abb. 4.34: Kontakt suchender weiblicher G/wi-Buschmannsäugling (zentrale Kalahari). Man beachte den wiederholten Wechsel des Mienenspiels von freundlicher Zuwendung über Ärgerlichkeit zu neuerlicher Freundlichkeit und die wiederholten Greifintentionen. Lange bevor das Kind selbständig gehen und sprechen kann, beherrscht es die mimischen Register und belegt damit kommunikative Kompetenz. Aus einem mit 25 B/s aufgenommenen 16-mm-Film, Bild 1, 12, 24, 34, 60, 148, 162, 166, 177, 180, 183, 186, 192, 196, 199, 202, 206 und 213 der Sequenz. Foto: I. EIBL-EIBESFELDT.

Einschaltung von Kontaktabbrüchen manipuliert (vgl. auch H. KELLER und H. ROTHMUND 1981 und C. A. STIFTER und D. MOYER 1991).

Später erfreut sich das Kleinkind an Spielen der Art des »Jetzt-krieg-ich-dich-aber-Spieles«, in denen fluchtmotiviertes Verhalten offensichtlich lustbetont abreagiert wird. Bereits K. LORENZ (1943) wies auf die Lustbetontheit des Sich-Gruselns hin, und daß Kinder auch aus diesem Grunde Märchen brauchen, betonte unter anderem B. BETTELHEIM (1977). Viele der Mutter-Kind-Spiele sind auf das »Ausmelken« der Fluchtbereitschaft angelegt. In diesem Zusammenhang sei es gestattet, eine Einzelbeobachtung aus meinem engeren Bekanntenkreis anzuführen. Ein dreijähriger Bub litt nachts eine Zeitlang unter Angstträumen. Darauf erfand die Mutter das Spiel »Der schlechte Mann wird dich fangen«. Ihr Sohn genoß dieses aufregende Spiel sichtlich. Sie spielten es über einige Monate tagsüber oder vor dem Schlafengehen – und die Angstträume hörten sofort auf.

Bemerkenswert ist die aktive Rolle des Säuglings bei der Initiation von Interaktionen. Die Kontaktinitiative liegt bereits mit drei bis vier Monaten ganz deutlich häufig bei ihm. Er fordert die Mutter durch Laute auf, sich ihm zuzuwenden, und greift auch nach ihr in die Luft, wobei seine Arme sich über seiner Brust verschränken (Abb. 4.34–4.36). Kann er schließlich krabbeln und laufen, dann kommt das Zeigen und das Reichen von Objekten als Kontaktaufforderung dazu. Diese Kontaktinitiative hat wohl das Leben zweier Zwillinge gerettet, die das amerikanische Ehepaar DENNIS zu Versuchszwecken sozial isolierte. Die Genannten wollten wissen, wie sich Kinder bei einem Minimum von Sozialkontakten entwickeln. Für diesen schrecklichen Versuch wählten sie zwei fünf Wochen alte Zwillingsmädchen eines Heimes aus. Sie hielten diese während ihrer ersten sechs Monate unter ziemlich strengen Bedingungen sozialen Erfahrungsentzuges. Die Kinder durften sich nicht sehen, und sie wurden von den Versuchsleitern ohne irgendwelche Anzeichen einer Emotion behandelt. Man fütterte sie, badete und bettete sie und machte einige Experimente, ging aber nicht auf ihr Schreien ein und gab ihnen nie ein Zeichen der Zuneigung; die Kinder wurden nie angelächelt, gekost oder geherzt. Als sie sieben Wochen alt waren, begannen sie den Versuchsleitern mit den Augen zu folgen und lächelten, wenn diese ins Zimmer eintraten. Ihre Aufmerksamkeit galt dabei vor allem den Gesichtern der Pfleger. Zwischen der 9. und 12. Lebenswoche fingen sie an zu lachen und zu kokettieren, und mit 13 bis 16 Wochen weinten sie, wenn sich die Pfleger vom Bettchen abwandten. Mit sechs Monaten reagierten sie ängstlich auf Geräusche und lächelten anhaltend, wenn man sich ihnen näherte, dabei lallten sie oft. Im 8. Monat gelang es einem Kind, Haare und Antlitz des Versuchsleiters zu berühren. Von da an gab das Ehepaar DENNIS dem Kontaktstreben der Kinder nach. Sie spielten ein wenig und erlaubten, daß die Zwillinge miteinander Kontakt hielten. Aber sie hielten die Kinder weiterhin unter recht strengen Bedingungen sozialer Entbehrung. Ihre Entwicklung war gegenüber anderen Kindern deutlich

Abb. 4.35: Ein auf der Schulter seiner Mutter sitzender männlicher Eipo-Säugling (Irian Jaya/West-Neuguinea) fordert einen anderen (im Vordergrund) zum Kontakt auf, der gleichfalls Kontaktbereitschaft signalisiert: Spielgesicht und Umarmintentionen (Ausbreiten der Arme). Aus einem mit 25 B/s aufgenommenen 16-mm-Film, Bild 1, 32, 62, 71, 87 und 1122 der Sequenz. Foto: I. Eibl-Eibesfeldt.

Abb. 4.36: Etwa einjähriger weiblicher Säugling (Trobriand-Inseln), der seine Mutter mit Umarmintention zum Kontakt auffordert. Aus einem 16-mm-Film. Foto: I. Eibl-Eibesfeldt.

verzögert, doch soll das keine Langzeitschädigung bewirkt haben, was man nur hoffen kann (W. DENNIS 1941).

4.3.6 Das Stillen

Die Mutter ist ernährungsphysiologisch zum Dauerstillen angelegt. Ihre Milch hat einen geringeren Eiweiß- und Fettgehalt als die jener Säuger, die ihre Jungen in größeren Zeitabständen stillen. Bei Naturvölkern wird das Kind immer dann gestillt, wenn es danach verlangt, und das kann während der Wachzeit mehrere Male in der Stunde sein (Abb. 4.37). Greint der Säugling, so wird er sofort angelegt. Bei den Buschleuten beträgt die Latenzzeit im Durchschnitt nur 6 Sekunden (M. J. KONNER und C. WORTHMAN 1980). Durch die mechanische Reizung der Brustwarze wird Prolaktin ausgeschüttet, kurz nach der Geburt auch Oxytocin, das neben Uteruskontraktionen auch eine Kontraktion der Alveolen der Brustdrüse bewirkt, was die Milch in die Milchgänge treibt. Dies wird als »Einschießen« der Milch erlebt. Nach einigen Tagen hört die Oxytocin-Ausschüttung beim Saugen auf. Mittlerweile ist die Mutter aber so auf ihr Kind konditioniert, daß es des unbedingten Reflexes nicht mehr bedarf. Prolaktin wird dagegen bei jeder mechanischen Reizung der Brust weiterhin abgegeben (M. R. DUCHEN und A. S. MACNEILLY 1980, J. E. TYSON und Mitarbeiter 1978). Bei Anaesthesie der Brustwarzen kommt es zu keiner solchen Ausschüttung (J. E. TYSON 1977). Dagegen bewirkt mechanische Reizung der Brust nichtstillender Frauen ebenfalls Prolaktinausschüttung (G. L. NOEL und Mitarbeiter 1972). Beim Stillen steigt der Prolaktinspiegel bis auf das Zwanzigfache. Der hohe Prolaktinspiegel unterdrückt die zyklische Hormonausschüttung, die die Gonadenfunktion steuert. Dies erklärt, warum die in kurzen Abständen stillenden Buschmannfrauen während ihrer dreijährigen Stillzeit nicht schwanger werden (R. V. SHORT 1984).

Die Saugrate des Säuglings hat einen deutlich fördernden Einfluß auf die Zuwendung seitens der Mutter. Je höher sie ist, desto höher ist auch die Zuwendung (D. N. STERN und Mitarbeiter 1977). Säuglinge, die nicht adäquat reagieren, laufen Gefahr, vernachlässigt zu werden. Stillende Mütter sind im allgemeinen zärtlicher zu ihren Babys. Das alles dürfte auf hormonelle Einflüsse, die mit dem Stillen zusammenhängen, zurückzuführen sein. Das sollte allerdings Mütter nicht verunsichern, deren Vermögen zu stillen gestört ist oder deren Kinder sich nicht genügend zum Trinken motivieren lassen. Wir haben ja bereits darauf hingewiesen, daß die Beziehungen zwischen Mutter und Kind mehrfach abgesichert sind, so daß auch Mütter, die gar nicht stillen, eine perfekte und innige Mutter-Kind-Beziehung entwickeln können. Wichtig ist allerdings, daß man alle beziehungsfördernden Faktoren kennt.

Es fällt auf, daß Säuglinge während des Trinkens mit einer Hand mit der freien Brust der Mutter spielen. Das verstärkt sicher die Reizung und damit wohl auch

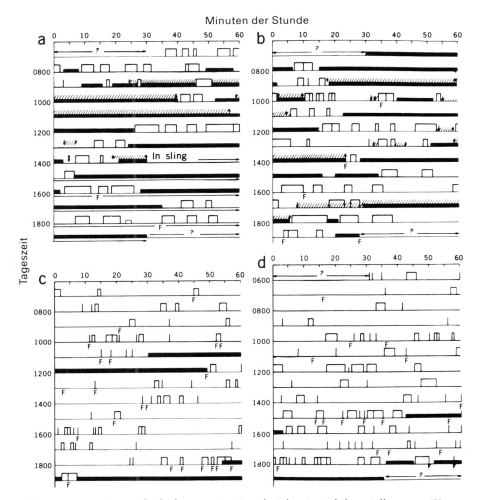

Abb. 4.37: Vier Ganztagsbeobachtungen (13 Stunden) kontinuierlichen Stillens von !Kung-Säuglingen: a) und b): Männlicher Säugling am 3. und 14. Lebenstag; c) 52 Wochen altes Mädchen; d) 79 Wochen alter Junge. Weiße Blöcke und hohe senkrechte Linien: Stillen; schwarze Balken: Schlafen. F: ärgerliches Verhalten und Weinen. Schräge Linien geben in a) und b) die Zeit an, während der die Mutter den Säugling hielt. Hohe vertikale Linien geben Trinkperioden von weniger als 30 Sekunden Dauer an. Aus M. J. KONNER und C. WORTHMAN (1980).

die Prolaktinausschüttung. Darüber hinaus wird die Brust besetzt gehalten, so daß kein anderer mittrinken kann (Abb. 4.38).

Bei größeren Stillpausen sinkt der Prolaktinspiegel zwischendurch so stark ab, daß die Geschlechtsdrüsenfunktionen nicht mehr ausreichend gehemmt werden. Bei australischen Eingeborenen, die in größeren Abständen stillen, weil sie ihre Kinder nicht auf die Sammelexkursionen mitnehmen, sondern bei Babysittern

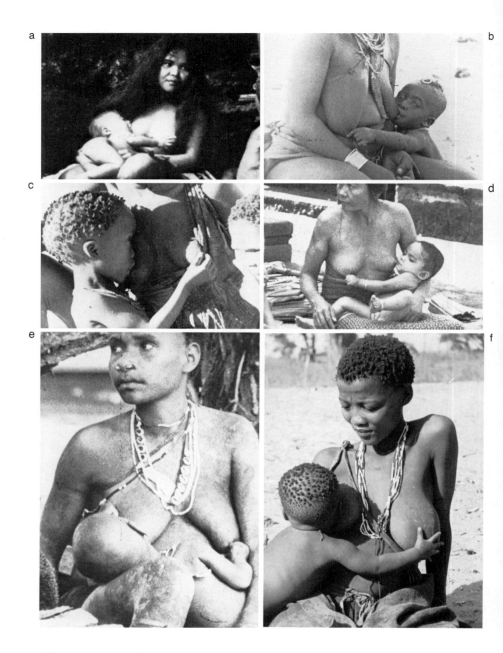

Abb. 4.38: »Brustspiel«: Beim Trinken ergreift der Säugling die freie Brust der Mutter und manipuliert die Brustwarze. Diese zusätzliche mechanische Reizung mag die Prolaktinausschüttung verstärken. a) Stillende Tasaday (Mindanao/Philippinen); b) stillende Himba (Kaokoland/Südwestafrika); c) trinkendes Buschmannkind (!Ko, zentrale Kalahari); d) stillende Balinesin; e) stillende Biami (Papua-Neuguinea); f) stillende !Ko-Buschfrau. Foto: I. Eibl-Eibesfeldt.

zurücklassen, folgen die Geburten in kürzeren Intervallen als bei Buschleuten. Kindstötung wird hier oft beobachtet (F. McCarthy und M. McArthur 1960, F. G. G. Rose 1960, J. B. Birdsell 1968, F. Lancaster-Jones 1963).

Auch in unserer Kultur hält man größere Stillpausen ein. Das führt nicht nur zu den schon erwähnten physiologischen Folgen für die Mutter, sondern bewirkt auch Verdauungsstörungen bei den Kindern, die unphysiologisch große Mengen Milch auf einmal zu sich nehmen.

Beim Stillen vermeidet es die Mutter, den Säugling abzulenken. Sie spricht im allgemeinen erst dann zu ihm, wenn er getrunken hat und die Brust losläßt. Sie hört auf seine Lautäußerungen und hilft ihm, wenn er mit dem Trinken nicht zurechtkommt. Im übrigen verrichten die Mütter bei Naturvölkern durchaus beim Stillen noch häusliche Tätigkeiten. Sie lausen auch ihre Kleinen. Dieser Kontakt scheint den Säugling nicht abzulenken. Der Säugling betrachtet die Brüste seiner Mutter als Besitz, den er gegen Rivalen verteidigt.

Die Stillzeit beträgt bei Naturvölkern drei bis vier Jahre. Bereits früh bekommt der Säugling allerdings vorgekaute Beikost, z. B. Süßkartoffeln (Eipo). Wird ein Geschwister geboren, dann kann das Abstillen recht unvermittelt erfolgen. Der Abstillschock wird allerdings in der Regel durch Aufnahme in die Kinderspielgruppe gemildert (Kap. 7.3.2). Die Mutter bleibt lange die sichere Basis, zu der die Kinder noch bis ins Alter von 5 bis 6 Jahren (Buschleute, Himba) laufen, um sich bei Angst oder Schmerz an der Brust der Mutter zu beruhigen. Ein Kind saugt aber auch an anderen weiblichen Bezugspersonen zur Beruhigung, z. B. an der Großmutter (Eipo).

Mütter bedenken ihre Kinder mit viel Freundlichkeit. Sie streicheln, küssen und lausen sie, schimpfen aber auch, wenn sie Ermahnungen und Aufforderungen nicht befolgen oder sich sonst entgegen ihren Erwartungen verhalten. Dieses Soll ist zum Teil kulturell geprägt. Die Himba, Eipo und Yanomami erwarten zum Beispiel vor allem von den Buben, daß sie sich bereits sehr früh mutig zeigen, sich gegen Angriffe verteidigen und nicht weinerlich sind (S. 559). Buschleute legen darauf weniger Wert. Überall scheint es die Mütter zu irritieren, wenn ihre Bemühungen, die Kleinen zu trösten, vergeblich sind. Weinen und schmollen sie weiter oder lehnen sie mit deutlichem »cut off« ein tröstendes Angebot ab (S. 689), dann reagieren die Mütter ärgerlich und schimpfen und schlagen wohl auch ihre Kinder. Auch wenn sie lange quengeln, zu ungestüm fordern, sich wiederholt beschmutzen – kurz, wenn sie viel Mühe bereiten und die Mütter müde sind –, dann strapazieren sie auch bei den Naturvölkern die Nerven der Mütter, und diese verlieren ihre Geduld. Die Ausbrüche des Ärgers sind gelegentlich heftig, aber stets nur kurz, und es folgt bald danach wieder freundliche Zuwendung. Daneben gibt es überall gezielte erzieherische Aggression (S. 447, 553) vor allem dann, wenn das Kleinkind in bestimmten Situationen Gehorsam verweigert oder auch nur durch Ungeschick so handelt, daß es sich selbst in Gefahr bringt.

Über die Art, wie sich die verschiedenen Interaktionen von Mutter und Kind quantitativ verteilen, gibt ein Dreitagesprotokoll Aufschluß, das WULF SCHIEFEN-HÖVEL (1984) bei den In (West-Neuguinea) erhob. Erzieherische Aggressionen der Mutter und Zärtlichkeit wogen einander etwa auf. In der erzieherischen Aggression überwog das Schimpfen, aber auch körperliche Züchtigung kam vor. Der etwa 18 Monate alte Junge war etwas weniger oft gehorsam als ungehorsam (Tabelle 4.4).

	1. Tag (21. 10. 81)	2. Tag (22. 10. 81)	3. Tag (23. 10. 81)
Weinen (ca. 1 sec bis 2 min)	16×	8×	14×
aggressive Akte des Kindes	3×	7× (1×)	10×
Aufforderung befolgt	11×	4×	9×
Aufforderung nicht befolgt	12×	9×	10×
Eingreifen	18×	11×	12×
Strafen, verbal	3× (4×)	5× (4×)	6× (5×)
Strafen, körperlich	1× (1×)	3× (7×)	– (7×)
soziale Hautpflege	6×	3×	3×
Streicheln, Küssen etc.	5×	4×	3×

(×) = spielerische Aktion
(Beres,   Säugling, 18 Monate, Hochland von West-Neuguinea)

Tab. 4.4: Weitere Interaktionen des Kindes – einige Strategien der Sozialisation.

Aus W. SCHIEFENHÖVEL (1984)

4.3.7 *Der Vater als Bezugsperson, väterliches Verhalten*

In den von uns untersuchten Kulturen ist der Vater nach der Mutter eine eindeutig ausgezeichnete Bezugsperson. Zwar flüchtet das Kleinkind bei Angst zur Mutter, wenn es die Wahl hat. Ich habe aber z. B. bei den Yanomami und den Buschleuten wiederholt beobachtet, daß Kleinkinder beiderlei Geschlechtes laut weinend gegen die Trennung protestierten, wenn der Vater morgens zur Jagd oder zur Arbeit ging, auch wenn die Mutter als sichere Basis zu Hause blieb.

Ich beobachtete in allen von mir besuchten Kulturen, daß die Väter mit ihren Kindern zärtlich umgehen, und zwar auch in so typisch männerorientierten kriegerischen Kulturen wie den Eipo, den Yanomami oder den Himba (so z. B. I. EIBL-EIBESFELDT und H. HERZOG 1987). Ich betone dies, da es bis vor kurzem in unserer Gesellschaft als unmännlich galt, sich in der Öffentlichkeit zärtlich mit einem Säugling abzugeben. Das mag eine Folge des Lebens in der anonymen Gesellschaft und somit neueren Datums sein, denn auf dem Lande geben sich

Väter ihren Kindern gegenüber auch in unserer Kultur ungezwungen herzlich. In der anonymen Gesellschaft neigen wir ja generell dazu, starke Gefühlsäußerungen zu unterdrücken.

Die Yanomami-Väter pflegen morgens, während die Mütter verschiedene häusliche Arbeiten verrichten, 15 bis 30 Minuten mit ihren Kleinen zu spielen, gleich, ob es sich dabei um Buben oder Mädchen handelt. Sie nehmen die Säuglinge zu sich in die Hängematten, stemmen sie hoch, sprechen zu ihnen in der typisch hohen Babysprache, küssen und betätscheln sie. Das Repertoire der zärtlichen väterlichen Verhaltensweisen gleicht qualitativ dem der mütterlichen Yanomami. Väter füttern die Kleinen auch mit Vorgekautem. Sie zeigen aber weniger oft als Mütter Verhaltensweisen sozialer Körperpflege (Lausen, Abputzen, Entfernen von Pickeln etc.). Sie gehen mit ihren Kleinen sportlicher um, spielen mehr. Die Kinder sprechen auf diese Interaktionen mit den Vätern sehr positiv an (Abb. 4.37–4.43). Sie jauchzen, plappern, und man hat den Eindruck, daß sie den Umgang mit dem Vater als ein Ereignis besonderer Art schätzen. Solche Spielsitzungen erleben die Yanomami-Säuglinge auch, wenn der Vater gegen Mittag oder am frühen Nachmittag zu den Seinen heimkehrt, und am Abend vor der Nachtruhe. Im ganzen hat ein Yanomami-Säugling ein- bis eineinhalb Stunden intensiven Vaterkontakt pro Tag. War der Vater daheim, dann nahm er den Säugling oft zwischendurch für einige Minuten zu sich, um ihn kurz zu herzen. Nachts nehmen die Väter oft ein Kleinkind, das nicht mehr trinkt, zu sich in die Hängematte, während die Mutter den Brustsäugling betreut. Das Kind schläft die ganze Nacht beim Vater, von seinem Körper gewärmt. Da die Yanomami nackt in den Hängematten liegen, frieren Kleinkinder leicht.

Die Buschleute sollen zu den Kulturen gehören, bei denen die Väter den engsten Kontakt mit den Kindern haben. Dort wo Polygynie und Krieg vorherrschen und Gehorsam gegenüber dem Vater als Tugend gilt, haben Väter angeblich weniger Kontakt mit ihren Kindern. Ich habe allerdings bei den kriegerischen Yanomami, Eipo und Himba durchaus vergleichbar häufige zärtliche Vater-Kind-Kontakte beobachtet. Möglicherweise handelt es sich hier also um ein Klischee, das in die Darstellungen einfloß. Wir erinnern an die entsprechenden Darstellungen MARGARET MEADS, die von einem Vorurteil diktiert waren. Bei den ebenfalls männlich betonten Eipo, einem neusteinzeitlichen Pflanzervolk Indonesisch-Neuguineas, besteht eine starke Neigung zur Geschlechtertrennung. Männer und Frauen versammeln sich morgens vor der Gartenarbeit auf dem Männer- und Frauenplatz zu geselligem Beisammensein. Sie wärmen sich in der Sonne, spielen mit den Kindern und plaudern. Man beschäftigt sich dabei mit handwerklichen Verrichtungen verschiedener Art. Die Männer schnitzen z. B. Pfeile, die Frauen arbeiten an der Herstellung von Netzen. Männer und Frauen sind dabei räumlich voneinander getrennt, aber keineswegs ohne Kontakt. Man spricht miteinander, und oft kommt ein Mann und holt sich einen Säugling oder ein Kleinkind zum Männerplatz. Für eine halbe Stunde ist das Kind dann das Zentrum einer Gruppe von

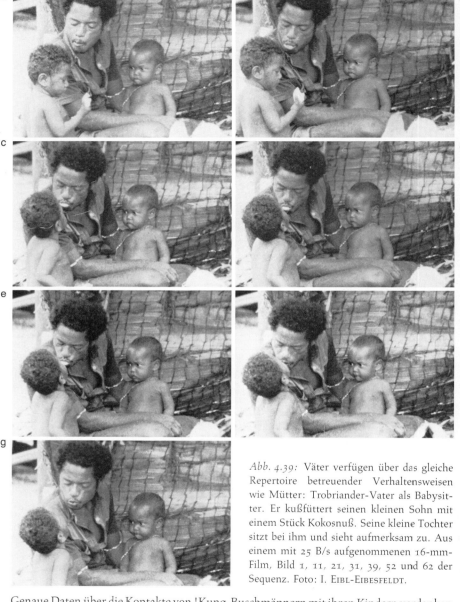

Abb. 4.39: Väter verfügen über das gleiche Repertoire betreuender Verhaltensweisen wie Mütter: Trobriander-Vater als Babysitter. Er kußfüttert seinen kleinen Sohn mit einem Stück Kokosnuß. Seine kleine Tochter sitzt bei ihm und sieht aufmerksam zu. Aus einem mit 25 B/s aufgenommenen 16-mm-Film, Bild 1, 11, 21, 31, 39, 52 und 62 der Sequenz. Foto: I. EIBL-EIBESFELDT.

Genaue Daten über die Kontakte von !Kung-Buschmännern mit ihren Kindern verdanken wir M. J. KONNER. Dort interagieren die Väter insgesamt 13,7 Prozent der Beobachtungszeit mit ihren Kindern. Tabelle 4.5 auf Seite 311 gibt darüber detaillierten Aufschluß.
Häufigkeit von Nähe und Kontakt, ausgedrückt in der durchschnittlichen Anzahl von 5-Sekunden-Blöcken, in der jeder Elternteil während einer 15-Minuten-Beobachtungsperiode primärer Betreuer des Kindes war:

	Vater (alle Beobachtungen)	Vater (wenn anwesend)	Mutter (immer anwesend)
Alter: 0–26 Wochen			
Körperkontakt	3.80	43.27	123.46
Gesicht/Gesicht	0.74	8.46	11.56
Bis 2 Fuß entfernt von Bezugsperson	0.09	1.07	10.54
2–15 Fuß entfernt	0.00	0.00	0.11
Alter: 27–99 Wochen			
Körperkontakt	3.85	32.13	58.41
Gesicht/Gesicht	0.25	1.43	3.69
Innerhalb 2 Fuß	2.26	13.00	32.91
2–15 Fuß entfernt	0.77	4.41	8.38

Tab. 4.5 (nach M. Maxwell-West und M. J. Konner 1976)

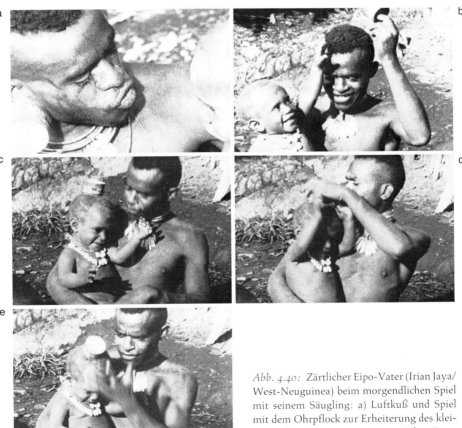

Abb. 4.40: Zärtlicher Eipo-Vater (Irian Jaya/West-Neuguinea) beim morgendlichen Spiel mit seinem Säugling: a) Luftkuß und Spiel mit dem Ohrpflock zur Erheiterung des kleinen Sohnes. Aus einem 16-mm-Film. Foto: I. Eibl-Eibesfeldt.

Abb. 4.41: Eipo (Irian Jaya/West-Neuguinea), der einen Säugling zärtlich begrüßt: wiederholte Berührung und das für einen Eipo-Gruß typische Winken mit dem erhobenen Finger. Aus einem 16-mm-Film, Bild 1, 17, 37, 62, 132, 185, 211 und 304 der Sequenz. Foto: I. EIBL-EIBESFELDT.

Männern und Jungen, die es auf alle mögliche Weise zu erheitern trachten. Auch hier also deutliche männliche Zuwendung zum Kleinkind, an der sich auch Mütterbrüder und junge Burschen beteiligen. Die zärtlichen Verhaltensweisen gleichen wiederum denen der Frauen. Die Männer herzen, betätscheln und küssen die Kleinen, und wenn sie zu ihnen reden, dann tun sie dies in der um eine Oktave gegenüber der Normalsprache angehobenen Tonlage (Babysprache, S. 288 f.; Abb. 4.46). Eipo-Männer füttern die Säuglinge aber seltener, und sie säubern sie nicht. Dafür spielen sie mehr mit ihnen als die Mütter. Das stimmt mit Erhebungen in unserem Kulturbereich überein (R. D. PARKE 1980 : 212). Auch hier füttern die Väter weniger. »When the baby coughed, sneezed or spat while feeding . . . fathers were more likely than mothers to simply stop feeding until the baby had settled down and was back under control. The mother was likely to continue feeding and increase touching of the baby, whereas the fathers showed a dramatic drop in this latter area. Despite these differences fathers are sensitive to the baby and respond to the baby in a sensible and competent way.«[*]

Während Mütter ihre Säuglinge füttern, wischen sie deren Hände und Gesicht öfter ab, als es Väter in der gleichen Situation tun. Das gilt auch für andere Routinehandlungen der Betreuung (D. B. SAWIN 1981). Nordamerikanische Väter spielen mehr mit ihren Kindern als Mütter, und zwar körperlich. Das gilt für drei Monate alte Kinder ebenso wie für zweijährige. Väter halten Neugeborene mehr, schaukeln sie öfter und reizen sie mehr als Mütter. Später engagieren sie sich stärker in körperlichen und neuen Spielen, sie balgen sich mit ihren Kleinen (K. A. CLARKE-STEWART 1978, 1980, M. E. LAMB 1975, M. E. LAMB und Mitarbeiter 1982, D. B. SAWIN 1981, M. W. YOGMAN 1981). Mütter dagegen spielen mehr verbal. Die Kinder reagieren auf die Väter aufgeregter als auf ihre Mütter. Nordamerikanische Väter schaukeln ihre Kinder mehr als Mütter, lächeln und küssen sie aber weniger als diese (R. D. PARKE und Mitarbeiter 1975). M. E. LAMB (1976) beobachtete amerikanische Väter und Mütter in ihrem vertrauten Heim. Wenn Mütter spielten, so fand er, dann meist mit konventionellen Spielen wie Guckguck-dada oder mit Spielzeug. Väter dagegen spielten sportlicher (Bewegungsspiele). Mütter spielten mit ihren Kindern mehr als doppelt so häufig wie Väter visuelle Spiele, bei denen sie ihren Kindern Bewegungen vormachten, die deren Aufmerksamkeit banden (46 Prozent gegen 20 Prozent aller Spiele, die sie mit den Kindern spielten; M. W. YOGMAN 1982). Im Kibbuz, wo die Kinder in erster Linie von eigens für diese Aufgabe bereitgestellten Betreuern (Metapelet) versorgt werden, sind die Mütter dennoch fürsorglicher als

---

[*] »Wenn das Baby hustete, nieste und beim Füttern spuckte... waren die Väter eher als die Mütter geneigt, einfach mit dem Füttern aufzuhören, bis sich das Baby beruhigt hatte und wieder unter Kontrolle war. Die Mütter dagegen fütterten es eher weiter und streichelten es verstärkt, während die Väter in dieser Hinsicht (Berührung des Kindes; Ref.) einen ganz auffälligen Abfall zeigten. Trotz dieser Unterschiede sind die Väter ihren Babys gegenüber aber sehr einfühlsam und reagieren vernünftig und kompetent auf deren Verhalten.«

Abb. 4.42: Auch bei kriegerischen Völkern gilt es keineswegs als unmännlich, sich mit einem Säugling abzugeben. Freundliche Zuwendung eines Yanomami (oberer Orinoko) zu einem Säugling mit »Augengruß«. Aus einem 16-mm-Film. Foto: I. EIBL-EIBESFELDT.

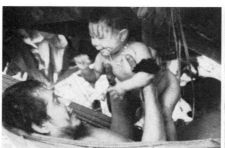 

Abb. 4.43: Yanomami-Vater, der seine kleine Tochter küßt. Aus einem 16-mm-Film. Foto: I. EIBL-EIBESFELDT.

die Väter. Sie gleichen in dieser Hinsicht den Müttern in den Vereinigten Staaten und Schweden. Da im Kibbuz die Männer und Frauen den gleichen beruflichen Belastungen ausgesetzt sind, dürften andere als berufliche Gründe für die Geschlechtsunterschiede im Betreuungsverhalten verantwortlich sein (A. SAGI und Mitarbeiter 1985).

In der Triade Mutter-Vater-Kind spielen die Eltern wahrscheinlich bei der Sozialisation des Kindes komplementäre Rollen. »At various stages of development, the father-infant relationship may complement the infant's relationship with the mother and facilitate the development of autonomy by providing a range of novel, arousing, and playful experiences for the infant« (M. W. YOGMAN 1982)*.

Das Verhalten der Väter und Mütter zu ihren Kindern wird von deren Geschlecht entscheidend mitbestimmt, und zwar so, daß die Eltern jeweils dem

---

* »Während verschiedener Entwicklungsstufen kann die Vater-Kind-Beziehung die Mutter-Kind-Beziehung komplementieren und die Entwicklung zur Selbständigkeit dadurch fördern, daß sie eine ganze Anzahl von neuen, erregenden und spielerischen Erfahrungen des Kindes bewirkt.«

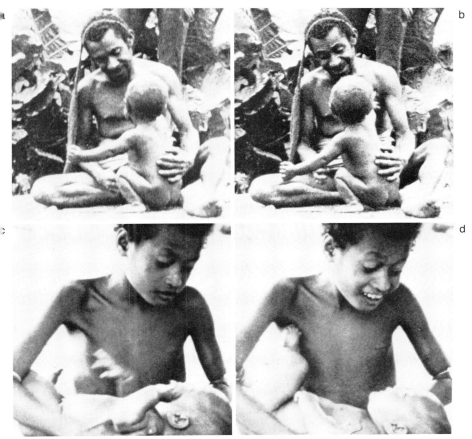

Abb. 4.44: Das Brauenheben als Ausdruck freundlicher Zuwendung finden wir auch in der Mann-Kind-Beziehung. a, b) In (Kosarek, Irian Jaya/West-Neuguinea); c, d) Trobriander: Bruder, der seine kleine Schwester herzt und mit Augengruß anspricht. Aus einem 16-mm-Film. Foto: I. EIBL-EIBESFELDT.

Abb. 4.45: Weitere Beispiele für zärtliche Männer: a) Himba (Kaokoland/Südwestafrika). b) !Ko-Buschmann (zentrale Kalahari). Foto: I. EIBL-EIBESFELDT.

315

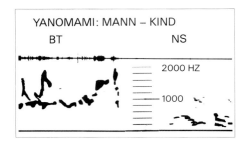

Abb. 4.46: Auch der Mann hebt die Stimme um etwa eine Oktave an, wenn er mit einem Säugling spricht. Links Babysprache eines Yanomami-Mannes, rechts daneben seine Normalsprache. Aus R. Eggebrecht (1983).

gegengeschlechtlichen Kind mehr affektive Zuwendung, dem gleichgeschlechtlichen dagegen mehr Anregung und Spiel bieten. So halten Mütter ihre kleinen Söhne öfter und länger an sich gedrückt als ihre Töchter, während die Väter umgekehrt ihre kleinen Töchter bevorzugt herzen. Dagegen zeigen Frauen öfter ihren Töchtern Spielzeug und bewegen ihre Töchter, während Väter bevorzugt mit ihren Söhnen spielen und ihnen mehr visuellen und taktilen Anreiz bieten als den Töchtern. Die Eltern ergänzen einander in ihrem Verhalten zum Kinde (R. D. Parke und D. B. Sawin 1975, 1977).

Mit der Entwicklung des Kindes ändert sich das Verhalten der Eltern insofern, als beide zunehmend weniger Zeit mit der Routinepflege (Säubern von Gesicht und Händen etc.) verbringen und die Säuglinge auch weniger oft an sich drücken. Die zärtliche Zuwendung, ausgedrückt durch Küssen und Lächeln, bleibt jedoch in den ersten drei Monaten gleich. Ab dem 2. Lebensjahr interagieren Väter doppelt so häufig mit Söhnen als mit ihren Töchtern. Mütter treffen keine solche Unterscheidung. Jungen bevorzugen mit zwei Jahren ganz deutlich ihren Vater als Interaktionspartner, Mädchen dagegen die Mutter (M. E. Lamb 1977).

Der erste Kontakt mit dem Kinde nach seiner Geburt bewirkt bei nordamerikanischen Vätern eine starke emotionelle Zuwendung und Bindung. Fragebogenerhebungen und Interviews zeigen, daß sie unmittelbar nach der ersten Begegnung ein starkes gefühlsmäßiges Engagement entwickeln, das M. Greenberg und N. Morris (1982) als »engrossment« beschreiben. Sie finden ihr Baby anziehend und schön und haben das Bedürfnis, es zu berühren, nehmen dessen persönliche individuelle Merkmale wahr und bezeichnen es als »perfect«. Der Säugling übt auf den Vater eine starke Anziehungskraft aus, und vor allem kurz nach der Geburt ihres Kindes beschreiben Väter ihren eigenen Zustand als euphorisch (»elated«). Zugleich sei ihr Selbstwertgefühl deutlich gehoben. Das Verhalten des Säuglings beeinflußt den Vater dabei entscheidend, wobei der Augenkontakt eine besondere Rolle spielt. Ein Vater berichtet z. B.:

»He was sleeping yesterday and his eyes were closed, and as I looked over he opened his eyes, and I moved away and he closed them, and I moved back again – and he opened them. Now I don't know what that is, maybe some kind of telepathy or something, but I just think he knew I was standing over him and he opened his eyes ... it felt wonderful. This is the closeness that you have with a child knowing that he feels his father standing over him and he opens his little eyes although he can't see anything« (M. GREENBERG und N. MORRIS 1974 : 526)*.

Aber auch andere »Antworten« des Säuglings bewirken starke Zuwendung: »I put my finger into his little hand and he clasps hold of my finger and squeezes it. That's very encouraging.« Und ein anderer Vater: »You put your finger in it's hand and it was holding on ... and when they just wrapped it up and put it in the cot by the side it immediately took on somebody – somebody that one could look and touch, and it was moving immediately. I felt suddenly I had a daughter! I didn't just have a baby. This was very satisfying« (M. GREENBERG und N. MORRIS 1974 : 526)**.

Väter, die ihr Kind unmittelbar nach der Geburt berühren durften, berührten es drei Monate später in einer Spielsituation auch öfter und tätschelten es mehr als Väter ohne solchen Frühkontakt (M. RÖDHOLM 1981). Die erste Kontakt-aufnahme von Vätern mit ihren Säuglingen erfolgte nach dem gleichen Muster, nach dem Mütter den Kontakt aufnehmen. Nach zartem Berühren und Streicheln der Extremitäten mit den Fingerspitzen werden Rumpf und Kopf mit den Fingerspitzen und danach mit der Handfläche gestreichelt (M. RÖDHOLM 1981, L. ABBOTT 1975, M. KLAUS und Mitarbeiter 1975). Eine sehr gute Übersicht über väterliches Verhalten verdanken wir M. W. YOGMAN (1982). Auch er belegt anhand der bisher vorliegenden Arbeiten, daß Väter in vielen Betreuungshand-lungen den Müttern ähneln. Allerdings spielen die Väter, bezogen auf die Interaktionszeit, mehr mit ihren Kindern. W. T. BAILEY (1982) spricht von einem »evolutionary based bond« (evolutionsbedingte Beziehung) zwischen Vater und Kind, das er »affinity« (Affinität) nennt. Es unterscheide sich, meint BAILEY, vom Mutter-Kind-»attachment«, das auch durch negative Äußerungen des Kindes, wie Weinen, bekräftigt werde. Während dieses Mutter-Kind-»attachment« sich durch die Säuger verfolgen lasse, ist die Vaterbindung wohl sehr spezifisch menschlich, sieht man von einigen Neuweltaffen ab, bei denen der Vater die Kinder trägt und sie der Mutter nur zum Säugen übergibt. BAILEY weist in diesem Zusammenhang

---

* »Er schlief gestern, und seine Augen waren geschlossen. Als ich mich über ihn beugte, öffnete er seine Augen, dann bewegte ich mich weg, und er schloß sie. Kam ich wieder zurück, öffnete er sie. Ich weiß jetzt nicht, was das ist, vielleicht so etwas wie die Telepathie oder etwas Ähnliches, aber ich glaube, er wußte, daß ich über ihm stand, und dann öffnete er die Augen... Es war ein wundervolles Gefühl. Dies ist die Nähe, die man zu einem Kind hat, von dem man weiß, daß es fühlt, wenn sein Vater bei ihm ist, und seine kleinen Augen öffnet, auch wenn es nichts sehen kann.«

** »Ich lege meinen Finger in seine kleine Hand, und es greift fest zu und drückt ihn. Das ist sehr ermutigend.« »Du legst deinen Finger in seine Hand, und es hält ihn fest... und als sie es gerade gewickelt und nebendran in das Bettchen gelegt haben, stellt es sofort jemanden dar, jemanden, den man anschauen und berühren konnte, und es bewegte sich sofort. Ich fühlte plötzlich, daß ich eine Tochter hatte! Ich hatte nicht nur ein Baby. Das machte mich sehr glücklich.«

darauf hin, daß 13 Monate alte Kinder, die mit ihrer Mutter in einem Zimmer waren, bei Wiedervereinigung mit ihrem Vater nach kurzer Trennung ein besonders ausgeprägtes Verhalten affektiver Zuwendung zeigten. BAILEY spricht von einer »father-binding-strategy«.

Vergleicht man die Reaktionen drei Monate alter Säuglinge auf fremde Väter und Mütter, dann findet man, daß negative Reaktionen (senkrechte Stirnfalten) Fremden gegenüber in 29,4 Prozent der Begegnungen auftraten, nur in 3,9 Prozent gegenüber Müttern und in 6,0 Prozent Vätern gegenüber (M. W. YOGMAN 1982). Kein Zweifel also, daß Säuglinge bereits frühzeitig die Eltern von anderen Personen unterscheiden.

In unserer Kultur beschäftigen sich die Väter mehr mit ihren Kindern, als dem Stereotyp entspricht. Nach Erhebungen, die A. BOOTH und J. N. EDWARDS (1980) an 231 Familien aus Toronto (Kanada) machten, beschäftigten sich Väter, bezogen auf die Zeit, in der sie zu Hause sind, gleich viel mit ihren Kindern wie die Mütter; bezogen auf die Gesamtzeit natürlich viel weniger, da sie ja viele Stunden am Tag auswärts arbeiten.

Obgleich Väter sich nur kurze Zeit am Tage ihren Kindern widmen, sind diese dennoch an Vater und Mutter gebunden. In fremder Umgebung suchen 12 bis 18 Monate alte Kinder bei Konfrontation mit Fremden zunächst bei der Mutter Schutz. Ab Ende des zweiten Lebensjahres sind Vater und Mutter gleich gesuchtes Fluchtziel (M. E. LAMB 1976 a, 1976 b, 1976 c). Zuhause in vertrauter Umgebung flüchten nordamerikanische Kinder bei Angst vor Fremden auch zum Vater. Eipo-, Buschmann- und Yanomami-Säuglinge bevorzugen stets die Mutter als Fluchtziel. Beide Elternteile sind demnach für die emotionelle Entwicklung des Kindes wichtig.

Die Kleinkinder wissen um diese Unterschiede in den Rollen bereits sehr früh Bescheid. 15 Monate alte Kleinkinder, die man aufforderte, einen Elternteil zu einem Spiel auszuwählen, erkoren ihren Vater öfter als ihre Mutter (M. E. LAMB 1977), und das, obgleich Väter in der westlichen Welt nur sehr wenig Zeit mit ihren Kindern verbringen. Nach H. KELLER (1979) schwanken die Angaben zwischen 27 Sekunden pro Tag und 8 Stunden pro Woche. Auf die Kinder hat das Verhalten der Väter zweifellos großen Einfluß. Neun Monate alte Kinder, deren Väter sich zu Hause mit ihnen viel beschäftigt hatten, ertragen den Streß eines kurzen Alleinseins besser als Kinder, deren Väter sich wenig mit ihnen beschäftigt hatten. Auch in ihrer geistigen Entwicklung waren erstere den letzteren überlegen (R. D. PARKE 1980). Die Art der väterlichen Zuwendung wechselt in unserer Kultur nach Reihenfolge der Geburt und Geschlecht des Kindes. Bei uns interagieren Väter mehr mit ihren Söhnen als mit den Töchtern, doch scheint sich diese Zuwendung nunmehr zunehmend auf beide Geschlechter gleich zu verteilen. Bei den Buschleuten, Yanomami und Eipo habe ich den Eindruck, daß sich eine unterschiedliche Zuwendung erst im Kindesalter entwickelt, wenn sich die Spielinteressen der Kinder zu differenzieren beginnen. Die Buben bilden oft gleichgeschlechtliche Spielgruppen für Jagd- und Kampfspiele, an denen gelegentlich erwachsene Männer kurz teilnehmen. Sie gesellen sich dann auch von sich aus gerne zu den Männern. Zweifellos zeigen die Männer in allen Kulturen die Fähigkeit, einen Säugling zu verstehen. Sie zeigen ferner eine deutliche emotionale Zuneigung und das Bedürfnis, mit ihren Kindern zu interagieren, wozu sie mit einem Repertoire von Verhaltensweisen ausgerüstet sind. Elterliches Verhalten gehört demnach auch zum Programm des Mannes. Die liebevolle Zuwendung, die das Kind von beiden Elternteilen erhält, fördert seine Bereitschaft, sich später voll mit der von der Kultur erwarteten Rolle des gleichgeschlechtlichen Elternteils zu identifizieren.

R. N. ADAMS (1960), M. MEAD (1949) und A. S. ROSSI (1973) waren der Ansicht, daß die Vater-Kind-Bindung sich erst als Ergebnis der ehelichen Bindung entwickle. Männer würden erst über diesen Umweg zu Vätern gemacht, während Frauen als Mütter geboren würden. Ich habe jedoch in allen von mir studierten Stammeskulturen festgestellt, daß bereits Knaben eine starke emotionelle Zuwendung zu kleinen Kindern zeigen, wenn auch nicht so häufig wie Mädchen. Das spricht dafür, daß es sich hier um ein genuines Verhalten handelt, basierend auf einer angeborenen Disposition.

W. C. MACKEY (1979) beobachtete in neun Kulturen* auf öffentlichen Plätzen das Verhalten von Männern und Frauen ihren Kindern gegenüber. Es zeigte sich, daß die Frauen zwar häufiger mit Kindern beisammen waren, daß aber auch die Männer einen erheblichen Teil der gemeinsam verbrachten Zeit mit den Kindern interagieren. Das Geschlecht der Kleinkinder beeinflußt das Verhalten der Väter nicht in signifikanter Weise – wenn man alle Kulturen vergleicht –, doch überwogen ältere Jungen in reinen Männergruppen, während jüngere Jungen unterrepräsentiert waren. Jungen zogen Männergesellschaft, Mädchen Frauengesellschaft vor, wenn die Erwachsenen in gleichgeschlechtlichen Gruppen versammelt waren. Bei gemischtgeschlechtlichen Gruppen waren die Verhältnisse ausgeglichen. Wenn Männer mit Kindern interagieren, dann in ganz ähnlicher Weise wie Frauen. Die Art der Interaktion wurde mehr vom Alter als vom Geschlecht des Kindes bestimmt. W. C. MACKEY vertritt aufgrund seiner Erhebungen die Ansicht, daß es eine autonome Mann-Kind-Bindung gibt, die von der Frau-Kind-Bindung und Mann-Frau-Bindung unabhängig ist. Bereits J. MONEY und A. A. EHRHARDT (1972) hatten ausgeführt, daß väterliches Verhalten dem mütterlichen Verhalten weitgehend gleiche und daß im wesentlichen nur die das Verhalten auslösenden und unterhaltenden Reizschwellen bei Männern höher als bei Frauen seien. Das entspricht auch unseren kulturenvergleichenden Beobachtungen.

Die Tatsache, daß väterliches Verhalten zum natürlichen Verhaltensprogramm

---

* Irland, Spanien, USA, Indien, Peru, Karaja-Indianer (Brasilien), Elfenbeinküste, Marokko, Japan.

des Menschen gehört, bedeutet nicht, daß die Rollen von Vater und Mutter beliebig austauschbar wären. Die Rollen ergänzen einander.

Bei der großen Variationsbreite menschlichen Verhaltens sind aber viele Väter durchaus in der Lage, selbst für kleinere Kinder die Mutter zu vertreten. Allerdings geht W. E. FTHENAKIS (1983) in seinem eifrigen Einsatz für die Väter sicher zu weit, wenn er behauptet, die Mütter seien keineswegs aufgrund ihres Geschlechtes besser zur Pflege eines Kleinkindes geeignet als Väter. Er meint, die Tatsache, daß Väter die Signale des Kindes genauso gut wie Mütter verstehen und sie auch wie diese beantworten, beweise das. Aber das sagt noch nichts über Motivation und Ausdauer aus. Frauen sind weniger aggressiv und haben eine weitaus größere Geduld.

Zum väterlichen Verhalten des Menschen gibt es bei den Altweltaffen keine Entsprechung. Dort dulden erwachsene Männchen zwar soziale Exploration und Annäherung von Juvenilen. Sie spielen aber nicht mit den Kleinen, helfen nicht bei der Fütterung und beteiligen sich auch sonst nicht an der unmittelbaren Pflege. Sie verteidigen jedoch Jungtiere auch auf deren Notruf hin. Das ist bei den hundeartigen Raubtieren ganz anders. Dort füttern auch Rüden die Welpen und spielen intensiv mit ihnen. Möglicherweise hat sich dieses Verhalten beim Menschen und den Caniden im Zusammenhang mit dem Jagen großer Beute und dem Teilen der Nahrung analog entwickelt (G. E. KING 1980).

Zusammenfassung 4.3

Die Frage, inwiefern die Familie eine natürliche soziale Einheit sei, wird gegenwärtig viel diskutiert. Die ethologische Untersuchung deckt auf verschiedenen Ebenen stammesgeschichtliche Anpassungen verschiedenen Alters auf, die eine familiale Veranlagung bedingen. Sie gestatten in einem bestimmten Rahmen kulturelle Ausgestaltung.

In der Mutter-Kind-Dyade lebt altes Säugererbe weiter, stand doch die Mutterfamilie am Beginn der Entwicklung. Mutter und Kind sind durch eine Reihe von Signalen und Verhaltensweisen aufeinander abgestimmt, die zum angeborenen Repertoire des Menschen gehören. Insbesondere sind beide darauf vorbereitet, eine starke persönliche Beziehung zu entwickeln. Auch bei den Naturvölkern ist die Mutter ausgezeichnete Bezugsperson, wenn auch nicht die einzige. Die Tatsache, daß ein Kind bereits vom Säuglingsalter an in ein differenziertes soziales Beziehungsnetz eingebettet heranwächst und viele Kontakte mit anderen Personen erlebt, bedeutet nicht, daß das Kind kollektiv ohne Bindung an einzelne Bezugspersonen aufgezogen wird. Die Aussage, Mütterlichkeit sei eine Erfindung der Neuzeit, läßt sich anhand der völkerkundlichen Daten leicht widerlegen.

Sie ist ethnozentrisch und spiegelt den ideologisch eingeengten Wahrnehmungshorizont einiger wider, die den Menschen nach ihren Vorstellungen gesellschaftlich formen wollen, ohne Rücksicht auf etwaige genetische Vorprogrammierungen.

Mütter bemühen sich bereits unmittelbar nach der Geburt um Blickkontakt mit dem Säugling, dessen Reaktionen diesen Bemühungen entgegenkommen. Wird die Möglichkeit zu einer Interaktion nach der Geburt geboten, dann bewirkt dies starke affektive Zuwendung und Bindung seitens der Mutter. Wahrscheinlich sind daran auch hormonale Mechanismen beteiligt. Fehlt die Möglichkeit zu solchem Kontakt, dann entwickeln sich mit der Zeit ähnlich starke Bindungen. Die Beziehungsbildung ist also in mehrfacher Weise abgesichert.

Die natürliche Geburtsstellung ist die aufrechte Haltung (Hocke). Vertraute Umgebung erleichtert die Entbindung, Angst verzögert sie. Beistand durch vertraute Bezugspersonen ist bei Naturvölkern verbreitet.

Die Interaktionsmuster zwischen Mutter und Kind, z. B. die Art, Gesicht zu Gesicht mit dem Säugling zu scherzen, ihn in hoher Tonlage der Babysprache anzureden, zu dialogisieren, ihn zu herzen und zu küssen, gehören zu den Universalien. Das gleiche gilt für die Antworten des Kindes. Väter verfügen grundsätzlich über die gleichen zärtlichen Verhaltensweisen wie die Mütter. Sie sprechen ebenfalls zu ihren Kleinen in einer um eine Oktave erhöhten Babysprache, und auch bei kriegerischen Völkern herzen und küssen sie ihre Säuglinge beiderlei Geschlechts. Für die Kinder sind Väter wichtige Bezugspersonen, und sie zeigen Trennungsschmerz, wenn die Väter sie bei den Müttern zurücklassen, z. B. um auf die Jagd zu gehen. Obgleich Väter auch bei Naturvölkern nur verhältnismäßig kurze Zeit am Tage mit ihren Kindern spielen, sind diese regelmäßigen Spielkontakte für die emotionelle Entwicklung des Kindes von großer Bedeutung.

Bei Naturvölkern erlebt das Kind viel Körperkontakt, und es wird drei bis vier Jahre gestillt. Das oft abrupte Abstillen, wenn ein Geschwister zur Welt kommt, wird als Schock erlebt. Das lange Stillen, das bei Naturvölkern für die gesunde Entwicklung schon aus ernährungsphysiologischen Gründen wichtig ist, bindet das Kind länger an die Mutter als bei uns und verzögert in diesem Punkte sein Selbständigwerden. Demgegenüber bedeutet das europäische Muster ein frühes Training zur Selbständigkeit und damit Emanzipation.

Frühkindlicher Körperkontakt und die warme Beziehung zu den Bezugspersonen wurden gelegentlich mit friedlicher Grundhaltung, Mangel an Zuwendung und Körperkontakt mit Aggression und kriegerischer Neigung in Zusammenhang gebracht. Diese einfachen Beziehungen existieren nicht. Auch bei kriegerischen Völkern wie den Eipo oder Yanomami empfängt das Kind viel Liebe und reichlichen Körperkontakt. Es ist wohl so, daß ein Kind, dem elterliche Zuneigung und Wärme zuteil werden, sich mit den Werten der Eltern und seiner Gruppe identifiziert, gleich, ob diese nun kriegerisch oder friedlich sind. Mangel an

Wärme und fehlende Bindung an Bezugsgruppen verhindert solche Identifikation und begünstigt asozial aggressive Charakterzüge.

4.4 Familie und Ehigkeit

Die Mutter-Kind-Vater-Triade ist der Kristallisationskern der menschlichen Familie und Gemeinschaft. Dieser Familientypus ist bei Primaten und anderen höheren Säugern nur selten anzutreffen. Die menschliche Familie bezieht jedoch über diese Triade hinaus in der Regel noch die Generation der Großeltern ein. Diese mehrere Generationen umfassende Familie ist typisch menschlich. In der Welt des Kindes spielen die Großeltern eine wichtige Rolle. Ihre Beziehung zu den Enkeln ist in vielen Kulturen weniger formalisiert als die der Kinder zu ihren Eltern, die als Erzieher Respektpersonen sind (S. 418). Die Alten treten ferner als Vermittler von Wissen und Tradition auf (S. 434).

Wir kennen bisher keine Menschengruppe, die ohne eheliche Dauerpartnerschaft lebt. Und in den meisten Fällen lebt ein einzelner Mann mit einer einzelnen Frau in ehelicher Gemeinschaft. Es gibt allerdings auch andere Eheformen. Von 849 Gesellschaften gestatten nach P. M. Murdock (1967) 708 Polygynie (83,5 Prozent). Nur 137 Gesellschaften (16 Prozent) sind dem Gesetz nach monogam und 4 polyandrisch. Diese Aufstellung vermittelt den Eindruck, Polygynie wäre für uns Menschen typisch. Das Bild täuscht jedoch. Nur gelegentlich polygyne Ehen sind nämlich 2,5mal so häufig wie Ehen, bei denen Polygynie üblich ist. Das heißt: Auch in den polygynen Gesellschaften sind die Männer zumeist nur mit *einer* Frau verheiratet*. Für die Buschleute schätzen M. M. West und M. J. Konner (1976) den Prozentsatz polygyner Ehen mit maximal 5 Prozent. Es handelt sich meist um Versorgungsehen. Ein Mann ist verpflichtet, die Witwe seines Bruders zu heiraten. Der Ausdruck »Vielweiberei« für Polygynie ist irreführend, da selbst in polygynen Kulturen die Männer nur selten mit mehr als zwei Frauen verheiratet sind.

Immerhin ist eine deutliche polygyne Neigung des Mannes aus den Daten abzulesen; in monogamen Gesellschaften äußert sie sich in außerehelichen Beziehungen, die in einigen Kulturen auch gesellschaftlich gestattet werden. In der westlichen Welt wird die polygyne Anlage vielfach durch das Muster der

---

* In Prozenten sind nach G. P. Murdock und D. R. White 1 Prozent der Ehen polyandrisch, d. h. eine Frau ist mit mehreren Männern verheiratet, 17 Prozent sind monogam, 51 Prozent gelegentlich polygyn und nur 31 Prozent üblicherweise polygyn.

sukzessiven Monogamie (Ehescheidung, Wiederverheiratung) verschleiert. Von den verschiedenen Lösungsversuchen erscheint mir dieser als besonders problematisch, da er meist zur Folge hat, daß die Kinder eine Bezugsperson verlieren.

Die polygyne Neigung des Mannes erklärt sich aus seiner größeren reproduktiven Potenz. Eine Frau kann nur eine begrenzte Anzahl von Kindern gebären und aufziehen. Ein Mann kann dagegen viele Kinder zeugen, und wenn er über Ressourcen verfügt, kann er die Kinder auch ernähren. Das fördert die Verbreitung der Erbanlagen jener, die in der Lage sind, Ressourcen zu kontrollieren, und führte wohl konsequent zur Ausbildung von Polygynie und Patriarchat. Die Ausbreitung der die Monogamie fördernden, egalisierenden Ideologien (S. 35) wirkt diesem Trend entgegen. Männer neigen überdies zum »Seitensprung« (Philanderie). Spermien »kosten« – im Jargon der Soziobiologen – nicht viel. Daher ging der Mann über die längste Zeit seiner Geschichte bei einem Seitensprung keine großen Risiken ein. Die Frau investiert dagegen bei einer Schwangerschaft sehr viel in ihren Nachwuchs; daher ist es für sie von Vorteil, wenn sie wählerisch ist und einen Mann fest an sich bindet (Kap. 4.5.2).

Promiske Kleingruppen entwickelten sich nur gelegentlich als alternative Experimente zur Familie. Keine der uns bekannten Kulturen hat diese Form des Gruppenlebens zur Norm erhoben. Es gibt gute Gründe für die Annahme, daß eine promiske Urhorde für *Homo sapiens* nie typisch war. Der Mensch ist emotionell und in seiner Sexualphysiologie an eine ehige, dauernde Partnerverbindung angepaßt. So ist bei allen nichtmenschlichen Primaten das sexuelle Verhalten im wesentlichen auf kurze Brunstzeiten beschränkt. Außerhalb dieser Brunstzeiten wird das Weibchen vom Männchen nicht begattet. Bei Menschenaffen beobachtet man allerdings gelegentlich Ausnahmen. Schimpansenweibchen, die Vortritt am Futterplatz wollten, boten sich Männchen durch sexuelles Präsentieren (Zudrehen der Kehrseite) an und wurden dann auch begattet. Sie setzten ihre Geschlechtlichkeit instrumental ein, um bestimmte Ziele zu erlangen (R. M. und A. Yerkes 1929). Darin wird bereits die Anbahnung der Emanzipation weiblichen Geschlechtsverhaltens vom ursprünglichen Zweck der Fortpflanzung sichtbar. Weibliche Bonobos *(Pan paniscus)* bieten sexuelle Dienste ziemlich freizügig den Männchen ihrer Gruppe an, um von ihnen Gegenleistungen wie Futterabgaben zu erhalten. Außer solchem instrumentalen Einsatz bekräftigen Weibchen so auch Bindungen, und zwar sowohl zu Männchen als auch zu anderen Weibchen. Dazu reiben sie ihre Genitalregionen aneinander.

Beim Menschen ist die Emanzipation des Geschlechtsverhaltens ausgeprägt. Das menschliche Kopulationsverhalten wurde über den ursprünglichen Zweck der Befruchtung hinaus in den Dienst der Partnerschaft gestellt. Dazu hat sich die Fähigkeit und emotionelle Bereitschaft der Frau entwickelt, einen Mann auch außerhalb der fruchtbaren Tage zu »empfangen« und ihm damit eine die Bindung stärkende Befriedigung zu gewähren. Sie erlebt ferner einen Orgasmus, der sie ihrerseits stark an den Mann bindet. Bei den Säugern scheinen sonst nur einige weibliche Primaten etwas dem Orgasmus Vergleichbares zu erleben (D. A. GOLDFOOT und Mitarbeiter 1980).

Die kaum Schwankungen unterworfene sexuelle Dauerbereitschaft des Mannes ist weiteres Indiz dafür, daß das Sexualverhalten beim Menschen auch im Dienst der Partnerbindung steht. Man hat diese »Hypersexualisierung« des Menschen gelegentlich moralisch bekrittelt. Dabei übersah man, daß beim Menschen die Sexualität im Dienst der Partnerbindung eine neue, über die reproduktive Funktion hinausgehende Bedeutung erhielt. Das hat die kirchliche Diskussion um die Methoden der Empfängnisverhütung belastet (I. EIBL-EIBESFELDT 1970, W. WICKLER 1970, D. MORRIS 1968). Die an sich vernünftige kirchliche Praxis, sich bei der Normenfindung an der Natur zu orientieren, führte in diesem Fall in die Irre, da man sich zu einseitig am Tiere ausrichtete und darüber die Sonderstellung des Menschen im sexuellen Bereich übersah. Bei den Tieren steht der Sexualakt wohl ausschließlich im Dienste der Fortpflanzung, beim Menschen dagegen auch – als sexuelle Liebe – im Dienste der persönlichen Partnerbindung. Diese neue Funktion des Begattungsaktes ist, da spezifisch menschlich, zumindest ebenso hoch einzuschätzen wie die reproduktive Funktion. Die Selektionsdrucke, die den Menschen zur ehigen Dauerpartnerschaft programmieren, ergaben sich wohl aus der Notwendigkeit der langen Kinderfürsorge, bei der auch der Vater eine große, in der Literatur viel zu wenig beachtete Rolle spielt.

Der Mensch hat zweifellos in beiden Geschlechtern die Fähigkeit zur Kinderbetreuung entwickelt. Dies, zusammen mit den eingangs besprochenen Anpassungen im Dienste der heterosexuellen Partnerbindung, weist die eheliche Dauerfamilie als arttypisch für *Homo sapiens* aus. Die von einigen Soziologen immer wieder aufgegriffene These, am Beginn der kulturellen Entwicklung habe eine Gruppenehe bestanden, wobei innerhalb der Gruppe sexuelle Freizügigkeit geherrscht habe, gilt längst als überholt. Diese Form des Zusammenlebens entspricht sicher nicht den Neigungen des Menschen. Versuche, so zu leben, scheitern auch immer wieder an der Tatsache, daß Partner sich ineinander verlieben. Auch hier äußert sich eine deutliche »Monotropie«. Dennoch fehlt es selbst heute nicht an Versuchen, die patriarchalische Familie als unnatürlich und repressiv hinzustellen und ihre Auflösung zu propagieren. Man beruft sich dabei gern auf F. ENGELS (1884), der, auf L. H. MORGAN (1877) und J. J. BACHOFEN (1861) basierend, die These entwickelte, es hätte sich im Laufe der kulturellen Evolution aus der natürlichen mutterrechtlich orientierten Gruppenehe die auf ökonomische Bedingungen gegründete patriarchalische monogame Familie entwickelt. Er sah darin einen Sieg des Privateigentums, das nun an Erben weitergegeben wurde, über das ursprüngliche naturwüchsige Gemeineigentum. Obgleich er den mit dieser Entwicklung verbundenen Niedergang der Stellung der Frau bedauerte, bewertete er es als positiv, daß sich aus dieser Monogamie die moderne individuelle Geschlechtsliebe entwickelt habe, die es, wie er glaubte, vorher noch nicht gab.

Wir wissen mittlerweile durch genaue Untersuchungen von Völkern, die auf der Stufe des Jägers und Sammlers stehen, daß die eheliche Familie selbst hier ausgeprägt ist, obgleich es meist keinen Besitz zu vererben gibt, und daß sich auch bei diesen Menschen die jungen Leute verlieben. Die individuelle Geschlechtsliebe entstand nicht erst in unserer Zeit. Hier spielte dem großen Theoretiker ENGELS ein ihm unbewußter Ethnozentrismus einen Streich. Die Liebeslieder der »Wilden« sind oft von besonderer Zartheit.

ENGELS' Ausführungen zur Familie haben heute im wesentlichen historische Bedeutung. Sie setzen wichtige Denkanstöße, insbesondere für die emanzipatorischen Bewegungen der Frauen in der Industriegesellschaft. Wenn es einen familienlosen sozialen Urzustand gab, eine »institutionelle Tabula rasa« einer Urhorde, wie das H. TYRELL (1978) annimmt, dann könnte dies bestenfalls vormenschliche Zustände beschreiben.

Am nächsten kämen dem von unseren nächsten Verwandten die Schimpansen, die in territorialen, geschlossenen Gruppen leben, welche mehrere Männchen, Weibchen, Junge und Juvenile umfassen. Die Gruppen sind patrilokal. Nur während ihres ersten Oestrus können Weibchen zu anderen Gruppen abwandern (J. GOODALL 1968). Die Gruppen sind durch Rangordnungsbeziehungen strukturiert. Sexuelle Dauerpartnerschaften gibt es nicht. Schimpansen sind promisk. Es besteht jedoch eine starke Mutter-Kind-Beziehung, die bis in die Pubertät hält. Auch seit Jahren abgestillte Juvenile besuchen ihre Mutter (J. VAN LAWICK-GOODALL 1968) und zeigen deutliche Zeichen der Zuneigung und Gebundenheit.

Wenn wir annehmen, daß die Vorfahren des *Homo sapiens* so gelebt haben, dann würde dies bedeuten, daß die Familie, insbesondere die Familialisierung des Mannes, evolutionistisch jung ist. Daraus würde jedoch nicht folgen, daß die mit der Familialisierung verbundenen Neuanpassungen nicht genetisch (also stammesgeschichtlich) fixiert sein können. Nichtbiologen machen häufig den Fehler, Anpassungen im Verhalten, die nicht Tiererbe sind, als kulturell zu deuten. Das ist pauschal nicht zulässig. So wie viele morphologische und physiologische Eigenschaften des Menschen zweifellos phyletischer Neuerwerb sind, aber dennoch stammesgeschichtlich entwickelt, so sind auch viele der Eigentümlichkeiten seines Verhaltens stammesgeschichtliche Neuanpassungen, spezifisch für *Homo sapiens* und also angeboren.

Im übrigen entwickelt H. TYRELL (1978) eine Reihe von interessanten Thesen zur Entstehung der Familie, die durchaus akzeptabel sind, wenn wir davon absehen, daß er rein kulturelle Anpassungsschritte postuliert. TYRELL geht davon aus, daß am Anfang der Entwicklung die Mutterfamilie steht, wobei sich als Besonderheit Mütter auch mit jenen Kindern verbunden fühlten, die physiologisch nicht mehr von ihnen abhängig sind. TYRELL meint, dem würde eine archaische Entdeckung der Blutsverwandtschaft zugrunde liegen. Die Mutter würde entdecken, daß in ihren Kindern gleiches Fleisch und Blut vorliege, und damit wäre die Idee der Verwandtschaft geboren. Nun bedarf es zur Entwicklung einer solchen Bindung zu Nachkommen ganz gewiß nicht eines kognitiven Erfassens genetischer Zusammenhänge. Auch bei Schimpansen entwickelt sich eine die Zeit der physiologischen Abhängigkeit viele Jahre überdauernde Bindung (J. VAN LAWICK-GOODALL 1975). Hier ist wohl auszuschließen, daß eine Einsicht der Identität von Fleisch und Blut zwischen Mutter und Kind vorliegt. Wohl aber ist einsehbar, welche selektionistischen Vorteile einem solchen Verhalten zukommen. Die lange Kindheit und Jugend, die nur bei elterlicher Betreuung möglich ist, gestatten es dem Kind, das kulturelle Erbe zu übernehmen, von dem Menschen nun einmal leben. Daß wir in diesem Sinne durch stammesgeschichtliche Anpassungen zum Kulturwesen von Natur programmiert sind, wird offensichtlich. Sieht man von TYRELLS Spekulationen über das kognitive Erfassen der verwandtschaftlichen Zusammenhänge ab, dann spricht vieles dafür, daß die Mutterfamilie mit mehreren Kindern verschiedenen Alters am Anfang der Entwicklung der Menschenfamilie stand. Dieser matrilineare Zusammenhang wird selbst in unserer patriarchalischen Kultur insofern anerkannt, als man die Kinder bei Scheidungen in der Regel als zur Mutter gehörig betrachtet. Die eheliche Dauerpartnerschaft dürfte sich erst danach entwickelt haben. Sie ist aber für den gegenwärtigen Menschen arttypisches Merkmal und, wie Anpassungen in der reproduktiven Physiologie und im Verhalten zeigen, zum Teil vorprogrammiert.

Eine Reihe von Anpassungen, die unser mitmenschliches Zusammenleben determinieren, sind sogar altes Primatenerbe. Wir werden sie in den Abschnitten Territorialität, Rangordnung und Besitz erörtern. »Nach den neueren Ergebnissen der Primaten-Soziologie ...«, schreibt CH. VOGEL (1977:22), »wird es ... zunehmend wahrscheinlicher, daß eine ganze Reihe von in ihrem Kern universal anzutreffenden kulturellen Normen, Traditionen und Institutionen nicht rein ›rationale‹ menschliche Erfindungen sind, sondern institutionalisierte Verfestigungen und Differenzierungen von bereits evolutiv im vorhumanen Feld entstandenen Tendenzen sozialen Verhaltens; d. h. sie besitzen offenbar einen vorkulturellen ›Kristallisationskern‹. Das gilt mit hoher Wahrscheinlichkeit für die im Prinzip (in den differenzierten Einzelzügen!) transkulturell gleichgerichtete Geschlechterrollen-Polarisierung und die ›Mutter-zentrierte‹ Kernfamilie.«

Zusammenfassung 4.4

Ehige Dauerpartnerschaft und der Zusammenhalt über mehrere Generationen kennzeichnen die menschliche Familie. Einen familienlosen sozialen Urzustand dürfte es bei *Homo sapiens* nie gegeben haben. Bei Schimpansen bleiben Mütter und Kinder auch dann verbunden, wenn die Kinder bereits heranwuchsen. Ein solcher matrilinearer Zug könnte auch den Anfang der Entwicklung der Menschenfamilie charakterisiert haben. Die Familialisierung des Mannes stellt eine Neuentwicklung der Art Mensch dar. Sie ist jedoch genetisch bereits durch eine

Reihe von Anpassungen abgesichert. Unter anderem hat sich das Geschlechtsverhalten aus der Abhängigkeit von Brunstzyklen befreit und kann damit instrumental in den Dienst der Partnerbindung gestellt werden. Die Ehe erfährt kulturell verschiedene Ausgestaltungen. Gesellschaften, die Polygynie gestatten, überwiegen, doch sind auch dort die meisten Männer in der Regel mit nur einer Frau vermählt. Insofern scheint ein Entwicklungstrend zur Monogamie zu bestehen. Gesellschaften ohne eheliche Dauerbeziehungen existieren nicht.

4.5 Paarfindung, Werben, geschlechtliche Liebe

bakasirasi vaponu
  Wir nehmen die Woge

bakavamapusi vana
  Wir tauschen die duftenden Kräuter im Armreif.

bakavagonusi buita
  Wir pflücken den Blumenkranz

Aus dem Dorai-Liederzyklus zum »Milamala«, dem Erntefest der Trobriander (G. SENFT, Tonband T 3A-1982)

»Das macht, es hat die Nachtigall
Die ganze Nacht gesungen;
Da sind von ihrem süßen Schall,
Da sind in Hall und Widerhall
Die Rosen aufgesprungen.

Sie war doch sonst ein wildes Kind;
Nun geht sie tief in Sinnen,
Trägt in der Hand den Sommerhut
Und duldet still der Sonne Glut,
Und weiß nicht, was beginnen.«
                              THEODOR STORM

4.5.1 Heterosexuelle Partnerwahl und Verhaltensmuster des Werbens

Der Mensch kultiviert alle naturhaften Bereiche seines Verhaltens und setzt sich damit vom Tier ab. Daß ihn gerade der sexuelle Bereich zu den differenziertesten künstlerischen Äußerungen bewegt, erklärt sich aus der wichtigen partnerbindenden Funktion des Geschlechtlichen, die ja beim Menschen im Ideal zu lebenslanger Gemeinschaft verknüpfen soll. Die Notwendigkeit ergibt sich aus der langsamen Entwicklung des Kindes. Das menschliche Sozialverhalten erfährt vielfältige Kultivierung. Es basiert jedoch auf stark triebhaften biologischen Grundlagen: der alten reptilhaften Dominanz-Unterwerfungssexualität, der sich eine jüngere, durch Fürsorglichkeit und individualisierte Bindung charakterisierte überlagert (Kap. 4.9). Die sogenannte »romantische Liebe« und das Phänomen des Sich-Verliebens haben hier sicher ihre Vorläufer. Graugänse zeigen nach KONRAD LORENZ bei Partnerverlust alle Symptome des Trauerns. Neuerdings kennt man sogar eine monogame Maus, deren Bindungsbereitschaft über den Begattungsakt induziert wird, und zwar über hormonale Ausschüttungen, die zum Teil zumindest jenen entsprechen dürften, die auch bei uns Menschen im gleichen Kontext eine Rolle spielen (vgl. Fußnote S. 347; J. T. WINSLOW und Mitarbeiter 1993). In der Tat handelt es sich beim Verlieben um ein gewiß einzigartiges Phänomen, dessen Physiologie noch keineswegs verstanden wird. Allzusehr beschränkte sich die wissenschaftliche Erforschung des menschlichen Geschlechtsverhaltens auf den Sexualakt (A. C. KINSEY und Mitarbeiter 1948, 1966, W. H. MASTERS und V. E. JOHNSON 1966). Die ethologisch viel interessanteren Phasen der heterosexuellen Kontaktaufnahme, des Werbens und des Sich-Verliebens hat man erst viel später ethologisch zu untersuchen begonnen (D. MORRIS 1977, M. COOK 1981, R. A. HINDE 1984, M. M. MOORE 1985, K. GRAMMER 1993 und CH. TRAMITZ 1993).

Daß der Mensch auf eheliche Dauerpartnerschaft angelegt ist, kommt bereits in den ersten Phasen der Paarbildung zum Ausdruck. Das Sich-Verlieben ist ja in der Dichtkunst wegen seiner erstaunlichen, die Ratio oft überspielenden Dynamik häufig besungen worden. Liebe gehört zu den Universalien, dennoch hört man neuerdings öfter, sie sei eine Erfindung der Neuzeit. Das klingt in den Ausführungen von N. LUHMANN (1982) an, wenn er schreibt: »Es gehört zum soziologischen Allgemeinwissen, daß die kommunalen Lebensverhältnisse älterer Gesellschaftsordnungen wenig Raum für Intimbeziehungen boten . . .« (S. 198).

Noch deutlicher in dieser Richtung äußert sich E. SHORTER (1977), der sich aufzuzeigen bemüht, daß die Bauern und Besitzbürger des 18. Jahrhunderts in Frankreich, England und Deutschland die romantische Liebe nicht gekannt haben sollen. Man heiratete nach Stand und Vermögen. Daran ist sicher viel Wahres, aber die Liebe pauschal als Erfindung der Neuzeit hinzustellen ist ein bißchen vorschnell und arg ethnozentrisch gedacht. Naturvölker kennen durchaus die romantische Liebe. Und wenn eine Ehe nicht aus Liebe geschlossen wurde, entwickeln sich »zarte« Beziehungen doch in der Regel danach.

Die Vorstellung von der Oberflächlichkeit intimer Beziehungen bei Naturvölkern finden wir gelegentlich auch in der völkerkundlichen Literatur. So berichtet MARGARET MEAD (1935, 1949), die Liebesbeziehungen der Samoaner seien wechselhaft ohne feste Partnerbindung, sexuelle Freizügigkeit herrsche vor. Diese Aussagen halten einer kritischen Überprüfung nicht stand. DEREK FREEMANS (1983) sorgfältige Erhebung zeigt, daß MEADS Feststellung über das Liebesleben der Samoaner nicht stimmt.

Zur Physiologie des Sich-Verliebens entwickelte M. R. LIEBOWITZ (1983) interessante Gedanken. Er meint, die typisch veränderte euphorische Wahrnehmung glücklich Verliebter könnte auf die Produktion des Hirnamins Phenyläthylamin zurückzuführen sein, das dem Aufputschmittel Amphetamin nahesteht. Für die Langzeitbindung scheint Oxytocin ein wichtiger hormonaler Faktor der Einstimmung.

In den verschiedenen Phasen der Paarbildung investieren Männer und Frauen unterschiedlich, und dementsprechend sind auch die Risiken, die sie eingehen, verschieden. Schwangerschaft und Kinderaufzucht belasten die Frau, und sie braucht einen verläßlichen Partner. Den sucht auch der Mann, da auch für die Weitergabe seines Erbgutes Dauerpartnerschaft mit gemeinsamer arbeitsteiliger Fürsorge die beste Garantie ist. Allerdings braucht er ein flüchtiges Abenteuer nicht unbedingt zu scheuen. Kommt es zu keiner Dauerpartnerschaft, dann fallen die Kosten seines Aufwandes kaum ins Gewicht. Wird die Frau schwanger, dann hat er sogar sein Erbgut weitergegeben, ohne die damit bei Dauerpartnerschaft verbundenen Verpflichtungen zu übernehmen. Das war zumindest über die längste Zeit der Menschengeschichte so, daher wurde dem Mann in dieser Hinsicht keine besondere Zurückhaltung angezüchtet. Anders sieht dies für die Frau aus. Sie geht mit der Schwangerschaft größere Risiken ein, und es ist daher zu erwarten, daß sie zunächst zurückhaltender ist und die Bereitschaft des Mannes, eine Dauerpartnerschaft einzugehen, prüft. Das Ergebnis einer Befragung von 75 Männern und 73 Frauen durch D. M. Buss und D. P. Schmitt (1993) entspricht dieser Voraussage. Männer sind deutlich schneller zum Geschlechts-

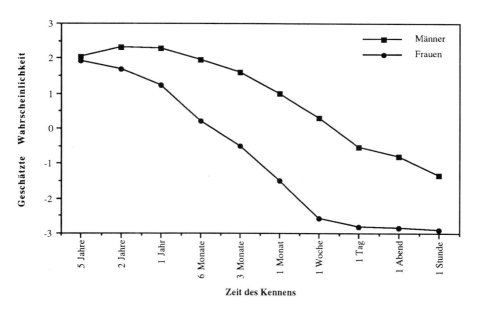

Abb. 4.47: Geschätzte Wahrscheinlichkeit der eigenen sexuellen Bereitschaft. 73 Frauen und 75 Männer wurden gebeten, die Wahrscheinlichkeit einzuschätzen, mit der sie – nach einer bestimmten Zeitdauer seit dem Kennenlernen einer attraktiven Person des Gegengeschlechts – einer sexuellen Interaktion zustimmen würden (nach D. M. Buss und D. P. Schmitt 1993).

verkehr bereit als Frauen (Abb. 4.47). Männer sind in Kurzzeitbeziehungen auch weniger wählerisch.

Anders ist das beim Aufbau von Langzeitbeziehungen. Hier gehen beide, Männer und Frauen, große Risiken ein. So ist es für den Mann wichtig, daß seine Partnerin treu ist, denn wenn sie ein Kind von einem anderen Mann bekommt, dann mindert das seinen Fortpflanzungserfolg und damit seine individuelle Eignung ganz erheblich. Er muß auch sicher sein, daß die für die Dauerpartnerschaft Erkorene fruchtbar ist und gute, fürsorgliche Eigenschaften besitzt. Die Frau wiederum muß die Beschützer- und Versorgerqualitäten des Mannes richtig einschätzen, ebenso seine Bereitschaft, mit ihr in Dauerpartnerschaft verbunden zu bleiben. Auf diese Eigenschaften hin prüfen die potentiellen Ehepartner einander im Werben. Mann und Frau verfolgen dabei verschiedene, zum Teil wohl genetisch programmierte Strategien (D. M. Buss und D. P. Schmitt 1993). Die Frau stellt dem werbenden Mann auch dann, wenn sie ihm zugeneigt ist, Widerstände entgegen. Sie gibt sich »spröde«. Das ist einerseits in der jedem Menschen eigenen Scheu vor dem zunächst nicht bekannten Mitmenschen begründet (Kap. 4.2), ist aber in ritualisierter Weise verstärkt. Der Mann soll Mühe und Zeit investieren. Sie prüft so seine Bereitschaft, eine Dauerbeziehung aufzubauen – wie ernst er es gewissermaßen meint –, und zeigt zugleich, daß sie nicht so leicht verführbar ist und damit ihrerseits gute Anlagen für Partnertreue mitbringt. Sie erreicht damit aber auch, daß der Mann Zeit und Mühe einsetzt. Je mehr er das tut, desto geringer die Neigung abzuspringen und in einen anderen Partner von neuem zu investieren. Je spröder sich der Partner verhält, desto wertvoller wird er durch den in ihn investierten Werbeaufwand. – Das haben W. Wickler und U. Seibt (1977) auch für Tiere, die Dauerpartnerschaften eingehen, festgestellt. Je mehr Mühe der Werbende aufwendete, desto wichtiger ist es für ihn, daß er seinen Partner auch behält, sonst geht die »Kosten-Nutzen-Rechnung« nicht auf. Natürlich liegt hier keine bewußte Kalkulation vor. Die Selektion trimmte dauerpartnerliche Tiere ebenso wie uns Menschen darauf, angepaßt zu handeln, so als ob eine Berechnung zugrunde läge. Andere Faktoren gehen in die Kalkulation ein. Vogelweibchen, die am Anfang der Brutperiode im Brutgebiet ankommen, wenn noch viele Männchen zur Wahl stehen, verhalten sich spröder als spätere Ankömmlinge, die nur mehr wenige oder gar keine freien Männchen vorfinden.

In der Werbephase prüft die Frau ferner die fürsorglichen Eigenschaften des Mannes, außerdem am Verhalten und Aussehen seine Vitalität. Dabei wägt sie diese verschiedenen Eigenschaften gegeneinander ab. Reichtum als Indikator der Fähigkeit, eine Familie zu versorgen, rangiert höher als Aussehen und kann auch Jugendlichkeit kompensieren. Frauen legen in Befragungen in der westlichen Kultur mehr Wert auf Reichtum des Partners als die Männer, die mehr auf das Aussehen als Indikator von Gesundheit und Fruchtbarkeit ansprechen (D. M. Buss und D. P. Schmitt 1993).

Aus englischen Partnerschaftsanzeigen geht hervor, daß Männer mehr auf Aussehen und Jugendlichkeit – eben Merkmale, die Fruchtbarkeit anzeigen – Wert legen, Frauen dagegen auf die Versorgerqualitäten. Sie suchen Männer, die wohlhabend sind und auch älter als sie selbst. Sie prüfen ferner die Bereitschaft, in die Beziehung emotionell, finanziell und in Form von Zeit zu investieren (I. A. GREENLEES und W. C. MCGREW 1994). Inhaltsanalysen von deutschen Partnersuchanzeigen bestätigten diese Befunde (P. BORKENAU 1993). Eine durch denselben Autor durchgeführte Befragung deckte dagegen nur bezüglich der Bewertung physischer Attraktivität die schon festgestellten Unterschiede auf. Das könnte an der befragten Stichprobe liegen oder auch einen Wertewandel spiegeln.

Erste Kontaktaufnahme und der weitere Ablauf des Werbens werden durch eine Vielzahl von Faktoren beeinflußt. Auch frühkindliche Erfahrungen spielen beim Umgang mit dem Partner und bei seiner Einschätzung eine wichtige Rolle. Jeder will sich seinem Partner im besten Lichte präsentieren, und dazu bedienen sich beide oft auch des Mittels der Täuschung. Solche zu durchschauen bedarf es der Erfahrung.

Männer legen bei der Einschätzung ihres potentiellen Geschlechtspartners auf das äußere Erscheinungsbild, die physische Attraktivität und Jugendlichkeit einen viel größeren Wert als Frauen (D. M. BUSS 1988, 1989, D. M. BUSS und D. P. SCHMITT 1993, D. T. KENRICK und Mitarbeiter 1990, D. T. KENRICK und R. C. KEEFE 1992). Dennoch sind es nicht die attraktivsten Frauen, die am meisten umworben werden. Diese zunächst erstaunliche Tatsache erklärt sich aus der Scheu der Männer, ihr Ansehen aufs Spiel zu setzen. Abweisung bedeutet für sie Gesichtsverlust, und bei schönen Frauen schätzen viele Männer ihre Chancen von vornherein als geringer und dementsprechend ihr Risiko als höher ein. Je geringer die Selbstwerteinschätzung, desto größer die Angst (K. GRAMMER 1993). Das drückt sich auch im verbalen Verhalten der Männer aus. Schätzen junge Deutsche das Risiko der Ablehnung hoch ein, dann vermeiden sie das »Ich« (»Ich will ...«, »Ich habe ...«) und benutzen in der Rede das eher anbiedernde »Wir«. Obwohl Männer meist die Initiative ergreifen und sich als potentielle Partner präsentieren, tun sie dies in der Regel in verschleierter Weise, z. B. über ein Konversationsobjekt, und der weitere Verlauf wird durch das nichtverbale Verhalten der Frauen gestaltet. Sie manipulieren die Risikowahrnehmung des Mannes und ermutigen oder verhindern dessen Selbstdarstellung. Es bedarf unterstützender, auffordernder Signale seitens der Frau. CHR. TRAMITZ (1993) und K. GRAMMER (1993) beschreiben in diesem Zusammenhang Verhaltensweisen sowohl submissiven als auch sexuellen Aufforderungscharakters wie Nackenpräsentieren, Verlegenheitslächeln, Automanipulation, Lippenschürzen, körperlich aufreizender Gang, Öffnen der Schenkel bei Sitzenden, Spiel von Zuwendung und Abkehr in der Körperhaltung (vgl. auch M. MOORE 1985). Ohne eine solche weibliche Aufforderung ist eine männliche Annäherung unwahrscheinlich (D. WALSH und J. HEWITT 1985). Daß die männliche Wahrnehmung stark auf diese Signalgebung ausgerichtet ist, belegen Versuche von CHR. TRAMITZ (1993). Die weiblichen Flirtsignale wirken allerdings nur dann, wenn der Mann an der Frau interessiert ist. Die zwischengeschlechtliche Signalgebung ist demnach deutlich kontextabhängig (CHR. TRAMITZ 1993, K. GRAMMER 1993).

Interessant ist, daß sich innerhalb der ersten 30 Sekunden sowohl bei Männern als auch bei Frauen die Frage des Interesses oder Desinteresses aneinander entscheidet. CHRISTIANE TRAMITZ (1990) spricht von einer »Liebe auf den ersten Blick«. KARL GRAMMER hielt dem entgegen, daß sich die Frau auf Grund der Komplexität ihrer Einschätzungskriterien erst auf den zweiten Blick verliebe und nur die Männer auf den ersten. Der Streit löst sich auf, wenn man Interesse von Verliebtheit unterscheidet. Eine Liebesbeziehung entwickelt sich sicher nicht innerhalb weniger Sekunden, wohl aber entscheidet sich innerhalb sehr kurzer Zeit, ob jemand Interesse am anderen hat oder nicht. Für diese grundsätzliche Entscheidung dürften internalisierte Leitbilder (»inner templates«, H. ZETTER-BERG 1966, »love maps« nach H. MONEY 1986), ein Idealbild des potentiellen Partners gewissermaßen, eine Rolle spielen.

Aus der schon besprochenen Ambivalenz der zwischenmenschlichen Beziehungen, der grundsätzlichen Scheu des Menschen vor dem Mitmenschen, ergibt sich, daß Männer und Frauen auch bei großem gegenseitigem Interesse einander mit Zurückhaltung begegnen. Die Scheu vor dem anderen muß abgebaut werden, und das geschieht in mehreren Schritten. Die direkte Anfrage wird in der Regel vermieden. Die Behauptung, bei Naturvölkern sei vielfach die ungezwungene direkte Annäherung üblich (G. S. FORD und F. A. BEACH 1969), ist mit großer Skepsis zu genießen. B. MALINOWSKI (1922) schreibt in diesem Sinne von den Bewohnern der Trobriand-Inseln. Aber er hat offensichtlich nie weibliche Informanten befragt. I. BELL-KRANNHALS (1984) fand, daß die direkte Anfrage höchst selten benützt wird. Männer der Trobriand-Inseln werben vor allem durch Gesangsvortrag und über Personen, die als Vermittler auftreten.

Der Grund für diese Umwege ist, daß eine solche Strategie Handlungsalternativen offenläßt. Bei Aufbau jeder sozialen Beziehung bemühen sich die Partner einerseits, die eigene Entscheidungsfähigkeit zu bewahren und damit, wie gesagt, ihr Gesicht zu wahren. Gleichzeitig kommt es darauf an, die eigenen Interessen zu solchen des Partners zu machen, d. h. ihn für die gleichen Ziele zu gewinnen. Das erfordert Subtilität. Werden indirekte Hinweise abgelehnt, dann bleibt die Beziehung erhalten. Das ist auch der Fall, wenn man einen Vermittler bemüht.

Die Überwindung der Kontaktscheu vollzieht sich in mehreren Etappen, und es gibt mehrere Strategien der Annäherung. Wichtig ist, daß diese subtil erfolgt, wenn die Partner einander noch nicht vertraut sind. Bei der Beziehungsaufnahme über Distanz spielt der Blickkontakt eine große Rolle. Man sucht ihn und teilt so dem Partner mit, daß er im Blickpunkt des Interesses steht. Dank der weißen Augäpfel können wir Menschen Blickbewegungen des Partners gut lesen (Abb. 4.48). Wird der Blick erwidert, dann ist dies im allgemeinen eine positive

Abb. 4.48: Dank der weißen Augäpfel können wir die Augensprache unserer Mitmenschen gut wahrnehmen: Reaktion einer jungen Inderin auf ein Kompliment – Zuwendung und Scheu im Widerstreit. Aus einem mit 50 B/s aufgenommenen 16-mm-Film, Bild 1, 57, 83, 146, 184, 232 und 286 der Sequenz. Foto: I. Eibl-Eibesfeldt.

Antwort. Der Augenkontakt ist jedoch noch unverbindlich. Zuwendung und Anfrage werden auch über den Augengruß (S. 634 ff.) signalisiert.

In den folgenden Kontaktgesprächen testen die Partner die Bereitschaft zu weiterer Kontaktaufnahme. Der kulturelle Rahmen für solche Begegnungen wechselt und ebenso die Strategie der Annäherung mit dem Grad bereits vorhandener Bekanntheit. Ist man einander fremd, dann wird man sich um ein *gemeinsames Bezugssystem* bemühen. Man wird die gemeinsamen Interessen erkunden und Übereinstimmung durch Zustimmung ausdrücken. D. MORRIS (1977) beschreibt, daß Werbende einander besonders viel zunicken. Allerdings ist der Fall nicht selten, daß die Umworbene Gegenmeinungen ausspricht und so in explorativer Aggression die Ernsthaftigkeit der Bemühungen des Partners und auch seine Fähigkeit zur Selbstbeherrschung austestet.

Des weiteren bemüht man sich um den *Aufbau einer Vertrauensbasis*. Dazu vertraut man sich dem Partner an, auch indem man seine Schwächen – das Lindenblatt – aufdeckt. Sicherlich immer in Verbindung mit einer *positiven Selbstdarstellung*, die ich als *Werbeimponieren* vom *Dominanzimponieren* unterscheiden möchte. Bei letzterem bemüht sich einer, eine Dominanzposition über den Interaktionspartner zu erringen. Beim Werbeimponieren demonstriert der Mann u. a., daß er in der Lage ist, über andere zu dominieren, und damit auch seinen Partner zu schützen. Er steigt so in ihrer Achtung. Als eine interessante Analogie beschreibt KONRAD LORENZ, daß Grauganter beim Werben andere Ganter angreifen, dann »triumphierend« zu der Umworbenen eilen, um an ihr vorbei gegen einen in der Regel fingierten Feind zu drohen. Das Werbeimponieren soll beeindrucken, richtet sich aber nicht gegen die Partnerin.

Zur positiven Selbstdarstellung gehört aber nicht nur die Demonstration des Mutes und der *Dominanz über die soziale Umwelt*, die auf recht verschiedene Weise vermittelt werden kann, sondern auch die Selbstdarstellung als kompetenter und *verläßlicher Versorger*, was einerseits durch Zurschaustellung der materiellen Güter (Reichtum usw.), andererseits durch betreuende Appelle vermittelt wird. Schließlich bietet sich der Mann (aber ebenso die Frau) als ein für die *Betreuung geeigneter Partner* dar, was dem Wunsch nach gegenseitiger Betreuung entgegenkommt. Das geschieht über abgewandelte *infantile Appelle*.

Aus Liebesgedichten und Liebesliedern kann man entnehmen, daß die verbalen Klischees der Werbung zu den Universalien gehören. So wird z. B. in den Liebesliedern der Medlpa (Neuguinea) der weibliche Partner vom Mann als junges Vögelchen angesprochen, eine betreuende Verniedlichung, die auch wir gebrauchen.

Positive Selbstdarstellung, Appelle der Betreuung und kindliche Appelle werden in allen Kulturen beim Werben eingesetzt. Was allerdings im einzelnen als positive Darstellung gilt, wechselt kulturell. In kriegerischen Kulturen ist es der Mutige. In anderen mag es der Weise und Kenntnisreiche sein oder der geschickte Jäger.

Körperlicher Kontakt wird auf unverfängliche Weise hergestellt. In manchen Kulturen bietet das Brauchtum dazu Gelegenheit, z. B. beim Tanz. Bei Begegnung außerhalb eines solchen gesellschaftlichen Rahmens ergreift der Mann in der Regel die Initiative, indem er eine quasi zufällige unverfängliche Berührung herstellt, bei uns etwa der Umworbenen den Schal um die Schulter legt oder sonst Hilfe leistet, wozu die Partnerin durch subtile Zeichengebung einladen kann.

Im allgemeinen scheint der Mann sich anzutragen. Die Frau scheint dagegen die entscheidende Wahl zu treffen, indem sie den um sie werbenden Partner annimmt oder ablehnt. Das schließt nicht aus, daß sie beim »Anbandeln« auch die Initiative übernimmt. Wir sprachen schon von den auffordernden Flirtsignalen der Frau, ohne die es nicht weitergeht. Kulturell variiert die Rolle der Frau beim Werben sehr. Aussagen über das »Naturgemäße« zu diesem Punkte bleiben Spekulation.

Mit den weiteren Handlungsschritten – Umarmen, Streicheln und Küssen – wird in unserer Kultur bereits die Intimbarriere überschritten. Zwar küssen wir auch unsere Kinder und herzen sie aus väterlicher, mütterlicher oder freundschaftlicher Motivation. Im heterosexuellen Verkehr sind solche Zärtlichkeiten aber bereits Einleitung zum sexuellen Vorspiel, das über die Berührung und das Streicheln erogener Zonen den Geschlechtsverkehr einleitet. Dabei wird die Schambarriere überwunden, die in allen Kulturen ausgeprägt ist. Diese Verhaltensmuster körperlicher Zärtlichkeit finden wir in verschiedenen Kulturen, auch in solchen, die sicherlich nicht von Europäern beeinflußt wurden (Abb. 4.49). So wird orale Zärtlichkeit mit Mund-zu-Mund-Berührung (Kuß) in peruanischen Keramiken der präkolumbianischen Zeit dargestellt (F. KAUFFMANN-DOIG 1979) und, wie Seite 198 erwähnt, warnt eine mittelalterliche japanische Schrift den Liebhaber davor, während des Koitus den Zungenkuß auszuüben, da die Braut im Orgasmus beißen könnte (F. KRAUSS 1965).

Auch zärtliches Kußfüttern beobachtet man in den verschiedensten Kulturen. Im Kamasutra wird beschrieben, wie Liebende einander Mund-zu-Mund Wein einflößen. Von den Wiru (Southern Highlands Papua-Neuguinea) erzählte mir A. STRATHERN, daß Verliebte einander Mund-zu-Mund füttern (und dafür sogar eine eigene Bezeichnung besitzen: »Yangu peku«). Wir haben zwar kein Wort dafür, tun es aber auch gelegentlich. Universal sind das Umarmen, Streicheln der erogenen Zonen, das Betätscheln und die Verhaltensweisen der sozialen Körperpflege (I. EIBL-EIBESFELDT 1970). Sich gegenseitig zu lausen gehört bei vielen Naturvölkern zum sexuellen Vorspiel.

Solch intimen Kontakten gehen jedoch in vielen Kulturen formalisierte Werberituale voran. Das gilt vor allem für Kulturen, die vorehelichen Geschlechtsverkehr nicht dulden, im Bemühen, die Zeugung unehelicher Kinder zu verhindern. In solchen Fällen wird die Begegnung der Partner von der Gesellschaft arrangiert. Bei den Medlpa Neuguineas laden die Eltern heiratsfähiger Mädchen potentielle Heiratspartner zum Tanim Het (Amb-kanant) ein. Die bunt bemalten und reich geschmückten Partner sitzen paarweise nebeneinander in einem Gemeinschaftsraum. Sie singen und reiben nach einleitendem Kopfpendeln Stirn und Nasen aneinander, und zwar immer zweimal, dann verbeugen sie sich zweimal tief, reiben wieder zweimal die Nasen, und so fort. Es handelt sich bei diesem »Kopfrollen« um einen Werbetanz, in dessen Verlauf sich die Partner aufeinander

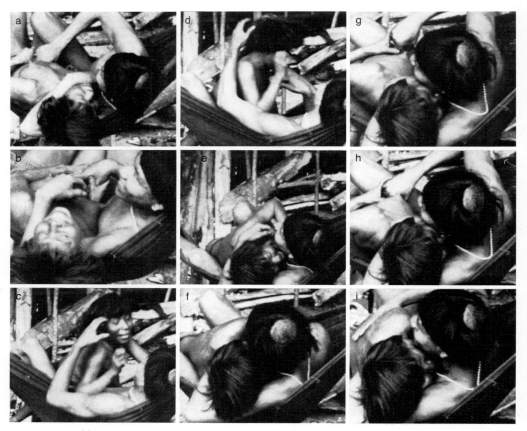

Abb. 4.49: Ein schäkerndes Yanomami-Paar. Die spielerische Abwehr der Frau und zugleich ihre Zuneigung sind am Ausdruck (Spielgesicht) deutlich abzulesen. Die Initiative liegt am Anfang dieser Bildreihe bei ihm, dann bei ihr. Im scherzhaften Gerangel spiegelt sich auch der Widerstreit von Zuwendung und Scheu wider. Ich habe das Beispiel aus der Kultur der Yanomami gewählt, da man gelegentlich hört, bei ihnen seien in der heterosexuellen Beziehung keine Regungen gegenseitiger Zuneigung wahrzunehmen. Das ist sicherlich falsch. Aus einem mit 25 B/s aufgenommenen 16-mm-Film, Bild 1, 136, 622, 629, 646, 700, 987, 991 und 1062 der Sequenz. Foto: I. EIBL-EIBESFELDT.

einstimmen. Nicht der Gesang gibt den Rhythmus an. Die Partner einigen sich vielmehr im Verlauf des Tanzes auf einen gemeinsamen Rhythmus (T. K. PITCAIRN und M. SCHLEIDT 1976). Je leichter sie zu ihm finden, desto besser scheinen die Partner zueinander zu passen, Synchronisation drückt Harmonie aus; dies gilt ja auch für unsere Paartänze.

Die heterosexuelle Paarbildung vollzieht sich also in mehreren Schritten, deren Ablauffolge vom Grad bereits vorhandener Bekanntheit abhängt. In der Phase der Kontaktaufnahme signalisiert ein Partner dem anderen auf subtile Art Interesse;

die Antwort führt zu weiterer Annäherung. Insbesondere der Mann bemüht sich um positive Selbstdarstellung, wozu auch gehört, daß er sich als vertrauenswürdig präsentiert, gilt es doch, echte zwischenmenschliche Scheu zu überwinden. R. A. LEWIS (1972) nimmt an, daß Amerikaner der Mittelklasse dabei mehrere Stufen durchlaufen, bei denen sie zunächst (a) Gemeinsamkeiten finden (soziokultureller Art, Werte, Interessen, Persönlichkeitsmerkmale). Danach (b) wird die Paarbeziehung hergestellt, die sich in Leichtigkeit der Kommunikation, positiver gegenseitiger Bewertung und Zufriedenheit mit der Beziehung äußert. Es folgt die Bildung von (c) Vertrauen und gegenseitiger Offenheit, eine genaue Rollenabstimmung (d) und (e) Rollenpassung wird erreicht (Genauigkeit der Abstimmung, Komplementarität der Rollen und Bedürfnisse, Ähnlichkeit und Übereinstimmung) und schließlich eine (f) Paarverbundenheit, die sich im fortgeschrittenen Engagement, im Handeln als Dyade, in Abgrenzung gegenseitiger Verpflichtung und Paaridentität äußert.

Zu diesen Phasen des Werbens hat L. A. KIRKENDALL (1961) in den Vereinigten Staaten zweihundert männliche Informanten befragt. Selbstdarstellung spielt in den ersten Phasen der Kontaktaufnahme eine große Rolle, aber wie sie im einzelnen geschieht, das wechselt. Man legt auf einen guten Eindruck Wert und führt seine Freunde vor. Eine andere Methode besteht darin, sich als begehrt zu geben, indem man sich mit seinen Freundinnen sehen läßt – eine Strategie der Herausforderung also. Man fragt nach kleinen Gefälligkeiten – und testet die Bereitschaft des Partners.

Auf der Basis eines wohl angeborenen Repertoires von Ausdrucksbewegungen und elementaren Interaktionsstrategien, die wir bereits schilderten, findet eine reiche kulturelle Ausgestaltung des Werbens statt. Oft wurde diskutiert, ob Liebe immer für eheliche Paarbildung Voraussetzung sei, und es wurde zu Recht darauf hingewiesen, daß bei einer ganzen Reihe von Völkern die Ehen von den Eltern arrangiert werden. Dabei haben die Partner vor ihrer Ehe oft nur kurz Gelegenheit, einander kennenzulernen. Es wäre aber falsch, anzunehmen, es gäbe bei solchen Völkern keine Liebe. Sie entwickelt sich häufig in der Ehe, wobei die sexuelle Beziehung eine wichtige Rolle spielen dürfte.

4.5.2 *Sexualmoral*

Das menschliche Geschlechtsverhalten ist in allen Kulturen, die wir diesbezüglich kennen, von Verboten geregelt. Das hat mehrere Gründe: Zunächst verbindet sich beim Menschen der an sich bereits übersteigerte Geschlechtstrieb mit zwei weiteren bei ihm besonders stark entwickelten Antrieben, nämlich der Neugier und der Aggression. Damit besteht besondere Gefahr, daß sich die Sexualität für die Gemeinschaft disruptiv auswirkt. Da die angeborenen Kontrollen des Menschen in diesem Bereich nicht genügen, bedarf es des kulturellen Korsetts. *Homo sapiens* ist in diesem Punkte im wesentlichen ein kulturell gezähmter Primate. Er bringt zwar gute Anlagen dafür mit, wie unter anderem seine genuine Freundlichkeit, aber das Vorgegebene würde nicht hinreichen, ein harmonisches Zusammenleben zu sichern.

In der Geschlechtsmoral beobachten wir meist einen doppelten Standard. Männern wird in den meisten Kulturen mehr Freizügigkeit zugestanden als Frauen. Weiblicher Ehebruch ist in fast allen Kulturen verpönt. Man kann dafür soziobiologische Gründe anführen. Der Mann als Versorger von Frau und Kind muß darauf achten, daß es auch wirklich sein genetisches Erbgut ist, in das er investiert, denn seine Kosten sind hoch. Deponiert er zusätzlich sein Erbgut noch anderswo, dann fördert dies seine Verbreitung ohne weiteren Aufwand. Der Frau muß ihrerseits daran gelegen sein, sich die Betreuung und Zuneigung eines Versorgers zu erhalten. Die Frage, ob dieser Selektionsdruck außerhalb der in beiden Geschlechtern nachweisbaren sexuellen Eifersucht noch unterschiedliche Dispositionen zur Partnertreue bewirkte, kann heute noch nicht beantwortet werden. Es sieht so aus, als brächte die Frau eine größere Bereitschaft mit, sich an einen Partner zu binden: als wäre sie monogamer veranlagt als der Mann, während der Mann zwar ebenfalls partnertreu, aber nicht monogam ist und überdies zur Philanderie (Seitensprung) neigt. Die Frau hat jedoch durchaus Appetenzen, auch außereheliche Beziehungen anzuknüpfen. Sie ist sexuell neugierig, wenn auch vielleicht etwas gebremster als der Mann. Das gilt auch für Naturvölker, wie u. a. M. Shostaks (1982) bemerkenswerter Bericht einer Buschmannfrau belegt. Neuerdings wird sogar die Ansicht vertreten, der Seitensprung der Frau wäre so etwas wie eine »Strategie«, die Spermien ihres Ehepartners mit anderen zu einer Art Spermienwettkampf aufzufordern, quasi zur Qualitätsprüfung (S. M. Essock-Vitale und M. T. McGuire 1985). Dieser Annahme liegen Befragungen an 300 Frauen in den USA zugrunde, in denen 23 % der Befragten Seitensprünge zugaben. Der Prozentsatz lag bei Frauen mit höherer Schulbildung bei 27,2 %, bei solchen mit einfacher Schulbildung bei 16,2 %. Dennoch halte ich eheliche Untreue nicht für eine adaptive Strategie der Frau, da sie ja mit hohen Risiken verbunden ist. Um sich statistisch auszuwirken, müßte der Seitensprung doch ziemlich oft während der fruchtbaren Tage stattfinden, und das Risiko, vom eifersüchtigen Ehemann entdeckt zu werden, wäre sehr hoch, vor allem in traditionellen kleineren Gemeinschaften, wo kaum etwas unentdeckt bleibt.

Die das sexuelle Verhalten regelnden Gebote wechseln von Kultur zu Kultur in ihrer Strenge, und das wird in unserer westlichen Welt heute oft als Aufforderung zur Lockerung der sittlichen Strenge betrachtet. Nun mag manches an unseren kulturellen Restriktionen dank neuer Techniken der Empfängnisverhütung überholt sein. Bevor man jedoch unter dem Schlagwort der Liberalität predigt, ruhig alle Hemmungen über Bord zu werfen, sollte man sich zunächst einmal darüber im klaren sein, daß kulturelle Regeln Anpassungen an die speziellen Erfordernisse einer Menschengruppe, in einer bestimmten Zeit unter bestimmten wirtschaftlichen, klimatischen und anderen sozialen Bedingungen, darstellen. Es handelt sich um Anpassungen von Überlebenswert! Ihre Abänderung mag unter neuen Umweltbedingungen wünschenswert, weil zweckmäßig erscheinen, aber stets ist die Angepaßtheit zu hinterfragen. Ich betone dies, da man neuerdings recht leichtfertig selbst unausgegorene Theorien zur »sexuellen Befreiung« in den Schulunterricht einbringt. So wurde in den Hessischen Rahmenrichtlinien für Gesellschaftslehre Sekundarstufe I (12–15jährige) WILHELM REICHS Buch »Die sexuelle Revolution« als Lektüre angegeben, und zwar mit folgenden Hinweisen und Zitaten aus W. REICH (Beiblatt HEV/2 Grundlage und Zielsetzung der sogenannten Sexualerziehung):

»Warum muß und wie kann man Familie, Ehe, elterliche Gewalt, kindliche Bindungen an Mutter, Vater und Familie ›aufheben‹ – und damit die gesamte ›autoritäre Gesellschaft‹ (wie Staat, Kirche, das ›Narrenparadies‹ der Älteren) – zur sexuellen Befreiung des einzelnen, insbesondere der Jugend . . .«

»Die Unterdrückung des kindlichen und jugendlichen Liebeslebens hat sich . . . als der Kernmechanismus der Erzeugung von hörigen Untertanen und ökonomischen Sklaven erwiesen . . .«

»Ein Kind, das vom 3. Lebensjahre an in Gemeinschaft mit anderen Kindern und unbeeinflußt von der Elternbindung erzogen wäre, würde seine Sexualität ganz anders entwickeln . . .«

In einer als Beilage zur »Zeitschrift für Sexualpädagogik und Familienplanung« herausgegebenen Handreichung zur Sexualerziehung der Braunschweiger Verlagsanstalt präsentiert IGNATZ KERSCHER »Einstiegshilfen« für den Unterricht. Unter der Überschrift »Analerotik« steht als Zielsetzung: »Dabei sollte die Wahrnehmungsfähigkeit analer und urethraler Lustgefühle erhöht werden . . .« Und unter der Rubrik »Schmutzlust« heißt es: »Es sollten die Hemmungen abgebaut werden, analerotisches Vokabular auszusprechen und Schmutzlust abzureagieren.« Dazu empfiehlt man unter anderem das Absingen schmutziger Lieder. Daß Unterrichtung dazu beitragen sollte, diese Lebensbereiche des Menschen zu kultivieren, scheinen manche modernen Pädagogen zu übersehen. Unausgegorene Theorien über die menschliche Sexualität werden so in nach meinem Dafürhalten unverantwortlicher Weise unter dem Deckmantel der Liberalität in die Praxis der Schulpädagogik eingeführt.

Ideologisch belastet ist auch die Diskussion um *normal* und *deviant*. Wie soll Homosexualität bewertet werden? Als der Heterosexualität gleichgestellt? Sicher sollte eine aufgeklärte Erziehung der Ächtung und Verfolgung Homosexueller entgegenwirken, zumal sie oft Schicksal ist. Formen der Homosexualität dürften ja durch genetische Prädispositionen determiniert sein, andere auf frühe hormonale Einflüsse in der Embryonalentwicklung zurückzuführen sein. Für solche therapieresistente Festlegungen ist niemand verantwortlich. Es gibt jedoch auch Hinweise für gelernte Formen der Homosexualität (Kap. 4.5.5). Wenn es aber eine Verführbarkeit zur Homosexualität gibt, dann ist es wohl Aufgabe der

Gesellschaft, Kinder vor solchen Einflüssen zu schützen, und zwar aus mehreren Gründen. Zunächst sind viele Homosexuelle mit ihrer Lage nicht glücklich. Das hat einerseits sicher mit der ablehnenden Haltung der heterosexuellen Gemeinschaft zu tun, der man sicher durch Erziehung gegensteuern kann und soll, was aber nicht verhindern wird, daß manche der homosexuellen Praktiken vielen Heterosexuellen als befremdlich erscheinen und bei einfacheren Gemütern daher auch auf Ablehnung stoßen werden. Der Leidensdruck stammt jedoch sicher nicht nur von der sozialen Umwelt. Wie hoch der Prozentsatz der mit sich Unzufriedenen ist, ist zwar nicht bekannt (ich fand dazu keine Angaben). Fest steht aber, daß viele Homosexuelle die Hilfe von Therapeuten suchen. Daß Homosexualität nicht gerade als eignungsfördernd eingestuft werden kann, leuchtet ein.

Schließlich gibt es auch seuchenpolitische Erwägungen, die eine Begrenzung der Devianz auf eine kleine Gruppe – ohne Ausgrenzung der Devianten – wünschenswert erscheinen lassen. Schließlich beschränkten sich in den frühen achtziger Jahren weit über 90 Prozent aller registrierten Aidsfälle in den USA und Europa auf eine Minorität von etwa einem Prozent der männlichen Bevölkerung. Noch heute sind es über 80 Prozent, obgleich mittlerweile über die Drogenabhängigkeit und Bisexuellen die tödliche Seuche auch unter den Heterosexuellen um sich greift*. Diese Feststellung sei nicht als Anschuldigung verstanden, aber das Problem sollte nicht verniedlicht werden.

In einem von H. OSTERMEYER (1979) herausgegebenen Buch behandeln L. EVERS und D. HUHN »Alternativen zur Ehe« und stellen dabei die Homosexualität der heterosexuellen Partnerschaft als gleichwertig zur Seite. Sie zitieren dazu A. KINSEY, der behauptet: »Es ist uns in der Anatomie oder Physiologie der sexuellen Reaktionen und des Orgasmus nicht bekannt geworden, wodurch sich onanistische, heterosexuelle und homosexuelle Reaktionen unterscheiden.« Nun, dieses Zitat gibt bestenfalls über eine partielle Beschränktheit des Autors Auskunft. Denn daß der Enddarm biologisch nicht für die Aufnahme des männlichen Gliedes bestimmt ist, braucht wohl nicht besonders begründet zu werden. Aber EVERS und HUHN beten brav nach: »Es gibt keinen grundsätzlichen Unterschied zwischen der homosexuellen Betätigung und der heterosexuellen ... Weder ist die Homosexualität überhaupt etwas Unnatürliches, noch ist die Homosexualität von Männern in höherem Grade unnatürlich als die von Frauen. Alles, was hier auf den ersten

---

* Amerikas Schwulenbewegung berief sich auf ALFRED KINSEY und Mitarbeiter (1948), die berichteten, daß 10 Prozent der US-amerikanischen Bevölkerung homosexuelle Neigungen verfolgen. Nach M. DIAMOND (1993) ist diese Zahl weit übertrieben. Nur etwa die Hälfte, also etwa 5 Prozent, verfolgen »more or less regularly« homosexuelle Praktiken. Und nach den umfangreichen neueren Erhebungen des Batelle-Instituts für zwischenmenschliche Beziehungen in Seattle bekannte sich nur ein Prozent zu einer anhaltend homosexuellen Präferenz. Damit dürften sich auch Diskussionen über eignungsfördernde Beiträge dieser Disposition überholt haben. Einen ausführlicheren Bericht über die Verbreitung der Homosexualität auf Grund von neueren Erhebungen und weitere Literatur in R. E. FAY und Mitarbeitern (1989).

Blick ›andersartig‹ erscheint, beruht auf gesellschaftlicher Anordnung. Die (bisher?) herrschende Verpönung homosexueller Verbindungen hatte gesellschaftliche Funktion. Mit ihr setzt sich die Gesellschaft dagegen zur Wehr, daß die homosexuelle Beziehung die Fortpflanzung der Gattung verweigert«.

H. LIEF (1976) schreibt in ähnlichem Sinne, man möge doch die Homosexualität nicht als Abweichung, sondern einfach als sexuelle Variation betrachten. Und J. H. ROBBINS (1980) meint pathetisch: »Within our sexuality and hidden from our view right now, lie rich new experiences: bisexuality und homosexuality. Sex between women, between men, between women and men, all of this offers us expanding opportunities to know our bodies and our psyches better . . .« (S. 39)*.

Ein weiteres Plädoyer für Homosexualität und auch für Inzucht finden wir bei R. HAVEMANN (1980), und in der »Zeitschrift für Sexualpädagogik und Familienplanung« wird von HOLGER NEUHAUS (1981) provokativ die Frage gestellt: »Wie antihomosexuell sind Sexualkundebücher?« Dazu liefert er im Diskussionsbeitrag »Was ist Heterosexualität?« noch erstaunliche Ausführungen (Hervorhebungen vom Referenten):

These 1: Elternhaus – In den meisten Fällen des zwanghaften heterosexuellen Verhaltens erweist es sich, daß schon die Eltern darunter *gelitten* haben.

These 2: Kindheitstrauma – Ein schlimmes Erlebnis mit dem gleichen Geschlecht kann die eigene Zurückweisung des eigenen Geschlechts zur Folge haben. Aus Angst vor dem gleichen Geschlecht sinkt das Verlangen danach ins Unterbewußte und kommt als *heterosexuelle* Neurose wieder zum Vorschein.

These 3: Soziale Bindungen – Viele Heterosexuelle geben der ständigen Berieselung der Massenmedien und deren Verhaltenspropaganda nach und leben entsprechend diesen *tyrannischen Klischees.* Wir sollten ihnen (den Heterosexuellen! Der Autor) nicht Ablehnung, sondern Verständnis und Mitleid entgegenbringen . . .

These 4: Pathologische Bedingtheit – Viele Heterosexuelle glauben fest daran, daß sie ›so‹ geboren sind. Unglücklicherweise unterliegen sie da einem großen Irrtum. Denn wie alle, sind auch Heterosexuelle das Produkt der Beziehung zwischen ihrer eigenen Substanz und der Umgebung, also fällt auch den Heterosexuellen eine gewisse Verantwortung für ihre Veranlagung zu.«

H. NEUHAUS stellt die Heterosexualität aus didaktischen Gründen gewissermaßen als Perversion vor. Erwachsene vermögen das zu erkennen. Für Kinder halte ich eine solche Unterrichtung jedoch für bedenklich. Das gilt auch für die oft geradezu peinlich primitiven, die Schamgrenzen abbauenden »Aufklärungsschriften«, die die Jugendlichen zu allen möglichen sexuellen Praktiken anregen, weil ja alles, was man auf diesem Gebiet unternehmen könne, lustvoll und gleichwertig sei und natürlich auch ungefährlich.

Unter dem Schlagwort des Rechtes des Kindes auf Sexualität wird neuerdings sogar für Pädophilie und Inzest plädiert (B. DeMOTT 1980). Die Bereitschaft,

---

* »Im Rahmen unserer Sexualität, aber unserem Blick noch verborgen, liegen reiche neue Erfahrungen: Bisexualität und Homosexualität. Sex zwischen Frauen, zwischen Männern, zwischen Frauen und Männern – all das bietet uns immer mehr Gelegenheit, unseren Körper und unsere Psyche besser kennenzulernen.«

andere zu verstehen, kann nicht die Akzeptanz jeder Verirrung bedeuten, zumal keineswegs alles kulturell so relativ ist, wie viele es heute gerne sehen wollen.

Das Inzesttabu beispielsweise gehört zu den Universalien, und wir wissen heute, daß ihm eine biologische Disposition zugrunde liegt. Wir werden dem Thema einen eigenen Abschnitt widmen (S. 365).

Wie aus einem Bericht in der Zeitschrift »Der Spiegel« (Nr. 20, 1984, S. 169–170) hervorgeht, nehmen Sexualdelikte an Kindern in den USA zu. Der Bericht zitiert eine Aussage des Staatsanwaltes im US-Bundesstaat Virginia, PATRICK BELL, der diese Zunahme auf die generelle Liberalisierung im sexuellen Bereich zurückführt: »Unsere Gesellschaft ist laxer geworden in bezug auf abnormen Sex. Menschen, die in der Vergangenheit so etwas unterdrückten, fühlen sich jetzt weniger gefährdet.« Laut »Spiegel« organisieren sich die sexuell Abwegigen sogar in Interessenverbänden. Ein »Childhood Sexuality Circle« in San Diego und die »Rene Guyon Society« in Los Angeles bemühen sich um die Legalisierung geschlechtlicher Beziehungen zwischen Erwachsenen und Kindern. Das Motto: »Sex by eight or else it's too late«! Man sollte diese Verrücktheiten nicht auf die leichte Schulter nehmen. Sie bereiten offenbar Sexualverbrechen den Weg.

Ein weiterer Faktor, der für die zunehmende Enttabuisierung sexueller Devianzen eine Rolle spielt, ist nach experimentellen Untersuchungen von D. ZILLMANN (1986) das zunehmende Angebot von Pornographie. Gewohnheitsmäßige Konsumenten stumpfen ab. Sie brauchen immer stärkere Reize, suchen immer ungewöhnlichere sexuelle Praktiken, und das fördert die Unempfindlichkeit gegenüber Opfern von sexueller Gewalt.

Zu den menschlichen Universalien gehört die geschlechtliche Scham, die sich auf verschiedene Weise äußert. Sehr oft werden die Geschlechtsorgane durch Kleidung verborgen. Es gibt jedoch auch Völker, die für unsere Begriffe splitternackt gehen, z. B. die Yanomami, deren Frauen nur eine dünne Schnur um die Leibesmitte tragen (Abb. 4.50). Aber selbst diese Schnur ist symbolisch »Bekleidung«. Fordert man eine Frau auf, sie abzulegen, dann gerät sie genauso in Verlegenheit wie eine Frau unserer Kultur, wenn man sie bäte, sich auszuziehen. Die Männer der Yanomami-Indianer binden ihren Penis mit einer Schnur an der Vorhaut hoch. Sie schämen sich, wenn die Schnur sich löst. In dieser Kultur wurde die Kleidung wohl in Anpassung an das feuchtwarme Regenwaldklima abgelegt, als Vestigium erhielt sich die Penis- und Lendenschnur. Sicher sind die Ahnen der Yanomami nicht nackt über die kühle Beringstraße eingewandert.

Die Scham gebietet überall, daß Menschen ihre geschlechtliche Betätigung vor anderen tunlichst verbergen. Zur Erklärung der Scham liegen verschiedene Deutungsversuche vor. B. HASSENSTEIN (1982) meint, wir würden so eine unschöne Körperregion verbergen. Könnte es aber nicht gerade so sein, daß man die Geschlechtsorgane vor Menschen verbirgt, mit denen man keinerlei sexuelle Beziehungen hat, um ein ungestörtes Zusammenleben in der Gruppe zu gewähr-

Abb. 4.50: Yanomami-Frauen in ihrer Alltagsbekleidung, die sich auf eine dünne Lendenschnur beschränkt. Ohne diese symbolische, vestigiale Kleidung fühlen sie sich »nackt«. Foto: I. EIBL-EIBESFELDT.

leisten? Das würde auch zu der Tatsache passen, daß die Frau im Unterschied zum Säugetierweibchen einen verborgenen Oestrus hat. Während alle anderen Säuger zur Zeit des Follikelsprungs auffällige Sexualsignale der Brunst aussenden und so die sexuelle Aufmerksamkeit der Männchen auf sich ziehen, fällt beim Menschen eine solche Ankündigung weg. Sicher erleichtert das ein Zusammenleben in der Gruppe.

Das Verhüllen der Scham erlaubt ferner besondere Formen gezielter Koketterie, und es wirkt Adaptationserscheinungen bei den Ehegatten entgegen. Schließlich eröffnet sich die Möglichkeit, durch Selbstentblößung vor anderen Verachtung und Spott auszudrücken. So verspotteten uns die Mädchen der !Ko-Buschleute scherzhaft, indem sie ihre Schamschürzchen vor uns hochhoben, sich also betont gegen die guten Sitten verhielten (Abb. 4.51). Sie tun dies sonst nur im Tanz, wenn sie flirten.

Während des Sexualaktes ist der Mensch so an seinen Partner hingegeben, daß er die Umwelt nicht mehr klar wahrnimmt und daher verwundbar ist. Vermutlich ist das auch einer der Gründe, weshalb er sich beim Sexualakt verbirgt.

Bereits bei nichtmenschlichen Primaten, aber auch bei einigen Vögeln (z. B. den Graugänsen) provoziert die geschlechtliche Vereinigung außerdem Angriffe insbesondere der männlichen ranghohen Gruppenmitglieder. Sie bemühen sich durch Drohen, aber auch durch Angriffe, nach Möglichkeit Kopulationen zu unterbrechen. Das ist eine Form geschlechtlichen Rivalisierens, durch das sich Ranghohe die Optionen zur weiteren Verbreitung ihres Erbgutes freihalten. Bei Weibchen ist das Verhalten weniger ausgeprägt, aber ebenfalls nachweisbar. Hier geht es jedoch um die Verteidigung von Bindungen (C. L. NIEMEYER und J. R. ANDERSON 1983). Auch das führt dazu, daß Kopulationen im Verborgenen stattfinden.

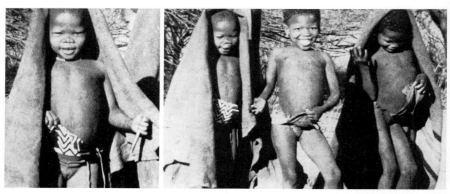

Abb. 4.51: Spottende !Ko-Mädchen (zentrale Kalahari): Sie lüften das Schamschürzchen. Aus einem 16-mm-Film. Foto: I. EIBL-EIBESFELDT.

Man meinte in der westlichen Welt, die Scham im Zuge der sexuellen Emanzipation bekämpfen zu müssen. Im Kibbuz zog man deshalb Buben und Mädchen gemeinsam auf und ließ sie auch sanitäre Einrichtungen und Duschen gemeinsam benutzen. Das hielt sich jedoch nicht lange. Die Mädchen entwickelten zur Zeit der Pubertät Schamgefühle und protestierten gegen die mangelnde Geschlechtertrennung im intimen Bereich (M. E. SPIRO 1979).

Es gibt Gesellschaften, die sexuell liberal eingestellt sind und wechselnde Partnerschaften vor der Ehe dulden. Die Mangaian der südlichen Cook-Inseln sollen im Jugendalter recht freizügig sein und Geschlechtsverkehr mit oft wechselnden Partnern haben. Die Bereitschaft, mit einem Partner zu kopulieren, soll von persönlicher Zuneigung unabhängig sein. Sexuelle Raffinesse, nicht das emotionelle Engagement zähle (D. S. MARSHALL 1971). Diese Behauptungen basieren jedoch auf Hörensagen und sind dementsprechend mit größter Zurückhaltung entgegenzunehmen; denn auch die Mangaian heiraten. Daß ihnen das europäische Konzept der Liebe fehlen soll, schließt MARSHALL aus der Tatsache, daß die Mangaian, die er befragte, verwundert waren, wenn er den Begriff Liebe mit ihnen diskutierte. Das scheint mir aber eine reichlich fragliche Basis für seine Behauptung zu sein. – Die angeblich von B. MALINOWSKI (1929) festgestellte unbeschränkte sexuelle Aktivität der Knaben und Mädchen der Trobriand-Inseln, die bereits im Alter von 6 bis 8 Jahren Geschlechtsverkehr ausüben sollen, besteht nicht in dieser Form. W. SCHIEFENHÖVEL und I. BELL-KRANNHALS (mündliche Mitteilung) stellten fest, daß die Jugendlichen keineswegs im Kindesalter miteinander verkehren. MALINOWSKI hat das Alter weit unterschätzt! Außerdem verlieben sich die Jugendlichen. Sie sind frei, aber der Anstand gebietet, daß man nur einen Partner zu einer Zeit hat. Eine Ausnahme besteht zur Festzeit nach dem Einbringen der Yams-Ernte. Ähnliche Liberalisierung im Ablauf des Festezyklus beobachtet man auch bei uns. Der süddeutsche Fasching ist ein Beispiel.

Bisher ist keine Kultur bekanntgeworden, deren erwachsene Vertreter kommuneartig mit frei wechselnden Partnerbeziehungen leben. Versuche dieser Art sind Ausdruck einer experimentierfreudigen Spätkultur. Und sie scheiterten in der Regel an der Tatsache, daß sich doch feste familiale Bindungen zwischen bestimmten Personen entwickelten.

Ein bemerkenswertes Experiment extremen Kollektivismus praktizierte die Oneida-Gemeinschaft in den USA. Die 1830 von JOHN HUMPHREY NOYES begründete religiös-kommunistische Bewegung zählte zu ihrer Blütezeit über 500 Mitglieder. Die Gruppe ließ sich 1847 in Oneida bei New York nieder. Aller Besitz, selbst Kleider und Kinderspielzeuge, waren Gemeinschaftseigentum. Die Kinder wurden kommunal erzogen und sollten alle Erwachsenen lieben, als wären alle die Eltern. Auch die Erwachsenen sollten einander gleich wertschätzen; romantische Liebe galt als selbstsüchtig und Monogamie als abträglich für das Gemeinschaftsleben.

Während sich das Verbot von Privateigentum und eine klassenlose Gesellschaft durchsetzen ließ, gelang es nicht, die geschlechtliche Arbeitsteilung, die Dominanz der Männer über Kinder und Frauen, sexuelle Partnerbindungen und die Eltern-Kind-Bindung abzuschaffen. Die Gemeinschaft löste sich 1881 auf (R. J. MUNCY 1973, W. M. KEPHARDT 1976). Auf ähnliche Entwicklungen im allerdings viel weniger radikalen Kibbuz werden wir noch eingehen.

4.5.3 Sex und Partnerbindung

Bei Besprechung der Anpassungen im Dienste der ehelichen Partnerschaft erwähnten wir die Bindung über Sexualität und als besondere Anpassung daran die starke Begattungsbereitschaft des Mannes sowie die Fähigkeit der Frau, dem Manne anders als bei den übrigen Säugern auch außerhalb ihrer fruchtbaren Tage sexuellen Verkehr zu gewähren. Sie bietet damit dem Manne und sich selbst bandstärkende positive Erlebnisse. Umgekehrt ist sie durch ihre Fähigkeit, einen Orgasmus zu erleben, dazu motiviert, sexuellen Verkehr zu suchen.

Ein von allen Männern als Signal wahrgenommener Oestrus würde in der Kleingruppe Unruhe schaffen und damit eheliche Partnerschaften durch Rivalitäten der Männer gefährden. Die Harmonisierung des Gruppenlebens und der Schutz heterosexueller Dauerpartnerschaften stand, nach meinem Dafürhalten, am Beginn dieser Entwicklung. Das hatte eine weibliche Begattungsbereitschaft über einen längeren Zeitraum zur Folge, was sich weiter bindungsfördernd auswirkte. Über den Ursprung der verborgenen Ovulation wurde in letzter Zeit viel spekuliert (Zusammenfassung bei J. P. GRAY und L. D. WOLFE 1983). D. SYMONS (1980) meint, der Wegfall des sichtbaren weiblichen Oestrus sei nicht als eheerhaltende Anpassung entstanden, sondern um es den ersten Menschenfrauen zu ermöglichen, sich den Männern für Anteile von der Jagdbeute jederzeit anbieten zu können. An gefangengehaltenen Schimpansen hat man gelegentlich beobachtet, daß sich Weibchen außerhalb der Brunst Männchen anboten, um Futter einzuhandeln. Beim Bonobo *(Pan paniscus)* bieten sich die Weibchen sowohl in der Gefangenschaft als auch im Freiland regelmäßig zur Paarung an, wenn sie an begehrtes Futter wollen, das ein Männchen besitzt. Auch sonst wird Sex bei dieser Art freizügig – promisk – in den Dienst der Bindung gestellt (F. DeWaal 1989). Er wirkt befriedend, dient hier quasi als Gruppenkitt.

Beim Menschen dient der Geschlechtsakt durch gegenseitige Befriedigung der Festigung der Partnerbindung. In diesem Zusammenhang entwickelte sich wohl auch der ausgeprägte weibliche Orgasmus. Daß er keine Funktion erfüllen soll, weil Frauen ihn angeblich nur selten erleben, wie das D. Symons (1980) behauptet, sollte man nicht unkritisch hinnehmen. Immerhin erleben ihn nach den verschiedenen Erhebungen in England, den USA und Deutschland zwischen 31 und 50 Prozent fast immer und nur 2–14 Prozent der befragten Frauen niemals (A. C. Kinsey und Mitarbeiter 1953, E. Chesser 1957, S. Fisher 1973, H. J. Eysenck 1976, S. Hite 1976). Ferner ergibt die differenzierte Auswertung, daß vor allem Frauen in einer guten sexuellen Partnerschaft einen Orgasmus erleben. Nur 3 Prozent der Frauen, die mit ihrem Partner regelmäßig zum Orgasmus kommen, sind bereit, mit anderen Männern zu schlafen, gegenüber 10 Prozent der Frauen, die mit ihrem Partner keinen Orgasmus erleben (E. Chesser 1957). Die Bindung über die sexuelle Befriedigung ist demnach sicher von Bedeutung. D. Rancour-Laferriere (1983), der sich mit Symons kritisch auseinandersetzt, führt neben der hedonistischen Funktion, die ein sexuelles Interesse der Frau ganz allgemein sichert, und der partnerbindenden Funktion noch eine potenzerhaltende Funktion für den Mann an. Dadurch, daß er die Partnerin zu befriedigen wisse, werde das »empfindliche männliche Ego« (»the delicate male ego«) intakt gehalten. Daran mag etwas Wahres sein. Daß darüber hinaus sein Vertrauen bestärkt wird, auch der Vater ihrer Kinder zu sein, halte ich dagegen für etwas konstruiert.

Der weibliche Orgasmus unterscheidet sich vom männlichen in mehreren Punkten. Während der männliche Orgasmus einen Höhepunkt darstellt, nach dem die sexuelle Appetenz zur Ruhe kommt und erst nach einer gewissen Refraktärzeit wieder erwacht, kann sich der weibliche Orgasmus in kurzen Abständen wiederholen. Neben dem über die Clitoris ausgelösten Orgasmus dürfte es außerdem einen vaginalen Orgasmus geben.

Der Gynäkologe E. Grafenberg hatte in den vierziger Jahren eine Stelle besonders sensiblen schwellbaren Gewebes in der ventralen Seite der Vagina, direkt hinter dem Schambein, beschrieben. Deren Reizung soll den vaginalen Orgasmus bewirken (E. Grafenberg 1950, A. Kahn-Ladas und Mitarbeiter 1982, J. Perry und B. Whipple 1981, F. Addiego und Mitarbeiter 1981, E. Belzer 1981, D. C. Goldberg und Mitarbeiter 1983). Aber auch die Reizung von Cervix und Uterus scheint beim Zustandekommen des vaginalen Orgasmus eine Rolle zu spielen. L. Clark (1970) berichtet von mehreren Frauen, die nach totaler

Hysterectomie den Geschlechtsverkehr nicht mehr genossen, weil diese Reizung wegfiel.

Viele Frauen unterscheiden die beiden Formen des Orgasmus deutlich voneinander. Vielleicht handelt es sich beim vaginalen Orgasmus um die ältere Form. Die Reizung der Clitoris erfolgt ja im wesentlichen nur dann, wenn die Partner mit ihrer Vorderseite zueinander orientiert sind. Das ist aber sicher die stammesgeschichtlich jüngere Paarungsstellung.

Als bindendes Erlebnis scheint der Geschlechtsverkehr für die Frau einen besonderen Stellenwert einzunehmen. Möglicherweise besteht hier sogar ein Zusammenhang mit dem Geburtserlebnis. Vaginale und zervikale Reizung löst z. B. bei Ziegen und Schafen über einen hormonalen Reflex eine starke individualisierte Bindebereitschaft aus, die zur Annahme des Jungen führt (S. 234 f.). Beim vaginalen Orgasmus der Frau kommt es zu starken Uteruskontraktionen. Es kommt zur Ausschüttung von Oxytocin, eine weitere Ähnlichkeit mit dem Geburtsakt. Das alles paßt überdies gut zu der Tatsache, daß zunächst im Mutter-Kind-Bereich entwickelte Bindemechanismen ganz allgemein in den Dienst der Erwachsenenbindung gestellt werden, in diesem Falle, um die individualisierte Bindung an einen Mann zu bekräftigen.

Es scheint mir, als würde der Zustand der Verliebtheit bei der Frau oft über den Orgasmus getriggert, als erfolgte mit ihm oft ein reflektorisches Einklinken in den physiologisch-psychologischen Ausnahmezustand, in dem eine fast irrationale Bindung an einen und nur diesen einen Geschlechtspartner stattfindet. Ich möchte das als Hypothese äußern. Sie könnte sowohl durch Befragung als auch physiologisch geprüft werden. Käme es beim vollen vaginal-zervikalen Orgasmus zu einer Oxytocin-Ausschüttung, dann wäre dies wohl ein starkes Indiz für die Gültigkeit meiner Hypothese. Natürlich können sich Personen auch ohne sexuellen Körperkontakt leidenschaftlich ineinander verlieben. Phantasie und Einbildungskraft spielen in der menschlichen Sexualität eine große Rolle, und es gibt sogar die platonische Liebe ohne Sex. Über sexuelle Kontakte kann es aber ebenfalls zur Liebe kommen*.

---

* Es gibt eine monogame nordamerikanische Wühlmaus (*Microtus ochrogaster*), die in diesem Zusammenhang bemerkenswert ist. Riecht ein junges Weibchen zum ersten Mal ein fremdes Männchen, dann induziert dies sexuelle Reife. Einen Tag nachdem die beiden einander gerochen haben, sind sie bereit, sich zu verpaaren. Sie kopulieren dann alle 45 Minuten, und das über 30 bis 40 Stunden. Da der Eisprung bereits nach 12 Stunden einsetzt, wäre die lange Kopulationsphase überflüssig. Sie dient, so wird vermutet, der Festigung der sozialen Bindung. Trennt man nämlich die Tiere nach zwölf Stunden und bringt sie danach wieder zusammen, dann verhalten sich die Mäuse, als wären sie nicht weiter verbunden. Läßt man sie allerdings die ganze Kopulationsphase beieinander, dann wollen beide zusammenbleiben, suchen engen Körperkontakt, und beide verteidigen ihren Partner gegen fremde Männchen und Weibchen. Versuche weisen darauf hin, daß die beiden verwandten Peptidhormone Vasopressin und Oxytocin dabei eine große Rolle spielen. Gab man den Männchen Rezeptor-Antagonisten, die die Wirkung von Vasopressin verhindern, dann blieben die Männchen fremden Tieren

Die enge Beziehung zwischen Brutpflegeverhalten und sexuellem Verhalten äußert sich bei der Frau in mehrfacher Hinsicht. Bei sexueller Erregung kommt es, wie beim Stillen, zu einer Erektion der Brustwarzen und zu Milchabsonderung (W. H. MASTERS 1960, N. NEWTON 1958, B. CAMPBELL und W. E. PETERSEN 1953). Bei einigen Frauen kann die Reizung der Brustwarzen allein einen Orgasmus bewirken (A. C. KINSEY und Mitarbeiter 1954). Schließlich kommt es sowohl beim Stillen wie beim Sexualverkehr zu Uteruskontraktionen (C. MOIR 1934, A. C. KINSEY und Mitarbeiter 1948). Dazu paßt auch, daß die Brust nicht nur den Säugling nährendes Organ, sondern für den Mann auch sexueller Auslöser ist (P. ANDERSON 1983).

Die sexuelle Libido der Frau zeigt Schwankungen mit dem Zyklus. Zum Zeitpunkt des Follikelsprunges ist sie bei vielen Frauen besonders hoch, und auch die Sexualphantasien haben zu diesem Zeitpunkt ihren Gipfel (T. BENEDECK 1952). Nach M. SHOSTAK (1982) haben die Frauen der !Kung-Buschleute zu diesem Zeitpunkt mehr Interesse am Geschlechtsverkehr und sprechen dann auch mehr darüber. Amerikanerinnen reagieren jedoch auf Tonbänder erotischen Inhalts in den verschiedenen Stadien des Menstruationszyklus mit gleichem vaginalem Blutandrang (P. W. HOON und Mitarbeiter 1982). Während der Monatsblutungen ist die Libido der Frauen im allgemeinen herabgesetzt, aber sicher nicht erloschen. Kulturelle Gebote untersagen jedoch in der Regel den Verkehr. Über die Gründe wird in erstaunlich naiver Weise spekuliert. So kommt W. N. STEPHENS (1962) zu dem Schluß, es handle sich um Kastrationsfurcht*, die Angst um die Sicherheit des eigenen Genitales, das man durch das Blut gefährdet glaube. BRUNO BETTELHEIM (1954) meint, es sei die Eifersucht des Mannes auf die reproduktiven Fähigkeiten der Frau; die menstruellen Tabus seien die aus der männlichen Unvollkommenheit geborenen Versuche, die weibliche Funktion in ihrer Bedeutung herabzusetzen. Auf den Gedanken, es könnten ästhetische und hygienische Faktoren (Vermeidung bakterieller Infektionen) eine Rolle spielen, kommen die phantasievollen Theorienbastler nicht.

Beim Mann bewirkt der Vollzug des Koitus mit einer Frau eine Erhöhung des Testosteronspiegels. Das erinnert an entsprechende Veränderungen des Testoste-

---

gegenüber freundlich und zeigten keine Partnerbevorzugung. Gab man unverpaarten Männchen dagegen Vasopressin direkt ins Hirn, dann wurden sie gegenüber fremden Tieren aggressiv, bemutterten Neugeborene, und war ein Weibchen anwesend, dann suchten sie mit diesem Kontakt, obgleich sie mit dem Weibchen nicht kopuliert hatten. Die Weibchen binden sich schneller an ein anwesendes Männchen, wenn man ihnen Oxytocin ins Hirn spritzt. Es findet keine Bindung an ein Männchen statt, wenn man ihnen Oxytocin-Blocker verabreicht. Normalerweise wird Oxytocin auch bei bloßem Körperkontakt freigesetzt (J. T. WINSLOW und Mitarbeiter 1993).

* Macht man sich einmal klar, was alles mit dieser völlig unbewiesenen Kastrationsfurcht erklärt wird, dann versteht man die grundsätzliche Ablehnung der klassischen Psychoanalyse durch viele Fachmediziner.

ronspiegels bei Erfolg und Nichterfolg im Wettstreit (S. 431). Selbstbefriedigung führt zu keiner Erhöhung des Testosteronspiegels (C. A. Fox und Mitarbeiter 1972).

Die Stellungen beim Koitus variieren (S. B. J. und V. A. Sadock 1976). Betrachtet man die Darstellungen auf japanischen Holzschnitten oder auf präkolumbianisch peruanischen Keramiken, dann wird man feststellen, daß es sich stets um die gleichen Variationen einiger Grundstellungen handelt. Es kommt darin eine gewisse Verspieltheit und Nichtfestgelegtheit menschlichen Verhaltens zum Ausdruck, die wohl auch geeignet scheint, Adaptationserscheinungen entgegenzuwirken.

Die meisten Säuger, einschließlich der Menschenaffen, begatten sich, indem sie von hinten auf den Rücken des weiblichen Geschlechtspartners aufreiten. Die sexuellen Signale der Weibchen befinden sich auch auf ihrem Gesäß und werden durch Zuwendung der Kehrseite dem Männchen präsentiert. Allerdings kopulieren Orangs und Schimpansen gelegentlich auch Bauchseite gegen Bauchseite miteinander, wobei das Weibchen die Rückenlage einnimmt. Bei dem uns Menschen viel ähnlicheren Bonobo, der unter anderem morphologisch besser an den aufrechten Gang angepaßt ist, ist diese Art der Begattung noch viel häufiger zu beobachten.

4.5.4 *Sexualsignale*

Im Laufe der mit der Hominisation verbundenen Aufrichtung des Körpers kam es zu einer Neuorientierung, mit Verlagerung der auslösenden Signale auf die Vorderseite. Man kann ohne weiteres von einer Vermenschlichung des Aktes sprechen, bei dem die Annäherung und gegenseitige Zuwendung des Antlitzes eine wichtige Rolle spielen. Sie ist so wichtig, daß viele Menschen der Ebenmäßigkeit und Feinheit der Gesichtszüge des Geschlechtspartners größere Bedeutung zumessen als anderen sekundären Geschlechtsmerkmalen. Die Aufrichtung hat gewiß fördernd zu dieser Umorientierung beigetragen.

Von den sekundären Geschlechtsmerkmalen der Frau spielt außer dem schon besprochenen Körperumrißschema vor allem die Brust die Rolle eines auslösenden Organs. Für die Funktion des Stillens wäre der formgebende Fettkörper nicht notwendig. Durch ihn wird die Brust aber auch zum Schauorgan. D. Morris (1968) behauptet, die Brust hätte sich als Schauorgan im Zusammenhang mit der Aufrichtung des Menschen und der sexuellen Umorientierung des Mannes auf der Vorderseite der Frau entwickelt. Zuvor hätten sich die Vorfahren des Menschen visuell nach dem Gesäß der Weibchen orientiert, das ja noch heute bei den nichtmenschlichen Primaten ein wichtiges sexuelles Schauorgan ist und das sich besonders zur Brunst auffällig verfärbt und anschwillt. Bei der Menschenfrau, so meint Morris, wurde in einer Art Selbstmimikry der Auslöser Gesäß in Kopie auf die Vorderseite projiziert. Präadaption und damit Ansatzpunkt für die Selektion war der auf die Wahrnehmung der Sexualsignale der Gesäßregion abgestimmte Auslösemechanismus des Mannes. Der Gedanke ist sicherlich spekulativ, aber nicht ganz von der Hand zu weisen, zumal es interessante parallele Anpassungen bei nichtmenschlichen Primaten gibt. Beim Dschelada *(Therophithecus djelada)*, der viel sitzt und sein Gesäß nicht entblößt (»Sitzaffe«), trägt das Weibchen eine erstaunlich merkmalsgetreue Kopie seiner Kehrseite auf der Brust. Die eng beieinander stehenden roten Zitzen kopieren die Schamlippen; es folgt ein weites, sanduhrförmiges Umfeld, das von weißen Warzen umrahmt wird als genaue Kopie der Kehrseite der Weibchen (W. WICKLER 1967). Man hört gelegentlich den Einwand, daß die Brust der Frau nicht in allen Kulturen in gleicher Weise sexuell anreizend wirkt; bei vielen Naturvölkern würden die Männer nicht auf die Brust ansprechen, die sie ja auch ständig sehen könnten. Das stimmt nicht ganz. Die Brust der jungen Mädchen wird von Buschleuten wie auch von den Yanomami als attraktiv empfunden. Ein Mädchen mit schöner Brust wird dementsprechend geschätzt (Abb. 4.52). Für die ersten Phasen der Partnerbindung und die Verheiratung ist die wohlgeformte Brust demnach durchaus von Bedeutung. Schäkernde Yanomami-Männer sah ich mit der Brust ihrer Geliebten spielen.

Die alte Auslösefunktion der weiblichen Gesäßpartie blieb erhalten. Ähnlich wie im Fall der Brust könnte mit der Aufrichtung die bisher vulvazentrierte Aufmerksamkeit unserer männlichen Primatenvorfahren zu einer Automimikry der Oestrusschwellungen in Form der auffälligen Gesäßgestaltung geführt haben (F. S. SZALAY und R. K. COSTELLO 1991; Abb. 4.53). Ein auf weibliche Signale angepaßter angeborener Auslösemechanismus unserer Vorfahren hätte in diesem Fall als angeborenes Leitbild die Verlagerung des Signals auf die Gesäßregion bewirkt. Das visuelle Signal, das bei unseren nichtmenschlichen Vorfahren als Brunstschwellung Begattungsbereitschaft anzeigte, wurde dabei zu einem sexuellen Dauersignal, das Dauerbereitschaft signalisiert. Der Follikelsprung wird dagegen nicht mehr angezeigt. Bei den Khoisan wird die weibliche Gesäßregion durch aufgelagerte Fettpolster betont (Steatopygie). In unserer Kultur wird die Gesäßpartie modisch hervorgehoben (S. 102), und im Tanz (z. B. beim Can-Can) kommt stilisiertes Schamweisen durch Entblößen des Gesäßes ebenso vor wie frontales Schamweisen (Abb. 4.54–4.56). Vergleichbare Tänze beobachtete ich bei den Buschleuten und den Himba. Beim Schamweisen von hinten werden bei den Buschleuten die verlängerten kleinen Schamlippen zum Schauapparat. Buschleute begatten sich auch oft seitlich nebeneinander liegend von hinten (a tergo). Die starke Lordosis der Lendenwirbelsäule kommt dem entgegen.

In meinem »Grundriß der vergleichenden Verhaltensforschung« sprach ich davon, daß dem Frauenschema, auf das Männer ansprechen, zwei unterschiedliche Idealtypen zugrunde liegen, die man mit dem altsteinzeitlichen Ideal der Venus von Willendorf und dem Ideal der griechischen Venus beschreiben könnte. Mittlerweile fand ich jedoch, daß auch Buschleute, deren erwachsene Frauen dem

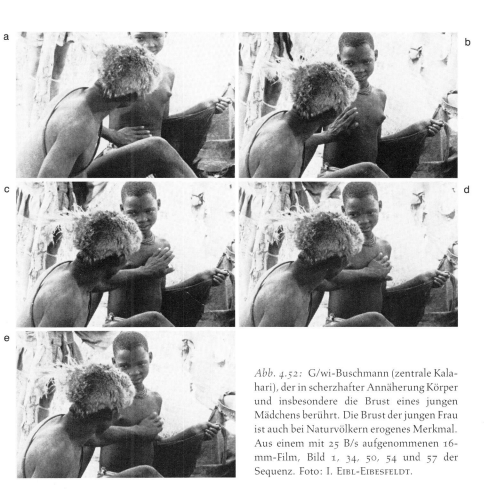

Abb. 4.52: G/wi-Buschmann (zentrale Kalahari), der in scherzhafter Annäherung Körper und insbesondere die Brust eines jungen Mädchens berührt. Die Brust der jungen Frau ist auch bei Naturvölkern erogenes Merkmal. Aus einem mit 25 B/s aufgenommenen 16-mm-Film, Bild 1, 34, 50, 54 und 57 der Sequenz. Foto: I. EIBL-EIBESFELDT.

altsteinzeitlichen Ideal sehr nahekommen, das junge schlanke Mädchen mit den festen Brüsten und ohne die übertriebene Steatopygie schön finden, entsprechend dem Ideal unserer Kultur. Ich vermute jetzt, daß die altsteinzeitlichen Idole nicht den idealen Geschlechtspartner, sondern die reife Frau und erfolgreiche Mutter darstellen, nicht weil man diese sexuell besonders attraktiv fand, sondern als Symbol der verehrungswürdigen Mutter.

Während Männer stark visuell auf die Reize des weiblichen Geschlechtspartners ansprechen, spielen für die Frauen auch die Charaktereigenschaften des Mannes eine große Rolle, aber nicht allein. Wir wissen, daß schmale Hüften, ein kleines, festes Gesäß, breite Schultern und allgemein ein muskulöser Körper beim Mann als schön empfunden werden.

Zu den auffälligsten sekundären Geschlechtsmerkmalen des Mannes gehört in vielen Kulturen der Bart. Dieses Schauorgan ist weniger für den andersge-

Abb. 4.53: Mit der Entwicklung des aufrechten Ganges verlagerte sich vermutlich das weibliche Signalsystem der Oestrus-Schwellungen in Automimikry in die Gesäßregion. Dabei wurde es zu einem Signal, das Dauerbereitschaft anzeigt. Vier Stadien dieser angenommenen Entwicklung sind hier gezeigt (nach F. S. Szalay und R. K. Costello, Journal of Human Evolution 20, 1991, aus K. Grammer 1993).

schlechtlichen als für den gleichgeschlechtlichen Gruppenpartner entwickelt worden, und zwar als Imponierorgan. Bärtige werden von Männern und Frauen als aggressiver, dominanter, stärker, maskuliner und reifer eingestuft als Bartlose (D. Freeman 1969, D. R. Wood 1986, C. T. Kenny und D. Fletcher 1973, S. M. Pancer und J. R. Meindl 1978, R. J. Pelegrini 1973). In Freemans Befragung bewerteten Frauen Bärtige meist auch als attraktiver, nicht jedoch in den meisten anderen Befragungen. Deutlich unattraktiv fanden Frauen die Bärtigen in der Untersuchung von S. Feinman und G. W. Hill (1977) und M. S. Wogalter und J. A. Hosie (1991). Sauber Rasierte wurden positiver bewertet. Hier dürften auch Modeerscheinungen mitspielen. Freeman machte seine Befragungen zur Zeit der Studentenrevolte, als ungepflegtes Aussehen für schick gehalten und daher kultiviert wurde. Haupt- und Barthaar bleiben beim gesunden Mann bis ins hohe Alter erhalten. Es entwickelte sich zum weißen Altersprachtkleid, das die körperlichen Abbauerscheinungen so tarnt, daß man dem Alten weiterhin Achtung erweist – wohl eine Voraussetzung dafür, daß er mit seinem Wissen der Gruppe dient.

In der Pupillenreaktion entdeckte E. A. Hess (1975) einen Weg, Präferenzen zu messen. Sieht nämlich eine Person etwas, was ihr Interesse und Wohlgefallen

Abb. 4.54: Pariser Nachtklubtänzerin. Sie bewegt sich von links nach rechts und präsentiert in der Bildmitte die Kehrseite. Foto: W. GEORGE, Gunpress.

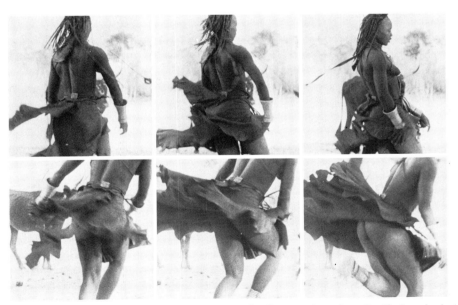

Abb. 4.55: Himba-Frau beim Tanz, die mit einer schnellen Wendung ihren Gesäßschurz hochwirft. Sie springt dazu vor die Riege der klatschenden und singenden Frauen. Der Frauengruppe gegenüber stehen Männer (siehe Abb. 3.6). Aus einem mit 25 B/s aufgenommenen 16-mm-Film, Bild 1, 3, 12, 146, 148 und 150 der Sequenz. Foto: I. EIBL-EIBESFELDT.

Abb. 4.56: Altgriechische Vasenbemalung. Aus L. B. LAWLER (1962).

erregt, dann erweitert sich die Pupille kurzfristig. HESS konstruierte eine Apparatur, mit deren Hilfe die Pupille einer Person gefilmt werden konnte, die Diapositive betrachtet. An der Pupillenreaktion zeigte sich, daß normale Männer auf Frauenakte und Frauen auf muskulöse Männerakte ansprechen, auch wenn sie vorgeben, an Muskelmännern gar nicht interessiert zu sein (Abb. 4.57). Die Männer konnte HESS nach ihrer Reaktion in zwei Gruppen einteilen. Die eine zeigte eine deutliche Präferenz für große weibliche Brüste, die andere fand Bilder von Frauen attraktiv, die gut entwickelte, aber nicht übergroße Brüste zeigten und auf denen sich die Frauen so präsentierten, daß auch die Gesäßregion zu sehen war. Die meisten der heterosexuellen amerikanischen Männer folgten dem ersten Typ, die meisten europäischen Männer dem zweiten. Es gab jedoch in jeder Gruppe »Ausreißer«, also Amerikaner, die normale Brüste, und Europäer, die Ammenbrüste bevorzugten. Im weiteren Verlauf fand HESS einen Zusammenhang mit Flaschenfütterung und Brustfütterung. Jene Amerikaner und Europäer, die große Brüste bevorzugten, waren als Kind mit der Flasche aufgezogen worden. Es sieht so aus, als würde die ungestillte kindliche Sehnsucht nach der Mutterbrust sich in dieser Präferenz ausdrücken. Bei Männern, die als Kind normal gestillt worden waren, erregte die Brust der jungen Frau, nicht jedoch die Ammenbrust Interesse. Übrigens sind Homosexuelle in dieser Versuchsanordnung an der Pupillenreaktion zu erkennen. Sie reagieren nicht positiv auf das Gegengeschlecht, wohl aber auf den gleichgeschlechtlichen Partner (Abb. 4.58). Neuere Untersuchungen von J. C. GARRETT und Mitarbeitern (1989) mit einer etwas anderen Methodik konnten die HESSschen Ergebnisse nicht reduplizieren. Auf das männliche und weibliche Körperumrißschema, insbesondere auf die Bedeutung der Schulterbreite als männliches Merkmal, wiesen wir bereits hin (siehe auch TH. HORVATH 1979, 1981).

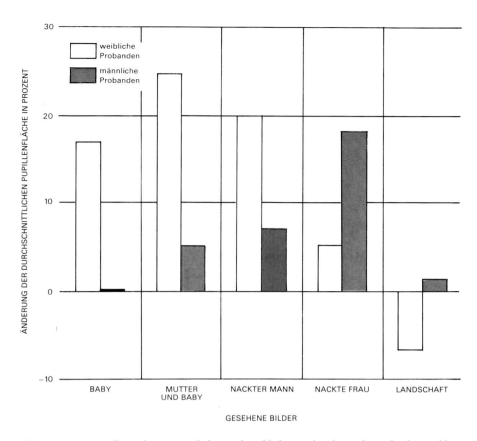

Abb. 4.57: Die Pupillenreaktion männlicher und weiblicher Probanden auf verschiedene Bilder. Nach E. Hess (1977).

K. H. Skrzipek (1978, 1981, 1982, 1983) prüfte in Attrappenwahlversuchen die Präferenz von Kindern, Jugendlichen und Erwachsenen beiderlei Geschlechts auf schematisierte männliche und weibliche Gesichtsdarstellungen und Körperumrißzeichnungen. Die Zeichnungen zeigten keine Andeutung der primären Geschlechtsmerkmale, wurden aber in vorangehenden Testreihen mit anderen direkt dazu befragten Personen in statistisch signifikanter Weise, entsprechend der Erwartung, dem weiblichen oder männlichen Geschlecht zugeordnet. Es erwies sich, daß Jungen und Mädchen zunächst Gesicht und Silhouette des Eigengeschlechts bevorzugten. Darin drückt sich wohl die Appetenz zum Eigengeschlecht im Sinne einer Sozialrollenprägung aus (B. Hassenstein 1973). Mit der Pubertät kommt es für die Körperumrißdarstellungen zu einem dramatischen Umschlag der Bevorzugung. Nunmehr wird die Umrißzeichnung des Gegengeschlechts bevorzugt (Abb. 4.59). Das Wohlgefallen an den Körpersilhouetten ist offenbar entwicklungsspezifisch und wohl hormonal bedingt. Die Reaktion auf die

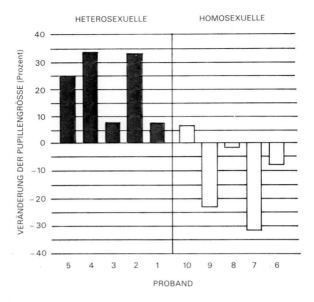

Abb. 4.58: Die Pupillenreaktion heterosexueller und homosexueller Männer auf Bilder weiblicher Akte. Nach E. Hess (1977).

Gesichterdarstellungen waren insofern etwas verwickelter, als Buben zwar von der Bevorzugung des Eigengeschlechts auf die Bevorzugung des Gegengeschlechts übergingen, allerdings nicht erst mit der Pubertät, sondern bereits im Alter von zehn Jahren. Mädchen blieben über die Pubertät hinaus bei der Bevorzugung der gleichgeschlechtlichen Attrappe. Das mag darauf zurückzuführen sein, daß die weibliche Gesichtsattrappe deutliche Kindchenmerkmale aufwies.

Die Verhaltensweisen der Koketterie sowie des weiblichen und männlichen Posierens lassen Universalien erkennen, die teilweise auf Vorprogrammierung durch stammesgeschichtliche Anpassungen hinweisen. Schließlich spielen geruchliche Auslöser eine Rolle. Frauen reagieren unbewußt auf bestimmte Geruchsstoffe des Mannes. Sie zeigen dabei auch Fluktuationen der Riechschwelle mit dem Zyklus. Wir werden darauf im Abschnitt geruchliche Kommunikation (Kap. 6.1) eingehen.

4.5.5 Abweichende sexuelle Präferenzen

Die Sexualpathologie lehrt, daß prägungsähnliche Fixierungen auf bestimmte visuelle Partnermerkmale vorkommen. Bekanntlich gibt es männliche Fetischisten, die nur dann in Erregung geraten, wenn eine Frau z. B. schwarze Schuhe, Handschuhe oder Pelz trägt. Wieder andere geraten durch ein Taschentuch oder einen bestimmten Körperteil in Erregung oder müssen sich dazu in eine bestimmte Situation begeben, beispielsweise auf eine Schaukel. In vielen solchen

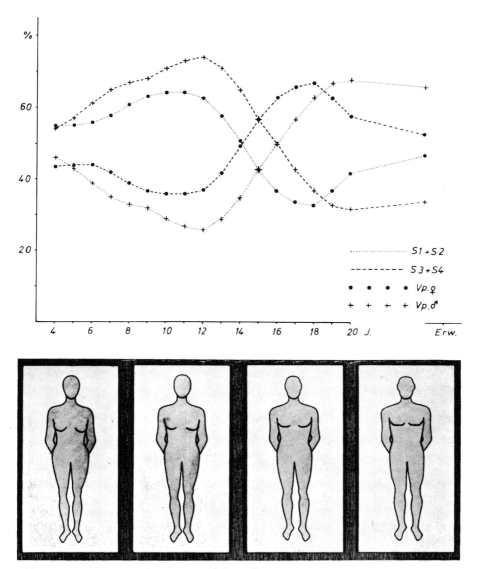

Abb. 4.59: Attrappenversuche mit menschlichen Silhouetten:
Auswahl weiblicher (....) und männlicher (-----) Körperumrisse durch weibliche (●) und männliche (+) Versuchspersonen verschiedener Altersklassen.
Abszisse: % der Wahlen. Ordinate: Altersklassen (pro Jahrgang und Geschlecht mindestens 100 Versuchspersonen).
Darunter die weiblichen und männlichen Silhouettenattrappen (S 1–4). Man sieht aus den Kurvenverläufen, daß mit der Pubertät ein Umschlag der Bevorzugung stattfindet. Vor der Pubertät wird das eigene Geschlecht bevorzugt, nach der Pubertät das Gegengeschlecht. Die Bevorzugung des Eigengeschlechtes im Kindesalter fördert wohl die Identifikation mit der eigenen Geschlechtsrolle und damit deren Übernahme. Nach K. H. Skrzipek (1978).

Fällen gelang es, diese Besonderheit mit einem sexuellen Erlebnis in Zusammenhang zu bringen, das zum ersten Orgasmus geführt hatte (R. von Krafft-Ebbing 1924), bzw. bei dem ein solches Merkmal eine Rolle gespielt hatte.

Über die Rolle, welche die Prägung in der normalen sexuellen Entwicklung spielt, können wir gegenwärtig nur spekulieren. Vielleicht fördert sie die kulturelle Einbettung im Dienste der kulturellen Abgrenzung (siehe Pseudospeziation, (S. 37), indem sie den andersgeschlechtlichen Partner der eigenen, durch Tracht, Schmuck und Gebaren besonders gekennzeichneten Ethnie besonders attraktiv erscheinen läßt. Auch bestimmte Formen der Homosexualität dürften geprägt sein. K. Leonhard (1966) beschrieb eine Reihe solcher Fälle. Dabei wird auf ein ganz spezifisches optisches Bild geprägt und nicht etwa generell auf das Gegengeschlecht.

Ein Proband, Knut D., der Leonhard im Alter von 28 Jahren aufsuchte, berichtete von sexuellen Spielen mit seinem Freunde, die ihn sehr erregten. Das Genitale dieses Freundes zeichnete sich unter der Hose deutlich ab. Nach dem sexuell erregenden Erlebnis begann D. zu onanieren. In der Onanierphantasie beschäftigte er sich gedanklich mit der vorgewölbten Hose seines Freundes. Er wurde homosexuell, wobei ihn nur der bedeckte, unter der Hose erkennbare Phallus erregte. Der unbedeckte interessierte ihn wenig. Ein anderer von Leonhards homosexuellen Probanden war auf den Oberkörper, wieder ein anderer auf das Gesicht eines männlichen Partners fixiert. Wie beim heterosexuellen Fetischismus sind auch diese Objektprägungen erstaunlich therapieresistent. – Frauen können nach dem gleichen Muster geprägt werden wie Männer (K. Leonhard 1966). Ihre Fixierung ist aber häufig weniger vollkommen, da die sexuelle Erregung während des Prägungserlebnisses selten so heftig ist wie bei Knaben. Aus der Tatsache, daß der geprägten Form der Homosexualität oft Verführungserlebnisse zugrunde liegen, ergibt sich für den Gesetzgeber die Verpflichtung, Minderjährige davor zu schützen.

Es gibt aber noch andere Formen der Homosexualität. J. Marmor (1976) referiert einige Arbeiten, die hormonale Unterschiede zwischen homosexuellen und heterosexuellen Männern aufweisen. So untersuchte M. S. Margolese (1970) die im Harn enthaltenen Anteile der Abbauprodukte des Testosteron, Androsteron (A) und Etiocholanolone (E). Die E-Werte waren für Homosexuelle größer als die A-Werte. Bei Heterosexuellen waren die Befunde genau umgekehrt. Da Frauen ebenfalls höhere E-Werte im Urin haben, meint Margolese, daß relativ hohe A-Werte bei Männern eine Präferenz für Frauen bewirken. R. C. Kolodny und Mitarbeiter (1971) fanden bei homosexuellen Männern deutlich niedrigere Plasma-Testosteron-Werte als bei Heterosexuellen.

Untersuchungen von G. Dörner (1981, G. Dörner und Mitarbeiter 1975) weisen darauf hin, daß ein Teil der homosexuellen Männer ein weiblich differenziertes Hirn besitzt, das auf Androgenmangel während der Embryonalentwicklung zurückzuführen ist. Der freie Plasma-Testosteron-Spiegel ist bei Homosexuellen niedriger als bei Heterosexuellen, nicht aber der Gesamttestosteronspiegel (G. DÖRNER 1980, F. STAHL und Mitarbeiter 1976).

Entzieht man männlichen Ratten während einer kritischen Periode ihrer Embryonalentwicklung Testosteron, dann kommt es zu einer Feminisierung ihres Hirns. Die Ratten werden später beim Einsetzen der Geschlechtsreife homosexuell. Man kann diese Entwicklung induzieren, indem man die schwangeren Ratten streßt. Dann scheidet deren Nebenniere Substanzen aus, die den Testosteronspiegel des Embryos senken. DÖRNER fand nun, daß unter den während der streßvollen Periode des Zweiten Weltkriegs geborenen Männern ein höherer Prozentsatz an Homosexuellen anzutreffen ist. Das Hirn primärer Homosexueller reagierte auch auf Östrogeninjektionen mit Ausschüttung von ovulationsinduzierten Hormonen – so wie ein weibliches Hirn auf die Signale vom Ovar reagiert –, was ebenfalls darauf hinweist, daß das Hirn dieser Männer feminisiert ist. Heterosexuelle Männer reagieren anders (Abb. 4.60). Das haben auch Experimente von anderen bestätigt (B. A. GLADUE und Mitarbeiter 1983). Zur partiellen Verweiblichung gewisser Homosexueller würde passen, daß sie als Kinder lieber weibliche Tätigkeiten spielten als männliche (E. A. GRELLERT 1982).

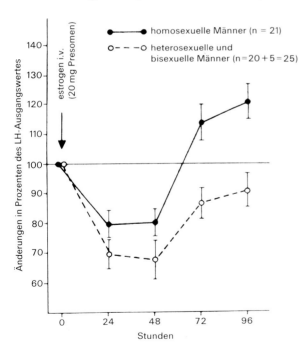

Abb. 4.60: Änderungen des Serum-Luteohormon-Spiegels nach intravenösen Östrogeninjektionen bei homosexuellen und hetero- sowie bisexuellen Männern. Aus G. DÖRNER (1980).

Zum Unterschied von der zuerst besprochenen, geprägten Homosexualität, zu der Jugendliche verführt werden können, liegt hier eine weniger durch Lernerfahrungen als von frühen hormonellen Einflüssen bedingte Homosexualität vor. Da es sich offenbar um eine vorgeburtliche Determination handelt, könnte man von primärer Homosexualität sprechen.

Im Hypothalamus der Männer gibt es eine Gruppe von Neuronen, die für das Interesse des Mannes an Frauen, nicht aber für seine sexuelle Motivation verantwortlich zu sein scheint. Diese Zellgruppe ist bei Homosexuellen deutlich kleiner als bei Heterosexuellen (S. LeVay 1991). Bei Affen läßt die Zerstörung dieser Region das Interesse an Weibchen erlöschen, nicht aber den Trieb.

Auf eine genetische Disposition zur Homosexualität weisen Untersuchungen an Zwillingsbrüdern von Homosexuellen hin. In einer Erhebung fanden J. B. Bailey und R. C. Pillard (1991), daß 52 Prozent der monozygoten Zwillingsbrüder von Homosexuellen ebenfalls homosexuell waren. Bei den heterozygoten Zwillingen waren es 22 Prozent und bei genetisch nicht verwandten Adoptivgeschwistern 11 Prozent. Für eine mütterliche Übertragung homosexueller Veranlagung über das X-Chromosom spricht, daß in 114 Familien homosexueller Männer die Rate Homosexueller bei den mütterlichen Onkeln und deren Vettern deutlich erhöht war, nicht so dagegen bei den Verwandten der väterlichen Linie (D. H. Hammer und Mitarbeiter 1993).

Freud nahm eine normale bisexuelle Anlage an und meinte, jeder normale Mensch durchlaufe eine homoerotische Phase in seiner Kindheit. Homosexualität komme zustande, wenn der Patient auf einer kindlichen Stufe stehenbleibe oder darauf aus Kastrationsangst regrediere, und zwar als Ergebnis einer pathogenen Familienkonstellation. Die Fachmedizin rückt heute von solchen eher spekulativen Erklärungsversuchen ab.

A. P. Bell und Mitarbeiter (1981) kommen aufgrund von umfangreichen Befragungen zu dem Ergebnis, daß ausschließlich Homosexuelle von der Umwelt kaum noch umerzogen werden können, während Bisexuelle sozialem Lernen zugänglich sind. Die psychoanalytischen Theorien, denen zufolge Homosexualität eine in früher Kindheit erworbene Eigenschaft sei, die angeblich durch bestimmte elterliche Konstellationen bedingt sei (mütterliche Dominanz, schwächerer Vater, ödipaler Konflikt), werden abgelehnt.

Homosexualität ist nicht in allen Kulturen zu finden. Von 76 Kulturen, die C. S. Ford und F. A. Beach (1969) erfaßten, kannten 28 keine homosexuellen Praktiken. In Neuguinea gibt es Völker, bei denen die heranwachsenden jungen Männer eine Phase ritualisierter Homosexualität durchleben, danach aber zur Heterosexualität angeleitet werden (J. D. Baldwin und J. I. Baldwin 1989). A. C. Kinsey schloß aufgrund seiner Erhebungen an 5000 weißen Amerikanern, daß 37 Prozent aller Männer wenigstens vorübergehende homosexuelle Erfahrungen gesammelt hatten. Allerdings bezog er in diese Statistik alle Fälle vorübergehender homosexueller Betätigung (z. B. gegenseitige Masturbation von Knaben) und zufällige Erlebnisse in Gefängnissen mit ein. Zieht man dies alles ab, dann kommt man in dieser Gesellschaft auf 4 Prozent exklusiv Homosexuelle; nach Angaben des Batelle-Institutes sind es sogar nur 1 %. In Holland fand man 2 Prozent exklusiv homosexuelle und 4 Prozent bisexuelle Männer. Die Zahlen für Deutschland liegen im vergleichbaren Bereich.

Außer den Abweichungen, die das Geschlechtsobjekt betreffen, gibt es beim Menschen solche, die man, wie ich meine, auf Hypertrophien normaler Triebanteile des geschlechtlichen Verhaltens zurückführen kann. Männliches Dominanzverhalten ist eng mit männlicher Sexualität verknüpft. Das ist wohl altes Wirbeltiererbe, von dem wir uns allmählich befreien*. Bei vielen Fischen, aber auch einigen höheren Wirbeltieren besteht die Balz zunächst im gegenseitigen Imponieren. Auch das Weibchen drohimponiert in solchen Fällen. Wer dabei siegt, übernimmt die Rolle des Männchens – und das sind meist die Männchen. Zu einer erfolgreichen Verpaarung kommt es also nur, wenn es dem Männchen gelingt, über den Geschlechtspartner zu dominieren. Männliche Sexualität verträgt sich dementsprechend mit Aggressivität, nicht aber mit Angst. Bei der weiblichen Sexualität ist es dagegen genau umgekehrt: Aggressive Motivation hemmt sie bei den meisten Wirbeltieren, während Fluchtmotivation die sexuelle Bereitschaft des Weibchens keineswegs unterdrückt. Das Werben der männlichen Meerechsen besteht zum Beispiel aus Drohimponieren. Paarungsbereite Weibchen antworten darauf mit Unterwerfung, indem sie sich flach auf den Bauch legen, ein Signal, das zur Kopulation auffordert. Männliche Dominanz und weibliche Unterwerfung sind die Kennzeichen der Dominanzsexualität der Reptilien. Mit der Entwicklung der Prosozialität bei Vögeln und Säuglingen (S. 233) wurde diese archaische Dominanzsexualität durch neue fürsorgliche Verhaltensmuster und Motivationen überlagert und die Fähigkeit zu individualisierten Bindungen ausgebildet. Die menschliche Sexualität ist durch Liebe und Fürsorglichkeit charakterisiert. Die Anlagen zur archaischen Dominanz- bzw. Unterwerfungssexualität haben sich jedoch nicht aufgelöst**. Sie wurden von der affiliativen Sexualität überlagert, spielen aber immer noch eine große Rolle. Zwischen Sexualität und männlichem Dominanzverhalten bestehen nach wie vor starke Beziehungen. Das äußert sich sowohl in den schon besprochenen Formen phallischen Imponierens (S. 122 ff.) als auch in der Tatsache, daß Erfolg im Wettkampf über einen Anstieg des Bluttestosteronspiegels (S. 431 f.) belohnt wird. Es gibt eine männliche sexuelle Dominanzlust, die allerdings normalerweise durch die prosoziale, fürsorgliche Sexualität unter Kontrolle gehalten wird. Entsprechend gibt es auch eine Unterwerfungslust der Frau, was sich aus der Verbindung zwischen Angst und sexueller Erregung schlußfolgern läßt. In sexuellen Phantasien der Frauen werden oft diejenigen Situationen als erregend beschrieben, in

---

* Wie wir auf S. 235 ausführten, richtet sich das Imponieren beim Werben der höheren Säuger und einiger Dauerpaare bildender Vögel nicht gegen den umworbenen Partner, sondern gegen Dritte im Sinne einer Machtdemonstration vor der Umworbenen.

** Die dem Reptilhirn entsprechenden Anteile des menschlichen Hirnstammes bilden immerhin noch eine faustgroße Masse (K. G. BAILEY 1987).

denen die Beherrschung durch den sexuellen Partner vorkommt (SH. KITZINGER 1984). Kleptomanie ist ein typisch weibliches Delikt. Die Stehlenden berichten, daß sie dabei in Erregung geraten und bei der Flucht oft sogar einen Orgasmus erleben (R. J. STOLLER 1979). Eine Gewährsperson berichtete mir, daß sie mit 14 Jahren aus Angst bei einer Mathematik-Schularbeit ihren ersten Orgasmus bekam, was sich bis zu ihrem 16. Jahr einige Male ohne jede mechanische Reizung wiederholte. Das heißt jedoch nicht, daß Frauen sexuelle Gewalt erleben wollen, noch daß Männer getrieben werden, solche auszuüben. Dominanz- und Unterwerfungsbereitschaft halten sich normalerweise in Grenzen. Zärtlichkeit und Liebe überlagern diese alten Dispositionen und charakterisieren die heterosexuellen Dauerbeziehungen des Menschen.

In manchen sexuellen Pathologien kommen die archaisch-agonistischen Anlagen allerdings zum Durchbruch (I. EIBL-EIBESFELDT 1990). Im Sadismus uert das Dominanzstreben in pathologischer Weise in das Bedürfnis aus, den Partner absolut zu unterwerfen und zu quälen. Im Masochismus dagegen führt die Übersteigerung des Bedürfnisses, sich zu unterwerfen, dazu, daß sich die betreffende Person quälen und mißhandeln läßt. Für manche homosexuelle Partnerschaften ist diese Dominanz- bzw. Unterwerfungsbeziehung typisch. Sie geht oft mit häufigem Partnerwechsel einher, was auf eine Unfähigkeit zur Partnerbindung hinweist und damit diese Form männlicher Homosexualität deutlich von homosexuellen Liebesbeziehungen unterscheidet. In gewisser Hinsicht kann die Sexualität ohne Liebe, die sich auch in den Massenvergewaltigungen von Eroberern manifestiert, als eine Regression auf archaische Verhaltensmuster interpretiert werden. Vergewaltigung ist beim Menschen nicht nur sexuell motiviert, sondern auch vom aggressiven Streben nach repressiver Dominanz (siehe dazu L. ELLIS 1991).

In der Pornographie wird die sexuelle Gewaltneigung häufig ausgelebt. Diese Formen der Pornographie können eine Brutalisierung des Sexualverhaltens fördern. Sie sind von der Neigung zur Zote und Obszönität zu unterscheiden, die man in länger isoliert bleibenden Männerorganisationen beobachtet. H. SCHELSKY (1955) meint, dies seien nicht nur »Entbehrungssymptome«, vielmehr werde so das Interesse an der Gegengeschlechtlichkeit wach- und festgehalten. Dem pathologischen männlichen Exhibitionismus liegt weniger ein sexuelles Bedürfnis zugrunde als der Drang, jemanden erschrecken zu wollen. Es handelt sich um eine Hypertrophie phallischen Imponierens (S. 122 ff.; H. MÜSCH 1976).

Eine strafrechtlich verfolgte Devianz ist der sexuelle Kindesmißbrauch. Manche Homosexuelle neigen dazu. Einige verbinden den sexuellen Mißbrauch mit sadistischen Praktiken. Davon zu unterscheiden ist die pädophile Verführbarkeit von Pädagogen, die aus religiösen oder anderen Gründen ihre Heterosexualität nicht normal ausleben können. Hier sind es oft die Zuwendung und Betreuung auslösenden Signale, die zunächst den Kontakt herausfordern und bei weiterer Interaktion in besonders anfälligen Personen zu sexuellem Verhalten überleiten.

Dazu ausführlicher J. FEIERMAN (1990; dort auch weitere Angaben über sexuelle Devianzen und ihre nomenklatorische Kategorisierung).

Das menschliche Sexualverhalten hat sich in verschiedenen Bereichen von seinem Verhaftetsein in stammesgeschichtlichem Erbe emanzipiert – wurde damit aber anfälliger gegen prägende und andere Umwelteinflüsse, die unter bestimmten Bedingungen zu Deviationen führen. Gerade das mangelnde Festgelegtsein fordert, daß wir der kulturellen Kontrolle dieses außerordentlich starken Triebes besondere Aufmerksamkeit widmen. Die Tatsache, daß sexuelle Deviationen, aber auch andere Normabweichungen im Bereich des sexuellen Verhaltens so verbreitet sind, kann allein nicht zur Legitimation normativer Ansprüche dienen. Daß etwas zu einem bestimmten Prozentsatz vorkommt, macht es weder zum »natürlichen« Ereignis (siehe S. 958 f. zum Begriff der Norm), noch wäre es als solches bereits automatisch legitimiert. Wie ich schon wiederholt betonte, erreicht der Mensch ein geordnetes und harmonisches Zusammenleben nur, indem er sein Verhalten in vielen Bereichen kultiviert. Das gilt insbesondere für die Zügelung des sexuellen Bereiches, der nicht nur wegen der Stärke dieses Triebes sozialer Sprengstoff ist, sondern auch wegen der Nachkommenschaft, die ja moralische Ansprüche an ihre Erzeuger auf Betreuung hat. Die verschiedenen Kulturen haben, den jeweiligen besonderen Umweltbedingungen und ökonomischen Verhältnissen entsprechend, verschiedene Regelungen entwickelt. Sie sind für die jeweiligen Kulturen verbindlich, da, wie H. SCHELSKY (1955) überzeugend darstellte, nur die kulturelle Normierung der menschlichen Sexualität die Leistungen der Artfortpflanzung, der biologisch triebhaften Lustbefriedigung und der sozialen Sicherung in Ehe und Familie erfüllen kann. Außerdem wirkt die normgerecht vergesellschaftete Sexualität auf das soziale und persönliche Selbstbewußtsein des Individuums positiv zurück, und die so integrierte Sexualität bietet schließlich die Möglichkeit, die höheren Seinsformen der Liebe zu entwickeln.

Die Kultivierung dieses Bereiches bedeutet nicht nur Einschränkung. Zur Kultivierung gehört auch die Akzentuierung des Genusses. In diesem Sinne stellt sich der Biologe keineswegs gegen eine Liberalisierung im sexuellen Bereich. Er fühlt sich jedoch dem Leben in besonderer Weise verpflichtet und wird daher bewegt, sich dekadenten Entwicklungen entgegenzustellen, die die Eignung einer Menschengruppe gefährden.

Zusammenfassung 4.5

Das menschliche Sexualverhalten ist durch Zärtlichkeit und Liebe charakterisiert. Diese stammesgeschichtlich jüngeren, prosozialen Anlagen überlagern die ältere, auf Dominanz und Unterwerfung aufbauende Reptiliensexualität. Der Mensch ist biologisch auf sexuelle Dauerpartnerschaft angelegt. Romantische Liebe ist nicht erst eine Erfindung der Neuzeit. Sie findet vielmehr bereits bei Naturvölkern vielfältigen Ausdruck, unter anderem auch in Liedern und Gedichten. Die Appelle der Werbung sind, soweit bekannt, über die Kulturen hinweg gleich. Selbstdarstellung, infantile Appelle und betreuende Verhaltensweisen werden eingesetzt. Zu den Strategien gehört das Suchen einer gemeinsamen Bezugsbasis. Dem Manne muß es ferner gelingen, eine Vertrauensbasis herzustellen. Da die Investitionen der Frau höher sind als die des Mannes, erfordert ihre Überredung einen größeren Werbeaufwand. Dies wiederum bedingt eine stärkere Anbindung des Mannes an die Partnerin, in deren Eroberung er erheblich investiert.

Ob die sexuelle Liberalisierung dank der fortgeschrittenen Technik der Empfängnisverhütung auf die Stärke der Partnerbindung Einfluß hat, sollte geprüft werden. Indirekte Anspielung und verblümte Ausdrucksweise sind für das Werben charakteristisch. Direkte Ablehnung und damit Gesichtsverlust sowie die Möglichkeit von Konflikten sollen so vermieden werden. Toleranz gegenüber sexuell Aberranten sollten nicht dazu führen, das Deviante dem Normalen gleichzusetzen, da in diesem Bereich auch individuelle Prägungen eine Rolle spielen und bei genereller Akzeptanz jeglicher Devianz die Hemmschwelle gegen Verführung zur Devianz abgebaut würde.

Geschlechtliche Scham gehört zu den Universalien. Es ist uns ferner keine Kultur bekannt, in der freie sexuelle Promiskuität herrscht. Solche beschränkt sich, wo sie beobachtet wird, auf bestimmte Entwicklungsphasen oder auf bestimmte rituelle Ereignisse. Mann und Frau sind in ihrer Sexualphysiologie auf sexuelle Dauerbindung programmiert; die Frau durch ihre Fähigkeit, den Mann, ungebunden vom Ovulationszyklus, sexuell einladen und befriedigen zu können, sowie durch die Fähigkeit, einen Orgasmus zu erleben, der sie emotionell bindet. Der zervikaluterine Orgasmus ist in diesem Zusammenhang von besonderem Interesse. Möglicherweise besteht hier ein Zusammenhang mit dem Geburtserlebnis. Bei einigen Säugern induziert die Geburt über einen hormonalen Mechanismus die Bereitschaft, das Kind anzunehmen und eine starke Bindung einzugehen. Es wäre zu prüfen, ob ein ähnlicher Bindemechanismus über den weiblichen Orgasmus aktiviert wird. Die hier entwickelte sexuelle Bindungstheorie nimmt einen solchen Zusammenhang an.

Mit der Aufrichtung des Menschen kam es zu einem Wechsel der bevorzugten Begattungsstellung gegenüber anderen Primaten und im Verband damit zur Entwicklung sexueller Auslöser auf der Vorderseite der Frau (Brust). Durch die Gesicht-zu-Gesicht-Orientierung rückt der Mensch auch in diesem Bereich vom Tier ab und vermenschlicht die Beziehung. Mit der Pubertät unvermittelt eintretende Präferenzänderungen auf einfache Attrappen männlicher und weiblicher Körperumrisse weisen auf angeborene Programmierungen hin.

Die Sexualpathologie lehrt, daß der Mensch in diesem Bereich anfällig ist. Männliche Homosexualität kann ebenso wie der Fetischismus geprägt werden. Daneben gibt es aber auch männliche Homosexualität, die auf eine weibliche

Ausdifferenzierung des Hirns eines im übrigen geno- und phänotypischen Mannes zurückzuführen ist.

Beim Menschen verbindet sich ein starker Sexualtrieb mit dem ebenfalls starken Antrieb der Neugier, was besondere Anforderungen an die kulturelle Triebkontrolle stellt.

4.6 Inzesttabu und Inzestmeidung

In der Kernfamilie herrscht in der Regel eine auf starker Zuneigung basierende Bindung. Eltern lieben ihre Kinder, und umgekehrt lieben diese ihre Eltern und ihre Geschwister, ungeachtet der kleinen Rivalitäten des Alltags. Demnach bestünde die Möglichkeit, daß sich diese Zuneigung auch in geschlechtlicher Liebe äußert. Das kommt aber höchst selten vor. D. FINKELHOR (1980) fand zwar aufgrund einer Fragebogenerhebung an Studenten der Sozialwissenschaften und der Sexualitätskurse, daß 13 Prozent der Befragten irgendeine Form sexueller Interaktion mit ihren Geschwistern angaben. Demnach wäre Inzest nicht so selten. Betrachtet man jedoch FINKELHORS Daten genauer, dann stellt man fest, daß weniger als 15 Prozent der gemeldeten Fälle Geschlechtsverkehr oder versuchten Geschlechtsverkehr mit einem Geschwister darstellen. Nur 2 Prozent der Studenten waren also in wirklichen Inzest verwickelt, die Mehrzahl davon vor ihrem 13. Lebensjahr. Von den 796 Studenten versuchten oder hatten nur drei Geschlechtsverkehr mit einem Geschwister, nachdem sie das 13. Lebensjahr erreicht hatten.

In einer Population von rund 18 000 psychiatrischen Patienten fand K. C. MEISELMANN (1979) nur 8 Fälle von Vater-Tochter-Inzest und einen Fall von Mutter-Sohn-Inzest. Legt man eine breite Definition des Inzestes zugrunde, die die sexuellen Aktivitäten ohne Koitus mit einbezieht, dann kommt man auf höhere Zahlen. MEISELMANN schätzt das Vorkommen auf 1 bis 2 Prozent der psychiatrischen Patienten. S. K. WEINBERG (1955) berechnet für Schweden pro Jahr auf eine Million Einwohner 0,73 Fälle von Inzest, für die USA waren es 1,0 Fälle pro Million im Jahre 1930. Weitere Angaben bei R. H. BIXLER (1981).

Jüngste Meldungen in der Presse, die von einer erschreckend hohen Zahl von Fällen inzestuösen Mißbrauches von Kindern berichten, sind mit Skepsis aufzunehmen. Psychologen lesen solchen angeblichen Mißbrauch aus Kinderzeichnungen, aus der Art, wie Kinder mit Puppen spielen, die die äußeren Geschlechtsorgane aufweisen. Dazu kommen Befragungen oft hochsuggestiven Charakters. Psychoanalytiker haben erwachsenen Klienten mitunter geradezu eingeredet, sie

wären sexuell inzestuös mißbraucht worden, bis diese selbst von vagen Erinnerungen berichten. In England glaubte eine Psychologin, mit einem Reflextest
mißbrauchte Kinder zu erkennen. Sie fand sehr viele – bis man darauf kam, daß
auch zahlreiche ganz gewiß nicht mißbrauchte Kinder so reagieren. Aber bis dahin
hatten auf der Basis dürftiger Diagnosen die Sozialämter bereits viele Kinder zu
sich genommen und die Familien zerstört. Auch die Puppenspieltests sind
keineswegs verläßlich (A. N. ELLIOTT und Mitarbeiter 1993). Mittlerweile sehen
professionelle Kinderschützer bereits in jungen Müttern, die mit ihren kleinen
Söhnen ins Bad steigen und auch deren Intimbereich waschen, sexuelle Verführe-
rinnen (»Der Spiegel«, 33, 1993, 68–74). Daß Eltern bei den Naturvölkern im
allgemeinen in diesem Punkt ganz unverklemmt sind, erwähnten wir bereits. Die
neue Hexenjagd verunsichert Väter und Mütter, die es oft bereits vermeiden, ihre
Kinder auch nur zu streicheln.

Inzest wird in allen Kulturen durch das Inzesttabu untersagt. Es hat universelle
Geltung, und da es sich um ein ausgesprochen oft kodifiziertes Verbot handelt,
glaubte man lange Zeit, ihm läge einzig eine durch Lernen tradierte kulturelle
Anpassung zugrunde, zumal S. FREUD (1913) in der Entwicklung der Eltern-Kind-
Beziehung durchaus inzestuöse Wünsche erkannt zu haben glaubte. Man nahm
ferner an, daß es bei den Tieren keinerlei Inzesthemmungen gebe. Schließlich
meinte man, die Tatsache, daß es eines Verbotes bedürfe, würde bereits für sich
belegen, daß es sich hier um eine rein kulturelle Einrichtung handle, die jeder
biologischen Grundlage entbehre. Wäre eine solche gegeben, dann bräuchte man
ja kein Tabu. Bis in die jüngere Gegenwart (C. LÉVI-STRAUSS 1969, M. HARRIS
1971, L. WHITE 1959) glaubte man also, keine genetisch begründete Disposition
zur Inzestmeidung annehmen zu müssen.

So heißt es bei WESTON LABARRE ([8]1954 : 122): »Human incest taboos are not
instinctual or biological. They are, rather, the initial (and universal) cultural
artifact, deriving immediately from the universal fact of familiar social organization in humans. For secondary incest taboos vary widely in their range and hence
can scarcely be instinctual if they can be modified by mere cultural change, even so
minimal a change as state legislation.« Und S. 216: »Much as one might wish to
believe that incest avoidance rest on the rock of the instinctual, and not on the
shifting unsure sands of our indoctrinated psyches (this is what makes philosophical absolutists), no one can pretend that mere genes, bearing the bright banner of
instinct, could thread their way through this maze of fickle cultural contingen-
cies.«[*]

---

[*] »Die menschlichen Inzesttabus sind weder instinktiv noch biologisch. Sie sind vielmehr
das initiale (und universale) kulturelle Artefakt, das sich direkt aus der universalen Tatsache
ergibt, daß der Mensch eine familiale soziale Organisation hat. Denn sekundäre Inzesttabus
variieren sehr stark; darum kann man sie wohl kaum als instinkthaft bezeichnen, weil sie allein
durch kulturellen Wandel verändert werden können, etwa durch einen so minimalen Wandel
wie die staatliche Gesetzgebung« (S. 122); und S. 216: »Obwohl man gerne glauben möchte,

Wir werden im folgenden sehen, daß es zwar kulturell verschiedene Inzesttabus gibt, daß ihnen aber als Basis eine biologische Inzesthemmung zugrunde liegt. Daß auf der Basis einer solchen Hemmung eine Vielfalt von kulturellen Tabus aufgebaut wird, verträgt sich durchaus mit der biologischen Grundlage.

In den frühen siebziger Jahren fand man, daß eine ganze Reihe von Tieren, einige nichtmenschliche Primaten inbegriffen, Inzesthemmungen zeigen. Diese Tiere verpaaren sich nicht mit Artgenossen, mit denen sie aufgewachsen sind (N. BISCHOF 1972 a, b, 1975). Inzesthemmungen entwickelten sich vor allem dort, wo während des Heranwachsens ein festes Eltern-Kind-Band und entsprechend feste Geschwisterbindungen bestehen und wo die Tiere bis über die Pubertät hinaus in räumlicher Nachbarschaft bleiben, so daß ohne Inzesthemmung Geschwisteroder Kinder-Eltern-Verpaarung wahrscheinlich wäre. Wo sich dagegen die Nachkommen vor Eintritt der Geschlechtsreife über ein größeres Gebiet verstreuen, oft sogar, weil sie aktiv von den Eltern vertrieben werden, ist für eine Durchmischung der Population gesorgt, und Inzesthemmungen fehlen (I. EIBL-EIBESFELDT 1970). Das gilt z. B. für Eichhörnchen oder Hausmäuse. Nun hatten bereits E. WESTERMARCK (1894) und H. ELLIS (1906) darauf aufmerksam gemacht, daß die sexuelle Attraktion zwischen Personen, die miteinander aufwuchsen, gering ist, ja, daß sich sogar eine sexuelle Aversion ausbildet, und zwar nicht nur bei Blutsverwandten. Das enge tägliche Zusammenleben in der Kindheit bestimmt das Verhalten. Diese Ansicht hat A. P. WOLF (1966, 1970) durch eine vergleichende Untersuchung zweier chinesischer Heiratsformen auf Formosa bekräftigen können. Die beiden nebeneinander vorkommenden Eheformen unterscheiden sich im wesentlichen darin, daß in dem einen Falle die Ehepartner als Erwachsene zusammengeführt und verheiratet werden, während bei der sim-pua genannten Ehe die Braut dem Bräutigam bereits im Kindesalter zugeführt, von dessen Familie adoptiert und mit diesem wie seine Schwester aufgezogen wird. Die Folge dieses gemeinsamen Heranwachsens ist häufig ein ausgeprägtes sexuelles Desinteresse. Diese Ehen zeichnet Mangel an sexueller Harmonie aus, sie sind langweilig und dementsprechend auch weniger fruchtbar. Die Ehen, deren Partner erst als Erwachsene heirateten, ergeben 30 Prozent mehr Kinder. Die Scheidungsrate der sim-pua-Ehen ist höher als die der anderen Eheform. Von 132 Kinderehen, die WOLF untersuchte, endeten 46,2 Prozent in Scheidung und Ehebruch gegenüber 10,5 Prozent von den 171 Erwachsenenehen.

Man hat nun eingewendet, diese unterschiedlichen Ergebnisse könnten auf den niedrigen sozialen Status der Kinderehe zurückzuführen sein. A. P. WOLF (1974)

---

daß das Vermeiden von Inzest auf dem Felsen des Instinkthaften ruht und nicht auf dem unsicheren Treibsand unserer indoktrinierten Psyche (denn so entstehen philosophische Absolutisten), kann doch niemand behaupten, daß bloße Gene, mit dem leuchtenden Banner des Instinktes, ihren Weg durch dieses Labyrinth so unterschiedlicher kultureller Bedingungen finden könnten. «

untersuchte daher eine dritte chinesische Eheform, bei der sich der künftige Ehemann beim Vater der Braut zu Brautdiensten verpflichtet und beim Schwiegervater lebt, da er den Brautpreis nicht zahlen kann. Diese Eheform genießt ein äußerst geringes Ansehen, dennoch erweisen sich diese Ehen als überaus fruchtbar. Demnach kann es nicht der Status sein, der die Fruchtbarkeit der Partner reduziert.

Man hat auch die Vermutung geäußert, die geringe Fruchtbarkeit könnte auf die häufige Gleichaltrigkeit der sim-pua-Ehepartner zurückzuführen sein. Die Frau könnte sich dem Mann so leichter als gleichrangig widersetzen. Aber in der über Brautdienst gestifteten Ehe sind die Männer ihren Frauen ganz gewiß im Rang unterlegen, da die Frauen ja Eigentümer des Besitzes sind. Dennoch sind diese Ehen, wie gesagt, sehr fruchtbar. A. P. WOLF (1974) stellte schließlich eine lineare Beziehung zwischen dem Alter des Ehemannes zum Zeitpunkt der Adoption der Frau und der Scheidungsrate fest. War der Gatte zu diesem Zeitpunkt 4 Jahre alt oder jünger, dann endeten 16,4 Prozent der Ehen mit Scheidung. War er zum Zeitpunkt der Adoption seiner künftigen Frau zwischen 5 und 9 Jahre alt, dann endeten 12 Prozent der Ehen mit Scheidung. War er dagegen zu diesem Zeitpunkt bereits 10 Jahre alt oder darüber, dann sank die Scheidungsrate auf 5,4 Prozent! Das weist darauf hin, daß gemeinsames Aufwachsen während einer bestimmten Entwicklungsphase eine Verpaarungshemmung zur Folge hat. Diese Annahme wird durch Angaben von J. McCABE (1983) über die FBD-Heiraten (Fathers Brothers Daughters) der in Bayt al-'asir (Libanon) lebenden Sunniten gestützt. Deren Männer bevorzugen die patrilinealen parallelen Basen als Heiratspartner. Sie wachsen mit diesen in einem familialen Verband auf, freundschaftlich gebunden wie Geschwister. Die Ehen produzieren jedoch weniger Kinder und führen öfter zur Scheidung als andere Ehen.

Eine weitere Stütze für die Entwicklung einer Verpaarungshemmung bei gemeinsamem Aufwachsen bieten die Untersuchungen von J. SHEPHER (1971, 1983). Im Kibbuz wachsen Kinder verschiedener Eltern, kommunal nach Altersklassen geordnet, in Gemeinschaftsräumen heran. Buben und Mädchen benutzen dabei die gleichen Duschen und Toiletten, und da man die sexuelle Diskriminierung auslöschen wollte, fand man, daß die Kinder sich auch ungezwungen nackt sehen und so mit der Andersgeschlechtlichkeit vertraut werden sollten. Bis zum Alter von 12 Jahren zeigten nun die Kinder keinerlei Befangenheit gegenüber Vertretern des anderen Geschlechts. Danach allerdings lehnten Mädchen den Kontakt mit den Jungen ab. Sie vermieden es, sich vor ihnen zu entkleiden, lehnten die gemeinsamen Duschen ab, kurz, sie zeigten alle Anzeichen der Scham, deren Entwicklung man eigentlich verhindern wollte (siehe oben). Ihr Interesse richtete sich ferner auf junge Männer, die nicht mit ihnen aufgewachsen waren. Nach der Pubertät legten sich die Spannungen zwischen den gemeinsam aufgezogenen Jungen und Mädchen. Die Beziehung wurde geschwisterlich freundlich. Gruppenmitglieder wurden allerdings nicht geheiratet. J. SHEPHER (1983) untersuchte 2769 Ehen von Personen, die im Kibbuz aufgewachsen waren. In keinem Fall hatten sich gemeinsam Aufgewachsene vermählt. Die Gruppenmitglieder betrachteten einander gewissermaßen als Bruder und Schwester, und zwar aufgrund eigener Wahl, ohne jeden äußeren Druck. Da die Kinder ja nicht blutsverwandt waren, hätten die Erwachsenen gegen Heiraten nichts einzuwenden gehabt, vielmehr wären solche innerhalb der Gemeinschaft durchaus erwünscht gewesen. Die Meidung erfolgte, weil die zusammen Aufgewachsenen einander sexuell nicht attraktiv fanden. J. Shepher entdeckte schließlich in seinem großen Datenmaterial 13 Ausnahmen, also Heiraten zwischen im gleichen Kibbuz herangewachsenen Gruppenmitgliedern. Eine genaue Analyse dieser Fälle ergab, daß bei all diesen Ausnahmen eine längere Unterbrechung des »geschwisterlichen« Zusammenlebens vor dem sechsten Lebensjahr nachzuweisen war. Shepher schließt daraus, daß es offenbar vor dem sechsten Lebensjahr eine sensible Periode gibt, in der man lernt, in wen man sich später nicht verliebt. Das paßt gut zu den genannten Beobachtungen von A. P. Wolf. Homosexuelle männliche Zwillinge meiden Inzest mit ihrem ebenfalls homosexuellen Zwillingsbruder. Auch hier gilt, daß gemeinsames Aufwachsen die sexuelle Attraktion füreinander stark reduziert (R. H. Bixler 1983).

Welcher biologische Mechanismus dahintersteckt, ist noch nicht untersucht. A. Kortmulder (1968) und N. Bischof (1972 a, b, 1985) haben dazu einige Vermutungen geäußert. Kortmulder geht von der Beobachtung aus, daß die Paarbildung bei Tieren in der Regel von Aggressionen und Angstreaktionen begleitet wird. Da diese Reaktionen zwischen Familienmitgliedern abgebaut oder gehemmt werden, würde die Beziehung spannungsloser und Paarbildung weniger wahrscheinlich. Aggressive und sexuelle Motivation sind dieser Vorstellung zufolge miteinander verknüpft. Für männliche Wirbeltiere gilt dies als ethologisch erwiesen. Bei Weibchen dagegen steht Aggression der Verpaarung entgegen, nicht aber Furcht, die allerdings ebenfalls dem agonistischen System zuzurechnen ist. A. Kortmulder spricht in diesem Zusammenhang von einer agonalen-sexuellen Motivationsbeziehung (»agonistic sexual arousal link«). N. Bischof geht von der Beobachtung aus, daß Gänsenestlinge einander nicht mehr durch die Reize, die normalerweise Angst und Aggression auslösen, erregen, und meint, dies würde den Neugier- und Explorationstrieb mindern und damit die sexuelle Erregbarkeit reduzieren. Tatsächlich gibt es eine ganze Reihe von Experimenten, die sowohl für Tiere als auch für den Menschen einen positiven Zusammenhang zwischen Aggression und sexueller Erregung nachweisen (siehe Zusammenfassung bei S. Parker 1976, der dazu auch eine neurophysiologische Untersuchung vorlegt). Da im Verlauf der Sozialisation des Menschen in der Familie Aggressionen notwendigerweise gehemmt werden, würde in der Folge auch die damit verbundene sexuelle Erregbarkeit reduziert.

Das ist aber nach meinem Dafürhalten nur ein Teilaspekt, der allein zur Erklärung nicht ausreicht. Es kommt ja noch die sensible Phase dazu. Spätere

Pazifikation stimmt keineswegs generell asexuell. Wir müssen spezifische angeborene Lerndispositionen annehmen. Ohne eine Inzestvermeidung würde die sexuelle Fortpflanzung, die eigens als evolutionsbeschleunigender Mechanismus entwickelt wurde, ad absurdum geführt, da ja die Neukombination verschiedenen Erbgutes unterbliebe. Daß Inzestmeidung wichtig ist, mag aus der Tatsache ersehen werden, daß auch im Pflanzenreich eine Vielfalt von Einrichtungen entwickelt wurde, die dazu dienen, Selbstbestäubung zu verhindern.

Zum Inzesttabu kommen beim Menschen noch Einschränkungen, die festlegen, daß man nur innerhalb einer bestimmten Kaste, Rasse, eines bestimmten geographischen Areals oder eines bestimmten Volkes heiraten darf. Distanz ist in allen Kulturen eine wichtige Ordnungskategorie für Heiratsvorschriften. Weder soll der Heiratspartner Ego zu nahe stehen, noch soll er fremd sein. N. Bischof (1972) drückte diese Beziehungen in einer Graphik aus (Abb. 4.61). Der strichpunktierte Gradient in der Abbildung drückt das mit der Distanz abfallende positiv getönte »Wir-Gefühl« aus. Ginge es allein nach diesem Gradienten, dann wären Mitglieder der Kernfamilie bevorzugte Heiratspartner und Inzest die Regel. Dem wirkt eine andere Kraft entgegen, die in der Abbildung als Exogamie-Gradient, von links nach rechts ansteigend, verläuft. Aus dem Zusammenwirken der beiden Kräfte – symbolisiert durch die Gradienten – ergibt sich eine umgekehrte U-förmige Kurve der Präferenz. Verwandtschafts- und Distanzskalen können kulturell verschieden interpretiert werden, und dementsprechend verschiebt sich der Gipfel

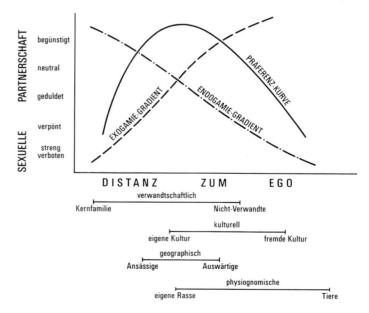

Abb. 4.61: Transkulturell einheitliche Merkmale des Inzesttabus. Aus N. Bischof (1972).

der Präferenzkurve, die auch entsprechend der unterschiedlichen Toleranz verschiedener Kulturen unterschiedlich flach verlaufen kann.

Zusammenfassung 4.6

Während einer sensiblen Periode, die vom Kleinkindalter bis etwa zum 6. Jahr währt, lernen Kinder, in wen sie sich nicht verlieben sollen. Aufgrund eines ihnen offenbar angeborenen Programms entwickeln sie Verpaarungshemmungen jenen gegenüber, mit denen sie während dieser Zeit aufwachsen. Das Inzesttabu hat eine biologische Grundlage, erfährt aber verschiedene kulturelle Ausgestaltung.

4.7 Die Geschlechtsrollen und ihre Differenzierung

Die eheliche Partnerschaft basiert auf Arbeitsteilung. Mann und Frau erfüllen verschiedene Aufgaben; das ist bereits bei Naturvölkern so. Die Rollenverteilung ist zum Teil physiologisch bedingt. Frauen stillen, und bei Naturvölkern sind sie für ein Kind im allgemeinen drei Jahre lang damit beschäftigt. Da eine Frau meist mehrere Kinder aufzieht, ist sie für viele Jahre eng an einen Säugling gebunden, den sie auch umhertragen und pflegen muß. Es leuchtet durchaus ein, daß sie eines gewissen Schutzes bedarf und sich mit ihren Kleinkindern nicht unnötig einer Gefahr aussetzen sollte. In der Tat nehmen in Stammeskulturen Frauen nicht an Kriegszügen teil, und auch das Jagen von Großwild ist Männersache. Männer sind dazu in Körperbau und Physiologie besser angepaßt.

Die konstitutionellen Unterschiede in Körperbau und Physiologie zwischen Mann und Frau sind beachtlich, dennoch liest man, diese Unterschiede seien für die Ausprägung der Geschlechtsrolle von sekundärer Bedeutung und zu überwinden. F. Salzman (1979) schrieb sogar, sie würden nur durch unterschiedliches physisches Training bewirkt; nicht stammesgeschichtliche Anpassungen, sondern die Kultur würde die Geschlechtsrollen definieren und prägen. Bekannt ist die Behauptung Margaret Meads (1935), derzufolge der Mensch das roheste von allen Rohmaterialien sei, das erst durch die Kultur seine Form erhalte. Insbesondere seien jene Persönlichkeitsmerkmale, die wir als weiblich und männlich bezeichnen, mit dem Geschlecht so leicht verbunden wie die Umgangsformen, die Kleidung oder die Kopfbedeckung, die man trägt*.

Die Behauptung wird viel zitiert. Der Biologe liest sie mit einer gewissen

---

* »We may say that many if not all the personality traits which we have called masculine or feminine are as lightly linked to sex as are the clothing, the manners and the form of headdress that a society at a given period assigns to either sex« (M. Mead 1935: 280).

Skepsis, denn seit dem ersten Auftreten der Säuger, also seit mindestens 200 Millionen Jahren, existiert die enge physiologische Einheit von Mutter und Kind, so daß zunächst einmal zu erwarten wäre, daß auch stammesgeschichtliche Anpassungen weibliche und männliche Persönlichkeitsmerkmale und damit auch das geschlechtstypische Verhalten und die Geschlechtsrolle mitbestimmen. Dessen war sich M. MEAD auch durchaus bewußt. Nach ihren ersten, wohl etwas zu starken Formulierungen wies sie in ihrem späteren Werk (1949) darauf hin, daß die Geschlechtsidentität im Kern – sie spricht von »core gender identity« – wohl biologisch determiniert sei, und aus ihren weiteren Erläuterungen geht hervor, daß sie damit Charakteristika des Verhaltens meint.

Sie spricht von einer natürlichen männlichen und weiblichen Disposition des Temperaments, und sie weist in diesem Zusammenhang darauf hin, daß die amerikanische Gesellschaft heute dem Mann nur noch selten emotionell befriedigende Rollen böte, da häusliche Tugenden den Vorrang hätten, d. h. Tugenden wie Geduld, Ausdauer und Beständigkeit, die mehr dem weiblichen Geschlecht zukämen. Die Männer befänden sich daher in einer recht schwierigen Lage, da sie keine Mittel hätten, ihrer biologisch vorgegebenen, aggressiven Schützerrolle oder ihrem Wunsch nach individueller Tapferkeit Ausdruck zu verleihen. Sie schlägt daher vor, die Gesellschaft möge die Aufgaben für Männer so strukturieren, daß sie der männlichen Einsatzbereitschaft für die ihm Nahestehenden Betätigungsmöglichkeiten bieten. Nach ihrer Ansicht gerate jede Gesellschaft, die das natürliche Temperament eines Geschlechts entgegen der Anlage in die Richtung des anderen Geschlechts biege, in Schwierigkeiten. Die Mundugumor würden leiden, weil sie ihre Frauen vermännlichen, und die Arapesh umgekehrt, weil sie ihre Männer verweiblichen. Diese Feststellungen von M. MEAD in »Male and Female« (1949), die ihre Aussagen in »Sex and Temperament« (1935) in ganz wesentlicher Weise ergänzen, werden seltener zitiert, vermutlich weil MEAD hier biologisch denkt, was jenen, die eine biologische Mitbestimmtheit der Geschlechtsrollen leugnen, nicht ins Konzept paßt.

Bevor wir hier auf die Frage der biologischen Grundlagen der verschiedenen Geschlechtsrollen eingehen, seien einige Begriffe erläutert. Der Begriff »Geschlechtsrolle« bezeichnet das für das männliche oder weibliche Geschlecht kulturell als angemessen betrachtete (erwartete oder vorgeschriebene) Verhalten der Geschlechter. Wir verwenden den Begriff hier zunächst in diesem weiteren Sinne und stellen die Frage, ob das kulturell Angemessene auch ausschließlich Ergebnis kultureller Prägung ist.

Innerhalb des geschlechtsrollenspezifischen Verhaltens kann man geschlechtstypische von geschlechtsspezifischen Verhaltensweisen unterscheiden. Geschlechtstypisch sind Verhaltensweisen, die zwar in beiden Geschlechtern vorkommen, aber verschieden häufig. So sind Männer und Frauen aggressiv – die Männer jedoch deutlich aggressiver. Geschlechtsspezifische Verhaltensweisen sind dagegen auf ein Geschlecht beschränkt.

Unser Interesse geht nun dahin, die Geschlechtsunterschiede im Verhalten festzustellen, sie auf ihre Universalität oder Kulturspezifität hin zu prüfen, ihre Entwicklung zu verfolgen und so herauszubekommen, welche Faktoren für die Herausbildung der Geschlechtsunterschiede verantwortlich sind. Schließlich gilt es, die Unterschiede als Anpassungen zu verstehen und damit die eigentliche Ursache ihrer Existenz aufzudecken.

Untersuchen wir kulturenvergleichend, welche Aufgaben Männer und Frauen erfüllen, dann lassen sich deutliche Unterschiede nachweisen. Als typisch männlich gilt das Jagen auf Großwild und die Verteidigung der Gruppe. Es gibt keine Stammeskultur, in der Frauen Kriege führen. So »fortschrittlich« wurde der Mensch erst im technischen Zeitalter.

Frauen obliegt, wie erwähnt, dagegen in erster Linie die Versorgung der Säuglinge und Kleinkinder und die Führung des Haushaltes. In den Wildbeuterkulturen sammeln vor allem die Frauen die Feldkost*. Darüber hinaus gibt es viele Bereiche, in denen Männer und Frauen zusammenwirken, so bei der Feld- und Gartenarbeit, wobei die schweren körperlichen Arbeiten, wie das Roden, von Männern übernommen werden. In solchen Gesellschaften tragen Frauen und Männer arbeitsteilig ökonomisch gleich viel bei. Man kann von ökonomischer Egalität sprechen. Sie bedeutet aber nicht notwendigerweise auch soziale Egalität.

Bei den !Kung-Buschleuten der Kalahari, die oft als egalitär beschrieben wurden und dabei als Modell für die ursprünglichen Verhältnisse dienten, haben die Männer die Oberhand, obgleich die Frauen ökonomisch gleich viel wie die Männer beitragen. Nach MARJORIE SHOSTAK (1982) haben Männer öfter als Frauen Stellen von Einfluß inne – als Sprecher für die Gruppe, als Heiler –, und diese Autorität über viele Aspekte des !Kung-Lebens wird von Männern und Frauen gleicherweise akzeptiert. Allerdings findet man nicht die extreme Subordination der Frau, die manche moderne Kulturen auszeichnet. Es handelt sich eher um Dominanz in verschiedenen Bereichen. !Kung-Frauen entscheiden z. B. in allen Angelegenheiten, die ihre Kinder betreffen. Man kann natürlich davon sprechen, daß sie 90 Prozent der »Last« der Kinderbetreuung tragen. Man kann aber auch sagen, daß sie zu 90 Prozent für das Wohl ihrer Kinder sorgen. Dazu kommt noch der ökonomische Beitrag ihres Sammelns. Die Frau entscheidet nach SHOSTAK, wem sie was von dem Gesammelten abgibt. Beim reziproken Geschenketausch (Xharo) spielen die Frauen eine ebenso wichtige Rolle wie die Männer.

Was Männer tun, findet jedoch etwas mehr allgemeine Anerkennung. SHOSTAK (1982 : 243) schreibt, daß die meiste gesammelte Nahrung mit Ausnahme der Mongongo-Nüsse als »things comparable to nothing« (»so gut wie nichts«) beschrieben werde, während Fleisch mit Nahrung gleichgesetzt wird. »Squeals of delighted children may greet women as they return from gathering, but when men walk into the village balancing meat on sticks held high on their shoulders,

---

* Feldkost = Wildwachsende Gemüse, Wurzeln, Knollen und Früchte.

everyone celebrates, young and old alike.«* Margaret Mead schrieb 1949, daß in jeder uns bekannten Gesellschaft das Bedürfnis des Mannes nach Erfolg festgestellt werden kann. Ein Mann mag kochen, weben, Puppen bekleiden oder Kolibris jagen. Wenn die Gesellschaft das für eine adäquate Tätigkeit des Mannes hält, schreibt Mead, dann definiert sie sie auch als bedeutend. Wenn die gleichen Tätigkeiten dagegen von Frauen ausgeübt werden, dann werden sie als weniger wichtig angesehen. Die !Kung-Buschleute machen da keine Ausnahme:

»Unfortunately, though the !Kung are not the exception they first appear to be. !Kung women do have a formidable degree of autonomy, but !Kung men enjoy certain distinct advantages, in the way the culture values their activities, both economic and spiritual, and in the somewhat greater influence over decisions affecting the life of the group« (M. Shostak 1982 : 243).**

Bei den Enga in Neuguinea erringen die Männer Status und Wohlstand durch den zeremoniellen Austausch von Schweinen, die vorwiegend von den Frauen aufgezogen werden (P. Wiessner, persönliche Mitteilung). Bei den im westlichen Bergland von Neuguinea lebenden Eipo sind Netze wichtige Handelsware; sie werden von Frauen hergestellt. Die Männer schmücken sich mit besonders großen Netzen zum Tanz, stellen sich also über die Leistung ihrer Frauen dar. Es wäre aber ein flüchtiger Schluß, würde man daraus folgern, sie schmückten sich »mit fremden Federn«. Sie stellen ja die Leistung der Frau zur Schau, mit der sie eine gute Partnerschaft verbindet. Es handelt sich also auch um eine Form der Anerkennung.

Vielleicht gibt es so etwas wie eine androgeninduzierte Appetenz nach Anerkennung. Ich vermute es. Wir wissen, daß Erfolg den Androgenspiegel des Mannes anhebt – und zwar unmittelbar (S. 431 f.). Das legitimiert aber nicht den Familientyrannen. Ich nehme an, daß diese krasse Ausdrucksform männlichen Dominanzstrebens zur Pathologie der modernen Gesellschaft gehört, die einen Mann mit vielen Frustrationen in einer Kernfamilie zurückläßt, die alles auffangen muß, was früher in der Kleingruppe im Rangstreit der Männer und vor allem im Einsatz bei der Verteidigung der Gruppe nach außen verarbeitet wurde.

Wohl im Zusammenhang mit der territorialen Verteidigung übernehmen die Männer in der Regel die Vertretung der Gruppe nach außen. Meist regeln sie die politischen Beziehungen zwischen Gruppen und haben im Zusammenhang damit auch die Vermittlerrolle zu den höheren Mächten im religiösen Bereich. Auch das

---

* »Wenn die Frauen vom Sammeln zurückkommen, werden sie von den Schreien begeisterter Kinder begrüßt, aber wenn die Männer ins Dorf zurückkommen, auf ihren Schultern Stangen mit Fleisch balancierend, feiern alle, alt und jung.«

** »Unglücklicherweise jedoch sind die !Kung nicht die Ausnahme, die sie zunächst zu sein scheinen. !Kung-Frauen haben ein ganz erstaunliches Ausmaß an Autonomie, aber die !Kung-Männer genießen bestimmte Vorteile, und zwar auch gemessen daran, wie ihre Aktivitäten in dieser Kultur selbst eingeschätzt werden, sowohl in ökonomischer als auch in geistiger Hinsicht, und darin, daß sie einen größeren Einfluß als Frauen haben auf Entscheidungen, die das Leben der ganzen Gruppe betreffen.«

ist in gewisser Hinsicht eine Auseinandersetzung an der Außenfront. Allerdings wirken im religiösen Bereich oft auch die Frauen mit.

Das gilt im Grunde auch für die sogenannten mutterrechtlichen Kulturen. Dort bestimmen die Männer der mütterlichen Linie im wesentlichen das politische Geschehen. Die Nayar in Malabar (Südindien) sind durch Mutterfolge und Gemeineigentum der mütterlichen Sippe, das über die weibliche Linie vererbt wird, gekennzeichnet. Sie waren kriegerisch, und Frauen hatten keinerlei politischen Einfluß. Sie konnten nicht einmal über ihr Eigentum frei verfügen. Die wirtschaftliche Leitung und die Vertretung der Sippe nach außen lag in den Händen älterer Männer, meist des Mutterbruders einer älteren Frau der Sippe (H. ZINSER 1981). Es ist uns keine mutterrechtliche Kultur bekannt, bei der die Frauen diese traditionellen Männerrollen übernommen hätten.

Hat man einmal diese unterschiedliche Rollenverteilung festgestellt, dann kann man sich fragen, wie sich diese als Anpassung bei den verschiedenen Stammeskulturen entwickelte und ob diese Angepaßtheit in der heutigen industriellen Großgesellschaft noch gegeben ist. Ferner ist zu untersuchen, wie bei dieser unterschiedlichen Rollenzuteilung kulturelle und allfällige stammesgeschichtliche Anpassungen zusammenwirken.

Es könnte ja durchaus sein, daß manche der überlieferten Normen des Geschlechtsrollenverhaltens, gleich ob sie nun kulturell oder biologisch begründet sind, sich in unserer heutigen Gesellschaft nicht mehr als »angepaßt« erweisen. Die moderne Frauenbewegung stellt einige dieser Normen, wie etwa die der männlichen Dominanz, wie mir scheint, zu Recht in Frage, schießt aber in anderen Bereichen vermutlich über das vernünftig Einsehbare hinaus. Im Zusammenhang damit muß die Frage gestellt werden, für welche der vielseitigen Anforderungen, die das Leben uns im sozialen und nicht-sozialen Bereich stellt, Frauen oder Männer besondere Anlagen mitbringen. Nicht weil wir solchen biologischen Anlagen in jedem Falle notwendigerweise nachgeben müssen, wohl aber weil es gelegentlich vernünftig und auch im Einklang mit unseren humanitären Idealen sein kann, in Teilbereichen auf solche Anlagen Rücksicht zu nehmen.

Bei allen diesen Erwägungen muß man sich darüber im klaren sein, daß es sich dabei nicht allein um eine Diskussion zwischen Mann und Frau handelt, sondern daß das Kind als Dritter im Bunde Ansprüche stellt, denen Priorität zuerkannt werden muß. In der Frauenbewegung gibt es Ansätze zu einem Extremismus, der darauf keine Rücksicht nimmt und kritiklos eine Mimikry männlichen Verhaltens anstrebt. Eine solche Abwertung der traditionellen Frauenrolle bedeutet, daß Frauen sich dem Ideal der Männer unterwerfen und damit letztlich die männliche Dominanz, von der sie loskommen wollen, zementieren. Daß z.B. einige Vertreter der Frauenbewegung dafür eintreten, auch Frauen zum Wehrdienst einzuziehen, ist in meinen Augen nicht als Fortschritt in der humanitären Entwicklung zu werten, und ich wage zu bezweifeln, daß solche »Emanzipation« die Stellung der Frau in der Gesellschaft verbessert.

Die meisten Untersuchungen über Unterschiede im Verhalten der Geschlechter wurden an weißen Kindern und Jugendlichen in den USA und Europa durchgeführt (Zusammenfassung bei E. E. MacCoby und C. N. Jacklin 1974). Bereits neugeborene Jungen sind unruhiger als Mädchen (S. Phillips und Mitarbeiter 1978, J. Feldman und Mitarbeiter 1980), und vom 3. Lebensjahr ab sind Jungen generell körperlich aktiver als Mädchen. Mädchen lächeln als Neugeborene öfter als Buben spontan mit geschlossenen Augen und später auch öfter kommunikativ (intendiertes Lächeln).

In einer quantitativen Erhebung altruistischen Verhaltens an 279 nordamerikanischen Schulkindern erwiesen sich Mädchen eindeutig hilfsbereiter als Buben. Die Verhaltensbeobachtungen stimmten mit unabhängig erhobenen Bewertungen durch die Lehrer überein (C. C. Shigetomi und Mitarbeiter 1981).

Jungen erweisen sich allgemein als aggressiver als Mädchen. Bereits mit 2 bis 2½ Jahren sind Jungen in Wort und Tat aggressiver als Mädchen (B. B. Whiting und C. P. Edwards 1973, E. E. MacCoby und C. N. Jacklin 1974). T. Tieger (1980) wandte sich gegen die Aussage, daß Männer biologisch mehr zu aggressivem Verhalten disponiert seien als Frauen. Die Argumentation ist jedoch recht unkritisch. Unter anderem wird die alte Geschichte von der angeblichen Friedfertigkeit der Schimpansen aufgewärmt, die nun wirklich seit Anfang der siebziger Jahre als überholt gelten kann (S. 457). J. MacCoby (1980) hat T. Tieger geantwortet und an weiteren Erhebungen belegt, daß die Unterschiede im aggressiven Verhalten von Buben und Mädchen schon sehr früh deutlich werden. Das zeigt auch der Kulturenvergleich (Th. S. Weisner 1979).

Ältere Jungen zeigen einen höheren Grad körperlicher Aktivität als Mädchen (J. H. Block 1976). Jungen entfernen sich weiter von ihrer Mutter, ihrem Spielzimmer, Elternhaus oder Spielplatz und erweisen sich damit als unabhängiger als Mädchen, die eine größere körperliche Nähe zur Mutter halten und sich weniger weit von zu Hause entfernen. 12 bis 36 Monate alte Buben trennten sich von ihren Müttern in einem Park öfter als Mädchen gleichen Alters (R. C. Ley und J. E. Koepke 1982). Die größere Unabhängigkeit von Jungen ist bei Londoner Kindern und Kindern von !Kung-Buschleuten grundsätzlich gleich (N. G. Blurton-Jones und M. J. Konner 1973, P. Draper 1976). Das mag auf größere Ängstlichkeit oder Vorsicht der Mädchen zurückzuführen sein. Nach Fragebogenerhebungen schätzen sich Mädchen ab dem 8. Lebensjahr als ängstlicher ein (E. E. MacCoby und C. N. Jacklin 1974). Für eine höhere Angstmotivation spricht auch das ausgesprochen ambivalente Verhalten bei Kontakt mit Fremden (Kap. 4.2). Grundsätzlich scheinen Mädchen und Frauen weniger risikobereit als Männer, was sich in manchen Berufen in der Konkurrenz mit Männern nachteilig auswirkt (E. C. Arch 1993).

Buben im Kindergartenalter sind an neuem Spielzeug mehr interessiert als Mädchen (A. D. Daldry und P. A. Russell 1982). Zu Hause spielen 12 bis 24 Monate alte Buben mehr mit Spielfahrzeugen als Mädchen, sie erklettern öfter

Stühle und untersuchen die Einrichtung, und zwar gegen die Ermahnungen der Eltern, die wohl befürchten, die Buben könnten sich verletzen (P. K. Smith und L. Daglish 1977).

In gemischten Kindergruppen nehmen Jungen vom 4. Lebensjahr an im allgemeinen eine höhere Rangstellung ein als Mädchen, und sie imponieren mehr (B. Hold 1974, 1976, 1977), doch gibt es Ausnahmen, da abgeleiteter Rang eine große Rolle spielt. Ist ein Mädchen einer Gruppe z. B. die Tochter der Lehrerin oder Kindergärtnerin, dann leitet sich aus dieser Beziehung oft eine hohe Rangstellung ab.

Verbale Fähigkeiten sind bei Mädchen vom 11. Lebensjahr ab im allgemeinen stärker ausgeprägt. Mädchen sind im allgemeinen gehorsamer, sie befolgen Vorschläge von Erwachsenen häufiger als Jungen. Die räumliche Orientierung ist bei Jungen ab dem 11. Lebensjahr besser ausgeprägt (H. A. Witkin und Mitarbeiter 1967).

Kinder zeigen bereits im Vorschulalter eine deutliche Neigung, sich mit gleichgeschlechtlichen Spielpartnern zu Spielgruppen zu vereinen (E. Goodenough-Pitcher und L. Hickey-Schultz 1983). Das mag einerseits mit einer gewissen Scheu vor dem anderen Geschlecht zusammenhängen. In einer Versuchsreihe von G. A. Wasserman und D. N. Stern (1978) hielten Kinder beiderlei Geschlechts vom andersgeschlechtlichen Partner jeweils einen weiteren Abstand ein, und sie wandten sich auch häufiger von diesem ab. Vor allem aber dürften unterschiedliche Interessen die Kinder zusammenführen. Auch in dieser Hinsicht finden wir bei den Buschleuten der Kalahari ähnliche Verhältnisse wie bei uns, was deshalb bemerkenswert ist, da es sich hier um eine Jäger- und Sammlerkultur handelt, die keineswegs auf eine Polarisierung der Geschlechterrolle hin erzieht. Kinder könnten hier ebensogut in gemischtgeschlechtlichen Gruppen spielen, und sie tun dies auch, ziehen aber gleichgeschlechtliche Spielpartner vor.

Nach den Erhebungen von H. Sbrzesny (1976) an den !Ko-Buschleuten bestanden von 126 Spielgruppen 60 (47,6 Prozent) nur aus Jungen, 48 (38,1 Prozent) nur aus Mädchen und 18 (14,3 Prozent) aus Buben und Mädchen.

Eine Auszählung der Spielaktivitäten der Buschmannkinder ergab deutliche Geschlechtsunterschiede (Tab. 4.6).

Daß die Interessen der Buschmannkinder geschlechtstypisch unterschieden sind, ergab auch eine andere Erhebung. Kurz bevor H. Sbrzesny ihre Arbeit an diesen Buschleuten beendete, hatte die neuseeländische Lehrerin Liz Wiley im Rahmen eines Entwicklungsprojektes mit der Unterrichtung der !Ko-Kinder begonnen. Unter anderem durften die Kinder zeichnen, was immer sie wollten. Die Auswertung der Zeichnungen durch H. Sbrzesny ergab auffällige Unterschiede in der Präferenz des Dargestellten. Die etwas gekürzte Übersicht basiert auf der Auswertung von 556 Jungenzeichnungen und 610 Mädchenzeichnungen.

Die unterschiedlichen Interessen spiegeln sich in den Zeichnungen wider. Nun

Prozentuale Verteilung von 93 registrierten Jungenspielen:

spielerisches Verfolgen, Sich-Balgen	17	18,28%
Experimentierspiele	40	43,01%
Kampf- und Wetteiferspiele (Regelspiele)	14	15,05%
Tanz	2	2,15%
sonstige Spiele (Bewegungsspiele, Ballspiele, Seilspringen, Sandspiele)	20	21,51%
	n=93	

Prozentuale Verteilung von 76 registrierten Mädchenspielen:

Melonentanzspiel	39	51,32%
Melonensteinspiel (ein Geschicklichkeitsspiel, das alleine gespielt wird)	16	21,05%
spielerisches Verfolgen	3	3,94%
Experimentierspiele	4	5,26%
sonstige Spiele (Mutter-Kind-Spiele, Ballspiele, Sandspiele, Seilspringen)	14	18,22%
	n=76	

Tab. 4.6

Dargestellter Gegenstand	Jungen%	Mädchen%
Tiere der Horde und des Busches	29,8	10,2
Blumen	8	23,7
technische Geräte	19,5	1,5
Hütten	9,5	23,6
Mann	15,4	4,9
Frau	3,5	21,8
»Mensch« (Geschlecht nicht identifizierbar)	5	3,7

Tab. 4.7

kann man eine Reihe von Unterschieden durchaus damit erklären, daß die Kinder sich in ihrem Interesse bereits an der Erwachsenenrolle als Vorbild orientieren. Daß Männer vor allem jagen, könnte der Grund sein, weshalb die sich an ihrem Vorbild orientierenden Jungen vor allem Tiere zeichnen. Bemerkenswert ist in diesem Zusammenhang aber das in den Zeichnungen zutage tretende, deutlich unterschiedliche Interesse an den von uns und dem Entwicklungsprojekt einge-führten und benützten technischen Geräten, die der Buschmannkultur fremd sind. Hier gab es keine Vorbilder und Tabus, denen die Kinder hätten folgen können. Niemand hätte den Mädchen etwa nahegelegt, sich weniger mit solchen Dingen zu befassen. Sie interessierten sich genuin weniger für solche Objekte. Auf die in diesem Zusammenhang sehr bemerkenswerten Beobachtungen über die Spiele der egalitär erzogenen Kibbuzkinder werden wir noch eingehen (S. 398).

Viele der geschlechtstypischen Unterschiede manifestieren sich erst mit dem Beginn der Pubertät. A. Degenhardt und H. M. Trautner (1979) haben sie in einer Tabelle zusammengefaßt, die wir hier übernehmen:

	weiblich	männlich
kognitiver Bereich	verbale Fähigkeiten Wahrnehmungsgeschwindigkeit Wahrnehmungsgenauigkeit	quantitative Fähigkeiten räumliche Wahrnehmung
sozialer Bereich	Konformität Personenorientiertheit sozialbezogene Interessen	Vertrauen in die eigene Leistung Berufsorientiertheit sachorientierte Interessen
Selbstbild	interaktionsbezogen	machtbezogen

Tab. 4.8: Geschlechtstypische Unterschiede zur Zeit der Adoleszenz.

Die in dieser Zeit sozialbezogenen Interessen der Mädchen äußern sich u. a. in deren Wünschen nach Kontakt mit Mitmenschen und dem Bedürfnis nach Geborgenheit in der Gruppe. Weibliche Jugendliche nennen als ihre wichtigsten Probleme dementsprechend persönliche, zwischenmenschliche und familiäre. Jungen dagegen geben schulische und finanzielle Probleme an (J. P. Adams 1964). Und zum Unterschied zu den sozial orientierten Selbstbildern der Mädchen und jungen Frauen sind die Selbstkonzepte der Jungen und männlichen Erwachsenen macht- und stärkeorientiert (E. E. MacCoby und C. N. Jacklin 1974). Erhebungen in amerikanischen Schulklassen ergaben, daß Mädchen exklusivere Freundschaften bilden als Jungen. Ihre Dyaden sind Dritten gegenüber geschlossener, ebenso ihre Triaden (D. Eder und M. T. Hallinan 1978). Mädchen neigen ferner über einen längeren Zeitraum dazu, zur isolierten Dyade zurückzukehren. Die Jungen sind weniger exklusiv, was soziales Zusammenspiel vor allem bei Kampf- und Wetteiferspielen erleichtert. In die Klasse eintretende Neulinge werden von Jungen schneller aufgenommen. Vielleicht spiegelt sich hier, was L. Tiger (1969) als Unterschied zwischen männlicher und weiblicher Gruppenbildung hervorhob. Die Neigung der Männer, größere Gruppen zu bilden, geht nach Tiger auf eine stammesgeschichtlich entwickelte Disposition zurück, die als Anpassung an gemeinschaftliches Kämpfen und Jagen zu verstehen ist. Das darf natürlich nicht dahingehend interpretiert werden, als gäbe es kein »female bonding«. Aber es könnte sein, daß dieses mehr kleingruppenorientiert ist, was natürlich nicht ausschließt, daß Mädchen gesellige größere Spielgruppen bilden. Geselligkeit und Freundschaft kann man nicht gleichsetzen.

Erwachsene Männer zeichnen sich durch einen kräftigen Knochenbau aus. Insbesondere der Schultergürtel ist kräftiger entwickelt als bei Frauen. Das befähigt sie zu großen Kraftleistungen beim Werfen, Pfeilschießen und Ringen und prädestiniert sie damit für Jagd und Kampf. Die längeren Beine und die Art der Eingelenkung ihrer Oberschenkel in die Hüften befähigt Männer zu hohem Kräfteeinsatz und schneller Fortbewegung im Gelände. Frauen bereitet insbesondere das schnelle Abwärtslaufen Schwierigkeiten. Dagegen haben die Frauen durch den Besitz des doppelten X-Chromosoms einen genetischen Vorteil. Bluterkrankheit und Farbenblindheit treten nur beim Mann auf. Außerdem sind Männer gegen Infektionskrankheiten anfälliger. Grundsätzlich ist die Männersterblichkeit höher als die der Frauen. So kommen nach der Empfängnis 125 bis 135 männliche Embryonen auf 100 weibliche. Bei der Geburt ist das Verhältnis bereits 106 : 100. Zu der größeren Lebensfähigkeit des weiblichen Organismus kommt noch die geringere Unfallrate, die wohl auf die geringere Risikobereitschaft zurückgeht. In der DDR verunglückten z. B. zwischen 1962 und 1966 3905 Jungen und 1319 Mädchen (H. DANNHAUER 1973).

Mitteleuropäische Frauen sind im Durchschnitt um 10 cm kleiner und 10 kg leichter als gleichaltrige Männer. Der Anteil der Muskelmasse ist beim Mann mit 35 kg größer als bei Frauen, deren Muskelmasse etwa 23 kg beträgt. Die relative Kraftleistung der Muskeln ist bei der Frau geringer, was auf unterschiedliche chemische Zusammensetzung der Muskelfasern zurückzuführen ist. Insgesamt besitzt die Frau 30–40 Prozent weniger Muskelkraft als der Mann. Das ist auch der Grund, weshalb man bei sportlichen Wettbewerben Frauen und Männer getrennt wetteifern läßt. Der Grundumsatz der Frau ist niedriger als der des Mannes. Es gibt ferner Unterschiede im Sauerstoffaufnahmevermögen (größere Anzahl von roten Blutkörperchen pro cm^3 und größere Lungenkapazität beim Mann, Unterschiede im Herzvolumen, Herzgewicht, in der Blutzusammensetzung, Atmungstechnik und anderem mehr). All dies wirkt sich bei körperlichen Kraftleistungen als Leistungsvorteil des Mannes aus (H. DANNHAUER 1973, A. ANASTASIE 1958), und das macht verständlich, warum Männern vor allem die Aufgabe der Gruppenverteidigung und Jagd zufällt. Auch ihre rasch aggressive Erregbarkeit macht sie kampfbereiter.

R. AMTHAUER (1966) erfaßte die »Intelligenzstruktur« von jeweils 1000 Personen männlichen und weiblichen Geschlechts, indem er in neun Aufgabengruppen folgende Leistungen prüfte: Satzergänzung (SE) – »Urteilsbildung«; Wortauswahl (WA) – »Sprachgefühl«; Analogien (AN) – »Kombinationsfähigkeit«; Gemeinsamkeiten (GE) – »Abstraktionsfähigkeit«; Merkaufgaben (ME) – »Merkfähigkeit«; Rechenaufgaben (RA) – »praktisch-rechnerisches Denken«; Zahlenreihen (ZR) – »induktives Denken mit Zahlen«; Figurenauswahl (FA) – »Vorstellungsfähigkeit«; Würfelaufgaben (WÜ) – »räumliches Vorstellenkönnen«.

Bei diesen Aufgaben werden niemals völlig scharf umrissene Einzelfunktionen geprüft, weshalb sie in Anführungsstrichen erscheinen. Die Richtung ist jedoch klar. Es ergaben sich bei solchen Untersuchungen Leistungsprofile, die für Einzelpersonen und Personengruppen aufgestellt werden können. So zeigt sich, daß technische Handwerker, Ingenieure und Diplom-Ingenieure trotz eines unterschiedlichen Niveaus der Leistungen höhere Leistungen in den nicht-sprachgebundenen Bereichen RA, ZR, FA und WÜ gemeinsam haben (Abb. 4.62).

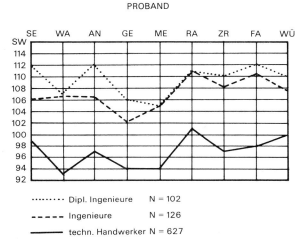

Abb. 4.62: Schaubild zum Vergleich der Intelligenzstruktur in technischen Berufen (Erläuterungen und Zeichenerklärung im Text). Nach R. AMTHAUER (1966).

Auch die Leistungen in der Kombinationsfähigkeit (AN) sind gegenüber der sprachlichen Begriffsbildung (GE) deutlich höher. Für die Praxis der Berufsberatung sind solche Begabungsprofile aufschlußreicher als die übliche Messung der Intelligenzquotienten. Menschen mit gleichem Intelligenzquotienten können ja sehr unterschiedliche Begabungen haben.

AMTHAUER ermittelte nun an je 1000 ohne Auslesegesichtspunkte gewählten weiblichen und männlichen Personen das Mittel der Standardwerte für alle Aufgabengruppen im Intelligenzstrukturtest, bestimmte danach das arithmetische Mittel dieses Standardwertes und gab nun für jede einzelne Aufgabengruppe die Abweichung von diesem Mittel an. Die vorhandenen Niveauunterschiede wurden dadurch ausgeklammert. Die Abbildung 4.63 zeigt deutliche Unterschiede in der Begabung. Frauen sind im sprachlichen Bereich und besonders in den Aufgabenbereichen Abstraktionsfähigkeit und Merkfähigkeit den Männern überlegen, in den Rechenaufgaben, der Vorstellungsfähigkeit und insbesondere im räumlichen Vorstellungsvermögen unterlegen. Stellt man der nicht ausgelesenen Frauengruppe eine entsprechende Anzahl von männlichen Personen gegenüber, die in technischen Berufen tätig sind, dann gehen die Profile eindeutig auseinander – sie sind geradezu bilateral symmetrisch. Das Begabungsprofil der in technischen Berufen Tätigen ist dem der Frauen genau entgegengesetzt, was die geringe Vertretung von Frauen in diesen Berufen erklärt (Abb. 4.64).

Die Überlegenheit der Frauen im Sprachlichen ist auch in zahlreichen amerikanischen Untersuchungen gefunden worden. Amerikanerinnen lernen schneller

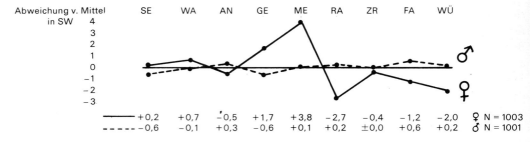

Abb. 4.63: Die Unterschiede der Geschlechter in der Intelligenzstruktur. Beide Gruppen wurden ohne Auslesegesichtspunkte alphabetisch aus einer großen Kartei ausgewählt. Nach R. AMTHAUER (1966).

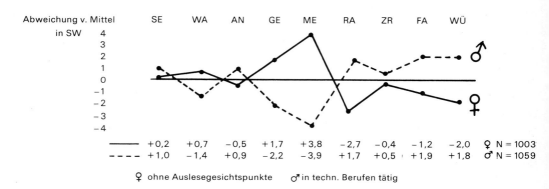

Abb. 4.64: Die Unterschiede der Geschlechter in der Intelligenzstruktur. Die Frauen wurden ohne Auslesegesichtspunkte alphabetisch ausgewählt. Zum Vergleich wurden Männer mit technischen Berufen aus einer großen Kartei getestet. Nach R. AMTHAUER (1966).

sprechen, ihr Wortschatz wächst schneller, sie schreiben in der Schule längere Aufsätze und verwenden einen größeren Wortschatz. Sprechstörungen sind bei Buben mehr als doppelt so häufig wie bei Mädchen. Interessanterweise schlagen sich die in Tests festgestellten Unterschiede in Rechen-Denkaufgaben, bei denen Buben besser abschneiden, in den Schulzeugnissen nicht nieder. Den Noten zufolge sind Mädchen generell in allen Leistungen besser, vermutlich weil sie sich sprachlich besser auszudrücken vermögen.

Deutliche Unterschiede in der mathematischen Begabung zeigten auch die in großem Umfange durchgeführten Erhebungen von C. P. BENBOW und J. STANLEY (1980, 1983). Von der Pubertät an sind Jungen den Mädchen in mathematischen Leistungen deutlich überlegen. Die Genannten fanden keinerlei Hinweise auf Umweltvariable, die für diese unterschiedliche Begabung verantwortlich gemacht werden können (siehe auch M. WITTIG und A. PETERSEN 1979).

Das weibliche Hirn zeigt eine etwas weniger starke hemisphärische Spezialisierung als das männliche (J. LEVY 1972). Außerdem ist bei Frauen das die Hemisphären verbindende Corpus callosum dicker, vor allem im hinteren Teil, der die Bereiche für visuelle Informationsverarbeitung verbindet. Abgesehen von diesen anatomischen Unterschieden weisen die Untersuchungen an Hirnverletzten auf funktionelle Unterschiede hin. So wird die rechte Hirnhälfte von Frauen auch für das Sprechen eingesetzt, und linkshirnverletzte Frauen können daher umlernen. Innerhalb der linken Hemisphäre hat bei Frauen die Sprache eine größere Nähe zur Bewegungssteuerung im vorderen Teil, bei Männern zur visuell-räumlichen Steuerung im hinteren Teil (D. KIMURA 1992, S. F. WITELSEN und D. L. KIGAR 1988). Frauen können besser als Männer verbale und nichtverbale Informationen integrieren. Sprache ist für sie ein soziales Kommunikationsmittel, bei Männern mehr ein Mittel analytischen Denkens.

Die Sprache von Mann und Frau unterscheidet sich dementsprechend im syntaktischen Aufbau. Italienerinnen verwenden eine Vielzahl von Einfügungen, die Zweifel ausdrücken, machen weniger ausdrückliche Feststellungen und verwenden viel indirekte Rede. Viele Sätze bleiben unbeendet. »Women use a series of non-verbal means of communication which fit in with what we defined as ›natural rhetoric‹ of their linguistic behaviour; we could say that women use pathos, persuasion appealing to the emotions, where men use logos, persuasion based on logical argumentation« (G. ATTILI und L. BENIGNI 1979)[*]. J. DURDEN SMITH und D. DESIMONE (1983 : 59) meinen, die Frau sei generell auf gesteigerte Kommunikationsfähigkeit selektiert worden: »Women are communicators and men are takers of action.«[**] Als Friedensstifter, Fürsorger und soziale Vermittler seien die Frauen sozial verfeinerter, raffinierter als der Mann, der als einsamer Jäger porträtiert wird und der dank stärkerer Lateralisation weniger verbalen Zugang zu seinen Emotionen habe.

Das ist sicher etwas grob gezeichnet. Es dürfte zutreffend sein, daß Männer in anderer Weise kommunizieren. Sie regeln an der Außenfront die Beziehungen zwischen Gruppen und damit auch den ritualistisch-kulturellen Sektor der Beziehungspflege. Ich erinnere nur an die komplizierten Kontraktgesänge der Yanomami, die Bündnisse bekräftigen, oder an die Streitgespräche. Männliches Werben findet ferner differenzierten Ausdruck in Gedicht und Lied.

Die eher ganzheitliche Organisation des weiblichen Hirns macht es weniger störanfällig. Das bessere räumliche Vorstellungsvermögen und die entsprechende rechtshemisphärische Spezialisierung des Mannes entwickelten sich wohl im Zusammenhang mit der Jagd, die ein genaues Abschätzen von Richtung und

---

[*] »Frauen verwenden eine Reihe von nichtverbalen Kommunikationsmitteln. Dies paßt genau zu dem, was wir als ›natürliche Rhetorik‹ ihres sprachlichen Verhaltens definierten. Wir können also sagen, daß Frauen Pathos und Überzeugungskraft einsetzen, indem sie an die Gefühle appellieren, während Männer Logos, Überzeugungskraft auf der Basis von logischer Argumentation anwenden.«

[**] »Frauen sind Kommunizierende, und Männer sind Handelnde.«

Entfernung erfordert. In der Fähigkeit, geometrische Figuren in verschiedenen Raumlagen wiederzuerkennen, erweisen sich Männer den Frauen überlegen. Frauen mit hohem Testosteronspiegel schneiden dabei besser ab als solche mit niedrigem. Dieser Befund ist jedoch nicht auf Männer übertragbar, denn dort sind es jene mit niedrigem Testosteronspiegel, die ein besseres Transponiervermögen zeigen*. In der Fähigkeit, Änderungen in der räumlichen Anordnung von Objekten wahrzunehmen und Objekte wiederzuerkennen, sind Frauen dagegen weitaus besser als Männer (I. SILVERMAN und M. EALS 1991, M. EALS und J. SILVERMAN 1994). Legt man Männern und Frauen ein Bild mit einem bestimmten Arrangement von Objekten vor und danach andere, in denen die Lage der Objekte geändert oder weitere Objekte hinzugefügt wurden, dann werden die Änderungen von Frauen schnell identifiziert (Abb. 4.65); Männer schneiden bei diesem Test schlechter ab. Auch in der natürlichen Situation zeigen Frauen ein besseres Orts- und Objektgedächtnis. Läßt man sie für kurze Zeit in einem Raum und befragt man sie dann nach Einrichtung und Lage der Objekte, so können sie darüber gut Auskunft geben, auch wenn ihnen nicht eigens gesagt wurde, während des Aufenthaltes im Versuchsraum darauf zu achten. Sie behalten zufällig im Vorbeigehen Wahrgenommenes, und das könnte die Frau für die Sammeltätigkeit in besonderer Weise prädestinieren. Schon Mädchen im vorpubertären Alter haben ein besseres Objektgedächtnis als Buben. Ihr Ortsgedächtnis ist dagegen erst nach der Pubertät dem der Buben überlegen. Stellt man rechtshändigen Knaben und Mädchen die Aufgabe, ohne visuelle Hilfe Objekte mit der Hand zu identifizieren, dann zeigt sich, daß Mädchen das mit beiden Händen gleich gut können, daß Knaben dagegen mit der Linken besser sind. Sie verarbeiten offenbar räumlich-visuelle Informationen in der rechten Hemisphäre (S. WITTELSON 1978).

Frauen sind gegen Berührungen empfindlicher, und die Feinmotorik ihrer Hände (Fingerfertigkeit) ist besser als beim Manne (D. McGUINNESS 1981, D. McGUINNESS und K. H. PRIBRAM 1979). Die Genannten stellten auch Unterschiede in der Art des Informationserwerbs und der Problemlösungen fest. Männer sind z. B. mehr an Regeln gebunden und weniger sensitiv, wenn es um Umweltvariable geht. Sie sind mehr »single minded«, konzentrierter und können besser durchhalten. Eine Untersuchung zur Berufsmotivation von Ingenieurstudenten und -studentinnen ergab, daß den Männern das Konstruieren an sich wichtig ist. Frauen sehen ihre Arbeit mehr in gesellschaftlichen und Umweltzusammenhängen.

In der Anfälligkeit für bestimmte Arten von Verhaltensstörungen gibt es deutliche Geschlechtsunterschiede. Autismus, Hyperaktivität, Dyslexia und Stottern findet man häufiger bei Männern als bei Frauen. Männer neigen auch mehr

---

* Männer mit hohem Testosteronspiegel haben auch beruflich weniger Erfolg (J. M. DABBS 1992).

Abb. 4.65: a) Das von I. Silverman und M. Eals den männlichen und weiblichen Testpersonen vorgelegte Bild und die durch Änderung der Objektanordnung (b) variierte Version. Aus I. Silverman und M. Eals (1991).

zu Gewaltverbrechen. Depression und Hysterie sind dagegen bei Frauen verbreiteter.

Weitere auffällige Unterschiede betreffen Körperhaltungen. Männer stehen breitbeinig da, sie sitzen mit gespreizten Beinen und breiten sich auch sonst in Haltung und Stellung der Arme aus. Sie besetzen, wenn auch vielfach unbewußt, mehr Raum, was zugleich Ausdruck einer gewissen Dominanz ist. Frauen machen sich weniger breit: Weder stehen sie breitbeinig, noch sitzen sie mit geöffneten Oberschenkeln, noch breiten sie ihre Arme beim Sitzen aus. Sie geben sich dezenter, im Verhalten weniger dominant (G. H. HEWES 1957, M. WEX 1979, E. GOFFMAN 1976, N. M. HENLEY 1977). Das Vorschieben eines Oberschenkels beim Stehen empfinden wir als typisch weiblich. Wir finden es auch in anderen Kulturen. Vieles an der Haltung wird durch Erziehung gefördert. Bei uns ermahnt man Mädchen, nicht mit gespreizten Beinen dazusitzen und nicht herumzulümmeln. Ältere Frauen geben sich ungezwungener. Oft sitzen sie »männlich«. Das mag auch mit ihrer hormonellen Vermännlichung nach Eintritt der Menopause zusammenhängen.

Nach MARIANNE WEX (1979) zeigen Männer mehr »besitzergreifende« Verhaltensweisen als Frauen. Sie legen öfter den Arm um die Schulter des weiblichen Partners oder um dessen Hüfte. Das stimmt sicher, und es gilt auch für unsere nächstverwandten nichtmenschlichen Primaten. Die Interpretation dieses Verhaltens als »besitzergreifend« bringt eine emotionelle Note ein, die negativ und problematisch ist, zumal man das Verhalten durchaus auch als »betreuend« interpretieren kann. Beides ist nämlich richtig. Mütter und Väter umfangen schützend ihre Kinder, und sie entwickeln durchaus auch Bindungen, die sie eifersüchtig wie Besitz verteidigen. Man spricht ja auch davon, daß man die Zuneigung eines Menschen besitzt. Damit wird eine Beziehung keineswegs einer beliebigen Objektbeziehung gleichgestellt. Die Beziehung ist wechselseitig: Man »besitzt« gewissermaßen einander.

Eine Untersuchung von 1296 Photographien aus Jahrbüchern von Schulen und Universitäten ergab, daß Frauen häufiger und stärker lächelten als Männer und öfter den Kopf leicht seitlich geneigt hielten (J. M. RAGAN 1982). Demnach drücken Frauen auch in ihrem Gesicht eher Beschwichtigung und Männer eher Dominanz aus. In der Art, etwas zu tragen, fand man Unterschiede, die anatomisch begründet sind. Frauen stützen Bücher auf die Hüfte auf, Männer halten sie einfach am Körper (J. SCHEMAN, J. S. LOCKARD und B. S. MEHLER 1977). Das Trageverhalten der Männer ist stabiler als das der Frauen, das variationsreicher ist. Viele Frauen tragen Bücher nach Art der Männer (E. THOMMEN und Mitarbeiter 1993).

Die bisher besprochenen Unterschiede betrafen geschlechtstypisches Verhalten. Geschlechtsspezifisch sind die Ausdifferenzierungen des Fortpflanzungsverhaltens. Das gilt weniger für das Werben. Beide Geschlechter verfügen, wie gesagt, über ein ähnliches Repertoire zärtlicher Verhaltensweisen. Wieweit es geschlechtstypisch unterschieden ist, muß noch untersucht werden. Das Paarungsverhalten im engeren Sinn zeigt jedoch eine Reihe geschlechtsspezifischer Ausdifferenzierungen. Das gilt für die Erektion und die Beckenstoßbewegungen sowie den Orgasmus beim Mann. Als spezifisch für die Frau wären die Kontraktion der Beckenbodenmuskulatur, die der Lubrikation dienende Drüsenaktivität und die spezifische Form des weiblichen Orgasmus zu nennen.

Es gibt Hinweise dafür, daß Menschen geschlechtsspezifisch auf bestimmte sexuelle Reizschlüssel reagieren. Frauen nehmen Geruchsstoffe aus der Gruppe der Moschussubstanzen in hoher Verdünnung wahr, Männer können sie nur in stärkerer Konzentration riechen. Sie haben allgemein eine höhere Wahrnehmungsschwelle für Gerüche (R. L. DOTY und Mitarbeiter 1985). Die Riechschwelle der Frauen zeigt überdies Schwankungen mit dem Zyklus. Das gilt auch für akustische Reize (R. L. DOTY und Mitarbeiter 1981, 1982). Zum Zeitpunkt des Follikelsprungs ist die Riechschwelle niedriger als sonst. Östrogengaben haben einen Einfluß auf die Riechschwelle (P. R. GOOD und Mitarbeiter 1976, J. LEMAGNEN 1952, R. L. DOTY 1976). Im männlichen Achselschweiß findet man eine sehr viel höhere Konzentration der Steroide Androstenon und Androstenol als im Schweiß der Frauen (D. B. GOWER und Mitarbeiter 1985). Diese moschusartig riechenden Substanzen werden auch vom Eber erzeugt und wirken erregend auf die Weibchen (D. R. MELROSE und Mitarbeiter 1971, R. L. S. PATTERSON 1968, E. B. KEVERNE 1978, R. CLAUS und W. ALSING 1976). Das weist darauf hin, daß es sich hier um stammesgeschichtlich ältere Anpassungen handelt. Zur Wirkung auf Frauen siehe Kapitel 6.1.

Im Vaginalsekret der Frauen fanden R. P. MICHAEL und Mitarbeiter (1975) Substanzen, die als Copuline bereits von Rhesus-Affen bekannt waren. Dort wirken sie auf Männchen sexuell anregend. Die Menge der bei Frauen auftretenden Copuline ändert sich zyklisch. Bei Frauen, die Antibabypillen gebrauchen, treten sie nur spurenhaft und unzyklisch auf.

Auch visuell reagieren Männer und Frauen offensichtlich auf verschiedene auslösende Reize. Die Werbung lehrt unter anderem, daß wir sie attrappenhaft und übersteigert bieten können. Die Schlüsselreize, auf die der Mann reagiert, sind besser untersucht. Gelegentlich wird behauptet, Frauen würden weniger leicht durch visuelle Reize erregt als Männer. Doch gibt es dazu auch anderslautende Aussagen. Sicher existieren Unterschiede in der taktilen Ansprechbarkeit erogener Zonen. Die Region der Brustwarzen ist bei der Frau leicht erregbar, beim Manne ist diese Zone dagegen keineswegs erogen ausgezeichnet.

Zeigt man Kindern Kleinkindergesichter und Gesichter von Erwachsenen, dann ziehen sie die Erwachsenengesichter vor. Mit 12 bis 14 Jahren kommt es bei Mädchen jedoch zu einem Präferenzwechsel. Nunmehr werden Babydarstellungen vorgezogen. Es dürfte sich um einen hormonal induzierten Präferenzwechsel handeln. Buben zeigen um zwei Jahre verschoben den gleichen Trend (W. FULLARD und A. M. RIELING 1976). Einen ähnlichen Präferenzwechsel mit dem Eintritt der Pubertät gegenüber männlichen und weiblichen Körpersilhouetten fand K. H. SKRZIPEK (1978). Vor der Pubertät wurde jeweils das gleiche Geschlecht bevorzugt, danach kam es zu einer Bevorzugung des Gegengeschlechts (S. 357). Probanden aus 25 Ländern, die J. E. WILLIAMS und D. L. BLEST (1982) befragten, welche von 300 Adjektiven sie als männlich oder weiblich bezeichnen würden, zeigten große kulturenübergreifende Übereinstimmung. In allen Ländern als männlich assoziierte Eigenschaften waren: abenteuerlustig, dominant, kräftig, unabhängig, stark. Als weibliche Stereotypen galten: sentimental, unterwürfig, abergläubisch; ferner (mit einer Ausnahme): leidenschaftlich, verträumt, sensitiv.

Wir können festhalten, daß es nicht nur in der Morphologie und Physiologie, sondern auch im Verhalten des Menschen Geschlechtsunterschiede gibt. Meist handelt es sich um Verschiedenheiten in der Stärke der Ausprägung von Merkmalen, die im übrigen beiden Geschlechtern zukommen (geschlechtstypisches Verhalten). Aber auch geschlechtsspezifische Verhaltensmuster sind nachweisbar.

Vergleicht man die geschlechtstypischen Verhaltensweisen mit jenen altweltlicher Affen, dann fallen viele Gemeinsamkeiten ins Auge, die auf gemeinsames stammesgeschichtliches Erbe hinweisen (B. A. HAMBURG 1974, CH. VOGEL 1977).

Die Frage, wie die Verhaltensunterschiede von Mann und Frau zustande kommen, war Gegenstand vieler Diskussionen. Im Extremfalle wurde behauptet, die psychologischen Unterschiede zwischen Mann und Frau seien einzig das Ergebnis von Lernprozessen. Biologen dagegen haben immer auch auf die Bedeutung stammesgeschichtlichen Erbes bei der Geschlechtsrollendifferenzierung hingewiesen. Allerdings ging kein Biologe so weit zu behaupten, die Unterschiede seien samt und sonders angeboren. Daß Lernvorgänge eine entscheidende Rolle spielen dürften, wird durchaus angenommen.

Von den Lerntheorien wäre zunächst die Bekräftigungstheorie der Geschlechtsrollenentwicklung zu nennen. Sie nimmt an, daß das kulturell erwartete Verhalten von der sozialen Umwelt belohnt und gefördert wird, während ein Verhalten, das nicht der Norm entspricht, als unangemessen Rüge und Bestrafung auslöst. Es gibt Hinweise dafür, daß in unserer westlichen Kultur gelegentlich das Spielverhalten über Lob und Tadel eine differentielle Bekräftigung erfährt (S. GOLDBERG und M. LEWIS 1969, B. I. FAGOT 1978). Die Geschlechtsrollen-Differenzierung wird sicher auch vom unterschiedlichen erzieherischen Verhalten der Eltern mit beeinflußt. Mütter vokalisieren mehr mit ihren Töchtern (H. KELLER 1979). Väter spielen mehr mit Buben als mit Mädchen (M. A. TAUBER 1979), und allgemein reagieren die Eltern positiv darauf, wenn ihre Kinder sich in der ihrer traditionellen Rolle gemäßen Weise verhalten (B. I. FAGOT 1978). Dementsprechend ermuntern Eltern ihre Jungen mehr zu Leistungen, Wetteifer mit anderen, Unabhängigkeit und Beherrschung. Weinen gilt z. B. als unmännlich. Jungen werden ferner mehr bestraft, während die Haltung Mädchen gegenüber mehr protektiv-zärtlich ist (I. H. BLOCK 1976). Das ist aber zum Teil bereits Reaktion

männlich	weiblich
Sexualverhalten	
mehr Aufreiten, weniger Präsentieren	weniger Aufreiten, mehr Präsentieren
Angst unterdrückt sexuelles Verhalten	Angst unterdrückt nicht sexuelles Verhalten
Jungenaufzucht	
geringere Neigung zur Jungenpflege (mit allen wesentlichen Teilelementen)	starke Tendenz zur Jungenpflege (schon vor der Pubertät)
Aggressivität	
mehr tätliche Aggressionen	weniger tätliche Aggressionen
mehr Kampfspiele in der Jugend	weniger Kampfspiele in der Jugend
mehr Verteidigung (auch territorial)	weniger Verteidigung
mehr Durchsetzungsvermögen und Führungsinitiative	weniger Durchsetzungsvermögen und Führungsinitiative
mehr direktes soziales Eingreifen	weniger Schlichten und Hüten
mehr Prestigeverhalten	weniger Prestigeverhalten
mehr Umfelderkundung (Exploration)	weniger explorationsfreudig
höhere »Arousal«-Toleranz	niedrigere »Arousal«-Toleranz
Soziales Verhalten und Sozialisation	
schaffen langsamer vertraute Beziehungen untereinander	erreichen schneller vertraute soziale Beziehungen untereinander
weniger soziales Kontakt- und Pflegeverhalten (z.B. soziale Fellpflege »grooming«)	mehr soziales Kontakt- und Pflegeverhalten
größere soziale Distanz	geringere soziale Distanz
Tendenz zur sozialen Peripherisierung in der Entwicklung	fehlende Tendenz zur sozialen Peripherisierung in der Entwicklung
stärkere Tendenz zur sozialen Hierarchiebildung	geringere Tendenz zur sozialen Hierarchiebildung
mehr Imponierverhalten	weniger Imponierverhalten
weniger anpassendes Imitationsverhalten (eher »individualistisch«)	mehr anpassendes Imitationsverhalten (eher »opportunistisch«)
weniger verdecktes Spontanverhalten, »offenere« soziale Strategie	mehr verdecktes Verhalten, umwegreichere soziale Strategien

Tab. 4.9: Geschlechtstypische Verhaltensweisen catarrhiner nichtmenschlicher Primaten.
Nach CH. VOGEL (1977)

auf das unterschiedliche Verhalten der Kinder. Mädchen bitten z. B. ihre Eltern dreimal so oft um Hilfe wie Jungen, und diese wird ihnen auch häufiger gewährt.

Daß Buben dagegen bereits mit 12 Monaten von den Vätern öfter beschimpft und bestraft werden, beruht darauf, daß sie im Spiel mehr wagen und daher

»Verbotenes« tun, d. h. Dinge, durch die sie sich gefährden. Daß Väter allerdings ihren 12 Monate alten Söhnen seltener Puppen anbieten als gleichaltrigen Töchtern, ist wohl nicht auf deren unterschiedliches Verhalten zurückzuführen, da Mädchen in diesem Alter Puppen noch nicht bevorzugen (M. E. Snow und Mitarbeiter 1983).

Bereits Säuglingen gegenüber verhalten sich Eltern also unterschiedlich, je nachdem, ob es sich um einen Jungen oder ein Mädchen handelt, und das ist sicher wieder zum Teil Antwort auf deren geschlechtstypisches Verhalten (H. A. Moss 1974, M. Lewis und M. Weintraub 1974, A. F. Korner 1974). Vorhandene Unterschiede können dadurch vertieft werden. H. M. Trautner (1979), der die Rolle der differentiellen Bekräftigung bei der Geschlechtsrollendifferenzierung aufgrund der bisher vorliegenden Arbeiten prüfte, kommt zu dem Ergebnis, daß es zwar in unserer Kultur kritische Geschlechtsrollenerwartungen gibt, daß diese aber keineswegs immer in Form entsprechender differentieller Bekräftigungsmuster verhaltenswirksam werden. Vielfach setzt sich geschlechtstypisches Verhalten auch dann durch, wenn die Erziehung ihm entgegenwirkt. So werden Jungen im allgemeinen strenger erzogen als Mädchen, dennoch werden gegen diesen Sozialisierungsdruck die geschlechtstypischen männlichen Aggressionen entwickelt (E. E. Maccoby und C. N. Jacklin 1974). Die noch zu besprechenden Beobachtungen von M. E. Spiro (1979) über die Geschlechtsrollenidentifikation im Kibbuz liefern dafür weitere eindrucksvolle Beispiele (S. 393 ff.).

Neben der Bekräftigungstheorie spielen die Imitations- und die Identifikationstheorie eine große Rolle in dem Bemühen, die Geschlechtsrollenübernahme zu erklären. Nach der Imitationstheorie ahmt das Kind das gleichgeschlechtliche Vorbild nach. Solch selektives Nachahmen des gleichgeschlechtlichen Partners setzt ebenso wie die selektive Identifikation ein Vorurteil des Kindes voraus, es sei denn, die Kinder hätten von vornherein mehr Gelegenheit, ihren gleichgeschlechtlichen Elternteil zu sehen. Das ist aber ganz sicher nicht der Fall. Zumindest die Kleinkinder sind vor allem mit Frauen zusammen – in unserer Kultur bis ins Schulalter. Ein selektives Interesse am eigenen Geschlecht läßt sich nachweisen (J. E. Grusec und D. B. Brinker 1972, R. G. Slaby und K. S. Frey 1975). Es spiegelt sich auch in den Kinderzeichnungen der Buschleute (S. 378) und im Verhalten der Kibbuz-Kinder (S. 398) wider. Auch die Neigung zur spontanen selektiven Nachahmung von gleichgeschlechtlichen Vorbildern gilt als erwiesen (E. E. Maccoby und C. N. Jacklin 1974). Was die Kinder allerdings am Modell elterlichen Verhaltens durch Beobachtung und Nachahmung lernen, dürfte weniger für die Differenzierung der männlichen und weiblichen Geschlechtsrolle von Bedeutung sein als vielmehr für den Erwerb eines breiten, für beide Geschlechter wichtigen Verhaltensrepertoires (H. M. Trautner 1979). Daß Mädchen vor allem das mütterliche Verhalten zum Vorbild nehmen, spricht für angeborene Dispositionen (M. E. Spiro 1979).

Den Identifikationstheorien zufolge baut sich die Geschlechtsrollenentwicklung auf einer gefühlsmäßigen Beziehung zur Bezugsperson auf. Daraus soll dann die »Verinnerlichung eines umfassenden Musters von geschlechtsangemessenen Verhaltungen, Gefühlen und Verhaltensweisen resultieren, eben die eigene Geschlechtsrolle« (H. M. Trautner 1979 : 66). Auch hier stellt sich das Problem der selektiven Identifikation mit dem gleichgeschlechtlichen Elternteil. Die psychoanalytische Hypothese der defensiven Identifikation nimmt an, der Junge würde sich mit dem als Aggressor auftretenden Vater identifizieren. Diese Annahme ist allerdings nicht empirisch gestützt; wenn man Väter beobachtet, dann wird man eher liebevolle Zuwendung und nur selten aggressive Strenge feststellen (Kap. 4.3.7). Daß Bewunderung und Liebe zu den als machtvoll empfundenen Eltern zur Identifikation führen könnten, wie es die Hypothese der entwicklungsorientierten Identifikation annimmt (P. H. Mussen und M. Rutherford 1963, R. R. Sears und Mitarbeiter 1965), leuchtet zwar ein, ist aber schwer zu belegen.

Überhaupt ist der Begriff Identifikation keineswegs klar gegen den der Imitation abgesetzt. Den bisher genannten Lerntheorien hat L. A. Kohlberg 1966 eine kognitive Theorie der Geschlechtsrollenentwicklung gegenübergestellt: Das heranwachsende Kind würde im Laufe seiner Entwicklung Wissen über die Geschlechtsrollen erwerben, und zwar aus der Beobachtung seiner Umwelt (Eltern, Geschwister); aufgrund dieser Erfahrung und seiner fortschreitenden Fähigkeit zur Urteilsbildung würde es ein allgemeines Konzept der Geschlechtsrolle entwickeln. Diese Entwicklung würde sich in Schritten vollziehen. Mit 2 bis 3 Jahren hat das Kind normalerweise seine eigene Geschlechtsidentität erworben (»ich bin ein Junge«), ein Jahr später würde es sich dann mit anderen identifizieren (»wir Jungen«). Das Verhalten würde dabei aufgrund eines »Bedürfnisses nach kognitiver Konsistenz« (H. M. Trautner 1979) in Richtung einer Übereinstimmung mit der eigenen Geschlechtsidentität organisiert. Dabei wird angenommen, daß ein Handeln in Übereinstimmung mit der eigenen Geschlechtsrolle in sich selbst bekräftigend wirke. Mit anderen Worten, auch hier werden angeborene Lerndispositionen postuliert.

Hat ein Kind einmal die Selbstkategorisierung als männlich oder weiblich vorgenommen, dann ist diese gegen spätere äußere Einflüsse resistent. Die soziale Zuweisung eines Geschlechts, entgegen dem chromosomalen und hormonalen Geschlecht, hielt man bis zu einem gewissen Grad für möglich. Ein oft zitiertes Beispiel betrifft ein genetisch und hormonal männliches Kind, das im Alter von 7 Monaten bei einem Beschneidungsversuch seinen Penis verlor. Die Eltern zogen ihn daraufhin wie ein Mädchen auf. Und bei dieser Geschlechtszuweisung blieb es. Operative Korrekturen wurden im Alter von 1 ½ Jahren vorgenommen (Kastration). Das Experiment wurde in einem Zwischenbericht von J. Money und A. Ehrhardt (1972) als erfolgreich hingestellt und von jenen, die die Bedeutung des Milieus belegen wollen, viel als Musterbeispiel zitiert. Das war voreilig. Trotz späterer Behandlung mit Östrogenen und weiteren chirurgischen Eingriffen

(Vaginoplastik) gelang dieses Experiment nicht. Die Person, die sich als Kind wie ein androgenisiertes Mädchen verhielt, hat jetzt große Schwierigkeiten, sich mit der zugewiesenen Geschlechtsrolle zu identifizieren (J. DURDEN-SMITH und D. DESIMONE 1983).

Der sozialen Geschlechtszuweisung sind Grenzen gesetzt. Aufschlußreich ist in diesem Zusammenhang ein mutativer Defekt, der in drei Dörfern der Dominikanischen Republik gehäuft auftritt. Er verhindert wegen eines mangelnden Enzyms bei Knaben die Verwandlung von Testosteron in Dihydrotestosteron. Diese muß aber im Gewebe der Vorläufer der fötalen Geschlechtsorgane stattfinden, damit sie sich in männliche Richtung entwickeln können. Die genetischen Buben kommen somit als Mädchen zur Welt. Beim Eintritt der Pubertät entwickeln sich jedoch keine Brüste, die Klitoris wächst in einen Penis aus, die Hoden wandern in die Hodensäcke, und eine Vermännlichung im Verhalten tritt ein, obwohl die Kinder während ihrer ganzen Kindheit als Mädchen behandelt worden waren, da man ja nicht um ihr Mannsein wußte. Sie zeigen ausgesprochen männliches Sexualinteresse, suchen den Kontakt mit Mädchen und können auch mit diesen verkehren. Sie sind jedoch steril, da sie durch ein Loch an der Basis des Penis ejakulieren. Ihr Geschlechtsdrang ist stark. Diese Vermännlichung ist auf Testosteron zurückzuführen, das die Keimdrüsen absondern, denn Dihydrotestosteron ist nur bis zur Geburt für die Ausbildung der männlichen Geschlechtsmerkmale verantwortlich, und vom Zeitpunkt der Pubertät an wird Testosteron wirksam (J. IMPERATO-MCGINLEY und Mitarbeiter 1979, R. T. RUBIN und Mitarbeiter 1981). In diesen Fällen wird deutlich, daß die soziale Umwelt bei der Geschlechtsrollenbestimmung doch einen geringeren Einfluß hat, als man für gewöhnlich annimmt.

Verfolgen wir die elementaren Differenzierungsprozesse der normalen Entwicklung, dann können wir feststellen, daß diese zunächst einmal genetisch gesteuert werden. Der Mechanismus der Geschlechtschromosomen bestimmt, ob sich die Keimdrüsen als männlich oder weiblich differenzieren. Hat die Zygote zwei X-Chromosomen, dann entwickeln sich weibliche Keimdrüsen, hat sie ein Y-Chromosom, dann differenzieren sich die Keimdrüsen als männlich aus. Die weitere Entwicklung wird hormonell gesteuert. Unter dem Einfluß der von den männlichen Keimdrüsen ausgeschiedenen Androgene entwickeln sich die zunächst bisexuellen Organanlagen in männlicher Richtung. Die Genitalfalten verwachsen zu einem Hodensack, der Penis wächst aus, und die Keimdrüsen steigen durch die Leistenöffnungen herab. Darüber hinaus wird auch das Zentralnervensystem hormonell männlich geprägt. Unterbleibt ein Androgeneinfluß, dann kommt es zu einer Ausdifferenzierung in weiblicher Richtung. Unter anderem bilden sich dann jene Kerne im Hypothalamus, die über die Hypophyse die zyklischen Geschlechtsfunktionen der Frau steuern. Kurzfristiger Androgeneinfluß während einer sensiblen Phase der Embryonalentwicklung kann diese Entwicklung blockieren. Genetisch weibliche Embryonen werden auch in anderer

Weise durch Androgeneinfluß vermännlicht. Bei massiver Androgeneinwirkung kann sich das Erscheinungsbild der genetischen Mädchen weitgehend vermännlichen. Die großen Schamlippen verwachsen dann zu einem Hodensack, die Klitoris wächst zu einem Penis aus, und die Körperbehaarung wird später maskulin. Bei weniger starken Hormoneinwirkungen kommt es nur zu einer Vermännlichung des Verhaltens. Die dann genetisch und phänotypisch einwandfreien Mädchen neigen zu sportlich-athletischer Betätigung. Sie schließen sich gerne mit Jungen zu Spielgruppen zusammen, wetteifern mit ihnen um Rangpositionen, raufen gerne, und sie zeigen später ein ausgeprägtes Karrierestreben und eine Neigung zur Sachlichkeit. Sie schmücken sich weniger und zeigen eine geringere Neigung zu Puppenspielen und mütterlichem Betreuungsverhalten. Über hormonal bedingte geschlechtstypische Unterschiede in der geruchlichen Wahrnehmungsfähigkeit siehe Kapitel 6.1 (geruchliche Kommunikation). Als Ergebnis massiver Androgeneinwirkung während der Embryonalentwicklung können genetisch weibliche Personen mit einem Penis geboren werden. Sollen die Personen als Frauen leben, dann bedarf es chirurgischer Eingriffe (Klitoridektomie, Öffnung des Scheideneingangs) und einer Hormontherapie. Sollen diese Personen als Männer leben, dann müssen die inneren weiblichen Geschlechtsorgane entfernt und eine Behandlung mit Cortison und Testosteron vorgenommen werden. J. MONEY und J. DALERY (1976) berichten von solchen Fällen. Vier der sieben extrem androgenisierten Personen wurden als Frauen aufgezogen und nahmen diese Identität an; sie neigten indes zu burschikosem, jungenhaftem Verhalten. Die drei als Männer aufgezogenen nahmen jene Identität an; sie interessierten sich für Frauen und verkehrten mit ihnen sexuell. Sie ejakulierten eine kleine Menge Flüssigkeit, die vermutlich von der Prostata stammte. Genetisch waren diese Männer Frauen. Lange Zeit meinten Sozialwissenschaftler, alle geschlechtlichen Unterschiede im menschlichen Verhalten wären das Ergebnis von Erziehung. Die Forschungen haben mittlerweile bewiesen, daß die Androgene die entscheidenden Weichensteller sind (L. ELLIS 1986, L. ELLIS und M. A. AMES 1987).

Zu diesen Befunden, die deutlich machen, daß die psychologischen Unterschiede zwischen Mann und Frau keineswegs nur kulturell determiniert sind, kommen neuerdings auch die bereits erwähnten, sehr interessanten Ergebnisse der Untersuchungen von L. TIGER und J. SHEPHER (1975) und E. M. SPIRO (1979) über die Geschlechtsrollendifferenzierungen im Kibbuz.

Der Kibbuz ist ein großangelegtes soziales Experiment, in dem u. a. versucht wurde, den utopischen Feminismus des frühen Sozialismus zu verwirklichen. Es zeigte sich jedoch, daß die feministische Revolution schon nach einer Generation in einer femininen Gegenrevolution, mit einer Aufwertung der traditionellen Frauenrolle, endete – gewissermaßen in einem Sieg der Biologie über die Ideologie. Was war im einzelnen geschehen?

Die Kibbuzbewegung verfolgt folgende Hauptziele: Sie ist radikal egalitär, und zwar sozial wie ökonomisch. Jeder hat in dieser Gemeinschaft auch Arbeiter zu sein. Kapital und Land sind Allgemeinbesitz. Die Regierungsform ist absolut demokratisch, d. h. keiner hat Macht über andere. Und um auch das Kind von der Dominanz der Eltern zu befreien, werden die Kinder kommunal aufgezogen. Die Frau kann sich dadurch von ihrer traditionellen Bindung an Mutterpflichten und Haus voll befreien. Ihre radikale Emanzipation ist das erklärte Ziel. Man geht dabei davon aus, daß es zwar ein biologischer Imperativ sei, daß Frauen Kinder gebären, daß aber kein entsprechender sozialer Imperativ bestehe, diese auch durch die Mütter aufzuziehen. Die Entindividualisierung der Bindungen durch kommunale Aufzucht schien wünschenswert. Gleichheit zwischen Mann und Frau wurde hier ganz offensichtlich nicht als Gleichwertigkeit an sich verschieden veranlagter Geschlechter aufgefaßt, sondern als effektiv psychische Gleichheit im Sinne einer Identität. Die Frauen strebten danach, sich diesem Ideal anzugleichen. Sie zogen sich wie Männer an, da sie den sexuellen Dimorphismus für ein Zeichen ihrer Inferiorität hielten. Um Gleichheit zu erreichen, glaubten sie Weiblichkeit unterdrücken zu müssen. Ungeschminkt, in Pluderhosen setzten sie sich auf die Traktoren, und sie bemühten sich durch Überstunden den körperlichen Leistungsunterschied zu den Männern auszugleichen, ja, diese in ihren Leistungen womöglich zu übertreffen.

Den Gründern der Kibbuzbewegung schwebte ferner als gesellschaftliches Ziel vor, anstelle der individuellen Bindungen Bindungen an die Gemeinschaft herzustellen. Individuelle Zurückgezogenheit wurde dabei als moralischer Defekt angesehen. Man meinte, die Empfindungen der Liebe, Zuneigung und Kooperation, die normalerweise auf die Familie bezogen sind, müßten nun von der Familie auf das Kollektiv übertragen werden, dieses also die künftige Familie sein. Die Kernfamilie sollte im Verlauf dieser Neuanpassung überhaupt zerstört werden. Eheliche Partnerschaften wurden in diesem Zusammenhang zwar geduldet, und man wies den Ehepaaren einen eigenen Wohnraum zu. Aber man vermied die Feierlichkeiten um die Eheschließung und auch sonst alles, was diese Beziehung vor anderen ausgezeichnet hätte, man minimalisierte gewissermaßen ihre Bedeutung. Ehescheidung war eine relativ einfache Angelegenheit und mit keinem Stigma behaftet. Man sah sogar in der Individualisierung des sexuellen Bandes eine Gefahr für die Gruppenidentifikation. Um die Kinder von der elterlichen Autorität zu befreien und sie kollektiv zu sozialisieren, kamen sie gleich nach der Geburt in Kinderhäuser, und zwar nach Altersklassen geordnet. Dort wurden sie von eigens darauf spezialisierten Kinderbetreuern versorgt. Die Mütter besuchten die Kinder zu vorgesehenen Spielstunden und anfangs auch zum Stillen. Das geschah tunlichst gemeinschaftlich, und man bemühte sich darum, die Kinder als »Kinder der Gemeinschaft« zu bezeichnen. Eine Mutter sprach ihr Kind dem entsprechend nicht als »mein Kind« an. Beim Stillen versuchte jede Mutter, ihrem Säugling gleich viel wie andere Mütter zu geben. Hatte eine Mutter mehr Milch und ihr Kind bereits die als angemessen empfundene Menge getrunken – man wog die Kleinen zwischendurch –, dann legte die Mutter ein anderes Kind an, das von seiner Mutter weniger bekommen hatte. Alles sollte möglichst gleich sein, und die Kinder sollten als Kinder des Kibbuz heranwachsen.

Die Familie fungierte nicht als Residenzgruppe. Durch die Übertragung der Kinderaufzucht auf Spezialisten wurden die Frauen zur Arbeit frei und damit ökonomisch und sozial vom Mann unabhängig. Als äußeres Zeichen dieser Unabhängigkeit behielt die Frau auch ihren eigenen Namen. Öffentliche Zuneigung zum Ehepartner zu zeigen war verpönt. Außer der Koresidenz der Ehepartner war alles kommunal geregelt. Man aß gemeinsam in Gemeinschaftsräumen, kochte in einer Gemeinschaftsküche und betrieb eine gemeinsame Wäscherei.

M. E. SPIRO (1979) untersuchte auf zwei Besuchen, im Jahre 1950 und 1975, den 1920 gegründeten Kibbuz Kiryat Yedidim, der damals besonders radikal das Ziel der Egalisierung und Kollektivierung verfolgt hatte. Unter anderem waren 1920 50 Prozent der Frauen in den produktiven Arbeitszweigen beschäftigt. 1950, also dreißig Jahre nach der Gründung, waren es aber nur noch 12 Prozent der rüstigen Frauen. 88 Prozent hatten sich auf Kinderpflege und Erziehung spezialisiert. 1975 war der prozentuale Anteil der »produktiv« tätigen Frauen weiter gesunken. Ganz ähnliche Entwicklungen stellte SPIRO im Kibbuz Artzi fest, der ebenfalls als sehr traditionell gilt. Zum Erhebungszeitpunkt waren nur noch 9 Prozent der Frauen in der Landwirtschaft tätig, und nimmt man die in der Industrie arbeitenden Frauen dazu, dann waren 12 Prozent produktiv tätig. Männer stellten dagegen in Artzi 87 Prozent der Farmarbeiter, 77 Prozent der Industriearbeiter und 99 Prozent der Bauarbeiter. In der Erziehung und im Dienstleistungsgewerbe stellten die Frauen dagegen 84 Prozent.

Die im Kibbuz geborenen Frauen scheinen in der Überzahl einfach nicht mehr bereit zu sein, die ihnen von der Ideologie aufgezwungenen Rollen zu übernehmen. M. E. SPIRO (1979 : 18) faßt die geläufige Ansicht in einem Zitat einer Sabra zusammen: »I think that a woman should do the work for which she is suited; not on tractors or in the fields. Women, by nature, cannot be active in agricultural production, particularly if their family life is to be integrated. Of course, some do it, and they do it in Russia. Still, I think it's not natural.«

In der Tat hatten Frauen in der ersten Phase intensiver körperlicher Arbeit oft Fehlgeburten als unmittelbare Folge der Überlastung. M. E. SPIRO (1979 : 20) schreibt dazu: »Today this obsessive concern to prove their worth as women, by demonstrating that they are as good as any man in the things that men do – is dead. For the older sabras, it has become a historical memory; for the younger ones it is merely another of those ›quaint‹ ideas that the pioneering generation had dreamed up. This change is especially important relative to the theoretical argument of this book because the sabras' disinterest in agricultural labor persists despite the fact that, as ›productive‹ labor, it is the most prestigeful. Although this would be the avenue to sexual equality in its ›identity‹ meaning, they are nevertheless not interested in pursuing it.«

Auch an der Verwaltung und damit auch am politischen Leben nehmen Frauen weniger teil. Es interessiert sie offenbar auf die Dauer weniger. Nach L. TIGER und J. SHEPHER (1975) stellen Männer 84 Prozent der öffentlichen Verwaltungspersonen. Sie besetzen zu 71 Prozent die leitenden Posten der Föderation und stellen 78 Prozent der politischen Aktivisten.

Von besonderer Bedeutung ist die Änderung, die sich in der Einschätzung von Familie und Ehe vollzog. Wurde die eheliche Gemeinschaft früher als notwendiges Übel toleriert und wie jede individuelle Beziehung als potentiell das Kollektiv gefährdend angesehen, so wird nunmehr die Ehe positiv bewertet. Man feiert neuerdings die Eheschließung und gratuliert auch seitens der Gemeinschaft. Junggesellen dagegen werden heute weniger positiv beurteilt, und Scheidung wird zwar weiterhin gestattet, aber negativ bewertet.

Die Frauen schätzen jetzt die Familie höher ein als die Arbeit, und zwar sowohl Frauen der Pioniergeneration, die damit einen deutlichen Gesinnungswandel ausdrücken, als auch Frauen der Generation, die im Kibbuz geboren und herangezogen wurde. Von der Pioniergeneration halten 68 Prozent der Frauen ihre Rolle als Ehepartner und Mutter für wichtiger als ihre Rolle als Arbeiter. Bei den im Kibbuz geborenen Frauen waren es 88 Prozent, die so dachten. Bei den Männern war der Prozentsatz deutlich niedriger (Pioniergeneration 32 Prozent, Kibbuzgeborene 27 Prozent), was nicht bedeutet, daß Männer, die ihre Arbeit hochschätzen, nicht eine starke Bindung an die Familie empfinden.

Wiederum möge ein Zitat aus SPIRO die Änderung der Einstellung beschreiben. SPIRO fragte eine hochtalentierte 32jährige Frau, die als Buchhalterin arbeitete, ob für sie ihre Familie oder ihre Arbeit wichtiger sei, und erhielt zur Antwort: »What a question! The family is to me more important than anything. Look, my work is extremely important to me. I want very much my work, but I wouldn't invest one-fourth the thought into my work that I invest in my family, under no circumstances« (M. E. SPIRO 1979 : 31)*.

Auch die Einstellung zu den Kindern hat sich geändert. Von Anbeginn war die Neigung, die Kinder ans Kollektiv abzugeben, nicht allzugroß. Man glaubte es jedoch ertragen zu müssen. Heute würden die Mütter ihre Kinder am liebsten bei sich haben. Das würde aber zu große Umbauten erfordern, für die das Geld nicht da ist. Daher verbleiben die Kinder weiter in den gemeinschaftlichen Schlafräumen. Sie bleiben aber die ersten sechs Wochen nach der Geburt bei der Mutter und oft bis zu 8 Monaten wenigstens über Nacht bei ihr. Auch besuchen die Eltern ihre Kinder länger, und die Kinder kommen nicht mehr nur zu Kurzbesuchen zu den Eltern, sondern 4 bis 5 Stunden am Tag, ohne daß dies von der Gemeinschaft

---

* »Was für eine Frage! Die Familie ist für mich viel wichtiger als alles andere. Schau, meine Arbeit ist äußerst wichtig für mich. Ich mag meine Arbeit sehr, aber ich würde unter keinen Umständen nur ein Viertel meiner Gedanken, die ich in meine Familie investiere, in meine Arbeit investieren.«

mißbilligt wird. Mit dieser Rückbesinnung auf die traditionelle Frauenrolle geht eine generelle Aufwertung des spezifisch Weiblichen einher. Dem radikalen Feminismus folgte eine Bewegung zur Feminität. Die Frauen legen Wert auf weibliches Aussehen. Sie sind modebewußt, kochen, backen und sticken gerne. Sie sind sich der Unterschiede zwischen den Geschlechtern bewußt, und sie wollen diese nicht löschen, sondern als natürlich annehmen. Gleichheit wird als Gleichwertigkeit (im Sinne gleicher Wertschätzung) der im übrigen unterschiedlichen Rollen akzeptiert, und diese Gleichheit ist in der Tat weitgehend erreicht. Ungleichheit herrscht noch in der Bewertung der Arbeit, die sich u. a. darin äußert, daß man technisch mehr in die Männerarbeit investiert als in die Haushaltsarbeit der Frau. Dieser die Familie betreffende Gesinnungswandel ist um so erstaunlicher, als es sich nicht um einen Rückfall einer noch in bürgerlichen Traditionen verhafteten Generation handelt. Es waren ja die im Kibbuz geborenen und in einem extrem feministischen Milieu aufgewachsenen Frauen, die die Gegenrevolution der Feminität in Gang brachten.

M. E. SPIRO diskutiert diese Ergebnisse und kommt zu dem Schluß, daß hier wohl »präkulturelle« Determinanten wirksam wurden. Die Natur, so meint er, habe sich gegen die Erziehungsbemühungen durchgesetzt. In fast allen Zielsetzungen darf das Experiment des Kibbuz als geglückt und erfolgreich angesehen werden. Nur die von den radikalen Feministen angestrebte Auflösung der Familie und die Aufhebung der geschlechtstypischen Arbeitsteilung glückte nicht. Insofern zeigte das Kibbuzexperiment doch auch die Grenzen der ideologischen Manipulierbarkeit des Menschen auf.

Es waren die Frauen, die es als belastend empfanden, jeden Abend die dagegen protestierenden Kinder allein zu lassen, und die letztlich meinten, Kinder zu gebären und aufzuziehen brächte ihnen mehr innere Befriedigung als die Arbeit auf dem Felde oder in der Industrie. Daß SPIRO die These von der präkulturellen Begründung der geschlechtstypischen Verhaltensunterschiede ausspricht, ist bemerkenswert, da er am Beginn seiner Untersuchungen davon ausging, daß es gar keine Natur des Menschen gebe. »The roots to this enquiry«, schreibt er in der Einleitung zu seinem Buch, »go back to 1951, when, accepting as axiomatic the widely held social sciences view that human beings have no nature – or, to put it differently, that human nature is culturally constituted and, therefore, culturally relative« (M. E. SPIRO 1979 : XV)*.

SPIROS Aussagen stehen demnach seinen ursprünglichen Erwartungen entgegen und sind daher von besonderem Aussagewert. Er erhärtet seine Aussagen über die präkulturellen Determinanten schließlich durch eine Analyse der Kinder-

---

* »Die Anfänge dieser Untersuchung reichen bis 1951 zurück, als die weitverbreitete sozialwissenschaftliche These unumstößlich war, daß der Mensch keine Natur habe – oder anders gesagt –, daß die menschliche Natur kulturell geformt und daher von der Kultur abhängig sei.«

spiele im Kibbuz. Dabei legt er die 1951 erhobenen Daten zugrunde, denn damals wurden die Kinder streng feministisch egalitär erzogen. Man hielt bewußt in allen Gruppen alles für Jungen und Mädchen gleich. Die Lernerfahrungen waren daher für beide Geschlechter dieselben. Demnach sollte sich beim Fehlen angeborener Dispositionen im freien Spiel keinerlei Unterschied zwischen den Geschlechtern zeigen. Diese Erwartungen erfüllten sich aber nicht. Vielmehr ergab die Analyse der freien Spieltätigkeit deutlich geschlechtstypische Unterschiede.

Jungen spielten z. B. mehr mit Objekten als Mädchen (41 Prozent gegenüber 30 Prozent), wobei Buben vor allem mit großen Objekten spielten, die viel physische Kraft erfordern (17 Prozent gegenüber 9 Prozent). Zählt man diese 17 Prozent zu den 16 Prozent Bewegungsspielen und faßt man sie als Spiele mit muskulär-physischem Einsatz in einer Kategorie zusammen, dann ergaben die Spiele dieser Kategorie bei Jungen 33 Prozent gegenüber 21 Prozent bei Mädchen. In der Kategorie der verbalen und Phantasiespiele waren die Mädchen den Jungen mit 39 Prozent gegenüber 24 Prozent überlegen. Weder kognitive Theorien noch solche des sozialen Lernens können nach Spiro diese Unterschiede im Spielverhalten erklären. Untersucht man die Phantasiespiele der Kinder, dann stellt man fest, daß Mädchen, wenn sie die bevorzugte Frauenrolle spielten, ausschließlich die mütterlichen Rollen zum Vorbild wählten, und zwar nicht als Ergebnis sozialer Bekräftigung, denn eine solche lag nicht vor. Es wird deutlich, daß die Mädchen sich nicht mit den Frauen an sich identifizierten, denn diese waren ja auch in vielen anderen Rollen, z. B. bei der Arbeit, zu sehen. Man darf daher annehmen, daß sich im Verhalten der Mädchen das Bedürfnis ausdrückt, mütterliches Verhalten auszuleben.

M. E. Spiro faßt das so zusammen:

»On the assumption that sex preferences in children's choice of role models are motivated by differences in precultural needs (whether in degree or in kind), it follows that boys and girls, respectively, should prefer those models whose behavior is viewed as a means for gratifying those needs. By this theory, parenting women may be said to have been the preferred role models of sabra girls because the imitation of their maternal roles served to gratify the girl's own parenting need ... Now, cognitive theory holds ... that the choice of role models is motivated by one and the same precultural need. Having established their distinctive gender identities, it is the innate need to value things that are like the self which, according to this theory, motivates children to choose models of their own gender. That in the present case the establishment of a feminine identity was a prior condition for the preference of sabra girls for female models is highly likely – after all, their preferred models were female, not male. But that, of all the female models available to them, the girls chose parenting females exclusively, suggests that this preference was motivated not by a need to value that which the self is like – feminity – but by a need to value that which the self wishes to be like – a parent ...

Contrary, then, to cultural interpretations, this analysis suggests that sex differences in children's choices of role models can be determined by precultural needs, and that a preference even for culturally appropriate models need not be culturally determined« (M. E. SPIRO 1979: 85/86)*.

Dies bedeutet natürlich nicht, daß Kultur damit zu einem Epiphänomen erklärt wird. Eine ganze Reihe von kulturspezifischen Verhaltensmustern der Kinderpflege sehen die Mädchen ja dem Vorbild der Erwachsenen ab.

Bemerkenswert ist, daß die Jungen sich in ihren Symbolspielen oft mit Tieren identifizieren, und zwar nicht mit den sie umgebenden Kühen, Lämmern, Schafen oder Hühnern, sondern mit Pferden, Hunden, Schlangen, Fröschen und Wölfen. SPIRO meint, dies geschehe, weil diese Tiere potentiell gefährlich oder wild seien. Das entspreche der psychoanalytischen These von der Identifikation mit dem Vater als dem Aggressor. Mit fünf Jahren würden diese Symbole durch Übernahme von männlichen Vorbildern allmählich abgelöst.

Die zunehmende Familialisierung im Kibbuz haben auch andere Untersucher bestätigt (B. BEIT-HALLAHMI 1981, S. und H. PARKER 1981). Sie geht nicht allein auf den Wunsch der Frauen zurück, sondern spiegelt das Bedürfnis beider Geschlechter wider.

Ein Grund für den Rückzug der Frau aus dem Arbeitsprozeß im Kibbuz ist ferner, daß die Arbeit der Frau dort mehr routinisiert ist und als weniger kreativ

---

* »Geht man von der Annahme aus, daß Kinder bei der Wahl geschlechtsbezogenen Rollenverhaltens von präkulturellen (biologischen; d. Übers.) Bedürfnissen, seien sie von quantitativer oder qualitativer Bedeutung, geleitet werden, dann folgt daraus, daß Buben bzw. Mädchen diejenigen Rollenmodelle bevorzugen sollten, deren Verhalten die Kinder als auf ihre Bedürfnisse abgestimmt ansehen. Folgt man dieser Hypothese, könnte man sagen, daß Mütter für die im Lande geborenen israelischen Mädchen die bevorzugten Rollenmodelle darstellten, weil die Nachahmung dieser mütterlichen Rolle dem Bedürfnis zu mütterlichem Verhalten beim Mädchen entgegen kam... Ferner ist die Erkenntnistheorie der Meinung..., daß die Wahl eines Rollenmodells durch ein und dasselbe präkulturelle Bedürfnis gesteuert wird. Hat sich erst einmal eine ganz bestimmte Geschlechtsidentität herausgebildet, dann ist es das angeborene Bedürfnis, das hochzuschätzen, was so ist wie das eigene Selbst, und das motiviert, entsprechend dieser Theorie, Kinder, diejenigen Modelle auszuwählen, die dasselbe Geschlecht haben wie sie selbst. Daß im vorliegenden Fall die Ausbildung einer weiblichen Identität eine Vorbedingung dafür war, daß die in Israel geborenen Mädchen weibliche Vorbilder wählten, ist äußerst wahrscheinlich, denn schließlich waren die bevorzugten Modelle weiblich und nicht männlich. Aber daß von all den weiblichen Modellrollen, die ihnen zur Verfügung standen, ausschließlich die mütterliche Rolle gewählt wurde, legt doch den Schluß nahe, daß diese Präferenz nicht dadurch zustande kam, daß die Mädchen dasjenige aussuchten, was sie selbst repräsentierten, nämlich Weiblichkeit, daß sie vielmehr ein Bedürfnis danach hatten, sich diejenige Rolle auszusuchen, die sie selbst einmal einzunehmen wünschen, nämlich eine Mutter zu sein... Im Gegensatz zu kulturellen Interpretationen deutet diese Analyse darauf hin, daß die Geschlechtsunterschiede bei der Wahl des Rollentypus, den Kinder bevorzugen, durch präkulturelle Bedürfnisse bestimmt sind und daß sogar die Bevorzugung kulturell angepaßter Modelle nicht auf dem Weg über das kulturelle Vorbild zustande kommen muß. «

und herausfordernd empfunden wird. Auch war die Realität des Kibbuzlebens vom Ideal der sexuellen Egalität selbst in den Tagen der Gründung weit entfernt (B. BEIT-HALLAHMI und A. I. RABIN 1977). Das alles hat sicher zur Rückkehr zu traditionelleren Mustern beigetragen, erklärt aber noch lange nicht, warum die Kinder in geschlechtstypischer Weise spielten, noch den radikalen, gegen die herrschende Ideologie gerichteten Umschwung.

Die Ergebnisse der Untersuchungen von M. E. SPIRO (1979) sowie von L. TIGER und J. SHEPHER (1975) über die Geschlechtsrollen im Kibbuz fügen sich widerspruchlos den bereits in den vorangegangenen Abschnitten besprochenen Ergebnissen der Entwicklungspsychologie, Ethologie und Anthropologie an. R. P. ROHNER (1976) fand z. B., daß in den 101 Kulturen, die er untersuchte, die Jungen im Alter von 2 bis 6 Jahren ohne Ausnahme aggressiver waren als die Mädchen, physisch sowohl wie verbal. Das zeigte auch die Beobachtung der Kibbuzkinder. Die Unterschiede sind zweifellos biologisch begründet.

Selbst wenn es nur geringfügige Unterschiede im Verhalten der Geschlechter geben sollte, würden unterschiedliche Neigungen oder Körperkraft zu einer Arbeitsteilung führen, die diese Unterschiede vertieft. Tatsächlich findet eine solche zunehmende Polarisierung statt. Die Verhaltensunterschiede zwischen verheirateten Männern und Frauen mit Kindern sind größer als die Unterschiede zwischen verheirateten kinderlosen Partnern, und diese Unterschiede wiederum sind größer als die zwischen alleinstehenden Männern und Frauen (A. ALLEMANN-TSCHOPP 1979). Im übrigen sind die Unterschiede gar nicht so geringfügig und allgemein, sondern in manchen Bereichen erheblich und differenziert.

Die Tatsache, daß Kulturen, wie MARGARET MEAD und andere betonten, ihre Mitglieder auch gegen die angeborenen Neigungen sozialisieren können, widerlegt diese Aussage nicht. Gerade MARGARET MEAD (1949, 1935), die die Feminisierung der Arapesh-Männer und die Maskulinisierung der Mundugumur-Frauen beschreibt und die bei den Tschambuli sogar eine Umkehrung der Geschlechtsrollen feststellte, was Dominanz, Abhängigkeit, Fürsorglichkeit und aggressives Auftreten betrifft, weist darauf hin, daß dies in gewisser Hinsicht eine Belastung für die gegen ihre natürliche Rolle Sozialisierten darstellt.

Wir sind bereits auf MEADS Feststellung eingegangen, daß unsere Gesellschaft dem Manne nur wenige seiner Natur entsprechende Rollen anbiete. Einige Vertreter der Frauenbewegung verunsichern nunmehr auch die Frauen durch Abwertung ihrer traditionellen Rolle. Da sie sich gerne auf MEAD berufen, sei diese dazu gehört. Sie schreibt 1949 (Ausgabe 1968 : 168/69):

»The recurrent problem of civilization is to define the male role satisfactory enough ... so that the male may in the course of his life reach a solid sense of irreversible achievement... In the case of women, it is only necessary that they be permitted by the given social arrangements to fulfill their biological role, to attain this sense of irreversible archievement. If women are to be restless and questing, even in the face of child-bearing, they must be made so through education. If men are ever to be at peace, ever certain that their lives have been lived as they were meant to be, they must have, in addition to paternity, culturally elaborated forms of expression that are lasting and sure . . .«[*]

Sie ermuntert im weiteren die Frauen dazu, politische und ökonomische Gleichheit als Frauen und nicht als Personen anzustreben.

In einem Kommentar zu dem 1965 von der Kommission des amerikanischen Präsidenten erarbeteten Bericht über den Status der Frau meint sie zur Frauenbewegung: »But the pendulum must not swing too far, forcing out of the home women whose major creative life is grounded in motherhood and wifehood«, und weiter: »It is known that in societies in which maternal principles are honored, there is greater peace and balance« (Zitate nach P. R. SANDAY 1980 : 347)[**]. Dies sollte wahrgenommen und nicht verdrängt werden, gerade weil manche Frauenrechtlerinnen in der Ablehnung der traditionellen Frauenrolle so radikal sind, daß sie jene Frauen, die in der Mutterschaft und Kindererziehung eine dem Berufsleben entsprechende, ja sie subjektiv durchaus erfüllende Aufgabe sehen, verunsichern.

SIMONE DE BEAUVOIR (1968) spricht davon, daß die Frau an Mutterschaft und Körper gebunden sei wie ein Tier und damit vom Manne abhängig wie ein Schmarotzer, der sein Leben einem fremden Organismus entzieht. Erst mit der Berufstätigkeit der Frau würde sie ihre Unabhängigkeit erreichen, sie sei der Schlüssel zur Emanzipation. Nur über die Berufstätigkeit könnte sich die Frau befreien. Betreuung und Erziehung der Kinder müßte das Kollektiv übernehmen. Die Ehe müßte auf freier, jederzeit kündbarer Vereinbarung bestehen, und Abtreibung und Geburtenbeschränkung müßten gestattet werden. Auch ALICE SCHWARZER (1976) hält die Mutterschaft für eine wahre Sklaverei und meint, daß sich die Frau in unserer Zeit vor der »Falle« der Mutterschaft und Heirat hüten solle. SHULAMITH FIRESTONE (1970) meint, daß die Frau bis zur Erfindung der Geburtenkontrolle ihren biologischen Bedingungen (Menstruation, Menopause,

---

[*] »Das immer wiederkehrende Problem der Zivilisation ist, die Rolle des Mannes zufriedenstellend zu definieren . . . und zwar so, daß ihm die Erfahrung eines sinnvoll erfüllten Lebens zuteil wird . . . Im Fall der Frauen ist nur erforderlich, daß ihnen im Rahmen der gegebenen sozialen Struktur erlaubt wird, ihre biologische Rolle auszufüllen, damit sie dieses Gefühl unumstößlicher Errungenschaft bekommen. Wenn die Frauen rastlos und inquisitiv sein sollen, sogar angesichts des Kinderkriegens, dann müssen sie durch Erziehung so geformt werden. Wenn Männer jemals zufrieden sein sollen, ihrer Sache sicher, daß sie ihr Leben so gelebt haben, wie sie es tun sollten, dann müssen sie zusätzlich zur Vaterschaft kulturell ausgestaltete Ausdrucksformen finden, die nicht vergänglich sind . . .«

[**] »Aber das Pendel darf nicht zu weit ausschlagen und die Frauen aus dem Haus zwingen, deren Kreativität darin besteht, Mutter und Ehefrau zu sein.« – »Es ist bekannt, daß Gesellschaften, in denen die Grundsätze der Mutter geachtet werden, friedlicher und ausgeglichener sind.«

Geburt, Stillen, Kinderbetreuung) ausgeliefert war. Vor allem die Aufzucht der Kinder führte zu langzeitiger gegenseitiger Abhängigkeit. Dieser natürliche Unterschied in den Reproduktionsfunktionen führte zu einer Arbeitsteilung der Geschlechter und damit zur Diskrimination, basierend auf biologischen Merkmalen. – Es gelte daher das Übel an der Wurzel zu packen. Damit die biologischen Geschlechtsunterschiede nicht mehr die Unterscheidung der Geschlechter im sozialen Rollengefüge bestimmen, müßte die biologische Reproduktion durch die künstliche (Retortenbabys) ersetzt werden. Die Schwangerschaft bezeichnet sie als barbarisch, die Geburt als schmerzhaft. Und die Kinder? Nun: die Bindung an eine kleine Gruppe würde die enge Mutter-Kind-Bindung überflüssig machen.

Der Versuch der Kibbuzbewegung, den utopischen Feminismus des frühen Sozialismus zu verwirklichen, den auch die genannten Vertreter der Frauenbewegung anstreben, scheiterte letztlich an den biologisch determinierten verschiedenen Neigungen der Geschlechter. Es waren die Frauen, die ihre Kinder mehr und mehr aus dem Gemeinschaftsraum zur Familie zurückholten und die sich aufgrund eigener Wahl mehr und mehr von der Land- und Fabrikarbeit sowie aus Politik und Verwaltung zurückzogen. In freier Wahl und gegen die ideologische Indoktrinierung kehrten die Frauen die feministische Revolution in eine feminine Gegenrevolution um. Das großangelegte Experiment des Kibbuz hat in diesem Punkte entscheidend zum Verständnis menschlichen Verhaltens beigetragen. Das Bedürfnis der Mütter, eine individualisierte, vor anderen Bindungen ausgezeichnete Bindung zum Kinde zu pflegen, setzte sich durch, bestärkt wohl auch durch den Protest der Kinder gegen die lange Abwesenheit der Mutter, vor allem beim abendlichen Abschied. Die Monotropie des Kindes spielte bei diesem Prozeß sicher eine ebenso große Rolle wie das mütterliche Bedürfnis, ein Kind zu betreuen. Ehe man daher blindlings gegen die traditionelle Arbeitsteilung der Geschlechter ankämpft, sollte man doch untersuchen, ob diese nicht weiterhin in einem gewissen Rahmen vernünftig ist, einerseits weil sie dem Gedeihen des Kindes dient, andererseits weil sie auch den konstitutionsbedingten Eigenschaften von Mann und Frau entspricht.

Stammesgeschichtlich betrachtet sind diese Unterschiede sicher altes Erbe. W. LaBarre betont in seiner Einführung zu Spiros Buch, daß man von einem Trimorphismus der Kernfamilie des Menschen sprechen kann. Kindheit, spezialisierte Männlichkeit und Weiblichkeit bilden demnach eine funktionelle Einheit. Erst durch die intensive Zuwendung und Pflege durch die Mutter über eine lange Zeit kann das Kind das kulturelle Wissen erwerben, das Menschen zum Überleben brauchen. Die Frau war dieser sicher mühevollen, aber genauso gewiß differenzierten und abwechslungsreichen Aufgabe nur gewachsen, weil sie vor wilden Tieren geschützt und auch mit allem versorgt wurde, was nur in einiger Entfernung vom Wohnsitz zu bekommen war. Die Frau ist, wie LaBarre sagt, durch den Mann der Notwendigkeit enthoben, sich wie ein wildes Tier selbst zu versorgen. Es gibt eine ganze Reihe von Gründen sowohl des Körperbaus als auch der

Physiologie, die den Mann als Jäger und Verteidiger der Familie geeigneter machen. Männer können sich leichter weiter von ihrem Wohnort entfernen als Frauen, die sich dabei größerer Gefahr aussetzen. »Far away from home«, schreibt JULIA A. SHERMAN (1978 : 174), »women in reproductive phases were a danger to themselves, their offspring, and even the group. The smell of blood attracts wild animals. One can imagine how welcome a menstruating woman would be in a hunting party. Most of the victims of unprovoked bear attacks in the Yellowstone Park in recent years have been menstruating women. There have been good reasons, then, for the development of male and female cultures as they are, but they are clearly no longer maximally functional.«*

Die Einschränkung in ihrem Nachsatz ist angebracht. Wie weit die traditionelle Rollenverteilung in der Industriegesellschaft adaptiv ist, muß man prüfen. Eine kritiklose Verwerfung der traditionellen Frauenrolle ist jedoch sicherlich nicht vernünftig. In vielen Punkten erfüllt die Frau in der traditionellen Rolle auch heute noch ihre geschlechtstypische Aufgabe optimal. Die Bemühungen um Egalität sollten sich daher mehr um eine Gleichbewertung auch typisch weiblicher Tätigkeiten bemühen. Die Kultur der Frau ist in vielen Punkten reicher und scheint mir in manchem geradezu der des Mannes überlegen. Man denke etwa an die handwerklicher Fähigkeiten der Heimkunst. Ich wage auch zu bezweifeln, daß die durchschnittliche Berufsarbeit mehr Ansprüche an Geist, Phantasie und Gemüt stellt als die Erziehung mehrerer Kinder verschiedener Altersstufen, wenn man diese ernst nimmt. Die Möglichkeit der berufstätigen Frau sollte daher als interessante Alternative aufgezeigt werden, aber sicher nicht als die einzige erstrebenswerte Rolle. Man muß das hervorheben, denn allzuoft liest man, daß Referenten von Kinderbüchern und Schulbüchern sich darüber erbosen, daß Mädchen beim Puppenspiel dargestellt werden.

So wenden sich RAMONA FRASHER und Mitarbeiter (1980) gegen die Typisierung der Geschlechtsrollen durch das geschlechtsspezifische Spielzeugangebot, und K. und R. DUNN (1977) schreiben: »If you cannot resist (buying a doll carriage), then do it, but recognize that you are contributing to the stereotypical image of each girl becoming a ›mommy‹, rather than an independent professional woman who may also be a mother ... Try to control your inclination to surround her with the traditional restrictive items that suggest domesticity as her central life ... (If someone gives your daughter a doll and she likes it) permit her to keep it

---

* »Weit von zu Hause weg wären geschlechtsreife Frauen eine Gefahr für sich selber, für ihre Nachkommen und sogar für die Gruppe. Der Blutgeruch zieht wilde Tiere an. Man kann sich vorstellen, wie willkommen eine menstruierende Frau in einer Jagdgesellschaft wäre. Die meisten Opfer, die von Bären ohne Veranlassung im Yellowstone Park in den letzten Jahren angegriffen wurden, waren menstruierende Frauen. Für die Entwicklung von Männer- und Frauenkulturen, wie sie nun einmal sind, gab es gute Gründe, aber sie sind offensichtlich nicht länger nur funktionell.«

without any negative feelings, but do not lapse into cuddling it or encouraging her to do so. Treat it as another object and direct attention to other more beneficial toys« (zitiert nach BRIAN SUTTON-SMITH 1979, S. 251)*.

Mit anderen Worten: Hütet euch davor, Kinder der biologischen Geschlechtsrolle gemäß zu erziehen. Ich zweifle, daß dies ein menschlicher Rat ist. Was ist am mütterlichen Verhalten so schlecht, daß man dazu nicht auch Modelle anbieten sollte? Eine Rollenverunsicherung aus Prinzip kann doch nicht ernstlich Ziel unserer Erziehung sein. Sicher bereiten die traditionellen Mädchenspiele die Mädchen nicht in gleicher Weise auf das Berufsleben vor wie die Bubenspiele (B. SUTTON-SMITH 1976). Sie sind z. B. viel weniger kompetitiv. In den letzten hundert Jahren haben die Mädchen aber ihr Spielrepertoire wesentlich erweitert. Neben den traditionellen Mädchenspielen erfreuen sich Mädchen heute an Tennis, Eislaufen, Baseball und Schwimmen. Und ob sie schließlich alle Spiele der Buben mitmachen sollen, ist doch die Frage!

»Now that things are beginning to change, we really must ask most seriously ... whether we want to turn girls into footballers and boxers for the sake of their future in the economic, military and political worlds, or whether there may not be some other alternative« (B. SUTTON-SMITH 1979 : 251)**.

Die Unzufriedenheit vieler moderner Frauen muß zur Kenntnis genommen werden. Sie ist unter anderem in der Überlastung durch Familienaufgaben begründet. Das ist jedoch weniger die Schuld dominanter Männer, die im übrigen nicht immer ein interessantes Berufsleben führen. Man sollte nicht vergessen, daß Millionen als Arbeiter im Straßenbau, Bergbau, in Stahlwerken etc. beschäftigt sind und nur die wenigsten als Manager, Wissenschaftler oder Politiker Stellen von hohem Ansehen innehaben.

Eine der Ursachen weiblicher Unzufriedenheit ist wohl die Reduktion der Familie auf die Kernfamilie. Es fehlen die Verwandten, die Tanten, Großeltern, aber auch die befreundeten Nachbarn und deren ältere Kinder, die früher, heute noch auf dem Lande, eine wesentliche Entlastung durch Beschäftigung mit den

---

* »Wenn Sie nicht widerstehen können, einen Puppenwagen zu kaufen, dann tun Sie es, Sie sollen sich aber gleichzeitig bewußt sein, daß Sie damit zu dem stereotypen Image beitragen, das aus jedem kleinen Mädchen eine ›Mammi‹ macht anstatt eine unabhängige, berufstätige Frau, die auch Mutter sein kann. Versuchen Sie, Ihre eigene Neigung zu kontrollieren, das kleine Mädchen, mit den traditionellen, beschränkenden Dingen zu umgeben, die Häuslichkeit zum Mittelpunkt ihres Lebens machen. Wenn jemand Ihrer Tochter eine Puppe schenkt und wenn sie sie mag, dann erlauben Sie ihr, sie zu behalten, ohne irgendwelche negativen Gefühle zu zeigen, aber begehen Sie nicht den Fehler, die Puppe zu umarmen oder Ihre Tochter dazu zu ermuntern. Behandeln Sie sie wie irgendein anderes Ding und richten Sie die Aufmerksamkeit auf nützlichere Spielzeuge.«

** »Jetzt, da sich die Dinge langsam verändern, müssen wir uns wirklich ernsthaft fragen, ob wir aus Mädchen Fußballspieler und Boxer machen wollen, damit sie in Zukunft in der wirtschaftlichen, militärischen und politischen Welt ihren Mann besser stehen können, oder ob es da nicht einige andere Alternativen gibt.«

Kleinkindern, aber auch emotionell durch Anregung und Möglichkeiten der Aussprache bieten Und es mangelt auch an Kontakten mit der gleichgeschlechtlichen Altersklasse. Bei Naturvölkern verbringen Männer und Frauen viele Stunden des Tages ausschließlich im Verband mit ihresgleichen, und sie genießen das offensichtlich. Man versteht sich offenbar problemloser. Mir fiel jedenfalls auf, wie vergnügt es in solchen Gruppen zugeht. Es wird viel gescherzt und gelacht. Und man gewinnt auch den Eindruck, daß Frauen in der Gruppe die Aufgabe der Kinderbetreuung weit weniger als Belastung empfinden, als es in der technisch zivilisierten Gesellschaft der Fall ist. Im ländlichen Europa ist das auch noch so. Erst in der modernen Großgesellschaft sind die Ehepartner im wesentlichen aufeinander beschränkt. Das eröffnet Chancen zu einer Vertiefung der Beziehung, führt aber auch oft zu einer Überlastung, zur Gewöhnung oder Irritation, da der Ehepartner einfach nicht alle sozialen Bedürfnisse des anderen stillen kann.

Außerdem ist es in der industriellen Gesellschaft zu einer Abwertung der traditionellen Frauenrolle gegenüber der geldverdienenden Berufsrolle gekommen. Daher das verständliche Bestreben, sich von der ökonomischen Dominanz des Mannes zu befreien. Die Forderung, alle Frauen in den Berufsprozeß einzugliedern, löst dieses Problem aber nicht. Die Frau muß die Freiheit haben, zwischen den Alternativen zu wählen, und das setzt eine Aufwertung der traditionellen Frauenrolle und der Mutterschaft voraus, denn Kinder brauchen Mütter, die für sie Zeit haben.

Die neue Situation des Wettstreites zwischen Mann und Frau stellt uns vor manche Probleme, für die wir biologisch unzureichend gerüstet scheinen. Im Wettstreit mit Männern erweisen sich Frauen diesen gegenüber als gehemmt. Die Untersuchungen von G. E. WEISFELD und Mitarbeitern (1980) und C. L. CRONIN (1980) zeigten z. B., daß junge Mädchen beim Ballspiel mit Buben viel weniger wetteifermotiviert sind als beim Spiel mit ihresgleichen und daß sie weniger leisten, als sie können (siehe auch S. W. MORGAN und B. MAUSNER 1973, A. PEPLAU 1976, C. C. WEISFELD und Mitarbeiter 1983). Selbst hochrangige Frauen zögern normalerweise, ihre Männer zu dominieren, und neigen zum Nachgeben (E. I. MEGARGEE 1969). Umworbene Frauen benehmen sich dem Geliebten gegenüber, als bräuchten sie Unterweisung und Führung, und geben dabei oft nur vor, etwas nicht zu wissen oder zu können. Das ist wohl eine Strategie, mit der sich die Frau der Tatsache fügt, daß eine subdominante Stellung des Mannes sich schlecht auf das eheliche Geschlechtsleben und die Partnerschaft auswirkt (W. H. MASTERS und V. E. JOHNSON 1970, J. SCANZONI 1972); dies ist verbunden mit dem alten infantilen Betreuungsappell.

In diesem Zusammenhang ist auch die Feststellung von AGNES HELLER (1980 : 217) bemerkenswert:

»Whenever men do make efforts not to feel and behave in the old ›masculine‹ way and whenever women expect them to change their emotional habits, this happens only within the framework of the family or occasionally in man-woman relationships in general. But no attempt at change is made and no expectations for such a change are developed on the level of sociopolitical activity. Here the traditional male stereotype prevails unchallenged. Wives may require their husbands to be emotional, nonauthoritarian, playful in the family, but they want them to be authoritarian, strong, tough, competitive, and earnest in all other areas of social life. They could not even love a man behaving different, that is in an ›unmanly‹ way . . .«*

Sie meint allerdings, das beruhe auf kulturellen Traditionen, die man auf die Dauer zugunsten einer emotionalen Vielfalt überwinden müsse, welche sich auf Individualität und nicht auf das Geschlecht begründe.

In einer bemerkenswerten Schrift führte SARAH BLAFFER-HRDY (1981) aus, die verbreitete Vorstellung, die Frau sei von ihrer Biologie her nicht motiviert, etwas im Konkurrenzkampf durchzusetzen, sie sei sexuell passiv und nur an der Kinderaufzucht interessiert, sei völlig falsch. Das ist richtig. Aber Frauen wetteifern ursprünglich in erster Linie mit Frauen, so wie Männer ursprünglich mit Männern wettstreiten. Sie benützen auch, wie BLAFFER-HRDY richtig sieht, den Mann zu ihrem Vorteil, aber wohl weniger im Wettstreit. Eine weibliche Strategie ist: nachgeben und auf diese Weise führen. Es ist falsch, dies als Passivität und niederrangiges Verhalten zu deuten. Die Strategie erfordert gewiß mehr Einfühlungsvermögen als die Strategien der sogenannten männlichen Dominanz. Außerdem versteht es die Frau, den Mann sexuell in Abhängigkeit zu zwingen, und auch das ist eine Form der Dominanz, nur eben eine geschlechtsspezifisch weibliche.

Auch Mädchen streben nach Ansehen. Dieses beruht jedoch nicht in erster Linie auf körperlicher Stärke. Die Rangordnungen sind bei ihnen auch weniger stabil, so daß Mädchengruppen konfliktanfälliger sind (W. CHARLESWORTH und C. DZUR 1987). Anders als Buben, die viel imponieren und raufen, gehen Mädchen bei der Durchsetzung ihres Ranganspruches indirekt vor. Sie geben ungefragt Ratschläge und widersetzen sich den Anordnungen anderer oder ignorieren sie (R. C. SAVIN-WILLIAMS 1987). Die mangelnde Bereitschaft, sich von ihren Geschlechtsgenossinnen etwas vorschreiben zu lassen, führt im beruflichen Leben dann zu Schwierigkeiten, wenn Frauen gezwungen sind, sich in eine

---

* »Immer wenn sich Männer bemühen, aus dem alten, maskulinen Lebensstil auszubrechen, und immer wenn Frauen erwarten, daß die Männer ihre emotionellen Gewohnheiten ändern, dann geschieht dies nur innerhalb der Familie oder gelegentlich in Mann-Frau-Beziehungen. Aber kein Änderungsversuch wird unternommen und keine Erwartungen für solch eine Veränderung werden auf der Ebene der soziopolitischen Aktivität entwickelt. Hier setzt sich der traditionelle männliche Typus unangefochten durch. Frauen erwarten von ihren Männern, daß sie emotionell, unautoritär und ausgelassen in der Familie sind. Auf allen anderen Gebieten des sozialen Lebens dagegen sollen sie autoritär, streng, unnachgiebig, wettbewerbsfähig und gewissenhaft sein. Frauen können nicht einmal einen Mann lieben, der sich anders und das heißt ja ›unmännlich‹ verhält . . .«

weibliche Hierarchie einzuordnen. Schließlich weisen Frauen andere gern »zu deren Besten« zurecht – eine Form prosozialer Dominanz (S. 424).

Doris Bischof-Köhler (1990) weist darauf hin, daß es Unterschiede dieser Art sind, die den Frauen in unserer Gesellschaft bei der beruflichen Karriere Schwierigkeiten bereiten. Sie werden nicht behoben, wenn man im Sinne der Gleichberechtigung beide Geschlechter konsequent gleich behandelt. Nimmt man die anlagebedingten Unterschiede nicht zur Kenntnis, dann führt dies zu einer Benachteiligung der Frauen, wie unter anderem das Scheitern der Koedukation zeigt (V. E. Lee und A. S. Bryk 1986). In getrennt-geschlechtlichen Schulen und Universitäten vollbringen Mädchen bessere Leistungen. »Sich über die biologische Fundierung von psychologischen Geschlechtsunterschieden Klarheit zu verschaffen heißt also nicht, wie von Feministinnen immer wieder behauptet wird, der Diskriminierung Vorschub zu leisten, sondern stellt im Gegenteil gerade die unabdingliche Voraussetzung dar, sie endlich zu überwinden. Veranlagung bedeutet beim Menschen nicht Festgelegtsein. Die vorgebrachten Überlegungen sollten deshalb nicht zum Fehlschluß verleiten, die Frau müsse in ihrer traditionellen Rolle verharren. Wenn sie hier allerdings den Schwerpunkt ihrer Selbstverwirklichung setzen möchte, dann sollte sie dies tun dürfen, ohne daß man ihr das Gefühl vermittelt, es handle sich um eine Existenz zweiter Ordnung. Frauen, die dagegen in erster Linie an einer beruflichen Karriere interessiert sind ... sollten durch Maßnahmen unterstützt werden, die sich nicht nur darauf beschränken, gesellschaftliche Barrieren abzubauen, sondern die auch den weiblichen Stärken und Schwächen gezielt Rechnung tragen« (D. Bischof-Köhler 1990 : 27).

Das Wegleugnen der Geschlechtsunterschiede im Dominanzverhalten hilft uns nicht weiter. Zur Kenntnis nehmen heißt aber nicht, daß wir weiterhin dem verbreiteten Muster folgen müssen. Insofern haben Veröffentlichungen wie jene von Elanor Burke Leacock (1981) wichtige Beiträge geleistet, nicht weil sie nachgewiesen hätte, daß die männliche Dominanz insofern ein Mythos sei, als eine biologische Grundlage fehle, wohl aber, indem sie darauf hinwies, daß es Gesellschaften gibt, bei denen sie offenbar eine geringere Rolle spielt. Das belegt die Formbarkeit menschlichen Verhaltens auch gegen vorhandene Anlagen. Leacocks Ausführungen über die Egalität von Hordengesellschaften sind im einzelnen mit Vorsicht aufzunehmen. Die Daten wurden recht selektiv ausgewertet (E. B. Leacock 1978 und Diskussion). Wir werden auf das Thema Dominanz und Rang noch einmal zurückkommen (Kap. 4.9).

S. und H. Parker (1981 : 771) betonen in diesem Zusammenhang, daß Befreiung der Frau wenig damit zu tun habe, was eine Frau im einzelnen zu tun wählt:

»Ultimately, liberation has little to do with whether or not a woman chooses to become a professional or a housewife and mother, or both; she can be liberated or traditional in either of these roles. The term liberation ... can be considered in both psychological and social-structural contexts. In the former, it may be thought of as an attempt to change one's identity – to differentiate oneself, to establish and define one's own boundaries of self – with a concomitant consciousness of new needs, values and goals. In the latter, at a sociological level of conceptualisation, it refers to the emergence of a social structure that allows and encourages males and females alike to achieve goals in accordance with their talents and differentiated selves.«[*]

Gewiß vollzogen sich auf der Grundlage vorhandener Dispositionen in verschiedenen Kulturen Entwicklungen, die zu einer Polarisierung der Geschlechtsrollen mit männlich dominierenden und weiblich untergeordneten Rollen geführt haben. In einigen islamischen Staaten werden die Frauen zweifellos heute noch von den Männern in einer Weise beherrscht, die mit einer modernen liberalen Auffassung nicht zu vereinbaren ist. Auch in unserer Gesellschaft sollte man sich vor festen Rollenklischees hüten. Biologie bedeutet, wie schon oft hervorgehoben, nicht Schicksal. Die großen Schwierigkeiten, ein neues Rollenverständnis der Geschlechter und insbesondere ein neues Verhältnis zwischen Mann und Frau zu finden, liegen u. a. in der Tatsache begründet, daß Mann und Frau über die längste Zeit ihrer Geschichte kooperativ im Dienste des Nachwuchses verbunden waren. Das hat uns zunächst auch biologisch geprägt. Der offene Wettstreit von Mann und Frau im modernen Berufsleben überrascht und trifft uns völlig unvorbereitet. Hier müssen wir neue Formen der Kooperation finden. Dazu sollten wir allerdings noch mehr über die geschlechtstypischen Dispositionen von Mann und Frau erfahren. Sind vielleicht Frauen im beruflichen Wettstreit eher geneigt, mit kooperativen Strategien zu arbeiten als mit Wettkampf, wie das S. Rotering-Steinberg und G. Bohle (1991) sagen? Ich meine, daß dies so allgemein nicht behauptet werden kann, da ja Frauen in bestimmten Bereichen durchaus auch wettstreitmotiviert sind. Aber man müßte einmal genauer herausarbeiten, in welchem Bereich Männer und in welchem Frauen eher wettstreitmotiviert sind und unter welchen Bedingungen beide eher zur Kooperation neigen. Hier dürfte es doch erhebliche Unterschiede nach Motivation und Interessenlage geben, die sicher nicht nur kulturell bedingt sind.

In der Biologie ist das Phänomen der Funktionskonflikte bekannt, aber in den

---

[*] »Letzten Endes hat die Emanzipation wenig damit zu tun, ob sich eine Frau dazu entschließt, berufstätig oder Hausfrau und Mutter oder beides zu werden; sie kann befreit oder traditionell in jeder dieser beiden Rollen sein. Der Begriff Emanzipation kann sowohl in psychologischen als auch in soziostrukturellen Zusammenhängen betrachtet werden. Zum einen wurde dieser Begriff als ein Versuch gewertet, seine eigene Identität zu verändern, sich zu differenzieren, sich seine eigenen Grenzen zu setzen und zu definieren. Man war sich gleichzeitig der neuen Bedürfnisse, Werte und Ziele bewußt. Zum anderen, auf der soziologischen Ebene der Begriffsbildung, wird dieser Begriff dem Auftreten einer Sozialstruktur zugeordnet, die sowohl Männern als auch Frauen gleichermaßen erlaubt und sie ermutigt, ihre Ziele gemäß ihren Begabungen und unterschiedlichen Charakteren zu erreichen.«

Diskussionen über uns Menschen nimmt man seltener darauf Bezug. Panzerung schützt, engt aber die Bewegungsfreiheit ein. Ein Knochenskelett gibt den Muskeln Ansatz, es ist aber schwer. Daher konnten z. B. Fische vor der Erfindung der Schwimmblase nur unter Abbau ihres Knochenskeletts und damit unter Minderung ihrer muskulären Leistungskraft ins freie Wasser vordringen. Signaleinrichtungen erleichtern die innerartliche Kommunikation, machen aber auch für den Feind auffällig. Analoge Konflikte bestimmen unser zwischenmenschliches Verhalten und in besonderer Weise die heterosexuellen Partnerbeziehungen. Revierverteidigung und Rivalenkämpfe züchteten bei den Primaten, wie auch bei vielen anderen Säugetieren, körperlich kräftigere und auch aggressivere Wesen heran. An diesem Erbe tragen auch wir. Arbeitsteilig im Positiven kann der Mann dadurch Schutz gewähren. Fast automatisch führte das aber zu einer Dominanz über das »schwache Geschlecht«, zu einem Herrschaftsanspruch, der häßliche Auswüchse zeitigte. Das Verhalten des Mannes zur Frau ist in vielen Kulturen ausgesprochen zwiespältig. Der Mann verehrt sie als Geliebte und Mutter, und sie spornt ihn zu höchsten künstlerischen Leistungen an. Aber die Unterdrückung der Frau ist eine traurige Tatsache, sie war und ist, wie K. E. Müllers (1984) Monographie zeigt, bei Völkern aller Kulturstufen und zu allen Zeiten ein Problem. Wir müssen es einsichtig lösen. Dazu sind wir als »Kulturwesen von Natur« geschaffen. Wiederum gilt – wie bei Besprechung der Aggressionsproblematik –, daß nicht mit dem einfachen Wegleugnen der Unterschiede geholfen ist. Wir müssen um sie wissen, akzeptieren, was daran gut ist, und jene Seiten bezähmen, die unser Zusammenleben belasten, indem sie dem Partner Leid zufügen. Verstand und Gemüt gebieten es, unsere Natur zu zähmen. Die Anlagen, die uns dazu befähigen, bringen wir mit. Nützen wir sie nicht, dann machen wir uns schuldhaft.

Zusammenfassung 4.7

Die Behauptung, dem Menschen würden die Geschlechtsrollen von der Kultur so zugewiesen wie die Kleidung, die er trägt, hält einer kritischen Prüfung nicht stand. Es existiert ein universales Muster der Arbeitsteilung zwischen Mann und Frau, das man selbst bei den als »egalitär« bezeichneten Jäger- und Sammlervölkern findet. Die Männer vertreten die Gruppe nach außen, verteidigen sie in Kampf und Ritual, und sie erjagen in der Regel das Großwild. Mit diesen Aufgaben, insbesondere jener der Vertretung an der Außenfront, fällt ihnen zumeist auch die Führungsrolle zu – selbst in den sogenannten matriarchalischen Gesellschaften, wo die Männer der mütterlichen Linie das Sagen haben. Neben den Bereichen männlicher Dominanz gibt es solche, in denen die Frauen das Wort führen. Dazu gehört der sozial wichtige Bereich der Kinderfürsorge sowie der des inneren Gruppenzusammenhaltes, ein Bereich, der noch wenig erforscht ist. Ökonomisch tragen Mann und Frau bei Naturvölkern auf verschiedene, aber gleich bedeutungsvolle Weise zum Haushalt bei. Beide sind ökonomisch voneinander abhängig. Es bestand also über die längste Zeit der Geschichte eine quasi symbiotische Partnerschaft. Zu einem Ungleichgewicht mit ökonomischer Dominanz des Mannes kam es in geschichtlich neuer Zeit.

Für die arbeitsteilige Differenzierung der Geschlechtsrollen sind Männer und Frauen in Körperbau, Physiologie und Verhalten biologisch vorbereitet. Mann und Frau unterscheiden sich in Verhalten, Wahrnehmung und Motivation. Die meisten Unterschiede sind quantitativer Art (geschlechtstypisch), einige auch qualitativ (geschlechtsspezifisch). Unterschiede entwickeln sich auch, wenn man erzieherisch gegensteuert. So bemühte man sich im Kibbuz, gegen die traditionellen Geschlechtsrollen »egalitär« zu erziehen. Der feministischen Revolte folgte jedoch eine feminine Gegenrevolte mit Rückkehr zum traditionellen familialen Muster. Untersuchungen der Kinderspiele im Kibbuz ergaben, daß die Kinder Erwachsene des eigenen Geschlechtes als soziale Modelle auswählten, wobei Mädchen von der Fülle der angebotenen Frauenmodelle nur die betreuende Mutter im Spiel nachahmten. Stammesgeschichtliche Anpassungen bedingen hier offenbar Präferenzen (siehe auch S. 355 ff.).

Bei der Realisierung weiblicher und männlicher Anlagen spielen hormonelle Einflüsse während der Embryonal- und Kindesentwicklung eine große Rolle. Während der Embryonalentwicklung androgenisierte Mädchen verhalten sich in vielem wie Knaben. Bemerkenswert ist in diesem Zusammenhang eine Mutante, bei der genetisch männliche Kinder zunächst als phänotypisch eindeutige Mädchen geboren werden. Sie werden wie Mädchen erzogen, und sie verhalten sich auch wie solche. Beim Eintritt der Pubertät wandeln sie ihr Geschlecht. Sie ändern sich morphologisch und im Verhalten und werden auch psychisch zu voll funktionsfähigen Männern. Beispiele wie diese zeigen, daß der sozialen Geschlechtsrollenzuweisung Grenzen gesetzt sind. Das schließt alternative Formen des Lebens für Frau und Mann nicht aus, sollte aber beachtet werden.

Die Neigung des Mannes zu dominieren basiert wohl auf Primatenerbe. Das führte bei vielen Völkern und bis in die Gegenwart oft zur Unterdrückung der Frau, ein Zustand, der überwunden werden muß. Das wird allerdings nicht gelingen, wenn wir vorhandene Unterschiede leugnen. Wir müssen um sie wissen, wollen wir jene Bereiche unseres Verhaltens unter Kontrolle bringen, die unser Zusammenleben belasten. Im Positiven sind die Unterschiede eine Herausforderung zur Gleichberechtigung in partnerschaftlicher Ergänzung.

4.8 Die individualisierte Gruppe: Familie, Sippe und Allianzen

Traditionelle Gesellschaften basieren auf Sippenverbänden. Dieses Organisationsprinzip hat die menschlichen Gesellschaften wahrscheinlich über die längste Zeit der Menschengeschichte charakterisiert. Die Familien, die die Kristallisationspunkte der Gemeinschaften darstellen, sind untereinander durch Bande der Blutsverwandtschaft verknüpft. Der oder die einzelne ist in ein Netzwerk von Sippen eingebettet, deren Angehörige ihn oder sie bei Bedarf unterstützen, und jeder ist umgekehrt seinerseits seinen Sippenangehörigen verpflichtet. Obgleich oft krasser Individualismus herrscht, kann sich keiner aus seiner Gemeinschaft und aus seinen Verpflichtungen ihr gegenüber lösen. Wir in der anonymen Großgesellschaft können uns weder das gute Gefühl vorstellen, das aus der Geborgenheit einer solchen Einbindung erwächst, noch die unglaubliche Belastung einer ständigen Verpflichtung. Diese Gruppen setzen sich aus genetisch nahen Verwandten zusammen. Geschwister, Vettern und Basen machen in einer Jäger- und Sammlergesellschaft 80 bis 90 % der nicht angeheirateten Verwandtschaft aus. Sippenselektion spielte daher in der Evolution solcher Gesellschaften eine bedeutende Rolle.

Die menschlichen Gemeinschaften grenzen sich in Gruppen verschiedener Größe (Lokalgruppen, Stämme, Nationen) als territoriale Einheiten gegen andere ab. Im Falle der Lokalgruppen, deren Mitglieder einander noch persönlich kennen, handelt es sich um Gemeinschaften, die selten mehr als 150 Personen umfassen (S. 841). Die Mitglieder solcher lokaler Gruppen entwickeln bereits auf der Stufe der Jäger- und Sammlervölker ein Gefühl der Zusammengehörigkeit, durch das sie sich von anderen absetzen, aber keineswegs gänzlich isolieren. Die Gruppen pflegen vielmehr untereinander Beziehungen. Man tauscht Heiratspartner aus, verbündet sich, pflegt Handel und Gütertausch – oder betrachtet einander als Feind. Menschengruppen bilden also relativ stabile abgegrenzte Einheiten, gleich ob sie mit einem festen Wohngebiet verhaftet sind oder als Gruppe wandern. Die Gruppe wird durch dauerhafte, die Familien übergreifende Beziehungen der Gruppenmitglieder charakterisiert. Abwanderung und Zuwanderung von Gruppenfremden sind geregelt, und zwar dem Umfang nach so, daß die Gruppenidentität gewahrt bleibt, Überfremdung also vermieden wird. Die Abschließung wird bereits durch den Vertrautheitsmechanismus der persönlichen Bekanntheit bewirkt. Dem Fremden, auch wenn er in Kleidung, Dialekt und Betragen nicht sonderlich abweicht, begegnet man mit Zurückhaltung, und dies um so mehr, je mehr er sich in Aussehen und Verhalten von der Gruppennorm abhebt. Die Xenophobie gehört zu den Universalien (Kap. 4.2 und 8.2). Sie darf nicht mit Fremdenhaß gleichgesetzt werden, dem meist Indoktrination oder negative Erfahrungen vorausgehen.

Bildung und Wahrung der Gruppenidentität setzen also eine gewisse Abschließung der Gruppe gegen andere voraus, ferner die Kennzeichnung der eigenen Gruppe u. a. durch Benennung und durch Einhaltung gewisser Gruppennormen, die durch besondere Mechanismen der Normenkontrolle erhalten werden (S. 549 ff.). Wir beobachten, daß Menschen, die von der Gruppennorm in irgendeiner Weise abweichen, Zielscheibe von Aggressionen der anderen Gruppenmitglieder werden. Diese normerhaltende Aggression, auf die wir noch genauer eingehen wollen, bewirkt entweder die Angleichung des Abweichenden oder seine Ausstoßung. Die relative Abschließung der Gruppen läßt die Entwicklung gruppenspezifischer Besonderheiten zu. Das kann über Dialekt und Sprachenbildung sowie andere Mechanismen der Kontrastbetonung eine divergente kulturelle Entwicklung einleiten. E. H. ERIKSON (1966) sprach von »kultureller Pseudospeziation«. Der Drang, sich vom Nachbarn im Kontrast abzusetzen, die eigene Identität gegen andere abzugrenzen, ist dabei sehr stark. Selbst innerhalb der zusammengehörigen Gruppe bilden Kinder und Erwachsene Untergruppen, die sich durch irgendwelche Gemeinsamkeiten auszeichnen, etwa Besonderheiten des Sprechens oder geteiltes Wissen um geheime Dinge.

Wie kommt es zur Bildung von Gruppen, was bindet Individuen zur Gruppe, und was setzt sie von anderen, nicht zur Gruppe Gehörenden ab? Gruppenmitgliedschaft wird zunächst einmal durch die Geburt erworben. Das heranwachsende Kind entwickelt persönliche Beziehungen zu den übrigen Gruppenmitgliedern, erlernt die kulturspezifischen Regeln des Umgangs mit anderen, ferner Sprache, Wertsystem und Brauchtum usw. und identifiziert sich schließlich mit seiner Gemeinschaft.

Eine Besonderheit des Menschen, die wir von anderen Primaten nicht kennen, ist seine Fähigkeit, die Gruppengrenzen übergreifende Bündnisse abzuschließen. Lokalgruppen verbinden sich mit anderen, zum Beispiel um Dritte zu bekämpfen. Dabei vereinen sich die Männer verschiedener Gruppen zu einer gemeinsamen Aufgabe. Diese Prozesse der Bildung von Allianzen, die im Leben des Mannes eine große Rolle spielen, untersuchten M. und C. W. SHERIF (1966) experimentell an Jugendlichen. Sie verfolgten in einer heute schon klassischen Untersuchung die Bildung von Jungengruppen in einem Ferienlager. Die Elf- bis Zwölfjährigen kannten einander nicht. Nach zwei bis drei Tagen hatten sich bereits kleine Gruppen von 3 bis 4 Jungen gebildet. Auf Befragen konnten sie ihre besten Freunde nennen. Bis dahin hatten die Kinder Freiheit in der Wahl ihrer Freunde.

Nun teilten die SHERIFS die Jungen in zwei Gruppen und trennten dabei absichtlich die Freunde. In jeder dieser neuen Gruppen waren die Jungen aufeinander angewiesen, denn sie mußten beim Zeltebauen, Kanutragen, Kochen und anderen Tätigkeiten zusammenarbeiten. Die alten Freundesbindungen lösten sich, neue Gruppenstrukturen entwickelten sich mit einem deutlichen Muster von Gefolgschaft und Anführer. In beiden Gruppen bildeten sich ferner für die jeweilige Gruppe spezifische Stile, bestimmte Aufgaben zu lösen. Das wurde in den nun folgenden Experimenten deutlich, die zu Auseinandersetzungen zwischen den Gruppen führten. Die Gruppe, die einen harten Kurs verfolgte, freute sich auf eine körperliche Auseinandersetzung mit dem Gegner, die andere Gruppe dagegen bemühte sich, den Konflikt gewaltlos unter anderem dadurch zu gewinnen, daß sie betend die Niederlage der anderen beschwor. Es entwickelte sich ein gruppenspezifischer Jargon. Jede Gruppe hatte ihre gruppeneigenen Geheimnisse und eigene Witze.

Nachdem sich die Gruppen in ihrer Eigenart profiliert hatten, führte man Situationen sportlichen Gruppenwettstreites herbei und belohnte die Sieger, z. B. eines Baseball-Spiels, mit begehrten Preisen. Das führte zu feindseligen Spannungen. Die Verlierer schimpften; es kam zu Schimpfkanonaden und zu Rachefeldzügen, in deren Verlauf die Parteien einander mit grünen Äpfeln bewarfen. Man lehnte die anderen ab, fühlte sich enger mit der eigenen Gruppe verbunden, überschätzte die eigenen Leistungen und unterschätzte die der anderen in einer interessanten Abwertung der Gegner. Nach einem Wettbewerbsspiel »Wer sammelt die meisten Bohnen?« wurden Diapositive vorgeführt, auf denen die angeblich von den Kindern gesammelten Bohnen zu sehen waren. Es wurde dabei immer die gleiche Anzahl von Bohnen gezeigt. Gab man sie als Leistung der eigenen Gruppe aus, dann wurde der Haufen größer wahrgenommen, als wenn man sie als Sammelleistung der anderen Gruppe vorstellte.

Die durch Konkurrenz herbeigeführte Polarisierung konnte man abbauen, indem man die beiden Gruppen über gemeinsame Aufgaben vereinte. Man ließ z. B. gemeinsam Defekte an der Wasserleitung reparieren. Ein anderes Mal sammelten beide Gruppen Geld, um die Ausleihe eines Films für das Lager zu finanzieren. Aufgaben dieser Art verbinden. Aber auch ein gemeinsamer Feind, den man künstlich einführte, erzielte diese Wirkung.

Das meiste, was Gruppen Erwachsener zu binden oder zu trennen vermag, findet sich bereits bei diesen Kindern. Die jeweiligen Umweltbedingungen stoßen dabei Prozesse der Selbstorganisation der Gruppe an, die wir bis hin zum viel komplexeren Niveau von Staaten wiederfinden und die auf ein universal zugrunde liegendes Regelsystem – eine Grammatik menschlichen Sozialverhaltens (Kap. 4.6.4) – hinweisen.

Da wir Menschen für bestimmte Situationen offenbar voraussagbar nach vorgegebenem Programm (»wenn ... dann«) handeln und überdies leicht durch Stimmungsübertragung angesteckt werden, agiert die Gruppe als Einheit. Bereits K. LORENZ hob hervor, daß z. B. gemeinsamer Kampf eint – und wir haben auch diskutiert, warum das so ist (siehe Familienverteidigung, S. 235). Es handeln aber immer Individuen nach stammesgeschichtlich und kulturell vorgegebenem Programm, hier eben ausgerichtet durch gemeinsam wahrgenommene Umweltbedingungen und Handlungsziele. Das erklärt, weshalb die Beziehungen zwischen Gruppen oft nach den gleichen Regeln gestaltet werden wie die persönlichen Beziehungen zwischen Individuen. Selbst auf diplomatischer Ebene gibt man sich z. B. gekränkt und droht mit Kontaktabbruch, eine Strategie, die auch der einzelne im Umgang mit anderen einsetzt, um Aggressionen abzublocken (S. 686 ff.).

Es gibt allerdings auch Bereiche, in denen der Mensch sich in der Gruppe anders verhält denn als einzelner. So bewirkt das Auftreten in der Gruppe in bestimmten Situationen einen Verstärkungseffekt durch Stimmungsübertragung, etwa in Situationen der Panik. Die Gruppenaggression ist ein weiteres Beispiel. Wir werden uns mit ihr noch ausführlicher befassen. Wir wollen hier nur festhalten, daß es im interindividuellen und Zwischengruppenverhalten zwar viele Gemeinsamkeiten gibt, daß man aber deshalb beides nicht generell gleichsetzen kann.

Bereits das Bewußtsein, zu einer sozialen Kategorie zu gehören, genügt, um Gruppenverhalten entstehen zu lassen (H. Tajfel 1978). Die zugewiesene Mitgliedschaft kann sogar wichtiger sein als etwa wahrgenommene äußere Ähnlichkeiten der Personen. Allerdings findet die Gemeinsamkeit meist auch schnell über Angleichung an gemeinsame Symbole und Rituale ihren sichtbaren Ausdruck. Tajfel meint, die einfache gegenseitige Anziehung von Individuen schaffe noch keine Gruppe, sondern lediglich die Anziehung von Individuen zu Gruppenmitgliedern, was eine soziale Kategorisierung voraussetze. Dies bekräftige in der Folge die soziale Identifikation und führe zur Definition einigender Gruppenmerkmale, die man als Gemeinsamkeit wahrnimmt, wie Ähnlichkeit des Aussehens und Auftretens, gemeinsames Schicksal, Nähe, gemeinsame Bedrohtheit und anderes mehr.

Tajfel beantwortete also die Frage nach den notwendigen Bedingungen, die aus einem Aggregat von Individuen eine sich zusammengehörig fühlende Gruppe machen, mit einem Modell sozialer Identifikation (Social Identification Model), das im wesentlichen eine kognitive Grundlage aufweist. Dem steht das soziale Bindemodell (Social Cohesion Model) als weiteres Erklärungsmodell zur Seite. Ihm liegt die Ansicht zugrunde, daß sich die Gruppe als Produkt wechselseitiger Interaktion automatisch entwickelt. Die Leute müssen einander nur mögen.

Tajfel behauptet nun, die erste Frage, die sich ein Gruppenmitglied stelle, sei nicht die, ob es die anderen möge, sondern die, wer es in bezug auf die Gruppe sei. Ich bezweifle, daß sich Kinder überhaupt solche Fragen stellen. Hier werden wie so oft Erklärungsmodelle als Alternativen angeboten, die einander in Wirklichkeit ergänzen.

Die Versuche der Sherifs zeigen, daß sich im Ferienlager Gruppen zunächst von selbst bildeten. Die Versuchsleiter konnten allerdings eine neue Gruppierung über Identifikation mit neuen Aufgaben und Zielen experimentell herbeiführen.

Die Gruppe tritt in bestimmten Situationen als Einheit auf und beansprucht dann auch vom einzelnen einen gewissen Einsatz für die Gemeinschaft. Die Gruppe hat auch gewisse Rechte. Sie kann z. B. ein bestimmtes Jagd- oder Weidegebiet oder Wasserstellen besitzen. Die Gruppe hat ferner stets einen oder mehrere Vertreter, die bei Zwischengruppenkontakten stellvertretend für die Gruppe als deren Sprecher auftreten, selbst dort, wo es den Begriff des »Häuptlings«, im Sinne eines Rangobersten, der den anderen etwas zu sagen hat, nicht gibt. So haben z. B. die Kalahari-Buschleute keine Führungshäuptlinge. Wohl aber gibt es Personen, die als Eigentümer der Wasserstellen auftreten und an die sich der Fremde wenden muß, wenn er bei der Horde wohnen will (Kap. 4.11.1).

Die individualisierten Gruppen können verschiedene Organisationsformen haben. Jäger und Sammler leben in Hordengemeinschaften und wandern im jahreszeitlichen Rhythmus in einem der Gruppe gehörenden Territorium, in dem sie feste Wohnplätze haben, kleine Dörfer aus Rundhütten, worin sie einen großen Teil des Jahres verbringen. Hirtenvölker ziehen in einem ihnen vertrauten Gebiet, in dem jede Gruppe eigene Rechte, z. B. an Wasserstellen, hat. Sie haben ferner immer wieder benützte Lagerplätze. Selbst die sogenannten Nomaden, die große Teile des Jahres im Familienverband wandern, besitzen meist Weidegebiete, und ihre Wanderwege sind genau festgelegt. Und sie finden sich vorübergehend zu Gruppen zusammen, deren Mitglieder nicht ständig wechseln.

Abgegrenztheit und territoriale Ortsgebundenheit sind für die individualisierte Menschengruppe typisch. Wir finden diese Verhältnisse u. a. bei den Jäger- und Sammlervölkern (Wildbeutern), die uns im Modell sicher den ursprünglichsten kulturellen Entwicklungsstand vorführen. Das sei betont, da man gelegentlich auch von einem Nomadismus der Kalahari-Buschleute spricht, so als seien sie territorial ungebunden. Das gruppeneigene Territorium wird notfalls gegen Eindringlinge verteidigt. Die Abgeschlossenheit der individualisierten Gruppe spiegelt sich in der Siedlungsform wider. Siedlungen sind so gebaut, daß dort, wo einzelne Familienhütten oder Häuser stehen, diese sich oft um Plätze herum anordnen, daß also die Eingänge dem Platz zugewandt sind. Damit sind die einzelnen Familien bereits der Gemeinschaft zugekehrt. Der Dorfplatz dient als Kommunikationszentrum. Nach außen sind die Siedlungen oft noch durch Zäune, Palisaden und Hecken abgeschirmt. Dies alles bestärkt die Identität einer Dorf- oder Hordengemeinschaft, die allerdings in der Regel nicht für sich allein existiert, sondern mit verschiedenen anderen gleichorganisierten Gruppen interagiert. Dabei bilden sich auch die Kleingruppen übergreifende Allianzen.

Über die »ursprünglichen« Gemeinschaften des Menschen herrschen bis in die Gegenwart erstaunliche Vorstellungen. So wird »dem Wilden« kollektivistisches Denken untergeschoben. »Erst die Zivilisation brachte Differenzierung und Individualisierung«, schreibt F. A. VON HAYEK (1983 : 165). Ich würde die These geradezu umkehren, denn ich sah bei Naturvölkern wohl ausgeprägten Individualismus – bei den Kalahari-Buschleuten ebenso wie bei den Yanomami oder Eipo –, habe aber oft das unbehagliche Gefühl, daß der moderne Zivilisationsmensch seine Individualität einbüßt und zum Kollektivmenschen wird (Kap. 8.2). Definiert man Differenzierung allerdings mit Arbeitsteilung, dann finden wir in der Tat bei »Zivilisierten« größere Differenzierung. Aber gerade in der arbeitsteiligen Gesellschaft ging viel an Individualität verloren. Die sogenannten »Wilden« sind Individualisten, die viel weniger von fremden Entschlüssen geleitet werden als wir. Die Buschleute der Kalahari bestimmen als einzelne, wann sie auf Jagd gehen oder an ihrer Hütte basteln, und sie sind auch wirtschaftlich nicht so voneinander abhängig wie unsereins. Die einzelnen Familien sind zwar untereinander durch Austauschsysteme verbunden, die eine Art Sozialversicherung für den Notfall darstellen, im übrigen sind sie aber ziemlich autark, und jede Familie kann praktisch alles produzieren, was sie zum Überleben braucht. Dementsprechend

415

kann z. B. jeder Buschmann jagen, seine Behausung bauen und seine Geräte herstellen – Waffen ebenso wie Kleidung oder Schmuck.

Selbst in Fachkreisen herrschten bis vor kurzem viele falsche Vorstellungen über die ursprünglichen menschlichen Gemeinschaften, repräsentiert durch die heute lebenden Jäger und Sammler. So etwa, daß diese in nichtterritorialen, friedlich koexistierenden und ihrer Zusammensetzung nach stark wechselnden, offenen Gemeinschaften leben würden. Wir werden uns dazu im Abschnitt über das territoriale Verhalten äußern (Kap. 4.11). Eine weitere These behauptet, den Buschleuten, ja den Jägern und Sammlern im allgemeinen würden beständige soziale Bindungen fehlen. Diese »fließende Organisation« (»fluid organisation«) ergebe sich aus der Notwendigkeit, sich über die vorhandenen Ressourcen zu verteilen (R. B. LEE 1976, J. WOODBURN 1968, J. E. YELLEN und H. HARPEDING 1972).

Die These von der »instantaneous hunter-gatherer economy« und von der kurzlebigen Jäger-und-Sammler-Bindung hat PAULINE WIESSNER (1980) in Frage gestellt. Wir wollen näher auf ihre Arbeit eingehen, da sie beispielhaft einen Eindruck von der Beständigkeit und Differenziertheit der über die Familie hinausgreifenden Sozialbeziehungen vermittelt. P. WIESSNER (1977, 1994) untersuchte bei den !Kung-Buschleuten das hochentwickelte reziproke Austauschsystem »hxaro«, über das sich jedes Mitglied der Gruppe ein persönliches Beziehungsnetz aufbaut, das auf wechselseitiger Verpflichtung über Geschenkeaustausch basiert und eine Art Sozialversicherung darstellt. Die hxaro-Partnerschaften sind sehr beständig, und hxaro-Partner werden oft von den Eltern auf die Kinder übertragen. Sie führen zu einer weitreichenden Vernetzung des einzelnen in einem weiträumigen sozialen Beziehungssystem.

WIESSNER (1981, 1982) führt nun gegen die These der kurzlebigen Bindungen in der Jäger-Sammler-Gesellschaft folgende Fakten ins Feld:

1. Obgleich die direkte Organisation der Arbeit wenig Investitionen (Mühen) erfordert und unmittelbar Früchte zeitigt, bedeuten die Beziehungen, die die Wiederverteilung der sozialen und natürlichen Mittel strukturieren, eine erhebliche Investition, für die die Rückzahlung mit erheblicher Verzögerung erfolgt.

2. Weil die Investition hoch und die Rückzahlung verzögert ist, bemühen sich die !Kung, die Beziehungen über längere Zeit zu erhalten, was zu zahlreichen Bindungen mit langer Geschichte führt.

3. Diese Stabilität und Kontinuität der gegenseitigen Beziehungen spielt eine sehr bedeutende Rolle in der mobilen, auf Sippen begründeten Gesellschaft (»kin-based society«). Reziproke Verpflichtungen bleiben aktiv, auch wenn die biologischen Verwandtschaftsbeziehungen lange vergessen sind. Dadurch wird erreicht, daß jede Person eine entsprechende Zahl von Partnern hat, die ihre Bedürfnisse erfüllen können und wollen. »In other words, it equalizes the number of productive kin available to a person in the face of a highly variable biological reproduction.«

Über das hxaro-Austauschsystem, in dem ein grob ausgewogener, aber verzögerter Geschenkeaustausch stattfindet, gewähren sich Personen Zugang zu ihren Ressourcen. Jede Person hat im Durchschnitt 16 solcher Partnerschaften, 18 Prozent davon binden ihn an eine andere Person im Lager, 24 Prozent an Personen in benachbarten Lagern (5 bis 20 km Radius) und 58 Prozent an Personen in zwei oder drei anderen Lagern, die 30 bis 200 km weit entfernt sind.

Die einem solchen Netzwerk von Allianzen Angehörenden bezeichnen einander als »my people«. Über den Tauschpartner hat man auch Beziehungen zu deren Familienangehörigen, mit denen man allerdings nicht tauscht. Die ein oder zwei Tauschpartner im fremden Lager verteilen vielmehr ihrerseits das, was sie bekamen, unter ihren Gruppenmitgliedern. Census-Daten, die R. B. LEE 1968/69 und P. WIESSNER 1977 über die jährlichen Besuchsreisen von 30 Erwachsenen machten, die in /Xai/xai lebten, zeigen, daß 80 dieser Besuche (= 93 Prozent) in die Gebiete von Tauschpartnern führten und mehr als eine Woche dauerten. Nur 6 wurden in Gebiete unternommen, wo der Betreffende keine Tauschpartner hatte.

Der Wert der Geschenke betrug im Durchschnitt den Gegenwert von 15 Arbeitstagen*, im Minimum 3 Tage, im Maximum 100 Tage. Da allerdings die gefertigten Gegenstände länger halten und weitergegeben werden, liegt die wirkliche Investition bei 5 Tagen pro Jahr und Partner. Das ist viel, wenn man bedenkt, daß jeder im Durchschnitt 16 Partner hat.

Aber noch höher sind bemerkenswerterweise die Ausgaben des besuchten Geschenkpartners. Für die ersten 2 bis 5 Tage ist er nämlich verpflichtet, die Verpflegung für den Besucher und seine Familie heranzuschaffen. Danach versorgen sich die Gäste zwar selbst – sie dürfen im Gebiet der Gastgeber jagen und sammeln –, aber sie arbeiten dabei weniger als die anderen und bringen daher weniger in die Gemeinschaft ein. Außerdem bleibt die soziale Investition in Form von Betreuung und Anteilnahme erheblich.

Im Durchschnitt kommt man auf 1,5 Besuche pro Jahr und Person mit einer Aufenthaltsdauer von durchschnittlich 2,2 Monaten. Eine Person verbringt also im Durchschnitt pro Jahr 3 Monate bei ihrem hxaro-Partner. Wegen der erheblichen Investitionen sind die Buschleute interessiert, solche Partnerschaften zu erhalten. 55 Prozent der Partnerschaften werden während des Lebens selbst hergestellt, der Rest wird als Erbe übernommen. 45 Prozent der Austauschpartner gehören nicht zu den näheren Verwandten. Von kurzlebigen Bindungen innerhalb der Jäger-und-Sammler-Gesellschaft kann also nicht die Rede sein. Wir treffen vielmehr bereits auf dieser Stufe ein differenziertes und dauerhaftes Beziehungsnetz an.

Auch die Beziehungen innerhalb der kleinen, im allgemeinen nur 30 bis

---

* Gemessen an der Anzahl der Tage, die man braucht, um das Geschenk herzustellen oder um das Geld zu verdienen, das ein Geschenk – z. B. eine Decke – kostet.

50 Personen umfassenden Lokalgruppe – man spricht im Englischen von »band« (deutsch: Horde) – sind differenziert. Während die Beziehungen zwischen Eltern und Kleinkindern von relativ wenigen kulturellen Geboten belastet werden, sind die Beziehungen der übrigen Mitglieder der erweiterten Familie durch eine Reihe von kulturellen Konventionen geregelt. Diese legen z. B. fest, wem gegenüber man sich ungezwungen geben darf und wem gegenüber man ein formalisiertes Verhalten zeigen muß. So sind bei den Buschleuten und vielen anderen Ethnien Afrikas die Beziehungen zwischen Eltern und Kindern (Säuglinge und Kleinkinder ausgenommen) eher formalisiert. Es scheint dabei die Regel zu gelten, daß man denjenigen Personen, die als erzieherische Autorität auftreten, auch im Umgang Respekt erweist. Die Großeltern sind bei den genannten Völkern dagegen nicht Autorität, und dementsprechend können sich die Enkel ihnen gegenüber ungezwungen geben. Sie sind »Scherzpartner« (A. R. RADCLIFFE-BROWN 1930), und die Kinder können sich in solchen Scherzpartnerschaften in Neckereien und anderen Formen scherzhafter Aggression von inneren Spannungen befreien. Scherzpartner sind ferner die Geschwister des gleichen Geschlechtes – ferner potentielle Ehepartner. Dagegen sind die Beziehungen zu den Geschwistern des Gegengeschlechts formalisiert, ebenso die Beziehungen zu den Schwiegereltern und zu allen jenen, die Scherzpartner der Schwiegereltern sind (H. J. HEINZ 1966).

Wie differenziert allein diese Regeln sind, die formalisierte und nichtformalisierte Beziehungen bei den Buschleuten festlegen, möge eine A. BARNARD (1978) entnommene Aufstellung zeigen: *Scherzpartner* einer Person (Ego) sind ihr zufolge: Großeltern, der Mutter-Bruder und dessen Frau, die Vater-Schwester und deren Mann (nur bei den !Ko), die Kinder der Mutter-Brüder und der Vater-Schwestern (Kreuzbasen und Kreuzvettern*). Ist Ego ein Mann, dann ist die Tochter der Schwester des Vaters davon ausgenommen, und ist Ego eine Frau, entsprechend der Sohn des Mutter-Bruders. Man bezeichnet diese bei manchen Buschleuten als »Respekt-Verwandte«. Scherzpartner sind ferner alle Scherzpartner des Ehepartners (nur bei den !Ko- und Khoekhoe-Buschleuten) und deren Ehepartner, gleichgeschlechtliche Namensvettern, gleichgeschlechtliche Geschwister und gleichgeschlechtliche parallele Vettern und Basen, der Ehegatte und die Geschwister des Ehegatten, die das gleiche Geschlecht wie Ego besitzen, sowie die Ehepartner der gleichgeschlechtlichen Geschwister.

Respektspersonen sind: Eltern und deren gleichgeschlechtliche Geschwister, die eigenen Kinder, die Kinder der gleichgeschlechtlichen Geschwister, Namensvettern des anderen Geschlechts (gibt es nur bei den Khoekhoe), andersgeschlechtliche Geschwister, andersgeschlechtliche Parallelvettern oder -basen, Vaters

---

* Als Kreuzbasen und -vettern (»cross cousins«) bezeichnet man die Kinder der Onkel mütterlicherseits und der Tanten väterlicherseits. Parallele Basen bzw. Vettern sind entsprechend die Kinder der Vater-Brüder und der Mutter-Schwestern.

Schwestern und deren Gatten, die Respektspersonen des Gatten sowie deren Ehepartner.

Man könnte angesichts dieser genauen Definition der Beziehungen eher davon reden, daß das die Sozialbeziehungen kontrollierende Regelsystem bei diesen Naturvölkern weit differenzierter ist als jenes, das etwa die Beziehungen der Personen in der Großgesellschaft der USA regelt.

Das gilt auch für die kulturellen Regeln, die über die engere biologische Inzesthemmung hinaus regeln, wen man heiraten darf (soll) und wen nicht. Am einfachsten ist die für viele Naturvölker gültige Regel, man möge seine Kreuzbasen und Kreuzvettern (je nach Geschlecht des Ego) heiraten, aber die entsprechenden Parallelvettern meiden. Allerdings dürfen in patrilinearen Gesellschaften auch Vettern und Basen ersten Grades heiraten, die von zwei Schwestern abstammen, weil diese Kinder sich von den nichtverwandten Männern dieser Schwestern herleiten. Dagegen dürfen Kinder, die sich von zwei Brüdern ableiten, in einer solchen Gesellschaft nicht heiraten. Genetisch liegt jedoch in beiden Fällen der gleiche Verwandtschaftsgrad vor. In einer matrilinearen Gesellschaft ist es dann entsprechend umgekehrt.

Die Konventionen, die eine Verheiratung regeln, sind gelegentlich recht kompliziert. Das gilt besonders für die Regeln, denen viele der Eingeborenenvölker Australiens unterworfen sind. Sie bewirken, daß ein Mann in seiner unmittelbaren Umgebung nur schwer einen geeigneten Heiratspartner findet. Er ist daher oft gezwungen, seinen Partner von einer sehr weit entfernten Gruppe zu nehmen. Dies führt zu einer Vernetzung weit auseinanderliegender Gruppen mit allen daraus resultierenden gegenseitigen Rechten und Pflichten, zu denen z. B. Jagd- und Sammelrechte in den Gebieten beider Ehepartner gehören. Da die Australier als Jäger und Sammler in Trockengebieten leben, ist es sehr wichtig, daß sie in Notzeiten, z. B. bei extremer Dürre, Zugang zu anderen Gebieten haben. Die komplizierten Heiratsregeln sind in diesem Falle durchaus als ökologische Anpassung zu verstehen – sie sind eine Art der Sozialversicherung (H. K. FRY 1934, A. A. YENGOYAN 1968). Klassisches Beispiel für den Komplikationsgrad dieser Regeln ist das Arunta-System (A. R. RADCLIFFE-BROWN 1930). Es funktioniert folgendermaßen:

Ein Herr A kann nur ein Fräulein Alpha heiraten. Ihre Kinder werden Ds. Jedes Fräulein D muß einen Herrn Delta heiraten. Ihre Kinder werden Betas. Jedes Fräulein Beta muß einen Herrn B heiraten. Deren Kinder werden Cs. Jedes Fräulein C muß einen Herrn Gamma heiraten, und die Kinder dieser Verbindung sind Alphas. Entsprechend dieser Regel muß umgekehrt jedes Fräulein A einen Herrn Alpha heiraten, wobei Gammas als Kinder entstehen. Jedes Fräulein Gamma muß einen Herrn C heiraten, die Kinder dieser Verbindung sind Bs. Jedes Fräulein B muß einen Herrn Beta heiraten. Aus der Verbindung resultieren Deltas. Jedes Fräulein Delta schließlich muß einen Herrn D heiraten. Die Kinder dieser Verbindung sind As. Die As, Bs, Cs und Ds stellen eine nach außen

	Moiety I		Moiety II	
Section One	A	–	α	Section Three
	B	–	β	
Section Two	C	–	γ	Section Four
	D	–	δ	

Tab. 4.10

heiratende Hälfte des Stammes dar. Sie muß sich mit der anderen Hälfte der Alphas, Betas etc. verbinden, und zwar immer nur mit einer Klasse.

Die Heiratsregeln legen natürlich nur den Idealfall fest und werden in der Praxis keineswegs immer streng befolgt. Im großen und ganzen stiften sie jedoch eine Ordnung und sichern eine ziemlich gleichmäßige Durchmischung eines Genpools, wobei die »cross cousin«-Heiratsregel eine Vernetzung über die Abstammungslinie bewirkt, gleich ob diese nun patri- oder matrilinear ist. Wieder andere Regeln legen fest, ob die Frau zur Familie des Mannes übersiedelt (virilokales Wohnen), oder ob umgekehrt der Mann zur Familie der Frau (uxorilokales Wohnen), wobei oft nach auswärts geheiratet werden muß, also ein Mitglied aus einem anderen Dorf oder aus einer anderen Horde.

Durch das so erweiterte Inzesttabu trägt der Mensch neue Strukturen jenseits der biologischen Natur in die Gesellschaft. Lévi-Strauss hat das klar erkannt, nur unterschied er nicht zwischen dem primär vorgegebenen Tabu (siehe Inzesthemmung) und seiner sekundären, kulturellen Ausformung. Er meinte, es wäre zur Gänze kulturell determiniert, was sicher nicht stimmt.

In vielen Kulturen entwickelte sich ein Klan-System. Lassen sich die Mitglieder der verschiedenen Klane auf jeweils einen gemeinsamen Ahn zurückführen, an den man sich erinnert, dann spricht man von Abstammungslinie. Oft ist die Verwandtschaft jedoch fingiert und der Totem-Ahn eine mystische Figur. Das führt zu einer die Kleingruppe übergreifenden Vernetzung. Bei den Eipo in Westirian gibt es z. B. 11 Klane. Mitglieder eines Klanes sind einander zu Hilfeleistungen verpflichtet. Da ein Klan über das ganze Sprachgebiet der Eipo verteilt ist, findet einer auch in den entfernten Dörfern Klanangehörige, die wegen der angenommenen Verwandtschaft zu Hilfe verpflichtet sind. Das gilt auch für andere Kulturen. Ein Trobriander erklärte es Ingrid Bell-Krannhals (1990) mit folgenden Worten: »Wenn ich auf die Insel Kitava segle und dort kein Klanverwandter von mir wohnt, so ist es, als sei der Weg mir versperrt. Ich würde am Ufer ankommen und viele Leute kämen, dann würde ich zuerst lange herumfragen, und sie könnten dann Näheres über mich herausfinden und schließlich sagen – oh, da wohnt doch dieser Klanverwandte von Dir!« (S. 66). Klane sind im allgemeinen exogam.

Ein Klan kann sich über viele territoriale Gruppen erstrecken, und eine territoriale Gruppe kann verschiedene Klangemeinschaften umfassen. In dem kleinen Dorf Dingerkon, das 1978 nur 64 erwachsene Einwohner umfaßte, waren nicht weniger als 8 Klane vertreten. Zu diesem Klansystem kommt bei den Eipo noch die Initiationsgruppe der Männer als weitere übergreifende Gemeinschaft. Die Initiation der Männer wird nur alle paar Jahre vorgenommen. Mehrere Jahrgänge von Knaben und jungen Männern aus mehreren Dörfern, oft eine ganze Talgemeinschaft, werden auf einmal initiiert (V. HEESCHEN in I. EIBL-EIBESFELDT und Mitarbeiter 1989). Sie fühlen sich dadurch zeitlebens verbunden und einander verpflichtet. Kulturelle Anpassungen dieser Art tragen über die territoriale Kleingruppe ausgreifende Strukturen in die Gemeinschaft, die erst so etwas wie Politik ermöglichen. Daß man z. B. über Heiraten Allianzen stiftet und festigt, ist typisch menschlich.

Zusammenfassung 4.8

Die menschliche Familie ist in größere Verbände eingebettet. Auf der Stufe des Jägers und Sammlers handelt es sich um Lokalgruppen, die meist 30 bis 50 Personen umfassen. Diese individualisierten Verbände kennzeichnen wohl den ursprünglichen Zustand menschlichen Gesellschaftslebens. Die Gruppen bewahren ihre Identität. Sie sind in der Regel an ein Gebiet gebunden, stehen mit Nachbargruppen in Beziehung, tauschen Heiratspartner und Geschenke und pflegen Gemeinsamkeit bei Festen und Ritualen. Sie bewahren aber ihre Identität und ihre Rechte.

Die Gemeinsamkeit wird erlebt. Die Gruppen schaffen sich Symbole der Identifikation und unterscheiden zwischen Gruppenangehörigen und Gruppenfremden. Die Dynamik der Gruppenbildung hat man experimentell untersucht. Die Prozesse der Selbstorganisation von Gruppen Halbwüchsiger folgen einer ähnlichen Dynamik wie die bei Erwachsenen. Wir beobachten Absetzung in Kontrastbetonung und die gleichen Mechanismen der Bindung, z. B. über gemeinsame Aufgaben oder einen gemeinsamen Feind, negative Beurteilung der anderen und dergleichen mehr. – Die Gruppen sind auch auf der Kulturstufe des Jägers und Sammlers bemerkenswert beständig. Von einer offenen, fließenden Gesellschaft kann man nicht sprechen.

Auch sollte man den für diese Stufe oft gebrauchten Begriff einer Nomadenexistenz nicht so verstehen, als seien die Leute auf ständiger Wanderschaft, frei und ungebunden. Die Beziehungen der Gruppenmitglieder untereinander sowie zwischen Mitgliedern verschiedener Gruppen sind viel differenzierter, als gemeinhin angenommen wird, und auch von großer Beständigkeit, wie u. a. das reziproke Austauschsystem der !Kung-Buschleute zeigt. Regeln bestimmen potentielle Heiratspartner; sie regeln auch, zu wem man formalisierte und zu wem man ungezwungene Beziehungen haben darf. Klansysteme, Initiationsgruppen und andere kulturelle Strukturen führen zu einer die Kleingruppen übergreifenden Vernetzung. Diese kulturellen Einrichtungen tragen eine Ordnung in die Gesellschaft, die weit über die naturgegebene Vernetzung der Sippe und Kleingruppe hinausführt und durch die der Mensch sich als politisches Wesen auszeichnet.

4.9 Rangordnung, Dominanz

Der moderne Mensch hat zur Autorität ein gespaltenes Verhältnis. Zum einen schwebt ihm vor, frei in einer Gesellschaft Gleicher zu leben, in der keiner über dem anderen steht; zum anderen hängen sich jene, die sich antiautoritär geben, ungeniert die Bilder von Autoritäten an die Wand.

Die Bereitschaft, sich Leitbildern unterzuordnen, steht in verblüffendem Gegensatz zur Ablehnung jeder Art von Dominanz. Wie erklärt sich dieser Widerspruch? Zunächst einmal aus der Tatsache, daß jede Rangordnung nicht nur die Motivation des Rangstrebens voraussetzt, sondern auch die Bereitschaft, sich notfalls zu unterwerfen, unterzuordnen oder auch Führung zu akzeptieren, je nach der Form der sich etablierenden Rangordnung, denn deren gibt es mehrere: 1. Die auf Unterdrückung beruhenden *repressiven Rangordnungen*, denen sich ein Verlierer in einer kämpferischen Auseinandersetzung als Ultima ratio unterwirft, und 2. die auf prosozialen Eigenschaften der Ranghohen beruhenden *fürsorglichen Rangordnungen*, die als *fürsorgliche Dominanz* oder *prosoziale Führung* auftreten. In den beiden letzteren Fällen wird die Dominanz akzeptiert beziehungsweise die Führungspersönlichkeit anerkannt, ja sogar gewählt. Beim Menschen beobachten wir oft Mischformen der hier dargestellten Beziehungen.

Dauernder Rangstreit würde die Harmonie einer Gruppe empfindlich stören. Für den Verlierer im Rangstreit ist es wichtig, auch eine niederrangige Position zu akzeptieren. Käme ihm diese Fähigkeit nicht zu, müßte er die Gruppe verlassen, oder er würde sich in ständigen Auseinandersetzungen aufreiben. Und in keinem Falle könnte er von allfälligen positiven Führungseigenschaften eines möglicherweise Befähigteren profitieren. In diesem Zusammenhang erhebt sich auch die Frage, wieweit sich Rangordnungen aufgrund von uns angeborenen Dispositionen ausbilden. H. LABORIT (1980) meint zwar, daß das Rivalisieren um eine Sache automatisch zu Machtproben führe, in deren Verlauf einer die Oberhand gewinne. Aber reicht das aus, um ein relativ harmonisches Zusammenleben in einer nach Rang strukturierten Gruppe zu bewirken? Und ist nicht auch der Gefolgsgehorsam eine Tatsache, die es zu erklären gilt?

Das Phänomen der Rangordnung wurde zunächst bei Tieren genauer untersucht. TH. SCHJELDERUP-EBBE (1922 a, b) fand, daß Hühner, die man zu einer Schar vereint, zunächst reihum miteinander kämpfen und sich nach Sieg und Niederlage in eine »Hackordnung« einfügen. Jede Henne merkt sich, wem sie unterlag und wen sie selbst besiegte. Dem Sieger weicht sie künftig aus und läßt ihm dadurch den Vortritt, die Besiegten hackt sie, wenn sie ihr nicht Platz machen. Die Rangordnung kann linear sein, dann hackt Alpha nach Beta, Beta nach Gamma und so fort bis zu Omega. Meist sind die Verhältnisse jedoch etwas komplizierter. Eine Henne Epsilon kann z. B. von Delta besiegt worden sein, ihrerseits aber Gamma besiegt haben, dann ist sie Delta untergeordnet, aber

Gamma übergeordnet, obwohl diese Delta dominiert. Die Hackordnung basiert auf repressiver Dominanz.

Rangordnungen entwickeln sich bei allen in Gruppen lebenden Primaten, insbesondere bei den Schimpansen, die ihre Rangstellung vor allem durch Imponiergehabe erreichen und halten. Lärmen spielt dabei eine große Rolle. Ein Männchen in JANE VAN LAWICK-GOODALLS Forschungsgebiet kam darauf, leere Kanister lärmend vor sich herzustoßen und rückte so von der zweiten Position auf die erste. Ranghohe genießen eine Reihe von Vorteilen. Sie haben Vortritt am Futterplatz, besseren Zugang zu Weibchen und damit individuell größeren Fortpflanzungserfolg. Sie exponieren sich allerdings mehr, da sie rangniedere Gruppenmitglieder bei Gefahr schützen. Die Gruppe profitiert von Ranghohen mehrfach. Sie schart sich bei Gefahr um sie, profitiert von deren Wissen und deren Fähigkeit, Streit zu schlichten. Hat sich eine Rangordnung etabliert, dann sind weitere Auseinandersetzungen in der Regel abgeblockt. Rangordnung ist somit auch ein Mittel, Aggressionen innerhalb der Gruppe zu neutralisieren.

Das ist sicher gruppenselektionistisch gedacht. R. DAWKINS (1976) meint dagegen, die Rangordnung sei nur eine Manifestation individueller Verhaltensmuster auf Gruppenebene, die nur dem ranghohen Individuum zum Vorteil gereiche. Nach meinem Dafürhalten sind jedoch neben den individualselektionistischen auch gruppenselektionistische Gesichtspunkte zu berücksichtigen. Nicht nur das ranghohe Individuum genießt Vorteile. In Konkurrenz der beim Menschen geschlossen auftretenden Gruppen zählt es sicher als Gruppenvorteil, wenn eine Gruppe weniger von Konflikten zerrissen wird als eine andere. Wo Führungshierarchien vorliegen, profitieren ferner die Gruppenmitglieder von den Fähigkeiten der Ranghohen.

Bei vielen Primaten erkennt man Ranghohe daran, daß sie am meisten von allen übrigen Gruppenmitgliedern angesehen werden. Sie stehen im Zentrum der Aufmerksamkeit (»focus of attention«, M. R. A. CHANCE und R. R. LARSEN 1976). Man orientiert sich an ihnen, richtet sich auf sie aus – einerseits wohl, weil man sie fürchtet, andererseits, weil sie Fluchtziel bei Gefahr sind, um das man sich notfalls schart. Die Bedeutung der Aufmerksamkeitsstruktur als Kriterium für die Feststellung von Rangordnungen wurde neuerdings in Zweifel gezogen, u. a. mit dem Hinweis darauf, daß nicht jeder, der im Zentrum der Aufmerksamkeit steht, ranghoch sein muß (G. SCHUBERT 1983). Ein Weibchen im Oestrus kann vorübergehend gesteigerte Aufmerksamkeit finden oder auch ein besonders niedliches Jungtier, ein anderes Mal ein Außenseiter. Aber solche Ausnahmen sind nicht schwer einzugrenzen (zur Anwendbarkeit des Kriteriums siehe auch S. 213 f.). Zur Polemik gegen MICHAEL CHANCE siehe T. K. PITCAIRN und F. F. STRAYER (1984).

Führt man Menschen zu Gruppen zusammen, dann bilden sich rasch Rangordnungen. R. C. SAVIN-WILLIAMS (1979, 1980) fand in einem amerikanischen Ferienlager, daß die in einer Hütte untergebrachten 5 bis 6 Jungen meist bereits innerhalb einer Stunde nach ihrer Ankunft deutliche Rangbeziehungen entwickelt hatten. Dabei erwiesen sich nicht die Größten und Stärksten als die Ranghöchsten, sondern die Bestaussehenden, Sportlichsten und in der körperlichen Reife am weitesten Fortgeschrittenen. Eine Paralleluntersuchung in einem Ferienlager für Mädchen zeigte, daß sich hier Rangordnungen weniger schnell und auch nach anderen Kriterien entwickelten. Nicht die Hübschesten und Sportlichsten, sondern die Reifsten und Mütterlichsten gewannen das höchste Ansehen.

Diese Beobachtungen an Jugendlichen weisen bereits darauf hin, daß das menschliche Rangordnungsverhalten von dem der anderen Primaten deutlich durch größere Bedeutung der prosozialen Komponente unterschieden ist. Es gibt zwar noch viele Gemeinsamkeiten. So kann man auch beim Menschen das Aufmerksamkeitskriterium zur Feststellung einer Rangposition nützen (B. Hold 1977), was auch der umgangssprachliche Ausdruck, jemand genieße »Ansehen«, treffend beschreibt. Auf Aggression begründete Dominanz verliert jedoch bei uns Menschen innerhalb einer Gemeinschaft an Gewicht.

Die zu Beginn dieses Kapitels angesprochenen Formen von Dominanz und Führung treten beim Menschen in bestimmten Situationen in deutlicher Ausprägung und oft auch gemischt auf.

1. Die *repressive Dominanz* basiert auf dem Einsatz aggressiver Verhaltensmuster, der physischen Gewalt oder ihrer Androhung. Der Unterlegene unterwirft sich ihr, wenn er keine andere Wahl hat, bleibt aber bereit, gegen repressive Dominanz zu rebellieren. Solche Dominanz-Unterwerfungs-Beziehungen stellen sich zwischen Menschen ein, die einander nicht kennen und die daher nicht persönlich miteinander verbunden sind. Nehmen Menschen Schwächen gruppenfremder Nachbarn wahr, dann neigen sie dazu, diese Schwächen zur Herstellung repressiver Dominanzbeziehungen zu nützen.

2. In der *fürsorglichen Dominanz* verbindet sich Machtstreben mit der dem Ursprunge nach mütterlichen Fürsorglichkeit. Kinder fügen sich ihr, ja sie suchen die so vermittelte Geborgenheit. Mit dem Heranwachsen werden sie aus ihr entlassen. Mütter üben also freundliche Macht aus und gewinnen aus ihr Ansehen, bis zu einem gewissen Grade auch die Väter. Zur Dominanz wird dieses Verhalten, wenn Eltern ihre Kinder nicht in die Unabhängigkeit entlassen. Auch Erwachsene versuchen einander gelegentlich durch freundliche Umarmung zu fesseln. In der politischen Führung entmündigt ein zuviel an Fürsorglichkeit, die Abhängigkeit schafft. Die Bereitschaft Erwachsener, sich aus Bequemlichkeit infantilisieren zu lassen, ist groß.

3. *Prosoziale Führung* begründet sich auf freundlichen Eigenschaften, wie der Fähigkeit, andere zu trösten, Schwächeren beizustehen, zu teilen und Streit zu schlichten. Zu diesen sozial-integrativen Fähigkeiten kommen dann oft noch fachliche Kompetenzen als Heiler, Sprecher für die Gruppe, Kriegsführer und dergleichen mehr. Entscheidend ist, daß die Personen mit solchen Eigenschaften

gewissermaßen in einer Art Wahlverfahren in Positionen des Ansehens gehoben werden. Ein gewisses aggressives Durchsetzungsvermögen ist allerdings auch für eine protektive Dominanzposition erforderlich, sonst könnten Führende nicht Streit schlichten. Solche fürsorglichen Dominanzbeziehungen sind typisch für affiliativ verbundene Gemeinschaften, in denen jeder jeden kennt.

BARBARA HOLD (1976, 1977) studierte die Selbstorganisationsprozesse in europäischen Kindergärten verschiedenen Erziehungsstils, ferner in Kinderspielgruppen der G/wi-Buschleute (zentrale Kalahari) und in japanischen Kindergärten. Zu Anfang des Kindergartenjahres, wenn viele Kinder einander noch fremd sind, gibt es viele aggressive Auseinandersetzungen mit Raufereien und Imponieren vor allem unter Jungen. Das flaut dann ab, sobald die Kinder einander kennen, und es behalten nicht mehr die Aggressivsten die Oberhand, sondern jene, die sich als fürsorglich erweisen.

Kinder, die Ansehen genießen, zeigen folgende Eigenschaften:

1. Sie treten als Initiatoren von Spielen auf und zeigen generell mehr Initiative als andere Kinder.
2. Sie organisieren die Spieltätigkeit der anderen und bestimmen somit deren Tätigkeit in entscheidender Weise.
3. Sie sind weniger ortsgebunden, bewegen sich freier im ganzen Raum.
4. Sie spielen mit verschiedenen Kindern.
5. Sie nehmen häufiger an Rollenspielen teil.
6. Sie greifen bei Streit schlichtend ein und treten dabei bevorzugt als Beschützer des Schwächeren auf. Sie unterstützen also bevorzugt Verlierer. Während der Zeit allerdings, in der zwei Ranghohe um die Spitzenposition wetteifern, stehen die Emporstrebenden bei Konflikten anderen Ranghohen bei. Sie unterstützen in diesem Falle den Gewinner, anstatt wie sonst den Verlierer. Mit dieser Strategie werben sie um kräftige Freunde. Haben sie so ihre Rangposition gefestigt, dann werden sie wieder zu »Beschützern« (K. GRAMMER 1982)*.
7. Sie initiieren häufiger körperliche Kontakte. Eine typische Dominanzgeste ist das »schützende« Handauflegen, primär wohl eine betreuende Geste (I. EIBL-EIBESFELDT 1980 und Abb. 6.12, S. 611 ff.).
8. Gibt man Ranghohen Bonbons zum Verteilen, dann behalten sie dabei die Kontrolle über die anderen Kinder, die Rangtiefen in diesem Fall sogleich entgleitet.
9. Sie sind aggressiver als der Durchschnitt, aber keineswegs die Aggressivsten.
10. Sie stellen sich häufiger prahlend zur Schau.

Die Rangniederen zeigen folgende typische Verhaltensweisen:

1. Sie achten auf den Ranghöheren.
2. Sie gehorchen den Ranghöheren.
3. Sie fragen mehr.
4. Sie suchen den Kontakt mit Ranghohen.
5. Sie weichen ihnen aber gelegentlich auch aus.
6. Sie bieten den Ranghohen Geschenke und Hilfe an.
7. Sie zeigen den Ranghohen Dinge und erzählen ihnen.
8. Sie geben sich unscheinbar und submissiv.

---

* Es ist bemerkenswert, daß Schimpansen die gleiche Strategie benutzen. Als Aufsteiger helfen sie opportunistisch anderen Starken. Haben sie eine hohe Position erreicht, stehen sie den Schwachen bei (F. DEWAAL 1978).

425

Eine Reihe weiterer Faktoren bestimmte nach den genannten Untersuchungen den Rang eines Kindes: Ranghohe hatten in der Regel die längste Kindergartenerfahrung; sie waren mit dem Kindergarten vertraut. Buben hatten im allgemeinen eine höhere Rangstellung als Mädchen, und sie zeigten in Deutschland und bei den Buschleuten einen stärkeren Drang, sich anderen gegenüber imponierend hervorzutun. Ferner spielte die gute Beziehung eines Kindes zur Kindergärtnerin eine Rolle, so daß in gemischten Gruppen gelegentlich auch Mädchen die Alphastellung einnahmen. Auch hier knüpft das Verhalten an das der nichtmenschlichen Primaten an. Bei Schimpansen und Rhesus-Affen überträgt sich der Rang der Mutter auf das Kind.

D. R. OMARK und M. S. EDELMAN (1976) und R. ABRAMOVITCH (1976 und 1980) bestätigten B. HOLDS Befunde. R. A. HINDE (1974) steht dem Konzept der Aufmerksamkeitsstruktur mit einer gewissen Skepsis gegenüber, da es nach seinem Dafürhalten die Dynamik der Beziehungen nicht erfasse. Verfolgt man die Beziehungen aber über einen längeren Zeitraum und in verschiedenen Situationen, dann werden auch diese Zusammenhänge sichtbar.

Man hat verschiedentlich versucht, Dominanzbeziehungen anstelle der Aufmerksamkeitsstruktur zur Bestimmung einer Rangordnung heranzuziehen. Zum Beispiel stellt man dazu fest, wer in einem Objektstreit gewinnt. Das ist jedoch nach U. KALBERMATTEN (1979) kein gutes Kriterium, da Objektstreit meist auf der Basis der Besitznorm entschieden wird (siehe Kap. 4.12.1). C. L. CRONIN (1980:317) untersuchte die Dominanzbeziehungen zwischen Knaben und Mädchen in sportlichen und schulischen Wettbewerbssituationen. Die Mädchen wetteiferten mit den Jungen, waren jedoch nicht sehr motiviert, sich ihnen gegenüber im Wettbewerb hervorzutun: »Girls played to win (though less intensively than the boys) when their opponents were girls. Girls performed poorly (in dodgeball) and did not take advantage of opportunities (in spelling) when their opponents were boys.«[*]

Sollte sich herausstellen, daß Mädchen in anderer Weise als Knaben wetteifern, dann bedeutet Rang in der Dominanzhierarchie für beide nicht das gleiche. »Competition, for females, involves at least two strategies, one for female opponents and another for male opponents. Obviously, these differences will not be erased by requiring coeducational gym classes and athletic teams. It may be that these differences are adaptive for our species and in fact should not be erased« (C. L. CRONIN 1980:318)[**].

[*] »Mädchen spielten, um zu gewinnen (obgleich sie es weniger intensiv machten als Jungen), wenn ihre Gegner Mädchen waren. Mädchen spielten schlecht (beim Völkerballspiel) und nutzten ihre Chancen (beim Buchstabieren) kaum, wenn ihre Gegner Jungen waren.«

[**] »Beim Wettkampf von Frauen gibt es zumindest zwei Strategien, eine für weibliche Gegner und eine andere für männliche Gegner. Offensichtlich lassen sich diese Unterschiede nicht durch den Ruf nach gemeinsamem Sportunterricht und gemeinsamen Sportteams verwischen. Es kann sein, daß diese Unterschiede an unsere Spezies angepaßt sind und in der Tat nicht verwischt werden sollten.«

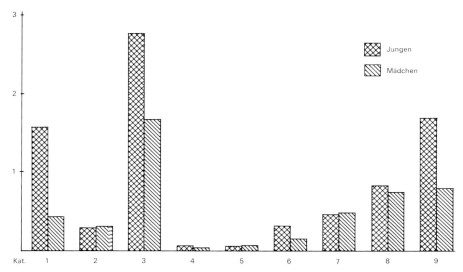

Abb. 4.66: Die Methode der Selbstdarstellung und deren Auswirkung auf das Ansehen: Die Häufigkeit der einzelnen Kategorien der Selbstdarstellung bei Jungen und Mädchen pro Kind und Zeiteinheit (5 Minuten). Die Graphik läßt erkennen, daß verbale Selbstdarstellung (3) dominiert, gefolgt von Verhaltensweisen des Drohens (9). Bei Jungen spielt als nächstes Lärmen (1) eine große Rolle, bei Mädchen ist dies nicht der Fall. Dagegen kommt der Selbstdarstellung über Objekte (8) bei beiden größere Bedeutung zu. Nicht ersichtlich ist der Anteil freundlicher Selbstdarstellung. Nicht jede verbale Selbstdarstellung ist aggressiv. Man gibt sich auch liebenswert.
Abszisse: Ansehen (= Häufigkeit, mit der ein Kind im Zentrum der Aufmerksamkeit steht) 1: auf sich weisen mit Lärm und Lautstärke; 2: sich größer machen; 3: verbal auffallen (einen Namen lauter rufen, anordnen, fordern etc.); 4: prahlen; 5: auf eigene Fähigkeiten anhand selbstgemachter Objekte verweisen. 6: sich auffällig bewegen; 7: mit Bewegung auf sich weisen; 8: mit Hilfe eines mitgebrachten Objektes auf sich weisen (Demonstrieren von Spielzeug etc.); 9: Verhaltensweisen des Drohens.
Ordinate: Gesamtzahl des Vorkommens pro Kind, geteilt durch die Anzahl der 5-Minuten-Samples (pro Kind zwischen 30 und 60). Nach B. HOLD-CAVELL und D. BORSUTZKY (1986), B. HOLD-CAVELL und C. STÖHR (1986).

Die Hierarchien, die sich in reinen Mädchengruppen ausbilden, sind weniger straff als jene, die sich in Knabengruppen finden, Knaben bestätigen ihre Dominanz oft durch den physischen Einsatz ihrer Körperkraft, notfalls aggressiv. Ferner spielen körperliche Merkmale eine ganz entscheidende Rolle, insbesondere eine aufrechte Körperhaltung. Die auf dem Aussehen begründeten Rangordnungen sind recht stabil, und Dominante haben leichteren Zugang zu Mädchen (G. E. WEISFELD, D. R. OMARK und C. L. CRONIN 1980).

Kinder verstehen es, die Aufmerksamkeit auf verschiedene Weise auf sich zu lenken. Verbale Selbstdarstellung spielt dabei eine hervorragende Rolle (Abb. 4.66), und zwar bei Jungen und Mädchen in gleicher Weise. Als nächstes in der Reihenfolge kommt das Drohen, danach bei Jungen das Lärmen, das ja bereits bei

Schimpansen wichtiges Mittel des Imponierens ist. Bei Mädchen spielt es eine geringere Rolle. Sie stellen sich gerne über Objekte dar, was bei den Jungen an vierter Stelle kommt. Bei der verbalen Selbstdarstellung werden imperative ebenso wie freundliche Äußerungen gemacht. Selbstdarstellung zielt nicht nur auf Dominanz ab. Man gibt sich auch liebenswert-gewinnend. Im Jahresablauf zeigt das Selbstdarstellungsverhalten der Kindergartenkinder deutliche Schwankungen (Abb. 4.67 und 4.68). Ranghohe Kinder stellen sich nach den Ferien sehr aktiv dar. Offenbar bedarf es nach längerer Trennung neuerlicher Selbstdarstellung, um den Rang von neuem zu bestätigen (B. HOLD-CAVELL und D. BORSUTZKY 1986, B. HOLD-CAVELL und C. STÖHR 1986).

Viele der für die Kindergruppen typischen Verhaltensmuster Ranghoher und Rangniederer, einschließlich der Strategien der Selbstdarstellung, teilen wir mit einigen nichtmenschlichen Primaten. Außer dem Aufmerksamkeitskriterium gelten hier wie dort für Ranghohe die auf Seite 425 unter den Punkten 3, 6, 7, 9 und 10 genannten und für die Rangniederen die unter den Punkten 2, 4, 5 und 8 genannten Kriterien, ferner 6 insofern, als Rangniedere Ranghohe lausen. Allerdings hat die prosoziale Komponente in den Rangbeziehungen zwischen Gruppenmitgliedern beim Menschen erheblich an Bedeutung gewonnen, während die agonistischen Verhaltensmuster im Umgang mit Gruppengefährten an Bedeutung einbüßen. Die Bereitschaft zu repressiver Dominanz besteht jedoch daneben weiterhin, bei manchen stärker, bei anderen schwächer ausgeprägt. Selbst in den einfachen individualisierten Kleingesellschaften der Jäger- und Sammlervölker muß dieser Neigung über einen starken egalisierenden Normierungsdruck entgegengewirkt werden. Ein Buschmann der Kalahari setzt sich sofort der Kritik seiner Gruppe aus, wenn er mit seinem Jagderfolg prahlt (P. WIESSNER im Druck).

Dieses gegen repressive Dominanz gerichtete egalisierende Verhalten ist Gegenstand eines Disputs. B. M. KNAUFT (1991) weist darauf hin, daß bei Menschenaffen Aggressionen und (repressive) Dominanz zur Eignung beitragen würden und daher ausgebildet wurden. Einfache Jäger- und Sammler-Gesellschaften würden über egalisierende kulturelle Eingriffe alle Manifestationen dieser alten Primatenanlagen unterdrücken. In avancierteren komplexeren menschlichen Gemeinschaften träten die kompetitiven Eigenschaften, männliche Dominanz und auch kriegerische Konflikte zwischen Gruppen wieder in Erscheinung, das alte Erbe könnte sich als nunmehr wieder nützlich durchsetzen. CHR. BOEHM (1993) weist darauf hin, daß in den egalitären Gesellschaften die Gemeinschaft jene dominiert, die sich hervorheben wollen. Beide teilen also die Ansicht, daß hier primär Anlagen zu repressiver Dominanz unterdrückt werden. D. ERDAL und A. WHITEN (1994) vermuten dagegen, daß das antidominante Verhalten bereits genetisch angelegt sei, weil es für die Lebensweise des altsteinzeitlichen Jägers und Sammlers so vorteilhaft war und unsere Vorfahren ja lange auf dieser Entwicklungsstufe lebten, so daß sie sich anpassen konnten. Es handelt sich aber, wie gesagt, um kein Entweder-Oder. Wir Menschen verfügen eben sowohl über

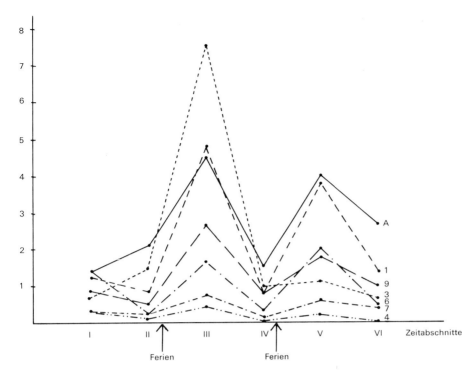

Abb. 4.67: Verlauf des Ansehens und der verschiedenen Kategorien der Selbstdarstellung bei einem Kind, das viel Ansehen genießt. Das Jahr ist in 6 Zeitabschnitte geteilt. Die Ferien bedeuten einen wichtigen Einschnitt. Nach den Ferien nimmt die Selbstdarstellung des Kindes zu. Es muß sich seinen Rang gewissermaßen neu erobern. Die Zeitabschnitte betrugen jeweils 6 Wochen; die Ferien sind durch Pfeile markiert.

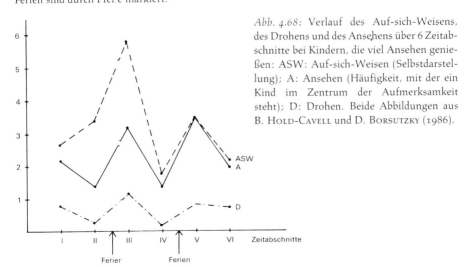

Abb. 4.68: Verlauf des Auf-sich-Weisens, des Drohens und des Ansehens über 6 Zeitabschnitte bei Kindern, die viel Ansehen genießen: ASW: Auf-sich-Weisen (Selbstdarstellung); A: Ansehen (Häufigkeit, mit der ein Kind im Zentrum der Aufmerksamkeit steht); D: Drohen. Beide Abbildungen aus B. HOLD-CAVELL und D. BORSUTZKY (1986).

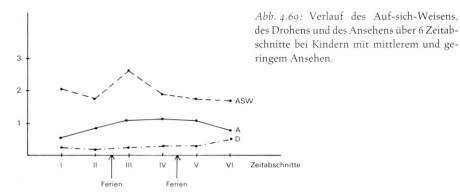

Abb. 4.69: Verlauf des Auf-sich-Weisens, des Drohens und des Ansehens über 6 Zeitabschnitte bei Kindern mit mittlerem und geringem Ansehen.

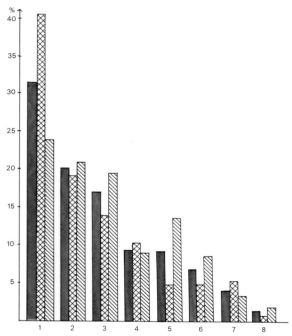

Abb. 4.70: In den Kindergärten spielen Verhaltensweisen der Selbstdarstellung (1) eine große Rolle. Nächst häufig sind Verhaltensweisen der Aggression (2) und der Kontaktsuche (3). Um dem Eindruck entgegenzuwirken, agonales Verhalten würde dominieren, sei daran erinnert, daß auch in der Selbstdarstellung viel freundliches Verhalten steckt.– Die Graphik gibt die Verteilung der Kategorien in Prozent (%) wieder. Die linke Säule (grau) zeigt die Zahlen für beide Geschlechter, die mittlere die für Jungen und die rechte die für Mädchen an.
Kategorien: 1: auf sich weisendes Verhalten; 2: aggressives Verhalten; 3: Kontaktverhalten; 4: Interaktionen mit der Kindergärtnerin; 5: organisierendes Verhalten; 6: auf andere weisendes Verhalten; 7: Verhalten nach Aggressionen; 8: unklare Situationen. Beide Abbildungen aus B. HOLD-CAVELL und D. BORSUTZKY (1986).

Anlagen zu repressiver als auch zu fürsorglicher Dominanz. Erstere setzen wir bevorzugt gegen uns fremde Menschen ein, letztere charakterisieren die grundsätzlich freundlichen Beziehungen zu uns vertrauten Gruppenmitgliedern. Doch sauber nach dieser Unterscheidung getrennt handeln wir nicht, und wo wir mit Fremden eine Solidargemeinschaft bilden, wie in der anonymen Großgesellschaft, hält sich beides oft sogar die Waage. Das ist eines der vielen Probleme des Zusammenlebens in den Millionengesellschaften. Anerkennung und Furcht mischen sich hier häufig, wie der Begriff »Ehrfurcht« deutlich macht. Wir geben uns sowohl fürsorglich – und gebrauchen die Ellbogen.

Das Streben nach Ansehen und Dominanz wird beim Menschen durch einen hormonalen Reflex bei Erfolg in positiver Rückkoppelung bekräftigt. Es handelt sich um einen offenbar stammesgeschichtlich älteren Ansporn. Bei Rhesus-Affen fand man, daß der Plasmatestosteronspiegel mit dem Wechsel der Rangstellung schwankt. Er steigt, wenn ein Männchen eine dominante Position erreicht oder erfolgreich verteidigt, und er fällt ab, wenn es im Rang absteigt (R. Rose und Mitarbeiter 1975, A. Mazur 1976). Dies gilt auch für uns Menschen. Bei Tennisspielern, die das Match überzeugend gewannen, stieg der Plasmatestosteronspiegel in der Folge deutlich an (A. Mazur und Th. A. Lamb 1980; Abb. 4.71). Sie befanden sich zugleich in gehobener Stimmung. Sieger, die mit ihren Leistungen unzufrieden waren, zeigten dagegen keinen Anstieg des Testosteron-

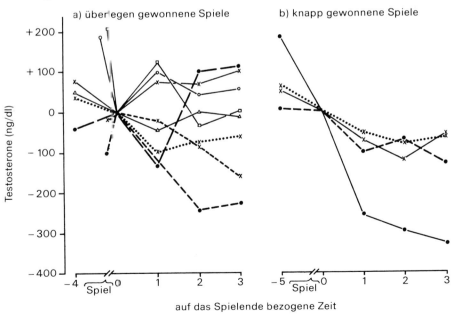

Abb. 4.71: Veränderung des Testosteronspiegels bei Tennisspielern: Gewinner (ausgezogene Linie) und Verlierer (unterbrochene Linie): a) bei eindeutig gewonnenen Spielen; b) bei knapp gewonnenen Spielen. Nach A. Mazur und T. A. Lamb (1980).

spiegels. Bei Medizinstudenten war ein bis zwei Tage nach der Promotion ein Anstieg des Plasmatestosteronspiegels nachweisbar, und sie erfreuten sich zugleich bester Laune (Abb. 4.72). Bei Schachspielern verhält es sich ähnlich.

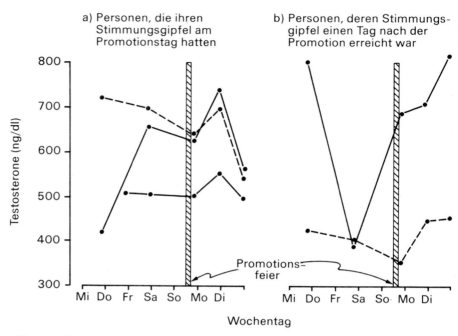

Abb. 4.72: Veränderungen des Testosteronspiegels bei Medizinstudenten nach der Promotion: a) bei Personen, die am Promotionstag ihr Stimmungshoch hatten; b) bei Personen, die ihr Stimmungshoch einen Tag danach erlebten. Die Testosteron-Hochs folgten den Stimmungshochs mit einer Verzögerung von etwa einem Tag. Nach A. Mazur und T. A. Lamb (1980).

Gewinnen sie, steigt ihr Testosteronspiegel, verlieren sie, sinkt er ab (A. Mazur und Mitarbeiter 1992, Abb. 4.73).

R. C. Savin-Williams (1979, 1980) führt als Vorteile von Dominanzpositionen an, daß die Ranghohen Vortritt an Plätzen haben. Sie nehmen die begehrten Plätze am Tisch ein. In einem Feldlager etwa besitzen sie die besten Schlafplätze am Feuer. Der am meisten geschätzte Vorteil ist jedoch das Gefühl, im Zentrum der Aufmerksamkeit zu stehen. Das hebt offensichtlich die Selbsteinschätzung. »Being dominant appears to be its own reward, to be highly satisfying and to be sought«, schreiben bereits S. L. Washburn und D. A. Hamburg (1968:473)[*]. Savin-Williams weist dann noch darauf hin, daß nicht nur der Ranghohe Vorteile habe. Rangniedere genießen ja Schutz und werden von Entscheidungen entlastet.

---

[*] »Dominant zu sein, scheint seine eigene Belohnung in sich zu tragen, in hohem Maße befriedigend zu sein und darum angestrebt zu werden.«

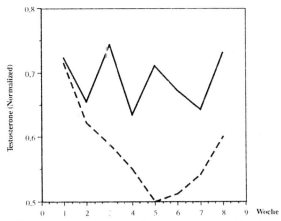

Abb. 4.73: Testosteronspiegel von Gewinnern (durchgezogene Linie) und Verlierern eines Schach-Städteturniers (unterbrochene Linie). Nach A. Mazur, A. Booth und J. Dabbs (1992).

Insbesondere die Kleineren profitieren davon. M. und C. W. Sherif (1966) stellten fest, daß Heranwachsende gerne zu einer Gruppe gehören und sich willig unterordnen, um damit Sicherheit zu gewinnen. Personen werden durch Erfolg ermutigt. Sie gewinnen an Selbstsicherheit und werden damit explorativer und risikobereiter, was ihrem weiteren Hochstreben dienlich ist. Man kann auf Erfolg konditioniert werden (G. E. Weisfeld 1980).

Die Rangbeziehungen von Kindern und Jugendlichen sind dynamisch und relativ. Kleine Kinder entwickeln zunächst nur repressive Dominanzbeziehungen. In Gruppen 3- bis 4jähriger Kinder herrschen jeweils die Stärksten. In Gruppen von 5- bis 6jährigen dagegen bilden sich fürsorglich-protektive Führungsbeziehungen aus (D. R. Omark und M. S. Edelman 1976). Ein Kind steigt mit zunehmendem Alter im Rang auf. In nach Altersstufen gemischten Gruppen, wie sie für den individualisierten Kleingruppenverband typisch sind, erlebt jedes Kind einen Aufstieg vom Betreuten und Geleiteten und dabei sicher auch in gewisser Weise vom Dominierten zum selbst Jüngere Betreuenden. Rangordnung bezieht sich auf bestimmte Bereiche. Zwar gibt es in Kindergruppen in der Regel sogenannte Führungspersönlichkeiten, die über allen stehen. Aber innerhalb der Hierarchie gibt es eine ganze Reihe von Kindern, die wegen besonderer Eigenschaften in bestimmten Situationen höheren Rang einnehmen. K. Grammer (1988) fand z. B., daß im Freien andere Kinder in der rangoberen Position waren als in den Innenräumen des Kindergartens. Diese Kinder zeichneten sich als »scouts« durch eine höhere Mobilität und Risikobereitschaft aus. Sie zeigten höheren Einfallsreichtum bei Bewegungsspielen und rissen die anderen mit. Sie konnten im Freien mit Fähigkeiten beeindrucken, die sie im Raume nicht entfalten konnten.

Entsprechendes gilt bekanntlich auch für Erwachsene. Eine Person kann in einer Gruppe wegen ihrer Zivilcourage Ansehen genießen, eine andere wegen ihrer künstlerischen Leistungen, ohne daß sie besonders mutig wäre, und so fort. Bei den Eipo genießt einer Ansehen, der eine gute »Gartenseele« hat, d. h. fleißig und mit Erfolg in den Gärten arbeitet. Man redet sogar von einem »Süßkartoffel-Hauptmann«. Andere, die mutig und geschickt kämpfen, werden Kriegshäuptlinge, und wieder andere sind unangefochtene Autoritäten auf dem Gebiet des Hausbaus. H. MARCUSE (1967 : 47) spricht in diesem Zusammenhang von einer Fachautorität, die man erkennen müsse: »Was wahrscheinlich biologisch unmöglich ist«, schreibt er, »ist auszukommen ohne irgendwelche Repression. Sie mag selbst auferlegt sein ... Die Herrschaft z. B. des Piloten in einem Flugzeug ist rationale Herrschaft. Es ist unmöglich, sich einen Zustand vorzustellen, in dem die Passagiere dem Piloten diktieren, was er zu machen hat. Der Verkehrspolizist sollte auch ein typisches Beispiel rationaler Autorität sein ...« MARCUSES Kritik betrifft die politische Herrschaft, die auf Unterdrückung und Ausbeutung beruht, also auf einer Dominanz und nicht auf anerkannten Führungseigenschaften.

In der Erwachsenenwelt manifestiert sich das Rangordnungsphänomen in einer überaus vielfältigen und differenzierten Weise; im Alltag der traditionellen europäischen Familie z. B. in der Sitzordnung bei Tisch. Der Familienvater pflegt am »Kopf« des Tisches, d. h. an seiner Schmalseite, zu sitzen. Das ist der Platz, an dem er am besten von allen anderen gesehen werden kann, und auch der, von dem er am besten alles überblickt. Bei Konferenzen sitzen die Teilnehmer nach Rang ganz ähnlich angeordnet, aber jeweils in der Mitte der Breitseite. Bei zeremoniellen Anlässen setzt sich der Ranghohe in ganz besonderer Weise in Szene, etwa indem er erhöht sitzt, wie z. B. der Richter. Oft thront er, d. h. er sitzt in einem besonderen Prunkstuhl erhöht, wie früher bei festlichen Anlässen die Fürsten und Könige. Das Wort »erhaben« leitet sich davon ab. Man spricht überdies von einer »überragenden« Persönlichkeit. Auch das drückt die Hoch-tief-Symbolik aus (hochrangig, niederrangig; siehe auch S. 736).

Größere Personen haben es leichter, in höhere soziale Positionen aufzurücken, vermutlich weil Größe in unserer Gesellschaft als positives Persönlichkeitsmerkmal angesehen wird. Die Größe trägt gewissermaßen als Bonus zu ihrem Erfolg bei. Ähnliches gilt auch für Schönheit (A. SCHUMACHER 1982).

Beim Menschen besteht ein deutlicher Zusammenhang zwischen Alter und Rang, was auch für einige nichtmenschliche Primaten gilt. Alte Männer und alte Frauen genießen bei vielen Naturvölkern und Kulturvölkern in gleicher Weise hohes Ansehen. Man schätzt sie als Hort der Erfahrung. In Kulturen, die Wissen nur mündlich tradieren können, sind sie es, die man als Weise und Erfahrene fragt. In unserer Kultur spielen die Alten auch heute noch in der Politik eine relativ große Rolle. In vielen Institutionen des öffentlichen Lebens hat ein »Senat« wichtige Entscheidungsbefugnisse. Entsprechend der Bedeutung der Alten im öffentlichen Leben wird man kaum je einen Ranghohen als jungen Mann porträtiert finden. Im politischen Leben ist eine Dominanz der Alten nicht immer ganz unbedenklich, weil heute dank der Fortschritte der Medizin selbst vom Altersabbau gezeichnete Personen in hohen Rangpositionen verbleiben können. »Offenkundige Geisteskrankheit«, so schreibt J. D. FRANK (1967 : 85/86), »ist bei Führern moderner Demokratien selten, aber schleichende Unfähigkeit unter dem Druck des Alters und der Belastungen des Amtes ist leider viel weiter verbreitet, als man sich klarmacht. Allein in diesem Jahrhundert waren mindestens sechs britische Premierminister und eine große Anzahl von Kabinettsministern während ihrer Amtsführung krank. Die Vereinigten Staaten liefern die Beispiele von Präsident Wilson und Franklin Roosevelt, die während der letzten Monate ihrer Amtsführung an einer fortgeschrittenen Arterienverkalkung litten ... An Wilsons Unfähigkeit, die Regierungsgeschäfte tatkräftig zu führen, lag es zweifellos, daß Amerika es versäumte, dem Völkerbund beizutreten. Roosevelt, dessen Kräfte man schon in Quebec schwinden sah, war in Jalta ein sterbender Mann, unfähig, sich für die Konferenz gehörig zu informieren ...«

Im Bereich von Familie und Wirtschaft beruft man sich dagegen immer weniger auf das Wissen der Alten, und dementsprechend schwindet ihr Ansehen. Man meint, ihr Wissen sei durch die rasche Entwicklung von Technik und Naturwissenschaft überholt, was in gewissen Bereichen durchaus zutrifft. Im sozialen Bereich verfügen die Alten jedoch über einen Erfahrungsschatz, den man nicht so ohne weiteres aus Bibliotheken und Computern abrufen kann. Eine Mutter, die mehrere Kinder aufgezogen hat, hat Erfahrungen gesammelt, die gewiß nicht veralten. Auf einen interessanten Zusammenhang zwischen Alter und Erscheinungsbild möchte ich noch hinweisen, da er die Bedeutung der alten Menschen für die Gemeinschaft demonstriert. Trotz altersbedingten Abbaus der körperlichen Kräfte erscheint der alte Mann mit wallendem weißen Haupthaar, Bart und Brauen höchst eindrucksvoll. Das »Altersprachtkleid« (I. EIBL-EIBESFELDT 1967, 1987) kompensiert die Abbauerscheinungen und läßt den Alten ehrfurchtgebietend erscheinen. Es vermittelt ihm Ansehen und erlaubt ihm, der Gemeinde weiter zu nützen.

Es gibt Gesellschaften, die sich um Gleichstellung aller Gruppenmitglieder bemühen. Bei den !Kung-Buschleuten wird sie durch strenge soziale Kontrolle erzwungen. Sie erziehen gegen jede Ansammlung von Eigentum. Wer nicht bereitwillig teilt, wird gemaßregelt, belästigt und läuft Gefahr, geächtet zu werden. Der soziale Druck ist enorm. Er richtet sich auch dagegen, daß einer sich durch Erfolg bei der Jagd über die anderen erhebt. Man anerkennt zwar die Leistung, aber prahlt einer, dann bekommt er die Verärgerung der Gruppe zu spüren (R. B. LEE* 1969, P. DRAPER 1978). Die Notwendigkeit dafür sieht man in der kommunalen Rückversicherung durch ein reziprokes Austauschsystem in einer Gesellschaft, deren Wirtschaftsform und Umwelt individuelle Vorsorge

---

* Als R. B. LEE seinen Buschleuten zu Weihnachten einen Ochsen schenkte, reagierten die Buschleute mit Verachtung. Sie erstickten so jeden Ansatz von Prahlerei im Keim.

durch Vorratswirtschaft nicht gestatten. Fällt dieser Zwang weg und damit auch der Angleichungsdruck, entwickeln sich auch bei Buschleuten Ungleichheiten, wie das E. A. CASHDAN (1980) für die //Gana der zentralen Kalahari zeigte.

Bei den Maori gab es eine besondere Form normenerhaltender Aggression, die darauf abzielte, Unterschiede im Besitzstand der Gruppenmitglieder auszugleichen. Wenn eine Person Besitztümer angehäuft hatte, dann wurden sie unter irgendeinem Vorwand zur Plünderung freigegeben. Man nannte diese Überfälle »muru«, was plündern heißt. Jede Abweichung von der Norm täglichen Lebens, selbst ein Mißgeschick, das den Betreffenden zum Invaliden machte, ein Ehebruch der Frau, ein Grasfeuer, das sich über eine Begräbnisstätte ausbreitete – all dies konnte als Begründung für eine Plünderung genügen. Und der Betroffene fand sich damit ab, denn er konnte damit rechnen, ein anderes Mal beim Plündern dabei zu sein. Häuptlinge waren von dieser Maßnahme ausgenommen.

Betrachtet man »egalitäre« Gesellschaften unserer Zeit, dann stellt man fest, daß die Egalität sich ebenfalls nur auf das Volk, nicht aber auf die Verwaltungshierarchie beschränkt, und daß meist eine ausgesprochene Führerfigur an der Spitze steht – man denke etwa an das China Mao Tse-tungs. Man kann die Egalisierungsbemühungen seitens der Führungseliten in solchen Gesellschaften auch als Strategie ansehen, die erlangte Macht zu behalten; denn wenn man alle übrigen »gleich« hält, dann verhindert man den sonst schwer kontrollierbaren Aufstieg neuer konkurrierender Führungskräfte. Es gibt in solchen Fällen keine Rangpyramiden, wohl aber einen Führungskader. In modernen egalitären Staaten wird Egalisierung der Bürger, anders als bei den Maori, nicht durch Plünderung, sondern durch ausgleichende Besteuerung und Vergütung erreicht.

Der Gleichschaltung der Bürger steht das Rangstreben (Erfolgsstreben) des einzelnen entgegen. Ein System, das Gleichheit erhalten will, muß daher repressiv sein. In China versuchte man den individualistischen Tendenzen durch Kulturrevolutionen entgegenzuwirken. Es gibt aber auch Neigungen des Menschen, die solchen Egalisierungstendenzen entgegenkommen. Hier wäre in erster Linie der Neid zu nennen, den H. SCHOECK (1980) in einer bemerkenswerten Monographie diskutiert. Dieser Beweggrund menschlichen Handelns findet sich ebenfalls in allen Kulturen. Er ist im Positiven ein Ansporn zu eigenen Leistungen und erfüllt im Dienste einer Normangleichung sicherlich auch eine regulierende Funktion, indem er an Exzessen des Prahlens und Prassens Anstoß nimmt. Erschöpft er sich jedoch in einem nivellierenden Angleichen an ein Mittelmaß, dann bremst er die den kulturellen Fortschritt treibende Initiative. Gleichzeitig wird auf diese Weise eine leicht von einer Führungselite beherrschbare »Masse« geschaffen. Aus diesem Grunde treten wohl Diktaturen häufig für extreme »Egalität« ein. Sie zementiert einmal hergestellte Machtverhältnisse, zumindest bis zur nächsten Revolution. Die Neigung, über zunehmende Egalisierung das Volk führbar zu machen, zeichnet sich in Ansätzen auch in der westlichen Demokratie ab. Möglicherweise untergräbt sie damit eines Tages die Basis ihrer eigenen Existenz, die im Pluralismus der Persönlichkeiten und Meinungen begründet ist.

Das Bedürfnis, Ansehen zu gewinnen, ist beim Menschen sehr stark. Menschen bauen sich notfalls sogar Ersatzpyramiden, um auf deren Spitze zu thronen (D. MORRIS 1968). Man kann auf verschiedene Weise zur Spitze gelangen: als König der Kaninchenzüchter, als Briefmarken- oder Bierfilzsammler. Ja, es befriedigt bereits, wenn man Ranghohe in Kleidung und Verhalten nachahmen kann. Was Prinzessinnen anziehen, wird schnell beim Volk Mode. Einstige Privilegien der Herrschenden, wie Jagen und Reiten, wurden vom wohlhabenden Bürgertum in »Rangmimikry« übernommen. Und umgekehrt werden von gewissen Geldeliten immer neue Statussymbole entwickelt, um sich von jenen, die sie nachahmen, dann doch abzuheben. Sie haben ihre eigenen Juweliere und Modedesigner, die ihnen durch gewaltige Überpreise garantieren, daß nur sie und wirklich nur sie diese Uhr oder jenes Kleid bekommen. Die Statussymbole der britischen Aristokratie werden sofort aufgegeben, wenn Nichtadelige sie aufgreifen (N. MITFORD 1956). O. KOENIG (1969) belegt, daß in Rangmimikry vielfach die Uniformen von Siegerstaaten nachgemacht werden. So fand die Uniform der ungarischen Husaren in Österreich, Deutschland, Rußland und Frankreich Nachahmung. Die Ungarn wiederum ahmten die berüchtigte türkische Gardetruppe der Delis nach, die nach Opiumgenuß blindwütig als erste in den Schlachten angriffen. Zu den Statussymbolen gehören in unserer Kultur Schmuck, Kleidung, Büroausstattung, Automobile und vieles andere mehr. V. PACKARD (1963) liefert dazu viele eindrucksvolle Beispiele. Gut brauchen die Dinge nicht zu sein, sie müssen nur teuer genug sein, damit nicht jeder sie erwerben kann. Es ist merkwürdig, daß selbst relativ intelligente Menschen sich diesem Zwange nicht immer entziehen können. Aber hier regiert offensichtlich nicht nur der Cortex.

Es wäre allerdings verfehlt zu glauben, daß nur unsere Kultur von solchen Exzessen geplagt wird. Bekannt ist der Potlatsch der Kwakiutl-Indianer der Vancouver-Insel in Kanada. Diese Indianer veranstalteten Feste, bei denen der einladende Häuptling seine Gäste durch Großzügigkeit und Verschwendungssucht zu beeindrucken und zu beschämen suchte (F. BOAS 1895, R. BENEDICT 1935). Sie gossen kostbares Öl ins Feuer, vernichteten wertvolle Kupferplatten, zerschlugen Boote, ja töteten sogar Sklaven. Und die Gäste mußten beim nächsten Mal versuchen, durch noch größeren Aufwand das Gesicht zu wahren. Daß es dabei dem einladenden Häuptling darauf ankam, seine eigene Überlegenheit zu demonstrieren, geht aus den Reden und Gesängen hervor, in denen sich die Häuptlinge selbst verherrlichen und die Gäste als arme Schlucker verhöhnen:

Ich bin der große Häuptling, der die Leute beschämt.
Ich bin der große Häuptling, der die Leute beschämt.
Unser Häuptling macht, daß die Leute vor Scham erröten.
Unser Häuptling macht, daß die Leute neidisch werden.

Unser Häuptling macht, daß die Leute das Gesicht verhüllen
aus Scham über das, was ER ständig hier tut. Immer und
immer wieder gibt er allen Stämmen Ölfeste.

Ich bin der einzige große Baum, ich, der Häuptling!
Ich bin der einzige große Baum, ich, der Häuptling!
Ihr seid meine Untertanen, ihr Stämme. Ihr sitzt auf dem
hinteren Teile des Hauses, ihr Stämme.
Ich bin der erste, der euch Besitztümer gibt, ihr Stämme.
Ich bin euer Adler, ihr Stämme.

Bringt euren Deckenzähler her, ihr Stämme, auf daß er
vergebens die Reichtümer zu zählen versuche, die der große
Kupferplattenmacher wegzugeben gedenkt . . .

Ich suche vergebens unter all den eingeladenen Häuptlingen
nach einer Größe, die der meinen gleichkäme.
Ich kann nicht einen wirklichen Häuptling unter meinen
Gästen finden.
Sie revanchieren sich nie.
Diese Waisenknäblein, die armen Leute, die Herrn Stammes-
häuptlinge!
Sie entehren sich selbst.
Ich bin derjenige, der diese Seeotterfelle den Häuptlingen,
den Gästen, den Stammeshäuptlingen gibt.
Ich bin es, der diese Boote den Häuptlingen, den Gästen,
den Stammeshäuptlingen gibt.

Aus RUTH BENEDICT (1935 : 148 f.)

Beim Potlatsch wird die Bewirtung zu einem Wettstreit um Ansehen. Darüber
hinaus allerdings kommt ihm auch eine bindende Bedeutung zu, die von
R. BENEDICT nicht deutlich herausgestellt wurde. Das Fest dient auch zur
Unterhaltung von Gastgeber und Gästen, und es kommt in ihm nicht nur die
Selbsterhöhung des Gastgebers zum Ausdruck; es wird auch den Gästen Achtung
erwiesen, ein Punkt, auf den W. RUDOLPH (1968) ausdrücklich hinweist. Man ehrt
durch den Aufwand, und der ist ein Spiegel der Wertschätzung der Geladenen.
Dabei kann das Optimum überschritten werden wie im Potlatsch. Dann wird die
Bewirtung zum repressiven Dominanzbemühen. Die Völkerkundler sprechen
in diesem Zusammenhang von Prestigesitten und von »Prestigeökonomie«
(J. FAUBLEE 1968). Sie spielen selbst im politischen Leben der demokratischen
Regierungen eine große Rolle und werden ganz offensichtlich bei internationalen
Zusammenkünften, z. B. bei den Olympiaden, gepflegt.

Eine sehr merkwürdige Art des Wetteiferns um Rang kann man auf den

Trobriand-Inseln beobachten. Dort bemüht sich jede Familie, möglichst viele und möglichst große Yams-Wurzeln zu ernten. Die Haufen werden im Dorfe zur Schau gestellt (Abb. 4.74 und 4.75), und das Dorfoberhaupt prämiiert die Leistung. Wer die größte Ernte hat, genießt das höchste Ansehen. Die Wurzeln werden dann in eigenen Vorratshäusern aufbewahrt. Diese sind so gebaut, daß

Abb. 4.74: Das Wetteifern um Ansehen über den Ernteerfolg auf den Trobriand-Inseln (Kiriwina). Die Haufen von Yams-Wurzeln werden für die Prämiierung zur Schau gestellt. Foto: I. EIBL-EIBESFELDT.

Abb. 4.75: a) und b) In eigenen Yams-Häusern wird die Ernte auch nach der Einbringung und Prämiierung weiterhin ausgestellt. Personen von Ansehen haben das Recht, ihre Yams-Häuser besonders zu schmücken. Foto: I. EIBL-EIBESFELDT.

man zwischen den Balken die Wurzeln lagern sieht, und die Kunst des Lagerns besteht darin, daß man die schönsten Wurzeln so schichtet, daß sie wirklich zu sehen sind. Die Vorratshäuser sind besonders eindrucksvoll. Von diesen schönen Wurzeln ißt man möglichst wenige, so daß sie möglichst lange betrachtet werden können. Was bis zur nächsten Ernte übrigbleibt, wandert auf den Abfall. Das scheint zunächst sinnlos. Mir kam jedoch beim Erlebnis dieses Festes der Gedanke,

439

daß auf diese Weise die Leute motiviert werden, mehr an Feldfrüchten zu produzieren, als sie für den jährlichen Bedarf benötigen. Sie werden gewissermaßen zur Vorratswirtschaft angehalten, und dies kann bei Mißernten von entscheidender Bedeutung sein. Hinter dem Prestigegewinn als subjektiv erstrebtem Ziel stünde dann das Schaffen von Vorräten als im selektionistischen Sinne »eigentlicher« verursachender Faktor. Das Beispiel lehrt auch, daß man mit oberflächlicher Verurteilung des Brauches als reiner Angeberei doch in die Irre ginge. Das Streben nach Rang (Ansehen, Prestige) kann zwar in Wildwuchs entarten, es kann aber auch zu Leistungen anspornen, von denen die Gemeinschaft profitiert.

Die verschiedenen kulturellen Ausprägungen sozialer Hierarchien spiegeln Anpassungen an besondere Erfordernisse der Umwelt wider. Die Herero, Himba und andere Rinderhirtenvölker Afrikas müssen ihre Rinder und Weiden verteidigen. Sie brauchen zu konzentrierter kriegerischer Aktion eine Häuptlingshierarchie und pflegen Autoritätsgehorsam durch besondere Rituale des Alltags (S. 205). In Notzeiten bilden sich solche straffen Hierarchien auch in sonst liberaldemokratisch geführten Staaten. In Kleingruppen bilden sich dann hierarchische Rollensysteme, wenn rasche Entscheidungen gefordert werden (R. L. Hamblin 1958) und wenn eine Gruppe eine Aufgabe zu bewältigen hat (M. A. Fisek und R. Ofshe 1970).

Die Methoden, über die einer zu Ansehen kommt, wechseln. Aus dem bisher Gesagten wird wohl klar, daß es auf Macht und Verbindlichkeit ankommt. Die Macht kann sich in sehr speziellen Fertigkeiten äußern, so daß sich das Ansehen auf sehr spezifische Leistungen beschränkt. Besitz kann Macht und damit Ansehen vermitteln, aber auch soziale Beziehungen. Bei den Yanomami fand ich, daß junge Männer bei Besuchen sich gegenseitig den Inhalt ihrer Köcher zeigen. Sie bewahren in ihnen eine größere Zahl von Pfeilspitzen auf, die sie als Geschenke von anderen erhalten haben. Während sie einander die Pfeile zeigen, kommentieren sie, von wem und aus welchem Dorf sie diese und jene erhielten. So breiten sie ihr Beziehungsnetz vor dem anderen aus. »Ich habe diese und jene zu Freunden« – und damit steigen sie in der Achtung. Das erinnert mich an die Visitenkartenschale vieler Wiener Bürgerhäuser, in die man die Visitenkarte zu den vielen anderen ablegte, die schon da waren. Die Gästebücher haben neben ihrem sentimentalen Wert sicher ebenfalls diese Funktion der Selbstdarstellung.

Bei den Medlpa (Neuguinea) tragen die Männer Streifen von Zuckerrohrstäbchen als Anhänger vor der Brust. Die Stäbchen geben an, wie der Betreffende ein Ritual des Perlmuschelaustausches veranstaltete. Jeder Stab zeigt an, daß er einen Satz von 8 bis 12 Muscheln verteilte. Je mehr er verteilte, desto höher sein Ansehen. Die Anzahl der Stäbe zeigt seinen Rang an. Seit 1970 fanden keine solchen Feste mehr statt, und nunmehr zeigen die Omak genannten Stabreihen den gefrorenen Status an, der einmal über die Leistung erreicht wurde (A. Strathern 1983).

Eine Rangordnung kann, wie eingangs gesagt, nur zustande kommen, wenn es neben dem Rangstreben auch eine Bereitschaft zu Unterordnung und Gefolgsgehorsam gibt. Beides ist beim Menschen stark ausgeprägt. Bescheidenheit und Gehorsam gehören zu den Tugenden, und ihre hohe Bewertung ist in der Symbolik von Abrahams Opfer dargestellt. In diesem Sinne sprach wohl auch A. KOESTLER davon, daß nicht ein Zuviel an Aggression, sondern ein Zuviel an Loyalität uns Menschen in die Irre führen kann. In den vielzitierten Versuchen von ST. MILGRAM (1963, 1966, 1974) wurde dies in erschreckender Weise deutlich.

ST. MILGRAM lud Amerikaner verschiedener Berufsschichten als Freiwillige gegen geringe Bezahlung zu einem fingierten Versuch ein. Er gab vor, die Einwirkung von Strafreizen auf das Lernen prüfen zu wollen, und erbat sich dabei Assistenz. Den Eingeladenen erklärte er, sie hätten als Assistenten den Apparat zu bedienen, über den Strafreize erteilt würden. Eine Versuchsperson im anderen Raum – in Wirklichkeit handelte es sich um Komplizen des Versuchsleiters – hätte die Aufgabe, etwas zu lernen. Würde sie beim Abfragen Fehler machen, so müßte ihr der Assistent einen elektrischen Strafreiz erteilen, und zwar beginnend mit niederer Reizstärke und mit jedem Fehler aufsteigend zur nächsthöheren. Am Apparat war eine Tastatur, auf der auch die Spannung der erteilten Strafreize angezeigt war. Sie stieg in 30 Stufen von 15 auf 450 Volt. Zusätzlich waren die Hinweise »milder«, »starker«, »sehr starker« Strafreiz angebracht. Vor dem Versuch wurde dem Assistenten die »Versuchsperson« vorgestellt, die im Nebenzimmer auf einem Stuhl festgeschnallt war. Elektroden waren an ihren Armen befestigt. Der Assistent bekam ebenfalls einen leichten Strafreiz, um selbst die unangenehme Wirkung kennenzulernen. Das zunächst überraschende Ergebnis war, daß alle Assistenten den Anweisungen folgten, obgleich sie schließlich Strafreize austeilten, die im Ernstfalle die Versuchsperson ernsthaft geschädigt hätten.

MILGRAM führte dies auf mangelnde Rückmeldungen zurück. Der Assistent sah ja die Versuchsperson im anderen Raum nicht, und er hörte auch nichts von ihr. In weiteren, grundsätzlich gleich aufgebauten Versuchen führte MILGRAM daher akustische Rückmeldungen ein: Von einer bestimmten Stromstärke an wurde nach genauem Programm über Tonband Stöhnen abgespielt, bei stärkeren Strafreizen ertönten Schmerzlaute, zuletzt zunehmend starker Protest mit der Aufforderung, doch aufzuhören, da es schmerze. Bei den höchsten Reizstufen hörte man gequältes Schreien und zuletzt nichts mehr. Selbst unter diesen Bedingungen der Rückmeldung führten immerhin noch 62,5 Prozent der Assistenten den Versuch bis zum Ende durch. Sie taten dies nicht ohne Skrupel. Viele wandten sich an den Versuchsleiter und meinten, es wäre wohl besser aufzuhören, da die Reize ja den Versuchspersonen schaden könnten. Aber auf die Aufforderung des anwesenden Versuchsleiters, doch im Interesse des Experiments weiterzumachen, setzten sie es fort, oft, indem sie verbal ihre Verantwortung dem Versuchsleiter übertrugen. Andere protestierten sogar gegen die Zumutung weiterzumachen, sie standen auf, im Begriff, das Zimmer zu verlassen, kamen aber dann doch zurück. Dabei hätten sie sich ohne weiteres weigern können. Sie hatten sich nur moralisch verpflichtet. Bei Aufhören hätten sie auch keineswegs ihren Lohn verloren. Dennoch verweigerten nur 37,5 Prozent die Fortführung des Experiments, und auch von diesen die meisten erst dann, als sie schon Tasten gedrückt hatten, die, wären dadurch wirklich Strafreize erteilt worden, das Opfer schwer geschädigt hätten. Weitere Varianten dieses Versuches zeigten, daß die durch das Verhalten ausgelösten Hemmungen stärker waren, wenn die Opfer sich im gleichen Raum aufhielten. Dann lehnten bereits 60 Prozent der Assistenten im Verlauf des Versuches die Weiterführung des Experiments ab.

Die Assistenten erlebten also sichtlich einen Konflikt. Sie verspürten Mitleid und äußerten sich auch so, sie konnten aber der Autorität, die Anweisungen gab, nicht widerstehen. Daß hierbei die Gegenwart der Autorität ganz entscheidend war, kam in weiteren Varianten des Versuches zum Ausdruck. Gab der Versuchsleiter z. B. seine Anweisungen per Telefon aus einem anderen Raum, dann war die Zahl der gefügigen Assistenten um zwei Drittel kleiner als bei Anwesenheit. Die Assistenten schwindelten dann auch. Sie gaben vor, hohe Strafreize zu erteilen, drückten aber die Tasten mit niedrigen Voltzahlen. Offensichtlich waren sie nicht sadistisch motiviert. Sie standen vielmehr unter Autoritätsdruck, und in dieser speziellen Situation wirkte das Mitleid am kürzeren Hebel.

Diese wegen der vielen interessanten Details wirklich lesenswerten Arbeiten von MILGRAM zeigen, daß es Personen sichtlich schwerfällt, gegen die Anweisungen einer Autorität zu handeln; vor allem, wenn sie sich freiwillig einer Aufgabe verschreiben, die vorgibt, ein höheres Ziel (»im Dienste der Forschung«) zu verfolgen. Das war gegen die kulturelle Erwartung; denn Kontrollgruppen, die MILGRAM nach dem vermutlichen Ausgang eines solchen Experiments befragte, versicherten, daß höchstens 0,1 Prozent der Eingeladenen so stumpf sein würden, das Experiment gänzlich durchzuziehen.

Die Wirklichkeit wich von der Erwartung in erschreckender Weise ab. Was kann man daraus lernen? Nun, daß nichtrationale Entscheidungsprozesse in unserem sozialen Verhalten eine entscheidende Rolle spielen. Wir können aber über Einsicht in diese Zusammenhänge der Stimme des Gewissens mehr Gehör verschaffen als der Stimme des Gehorsams. Und wir können auch unsere Gesetze so abfassen, daß sie dem Gewissen mehr Entfaltungsmöglichkeit gestatten. In der Diskussion um die Verhinderung von Kriegsverbrechen appelliert man an den einzelnen, er müsse sich den Befehlen widersetzen. Das ist ein wirklichkeitsfremdes Verlangen. Wie soll sich der einfache Soldat gegen eine Autorität aus eigener Kraft auflehnen? Er muß ein Gesetz als Stütze haben, das genau die Situation beschreibt, in der er so und nicht anders handeln muß. Nicht das Rangstreben, nicht der Gefolgsgehorsam sind Übel an sich. Es sind die extremen Erscheinungsformen, gegen die wir uns schützen müssen. Gelingt dies, dann erfüllen Rangordnungen auch in unserer Gesellschaft ihre Funktion. Die Bereitschaft zur Unterordnung beruht neben der Anerkennung der Leistung und sozialen Tugenden der hochgeschätzten Person gewiß auch auf Furcht – was sich ja in dem Begriff »Ehr-Furcht« klar ausdrückt. Beliebtheit, Achtung vor dem Wissen und Respekt (Ehrfurcht) müssen sich allerdings verbinden. Rein auf Macht basierende Herrschaftssysteme sind ebenso wie ererbte Führungsansprüche oder Kastensysteme abzulehnen, da sich die Dominanzbeziehung in solchen Fällen weder rational begründen läßt noch auf Zuneigung beruht. Die Führungspersönlichkeit braucht die Zustimmung der Wähler.

Ranghohen Personen werden in verschiedenen Kulturen recht ähnliche Eigenschaften zugesprochen. Als Beispiel möge ein Preislied auf SÉKOU THOURÉ aus E. BEUCHELT und W. ZIEHR (1979) dienen. Die Werte ebenso wie die Symbolik der Ausdrucksweise entsprechen durchaus jenen unseres Kulturbereiches:

Du wurdest gut	und der Unterdrückten
Du wurdest mutig	(Das Licht)
Du wurdest aufrecht	es erhebt sich
Du begannst zu strahlen	ist unauslöschlich
Du bist der Beschützer	ist unermeßlich
der Kinder	ist ruhmreich

Die hinreißende – charismatische – Persönlichkeit ist nach D. GOETZE (1977) durch fünf Merkmale gekennzeichnet.

a) *Das Mirum:* Bezeichnet das Besondere, Absonderliche, Fremdartige und Verblüffende. Das Unbegreifliche, Wunderbare wird in diesem Merkmal angesprochen. Man schreibt dem Menschen gewissermaßen übermächtige geistige oder sonstige Kräfte zu.

b) *Das Tremendum:* Es bezieht sich auf das Merkmal des Schrecklichen, Grauenvollen, Schaurigen und Unheimlichen. Es ist bemerkenswert, daß es in der Rangliste der Merkmale gleich an zweiter Stelle folgt. Schon der Ausdruck »Ehrfurcht« belegt, daß wir dazu neigen, Achtung auch mit Angst zu verbinden. Herrscher, die Schrecken verbreiten, tragen oft den Beinamen »der Große«. Terror ist nicht nur abstoßend, sondern auch unattraktiv, schreibt GOETZE, und er fügt hinzu, sich quasi davon absetzend: »selbstverständlich nur für die Verführbaren«. Aber verführbar sind wir alle, wie die Faszination der Tragödie lehrt (siehe auch Bindung über Angst, S. 119).

c) *Das Fascinans:* Bei ihm wird wohl auch eine erotische Komponente angesprochen, das Bezaubernde etwa der Stimme, das Liebenswürdige, der »Charme«, das einschmeichelnde Wesen.

d) *Die Majestas:* Die Größe im übertragenen Sinne beschreibt wohl die Tatsache, daß die Persönlichkeit im Brennpunkt der Aufmerksamkeit steht.

e) *Das Energicum:* Kraftvolle Lebendigkeit – es spiegelt bereits das Imponiergehabe vieler Tiere wider. Das Werben der meisten Wirbeltiermännchen ist durch Kraftdemonstration gekennzeichnet. Im übertragenen Sinne spielt beim Menschen das Mitreißend-Leidenschaftliche der Rede als Ausdruck des kraftvollen Willens eine entscheidende Rolle.

Das Liebenswerte – das auf Güte und Freundlichkeit beruht und das im oben zitierten Preislied an erster Stelle genannt wird, fehlt in der Aufzählung, die im wesentlichen Eigenschaften der repressiven Dominanz aufzählt, aber nicht jene der Sympathieerweckung, die für Führungspersönlichkeiten wichtig sind. In diesem Zusammenhang ist eine Untersuchung von R. D. MASTERS (1981 a, b) bemerkenswert. Er wertete 4356 Pressephotographien amerikanischer Politiker aus, die in den Medien anläßlich der Wahlkampagnen 1960 bis 1972 veröffentlicht worden waren. Die Gewinner zeichnen sich auf diesen Aufnahmen nicht in erster Linie durch den Ausdruck aggressiver Dominanz aus. Sie zeigen vielmehr Züge submissiven Verhaltens, ähnlich denen, die man bei Kindern kurz vor dem Unterliegen in einer Auseinandersetzung beobachtet. Sie geben sich so geradezu »verbindlich«.

Die Bereitschaft, sich leiten zu lassen, ist wahrscheinlich eines der persistierenden Jugendmerkmale, die den Menschen auszeichnen. In der Mutter-(Eltern)-Kind-Beziehung liegt eine primäre Rangbeziehung vor. Die Mutter bietet Zuflucht, sie betreut, weist aber auch als erzieherische Autorität in Schranken. Für eine solche Deutung spricht, daß Ranghohe oft als Väter oder Mütter angesprochen werden (Landesmutter, Landesvater, Großvater, Papst), ferner, daß das rangniedere submissive Verhalten vielfach Infantilismen enthält, auch, daß Ranghohe ihre Untergebenen oft als ihre Kinder bezeichnen und sie so anreden.

Wir wiesen eingangs auf die Problematik unseres gespaltenen Verhältnisses zur Autorität und damit zum Rangproblem hin und auf die Bemühungen, ein Leben frei von Vorgesetzten zu gestalten. Die Ausführungen dürften gezeigt haben, daß Rangordnungen zur Harmonisierung des Lebens in der Gruppe beitragen können und daß Machtstreben ebenso wie die Bereitschaft zur Unterordnung und Gefolgschaft konstruktive Merkmale des Menschen sind. Wir können diese Neigungen mit Gewalt unterdrücken, aber der Gewinn dürfte zweifelhaft sein, denn unser Streben nach »Höherem«, nach Ansehen und Macht, ist Ansporn für Leistung und damit für Wertschöpfung. Auch ist ein Leben ohne Gefolgsgehorsam und Treue (Loyalität) schwer vorstellbar. Wir müssen nur wissen, daß diese »Tugenden« – wie alle Tugenden – zur Entartung neigen. Aus Loyalität hat der Mensch Furchtbares angestellt, und der Machttrieb ist deshalb besonders gefährlich, weil es für Macht keine triebbefriedigende abschaltende Endsituation gibt. Machtstreben kennt keine Grenzen, außer denen, die die Umwelt setzt. In den kleinen Gesellschaften der frühen Menschheitsgeschichte konnte man nur begrenzt Macht erringen: Man konnte Häuptling werden oder Medizinmann. Die technische Zivilisation stellt aber Machtmittel zur Verfügung, die die Vorstellungskraft des einzelnen weit übersteigen. Selbst in liberalen Demokratien jonglieren die Volksvertreter mit Beträgen, denen ihr geistiges Fassungsvermögen nicht mehr gewachsen ist. Wen wundert es, wenn sie Milliarden verpulvern oder gar zum Overkill rüsten? Sie streben nach Macht – Selbstbeschränkung liegt nicht im Wesen des Machtstrebens. Es handelt sich um einen »offenen Trieb«.

Deshalb ist eine autoritätenkritische Haltung heute wichtiger denn je, und deshalb auch sollte man die gescheiterten Versuche der »Antiautoritären« der späten sechziger Jahre nicht mit Häme belächeln, sondern als Symptom unserer Zeit kritisch analysieren, um daraus zu lernen. Biologische Normen, so stellten wir bereits fest, sind nicht linear, sondern nach einem Optimum ausgerichtet. Zuviel schadet ebenso wie zuwenig. Kinder, denen man Autorität und damit die Führung verweigert, werden haltlos. J. ROTHCHILD und S. B. WOLF (1976) besuchten die Kinder jener Alternativen der USA, die alle Gebote und Verbote ablehnten, die im ständigen Kampf für ihre Freiheiten gegen Schulen, »Bullen«, Drogengegner, ja sogar gegen die Arbeit waren; die ihre Kinder zu nichts – nicht einmal zum Zähneputzen – anhielten. Sie wollten ihnen die Freiheit gewähren und haben sie ihnen in Wirklichkeit genommen. Es wuchsen ungesellige, gelangweilte und lustlose Menschen heran. Die so aufgezogenen Kinder interpretierten das Verhalten ihrer Eltern als Mangel an Interesse, und sie protestierten dagegen. Sie fühlten sich nicht von elterlicher Autorität befreit, sondern schlicht alleingelassen! Autorität im Extrem ist gewiß destruktiv, aber deswegen kann man Erziehung noch keineswegs pauschal als »Mord am Kind« (A. MILLER 1980) bezeichnen, noch sollte man die Familie pauschal als »Brutstätte des Hasses« aburteilen, auch wenn sie es im Einzelfall sein kann. Äußerungen dieser Art, mögen sie von noch so gutem Wollen getragen sein, führen zur Polarisierung und erschweren das Gespräch. Zu unserem Schaden jedoch neigen wir dazu, solchen Autoritäten, die sich sicher geben und lautstark auftreten, blind zu vertrauen – aus fataler infantiler Neigung, die wir als Erbe mit uns tragen und die es zu bändigen gilt.

Zusammenfassung 4.9

Die Disposition des Menschen, Rangordnungen auszubilden, basiert auf Primatenerbe. Das Kriterium »Ansehen« drückt die bereits bei nichtmenschlichen Primaten feststellbare Tatsache aus, daß Ranghohe im Zentrum der Aufmerksamkeit der Gruppe stehen, d. h. von den meisten Anwesenden angesehen werden. Gefolgsgehorsam und die Bereitschaft zur Unterordnung sind dem Menschen ebenso angeboren wie das Rangstreben. Beides zusammen ergibt ein funktionelles System.

Die Rangordnungen des Menschen sind dynamisch und nicht einfach linear. Sie erstrecken sich außerdem auf verschiedene Kompetenzbereiche, so daß in einer Gruppe mehrere Personen Ansehen genießen können. Repressive Dominanz ist von fürsorglicher Dominanz und prosozialer Führung zu unterscheiden. Fürsorgliche Rangordnungen beruhen auf Anerkennung von Führungseigenschaften, wie der Fähigkeit, Streit zu schlichten, gemeinschaftliche Aktivitäten zu initiieren, den Gruppenzusammenhalt zu fördern und weniger auf Aggression. Repressive Dominanzbeziehungen begründen sich auf aggressiven Strategien wie Drohung und Gewaltanwendung. Bereits in Kindergartengruppen bilden sich protektive Führungshierarchien. Bei Naturvölkern wächst das Kind in der gemischtaltrigen Gruppe vom Geführten zum selbst Führenden heran und probt so alle Rollen.

Angst fördert die Bereitschaft zur Unterordnung, was auch der Begriff Ehrfurcht ausdrückt. Infantile Mechanismen klingen hier an. Der phylogenetische Ursprung des Gefolgsgehorsams liegt in der Mutter-Kind-Beziehung. Gehorsam ist gewissermaßen ein persistierendes Jugendmerkmal. Im Konflikt mit Mitleid kann der Autoritätsgehorsam sich als stärker erweisen. Diese experimentell gefundene Einsicht fordert eine autoritätenkritische Erziehung. Die sollte aber nicht mit pauschaler Ablehnung von Autoritäten verwechselt werden. Eine antiautoritäre Indoktrination befreit nicht, sondern verunsichert – und macht damit erst recht für Autoritäten anfällig. Gesellschaften ohne Rangordnungen erfordern ständig Repressionen. Egalität muß in diesem Falle gegen das Rangstreben der einzelnen erzwungen werden. Sie ist nichts primär Natürliches. Das Machtstreben des Menschen ist ein Ansporn zu Höchstleistungen und damit ein Motor kultureller Entwicklung. Der Antrieb ist jedoch gefährlich, da es für ihn keine abschaltende Endsituation gibt. Es handelt sich um einen offenen Trieb.

4.10 Bewahrung der Gruppenidentität

Gruppen grenzen sich durch ihre Fremdenscheu voneinander ab. Zugleich erweisen sich die Gruppenmitglieder einander in einem Vertrauensverhältnis quasifamilial verbunden. Die bindende Vertrautheit der Gruppenmitglieder basiert neben der persönlichen Bekanntheit auch darauf, daß eigentlich alle mehr oder weniger nach gleichen Normen handeln und sich damit auch gegenseitig verstehen. Das heißt, daß das Verhalten des Partners in der Gruppe im Grunde recht gut voraussagbar ist. Er wird nicht aus der Rolle fallen, die ihm nach Alter, Geschlecht, Status etc. von der jeweiligen Kultur zugewiesen ist. Die Gruppennorm äußert sich in Sprache, Brauchtum, Kleidung, Körperschmuck und vielen anderen Alltäglichkeiten. Die materielle wie die geistige Kultur ist nach ihr ausgerichtet. Kultur erweist sich hier als prägend und legt uns als »zweite Natur« insofern fest, als uns auch der Schatz tradierten Brauchtums nicht allzuviel Bewegungsfreiheit läßt. Zwar können wir, von Notwendigkeit gezwungen, mit Traditionen brechen, aber wenn wir das nicht für notwendig halten, dann sind wir eher bereit, am »lieben« Brauch festzuhalten. Er macht das Verhalten voraersehbar, trägt Ordnung in die Gemeinschaft und vermittelt damit Sicherheit. Zugleich ist die Einhaltung der gruppenspezifischen Norm ein Mittel der Absetzung gegen andere, die als Fremde nicht den gleichen Normen anhängen. Die Neigung zur Kontrastbetonung bei Beharren auf dem Eigenen hat zur raschen kulturellen Differenzierung (Pseudospeziation, S. 37 ff.) geführt und es dem Menschen gestattet, sich rasch in sehr verschiedene Lebensräume einzunischen. Die Vielfalt der Kulturen, die ja zum Teil auch recht verschiedene Subsistenzstrategien verfolgen, ist ein Ausdruck dieser Neigung, die Vielfalt schafft und damit gewiß schöpferisch wirkt.

Die Gruppennorm wird verteidigt. Es gibt eine *normangleichende Aggression*, die sich gegen solche Gruppenmitglieder wendet, die in auffälliger Weise von der Gruppennorm abweichen. Diese normangleichende oder normerhaltende Aggression durchläuft verschiedene Eskalationsstufen, und zwar in allen Kulturen in sehr ähnlicher Weise. Sie führt schließlich zu einer Ausstoßreaktion, wenn der Abweichende sich nicht angleichen kann. Normatives Aggressionsverhalten hat sich bei einer ganzen Reihe von geselligen Vögeln und Säugern konvergent entwickelt (G. H. NEUMANN 1981). Auf ein entsprechendes Verhalten der Schimpansen werden wir noch eingehen.

Über die Außenseiterreaktionen des Menschen liegt bereits eine Reihe zusammenfassender Darstellungen vor, so von A. SEYWALD (1977, 1980, dort auch weiterführende Literatur). SEYWALD entdeckte auch ein altes Gedicht, das die behandelte Problematik so treffend beschreibt, daß wir es hier wiedergeben:

Das Land der Hinkenden

Vor Zeiten gab's ein kleines Land,
Worin man keinen Menschen fand,
Der nicht gestottert, wenn er redte,
Nicht, wenn er gieng, gehinket hätte;
Denn beydes hielt man für galant.

Ein Fremder sah den Übelstand;
Hier dacht' er, wird man dich im gehn bewundern müssen;

Und gieng einher mit steifen Füßen.
Er gieng, ein Jeder sah ihn an,
Und alle lachten, die ihn sahn,
Und jeder blieb vor Lachen stehen,
Und schrie: Lehrt doch den Fremden gehen!

Der Fremde hielt's für seine Pflicht,
Den Vorwurf von sich abzulehnen.
Ihr, rief er, hinkt! Ich aber nicht:
Den Gang müßt ihr euch abgewöhnen.

Das Lärmen wird noch mehr vermehrt,
Da man den Fremden sprechen hört.
Er stammelt nicht; genug zur Schande!
Man spottet sein im ganzen Lande.

(Aus dem Niedersächsischen Wochenblatt für Kinder, 3. Teil, Bremen 1780)

Von der Gruppennorm Abweichende werden zunächst einmal gehänselt und ausgelacht. Das Auslachen dürfte eine stammesgeschichtlich recht alte Form des »Hassens« sein. Die rhythmischen Lautäußerungen erinnern an die Droh- und Haßlaute niederer Primaten; das Entblößen der Zähne kann von Beißintentionen abgeleitet werden. Dem widerspricht nicht, daß Lachen auch verbindet. Es verbindet allerdings nur diejenigen, die gemeinsam lachen – der Ausgelachte lacht selten mit. Er interpretiert sein Ausgelacht-Werden als aggressiven Akt. Man lacht jemanden aus, weil er sich ungeschickt oder sonst normabweichend verhält. Das Auslachen macht den Ausgelachten auf sein Anstoß erregendes Verhalten aufmerksam und gibt ihm eine Chance, sich der Norm anzugleichen, so daß er nicht mehr auffällt. Das Auslachen ist eine gemeinsame und damit verbindende Form des Drohens gegen einen Ausgelachten. Über etwas oder jemanden lachen zu können scheint etwas höchst Lustvolles zu sein. Die Witzseiten in den Zeitschriften leben von diesem Bedürfnis.

Es gibt ferner verschiedene Formen des Verspottens. Das Wort Spotten leitet sich von Spucken (»spitting«) ab, eine Form der Aggression, die wir ebenfalls in allen von uns beobachteten Kulturen antrafen (Abb. 4.76). Man spottet verbal, indem man den anderen mit Namen belegt, die ihn zum lächerlichen Außenseiter stempeln. Dabei spielt man gerne auf das Verhalten an, an dem man Anstoß nimmt. Zu diesem Zwecke »äfft« man es auch nach. Schließlich beantwortet man

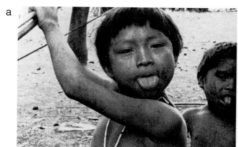 

Abb. 4.76: Spotten leitet sich vom Spucken ab, den gleichen Ursprung hat das Zungezeigen; es sollte nicht mit dem sexuellen »Züngeln« verwechselt werden, das vom Lecken abstammt (S. 616 ff.). Beim spottenden (aggressiven) Zungezeigen wird die Zunge betont vorgestoßen oder herabgeklappt und längere Zeit so zur Schau geboten: a) Yanomami-Junge, der durch Zungezeigen spottet; b) !Ko-Buschmann-Mädchen, das durch Zungezeigen spottet. Aus 16-mm-Filmen. Foto: I. Eibl-Eibesfeldt.

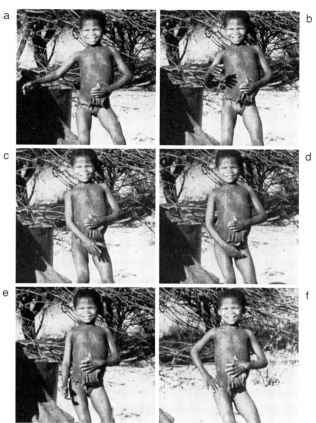

Abb. 4.77: Schamweisen von vorne als Spottgebärde (siehe auch S. 344f.). Während die eine Hand das Schürzchen hebt, macht die andere eine hinweisende Geste. Zuletzt posiert das Mädchen in typisch weiblicher Haltung. !Ko-Buschleute (zentrale Kalahari). Aus einem 16-mm-Film. Foto: I. Eibl-Eibesfeldt.

den vermeintlichen Verstoß gegen die Regeln guten Betragens damit, daß man sich selbst schlecht beträgt. !Ko-Mädchen verspotteten mich beim Filmen, indem sie mein Filmen nachahmten und dann sexuell präsentierten – ein betonter Verstoß gegen die guten Sitten (Abb. 4.77–4.79). Schließlich und nicht zuletzt wird der Außenseiter verbal »ausgerichtet«. In allen Kulturen spielt der Klatsch (»gossip«) eine außerordentlich große Rolle als Mittel sozialer Normenkontrolle. Gleicht die Person, allen normangleichenden Aggressionen zum Trotz, ihr abweichendes Verhalten nicht an die Gruppennorm an, läßt sie sich also nicht »ausrichten«, dann kann es ihr geschehen, daß sie zum Außenseiter wird, zum »Sonderling« oder »Eigenbrötler«, der dann, wie die Worte es trefflich beschreiben, abgesondert ist und sein Brot allein verzehrt. Im Ernstfalle kann er sogar aus der Gemeinschaft ausgeschlossen werden. Diese Ausstoßreaktionen sind dann besonders grausig, wenn der Betreffende gar nichts für sein abweichendes Verhalten kann, etwa weil es sich um eine geistige Verwirrung handelt.

Im übrigen besteht eine starke Bereitschaft, sich normgemäß zu verhalten und

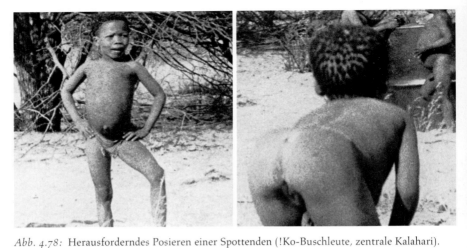

Abb. 4.78: Herausforderndes Posieren einer Spottenden (!Ko-Buschleute, zentrale Kalahari).

Abb. 4.79: Weibliches Sexualpräsentieren von hinten als Spottgebärde (!Ko-Buschleute, zentrale Kalahari). Aus einem 16-mm-Film. Fotos: I. EIBL-EIBESFELDT.

sich in diesem Sinne auch der Meinung der Mehrzahl anzuschließen. Das Angleichungsbedürfnis kann groteske Formen annehmen. Versuchspersonen, die verschieden lange Linien mit einer Standardlinie zu vergleichen hatten, schätzten die Linien bei Einzelprüfung völlig richtig in ihrer Länge ein. Hatten jedoch Komplizen des Versuchsleiters in ihrer Gegenwart vorher die Linien ganz falsch eingeschätzt, dann trauten nurmehr ein Viertel der Versuchspersonen ihren eigenen Augen. Die anderen richteten sich nach der Mehrheit, teils unbewußt, teils um den anderen nicht zu widersprechen (S. E. ASCH 1951).

Die Merkmale, die einen Menschen zum Außenseiter machen, sind einerseits verschiedene Abnormitäten des Verhaltens und Aussehens, welche man in jeder Kultur als abweichend empfinden würde; ferner bewußter oder unbewußter Verstoß gegen die Konventionen und Umgangsformen einer bestimmten Kultur. Köperliche Mängel führen dann zur Stigmatisierung, wenn sie die Person entstellen. Auf starke Ablehnung stößt auch der durch Hautkrankheiten Entstellte. Möglicherweise ist der Ekel, den insbesondere Geschwüre auslösen, eine angeborene Reaktion, die vor Ansteckung schützt (K. LORENZ 1943). Häßliche haben es besonders schwer. Vor allem Personen mit entstelltem Gesicht verspüren auch in einer toleranten Umgebung, daß sie ihre Partner durch ihre Gegenwart »peinlich« berühren. Sie haben von allen physisch Abweichenden am meisten mit Aversionen ihrer Umwelt zu rechnen; doch kann enge persönliche Vertrautheit diese Meidungstendenzen schließlich aufheben. Bereits das Wort »häßlich« impliziert hassenswert. Zu den Abgelehnten gehört in manchen Kulturen auch der Dicke. J. und A. WOLFGANG (1968) benutzten eine Figurenplazierungsaufgabe als Test. Eine Person mußte sich und andere, die durch Figuren repräsentiert waren, zueinander plazieren. Dabei zeigte sich ein deutlicher Zusammenhang zwischen physischem Stigma und der Distanz, in der die Versuchsperson die betreffenden Figuren zu sich selbst plazierte. Figuren mit gebrochenem Arm wurden ganz nahe bei ihr plaziert, zu Figuren mit amputierten Gliedmaßen und Klumpfüßen wurde eine mittlere Distanz eingehalten, und zu Figuren von Fettleibigen hielten sie den größten Abstand*. R. E. KLECK und Mitarbeiter (1968) fanden in ähnlichen Versuchen, daß mit nicht sichtbaren Mängeln Behaftete (Epileptiker, Geisteskranke) weiter von einer Versuchsperson entfernt plaziert werden als Personen mit sichtbaren Mängeln. In einer Interviewsituation halten Versuchspersonen einen größeren Abstand zu physisch Behinderten ein als gegenüber Unbehinderten (R. J. COMER und J. A. PILIAVIN 1972). Naturvölker verhalten sich hier ganz ähnlich (K. SCHLOSSER 1952 a, b). Befremdlich wirkendes Verhalten scheint neben Ablehnung auch Angst zu induzieren, vermutlich weil man das Verhalten der Personen für unvoraussagbar einschätzt.

Neben diesen Entstellten oder krankhaft Abweichenden gibt es die kriminell Abweichenden und schließlich jene, die nur gegen die Regeln des Brauchtums verstoßen. Kriminelle Abweichung wird in allen Kulturen als gemeinschaftsschädigend bekämpft, wobei im Falle von Mord und Totschlag das Gesetz der Vergeltung mit gleicher Münze (lex talionis) weit verbreitet ist. Dem entspricht die Strategie des Vergeltens im Tierreich (S. 146). Für Tötung im Krieg und für Totschlag im Affekt entwickeln jedoch bereits Naturvölker häufig Konventionen, durch die Blutschuld anders als mit Blut beglichen werden kann.

Weniger heftig reagieren Menschen auf Brauchverletzung. Sie stößt auf Mißbilligung und Spott und führt zur Isolation innerhalb der Gruppe, selten zu wirklichem Ausschluß.

Die Ablehnung erfolgt ziemlich uneinsichtig, ja oft gegen besseres Wissen. Könnte es sein, daß wir auf Normabweichungen angeborenermaßen mit Abwehr reagieren? Zwei Mechanismen scheinen hier am Werke. Einer über Sollmuster (angeborene?), in denen gewissermaßen eine Idealvorstellung des körperlichen Menschenbildes der jeweiligen Menschengruppe vorgegeben ist: ein Schema, das uns den harmonisch gebauten kräftigen Menschenkörper mit ebenmäßigen Zügen als schön, Entstellungen und krankheitsbedingte Veränderungen dagegen als abstoßend, befremdlich erscheinen läßt. Erwachsene haben sicher solche Schönheitsvorstellungen, und was grundsätzlich als edler Menschentypus gilt, darin sind sich, wenn wir die Kunst der Hochkulturen etwa Europas oder Asiens betrachten, die Menschen dieser Räume ziemlich einig. Von diesem Typus gibt es

---

* Als Ausdruck der Wohlhabenheit und damit einer hohen Rangposition wird Fettleibigkeit in einigen Kulturen, z. B. Polynesien, geschätzt. Fettleibige gelten als mächtig, aber nicht als schön.

natürlich rassenspezifische Varianten. Dazu kommt ferner ein Programm, demzufolge man jeden, der von der Gruppennorm abweicht, auch wenn diese Norm kulturell geprägt ist, als abweichend angreift, ihn also entweder zur Angleichung an die Gruppennorm zwingt oder ausstößt. Für das Mitwirken stammesgeschichtlicher Anpassungen spricht, daß der Mensch zur Toleranz erzogen werden muß. Intoleranz dagegen stellt sich bei Kindern in einem gewissen Alter ohne entsprechende erzieherische Bemühungen ein. Sie lachen und spotten, ohne darin unterwiesen zu werden, und müssen zu taktvoll tolerantem Verhalten angehalten werden. Es darf allerdings nicht übersehen werden, daß Erziehung oft vorgegebenen Positionen folgt und diese verstärkt, vor allem, wenn es um die Bekräftigung einer intoleranten Haltung gegenüber Minoritäten geht.

Für unsere Deutung, daß hier stammesgeschichtliche Anpassungen mitwirken, spricht, daß wir normerhaltende Aggressionen gegen Abweichende auch vom Schimpansen und von einer ganzen Reihe anderer Wirbeltiere kennen. J. VAN LAWICK-GOODALL (1971) beschreibt, wie durch Kinderlähmung behinderte Schimpansen, die vordem hochgeschätzte Gruppenmitglieder waren, nach ihrer Erkrankung von den früheren Gefährten angegriffen wurden. Die Gesunden zeigten dabei deutliche Anzeichen von Furcht vor den halbgelähmten Tieren, die sich nur mühsam, z. B. auf dem Gesäß rutschend, vorwärts bewegen konnten. Die Behinderten bemühten sich dabei um Kontakt und merkten gar nicht, daß sie selbst die Ursache der Angst der anderen waren. Vielmehr sahen sie selbst hinter sich, wenn sie das »Angstgrinsen« ihrer gesunden Gruppenmitglieder merkten, und suchten um so intensiver den Kontakt, der ihnen jedoch nicht gewährt wurde. Einige der Behinderten wurden dabei tätlich angegriffen, so der gelähmte McGregor, den HUGO VAN LAWICK zuletzt schützen mußte. Allmählich gewöhnte sich die Gruppe an die Kranken; sie gewährte ihnen aber keinen körperlichen Kontakt, was für die Abgelehnten sicher schwer zu ertragen war, denn Schimpansen lausen sich gegenseitig als Zeichen der Verbundenheit und bedürfen ganz offensichtlich dieser Kontakte. JANE VAN LAWICK-GOODALL beschrieb dies sehr eindrucksvoll (1971 : 185):

»Der, von meinem Standpunkt aus gesehen, allerschmerzlichste Augenblick der ganzen zehn Tage kam eines Nachmittags. Acht Schimpansen hatten sich in einem Baum versammelt, der etwa sechzig Schritte von dem Schlafnest entfernt war, in dem McGregor lag, und lausten sich gegenseitig. Das kranke Männchen sah unentwegt zu ihnen hinüber und ließ dann und wann ein leises Grunzen vernehmen. Schimpansen widmen normalerweise einen großen Teil ihrer Zeit der sozialen Hautpflege, und das alte Männchen hatte seit dem Ausbruch seiner Krankheit auf diesen wichtigen Kontakt verzichten müssen.

Schließlich erhob sich McGregor mühsam von seinem Lager, ließ sich auf den Boden hinab und machte sich, wieder und wieder innehaltend, auf den langen Weg zu seinen Artgenossen. Als er endlich den Baum erreichte, ruhte er eine Weile im Schatten aus und zog sich dann mit letzter Kraft hinauf, bis ihn nur noch ein kurzes Stück von zwei der Männchen trennte. Mit einem lauten Grunzer der Freude streckte er grüßend die Hand nach ihnen aus, aber noch bevor er sie berührt hatte, sprangen sie weg, ohne sich nach ihm umzusehen, und setzten ihre Hautpflege auf der anderen Seite des Baumes fort. Volle zwei Minuten lang saß der alte McGregor regungslos da und starrte ihnen nach, dann ließ er sich langsam wieder zur Erde herab.«

Sicher war es in prähistorischer Zeit wichtig, daß in einer kleinen Gruppe jeder das Verhalten seines Partners voraussagen konnte. Außerdem gestattete die Einhaltung bestimmter kultureller Normen die rasche Abgrenzung gegen »andere« und förderte damit die kulturelle Evolution. In der modernen pluralistischen Gesellschaft ist die normerhaltende Aggression eher störend. Gerade die Außenseiter tragen durch ihre künstlerischen und wissenschaftlichen Leistungen entscheidend zum Wohlergehen der Gemeinde bei. Eine Erziehung zur Toleranz ist daher in unserer Gesellschaft angebracht, und zwar zu Toleranz im Sinne einer Verstehensbereitschaft, was nicht mit genereller Annahme jeder Art von Abweichung gleichzusetzen ist. Es ist falsch, wenn man Toleranz grundsätzlich mit der Bereitschaft, alles – von der sexuellen Devianz bis zur Kriminalität – zu akzeptieren, gleichsetzt. Man kann bereit sein, vieles zu verstehen, darf aber dennoch wertend urteilen.

Erziehung zu Toleranz und Akzeptanz der Behinderten, die ihr unverschuldetes Los ja nicht ändern können, ist allerdings eine Forderung, die man mit allem Nachdruck vertreten muß. Hier kann die Aufklärung über die Tatsache helfen, daß es sich bei der Neigung zur Intoleranz um eine angeborene Disposition handelt, die wir über Einsicht und Erziehung unter Kontrolle bringen müssen. G. H. NEUMANN (1977) schlägt dazu eine Erziehung in gemeinsamen Schulklassen vor. Man sollte das fördern. Die Chancen, in der Gruppe angenommen zu werden, sind für körperlich Behinderte wahrscheinlich sehr gut. Für stark Entstellte und für geistig Behinderte sind die Aussichten, in eine Gemeinschaft normaler Jugendlicher integriert zu werden, aber vermutlich geringer. Hier dürfte die getrennte Schulung das geringere Übel sein, da sonst die Behinderten täglich mit ihrem Handikap schmerzlich konfrontiert und die Nichtbehinderten sicherlich stark belastet würden.

Im Zwischengruppenverhalten sind Toleranz und Akzeptanz gegenüber ethnischen Minderheiten zu fordern. Das muß nicht zwangsläufig zur Aufhebung der Unterschiede und zur Amalgamierung führen. Die von vielen heute vertretene Meinung, man könne nur über eine Verschmelzung der Kulturen und Rassen in einer einzigen Weltkultur eine Pazifizierung erreichen, teile ich nicht. Sie widerspricht dem Evolutionsgeschehen, das ständig neue Varianten schafft und neue Ideen gebiert. Ich halte die Argumente der Amalgamisten auch vielfach nur für einen Vorwand, um unbequeme Minoritäten auszulöschen. Bei meinen Feldarbeiten unter Naturvölkern bin ich mit dieser Tatsache ständig konfrontiert und bestrebt, hier aufklärend den Untergang dieser

Ethnien aufzuhalten, im heutigen ideologischen Klima eine fast hoffnungslose Aufgabe*.

Als Biologe bin ich grundsätzlich Pluralist. Über Vielfalt sichert sich das Leben ab, im Pflanzen- und Tierreich über die Vielzahl der Arten und Unterarten und beim Menschen auch über die Vielfalt der Kulturen, die damit zu Wegbereitern der weiteren Evolution werden. Die Einschmelzung der Kulturen käme einem gewaltigen Entdifferenzierungsprozeß gleich, und man darf auch aussprechen, daß mit jeder Kultur, die untergeht – und sei es auch nur eine Stammeskultur sogenannter »Primitiver« –, Werte unwiederbringlich verlorengehen. Darüber hinaus scheint es mir angebracht hervorzuheben, daß eine auf eine »Weltkultur« reduzierte Menschheit erheblich an adaptiver Breite verlieren würde, und das könnte unter Umständen gefährlich werden. Jede Kultur stellt ja einen besonderen Versuch dar, das Überlebensproblem zu meistern, und in der Fülle der Kulturen gewann die Menschheit eine Anpassungsbreite, die in Krisensituationen von Bedeutung sein kann. Außerdem: Selbst wenn es gelänge, eine einheitliche Menschheit zu erzwingen, bedürfte es danach ständigen Zwanges, sie in diesem Zustand der »Gleichheit« zu erhalten, denn jede neue Idee, über die sich eine Gruppe neue Lebensformen erschließen könnte, müßte der Einheitlichkeit zuliebe unterdrückt werden. Zum Glück für den Biologen, der in der Erhaltung möglichst vielfältiger Kulturen einen Wert sieht, wehren sich die Völker gegen Tendenzen, die ihre eigene Identität bedrohen. In diesem Sinne sind jene Anlagen, die uns danach streben lassen, uns über Abgrenzungen ethnische Identität und territoriale Integrität zu bewahren, durchaus nicht nur als störendes archaisches Erbe, sondern auch positiv als kulturerhaltend zu bewerten, solange sie nicht zu einem Ethnozentrismus mit Dominanzanspruch über andere führen. Dem muß eine Erziehung zur Achtung der anderen, zur Wertschätzung von deren Anderssein, entgegenwirken.

Zusammenfassung 4.10

Menschengruppen entwickeln ein Wir-Gefühl und grenzen sich von anderen oft in Kontrastbetonung über die Entwicklung kultureller Besonderheiten ab. Die gruppenspezifische Norm wird verteidigt. Gruppenmitglieder, die von der Norm abweichen, werden zum Ziel erzieherischer Aggressionen, die in allen uns bekannten Kulturen nach einem prinzipiell gleichen Schema ablaufen. Man spottet über das abweichende Verhalten, spricht darüber und »richtet« so den Abweichenden »aus«. Gelingt es diesem nicht, sich dem Sozialdruck zu fügen,

---

* Die beiden Organisationen SURVIVAL INTERNATIONAL (London) und GESELL-SCHAFT FÜR BEDROHTE VÖLKER (Göttingen) bemühen sich um das Überleben der Minoritäten in aller Welt. Beide Organisationen geben Zeitschriften heraus (SURVIVAL INTERNATIONAL, POGROM).

dann läuft er Gefahr, ausgestoßen zu werden. Es handelt sich bei dieser Außensei-
terreaktion um einen normerhaltenden Mechanismus, den wir auch bei Menschenaffen (Schimpansen) finden. In der Kleingruppe war es wohl wichtig, daß
sich alle voraussagbar, d.h. den Gruppennormen entsprechend, verhielten. In
einer pluralistischen Gesellschaft wirkt sich diese Neigung zur Intoleranz störend
aus. Ihr entgegenzuwirken ist eine Aufgabe der Erziehung.

4.11 Territorialität

4.11.1 Universalität und Erscheinungsformen territorialen Verhaltens

Die meisten der höheren Wirbeltiere (Vögel, Säuger, Reptilien) sind territorial.
Sie besetzen einzeln, paarweise oder in geschlossenen Gruppen bestimmte
Gebiete, die man Territorien oder Reviere nennt, und sie verteidigen diese notfalls
gegen Eindringlinge. Sie zeigen ihren Revierbesitz oft durch Gesänge (Vögel),
Duftmarken (viele Säuger) oder durch besondere Verhaltensweisen der Selbstdarstellung an, was im allgemeinen Revierfremde davon abhält, in ein besetztes
Gebiet einzudringen. Ob nur die Erwartung der Verteidigung ein Tier davon
abhält, in besetztes Gebiet einzudringen, oder ob überdies auch eine Besitznorm
– vergleichbar der Objekt- und Partnerbesitznorm (Kap. 4.12) – den potentiellen
Eindringling bremst, muß offenbleiben. Es gibt Vögel, die Nester von Artgenossen schonen, sobald sich in diesen Eier befinden. Aber das ist nicht einmal bei
kommunal brütenden Vögeln die Regel.

Der Mensch zeigt ebenfalls weltweit die Neigung, Land in Besitz zu nehmen
und sich auf verschiedenen Ebenen gegen andere abzugrenzen: als Gruppe gegen
andere Gruppen, innerhalb der Gruppe als Familie und Sippe gegen andere
Familien und Sippen sowie als Individuum innerhalb der Familie. Oft beschränkt
sich die Territorialität auf bestimmte Nutzungsrechte. Zumindest die Mitglieder
einer Gruppe achten den territorialen Anspruch eines Gruppenmitgliedes als
dessen Besitz, als bestünde eine primäre Besitznorm. Weniger ausgeprägt sind
diese Hemmungen zwischen Gruppenfremden, obgleich auch hier ein Eindringling Zeichen schlechten Gewissens gibt.

Die territoriale Abgrenzung ist keineswegs immer mit der Drohung von
Waffengewalt verbunden. Verschiedene australische Stämme berufen sich auf
Totem-Ahnen, von denen sie abstammen und die ihnen das Land als ihr Eigentum
übergaben. Diese Ahnen wachen nun auch darüber, daß keiner die sakralen Orte,
die das mythische Zentrum des Territoriums darstellen, unerlaubt betritt. Terri-

torialität bedeutet nicht, daß andere keinerlei Zutritt zu dem Gebiet haben dürfen, wohl aber, daß sie dazu in bestimmter Weise anfragen, also die Dominanz der Eigner anerkennen müssen. Territorialität bezieht sich auf jede Art landgebundener Vorrechte, die Vortritt zu Ressourcen sichern und die zu landgebundener Intoleranz führen, wenn die Vorrechte nicht beachtet werden. Solange eine Bedrohung fehlt, merkt man oft nichts von territorialer Gebundenheit. Sobald jedoch eine Bedrohung auftaucht, wird die soziale Beziehung der Gruppe auf ihr Land projiziert. K. BUDACK (mündliche Mitteilung) berichtete mir, daß die Nama den weiten unfruchtbaren Streifen der Namib, der den Küstenstreifen, in dem sie leben, gegen das Hinterland abgrenzt, nie in besonderer Weise als ihr Land markiert hätten. Als jedoch die Verwaltung diesen Streifen in einen Naturschutzpark einbeziehen wollte, wurde am Protest der Hottentotten klar, daß es sich um deren angestammtes Revier handelt.

Menschliche Gruppenterritorien schützt wohl primär das Wissen um die Bereitschaft der Eigentümer, ihr Gebiet notfalls mit Waffengewalt zu verteidigen. Wir wissen aus der Geschichte, daß Schwächen des Nachbarn oft zur Landnahme verführten und daß bis in unsere Zeit das Recht des Stärkeren gilt.

Aus einer Reihe von Gründen, auf die ich noch im einzelnen eingehen werde, bemühte man sich allerdings bereits sehr früh, Konventionen zu entwickeln, die die gegenseitige Wahrung territorialer Rechte zum Inhalt haben. Daß dies noch keineswegs geglückt ist und daß Vergeltungsfurcht nach wie vor die wichtigste Abschreckung darstellt, muß leider ebenfalls gesagt werden. Wir kommen auf die verschiedenen Versuche gewaltloser Landsicherung noch zu sprechen.

Daß die Neigung zu territorialem Verhalten uns Menschen angeboren ist, hat man verschiedentlich bezweifelt. In Wiederbelebung der ROUSSEAUschen Idee vom edlen Wilden wurde in den sechziger und siebziger Jahren das Bild eines ursprünglich friedlichen Menschen verbreitet. Der altsteinzeitliche Mensch, so hörte man, habe keinerlei Territorien abgegrenzt und verteidigt, sondern in offenen, in ihrer Zusammensetzung wechselnden Verbänden gelebt. Erst mit der Entwicklung des Ackerbaues habe man, bildlich gesprochen, damit begonnen, den ersten Zaun zu errichten. Erst damals sei Land zu Besitz geworden, den man beanspruchte und verteidigte, und damit sei der Unfriede in die Welt gekommen!

V. REYNOLDS (1966) und ebenso R. B. LEE und I. DEVORE (1968) wiesen in diesem Zusammenhang auf die angebliche Friedfertigkeit der meisten der heute noch lebenden Jäger- und Sammlervölker hin, ferner auf Beobachtungen, die angeblich belegen, daß die uns nächststehenden Schimpansen ebenfalls in offenen, nichtterritorialen Verbänden leben. Was nun die angebliche Friedfertigkeit der uns nächstverwandten Schimpansen betrifft, so mußten wir unser Bild in den letzten Jahren grundlegend revidieren. In ihren ersten Publikationen beschrieb J. VAN LAWICK-GOODALL die Schimpansen zwar als in offenen Gruppen lebend. Nach vielen Jahren der Freilandbeobachtung gewann sie aber ein völlig anderes Bild. Sie schreibt:

»In the early days of my study at Gombe I formed the impression that chimpanzee society was less structured than actually it is. I thought that, within a given area, the chimpanzees formed a chain of interacting units with the extent of an individual's interactions with other chimpanzees limited only by the extent of his wanderings. – Subsequent observations showed that this was not the case« (J. van Lawick-Goodall 1968 und 1971)*.

Man weiß nunmehr, daß Schimpansen in geschlossenen Gruppen leben, von denen jede ein Gruppenterritorium besitzt. Zentrum jeder dieser Gemeinschaften bildet eine Gruppe von erwachsenen Männchen, deren Schweifgebiet größer ist als das der zur Gruppe gehörenden einzelnen Weibchen. Das Gruppengebiet wird durch Männchen verteidigt, die die Grenzen des Gebietes in Trupps kontrollieren:

»Chimpanzees taking part in patrols tended to travel in close compact groups. Travel was silent with frequent pauses to look and listen. Often an individual stood bipedally, to see over the tall grass or stare down into a valley or ravine ahead. From time to time the party stopped and sat silently, watching and listening: sometimes they climbed into a tree; at other times they sat, often within arms reach on some ridge overlooking a neighboring valley« (J. Goodall und Mitarbeiter 1979 : 25)**.

Die Tiere sind offensichtlich auf Ausschau und verhalten sich dabei auffällig still. Entdecken sie verlassene Schlafnester von fremden Schimpansen, dann kontrollieren sie diese geruchlich, und oft drohimponieren sie und zerstören das Nest. Manchmal, aber nicht immer, nehmen auch Weibchen an solchen Patrouillen teil. Sie folgen dann den vorangehenden Männchen.

Sehen oder hören die Männchen fremde Nachbarn, dann drohen sie, indem sie Äste schütteln, gegen Stämme trommeln und laut rufen. Sie werfen auch Steine nach ihnen. Kann sich der Fremde nicht rasch genug zurückziehen, so wird er angegriffen. Die Angriffe richten sich nicht nur gegen gruppenfremde Männchen, sondern auch gegen Weibchen:

»Other serious attacks were seen in 1971, prior to the community division by

---

* »Während meiner ersten Studienjahre in Gombe hatte ich den Eindruck gewonnen, daß die Schimpansengesellschaft weniger strukturiert sei, als sie es tatsächlich ist. Ich glaubte, daß die Schimpansen innerhalb eines vorgegebenen Gebietes eine Kette von interagierenden Gliedern bilden würden, wobei das Ausmaß der Interaktionen eines einzelnen Tieres mit anderen Schimpansen nur durch das Ausmaß seines Bewegungsspielraumes begrenzt wäre. – Spätere Beobachtungen zeigten, daß dies nicht der Fall war.«

** »Schimpansen nehmen an ›Patrouillen‹ teil, die bevorzugt in fest gefügten, dicht zusammengedrängten Gruppen umherziehen. Diese Züge verlaufen lautlos und werden häufig durch Pausen zum Beobachten und Lauschen unterbrochen. Oft stand ein einzelnes Tier auf zwei Beinen, um über das hohe Gras schauen oder um in ein Tal oder eine Schlucht hinunterblicken zu können. Von Zeit zu Zeit unterbrach die Gruppe ihre Wanderung und setzte sich still hin zum Beobachten und Lauschen: Manchmal kletterten sie in einen Baum, ein anderes Mal setzten sie sich auf einen Hügel, um das benachbarte Tal zu überblicken.«

Bygott (1972, 1974). In the first instance, five males (Mike, Humphrey, Satan, Jomea and Figan) suddenly raced forward, there was an outburst of screaming and barking, and when Bygott caught up he found some males attacking, while others displayed around, an unhabituated female. Finally she escaped; Humphrey next appeared, holding an infant chimpanzee, between 2 and 3 years old, which he and Mike killed by eating. They tore it on arm and leg, despite the fact that the infant still screamed and kicked ...« (J. Goodall 1979 : 32)[*].

Bei Angriffen auf fremde Weibchen nehmen oft auch die eigenen Weibchen teil. J. Goodall beschreibt eindrucksvoll, wie sich eine Gruppe allmählich auseinanderlebte und schließlich teilte, wobei die stärkere Gruppe die schwächere heftig angriff. Schließlich hatte die stärkere Gruppe die meisten Mitglieder der schwächeren umgebracht. Es scheint, daß die Angriffe dann besonders brutal sind, wenn die Tiere einander früher gut kannten. J. D. Bygott (1972) stellte fest, daß die heftigsten Auseinandersetzungen zwischen solchen Männchen stattfanden, die sich vorübergehend längere Zeit nicht gesehen hatten.

Wir können also festhalten, daß Schimpansen durchaus territorial sind. Sie fallen dabei keineswegs aus dem Rahmen der übrigen Primaten. Dies betonen wir, weil V. Reynolds (1966) die angebliche Friedfertigkeit der Pongiden als Indiz für eine ursprüngliche Friedfertigkeit des Menschen anführte.

Und wie ist es nun um die Territorialität der Jäger- und Sammlervölker bestellt? H. Helmuth (1967), R. B. Lee (1968), M. D. Sahlins (1960) und J. Woodburn (1968) verbreiteten, die heutigen Jäger und Sammler seien friedfertig und nicht territorial. I. DeVore (1971 : 310) faßt diese Ansicht in folgender Feststellung zusammen: »The Bushmen and the hunter-gatherers generally have what in the modern idiom might be called the ›flower child solution‹. You put your goods on your back and you go. You do not have to stay and defend any piece of territory or defend fixed assets.«[**]

Diese Feststellung stützt sich auf eine höchst selektive Bezugnahme auf einige wenige Veröffentlichungen. Davon, daß die Jäger- und Sammlervölker im Schrifttum generell und in der Mehrzahl als friedlich bezeichnet werden, kann

---

[*] »Andere ernsthafte Angriffe wurden 1971 beobachtet, noch vor der Spaltung der Gruppe, die durch Bygott dokumentiert wurde (1972, 1974). Zuerst rannten fünf Männchen (Mike, Humphrey, Satan, Jomea und Figan) plötzlich nach vorn und fingen fürchterlich an, zu schreien und zu bellen, und als Bygott sie eingeholt hatte, griffen einige Männchen gerade ein fremdes Weibchen an, während andere drohimponierten. Schließlich konnte das Weibchen entkommen; als nächster erschien Humphrey mit einem Schimpansenkind zwischen 2 und 3 Jahren, das er und Mike töteten und aufaßen. Sie zogen und zerrten es an Armen und Beinen, obwohl es noch schrie und mit den Füßen strampelte...«

[**] »Die Buschmänner und die Jäger und Sammler haben im allgemeinen das, was wir in der modernen Sprache ›die Blumenkinderlösung‹ nennen. Du nimmst dein Hab und Gut auf den Rücken und kannst gehen. Du brauchst nicht zu bleiben und irgendein Stück Land oder einen festen Besitz zu verteidigen.«

nicht die Rede sein. W. T. DIVALE (1972) untersuchte die kriegerische Aktivität in 99 Lokalgruppen von Jägern und Sammlern aus 37 Kulturen. 68 dieser Gruppen, die sich auf 31 verschiedene Kulturen verteilten, praktizierten zum Zeitpunkt der Erhebung noch Krieg. 20 Lokalgruppen aus fünf Kulturen hatten das Kriegeführen 5 bis 25 Jahre vor der Erhebung eingestellt, die restlichen schon früher, und keine hatte nachweislich nie Kriege geführt. E. R. SERVICE (1962) stellte ausdrücklich fest, daß alle Jäger- und Sammlervölker Territorien besitzen, und von den 12 in M. G. BICCHIERI (1973) beschriebenen gegenwärtigen Jäger- und Sammler-Kulturen erweisen sich 9 als durchaus territorial. Die Angaben über die restlichen Kulturen sind dort zu ungenau, als daß wir dazu Aussagen machen könnten. Ziehen wir jedoch andere Literatur heran, dann erweisen sich auch diese als territorial. Zahlreich sind die Hinweise über territoriales Verhalten von Jäger- und Sammlervölkern in der alten völkerkundlichen Literatur. Viele – wie etwa die Feuerländer, Andamesen oder einige der australischen Völker – werden als ausgesprochen kriegerisch geschildert.

Bei genauerem Hinsehen entpuppt sich die These vom friedlichen Jäger und Sammler als freundlicher Mythos, der sich allerdings hartnäckig hält, weil er gewissen idealisierenden Vorstellungen der Milieutheorie entspricht. Er wird daher insbesondere in der Sekundär- und Tertiärliteratur eifrig kolportiert, so von W. SCHMIDBAUER (1973), der ein Buch über Territorialität und Aggressivität bei Jägern und Sammlern schrieb, ohne auch nur einen einzigen Vertreter eines solchen Volkes wenigstens aus der Entfernung gesehen zu haben. Als Kronzeugen für die angebliche Friedfertigkeit dienen in der Regel die Eskimos, die Pygmäen, die Hadza und die Buschleute der Kalahari. Keine dieser Gruppen entspricht bei genauer Prüfung der idealisierenden Darstellung. FRIDTJOF NANSEN (1903) schilderte die Eskimos zwar als friedfertig, aber bereits H. KÖNIG (1925) wies darauf hin, daß dieses Bild unzutreffend sei und daß NANSEN die Eskimos absichtlich freundlicher schilderte, um die Leser für diese damals vom Europäer arg bedrängten Menschen einzunehmen. Es gibt in der Tat genügend Berichte von territorialen Konflikten (z. B. H. W. KLUTSCHAK 1881, E. W. NELSON 1896, K. RASMUSSEN 1908). N. PETERSEN (1963) spricht von Jagdrevieren der Westgrönländer, die von einer Gruppe beansprucht werden. Gruppenfremde, die eindringen, begeben sich in Lebensgefahr. »Auf keinen Fall darfst du in östlicher Richtung jagen« – unterwies ein Vater seinen Sohn –, »denn dort hat Serquilisaq sein Lager. Er hat deinen älteren Bruder getötet, gerade als er anfing, ein guter Jäger zu werden« (N. PETERSEN 1963 : 278, Übers. d. Ref.). PETERSEN betont allerdings, daß es heute schwierig ist, etwas über die alten territorialen Verhältnisse zu erfragen, da Bevölkerungsschwund und Akkulturation zur Aufgabe der alten Territorialrechte führten.

Nur von den Polareskimos sind bisher keine kriegerischen Auseinandersetzungen bekannt geworden, möglicherweise, weil es in ihrem extrem dünn besiedelten Gebiet an Konfliktzonen mangelt. Die Bevölkerung zählt gegenwärtig nur etwa

600 Personen, und vor 50 Jahren waren es nur 254! Die kleinen Siedlungen liegen im Durchschnitt 80 km weit voneinander entfernt. Mit den Wikingern hatten die Polareskimos allerdings bewaffnete Konflikte, und innerhalb der Gemeinschaften kommt es öfter zu Streit, gelegentlich auch zum Totschlag, der bisher durch Blutrache gesühnt wurde (CH. ADLER 1977).

Wenn von friedlichen Jägern und Sammlern die Rede ist, werden ferner häufig die Pygmäen genannt. Dabei beruft man sich auf C. M. TURNBULL (1961, 1965), der die Pygmäen zwar friedfertig nennt, aber einschränkend hinzufügt, daß man über die Beziehungen der verschiedenen Horden zueinander nur herzlich wenig wisse. Diesen Zusatz erwähnt man ebensowenig wie alle Angaben, die ausdrücklich Territorialität bei Pygmäen beschreiben. P. SCHEBESTA (1941) berichtet über die Waldreviere der Bambuti, die Gruppeneigentum sind: »Das Eindringen Fremder zum Zwecke der Jagd- und Nahrungsbeuterei ist unstatthaft und führt zu Zwistigkeiten und Kriegen. Befreundeten und verschwägerten Nachbargruppen wird allenfalls das Recht zugestanden, die Grenzen gelegentlich zu überschreiten. Meine Beobachtungen lehrten mich immer wieder, daß die Bambuti fremde Bezirke nur höchst ungern betraten und sich dort nur auf mein Drängen oder auf das Geheiß des Wirtsherrn hin für kurze Zeit niederließen. Die Pygmäen sind auf fremdem Gebiet doppelt scheu und furchtsam« (P. SCHEBESTA 1941 : 274). Weitere Angaben zur Territorialität der Pygmäen finden wir bei M. G. BICCHIERI (1969), M. GODELIER (1978) und S. BAHUCHET (1983).

Die Hadza schildert J. WOODBURN (1968) als nichtterritorial und in offenen Gruppen lebend. Er lernte sie allerdings erst kennen, als ihr ursprünglich 5000 km² großes Schweifgebiet auf 2000 km² eingeengt war. Unter solchen Bedingungen ist gar nicht zu erwarten, daß sie das ursprüngliche Muster territorialen Verhaltens zeigen. Ältere Berichte belegen, daß die Hadza sehr wohl Jagdreviere besaßen und daß sie auch in Gruppen gegeneinander Krieg führten (L. KOHL-LARSEN 1943, 1958).

Bleiben noch die Kalahari-Buschleute, von denen M. D. SAHLINS (1960), R. B. LEE (1968) und I. DEVORE (1971) behaupteten, sie würden ohne definierte Territorien in offenen, stets wechselnden Gemeinschaften leben. R. B. LEE (1972, 1973) hat diese Aussage mittlerweile aufgrund weiterer Studien revidiert. Er stellte u. a. fest, daß bestimmte Individuen der !Kung-Buschleute als Eigentümer der Wasserstellen auftreten und daß Besucher sich formell an sie wenden müssen, wenn sie Zutritt erhalten wollen.

Im Grunde ist es rätselhaft, wieso gerade die Buschleute zum Typus des nichtterritorialen Jägers und Sammlers hochstilisiert werden konnten, denn gerade von ihnen liegen viele Zeugnisse zum Gegenteil vor. So stellen sie sich in ihren Felsmalereien aus der Vorkontaktzeit im Kampf gegeneinander dar – und zwar im Kleinkrieg, Gruppe gegen Gruppe (Abb. 4.80 und 4.81; siehe auch C. WOODHOUSE 1987). Auch die steinzeitlichen Felsmalereien Europas zeigen einander Bekriegende (Abb. 4.82).

Abb. 4.80: Darstellung kriegerischer Aktivitäten auf südafrikanischen Felsmalereien von Buschleuten. Aus D. F. Bleek (1930).

Abb. 4.81: Buschmannfelsmalerei, auf der Buschleute Menschen eines robusteren Typs bekämpfen, die messerartige Waffen (Faustkeile) in den Händen halten. Farm Godgegeven bei Warden, Drakensberge, Republik Südafrika. Foto: I. Eibl-Eibesfeldt.

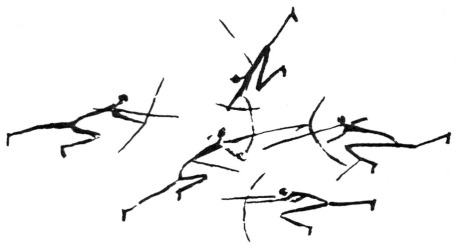

Abb. 4.82: Palaeolithische Felsmalerei, einen Kampf darstellend. Morella la Vella, Castellon, Spanien. Nach E. Hernandez-Pacheco aus H. Kühn (1929).

Zahlreich sind ferner die älteren völkerkundlichen Berichte über territoriales Verhalten (S. Passarge 1907, B. Zastrow und H. Vedder 1930, V. Lebzelter 1934, F. Brownlee 1943). Übereinstimmend liest man, die !Kung-Buschleute dürften nur in ihrem Sippen- oder Hordengebiet sammeln und jagen, Gebietsverletzungen würden Verteidigung auslösen. »Fremde Stammesgebiete darf der Buschmann nur unbewaffnet betreten«, schreibt V. Lebzelter (1934 : 21). »Selbst am Rande der Farmzone ist das gegenseitige Mißtrauen so groß, daß ein Buschmann, der als Bote auf eine Farm geschickt wird, in deren Bereich eine andere Sippe sitzt, den Fahrweg, der als eine Art neutrale Zone gilt, nicht zu verlassen wagt: Nähern sich zwei fremde bewaffnete Buschleute, so legen sie zunächst auf Sichtweite die Waffen ab.« Und H. Vedder berichtet (1937 : 435): »Jede Buschmannsippe besitzt ein von den Vätern ererbtes Sippengebiet. Manche Sippen besitzen sogar deren zwei – ein Sommerfeld und ein Winterfeld. Diese Gebiete haben ganz bestimmte Grenzen. Der Buschmann nun, der in einem fremden Sippengebiet der Jagd obliegt oder Feldkost sucht, kann sicher sein, daß ihn eines Tages ein vergifteter Pfeil treffen wird ...« Das Vorkommen der Territorialität und damit in gewisser Hinsicht geordneter Besitzverhältnisse scheint die ersten Beschreiber überrascht zu haben, man hielt die Buschleute wohl für ungebundene Wanderer.

S. Passarge (1907 : 31) hebt diese geordneten Verhältnisse daher nachdrücklich hervor. »Die Einteilung der Buschmänner in Familien ist seit langem bekannt ... Dagegen habe ich noch nirgends eine Notiz gefunden, daß auch der Grund und Boden gesetzmäßig verteiltes Eigentum der Familien ist. Das ist aber ein Punkt von ungeheurer Wichtigkeit. Denn erst bei Berücksichtigung dieser Tatsache kann man einen klaren Einblick in die soziale Organisation der Buschmänner gewinnen.«

Die !Kung des Nyae-Nyae-Gebietes zeigen vor anderen !Kung-Buschleuten Furcht (L. MARSHALL 1959), sie verlassen ihr Gebiet daher selten. Sie bezeichnen sich selbst als rein oder perfekt (Ju/oassi) im Gegensatz zu allen anderen !Kung, die sie für fremd, gefährlich (Ju dole), ja sogar für mörderisch halten. Die !Kung bewachten aber nicht das Land, sondern die Landstreifen, auf denen Feldkost wächst: »It is these patches of ›veldkos‹ that are clearly and jealously owned and the territories are shaped in a general way around these patches ... the strange concept of ownership of veldkos by the band operates almost like a taboo. No external force is established to prevent one band from encroaching in another's veldkos or to prevent individuals from raiding veldkos patches to which they have no right. This is just not done« (L. MARSHALL 1965 : 248)*.

Nach R. B. LEE (1972, 1979) sind die Wasserlöcher der verschiedenen Gruppen jeweils im Besitz von Personen, die als deren Eigentümer (K//ausi) bezeichnet werden. Um jedes Wasserloch befindet sich ein Hordengebiet (n!ore) von 300 bis 600 km², aus dem sich die Gruppe ernährt. Es wird ebenfalls als Eigentum betrachtet. Eine Person kann ihr n!ore sowohl vom Vater als auch von der Mutter erben. Wer Verwandte in einem Lager hat, kann auch in deren Gebiet sammeln. Bereits diese Einschränkung zeigt, daß es Vorrechte gibt, die man beachten muß. Die Grenzen zwischen angrenzenden Gruppengebieten sind nicht scharf abgesteckt. Die Wasserlöcher verschiedener Gruppen liegen weit voneinander entfernt, und die Gebiete sind durch einen Streifen Niemandsland voneinander getrennt. LEE meint, die Buschleute würden die Grenzen absichtlich unscharf halten, schränkt aber gleich ein, daß er das nur vermute: »Though I cannot prove it, I believe that !Kung consciously strive against to maintain a boundariless universe, because this is the best way to operate as hunter-gatherer in a world where group and resources vary from year to year ... Among the !kung and other hunters-gatherers, good fences do not make good neighbors« (1979 : 334)**.

Den letzten Satz hebt er kursiv hervor. Hier versucht er wohl seine einstige These von der Nichtterritorialität hinüberzuretten, wie er auch weiterhin behaup-

---

* »Es sind die Landstreifen, auf denen Feldkost wächst, die streng bewacht und aufmerksam gehütet werden, und das eigene Territorium liegt um diese Landstreifen herum. Das ungewöhnliche Konzept des Besitzes von Feldkost durch eine Gruppe wirkt wie ein Tabu. Es gibt keine äußere Kraft, die eine Gruppe daran hindern kann, in den Landstreifen mit Feldkost einer anderen Gruppe einzudringen oder einzelne an Überfällen auf solche Streifen zu hindern. Man tut das einfach nicht.«

** »Obwohl ich es nicht beweisen kann, glaube ich, daß die !Kung bewußt für die Aufrechterhaltung eines Universums ohne Grenzen kämpfen, weil dies das Beste für Jäger und Sammler ist in einer Welt, wo die Gruppe und die Ressourcen sich von Jahr zu Jahr ändern. Unter den !Kung und anderen Jägern und Sammlern gilt, daß feste Zäune noch lang keinen guten Nachbarn machen.«

tet, die Buschleute seien trotz allem nicht territorial. Das ist ganz und gar unverständlich, denn er führt aus, daß Besucher zwar eine Zeitlang bei den Gastgebern wohnen und sammeln dürfen, daß aber eine fremde Gruppe, die sich vorübergehend in einem anderen Gebiet niederlassen will, zunächst formell anfragen müsse. »Visitors join residents in the exploitation of resources, and the day's take is unobtrusively distributed within the camp at the day's end. Later in the year residents will pay reciprocal visits to the visitor's n!ore ... A different kind of situation arises when a neighboring group wants to make a camp within a n!ore separate from the owner's camp. In this case, the neighboring people must ask permission of the owner group« (R. B. LEE 1979 : 336)*.

Ein Buschmann erklärte ihm dieses Prinzip der Aufnahme und des Ausschlusses: »Within the camp people don't fight over food, but between camps people could disagree. For example, if people from /Gam came up to eat the tsin beans of Hxore and one of us /Xai/Xai people happened to find them there, he might report back to us and we would start an argument with them ... We would go there and seek out our in-laws in the /Gam group and say: Look we have given each other children and today we are n!umbaakwe (affines) and the n!ore is ours (inclusive), but why when we weren't here did you come and bring with you strangers to loot? – My in-law might reply: Oh, when I came here with them, I expected to find you here. How was I to know that you would be over there? But I understand your point and so I'll go home. «**

Kommt eine Gruppe von weiter her und möchte innerhalb eines n!ore einer anderen Gruppe kampieren, dann muß sie besonders sorgfältig um Erlaubnis ansuchen: »Such a group must be especially careful to ask permission because it does not have a joint claim to the resources. By asking to camp, it incurs a reciprocal obligation to play host to the owner group at a later date. Usually if the visiting group is small and its stay is short, permission is freely given; but if the

---

*   »Besucher können mit den Ortsansässigen sammeln gehen: die Tagesbeute wird am Abend unauffällig im Lager aufgeteilt. Später im Jahr machen dann die Ortsansässigen einen Gegenbesuch im n!ore der Besucher ... Eine andere Situation entsteht, wenn eine benachbarte Gruppe ein Lager innerhalb des n!ore, aber getrennt vom Lager der Eigentümer aufschlagen will. In diesem Fall müssen die Nachbarn die Eigentümer um Erlaubnis fragen. «

**   »Innerhalb eines Lagers wird nicht um Nahrung gekämpft, aber zwischen verschiedenen Lagern könnte es diesbezüglich schon einmal zu Differenzen kommen. Wenn z. B. Leute von /Gam kämen, um die tsin-Bohnen der Hxore zu essen und einer unserer /Xai/Xai-Leute sie dort finden würde, würde er uns Bericht erstatten und wir würden eine heftige Diskussion mit ihnen anfangen. Wir würden dorthin gehen und unsere angeheirateten Verwandten in der /Gam-Gruppe suchen und sagen: Schaut her, wir haben uns gegenseitig Kinder geschenkt, und heute sind wir verwandt (n!umbaakwe), und die n!ore gehört uns allen zusammen, aber warum kommt ihr in unserer Abwesenheit, noch dazu mit Fremden? Mein Verwandter würde antworten: Oh, als ich mit ihnen hierher kam, erwartete ich, dich hier zu finden. Wie hätte ich es wissen sollen, daß du dort drüben warst? Aber ich verstehe deinen Standpunkt, und so will ich wieder nach Hause gehen. «

group is large and stays for months, the owner group may take steps to reassert its claim to the food resource« (R. B. LEE 1979 : 337)*.

LEE lieferte noch ein interessantes Beispiel dafür, wie eine Gruppe ihr Eigentumsrecht dokumentiert. 1968 drangen etwa 40 /Du/da-Leute in ein Gebiet ein, das den /Xai/Xai gehörte. Sie ernteten alle tsin-Bohnen und zogen sich dann zurück. Im folgenden Jahr kamen die /Xai/Xai bereits zwei Monate vor der Haupterntezeit und ernteten alles, um ihr Besitzrecht zu demonstrieren. Sie sagten es den anderen auch, daß sie mit diesen Bohnen immer rechnen würden und daß die /Du/da daher in ihren eigenen Gebieten ernten sollten.

Ich habe LEE deshalb ausführlich referiert, weil seine Arbeiten einen sauberen Nachweis für territoriales Verhalten der Buschleute liefern. LEE erweist sich hier nicht allein als ausgezeichneter Beobachter, sondern auch als ehrlicher Berichterstatter. Wenn er dennoch meint, Buschleute seien nicht territorial, dann kann dies nur heißen, daß er Territorialität anders definiert als die Ethologen. Wie, wurde mir allerdings nicht ganz klar. Ich vermute, daß sich nach seiner Ansicht Territorialität in dauernden Kämpfen äußern müsse. Eine Meinung, die ich schon öfter hörte und las und auf die ich bereits vor Jahren (z. B. I. EIBL-EIBESFELDT 1975) mit dem Hinweis antwortete, daß dies ja nicht einmal bei Tieren so sei. Ständiger Konflikt wird ja gerade durch territoriale Regelung verhindert. Nur im Extremfall greift eine revierbesitzende Gruppe zu den Waffen, und dafür gibt es auch bei den !Kung-Buschleuten Beispiele. P. WIESSNER (1977) berichtet, daß eine landbesitzende Gruppe zu den Pfeilen griff und drohte, als eine fremde, zugereiste Gruppe in ihrem Land ein Wasserloch graben wollte. Zugang zu einem Territorium erhält man durch Geburt, Heirat und schließlich über die Geschenkpartner (P. WIESSNER 1977).

Für die G/wi-Buschleute der zentralen Kalahari wies G. B. SILBERBAUER (1972, 1973) Territorialität nach. Er stellt klar, daß Territorialität immer dann vorliegt, wenn eine Gruppe in einem Gebiet über eine andere aufgrund offensichtlicher Besitzrechte dominiert. Bei den G/wi äußert sich das darin, daß eine Gruppe oder ein einzelner Besucher, der nicht eingeladen wurde, um Erlaubnis anfragt, das Gebiet besuchen zu dürfen. Wenn sie z. B. auf dem Weg in ein anderes Gebiet ein Territorium einer anderen Horde passieren, fragen sie formell an, im Land bleiben – und »Wasser trinken zu dürfen«. Es handelt sich um eine Redewendung, die auch zur Trockenzeit verwendet wird, wenn gar kein Wasser vorhanden ist.

---

* »So eine Gruppe muß besonders sorgfältig vorgehen, wenn sie um Erlaubnis bittet, weil sie keinen gemeinsamen Anspruch auf die Ressourcen hat. Wenn man um so eine Erlaubnis bittet, geht man gleichzeitig die Verpflichtung ein, zu einem späteren Zeitpunkt Gastgeber der besuchten Gruppe zu sein. Bei einer kleinen Gruppe, die nur kurz bleibt, wird diese Erlaubnis gewöhnlich problemlos gewährt; aber wenn die Gruppe groß ist und einige Monate bleiben möchte, kann die Gruppe der Eigentümer Schritte unternehmen, um ihren Anspruch auf die Nahrungsreserven der Gäste; d. Übers.) geltend zu machen. «

Bei den G/wi treten ebenfalls bestimmte Personen als Eigentümer des Hordengebietes auf. Bleibt noch die Frage, wie geschlossen die Buschmanngruppen sind.

WIESSNER (1977) fand, daß während der Jahre 1964 bis 1974 22 Prozent der Bevölkerung der /Xai/Xai abwanderten und 15 Prozent zuwanderten. LEE vermutet aber, daß wohl die Hälfte dieser Bevölkerungsbewegungen auf geänderte äußere Faktoren, wie Bevölkerungsdruck, zurückzuführen sei. Auf jeden Fall würde trotz allem eine Kerngruppe fortdauern. »Each n!ore contains a core of people with the longest time association. These people are generally accepted as owners, and it is these who are asked for permission to camp in an area. And the core group is by no means static. The ownership of the land passes from parent to child, but immigrants who come and stay for good are also gradually absorbed into the core« (R. B. LEE 1979 : 339)*.

Bei den !Ko-Buschleuten finden wir drei Ebenen der sozialen Organisation, die sich in Beziehungen zum Land ausdrücken (H. J. HEINZ 1966, 1979):
1. die Familie und erweiterte Familie,
2. die Lokalgruppe (Horde),
3. den Horden-Nexus.

Diese drei Einheiten zeichnen sich durch definierte Muster der Bindung und Absetzung von anderen aus. So gibt es eine Sitzordnung der Familienmitglieder um das Feuer. Sie ist zwar weniger streng als jene, die L. MARSHALL (1960) für die !Kung beschrieb, aber eine Frau sollte an der rechten Seite des Gatten sitzen. Von den Eltern erwartet man, daß sie ihre Hütte mindestens 12 Meter von ihren verheirateten Kindern entfernt errichten. Auch soll der Eingang so angeordnet sein, daß sie ihre Kinder nicht beim Schlafen beobachten können.

Obgleich jedes Mitglied einer Horde im ganzen Hordenrevier sammeln und jagen kann, gibt es doch Areale, die als Familienareale von der Gemeinschaft respektiert werden. Man erwartet z. B., daß ein Jäger, der allein auf Jagd auszieht, auf der Seite des Hordengebietes jagt, an welches seine Hütte grenzt. Das erwartet man auch von Feldkost und Holz sammelnden Frauen. Die Regel wird bei kollektiven Tätigkeiten aufgehoben. Zur Trockenzeit teilt sich die Horde in Familiengruppen, die dann zu bestimmten Familienplätzen wandern. Andere respektieren dieses Gebiet. Einen territorialen Anspruch haben die Familien dort allerdings nicht. Das gemeinsame Hordenrevier ist dagegen eindeutig begrenzt und erklärtes Territorium. Ein Häuptling übt die Kontrolle über dieses Gebiet aus. An ihn muß sich der Besucher wenden.

Mehrere Horden sind nun weiter in einem Allianzsystem, dem »Nexus«,

---

* »In jedem n!ore gibt es einen Kern von Bewohnern, die dort am längsten ansässig sind. Sie werden im allgemeinen als Eigentümer anerkannt, und sie werden auch um Erlaubnis gefragt, wenn man innerhalb eines bestimmten Gebietes kampieren möchte. Und diese Gruppe ist keineswegs statisch. Der Landbesitz geht von den Eltern auf die Kinder über, aber Einwanderer, die kommen und für immer bleiben, werden auch nach und nach in diese Gruppe aufgenommen. «

verbunden. Die Mitglieder eines Nexus betrachten einander als zugehörig. Innerhalb des Nexus-Systems tauscht man bevorzugt Heiratspartner aus. Die Abgeschlossenheit und Einheit des Nexus-Systems wird ferner durch Eigentümlichkeiten des Dialektes dokumentiert. Man trifft sich auch zu bestimmten Ritualen, wie z. B. den Trancetänzen. Über den Heiratsmarkt hinaus bietet das System den zu einem Nexus gehörigen Lokalgruppen Sicherheit. In Zeiten der Not können die Mitglieder verschiedener Lokalgruppen des gleichen Nexus im Notfalle darum bitten, im Territorium einer anderen Lokalgruppe jagen zu dürfen. Einem Nexus-Mitglied wird die Bitte nie abgeschlagen. Man würde nie das gleiche Entgegenkommen von einer Lokalgruppe eines anderen Nexus erwarten. Das Nexus-Territorium gilt als exklusiv. Die Nexus-Territorien sind in der Regel durch einen Streifen Niemandsland voneinander getrennt. Das ist bei den Territorien der Lokalgruppen nicht der Fall.

Bei den !Ko waren zum Zeitpunkt der Erhebung nie mehr als 7 Lokalgruppen zu einem Nexus vereint. Keine Horde zählte mehr als 20 erwachsene Personen (Abb. 4.83). Die soziale Absicherung, die die !Kung durch die Geschenkpartnerschaften (das hxaro-System, P. WIESSNER) erreichen, wird bei den !Ko durch das Nexus-System bewirkt. Die Verschiedenheiten können ökologisch bedingt sein. Die !Ko leben in der zentralen Kalahari, in der Nahrung und Wild etwa gleichmäßig verteilt sind. Bei den !Kung am Rande der Kalahari finden wir dagegen räumliche Konzentrationen von Mongongo-Nußbäumen und damit Konzentrationen produktiver Gebiete, zu denen man notfalls auch von weither Zugang sucht. Das geht über Geschenkpartnerschaften.

Alte Berichte über die !Kung und Heikom (R. J. GORDON 1984) weisen darauf hin, daß es früher Häuptlinge gab, die mehreren Lokalgruppen, also vermutlich einem Nexus vorstanden. Heute fehlt eine solche Autorität. Anläßlich einer Initiation aufgenommene Gespräche weisen ferner darauf hin, daß zu besonderen Anlässen, wie eben der Initiation, auch Mitglieder von anderen Nexen eingeladen wurden; ja, es dürften zu solchen Anlässen auch Kontakte über die Sprachgruppen hinweg bestanden haben (H. J. HEINZ 1979). Zugang zu einem Territorium erhält ein !Ko durch Geburt, Adoption und Heirat. Vermählte haben Zugang zu den Territorien beider Elternpaare. Zwischen den verschiedenen Buschmanngruppen gibt es unterschiedliche Manifestationen der Territorialität, die E. A. CASHDAN (1983) zu deren spezieller Ökologie in Beziehung setzt.

Ich bin auf die Territorialität der Buschleute etwas ausführlicher eingegangen, weil diese in den letzten Jahren von Soziologen und milieutheoretisch orientierten Psychologen so oft als Beispiel für die offene nicht-territoriale Urgesellschaft angeführt wurden. Es ist offensichtlich, daß dies nicht stimmt*. Die Aussage,

---

* In diesem Zusammenhang möchte ich auch auf eine neuere Untersuchung über die Territorialität der Agta hinweisen, die als Jäger und Sammler im Nordosten Luzons leben (P. B. GRIFFIN 1983).

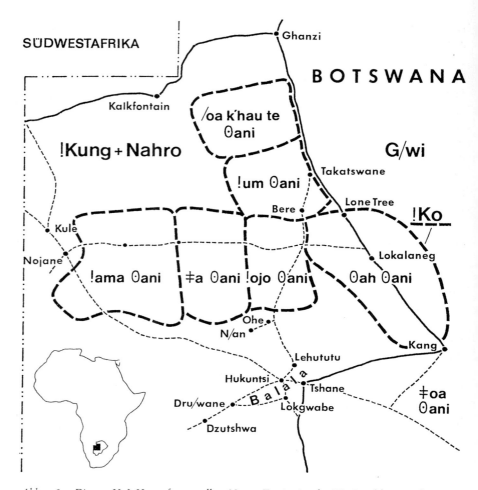

Abb. 4.83: Die von H. J. HEINZ festgestellten Nexus-Territorien der !Ko-Buschleute. Jeder Nexus hat einen Namen. So werden die Takatswane-Leute !um Oani genannt (Leute, die der Eland-Antilope folgen). Nach H. J. HEINZ (1979).

Buschleute und andere Jäger- und Sammlervölker hätten keine Territorien, kann für diese Völker unangenehme Folgen haben, da die Regierungen sie dann möglicherweise als landlose untere Klasse ohne Anrechte auf Land betrachten. Diese Neigung könnte verstärkt werden, wenn man den Buschleuten gar die eigene ethnische Identität abspricht, wie das E. WILMSEN (1989) tut.

Das heißt nicht, daß wir deshalb die Territorialität als Ausdruck eines fixierten biologischen Imperativs auffassen, wie das M. G. GUENTHER (1981) mir und H. J. HEINZ unterschieben will, um sich dann dagegen mit der durch keinerlei Fakten gestützten Behauptung abzusetzen, daß Territorialität ein vorherrschend kultureller Mechanismus der Anpassung sei. Wir sehen das nicht so polarisiert. Territorialität ist zunächst einmal eine anthropologische Konstante. Sie findet jedoch ihre kulturell mannigfache Ausprägung (siehe auch I. EIBL-EIBESFELDT 1975).

Gelegentlich mangelt es sogar an Möglichkeiten zu ihrer Manifestation. Ich kenne allerdings außer den Polareskimos zur Zeit nur ein einziges Jäger- und Sammlervolk, das keinerlei territoriale Gebundenheit zeigt und das in offenen Gemeinschaften lebt. Es handelt sich um die Batak (Philippinen), die in ihrem weiten nahrungsreichen Wohngebiet frei wandern sollen. Die wurden aber in ihrer Geschichte wiederholt zwangsweise umgesiedelt, was ihre territoriale Bindung zerstört haben kann. Dafür würde auch die sonst unerklärliche Tatsache sprechen, daß wir drei klar unterschiedene Dialektgruppen der Batak vorfinden. Damit sich solche überhaupt bilden konnten, muß es eine Zeit der relativen Isolation der Gruppen voneinander gegeben haben. Heute wandert man zu oder ab, übernimmt aber wohl aufgrund des Konformitätsdruckes die Dialektmerkmale der Gruppe, der man sich anschloß (K. ENDICOTT und K. L. LAMPELL-ENDICOTT 1983).

In einer sehr sorgfältigen Untersuchung zeigt B. J. WILLIAMS (1974), daß auf der Jäger- und Sammlerstufe die Durchschnittsgröße der Lokalgruppen etwa 50 Personen betrug. Die Gruppen waren patrilokal und patrilineal organisiert; sie waren territorial und in einem größeren Heiratspool (Connubium) von etwa 500 Personen verbunden. Diese Connubien repräsentierten in der Regel auch die sprachlich ausgezeichneten ethnischen Einheiten.

C. R. EMBER (1978) untersuchte die gängigen Ansichten über Jäger und Sammler im Kulturenvergleich und schreibt zusammenfassend: »The data presented here suggest that some current views about hunter-gatherers may need to be revised. Specifically, the data suggest that, contrary to current opinion, recent hunter-gatherers are typically patrilocal, typically have men contributing relatively more to subsistence than women*, and typically have had fairly frequent warfare.«**

Territorialität gehört sicher zu den Universalien, und die Anlagen reichen wohl auf altes Primatenerbe zurück. Für uns Menschen wäre eine Existenz ohne die Behauptung von Landrechten, also ohne Territorialität, schwer vorstellbar. Schon ein Jäger und Sammler könnte nicht erfolgreich jagen und sammeln, wäre er nicht in einem Gebiet zu Hause und wüßte er nicht gewisse Rechte in der Regel von anderen respektiert. So kann er mit einer gewissen Wahrscheinlichkeit damit

---

* Die Aussage, daß Männer mehr zur Ökonomie beitragen als Frauen, dürfte nur für jene Jäger- und Sammlervölker zutreffen, die vor allem von Großwild leben. Bei den Buschleuten tragen die Frauen in Kalorien gemessen mehr zur Ökonomie bei als die Männer.

** »Die hier vorgestellten Daten deuten darauf hin, daß einige gängige Ansichten über die Jäger und Sammler revidiert werden müssen. Die Daten zeigen speziell, daß – entgegen der vorherrschenden Meinung – rezente Jäger und Sammler typischerweise patrilokal sind. Es ist auch typisch, daß die Männer mehr zum Lebensunterhalt beitragen als Frauen und daß sie häufige kriegerische Auseinandersetzungen hatten.«

rechnen, an bestimmten ihm vertrauten Orten Feldkost oder Wild vorzufinden. Im übrigen findet die territoriale Disposition des Menschen vielgestaltige kulturelle Ausformungen, die direkt als ökologische Anpassungen aufgefaßt werden können. Die in den Trockengebieten lebenden zentralaustralischen Stämme können ihre großen Jagd- und Sammelgebiete nur schwer überwachen und unter dauernder Kontrolle halten. Dennoch bleibt jede Lokalgruppe in unangefochtenem Besitz ihres Gebietes, und zwar mittels besonderer kultureller Einrichtungen. Jede Gruppe führt ihren Revieranspruch, wie schon kurz erwähnt, auf die Abstammung von einem Totem-Ahn zurück, der in diesem Gebiet lebte und dessen Geist auch heute noch über diesem Gebiet wacht. Von diesem Totem-Ahn hat die Gruppe das Gebiet geerbt. Besonders auffällige Landschaftsmarken in dem Territorium wurden als Spuren des Totem-Ahns ausgelegt, die meist halb Tier, halb Mensch waren: runde Felsen als Schlangen- oder Emu-Eier – je nachdem, ob das Gebiet einem Schlangen- oder Emu-Klan gehört –, Löcher im Boden als Höhlen, in denen der Totem-Ahn lebte, und dergleichen mehr. Die Stätte, an der sich solche Spuren finden, wird als heilige Stätte verehrt, sie ist gewissermaßen das rituelle Zentrum des Territoriums der Gruppe (Abb. 4.84–4.86). Nur die initiierten Männer der Gruppe dürfen sich hier aufhalten. Frauen ist der Zutritt

Abb. 4.84: a) Die heilige Stätte der Totemschlange Jarapiri bei Ngama (Zentralaustralien) – eine Totemstätte und zugleich symbolische Reviermarkierung der Walbiri. Links unten die in b) größer gezeigte Felsmalerei der Totemschlange. Foto: I. Eibl-Eibesfeldt.

Abb. 4.85: Stein-Churinga des Honigameisen-Klans der Walbiri von Mt. Allen. Die große zentrale Kreisfigur repräsentiert eine Lehmsenke im Nordosten der Yuendumu-Siedlung, in der man zu Grundwasser kommt. Dort lebte der Honigameisen-Ahnherr des Klans. Dann ging er auf eine Reise und schuf unterwegs Hügel und andere Landschaftsstrukturen. Diese Plätze sind durch weitere Kreise eingezeichnet und die Wege durch Linien markiert. Nur initiierte Männer besitzen Stein- oder Holzchuringas. Sie sind gewissermaßen deren Klan-Wappen und erinnern sie an die Initiation, bei der sie diese Identifikationszeichen herstellten. Mit dem Tod werden sie zu heiligen Gegenständen, die man an den heiligen Stätten aufbewahrt. Männer können an den Zeichen die Geschichte des Totem-Ahnen lesen. Frauen dürfen sie nicht sehen. Über diese Symbolidentifikation werden die Männer ideologisch an Territorium und Gruppe gebunden. Foto: I. Eibl-Eibesfeldt.

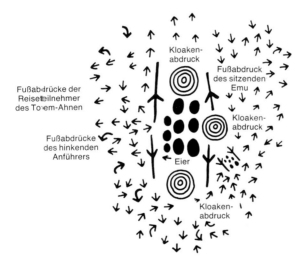

Abb. 4.86: Bei der Männerinitiation werden die Klan-Zeichen und die Klan-Geschichte (Wanderung des Totem-Ahnen und andere Begebnisse) auf Boden und Felsen gemalt. Hier eine Bodenzeichnung des Emu-Klans. Nach N. Peterson (1972).

bei Todesstrafe untersagt und ebenso Männern anderer Gruppen. Es entfällt für Revierfremde jedoch ohnedies der Anreiz einzudringen, da der fremde Totem-Ahn ja über das Gebiet wacht und ihnen Unheil bringen würde.

Diese Vorstellung, daß Ahnen über das Gebiet ihrer Nachfahren wachen, ist auch im melanesisch-papuanischen Raum weit verbreitet. Die Kukukuku Papua-

Neuguineas bestatten ihre Toten auf Plattformen in den Gärten. Bei den Eipo West-Neuguineas werden die Schädel und oft auch die übrigen Knochen in Sekundärbestattung unter überhängenden Felsen in den Gärten bestattet und wachen dort über das Gebiet. Das verhindert nicht Konflikte, wohl aber kann es territoriale Landnahme bremsen. In weiterer Ritualisierung symbolisieren die Tsembaga die Anwesenheit der Ahnen (R. A. RAPPAPORT 1968) über die in ganz Neuguinea sakrale Pflanze Cordyline. Wo sie Cordyline pflanzen, sind auch ihre Ahnen zu Hause. Und wenn im Kriegsfall ihr Gebiet vom Feinde erobert und sie selbst vertrieben wurden, dann nehmen die Feinde das Gebiet dennoch so lange nicht in Besitz, bis die Vertriebenen in ihrem neuen Terrain Cordylinen gepflanzt haben, denn nun erst ziehen auch die Ahnengeister um und das Gebiet wird damit verfügbar. Der Schutz durch die Ahnen ist sicher ein sehr wirksames Mittel territorialer Verteidigung. Bei den zentralaustralischen Stämmen kommt noch eine weitere kulturelle Einrichtung dazu, die dem Nachbarn den Anreiz zu gewaltsamer Landeroberung nimmt. An den heiligen Stätten absolviert nämlich jede Lokalgruppe Rituale, die zum Gedeihen des Totemtieres beitragen. Diese Totemtiere sind aber samt und sonders Nutztiere. So fördert der Honigameisen-Klan, der sich von einem tiermenschlichen Honigameisen-Ahn ableitet, das Gedeihen der Honigameise, der Emu-Klan des Gedeihen der Emus und so fort, und zwar nicht nur im eigenen Gebiet, sondern im ganzen Land. Würde ein Klan also aussterben, dann gäbe es niemanden mehr, der für die Vermehrung der betreffenden Tiere sorgte, und das würde natürlich allen zum Schaden gereichen. Das nimmt den Anreiz zum Eroberungskrieg. Wir werden im Abschnitt über den Krieg noch einmal auf solche Ritualisierung zu sprechen kommen.

Bereits M. J. MEGITT (1962) weist darauf hin, daß unter solchen Bedingungen jede Eroberung eines fremden Gebietes die Eroberer in größte Verlegenheit bringen würde. Auch T. G. STREHLOW (1970) und N. PETERSON (1972) heben die Bedeutung dieser mythischen Landbindung hervor. PETERSON spricht ganz richtig von ritualisierter Territorialität. »I would suggest that clan totemism is the main territorial spacing mechanism in aboriginal society. By contrast with animal territoriality, however, aboriginal territoriality is inward looking, sustained by beliefs and affective bonds to focal points of the landscape and the cultural symbols associated with these points« (1972 : 23)*.

Bei diesen australischen Stämmen lernen die jungen Männer anläßlich ihrer großen Initiationsreisen unter der Führung der Alten, sich mit ihrem Gebiet zu identifizieren, und zugleich erwerben sie detaillierte Kenntnisse über die Grenzen und die Produktivität ihres Territoriums. Diese Ritualisierung territorialer Aus-

---

* »Ich würde sagen, daß der Klan-Totemismus der wichtigste territoriale Distanzierungsme-chanismus bei den Aborigines ist. Im Vergleich zu der Territorialität der Tiere ist diese ursprüngliche Territorialität nach innen gerichtet und wird durch religiöse Vorstellungen und emotionelle Bindungen zu bestimmten Punkten einer Landschaft und den kulturellen Symbo-len, die mit diesen Punkten assoziiert werden, getragen.«

einandersetzungen und die Entwicklung von Bündnissystemen braucht allerdings Zeit.

In diesem Zusammenhang sind die Beobachtungen, die VOLKER HEESCHEN 1979–1981 in West-Neuguinea anstellte, von Bedeutung. Im In-Tal, das erst jung besiedelt ist, ist jedes Dorf mit jedem anderen verfeindet. Es werden bei den kriegerischen Auseinandersetzungen keine Unterschiede zwischen »Erbfeinden« und anderen Feinden gemacht, mit denen man sich auch versöhnen kann. Der Krieg zwischen benachbarten Dörfern wird nicht moralisch mißbilligt. In dem schon länger mit einem Volk der gleichen Sprachgruppe besiedelten Eipomek-Tal gibt es dagegen Allianzen verschiedener Art. Die Tälergemeinschaft wird unter anderem durch gemeinsame Initiation ganzer Jahrgänge von Knaben gefördert. Man pflegt hier eine Ideologie der Gemeinschaft; die Weiler sind nicht isoliert. Die Männerhausgemeinschaften umfassen Mitglieder verschiedener Sippen. Bei den In schirmen sich selbst die Sippen einer Dorfgemeinschaft voneinander ab. Interessant ist, daß die In eine ideologische Inbesitznahme durch Heiligung gewisser Orte im neuen Gebiet vornehmen. Bestimmte Bäume, Quellen, Bäche, Höhlen und andere Geländemarken werden nach HEESCHEN zu sakralen Objekten. Solche finden wir auch bei den Eipo. Daß diese Markierung über heilige Objekte jedoch in so frühem Stadium der Landnahme erfolgt, scheint mir bemerkenswert. Es erinnert mich daran, daß neue Staaten als erstes National-denkmäler errichten, quasi Heiligtümer, die der Identifikation und territorialen Markierung dienen.

Die Unterschiede der im übrigen zur gleichen Sprachgruppe gehörenden und praktisch im gleichen Lebensraum siedelnden Stämme sind bemerkenswert. Wo die Landnahme erst vor kurzem erfolgte, haben sich die Verhältnisse noch nicht konsolidiert. Eine entsprechende Situation treffen wir bei den Yanomami an, die in jüngster Zeit von der Serra Parima in das Gebiet des oberen Orinoko und seiner Zubringer vordrangen. Hier bilden sich allerdings bereits Allianzen, aber die Bündnisse zwischen Dörfern sind recht zerbrechlich. Man bemüht sich, den Krieg aller gegen alle zu vermeiden, ist aber damit nicht sehr erfolgreich.

Auf die Vielfalt der kulturellen Ausformung territorialen Verhaltens haben die Völkerkundler immer wieder hingewiesen. So haben nach M. GODELIER (1978) die WoDaaBe Peul, nomadische Schafhirten in Niger, keine eigenen Territorien. Sie infiltrieren die Farmgebiete der Hausa, die ihnen die Nutzung von Brachland und Busch gegen Dienste und Naturalien (Schafe) überlassen. Andere Schafhirten ziehen ebenfalls über das Land, aber Gewohnheiten regeln den zeitlichen Ablauf so, daß Konflikte vermieden werden. Die einzelnen Gruppen beanspruchen die von den eigentlichen Eigentümern erkauften territorialen Rechte auf Zeit. Daß verschiedene Gruppen von Hirtenvölkern abwechselnd das gleiche Gebiet benutzen, ist auch von den Nomaden im Süden des Iran und von den Schafhirten der Mongolei bekannt (F. BARTH 1959, D. LATTIMORE 1951).

Gelegentlich leben Völker in verschiedenen Biotopen, etwa verschiedenen

Vegetationszonen, nach Höhe geordnet, nebeneinander. So finden wir im südlichen Iran in den oberen Regionen des Zagros-Gebirges türkisch sprechende Stämme, die von der Kamelzucht leben, darunter iranisch sprechende, die Pferde und kleinere Haustiere züchten, und schließlich in den Vorbergen arabisch sprechende Stämme, die von der Dromedarzucht leben.

Es gibt ferner Gesellschaften, die gleichzeitig verschiedene räumlich voneinander getrennte Territorien nützen, wie das die Inka taten (J. MURRA 1958, 1972).

R. DYSON-HUDSON und E. A. SMITH (1978) versuchten, die Verschiedenartigkeit territorialer Ausprägungen mit einem Kosten-Nutzen-Modell zu erklären. Nur wenn das Gebiet auf ökonomische Weise zu verteidigen sei, werde es als Territorium abgegrenzt. So sollen die westlichen Shoshoni, die im Western Basin ein Trockengebiet äußerst dünn besiedelt haben, keine territorialen Besitzansprüche gekannt haben. An den Plätzen, an denen Nüsse reiften und wo daher vorübergehend Überfluß herrschte, kamen verschiedene Familien zusammen, ohne daß man Eigentumsansprüche stellte. Nur Adlernester waren Eigentum. Dagegen grenzten die im benachbarten fruchtbaren Gebiet lebenden Owens-Valley-Paiute Territorien ab, die sie verteidigten. Nichtterritorial dagegen waren wiederum die nördlichen Shoshoni, die als Büffeljäger zu Pferde kooperativ jagten (J. H. STEWARD 1938). Diese Angaben blieben allerdings nicht unwidersprochen (F. R. SERVICE 1971). Außerdem lehrt das Beispiel der Australier, daß auch große dünn besiedelte Gebiete »ökonomisch« verteidigt werden können, nämlich mit Hilfe der mythischen Totem-Ahnen, die das Gebiet bewachen.

DYSON-HUDSON und SMITH führten des weiteren aus, daß eine Gruppe von Nichtterritorialität zu Territorialität übergehen kann, wenn sie ihre Lebensweise ändert. Die nördlichen Ojibwa* sollen als Großwildjäger nicht territorial gewesen sein (was allerdings nicht gut dokumentiert ist), später jedoch als Kleinwildjäger Territorien abgegrenzt haben. Schließlich weisen die Genannten darauf hin, daß eine Gruppe territorial oder nicht-territorial genannt werden kann, je nachdem welche Besitzungen man im Auge hat. Die Karamojong Ugandas verteidigen ihre Felder, auf denen sie Kulturpflanzen ziehen, ferner ihre Rinder, nicht aber die Weiden. Kommt aber einer mit seiner Herde in ein Gebiet, in dem schon ein anderer seine Herde weiden läßt, dann muß er fragen, ob er bleiben darf. Herrschen Notzeiten (Trockenheit), dann werden fremde Karamojong vertrieben. Angehörige fremder Völker, die in Karamojong-Gebiete eindringen, werden stets attackiert (N. DYSON-HUDSON 1966, N. und R. DYSON-HUDSON 1969, 1970). R. DYSON-HUDSON und E. A. SMITH (1978) wollen mit diesen Beispielen zeigen, daß es sich beim territorialen Verhalten demnach nicht um ein genetisch fixiertes Merkmal handelt:

»Although (as with all behaviors) the capacity to demark and defend territory must have some genetic basis, human territoriality is not a genetically fixed trait,

---

* Im Norden und Westen der Großen Seen (nördliche Prärie) der USA.

in the sense of being a fixed action pattern, but rather a possible strategy individuals may be expected to choose when it is to their advantage to do so. Analyses arguing that territoriality is an evolutionary imperative, or conversely a political aberration of basic human nature, do not seem to us to have explanatory validity« (36)*.

Hier sind nun bei grundsätzlicher Übereinstimmung doch einige Korrekturen, Präzisierungen und Ergänzungen angebracht: Zunächst wird in der Ethologie mit dem Begriff »fixed action pattern« etwas ganz Bestimmtes gemeint, nämlich eine Bewegung, ein motorischer Ablauf (siehe »Erbkoordination«, Kap. 2.2.1). Und gewiß hat nie ein Ethologe Territorialität und Erbkoordination gleichgesetzt! Richtig ist, daß R. ARDREY (1966) mit seinem »territorialen Imperativ« über das Ziel hinausschoß. K. LORENZ sagte einmal in meiner Gegenwart scherzend zu einem englischen Reporter: »Robert Ardrey hat meinen Kopf riskiert.« (»Robert Ardrey stuck out my neck.«)

Man muß präziser danach forschen, worin eigentlich eine territoriale Disposition konkret besteht, und dazu muß man auch das Verhalten des Menschen in konkreten Situationen beobachten, etwa beim Besetzen eines Badeplatzes an der Küste, in einem Park oder an einem Tisch in einem Restaurant. Dazu gibt es eine Reihe von Untersuchungen.

4.11.2 Das Bedürfnis zum Abstandhalten

Im Abschnitt über die Ambivalenz der zwischenmenschlichen Beziehungen wiesen wir darauf hin, daß Menschen einander nicht nur anziehen, sondern zugleich auch scheuen, und letzteres keineswegs nur aufgrund schlechter Erfahrungen mit Mitmenschen. Menschen reagieren auf bestimmte Merkmale des Mitmenschen mit Scheu. Die Bereitschaft, so zu reagieren, gehört zu den Universalien (S. 204). Die Sozialangst wird durch persönliche Bekanntheit abgeschwächt, bleibt aber ein unser zwischenmenschliches Verhalten bestimmendes Merkmal. Als Folge halten wir je nach dem Grad der Vertrautheit zu Mitmenschen kleine oder größere Distanz ein. Blickkontakt mit Mitmenschen induziert stets Erregung**. Körperliche Berührung wird nur in bestimmten Situationen und nur zwischen bestimmten Personen als angenehm erlebt (Kap. 6.2). Wir

---

* »Obgleich die Fähigkeit, ein Territorium zu markieren und zu verteidigen, (wie alle anderen Verhaltensweisen) eine genetische Grundlage haben muß, ist die Territorialität des Menschen kein genetisch bedingtes Merkmal im Sinne einer Erbkoordination. Sie ist eher eine mögliche Strategie, die einzelne anwenden, wenn es für sie vorteilhaft ist. Analysen, die besagen, daß die Territorialität ein Gebot der Evolution sei oder umgekehrt eine politische Abweichung von der fundamentalen Natur des Menschen, scheinen uns von geringem Erklärungswert.«

** Nähe und Körperkontakt ebenfalls, aber nicht immer. Es gibt auch die beruhigende Nähe, die das Kind z. B. bei der Mutter oder der Ängstliche bei Mitmenschen sucht.

suchen ferner Privatheit sowohl auf der Familienebene als auch als Einzelpersonen zur »Entspannung«.

E. T. HALL (1966) untersuchte das Abstandhalten der Menschen unter einer Vielzahl von Bedingungen und begründete ein eigenes Forschungsgebiet, die »Proxemics«. Er fand, daß Menschen verschiedener Kulturen verschiedene kulturspezifische Distanzen einhalten. In Europa sollen Nordländer untereinander mehr Abstand einhalten als Mediterrane und Araber. HALL unterschied dementsprechend zwischen Kontakt- und Distanzkulturen. Andere Untersuchungen haben das jedoch nicht eindeutig bestätigen können. Die zum Teil widersprüchlichen Angaben könnten daher kommen, daß die Untersucher nicht unterschieden, ob es sich um Interaktionen Fremder oder einander Bekannter handelt. Nach A. MAZUR (1977) halten nichtinteragierende Fremde auf Bänken ganz ähnliche Abstände ein, gleich ob es sich um Vertreter sogenannter Kontakt- oder Distanzkulturen handelt.

Sicher variiert der Abstand mit dem Grad der Vertrautheit. In einer Tiroler Bauernstube sitzt man oft genauso gedrängt nebeneinander wie in einer Buschmannhütte. Allerdings möchte man auch im engsten Familienkreis nicht immer eng beieinander sein. Man hat bei uns wie bei den Naturvölkern durchaus auch das Bedürfnis, sich gelegentlich abzusondern. Bereits der Säugling kontrolliert den Zustand seines sozialen Engagements und damit seiner Erregung, indem er bei freundlichen Interaktionen (Spiel) mit der Mutter immer wieder wegschaut. E. WATERS, L. MATAS und L. A. SROUFE (1975) beobachteten, daß Kleinkinder bei Interaktionen mit Fremden ihren eigenen Erregungsspiegel durch Wegschauen manipulieren. Bei Blickkontakt steigt die Pulsschlagfrequenz der Kinder an. Wenden sie den Blick vom Fremden ab, dann sinkt die Pulsschlagfrequenz. Zwischenmenschliche Interaktionen, auch solche freundlicher Art, erregen. Jeder Organismus braucht aber zwischendurch auch Phasen der Ruhe und Erholung, und der Mensch in ganz besonderer Weise, da er gedanklich am besten im entspannten Felde (siehe Spiel, Kap. 7.2) arbeitet. Wahrscheinlich sind das Bedürfnis und die besondere Fähigkeit des Menschen, sich absetzen zu können und ein entspanntes störungsfreies Feld zu schaffen, eng mit seiner Werkzeugkultur verbunden. Diese erfordert bereits auf dem Steinzeitniveau gelegentlich erhebliche Konzentration. Und Konzentration setzt Freiheit von anderen Belastungen voraus. Das Bedürfnis, gelegentlich auch für sich zu sein, ist offenbar groß. Selbst im Kibbuz, in dem kollektives Bewußtsein extrem gepflegt wird, entwickeln die Bewohner verschiedene Strategien, um für sich sein zu können (A. DAVIS und V. OLESEN 1971).

S. BAYER-KLIMPFINGER (mündliche Mitteilung) hat in den überfüllten Wiener Kindergärten der Nachkriegsjahre beobachtet, wie Kinder untereinander durch verschiedene Dienstleistungen aushandelten, für ein Weilchen unter einem Tisch für sich sein zu dürfen. Sie gaben dafür Essen ab, liehen Spielzeug her, nur um sich vorübergehend einmal von den anderen absetzen zu können. Dieses Bedürfnis nach Privatheit findet in den verschiedenen Kulturen verschiedene Ausdrucksformen. Insbesondere in der anonymen Großgesellschaft neigt der Mensch dazu, sich von den Mitmenschen abzukapseln, da sie ihm ja als Fremde gegenübertreten und damit zum Stressor werden (S. 250 ff.). Das täuscht größere Ungeselligkeit vor, wenn wir dieses Betragen mit dem von Menschen vergleichen, die in individualisierten Kleingesellschaften leben. Man muß hier aber, wie gesagt, auf der gleichen Ebene vergleichen, um zu richtigen Schlüssen zu kommen. Und vergleicht man die zwischenmenschlichen Interaktionen in der kleinen Gemeinschaft, in der jeder jeden kennt, dann trifft man doch auf recht ähnliche Interaktionsmuster. Man sucht den Kontakt ebenso wie Abgeschiedenheit. Selbst bei den Buschleuten der zentralen Kalahari, deren kleine Hütten auf engem Raum einen freien Platz umstehen, bleibt die Privatsphäre der Familien gewahrt. Und der einzelne kann sich jederzeit von den anderen absetzen, wenn ihm danach zumute ist. Man vermeidet auf diese Weise auch Zwist. Entstehen zwischen zwei Familien Spannungen, dann kann sich eine jederzeit ins Feld absetzen und so dem Konflikt entweichen. Auch für die Yanomami (Waika) gilt, daß man im Gedränge für sich sein kann. Kommt man als Besucher in ein Yanomami-Dorf, dann hält man es zunächst für ausgeschlossen, daß hier eine Privatsphäre gewahrt bleiben kann. Die Pultdächer stehen, oft untereinander verbunden, um einen zentralen Platz, und jeder kann von seinem Platz aus den Nachbarn wie auch die Familien gegenüber von seinem Sektor aus sehen. Aber über das Arrangement der Hängematten und über bestimmte Konventionen ist dann doch jede Familie für sich, wenn sie es so will. Legt man sich z. B. in einer bestimmten Weise, den Blickkontakt meidend, in seine Hängematte, dann wird man allein gelassen. Auch hier, wo alle jederzeit sichtbar miteinander leben, gibt es subtile Mechanismen der Abschirmung. Das stimmt mit dem überein, was A. WESTIN (1970) aufgrund kulturenvergleichender Erhebungen fand. Der Mensch sucht offenbar aus einem Bedürfnis nach Entspannung Ruhe. Auf das über eine Schambarriere bewirkte Abstandhalten sind wir bereits eingegangen.

Uns Menschen stehen nun verschiedene Strategien zur Verfügung, um uns von anderen abzusetzen und andere auf Abstand zu halten. Wir können uns in einen stillen Winkel zurückziehen und, falls noch nötig, auch verbal beteuern, daß wir gerne für ein Weilchen allein lesen, schreiben oder sonstwas tun wollen, was meist respektiert wird. Muß einer stören, dann tut er dies, indem er eine Entschuldigung vorbringt, denn jeder weiß um die erhöhte Bereitschaft, mit der einer, der sich zurückzog, nun auch seine Privatsphäre verteidigt. Verteidigungsreaktionen sprechen unmittelbar an. Subjektiv ärgern Störungen, und es gibt vom beschwörenden »So laß mich doch endlich in Ruhe!« bis zum wütenden, von Drohgebärden begleiteten »Raus!« alle denkbaren Ausprägungen der Abwehr. N. FELIPE und R. SOMMER (1966) untersuchten in einem Test das Verhalten von weiblichen Lesern in öffentlichen Bibliotheken. Die Leser wurden von Komplizinnen des Beobachters nach genau vorgegebenem Programm »bedrängt«. Grundsätzlich empfanden es die Personen bereits als Zumutung, wenn sich einer zu ihnen an den Tisch setzte, wenn andere Tische noch frei waren.

Haben wir einen Tisch besetzt, dann leiten wir daraus offenbar das ungeschriebene Recht ab, ihn für die Zeit unserer Nutzung zu besitzen. Das bestätigen Untersuchungen von M. L. PATTERSON, S. MULLENS und J. ROMANO (1971). In der Tat respektieren wir dieses »Besitzrecht« auch, indem wir höflich anfragen, ob es gestattet sei, sich dazuzusetzen. In gleicher Weise gehen wir vor, wenn wir ein Zugabteil betreten: »Entschuldigen Sie, ist hier noch frei?« ist eine stehende Redewendung, auch wenn das Abteil zur Hälfte unbesetzt und es offensichtlich ist, daß niemand vorübergehend hinausging.

Setzte sich nun in erwähntem Versuch ein Komplize des Beobachters an einen bereits besetzten Bibliothekstisch, dann löste das bereits leichte Abwehr aus. Rückte er dann noch mit dem Stuhl unmerklich näher, dann errichteten die subjektiv Bedrängten auf dem Tisch Grenzbarrieren, indem sie etwa ein Lineal oder Bücher auslegten. Auch orientierten sie sich mit ihrem Körper vom Eindringling weg, ja viele verließen schließlich den Ort, wenn der Eindringling ihnen zu nahe rückte.

Die Verletzung des Individualraums kann nicht nur durch unangemessene Annäherung an eine Person erfolgen. Man kann auch durch ungebührliches Schauen (Anstarren), durch Körperhaltungen und durch Verhalten, das eine größere symbolische Intimität vortäuscht, den Individualraum eines Mitmenschen verletzen (M. LEIBMAN 1970). Dazu gehört auch distanzloses verbales Verhalten. In vielen Kulturen wird ja das Bestehen einer persönlichen Beziehung und damit die unterschiedliche »Nähe« z. B. durch die Anrede mit »Sie« oder »Du« oder einfach durch bestimmte Namen (Vornamen, Kosenamen, Necknamen) ausgedrückt.

Verletzungen des Individualraumes führen zu physiologischer Erregung, die als Hautwiderstandsänderungen gemessen werden können (G. McBRIDE, M. G. KING und J. W. JAMES 1965, B. A. BERGMAN 1971). Die Angstmotivation, die eine Bedrängung bewirkt, äußert sich ferner in Konfliktbewegungen (Herumnesteln, Sich-Kratzen, Kinnstreichen etc.). Männer lösen stärkere Angst aus als Frauen, und Frauen räumen bei Bedrängung schneller das Feld. Es besteht ein deutlicher Zusammenhang zwischen Ängstlichkeit und Abstandhalten. Je ängstlicher eine Person, desto weniger nahe läßt sie andere an sich heran (Literatur bei I. ALTMAN 1975). Auch Kleidung und Körpergeruch dienen unter anderem dazu, Abstand zu halten. P. D. NESBITT und G. STEVEN (1974) veranlaßten buntgekleidete Männer und Frauen, sich in die Schlangen um Eintrittskarten in einem Vergnügungspark einzureihen. Die hinter ihnen stehenden Personen hielten dem Buntgekleideten gegenüber einen größeren Abstand ein als gegenüber konservativ gekleideten Personen. Individualität provoziert in gewisser Weise. Sie stellt ja eine Form des Imponierens dar, und Imponieren hält auf Distanz. Aus diesem Grunde wird Individualität in der anonymen Gesellschaft abgebaut (S. 850). Das gilt bereits für

Tiere: Wenn z. B. Stichlinge im Schwarm schwimmen, dann schalten sie ihr buntes Prachtkleid ab. Besetzen sie dagegen territorial ein Revier, dann zeigen sie ihre bunten Farben. (N. Tinbergen 1951).

Starker Geruch (Parfüm, Rasierwasser) wirkte in den Versuchen von Nesbitt und Steven distanzierend. Männliche und weibliche Versuchspersonen unterscheiden männliche Unterhemden von weiblichen Unterhemden am Geruch und finden männliche unsympathisch, natürlich ohne das Geschlecht des Hemdenträgers zu kennen (B. Hold und M. Schleidt 1977).

Personen schützen nicht nur ihren Individualraum, sie haben auch Hemmungen, ohne weiteres den Raum anderer Personen zu verletzen. Selbst dann, wenn eine Personengruppe den Weg blockiert, zögern sie, sich zwischen Menschen zu drängen, die sich unterhalten (E. S. Knowles 1973, J. A. Cheyne und M. G. Efran 1972). Sind Personen durch die Umstände gezwungen, das doch zu tun, dann murmeln sie Entschuldigungen, senken das Haupt, schauen zu Boden, kurz sie verhalten sich extrem unterwürfig. Die Hemmungen sind besonders groß, wenn es sich um ein verschiedengeschlechtliches Paar handelt.

A. H. Esser (1970), R. J. Palluck und A. H. Esser (1971 a, b) beobachteten das Verhalten von 21 schwer schwachsinnigen Knaben in einem reichgegliederten Versuchsraum. Jedes der Kinder besetzte einen Raumbezirk für sich, dabei stritten sie anfangs viel. Hatte aber einmal jeder einen Bezirk für sich erobert, dann herrschte Friede. Es genügte ein kurzes Drohen, um sich gegen einen Eindringling zu behaupten: eine interessante Dokumentation der pazifizierenden Wirkung ordnungschaffender Raumaufteilung! Bemerkenswerterweise war das territoriale Verhalten der schwer lernbehinderten Knaben (IQ unter 50) ausgeprägter als bei normalen Kindern und es war durch Erziehung (Bestrafung) auch kaum zu beeinflussen.

Durch die Raumaufteilung kommt es zu einer sozialen Ordnung, die den Kindern Sicherheit gibt, wobei auch hier gilt, daß der Erstbesetzer eines Platzes Priorität hat. Sein Vorrecht wird von den anderen beachtet. Diese Regeln bewirken, daß territoriales Verhalten eine ordnende und konfliktvermeidende Funktion erfüllen kann. Territorialität erlaubt es Tieren wie Menschen, zu einem Stück Umwelt eine Vertrautheitsbeziehung herzustellen. Man weiß um Zuflucht, Fluchtwege, Nahrung und Unterstand und bewegt sich daher mit größerer Sicherheit als im fremden Gebiet.

Gruppen gehen und bewegen sich geschlossen und weichen auch geschlossen aus, wenn man auf dem Gehsteig versucht, sich zwischen sie zu drängen. In der Körperorientierung ist eine Reihe von nichtverbalen Mitteilungen enthalten, durch die Mitglieder einer Gruppe Hinzukommenden mitteilen, ob die Gruppe geschlossen – also Zutritt unerwünscht – oder ob sie für andere offen ist (F. S. Knowles 1972, R. D. Deutsch 1977).

Für alle zwischenmenschlichen Interaktionen gibt es eine bevorzugte Distanz, deren Unter- wie Überschreitung als unangenehm empfunden wird. Sie ist bei vertrauten Personen geringer als bei Fremden. I. ALTMAN (1975) hat dies in einer Graphik veranschaulicht; dort findet sich auch weitere Literatur zu diesem Thema. E. T. HALL (1966) unterschied verschiedene interpersonelle Distanzzonen. Als Intimdistanz bezeichnete er den Bereich von 0 bis 40 cm, bei dem es also auch zu physischem Kontakt kommt. Die persönliche Distanz liegt zwischen 40 cm bis 1,20 m (4 feet). Es handelt sich um eine Übergangszone zur Sozialdistanz (1,20 m bis etwa 4 m), die er als die normale Distanz bezeichnet. Wir halten sie beim Verkehr mit Personen ein, die nicht zu unserem Intimkreis gehören. Die öffentliche Distanz von 4 bis 8 m hält z. B. ein Redner zu seinen Hörern ein. Man nimmt an, daß diese Individualdistanzen gelernt werden: »The development of personal space is gradually learned by children« (I. ALTMAN 1975 : 101). Das trifft für kulturspezifische Ausformungen dieses Verhaltens sicherlich zu. Die Disposition zum Abstandhalten ist jedoch das Ergebnis eines Reifungsprozesses, wie u. a. die Entwicklung der Fremdenfurcht beim Säugling lehrt (S. 237 ff.).

Wir halten Abstand nach dem Grad der Vertrautheit. Den Individualraum tragen wir immer mit uns wie eine unsichtbare Blase. Das Territorium dagegen ist ein verteidigter Raumbezirk, den wir auf Zeit oder ganz besetzen und den wir, wenn überhaupt, nur mit einer ausgewählten Gruppe von Personen teilen. Wohnung und Garten sind solche Territorien. In der Wohnung hat jedes Familienmitglied noch eigene kleine Raumbezirke für sich, sein Bett, seinen Sitzplatz und anderes mehr. Außerhalb des Hauses kann der Straßenzug, an dem man wohnt, für die Anrainer ein sekundäres Territorium sein. In amerikanischen Großstädten werden die Straßenzüge oft von verschiedenen Ethnien getrennt bewohnt. I. ALTMAN (1975) beschrieb, daß die Kinder zweier angrenzender Straßenzüge einer amerikanischen Stadt, von denen einer von jüdischen, der andere von Bürgern irischer Abstammung bewohnt war, ihren Straßenzug gegen Eindringlinge der anderen Ethnie zu verteidigen pflegten. Nur morgens konnten die Kinder unbehelligt durch das fremde Territorium in die Schule gehen. Das war aufgrund stiller Übereinkunft gestattet.

Territorien werden oft markiert. In einer Kleinstadt in Minnesota fand N. BARBER (1990), daß benachbarte Häuser weniger oft in ihrem Farbanstrich übereinstimmten, als bei einer Zufallsverteilung der Hausfarben zu erwarten wäre, was darauf hinweist, daß man sich über die Farbgebung vom Nachbarn territorial absetzen will. Auch vorübergehend besetzte Territorien werden markiert, und diese Markierungen werden, wie R. SOMMER und F. D. BECKER (1969) feststellten, auch beachtet, und zwar um so mehr, je persönlicher sie sind. Eine über einen Bibliotheksstuhl gehängte Jacke ist ein wirksamer Platzhalter, ebenso eine auf den Tisch gelegte Brille. Das mag darauf zurückzuführen sein, daß wir Objektbesitz respektieren (S. 490 ff.).

Bei einer Erhebung in Connecticut fand J. J. EDNEY (1972), daß Personen, die auf ihren Grundstücken Schilder mit abweisenden Inschriften (keep out, no trespassing etc.) angebracht hatten, länger in dem Gebiet ansässig waren oder länger zu bleiben beabsichtigten als andere, die nicht so markierten. Sie reagierten auch empfindlicher auf Anwesenheit eines Fremden auf ihrem Gebiet und antworteten z. B. schneller auf Klingeln. Auch an einem Badestrand in Connecticut bildeten Personen territoriale Gruppen (J. J. EDNEY und N. L. JORDAN-EDNEY 1974).

Größere Gruppen beanspruchten dabei pro Person weniger Platz als kleinere und gemischtgeschlechtliche Gruppen weniger als gleichgeschlechtliche. Frauen schließlich beanspruchten weniger Platz als Männer. Das gilt auch für Franzosen und Deutsche (H. W. SMITH 1981). Der Kulturenvergleich zeigt jedoch auch erhebliche kulturelle Ausprägungen territorialen Verhaltens gemessen am beanspruchten Raum. Franzosen kommen auf viel engerem Raum miteinander aus als die Deutschen.

Die Untersuchung städtischer Graffiti durch D. LEY und R. CYBRIWSKY (1974) und der Straßensymbole in Belfast (Nordirland) zeigen, daß die Symbole an der Peripherie des Gruppenterritoriums sich gegen Gruppenfremde richten. Sie sind aggressive Grenzmarkierungen. Im territorialen Zentrum dagegen vermitteln sie Informationen, die Gruppenloyalität und Gruppenidentität bekräftigen (F. BOAL 1969).

In Zusammenhang mit Territorialität und Revierbesitz wird oft auch der Besitz von Objekten und geistiger Besitz erörtert, als wäre er davon abgeleitet. Daß dies nicht so sein dürfte, sei im folgenden dargestellt.

Zusammenfassung 4.11

Menschengruppen grenzen sich territorial voneinander ab. Sie beanspruchen in ihrem Gebiet gewisse Vorrechte und sind auch bereit, diese notfalls zu verteidigen. Territorialität kam nicht erst mit der Feldbestellung in die Welt. Wir finden sie auch bei Jäger- und Sammlervölkern. Da überdies auch unsere nächsten Primatenverwandten territorial sind, dürfte es sich bei diesem Merkmal um eine stammesgeschichtlich erworbene Disposition handeln. Sie findet kulturell verschiedene Ausdrucksformen, die von den speziellen ökologischen und historischen Bedingungen abhängig sind. Diese betreffen die Form der Abgrenzung, Markierung, die Regeln, nach denen anderen Zutritt gewährt werden kann, nicht aber das Prinzip. Im eigenen Gebiet beansprucht eine Gruppe Vorrechte vor anderen, d. h. Dominanz. Innerhalb der Gruppenterritorien beanspruchen Untergruppen (Familien) und Einzelpersonen ebenfalls Raumbezirke, die sie als ihren Besitz markieren – sei es auf Zeit oder auf Dauer. Unter anderem achtet der Mensch auf die Einhaltung von Individualdistanzen. Territorialität ist ein Ordnungsprinzip, das auf verschiedenen Ebenen sowohl innerhalb der Gruppe als auch zwischen Gruppen dauernde Konflikte zu vermeiden hilft. Territorialer Besitzanspruch wird in der Regel geachtet.

4.12 Ursprung und soziale Funktion des Besitzes

Das Wort Besitz bezieht sich dem Ursprung nach wohl auf einen Ort, den man bildlich gesprochen besetzt hält. Das Territorium ist in diesem Sinne Besitz.

Der Begriff Eigentum bezeichnet dagegen eher zur Person Gehörendes, seien es nun Objekte, Ideen oder die Liebe eines Partners. Die sprachliche Unterscheidung von Besitz und Eigentum beginnt sich heute zu verwischen; beide werden oft synonym gebraucht. Dem Ursprung nach handelt es sich jedoch um verschiedene Formen des Besitzens. Wir wollen den Wurzeln nachspüren und die sozialen Aspekte des Besitzens aufzeigen. Besitz wird ja vielfach als ein Übel bezeichnet, vor allem der sogenannte Privatbesitz, und es fehlt nicht an »radikalen Humanisten« (E. Fromm 1976), die Besitz mit Egoismus und Habgier assoziieren, ohne die positiven Seiten zu erkennen. Immerhin kann ja nur der geben und damit wohltätig sein, der etwas besitzt.

Das Konzept des Eigentums kann man auf jede materielle oder immaterielle Gegebenheit anwenden (M. Godelier 1978): auf Land, Wasser, Objekte der verschiedensten Art, Rituale, Kenntnisse, ja sogar auf soziale Bindungen. Merkmal eines Besitzes ist zunächst einmal seine Verbundenheit mit einer Person oder Personengruppe. Diese äußert sich darin, daß die betreffende Person mit Priorität über das Eigentum verfügt und diese Priorität notfalls auch verteidigt. Wir werden im folgenden zeigen, daß Objektbesitz und Partnerbesitz auch aufgrund einer primären Besitznorm respektiertes Eigentum ist. Es dürfte sehr verschiedene Motivationen des Besitzens und nicht notwendigerweise einen gemeinsamen »Besitztrieb« geben. Die Annahme eines all diese verschiedenen Erscheinungen zusammenfassenden Besitztriebes wäre zumindest im heutigen Stadium der Forschung spekulativ. Tiere erwerben Objekte und stellen Bindungen zu diesen her, wenn sie diese zur Erfüllung bestimmter Bedürfnisse benötigen. Bereits E. Beaglehole (1932) meint, es gebe keinen »acquisitive instinct« (auf Erwerb gerichteten Instinkt) als solchen. Verteidigung des Besitzes wird in verschiedenen Funktionszusammenhängen beobachtet.

L. Furby (1978) hebt hervor, daß Besitz für Kinder immer ein Mittel zum Zweck ist: »Possessions appear to be seen as a means to an end – they allow one to do what one wants« (S. 312). Besitz ermöglicht einem, das zu tun, was man gerne möchte. Furby postulierte in diesem Zusammenhang eine Kompetenzmotivation als Hauptantrieb für possessives Verhalten: » ... it is postulated that effectance of competence motivation is a major motivation for possessive behavior: The possibly universal desire to experience causal efficiency leads to attempts to control objects in one's environment. Further, since one's concept of the self is at least partially defined by that which one controls, it is hypothesized that possessions are one constituent of a sense of self – they are experienced as an extension of the self« (S. 331)*. Der Wunsch, seine Fähigkeiten zu erweitern, ist sicherlich mit ein Ansporn zu besitzen, aber gewiß nicht das alleinige Grundmotiv, Besitz zu erwerben. Der instrumentale Anreiz betrifft vor allem jene Objekte, die wir als Werkzeuge nutzen. Aber auch Bindungen an Mitmenschen können als »Beziehungen« instrumental eingesetzt werden.

Menschen besitzen also in sehr verschiedenen Funktionszusammenhängen, und diese Formen des Besitzverhaltens dürften verschieden motiviert sein. Zur Ethnologie von Eigentum und Besitz der Trobriander legte INGRID BELL-KRANN-HALS (1990) eine detaillierte Untersuchung vor.

4.12.1 Objektbesitz Nahrung, Teilen

Nahrungsobjekte werden bereits von Tieren besessen und auch abgegeben, vor allem im Zusammenhang mit der Brutpflege. Aus dem Brutpflegefüttern entwickelte sich, wie besprochen, auch das ritualisierte Überreichen von Futtergaben, z. B. als Werbefüttern in der Balz vieler Vögel (Kap. 3.4) und als Kußfüttern des Menschen. Säuglinge werden in vielen Kulturen mit Vorgekautem von Mund zu Mund gefüttert und mitunter auch so mit Wasser getränkt. Dieses Kußfüttern kann als Ausdruck intimer Zärtlichkeit zwischen verschiedengeschlechlichen Erwachsenen geübt werden (S. 194 ff.). Von der Kußfütterung leitet sich der Kuß ab, den man als zärtliche Verhaltensweise ebenfalls bei Menschen verschiedenster Kulturen und Rassen antrifft.

Menschen überreichen einander ferner Nahrung mit der Hand. Dieses Überreichen erfordert ein aufeinander abgestimmtes Handeln. Es muß die Bereitschaft vorhanden sein, etwas abzugeben, und ebenso die Erwartung, daß gegeben wird: daß man bekommt, wenn man die Hand aufhält, daß man also das Gewünschte dem Partner nicht zu entreißen braucht. Der Gebende reicht die Gabe hin und läßt im richtigen Augenblick los. Jedes Geben, Teilen und Austauschen setzt das Vorhandensein einer Besitznorm voraus. Ohne solche gibt es keinen Besitztransfer. Das Vorhandensein einer Besitznorm hat für den sozialen Objekttransfer ganz entscheidende Konsequenzen. Sie bestimmt u. a. die Strategien des Bittens (Kap. 4.12.3).

Bei unseren nächsten Verwandten, den Schimpansen, wird Besitz von Nahrung

---

* »Besitz scheint oft als ein Mittel zum Zweck angesehen zu werden – Besitz erlaubt einem das zu tun, was man gerne möchte« (S. 312). – »...es wird die Hypothese aufgestellt, daß die Auswirkungen der Kompetenzmotivation der Hauptantrieb für Besitzverhalten sind: Der möglicherweise universale Wunsch, die Auswirkungen des eigenen Handelns zu spüren, führt zu dem Versuch, Objekte seiner eigenen Umgebung zu kontrollieren. Ferner, da das Bild, das man von sich selbst hat, zumindest teilweise durch das definiert wird, was man selbst kontrolliert, wird die Hypothese aufgestellt, daß Besitz ein wesentlicher Bestandteil des Selbst sei und die Erfahrung vermittelt, das eigene Ich auszuweiten« (S. 331).

beachtet – in ganz bestimmten Situationen auch an andere ausgehändigt. Schimpansen jagen kleine Gazellen, Colobus-Affen und junge Paviane. Hat einer Beute gemacht, dann kann es in der ersten Aufregung zum Streit kommen. Hat aber einer – und meist ist das der Jäger – seinen Besitz über die ersten Minuten behauptet, dann wird er ihm nicht weiter streitig gemacht. Vielmehr warten dann selbst Ranghöhere darauf, daß ihnen gegeben wird. Der Besitzer verzehrt seine Beute und händigt in kleinen Portionen davon an andere aus, die erwartungsvoll um ihn herumsitzen und mit aufgehaltener Hand betteln. Ranghohe verstehen es, als Besitzer die Beute über viele Stunden in kleinen Portionen an die Gruppenmitglieder abzugeben und dabei alle zu bedenken, die anwesend sind (G. TELEKI 1973). Das bekräftigt deren freundliche Bindung an sie. Es verteilen vor allem Männchen. Pflanzliche Nahrung wird vor allem zwischen Mutter und Kind geteilt. W. C. MCGREW (1975) registrierte in Gombe 157 Fälle, in denen Bananen abgegeben wurden. In 381 Fällen (86 %) waren es Mütter, die ihren Kindern gaben. In 47 Fällen (10 %) gaben erwachsene Männchen nichtverwandten Weibchen.

Schimpansen halten ferner bettelnd die Hand auf, wenn sie sozialen Kontakt mit Ranghohen suchen oder etwas Bestimmtes wollen. Will ein Schimpansenweibchen z. B. eine Banane, die vor einem Ranghohen liegt, dann streckt sie ihm die offene Hand hin. Berührt der Ranghohe die Hand, dann darf sie die Banane ungestraft nehmen (JANE VAN LAWICK-GOODALL 1968). Aushändigen und Betteln kennen wir nur von Menschenaffen. Niedere Affen geben einander nicht und betteln einander nicht an.

Während bei den Schimpansen in der Regel die Männchen den Weibchen überlegen sind und Objekte monopolisieren, ist dies bei der zweiten Pan-Art, den Bonobos *(Pan paniscus)*, die ausschließlich im tropischen Tieflandregenwald Zaires leben, ganz anders. Hier sind die Weibchen die Überlegenen und für die Verteilung der Nahrung zuständig. Hochwertige Nahrung wie Fleisch und die bis zu 30 kg schweren Treculien-Früchte *(Treculia africana)* sind fast stets im Besitz von Weibchen. Sie geben von ihrer Beute bevorzugt an andere Weibchen der Gruppe ab, Männchen kommen dabei meist zu kurz (G. HOHMANN und B. FRUTH 1993). Agonistische Auseinandersetzungen sind selten oder gar nicht vorhanden. Bahnen sie sich dennoch an, so werden sie meist bereits im Vorfeld gelöst. Dabei sind soziosexuelle Verhaltensweisen wie das sogenannte GG-rubbing (Genitogenital-Reiben, vgl. KURODA 1980) ein wichtiges Mittel zur Spannungsreduktion. Bonobos scheinen damit einen deutlichen Schritt über das Konfliktverhalten von Schimpansen hinausgewachsen zu sein. Sehr schön zeigt sich das Vorkommen der Objektbesitznorm auch im Nestbau (G. HOHMAN und B. FRUTH 1993). Bonobos, die wie Schimpansen auch nicht nur jeden Abend, sondern auch des Tags Nester bauen, respektieren das Nest anderer Gruppenmitglieder als persönlichen Besitz. Will ein Individuum in das Nest eines anderen, bittet es mit einer Anzahl verschiedener Bettelgesten »um Einlaß«. In Konfliktsituationen konnten sich einzelne Individuen der Bonobokommune durch rasches Brechen einiger Äste einer weiteren Auseinandersetzung entziehen, da das symbolische Eigentum »Nest« gleich einer verschlossenen Tür respektiert wurde. Bereits während der Ontogenese lernen die Kinder diese persönliche Grenze zu respektieren. Die beiden Forscher sehen in dieser Verhaltensweise einen wichtigen Meilenstein in der Entwicklung symbolischer Prozesse, ein Medium, das die Bonobos die emotional balanciertere, tolerantere und in menschlicher Hinsicht evolviertere beider Schimpansenarten sein läßt.

Das Verteilen von Beutestücken durch den besitzenden Schimpansen erinnert stark an das Verhalten Ranghoher bei Naturvölkern. Auch hier hängt das Ansehen der ranghohen Personen davon ab, wie geschickt sie es verstehen, zu verteilen. Im ursprünglichen Falle geben sie Selbsterarbeitetes, sie binden damit die Gruppe an sich und sichern die eigene Position. Wo größere Gruppen unter Häuptlingen zusammengefaßt sind, kann dieser nicht mehr alles selbst erarbeiten. Er bekommt für seine Aufgabe als Vertreter Tribut. Da Teilen Geschick erfordert, werden auf diese Weise Personen nach sozialer Begabung für Führungspositionen ausgelesen. Einer, der gerecht teilt, gewinnt an Ansehen. Bei den Eskimos, Buschleuten und vielen anderen Jägern und Sammlern wird Beute nach genauen Regeln verteilt. Das Recht zu teilen hat in der Regel der erfolgreiche Jäger, der als Besitzer gilt. Eine interessante Ausnahme finden wir bei den um Egalität bemühten !Kung Da erfolgreiche Jäger sich durch den Jagderfolg über andere erheben könnten, gilt hier, daß dem Besitzer des Pfeils, der die Beute traf, das Recht zu teilen zufällt und nicht dem Jäger. Und da jeder Jäger in seinem Köcher auch Pfeile von anderen mitführt, die er auch verwendet, fällt auch weniger Erfolgreichen das Recht zu teilen zu.

Kinder zeigen bereits sehr früh eine klare Bereitschaft, mit anderen zu teilen. Sie spielen Dialoge des Überreichens und Nehmens mit ihren Bezugspersonen viele Male am Tag durch. Kinder in vorsprachlichem Alter bieten Nahrung auch als Strategie freundlicher Kontaktaufnahme an. Dies tun sie bereits mit 10 bis 12 Monaten, um freundlichen Kontakt mit einer Person herzustellen. Bekommen sie ihrerseits etwas angeboten, so stimmt sie das freundlich. – Und was besonders bemerkenswert ist: Sie verstehen es auch, eine Gabe abzulehnen, z. B. wenn sie schmollen (Abb. 4.87–4.90). Wenn ihre Beziehung zu Freunden stabil war, dann teilten 8- bis 10jährige Buben mit diesen weniger bereitwillig. Auf Zeichen von Unstimmigkeit reagierten sie jedoch sofort mit verstärkter Großzügigkeit (E. STAUB und H NOERENBERG 1981). Lehnte ein Junge ein angebotenes Bonbon ab, dann war der Anbieter gehemmt, es selbst zu essen, und wiederholte sein Angebot. 5- bis 6jährige Mädchen teilten bereitwilliger als gleichalte Buben. Und sie teilten weniger unterscheidend mit jedem Gruppenmitglied und boten auch der ganzen Gruppe etwas an (»Will irgend jemand mein . . . ?«). Buben teilten eher mit wenigen Auserwählten. Dominante Kinder waren beim Verteilen von begehrter Nahrung am aktivsten (R. DYSON-HUDSON und R. VAN DUSEN 1972).

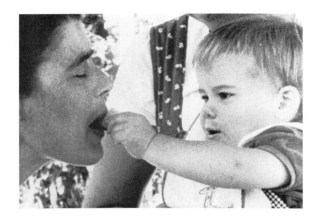

Abb. 4.87: Bereits einjährige Kinder geben bereitwillig ab, und zwar in der Regel als Füttern. Hier füttert ein einjähriges Mädchen, auf dem Schoß seiner Mutter sitzend, eine ihr gut bekannte Frau. Man beachte die Mitbewegungen mit dem Mund. Aus einem 16-mm-Film. Foto: I. EIBL-EIBESFELDT.

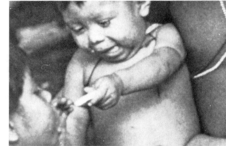
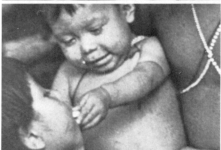

Abb. 4.88: Yanomami-Säugling, der die ältere Schwester füttert. Man beachte auch hier, daß der Säugling in Fütterintention den Mund aufmacht. Aus diesem Füttern wurde ein länger ausgesponnener Dialog des Gebens und Nehmens, den wir im »Grundriß der vergleichenden Verhaltensforschung« abgebildet haben. Aus einem mit 25 B/s aufgenommenen 16-mm-Film, Bild 1, 40 und 154 der Sequenz. Foto: I. EIBL-EIBESFELDT.

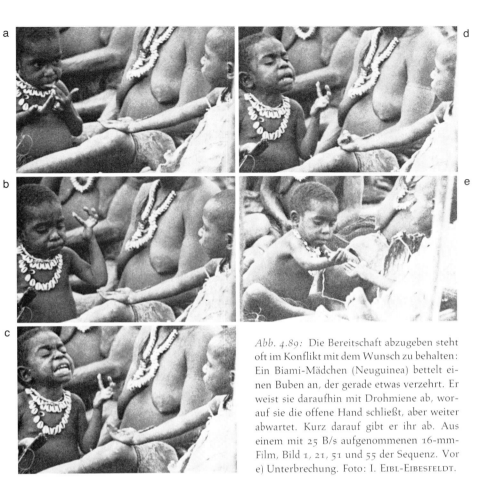

Abb. 4.89: Die Bereitschaft abzugeben steht oft im Konflikt mit dem Wunsch zu behalten: Ein Biami-Mädchen (Neuguinea) bettelt einen Buben an, der gerade etwas verzehrt. Er weist sie daraufhin mit Drohmiene ab, worauf sie die offene Hand schließt, aber weiter abwartet. Kurz darauf gibt er ihr ab. Aus einem mit 25 B/s aufgenommenen 16-mm-Film, Bild 1, 21, 51 und 55 der Sequenz. Vor e) Unterbrechung. Foto: I. EIBL-EIBESFELDT.

Mit der Entwicklung der Werkzeugkultur war es für ein ungestörtes Zusammenleben sehr wichtig, daß Menschen nicht nur Nahrung, sondern auch andere Objekte als Besitz anderer achteten. Es ist kaum möglich, sich ein geordnetes Zusammenleben ohne eine solche Diebstahlhemmung vorzustellen. Für einen Jäger oder einen Krieger sind Waffen von überlebenswichtiger Bedeutung. Er muß verläßlich auf sie zurückgreifen können, wenn er sie einmal ablegt; d. h. kein anderer darf sie zwischendurch an sich nehmen. Ein Eskimo würde zugrunde gehen, würde ihm ein anderer während des Schlafens seine Stiefel entwenden. Da wir annehmen dürfen, daß sich eine die Nahrung betreffende Besitznorm schon ausgebildet hatte, bevor sich eine Werkzeugkultur entfaltete, brauchten sich keine neuen Anpassungen zu entwickeln; in diesem Falle funktionierten die vorhandenen. Sowohl die Hemmung, etwas wegzunehmen, als auch die Bereitschaft, etwas abzugeben, war ja bereits da. Es brauchte nur eine Übertragung auf andere

Abb. 4.90: Eine erwachsene Frau fordert einen etwa 5 Monate alten Yanomami-Säugling auf, etwas von seinem Essen abzugeben. Der Säugling lächelt zunächst, dann macht er die Ablehnung ausdrückenden, senkrechten Stirnfalten und zieht seine Habe an sich. Er verweigert das Abgeben. Aus einem mit 50 B/s aufgenommenen 16-mm-Film, Bild 1, 122 und 157 der Sequenz. Foto: I. EIBL-EIBESFELDT.

Objekte stattzufinden. In einem Film der National Geographic Society, der die Feldforschung von DIANE FOSSEY vorstellt, sieht man, wie ein Gorillamann die Forscherin beobachtet, die gerade bäuchlings an ihrem Protokoll schreibt. Er nähert sich ihr nach einer Weile, ergreift ihren Schreibstift, entfernt sich damit einige Schritte und prüft ihn eingehend. Er beschnuppert, dreht und wendet ihn und beäugt ihn von allen Seiten. Dann kommt das Verblüffende: Er geht wieder zu DIANE FOSSEY hin, überreicht ihr den Stift und nimmt nun das Notizbuch! Wieder entfernt er sich, um auch diesen Gegenstand genau zu untersuchen, und wieder kehrt er zu ihr zurück und überreicht ihr das Heft, nachdem er seine Neugier gestillt hat. Das würden Paviane und Makaken nie tun! Sie würden ein Objekt, das sie entwendeten, einfach fallen lassen, wenn ihr Interesse daran erloschen ist.

Außer dieser Zufallsbeobachtung wissen wir über Objektbesitz beim Gorilla nichts. Da er, im Unterschied zu Schimpansen, nicht jagt und auch keine Werkzeuge gebraucht, können in seinem normalen Alltag allenfalls Vegetabilien und Früchte eine Rolle als Besitz spielen. Möglicherweise waren aber die Stammformen dieser Menschenaffen einst auf einer höheren Entwicklungsstufe als heute und gebrauchten Werkzeuge, wie dies A. KORTLANDT für die Ahnen der Schimpansen vermutet.

Beim Menschen spielen Objekte in sozialen Beziehungen eine große Rolle. Sie dienen sowohl als Mittel der Selbstdarstellung als auch dazu, soziale Kontakte zu knüpfen und zu festigen.

Beobachtet man, wie Kleinkinder und Säuglinge freundlichen Kontakt mit

Familienangehörigen und Fremden herstellen, dann fällt einem die große Bereitschaft auf, mit der ein solcher Kontakt über das Abgeben von Nahrung oder Spielzeug geschieht. KLAUS STANJEK (1979) zählte aus, auf welche Weise Kinder im Vorschulalter Kontakt mit ihresgleichen aufnehmen. Objekte spielten dabei eine entscheidende Vermittlerrolle, wie die folgende, in einem Kindergarten erhobene Aufstellung zeigen möge:

Kontaktaufnahme über Objekte	*andere Formen der Kontaktaufnahme*
43 geben	71 berühren, anstoßen, ansprechen
39 zeigen	82 nachfolgen
9 vorführen	12 nachahmen
7 teilen	10 anlächeln
6 zuwerfen	
104 = 37%	175 = 63%

Tab. 4.11

In einer weiteren Erhebung notierte STANJEK, wie Kinder im Wartezimmer eines Münchner Kinderkrankenhauses den Kontakt mit Erwachsenen herstellen. Von 275 Kontaktaufnahmen mit Fremden waren 155 nur vorübergehender Art; die Kinder zeigten Anzeichen der Scheu und mieden weiteren Kontakt. Sie gingen z. B. weg, nachdem sie sich genähert hatten; sie beschränkten den Kontakt auf ein Lächeln und schauten dann weg, zeigten Verlegenheit. Zur freundlichen, längeren Kontaktaufnahme mit anschließender Interaktion kam es in 120 Fällen. Solche Kontakte wurden in 76 Fällen über Objekte hergestellt, und zwar überreichte das Kind in 32 Fällen dem Fremden etwas. In 44 Fällen zeigte es ihm ein Objekt.

Anbieten wird auch als Strategie der Aggressionsabblockung eingesetzt. Die Auswertung von Filmszenen aus unserer kulturenvergleichenden Dokumentation, in denen Anbieten im Zusammenhang mit einer aggressiven Interaktion auftrat, ergab, daß bei Annahme des angebotenen Objektes die Aggression zwischen den Kontrahenten in der Folge gemildert ist (R. SCHROPP 1982).

In französischen Erhebungen wurden freundliche Kontakte und Beschwichtigungen in über 50 Prozent der Fälle durch das Anbieten von Objekten bewirkt (H. MONTAGNER 1978).

Die freundliche Kontaktaufnahme über ein Objekt ist bei Menschenaffen bereits nachzuweisen, doch in viel weniger differenzierter Form. Beim Menschen werden Objekte auch gezeigt, indem man sie hinhält, auf sie mit dem Finger weist, und schließlich, indem man über sie spricht. Heimbringsel verschiedenster Art spielen beim Amerikaner wie bei uns als »conversation pieces« eine Rolle bei der Anbahnung einer Beziehung.

Das Gaben-Überreichen haben wir in allen von uns untersuchten Kulturen sowohl als Strategie freundlicher Kontaktanbahnung als auch zum Zwecke der Aggressionsabblockung beobachtet. Die Bereitschaft abzugeben und zu teilen ist, wie gesagt, bereits bei Kleinkindern stark entwickelt. Bereits ein Kind gibt auf Bitten hin ab, vorausgesetzt, die Bitte wird nicht als Forderung gestellt. Wegnehmen läßt sich ein Kleinkind nichts. Es protestiert dann und meist mit Erfolg. H. MÜLLER und K. KÜHNE (1974) untersuchten den Streit um Objekte in Kindergartengruppen. In den meisten Fällen gewann der Besitzer des Objektes den Konflikt. Als Besitzer zählte das Kind, das das Objekt von zu Hause mitgebracht hatte oder das ein Objekt, welches es im Austausch oder als Geschenk bekam, zuerst in Besitz nahm und damit spielte (Regel der Priorität). Die Genannten zeigten, daß Kinder, die kein so begründetes Anrecht auf den Gegenstand hatten, mehr Zeichen von Unsicherheit (Automanipulation) zeigten als die »rechtmäßigen« Besitzer. Die Verletzung der Norm »Der Besitzer hat das Recht, ein Objekt zu benützen« führt zur Unsicherheit bei unrechtmäßigen Benützern. Ein Dieb fühlt sich von vornherein im Unrecht und handelt dementsprechend unsicher. Bereits in diesem Alter also spielt die Besitznorm eine wichtige Rolle. Selbst 2- bis 3jährige beachten das Prioritätsrecht eines Besitzers (R. BAKEMAN und J. R. BROWNLEE 1982). Daher verteidigt bereits ein Kind dieses Alters ein Objekt, mit dem es spielt, in der Regel erfolgreich. Nur Kleinkinder unter zwei Jahren halten sich an die Regel der Dominanz und versuchen wegzunehmen. In der Ontogenese wechselt das Recht der Faust in das Recht der Regeln. Die Regeln entwickeln sich spontan im Spiel mit anderen Kindern »not as a result of cultural intervention, but simply as a consequence of a fundamental human propensity to regulate interaction in a ruleful manner« (R. BAKEMAN und J. R. BROWNLEE 1982 : 99). Es dürften dafür angeborene Lerndispositionen vorliegen, so daß es nur geringer Ermunterung bedarf.

Unsere kulturvergleichende Dokumentation belegt die Universalität dieser Prinzipien. Einige Schlüsselbeobachtungen aus Filmen mögen dies illustrieren (Abb. 4.91–4.96). Die erste Aufnahmeserie (Abb. 4.91) zeigt das Wegnehmen und Zurückgeben des entwendeten Objektes. Ein Yanomami-Mädchen (Alter etwa 2 – 2 ½ Jahre) nähert sich mit zwei trogartigen Blättern ihrer etwa gleichalten Spielgefährtin, mit der sie schon vorher gespielt hatte. Während sie sich niedersetzt und ein Blatt ablegt, nimmt ihre Spielgefährtin das Blatt und versteckt es hinter ihrem Rücken. Die Bestohlene merkt es nicht, sondern gibt ihrer Spielgefährtin noch das andere Blatt, das sie offenbar in dieser Absicht geholt hatte. Diese akzeptiert die Gabe und gibt spontan das unrechtmäßig genommene Blatt zurück.

Ein weiteres Beispiel aus einer ganz anderen Kultur: Ein Himba-Bub (etwa

Abb. 4.91: Wegnehmen und Zurückgeben eines Objektes durch ein kleines Yanomami-Mädchen. Erläuterungen im Text. Aus einem mit 50 B/s aufgenommenen 16-mm-Film, Bild 1, 109, 166, 193, 283, 372, 402, 421, 504 und 554 der Sequenz. Foto: I. EIBL-EIBESFELDT.

7 Jahre) bittet mit aufgehaltener Hand um einen Anteil an der Nahrung, die eine Gruppe von Mädchen gerade verspeist. Da er nichts bekommt, raubt er sich eine Handvoll. Auf den Protest der Beraubten läßt er sich das Genommene widerstandslos, wenn auch schmollend, aus der Hand nehmen (Abb. 4.92).

Zwei Yanomami-Kinder sitzen verträglich nebeneinander und essen blaue Früchte. Die im Bild links wird damit früher fertig und greift nun, einem Impuls folgend, nach den Früchten der Freundin, die daraufhin ihre Hand ablehnend zurückzieht. Nun erst merkt diese den Verstoß gegen die Regel und wartet mit wie beiläufig aufgehaltener Hand darauf, daß ihre Freundin etwas abgibt. Und das geschieht dann auch prompt. Die letzte Aufnahme zeigt die beiden wieder vergnügt nebeneinander speisend (Abb. 4.93). In Abbildung 6.85 (S. 690) wird ein interessanter Regelverstoß zwischen zwei Eipo-Halbgeschwistern vorgestellt, an dessen Lösung die Mutter des Besitzers des strittigen Objektes unter einfühlsamer Beachtung der Objektbesitznorm mitwirkt.

Teilen wird von der Regel beherrscht: Man gibt nur dann bereitwillig ab, wenn der Partner die Anfrage so vorträgt, daß in seinem Verhalten eindeutig zum Ausdruck kommt, daß er den Besitzanspruch des anderen respektiert. Das gilt auch für die verbal geäußerte Aufforderung. Im Imperativ zu fordern ist aggressiv und nur gestattet, wenn ein starkes Ranggefälle herrscht. Das Abgeben erfolgt dann unter Zwang. Man kann auch fordern, wenn man jemanden bewußt herausfordern oder kränken will. Möchte man das vermeiden, dann muß man seine Bitte so formulieren, daß der Partner nicht unter Zugzwang gerät, sondern frei entscheiden kann, ob er etwas abgibt oder nicht. Zu diesem Zweck wird die Anfrage oft verblümt, etwa durch die kommentarartige Bemerkung: »Du hast da aber eine schöne Feder« (vgl. V. HEESCHEN, W. SCHIEFENHÖVEL und I. EIBL-EIBESFELDT 1980). Der Angesprochene weiß dann, daß der Partner sie eigentlich haben möchte, aber er kann erklären, weshalb er sich nicht von diesem Schmuck trennt, etwa weil er bloß diese eine Feder besitzt.

In besonderen, durch Rituale geregelten Fällen können Gleichberechtigte auch gegenseitig Forderungen stellen. In den Kontraktgesängen der Yanomami werden Forderung und Gegenforderung oft in einer Art formalisierter Auseinandersetzung vorgetragen. Es scheint hier alle Übergänge vom freundlich bindenden Ritual bis zum Streit zu geben.

Für sehr wertvolle Objekte verwendet man Umschreibungen. Macheten werden z. B. als »Frau des Weißen Mannes« bezeichnet. Ein weiteres interessantes Merkmal des Geschenkeaustausches bei diesen Indianern ist das Herabspielen des Wertes der eigenen Gabe, gewissermaßen ein Negativ der Selbstdarstellung, vergleichbar unserem »Nicht der Rede wert«. Dies verhindert eine Eskalation ins

Abb. 4.92: Wegnehmen und Zurückgeben unter Himba-Kindern. Erläuterungen im Text. Bild aus einer mit 25 B/s aufgenommenen 16-mm-Filmsequenz. Foto: I. EIBL-EIBESFELDT.

Abb. 4.93: Zwei Yanomami-Mädchen (Serra Parima/Venezuela) essen blaue Früchte. Die eine zeigt ihrer Freundin ihre blaue Zunge. Nachdem die im Bild links ihre Früchte verspeist hat, greift sie impulsiv nach den Früchten ihrer Freundin, die ihre Früchte dem Zugriff entzieht. Nun merkt die andere offenbar ihren Verstoß gegen die Etikette und wartet mit beiläufig aufgehaltener Hand. Und jetzt, da sie durch ihr Verhalten ausdrückt, daß sie die andere als Eigentümerin respektiert, wird ihr bereitwillig abgegeben. Aus einem 16-mm-Film. Foto: I. Eibl-Eibesfeldt.

gegenseitige Sich-Überbieten, wodurch der Geschenketausch den Charakter eines Kampfes mit Geschenken erhalten würde, wie das beim Potlatsch der Kwakiutl (S. 437) der Fall ist. »So nimm diesen mageren Hund . . . er taugt nicht viel . . .«, sagt etwa ein Yanomami, der seinen Hund verschenkt (K. GOOD 1980). Bitten, Fordern und Abgeben scheinen von einem universalen Regelsystem gesteuert, das verbale wie nichtverbale Interaktionen dieser Art in gleicher Weise strukturiert, und zwar durch die verschiedensten Ritualisationsstufen (V. HEESCHEN, W. SCHIEFENHÖVEL, I. EIBL-EIBESFELDT 1980). Wir werden darauf bei der Besprechung der kulturellen Ausdifferenzierung verschiedener Rituale des Beschenkens und des Geschenketausches zurückkommen.

Gaben stiften ein freundliches Band, und dabei spielen Nahrungsgeschenke eine ganz hervorragende Rolle. In Japan pflegte man auch an anderen Geschenken symbolisch einen künstlichen kleinen Fisch festzubinden. Nahrung als Geschenk und die Bewirtung des Gastes gehören in allen Kulturen zu den wichtigsten freundlichen Akten.

In den zwischenmenschlichen Beziehungen erfüllen Objekte also wichtige Funktionen. Geben ist seinem Ursprung nach ein sehr freundlicher Akt (Abb. 4.94–4.96). Man gibt also, um sich mit jemandem anzufreunden und um ihn freundlich zu binden. Man gibt ferner spontan, um Aggressionen abzublocken oder abzuleiten. All diese Aufgaben setzen zunächst einmal Besitz voraus, d. h. die Bindung einer Person an das Objekt, mit der Bereitschaft, es zu verteidigen, die sicher auch sehr alt ist. Jüngeren Ursprungs ist dagegen vermutlich die Objektbesitznorm, d. h. die Bereitschaft, Besitz anderer zu respektieren. Sie entwickelte sich bei geselligen Tieren, um Streit zwischen Gruppenmitgliedern zu vermeiden, in Analogie bei einigen Primaten und sozialen Carnivoren (G. E. KING 1980).

Die Fähigkeit, zu übergeben und zu übernehmen, kam wohl erst mit der Ausbildung der Brutpflege in die Welt. Sie wurde sekundär in den Dienst der Kommunikation unter Erwachsenen gestellt. Die Vielfalt der kulturellen Rituale ist eine Ausdifferenzierung der elementaren Interaktionsstrategie Geben, die bereits Säuglinge im vorsprachlichen Alter beherrschen. Objekte gestatten differenzierte soziale Interaktionen, und sie ermöglichen insbesondere Freundlichkeit, vorausgesetzt, sie sind Eigentum. Das hat man bei manchen Experimenten kollektiver Erziehung übersehen.

Experimente, Kindern Individualbesitz abzudressieren, indem man sie wissen ließ, alles gehöre allen, führten nicht zum gewünschten Erfolg (M. E. SPIRO, mündliche Mitteilung). Die Kinder des betreffenden Kibbuz lernten, daß sie anderen jederzeit alles nehmen durften. Sie behielten aber die Neigung bei, Bestimmtes als ihr Eigentum zu betrachten, und da sie diese Lieblingsobjekte dauernd vor den Zugriffen anderer zu schützen hatten, waren sie entsprechend possessiv.

Bereits bei Kindern dienen Objekte als Mittel positiver Selbstdarstellung, um Anerkennung bei Gruppenmitgliedern zu finden, und schließlich als Waffe im Kampf um Rangpositionen. Da diese Strategien bei Kindern und Erwachsenen in

Abb. 4.94: Gaben stimmen freundlich. Hier empfängt ein kleiner G/wi-Junge von einem Erwachsenen einen Zweig. Das Gesicht des Beschenkten erhellt sich, und er trollt sich leicht verlegen von dannen. Aus einem mit 25 B/s aufgenommenen 16-mm-Film, Bild 1, 7, 15, 31, 62 und 98 der Sequenz. Foto: I. Eibl-Eibesfeldt.

allen daraufhin untersuchten Kulturen nachgewiesen werden können, dürften ihnen stammesgeschichtliche Anpassungen zugrunde liegen.

Der Mensch besitzt auch Wissen und »teilt« dieses Wissen mit anderen. Als geteiltes Geheimnis spielt das in vielen Bünden eine wichtige bindende Rolle. Kinder erfinden das übrigens spontan, und sie spielen das Mitwissen-Lassen bzw. das Verheimlichen geschickt aus, um ihre eigene Position hervorzuheben.

Abb. 4.95: Bereits Kinder nützen das Geben, um ihre Spielgefährten freundlich zu stimmen. Hier übergibt ein etwa dreieinhalbjähriger Himba-Junge seinem Freund quasi zur Begrüßung ein Stückchen Papier, das er gefunden hat, als symbolische Gabe. Foto: I. EIBL-EIBESFELDT.

Abb. 4.96: In vielen Ritualen beschenkt, bewirtet und füttert man einander, wie hier bei der balinesischen Zahnfeilzeremonie. Insbesondere das gegenseitige Füttern bindet und hat eine starke affektive Tönung. Zum Abschluß des balinesischen Initiationsrituals (»mapandes«) füttern die Initianten einander. Sie sind dazu in Paaren mit einem Schal verbunden und stecken einander abwechselnd Leckerbissen in den Mund. Das soll sie symbolisch für die eheliche Partnerschaft vorbereiten, die sich ja dadurch auszeichnen soll, daß man einander Gutes tut, deren Basis also das reziproke Geben und Nehmen ist. Foto: I. EIBL-EIBESFELDT.

4.12.2 Soziale Bindungen, Rang

Der Mensch zeigt in seinen persönlichen Beziehungen ausgesprochen possessives Verhalten. Kinder verteidigen eifersüchtig ihre Beziehungen zur Mutter und zu anderen Bezugspersonen, und oft entwickelt sich zwischen Geschwistern eine heftige Rivalität. Ähnliches gilt für die Beziehungen zwischen Erwachsenen. Zwar behaupten verschiedene Autoren, daß man Liebe ebensowenig »besitze« wie einen Partner – das, so meint E. FROMM, wäre »Pathologie«. Aber es stimmt ganz einfach nicht mit der beobachteten und subjektiv empfundenen Wirklichkeit überein. Liebende besitzen einander und wissen diesen Besitz sehr wohl zu verteidigen, ebenso wie sie den Verlust der Liebe als Verlust betrauern. Das

Entscheidende ist, daß sie sich gegenseitig besitzen, und diese Reziprozität unterscheidet die Beziehung von Objektbeziehungen (I. EIBL-EIBESFELDT 1984).

Wie sehr die Vorstellungen und emotionalen Bindungen bei Objekt- und Partnerbesitz dennoch ineinanderfließen, wird aber deutlich, wenn man sich vergegenwärtigt, mit welch affektiver Bindung wir an bestimmten Lieblingsobjekten hängen, Kinder etwa an Stoffpuppen, Teddys oder Wolldecken, die sie als Elternersatz zum Schlafen brauchen (K. STANJEK 1980, M. MITSCHERLICH 1984*) oder die Erwachsenen in ähnlicher Weise als Talisman den Partner ersetzen.

Partnerbesitz wird bereits bei nichtmenschlichen Primaten verteidigt – und respektiert. Weibchen verteidigen ihre Jungen, und bei jenen Arten, die feste Dauerbeziehungen entwickeln, Männchen ihre Weibchen. In solchen Fällen können wir auch beobachten, daß andere den Partnerbesitz beachten. Männliche Hamadryas-Paviane *(Papio hamadryas)* sammeln kleine Weibchengruppen um sich. Sehen sie ein einzelnes Weibchen, dann gehen sie auf dieses zu und fordern es auf ganz bestimmte Weise auf, sich ihrem Harem anzuschließen. H. KUMMER, W. GOETZ und W. ANGST (1974) entließen Hamadryas-Weibchen, die sie vorher in anderen Gebieten gefangen hatten, in einem von dieser Art bevölkerten Gebiet. Daraufhin eilten von mehreren Richtungen Männchen auf eines der Weibchen zu. Hatte einer das Weibchen erreicht, dann wandten sich die anderen ab, ohne in einen Wettstreit einzutreten. Offenbar gilt die Regel der Priorität: Wer zuerst das Weibchen erreicht, gilt als sein Besitzer. Es leuchtet ein, daß derartige Regeln wesentlich zur Harmonie des Gruppenlebens beitragen.

Schließlich betrachten wir auch soziale Rangpositionen und Rollen als Besitz. Wir respektieren die Rangstellung anderer, und wir verteidigen notfalls die eigene Position. Menschen können einander Rangpositionen zuteilen – oder auch im Falle der Degradierung wegnehmen.

4.12.3 Zur Ethologie des Geschenketausches

In seiner Monographie über das Geschenk, die mittlerweile zu den Klassikern der anthropologischen Literatur gehört, stellt MARCEL MAUSS die Frage: »Welches ist der Grundsatz des Rechtes und Interesses, der bewirkt, daß in den rückständigen archaischen Gesellschaften das empfangene Geschenk zwangsläufig erwidert werden muß? Was liegt in der gegebenen Sache für eine Kraft, die bewirkt, daß der Empfänger sie erwidert?« (M. MAUSS 1968:18). Seine Untersuchungen führen ihn zu folgenden allgemeinen Feststellungen:

1. Das Geben von Dingen erfüllt in erster Linie eine soziale Funktion.

---

* In der Terminologie der Psychoanalyse werden diese Objekte als »Übergangsobjekte« bezeichnet.

2. Es besteht eine Verpflichtung des Gebens, eine Pflicht des Annehmens und schließlich eine Verpflichtung zur Gegengabe.

Dieser Zyklus bildet eine funktionelle Einheit, die der Bandstiftung und -festigung dient. Alles: Frauen, Nahrungsmittel, Kinder, Güter, Talismane, Grund und Boden, Arbeit, Dienstleistungen, Priesterämter und Ränge, ist Gegenstand der Übergabe und der Rückgabe, »als gäbe es einen immerwährenden Austausch einer Sachen und Menschen umfassenden geistigen Materie zwischen den Klans und den Individuen, den Rängen, Geschlechtern und Generationen«.

Die Vielzahl der Sitten des Geschenketausches und primitiven Handels erfüllt nach Mauss in erster Linie soziale Funktionen, die ursprünglich den Vorrang vor der ökonomischer Funktion haben. Er geht allerdings sicher zu weit, wenn er sagt, nur in unserer westlichen Gesellschaft habe sich der Mensch in jüngerer Zeit in ein ökonomisches Wesen verwandelt. Das ist etwas überzeichnet. Bereits auf steinzeitlicher Stufe tauscht man Nützliches. Die Eipo West-Neuguineas beziehen z. B. ihre Steinbeilrohlinge aus Nachbargebieten, da in ihrem Gebiet das passende Gestein nicht vorkommt. Sie geben dafür Netze und Lebensmittel, z. B. Saccharum edule*. Auch das Holz für die Bögen erhandeln sie auf diese Weise. Es stimmt aber auch daß Handel verbindet, deshalb bricht man ja Handelsbeziehungen in unserer Zeit ab, wenn man sich über den Partnerstaat ärgert. Die Eipo pflegen den Handel von Familie zu Familie mit ganz bestimmten Handelspartnern, und diese Partnerschaften werden vererbt. Wo man nicht zu tauschen braucht, weil jeder ohnedies das gleiche hat, findet oft dennoch Geschenketausch statt. Das gegenseitige Verschenken der Bambuspfeilspitzen bei den Yanomami (S. 440) hat z. B. eine rein soziale Funktion, nämlich Beziehungen herzustellen und zu dokumentieren.

Bereits B. Malinowski (1922) hatte darauf hingewiesen, daß man das Kula-System der Trobriand-Insulaner nicht als normalen Handel bezeichnen kann. Es handelt sich um einen Geschenkeaustausch, der Häuptlingen vorbehalten ist und der zu einer Vernetzung einiger, räumlich recht weit entfernter Stämme führt. Die Trobriand-Insulaner sind als ausgezeichnete Seefahrer und Händler bekannt, und ihr durch den Geschenketausch der Häuptlinge gebildetes Netz von Allianzen sichert wohl den friedlichen Verkehr und Handel in einem weiten Gebiet. In dem Kula-System sind die Stämme von Dobu (d'Entrecasteaux-Inseln), von Kiriwina, Sinaketa und Vakuta (Trobriand-Inseln), von Kitava (Marshall-Bennet-Inseln), der Tube-tubé und der Woodlark-Inseln an der Südspitze Neuguineas vereint. Vereinfacht ausgedrückt besteht das Prinzip darin, daß bestimmte Geschenke von einem Kula-Partner zum anderen gegeben werden. Man behält die Gabe nur kurze Zeit und gibt sie weiter, bis schließlich die Wertgegenstände in einem Ring

---

* Ein begehrtes Gemüse, das bei den Nachbarn nicht gut wächst (W. Schiefenhövel, mündliche Mitteilung).

wieder zum Ursprung zurückkehren. Bei diesen zirkulierenden Gaben handelt es sich um Halsketten aus roten Perlmutterplättchen, die aus der Spondylus-Schnecke hergestellt sind (Soulava), und um aus Perlmutter geschnittene Armreifen (Mwali). Diese verschiedenen Prestigeobjekte kreisen einander entgegengesetzt: die Armreifen im Sinne des Uhrzeigers, die Ketten im Gegensinne. Neben diesen Gaben werden Geschenke ausgetauscht, die man zwar erwidern muß, die aber nicht die Runde machen (Abb. 4.97 und 4.98).

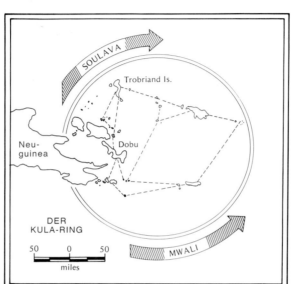

Abb. 4.97: Der Kula-Ring: Halsketten (Soulava) werden im Uhrzeigersinn von Insel zu Insel getauscht, Armreifen (Mwali) im Gegensinn. Die Austauschwege sind durch gestrichelte Linien angedeutet. Aus R. M. KEESING (1981).

Abb. 4.98: Die im Kula-Ring kreisenden Wertobjekte: Die Armreifen (links) sind aus Konus-Schnecken, die Halsketten aus den rosa Spondylus-Schalen. Aus R. M. KEESING (1981).

Die Gaben werden mit betonter Bescheidenheit übergeben. Nachdem der Geber unter den Klängen einer Schneckentrompete feierlich das Geschenk herbeigetragen hat, entschuldigt er sich dafür, daß er nur Reste gibt, und wirft dem Partner die Gabe vor die Füße. Oder er überreicht die Halskette mit den Worten: »Hier der Rest meiner Nahrung von heute, nimm ihn« (B. MALINOWSKI 1922). Wir haben auf dieses Herabspielen der eigenen Leistungen in vergleichbaren Situationen bereits hingewiesen. Ethologisch gesehen handelt es sich um einen Akt der Beschwichtigung, der bewirken soll, daß die Präsente angenommen werden, denn man trägt ja ein Anliegen vor; man will, daß die Gabe angenommen und damit die Verpflichtung übernommen wird.

Die Redewendungen und Zaubersprüche, die die Übergaberituale begleiten, weisen darauf hin, daß Haß und Krieg abgeschworen werden soll, daß der Handel unter Freunden stattfinden soll. »Deine Wut verebbt, der Hund spielt – dein Ärger verebbt, der Hund spielt ...«, heißt es z. B. Die Beziehungen der Handelspartner sind von einer starken Ambivalenz gekennzeichnet. Aus den Aufzeichnungen von B. MALINOWSKI (1922) geht beispielsweise hervor, daß die Leute von Kiriwina die Leute von Dobu fürchten.

Der Mann von Dobu, so behaupteten die Kiriwina MALINOWSKI gegenüber, sei nicht so gut wie sie. Er sei grausam und ein Menschenfresser, und sie würden ihn fürchten, wenn sie Dobu besuchten. Aber wenn sie dann die verzaubernde Ingwerwurzel* ausspucken würden, dann wären die Männer von Dobu wie verwandelt. Sie würden ihre Speere niederlegen und die Besucher freundlich empfangen.

Neben diesem Kula-Austausch, der sich zwischen den verschiedenen Inseln vollzieht, gibt es noch weniger feierliche Tauschhandel innerhalb der Population der Insel. Dabei wird vor allem Nahrung gegeben, z. B. als Prestigeobjekt besonders große Yams-Wurzeln.

Das Innerinsel-Kula dient wohl der wechselseitigen Absicherung der Bewohner einer Insel, denn die Ernte fällt gelegentlich für die verschiedenen Dörfer unterschiedlich aus, so daß ein Dorf mitunter Not leidet. Es bekommt dann von jenen, die haben. Allgemein wird zur Überproduktion ermuntert, die man nicht verzehren soll. Sie soll nicht in Biomasse umgesetzt werden, sondern der Reservebildung dienen. Man wetteifert mit der Ernte, und so wird über den Status-Appell zur Reservewirtschaft angehalten. Die einzelnen Familien werden in Intervallen von etwa 1 – 3 Jahren für ihren Ertrag prämiert, und die Ernte wird danach in Yamshäusern als Besitz zur Schau gestellt. Wie wir bereits erwähnten, sind die Häuser so gebaut, daß man die gestapelten Wurzeln gut sehen kann, und sie sind ihrer Bedeutung entsprechend oft reich geschmückt. Der Besitz an Eßbarem verleiht Ansehen. Man sieht zugleich auch, wer was hat und abgeben kann. Man hält möglichst viel davon bis zur nächsten Ernte, dann wirft man den Rest weg. Besonders große und schöne Wurzeln einer anderen Yamsart werden als ausgesuchte Gaben verschenkt. Man ißt sie nicht, sondern hängt diese Gaben, bemalt und oft in Holz gerahmt, an die Seiten der Wohnhäuser oder unter die Yamsvorratshäuser. Wer viel produziert, wird mit Ansehen belohnt, zugleich schafft er Reserven für jene, die Mangel haben. Der Vorrat an Eßbarem dient zum Verteilen. Körbe mit Yams werden bei den verschiedensten Gelegenheiten

---

* Das Kauen von Ingwer und das anschließende Ausspucken ist ein Zauber gegen Krankheit und Übel. Gemeinsames Ingweressen gilt ferner in vielen Gebieten Neuguineas und der umliegenden Inseln als Freundschaft stiftend. H. NEVERMANN (1941) lieferte dazu eine nette Anekdote: Nachdem er längere Zeit bei den Makleuga gelebt und erfahren hatte, wie versessen sie auf Kopftrophäen waren, fragte er seinen Informanten, ob er denn nicht auch seinen Kopf gerne gehabt hätte. Ja, gab sein Informant zu, aber nachdem er von seiner Ingwerwurzel abgebissen hätte, wären sie ja Freunde, und so könne er ihn nicht mehr seines Kopfes berauben.

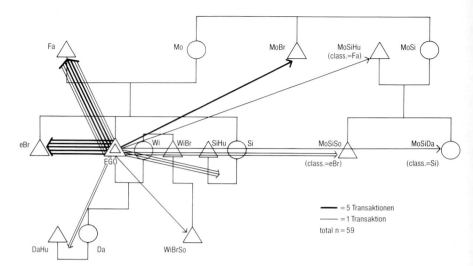

Abb. 4.99: Empfänger der Erntegaben von einem fiktiven Ego, welches aus allen Gebern zusammengestellt wurde (Ernte 1984). Aus W. SCHIEFENHÖVEL und I. BELL-KRANNHALS (1986). Zeichenerklärung (Verwandtschaftstermini): Fa = Vater, Mo = Mutter, MoBr = Mutterbruder, MoSiHu = Mutters Schwester Mann, MoSi = Mutterschwester, eBr = älterer Bruder, Wi = Gattin, WiBr = Bruder der Gattin, SiHu = Gatte der Schwester, Si = Schwester, MoSiSo = Mutters Schwester Sohn, MoSiDa = Mutters Schwester Tochter, DaHu = Tochters Gatte, Da = Tochter, WiBrSo = Sohn des Bruders der Gattin.

Verwandt-schaftsgrad	Empfänger	n	Transaktionen	%
50%	eBr	25		
	Fa	19	49	83%
	DA	2		
	Si	3		
25%	MoBr	5	5	9%
12,5%	MoSiSo	2		
	MoSiDa	1	3	5%
„0"%	MoSiHu	1		
	WiBrSo	1	2	3%

Tab. 4.12: Soziobiologische Aufschlüsselung der Erntegaben 1984 nach Verwandtschaftsgraden (Gesamtzahl der Transaktionen n=59).

verschenkt, in erster Linie an die nächsten Verwandten (W. Schiefenhövel und I. Bell-Krannhals 1986, I. Bell-Krannhals 1990; Abb. 4.99 und Tab. 4.12).

Neben den bandstiftenden Funktionen der Gabe kommt in den meisten Formen des Austausches, so auch im Kula, noch ein Prestige- und Wettstreitmotiv zum Ausdruck. Wir sind darauf bereits bei der Besprechung der Potlatsch-Veranstaltung eingegangen. Die bindende und verpflichtende Komponente dominiert jedoch. M. Harris (1968) hat in seiner Geschichte der Anthropologie die Bedeutung der Entdeckung von Marcel Mauss herabgespielt. Mauss hätte, so meint Harris, zwar einige subjektive Motive aufgedeckt, die ein Individuum dazu drängen würden, sich im Rahmen der Produktions-, Verteilungs- und Konsumationsprozesse in einer bestimmten Weise zu verhalten, aber diese »sozialen« Gründe hätten nichts mit den wahren Ursachen zu tun, diese seien vielmehr ökonomischer Art. Harris wendet sich gegen den Versuch von Mauss, die soziale Funktion im Potlatsch und im westlichen Weihnachtsfest aufzudecken. »The comparison of course is perfectly apt on the psychological level, but one does not have to be a Marxist to sense that there is another dimension to our Christmas madness. Why is an intelligence so subtle in other respects, unable to penetrate to the not-so-deep function of Christmas purchases in an economy whose productive capacity has reached ahead of the power to buy and consume« (M. Harris 1968 : 488)*. Aber Harris irrt, wenn er die ökonomische als die letzte Ursache ansieht. Die Befunde der Ethologie unterstützen die Maussche These von der primär sozialen Funktion. Die soziale und die ökonomische Funktion des Gebens fließen an der Wurzel ununterscheidbar zusammen. Auch die freundlichste Gabe bindet, indem sie zumindest zu Freundlichkeit verpflichtet, und man gibt im allgemeinen, was ein anderer begehrt. Das kann dann über Ritualisierung zur symbolischen Gabe werden, es kann wie im reziproken Austauschsystem der !Kung zu einer Art Sozialversicherung führen (P. Wiessner 1977; S. 416 f.) und schließlich zum Handel, der ja auch verbindet. R. L. Trivers (1971) meint, daß manche kognitive Fähigkeiten, insbesondere die mathematischen, sich Hand in Hand mit der Entwicklung des reziproken Altruismus entwickelten, eben wegen der dualen sozialen und ökonomischen Funktion. Geschenketausch und Handel sind auf Reziprozität angelegt. Es gibt jedoch auch das fürsorgliche Geben durch Ranghohe, das als einzige Gegengabe Loyalität fordert und damit Ähnlichkeit mit dem elterlichen betreuenden Geben aufweist und wohl auch hier wurzelt. Eine Mutter erwartet, daß ihr Kind sie liebt und freundlich ist, vom Säugling, daß er auf Zuwendung lächelt. Über diese Form des Gebens wird eine fürsorgliche Domi-

---

* »Der Vergleich paßt natürlich sehr gut auf die psychologische Ebene, aber man muß kein Marxist sein, um zu empfinden, daß es eine andere Dimension gibt für unsere Weihnachtsverrücktheit. Warum ist unsere Intelligenz in anderer Hinsicht so scharfsinnig, aber unfähig, die leicht zu erkennende Funktion der Weihnachtseinkäufe in einem Wirtschaftssystem wahrzunehmen, dessen Produktionskapazität schon längst die Kaufkraft überschritten hat?«

nanzbeziehung hergestellt. Im typischen Fall verteilt eine Hauptperson an die sich ihm in diesem Punkt unterordnenden Empfänger Gaben. Sie schafft so oft einen sozialen Ausgleich, indem sie tunlichst alle gerecht bedenkt. »Brot und Spiele« sind ein altes fürsorgliches Herrschaftsinstrument, nicht ungefährlich, da es auf freundliche Weise Abhängigkeiten schafft.

Über das Geben aufgebaute fürsorgliche Dominanzbeziehungen erstrecken sich nur auf die Mitglieder einer als Solidargemeinschaft verbundenen Gruppe. Über die oft damit verbundene egalisierende Funktion des Verteilens wird in vielen Fällen die Bildung von repressiven Rangordnungen unterbunden. In Kleingesellschaften trägt dies zum sozialen Frieden bei. In den sozialistischen Großgesellschaften nimmt es jedoch dem einzelnen leicht die Initiative.

Die soziale und ökonomische Komponente können im Geben auf sehr vielfältige Weise kulturell ausgestaltet und unterschiedlich gewichtet werden. In unserer westlichen Kultur sind ökonomische und soziale Funktionen klarer voneinander geschieden als in den auf der Sippenbasis begründeten traditionellen Gesellschaften, was in gewisser Weise das Geben konfliktfreier gestaltet. In den traditionellen Gesellschaften sind die ökonomischen und sozialen Faktoren so miteinander verwoben, daß das Geben von ständigen Konflikten begleitet und damit auch Gegenstand täglicher Konversation ist.

Aus der Gegenseitigkeit der Tauschbeziehung ergibt sich, daß es für das Geben ein Optimum gibt. Zuwenig ist sicher nicht gut, und Geiz ist in Stammeskulturen verpönt. Keblob im Dorfe Dingerkon im Eipomek-Tal West-Neuguineas pflegte jeden Tag an andere Dorfbewohner Süßkartoffeln von seinen Gärten abzugeben. Er war ein fleißiger Gärtner und produzierte viel. Sie sagten, er habe eine »gute Gartenseele«. Er galt allgemein als »Süßkartoffelhäuptling«, war angesehen, und als er 1981 plötzlich lahm wurde, umsorgte ihn das ganze Dorf. Das Verteilen bereitete ihm offensichtlich Freude. Zeitig an jedem Morgen kam er strahlend auch in unsere Hütte und legte seine gegarte Süßkartoffel ab. Und wir belauschten manchmal, wie er in Selbstgesprächen in seiner Hütte überlegte, wem er wohl morgen von seinen Kartoffeln abgeben sollte.

Wenn einer allerdings zuviel gibt, so daß der Beschenkte das nicht so ohne weiteres erwidern kann, dann muß er durch seine Position, etwa als Häuptling, dazu befugt sein. Einem Häuptling zahlt man auch Tribut, damit er verteilt und so die Gruppe bindet. In weniger hierarchisch organisierten Stammeskulturen gilt aber der zuviel Gebende entweder als Dummkopf oder als einer, der nichts Gutes im Sinn hat.

Gibt man nämlich mehr, als der andere erwidern kann, dann kann dies auch zu repressiver Dominanz führen. Das Geben kann zum Kampf entarten mit der Gabe als Waffe. Der Potlatsch der Kwakiutl von der Nordwestküste Nordamerikas ist das klassische Beispiel dafür. Hier laden die Häuptlinge andere ein, um sie durch ihre Großzügigkeit zu beschämen. In prahlerischen Liedern preisen sie ihre Macht, während sie Decken und andere Werte verteilen oder anderes, etwa

Kupferplatten, einfach zerbrechen, ins Meer werfen und kostbare Öle in die Flammen gießen (S. 437 f.).

Aber selbst dort, wo es nicht darum geht, andere zu übertrumpfen, spielt das Objekt als Mittel der Selbstdarstellung eine große Rolle. Die !Kung-Buschleute schmücken sich mit schönen Perlarbeiten, die auch als Geschenke zirkulieren. Indem sie die kunstvollen Arbeiten am Körper zur Schau tragen, stellen sie sich selbst als wertvolle Tauschpartner im Rahmen des hxaro-Systems dar. Gleiches gilt für die geschmückten Krieger bei den Papua der Hagenberge, die sich vor den Gästen durch Körperschmuck beim Tanz als reich, gesund und damit als bedeutend und tüchtig darstellen, auch als potentiell Verbündete (A. STRATHERN 1979).

Im Verlauf dieser Entwicklung sind interessante Änderungen vom Gebrauchsgegenstand zum Wertgegenstand zu verfolgen. Ein Objekt erhält seinen Wert durch die in es investierte Arbeit und das Geschick des Herstellers. Die Eipo West-Neuguineas erzeugen Netze und tauschen diese als Handelsware gegen Steinbeilrohlinge ein, die aus einem benachbarten Gebiet kommen (siehe oben). Schöne Netze sind Wertgegenstände. Tanzen die Männer, dann tragen sie besonders große Netze als Dekoration über ihrem Rücken, die manchmal mit einigen Federn geschmückt sind. Die Tanznetze dienen nur noch zur Zier, obgleich es sich um voll funktionstüchtige Netze handelt. Bei den zur gleichen Sprachfamilie gehörenden benachbarten In wurde aus dem Netz ein reiner Schmuck. Das breite, aber nicht tiefe Netz wird mit einem Stab ausgebreitet gehalten und ist, wie bei den Yali, über und über mit Federn geschmückt. Es dient ausschließlich als Substrat für diese. Als Behälter ist das Schmucknetz unbrauchbar; dazu fehlt ihm das Fassungsvermögen.

In anderen Gebieten kann man bei den Äxten eine vergleichbare Entwicklung beobachten. Äxte sind begehrter Handelsartikel, denn die Herstellung erfordert viel Arbeit. Überdies ist das Ausgangsmaterial für die Klingen keineswegs überall leicht erhältlich. Auch hier kann durch Investition von Mehrarbeit der Wert des Objektes gesteigert werden, z. B. indem man die Klinge sorgfältig poliert. Als Axt ist solch ein Wertgegenstand oft nicht zu gebrauchen. Für die Bezahlung des Brautpreises eignet er sich jedoch besonders gut. Auf diese Weise entwickelt sich aus einem Gebrauchsgegenstand zuletzt so etwas wie Geld.

Der Handel entwickelt sich aus reziproken Austauschsystemen. Werden Ungleichgewichte angestrebt, dann wird der Handel zum Kampf um Vorrangstellungen, und Schuldnerländer geraten in Abhängigkeit.

MAUSS hat das Verdienst, die soziale Funktion des Geschenketausches erkannt zu haben, die HARRIS bestenfalls als individuelle Motivation, aber nicht als Selektionsfaktor anerkennt.

Darüber hinaus weist MAUSS das Prinzip der Gegenseitigkeit (Reziprozität) als universelles Phänomen aus. Wie wichtig die Gegenseitigkeit für die Gestaltung sozialer Bindungen ist, wurde mir klar, als ich in der Nähe von Kathmandu (Nepal) am Fluß die Verehrung eines Steines beobachtete, die symbolisierte

Gottheit Shiva. Man beschenkte den Stein, schmückte ihn mit Blumen, besprengte ihn mit Milch, gab ihm Münzen und schminkte ihn mit Farbe. Danach fingierte man Reziprozität: Man nahm von der Farbe, die man zuvor auf den Stein aufgetragen hatte, schminkte sich die Stirne damit, nahm von den Blumenopfern; kurz, man tat so, als würde man nun die Gegengabe von Shiva empfangen, seinen Segen in der nunmehr vom heiligen Stein zurückgenommenen Farbe.

Die Bereitwilligkeit abzugeben ist ebenso deutlich wie die Bereitschaft, sich zu wehren, wenn jemand den Versuch unternimmt wegzunehmen. Das spricht gegen die Ableitung des Gebens aus dem tolerierten Wegnehmen, die neuerdings von N. G. BLURTON-JONES vertreten wird (1984). Kinder tolerieren in der Regel kein Wegnehmen. BLURTON-JONES geht in seiner Argumentation von dem Gedanken aus, daß es schwer sei, sich das mutative Auftreten des ersten Altruisten in einer Population vorzustellen, da er ja als alleiniger Altruist im Nachteil sei. Er übersieht, daß sich individualselektionistisch, im Zusammenhang mit der Brutfürsorge, durchaus Abgabebereitschaft und andere Verhaltensweisen der Fürsorge entwickelten. Insofern waren also alle Mitglieder einer Population in gleicher Weise zum Abgeben und damit zu altruistischem Verhalten vorbereitet. Da Blutsverwandtschaft nicht direkt wahrgenommen, sondern in der Regel aus dem engen Zusammenleben erschlossen wird, war der Schritt, familiale Beziehungen auch zu nicht blutsverwandten Mitgliedern der Kleingruppe aufzunehmen, sicherlich nicht besonders schwierig.

Gewiß muß man für jedes Teilen und Abgeben Kosten und Nutzen verrechnen. Da innerhalb der Kleingruppen jeder mit jedem nahe verwandt ist und die Gruppen als Einheiten in der Selektion auftreten (Kap. 2.4), rentiert sich jede Freundlichkeit. Geben an Nichtverwandte erfordert allerdings strenge Gegenseitigkeit.

Gegen allzu große Freigebigkeit ist der einzelne im übrigen insofern geschützt, als der Bereitschaft zu geben eine Bereitschaft zu behalten entgegenwirkt. Beides ergibt im Zusammenwirken ein adaptives System. Erziehung kann aber der einen oder der anderen Komponente mehr Gewicht verleihen, und dabei besteht durchaus die Gefahr, daß ein Optimum überschritten wird. Geiz und unterschiedsloser Altruismus sind solche Abweichungen von der Norm.

Die Beobachtung bereits der Kinder lehrt, daß eine Verpflichtung zur Reziprozität empfunden wird. Wie sie entstand, ist noch ungeklärt, aber es handelt sich um ein universal nachweisbares Bedürfnis. Der Drang ist so stark, daß Sozialpsychologen von einem Reziprozitätszwang sprechen. In einem Experiment ließ D. T. REGAN (1971) Studenten die Qualität von Gemälden bewerten. Sie taten dies zusammen mit einem anderen Studenten, der jedoch Komplize des Versuchsleiters war. Während einer kurzen Pause verließ der Komplize den Raum. Nach zwei Minuten kam er zurück. Er brachte entweder zwei Flaschen Coca-Cola mit, deren eine er als kleine Aufmerksamkeit dem anderen Studenten gab – oder er kehrte bei im übrigen gleichen Verhalten, ohne Gabe zurück. Nachdem alle Gemälde bewertet worden waren, fragte der Komplize des Versuchsleiters, ob ihm seine Kollegen nicht einige Lose für eine Autotombola abkaufen wollten; würde er die meisten verkaufen, so könnte er einen 50-Dollar-Preis gewinnen. Jene, denen der Komplize zuerst einen Gefallen getan hatte, kauften mehr Lose. Die Verkaufswerbung macht sich diese Verpflichtung zur Reziprozität zunutze, wenn sie z. B. freie Kostproben abgibt. Oft werden die Gaben von der Werbung geradezu aufgedrängt.

Scheinkompromisse funktionieren nach der gleichen Regel. Man fordert etwas Unzumutbares, gibt dann als zweiten Schritt nach und verpflichtet damit den anderen zum Entgegenkommen und damit oft, etwas zu tun, was er sonst nicht getan hätte. In einem lesenswerten populären Buch erwähnt R. B. CIALDINI (1984) dazu ein eindrucksvolles Beispiel. Ein Pfadfinder sprach ihn auf der Straße an, ob er ihm nicht eine Karte für eine Pfadfinderveranstaltung für 5 Dollar abkaufen wolle. Er lehnte ab, worauf ihn der Pfadfinder bat, ihm dann doch wenigstens etwas von den Schokoladeriegeln abzukaufen, die bloß einen Dollar kosten würden, und obgleich CIALDINI keine Schokolade mag, kaufte er. Der Junge hatte eine Konzession gemacht – etwas Billigeres als Alternative angeboten und ihn damit verpflichtet. Das entspricht dem, was wir bei Verhandlungen nützen, etwa wenn die Gewerkschaften mit Forderungen kommen, die zunächst überzogen sind. R. B. CIALDINI (1975) untersuchte dies experimentell. Eine Person forderte andere auf, eine Gruppe behinderter Kinder bei einem Zoobesuch zu begleiten. Die meisten lehnten ab. Im zweiten Teil des Experiments war die Zumutung noch größer: Man bat eine andere Gruppe junger Leute, mehrere Stunden pro Woche für die Arbeit mit Behinderten zu opfern, und zwar über zwei Jahre. Das wurde von den meisten abgelehnt. Als man jedoch danach als Konzession vorschlug, die Behinderten auf einem Zoobesuch zu begleiten, erklärten sich dreimal so viele Jugendliche damit einverstanden wie im ersten Experiment.

LÉVI-STRAUSS (1969) übernahm die Gedanken von MAUSS und erweiterte sie zu einer Theorie der Gegenseitigkeit aller sozialen Beziehungen. Die Universalität der Erscheinungen läßt ihn ein strukturales Unbewußtes postulieren, das alle Produkte menschlichen Geistes in gleicher Weise gestaltet.

Die Generalisierung der Theorie der Gegenseitigkeit auf alle Phänomene sozialer Art erfaßt sicher eine wichtige Regel. Das soziale System kann als reziprokes Austauschsystem betrachtet werden, innerhalb dessen auch Frauen als Gaben dienen. Tatsächlich werden Heiratsbindungen oft geplant – zum Zwecke der Allianz. Der Versuch, über diese Tatsache jedoch das Inzesttabu zu erklären, geht an der Wirklichkeit vorbei. Dadurch, daß es verboten ist, seine Schwester oder auch andere unter das Inzesttabu fallende Frauen selbst als Geschlechtspartnerinnen zu binden, argumentiert LÉVI-STRAUSS, wird sie zu einem Tauschobjekt. Sie wird einem anderen Manne zugänglich, aber irgendwo ist dann auch ein Mann, der seinerseits eine Frau als Partnerin zur Verfügung stellt. Das stimmt zum Teil. Das Inzesttabu macht solch politisches Handeln möglich – es wurde aber nicht eigens dazu erfunden. Kulturelle Ausgestaltungen sind allerdings die komplizierten, erweiterten Tabus, die z. B. bei den Australiern bewirken, daß man in der näheren Umgebung kaum noch einen geeigneten Heiratspartner findet. Die Hemmung, sich mit jenen zu verpaaren, mit denen man während einer bestimmten kritischen Periode seiner Entwicklung aufwuchs, ist jedoch, wie bereits ausgeführt, älter und biologisch fundiert (Kap. 4.6).

Zusammenfassung 4.12

Bei der Vermittlung sozialer Beziehungen spielen Objekte eine wichtige Rolle. Daß sie als Gaben zur Stiftung freundlicher Beziehungen eingesetzt werden können, setzt voraus:
1. die Beachtung einer Objektbesitznorm;
2. die Bereitschaft anzubieten, die im Fürsorglichen wurzelt;
3. die Bereitschaft, Angebotenes zu übernehmen;
4. Reziprozität.

Beim Menschen und wahrscheinlich bei Menschenaffen existiert eine deutliche Wegnehmhemmung, für die wir Menschen sicher genetisch vorbereitet sind. Wir beobachten entsprechende Hemmungen bereits bei Schimpansen und Bonobos. Bei diesen beiden Arten wird auch Betteln mit aufgehaltener Hand und Aushändigen beobachtet. Mit der Entwicklung der Werkzeugkultur beim Menschen gewinnt der Respekt von Besitz an Bedeutung.

Das Geben erfährt mannigfaltige kulturelle Ausgestaltung in Geschenk- und Bewirtungsritualen, als reziproke Austauschsysteme, die der wechselseitigen sozialen Absicherung dienen, und zur Herstellung fürsorglicher Dominanzbeziehungen. Im Wettstreit um repressive Dominanz wird das Geschenk sogar als Waffe eingesetzt. Verlierer ist derjenige, der in diesem eskalierenden Spiel des Gebens nicht mehr mithalten kann.

In allen von uns untersuchten Kulturen verfügen bereits Säuglinge im vorsprachlichen Alter über die Strategien des Anbietens, und sie erfreuen sich spielerischer Dialoge des Gebens und Nehmens, die bereits die Regeln der Reziprozität beachten. Aus dem reziproken Geschenketausch entwickelte sich der Handel. Die ethologischen Erhebungen bestätigen die Annahme von Marcel Mauss, daß die soziale Funktion des Objekttransfers am Anfang der Entwicklung stand. Bindungen an Mitmenschen werden als Besitz geachtet und verteidigt. Soziale Bindungen sind jedoch stets partnerschaftlich wechselseitig.

4.13 Tod, Trauern, Trösten

Höhere Tiere nehmen zwar den Verlust eines Partners wahr, aber selbst die uns nahestehenden Schimpansen erkennen offenbar nicht dessen Tod. Im Gombe-Reservat (Tansania) beobachtete ich 1986 das alte Schimpansenweibchen Melissa. Ihr Baby Groucho war gestorben; sie trug den toten Kleinen mit sich herum. Wenn sie ihn ablegte, spielte Grouchos Bruder mit dem Toten, und zwar auf eine Weise, die erkennen ließ, daß er den Toten zum Spielen aufforderte. Erst am folgenden Tag legte Melissa Groucho ab, stieg in ihr Nest auf einem hohen Baum und blieb dort fast regungslos liegen. Sie starb nach einer Woche, ohne ihr Nest zu verlassen. Ich glaube, wir gehen nicht fehl, wenn wir annehmen, daß Melissa sich in einer Art Depression befand. Normalerweise würde sich ein Weibchen nach dem Tod eines Jungen bald erholen. Aber Melissa war alt und offensichtlich bereits geschwächt.

Ein so hoch entwickeltes Tier wie ein Schimpanse erlebt vermutlich so etwas wie Trauer bei Partnerverlust. Dafür, daß er das Phänomen des Todes erfaßt, gibt es jedoch nicht die geringsten Hinweise. Erst wir Menschen erkennen die ganze Tragweite des Geschehens, das unumkehrbare Schicksal des Abschiedes für immer. Wir wollen ihn im allgemeinen aber auch nicht wahrhaben und suchen Trost in Religionen, die ein Weiterleben oder eine Wiederkehr verkünden, so daß wir im Ritual einen Abschied auf Zeit gestalten können.

Die Rituale der Totentrauer sind Rituale des Abschiednehmens. Sie zeigen als solche viele Gemeinsamkeiten mit den Alltagsritualen des Abschieds, die ja unter anderem auch vom Ausdruck des Trennungsschmerzes begleitet sind und von dem Wunsch nach einem Wiedersehen, wozu man gute Reise wünscht und weitere Verbundenheit beteuert. Der weiteren Verbundenheit steht oft allerdings die Angst vor dem Toten entgegen, dessen Geist die Angehörigen auch zu beschwichtigen und fernzuhalten suchen. Das kann durch Grabbeigaben, Abwehrzauber, Beschwörungen und anderes mehr geschehen. Die Nikobarer geben ihren Toten zum Beispiel alle persönliche Habe mit ins Grab, und sie stellen Wächterfiguren auf, um die Totengeister fernzuhalten. Wo die Angst zurücktritt, betrauert man die Toten weinend, wehklagend, oft mit dem Ausdruck überwältigenden Schmerzes (Abb. 4.100). Die Ausdrucksbewegungen des Weinens und Klagens sind über die Kulturen hinweg im mimischen, gestischen und vokalen Grundmuster gleich (S. 642). Oft verhalten sich Trauernde fast kindlich, indem sie sich selbst umklammern und über die Klage Trost heischen (Abb. 4.101). Das Weinen wirkt in kleinen Gemeinden ansteckend. In traditionellen Kulturen weint oft die ganze Trauergemeinde. Dies dokumentiert Anteilnahme.

Alle elementaren Äußerungen der Trauer können kulturelle Ausgestaltungen erhalten. Trauernde Yanomami-Frauen beschmieren ihre Wangen mit Asche und Tränen. Sie sammeln auf diese Weise die Tränen, so daß schließlich Tränen und

Abb. 4.100: Totenklage einer Eipo-Mutter (Ukto) um ihren Sohn (Belinbam), West-Neuguinea. Foto: W. SCHIEFEN-HÖVEL.

Asche eine dicke schwarze Kruste auf ihren Wangen bilden, die, immer wieder aufgefrischt, über viele Monate halten kann (Abb. 4.102). »Du hast ja gar nicht richtig geweint« ist ein schwerer Vorwurf, den Yanomami-Frauen einander gelegentlich im Streit machen. Ausdrucksbewegungen des Schmerzes wie das Haareraufen können auf formalisierte Weise in das Ritual eingebunden werden. In der Phase der heftigen Trauer neigen Trauernde häufig zu Ausbrüchen von Wildheit. Das ist zum Beispiel bei Yanomami ausgeprägt, die in ihrer Trauerwut sogar gefährlich handeln können. Die Trauergemeinde bemüht sich darum, die Trauernden zu beruhigen und zu trösten. Sie bekundet Verbundenheit und versichert dem Trauernden, daß er nicht allein ist. Das geschieht einerseits durch Verhaltensweisen, mit denen Mütter ihre Kinder trösten, wie Umarmen, Streicheln, Betätscheln und Zuspruch (Abb. 4.101), andererseits über das bändigende Korsett des Brauchtums, das ja eine Struktur in den ganzen Ablauf legt, der schließlich zur Bestattung führt.

Die erstaunliche Vielfalt der Bestattungsriten – Feuerbestattung, Bodenbestattung, Baumbestattung, Endokannibalismus und dergleichen mehr – zeigt, daß hier kulturelle Regeln mangelnde stammesgeschichtliche Vorgaben ersetzen müssen. Bestattung finden wir nur beim Menschen.

Abb. 4.101: Medlpa, Neuguinea, ein um seinen Vater trauernder Sohn: a) klagend und sich selbst umklammernd; b) sich an der Brust eines Trauergastes bergend, der ebenfalls klagt und sich die Haare rauft; c) der Trauernde wird durch Handauflegen getröstet; d) ein Besucher wird von dem Trauernden umfangen, er legt ihm trostspendend eine Hand auf die Schulter. Aus einem 16-mm-Film (I. EIBL-EIBESFELDT 1985). Foto: I. EIBL-EIBESFELDT.

Abb. 4.102: Totenklage einer Yanomami-Frau (oberer Orinoko, Venezuela). Sie hält den Köcher mit den Pfeilspitzen des Verstorbenen in einer Hand hoch. Die Wangen der Trauernden sind mit Asche und Holzkohle verschmiert. In dieser die Wangen bedeckenden Kruste werden die Tränen gesammelt. Foto: I. EIBL-EIBESFELDT.

Eine gute Übersicht über die verschiedenen Formen der Trauer im Kulturenvergleich gibt H. STUBBE (1985). Über die Beziehung von Trauer und Abschied siehe C. OTTERSTEDT (1993).

Bewegend sind die Totenklagen, die oft in künstlerisch hochwertigen Trauergesängen ihren Ausdruck finden. Wir brachten bereits den Trauergesang zweier Yanomami-Eltern (S. 265 f.). Das folgende Beispiel stammt von den Eipo im westlichen Bergland von Neuguinea, einer zur Zeit der Datenerhebung intakten neusteinzeitlichen Kultur (dazu einige Fotos der Totentrauer und der Baumbestattung*, Abb. 4.103–4.105 a und b). Es klagt die Tante um den Tod ihres Neffen Ebna, eines erwachsenen Mannes, der aus unerklärlichen Gründen starb:

Um *lume*-Yams [eine Sorte von *Dioscorea alata*] zu essen bist Du damals weggegangen [Anspielung auf die *kwit*-Initiationszeremonie, die Ebna, von Mute geführt, im Dorf Marikla erlebte, dort hatte es *lume*-Yams gegeben]
Mein Bester, Ebna, Du Baum aus der flußab gelegenen Region [Anspielung auf die Herkunft der Mutter der beiden Brüder Ebna und Babesikna aus Sungkon, einem im nördlichen Tanime-Tal gelegenen Dorf]
Ach mein Herzensguter, mein Allerliebster
Ach säßest Du, ach schliefest Du doch nur wieder mit Deinen Initiationskameraden zusammen im Männerhaus!
Nie wieder wirst Du es tun!
Von wo die Morgendämmerung kommt, dort hast Du Deinen Sitz genommen [auf der Spitze des Bestattungsbaumes], dort draußen außerhalb des Dorfes
Der Du so lange schlanke Beine hattest, ach mein Lieber
Ganz allein bist Du gegangen, immer wirst Du von nun an auf dem Bestattungsbaum sitzen, ach mein Bester
Wir haben doch so gut miteinander in einem Haus gelebt, haben uns nicht verächtlich die kalte Schulter gezeigt
Und doch sitzt Du dort ganz allein, weh
Mein Bester, mein Freund
Bist Du zu den Brüdern Deiner Mutter gegangen, um dort zu schlafen?
Ach Herrjeh! Deine Mutterbrüder werden nicht zu Dir kommen, um Deine Nase zu berühren [Umschreibung für: bei der Bestattung anwesend sein – Ebnas Verwandte der mütterlichen Seite können nicht an der Bestattung teilnehmen, da ihr Heimatort Sungkon im nördlichen Tanime Tal zu weit von Munggona entfernt liegt]
Mein Herzensguter
Hast Du Dich verspätet, weil Du im Yakaican-Gebiet [beim Dorf Sungkon] noch einen Garten umgegraben hast? Weh
Ach mein Bester, mein Herzensguter, verweilst Du dort, um Deiner Mutterbrüder Erde umzugraben?
Weh
Ach mein Herzensguter

---

* Die Eipo praktizieren Baumbestattung.

Abb. 4.103: Babesikna erfährt bei seiner Rückkehr aus dem vom Feind bedrohten Gartengelände, daß sein jüngerer Bruder Ebna gestorben ist, und beginnt laut zu klagen. Foto: W. SCHIEFENHÖVEL.

Ach, Du warst doch auch früher nie im Dorf der Brüder Deiner Mutter, ach mein Herzensguter
Ach Herzensguter, mein Liebling, mein Liebling, mein Allerliebster
Weh, Du hast Dich an die Blätter des *urye*-Baumes [*Trema tomentosa*] geschmiegt [d. h. im Bestattungsbaum]
Das *bou*-Gras färbt sich rot und röter, ach mein Herzensguter
Erst kürzlich hattest Du doch unser Haus gebaut, und dennoch bist Du von uns gegangen [Ebna hatte beim Bau des Familienhauses seines Bruders Babesikna mitgeholfen]
Ach mein Herzensguter, mein Bester, ach Ebna, ach Ebna!

Ebnas Bruder Babesikna klagt:
Du trugst zwar schwarze Haut, doch warst Du unser Heller, Strahlender [Ebnas Haut war besonders dunkel; helle Haut zu haben, gilt als Vorzug, *kurun* meint darüber hinaus eine ästhetische, moralische Qualität]
Gerade erst bist Du von uns gegangen
Wir beide hatten doch ausgemacht, daß wir nebeneinander [im Männerhaus] schlafen wollten

Abb. 4.104: Die Leiche Ebnas ist in seinem Familienhaus aufgebahrt. Ebnas Tante und eine Frau aus einem Nebendorf beklagen den Toten und halten zärtlichen Körperkontakt zu ihm. Foto: W. SCHIEFENHÖVEL.

Oh, mein Vater, mein Vater, unumstößlich ist es geschehen, daß er von uns gegangen ist
Mein Vater, mein Vater, er wird nicht mehr zu uns zurückkommen, weh!*

Bei der Sekundärbestattung beschwor Babesikna seinen Bruder, ihm nicht mehr im Traum zu erscheinen und nicht mehr zur Rache anzustacheln, denn aus der Gruppe jener, die für seinen Tod verantwortlich waren, hätte er ja einen zum Ausgleich getötet.

Zusammenfassung 4.13

In den Ritualen der Totentrauer und Bestattung verarbeiten Menschen den bewußt erlebten Tod ihnen nahestehender Mitmenschen. Nur Menschen betrauern Verstorbene, und nur sie nehmen als Trauergemeinde an der Trauer

---

* Aufnahme und Übersetzung dieser Eipo-Trauerlieder stammen von WULF SCHIEFENHÖVEL. Sie wurden zusammen mit den Eipo-Texten in I. EIBL-EIBESFELDT, W. SCHIEFENHÖVEL und V. HEESCHEN (1989) veröffentlicht.

Abb. 4.105: a) und b) Baumbestattung der Leiche Ebnas. Sie wird von Verwandten zur Ruhestatt in der entlaubten Baumkrone emporgehoben. Foto: W. Schiefenhövel.

ihnen verbundenen Mitmenschen teil und bekunden so Anteilnahme. Nur Menschen trösten Trauernde; nur sie bestatten Tote.

Bei den Totenklagen und Riten der Bestattung handelt es sich um Rituale des Abschieds, die an Abschiedsrituale des Alltags anknüpfen, aber reiche kulturelle Ausstattung erfahren. Die Grundmuster des Weinens, Wehklagens und Tröstens gehören zu den Universalien (Beispiele dazu auch im Kapitel »Kommunikation«). Sie werden kulturell ausgestaltet und in die Totentrauer eingebunden. Trauer und Wut gehen in der Phase der Verzweiflung oft ineinander über.

5. Das innerartliche Feindverhalten – Aggression und Krieg

»Wanderer, kommst du nach Sparta, verkündige dorten, du habest
Uns hier liegen gesehn, wie das Gesetz es befahl.«
(ÜBERSETZT VON FRIEDRICH SCHILLER)

Die Geschichte der Menschheit ist unter anderem eine Geschichte der Kriege. Durch Kriege haben Völker Länder erobert und sich verbreitet. Von den Besiegten verblieben oft nur die rauchgeschwärzten Ruinen, die der Spaten des Archäologen zutage fördert. Kriege spornten die menschliche Erfindungsgabe zu Höchstleistungen an, und das blieb bis heute so. Die Rüstungsausgaben der Welt betrugen 1980 die unvorstellbar hohe Summe von 455 Milliarden Dollar! Der Krieg brachte unendliches Leid über Menschen und zerstörte unersetzliche Kulturwerte. Kein Politiker der neuen Zeit bekannte sich daher rückhaltlos zu ihm als zur Fortsetzung der Politik mit anderen Mitteln (K. VON CLAUSEWITZ). Bestenfalls akzeptiert man ihn als unvermeidliches Übel – geboren aus der Furcht vor dem anderen.

Aber wenn der Friedenswunsch unterschwellig so groß ist, wieso gibt es heute noch so viele Kriege? Wie hat sich diese Form zwischenmenschlicher Auseinandersetzung entwickelt? Welche Aufgabe erfüllt der Krieg, und wo liegen seine Wurzeln? Diese Fragen gilt es zu klären, wenn wir Kontrolle über uns erlangen wollen.

Bei einem so weit verbreiteten Phänomen ist es vernünftig, zunächst als Hypothese anzunehmen, daß es Aufgaben erfüllt. Hat man diese erkannt, kann man darüber nachdenken, wie diese Aufgaben wohl anders erfüllt werden könnten.

Der Krieg hat die Menschen seit den frühesten Zeiten begleitet. Manche meinen, er sei die Geißel gewesen, die die menschliche Entwicklung vorantrieb (R. S. BIGELOW 1970). Andere dagegen halten ihn für ein pathologisches Phänomen, für eine Entartung der menschlichen Natur. Wie immer die Deutung auch ausfällt – sicher ist, daß der Krieg im gegenwärtigen Zustand der Menschheit die gefährlichste aller Gefahren darstellt, die den Menschen bedrohen. Es gilt den nuklearen Weltkrieg zu verhindern. Dazu müssen wir zunächst einmal das Phänomen der menschlichen Aggression verstehen.

5.1 Begriffsbestimmung

Der Begriff Aggression leitet sich vom lateinischen *aggredi* = herangehen ab. Es wird im Sinne von Angreifen, aber auch als Sich-einer-Herausforderung-Stellen verstanden. Im übertragenen Sinne nehmen wir auch Probleme in Angriff, und wir verbeißen uns in Aufgaben. Die Terminologie drückt bereits aus, daß es sich um ein Durchsetzen von Wünschen gegen Widerstände handelt, und zwar durch gewaltsame Überwindung des Widerstandes, etwa im Kampf oder durch Drohung. Das Hindernis kann im Verlauf der Auseinandersetzung beseitigt werden, d. h. der Gegner wird getötet, vertrieben oder unterworfen. In allen Fällen erreicht der Sieger Dominanz über den Besiegten.

Das gilt im Grunde für zwischenartliche wie für innerartliche Auseinandersetzungen. Der Widerstand der Beute muß überwunden werden, bevor sie verzehrt werden kann. Der als Rivale auftretende Artgenosse muß vertrieben oder unterworfen werden, damit der ungestörte Zugang zu den Weibchen oder zu bestimmten Ressourcen gesichert ist. Im Laufe der Stammesgeschichte entwickelte Programme bewirken, daß oft bereits der potentielle Rivale bekämpft wird.

Innerartliche und zwischenartliche Aggression* soll man sauber unterscheiden. Ein Spießbock kämpft gegen einen Löwen ganz anders als gegen einen anderen Spießbock. Den Freßfeind wird er zu spießen suchen, den Artgenossen dagegen bekämpft er turnierartig nach genauen Regeln, die Beschädigungen vermeiden. Ein Raubtier verhält sich beim Kampf mit seiner Beute ebenfalls ganz anders als beim Kampf mit Artgenossen. Eine Katze, die eine Beute beschleicht, verhält sich still. Sie zeigt nur eine geringe Aktivation des autonomen Systems, und ihre Angriffe richten sich mit Tötungsbiß gegen den Nacken des Opfers. Beim Kampf mit einer anderen Katze ist ihr autonomes System dagegen intensiv aktiviert. Die Rivalen äußern Drohlaute und nehmen eindrucksvolle Drohstellungen ein. Sie greifen einander mit ihren Krallen an. Der Gegner wird verletzt und vertrieben, aber selten getötet. Oft bleibt es beim Imponieren. Die innerartliche Auseinandersetzung ist hormonal stark beeinflußbar und zeigt Schwankungen der Handlungsbereitschaft, die nicht auf entsprechende Schwankungen der äußeren Umweltbedingungen zurückzuführen sind (D. J. Reis 1974).

Es gibt zwar Fälle, in denen nicht weiter zwischen innerartlicher und

---

* Wir setzen hier Aggression mit aggressivem Verhalten gleich und folgen darin H. D. Dann (1972).

zwischenartlicher Aggression unterschieden werden kann. Meist jedoch sind diese Aggressionsformen deutlich anders. Unterscheidet man sie nicht weiter, dann führt das leicht zu Fehlschlüssen. So meint R. A. DART (1949, 1953), die Aggressivität des modernen Menschen rühre von der räuberischen (carnivoren) Lebensweise seiner australopithecinen Vorfahren her. Die Australopithecinen jagten als »Raubaffen« mit einfachen Waffen. Die Klischeevorstellung vom »aggressiven« Raubtier führte zu dieser Gedankenverbindung, so als wäre räuberische Lebensweise Voraussetzung für die Ausbildung aggressiven Verhaltens. Man übersah dabei, daß so »friedliche« Pflanzenfresser wie Stiere gegen ihresgleichen recht aggressiv sein können. Der Körner und Würmer verspeisende Hahn ist sogar ein Symboltier der Aggression.

Psychologen definieren ein Verhalten im allgemeinen dann als aggressiv, wenn dadurch ein anderer oder eine Sache absichtlich beschädigt wird (J. DOLLARD und Mitarbeiter 1939, S. FESHBACH 1964, F. MERZ 1965, R. A. BARON 1977). Handlungsintentionen können wir aber nur beim Menschen erfragen, und oft müssen wir auch hier aus Beobachtungen schließen. In der Regel läßt sich auch aus ihnen ersehen, ob die Schädigung des Mitmenschen beabsichtigt war oder nicht. Ob Tiere intendiert handeln, läßt sich dagegen selten mit Sicherheit behaupten. Der Beobachter kann meist nur feststellen, daß mit dem Erreichen eines bestimmten Zustandes ein Verhalten beendet wird. Eine Meerechse bekämpft eine andere, bis diese das Feld räumt. Diese Vertreibung kann man nachträglich als Handlungsziel definieren, im Sinne einer abschaltenden Endsituation.

Irrtümliche Angriffe kommen auch bei Tieren vor, die im Eifer des Gefechtes, z. B. bei einer Gruppenverteidigung, über ein Gruppenmitglied herfallen. Solche Angriffe werden in der Regel sofort abgebrochen, und bei höheren Säugern schließen sich Verhaltensweisen betont freundlicher Zuwendung (soziale Fellpflege) an, was funktionell einer Beschwichtigung gleichkommt.

Das psychologische Definitionsmerkmal »Beschädigung« bedarf weiterer Präzisierung. Wenn Meerechsen einander bekämpfen, dann tun sie es in der Regel in Form eines Turnierkampfes, bei dem es zu keiner körperlichen Beschädigung des Partners kommt. Der feststellbare Schaden besteht in einer Verminderung des reproduktiven Erfolges; der verdrängte Partner wird zumindest vorübergehend von der Verpaarung mit einem Weibchen ausgeschlossen. Das geschieht, wenn ein Tier ein anderes durch sein Verhalten in eine niedere Rangposition abdrängt oder sogar aus einem Gebiet vertreibt – gleich ob der Unterlegene dabei auch physischen Schaden erleidet oder nicht. Den Gewinner entlohnen gewisse Vorteile wie Vortritt zu Ressourcen, und das schlägt sich letztlich wohl auch im Fortpflanzungserfolg nieder.

Es gibt jedoch auch Aggressionen, die intendiert sind, die aber nicht zum Schaden des Angegriffenen erfolgen, sondern zu dessen Nutzen. Das gilt für die erzieherische Aggression. Ein Klaps, mit dem einem Kind Grenzen gesetzt werden, ist eindeutig aggressiv. Mit Gewalt wird dem Kind gegen seinen Widerstand der Wille des Erziehers aufgezwungen. Das Merkmal des Schadenzufügens ist demnach als Definitionsmerkmal nur beschränkt brauchbar. Wohl aber ist das Herstellen einer Dominanzbeziehung ein brauchbares Kriterium. Auch der Reviergesang eines Vogels ist in diesem Sinne aggressives Verhalten (R. N. JOHNSON 1972, H. MARKL 1974), ja sogar die Dominanz mittels Pheromonen bei staatenbildenden Insekten*. Aggressiv ist alles Verhalten, durch das einem anderen, meist gegen seinen Widerstand, eine Dominanzbeziehung (Unterwerfung) aufgezwungen wird.

Von den aggressiven Verhaltensweisen sind jene der Defensive, Unterwerfung und Flucht zu unterscheiden. Diese bilden mit den Verhaltensweisen der Aggression ein funktionelles System: das Feindsystem oder agonale** System (J. P. SCOTT 1960). In ihm bilden Kampfsystem und Fluchtsystem funktionell eine Einheit. Ein Organismus muß nicht nur als Kämpfer auftreten können; die Alternative, sich zu unterwerfen oder zu flüchten, ist für seine Selbsterhaltung ebenso wichtig. In der Praxis kann man alle Übergänge und Überlagerungen von Angriffs- und Fluchtintentionen im Verhalten feststellen. R. W. HUNSPERGER (1954) fand durch elektrische Hirnreizung im Mittelhirn und Hypothalamus der Katze ein zusammenhängendes funktionelles System für Angriffsverhalten, Abwehr und Flucht. Gleiches darf man aus den Hirnreizversuchen von E. VON HOLST und U. VON SAINT PAUL (1960) schließen.

In der folgenden Übersicht stelle ich die Verhaltensweisen der Aggression und Verteidigung als Untersysteme eines Kampfsystems dar, dem als funktioneller Gegenspieler ein Fluchtsystem zugeordnet ist, das die Verhaltensweisen der Unterwerfung und der Flucht aktiviert. Es verhindert, daß Kämpfe bis zur Selbstvernichtung weitergehen. Die Subsysteme lassen sich, dem TINBERGEN-schen Hierarchieschema entsprechend, in weitere Untersysteme aufgliedern.

Agonales Verhalten (Feindverhalten)

Kampfsystem
1. Verhaltensweisen der Aggression
   Drohen
   Kämpfen
2. Verhaltensweisen der Verteidigung
   Drohen
   Kämpfen

---

* Das ist allerdings ein Grenzfall, da man nicht sagen kann, daß hier Dominanz gegen den Widerstand der Betroffenen aufgezwungen wird.

** Von agon = griech. Wettstreit. Man liest oft die latinisierte Form »agonistisch«.

Fluchtsystem
3. Verhaltensweisen der Submission
4. Fluchtverhalten

Unser Einteilungsschema drückt hypothetische Beziehungen zwischen physiologischen Systemen aus, die aufgrund der bisher vorliegenden Befunde postuliert werden können.

Es mangelt nicht an Versuchen, aggressives Verhalten weiter in Kategorien einzuteilen. Dabei werden oft recht heterogene Einteilungsprinzipien vermengt. So spricht R. BILZ (1965) von 15 »Aggressionsradikalen«: von Frustrations-, Straf-, Neid-, Hunger- und Sexualaggression, von anarchischer, analer und urethraler Aggression, von Übermüdungs-, Schmerz-, Angstbeißer- und Racheaggressivität, von Aggressivität gegenüber Insektenbelästigung, vom Aggressionsheroismus der Mütter und Alphapartner und der Aggressivität des Anstoßnehmens. Wie man ohne weiteres erkennen kann, wird hier einmal nach der Ausdrucksform (anal, urethral), dann nach der vermuteten Motivation (Neid, Hunger) und schließlich nach der auslösenden Reizsituation (Schmerz, Insekten) unterschieden.

K. E. MOYER (1971 a, b) vermengt bei seiner Einteilung der Aggression in verschiedene Klassen ebenfalls verschiedene Einteilungsprinzipien. Er unterteilt die innerartliche Aggression in 7 Klassen: 1. Das aggressive Verhalten von Männchen gegenüber Gleichgeschlechtlichen. 2. Die angstinduzierte Aggression eines flüchtenden Tieres nach Überschreitung der »kritischen« Distanz (H. HEDIGER 1934). 3. Die »spontane Gereiztheitsaggression«, für die ein belebtes oder unbelebtes Objekt zum Angreifen vorhanden sein muß. 4. Die territoriale Aggression, die fremde Artgenossen bei Überschreitung der Reviergrenzen auslösen. 5. Die mütterliche Aggression im Dienste der Brutverteidigung. 6. Die geschlechtsbezogene Aggression, die durch Reize ausgelöst wird, welche auch sexuelles Verhalten aktivieren. Als Schublade für alles Restliche unterscheidet er schließlich noch 7. die instrumentelle Aggression.

Interessant ist MOYERS Feststellung, die verschiedenen Aggressionsformen könne man durch elektrische Reizung von verschiedenen Hirnorten auslösen. Allerdings bleibt offen, ob man dabei ein System über verschiedene Eingänge aktiviert oder ob diskrete, unterschiedliche Neuronenpopulationen den verschiedenen innerartlichen Aggressionsformen zugrunde liegen.

Stark von Werturteilen geprägt ist die Einteilung der Aggressionsarten von ERICH FROMM (1974). Er unterscheidet zwischen »gutartiger« oder defensiver Aggression und »bösartiger« Aggression. Gutartig sind jene defensiven Reaktionen, mit deren Hilfe Individuen Vitalinteressen verteidigen. Nur diese Aggression ist nach FROMM phylogenetisch programmiert. Er nennt in diesem Zusammenhang Abwehrreaktionen auf Bedrohung der menschlichen Freiheit, Reaktion auf »verletzten Narzißmus«, das therapeutische Bemühen, verdrängte Bestrebungen bewußtzumachen, und die konformistische Aggression auf Befehl und Anweisung. Der defensiven Aggression verwandt ist nach FROMM die instrumentelle, da auch hier nicht das Zufügen von Schaden Ziel des Strebens sei. Vielmehr werde die Aggression als Werkzeug in den Dienst anderer Zielvorstellungen gestellt. Während die bisher beschriebenen Aggressionsformen dem Leben dienen, also biologisch adaptiv und daher »gutartig« sind, ist die Destruktivität (sie wird nach FROMM mit Grausamkeit gleichgesetzt) nicht adaptiv und nicht phylogenetisch programmiert. Sie stelle keine Verteidigung gegen eine Bedrohung dar. Ihre Hauptmanifestationen, Mord und Grausamkeit, seien lustvoll, ohne daß sie einem anderen Zweck zu dienen brauchten. Als spontane Formen der destruktiven Aggressivität führt FROMM die rachsüchtige, ekstatische Destruktivität und die Hingabe an den Haß auf. Ferner spricht er von Sadismus und schließlich von Nekrophilie, der Freude am Töten, und im Zusammenhang damit von nekrophilen Persönlichkeiten. Sie seien u. a. durch ein zwanghaftes Interesse an Tod und Verwesung gekennzeichnet, ferner durch Fixierung an Besitz und Vergangenheit, Vergötterung der Technik, der Einstellung, daß alles Lebendige eine Ware sei und Probleme nur mit Gewalt gelöst werden könnten, ferner durch bösartige, inzestuöse Bindungen an die Mutter.

Damit ist der bunte Garten der recht heterogenen Einteilungsbemühungen keineswegs erschöpfend geschildert, aber doch ausreichend, um die Problematik zu charakterisieren (weiteres bei G. PLEGER 1976). Wir werden eine Übersicht über die verschiedenen Funktionen aggressiven Verhaltens im Kapitel 5.3 vorlegen.

Zusammenfassung 5.1

Als aggressiv können wir jene Verhaltensweisen definieren, durch die Menschen (oder Tiere) gegen den Widerstand anderer ihre Interessen durchsetzen, also repressive Dominanz zu erwirken trachten. Dabei wird Aggression instrumental in sehr verschiedenen Funktionszusammenhängen eingesetzt, um Zutritt zu Ressourcen zu erzwingen, Rivalen abzuschlagen und anderes mehr. Auch Hindernisse, die sich einem zielstrebigen Verhalten entgegenstellen, bewirken Aggressionen mit dem Ziel, diese Hindernisse zu beseitigen. Innerartliche und zwischenartliche Aggression sind zu unterscheiden. Die innerartliche Aggression ist oft ritualisiert. Durch Imponieren und turnierhaftes Kämpfen werden exzessive Beschädigungen vermieden. Aggressives Verhalten bildet mit den Verhaltensweisen der Submission und Flucht das funktionell übergeordnete Wirkungsgefüge des agonalen oder Feindsystems.

5.2 Aggressionstheorien

Das aggressive Verhalten der Tiere wird entscheidend von stammesgeschichtlichen Anpassungen bestimmt. Im motorischen Bereich stehen den Tieren bestimmte Verhaltensweisen des Drohens und Kämpfens zur Verfügung, die zu ihrer morphologischen Ausstattung mit Waffen (etwa bestimmten Gehörntypen) passen. Auslöser aktivieren das aggressive Verhalten über angeborene Auslösemechanismen, und in einigen Fällen wurde endogene Motivation – ein Aggressionstrieb also – nachgewiesen; in anderen Fällen scheint das System dagegen reaktiv konstruiert zu sein (Literatur bei EIBL-EIBESFELDT 1975, K. E. MOYER 1987). Die Interaktionsstrategien sind durch stammesgeschichtliche Anpassungen in gewisser Weise vorgegeben. Allerdings lernen insbesondere die höheren Wirbeltiere eine Menge dazu. Säuger entwickeln bereits im Spiel mit ihresgleichen individuelles Geschick und individuelle Angriffs- und Verteidigungstaktiken.

Das Kampfverhalten ist oft so ritualisiert, daß keiner der Kontrahenten körperlichen Schaden erleidet. Bei Turnierkämpfen messen die Tiere ihre Kräfte nach festen Regeln auf unblutige Weise, bis einer merkt, daß ihm der andere überlegen ist, und aufgibt oder bis einer vom Platz verdrängt wird. Besondere, ebenfalls angeborene Verhaltensmuster der Submission und der Beschwichtigung können einen Kampf beenden und eine Eskalation ins Destruktive verhindern.

Die Frage, ob auch das menschliche Aggressionsverhalten durch stammesgeschichtliche Anpassungen mitbestimmt wird, rückte 1963 durch KONRAD LORENZ in den Brennpunkt der Diskussion. In seinem Buch »Das sogenannte Böse« vertrat er die Ansicht, daß auch menschliches Aggressionsverhalten zunächst als Anpassung zu verstehen ist und als solche auf eine lange stammesgeschichtliche Entwicklung zurückgeht. Insbesondere vermutete er, daß das menschliche Aggressionsverhalten von eigenen motivierenden Systemen angetrieben sei.

Mit diesem Hinweis auf die angeborenen Grundlagen will LORENZ Aggression keineswegs als unvermeidlich hinstellen und entschuldigen. Er schreibt vielmehr: »Wir haben gute Gründe, die intraspezifische Aggression in der gegenwärtigen kulturhistorischen und technologischen Situation der Menschheit für die schwerste aller Gefahren zu halten. Aber wir werden unsere Aussichten, ihr zu begegnen, gewiß nicht dadurch verbessern, daß wir sie als etwas Metaphysisches und Unabwendbares hinnehmen, vielleicht aber dadurch, daß wir die Kette ihrer natürlichen Verursachung verfolgen. Wo immer der Mensch die Macht erlangt hat, ein Naturgeschehen willkürlich in eine bestimmte Richtung zu lenken, verdankt er sie seiner Einsicht in die Verkettung der Ursachen, die es bewirken. Die Lehre vom normalen, seine arterhaltende Leistung erfüllenden Lebensvorgang, die sogenannte Physiologie, bildet die unentbehrliche Grundlage für die Lehre von seiner Störung, für die Pathologie« (K. LORENZ 1963 : 47).

LORENZ möchte über Aufklärung zur Kontrolle der Aggression beitragen. Jene, die ihm vorwerfen, er würde das Aggressionsproblem verharmlosen und Aggression entschuldigen, haben daher unaufmerksam gelesen oder bewußt die LORENZ-sche Position falsch dargestellt. Sie haben sich damit selbst disqualifiziert.

So schreibt ERICH FROMM (1974): »Was könnte für Menschen ..., die sich fürchten und die sich unfähig fühlen, den zur Zerstörung führenden Lauf der Dinge zu ändern, willkommener sein als die Theorie von K. LORENZ, daß die Gewalt aus unserer tierischen Natur kommt und einem unzähmbaren Trieb zur Aggression entspringt« (S. 53). Dieser Vorwurf ist mit geradezu gummistempelhafter Monotonie oft wiederholt worden (A. SCHMIDT-MUMMENDEY und H. D. SCHMIDT 1971, H. D. DANN 1972). A. MONTAGU (1976) versteigt sich sogar zu der Behauptung, die Ethologen würden lehren, wir Menschen seien geborene Mörder. Das einleitende Kapitel meines Buches »Liebe und Haß« (1970) trägt den Titel: »Die ›Bestia Humana‹, ein modernes Zerrbild des Menschen«! Die Verwilderung des Stils der wissenschaftlichen Diskussion verärgert. Sie richtet sich letztlich gegen den liberalen Gedankenaustausch.

Zur Aggressionsgenese gibt es eine Reihe von Theorien, die alle auf richtigen Beobachtungen und Experimenten basieren und die nur dann übers Ziel hinausschießen, wenn eine von ihnen einen ausschließlichen Erklärungsanspruch erhebt.

5.2.1 Lerntheorien

Erfolg bekräftigt ein Handeln, und Kinder lernen zweifellos am Erfolg, auch aggressive Verhaltensmuster instrumental einzusetzen, um bestimmte Ziele zu erreichen. Kinder lernen ferner am sozialen Vorbild (A. BANDURA 1973). A. BANDURA und R. H. WALTERS (1963) ließen eine Gruppe von Kindern zusehen, wie ein Erwachsener eine Gummipuppe mißhandelte. Eine andere Kindergruppe bekam dies weniger unmittelbar über einen Fernsehschirm vorgeführt. Eine dritte Gruppe sah einen Zeichentrickfilm, in dem eine Katze eine Puppe mißhandelte. Eine vierte Kindergruppe schließlich sah in der Vorführung keinerlei aggressive Handlungen. Nach der Vorführung wurden die Kinder aller vier Gruppen auf gleiche Art frustriert und danach ihr Spiel mit Puppen beobachtet. Alle Kinder, die ein aggressives Modell beobachtet hatten, verhielten sich ihren Puppen gegenüber aggressiver als jene Kinder der Kontrollgruppe, die kein aggressives Modell wahrgenommen hatten.

Das Vorbild des Modells wirkt lange nach. D. J. HICKS (1965) prüfte die Wirkung von sozialen Modellen auf Kinder, ähnlich wie BANDURA. Bei einer Nachuntersuchung, die er sechs Monate später machte, fand er, daß diejenigen, die einen Erwachsenen als aggressives Modell erlebt hatten, sich noch nach dieser Zeit vom Modell beeinflußt gaben! Diese und andere Untersuchungen

(A. BANDURA 1973, R. H. WALTERS und E. L. THOMAS 1963, S. FESHBACH und R. SINGER 1971) belegen einwandfrei die Bedeutung des Lernens am Modell für die Ausbildung aggressiver Einstellungen.

Ein Kind lernt vom Vorbild der Eltern und der Menschen seiner näheren Umgebung. Hat es eine gute Elternbindung, dann ist die Bereitschaft, dem elterlichen Vorbild nachzueifern, sehr groß, und je nachdem wird es bereit sein, heroische oder pazifistische Tugenden zu übernehmen. Der Mensch lernt ferner, seine Aggressionen in bestimmten Situationen zu zügeln und sie gegen bestimmte Kategorien von Menschen zu lenken, die von seiner Gemeinschaft als Feinde betrachtet werden. Er lernt, wann er innerhalb seiner Gruppe Aggressionen einsetzen darf und wann dies nicht legitim ist. Menschen lernen die besonderen Techniken des Kämpfens mit Waffen und noch vieles andere mehr. Es gibt keine Theorie, die behauptet, Lernen spiele im menschlichen Aggressionsverhalten keine oder auch nur eine untergeordnete Rolle. Ethologen wenden sich nur gegen die Aussage jener, die behaupten, daß darüber hinaus stammesgeschichtliche Anpassungen (Angeborenes) im menschlichen Aggressionsverhalten keine oder nur eine unbedeutende Rolle spielen würden. Solche Aussagen sind, wie wir zeigen werden, falsch.

5.2.2 *Die Aggressions-Frustrations-Hypothese* (J. DOLLARD und Mitarbeiter 1939)

Eine Behinderung zielstrebigen Verhaltens (Frustration) ruft Aggressionen wach, die das Hindernis überwinden helfen. Das aggressive Verhalten steht in diesem Falle im Dienste anderer Motivationen. Ein eigener Aggressionstrieb wird nicht angenommen. Das Verhalten, so meint J. DOLLARD, ist reaktiv. Das Reaktionsmuster, auf Frustrationen (Entbehrungserlebnisse) mit Aggressionen zu antworten, ist angeboren. Daß Frustrationen unmittelbar zu Aggressionen führen können, ist experimentell erwiesen. Ob jedoch auch frühkindliche Entbehrungserlebnisse mit Verzögerung im späteren Alter zu gesteigerter Aggressivität führen, bleibt umstritten. Dazu ist viel geschrieben worden – ohne die Basis gesicherter Daten. Man machte alles mögliche für aggressive Einstellungen verantwortlich: das Trauma der Geburt, das Abstillen, die Reinlichkeitserziehung oder die angebliche Unterdrückung der kindlichen Sexualität. Und man meinte dementsprechend, nur eine extrem permissive Erziehung könne die Entwicklung friedfertiger Persönlichkeiten garantieren. Das war sicher zu simplizistisch gedacht.

5.2.3 Die Trieblehren

SIGMUND FREUD nahm an, daß dem aggressiven Verhalten ein Aggressionstrieb zugrunde liege. Er postulierte allerdings einen mystischen Todestrieb oder Todesinstinkt (Thanatos), der als Gegenspieler des Lebensinstinktes (Libido) den Menschen zu destruktivem Handeln treibe. Dieses Konzept ist heute durch die biologische Triebtheorie der Aggression abgelöst (K. LORENZ 1963). Beobachtungen an Tieren belegen Appetenz und Schwellenerniedrigung für innerartliches Aggressionsverhalten. LORENZ nimmt daher an, daß die innerartliche Aggression ein echter »Instinkt« mit eigener endogener Erregungsproduktion sei, also eine triebhafte Grundlage habe. Wir werden uns mit dieser Frage auseinandersetzen (S. 535 ff.).

5.2.4 Ethologische Aggressionstheorie

Der Rahmen einer ethologischen Aggressionstheorie ist weiter gesteckt. Sie geht mit LORENZ davon aus, daß sich aggressives Verhalten im Dienste verschiedener Funktionen entwickelte und dementsprechend durch – von Art zu Art wechselnde – stammesgeschichtliche Anpassungen vorprogrammiert ist. Sie beziehen sich auf Antriebssysteme, vorgegebene Bewegungsweisen (Instinkthandlungen), angeborene Auslösemechanismen und dergleichen mehr. Sie wechseln mit den jeweiligen ökologischen Ansprüchen der Arten auf artspezifische Weise, auch was den Anteil an adaptiver Modifikabilität durch Lernen betrifft. Denn daß auch individuelle Erfahrungen für den Aufbau spezifischer aggressiver Handlungsbereitschaften mit verantwortlich sind, kann bereits für viele Tiere als erwiesen gelten, und daß bei uns Menschen das Lernen eine ausgezeichnete Rolle auch bei der Ausbildung aggressiven Verhaltens spielt, bezweifelt kein Ethologe.

In welchem Umfang stammesgeschichtliche Anpassungen das agonale Verhalten des Menschen bestimmen, bedarf noch eingehender Forschung. Fest steht, daß viele Soziologen und Psychologen die Bedeutung des angeborenen Anteils zu unterschätzen pflegen. Unser Wissen über stammesgeschichtliche Anpassungen im agonalen Verhalten beziehen wir aus dem Studium der Ontogenese und aus dem Kulturenvergleich. Einige Phänomene haben wir bereits erörtert; wir fassen sie hier noch einmal kurz zusammen.

5.2.4.1 Auslösende Reizsituation:

*Die Tatsache, daß Säuglinge um den sechsten Monat Angst vor fremden Personen zeigen (S. 237 ff.), auch wenn sie vorher keinerlei schlechte Erfahrungen mit Fremden sammelten, belegt, daß gewisse Merkmale des Mitmenschen primär das agonale System aktivieren. Die Fähigkeit, so auf diese Merkmale anzusprechen, reift in jedem gesunden Menschen heran. Ihr widerstreiten wohl ebenso angeborene Tendenzen der freundlichen Zuwendung, was zur Überlagerung von Bewegungen der Zuwendung (Orientierungsbewegungen, Ausdrucksbewegungen der Kontaktbereitschaft wie Lächeln) und der Ablehnung (Verhaltensweisen der »Flucht« – Abwenden, Sich-Verstecken; der Abwehr und des Angriffs – Fingerbeißen, Fußstampfen) führt (Abb. 5.1).

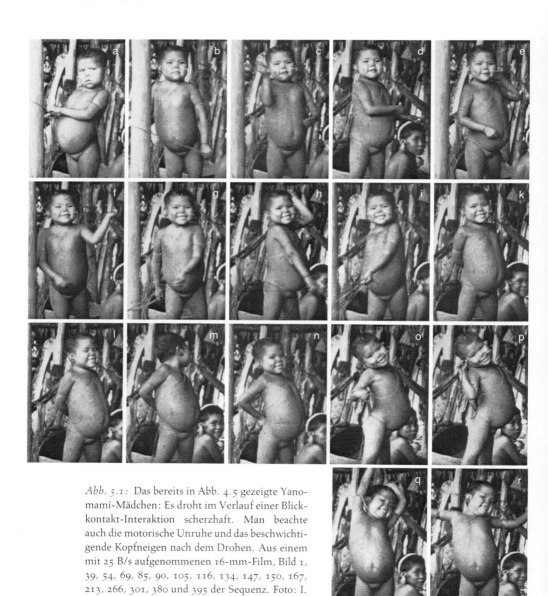

Abb. 5.1: Das bereits in Abb. 4.5 gezeigte Yanomami-Mädchen: Es droht im Verlauf einer Blickkontakt-Interaktion scherzhaft. Man beachte auch die motorische Unruhe und das beschwichtigende Kopfneigen nach dem Drohen. Aus einem mit 25 B/s aufgenommenen 16-mm-Film, Bild 1, 39, 54, 69, 85, 90, 105, 116, 134, 147, 150, 167, 213, 266, 301, 380 und 395 der Sequenz. Foto: I. EIBL-EIBESFELDT.

Diese Fremdenscheu entwickelt sich unabhängig vom jeweiligen Erziehungsstil bei allen Kindern in allen uns bekannten Kulturen. Ich habe sie bei den friedlichen Buschleuten ebenso wie bei australischen Eingeborenen (Pintubi, Walbiri, Gidjingali), den Yanomami, Himba oder Tasaday – um nur einige zu nennen – festgestellt. Mütter nützen diese Furcht gelegentlich, um unfolgsame Kinder mit der Möglichkeit zu schrecken, ein Fremder würde sie mitnehmen (I. EIBL-EIBESFELDT 1976). Das bekräftigt unter Umständen die Fremdenfurcht. Sie entwickelt sich jedoch zunächst einmal unabhängig von erzieherischer Einwirkung aufgrund eines vorgegebenen Programmes. Über die Signale, die das agonale System aktivieren, sind wir nur unvollständig unterrichtet. Immerhin wiesen wir bereits auf einiges hin: z. B. darauf, daß wir die Augen mit Ambivalenz wahrnehmen (S. 240 ff.; R. G. COSS 1972, M. ARGYLE und M. COOK 1976). Es muß aber noch andere Reize geben; denn taubblind Geborene reagieren auf den Geruch fremder Personen mit Fremdenscheu (I. EIBL-EIBESFELDT 1973). Man kann dieser Fremdenscheu sicherlich erzieherisch entgegenwirken. Es ist jedoch falsch, die Bedeutung solcher vorgegebener Reaktionsmuster zu unterschätzen. Manche der auslösenden Reize aktivieren nur beim Gleichgeschlechtlichen das agonale System. So wirkt das männliche Pheromon Androstenol auf Männer abstoßend, auf Frauen dagegen anziehend (S. 600 f.).

Die abweisenden Signale bewirken, daß Menschen im Alltag voreinander bestimmte Individualdistanzen einhalten, vor allem dann, wenn sie einander nicht näher kennen (Kap. 4.11.2).

Bei vielen Primaten gibt es Notrufe von Jungtieren, die geradezu reflektorische Angriffe der Brutverteidigung auslösen. Erwachsene Gruppenmitglieder können ebenfalls durch Rufe Beistand aktivieren. Auch der Mensch verfügt über einen spezifischen schrillen Notruf, der aufs höchste alarmierend wirkt und aggressiven Beistand auslöst. Systematische Untersuchungen liegen allerdings nicht vor.

Ferner sind in der menschlichen Mimik und Gestik Signale kodiert, die provozieren, einschüchtern oder beschwichtigen. Viele sind kulturell entwickelt worden, einiges liegt aber als stammesgeschichtliche Anpassung vor (siehe Drohstarren, S. 529, und Aggressionsabblockung, S. 687).

Physischer Schmerz ist ein weiterer Reiz, der universell Flucht, Abwehr oder Angriffsverhalten aktiviert. Im übertragenen Sinne gilt dies für jedes Zufügen von Leid.

Menschen reagieren ferner nicht nur auf einfache Schlüsselreize, sondern auch auf komplexere Reizsituationen. Wir sprachen bereits davon, daß jede Behinderung einer auf ein Ziel ausgerichteten Handlung Aggressionen wachruft als Mittel zur Überwindung der Behinderung. Das können sehr verschiedene Situationen sein. Ein Kind, dessen Spiel man unterbricht, etwa indem man es wegsetzt, wird dagegen protestieren. Oft sah ich bei Naturvölkern, daß ältere Brustkinder ihre Mutter schlugen, wenn diese ihnen die begehrte Brust nicht gleich zugänglich machte. Nach diesem Reaktionsschema reagiert der Mensch bis ins hohe Alter.

Als Widersacher bekämpft er auch Rivalen und im Rang Übergeordnete. Mit der Möglichkeit, daß die verschiedenen Situationen durch besondere zusätzliche Reizschlüssel spezifiziert werden, so daß ganz bestimmte Strategien aggressiven oder defensiven Verhaltens aktiviert werden, ist zu rechnen. K. Lorenz (1943) wies in diesem Zusammenhang darauf hin, daß in der Literatur immer wieder die gleichen Motive auftauchen, gleich ob es sich um hohe Kunst oder Kitsch handelt. So werden aggressive Verteidigungsreaktionen angesprochen, wenn ein Schuft eine Heldin entführt oder wenn ein hilfloses Kind mißhandelt wird, und wir identifizieren uns mit dem, der sich für die Gemeinschaft einsetzt oder treu zur Gattin oder zum Freund steht. Lorenz vermutet, daß dabei angeborene Werturteile ansprechen, die Normen sozialen Handelns festlegen. Er spricht in diesem Zusammenhang von ethischen Beziehungsschematen. Es fällt in der Tat auf, daß bestimmte »Situationsklischees« in der Literatur wie im Film immer wiederkehren, und zwar in recht ähnlicher Weise in allen Kulturen, in denen diese Kunstformen gepflegt werden. Daß man Gleiches mit Gleichem vergilt, dürfte eine solche alte Regel sein (S. 146).

5.2.4.2 Bewegungsmuster: Die Untersuchung taub und blind geborener Kinder lehrt, daß auch bei ihnen viele der Ausdrucksbewegungen, die Akte der Aggression normalerweise begleiten, vorhanden sind. Verärgerte Taubblinde beißen die Zähne zusammen und entblößen sie. Sie legen die Stirn in senkrechte Falten, ballen die Fäuste, und sie stampfen mit dem Fuß auf – letzteres ein Verhalten, das man im allgemeinen als ritualisierte Angriffsbewegung deutet: als Schritt auf den Gegner zu. Die Annahme, daß es sich hier um Verhaltensmuster handelt, die als stammesgeschichtliche Anpassungen vorliegen, wird durch den Kulturenvergleich und durch den Vergleich mit den uns nächststehenden Menschenaffen gestützt.

Bei großer Wut werden z. B. die Lippen geöffnet und die Mundwinkel herabgezogen. Beim Ausdruck kühner Entschlossenheit und damit der Angriffsbereitschaft schließt der Mensch die Mundspalte – die Mundwinkel sind dabei »verächtlich« herabgezogen. Zugleich überschatten die vorgezogenen Brauen die Augen, wie beim Abblenden gegen helles Sonnenlicht oder beim Fixieren eines fernen Ziels. Dabei treten senkrechte Stirnfalten auf. Diesem Ausdruck können sich andere Muster überlagern, z. B. solche, die Angst ausdrücken, die dem Ausdruck des Mutes also konträr entgegengesetzt sind. Aus der Überlagerung verschiedener Ausdrücke in verschiedenen Intensitätsstufen ergibt sich eine Vielfalt möglicher Ausdrücke. Unsere Wahrnehmung ist aber darauf geeicht, die Ausdruckselemente zu erkennen und dementsprechend auch komplexere Gesichtsausdrücke zu »verstehen«; dies geschieht über die Kulturengrenzen hinweg.

Eine verbreitete Form aggressiven Imponierens ist das Drohstarren. Ich filmte es bei den Buschleuten, den Yanomami, Himba und Eipo. Es kann als richtiges Drohstarrduell ablaufen, bis einer dem fixierenden Blick des anderen nicht mehr

a

b

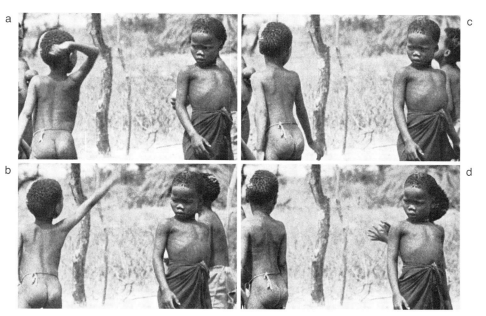

c

d

Abb. 5.2: Beispiele für individualisierte Aggressionen: Ein !Ko-Mädchen (zentrale Kalahari) fixiert ein anderes mit Drohstarren. Ihre Widersacherin schlägt mit der Hand in die Luft nach ihr und wendet sich dann ausweichend ab. Aus einem mit 50 B/s aufgenommenen 16-mm-Film, Bild 1, 8, 30 und 48 der Sequenz. Foto: D. HEUNEMANN aus I. EIBL-EIBESFELDT (1972).

a

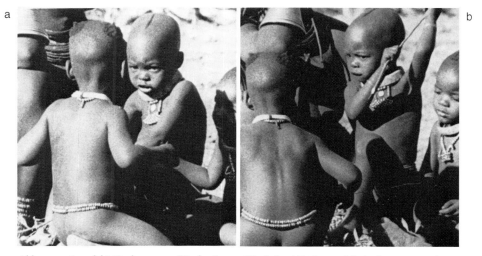

b

Abb. 5.3: a) und b) Drohstarren: Himba-Junge (Kaokoland/Südwestafrika), der einen anderen Jungen drohend fixiert. Wie in Abb. 4.90 wird die Stirn dabei leicht zusammengezogen, so daß senkrechte Stirnfalten (»vertical frown«) entstehen. Das scheint für das statische Fixieren ohne Ortsveränderung typisch zu sein. Aus einem 16-mm-Film. Foto: I. EIBL-EIBESFELDT.

Abb. 5.4: Balinesischer Junge, drohstarrend im gemimten Angriff auf einen Spielgefährten. Die Brauen werden dabei hochgerissen, die Mundspalte ist zusammengepreßt, die Mundwinkel sind leicht abwärts gezogen. Wenn Personen einen Stein oder ein anderes Objekt werfen, heben sie die Brauen in ähnlicher Weise an, vermutlich im Bestreben, klar zu sehen. Auch pressen sie die Mundspalten zusammen, was Menschen überall bei körperlicher Anstrengung tun. Aus einem 16-mm-Film. Foto: I. Eibl-Eibesfeldt.

standhält und aufgibt (Abb. 5.2–5.6). Es gibt ferner geschlechtsspezifische Formen des Drohens und Imponierens. Männer betonen ihre Körpergröße und Schulterbreite unter Einbeziehung künstlicher Mittel, z. B. durch Haupt- und Schulterschmuck (S. 101).

Zu den Rudimenten im Haarkleid passen solche des Verhaltens. Bei starker aggressiver Erregung, insbesondere wenn Emotionen der Gruppenverteidigung ansprechen, kontrahieren sich beim Menschen die Haaraufrichter (*Musculi erectores pilorum*) an der Basis der Haarfollikel. Man empfindet dies als Schauer. Die Kontraktion führt zur sogenannten Gänsehaut, die einen überläuft. Es handelt sich um ein Verhaltensrudiment ohne Funktion, denn wir verloren ja das Haarkleid. Noch ein weiteres Verhaltensrudiment ist in diesem Zusammenhang bemerkenswert: Wird beim Mann die Bereitschaft zur Gruppenverteidigung angesprochen, dann kommt zum Haaresträuben noch eine besondere Körperhaltung. Die Arme werden leicht vom Körper abgehoben und nach außen rotiert. Verbunden mit dem Haaresträuben würde dadurch der Körperumriß sicher auffällig vergrößert. Beim Schimpansen, der über die gleiche Imponierhaltung verfügt, kann man dies noch beobachten.

Als weitere typische Imponiergeste sei an das phallische Drohen erinnert. Wir finden es in einer Streuverteilung weltweit verbreitet und kennen offensichtlich homologe Verhaltensweisen bei nichtmenschlichen Primaten (S. 122).

Vergleichen wir schließlich das Imponierverhalten des Menschenmannes mit dem männlichen Schimpansen, dann fallen eine Reihe von Gemeinsamkeiten auf. Schimpansen drohen, indem sie mit den Beinen aufstampfen, mit der flachen Hand gegen die Unterlage oder gegen resonierende Baumstämme schlagen, indem sie Äste und Stöcke in der Hand schwingen, oft mit deutlicher Schlagdrohung. Sie schütteln Äste und Bäume und werfen mit Objekten. All dies tun Menschen auch,

Abb. 5.5: Drohgebärden und Mienenspiel eines balinesischen Jungen, der ein Mädchen (im Vordergrund) in der für die Balinesen typischen »theatralischen« Weise bedroht und neckt. Außer der Drohstellung mit abgewinkelten Ellenbogen (a, f, h) sind die Schlagdrohung mit geballter Faust (a bis d) und das Mienenspiel bemerkenswert. Er beginnt mit Drohstarren, wechselt dann zu spottend freundlichem Ausdruck und geneigtem Kopf und endet grimassierend mit vertikalen Stirnfalten und mit Zähnezeigen. Aus einem mit 25 B/s aufgenommenen 16-mm-Film, Bild 1, 20, 30, 40, 141, 161, 183 und 202 der Sequenz. Foto: I. Eibl-Eibesfeldt.

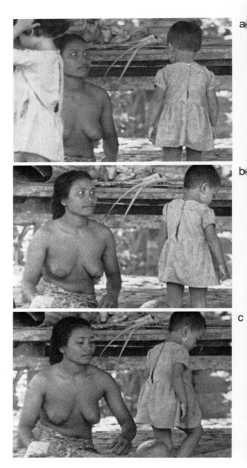

Abb. 5.6: Bei einer anderen verbreiteten Form drohenden Schauens, dem »Drohblikken«, werden nur die Augenlider, ohne nennenswerte Bewegungen der Brauen, stark angehoben. Dadurch wird mehr vom Augenweiß freigegeben, was den Blick auffällig macht. Balinesische Mutter, die ihr Kind durch Drohblick ermahnt. Das Kind weicht aus. Die Mutter schlug es anschließend noch mit der Hand auf die Beine. Aus einem mit 50 B/s aufgenommenen 16-mm-Film, Bild 1, 34 und 52 der Sequenz. Foto: I. Eibl-Eibesfeldt.

und manches davon bereits im frühkindlichen Alter. So fiel mir auf, daß vor allem Buben bereits als Säuglinge gezielt mit Stöcken von oben nach unten auf Mitmenschen einschlagen, sowohl spielerisch als auch aggressiv, und zwar auch dann, wenn sie nachweislich kein soziales Vorbild dazu animierte. Diese Strategie des Stockeinsatzes könnte demnach als stammesgeschichtliche Anpassung vorliegen. Andere Verhaltensweisen des Kämpfens – Beißen, Wegstoßen, Schlagen mit der Hand oder Faust, Kratzen – treten ebenfalls sehr früh auf. Sie können ferner in verschiedenen Kulturen beobachtet werden. Diese Gemeinsamkeiten könnten allerdings funktionell bedingt sein.

In einer agonalen Auseinandersetzung spielen außer den Ausdrucksformen des aggressiven Imponierens noch eine Reihe weiterer sozialer Signale eine wichtige Rolle. So gibt es verschiedene Verhaltensweisen, über die Aggressionen abgeblockt werden können. Eine universale Strategie der Aggressionsabblockung besteht in der Androhung eines Kontaktabbruches. Der Gekränkte wendet sich demonstrativ vom Gegner ab, indem er ihm die Schulter weist oder demonstrativ den Blickkontakt verweigert. Die Abbildung 6.85 (S. 690) illustriert das Geschehen. Die Strategie kann auch verbalisiert werden (S. 689). Sie ist nur wirksam, wenn eine Bindung zwischen den Streitenden besteht. In der anonymen Gesellschaft verliert dieser Appell an Wirkung. Bereits Säuglinge setzen diese Strategie ein (L. MURRAY 1977). Es handelt sich im Grunde um eine Drohung. Der mit Kontaktabbruch Drohende geht aus der Auseinandersetzung in der Regel als Sieger hervor.

Daneben gibt es ebenfalls kulturübergreifende Strategien der Aggressionsabblockung über Submission. Sich Unterwerfende machen sich nach dem Prinzip der »Antithese« kleiner, oft geben sie sich kindlich. Vom Neigen des Hauptes bis zum Fußfall gibt es alle Ausprägungen unterwürfigen Verhaltens. Jede Unterwerfung bedeutet Anerkennung der Dominanz des Siegers. Damit ist die Aufzählung der aggressionsabblockenden Strategien aber nicht erschöpft. Es gibt schließlich noch mehrere Appelle, über die ein freundliches Band gestiftet und so die Aggression abgeblockt wird. Weinen löst vielfach Mitleid aus und damit Betreuungshandlungen; auch kindliche Verhaltensweisen können eine solche Umschaltung im Verhalten des Angreifers bewirken. Filmdokumente aggressiver Interaktionen belegen die Universalität der in diesem Zusammenhang auftretenden Verhaltensmuster (Abb. 5.7–5.18). Bereits Kleinkinder, ja selbst Säuglinge wissen sich zu verteidigen, anzugreifen, Aggressionen abzublocken, Beistand zu gewinnen und zu leisten. Die typischen Muster des Konfliktmanagements sind präsent. Bemerkenswert ist, daß gerade Kinder und Säuglinge, die noch nicht sprechen können, sich nichts gefallen lassen, sondern bei Angriffen sofort Vergeltung üben. Die Lex talionis (S. 590) basiert auf genetischen Programmierungen und manifestiert sich früh.

Wenn es um aggressive Auseinandersetzungen ohne Waffen geht, steht ein Repertoire von Verhaltensweisen für Angriff, Verteidigung, Submission und Rückzug zur Verfügung, das nicht ausschließlich kulturell bedingt ist und das die Auseinandersetzungen im allgemeinen so regelt, daß es zu keiner ernsten Beschädigung des Partners kommt. Ein Konflikt kann allein auf der Ebene des Drohens, z. B. über ein Drohstarrduell, entschieden werden.

Der Streit in Worten stellt eine extreme Ritualisierung des Kampfverhaltens dar. Sicher hat die Möglichkeit, einen Konflikt verbal auszutragen, entscheidend zur Harmonisierung zwischenmenschlichen Zusammenlebens beigetragen. Bei der Erörterung der Sprachevolution wird nach meinem Dafürhalten diesem Aspekt zu wenig Bedeutung zugemessen (S. 745). Die ritualisierten Zweikämpfe lehren, daß offenbar ein starker Selektionsdruck auf Entwicklungen drängt, die beschädigende Auseinandersetzungen (Beschädigungskämpfe) verhindern (Kap. 2.4). So kommt es, daß hier die kulturelle Evolution die biologische phänokopiert. In diesem Sinne sind die Turnierkämpfe der Tiere durchaus den kulturell ritualisierten Zweikämpfen des Menschen vergleichbar.

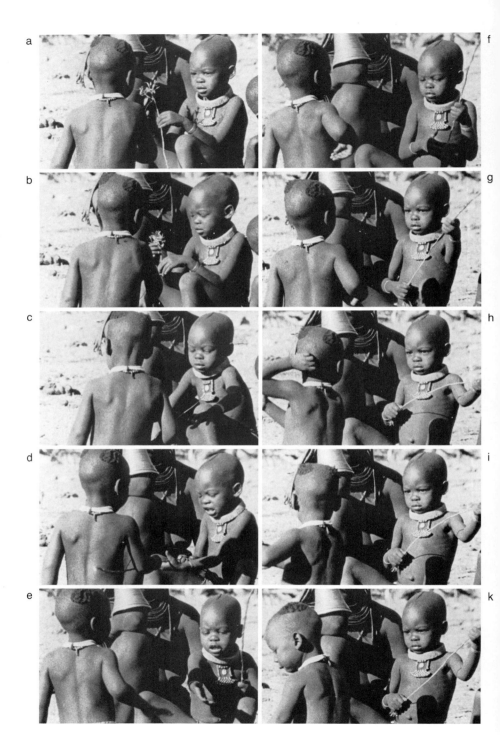

Abb. 5.7: Konflikt zwischen zwei Himba-Knaben (Kaokoland/Südwestafrika). Der Junge im Vordergrund entreißt einem Spielpartner eine Gerte (a–d). Der Eigentümer protestiert und holt sich die Gerte zurück. Anschließend droht er gegen den Übeltäter, der Konfliktbewegungen (Sich-Kratzen am Hinterkopf) zeigt. Schließlich schlägt er den Übeltäter noch quasi »strafend«, aber nur leicht auf den Kopf und schmollt kurz. In der Regel siegt beim Objektstreit der Eigentümer (siehe »Prioritätsregel« Kap. 4.12.1). Aus einem mit 50 B/s aufgenommenen 16-mm-Film, Bild 1, 19, 52, 132, 182, 209, 241, 265, 273, 288, 402 und 512 der Sequenz. Foto: I. Eibl-Eibesfeldt.

5.2.4.3 Motivierende Mechanismen: Die Frage, ob es einen primären Aggressionstrieb gibt oder ob die Aggression sekundär in den Dienst anderer Triebe gestellt und damit im wesentlichen sekundär motiviert wird, ist bis heute keineswegs geklärt. Die Tatsache, daß die Aggression ganz offensichtlich im Dienste sehr verschiedener Funktionen instrumental eingesetzt werden kann, würde, so meinten einige, eine eigene Motivation von vornherein ausschließen. Das ist aber nicht notwendigerweise so. Wir wissen, daß z. B. die Verhaltensweisen der Fortbewegung (Schwimmen, Laufen) bei verschiedenen Wirbeltieren von spontanaktiven automatischen Zellgruppen angetrieben werden, obgleich gerade die Lokomotion als Werkzeughandlung im Dienste der Erfüllung sehr vieler anderer Triebe steht. Dennoch existieren davon unabhängig der Fortbewegung unterliegende antreibende Systeme (Kap. 2.4.4) und dementsprechend auch die Appetenz zu schwimmen oder zu laufen. Sie ist artlich verschieden, je nachdem ob Fortbewegung etwa zur Jagd oder Partnersuche gebraucht wird oder nicht. Ähnlich könnte es sich mit der Aggression verhalten. Dem weiteren Argument, ein eigener Antrieb wäre wohl schädlich, würde er doch den Organismus dazu treiben, auf der Suche nach einem Rivalen in Kampfappetenz sein Revier zu verlassen, kann man entgegnen, daß dies wohl von der Stärke einer endogenen Motivation abhängt. Ein mäßiger Antrieb kann eine Angriffs- und Verteidigungsbereitschaft schaffen, die durchaus adaptiv ist, wenn es auf schnelle Antwort ankommt. Im übrigen wird mit der Annahme motivierender Mechanismen keineswegs ein einheitlicher Triebmechanismus postuliert, der jedem endogen motivierten Verhalten zugrunde liegt. Der Begriff Trieb beschreibt einzig und allein das Vorhandensein von Mechanismen, die eine bestimmte Handlungsbereitschaft induzieren, und deren gibt es viele (Kap. 2.2.4).

In der Bereitschaft, aggressiv zu handeln, zeigen Individuen deutliche Schwan-

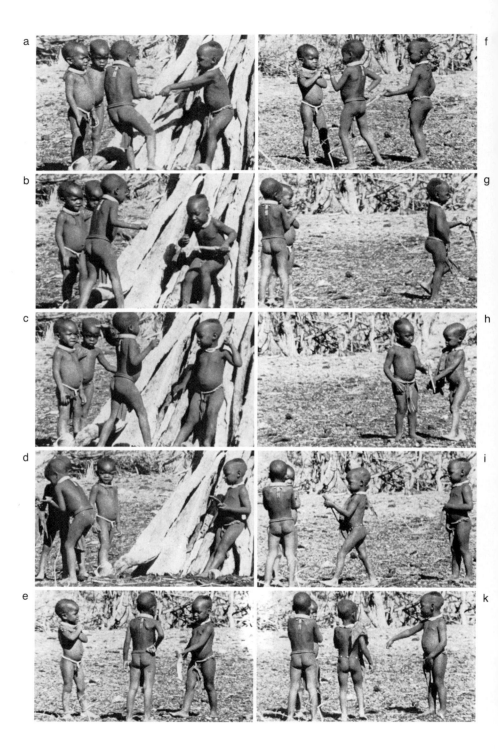

Abb. 5.8: Objektstreit und Beendigung des Konfliktes durch Vermittlung eines Dritten bei Himba-Knaben. Der Junge im Bild rechts entreißt seinem Freund ein Holzschwert. Dabei zieht sich der Freund einen Schiefer ein. Er schlägt nach dem Übeltäter und wendet sich zwei anderen Buben zu, die zuschauten, und zeigt ihnen die Verletzung (d). Der offensichtlich betroffene Übeltäter nähert sich dem ursprünglichen Eigentümer des Holzschwertes und will es ihm zurückgeben (e), dieser verweigert jedoch die Annahme (f). Nun wendet sich der Übeltäter an einen der beiden anderen Buben, übergibt ihm das Schwert, und dieser gibt es dem Beraubten zurück (g–k). Der Konflikt ist damit beendet, und die Gruppe spielt anschließend weiter. Aus einem mit 50 B/s aufgenommenen 16-mm-Film, Bild 1, 89, 181, 344, 1709, 1760, 1877, 1908, 2136 und 2370 der Sequenz. Foto: I. Eibl-Eibesfeldt.

Abb. 5.9: Viele Auseinandersetzungen zwischen Kindern werden auf der Ebene des Drohens ausgetragen. Ein Yanomami-Junge (Vordergrund links) nähert sich einem Mädchen, weist ihm das Gesäß, droht dann mit der Faust, worauf die Bedrohte zurückdroht. Aus einem mit 25 B/s aufgenommenen 16-mm-Film, Bild 1, 163, 176, 193 und 249 der Sequenz. Foto: I. Eibl-Eibesfeldt.

Abb. 5.10: Schlagdrohung eines etwa vierjährigen Yanomami-Jungen, der sich anschließend verächtlich abkehrt. Aus einem mit 25 B/s aufgenommenen 16-mm-Film, Bild 1, 6, 12, 23, 27 und 32 der Sequenz. Foto: I. Eibl-Eibesfeldt.

Abb. 5.11: Bei Auseinandersetzungen wird der Gegner oft umgestoßen. Bereits Säuglinge und Kleinkinder beherrschen diese Technik. Hier greift ein eineinhalbjähriger Junge seinen ein halbes Jahr älteren Spielgefährten an. Der Angreifer befand sich in seinem Heim. Der Angegriffene hatte ein Spielobjekt des Angreifers an sich genommen. Er wird umgeworfen, daraufhin sieht sich der Angreifer nach seinen Eltern um, wohl in deutlicher Anfrage. Ich hatte die Eltern gebeten, weder Billigung noch Mißbilligung zu zeigen. Es folgt ein zweiter Angriff. Der Angegriffene weint, der Angreifer beendet seine Aggression und sieht wieder (anfragend) nach seinen Eltern. Die Schwester des Weinenden kommt herbei und tröstet den Bruder. Aus einem 16-mm-Film. Foto: I. Eibl-Eibesfeldt.

Abb. 5.12: Wenn Säuglinge, die bereits krabbeln können, einander begegnen, kommt es in der Regel schnell zu aggressiven Auseinandersetzungen, die sich oft aus dem gegenseitigen Explorieren (siehe Abbildungsreihe S. 755) entwickeln; ferner, wie hier, aus dem Streit um Objekte (zur Verteidigung der Bindung an die Bezugsperson siehe S. 809). – Hier versucht ein etwa 10 Monate alter weiblicher !Ko-Säugling (zentrale Kalahari) einem etwa gleichalten männlichen Säugling ein Objekt wegzunehmen. Dieser entzieht sich dem Zugriff, geht dann zum Angriff über und stößt den Gegner um. Aus einem mit 50 B/s aufgenommenen 16-mm-Film, Bild 1, 18 und 67 der Sequenz. Foto: I. Eibl-Eibesfeldt.

Abb. 5.14: Zwei junge raufende !Ko-Männer (zentrale Kalahari): Einer hat den anderen auf den Rücken gezwungen. Foto: I. Eibl-Eibesfeldt.

Abb. 5.13: Den Gegner auf den Rücken zu zwingen ist Ziel vieler Auseinandersetzungen. Hier wirft ein Himba-Junge (Kaokoland/Südwestafrika) einen anderen auf den Rücken. Aus einem mit 25 B/s aufgenommenen 16-mm-Film, Bild 1 und 83 der Sequenz. Foto: I. Eibl-Eibesfeldt.

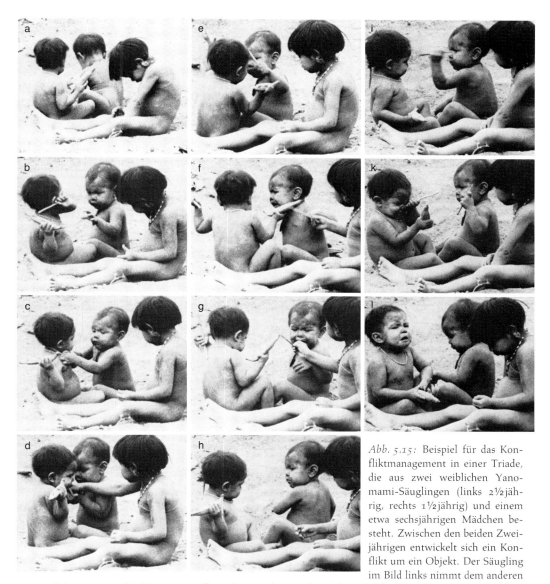

Abb. 5.15: Beispiel für das Konfliktmanagement in einer Triade, die aus zwei weiblichen Yanomami-Säuglingen (links 2½jährig, rechts 1½jährig) und einem etwa sechsjährigen Mädchen besteht. Zwischen den beiden Zweijährigen entwickelt sich ein Konflikt um ein Objekt. Der Säugling im Bild links nimmt dem anderen ein Stöckchen weg (a, b). Dieser entreißt es dem Räuber wieder und wird dabei von dem älteren Mädchen unterstützt (c, d). Der andere gibt jedoch nicht auf; er schlägt seinen Widersacher (e) und raubt das Hölzchen erneut (f). Im Verlauf des längeren Konflikts gibt die Ältere der Beraubten ein Hölzchen (g). Durch einen solchen Eingriff von seiten eines Dritten werden oft Konflikte gelöst. Die Beraubte schlägt jedoch mit dem eben erhaltenen Stöckchen nach ihrer Widersacherin und verletzt sie dabei unter dem Auge (i-l). Die Bildfolge endet hier. Die Filmszene geht jedoch weiter und hält fest, wie das ältere Mädchen die Weinende zunächst schlägt; dann sieht sie sich die Verletzung an. Die Weinende beruhigt sich und greift ihr Gegenüber an. Aus einem mit 50 B/s aufgenommenen 16-mm-Film, Bild 1, 145, 215, 515, 641, 1171, 1218, 1351, 1655, 1707 und 1970 der Sequenz. Foto: I. Eibl-Eibesfeldt.

Abb. 5.16: !Ko-Mädchen, das einen Buben mit einem Prügel bedroht. Kinder schlagen und bedrohen einander auch mit Gegenständen. Prügel, die den Gegner verletzen könnten, werden allerdings meist nur zum Drohen verwendet. Man wirft sie auch in Richtung des anderen, aber dann schlecht gezielt, im offensichtlichen Bemühen, eine Beschädigung zu vermeiden. Foto: I. Eibl-Eibesfeldt.

Abb. 5.17: Bereits Schimpansen drohen und schlagen, sogar bei innerartlichen Auseinandersetzungen, mit Stöcken. Zeichnung: H. Kacher nach einem Foto von J. van Lawick-Goodall.

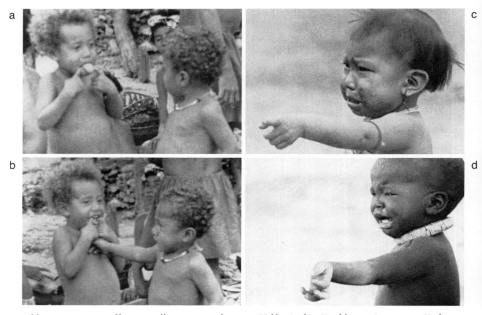

Abb. 5.18: Angegriffene appellieren an andere um Hilfe. (a, b): Ein kleiner Junge von Kaileuna (Trobriand-Inseln) verspottet einen anderen durch Zungezeigen und Auseinanderziehen der Mundwinkel. Der angegriffene Junge weint, zeigt auf den Übeltäter und blickt dabei hilfesuchend nach einem Mädchen. Die Spottgebärde finden wir auch auf mittelalterlichen Gemälden in unserer Kultur. Sie wurde wiederholt entwickelt. Das Herabziehen der Mundwinkel verstärkt den Ausdruck der Verärgerung und Wut (S. 660). c) Anklagendes, Beistand heischendes Hinweisen auf einen Übeltäter durch einen kleinen Yanomami-Jungen; d) ein Himba-Junge, der sich im Verlauf einer Auseinandersetzung an der Hand verletzt hat, klagt, indem er auf seine Hand zeigt, an. Aus 16-mm-Filmen. Foto: I. Eibl-Eibesfeldt.

kungen, die nicht stets auf parallel laufende Änderungen in der Umwelt zurückgeführt werden können. Hormonale Vorgänge – u. a. Androgenausschüttung (Kap. 4.9) und Änderungen im Serotonin-Stoffwechsel des Hirns (G. L. BROWN und Mitarbeiter 1982, P. F. BRAIN und D. BENTON 1981, B. B. SVAARE 1983) – spielen dabei eine Rolle.

Die Katecholamine Dopamin, Norepinephrin (Noradrenalin) und Epinephrin (Adrenalin) bewirken neben einer Reihe von physiologischen Reaktionen auch Änderungen der Aggressionsbereitschaft. Bei Reduktion des Noradrenalinspiegels verlieren Rhesus-Affen ihre vorherige Rangstellung. Noradrenalin bewirkt, daß sich die Blutgefäße zusammenziehen, ebenso die glatte Muskulatur. Der Herzschlag wird beschleunigt und Zucker in den Blutstrom entlassen. Epinephrin hat einen noch stärkeren Einfluß auf die Blutausschüttung und die Herzschlagfrequenz, aber einen weniger starken Einfluß auf die Konstriktoren der Blutgefäße in den Skelettmuskeln. Beide steigern den Stoffwechsel und bereiten den Organismus vor, auf Bedrohung zu antworten. Adrenalin scheint dabei mehr auf ängstliche Abwehrbereitschaft einzustimmen.

Männer sind oft ohne erkennbaren äußeren Anlaß aggressiv motiviert. Sie erleben ihre aggressive Appetenz und können auch über sie berichten. Sie suchen gelegentlich in aggressiver Gestimmtheit Auseinandersetzungen, und es gibt gerade in friedlichen Kulturen eine Fülle von Ventilsitten, über die Aggressionen ausgelebt werden können. Man kann auch experimentell nachweisen, daß aggressive Spannungen (Aggressionsstau) über aggressive Akte abreagiert werden. J. E. HOKANSON und S. SHETLER (1961) verärgerten Studenten, deren Blutdruck daraufhin anstieg. Sie teilten die Verärgerten anschließend in zwei Gruppen und gaben vor, der Versuchsleiter würde nun bestimmte Aufgaben lösen. Wenn er einen Fehler mache, könnten sie ihm dies durch Drücken eines Knopfes mitteilen. Die eine Gruppe glaubte, daß dabei ein blaues Licht aufleuchten, die andere, daß der Versuchsleiter einen elektrischen Schlag erhalten würde. Bei jenen, die dem Versuchsleiter einen elektrischen Schlag zu erteilen glaubten, sank der Blutdruck als Folge dieser Gegenaggression ab, bei den anderen blieb er dagegen hoch. In weiteren Versuchen fand man, daß auch verbale Aggressionen, ja sogar das Ansehen von Filmen aggressiven Inhalts, spannungslösend wirkte (S. FESHBACH 1961).

Auch der Humor hat eine kathartische Wirkung: Verärgerte, die Witzzeichnungen aggressiven Inhalts ansehen konnten, waren im anschließenden verbalen Test dem Versuchsleiter gegenüber weniger aggressiv als Personen, die keine derartigen Witzzeichnungen sahen (D. LANDY und D. MATTEE 1969). Weitere Beobachtungen über die kathartische Wirkung aggressiven Humors finden wir bei E. S. DWORKING und J. S. EFRAN (1967), D. SINGER (1968), L. BERKOWITZ (1970), R. A. BARON und R. L. BALL (1974), R. A. BARON (1977).

BARON meint allerdings, das Abklingen der Verärgerung sei nicht auf eine Abreaktion zurückzuführen, sondern das Ergebnis einer Umstimmung über das

Lachen, das er offenbar als freundlich interpretiert. Aber Lachen ist primär aggressiv. Es bindet jene, die gemeinsam lachen, richtet sich aber gegen denjenigen, den man auslacht (Kap. 4.10).

Die spannungslösende Wirkung aggressiven Handelns wurde ebenso in Zweifel gezogen wie die kathartische Bedeutung von Ventilsitten (Sport und Fernsehfilme aggressiven Inhalts). All das, so hört man, würde erst recht zur Aggression anregen (L. Berkowitz 1970, S. Feshbach und R. Singer 1971, A. Bandura 1973, R. G. Sipes 1973, J. Groebel 1986). Das stimmt, wenn man die Langzeitwirkung ins Auge faßt. Die Abreaktion ist ein Kurzzeiteffekt. Über wiederholte Abreaktion wird jedoch jedes Triebsystem trainiert. Außerdem lernt der Mensch ja von sozialen Vorbildern und als Ergebnis eigenen Handelns. Insofern ist also das Darbieten von aggressiven Modellen in Fernsehfilmen vor allem für junge Menschen nicht unbedenklich. Versuchspersonen, die L. Berkowitz (1962) verärgert hatte, fühlten sich spannungsfrei, wenn sie anschließend den Personen, die sie verärgert hatten, Strafreize erteilen konnten. Doch beurteilten sie die von ihnen Bestraften anschließend schlechter, als es andere, ebenfalls zuvor Provozierte, taten, die sich nicht hatten revanchieren können. Die Möglichkeit zur aggressiven Vergeltung befreite die Personen der ersten Gruppe zwar von Spannungen (Kurzzeiteffekt), zugleich verfestigte sich durch das Handeln aber ein Feindbild (Langzeiteffekt). Als Kurzzeiteffekt kann die kathartische Wirkung jedoch als erwiesen gelten (V. J. Konečni und A. N. Doob 1972, V. J. Konečni und E. B. Ebbesen 1976, R. G. Geen und M. B. Quanty 1977). Voraussetzung für eine Katharsis ist allerdings, daß die Verärgerten ihre Vergeltung mit affektiver Beteiligung (Wut) ausüben (A. H. Buss 1961, S. Feshbach 1961). Außerdem lassen sich durch Provokation erzeugte Spannungen auch anders abbauen, etwa indem man nachträglich die Provokation als notwendig begründet (S. K. Mallik und B. R. McCandless 1966) und diese Rechtfertigung akzeptiert wird. Auch lassen sich Verärgerte besänftigen, wenn sie erleben, daß ein Dritter einschreitet und dafür sorgt, daß die Beleidigungen eingestellt werden, vor allem auch dann, wenn sie von diesem Vermittler erfahren, daß der Beleidiger mittlerweile bestraft wurde (D. Bramel und Mitarbeiter 1968, J. W. Baker und K. W. Schaie 1969).

Bemerkenswert sind Geschlechtsunterschiede im Reaktionsmuster. Bei Männern und Frauen steigt der Blutdruck an, wenn man ihnen einen elektrischen Strafreiz erteilt. Können Männer anschließend aggressiv Vergeltung üben, dann fällt ihr Blutdruck ab, nicht aber, wenn sie belohnten, also freundlich reagierten. Bei Frauen ist es genau umgekehrt. Sie reagieren mit Blutdruckabfall, wenn sie belohnen, nicht aber, wenn sie aggressiv reagieren (J. E. Hokanson 1970).

Erhielten die Frauen allerdings, immer wenn sie freundlich reagierten, als Strafreiz einen Schock und immer, wenn sie einen Schock erteilten, eine freundliche Antwort, dann stellte sich auch bei ihnen zuletzt ein Spannungsabfall nach Ausübung aggressiver Akte ein und nur noch ein langsames Absinken, wenn sie freundlich handelten. Männern konnte man in der gleichen Weise ebenfalls ein dem vorherigen entgegengesetztes Muster aufprägen. Es kann also entgegen der geschlechtsspezifischen primären Disposition gehandelt werden. Um dieses vom geschlechtstypischen abweichende Reaktionsmuster aufrechtzuerhalten, bedarf es der ständigen Bekräftigung der abweichenden Reaktion. Entfällt diese, dann kehren die Versuchspersonen wieder zum alten Reaktionsmuster zurück.

Die Diskussion um die Katharsis und das Triebkonzept leidet u. a. daran, daß sich Autoren wortstark melden, die außer einer ideologischen Motivation wenig Sachkenntnis mitbringen. So meint R. G. Sipes (1973), aggressive Sportarten könnten keine kathartische Wirkung haben, denn er hätte festgestellt, daß kriegerische Kulturen, die sich ohnehin durch kriegerische Tätigkeit abreagierten, mehr Kampfspielarten kultivieren würden als nichtkriegerische; ja, während der Phase des Kriegführens würde die Kampfsporttätigkeit sogar zunehmen. Daß kriegerische Kulturen auf Aggressivität trainieren und dafür die Sportkampfarten gut geeignet sind, entging Sipes ebenso wie die Tatsache, daß sich in den USA, deren Verhältnisse er studierte, während des Krieges keineswegs jeder an der Front abreagierte. Außerdem ist Sipes' Argumentationsweise in sich inkonsistent. Die Buschleute der Kalahari stuft er als friedlich ein. Bei den Amerikanern registriert er dagegen die Jagd als »Kampfsport«. Demnach wären also die Buschleute und die meisten anderen von Sipes als friedlich eingestuften Naturvölker, da sie als Jäger leben, eigentlich als aggressiv einzustufen. Diese Unstimmigkeit übersah Sipes, wie übrigens auch die Tatsache, daß in diesen friedlichen Kulturen eine Vielzahl von Kampf- und Wetteiferspielen gepflegt wird. Angesichts dieser Denkfehler stört die Lautstärke, mit der er sich zum Triebmodell äußert.

Kampfappetenz wird nicht nur subjektiv erlebt – man kann auch ihre Abreaktion, wie gesagt (S. 543), nachweisen. Dem Verhalten liegen demnach motivierende Instanzen zugrunde. Die Motivation könnte allerdings eine sekundäre sein, so wie das die Aggressions-Frustrations-Theorie behauptet. Die Tatsache, daß Aggressionen durch Frustrationen gefördert werden, bedeutet aber nicht, daß sie nur so zustande kämen.

Unterstützt wird das ethologische Konzept eines primären Antriebs durch eine Reihe von Befunden der Hirnforschung. Elektrische Hirnreizung von verschiedenen Orten des Hirnstammes des Haushuhns löst nicht nur spezifische Verhaltensweisen der Aggression aus, sondern auch spezifische Appetenzen, einen Gegner anzugreifen. Die frei beweglichen hirngereizten Hühner suchen dann nach Objekten, die es erlauben, Aggressionen abzureagieren (E. von Holst und U. von Saint Paul 1960). Sie kämpfen also nicht blindlings drauflos. Katzen zeigen im paradoxen Schlaf (REM-Schlaf) Vibrissen- und, so wie wir Menschen, Augenbewegungen. Wir pflegen in dieser Phase zu träumen. Zerstört man nun im Nachhirn der Katzen bestimmte Regionen, dann fällt auf, daß die Katzen in der REM-Schlaf-Phase zu 80 Prozent aggressives Verhalten zeigen, das nunmehr offenbar ungehemmt abläuft (M. Jouvet 1972). Das gestattet die Annahme, daß es im Nachhirn der Katze Neuronennetze gibt, die jene zentralnervösen Instanzen hemmen, welche aggressives Verhalten antreiben.

Beim Menschen hat man ebenfalls zentralnervöse Instanzen gefunden, die für aggressives Verhalten entscheidend sind. Sie liegen im Schläfenlappen, Mandelkern und Hypothalamus und stehen mit vielen anderen Hirnregionen in enger Verbindung. Das ist nicht verwunderlich: steht das Verhalten doch als »Werkzeughandlung« im Dienste sehr vieler verschiedener Funktionen. In den genannten Regionen sind Nervennetze auch noch mit anderen Funktionen lokalisiert. So stellten H. KLÜVER und P. C. BUCY (1937) beim Rhesus-Affen fest, daß nach temporaler Lobotomie die Aggressivität der Versuchstiere zwar verschwunden, gleichzeitig aber das Freß- und Paarungsverhalten enthemmt waren. Dennoch hat man bei Patienten, die an pathologischen Aggressionen litten, versucht, sie durch Abtrennung der Schläfenlappen zu besänftigen. Das gelang, war aber von Nebeneffekten ganz ähnlicher Art begleitet wie bei den Affen.

Bei Schläfenlappenepilepsie erleiden manche Patienten ganz unkontrollierte spontane Wutanfälle. Man konnte solche Wutanfälle bei diesen Patienten aber auch durch elektrische Reizung dieser Hirngebiete aktivieren (F. A. GIBBS 1951, K. E. MOYER 1968, 1969, 1971 a, b, W. H. SWEET und Mitarbeiter 1969). Die spontanen Wutanfälle sind ohne Zweifel pathologisch; sie lehren aber, daß es Neuronenkreise gibt, die spontan aktiv sein können, was dann zu unkontrollierten Wutanfällen führt. Man darf aufgrund der allgemeinen Kenntnis der Funktionsweise des Nervensystems vermuten, daß diese Nervennetze auch bei Gesunden nie ganz still sind. K. E. MOYER (1971 : 50) meint in diesem Zusammenhang, daß das LORENZsche Triebmodell sich auf eine Reihe von physiologischen Tatsachen stützen könne. Chemische Änderungen im Blut könnten jene Regionen des Zentralnervensystems, die für aggressives Verhalten verantwortlich sind, sensivieren und den Druck in Richtung erhöhte Aggressionsbereitschaft verstärken. Aber er meint, die Vorstellung, daß diese als Drang verspürte Bereitschaft nur in aggressiven Akten ausgelebt werden könne, sei sicher etwas zu vereinfachend. Dem stimme ich zu. Es gibt andere Formen der Auslebung und Sublimation. Zur Beziehung von Außenreiz und innerer Motivation bemerkt er (S. 55): »In summary one can say the external stimulus conditions for releasing eating and aggressive behavior are important. Aggressive behavior is less stimulus dependent, if at all, than eating behavior. Hungry men will not eat bits of rock, but angry ones will beat against walls.«[*]

Die Ablehnung des Aggressionstriebkonzeptes wird selten sachlich begründet. Man glaubt, die Annahme eines Aggressionstriebes müsse eine fatalistische

---

[*] »Zusammenfassend kann man sagen, daß auslösende Reize für Essen und aggressives Verhalten wichtig sind. Aggressives Verhalten ist aber, wenn überhaupt, weniger reizabhängig als das Eßverhalten. Hungrige werden nicht Steine zu sich nehmen, aber Verärgerte werden gegen Wände schlagen.«

Haltung bewirken, und lehnt das Konzept aus diesem Grunde ab. »Die Lehre vom Aggressionstrieb«, schreibt J. RATTNER (1970 : 35), »bietet einer gesellschaftlichen Verschleierungstechnik Vorschub, die dem konservativ bürgerlichen Denken durchaus entspricht. Der Blick des Betrachters wird von den Mängeln innerhalb der Gesellschaft ... abgelenkt und richtet sich nur noch auf die hypothetische Instinktgrundlage des Menschen, die sich menschlicher Willkür und Einflußnahme entzieht.« Und bei H. D. DANN (1971 : 84) lesen wir: »Wer an einen ›Aggressionstrieb‹ glaubt, der sich stets von neuem auflädt, oder wer einen ›Frustrations-Aggressions-Mechanismus‹ am Werke sieht, der durch wohl niemals ganz zu vermeidende Entsagungen ständig gespeist wird, der muß die Möglichkeit aggressionsfreier zwischenmenschlicher Beziehungen wohl eher für sehr unwahrscheinlich halten.« Das konkrete Problem wird aber sicherlich nicht dadurch gelöst, daß wir uns für friedfertig halten und alles wegblenden, was dem zunächst widerspricht.

Dem Kampfsystem ist funktionell ein Fluchtsystem zugeordnet (Kap. 5.1). Über dieses werden Ausdrucksbewegungen der Angst, Submission und Verhaltensweisen des Ausweichens und Flüchtens aktiviert. Sie alle sind vom subjektiven Erleben der Angst begleitet. Das gilt bis zu einem gewissen Grade wohl auch für das Sichern (Abb. 5.19 und 5.20), das sowohl Freßfeinden als auch Artgenossen gilt. Häufigkeit und Dauer des Sicherns hängt von der Gruppengröße ab. Einzelne Personen sichern öfter, und sie schauen länger auf als Personen in der Gruppe, die sich offenbar weniger exponiert fühlen (M. WAWRA 1985). Bemerkenswerterweise gibt es auch so etwas wie eine Fluchtappetenz. Sich-gruselnkönnen ist bis zu einem gewissen Grade lustbetont. Dies nützt unter anderem die

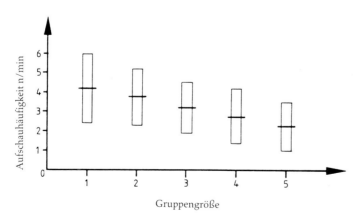

Abb. 5.19: Mittelwerte der Aufschauhäufigkeit von Personen beiderlei Geschlechtes, die in einer Mensa speisten, in Abhängigkeit von der Gruppengröße (nach M. WAWRA 1985).

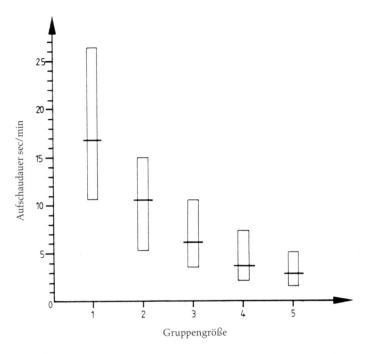

Abb. 5.20: Mittelwerte der Aufschaudauer von Personen beiderlei Geschlechtes, die in einer Mensa speisten, in Abhängigkeit von der Gruppengröße (nach M. WAWRA 1985).

Unterhaltungsindustrie. Zur Angst vor Mitmenschen und Freßfeinden siehe Kapitel 2.2.6, 4.2, 4.11.2 und 9.2.

Zusammenfassung 5.2

Das ethologische Modell zur Aggressionsgenese bringt das Konzept der stammesgeschichtlichen Angepaßtheit aggressiven Verhaltens in die Diskussion ein und integriert die Befunde der biologischen Verhaltensforschung mit jenen der Lerntheorie und der Aggressions-Frustrations-Hypothese. Es weist damit auch die Vorwürfe zurück, der Hinweis auf Angeborenes würde einem Fatalismus den Weg bereiten; denn die erzieherische Beeinflussung wird nicht nur anerkannt, sondern als eine der Voraussetzungen für eine wirksame Aggressionskontrolle erachtet. Der Hinweis auf die stammesgeschichtlichen Vorprogrammierungen soll dazu verhelfen.

Das Ausmaß stammesgeschichtlicher Determiniertheit ist noch nicht bekannt, doch steht fest, daß sowohl im motorischen Bereich als auch in der Wahrnehmung (auslösende Reizsituationen) und in den motivierenden Mechanismen stammesgeschichtliche Anpassungen vorliegen. Menschen erleben Schwankungen der aggressiven Handlungsbereitschaft, denen innere verursachende Faktoren zugrunde liegen müssen, da keine entsprechenden Schwankungen in der Umwelt nachgewiesen werden können. Kampfappetenz und Katharsis können experimentell nachgewiesen werden – letztere als Kurzzeiteffekt mit einem Training des Systems als Langzeitfolge. Welche Faktoren bei der endogenen Motivation aggressiven Verhaltens zusammenwirken, ist noch nicht geklärt. Neben Hormonen (Androgenen) dürften Hirnamine bei der spontanen Aktivation jener neuronalen Substrate eine Rolle spielen, die aggressive Appetenzen und, im pathologischen Fall, unkontrollierbare spontane Aggression aktivieren.

5.3 Funktionelle Aspekte aggressiven Verhaltens

Wir haben bereits verschiedentlich darauf hingewiesen, daß aggressives Verhalten bestimmte Aufgaben erfüllt. Wir sprachen von territorialer Aggression, von der Verteidigung von Besitz und sozialen Bindungen, von normerhaltender Aggression, von der Verteidigung von Rangpositionen und anderem mehr. Damit sind die Funktionen keineswegs erschöpft. Wir weisen noch einmal ausdrücklich darauf hin, daß aggressives Verhalten als »Werkzeughandlung« in den Dienst sehr verschiedener Aufgaben gestellt werden kann und grundsätzlich eine Strategie darstellt, mit deren Hilfe ein Widerstand, der sich einer zielstrebigen Handlung entgegenstellt, überwunden werden kann. Das Verhalten kann demnach ebenso dazu verhelfen, einen Rivalen abzuschlagen und damit einen Geschlechtspartner zu gewinnen, als auch einen Platz zu erobern oder zu behaupten.

Wir wiesen ferner auf die Bedeutung aggressiven Verhaltens im Zusammenhang mit dem Schutz der Nachkommenschaft hin. Brutverteidigung ist bei Säugern und Vögeln altes Erbe. Sie hat sich in beiden Gruppen wohl unabhängig voneinander entwickelt. Während die territoriale Aggression bei männlichen Tieren stärker ausgeprägt ist als bei weiblichen, obliegt die Brutverteidigung bei vielen Säugern oft ausschließlich dem weiblichen Geschlecht. Bei nichtmenschlichen Primaten ist das Männchen verschiedentlich an der Brutverteidigung beteiligt. Männliche Paviane, Makaken und viele andere eilen auf den Notruf eines Jungen herbei und leisten Beistand. Das entsprechende Verhalten des Menschen könnte demnach eine ältere Wurzel haben, obgleich die Familialisierung des Mannes phylogenetischer Neuerwerb ist (Kap. 4.3.1). Auf eine besondere Form des *Beistehens*, das durch Weinen ausgelöst wird, werden wir noch zu sprechen kommen (Kap. 5.6.2).

Eine in ihrer Funktion oft nicht erkannte, für den heranwachsenden Menschen höchst wichtige Form der Aggression ist die erkundende oder explorative Aggression (B. HASSENSTEIN 1973). Sie stellt eine Frage an die soziale Umwelt: »Was darf ich tun, wo liegen die Grenzen?« Durch Aggression fordert das Kind eine Antwort heraus, etwa indem es mit einem Stock ein anderes Kind schlägt, ihm etwas wegnimmt, es hänselt und dabei darauf achtet, was die anderen und was der direkt davon Betroffene dazu sagen (Abb. 5.21–5.25). Unterbleibt eine Antwort, dann wird die nächste Anfrage eindringlicher, denn das Kind setzt ja seine Aggression instrumental ein, um Antworten, die soziale Normen betreffen, zu erhalten. Es liegt geradezu im Wesen der explorativen Aggression, daß sie zur Eskalation neigt, wenn keine Grenzen gesetzt werden (B. HASSENSTEIN 1973). Es war u. a. der Irrtum der permissiven Erziehung, daß sie annahm, jedes Verbot würde als »Frustration« Aggressionen fördern, und daß sie dementsprechend Verbote in der Erziehung vermied. Das führte nicht dazu, daß besonders friedfertige Menschen heranwuchsen. Vielmehr erwiesen sich die so erzogenen Kinder in ihren Aggressionen als ungezügelt und unbeherrscht (J. ROTHCHILD und S. B. WOLF 1976).

Die Strategie der explorativen Aggression beschränkt sich nicht nur auf das Kindesalter. Jugendliche, aber auch die Herrscher junger Staaten und Angehörige von Subkulturen wenden sich so an ihre Umwelt. Auch hier gilt, daß die Verweigerung einer Antwort zur Eskalation der Anfrage führt. Während am Anfang ein klärendes Gespräch, ein deutliches, aber freundliches »Nein« den Konflikt bereinigt hätte, bedarf es bei Eskalationen in der Regel zunehmend repressiver Maßnahmen, um der Aggression Einhalt zu gebieten. Wir mußten u. a. in Europa erleben, wie eine gesellschaftskritische Bewegung (APO) schließlich ins Kriminelle abglitt, weil man nicht rechtzeitig die Dynamik der explorativen Aggression erkannte.

Vergleichbares wiederholte sich 1980 und 1981 und eskalierte schließlich in Zürich, Wien und einigen bundesdeutschen Städten in Straßenkrawallen. In einer bemerkenswerten Parallele setzen schließlich junge Staaten die Aggression ein, um ihren Freiraum auszuloten. Uganda unter Idi Amin wäre ein Beispiel dafür. Auch hier eskalierte die aggressive Anfrage, da niemand zur rechten Zeit energisch widersprach. In Persien schaute man zu, wie Flaggen der Vereinigten Staaten verbrannt und Diplomaten beschimpft wurden. Wen wundert es eigentlich, daß es schließlich zur Geiselnahme kam*?

Es wäre jedoch ganz falsch, die explorative Aggression deshalb grundsätzlich negativ zu bewerten. Sie hat auch ihre positiven Seiten, nur muß man mit ihr umgehen können. Ein Kind ist eben nicht bloß passiver Empfänger von Unterwei-

---

* Ich verbinde diese Beispiele keineswegs mit irgendeiner parteilichen Stellungnahme zu den Konflikten. Ich hätte auch beliebige andere wählen können.

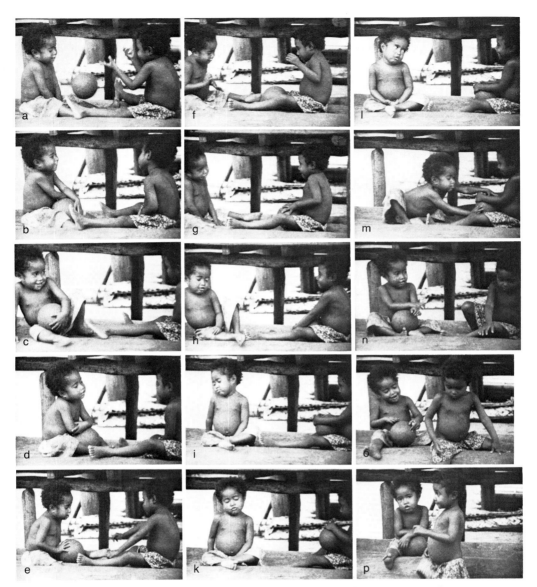

Abb. 5.21: Herausfordern durch Regelverstoß als Strategie sozialer Exploration. Zwei Trobriander-Mädchen spielen mit einem Ball. Nach mehrmaligem Ballwechsel behält das Mädchen Inawaya (links) herausfordernd den Ball und neckt so Ilaketukwa, vorgebend, sie würde den Ball behalten. Als sie den Ball schließlich übergibt, behält Ilaketukwa den Ball. Inawaya bemüht sich mit eindrucksvollen Appellen um die Rückgabe: Sie wendet sich schmollend ab, dann mit flehendem Ausdruck und aufgehaltener Hand wieder ihrer Spielgefährtin zu, und als dies nichts nützt, verliert sie die Geduld und raubt den Ball. Damit überschreitet sie die Grenze des Zulässigen. Ilaketukwa geht weg. Kurzer Ausdruck des Triumphs bei Inawaya, dann nachdenklicher Ausdruck. Fünf Minuten später spielten sie übrigens wieder. Aus einem mit 25 B/s aufgenommenen 16-mm-Film, Bild 1, 78, 148, 285, 615, 646, 665, 732, 793, 801, 836, 943, 1000, 1051 und 1100 der Sequenz. Foto: I. EIBL-EIBESFELDT.

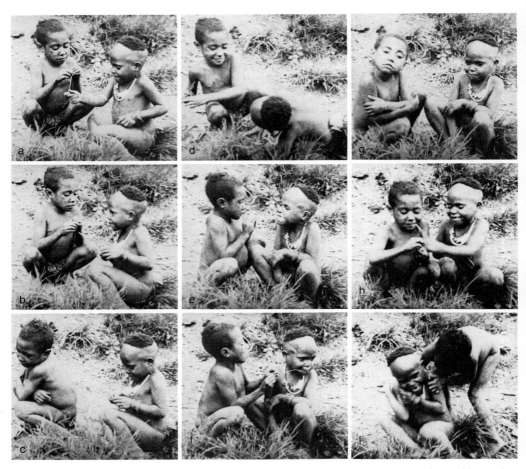

Abb. 5.22: Spielerisch explorierende Aggression (Eipo, Neuguinea). Liginto, das Mädchen rechts, nimmt ihrer Spielgefährtin Magato einen Grashalm weg, mit dem diese gerade spielte (a, b). Magato wendet sich ab, als wäre sie gekränkt. Liginto, leicht alarmiert, schaut ihr ins Gesicht, um zu sehen, wie ernst sie es meint. Als Magato lacht, spielen sie weiter. Im Verlauf dieses Spieles »beraubt« Liginto – diesmal mit dem Mund – ihre Spielgefährtin noch einmal. Wieder gibt sich Magato »beleidigt«. Es folgt ein kurzes scherzhaftes Gerangel. Aus einem mit 25 B/s aufgenommenen 16-mm-Film, Bild 1, 19, 46, 101, 819, 921, 1186, 1197 und 1281 der Sequenz. Foto: I. Eibl-Eibesfeldt.

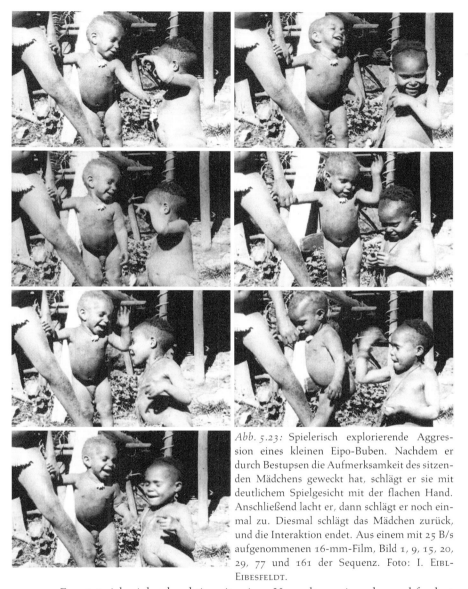

Abb. 5.23: Spielerisch explorierende Aggression eines kleinen Eipo-Buben. Nachdem er durch Bestupsen die Aufmerksamkeit des sitzenden Mädchens geweckt hat, schlägt er sie mit deutlichem Spielgesicht mit der flachen Hand. Anschließend lacht er, dann schlägt er noch einmal zu. Diesmal schlägt das Mädchen zurück, und die Interaktion endet. Aus einem mit 25 B/s aufgenommenen 16-mm-Film, Bild 1, 9, 15, 20, 29, 77 und 161 der Sequenz. Foto: I. EIBL-EIBESFELDT.

sungen. Es setzt sich vielmehr aktiv mit seiner Umwelt auseinander und fordert dadurch den Partner zum Dialog heraus. Es stellt dabei das Verhalten der anderen in Frage, und das kann beim Partner Neuanpassungen erzwingen. Das gilt insbesondere für den Dialog der Generationen, in dem sich Traditionen zu bewähren haben.

Auf die erzieherische Aggression sind wir bei Besprechung der normerhaltenden Aggressionsformen bereits kurz eingegangen, sie ist ja eine Form davon

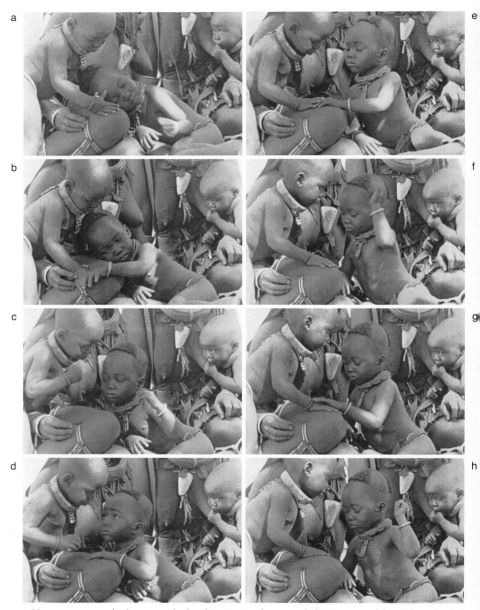

Abb. 5.24: Herausforderung und Abwehr: Ein Himba-Junge belästigt ein auf dem Oberschenkel ihrer Mutter schlafendes Mädchen, indem er sie mit dem Daumen an der Stirn kratzt. Sie schiebt seine Hand weg, drohfixiert ihn und schlägt nach ihm. – Subtile Aggressionen dieser Art tragen oft den Charakter der explorativen Aggression, mit deren Hilfe Kinder die Reaktionen ihrer Spielpartner testen, ihren Handlungsspielraum ausloten und zum Rangdisput provozieren. Aus einem mit 25 B/s aufgenommenen 16-mm-Film, Bild 1, 26, 51, 68, 80, 95, 102 und 115 der Sequenz. Foto: I. Eibl-Eibesfeldt.

Abb. 5.25: Beispiel einer spielerisch explorativen Aggression. Ein !Ko-Junge schlägt seinen Vater mit einem Stock. Er macht dazu das »Spielgesicht« (Kap. 3.4). Der Vater lacht dazu, was den Sohn ermutigt. Ältere Kinder werden dagegen ermahnt, wenn sie zu grob werden. Foto: I. EIBL-EIBESFELD.

(Kap. 4.10). Zu ihr zählen auch die Rügesitten. Sie sind in unserer Kultur z. B. als Haberfeldtreiben bekannt. Entsprechende Sitten kennt man aus England (»rough music«) und Frankreich (E. HOFFMANN-KRAYER und H. BÄCHTOLD-STÄUBLI 1930, 1933, E. P. THOMPSON 1972). Man zog dazu in Gruppen vor das Haus des Sünders, rügte ihn in Versen und lärmte mit Schellen und anderen Instrumenten.

E. P. THOMPSON (1972) zitiert als Beispiel einen Spruch, den man in einem Dorf in Surrey (England) vor dem Haus eines Mannes aufsagte, der seine Frau des öfteren mißhandelt hatte:

»Ein Mann ist an diesem Ort,
Der seine Frau geprügelt hat! (forte; Pause)
Der seine Frau geprügelt hat!!! (fortissimo)
Es ist große Schande und Schmach
Für alle an diesem Ort.
Ja, so ist's, so wahr ich lebe.«

Anschließend lärmte das Volk eine gute halbe Stunde vor dem Haus.

Die verblümte und nichtadressierte Rüge im Lied ist bei den Eipo ein wichtiges Mittel sozialer Normenkontrolle. Die Anspielung auf konkrete Ereignisse macht klar, was und wer gemeint ist, ohne daß die Gruppenharmonie gestört wird. Da niemand konkret angesprochen wird, muß er nicht antworten. Er kann das Gesicht wahren und so tun, als ginge es ihn nichts an.

Erzieherische Aggression sind auch alle Formen der Zurechtweisung der Kinder durch ihre Eltern, vom Ausschimpfen bis zur körperlichen Züchtigung, ferner die Vielfalt von Rügesitten und schließlich die Bestrafung von Gruppenmitgliedern nach Aburteilung.

Hat bei den Walbiri ein Mann die Ehe gebrochen, dann muß er sich dem beleidigten Ehemann stellen; dieser darf ihm einen Holzspeer in die Oberschenkel oder Beine schleudern, nicht aber in eine andere Körperregion, es sei denn, der Ehebrecher versucht, sich dieser Bestrafung zu entziehen.

Ähnliche Bräuche findet man bei den Dsimakani (Fly River, nordwestliche Provinz, Papua-Neuguinea). Dort wird der Ehebrecher mit einem Zeremonialspeer in die Oberschenkel gestochen. Der Speer hat viele kleine Widerhaken, die abbrechen, so daß der Heilungsprozeß recht schmerzhaft ist. Flüchtet der Gegner, kann er auch in den Rücken getroffen werden, und das ist dann meist tödlich (W. SCHIEFENHÖVEL, mündliche Mitteilung).

In Hochkulturen gibt es für die Bestrafung eine eigene Exekutive. Strafe und Vergeltung sind vom selektionistischen Standpunkt von einiger Bedeutung. Für die Biologen erhebt sich ja die Frage, wie es kommt, daß altruistische Individuen nicht letztlich durch nichtaltruistische Mutanten – etwa durch Betrüger – verdrängt werden (Kap. 2.4). Beim Menschen ist das Problem insofern gelöst, als er in der Lage ist, diejenigen, die gegen eine Norm verstoßen, zu erkennen und zu bestrafen.

In all diesen verschiedenen Fällen wird aggressives Verhalten durch jeweils verschiedene auslösende Reizsituationen und wohl oft auch durch verschiedene motivierende Systeme aktiviert. Deshalb unterscheidet auch B. HASSENSTEIN (1973) nach der biologischen Motivation Aggressivität aus Hunger, Angst, Sexualverlangen, Streben nach Revierbesitz, Rangstufenrivalität und Feindschaft gegen Gruppenfremde, behinderte Triebbefriedigung und Spieltrieb. Über diese verschiedenen Kanäle wird aber letztlich wohl doch das gleiche System aktiviert.

Zum Abschluß noch einige Worte zur moralischen Bewertung der Aggression. Aggressive Verhaltensweisen sind sicher ein problematisches Mittel der Interessendurchsetzung, aber sie bleiben in vielen Bereichen ein wichtiges Instrument der Problembewältigung, sei es als Mittel der Exploration, sei es als Motivation, Problemlösungen »in Angriff« zu nehmen. Wer eine Person so konditionieren wollte, daß sie nicht mehr ärgerlich oder zornig werden kann, der nähme ihr die Möglichkeit, sich zu wehren. Gelernte Hilflosigkeit wäre die Folge. Wie W. CHARLESWORTH (1991) in einer höchst lesenswerten Untersuchung hervorhebt, gäbe es dann keine Auflehnung gegen Unterdrückung und keinen gerechten Zorn gegen Ungerechtigkeiten. Kein Mensch sähe sich mehr bemüßigt, Mißhandelten zu Hilfe zu eilen.

Zusammenfassung 5.3

Aggressives Verhalten wird instrumental zur Erreichung recht unterschiedlicher Handlungsziele eingesetzt. Von besonderer gesellschaftlicher Bedeutung ist die explorative Aggression, mit der Kinder und junge Menschen ihren sozialen Handlungsspielraum ausloten. Junge Staaten bedienen sich im internationalen Verkehr der gleichen explorativen Strategie. Aggressive Exploration fordert zum Dialog auf. Unterbleibt die Antwort, dann eskaliert die Anfrage. Dieser Wirkmechanismus wird von vielen Erziehern und Politikern nicht erkannt, was zu fehlangepaßtem Verhalten führt.

5.4 Die Sozialisation aggressiven Verhaltens

»In brief the ethologists believe that aggressive acts are caused mainly by the build up of aggressive motivation, making aggression both spontaneous and inevitable, even in the absence of any eliciting situation« (R. H. SCHUSTER 1978: 94)*. Die Strategie, über grobe Verzerrungen einen Meinungsgegner aufzubauen, um ihn dann zu bekämpfen, ist nicht neu**. Daß diese Karikatur eines ethologischen Standpunktes in einem Buch steht, in dem sich Fachleute zum Thema Aggression äußern, ist allerdings erstaunlich, denn in diesem besonderen Fall dürfte man ja erwarten, daß auch gelesen wurde, was Ethologen geschrieben haben: Daß der Mensch seine Aggressionen nicht zügeln könne und daß sie daher als etwas Unvermeidliches hinzunehmen seien, haben nun weder KONRAD LORENZ noch ich

---

* »Kurz gesagt glauben die Ethologen, daß aggressives Verhalten hauptsächlich durch den Aufbau aggressiver Motivationen hervorgerufen wird, so daß aggressive Akte sowohl spontan als auch unvermeidbar seien, auch dann, wenn gar keine auslösende Situation besteht.«

** Die Strategie, eine gegnerische Position aufzubauen, die gar nicht vertreten wird, wird bis heute gern praktiziert, so zum Beispiel von B. BATESON (1989), der den »reinen Instinkt-Theoretiker« ersann, welcher glaube, man könne die Aggression durch Lernen nicht beeinflussen, um diese unsinnige und völlig konstruierte Position dann zu bekämpfen. Ähnlich steht es um das Sevilla Statement (vgl. S. 588, Fußnote).

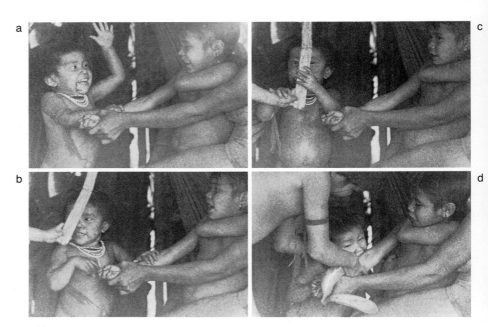

Abb. 5.26: Ermutigung zur Vergeltung: Ein Yanomami-Junge hat ein Mädchen geschlagen. Man hält ihn nun fest und ermuntert das Mädchen, ihn ebenfalls zu schlagen. Man gibt ihr dazu ein Stück Holz. Er nimmt es als Scherz. Erst als sie ihn beißt, ändert sich sein Gesichtsausdruck. Foto: I. Eibl-Eibesfeldt.

je behauptet. Wir haben vielmehr im Gegenteil immer wieder betont, daß die Aggression der erzieherischen Kontrolle nicht allein zugänglich ist, sondern ihrer sogar dringend bedarf, da die angeborenen Aggressionskontrollen als Sicherungen nicht ausreichen. Das gilt ja auch für andere Bereiche erwiesenermaßen triebhaften Verhaltens. Man denke nur an das Geschlechtsverhalten. Kein Mensch würde aus dem offensichtlichen Angeborensein eines Geschlechtstriebes folgern, er sei darum als unabänderlich zu akzeptieren und man müsse ein freies Ausleben gestatten und entschuldigen.

Alles triebhafte Verhalten ist erzieherischer Kultivierung zugänglich. Die Aggression wird bei verschiedenen Kulturen gemäß den Anforderungen ihrer speziellen Ökologie auf verschiedene Weise sozialisiert. Ein Rinderhirte in der semiariden Zone Afrikas braucht schließlich andere Aggressionskontrollen als etwa ein als Jäger und Sammler lebender Buschmann.

Über die kulturspezifischen Sozialisationspraktiken ist viel geschrieben worden. Margaret Mead (1935) führte die Aggressivität der Mundugumur (Neuguinea) auf die lieblose Behandlung durch die Eltern zurück. Sie schreibt, daß die Mütter ihre Säuglinge in rauhen Tragekörben tragen, sie darin oft allein abstellen und nur beim Stillen Körperkontakt, und auch den nicht in ausreichendem Maße, gewähren. Das soll angeblich die spätere aggressive Haltung dieser kriegerischen

Menschen bewirken. Im Kontrast dazu erführen die friedfertigeren Arapesh Neuguineas als Säuglinge Wärme und Zuwendung.

Daß abweisende Eltern aggressive Persönlichkeiten bewirken, Zuneigung gewährende dagegen freundlich pazifistische, ist eine These, die in der Folge viel kolportiert wurde (R. P. ROHNER 1975). Sie ist jedoch falsch. Liebesentzug kann zwar eine Persönlichkeit aggressiv verbilden, aber so, daß sie dabei auch asozial wird. Kriegerische Tugenden werden aber so nicht entwickelt. Sie erfordern u. a. Loyalität, Einsatzbereitschaft, Selbstüberwindung und Mut, und diese Eigenschaften erwirbt man anders. Unser Dokumentationsprogramm umfaßt neben den nichtkriegerischen Buschleuten so ausgesprochen kriegerische Kulturen wie die der Eipo, Himba und Yanomami. In all diesen Kulturen erfährt das Kind vom frühen Säuglingsalter an zärtliche Zuwendung und Körperkontakt. Es wird ferner nach Wunsch gestillt, kurz – es entbehrt der Liebe nicht. Dennoch werden aus diesen Kindern Krieger, und zwar eben nicht durch Liebesentzug. Die gewährte Liebe schafft vielmehr die Bereitschaft, sich mit dem geliebten elterlichen Vorbild zu identifizieren. Je nachdem wie diese sich verhalten, eifert das Kind einem friedfertigen oder kriegerischen Vorbild nach. Dazu kommen dann gezielte Erziehungspraktiken. Sowohl bei den Eipo, den Yanomami und den Himba werden die Kinder früh zu einer gewissen Härte im Ertragen von physischem Schmerz erzogen und die Bereitschaft, erfahrene Aggressionen durch ebensolche zu vergelten wird erzieherisch bekräftigt (I. EIBL-EIBESFELDT 1976, W. SCHIEFEN-HÖVEL 1980). Wird ein Kind von einem anderen geschlagen und läuft heulend zur Mutter zurück, so fordert diese oder der Vater das Kind z. B. auf, einen Stock zu nehmen und es dem Angreifer heimzuzahlen. Bei den Yanomami werden selbst Mädchen so erzogen (Abb. 5.26).

Außerdem praktizieren die Kinder im Spiel kriegerische Fertigkeiten. Yanomami- und Eipo-Kinder schießen mit Spielpfeilen aufeinander, und sie formieren sich dazu in zwei einander bekämpfende Gruppen (Abb. 5.27 und 5.28). In all ihren Spielaktivitäten eifern sie den Modellen nach, die ihnen von den Erwachsenen geboten werden. Erzieherisch wirken diese durch Lob und Tadel ein. Weint ein Kind, dann wird es als wehleidig gescholten, gelegentlich sogar geschlagen. Bei den nichtkriegerischen Buschleuten der Kalahari sind die Kinder mit anderen Modellen konfrontiert. Die Eltern geben sich nicht kriegerisch, und sie ermuntern auch nicht zur Vergeltung, wenn ein Kind von einem anderen angegriffen wird. Sie schelten vielmehr den Angreifer und bemühen sich darum, den Angegriffenen zu trösten. Mütter, deren kleine Kinder streiten, beweisen große Geduld. Sie setzen in erster Linie Strategien der Ablenkung und Beschwichtigung ein, seltener strafen sie durch einen Klaps (I. EIBL-EIBESFELDT 1976, 1979).

Liebevolle Zuwendung zum Säugling und körperlicher Kontakt allein schaffen also noch keinen friedlichen Menschen. Dazu sind gezielte Erziehung und das soziale Vorbild der Erwachsenen nötig. Ebensowenig gilt, daß Liebesentzug kriegerische Menschen schafft, denn eine kriegerische Haltung setzt, wie gesagt,

Abb. 5.27: Bei den kriegerischen Yanomami identifizieren sich die Jungen mit dem kriegerischen Vorbild ihrer Väter. Sie spielen Krieg, indem sie z. B. in Parteien mit Pfeilen aufeinander schießen. Aus einem 16-mm-Film. Foto: I. Eibl-Eibesfeldt.

Loyalität zur Gruppe und eine Reihe von anderen Tugenden voraus. Dagegen ist Liebesentzug sicher für einige Formen pathologischer Aggression verantwortlich. In Gerichtsverhandlungen über Gewaltverbrecher können die Verteidiger immer wieder auf die lieblose Kindheit ihrer Klienten verweisen. Schon ein allzu häufiger Wechsel der Bezugspersonen wirkt sich hier verhängnisvoll aus (Kap. 4.3.2).

Bei kriegerischen Völkern werden kriegerische Tugenden auch im Alltag des Erwachsenen immer wieder von neuem bekräftigt. Wir erwähnten in diesem Zusammenhang bereits die Rituale der Gehorsamserweisung bei den Himba und andere disziplinbekräftigende Bräuche (Kap. 3.4). Die Himba bekräftigen überdies heroische Tugenden, indem sie bei geselligen Zusammenkünften Preislieder singen, in denen die Taten mutiger Ahnen gepriesen werden. Auch dazu gibt es im europäischen Kulturbereich eine Reihe von Parallelen.

Mit der Besprechung der Einübung kriegerischer Tugenden haben wir bereits jene Form der Gruppenaggression genannt, die wir als Krieg bezeichnen. Sie

Abb. 5.28: Die Kinder ahmen auch andere aggressive Aktivitäten der Erwachsenen nach. In a) schlagen sich ein junger Yanomami und eine Yanomami-Frau mit den Stämmen einer Bananenstaude; b) Yanomami-Kinder spielen das nach; c) sie spielen auch mit Hingabe Frauenraub. Foto: I. EIBL-EIBESFELDT.

unterscheidet sich in einer Reihe von Merkmalen von der individualistischen Aggression, und wir wollen sie daher gesondert betrachten.

Zusammenfassung 5.4

Die aggressive Disposition kann durch Erziehung gefördert, auf bestimmte Ziele ausgerichtet oder auch unterdrückt werden. Kriegerische Völker bekräftigen kriegerische Tugenden in Gesängen und Erzählungen, sie fordern oft Gehorsam, unterweisen im Kampf und fördern die Bereitschaft, Vergeltung zu üben. Kinder, die elterliche Zuwendung erfahren, sind im allgemeinen bereit, sich mit der gleichgeschlechtlichen Elternrolle zu identifizieren und die Werte der Kultur zu übernehmen – gleich ob diese kriegerisch oder friedlich sind.

5.5 Zweikämpfe

Bei Zweikämpfen handelt es sich um kulturell geregelte Formen ernster oder sportlicher Auseinandersetzung. Sie können sehr verschiedene Formen annehmen. Sie finden ferner in erster Linie zwischen Männern statt. Kämpfe zwischen zwei Frauen sind, sieht man vom Wortstreit ab, seltener ritualisiert.

In Australien filmte ich ein Beispiel für die seltene Ausnahme. Bei den Walbiri und anderen Eingeborenen kämpfen die Frauen mit Grabstöcken. Eine versucht die andere auf den Schädel zu schlagen; diese pariert den Schlag mit ihrem Grabstock, den sie mit beiden Händen schützend über den Kopf hält (Abb. 5.29). Mädchen üben das bereits im Spiel. Die Auseinandersetzung endet meist damit, daß andere die Streitenden trennen. Die Angreiferin schmäht noch eine Weile ihre Gegnerin mit Worten, und in einem Fall pflanzte sie ihren Grabstock wie einen Phallus zwischen ihre Beine und machte Kopulationsbewegungen in Richtung ihrer Rivalin.

Auch in anderen Kulturen gehen Frauen mit den Grabstöcken aufeinander los, aber weniger ritualisiert. Bei Raufereien reißen Frauen einander an den Haaren

Abb. 5.29: Zwei streitende Walbiri-Frauen (Zentralaustralien). Sie bedrohen einander mit Prügeln. Die Angreiferin schlägt zu, die Angegriffene pariert mit quergehaltenem Prügel. Unbewaffnete Frauen mischen sich ein und versuchen zu schlichten. Aus einem mit 25 B/s aufgenommenen 16-mm-Film, Bild 1, 25, 55 und 113 der Sequenz. Foto: I. Eibl-Eibesfeldt.

und am Ohrschmuck. Sie kratzen und beißen. In der Regel streiten Frauen jedoch mit Worten.

Männer messen ihre Kräfte öfter im Zweikampf, der besonderen Regeln unterliegt, auch wenn er ohne Waffen ausgetragen wird. Das gilt für Ringkämpfe ebenso wie für Faustkämpfe. Bei den Ringkämpfen scheint es darauf anzukommen, den Gegner unter sich in Rückenlage auf den Boden zu zwingen – im wahrsten Sinne des Wortes also »unterlegen« zu machen. Die Regeln zielen oft darauf ab, ernsthafte Beschädigungen des Kampfpartners zu vermeiden. Damit mindert man auch das Risiko, selbst den Tod zu finden. Außerdem bleibt die Auseinandersetzung auf zwei Personen begrenzt. Käme eine zu ernsthaftem Schaden oder gar zu Tode, dann müßten die Gruppenangehörigen Rache üben, und der Konflikt würde eskalieren. R. D. GUTHRIE (1976) bemerkt, daß bei Faustkämpfen das Kinn ausgesuchter Punkt des Angriffs sei. Er vermutet einen Zusammenhang mit dem Ausdrucksverhalten. Ein vorgestrecktes Kinn, so argumentiert er, sei Ausdruck der Entschlossenheit und Angriffsbereitschaft, ein zurückgezogenes Kinn Zeichen ängstlicher Zurückhaltung – und auf diese wolle man den Gegner gewissermaßen zurechtboxen. Eine solche psychologische Deutung ist sicher gewagt, aber nicht ganz von der Hand zu weisen. Wichtiger ist wohl, daß man durch einen Schlag auf das Kinn das Hirn des Gegners so erschüttern kann, daß er das Bewußtsein verliert, ohne daß man ihn dabei übermäßig schädigt.

Zweikämpfe mit Waffen unterliegen Turnierregeln, die ebenfalls das Risiko eines tödlichen Ausgangs mindern sollen. Es gibt eine Vielzahl von Turnierformen in Anpassung an die dabei verwendeten Waffen. Im allgemeinen werden dazu Nahwaffen (Stöcke, Hieb- und Stichwaffen), seltener die gefährlicheren Distanzwaffen (Speere, Schußwaffen) verwendet. Auch gibt es Eskalationsstufen, angepaßt an die Schwere des Konfliktes. Bei leichteren Konflikten kämpfen z. B. die Yanomami, indem sie einander mit der Faust abwechselnd gegen den Brustmuskel schlagen. Manchmal verwenden sie dazu auch die stumpfe Seite ihrer Äxte. Eine weitere schmerzhafte, aber nicht lebensgefährliche Form der Auseinandersetzung ist das Flankenschlagen. Dabei hocken die Gegner einander gegenüber und schlagen mit der flachen Hand kraftvoll in Höhe der Nieren auf die Lenden. Bei starker Verärgerung greifen die Kontrahenten zu Hartholzkeulen (N. A. CHAGNON 1968) und schlagen einander abwechselnd auf den zur Tonsur rasierten Scheitel. Einer hält zum Empfang des Schlages seinen Kopf hin. Um die Wucht etwas abzufedern, steht er dabei oft auf einem Bein. Hat er den Schlag empfangen, dann darf er seinerseits den Partner schlagen. Die Hartholzkeule kann die Schädelschwarte durchschlagen und erzeugt häßliche Platzwunden; gelegentlich kommt es auch zu Schädelfrakturen. Der Schlagaustausch kann sich einige Male wiederholen, bis die Gegner schließlich blutüberströmt aufgeben. Die Tonsur vieler erwachsener Männer ist von zahlreichen Narben gekennzeichnet. Die Männer tragen sie stolz zur Schau.

HELENA VALERO, die viele Jahre als Gefangene unter den Yanomami verbrachte, hat solche Turniere geschildert (E. BIOCCA 1970) und zugleich beschrieben, daß sie der Abreaktion des Ärgers und damit der Befriedigung dienen:

»Sie fingen zu zwei und zwei an. Aber wenn einer fiel, dann kam der Bruder, um ihm zu helfen, und auch der Schwager und der Schwiegervater kamen herbei. Wenn sich vier, fünf oder sechs um einen herum versammelten, dann sagte der Tuschua*: ›Nein, nein, der Kampf ist nur für zwei. Haltet euch abseits. Der, der gefallen ist, muß sich rächen.‹ Sie hoben den Niedergefallenen auf und schütteten ihm Wasser auf den Kopf, strichen ihm die Ohren glatt, wischten ihm das Blut ab, hoben ihn nochmals auf und gaben ihm wieder den Knüppel. Der andere stützte sich dann auf seinen Knüppel und erwartete den Schlag, wobei er den Kopf senkte. Während sie sich schlugen, sagten sie zueinander: ›Ich habe dich rufen lassen, um zu sehen, ob du wirklich ein Mann bist. Wenn du ein Mann bist, dann werden wir jetzt sehen, ob wir wieder Freunde werden und ob unsere Wut vergeht...‹« (VALERO nach E. BIOCCA). Turniere werden auch sportlich ausgefochten. Der Sieger gewinnt dabei Ansehen. Als Ventilsitten dienen solche Bräuche auch der Abreaktion von Aggressionen (Beispiele in D. F. DRAEGER und R. W. SMITH 1980). Die Ritualisierung des Zweikampfes hat nach meinem Dafürhalten entscheidend zur Evolution der Rechtshändigkeit beigetragen. Die Partner mußten ja füreinander in voraussagbarer Weise agieren können.

Die höchste Ritualisierungsstufe erreicht der Streit im Wortgefecht. Wir tragen die meisten unserer Auseinandersetzungen mit Mitmenschen auf diese Weise aus. Die Zunge kann dabei scharf wie ein Dolch sein, aber sie verletzt doch anders, und man kann verbal die verschiedensten aggressiven Strategien abhandeln und eine Entscheidung herbeiführen, ohne daß es zu irgendeiner Handgreiflichkeit kommt. Wir dürfen annehmen, daß die Notwendigkeit, aggressive Auseinandersetzungen zu entschärfen, ein die Sprachevolution entscheidend fördernder Selektionsfaktor war (Kap. 6.5.3). Der Wortstreit selbst kann verschiedene Ritualisierungsstufen zeigen. In Tirol fordert man einen Gegner durch Ansingen zum Sangesstreit heraus. Versform und Melodie der »Gstanzln«** liegen fest. Der Inhalt wechselt (Beispiele finden wir bei L. VON HÖRMANN 1877 und R. LUERS 1919); Schlagfertigkeit in Reim und Inhalt zählt.

In einer interessanten Parallele entwickelten die Eskimos Gesangsduelle, über die selbst ernste Konflikte entschieden werden konnten. Selbst bei Mord kann ein Rächer seinen Gegner so herausfordern und vor der Gemeinschaft verächtlich machen (Texte bei H. KÖNIG 1925 und E. A. HOEBEL 1967).

Verbale Attacken und Wortgefechte folgen universal gültigen Mustern (F. KIENER 1983). Das gilt für die Anspielungen, Anklagen, Diffamierungen, Bloß-

---

* Tuschua = Häuptling. Es handelte sich in diesem Fall um den *Mann* von Helena Valero.

** Im bayerischen Dialektraum spricht man auch von Schnadahüpfln. Das Wort drückt aus, daß das Gesprochene hin und her hüpft.

stellungen, das Aufhetzen und das Bestreben, den anderen zu dehumanisieren (vgl. Kap. 6.5.3 und W. SCHNEIDER 1976). Verbale Herausforderungen zielen in der Regel auf unser Prestige, und das ist eine sehr wirkungsvolle Strategie der Provokation, denn unsere Angst vor Gesichtsverlust ist tief verwurzelt, ja in der Tat ein Schlüssel zum Verständnis vieler Besonderheiten unseres Sozialverhaltens (E. GOFFMAN 1961). Im Deutschen wird die formelle Anrede »Sie« dazu benützt, den anderen in respektvollem Abstand zu halten; die vertrauliche Anrede »Du« gilt Nahestehenden wie Freunden und Familienangehörigen. Benutzt jemand außerhalb dieses Kreises diese vertrauliche Anrede, dann überschreitet er die individuelle Distanz. Das geschieht oft in provokativer Absicht. Wenn der Mensch in Worten agiert, befolgt er im Prinzip dieselben Verhaltensregeln, die auch seine nichtverbalen Interaktionen bestimmen (Kap. 6.4).

Zusammenfassung 5.5

Bewaffnete und unbewaffnete Auseinandersetzungen zwischen Männern, seltener zwischen Frauen, werden in ritualisierter Form im Zweikampf ausgetragen. Es handelt sich im wesentlichen um kulturelle Konventionen, deren Funktion es ist, sportliches Kämpfen zu erlauben oder im Falle ernsthafter Duelle klare Entscheidungen unter Vermeidung exzessiver Beschädigung herbeizuführen und eine Eskalation durch Einbeziehung anderer zu verhindern. Ihre extreme Ritualisierungsstufe finden diese Duelle in den Vers- und Gesangsduellen.

5.6 *Zwischengruppenaggression – Krieg*

5.6.1 *Definition*

Wir definieren den Krieg, Q. WRIGHT (1965) folgend, als bewaffneten Konflikt zwischen Gruppen. Während die individualisierte Aggression zwischen Gruppenmitgliedern auch beim Menschen durch stammesgeschichtliche Anpassungen so geregelt wird, daß eine Eskalation in Destruktion vermieden wird, ist es geradezu ein Kennzeichen der Zwischengruppenaggression, daß sie unter Einsatz von Waffen auf die Verletzung, ja Tötung von Feinden abzielt. Dazu müssen die biologischen Aggressionshemmungen ausgeschaltet werden, die auf Signale der Submission und verschiedene Appelle der Beschwichtigung, Bandstiftung und Mitleidserweckung ansprechen.

565

Das geschieht durch den Einsatz schneller und auf Distanz tötender Waffen, ferner durch Indoktrinierung, die die Auseinandersetzung auf das Niveau zwischenartlicher Aggression verschiebt. Man erniedrigt dazu den Gegner zum Menschen minderer Art. Insofern ist der Krieg ein Ergebnis der kulturellen Evolution, auch wenn dabei einige angeborene Dispositionen genützt werden. Das heißt aber auch, daß der Krieg kultureller Formung in besonderem Maße zugänglich ist.

Die beim Kriegführen zum Tragen kommenden angeborenen Dispositionen sind:

1. Die Neigung, einander in geschlossenen Gruppen loyal beizustehen.
2. Die Bereitschaft, bei Bedrohung von Gruppenmitgliedern aggressiv zu reagieren.
3. Die Motivation, insbesondere des Mannes, zu kämpfen und zu dominieren.
4. Die Neigung, Reviere zu besetzen und zu verteidigen.
5. Die Fremdenscheu, d. h. das Ansprechen auf agonale Signale des Mitmenschen, den man nicht kennt (Kap. 4.2).
6. Die Intoleranz gegen Abweichungen von der Gruppennorm.

All dies würde zwar zum Streit, nicht aber zum Krieg führen. Ein Krieg setzt zunächst Planung und Führung voraus. Selbst in einer Kleingruppe muß sich die Bereitschaft, auf Kriegszug zu gehen, durchsetzen, meist unter dem Einfluß einiger Wortführer. In Kleingruppen kann allerdings die allgemeine Bereitschaft aufgrund eines vorangegangenen Ereignisses bereits vorhanden sein. Sollen größere Verbände in den Krieg ziehen, dann muß die Bereitschaft im allgemeinen erst propagandistisch aufgebaut werden, und sehr oft sind es der Ehrgeiz und das Machtstreben einzelner, die die Gruppe in Bewegung setzen. Viele der modernen Staaten wurden auf diese Weise durch Stammesfürsten begründet. Eine weitere Besonderheit des Menschen: Er kann die Gruppengrenzen übergreifende Allianzen bilden. Meist tut er dies zu kriegerischen Zwecken.

Zur Planung und Führung kommen noch die Indoktrination und der destruktive Einsatz von Waffen. Die Erfindung schnell tötender Waffen erlaubt es, den Gegner auszuschalten, bevor er aggressionshemmende Appelle sendet. Diese werden ferner dadurch abgeschwächt, daß Menschen von ihren Feinden so sprechen, als wären sie Jagdwild, Ungeziefer oder mit Mängeln behaftete Menschen minderer Art. Zivilisierte folgen dem Brauch ebenso wie Vertreter der verschiedensten Naturvölker. Eipo beschimpfen z. B. ihre Gegner als Dungfliegen, Eidechsen, Würmer oder, auf körperliche oder psychische Mängel anspielend, als Kleingewachsene oder Feige (I. EIBL-EIBESFELDT und Mitarbeiter 1989).

Hand in Hand mit dieser Dehumanisierung des Gegners geht eine Überhöhung der eigenen Selbsteinschätzung einher. Das kann sich zu elitärer und zugleich unmenschlicher Selbstüberschätzung steigern. Autoritätsgefälle entbindet

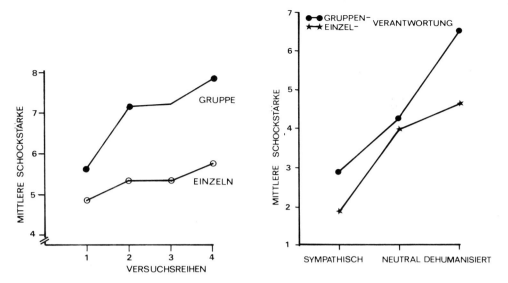

Abb. 5.30: Die Wirkung der Verdünnung der Verantwortung auf die Aggression. Personen, die mit der Bussschen Aggressionsmaschine ihren Opfern elektrische Strafreize erteilen konnten, gaben stärkere Reize, wenn sich die Verantwortung auf eine Gruppe verteilte. Die Apparatur hat 10 Tasten, über die man von 1 bis 10 aufsteigend immer stärkere Strafreize erteilen kann. Die in der Ordinate angegebenen Zahlen beziehen sich auf die Nummern der Tasten. Aus Y. Jaffe und Mitarbeiter (1981).

Abb. 5.31: Die mittlere Schockstärke als Funktion der Verdünnung der Verantwortung und der Dehumanisierung nach den Versuchen von A. Bandura und Mitarbeitern (1975).

zugleich von der Verantwortung, die überdies noch mit anderen geteilt und so verdünnt wird. Wie sich der Gefolgsgehorsam in Experimenten auswirkt, zeigten wir bereits. Zur Wirkung der Dehumanisierung und zur Wirkung verteilter Verantwortung gibt es neuere aufschlußreiche Experimente (A. Bandura und Mitarbeiter 1975).

Dreiergruppen von Versuchspersonen erhielten die Aufgabe, im Rahmen eines fingierten Lernexperiments anderen Personen elektrische Strafreize zu erteilen, wann immer sie Fehler machten. Glaubte jede Person für sich, für die Stärke des Strafreizes verantwortlich zu sein, dann gab sie niedere Strafreize. War jedoch mitgeteilt worden, aus den Strafreizen der drei in der Gruppe zusammenarbeitenden Personen würde automatisch ein Mittelwert errechnet, dann verleitete diese Verdünnung der Verantwortung zum Austeilen höherer Strafreize. Noch stärker wirkten sich allerdings dehumanisierende Kommentare aus. Hörten die Versuchspersonen über ein »wie zufällig« angeschaltetes Mikrophon abfällige Bemerkungen über ihre Opfer, dann gaben sie ihnen später stärkere Strafreize – und umgekehrt geringere, wenn die Opfer zuvor als verständnisvoll und sympathisch geschildert worden waren. Die aggressive Bereitschaft der Versuchspersonen nahm im Verlauf einer Versuchsreihe zu. Die mittlere Schockstärke nahm weniger stark zu, wenn eine Rückmeldung über die Wirksamkeit erfolgte. Blieb eine solche aus, dann eskalierte die Strafreizstärke, aber nur für die Gruppe, die Dehumanisierendes gehört hatte (Abb. 5.30–5.32).

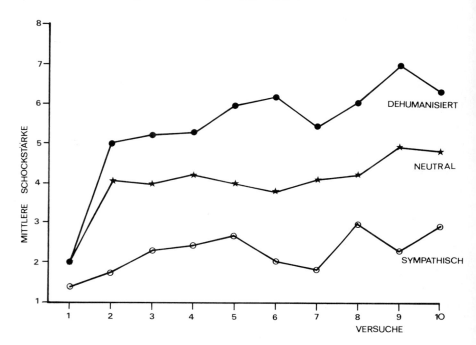

Abb. 5.32: Die Zunahme der von denselben Personen in aufeinanderfolgenden Versuchen erteilten Strafreize an Opfer, die als sympathisch, neutral oder unsympathisch geschildert wurden. Nach A. Bandura und Mitarbeitern (1975).

5.6.2 *Konventionen und die Frage der Tötungshemmung*

Aus der uns bekannten Geschichte und aus den Beobachtungen der Völkerkundler können wir entnehmen, daß der Mensch dazu neigt, auch die kriegerischen Auseinandersetzungen über Konventionen verschiedenster Art so zu regeln, daß der Verlierer die Möglichkeit erhält, sich zu unterwerfen und damit der völligen Vernichtung zu entgehen. Schon bei den Naturvölkern entwickeln sich verschiedene Formen des Waffenstillstandes und schließlich auch die Möglichkeit, Frieden zu schließen. Wir beobachten ferner die Ausbildung von Regeln der Kriegsführung, die unnötiges Blutvergießen vermeiden helfen, und insbesondere auch das

Bemühen, die bewaffnete Auseinandersetzung auf die kämpfende männliche Bevölkerung zu beschränken. Hier phänokopiert die kulturelle Evolution in ganz auffälliger Weise jene Ritualisierungen, die im Tierreich wiederholt von Beschädigungskämpfen zu Turnierkämpfen führten. Beim Menschen findet eine analoge Entwicklung zweimal statt – bei den Zweikämpfen mit Waffen und dann beim Kriegführen zwischen Gruppen. Hier sind vermutlich ähnliche Selektionsdrucke wirksam.

Bei dieser kulturellen Entschärfung des Krieges dürfte die uns angeborene Aggressionshemmung eine wichtige Rolle spielen. Wir sprechen nämlich auf bestimmte Signale des Mitmenschen mit Aggressionshemmungen an; z. B. wenn wir in persönlicher Auseinandersetzung gewisse Signale der Unterwerfung und bestimmte Appelle der Sympathie-(Mitleids-)Erweckung wahrnehmen können. Ich darf daran erinnern, daß beispielsweise das Weinen bereits bei Neugeborenen Mitweinen auslöst – also im Sinne einer Sympathieerweckung eine gleiche Stimmung induziert. Die Kindergartenerhebungen von K. GRAMMER (1982) ergaben, daß weinende Kinder immer recht haben; d. h. bisher nicht am Konflikt Beteiligte ergreifen deren Partei. Auch die Aggressoren, die Weinen auslösten, erweisen sich als gehemmt, allerdings nicht immer. Sie können den Weinenden unter Umständen weiterhin hänseln.

Des weiteren beschwichtigen Appelle der Unterwerfung, die, wie das Wort bereits ausdrückt, die Antithese zum Drohverhalten sind. Man macht sich dazu kleiner und unauffälliger. Das geschieht bei milden Konflikten zwischen Kindern häufig allein durch Senken des Kopfes, der dann oft auch seitlich geneigt wird, sowie durch Blickvermeidung und Schmollen (S. 686). Längerer Blickkontakt erregt negative Impulse, dementsprechend entschärft Blickvermeidung, ebenso wie das Schrägstellen des Kopfes, die Situation. Darüber hinaus signalisiert Blickvermeidung Androhung des Kontaktabbruches. Unklar ist der Ursprung des Schmollmundes. Er sieht dem kindlichen Saugmund ähnlich und wirkt auch kindlich rührend. Ich neige daher dazu, ihn als Infantilismus zu deuten. Kindliche Appelle beschwichtigen generell, und sie werden deshalb oft mit jenen der Unterwerfung kombiniert. Auch die betreuenden Appelle wirken in diesem Sinne. In »Liebe und Haß« berichtete ich über Vorfälle, die die beschwichtigende Funktion des Nahrungsanbietens belegen (siehe oben). Ferner haben Appelle über das Kind, z. B. durch Vorzeigen von Fotografien eigener Kinder, Gefangene vor Mißhandlungen geschützt.

Dem Töten eines Mitmenschen stehen primär starke Hemmungen entgegen, die, wie ich annehme, eine biologische Grundlage haben (Kap. 4.3.3). Das hat bereits S. FREUD (1913) vermutet, als er bei Durchsicht völkerkundlicher Literatur darauf kam, daß bei einer Vielzahl von Natur- und Kulturvölkern Krieger, die getötet haben, zunächst als unrein gelten. Um wieder voll von der Gesellschaft, in der sie leben, akzeptiert zu werden, müssen sie eine Reihe von Ritualen der Reinigung erdulden, die man als Sühnerituale interpretieren kann. »Wir schließen aus all diesen Vorschriften«, schreibt FREUD, »daß im Benehmen gegen Feinde noch andere als bloß feindliche Regungen zum Ausdruck kommen. Wir erblicken in ihnen Äußerungen der Reue, des bösen Gewissens, ihn ums Leben gebracht zu haben. Es will uns scheinen, als wäre auch in diesen Wilden das Gebot lebendig: ›Du sollst nicht töten‹« (S. 330).

Bei den paranilotischen Stämmen Südwest-Äthiopiens (Nyangatom) muß ein Krieger, der getötet hat, sich in eine Hütte einschließen. Frauen tanzen in einer besonderen Zeremonie um die Hütte und verhelfen so dem Mann zur Wiedergeburt in ein normales soziales Leben. Der erfolgreiche Krieger übernimmt den Namen des Getöteten, der auf diese Weise symbolisch weiterlebt. Einige Wochen später wird ihm eine Ziernarbe auf der Brust beigebracht (S. TORNAY 1979). Dies ist eine Art Auszeichnung, zugleich eine beruhigende Versicherung seitens der Gemeinschaft, daß sie die Tat billigt, was mithilft, die Schuldgefühle zu überwinden. Die Prozedur des Narbenschneidens ist aber schmerzhaft, so daß auch hier eine Komponente der Sühne zum Ausdruck kommt. Vielleicht hatte das Ritual auch darin seinen Ursprung. Die Gefühle, die einen erfolgreichen Krieger bewegen, sind hier wie in anderen Kulturen ein Gemisch von Schuld, Stolz auf die Tat, bekräftigt durch die Anerkennung seitens der Gruppe, aber auch Angst vor dem Geist des Getöteten und der Revanche seitens der Angehörigen des Feindes. Eine Vielzahl von Praktiken hat sich herausgebildet, um mit diesen Ängsten fertigzuwerden.

Wenn W. SCHIEFENHÖVEL die Eipo des Dorfes, in dem er arbeitete, danach fragte, wer diesen oder jenen Feind im Krieg gegen die Bewohner eines Nachbartales getötet habe, dann wurde ihm der Name Babyal genannt, des Anführers zu diesem Krieg. Das waren zuletzt unwahrscheinlich viele. SCHIEFENHÖVEL entdeckte schließlich, daß die Dorfbewohner grundsätzlich jeden Toten in diesem Krieg Babyal zuschrieben, auch jene, die ein anderer Kämpfer getötet hatte. Damit wird, der anderen Gruppe gegenüber, *ein* Mann verantwortlich gemacht. Er nimmt die Schuld – aber auch die Auszeichnung, ein mutiger Mann zu sein – auf sich mit allen Folgen, denn er ist auch die Zielscheibe der Rache. Die anderen sind von Blutschuld dem Feinde gegenüber entlastet, was eine Versöhnung erleichtert (W. SCHIEFENHÖVEL 1979).

Ein weiteres interessantes Ritual der Entlastung entdeckten VOLKER HEESCHEN und ich, als wir 1979 in Dingerkon die Eipo über den Kannibalismus befragten. Wir erfuhren im Verlauf des Gespräches, daß die Männer der Gemeinschaft praktisch verpflichtet sind, an dem Mahl teilzunehmen, auch wenn sie es gar nicht schätzen. Dadurch werden alle mitschuldig – was im Widerspruch zum vorher geschilderten Brauch der Schuldzuweisung an einen einzelnen steht. Der Widerspruch löst sich aber auf, wenn man sich darüber klar wird, daß hier wahrscheinlich die moralische Schuld gegenüber den Toten verteilt und damit gemeinsam getragen wird. Es erfolgt eine Entlastung oder Entschuldung auf einer moralischen Ebene.

Verschiedentlich wurde eingewendet, unsere Annahme einer angeborenen Tötungshemmung wäre eine Art romantischer Illusion (CHR. VOGEL 1989). Man könne ja u. a. wahrnehmen, daß Mütter bei Naturvölkern »leichten Herzens« ihre Kinder umbringen. Wir haben auf die Unbegründetheit dieser Behauptung bereits hingewiesen (S. 266). Sie entspringt herzloser ethnozentrischer Überheblichkeit, gepaart mit Ignoranz. In Wirklichkeit können wir feststellen, daß das Töten von Mitmenschen selbst dann als Konflikt erlebt wird, wenn es sich um Feindestötung handelt. Ich habe dafür in meinem Buch »Krieg und Frieden aus der Sicht der Verhaltensforschung« eine größere Anzahl von eindrucksvollen Beispielen zusammengestellt. Wir können zwar den uns angeborenen Normenfilter, der zu töten verbietet, durch einen kulturellen Normenfilter überlagern, der Feinde zu töten gebietet. Das schaltet aber den biologischen Normenfilter nicht gänzlich ab. Wir können gar nicht umhin, beim Feinde mitmenschliche Züge zu entdecken, wenn wir ihm persönlich gegenübertreten. So kommt es automatisch zu einem Normenkonflikt, der als schlechtes Gewissen erlebt wird.

Am Beginn eines bewaffneten Konfliktes zwischen Nachbarn sind die Aggressionshemmungen oft noch recht stark. Man überwindet sie durch Dehumanisierung des Feindes und durch betonten Kontaktabbruch. Wenn die Tsembaga (Neuguinea) Krieg erklären, dürfen selbst vordem Befreundete nicht mehr miteinander Kontakt aufnehmen. Sie dürfen nicht miteinander reden noch miteinander essen oder einander anschauen (R. A. RAPPAPORT 1968). Darin unterscheiden sich auch die zivilisierten Völker nicht. Um ein vom Gewissen weniger belastetes Kriegführen zu ermöglichen, entwickelten auch sie eine Vielzahl von Strategien der Abschirmung. Dazu gehören die sogenannten »Nonfraternisierungs«-Gesetze, durch die man verhindern will, daß über persönliche Kontakte der sorgsam geschürte Haß abgebaut wird. Auch bedient man sich in zunehmendem Maße der Fernwaffen. Man verbietet das Abhören feindlicher Sender, kurz: baut Barrieren auf und distanziert sich. Aber wenn dann Menschen doch in persönliche Berührung mit dem Feind kommen, entwickeln sie ihre eigenen Konventionen der Menschlichkeit und hören schließlich sogar auf, aufeinander zu schießen. Das spielte sich im Ersten Weltkrieg wiederholt im Stellungskrieg an der Westfront ab. Solche Verbrüderungen stehen natürlich den weiteren Kriegszielen entgegen. Man verschiebt daher in einem solchen Falle die Truppen. Beispiele dieser Art lehren uns jedoch viel über die Ambivalenz menschlichen Verhaltens. Einerseits stürmen die Krieger mit Emotionen der Kampfbereitschaft gegeneinander, bewegt sowohl von archaischen Impulsen als auch von den über Indoktrination erworbenen Idealen, andererseits geraten sie aber in Konflikt, wenn das Töten im körpernahen Gegenüber persönlich erlebt wird, denn dann sprechen die biologischen Aggressionsbremsen an. Daß sie nicht voll greifen, hat Gründe, die wir bereits besprochen haben (S. 565 f.).

Unter anderem wirkt sich hier die Loyalität zur eigenen Gruppe und die erstaunliche Gehorsamsbereitschaft des Menschen so aus, daß er sich dem Mitleid verschließt. MILGRAMS Experimente, die wir ja bereits erörterten (S. 441 ff.), sind in dieser Hinsicht erschreckend aufschlußreich.

In einer bemerkenswerten Untersuchung zum Frieden vertritt THOMAS SCHULTZE-WESTRUM (1974) die These, das agonale Verhältnis zwischen Artgenossen stelle beim Menschen den Primärzustand dar. Das Aussetzen agonaler Beziehung sei das Ergebnis des sekundären Prozesses der Kommunalbindung. Daher sei auch der Kriegszustand der Normalzustand zwischen getrennten Sozietäten. Artgenossen, die keine kommunale Bindung zueinander aufgebaut haben, würden einander ohne Hemmungen bekämpfen. Das ist etwas überzeichnet, beschreibt jedoch richtig die enorme Bedeutung der Bindung als Aggressionsblocker. Werden Menschen miteinander bekannt, dann verschiebt sich ihr Verhalten vom Mißtrauen zum Vertrauen, und das agonale System wird weniger stark aktiviert. Wie wir bereits ausführten (Kap. 4.2), reagiert jedoch bereits der Säugling Fremden gegenüber nicht nur agonal, sondern auch mit Verhaltensweisen der Zuwendung. Man kann daher nicht sagen, das agonale Verhalten zwischen Artgenossen sei der Primärzustand, der erst durch Kommunalisierung überwunden werde, wohl aber, daß er in den Beziehungen zwischen nicht kommunalisierten Artgenossen zunächst überwiegt. Das Bedürfnis nach freundlicher Beziehung, man könnte von Binde- oder Kommunalisierungsappetenz sprechen, führt jedoch auch zwischen Nichtkommunalisierten zu Annäherung. Das ist ein Grund, weshalb kriegführende Parteien Kommunikationsbarrieren errichten.

Unverständlich für den normalen Menschen ist das Überschießen der Aggressionen in Ausnahmezuständen der Raserei. Bei den Enga (Neuguinea) bekämpfen sich sogar die Subklans, was bedeutet, daß Menschen ihre nächsten Bekannten töten. Sie vermeiden es zwar, die Frauen und Kinder der anderen Seite zu töten und getötete Krieger zu verstümmeln, aber in der Hitze des Kampfes geschieht dies dann trotzdem (M. J. MEGITT 1977). Ich habe selbst einmal an einem solchen Kampf der Enga als Beobachter teilgenommen. Die Auseinandersetzung begann fast wie eine sportliche Veranstaltung. Die Kombattanten standen einander am Kampfplatz gegenüber, verhöhnten einander, bis schließlich die ersten Pfeile flogen und eine Gruppe dann gegen die andere vorrückte. Und wie manchmal bei unseren Sportveranstaltungen erregten sich die Kombattanten immer mehr, bis zur Eskalation, in der sie ihre Hemmungen verloren, ähnlich wie bei uns die Hooligans. Mit Schrecken und Grauen liest man von Massakern an den Besiegten, von Orgien des Blutrausches, die einen an Tötungshemmungen zweifeln lassen. Früher versetzten sich Krieger durch Tanz und Gesang in einen Zustand der Euphorie und Gruppenraserei (*Dementia pugnax*). D. M. WARBURTON (1975) vermutet, daß dabei halluzinogene hypothalamische Hormone freigesetzt wurden. Das plötzliche Wegfallen der Angst nach der endgültigen Überwindung des gegnerischen Widerstandes mag dann zu einer nicht mehr beherrschbaren Freisetzung aggressiver Impulse führen. Wir scheinen besonders anfällig für ekstatische Zustände, für Besessenheit, Trance und Rauschzustände. Dies dürfte in unserer Hirnchemie begründet sein. Das Hirn wird ja oft als die größte inkretorische Drüse der Säuger bezeichnet, und beim Menschen ist diese Drüse besonders groß. Die Vergrößerung erfolgte in stammesgeschichtlich relativ kurzer Zeit; es scheint mir, als hätte die Ausdifferenzierung der kognitiven Kontrolle, die unser soziales Verhalten steuert und ausbalanciert, mit dieser quantitativen Entwicklung des Hirns nicht ganz Schritt gehalten, so daß wir zur emotionalen Eskalation neigen. Gerade deswegen bedürfen wir der Disziplinierung durch Kultur. Dieses Überschießen der Aggression ist von jenen pathologischen Aggressionsformen zu unterscheiden, die zu kaltblütigem oder sadistischem Mord, zu Folter und KZ-Verbrechen führen. Ihre Behandlung würde den Rahmen unserer Untersuchung sprengen.

5.6.3 Zur Geschichte des Krieges

Über Geschichte und Erscheinungsformen des Krieges gibt es eine Reihe von vorzüglichen Abhandlungen und Sammelwerken (L. FROBENIUS 1903, W. E. MÜHLMANN 1940, H. H. TURNEY-HIGH 1949, Q. WRIGHT 1965, P. BOHANNAN 1967, M. FRIED, M. HARRIS und R. MURPHY 1968, K. F. OTTERBEIN 1970, M. A. NETTLESHIP, R. DALEGIVENS und A. NETTLESHIP 1975).

Das Alter des Krieges ist umstritten. In den Sozialwissenschaften hält sich mit großer Hartnäckigkeit die These, der Krieg sei erst mit der Feldbestellung (Garten- und Ackerbau) in die Welt gekommen. Der altsteinzeitliche Jäger und Sammler sei dagegen friedfertig gewesen und habe in offenen, nichtterritorialen Verbänden gelebt. Das sei bei Jäger- und Sammlervölkern auch heute noch so und entspreche der Natur des Menschen. Zur Stützung dieser These wird noch hinzugefügt, daß dieses Muster auch für die Menschenaffen gelte.

Nun zeigen die neueren Untersuchungen über freilebende Schimpansen und Gorillas zwar, daß diese Aussage falsch ist, was nicht verhindert, daß man sie weiter kolportiert. Bei Schimpansen stellte man sogar destruktive Zwischengruppenaggression fest (S. 456 ff.). Wir haben ferner in unserem Abschnitt über Territorialität gezeigt, daß die These von der aggressionslosen, nichtterritorialen Urgesellschaft ein freundlicher Mythos ist. Kennt man die völkerkundliche Literatur, dann ist man überrascht, daß die These vom friedfertigen Jäger und Sammler je ernsthaft diskutiert wurde, denn sie wird durch keinerlei Daten gestützt. Die angeblich so friedfertigen Buschleute der Kalahari haben sich sogar in Felsmalereien bei kriegerischen Auseinandersetzungen mit ihresgleichen und Stammesfremden abgebildet (D. F. BLEEK 1930).

Buschleute kannten aber nicht nur den bewaffneten Konflikt. Sie praktizierten als ritualisierte Form der Aggression auch schwarze Magie. Die Naron und !Kung schossen z. B. mit winzigen Pfeilen aus dem Horn der Oryx-Antilope in die

Richtung der Feinde, wenn sie diesen Schaden zufügen wollten. Noch heute zeigen die !Kung-Buschleute eine deutliche Geringschätzung für Buschleute, die andere Sprachen sprechen, ja selbst für !Kung anderer Gruppen; sie unterscheiden also zwischen Gruppenangehörigen und Gruppenfremden – eine der emotionellen Voraussetzungen zum Kriege. MELVIN KONNER (1982 : 204), einer der besten !Kung-Kenner, formulierte dies wie folgt:

»While the !Kung, like most hunter-gatherers, do not have war or other organized group conflicts, their explicitly stated contempt for non-San people, for San people speaking languages other than !Kung, and even for !Kung in other village-camps, who are not relatives, makes it perfectly clear that if they had the technological opportunity and the ecological necessity to make war, they would probably be capable of the requisite emotions, despite of their oft-stated opposition to and fear of war.«[*]

Neuerlich werden die Anfang der siebziger Jahre auf der Insel Mindanao entdeckten Tasaday von A. MONTAGU (1976 : 164) als Kronzeugen für die Friedfertigkeit der Jäger und Sammler bemüht: »People like the Tasaday who are primarily food gatherers live as close to nature as it is possible for human beings to live. They are, if anyone is, natural men. And they are peaceful. And friendly. And cooperative. They share their food and their belongings with each others and with strangers.«[**]

Nun, die einzigen »Fremden« waren in diesem Fall jene, die die Gruppe zum erstenmal kontaktierten. Über die Zwischengruppenbeziehungen weiß man so gut wie nichts, denn man kennt nur diese eine, kleine, in einer Höhle lebende Menschengruppe. Sie zählte 1971 25 Personen, Kinder und Säuglinge inbegriffen (J. NANCE 1975). Würde ein Beobachter in einer so kleinen Tiroler Gemeinschaft leben, dann würde er kaum je ernste Auseinandersetzungen oder gar Totschlag und bewaffneten Kampf beobachten. Wollte ich aus der beobachteten Verträglichkeit einer kleinen Tiroler Gemeinschaft schließen, die Tiroler seien ganz besonders friedliche Leute, dann wäre dies ein vorschneller Schluß. Möglich, daß die Tasaday ihre Gebiete wirklich nicht gegen gebietsfremde Eindringlinge verteidigen – aber wir wissen es nicht. Wäre es so, dann wäre das eine interessante

---

[*] »Während die !Kung, wie fast alle Jäger und Sammler, keinen Krieg oder andere organisierte Gruppenkonflikte führen, macht doch ihre ausdrücklich erklärte Verachtung gegenüber den Nicht-San-Leuten, solchen San-Leuten, die eine andere Sprache sprechen als die !Kung, und sogar gegenüber !Kung aus anderen Dörfern, mit denen sie nicht verwandt sind, ganz deutlich, daß, wenn sie die technologische Möglichkeit und das ökologische Bedürfnis zur Kriegführung hätten, sie die notwendigen Emotionen entwickeln würden – trotz ihrer oft zitierten Ablehnung des Krieges und der Furcht vor solchen Auseinandersetzungen.«

[**] »Leute wie die Tasaday, die vor allem Sammler sind, leben so naturverbunden, wie es für den Menschen nur möglich ist. Sie sind, wenn es überhaupt jemand ist, Naturmenschen. Und sie sind friedlich, freundlich und kooperativ. Sie teilen ihre Nahrung und ihr Hab und Gut mit jedem, auch mit Fremden.«

Ausnahme, nicht aber ein Beispiel für die typische Friedfertigkeit der Jäger- und Sammler-Kulturen.

Die meisten führten sogar Kriege oder taten dies, bis sie durch die Verwaltung pazifiziert wurden (Kap. 4.11). Unter den Jägern und Sammlern gibt es mehr oder weniger friedliche, aber auch ausgesprochen kriegerische Völker. Das gilt ebenso für Kulturen mit anderen Wirtschaftsformen.

Auch die archäologischen Befunde belegen keineswegs eine besondere Friedfertigkeit des steinzeitlichen Menschen. R. A. DART (1949, 1953) wies darauf hin, daß viele der Australopithecinen Schädelverletzungen haben, die auf Gewalteinwirkung schließen lassen. Die Deutung hat man allerdings auch angezweifelt. M. K. ROPER (1969) untersuchte daraufhin einmal kritisch das gesamte bisher gesammelte Schädelmaterial von Australopithecinen, ferner Material über Knochenverletzungen von Angehörigen der Pithecanthropus-Gruppe, von europäischen Menschen der Vor-Würm- und Würmperiode und kam zum Schluß, daß auch bei Anlegung sehr kritischer Maßstäbe ein erheblicher Teil der Verletzungen nur auf Kampfeinwirkungen zurückgeführt werden könne. Im gleichen Sinne äußert sich A. MOHR (1971), die 158 Knochenverletzungen aus der Alt- und Jungsteinzeit untersuchte. Von diesen waren 63 Prozent verheilt. Die Verletzungen betrafen den Schädel (47 Fälle), die oberen (16) und unteren (14) Extremitäten, die Wirbelsäule (16), das Brustbein (3) und das Becken (1). An Wirbelknochen und an den Knochen der unteren Extremitäten fand sie Pfeilverletzungen zum Teil mit eingeheilten Steinspitzen. Die Mehrzahl der Schädelverletzungen rührte von Steinäxten her. Das Bild wird durch steinzeitliche Felsmalereien ergänzt, die Kampfszenen darstellen (Kap. 4.11). Beim Anblick einer solchen Szene in der spanischen Valtora-Schlucht schrieb H. KÜHN (1958:105): »In einer solchen Nische sehe ich das Bild eines Jägers, der von Pfeilen getroffen zu Boden sinkt. Das eine Bein ist vorgestellt, die Hand ist auf das Knie gestützt. Ein Kopfputz wie eine Krone* fällt vom Kopf, in der rechten Hand hält er noch einen Bogen, aber die Pfeile seines Gegners haben ihn schon durchbohrt, sein Leben ist zu Ende. Also haben sich die Menschen schon in frühester Vorzeit getötet. Das Paradies, wo flieht es hin? Ein Traum der Menschheit? Ist der Krieg, das Kämpfen ihr Sinn? Ist dies so ewig wie das Leben? Hier sind uralte Bilder der Menschheit auf dieser Erde. Uralte Bilder vor aller Erinnerung, vor allen Sagen, vor allen Märchen – und schon das Töten des Menschen durch den Menschen, schon der Kampf, schon der Krieg.«

Bereits der Mensch der Steinzeit konkurrierte kriegerisch mit seinesgleichen um Jagd- und Sammelgebiete, was nicht entschuldigt, daß er heute noch immer nach diesem alten Muster verfährt. »Zu keinem Zeitpunkt der Menschenge-

---

* Die südafrikanischen Buschleute steckten ihre Pfeile wie einen Kopfputz ins Stirnband, damit sie sie zum schnellen Schießen griffbereit hatten. Ich vermute, daß der von KÜHN erwähnte kronenähnliche Kopfputz ein solches Stirnband mit Pfeilen ist.

schichte gab es ein goldenes Zeitalter des Friedens«, schreibt Q. Wright (1965 : 22), einer der führenden Experten auf dem Gebiete der Kriegsforschung. Nur dann, wenn man den Krieg mit Karl von Clausewitz (1937) viel enger, nämlich als rational eingesetztes Mittel einer Außenpolitik definiert, mit dem Ziel, dem Gegner seinen Willen aufzuzwingen, kann man ihn als Erfindung der Zivilisation bezeichnen. Er ist dann eine »Fortsetzung des politischen Verkehrs mit anderen Mitteln«. Der Krieg als bewaffneter Konflikt zwischen Gruppen ist so alt wie die Menschheit.

5.6.4 Formen der kriegerischen Auseinandersetzung

Die Kriegführung der Naturvölker beschränkt sich vielfach auf Überfälle. Man beschleicht den Gegner mit einer an die Jagd erinnernden Taktik und umstellt ihn. Überfälle auf Siedlungen werden oft in den frühen Morgenstunden durchgeführt, wenn die Gegner fest schlafen. H. J. Wilhelm (1953) hat einen solchen Überfall von den !Kung San geschildert. Es handelte sich um einen Racheakt. Beim Streit um die Jagdbeute hatte einer der anderen Gruppe einen Mann getötet. In den frühen Morgenstunden wurde die Gruppe überfallen. Man tötete mit Keulen und Pfeilen auch Frauen und Kinder. Überfälle dieser Art kennt man von Australiern, südamerikanischen Urwaldindianern, Papuas, afrikanischen Hirtenkriegern, Polynesiern und vielen anderen mehr. Man ging dabei schnell zu Werke und gab im allgemeinen kein Pardon. C. Strehlow (1915) schilderte die erbarmungslosen Überfälle der Aranda Australiens. Von den Maoris war bekannt, daß sie so viele wie nur möglich zu töten suchten (F. E. Maning 1876).

»... when once the enemy broke and commenced to run, the combattants being so close together, a fast runner would knock a dozen on the head in a short time; and the great aim of these fast-running warriors... was to chase straight on and never stop, only striking one blow at one man, so as to cripple him, so that these behind should be sure to overtake and finish him. It was not uncommon for one man, strong and swift on foot, when the enemy was fairly routed, to stab with a light spear ten or a dozen men in such a way as to ensure their being overtaken and killed« (Bericht eines alten Maori aus F. E. Maning 1876 : 14)*. Die getöteten Feinde wurden verspeist.

Allerdings überlebte bei solchen Auseinandersetzungen immer noch ein großer

---

* »... war der Feind erst einmal geschlagen und flüchtete und waren die Kämpfenden dicht beieinander, konnte ein schneller Läufer in kurzer Zeit ein Dutzend Gegner bewußtlos schlagen; das Hauptziel dieser schnellfüßigen Krieger war, den Gegner ständig zu verfolgen, nicht mit dem Rennen aufzuhören und immer nur einen Schlag pro Mann zu führen, um ihn zum Krüppel zu machen, damit die Nachfolgenden ihn dann einholen und restlos erledigen konnten. Es war nicht ungewöhnlich für einen Mann, der kräftig und schnell zu Fuß war, zehn oder ein Dutzend Männer des etwa in eine Richtung fliehenden Gegners mit einem leichten Speer so zu verwunden, daß sie auf jeden Fall eingeholt und getötet wurden.«

Teil der Geschlagenen, da die Waffen nicht weit reichten und der Gegner daher fliehen konnte. Das änderte sich mit der Einfuhr von Gewehren. Nunmehr rotteten sich die Maoris gegenseitig praktisch aus. Die alte Art der Kriegsführung paßte nicht zu der von den Weißen eingeführten Bewaffnung (A. P. VAYDA 1970).

Ähnlich erging es den Bewohnern der Neuen Hebriden. Auch da gab es nach Einführung der Gewehre Massenmassaker. Selbst die normalerweise formalisierten Konflikte zwischen Bewohnern benachbarter Dörfer eskalierten (J. LAYARD 1942 : 603).

Von den Yanomami beschrieb H. VALERO (in E. BIOCCA 1970) blutige Überfälle, bei denen auch Frauen und Kinder getötet wurden. Allerdings folgten dem Vorfall bemerkenswerte Gespräche der Krieger, in denen der Häuptling den Kriegern vorwarf, daß sie auch Kinder getötet hätten. VALERO berichtet:

»Der Schamatari-tuschua (= Häuptling der Schamatari, Ref.) aber war kein schlechter Mensch. Unterwegs sagte er:

›Warum habt ihr alle diese Leute umgebracht? So viele hättet ihr nicht töten sollen!‹ Die Männer antworteten: ›Du hast uns selbst gesagt, daß wir sie alle töten sollen!‹ ›Das habe ich nur so hingesagt. Es waren ja nur wenige Männer da.‹ Die anderen aber meinten: ›Es sind nur wenige. Es waren eine ganze Menge, die auf der Jagd waren. Sie haben ja noch Frauen, und von denen werden sie andere Kinder bekommen und dann wieder sehr zahlreich sein‹« (S. 62). Sie beschreibt dann, daß diejenigen, die getötet hatten, eine Zeitlang abgesondert waren, nur bestimmtes Essen bekamen und mit niemandem reden durften. Später bei den Namoeterie – einem anderen Waika-Stamm – sah sie, daß die Krieger sich täglich badeten und mit rauhen scharfen Blättern abrieben, »um sich schneller von ihrem Vergehen zu reinigen«.

Wir wiesen bereits darauf hin, daß vergleichbare Sühnerituale wiederholt beschrieben worden sind und von S. FREUD als Ausdruck des schlechten Gewissens gedeutet wurden.

Die Haltung dem Feinde gegenüber ist in solchen Fällen deutlich zwiespältig, und je näher der Gegner einem steht, desto mehr bemüht man sich, die Auseinandersetzungen durch Konventionen etwas zu mildern. Das gilt vor allem für die »internen Kriege« (K. F. OTTERBEIN 1970). Man versteht darunter bewaffnete Konflikte zwischen Menschengruppen, die sich in gewisser Weise als zusammengehörig empfinden, etwa weil sie dem gleichen Stamm oder Volk angehören.

Bei den Paraniloten Süd-Äthiopiens gibt es Überfälle mit dem Ziel, möglichst viele Gegner umzubringen, und Kriege, die durch Konventionen gemildert werden. Zwischen den Mursi und Hamar besteht z. B. ein Zustand permanenten Krieges. Friedensschluß ist nicht vorgesehen, und man gibt dem Erzfeind auch kein Pardon. Zwischen den Mursi und Bodi wechseln Krieg und Frieden; es besteht eine Reihe von Konventionen, die das Blutvergießen in Grenzen halten, insbesondere werden Frauen und Kinder geschont. Noch mehr konventionalisiert sind Auseinandersetzungen zwischen verschiedenen lokalen Gruppen der Mursi. In diesem Falle treten die jungen unverheirateten Männer der verfeindeten Gruppen zu Stockduellen an (D. TURTON 1979). Von den ebenfalls zu den Paraniloten Süd-Äthiopiens gehörenden Dassanetsch berichtet U. ALMAGOR (1977), daß man bei Überfällen dem Gegner nur eine »vernünftige« Anzahl von Rindern raubte, so daß ihnen eine Existenzbasis verbleibt. Erzfeinden nimmt man dagegen alles.

Die Melanesier der San-Cristobal-Inseln unterscheiden zwischen zwei Kriegsformen. Als »heremae« bezeichnen sie den traditionellen Krieg zwischen zwei Nachbarn, die einen gemeinsamen Kampfplatz besitzen. Dort treffen sie sich nach beidseitiger Übereinkunft. Als »surumae« bezeichnet man dagegen die geheimen Überfälle, die ohne jede Ankündigung erfolgen und bei denen man jedermann, auch Frauen, Kinder und Alte tötet und anschließend verzehrt. Diese beiden Formen der Auseinandersetzung findet man im ganzen Gebiet Melanesiens und Neuguineas (C. H. WEDGWOOD 1930).

Die Eipo unterscheiden ganz scharf zwischen bewaffnetem Innergruppenkonflikt (abala) und Krieg (ise mal), obwohl es auch beim erstgenannten zu Todesfällen kommt (W. SCHIEFENHÖVEL 1979). Die Schilderung eines solchen Streites, die ein Einheimischer meinem Mitarbeiter WULF SCHIEFENHÖVEL gab, möchte ich hier wiedergeben:

Beispiel einer Schilderung eines *abala* (Kampf innerhalb der politischen Einheit), Kwengkweng, West-Neuguinea, 26. 4. 1980:

Der Kampf wegen Tinteningdes Hund

Tinteningde (T.)* dachte, sein Hund, der die Angewohnheit hatte, allein in den Bergwald zu laufen, sei von Beteb (B.), einem Mann aus Talim, erschossen worden. T. nahm daraufhin ein Schwein von B., stahl es also, und zwar in der Nähe des Dorfes Talim und sagte: »Beteb hat meinen Hund getötet, dafür nehme ich das Schwein.« Das Schwein wurde geschlachtet und von allen Leuten aus Dingerkon aufgegessen.

B. rief vom Steilufer des Baknanye-Baches (unweit Dingerkon), er habe den Hund nicht getötet. T. rief: »Du hast es doch getan!« Der Wortstreit wurde heftiger. T. schoß den ersten Pfeil, darauf schoß B., der Krieger aus Talim bei sich hatte. Die Männer aus Talim zogen ab und schlugen auf dem Rückweg, in der Nähe des großen Ba-Baumes im Gartengelände der Dingerkon-Leute, die Taropflanzen ab und zerstörten die Taroknollen, so daß man aus ihnen kein Pflanzgut mehr gewinnen konnte. Außerdem zogen sie Süßkartoffeln, Zuckerrohr, Bananenpflanzen und bace-Gemüsepflanzen aus der Erde oder zerstörten sie mit Füßen und Steinen. Die Dingerkon-Männer schauten sich das an und gingen in die Talim-Gärten am Ufer des Mabun-Baches, sie gingen auf zwei verschiedenen Wegen dorthin und zerstörten alle Taro- und Süßkartoffelpflanzen und andere Gartenpflanzen. T. rief: »Beteb, meine Taro, Süßkartoffeln, alles, die Bananen, hast du mir umgestoßen, auch deine stoße ich um!« B. rief: »Nein, du hast mein Schwein gegessen, so ist es!« T. antwortete: »Ohne Grund habe ich dein Schwein nicht gegessen!« B. rief: »Den Hund habe ich nicht getötet!« So stritten sie weiter mit Worten.

* Ein Mann aus Dingerkon.

Am nächsten Tag kämpften sie wieder mit Pfeil und Bogen. Drei oder vier Tage kämpften sie. Auf jeder Seite gab es zwei Verletzte. Am 5. Tag kam der Hund ganz ohne Verletzung zurück nach Dingerkon.

T. rief: »Der Hund ist zu mir zurückgekommen, nicht weiterkämpfen!« B. antwortete: »Nein, mein Schwein hast du gestohlen, ohne aufzuhören werden wir beide kämpfen!« Dann kämpften sie wieder. Die Männer von Londinin und von Kolmumdama und Lyandama waren auf der Dingerkon-Seite, die von Lalekon und Sirabum kämpften auf Talims Seite. Urwo kämpfte sehr heftig. Eines Nachmittags rief er: »Es dämmert, laßt uns aufhören und nach Hause gehen!« In diesem Augenblick schoß Ginyang Urwo einen Pfeil in den Bauch. Die Dingerkon-Männer zogen den Pfeil heraus, sie brachten Urwo ins Eglo-aik-Männerhaus und führten die »kamkamuna«-Pfeilbehandlungszeremonie aus. Der Kampf hatte auf dem West-ufer des Eipo stattgefunden.

Danach wurden die Dingerkon-Leute sehr wütend. Als der Kampf wieder auf die Ostseite des Eipo verlagert war, töteten sie Ebnal, als er gerade über eine Baumstammbrücke über den Eipo ging. Buwungde hatte sich auf dem diesseitigen (Ost-)Ufer hinter einem Felsen versteckt und Ebnal mit einem einzigen Schuß, einem Pfeil getötet. Ebnal starb bald danach. Buwungde lief hinter den anderen Talim-Männern her. Er ergriff Ginyang und hielt ihn fest, der riß sich aber los. Buwungde schoß viele Pfeile in Ginyangs Körper, der konnte aber weglaufen und genas. Sie kämpften weiter. Buwungde hatte nicht gesehen, daß Ebnal tödlich verwundet war, er hatte gedacht, Ebnal sei entkommen, daher hatte er den Männern aus Dingerkon nichts von seinem Schuß gesagt.

Die Dingerkon-Leute kamen an die Stelle, wo Buwungde Ebnal getötet hatte. Sie sahen viel Blut. Sie suchten und fanden Ebnal, der da lag, als sei er in tiefem Schlaf. T. rief daraufhin B. zu: »Ich habe einen von Deinen getötet!« Da weinten die Talim-Männer sehr.

Buwungdes Name wurde nicht erwähnt, erst viel später wurde bekannt, wer den tödlichen Schuß auf Ebnal getan hatte.

Die Talim-Leute holten die Leiche Ebnals. Dabei zogen sich die Kämpfer aus Dingerkon zurück. Es wird nicht gekämpft in einem »abala«, wenn eine Leiche geholt wird. Die Talim-Leute bestatteten Ebnal auf einem Baum. Dann kämpften sie wieder und töteten Melase, direkt am Eipo-Ufer, der allein dort auf der Ostseite war. Der Schütze war Lingban. Der Schuß ging ins Knie. Melase versteckte sich, aber die Talim-Männer fanden ihn und spickten ihn mit Pfeilen. Die Dingerkon-Männer wußten nichts von Melases Verwundung und konnten sein Rufen auch nicht hören, da sie ziemlich weit von ihm entfernt waren und der Fluß so laut rauschte.

Die Leute von Dingerkon holten und bestatteten Melase. Der Kampf dauerte schon etwa zwei Monate. Die Talim-Männer legten einen Hinterhalt mit vielen Kriegern, wurden dabei von den Männern aus Lalekon und den anderen Verbündeten unterstützt, als die Dingerkon-Männer über den Erdrutsch in der Nähe des Minmin-Baches nach Hause gingen. Somson traf Lekwoleb zuerst in die Brust, dann spickten sie ihn mit Pfeilen. Lekwoleb stürzte einen Felsabsturz hinunter, war aber schon durch die Pfeile getötet worden. Die Dingerkon-Leute brachten Lekwoleb in ihr Dorf und bestatteten ihn. Danach ging der Kampf noch etwa 1½ Monate weiter. Dann schlossen sie Frieden.

T. sagte zu B.: »Du hast zwei von Meinen getötet, ich habe nur einen von Deinen getötet, also jetzt haben wir beide genug gekämpft, laß uns beide Frieden schließen.« Alle schlossen Frieden am Eipo-Ufer. Dort wird immer Frieden geschlossen. Auch nach einem Krieg gegen die Leute aus Marikla.

Die Schilderung ist ein Beispiel für die Mechanismen der Eskalation, die dazu führt, daß die ohnehin niedrige Schwelle für aggressive Akte überschritten wird. – Die seit 1974 erfaßten Todesfälle (jeder 4. Eipo-Mann starb eines gewaltsamen

Todes!) und die Berichte über Intra-Gruppen- und Inter-Gruppen-Kämpfe legen den Schluß nahe, daß hohe Aggressivität ein kulturelles (möglicherweise auch genetisches) Merkmal der Eipo ist; sie wird durch Ritualisierung (Turniercharakter der Kämpfe) so weit gezügelt, daß noch größere Verluste vermieden werden.

Aber auch bei Überfällen gibt es Abstufungen und Regeln. So gilt es bei den Melanesiern von San Cristobal als unstatthaft, einen Mann, der gerade auf einen Baum klettert, anzugreifen oder einen, der gerade fischt. Auf dem Boden konnte man jedoch auch einen einzelnen aus dem Hinterhalt anfallen und töten. Ferner waren nächtliche Überfälle verboten, und schließlich war es untersagt, den Häuptling der Gegenpartei zu töten.

Die Murngin des Arnhem-Landes (Australien) unterschieden sogar namentlich sechs verschiedene Formen bewaffneten Konfliktes (W. L. WARNER 1930). Alle unterliegen bestimmten Regeln. Eine Form gestattet es, feindliche Gruppen zu bestrafen, ohne auf Gegenwehr zu stoßen. Die beleidigte Gruppe lädt dazu ein. Diejenigen Männer der gegnerischen Gruppe, die die Krieger zum Kampfe ermunterten, dürfen nun von der gegnerischen Gruppe mit Speeren beworfen werden. Sie dürfen aber durch Zickzack-Laufen das Zielen erschweren. Außerdem laufen ihre Freunde unter ihnen, was die anderen daran hindert, die Speere mit zu großer Wucht zu schleudern, da sie ja sonst einen Unschuldigen treffen könnten. Zur Sicherheit entfernt man von den Speeren die Steinspitzen. Nachdem alle, die sich beleidigt fühlten, Speere geworfen haben, dürfen sie die Gegner noch ungestraft beschimpfen.

Wenn die »Kriegstreiber« auf diese Weise bestraft worden sind, kommen diejenigen an die Reihe, die getötet haben. Auch sie müssen sich Speerwürfen stellen, und diesmal entfernen ihre Feinde die Steinspitzen nicht von den Speeren. Aber die alten Männer beider Seiten laufen bei ihren Männern auf und ab. Die einen ermahnen die Rächer, nicht zu aggressiv zu sein, die anderen, nicht ärgerlich zu werden und die Beleidigungen geduldig zu ertragen, da sie ja im Unrecht seien. Haben die Rächer schließlich ihren Ärger als Gruppe abreagiert, werfen die Männer noch eine Weile einzeln Speere. Zum Abschluß speeren die Rächer die Mörder in den Oberschenkel. Damit wird ihnen vergeben. Unterbleibt dieser Akt oder wird ein Mörder nur ganz leicht verletzt, dann ist ihnen nicht vergeben worden, und die Gruppe schließt nur einen vorübergehenden Waffenstillstand.

Bei den stammesinternen Kämpfen nordaustralischer Stämme pflegen die Männer der verfeindeten Gruppen einen turnierartigen Schlagabtausch mit ihren wie Holzschwerter benützten Bumerangs. Kommt einer der Männer zu Fall, dann scharen sich die alten Frauen um den Gefallenen, halten ihre Stöcke schützend über ihn und rufen: »Töte ihn nicht, töte ihn nicht!« (C. LUMHOLTZ 1890). Wenn sich bei den Tsembaga Neuguineas zwei Gruppen zerstritten haben, die durch zahlreiche Heiratsbindungen verschwägert sind, setzt man zunächst alles daran, eine Eskalation zum Krieg zu vermeiden. Dabei treten befreundete Dritte als Vermittler auf. Schlagen die Versuche fehl, dann säubern beide Parteien den gemeinsamen traditionellen Kampfplatz und laden einander formell zu einem »kleinen« Kampf ein (R. A. Rappaport 1968). Die Gruppen stehen sich dann am vereinbarten Tag gegenüber, beschimpfen einander und machen ihrem Ärger Luft, und das kann zu einer friedlichen Lösung des Konfliktes führen. Während dieser Phase schießen sie wohl auch mit Pfeilen aufeinander. Aber man entfernt vorher die stabilisierenden Federn, so daß die Pfeile nicht gut die Zielrichtung halten. Kommt es im Verlauf dieser Auseinandersetzung zu keiner Einigung, eskaliert der Krieg zum formal erklärten »Axtkrieg«. Ihm gehen eine Reihe von Zeremonien voraus. Jede Partei ruft ihre Ahnen um Beistand an, und die sakralen Kampfsteine, die man in Netzen am Boden der Hütten aufbewahrte, werden nun am mittleren Pfahl der Hütte aufgehängt. Von nun an fordert man einen völligen Abbruch der persönlichen Beziehungen zum Gegner. Man darf dem Gegner nicht mehr ins Gesicht schauen, man darf ihn nur im Kampf berühren und nicht mehr seine Feldfrüchte essen. War man mit ihm freundschaftlich verbunden und nannte man ihn Bruder, dann ändert sich das. Die ehemaligen Freunde werden zu »Axtmännern«. In vielem erinnert das an die Kommunikationsbarrieren, die zivilisierte Nationen errichten, wenn es zum Kriege kommt. Ist man einmal so weit, dann ist mit einer schnellen Beilegung des Konfliktes nicht zu rechnen.

Dennoch gibt es eine Reihe von Einrichtungen, die eine allzu gefährliche Eskalation verhindern. So benennt der Medizinmann jene Feinde, die nach Auskunft der Geister leicht zu töten seien, und ebenso jene der eigenen Gruppe, die gefährdet scheinen. Damit wird gewissermaßen festgelegt, wie viele man töten soll, eine Art »killing quota« (R. A. Rappaport). Die Krieger müssen außerdem Nahrungstabus beachten. Sie müssen stark gesalzenen Speck verzehren. Das macht Durst und zwingt sie, Kampfpausen einzulegen. Verbündete, die man eingeladen hat, werden, auch wenn sie einen Gegner töten, nicht dafür verantwortlich gemacht. Die Konvention verhindert weitere Eskalationen durch Einbeziehung von Nachbargruppen.

Wird schließlich eine Gruppe geschlagen, dann nimmt der Sieger nicht gleich das vom Gegner verlassene Gebiet in Besitz. Es wird ja von den Ahnen der Gegnergruppe bewacht (eine Vorstellung, die wir auch bei den Australiern finden, Kap. 4.11.1). Erst wenn die Gegner in ihrem neuen Zufluchtsgebiet die sakralen Cordylinen gepflanzt und ein Schwein geschlachtet haben, was die Geister der Ahnen herbeiruft, kann das nunmehr formal aufgegebene Gebiet von den Siegern übernommen werden. Auch gibt es Möglichkeiten, Kampfpausen, Waffenstillstand und schließlich sogar Frieden zu vereinbaren (Kap. 5.6.7).

In der völkerkundlichen Literatur gibt es zahlreiche ausgezeichnete Beschreibungen von Kriegen, die auch die Entwicklung von Konventionen zur teilweisen Entschärfung der Auseinandersetzungen belegen. R. Gardner und K. G. Heider (1968) beschrieben solche für die kriegerischen Auseinandersetzungen der Dani. Interessante Angaben über die Jale verdanken wir K. F. Koch (1970, 1974). Weitere Beispiele: F. L. Bell (1934), R. F. Ferguson (1918), R. F. Fortune

(1939), W. W. HILL (1936), R. KARSTEN (1923), J. KEEGAN (1976), J. KEEGAN und J. DARRAGOTT (1981), N. KNOWLES (1940), B. MALINOWSKI (1920), L. MONTROSS (1944), G. S. SNYDERMAN (1948), M. SWADESH (1948) und A. P. VAYDA (1960, 1971).

In Europa lassen sich entsprechende Konventionen bereits im Altertum nachweisen. Es gab römische Gesetze, welche die Schonung der Nichtkämpfer, Fliehender und der sich Ergebenden bestimmten und durch die bestimmte Waffen wie Lanzen mit Widerhaken, vergiftete und brennende Pfeile verboten waren, die auch festlegten, daß nur Gleichbewaffnete gegeneinander kämpften (W. E. MÜHLMANN 1940). Auch das mohammedanische Kriegsrecht hatte Züge der Ritterlichkeit. Es verbot Angriffe auf Betende, Tötung von Nichtkämpfern und Wortbruch dem Feinde gegenüber.

Die Entwicklung der Konventionen hielt mit der Entwicklung der Waffentechnik nicht immer Schritt; genau genommen hinkte sie immer hinterher. Das Bedürfnis, die kriegerischen Auseinandersetzungen so zu ritualisieren, daß unnötiges Blutvergießen vermieden wird, ist jedoch offensichtlich. Unser Gewissen drängt uns dazu (S. 592). Darüber hinaus vermindert es das Risiko für beide Parteien.

Angesichts der Vernichtungskriege vom Altertum bis in die jüngste Gegenwart mag das hier präsentierte Bild manchen als zu optimistisch erscheinen. Man hat sicher nicht immer den Eindruck, daß Kriegführende ein schlechtes Gewissen haben. Aber die Tatsache, daß die Eroberer des Alten Testaments sich auf Gottes Gebot berufen, belegt ebenso das Bedürfnis nach Rechtfertigung, und damit einen Gewissenskonflikt, wie die Rechtfertigungsbemühungen moderner Staaten, wenn sie einen anderen Staat angreifen.

5.6.5 Ideologische und psychologische Kriegführung

Der Mensch kämpft nicht nur mit Waffen. Er ringt auch geistig mit dem Gegner, und diese Art der Kriegsführung gewinnt zunehmend an Bedeutung. Es ist leicht einzusehen, daß man zu ungeheuren Erfolgen kommen kann, wenn es einem gelingt, im Gehirn des Feindes Überzeugungen und Denkweisen aufzubauen, die den Gegner schließlich überzeugt das tun lassen, was man von ihm gerne will. Diesem Zweck dient die ideologische Kriegführung, von der offenen Propaganda bis zu den subtilen Formen der Überredung und Beeinflussung. Meist kombiniert man diese Methode mit psychologischen Methoden des Hofierens, der Einschüchterung und des Angsterweckens.

Ideologische und psychologische Kriegführung sind die Mittel des »kalten Krieges«. Ziele sind Aufweichung des Widerstandswillens beim Gegner, Aufbau einer Aufnahmebereitschaft für die Ideologie seines Feindes und letztlich deren Übernahme unter gleichzeitiger Aufgabe des eigenen Wertsystems, was einer

Unterwerfung gleichkommt. Dazu müssen zunächst jene Traditionen zersetzt werden, die das Rückgrat der gegnerischen Gesellschaft bilden. Der überall vorhandene latente Konflikt zwischen individuellem Freiheitsstreben und der Staatsmacht – eine der Wurzeln liegt sicher im Rangstreben und der damit verbundenen Rebellion gegen Dominanz – kann dabei ausgenutzt werden. Man kann Menschen leicht zur Gehorsamsverweigerung ermuntern, wenn man ihnen nur eine andere Autorität als sicheren Rückhalt anbietet, denn einen solchen sucht er. Selbst antiautoritäre Propheten heben Vorbilder zur Verehrung aufs Podest.

Wir können heute beobachten, wie verschiedene Wertsysteme miteinander kämpfen. Sie propagieren in der ersten Phase Gegenwerte: statt Gehorsam etwa Gehorsamsverweigerung, statt Fleiß und Arbeitswillen Leistungsverweigerung, statt Ordnung und Selbstbeherrschung Sich-Gehen-Lassen – kurz, zu leben, wie es einem gefällt. Freiheit in allen Bereichen, auch Befreiung vom Zwang der Ehe, der Autorität der Eltern. Eine solche Freiheitsideologie spricht an, und dementsprechend ist das Schlagwort Freiheit wohl das von Politikern am häufigsten gebrauchte. Diktatoren oder Demokraten verwenden es in gleicher Weise. In den Kampfliedern des Nationalsozialismus z. B. wurde das Wort unentwegt mißbraucht. Daß sich mit dem Freiheitsappell die Forderung nach blindem Gefolgsgehorsam verband, diesen Widerspruch merkten die wenigsten. Und genausowenig durchschauen viele der Heutigen, wie Ideologen das Schlagwort mißbrauchen, um sich als Befreier anzubieten.

Gelingt es so einer Menschengruppe, in die Gehirne ihrer Gegner die eigene Denkweise und Ideologie einzupflanzen und sie schließlich zur Aufgabe der eigenen Gruppenwerte zu bringen, dann hat sie zweifellos einen unblutigen Sieg errungen. Das heißt nicht, daß man sich deshalb anderen Gedanken und Ideen grundsätzlich verschließen sollte, wohl aber, daß man ihnen aus Kenntnis der Zusammenhänge kritisch gegenüberstehen muß. Schlagworte sind, wie der Name klar ausdrückt, Waffen im Kampf der Ideologien. Die ideologische Auseinandersetzung mit dem Gegner ist sicher die menschlichste Form kämpferischer Auseinandersetzung. In der Austragung von Innergruppenkonflikten spielt sie in der parlamentarischen Demokratie eine entscheidende Rolle. Argumente des Gegners sollte man anhören und kritisch prüfen. Das setzt einen eigenen Standpunkt voraus, insbesondere ein grundsätzliches Bekenntnis zur eigenen Kultur. Dieses ergibt sich aber nicht von selbst. Eine Erziehung zu kritischer Sympathie für die jeweilige Gemeinschaft, in der Menschen leben, ist dafür Voraussetzung. Und nur so kann auch die Pluralität der Kulturen erhalten werden, die eine Voraussetzung für die heute so oft beschworene gegenseitige Befruchtung der Kulturen ist.

5.6.6 *Kriegsgründe und Kriegsfolgen: Die Frage nach der Funktion*

Bei der Frage nach den Ursachen und Motiven kriegerischer Auseinandersetzungen muß man unterscheiden, ob man nach den subjektiven Motiven der an diesem

Geschehen Beteiligten fragt oder ob man die Frage im Hinblick auf einen vermuteten Beitrag zur Gesamteignung der Kriegführenden stellt. Beide Fragen sind vernünftig. Wenn N. A. CHAGNON (1968, 1971) feststellt, die Yanomami würden Kriege führen, um ihren Feinden Frauen zu rauben, dann hat er eine interessante Feststellung gemacht, die wohl ebenso richtig ist wie die Behauptung von M. HARRIS (1979), die Yanomami würden so andere auf Abstand halten, um sich damit ein genügend großes Gebiet für die Jagd zu sichern (S. 158). Bei einer gewissen Dichte der Besiedlung bzw. bei einer gewissen Größe des Dorfes würden die Männer immer mehr Zeit für die Jagd aufwenden müssen, und das führe zu Irritation, Streit und in der Folge zur Spaltung von Dörfern und zu Fehden mit Nachbarn. – Zwei Erklärungen also für das gleiche Geschehen. Sie stimmen, geben aber Anwort auf verschiedener Ebene. Unverständlich ist daher, daß es über diese »verschiedenen« Ansichten zu akademischen Auseinandersetzungen kommen kann, denn man fragt nach Verschiedenem und erhält demnach auch eine unterschiedliche Antwort.

So schreibt N. A. CHAGNON (1971 : 132): »Territoriale Gewinne werden beim Austragen der Konflikte weder beabsichtigt noch erzielt. Das hat gewisse Konsequenzen für die Aggressionstheorien, die sich am Territorialverhalten ausrichten, vor allem in der Form, wie sie in den in der letzten Zeit erschienenen Büchern von Ardrey und Lorenz entwickelt worden sind.«

Was immer Menschen als subjektive Gründe für ihr Handeln angeben, es hat feststellbare Folgen: Durch Kriege wird ein Druck auf die Nachbarn ausgeübt und territoriales Abstandhalten bewirkt. Und dieses Ergebnis zählt letztlich. Kriegerische Tüchtigkeit bestimmt auf diesem Wege unmittelbar die Eignung einer Gruppe, ganz unabhängig von der Intention des einzelnen.

Bei den Tsembaga kommt es durch den Schaden, den die sich vermehrenden Schweine in den Gärten der Nachbarn anrichten, zu zunehmender Unrast und Konfliktbereitschaft, die sich schließlich im zwischendörflichen Konflikt entlädt, lange bevor es zu einer Überbevölkerung kommt (R. A. RAPPAPORT 1968). Kopfjagd war für die Mundurucu der Grund zum Kriegführen, und sie holten sich die Trophäen von fremden Stämmen. Andere Kriegsgründe konnten sie nicht angeben, außer daß jeder Nicht-Mundurucu ihr Feind war* (R. F. MURPHY 1957, 1960). Aber dadurch, daß sie diese bekämpften, schalteten sie Konkurrenten um Jagdbeute aus, und tierisches Eiweiß ist in diesem Gebiet der limitierende Faktor. In diesem Zusammenhang weist W. H. DURHAM (1976) auf ein bemerkenswertes Detail hin, dessen Bedeutung MURPHY entgangen war. Der erfolgreiche Kopfjäger erhält den Titel »Dajeboisi«, was übersetzt »Mutter der Peccaris« heißt. Und Peccaris sind wichtiges Jagdwild.

---

* Sie bezeichnen alle Nicht-Mundurucu als Pariwat. Unter dem gleichen Namen fassen sie Peccaris und Tapire zusammen. Er kann also frei als Jagdwild übersetzt werden. Siehe dazu auch das über die Dehumanisierung des Feindes Gesagte (S. 566 ff.).

Die Gründe, die den einzelnen motivieren, am Krieg teilzunehmen, sind sicher recht verschiedener Art. Von großer Bedeutung ist die Bereitschaft zu gehorchen aus empfundener Verpflichtung der Gemeinschaft gegenüber. Sie resultiert aus einer emotionell erlebten Verbundenheit mit der Gruppe, die als erweiterte Familie betrachtet wird. Wenn wir die Indoktrinierbarkeit des Menschen in bezug auf Gruppenwerte diskutieren, werden wir auf diesen Punkt noch besonders eingehen (S. 840 ff.). Hier dürften alte Reaktionen der Familienverteidigung ansprechen, die auf die Gruppe übertragen werden. Dazu paßt, daß der Bezug auf die Sicherheit der Familie, die durch einen Feind bedroht wird, auch in der Kriegspropaganda moderner Staaten eine Rolle spielt. Daß sich mit dem begeisterten kämpferischen Einsatz für die Gruppe recht archaische Reaktionen verbinden, hebt bereits K. Lorenz hervor, wenn er darauf hinweist, daß der »heilige« Schauer nationaler Ergriffenheit, der die Personen bei bestimmten politischen Massenveranstaltungen überläuft, seine physiologische Entsprechung in einer Kontraktion der Haaraufrichter hat. Wir sträuben gewissermaßen einen nicht mehr vorhandenen Pelz und empfinden das als Schauer der Ergriffenheit (S. 99 ff.).

Wo Krieger Ansehen genießen, ist das Streben nach Prestigegewinn ein weiterer Beweggrund des einzelnen, sich kriegerisch zu exponieren. Angst vor sozialer Kritik (Angst, als Feigling zu gelten), Gewinnsucht, Haß und schließlich auch Rauflust sind weitere Motive. An einem Kampf der Eipo des Weilers Talim gegen die Marikla nahm Kelum aus dem Dorfe Dingerkon teil, das gar nicht in den Konflikt verwickelt war. Kelum wurde verwundet, und wir fragten ihn, weshalb er überhaupt teilgenommen habe. Er meinte, aus »Fatan« – Kampflust. Und wenn man Fußballfans zusieht, dann wird einem klar, daß diese Motivation auch uns keineswegs fremd ist.

Was immer die Gründe sein mögen, die den einzelnen kriegerisch motivieren – als letztes Ergebnis führt die kriegerische Gruppenaggression zur Dominanz einer Gruppe über eine andere, was früher oft zur Vernichtung der unterlegenen Gruppe und heute noch häufig zu deren Vertreibung führt. Landnahme und territoriale Abgrenzung sind geschichtlich nachweisbare Konsequenzen. Gruppen sichern sich damit ihre Existenzgrundlagen. Oft ist diese Aufgabe der Ressourcensicherung den Kämpfenden durchaus bewußt. Die Rinderhirtenvölker kämpfen gezielt um den Zugang zu Wasserlöchern, um Weiden, und sie rauben einander schließlich auch die Rinder (K. Fukui und D. Turton 1979). Die territoriale Funktion (Ressourcensicherung) des Krieges wird von vielen Anthropologen klar gesehen (Q. Wright 1964, A. P. Vayda 1960, 1961, 1967 und 1971, dort auch weitere Literatur).

Kriege um kultivierbares Land führten z. B. die Stämme der südamerikanischen Flachlandindianer (R. V. Morey und J. P. Marwitt 1973), ebenso die Yuma im Gebiet des Colorado- und Gila-Flusses (USA). Es ging dabei nur um die Ebenen, die die Flüsse umgaben. Die in angrenzenden Gebieten lebenden Gruppen, die eine andere Lebensweise führten, sah man nicht als Konkurrenten an (E. F. CASTETTER und W. H. BELL 1951, E. E. GRAHAM 1973).

C. R. HALLPIKE (1973) sprach sich gegen eine funktionalistische Deutung des Krieges aus, mit dem Hinweis, nicht alles, was existiere, erfülle Aufgaben. Ihn wundert es geradezu, daß man selbst bei einer Institution wie dem Krieg nach der Funktion fragt. Mich wundert es, daß er gerade ein so weltweit verbreitetes Phänomen, das in der Menschengeschichte überdies eine so große Rolle spielt, nicht weiter auf mögliche Funktionen hinterfragen möchte. Nur dann nämlich, wenn man erkannt hat, welche Aufgaben Kriege erfüllen, kann man sich die Frage stellen, wie man diese Funktionen auf unblutige Weise wahrnehmen könnte. Vermutlich gibt es bessere Alternativen.

Nach M. J. MEGITT (1962, 1965), die 41 Kriege der Enga analysierte, war der Kampfgrund »encroachment on land« (Übergriffe auf das eigene Territorium) doppelt so häufig wie Schweinediebstahl oder Mord. Weitere Beispiele für Kampf um Land finden wir bei H. C. BROOKFIELD und P. BROWN (1963). Daß auch bei den modernen Staaten das Motiv der Landnahme eine bedeutende Rolle spielt, dürfte bekannt sein. Es kann sich aber auch, wie gesagt, um andere Ressourcen handeln. Bei den Beduinen geht es um Kamele (L. SWEET 1965), bei den Irokesen um Felle (G. T. HUNT 1940). Um Ölfelder und Erzlagerstätten geht es u. a. in den modernen Kriegen. Wer diesen instrumentellen Charakter des Krieges nicht wahrnehmen will, wird keine konstruktiven Beiträge zur Pazifizierung der Welt leisten können; denn solche setzen nun einmal voraus, daß man die Aufgaben, die der Krieg bisher erfüllte, klar erkennt, um sie auf andere Weise zu lösen.

Die Kriege der Naturvölker können recht verlustreich sein. W. L. WARNER (1930) berichtet, daß bei den Murngin von 700 erwachsenen Männern 200 oder 28 Prozent im Kampf gefallen waren. Eine ähnlich hohe Todesrate stellte CHAGNON bei den Yanomami fest. Nach J. H. BENNETT, F. A. RHODES und H. N. ROBSON (1959) sterben 14 Prozent der Männer bei den Fore (Neuguinea) im Krieg. Bei den Eipo (West-Neuguinea) fallen nach Schätzungen von W. SCHIEFENHÖVEL etwa ebenso viele. Das hohe Risiko macht es unwahrscheinlich, daß das Individuum durch das Kriegführen selektionistische Vorteile einhandelt[*]. Es ist offensichtlich die Gruppe, die sich in der Auseinandersetzung mit der anderen zu bewähren hat. Bei den Yanomami sollen nach N. A. CHAGNON (1988) 44 Prozent der auf 25 Jahre und darüber geschätzten Männer schon einen Menschen getötet und 70 Prozent aller über 40 Jahre geschätzten einen nahen Verwandten im Krieg verloren haben. Männer, die getötet haben, sollen mehr Frauen und Kinder haben als jene, die niemanden töteten. Wieweit das Risiko so auf individueller und/oder

---

[*] Bei den Mundurucu muß der erfolgreiche Krieger, der eine Kopftrophäe erbeutete, sich drei Jahre des Geschlechtsverkehrs enthalten. Er fördert dadurch auf magische Weise das Gedeihen der Peccaris. Für seine individuelle »reproduktive Fitneß« scheint mir das eher von Nachteil.

Gruppenebene kompensiert wird, wäre noch im einzelnen zu untersuchen. Sicher hat der Krieg, auch wenn er nicht in unseren Genen steckt, insofern mit unseren Genen zu tun, als es die Gene der Sieger sind, die sich in der Regel ausbreiten.

Angesichts der hohen Menschenverluste haben verschiedene Autoren (z. B. W. T. Divale 1971) auch die Ansicht vertreten, der Krieg könnte einen Mechanismus der Bevölkerungskontrolle darstellen. Aber dafür würden Verluste der männlichen Bevölkerung nie ausreichen. Für die Bevölkerungskontrolle müßten Frauen getötet werden; und das geschieht auch, allerdings nicht durch kriegerische Einwirkung, sondern durch selbstauferlegten Infantizid. Man tötet dabei so gut wie ausschließlich weibliche Säuglinge, männliche nur dann, wenn sie mißgebildet sind. Ein weiterer Mechanismus der Bevölkerungskontrolle sind ferner Tabus, die Enthaltsamkeit nach der Geburt vorschreiben, oft über drei Jahre. Der Krieg selbst hat, da er vor allem Männer trifft, heute keinen nennenswerten Einfluß auf den Bevölkerungszuwachs.

Äußerungen, in denen der Krieg als pathologisches Phänomen bezeichnet wird, tragen mehr den Charakter eines Glaubensbekenntnisses als den einer wissenschaftlichen Aussage: »War is pathological but it is the expression of a sickness in human society itself which arises from the cherishing of ideas hurtful to the general welfare of mankind«[*], lautet das Statement der »Medical Association for the Prevention of War« 1963. M. A. Nettleship und Mitarbeiter (1975 : 190) zitierten diesen Satz und antworteten treffend: »A major criticism of the concept of the pathological nature of war is that it is seldom more than an assumption, and the results of holding the assumption are not explored or integrated with the remainder of an author's work. How, for instance, would it have been possible for war to continue to be passed on to new generations of man for millenia if it was a heritable pathological condition? Would not the mutation or invention of war have been deadly? In most circumstances until recent times it seems instead that war has been positively adaptive and contributory to continued existence and dominance of warlike groups over peaceful groups. Similarly, no matter how unpleasant war is to the losers and the dead, it is difficult to support a conception of war as a social disease of a kind of pathological thinking within or between participating cultures.«[**]

---

[*] »Der Krieg ist krankhaft, aber er ist der Ausdruck einer Krankheit in der menschlichen Gesellschaft selbst, die durch das Festhalten an Ideen, die für das Allgemeinwohl schädlich sind, entsteht.«

[**] »Eine ernst zu nehmende Kritik an dem Begriff der pathologischen Natur des Krieges ist, daß dahinter selten mehr als eine Behauptung steckt und daß die Ergebnisse, die aus einer solchen Behauptung entstehen, nicht untersucht oder integriert werden mit den anderen Aussagen der Autoren. Wie wäre es für den Krieg möglich gewesen, über Tausende von Jahren von Generation zu Generation zu überleben, wenn er ein ererbter, pathologischer Zustand gewesen wäre? Wären nicht die Mutation oder die Erfindung des Krieges tödlich gewesen? Bis in die jüngste Zeit scheint es in den meisten Fällen doch so zu sein, daß der Krieg im positiven

Mit anderen Worten: Der Krieg erfüllt Aufgaben. Es handelt sich bei ihm um eine kulturelle Erfindung, die sich unglücklicherweise in der Zwischengruppen-auseinandersetzung selektionistisch bewährte, indem sie dem Sieger eindeutige Vorteile verschaffte. Das heißt nicht, daß wir ihn weiterhin in dieser Funktion akzeptieren müssen. Es handelt sich gewiß nicht um den einzigen und besten der möglichen Wege, um bestimmte Probleme zu lösen. Aber damit wir überhaupt zu einer Lösung kommen, müssen wir uns darüber klargeworden sein, daß der Krieg eben zunächst einmal Aufgaben erfüllt, die wir, wenn wir Frieden wollen, nun auf andere Weise bewältigen müssen (I. EIBL-EIBESFELDT 1975).

Daß heute ein atomarer Krieg selbstmörderisch wäre, ist eine allgemein akzeptierte Einsicht. Dies hat verhindert, daß man diese Waffen einsetzte, nicht aber, daß die Welt weiterhin »fleißig« in konventionell geführte Kriege verwickelt ist und der Krieg auf diese Weise leider seine alten Funktionen noch durchaus erfüllt.

Betroffenheitsübungen, Schuldzuweisungen, Verurteilungen und Friedensbekenntnisse allein helfen uns nicht weiter. Davon gibt es mittlerweile genug – und es brennt an allen Ecken und Enden. Die öffentliche Diskussion bewegt sich auf einem geradezu erbärmlichen Niveau. Es genügt, öffentlich zu bekunden, daß man voll für den Frieden sei, für ihn eintrete und den Krieg verurteile, um des Beifalls sicher zu sein. Die Frage »Wie?« braucht man dann gar nicht mehr zu diskutieren. Seit einigen Jahren kursiert ein sogenanntes Sevilla-Statement in aller Welt. In ihm wird die von mir seit 1975 vertretene These, daß der Krieg als solcher nicht in unseren Genen stecke* und Frieden daher möglich sei, als große neue Erkenntnis verbreitet**. Erstaunlich, wer das alles ernst nimmt und seine Unterschrift darunter setzt, denn irgendwelche konkreten Vorschläge werden nicht gemacht. Das intellektuelle Niveau vergleicht sich dem Spruch: »Stell Dir vor, es ist Krieg und niemand geht hin.«

Sinne adaptiv war und zum Fortbestand und der Dominanz kriegerischer Gruppen über friedliche Gruppen beigetragen hat. Ebenso ist es schwierig – gleichgültig, wie scheußlich der Krieg für die Verlierer und Toten ist –, das Konzept des Krieges als einer sozialen Krankheit und pathologischer Ideen, die innerhalb oder zwischen zwei beteiligten Kulturen entstehen, aufrechtzuerhalten.«

* Kapitel V. 1, S. 147 in: I. EIBL-EIBESFELDT 1975. Es trägt den Titel: »Die kulturelle Evolution zum Krieg«.

** Das »Sevilla Statement on Violence« (D. ADAMS 1989) wurde im Mai 1986 in Sevilla unter der Schirmherrschaft der spanischen UNESCO-Kommission formuliert. Es behauptet, daß ein weitverbreiteter Mythos den Krieg für unvermeidbar halte, da er biologisch im Menschen wurzele. Da dies die Menschen entmutigen könne, an der großen Aufgabe, den Weltfrieden herbeizuführen, mitzuwirken, hätten die Unterzeichneten die Aufgabe, darauf hinzuweisen, daß es für diesen Mythos keine Basis gebe. 20 Wissenschaftler aus zwölf Nationen unterzeichneten das Schreiben, das von der völlig überholten Meinung ausgeht, biologische Überlegungen würden den Krieg für unvermeidbar halten. Dagegen habe ich mich bereits 1975 in meinem Buch »Krieg und Frieden« geäußert und dort auch die eben zitierten Thesen

5.6.7 Friedensschluß und Koexistenz

> »Irgendein Vertrauen auf die Denkensart des Feindes muß mitten im Krieg übrig bleiben, weil sonst kein Friede geschlossen werden kann.«
>
> IMMANUEL KANT: Zum ewigen Frieden

Die kulturellen Ausdifferenzierungen aggressiver Interaktionen kopieren in vielem stammesgeschichtliche Anpassungen mit ähnlicher Aufgabe. Dies gilt nicht allein für die Ritualisierung des Kampfes im engeren Sinne. Vielfach haben Tiere Einrichtungen entwickelt, die es ihnen ermöglichen, sich zu unterwerfen, seltener sogar, sich zu versöhnen, so daß die Kontrahenten z. B. weiterhin im Verband miteinander leben können (F. DEWAAL und A. VAN ROSMALEN 1979). Für die Beziehungen zwischen Menschengruppen entwickelten sich funktionell vergleichbare Konventionen kultureller Art. Sie erlauben es, Waffenstillstand zu schließen; sie ermöglichen es dem Verlierer, sich zu unterwerfen, und schließlich können die zerstrittenen Parteien auch Frieden schließen und damit wieder normale Beziehungen aufnehmen. Voraussetzung für das Funktionieren solcher Vereinbarungen ist, daß beide Parteien sich daran halten. Verstößt einer gegen die Regeln, dann schadet er sich mit einiger Wahrscheinlichkeit selbst. Durch die einseitige Ausrichtung der Deutschen unter dem Nationalsozialismus auf die Tugenden des Mutes bei gleichzeitiger Verachtung der Tugenden der Menschlichkeit verschlossen sie sich im Zweiten Weltkrieg zuletzt die Möglichkeit, einen ehrenhaften Frieden zu schließen. So wie das Kampfsystem erst im Zusammenwirken der alternativen Verhaltensstrategien von Angriff, Unterwerfung und Flucht ein funktionelles, adaptives System ergibt (S. 519 f.), so müssen auch im Krieg die Alternativen Angriff (Sieg), Flucht und Unterwerfung (Niederlage) und schließlich der formelle Frieden als Voraussetzung nachbarschaftlicher Koexistenz vorgesehen sein. Hat man sich durch sein Verhalten die Alternativen verbaut, dann kann dies höchst verhängnisvoll sein. Unmenschlichkeit ist nicht adaptiv. Eine Basis des Vertrauens muß, wie bereits I. KANT (1795, Ausgabe 1923) sagte, erhalten bleiben, damit ein Friede wiederhergestellt werden kann.

Bereits die Naturvölker kennen komplizierte Rituale des Friedensschlusses. Wir referierten die Beschreibungen RAPPAPORTS über die Kriegführung der Tsembaga. Die Kämpfe können sich über Wochen hinziehen. Hat aber eine Gruppe einen Gegner der anderen Gruppe getötet, dann bricht sie den Kampf ab, um den Feinden Gelegenheit zu geben, die Trauer- und Begräbnisrituale zu

---

veröffentlicht, die nunmehr seit Jahren als neue und hoffnungsvolle Nachricht verbreitet und von den verschiedensten Organisationen und Personen unterzeichnet werden. ROBIN FOX (1988), der sich kritisch zu diesem Manifest äußerte, sprach von ihm als einer »exercise in selfrighteous pity«, die ihre Unterzeichner mit einer Glorie moralischer Erhabenheit versehe, aber nichts dazu beitrage, unser Verständnis der menschlichen Gewalttätigkeit zu fördern.

befolgen – ein durchaus ritterlicher Zug. Man hält meist mehrere Tage Waffenruhe und benützt die Gelegenheit, um die Gärten wieder in Ordnung zu bringen. Auch wenn ein Krieger ernsthaft verwundet ist, macht man eine Kampfpause. Die Gemüter können sich dabei beruhigen, und man kann schließlich Verhandlungen aufnehmen.

Ein formeller Waffenstillstand wird durch das Pflanzen von Cordylinen eingeleitet. Jede Partei pflanzt sie für sich, und solange diese rituelle Pflanze wächst, darf der Kampf nicht wieder aufgenommen werden. Die Kampfsteine bleiben allerdings noch hängen, und eine Reihe von Tabus der Kontaktmeidung bleibt. So ein Waffenstillstand kann Jahre dauern. Ihn nützen beide Parteien zur Schweinezucht, und haben sie genügend Schweine, dann veranstalten sie ein gemeinsames Schweinefest, das einige Monate dauern kann. Man absolviert eine größere Zahl von Ritualen, bereitet einen Tanzplatz, legt die heiligen Steine wieder auf den Boden, was die Kontaktaufnahme mit den Feinden gestattet, und schließlich tanzt man. Auf dem Höhepunkt des Festes löst man weitere Tabus, die den Verkehr mit dem Feinde eingeschränkt hatten. Das ist der erste Schritt zum Frieden. Bis dahin müssen aber noch mehr Schweine gezüchtet werden; denn der Vorrat ist nunmehr verbraucht, und dazu bedarf es noch zweier oder dreier Jahre. Zum Friedensschluß treffen sich die Parteien mit Frauen und Kindern an der Grenze. Schweineleber wird ausgetauscht. Man tauscht ferner Frauen oder verspricht solche den ehemaligen Feinden. Für jeden Toten soll eine Frau gegeben werden. Das bedeutet, daß um so mehr Verwandtschaftsbindungen hergestellt werden, je höher die Verluste waren – eine gute Absicherung gegen allzubaldige weitere Kriege. Die Kinder aus diesen Ehen ersetzen die im Krieg gefallenen Krieger.

Vermittler spielen beim Friedenstiften eine große Rolle. Bemerkenswert sind ihre moralisierenden Appelle. Es sei schlecht, wenn Brüder einander bekämpfen, rufen die Vermittler, die nicht den kriegführenden Parteien angehören und die von einem Hügel das Kampfgeschehen beobachten.

Bei den Hagenberg-Stämmen (Papua-Neuguinea) waren Männer von hohem Ansehen die Friedensmacher. Sie mahnten die Parteien, nicht zu kämpfen, da sie alle Schwestersöhne und Brüder seien, auch verteilten sie Geschenke (A. STRATHERN 1971). Wenn es allerdings Tote gegeben hatte, dann konnte erst nach Herstellung des Ausgleichs, also wenn die Zahl der Toten auf beiden Seiten gleich war, eine Versöhnung zustande kommen. Das Gesetz der Vergeltung (Lex talionis) war bei vielen Völkern Neuguineas und in anderen Teilen der Welt ein großes Hindernis auf dem Weg zum Frieden. Aber selbst die diesem Gesetz Verpflichteten bemühen sich darum, eine Eskalation kriegerischer Konflikte zu verhindern. Bei den Eipo, jenem neusteinzeitlichen Papuavolk, das wir 1974 kontaktierten, starb ein Mann namens Ebna an einer rätselhaften Krankheit. Er wurde zunächst, wie das bei den Eipo üblich ist, auf einem Baum bestattet. Sein Bruder Babesikna führte den Tod Ebnas auf den Zauber eines Mannes aus dem Nachbardorf zurück und tötete, dem Gesetz der Vergeltung folgend, den vermeintlichen Übeltäter. Bei der mehrere Monate darauf folgenden Sekundärbestattung Ebnas am Boden beschwor Babesikna in einem Gesang, den VOLKER HEESCHEN transkribierte und übersetzte, ihm und den Seinen nun keine Racheträume mehr zu schicken, er hätte ja einen der Feinde getötet, er wäre ja auch nur einer gewesen, und sein Tod sei daher ausgeglichen. Ich bringe einen Teil dieses bemerkenswerten Textes, der die Bemühung um die Wiederherstellung guter Beziehungen zum Nachbardorf belegt:

Diesen Mond werden wir noch abwarten; wenn wir beim nächsten Mal nachts im Wald sind,
Dann mach das Blatt des Niklamnye-Baumes knistern, das Blatt des Sakwe-Baumes [*Prunus pullei, Rosaceae*] rascheln
Sie hätten mich töten können. Im Sumelin-Wald werden wir schlafen, im Quellgebiet des Kirimnye-Baches werden wir schlafen.
Wenn dieser Mond vorüber ist, dann werden die Beuteltiere in den Blättern knistern. Einen trockenen Platz haben wir Dir bereitet,
Denn Du warst gestorben. Schicke uns nur ja keinen Rachetraum mehr!
An einem haben wir Dich gerächt, Du warst ja auch nur einer,
Dich allein hat Deine Mutter geboren, so ist es.
Ich [Babesikna] habe einen von denen getötet, die Dir den Todeszauber geschickt hatten. Erscheinen sollst Du uns nicht, den Männern aus Munggona, denen aus Kabcedama, denen aus Mumyerunde, denen aus dem *Siloktarekna*-Männerhaus.
Ja nicht! Nicht das winzigste bißchen sollst Du uns erscheinen.
Für Dich haben sie Rache genommen, schick keinen Traum! Die Männer aus Kwarelala
Haben für Dich Pfeile geschossen, auch die aus Moknerkon und Walubok.
Wahrhaftig, Du sollst uns nicht mehr im Traum erscheinen!
Einzig Dich hat sie geboren und ich habe einen getötet, so ist es.
Kein Rache-Flüstern mehr.
Keine Traumerscheinungen mehr! In den Wald werde ich gehen
Das *kabang*-Beuteltier [*Phalanger sp.*] werde ich erkennen, im Wald werde ich es erkennen.
Das Blätter-Flüstern des Sakwe-Baumes wirst Du offenbaren,
Das Blätter-Flüstern des Niklamye-Baumes wirst Du offenbaren,
Das Blätter-Flüstern des Degit-Baumes [*Elaeocarpus sp., Elaeocarpaceae*] wirst Du offenbaren...*

---

* Die Transkription und vollständige Übersetzung des langen Textes findet der Leser in: I. EIBL-EIBESFELDT, W. SCHIEFENHÖVEL und V. HEESCHEN (1989 : 201–202). Der Text zeichnet sich durch geglückte Formulierungen, Metaphern der Anrufung und Gleichsetzungen aus.

Unter dem Einfluß der australischen Verwaltung wurde das Gesetz der Vergeltung durch die Einführung eines Sühnegeldes in Form von Schweinen abgelöst. Das wurde gut aufgenommen: »Früher bekämpften wir uns und töteten uns gegenseitig, und das war schlecht. Nun ist die Zeit gekommen, und wir können für Getötete zahlen« (A. Strathern 1971 : 54).

Der Friedenswille und die negative Bewertung des kriegerischen Geschehens bei diesen an sich kriegerischen Papuas sind bemerkenswert. Sie drücken sich in vielen Texten aus. Bei den Jalémó singt die friedensuchende Partei folgende Standardstrophe (K. F. Koch 1974):

> Kämpfen ist eine schlechte Sache,
> und so ist der Krieg.
> Wie Bäume werden wir zusammenstehen,
> wie die Bäume bei Fungfung,
> wie die Bäume bei Jelen.

Der dem Menschen innewohnende Friedenswille ist aufrichtig und auch die Beteuerungen, die er beim Friedensschluß abgibt sind es. Bei den Hagenberg-Stämmen hat das Gelübde die Form eines Zwiegespräches (C. F. Vicedom und H. Tischner 1943, 1948; zitiert in I. Eibl-Eibesfeldt 1975). Anschließend werden Geschenke getauscht. Sie spielen als Mittel der Bandstiftung auch beim Friedensschluß generell eine große Rolle.

Die Texte, die ich anläßlich einer Totentrauer für die Gefallenen bei den Medlpa (Papua-Neuguinea) aufnahm, belegen die gleiche Einstellung (Übersetzung in Eibl-Eibesfeldt 1975 und 1981). Der Krieg wird als etwas Schlechtes, Schuldhaftes empfunden, was nicht der Aussage widerspricht, daß man an ihm mit Enthusiasmus und einer gewissen sportlichen Begeisterung teilnehmen kann. Schuldgefühle und Begeisterung können zugleich aktiviert werden. Wohl aus diesem Grunde gibt ein Angreifer, um sich vor sich selbst zu entschuldigen, gerne vor, die anderen hätten die Feindseligkeit eröffnet, und man sei praktisch zum eigenen Schutz gezwungen, Verteidigung zu üben. Das halten Naturvölker ebenso wie die Vertreter zivilisierter Nationen, gleich welchen Regierungsstils. Begeisterung und Fanatismus führen oft zur Verdrängung von Schuld und Gewissen. Die Enga (Neuguinea) sagen aus, sie würden einen Krieg oft mit sportlicher Begeisterung beginnen, sich aber dann, wenn einer von ihnen getötet worden ist, fragen: »Warum sind wir da hineingeraten?« (P. Wiessner, persönliche Mitteilung). Meist wird dann der anderen Partei die Schuld zugewiesen.

Die uns vorgegebenen Aggressionsbremsen sind stark. Der Friede wird uns zwar oft (H. Portisch 1970), aber doch nicht nur, aus Angst diktiert. Das Bemühen um ihn entspricht einem genuinen Bedürfnis. Voraussetzung, diesem entsprechen zu können, ist allerdings die Lösung der ökologischen Probleme der Bevölkerungskontrolle sowie jener des Wettstreites, die bisher der Krieg wirksam, aber auf schreckliche Weise erfüllte.

Eine psychologische Voraussetzung kommt dazu. Die Basis gegenseitigen

Vertrauens muß gefunden werden. Die Kontrahenten müssen sich an Übereinkünfte halten, damit ein Friedensschluß möglich wird. Dazu gehört auch, daß man die Friedensverträge so konzipiert, daß ein allzugroßer Gesichtsverlust des Gegners vermieden wird. Eine Forderung nach unbedingter Kapitulation steht dem Friedensschluß ebenso im Wege wie Kriegsverbrechen. Die Angst vor dem Gesichtsverlust treibt den Gegner zum Kampf bis zur Selbstvernichtung und vermehrt damit unnötig das Leid der Menschen.

Der Zuwachs angstgeborenen Mißtrauens wirkt sich auf die zwischenstaatlichen Beziehungen katastrophal aus und schlägt sich in dem geradezu wahnwitzigen Rüstungswettlauf nieder. Nach einer Aufstellung der Zeitschrift »Der Spiegel« (27/1982) gab es von 1945 bis Sommer 1982 130 Kriege, Bürgerkriege, Aufstände, Terrorfeldzüge, von denen fast 100 Länder betroffen waren und bei denen etwa 35 Millionen Menschen umkamen. Die Militärausgaben haben sich von 1960 bis 1978 in den Entwicklungsländern vervierfacht, in den Industrieländern stiegen sie im gleichen Zeitraum um 44 Prozent. 1960 wurden 230 Milliarden Dollar in der Welt für Rüstung ausgegeben, 1980 bereits 465 Milliarden (Angaben des Stockholm International Peace Research Institute, SIPRI Yearbook 1981, World Armourments, London 1981). Die Angaben in anderen Statistiken sind höher. Das Stockholmer Institut glich in seinen Berechnungen die Inflationsrate aus, so daß die Zahlen direkt vergleichbar werden. Das Zerstörungspotential hat unvorstellbare Ausmaße erreicht, und wenn auch jeder hofft, es bleibe beim gegenseitigen Drohen: die Gefahr, dieses Ritual des Drohens könne entgleisen, ist groß. Sollte in dem immer hektischeren Wettlauf neuer raffinierterer Angriffswaffen einmal die Entwicklung entsprechender Verteidigungswaffen nicht Schritt halten, dann könnte einer versucht sein, seinen augenblicklichen Vorteil zum Angriff zu nutzen; ja, es besteht sogar eine gewisse Wahrscheinlichkeit, daß er so handelt (C. Fr. von Weizsäcker 1977). Das Gleichgewicht des Schreckens ist labil und die Fähigkeit zur Zerstörung so groß, daß die Gefahr einer Selbstzerstörung der Zivilisation in weltweitem Ausmaß durchaus gegeben ist. »Auf der Welt gibt es in Kilogramm pro Person mehr Sprengstoff als Nahrungsmittel« (R. L. Sivard 1980:5).

Es wäre jedoch naiv anzunehmen, der Friedenswunsch allein würde hinreichen. Die gegenwärtig besonders gefährliche Weltlage kommt durch das Zusammentreffen einer Reihe von Faktoren zustande, deren Existenz wir nicht aus unserem Bewußtsein verdrängen dürfen, wenn wir den Frieden anstreben:

1. Die Dynamik der Waffentechnik macht es immer schwerer, die passenden Konventionen zur Humanisierung ihres Einsatzes und damit ihrer wenigstens teilweisen Entschärfung zu finden. Obgleich alle Seiten akzeptieren, daß der Einsatz von Massenvernichtungsmitteln gegen Zivilisten den Konventionen zivilisierter Nationen entgegensteht, werden sie gebaut, mit der Entschuldigung, der Gegner habe sie ja auch; man müsse gerüstet sein.

2. Rüstung und Gegenrüstung schaukeln sich aneinander auf. Ein Verhaltens-

faktor führt dazu, daß jeder Versuch, mit seinem potentiellen Gegner gleichzuziehen, immer etwas überzieht, so daß es zu einer eskalierenden Spirale des »Gleichziehens« kommt. Da man den Gegner fürchtet, nimmt man dessen Waffen stets als gefährlicher wahr als die eigenen, über die man ja Kontrolle hat. Die Dynamik der gegenwärtigen Raketenrüstung wird u. a. von dieser Art der Wahrnehmung gespeist.

3. Das Vertrauen in die Voraussagbarkeit gegnerischen Handelns ist durch die Ereignisse des Zweiten Weltkrieges empfindlich gestört. Das Mißtrauen fördert die Angst und damit auch die Bereitschaft, den Gegner zu verteufeln und Kommunikationsbarrieren aufzurichten. Ihr Abbau gehört zu den wichtigsten friedensfördernden Maßnahmen.

4. Die Menschheit hat den ökologischen Krisenpunkt erreicht. Die Massenvermehrung führt zu Umweltzerstörungen globalen Ausmaßes. Die Erschöpfung der Ressourcen zeichnet sich ab. Das kann zur Flucht nach vorne, zum Kampf um die letzten Ressourcen führen.

In den meisten der gutgemeinten Schriften wird auf den Irrsinn der Rüstungsausgaben hingewiesen, auf das Potential zur Selbstzerstörung und auf den Hunger in der Welt. So in FRANZ ALT (1983), der ausführt, daß in den vier Stunden, die man zum Lesen seines Büchleins brauche, 500 Millionen Mark für die Rüstung ausgegeben würden, während gleichzeitig etwa 700 Kinder verhungerten. Das erschreckt und suggeriert, man möge doch das Geld für die Hungernden verwenden, dann wäre alles in Ordnung und der Friede auf Erden. Daß es ja die Übervölkerung ist, die unsere Erde zerstört und die die Angstrüstung anheizt, wird nicht angesprochen. Frieden ist möglich, aber es braucht dazu mehr als den Hinweis auf die Schrecken des Atomkrieges und die hoffnungsvolle Botschaft der Bergpredigt, um ihn zu erreichen.

Zusammenfassung 5.6

Der Krieg, als destruktive Gruppenaggression definiert, ist das Ergebnis der kulturellen Entwicklung, er kann daher auch kulturell überwunden werden. Er nützt einige universale Anlagen des Menschen, wie seine aggressive Emotionalität und die Bereitschaft zur Gruppenverteidigung, sein Dominanzstreben, seine territoriale Neigung, seine Bereitschaft, auf agonale Signale ihm fremder Menschen anzusprechen, und anderes mehr. All dies würde jedoch nie zum Kriege führen. Dieser setzt vielmehr Planung, Führung, destruktive Waffen und die Überwindung des Mitleids durch Dehumanisierung des Gegners voraus. Der Mensch erweist sich in diesem Punkte als leicht indoktrinierbar.

Einige basale Normen wie die der Tötungshemmung und die Besitznorm wirken dem entgegen. Sie werden durch kulturelle Normenfilter überlagert, aber nicht ausgeschaltet. Der Normenkonflikt wird als Gewissenskonflikt erlebt. Er ist sicher eine der Haupttriebfedern für die Humanisierung der Konfliktaustragung durch Ausbildung von Konventionen und letztlich für die Herstellung und Erhaltung friedlicher Beziehungen. Sie würden der Motivationsstruktur des Menschen entsprechen, der somit seiner Anlage nach friedensfähig ist. Friede setzt jedoch voraus, daß man die Aufgaben erkennt, die der Krieg erfüllt, und ihn nicht einfach als pathologische Entartung abtut. Will man den Frieden, dann muß man die Funktionen der territorialen Abgrenzung und der Sicherung der ethnischen Identitäten und der Ressourcen, die bislang der Krieg erfüllte, auf andere, unblutige Weise wahrnehmen.

6. Kommunikation

»What are the feelings of men? They are joy, anger, sadness, fear, love, disliking, and liking. These seven feelings belong to men without their learning them.« Li Chi, etwa 100 v. Chr.*

Kommunikation setzt eine Abstimmung von Sender und Empfänger voraus. Das Auslöser-AAM-Konzept kann zum Verständnis einiger Aspekte menschlichen Kommunikationsverhaltens beitragen. Auch wir Menschen verfügen über ein uns als stammesgeschichtliche Anpassung vorgegebenes Repertoire von Signalen, und wir sind in der Lage, eine Reihe dieser Signale aufgrund uns angeborener Auslösemechanismen gewissermaßen vor individueller Erfahrung zu verstehen. Für die Steuerung sozialen Zusammenlebens kommt ihnen große Bedeutung zu. Unter anderem verdanken wir ihnen unsere Fähigkeit, einander über die kulturellen Barrieren hinweg zu verstehen, selbst wenn wir die Sprache der anderen nicht beherrschen.

Unsere Antwort auf soziale Signale kann unvermittelt, geradezu reflexhaft erfolgen. Auf das Lächeln eines Mitmenschen antwortet man oft unmittelbar. Das gilt aber keinesfalls generell. Wir können Zurückhaltung üben und schließlich nach internalisierten Handlungsplänen handeln, also nicht nur augenblicksbezogen, sondern ausgerichtet nach bestimmten Zielen. Des weiteren können wir unsere Ausdrucksbewegungen bis zu einem gewissen Grad willentlich beherrschen und instrumentell einsetzen, um bestimmte Ziele zu erreichen. Wir können so gewisse Gefühlsregungen vortäuschen und die wirklichen maskieren. Es bleiben jedoch feine Unterschiede im Ausdruck wirklich erlebter und vorgetäuschter Gefühlsausdrücke. So unterscheidet sich ein ehrliches Lächeln von einem

---

* »Was sind die Gefühle des Menschen? Es sind die Freude, der Ärger, die Trauer, die Angst, die Liebe, Abneigung und Zuneigung. Diese sieben Gefühle haben alle Menschen, ohne sie erst lernen zu müssen.« Aus der chinesischen Enzyklopädie Li Chi, die im ersten Jahrhundert vor Christi entstand. C. CHAI und W. CHAI (Hrsg.) (1976): Li Chi, Book of rites (Band 1, übersetzt von J. LEGGE). New Hyde Park, England, University Books (Übersetzung aus dem Original 1885).

vorgetäuschten durch die stärkere Kontraktion der Orbitalmuskeln des Auges, und wenn eine Person lächelt, um eine negative Regung zu maskieren, dann überlagert dieses Lächeln den Negativausdruck, von dem der Kenner noch Spuren wahrnehmen kann (P. EKMAN 1985, 1981, P. EKMAN und W. V. FRIESEN 1988).

Unsere Interaktionen werden von einem hierarchisch organisierten Regelsystem kontrolliert, das wir noch erörtern werden. Sie lenken unsere sozialen Interaktionen entlang phylogenetisch entwickelten Pfaden. Da der Mensch jedoch auf verschiedenen Ebenen seines kommunikativen Systems lernt und Verhaltensweisen im Rahmen des Regelsystems auf vielfältige Weise austauschen kann, eröffnen sich ihm viele Freiheitsgrade (siehe Kapitel 6.4.1).

Dazu kommt, daß wir Menschen auf verschiedenen Ebenen unseres kommunikativen Systems lernen. Den stammesgeschichtlich vorgegebenen Regeln gesellen sich kulturelle Konventionen hinzu, und schließlich erwerben wir mit der Wortsprache einen Kommunikationscode besonderer Art, der es uns erlaubt, über nicht Vorhandenes, Vergangenes, Zukünftiges oder auch nur Vorgestelltes zu sprechen und Wissen allein mit Hilfe dieses Signalsystems weiterzugeben. Vor allem können wir auch verbal handeln, z. B. bitten, streiten oder werben. In solchen Fällen wird unser verbales Verhalten, wie wir noch sehen werden, nach den gleichen Regeln strukturiert, die auch unsere nichtverbalen Aktionen kontrollieren (Kap. 6.4 und 6.5). Beim Menschen können also Worte, Sätze und angeborene nichtverbale Verhaltensweisen einander im Rahmen eines vorgegebenen Regelsystems als funktionelle Äquivalente ersetzen. Damit erwarb der Mensch eine Vielfalt von alternativen Ausdrucksmöglichkeiten, was ebenso wie die Sprache allein seine kulturelle »Pseudospeziation« fördert (Kap. 1.2). Die Möglichkeit, über verschiedene Kanäle Meldungen zu senden, erlaubt es, einander widersprechende Mitteilungen zu machen, zum Beispiel eine schlechte Nachricht durch ein Lächeln zu mildern und so die bittere Pille zu versüßen.

Wir wollen uns zunächst mit den stammesgeschichtlichen Anpassungen im Dienste der Kommunikation befassen. Sender und Empfänger bilden eine funktionelle Einheit. Daraus folgt jedoch nicht, daß im Falle stammesgeschichtlicher Angepaßtheit stets beides angeboren sein muß. Der Fall ist denkbar, daß die Bedeutung einer angeborenen Ausdrucksbewegung, etwa des Lächelns, individuell jedes Mal neu gelernt werden muß. Empfängerseitig läge dann eine erworbene Passung vor. Mir ist kein Fall dieser Art bekannt, aber ich weise auf die Möglichkeit hin, daß unser Ansprechen auf bestimmte morphologische Merkmale durch assoziative Verknüpfung bestimmter Reaktionen mit diesen Merkmalen zustande kommen kann, möglicherweise in sensiblen Phasen durch »Prägung«.

Auch der umgekehrte Fall wäre denkbar, daß nämlich die stammesgeschichtliche Anpassung in der Wahrnehmung des Empfängers sitzt und, als Vorurteil der Wahrnehmung, bestimmten Reizen oder Reizkonstellationen Signalbedeutung zuweist. Daß Männer in verschiedenen Kulturen die Schultern modisch betonen, könnte auf der Existenz eines AAM beruhen, der ursprünglich auf bestimmte morphologische Merkmale des Mannes paßte, die später einer Rudimentation erlagen (S. 99ff.).

Ausdrucksbewegungen sind Indikatoren emotioneller Zustände und damit zugleich Anzeiger spezifischer Handlungsbereitschaften. Einer mit dem Gesichtsausdruck der Wut ist bereit anzugreifen. Seit CHARLES DARWIN unterscheiden wir eine Anzahl von Hauptkategorien von Ausdrücken und den sie begleitenden subjektiv erlebten Emotionen. Da wir sie an uns erleben, können wir sie benennen. So kommt es, daß viele nach dem subjektiv Erlebten benannt werden. S. S. TOMKINS und R. McCARTER (1964) zählen sieben Hauptkategorien auf: Freude, Angst, Wut, Überraschung, Schmerz, Interesse und Scham. Andere haben noch Ekel und Verachtung hinzugefügt, aber die Systematisierung der Emotionen bleibt unbefriedigend, solange wir nicht die ihnen zugrundeliegenden neurophysiologischen Vorgänge verstehen. P. PANKSEPPs (1982, 1985) Versuche, menschliche Emotionen (»Gestimmtheiten«) zu systematisieren, gehen in diese Richtung. Er geht von fünf neuronalen Schaltkreisen aus, die im Hirn der Säuger Verhaltensabläufe steuern: 1. Interesse-Verlangen (Erwartungen), 2. Reizbarkeit-Ärger (Wut), 3. Ängstlichkeit-Angst (Furcht), 4. Einsamkeit-Trauer (Trennungs-Kummer, Panik), 5. Vergnügen-Lust.

Da Ausdrucksbewegungen einander in vielfältiger Weise überlagern können, gibt es eine Vielzahl von Mischformen aus den genannten Hauptkategorien (S. 645ff. und Abb. 6.51–6.53).

Ob Tiere und Menschen beim Kommunizieren Informationen zum beiderseitigen Vorteil austauschen oder ob die Signalsender nur zum eigenen Vorteil einseitig den Empfänger über ihre Signale manipulieren, ohne ihn verläßlich zu informieren, ist Gegenstand der Diskussion. RICHARD DAWKINS und JOHN KREBS (1978) behaupten: »If information is shared at all, it is likely to be false information, but it is probably better to abandon the concept of information altogether«* und V. SOMMER meint, diesem Trend Folge leistend: »Die Sicht der Evolutionsbiologie ist ernüchternd – die traurige Wahrheit von der Allgegenwart der Lüge und Selbsttäuschung« (V. SOMMER 1993). Gemeint ist, daß Individuen zunächst ihr Eigeninteresse vertreten und daher auch zum Mittel der Täuschung greifen würden. Ein Männchen kann seinen Rivalen durch Bluff einschüchtern, indem es sich aggressiver gibt, als es ist; es kann beim Werben bessere Versorgereigenschaften oder Mut vortäuschen, und der Mensch kann auf vielfältige Weise lügen. Aber deshalb ist gerade im innerartlichen Verkehr die Täuschung noch lange nicht das vorherrschende Grundprinzip. Es kommt in vielen Fällen auf den Austausch verläßlicher Botschaften an. Natürlich manipuliert jeder Signalisierende seinen Adressaten. Aber das geschieht in bezug auf den Artgenossen

---

* Sofern Information überhaupt geteilt wird, ist es wohl eher falsche Information, aber es ist wahrscheinlich besser, das Konzept der Information (in diesem Zusammenhang, Ref.) aufzugeben.

besonders bei geselligen Tieren in der Regel zu beiderseitigem Vorteil (H. MARKL 1985).

Menschen kommunizieren in erster Linie über akustische und visuelle Signale. Taktile und geruchliche Signale spielen jedoch in den persönlichen Beziehungen und eventuell als tonische (dauerwirksame) Signale eine gewisse Rolle. Zur Physiologie der Berührung weiß man wenig. Daß körperlicher Kontakt des Weibchens einer monogamen Feldmaus Oxytocinausschüttung bewirkt, erwähnten wir bereits, ebenso daß beim Menschen über taktile Reizung der Brustwarzen beim sexuellen Vorspiel der gleiche Hormonreflex ausgelöst wird (S. 347). Die normale Entwicklung von Rattensäuglingen wird durch die taktile Stimulation seitens der Mutter gefördert. Isolierte Rattensäuglinge gedeihen schlecht. Werden sie sanft nach einer bestimmten Routine mit einer feuchten Bürste gestreichelt, dann wachsen sie rascher als die isolierten, nicht behandelten Jungen. Der Mangel an taktiler Reizung streßt und führt zu einer Anhebung des ß-Endorphinspiegels im Hirn. Das beruhigt die Jungen zwar, bewirkt aber deren Entwicklungsverzögerung. Man kann eine solche auch bei normal von der Mutter betreuten Jungen herbeiführen, wenn man ihnen ß-Endorphin injiziert. Frühgeborene menschliche Säuglinge, die man dreimal am Tag sanft am Rücken, an den Armen und am Nacken streichelt, wachsen schneller als Frühgeborene einer Kontrollgruppe, denen keine solche Behandlung zuteil wurde. Die Behandelten wuchsen eineinhalbmal so schnell, und nach 8 Monaten hatten sie einen deutlichen, auch mentalen Entwicklungsvorsprung (T. M. FIELD und Mitarbeiter 1986, D. M. BARNES 1988, der auch über neuere Arbeiten von S. SCHANBERG, T. FIELD und G. EVONUIK berichtet).

6.1 Geruchliche Kommunikation

Die Alltagssprache nimmt auf soziale Komponenten des Geruchsinnes Bezug. Wenn uns jemand unsympathisch ist, dann sagen wir: »Ich kann den Kerl nicht riechen.« Daß die geruchliche Kommunikation im zwischenmenschlichen Zusammenleben eine größere Rolle spielt, begann man allerdings erst in den letzten Jahren einzusehen. Wir erwähnten die Untersuchungen von J. LEMAGNEN (1952), der feststellte, daß Frauen bestimmte Moschussubstanzen wahrnehmen, die Männer nur in starker Konzentration zu riechen vermögen (S. 387). Auch fand er eine Zyklusabhängigkeit insofern, als Frauen zur Zeit der Ovulation ganz besonders empfindlich für diese Moschussubstanzen sind. Neuere Untersuchungen haben teilweise LEMAGNENS Befunde bestätigen können (J. S. VIERLING und

J. Rock 1967, H. S. Koelega und E. P. Köster 1974); andere Untersuchungen haben sie nicht bestätigt (J. E. Amoore und Mitarbeiter 1975).

Wir erwähnten ferner, daß Frauen das männliche Pheromon Androstenon attraktiv finden, während Männer mit Androstenon besprühte Stühle unbewußt meiden (M. Kirk-Smith und D. A. Booth 1980). Androstenol und Androstenon werden im menschlichen Urin, im Fettgewebe und Achselschweiß gefunden, vorwiegend bei Männern. Im Harn und Fettgewebe findet man es auch bei Frauen, allerdings in sehr geringer Konzentration (Fettgewebe: Männer 103 ng/g, Frauen 10–30 ng/g), im Schweiß hingegen nur in Ausnahmefällen (D. B. Gower 1972, B. W. L. Brooksbank und Mitarbeiter 1974). In frischem Urin und Achselschweiß finden wir nur Androstenol, das nicht unangenehm riecht. Manche erinnert der Geruch an Moschus, andere an Sandelholz. Durch Bakterien und Luft wird Androstenol zu dem mehr urinartig riechenden Androstenon oxidiert (J. E. Amoore und Mitarbeiter 1977). M. Kirk-Smith und Mitarbeiter (1978) fanden, daß Versuchspersonen beiderlei Geschlechts durch die Wahrnehmung von Androstenol so umgestimmt werden, daß sie Fotografien von Männern und Frauen positiver und sexuell attraktiver bewerteten, als es Kontrollpersonen taten. Frauen stuften die Personen auch als verteidigungsbereiter ein. Androstenol wirkt demnach sowohl auf das sexuelle Verhalten und die Aggression als auch auf die allgemeine Freundlichkeit (Bindebereitschaft) ein. Dagegen fanden A. R. Gustavson und Mitarbeiter (1987), daß Männer auf Androstenol negativ reagierten. In einem Waschraum mieden sie zur Kleiderablage die mit Androstenol besprühten Schränke. Frauen blieben in diesen Experimenten in ihrer Wahl vom Androstenolduft unbeeinflußt. Nach K. Grammer (1993) beurteilen Frauen Androstenon negativ. Diese negative Beurteilung wird zum Zeitpunkt der Ovulation aufgehoben. Damit entfällt die distanzierende Wirkung. Das erlaubt Annäherung, und dann könnte Androstenol als männliches Sexualpheromon Nahwirkung entfalten. Frauen, deren Oberlippe über den ganzen Menstruationszyklus jeden Morgen mit einer Androstenol-Lösung betupft wurde, zeigten im Ablauf des Zyklus einen deutlichen Stimmungswandel. Zum Zeitpunkt des Follikelsprungs stuften sie sich als weniger aggressiv ein als die Kontrollgruppe, die mit einem Plazebo behandelt worden war (D. Benton 1982; Abb. 6.1).

Die Achselhöhle ist eine Hauptquelle des Individualgeruchs. Die dort vorhandenen großen (apokrinen) Schweißdrüsen sondern einen sehr eiweißreichen Schweiß aus, der durch die spezielle Bakterienflora eines jeden Menschen zu dem ihm eigentümlichen persönlichen Geruch gewandelt wird. Hierfür sind wohl hauptsächlich genetische Faktoren maßgebend, da eineiige Zwillinge – für die Nasen von Spürhunden – fast ununterscheidbar riechen (H. Kalmus 1955, L. Gedda 1971). Zu diesem persönlichen Bouquet kommt dann noch das erwähnte männliche Pheromon. Die Achselhaare dienen unter anderem wohl dazu, diese Duftstoffe zu verteilen. Enthaarte Achselhöhlen riechen deutlich weniger stark (W. B. Shelley und Mitarbeiter 1953).

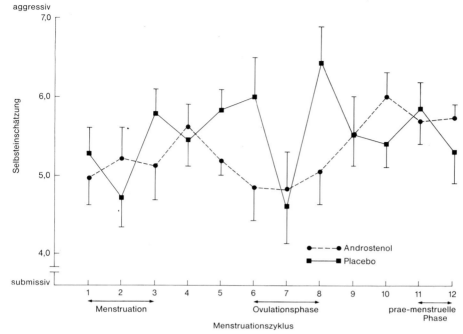

Abb. 6.1: Der Einfluß von Androstenol auf die Selbsteinschätzung von Frauen, aggressive und submissive Gestimmtheit betreffend, aufgezeichnet über den ganzen Menstruationszyklus. Die Einschätzung wurde auf einer Zehn-Punkte-Skala vorgenommen, die von extrem submissiv zu extrem aggressiv reichte. Die Kurve der Kontrollgruppe zeigt, daß die Aggressivität von Frauen zum Zeitpunkt des Follikelsprungs normalerweise reduziert ist. Androstenolbehandlung verstärkt diese Tendenz. Frauen verhalten sich dann wohl weniger abweisend. – Um die individuell unterschiedlichen Menstruationslängen auszugleichen, wurde der Durchschnitt bestimmter Gruppen von Tagen gebildet. 1–3 Menstruation (letzter bis fünfter Zyklustag), 6–8 Zyklusmitte (fünf mittlere Zyklustage), 7 Ovulation, 11–12 Prämenstruation (zweiter bis fünfter Tag vor der Menstruation), (4–5, 9–10) verbleibende Tage. Aus D. BENTON (1982).

Menschen sind in der Lage, einander am Geruch persönlich zu erkennen. Wir erwähnten schon, daß zwei Tage alte Säuglinge ihre Mütter am Geruch erkennen, ebenso die Mütter ihre Säuglinge (B. SCHAAL und Mitarbeiter 1980). M. J. RUSSELL und Mitarbeiter (1983) vermuten eine sensible Phase der Mütter gleich nach der Geburt, da in RUSSELs Versuchen ein halbstündiger Kontakt mit dem Baby nach der Geburt ausreiche, um 6 Stunden danach das Kind geruchlich erkennen zu können. Kinder (3–6 Jahre) können ihre Geschwister am Geruch von fremden Kindern unterscheiden, und Eltern können die Geschwister auseinanderhalten (R. H. PORTER und J. D. MOORE 1981). Erwachsene beiderlei Geschlechts können sich selbst und den Geschlechtspartner von Fremden unterscheiden (B. HOLD und M. SCHLEIDT 1977). Auch Männer und Frauen können durch den Geruch unterschieden werden (M. J. RUSSELL 1976).

Aufgefordert, den Geruch zu bewerten, finden weibliche und männliche Versuchspersonen übereinstimmend den Geruch von Oberhemden, die weibliche Personen getragen hatten, angenehmer als den Geruch von Hemden, die von Männern getragen wurden, mit einer Ausnahme: Deutsche Frauen fanden den Geruch ihres männlichen Partners im Durchschnitt angenehm, während italienische und, noch ausgeprägter, japanische Frauen den Geruch ihrer Partner überwiegend unangenehm fanden. M. SCHLEIDT, B. HOLD und G. ATTILI (1981) vermuten hier einen Zusammenhang mit der kulturell unterschiedlichen Form der Eheanbahnung und der allgemeinen Bewertung der Ehe. In Deutschland dominieren heute Liebesheiraten, während in Japan noch häufig viele Ehen durch die Eltern arrangiert werden. Die Wichtigkeit eines verheirateten Status, besonders für die Frau, ist in den drei Ländern ebenfalls unterschiedlich.

Bei den menschlichen Gerüchen handelt es sich wohl um tonische Signale (W. M. SCHLEIDT 1973), die einstimmen und binden oder abweisen. In der anonymen Gesellschaft werden sie durch Desodorantien maskiert, wobei besonders die geruchlichen Geschlechtsunterschiede fortfallen (M. SCHLEIDT 1984). Das ist wohl eine Strategie der Tarnung in der anonymen Gesellschaft (Kap. 8.2.2.2). Der Gebrauch von Parfums unterstreicht das individuelle Geruchsbouquet für den Partner.

Die bindende Wirkung von Gerüchen im allgemeinen können wir aus dem gegenüber anderen Sinnen hervorragenden Langzeitgedächtnis des Menschen für Gerüche (T. ENGEN 1982) erkennen. Auch weitere Eigentümlichkeiten des Geruchsinnes, wie vorwiegend unbewußter Einfluß und starker Bezug zur Emotionalität, geben ihm wahrscheinlich eine besondere Rolle auf verschiedenen Bindungsebenen des Menschen, z. B. Mutter-Kind-Bindung, Partner-Bindung, Heimat- oder Ortsbindung (M. SCHLEIDT 1983).

Völlig rätselhaft ist bisher die offenbar pheromonal bewirkte Synchronisation weiblicher Menstruationszyklen (M. K. MCCLINTOCK 1971, C. A. GRAHAM und W. C. MCGREW 1980). Sie ist zu beobachten, wenn Frauen über mehrere Monate miteinander leben. M. J. RUSSELL und Mitarbeiter (1977) sowie G. PRETI und Mitarbeiter (1986) übertrugen mit einem Wattebausch Achselschweiß einer Spenderin mit regelmäßigem Zyklus in sehr geringer, nicht riechbarer Dosis auf die Oberlippen von weiblichen Freiwilligen. Nach drei Monaten lagen deren Zyklen näher an dem der Spenderin, als es bei Kontrollgruppen der Fall war. P. W. TURKE (1984) meint, die Synchronisation habe sich in Zusammenhang mit der verborgenen Ovulation entwickelt. Durch den verborgenen Oestrus würde der Mann gezwungen sein, bei seiner Partnerin zu bleiben und sich nicht anderen Geschlechtspartnern zuzuwenden, da er sonst die fruchtbaren Tage versäumte. Wenn diese vorbei seien, seien sie auch bei den anderen Frauen vorbei. Bei unseren vormenschlichen Ahnen, die in einer Höhle oder in Gemeinschaftsbauten zusammenlebten, mag das eine Rolle gespielt haben. Wenn aber die einzelnen Familien in Familienhäusern wohnen, wie bei den Eipo, und die Frauen überdies noch zum Zeitpunkt ihrer Menstruation in eigenen Frauenhäusern abgeschieden werden, kommt es zu keiner solchen Synchronisation, wie die Erhebungen von G. SCHIEFENHÖVEL (mündliche Mitteilung) im Eipomektal (Munggona) ergaben. Auf die Oberlippe von Frauen aufgetragene Extrakte von männlichem Achselschweiß reduzieren die Variabilität und den Prozentsatz aberranter Zykluslängen (W. B. CUTLER und Mitarbeiter 1986).

Es gibt eine ganze Reihe von Schweißritualen, die die kommunikative Funktion des Körpergeruches belegen. Bei den Gidjingali in Arnhem Land (Australien) beobachtete ich, wie ein Mann, der sich von einem anderen verabschiedete, mit beiden Händen unter seine Achselhöhlen griff, Schweiß abrieb und ihn dann mit den Handflächen auf die Körperseiten des Grußpartners wischte. Bei den Trancetänzen der G/wi filmte ich, wie Trancetänzer ihren Achsel- und Gesichtsschweiß auf einen Kranken übertrugen. Sie rieben sich auch ihren Kopf mit den Handflächen und übertrugen so auch den Haargeruch. Das gleiche taten die Frauen in Trance untereinander (Abb. 6.2). G. und W. SCHIEFENHÖVEL (1978) filmten, wie

Abb. 6.2: Beispiel eines Schweißrituals: Anläßlich eines Trancetanzrituals übertragen G/wi-Frauen (zentrale Kalahari) ihren Achselschweiß auf ihre Partnerinnen. Aus einem mit 25 B/s aufgenommenen 16-mm-Film, Bild 1, 9, 18 und 32 der Sequenz. Foto: I. EIBL-EIBESFELDT.

eine Frau eine Gebärende unterstützte, indem sie wiederholt einen Farnwedel unter ihrer eigenen Achselhöhle durchzog und danach die Gebärende mit diesem Farnwedel bestrich. In all diesen Fällen wird dem Partner durch die Übertragung des eigenen Geruchs Kraft gespendet. Es findet dabei eine starke Identifikation über den Geruch statt*. Auf Harn- und Speichelriten bin ich in »Liebe und Haß« (1970) näher eingegangen. In einigen Gebieten Österreichs und im Mittelmeerraum schwenken die Burschen beim Tanz vor den Mädchen Tücher, die sie zuvor in ihrer Achselhöhle geruchlich imprägniert haben.

Zusammenfassung 6.1

Obgleich Menschen keine Makrosmaten sind, spielt der Geruch in den zwischenmenschlichen Beziehungen noch eine Rolle. Mutter und Kind erkennen einander schnell am individuellen Geruch, und in experimentellen Situationen können auch Erwachsene zu einem gewissen Prozentsatz ihren Ehepartner und auch das Geschlecht anderer Personen am Geruch der von ihnen getragenen Hemden erkennen. Das von Männern in erhöhten Konzentrationen produzierte Androstenol und Androstenon spielen eine noch nicht ganz geklärte Rolle als Pheromon. Aus den zum Teil widersprüchlichen Befunden schält sich heraus, daß Androstenol auf Männer abweisend, auf Frauen anziehend und freundlich stimmend wirkt. Androstenon wirkt auf beide Geschlechter distanzierend, doch entfällt die abweisende Wirkung bei Frauen während ihrer fruchtbaren Tage. Die kommunikative Funktion des Körpergeruchs wird durch eine Reihe von Ritualen belegt, z. B. von solchen, bei denen Achselschweiß auf den Kommunikationspartner übertragen wird.

6.2 Taktile Kommunikation

Streicheln, Tätscheln, Kraulen, Auflegen der flachen Hand, Herzen und Umarmen gehören zu den universellen tonischen Signalen. Sie entstammen dem Repertoire der Mutter-Kind-Signale. Sie wirken beruhigend und stimmen freundlich. In dieser Funktion werden sie auch in das Repertoire der Erwachsenen übernommen (I. EIBL-EIBESFELDT 1970, Abb. 6.3–6.13). Erwachsene können Trost spenden, indem sie den verzweifelten Mitmenschen in die Arme schließen, der sich seinerseits wie ein Kind an dessen Brust birgt und sich wohl auch am Partner festhält. Im allgemeinen gewährt der Ranghöhere dem Rangniederen Schutz und Kontakt. Der Ranghohe legt die Hand auf den im Rang unter ihm Stehenden, und er umfängt wie schützend die Schulter des Partners.

---

* Bei einigen Säugern, z. B. bei den Ratten, wird durch gegenseitiges Duftmarkieren (hier mit Harn) ein Gruppenduft erzeugt, der Gruppenmitglieder von Gruppenfremden unterscheidet. Gruppenfremde werden angegriffen (I. EIBL-EIBESFELDT 1958).

Abb. 6.3: Junge Altweltaffen suchen bei ihrer Mutter Geborgenheit. Sie halten sich an ihr fest und werden schützend von ihr umfangen. Rhesus-Affen-Mutter mit Säugling. Zeichnung: H. KACHER nach einem Foto aus I. EIBL-EIBESFELDT (1970).

Abb. 6.4: Auch ältere Affenjunge suchen den Kontakt mit ihrer Mutter. Rhesus-Affe: Mutter mit Brustsäugling, rechts neben ihr ein älteres Jungtier. Das Kontaktbedürfnis des Menschen wurzelt in dieser alten Mutter-Kind-Beziehung. Zeichnung: H. KACHER nach einem Foto aus I. EIBL-EIBESFELDT (1970).

Abb. 6.5: Sonjo-Kind, das sich ängstlich an einem älteren Kind festklammert. Es wird von diesem schützend umfangen. Zeichnung: H. KACHER nach einem Foto aus I. EIBL-EIBESFELDT (1970).
Abb. 6.6: Ängstliches kleines Mädchen von Kaileuna (Trobriand-Inseln), das sein älteres Geschwister umfängt. Aus einem 16-mm-Film. Foto: I. EIBL-EIBESFELDT.

Abb. 6.7: Zwei junge Tboli-Blit-Frauen, einander umfangend, während sie uns beim Filmen zusehen. Foto: I. EIBL-EIBESFELDT.

Abb. 6.8: Ein verzweifeltes Yanomami-Kind umklammert sich ängstlich selbst. Foto: I. EIBL-EIBESFELDT.

Abb. 6.9: Sich-selbst-Umklammern eines verzweifelten, allein gelassenen taub und blind geborenen, etwa achtjährigen Mädchens. Sie umklammert einen Fuß, den sie zur Brust hochgezogen hat. Aus einem 16-mm-Film. Foto: I. EIBL-EIBESFELDT.

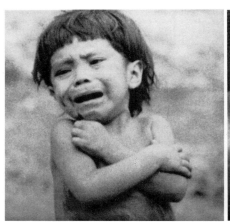

Abb. 6.10: Körperlicher Kontakt mit Bezugspersonen (Freunden) vermittelt ganz allgemein Sicherheit und Wohlbefinden; hier zwei Yanomami-Mädchen, die neugierig den Fotografen betrachten. Foto: I. EIBL-EIBESFELDT.

Abb. 6.11: Bei den meisten Naturvölkern wird den Kindern von den Eltern reichlich Hautkontakt gewährt, so hier von einem Vater der Tasaday. Foto: I. EIBL-EIBESFELDT.

Abb. 6.12: Etwa vierjähriges Schimpansenweibchen unter der Hand eines Schimpansenmännchens. Zeichnung: H. KACHER nach einem Foto von J. VAN LAWICK-GOODALL.
Abb. 6.13: Ein junger Amerikaner umfängt schützend-vertraulich seine Partnerin. Zeichnung: H. KACHER nach einem in Disneyland (Kalifornien) aufgenommenen Foto von I. EIBL-EIBESFELDT.

Das ist bereits bei Schimpansen so. Körperlicher Kontakt kann beruhigen – und er wird von der Mutter gewährt, im übertragenen Sinne von Ranghohen (Abb. 6.12). Niederrangige Schimpansen ersuchen Ranghohe um Handkontakt, oft als eine Art Anfrage. JANE VAN LAWICK-GOODALL beobachtete, daß Weibchen, die sich in Gegenwart eines ranghohen Männchens nicht an die ausgelegten Bananen wagten, zunächst ihre Hand dem Männchen entgegenstreckten. Gewährte das Schimpansenmännchen Handkontakt, dann gab sich das Weibchen danach entspannt und holte sich Bananen. Schimpansenweibchen, die geboren haben, stellen ferner ihr Junges erwachsenen Gruppenmitgliedern vor. Sie nähern sich mit diesem im Arm unter Anzeichen von Furcht – das Junge ist ja zunächst gruppenfremd und wird daher möglicherweise angegriffen – und strecken die offene Hand zum Partner hin. Berührt er diese, gibt sich das Weibchen beruhigt (Abb. 6.14).

Abb. 6.14: Schimpansenweibchen, das ein Männchen durch Handaufhalten zum Kontakt auffordert. Zeichnung: H. KACHER nach einem Foto von J. VAN LAWICK-GOODALL.

Körperliche Berührung drückt Rang und Herzlichkeit zugleich aus. Zuschauer schätzten Schauspieler, die ihre Partner berührten, als selbstbewußter, dominanter und herzlicher ein als die Berührten. Weibliche Zuschauer bewerteten Schauspieler, die Berührungsinitiative zeigten, auch als attraktiver als solche, die ihre Partner nicht berührten. Männliche Zuschauer bewerteten sie dagegen genau umgekehrt. »Heterosexuelle Berührer« empfanden die Zuschauer als herzlicher als gleichgeschlechtliche Berührer. Einseitige Berührung bringt dem, der berührt, im allgemeinen mehr Ansehen ein als dem Berührten (B. MAJOR und R. HESLIN 1982). Das hat wohl mit der ursprünglich beschützenden Funktion der Berührung zu tun. Mütter umarmen und schützen ihre Kinder, indem sie sie an sich pressen und auch betätscheln, was ritualisiertes wiederholtes Umarmen ist. Bereits bei Schimpansen gewähren überdies Ranghohe ihren Gruppenmitgliedern auf verschiedene Weise beruhigenden Körperkontakt: durch Auflegen der Hand, auch nur durch Berührung der bittend ausgestreckten Hand des Partners. Das macht verständlich, daß sowohl Dominanz als auch freundliche Zuwendung in der Berührung zum Ausdruck kommen (Abb. 6.13 und 6.14).

Die etwas einseitige Interpretation von N. M. HENLEY (1973, 1977), Berührung sei vor allem ein Dominanzphänomen, das mit der männlichen Geschlechtsrolle verbunden ist, dürfte abgemildert gelten. Wenn, so drückt es betreuende Dominanz (Kap. 4.9) aus und damit auch in diesem Zusammenhang Wärme, Zuwendung, ja Intimität – oder den Versuch, solche anzubahnen. In der Öffentlichkeit der USA berühren Männer meist Frauen (B. MAJOR und Mitarbeiter 1990). Geht man aber nach dem Stand, dann stellt man fest, daß nur unverheiratete Männer Frauen gegenüber die größere Kontaktinitiative zeigen. Bei verheirateten Paaren sind es dagegen die Frauen, die in der Öffentlichkeit ihren Partner berühren (F. N. WILLIS und L. F. BRIGGS 1992).

Körperliche Berührung drückt schließlich auch vertrauliche Zuwendung aus. Kinder suchen z. B. so den Kontakt mit Bezugspersonen (Abb. 6.15–6.17).

Abb. 6.15: Vor dem ersten Schwimmausflug ins Meer sucht der Enkel den beruhigenden Kontakt mit dem Großvater (vertrauensvolle Anfrage). Foto: I. EIBL-EIBESFELDT.

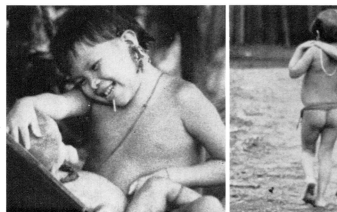

Abb. 6.16: Zärtliche Zuwendung durch Handauflegen: Ein kleines Yanomami-Mädchen legt liebevoll die Hand auf das Haupt ihres Geschwisterchens. Foto: I. EIBL-EIBESFELDT.
Abb. 6.17: Umschlungen gehende Freundinnen der Yanomami. Foto: I. EIBL-EIBESFELDT.

Die verschiedenen Formen des Handkontaktes wurden beim Menschen in Rituale bindender Funktion einbezogen, meist in kulturspezifischer Einkleidung. Mitteleuropäer reichen einander die Hand zum Gruße. Es verbindet sich dabei das freundliche Kontaktgewähren mit einem abschätzenden Händedruck, einer Art von Kraftmessen (S. 679). Fassen am Unterarm, Handauflegen auf verschiedene Regionen des Körpers (Lenden, Schultern, Haupt) ist in verschiedenen Grußritualen üblich. Abgeleitet davon sind Gebärden des Segnens, die man als Handauflegen auf Distanz deuten kann (Abb. 6.18 und 6.19). Ferner finden wir Betätscheln,

Abb. 6.18: Ritualisierte Formen taktiler Kommunikation: Dugum Dani (Papua-West-Neuguinea), die einander begrüßen. Zeichnung: H. Kacher nach Filmaufnahmen von R. Gardner, aus I. Eibl-Eibesfeldt (1970).

Abb. 6.19: Ritualisierte Formen taktiler Kommunikation: Das segnende Handauflegen bei einer Priesterweihe. Zeichnung: H. Kacher nach Presseaufnahmen, aus I. Eibl-Eibesfeldt (1970).

Streicheln und Umarmen sowohl als Verhaltenselemente freundlichen Grüßens als auch als Muster heterosexueller Kontaktanbahnung. Inwieweit im Rhythmus des Tätschelns eine Grundfrequenz der Zärtlichkeit zum Ausdruck kommt, muß noch untersucht werden. Bei vielen Naturvölkern streicheln die Mütter die Genitalregion ihrer Kleinen als zärtliche Geste. Bei den Eipo, Daribi und einigen anderen Völkern Neuguineas werden Männer von älteren Frauen und gleichgeschlechtlichen Grußpartnern begrüßt, indem sie mit einer von unten nach oben geführten Bewegung über das Scrotum streichen (I. EIBL-EIBESFELDT 1977).

Eine Befragung von 208 Studenten in den USA ergab, daß Berührung durch einen nahen Freund des Gegengeschlechtes stets als angenehm empfunden wird. Auf Berührung durch eine Person des Gegengeschlechtes, die der Empfänger der Berührung nicht kennt, reagieren Männer und Frauen verschieden. Während die Männer auch solche Berührung also angenehm einschätzen, empfinden Frauen eine solche Berührung als unangenehm und zudringlich. Für sie wird die Bedeutung der Berührung also primär durch den Grad der Bekanntheit mit dem Berührenden bestimmt. Bei Männern dagegen ist das Geschlecht des Berührenden ausschlaggebend für die Bewertung der Berührung (R. HESLIN, T. D. NGUYEN und M. L. NGUYEN 1983; Abb. 6.20).

Die Tabuzonen sind aus den Abbildungen deutlich ersichtlich. Auch in den Beziehungen der Väter und Mütter zu ihren Kindern lassen sich nach Geschlecht unterschiedliche Tabuzonen nachweisen. Sie wechseln stark kulturell (K. SUGA-WARA 1984). In unserer Kultur ist die Berührung der Genitalregion von Kindern nur im Rahmen der Körperpflege gestattet. Yanomami-Mütter und -Väter streicheln die Geschlechtsregion auch der Kinder des Gegengeschlechtes, küssen diese Region und belecken sie als Ausdruck der Zärtlichkeit (I. EIBL-EIBESFELDT 1976).

Berührung mit der Hand fördert in bestimmten Situationen auch die Kontaktbereitschaft mit einem fremden Ansprechpartner. M. GOLDMAN und J. FORDYCE (1983) ließen in einem Feldexperiment 81 Frauen und 79 Männer von einem Komplizen interviewen. Die Aufgabe des Interviewers war unter anderem, die Wirkung von häufigem Augenkontakt, häufiger Berührung und der Kombination von beidem auf die Hilfsbereitschaft festzustellen. Nach dem Interview ließ der Interviewer seine Mappe fallen und registrierte, wer ihm beim Aufheben half. Es zeigte sich, daß sowohl Augenkontakt als auch Berührung am Arm die Hilfsbereitschaft förderten, nicht aber die Kombination von beiden. Offenbar wird das in dieser Situation als zudringlich interpretiert.

Soziale Körperpflege wurde ebenfalls zum bindenden Ritual (Abb. 6.21). Eine von WULF SCHIEFENHÖVEL (in Vorbereitung) durchgeführte Erhebung ergab, daß vor allem Personen weiblichen Geschlechtes ein starkes Bedürfnis zeigen, ihrem Partner das Haupthaar und die Körperoberfläche nach Unreinheiten abzusuchen. Bereits bei nichtmenschlichen Primaten spielt soziale Hautpflege eine bedeutende gruppenbindende Rolle. Zur besonders zärtlichen Begrüßung faßten die Eipo

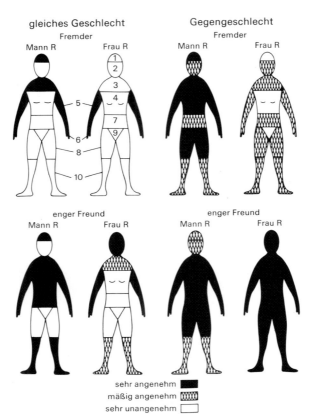

Abb. 6.20: Die Einstufung von Berührungen an verschiedenen Körperregionen durch Bekannte und Unbekannte des gleichen und des Gegengeschlechtes nach dem Grad der von den Berührten empfundenen Annehmlichkeit. Bei den Versuchspersonen handelte es sich um 208 amerikanische (USA) Studenten. R = Recipient (Empfänger). (Aus R. HESLIN, T. D. NGUYEN und M. L. NGUYEN 1983).

Abb. 6.21: a) Das gegenseitige Sich-Lausen festigt freundschaftliche Bindungen. Es unterliegt aber kulturellen Regeln. Bei den Eipo (West-Neuguinea) lausen sich nur Gleichgeschlechtliche in der Öffentlichkeit, wie hier eine Gruppe von Männern; b) bei den Tasaday (Mindanao/Philippinen) lausen auch Männer und Frauen einander in der Öffentlichkeit. Foto: I. EIBL-EIBESFELDT.

einander unters Kinn und machten auch einige Kraulbewegungen. Mangat von Malingdam, den WULF SCHIEFENHÖVEL geheilt hatte, begrüßte ihn so. Bei den

Yanomami und Trobriandern sah ich Mütter und Väter ihre Kinder zärtlich das Kinn kraulen (Abb. 7.33). Und bei uns ist es als »Goderlkratzen« sprichwörtlich. Wir finden es bereits im Gudrun-Epos, wie ich einer Textstelle aus L. Röhrig (1967 : 35) entnehme: »in triutlicher wise, do was der megede hant an ir vaters kinne. sie bat in vil sere . . .«

Bei Naturvölkern leitet soziale Körperpflege oft das Paarungsvorspiel ein.

Soziale Körperpflege kann mit der Hand und mit dem Mund (Beißen, zartes Beknabbern, Ablecken) durchgeführt werden. Verhaltensweisen zärtlicher Kontaktpflege leiten sich davon ab.

Die soziale Körperpflege unterliegt in der Öffentlichkeit kulturellen Tabus. Bei den Eipo lausen nur Gleichgeschlechtliche einander in aller Öffentlichkeit. Bei den Yanomami und Buschleuten (San) kann man auch Lausen zwischen verschiedengeschlechtlichen Erwachsenen beobachten, allerdings nur, wenn eine Intimbeziehung vorliegt (I. Eibl-Eibesfeldt 1976). Allgemein gilt, daß körperlicher Kontakt mit Gruppenangehörigen des anderen Geschlechtes vermieden wird, wenn es sich nicht um Verlobte, Ehepartner, Kinder oder Personen handelt, die aus Gründen des Altersunterschieds nicht als Geschlechtspartner in Frage kommen. Diese Kontaktmeidung hat sich wohl zum Schutze der Gruppenharmonie entwickelt. Über körperlichen Kontakt könnten allzuleicht sexuelle Beziehungen außerhalb der Ehe angebahnt werden. Auch andere Meidetabus dürften da ihre Wurzel haben (K. Sugawara 1984).

Orale Formen der Zärtlichkeit sind der Kuß und das Saugen, ersterer eine betreuende mütterliche Verhaltensweise (Brutfürsorgefüttern, Kap. 4.3), letzteres ein Infantilismus. Beides spielt unter anderem in den sexuellen Vorspielen des Menschen eine große Rolle, wie überhaupt in diesem Funktionskreis Berührungsreize die entscheidenden bindenden Signale darstellen und schließlich beim Geschlechtsakt den Orgasmus herbeiführen.

6.3 Visuelle Kommunikation

Gesicht und Gehör sind die leitenden Sinne des Menschen; dementsprechend spielen visuelle Signale in der zwischenmenschlichen Kommunikation eine große Rolle. Wir sprechen auf körperliche Merkmale eines Mitmenschen an, wir reagieren auf sein Mienenspiel und seine Gestik, beachten sein Auftreten und seine Kleidung.

Bei einigen körperlichen Merkmalen handelt es sich wahrscheinlich um im Dienste der Signalsendung entwickelte Strukturen (Auslöser). Das gilt z. B. für die Pausbacken (S. 95). An andere Merkmale des Kleinkindes paßte sich der Wahrnehmungsapparat wohl einseitig an: Die Proportionsmerkmale des Kleinkindes wurden sicherlich nicht als Signale entwickelt. Dennoch haben sie über Anpassungen in der Wahrnehmung der Betrachter Bedeutung erlangt. Dank ihrer sprechen wir auf sie in spezifischer Weise an. Ähnliches gilt für sexuelle Merkmale. Die Brust der Frau ist sicherlich ein sexueller Auslöser (S. 351). Andere Merkmale wurden hingegen nicht eigens als Auslöser entwickelt, dennoch spricht der Geschlechtspartner auf sie an. Ist das der Fall, dann kann dies über sexuelle Zuchtwahl zur Betonung der relevanten Merkmale führen und damit zur Bildung von Auslösern. Für die hormonal bedingte konturenbetonende Fettverteilung im weiblichen Körper könnte das zutreffen, ferner für die Schulterbetonung beim Mann. Wir können ferner vermuten, daß die sehr auffällige Teilbehaarung des Menschen Auslöserfunktion hat.

Der Mensch kleidet, bemalt und schmückt sich mit Ziernarben und einer Vielzahl von Schmuckgegenständen. Diese künstlichen Schauorgane erfüllen eine ganze Reihe von Aufgaben. Manche heben sekundäre Geschlechtsmerkmale hervor (siehe Schulterbetonung, S. 101). Sie binden und leiten die Aufmerksamkeit über Farbmuster, Borten, Knopfreihen und andere aufmerksamkeitsbindende und -führende Strukturen. Darüber hinaus zeigen Schmuck und Kleidung Gruppen- und Klassenzugehörigkeit an und dienen damit auch zur Abgrenzung gegen andere. Über die biologische Funktion des Witterungsschutzes hinaus erfüllt die Kleidung demnach kommunikative Funktionen. Man kann von einer Ethologie der Kleidung sprechen. OTTO KOENIG (1970) wies in seiner Kulturethologie auf diese Zusammenhänge hin.

6.3.1 Ausdrucksbewegungen

Ausdrucksbewegungen sind Verhaltensweisen, die im Dienste der Signalgebung besondere Differenzierungen erfahren haben. Bei Tieren entwickelten sie sich meist im Laufe der Stammesgeschichte. Beim Menschen spielen auch kulturell entwickelte und tradierte Ausdrucksbewegungen eine große Rolle. Jede Verhaltensweise kann im Laufe der Stammesgeschichte zu einem Signal entwickelt werden. Sie muß nur regelmäßig genug einen bestimmten Erregungszustand begleiten, so daß ein anderer die spezifische Gestimmtheit und damit die Handlungsintention seines Partners erkennen kann. Es kann sich dabei um reine Begleiterscheinungen eines Erregungszustandes handeln (Zittern, Erröten, Erblassen etc.) oder um Verhaltensweisen, die eine bestimmte Funktion erfüllen. Verhaltensweisen der Brutpflege sind dem Wesen nach primär freundlich. Das gab der Selektion einen Ansatzpunkt, durch Ritualisierung des Fütterungsverhaltens freundliche, bandstiftende Signale zu schaffen (Kap. 4.3). Verhaltensweisen des Angreifens (Zubeißen, Schlagen, Anspringen) sind dagegen primär als gefährlich verständlich. Sie eignen sich als »Beißdrohung« oder »Überfallsdrohung« (Drohstellung) dazu, Feinde zu warnen und abzuweisen. Viele Ausdrucksbewegungen leiten sich von Intentionsbewegungen der Lokomotion ab (A. DAANJE 1950).

Das Zungezeigen als Gebärde der Ablehnung leitet sich von der Verweigerung der Nahrungsaufnahme her (Abb. 6.22). Kleinkinder und Säuglinge, die nicht

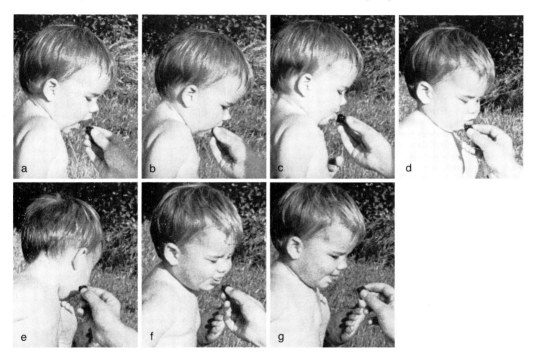

Abb. 6.22: Wie abweisende Zungenbewegungen abzuleiten sind: Einem etwa einjährigen Mädchen (Deutschland) wird eine Brombeere angeboten. Sie nimmt diese an, lehnt sie aber dann ab und schiebt sie mit der Zunge weg (a–c). Als ihr die Brombeere noch einmal angeboten wird, wendet sich das Kind ab, und als es beim Zurückwenden des Kopfes weiterhin die angebotene Brombeere sieht, streckt es abweisend die Zunge heraus. Aus einem 16-mm-Film. Foto: I. EIBL-EIBESFELDT.

mehr weiteressen wollen oder die einen angebotenen Leckerbissen ablehnen, befördern ihn mit einer Spuckbewegung aus dem Mund, oft mit stark nach unten geklappter, herausgestreckter Zunge. Sie können ihn aber auch bereits ablehnen, bevor sie ihn in den Mund nehmen. Dann stoßen sie ihn mit der Zunge weg, oft schon bei Annäherung, ohne das Angebotene zu berühren. Das davon abgeleitete ablehnende Zungezeigen darf nicht mit dem Züngeln verwechselt werden, das freundliche Kontaktbereitschaft ausdrückt. Es leitet sich vom Lecken ab und spielt vor allem beim heterosexuellen Flirt eine Rolle. Frauen üben es auf Distanz als Aufforderung zum Kontakt aus. Viel öfter jedoch sieht man es als völlig unbewußten Ausdruck der weiblichen heterosexuellen Bereitschaft. Die Zunge wird dabei weniger weit vorgestreckt und oft auch nach der Seite und nach oben an die Oberlippe angelegt. Dabei wird oft die Oberlippe beleckt. Das Züngeln beschränkt sich oft auf ein einmaliges kurzes, intentionales Lecken. Manchmal wird die Bewegung des Zungenvorstoßens und Leckens betont und wiederholt (Abb. 6.23–6.29).

Die abweisende Funktion des Zungevorstreckens hat man experimentell nachgewiesen. Personen, die vorgaben, in eine Aufgabe vertieft zu sein und dabei auch die Zunge leicht vorstreckten, wurden von anderen erst nach längerem Zögern mit einer Frage unterbrochen, anders als Personen, die sich zwar ebenfalls vertieft gaben, aber ohne die Zunge zu zeigen (K. G. DOLGIN und J. SABINI 1982).

Ein sehr merkwürdiges Verhalten ist das Gähnen. Alle Menschen gähnen, und der Bewegungsablauf ist ziemlich stereotyp. Da eine Vielzahl von Säugern (vermutlich alle), ferner Vögel, Reptilien, ja selbst Fische in der Form des »Kieferstreckens« dem Gähnen formal ähnliche Verhaltensweisen zeigen, ist Gähnen sicher stammesgeschichtlich alt. Gähnen steckt an, und das könnte die Funktion dieser Ausdrucksbewegung sein. Das Schlafengehen könnte so synchronisiert werden (I. EIBL-EIBESFELDT 1970). Dieser Meinung schließt sich R. R. PROVINE (1986) an, der das Gähnen genauer untersucht hat. Daß Personen das Gähnen in Gegenwart anderer unterdrücken, besagt nichts gegen dessen stimmungsübertragende Signalfunktion (R. BAENNINGER und M. GRECO 1991). Man will in vielen Fällen, etwa in einer Vorlesung, nicht zeigen, daß man müde ist – es könnte als Unhöflichkeit aufgefaßt werden.

Im Verlauf der Ritualisierung von Verhaltensweisen zu Signalen erfahren diese eine Reihe von typischen Änderungen, die darauf abzielen, das Signal auffällig, eindeutig und unmißverständlich zu machen (Einzelheiten bei I. EIBL-EIBESFELDT 1987). Die wichtigsten mit der Ritualisierung einhergehenden Änderungen sind:

1. Die Bewegungen werden vereinfacht und oft rhythmisch wiederholt. Der Bewegungsausschlag (Amplitude) wird gleichzeitig übertrieben. Man spricht in diesem Zusammenhang auch von mimischer Übertreibung. Oft ändern sich die Orientierungskomponenten.

2. Im allgemeinen variieren Ausdrucksbewegungen nach Intensität. Von Intentionsbewegungen, die andeuten, was jemand gerade tun will, bis zu voll ausgeführten Ausdruckshandlungen gibt es alle Übergänge. Der Grad der Ausführung gibt dem Partner zusätzliche Informationen. Es gibt aber auch Fälle, in denen das Signal immer mit gleicher Intensität abläuft (D. MORRIS 1957, »typische Intensität«). Das erlaubt es dem Empfänger, sich ganz auf ein bestimmtes unveränderliches Signal einzustellen.

3. Hand in Hand mit der Ritualisierung kommt es auch zu Änderungen der auslösenden Reizschwelle. Diese sinkt im allgemeinen, und die Bewegungen werden dadurch »billiger«.

4. Ferner geht mit der Ausdifferenzierung von Verhaltensweisen zu Signalen

Abb. 6.23: Das aggressive Zungezeigen leitet sich vom Wegschieben mit der Zunge und vom Ausspucken ab. Die Zunge wird dabei entweder spitz vorgestoßen und längere Zeit so gehalten oder nach unten herabgeklappt, wie es diese Aufnahmereihe zeigt (siehe auch Abb. 4.76). Ein links im Bild sitzender Yanomami-Junge (Serra Parima) bedroht einen vorbeigehenden mit einem Stöckchen und zeigt ihm danach die Zunge. Dabei schlägt er mit dem Stöckchen in die Luft. Aus einem mit 25 B/s aufgenommenen 16-mm-Film, Bild 1, 59, 64 und 68 der Sequenz. Foto: I. EIBL-EIBESFELDT.

Abb. 6.24: Das freundliche Züngeln unterscheidet sich vom Zungezeigen durch eine andere Orientierung. Häufig wird die Zunge nach oben gebogen und berührt die Oberlippe. Wird sie nur vorgestreckt, dann bloß für kurze Zeit, das geschieht aber wiederholt, was eine Ableitung von der Leckbewegung nahelegt. Ein über einjähriger weiblicher Säugling (Trobriand-Insel Kaileuna), der bei freundlichem Blickkontakt züngelt und Intentionsbewegungen der Umarmung macht. Aus einem mit 25 B/s aufgenommenen 16-mm-Film, Bild 1, 17, 37, 57 und 155 der Sequenz. Foto: I. EIBL-EIBESFELDT.

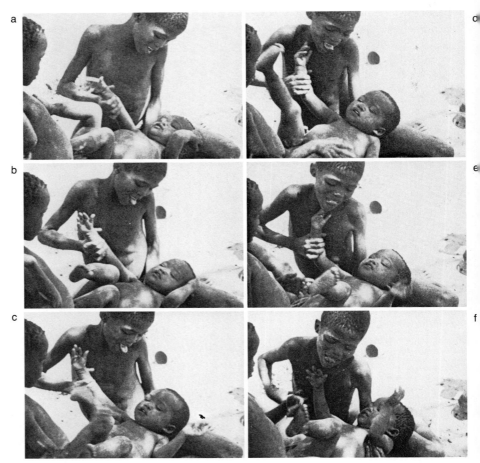

Abb. 6.25: !Ko-Junge, der mit einem Säugling schäkert und dabei freundlich züngelt. Aus einem mit 25 B/s aufgenommenen 16-mm-Film, Bild 1, 7, 11, 15, 20 und 24 der Sequenz. Foto: I. Eibl-Eibesfeldt.

oft die gleichzeitige Ausbildung unterstützender organischer Strukturen Hand in Hand. Tiere entwickeln Mähnen, die gesträubt werden, oder stark vascularisierte Hautstellen, die erröten können. Beim Menschen erfüllen auch Kleidung, Schmuck und Bemalung solche Funktionen.

5. Oft, aber keineswegs immer wechselt die Motivation. So kann das männliche Sexualverhalten als Sexual-Imponieren nicht allein eine neue Bedeutung, sondern vermutlich auch eine neue aggressive Motivation erhalten.

Die Änderungen gehen bei stammesgeschichtlichen und kulturell entwickelten Ausdrucksbewegungen parallel. Der Empfänger des Signals stellt ja in beiden Fällen die gleichen Anforderungen an deren Verständlichkeit. Das erzwingt parallele Anpassungen, durch die die Ausdrucksbewegung vereinfacht, gleichzeitig aber auffällig und unmißverständlich wird. Der gemessene Schritt des Würdenträgers, der Paradeschritt einer Truppe, die Tanzfiguren eines Balletts wären Beispiele für kulturell entwickelte Ausdrucksbewegungen.

Ausdrucksbewegungen sind verläßliche Indikatoren einer Handlungsbereitschaft. Im Gesichtsausdruck streitender Kinder kann man mit ziemlicher Sicherheit den Gewinner voraussagen. Hält einer den Kopf leicht in den Nacken gelegt, so daß sein Kinn etwas angehoben ist, sieht er den Gegner an und hält die Brauen in der Mitte angehoben (»Plus-Gesicht«), dann geht er mit großer Wahrscheinlichkeit als Sieger aus dem Konflikt hervor (G. ZIVIN 1977 a, b). Bei Vorschulkindern zeigten 67 Prozent der Gewinner von Anbeginn diesen Ausdruck. Verlierer dagegen hielten das Kinn senkrecht, die Brauen herabgezogen, und sie vermieden Augenkontakt. 52 Prozent der Verlierer zeigten diesen Ausdruck bereits zu Beginn des Konfliktes. Der Anblick eines Plus-Gesichts bremst die weiteren Aktivitäten eines Rivalen, gemessen an der Latenzzeit, um das Zwei- bis Dreifache. Das Plus-Gesicht bleibt bis zum zehnten Lebensjahr ein guter Indikator für Streitausgang, und es ist positiv mit dem Rang des Kindes korreliert. Durch soziale Erfahrungen wird dieser starre Imponier-Mechanismus insofern aufgeweicht, als das Plus-Gesicht zum Ausdruck der Kompetenz generalisiert wird. Ältere Kinder zeigen ihn ganz »beiläufig«, wenn sie z. B. im Unterricht zum Lesen aufgefordert werden. Sie benützen dieses Zeichen, um Eindruck zu machen. Ferner nehmen volle Plus- und Minus-Gesichter mit zunehmendem Alter ab. Sie werden durch abgekürzte Formen ersetzt, in denen vor allem die Kinnbewegung eine Rolle spielt. Anstatt den Ausgang einzelner Konflikte zu kontrollieren, fällt dem Ausdruck nunmehr eine Rolle beim allgemeinen Eindrucksmanagement zu (Abb. 6.30).

Mit zunehmendem Alter kann der Mensch offenbar seine Ausdrucksbewegungen von seinen Emotionen abkoppeln. Dadurch werden sie freier verfügbar. Der Mensch hat dadurch über die meisten seiner Ausdrucksbewegungen willentlich Kontrolle, obgleich sie zumeist unwillkürlich aktiviert werden. Diese Fähigkeit war eine der Voraussetzungen für die Entwicklung der Wortsprache.

6.3.1.1 Mimik: Das Gesicht ist einer der wichtigsten Bezugspunkte in der zwischenmenschlichen Kommunikation. Schon in der Mutter-Kind-Beziehung spielt die Gesicht-zu-Gesicht-Orientierung eine hervorragende Rolle (siehe oben). Wir erkennen unsere Mitmenschen vor allem am Gesicht, und eine Region in der kortikalen Repräsentation der Sehbahn ist speziell an diese Funktion angepaßt (N. GESCHWIND 1979). Zerstört man sie, dann können die Patienten ihre Mitmenschen nicht mehr am Gesicht erkennen. Es handelt sich um eine visuelle physiognomische »Seelenblindheit« (»Prosopagnosie«). Der Patient kann zwar visuell das Antlitz als Antlitz erkennen, ebenso auch andere Objekte seiner Umwelt, aber er kann nicht das Individuum ausmachen. Er erkennt aber Mitmenschen individuell an der Stimme. Derselbe Patient, der seine Gattin und

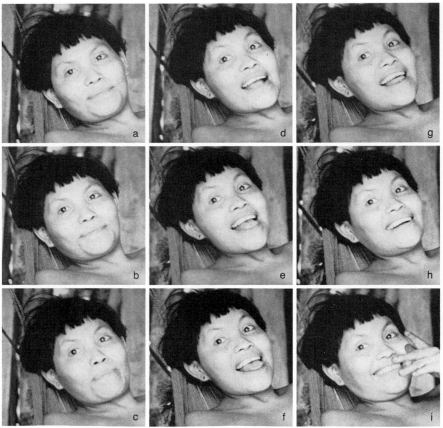

Abb. 6.26: Freundliches Züngeln einer Yanomami-Frau, die den Filmenden herbeiwünscht. Man beachte auch das Brauenheben. In der letzten Aufnahme der Sequenz winkt sie den Fotografen herbei. Sie möchte Perlen haben. Aus einem mit 25 B/s aufgenommenen 16-mm-Film, Bild 1, 3, 9, 15, 18, 25, 27, 29 und 52 der Sequenz. Foto: I. EIBL-EIBESFELDT.

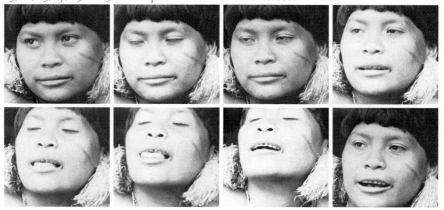

Abb. 6.28: Flirtendes Züngeln eines Yanomami-Mannes. Er suchte den Blickkontakt mit einer Frau. Foto: I. EIBL-EIBESFELDT.

Abb. 6.29: Züngeln einer Mitteleuropäerin nach Blickkontakt mit einem Mann. Die Reaktion erfolgte unbewußt. Foto: I. EIBL-EIBESFELDT.

Kinder nicht mehr am Gesicht erkennt, kann diese sofort identifizieren, wenn sie sprechen. Je nach dem Grad der Störung können basale Emotionen bei der Prosopagnosie noch erkannt werden. Auch Unterschiede zwischen verschiedenen Gesichtern nimmt der Patient an peripheren Merkmalen wie Bart und Haartracht wahr, aber er kann nicht sagen, wer der Gesehene ist (H. HÉCAEN und M. L. ALBERT 1978, J. SERGENT und D. BINDRA 1981, A. R. DAMASIO 1985, D. TRANEL und A. R. DAMASIO 1993). Die rechte Hemisphäre dürfte beim persönlichen Erkennen eine besondere Rolle spielen, da vor allem Rechtshirnschäden die Fähigkeit zum persönlichen Erkennen von Gesichtern, Stimmen, Personennamen, Handschrift und dergleichen beeinträchtigen (D. VAN LANCKER 1991, W. OVERMAN und R. W. DOTY 1982).

Die große Bedeutung individuellen Erkennens spiegelt sich in diesen Spezialisierungen wider. Darüber hinaus sendet der Mensch über sein Antlitz Signale. Dank zahlreicher differenzierter Muskelzüge können wir Teile der Gesichtsfläche gegeneinander bewegen, etwa die Mundwinkel hochziehen, die Stirne in Falten legen und auf diese Weise Zustimmung, Trauer, Ärger und vieles andere mehr signalisieren. Die Entwicklung ist bei den höheren, nichtmenschlichen Primaten angebahnt. Beim Menschen sind die Gesichtsbewegungen jedoch viel nuancierter.

Blickkontakt spielt bereits in der frühen Mutter-Kind-Beziehung eine entscheidende Rolle. Das Neugeborene gewährt den von der Mutter gesuchten Blickkontakt, obgleich es noch gar nicht gut sehen kann (Kap. 4.3.2). Die Bedeutung der »Augensprache« bei der visuellen Kommunikation wird auch durch den Kontrast – Augenweiß und Iris – betont. Das Augenweiß gestattet es, jede Augenbewegung des Partners wahrzunehmen, und es liegt nahe anzunehmen, daß es sich im Dienste dieser Funktion entwickelte. Bei den Schimpansen ist der Augapfel meist

Abb. 6.27: Flirtendes Züngeln einer Yanomami-Frau. Aus einem mit 50 B/s aufgenommenen 16-mm-Film. Foto: I. EIBL-EIBESFELDT.

Abb. 6.30: Das Plus- und das Minus-Gesicht. Foto: G. ZIVIN.

dunkel. Es gibt aber vereinzelt Schimpansen, deren Augäpfel weiß sind, und die wirken in ihrem Ausdruck ungemein menschlich. Ich vermute, daß die Notwendigkeit, bei der Jagd und bei innerartlichen Gruppenkämpfen leise zu signalisieren, am Ausgangspunkt dieser Entwicklung stand.

Außer Augenbewegungen registrieren wir ferner die Änderung der Pupillenweite (E. H. HESS 1975, 1977). Nehmen wir etwas wahr, was positives Interesse auslöst, dann erweitert sich die Pupille kurzfristig über den vom Beleuchtungsgrad bestimmten Adaptionswert. Nehmen wir dagegen etwas wahr, was wir ablehnen, dann verengt sich die Pupille. Wir erwähnten bereits, daß Männer auf Bilder nackter Frauen mit starker Pupillenerweiterung reagieren, während Bilder von Männerakten nur geringfügige Pupillenöffnung bewirkten. Frauen reagieren genau umgekehrt. Säuglinge lösen im Versuch bei Frauen ebenfalls starke Pupillenerweiterung aus, bei Männern nur, wenn sie verheiratet waren (Abb. 6.31). HESS ließ in seinen Versuchen auf Fotografien des gleichen Mädchens die Pupillen einmal durch Retusche künstlich verkleinern, im anderen Falle vergrößern. Es zeigte sich, daß vom Betrachter die Pupillenweite registriert und bewertet wird. Die Aufnahmen mit der vergrößerten Pupille lösten bei Männern stärkere Pupillenerweiterung aus als jene mit den verkleinerten Pupillen (Abb. 6.32). Läßt man in Gesichter mit schematisierten Ausdrücken Pupillen einzeichnen, dann werden in ein verärgertes Gesicht kleinere Pupillen eingezeichnet als in ein fröhliches (Abb. 6.33). Zustimmung und Ablehnung kann man demnach an Änderungen der Pupillenweite ablesen.

Des weiteren spielt das Umfeld des Auges bei der »Augensprache« eine große Rolle. Wir können die Lidspalte verengen und erweitern und die Brauen auf verschiedene Weise anheben. Wir besprachen bereits das in Situationen freundlicher Begegnung als »Augengruß« auftretende schnelle Brauenheben. Es handelt sich hier um eine Bewegung der Gesichtsmuskulatur, um mimische Ausdrucksbewegungen im engeren Sinne.

Bereits vor über hundert Jahren hat man sich mit der Frage befaßt, welche Gesichtsmuskeln am Zustandekommen bestimmter Gesichtsausdrücke mitwirken. B. DUCHENNE, den DARWIN (1872) des öfteren zitiert, reizte die verschiedenen Gesichtsmuskeln von Versuchspersonen auf schmerzlose Weise elektrisch und fotografierte den Ausdruck. Seine Methode war allerdings noch nicht so genau, daß er tieferliegende Muskeln ohne Beeinflussung der darüberliegenden hätte reizen können.

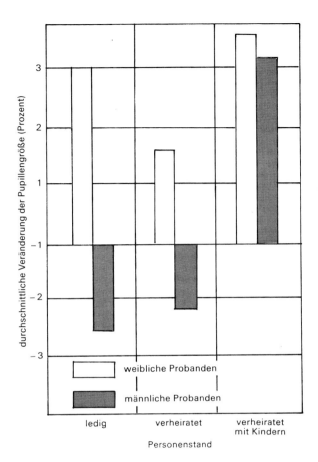

Abb. 6.31: Veränderung der Pupillengröße beim Betrachten der Aufnahme eines Säuglings. Frauen zeigen stets Pupillenerweiterung. Sie ist Anzeiger positiv empfundener Wahrnehmung. Männer reagieren so, wenn sie verheiratet sind und selbst Kinder haben. Nach E. H. Hess (1975).

Einen Durchbruch in der Erforschung der menschlichen Gesichtsbewegungen verdanken wir C. H. Hjortsjö (1969). Er beschrieb als Anatom sehr genau, was die Kontraktion der einzelnen Gesichtsmuskeln im Erscheinungsbild des Antlitzes bewirkt, und legte damit die Grundlage für das von P. Ekman und W. V. Friesen (1975, 1976, 1978) weiter entwickelte »Facial Action Coding System«. Hjortsjö beschrieb die Änderungen auf der Gesichtsfläche (z. B. Faltenbildung, Mundstellungen), die durch die Kontraktion der 23 Gesichtsmuskeln (Abb. 6.34–6.36) bewirkt werden, und numerierte sie durchgehend (Tab. 6.1).

Die Wirkungen der Muskelkontraktionen präsentierte er in einfachen Skizzen (Abb. 6.37). Er machte außerdem eine Liste von 24 Ausdrucksbewegungen, die er in 8 Gruppen (A–H) ordnete (Abb. 6.38). Diese Kategorien folgen nicht einem einheitlichen Ordnungsprinzip. Hjortsjö ordnet nach Stimmungen und Zuständen (ärgerlich, freundlich, traurig, mißtrauisch, überrascht – ängstlich, überheblich, angeekelt); daneben aber finden wir auch Begriffe, die sich auf Verhaltensmuster beziehen (Lachen, Lächeln). Ferner wird manches in einer Kategorie

a b

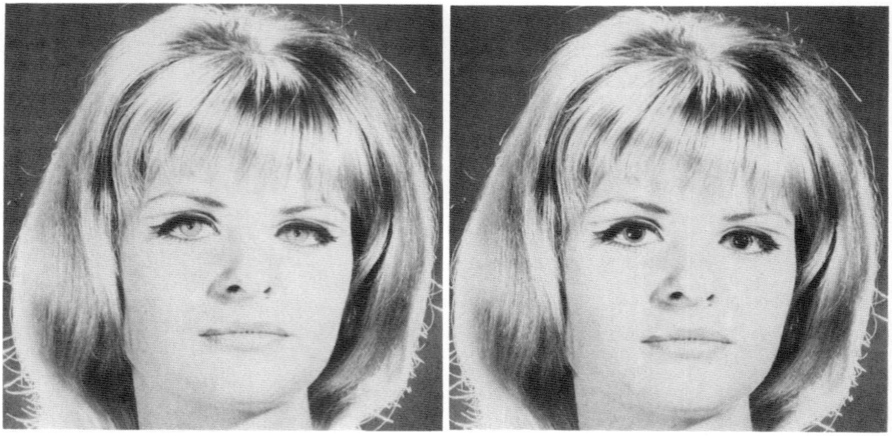

Abb. 6.32: a), b): Zwei Aufnahmen eines Mädchens, dessen Pupillen in a) durch Retusche verkleinert und in b) durch Retusche vergrößert wurden. Auf die Aufnahme mit der vergrößerten Pupille reagieren Männer positiver (stärkere Pupillenerweiterung) als auf die gleiche Aufnahme mit der künstlich verkleinerten Pupille. Aus E. H. Hess (1975).

Abb. 6.33: Läßt man Versuchspersonen in Gesichter mit verschiedenem Ausdruck (obere Reihe) Pupillen einzeichnen, dann versehen sie das ärgerliche Gesicht mit kleinen, das erfreute Gesicht mit großen Pupillen. Aus E. H. Hess (1975).

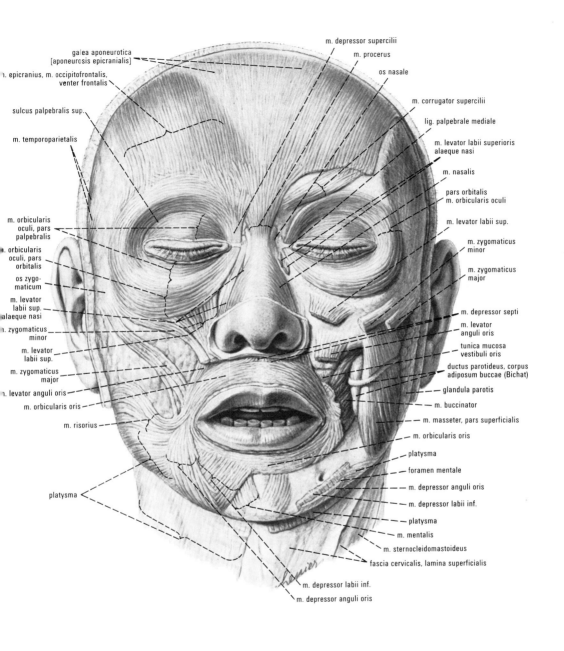

Abb. 6.34: Die Normalmuskulatur des europiden Gesichts: Vorderansicht; links oberflächliche mimische und rechts tiefere mimische Muskulatur. Aus J. Sobotta und H. Becher (1972).

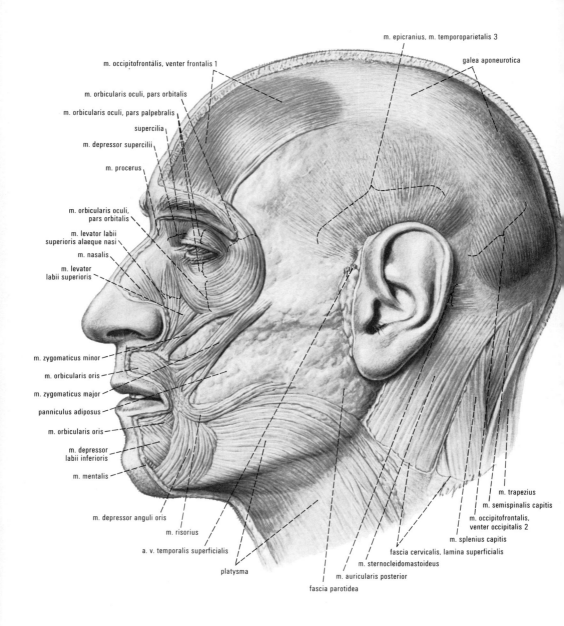

Abb. 6.35: Die Normalmuskulatur des europiden Gesichts: Seitenansicht; oberflächliche Muskulatur. Aus J. Sobotta und H. Becher (1972).

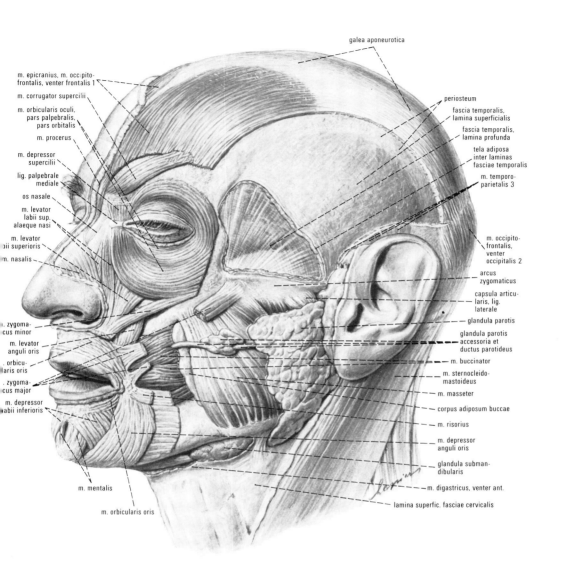

Abb. 6.36: Die Normalmuskulatur des europiden Gesichts: Seitenansicht; tiefere Muskulatur. Aus J. Sobotta und H. Becher (1972).

627

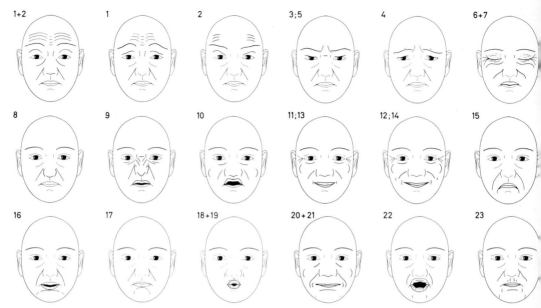

Abb. 6.37: Schematische Darstellung der Auswirkung der Kontraktionen der verschiedenen Gesichtsmuskeln nach C. H. Hjortsjö (1969): 1 + 2: m. frontalis; 1: m. frontalis, pars medialis; 2: m. frontalis, pars lateralis; 3: m. procerus oder m. depressor glabellae; 5: m. depressor supercilii; 4: m. corrugator supercilii; 6 + 7: m. orbicularis oculi; 6: m. o. o. pars orbitalis; 7: m. o. o. pars palpebralis; 8: m. nasalis; 9: m. levator labii superioris alaeque nasi; 10: m. levator labii superioris; 11: m. zygomaticus minor; 13: m. caninus; 12: m. zygomaticus major; 14: m. risorius; 15: m. triangularis; 16: m. depressor labii inferioris; 17: m. mentalis; 18 + 19: mm. incisivi labii superioris et inferioris; 20 + 21: m. risorius; 22: m. orbicularis pars labialis; 23: m. orbicularis pars marginalis.

vereint, was möglicherweise weder nach Motivation noch nach Funktion zusammengehört, wie Lächeln und herzhaftes Lachen.

Lächeln ist, wie wir noch begründen werden, Ausdruck freundlicher Kontaktbereitschaft und dem Ursprung nach wohl Ausdruck der Submission. Lachen dagegen ist aggressiv motiviert (Auslachen). Es bindet jene, die gemeinsam lachen, richtet sich aber gegen einen Anwesenden oder Vorgestellten, den man auslacht. Man lacht über etwas, und das meist gemeinsam mit anderen. Hjortsjös Einteilung sollte uns jedoch nicht stören, zumal wir heute noch keineswegs in der Lage wären, eine wirklich einwandfreie Klassifikation der Gesichtsausdrücke nach zugrundeliegenden Gestimmtheiten oder alternativ nach Funktionen vorzunehmen. Das glückt nur annäherungsweise. Bei einer Einteilung nach der Funktion würde das Lachen z. B. sowohl im Repertoire der aggressiven (»Auslachen«) als auch der bindenden Verhaltensweisen auftauchen. Es vereinigt ja in Aggression jene, die gemeinsam lachen. Aus diesem Grunde würde sich eine Einteilung nach Motivation und Funktion auch nicht immer decken.

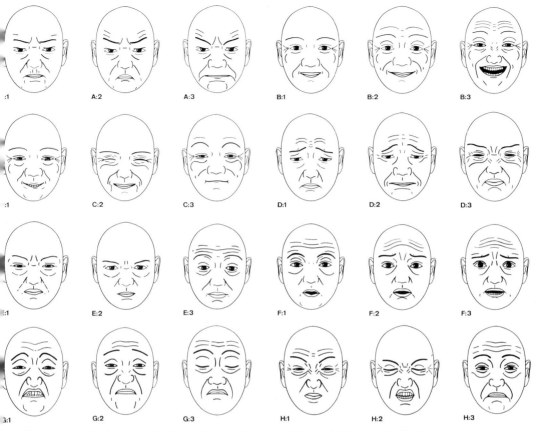

Abb. 6.38: A–H: Schematische Darstellung wichtiger Gesichtsausdrücke nach C. H. Hjortsjö (1969): Die Zahlen geben die kontrahierten Muskeln (siehe Tabelle) an. In Klammer Muskeln, die nur indirekt oder möglicherweise an dem Ausdruck teilhatten.

A 1: bestimmt, streng, entschlossen: (2), 3, 5, (16), (17), (20 + 21), 23; A 2: ärgerlich, unnachgiebig: 2, 3, 5, 15, 16, 17, (20 + 21), 23; A 3: wütend, erzürnt: 2, 3, 5, 15, 16, 17, (20 + 21), 23; B 1: lächelnd, gütig, freundlich: (6), 7, 11, 13, (20 + 21); B 2: froh, glücklich: (1), (2), 11, 12, 13, 14, (20 + 21); B 3: herzlich, lachend: 1, 2, 6 + 7, 9, 11, 12, 13, 14, 20 + 21; C 1: einnehmendes, einschmeichelndes Lächeln: 6 + 7, 11, 12, 13, 14, 16, 23; C 2: verschlagenes, schlaues, listiges Lächeln: 6 + 7, 11, 12, 13, (20 + 21), (23); C 3: selbstzufriedenes Lächeln: (1 + 2), (6), 7, 11, 12, 13, 14, 20 + 21, 23; D 1: traurig, bekümmert, besorgt: 1, 4, (7), 15, 17; D 2: trauernd, den Tränen nahe: 1, 4, (7), 15, 17, 20 + 21; D 3: bei physischem Schmerz, gequält: 3, 5, 6 + 7, 9, 18 + 19, 22 + 23; E 1: mißtrauisch, »stimmt das?«: 3, 5, 7, (15), 17; E 2: beobachtend, erkundend: 3, 5, (18 + 19), 23; E 3: verblüfft, »was soll ich machen?«: 1 + 2, 17; F 1: überrascht: 1 + 2, 18 + 19, 22; F 2: erschreckt: 1 + 2, 4, 18 + 19; F 3: in Panik, in seelischer Qual: 1 + 2, 4, (11), 18 + 19, 22; G 1: verächtlich, überheblich, ironisch: 1, 7, (9), 10, 15, 17; G 2: geringschätzig, herablassend, hochmütig: 1, 7, (9), 10, 15, 17; G 3: arrogant, selbstzufrieden, überheblich: 1 + 2, 7, 10, 15; H 1: angeekelt – »es riecht schlecht«: 1 + 2, 6 + 7, 8, 9, 17, 18 + 19, 22 + 23; H 2: angewidert – »es schmeckt schlecht«: 3, 5, 6 + 7, 8, 9, 10, 16, 22 + 23; H 3: verbittert, sorgenvoll – bedrückt, betrübt, elend: 1 + 2, 7, (9), 11, 15, 17.

Die Beschreibung der Bewegung über die Zuordnung zu bestimmten Muskelkontraktionen bedeutet schon einen entscheidenden Fortschritt. Hjortsjö ließ
sich ferner die verschiedenen Ausdrücke von Personen vorspielen, nachdem er
ihnen Gelegenheit gegeben hatte, die Liste zu studieren. Er fotografierte die
Ausdrücke und fand gute Übereinstimmung sowohl beim Spielen des Ausdrucks
als auch bei der Beurteilung der Fotografien durch andere. Er bestimmte, welche
Muskeln das Zustandekommen dieser Ausdrücke bewirken, und notierte dies in
den beigefügten Skizzen.

P. Ekman und W. V. Friesen (1975, 1978) entwickelten auf der Grundlage von
Hjortsjös Untersuchungen ein »Facial Action Coding System«. Wie Hjortsjö
lernten sie, die einzelnen Gesichtsmuskeln willkürlich zu kontrahieren. Es gelang
ihnen zuletzt, jeden Gesichtsmuskel willkürlich zu betätigen, mit der einzigen
Ausnahme des Musculus tarsalis, der das gleiche bewirkt wie der M. palpebrae.
Waren sie im Zweifel darüber, welche Muskeln sie kontrahierten, dann ließen sie
sich von einem Neuroanatomen Nadeln zur elektrischen Ableitung in den Muskel
stecken. Kontrahierten sie ihn, dann zeigten die Registriergeräte elektrische
Aktivität an. Sie waren nach sorgfältigem Training in der Lage, alleine an den
Faltenbildungen und anderen Änderungen der Gesichtsfläche die Muskelbewe-
gungen zu diagnostizieren.

Ekman und Friesen faßten die Muskelaktionen als »Facial Action Patterns«
zusammen und gaben diesen Nummern. Sie stimmen im wesentlichen mit den
Nummern von Hjortsjö überein, da die meisten Aktionen einem bestimmten
Muskel zugeschrieben werden können. Es gibt daher Abweichungen dort, wo
mehrere Muskeln ununterscheidbar an einer Aktion zusammenwirken. So fassen
sie z. B. in der Aktionseinheit 4 die Wirkungsweise dreier Muskeln zusammen.
Sie lassen jedoch den Platz 3 in der Liste von Hjortsjö unbesetzt, für den Fall, daß
man später die Aktionseinheit 4 noch weiter differenzieren müßte:

Bezeichnungen der Muskel- bzw. Aktionseinheiten bei Hjortsjö *und* Ekman:

Ekman teilt nach »action units« (Aktionseinheiten) ein. An ihnen können, wie aus
der Aufstellung ersichtlich, auch mehrere Muskeln beteiligt sein. Insgesamt
unterscheidet er 58 Einheiten. Er zählt auch Kopf- und Augenpositionen dazu.

Wir führen in der Liste die für die Mimik im engeren Sinne wichtigen
Aktionseinheiten an sowie einige, die im folgenden zur Sprache kommen:

C. H. Hjortsjö (1969)	P. Ekman und W. V. Friesen (1976)
1 *M. frontalis[1], pars medialis*	1 *M. frontalis[1], pars medialis*
2 *M. frontalis[1], pars lateralis*	2 *M. frontalis[1], pars lateralis*
3 *M. procerus [M. depressor glabellae[2]]*	3 keine Bezeichnung
4 *M. corrugator supercilii*	4 *M. depressor glabellae; M. depressor supercilii; M. corrugator supercilii*

5 M. depressor supercilii	5 M. levator palpebrae superioris[3]
6 M. orbicularis oculi, pars orbitalis	6 M. orbicularis oculi, pars orbitalis
7 M. orbicularis oculi, pars palpebralis	7 M. orbicularis oculi, pars palpebralis
8 M. nasalis	8 keine Kennzeichnung durch Muskel-namen[4]
9 M. levator labii superioris alaeque nasi	9 M. levator labii superioris alaeque nasi
10 M. levator labii superioris [Caput infraorbitale]	10 Caput infraorbitale m. levator labii superioris
11 M. zygomaticus minor	11 M. zygomaticus minor
12 M. zygomaticus major	12 M. zygomaticus major
13 M. caninus [M. levator anguli oris[2]]	13 M. caninus [M. levator anguli oris[2]]
14 M. risorius	14 M. buccinator
15 M. triangularis [M. depressor anguli oris[2]]	15 M. triangularis [M. depressor anguli oris[2]]
16 M. depressor labii inferioris	16 M. depressor labii
17 M. mentalis	17 M. mentalis
18 Mm. incisivi labii superioris	18 Mm. incisivi labii superioris; Mm. in-cisivi labii inferioris
19 Mm. incisivi labii inferioris	19 keine Bezeichnung
20 M. buccinator[5]	20 M. risorius
21 M. buccinator[6]	21 keine Bezeichnung
22 Pars labialis m. orbicularis oris	22 M. orbicularis oris (»lip funneler«)
23 Pars marginalis m. orbicularis oris	23 M. orbicularis oris (»lip tightener«)
	24 M. orbicularis oris (»lip pressor«)

[1] Venter frontalis m. occipitofrontalis
[2] Von P. EKMAN und C. H. HJORTSJÖ sowie J. SOBOTTA und H. BECHER (Abb. 6.29. 1–3) werden für denselben Muskel zum Teil verschiedene Namen gebraucht. Dem wurde in eckigen Klammern Rechnung getragen.
[3] Der M. levator palpebrae superioris wird nicht vom N. facialis, sondern vom N. oculomoto-rius innerviert. Funktionell handelt es sich auch um einen mimischen Muskel, nicht aber im streng vergleichend neuroanatomischen Sinn.
[4] In P. EKMAN und W. V. FRIESEN (1978) als »action unit« (8 + 25 oder 8 + 26 oder 8 + 27) »lips toward each other« bezeichnet.
[5] Obere Fasern ziehen in M. orbicularis oris der Unterlippe.
[6] Untere Fasern ziehen in M. orbicularis oris der Oberlippe.

Tab. 6.1

Außer Aktionseinheiten führt EKMAN noch Bewegungen an, die nicht nach Muskelaktionen definiert sind. Er spricht von »action descriptors«. Wir führen einige an, die wir in der folgenden Besprechung erwähnen:

25 »lips part« (Lippen auseinander)
26 »jaw drop« (Sinkenlassen des Unterkiefers)
27 »mouth stretch« (Breitziehen des Mundes)
54 »head down« (Abwärtsbewegung des Kopfes)
64 »eye down« (Abwärtsbewegung des Augapfels)

Für die Beschreibung der Gesichtsbewegungen ist das Schema nützlich. Allerdings ist eine Reihe von Kategorien zu wenig differenziert. Die Kategorie »tongue out« (Zunge rausstrecken) beschreibt z. B. nichts Einheitliches. Man muß hier das schnelle Vor- und Zurückstoßen der Zunge in einer vermutlich ritualisierten Leckbewegung von einem Herausstrecken der Zunge unterscheiden, das sich von einer Spuckbewegung ableitet (S. 615 ff.). Bei der Anwendung des Schemas ist außerdem wichtig, daß man den Zeitverlauf der Bewegung mit berücksichtigt, was EKMAN neuerdings auch tut. Die bloße Feststellung, daß sich bestimmte Muskeln kontrahieren, reicht nicht aus. 1 + 2 kommt als schnelles und langsames Brauenheben vor, und beide bedeuten Verschiedenes.

Wir wollen uns mit den Ausdrucksbewegungen der Augenbrauen etwas näher befassen, da man an ihnen gut die verschiedenen Probleme mimischer Ausdrucksformen darstellen kann. Brauenbewegungen spielen in der zwischenmenschlichen Kommunikation in einer Vielzahl von Zusammenhängen eine große Rolle. Nach EKMAN sind an ihrem Zustandekommen folgende Aktionseinheiten beteiligt:

1 Der mediale Teil des *Frontalis,* dessen Kontraktion den inneren Teil der Brauen hochhebt, wobei die Haut in der Mitte der Stirn hochgezogen und damit in Falten gelegt wird.

2 Der laterale Teil des *Frontalis* zieht die äußeren Abschnitte der Brauen hoch, wobei auch die Stirnhaut beiderseits hochgezogen und in Falten gelegt wird.

4 *Musculus corrugator, M. depressor glabellae* und *M. depressor supercilii* ziehen in Aktionseinheit die Augenbrauen herunter und gegen die Gesichtsmitte zusammen, so daß sich die Haut zwischen den Brauen staucht und in Falten legt.

Die Aktionseinheiten können in verschiedenen Kombinationen auftreten, so daß sich insgesamt 7 verschiedene Ausdrücke ergeben (Abb. 6.39). Sie sind bestimmten Emotionen* zugeordnet.

Trauer wird durch die Aktionseinheit 1 sowie die Kombination 1 + 4 ausgedrückt.

Überraschung und *Interesse* durch 1 + 2.

Angst durch die Kombination 1 + 2 + 4.

Ärger durch 4.

Die Kombination 2 + 4 spielt nach EKMAN als Ausdruck einer Emotion keine Rolle. Ich habe sie jedoch als Ausdruck der Wut bei Kabuki-Schauspielern gefunden, und EKMAN betont, daß er sie aus Darstellungen der Kunst kennt, aber nicht als natürlichen Ausdruck.

Das Brauenheben (1 + 2) kommt, wie die beigefügte Übersicht zeigt, in den

---

* Von Emotionen oder Gemütsbewegungen zu sprechen ist beim Menschen durchaus statthaft, da wir ja einander auch über die subjektive Seite des Erlebens Mitteilung machen können. Im übrigen beziehen sich auch diese subjektivistischen Begriffe, wie in der tierischen Verhaltensforschung üblich, auf objektiv feststellbare Handlungsbereitschaften, für die ein Ausdruck Indikator ist.

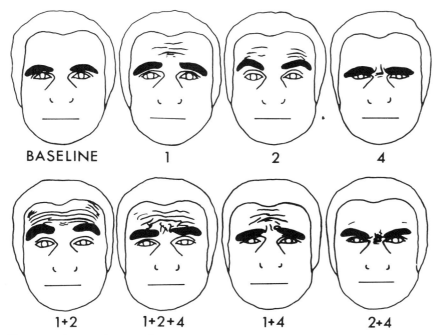

Abb. 6.39: Schematische Darstellung der Aktionseinheiten für Stirn und Augenbrauen in ihrer verschiedenen Kombination nach P. Ekman (1979). Nähere Erläuterungen im Text.

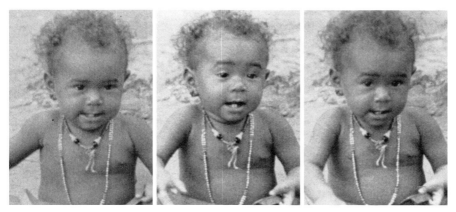

Abb. 6.40: Weiblicher Säugling (16 Monate) von Kaileuna (Trobriand-Inseln), wie er durch Brauenheben seine Kontaktbereitschaft ausdrückt. Aus einem mit 25 B/s aufgenommenen 16-mm-Film, Bild 1, 9 und 11 der Sequenz. Foto: I. Eibl-Eibesfeldt.

Ausprägungen schnelles und langsames Brauenheben vor. Das schnelle Brauenheben beschrieben wir (S. 170 ff.) als »Augengruß« (Abb. 6.40 und 6.41). Es handelt sich um den schon beschriebenen Ausdruck sozialer Kontaktbereitschaft, der in allen von uns studierten Kulturen beobachtet werden konnte. Er setzt

Abb. 6.41: Beispiele für den »Augengruß«: a) Französin; b) und c) Yanomami (b Mann, c junge Frau); d) !Kung-Frau (zentrale Kalahari); e) Huli (Papua-Neuguinea); f) Balinese. Foto: a) H. Hass; b–f) I. Eibl-Eibesfeldt.

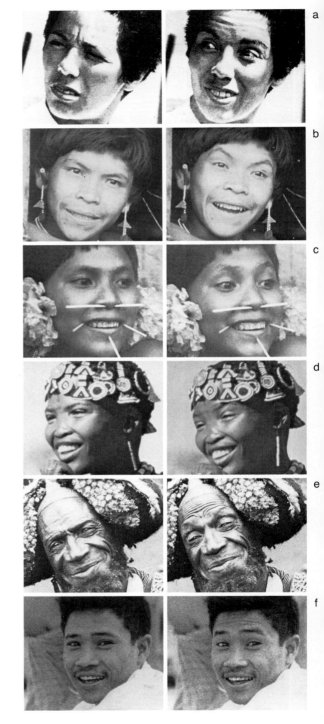

soziale Kontaktbereitschaft voraus, folgt nach hergestelltem Blickkontakt und ist in einen typischen Ablauf von Verhaltensweisen eingebettet. Auf Blickkontakt wird der Kopf meist kurz angehoben, dann werden die Brauen für etwa 1/3 einer Sekunde angehoben, gleichzeitig breitet sich ein Lächeln aus, und oft nickt die Person abschließend. Im Methodenkapitel (3.3) sind wir bereits auf die Ergebnisse der Filmauswertung von 255 von mir aufgenommenen Augengrüßen eingegangen. Sie belegen Übereinstimmung bei drei Kulturen (Yanomami, Eipo, Trobriander) (K. GRAMMER und Mitarbeiter 1988).

Ableitung und die verschiedenen Ausdrucksfunktionen des Brauenhebens:

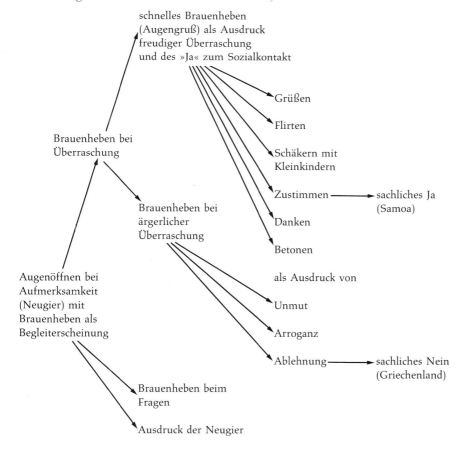

Das Verhalten habe ich bei Mutter-Kind-Interaktionen in allen von mir besuchten Kulturen beobachtet. Ich sah es ferner in weiter Verbreitung als »Augengruß« in Situationen freundschaftlicher Begegnung. Allerdings gibt es hier kulturelle Unterschiede. Samoaner und viele andere Polynesier, viele Papuas und die Yanomami-Indianer grüßen z. B. auch Fremde bei freundschaftlicher Kontaktaufnahme durch schnelles Brauenheben. Bei Japanern gilt dies dagegen zwischen Erwachsenen als unschicklich. Kinder können aber so angesprochen werden. In Europa und in den USA muß bereits eine freundschaftliche Beziehung vorliegen. Grüßt man einen Unbekannten so, dann löst dies in der Regel Befremden aus. Das ist wohl auch der Grund, weshalb P. EKMAN (1979) das Verhalten bei Amerikanern nicht auslösen konnte. Ich habe den Augengruß in den USA im Alltag oft beobachtet. Und EKMAN brauchte sich nur die Fernsehfilme seines Landes anzusehen, um sich von der Verbreitung des Augengrußes in den USA zu überzeugen. Im Vorspann der Krimi-Serie »Magnum« zeigt ihn der Held sogar zweimal. Man muß nur schauen lernen! – Bei uns können heterosexuelle Beziehungen über den Augengruß auch zwischen Fremden angeknüpft werden.

Dem Ursprung nach ist das schnelle Brauenheben wohl ein ritualisierter Ausdruck freudigen Erkennens. Es kommt in mehreren Situationen freundlicher Zuwendung vor, wie beim Denken, Zustimmen, Flirt, Grüßen, Bejahen und Ermuntern, hat also ein weites Bedeutungsspektrum, das aber stets Kontaktbereitschaft und Übereinstimmung ausdrückt. Auch als sprachbegleitende Ausdrucksbewegung, die einer verbalen Äußerung Nachdruck verleiht, ist es im übertragenen Sinne ein Ja (»so ist es«). Als sachliches Ja finden wir das schnelle Brauenheben nur in einigen Kulturen, als Augengruß dagegen universell, aber mit Unterschieden in der Bereitschaft, mit der ein Augengruß gegeben wird. Oft beschränkt er sich auf den Umgang mit Kindern.

Das schnelle Brauenheben ist von einem anhaltenden Brauenheben, das Ausdruck der Ablehnung und Entrüstung ist, zu unterscheiden.

Universalität, Bewegungsablauf und Kontext beim Augengruß sprechen dafür, daß es sich um eine angeborene Ausdrucksbewegung handelt. P. EKMAN (1979) hat dagegen eingewendet, daß man das Signal ja dann auch bei anderen Primaten finden müßte. Dort sei aber das Brauenheben als Zeichen der Zuwendung noch nicht nachgewiesen worden. Er macht dabei den Fehler, »stammesgeschichtlich angepaßt« mit »tierischem Erbe« gleichzusetzen*. Das ist aber, wie wir ausführten, nicht zulässig. Viele der dem Menschen angeborenen Merkmale sind nur ihm eigen, also artspezifisch.

Des weiteren meint EKMAN, daß man nur dann von einem stammesgeschichtlich im Dienste der Kommunikation entwickelten Signal sprechen könne, wenn keine andere biologische Funktion nachzuweisen sei. Man öffne jedoch die Augen, um besser zu sehen. Das stimmt, und ich leite die ritualisierte Form des schnellen Brauenhebens auch davon ab. Aber vom Augenöffnen, etwa beim neugierigen Hinsehen, ist dieses schnelle Brauenheben doch sehr verschieden. Und weshalb es in allen Kulturen in dieser Form, und nur in bestimmter Kombination mit anderen

---

* »Ritualisation presumes that selection of actions for their role as signals occurred through phylogenetic evolution. The implication is that these signals can be traced to other primates« (S. 198).

Zeichen auftretend, freundliche Zuwendung, dagegen als langsames und anhaltendes Brauenheben mit anderen Begleitsignalen Entrüstung und Ablehnung bedeutet, ist damit nicht erklärt. Kontext, Spezifität und Gleichförmigkeit über die Kulturen sprechen gegen kulturelle Konvention. Es gibt auch ein betontes Öffnen des Gesichtes als Zeichen der Zuwendung und Akzeptanz, bei dem alle Sinnespforten betont und anhaltend geöffnet werden (Abb. 6.42 und 6.43). Das

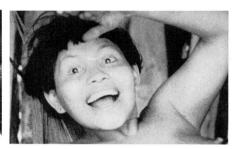

Abb. 6.42: a) und b) Das Öffnen des Gesichtes als Zeichen der Zuwendung: ein Mädchen (USA), das den Filmenden freundlich adressiert. Foto: I. EIBL-EIBESFELDT.
Abb. 6.43: Das Öffnen des Gesichtes als Zeichen der Zuwendung. Eine Yanomami-Frau winkt Filmenden herbei. Foto: I. EIBL-EIBESFELDT.

Abb. 6.44: a) und b) Das Verschließen des Gesichtes als Zeichen der Ablehnung. Yanomami-Mann lehnt Besucher ab. Foto: I. EIBL-EIBESFELDT.

Verschließen der Sinnespforten drückt dagegen in Antithese Ablehnung aus (Abb. 6.44).

Langsames Brauenheben ohne weitere, den Ausdruck präzisierende Begleitbewegungen drückt zunächst einmal Aufmerksamkeit aus. Das Gesichtsfeld wird durch das Brauenheben nach oben hin erweitert. Abgeleitet davon ist wohl das Brauenheben bei Neugier, Überraschung und Frage. In all diesen Fällen will man wirklich, oder im übertragenen Sinne (Frage), besser sehen – mehr erfahren. Um was es sich im einzelnen handelt, erfährt man aus den Zusatzzeichen – dem erwartungsvollen Stillhalten, mit Blickkontakt, dem Stutzen, Atemanhalten und Mundöffnen bei Überraschung, den pendelnd suchenden Kopf- und Augenbewegungen bei Neugier.

Schließlich gibt es langsames Brauenheben, das Entrüstung, Arroganz, soziale Ablehnung und sachliches Nein bedeutet. Zusatzzeichen spezifizieren auch diese Ausdrücke. Sie sind z. B. von Drohstarren (Entrüstung) oder Lidschluß (als Kontaktverweigerung und damit Ausdruck der Ablehnung, Arroganz – des Nein) begleitet. Bei stärkerer Ablehnung kommt es auch zu einer Rückwärtsanhebung des Kopfes (Gebärde des Hochmuts, der Hochnäsigkeit) und zu abweisendem Hochheben der Hand. Als Ausdruck der Entrüstung und sozialen Ablehnung ist das langsame Brauenheben universell. Als sachliches Nein dagegen beschränkt es sich auf Mittelmeeranrainer, wie z. B. die Griechen (Abb. 6.45).

Abb. 6.45: Ablehnung (Verneinung) durch einen Griechen. Foto: I. EIBL-EIBESFELDT.

Auch das langsame Brauenheben ist vom Ausdruck der Überraschung abzuleiten. Man ist überrascht-entrüstet über ein Mißverhalten eines Mitmenschen, über eine Zumutung und drohstarrt mit gehobenen Brauen oder verweigert den Blickkontakt durch Lidsenken, fügt also dem öffentlichen Brauenheben die antithetische Bewegung der Abschließung hinzu.

Aktionseinheit 4 tritt dagegen immer in Situationen auf, die durch Zweifel, Perplexität oder Schwierigkeiten gekennzeichnet sind. Das kann in verschiedenen Zusammenhängen und auch in Kombination mit anderen Bewegungen geschehen. So tritt 4 auch als sprachbegleitende Bewegung auf, ferner als Satzzeichen in Sprechpausen. In Fragesituationen drückt 4 Zweifel aus, und es kommt vor bei angestrengter Wortsuche. Als Zuhörerreaktion ist es Anfrage um weitere Information.

Funktionell bewirkt 1 + 2 eine Erweiterung des oberen Gesichtsfeldes, während 4 die Brauen vorzieht und so die Augen beschattet. Wenn einer angestrengt ein fernes Ziel fixiert, zeigt er diesen Ausdruck. Es handelt sich also um Verhaltensweisen, die primär wohl auch eine Aufgabe im Zusammenhang mit der visuellen Wahrnehmung erfüllen. Als solche könnten sie durchaus individuell erworben worden sein, und das könnte auch für die von diesen Bewegungen abgeleiteten Ausdrucksbewegungen gelten. Allerdings zeigen auch Blindgeborene die Aktionseinheit 4, wenn sie mit Problemen konfrontiert werden und perplex sind. Seltener beobachten wir bei Blindgeborenen den Ausdruck 1 + 2, und zwar zur Unterstreichung einer verbalen Aussage und dann gelegentlich bei Überraschung. Vertikale Bewegungen der Augenbrauen sind das »Ausrufezeichen des Gesichts«

(K. Grammer und Mitarbeiter 1988). Sie künden an: »Achtung, was ich tue, ist wichtig!«

In der P. Ekman und W. V. Friesen (1987) entnommenen Tabelle sind einige Prototypen und Varianten der wichtigsten Ausdrucksbewegungen nach Aktionseinheiten und Deskriptoren zusammengestellt.

P. Ekman und W. V. Friesen (1987) haben mit der Erstellung des »Facial Action Coding System« einen bedeutenden Beitrag zur Ausdrucksforschung geleistet. Sie haben darüber hinaus auf die Übereinstimmung der wichtigsten Gesichtsausdrücke der Fore (Neuguinea) und Nordamerikaner hingewiesen. Schließlich ließen sie Videoaufnahmen und Fotografien von Gesichtsausdrücken von Fore, Japanern, Nordamerikanern, Brasilianern, Chilenen und Argentiniern beurteilen. Die Übereinstimmung war bemerkenswert. P. Ekman (1973) sichtete kritisch die bisherigen kulturenvergleichenden Untersuchungen, die sich mit der Prüfung des Ausdrucksverständnisses anhand von Aufnahmen und oft stark schematisierten Zeichnungen verschiedener Gesichtsausdrücke befassen. Selbst jene Arbeiten, die vorgeben, Kulturspezifität in mimischen Ausdrücken nachzuweisen, belegen zugleich auch deren Universalität. So zeigten H. C. Triandis und W. W. Lambert (1958) amerikanischen und griechischen Studenten sowie Dorfbewohnern der griechischen Insel Korfu Fotografien einer amerikanischen Berufsschauspielerin. Sie stellten fest, daß Personen aller drei Gruppen die Aufnahmen im wesentlichen gleich beurteilten, fanden aber auch Unterschiede. So ähnelten die Ergebnisse der Studenten beider Volksgruppen einander mehr als denen der Dorfbewohner, was Triandis und Lambert mit unterschiedlichen Erfahrungen erklärten. Die Studenten, so meinen sie, hätten mehr Television gesehen und sich daher besser an die stereotypen Ausdrucksformen der Künstler gewöhnt. Solche Erfahrungen spielen sicher eine Rolle; allerdings testeten Triandis und Lambert die Dorfbewohner auf andere Weise als die Studenten. Ekman diskutierte deren Befunde sowie jene von C. E. Izard (1968), D. M. Cüceloglu (1970), E. C. Dickey und F. M. Knower (1941), R. Winkelmayer und Mitarbeiter (1971) und W. E. Vinacke (1949). Alle fanden Evidenz für Universalien, vier fanden außerdem kulturelle Unterschiede in der Bewertung von Ausdrucksbewegungen, die aber nach Ekmans kritischer Prüfung dem Konzept eines universellen Ausdrucksverständnisses und einer universellen Mimik nicht widersprechen. Es gibt z. B. keinen Fall, in dem etwa ein bestimmter Ausdruck von der Mehrheit der Gruppen einer bestimmten Emotion zugeordnet wurde, bei einer ethnischen Gruppe dagegen einer ganz anderen. Die Interpretationen zeigten kulturelle Variabilität in bezug auf den Kontext, in dem bestimmte Ausdrücke zu beobachten sind, ferner die Beurteilung zusammengesetzter Ausdrücke (Überlagerungen) und schließlich die Genauigkeit der Beurteilung betreffend. Da die Reaktion auf eine auslösende Reizsituation von der Art und Stärke des auslösenden Reizes, von persönlicher Erfahrung und der jeweiligen Gestimmtheit eines Partners abhängt, darf es nicht verwundern, wenn man nicht immer die gleiche Antwort auf gleichen Reiz erhält. Der Vergleich von

Emotionen	Prototypen	Hauptsächliche Varianten
Überraschung	1 + 2 + 5x + 26 1 + 2 + 5x + 27	1 + 2 + 5x 1 + 2 + 26 1 + 2 + 27 5x + 26 5x + 27
Angst	1 + 2 + 4 + 5xyz + 20xyz + 25, 26 oder 27 1 + 2 + 4 + 5xyz + 25, 26 oder 27	1 + 2 + 4 + 5xyz + L oder R20xyz + 25, 26 oder 27 1 + 2 + 4 + 5xyz
Freude	6 + 12xyz 12y	
Trauer	1 + 4 + 11 + 15x mit oder ohne 54 + 64 1 + 4 + 15 mit oder ohne 54 + 64 6 + 15xyz mit oder ohne 54 + 64	1 + 4 + 11 mit oder ohne 54 + 64 1 + 4 + 15 mit oder ohne 54 + 64 1 + 4 + 15x + 17 mit oder ohne 54 + 64 11 + 15x mit oder ohne 54 + 64 11 + 17
	25 oder 26 können alle Prototypen begleiten.	
Ekel	9 9 + 16 + 15 + 26 9 + 17 10xyz 10xyz + 16 + 25 oder 26 10 + 17	
Ärger	4 + 5xyz + 7 + 10xyz + 22 + 23 + 25, 26 4 + 5xyz + 7 + 10xyz + 23 + 25, 26 4 + 5xyz + 7 + 23 + 25, 26 4 + 5xyz + 7 + 17 + 23 4 + 5xyz + 7 + 17 + 24 4 + 5xyz + 7 + 23 4 + 5xyz + 7 + 24	Jede dieser Prototypen und wahlweise eine der folgenden Aktionseinheiten: 4, 5, 7 oder 10

Tab. 6.2: FACS-Kode für emotionelle Ausdrücke

(x, y und z kennzeichnen verschiedene Intensitätsstufen der Bewegung; z bezeichnet das Maximum der Kontraktion eines Muskels)

Gesichtsausdrücken japanischer und europäischer Vorschulkinder zeigte weitgehende Übereinstimmung. Die Mimik ändert sich auch kaum mehr zwischen dem ersten und fünften Lebensjahr, was darauf hinweist, daß es sich um Bewegungsprogramme handelt, an deren Ausformung Erfahrung eine geringere Rolle spielt, anders als bei der Körperhaltung und Gestik, bei der man kulturelle Unterschiede feststellen kann (T. SANO 1983).

Wir haben den Kulturenvergleich auf einer mittlerweile recht umfangreichen Basis durchgeführt, vor allem unter Einbeziehung von Naturvölkern. Die Übereinstimmungen gehen bis in die Details (Abb. 6.46, 6.47). Es ist überraschend, wie

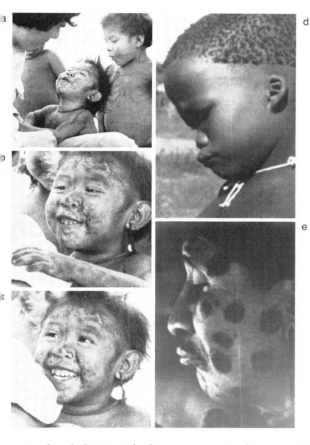

Abb. 6.46: Das lebhafte Mienenspiel des Menschen signalisiert, kulturenübergreifend und daher für alle Menschen verständlich, bestimmte elementare Handlungsbereitschaften (Gefühlslagen) und Bedürfnisse. Einige Beispiele: a) bis c) Yanomami-Junge, der mit dem Sohn des Verfassers freundlich Kontakt sucht; d) und e) schmollendes !Ko-Mädchen und schmollender Yanomami. Aus 16-mm-Filmen. Foto: I. EIBL-EIBESFELDT.

weitgehend die Gesichtsbewegungen in den verschiedenen Kulturen und bei verschiedenen Rassen einander gleichen, zumal die Ausdifferenzierung der Gesichtsmuskulatur große rassische Unterschiede aufweist. Bei Negern, Australiern, Chinesen und Papuas sind die Muskeln grob und gebündelt und zeigen wenig Differenzierung. Den neumelanesischen Papuas fehlt der Risorius. Bei Europäern sind die Muskeln feiner gebündelt, differenziert mit deutlich abgeglie-

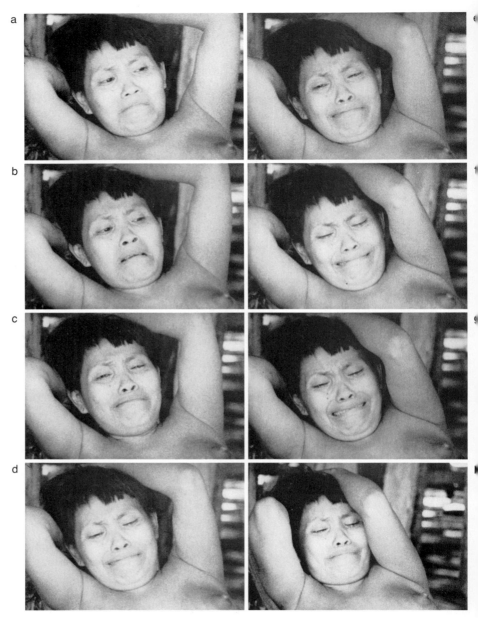

Abb. 6.47: Trauernde Yanomami-Frau. Sie erhielt eben die Nachricht vom Tode einer ihr nahestehenden Person. Emotionen wie Trauer u. a. teilen sich durch die Gesichtsbewegungen und die sie begleitenden Lautäußerungen stimmungsübertragend mit. In dem hier dokumentierten Fall begann ein etwa 4 Monate alter weiblicher Säugling mitzuweinen (siehe nächste Seite). Aus einem mit 25 B/s aufgenommenen 16-mm-Film, Bild 1, 9, 27, 57, 62, 87, 122, 596, 4882, 5388, 5933 und 6499 der Sequenz. Foto: I. Eibl-Eibesfeldt.

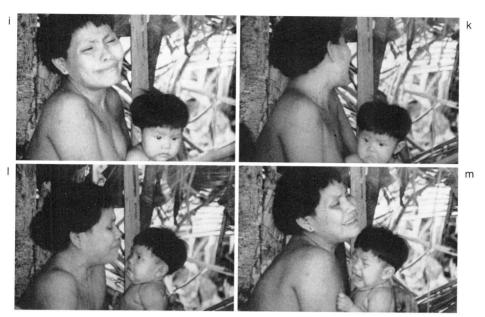

Fortsetzung der Bildsequenz

dertem Zygomaticus und kleinem selbständigem Zygomaticus minor. Die Kappenmuskulatur ist reduziert, der Orbicularis klein (E. HUBER 1931; Abb. 6.48–6.49). Dennoch ist der Gesichtsausdruck der verschiedenen Menschenrassen so ähnlich, daß wir ihn auch kulturenübergreifend verstehen. Zu den meisten Gesichtsmuskeln des Menschen finden sich Homologa bei Menschenaffen. Eine Ausnahme stellen der Risorius und Mentalis dar.

Auch individuell variiert die Gesichtsmuskulatur erheblich. Abbildung 6.50 zeigt die Varietäten des Musculus risorius, triangularis und zygomaticus.

Der Triangularis variiert im Faserverlauf. Ist der laterale Teil geschlossen, dann ist der Muskel etwa dreieckig (a). Häufig allerdings strahlen Fasern auf das Platysma aus, ja sie reichen bis auf die Wange und in seltenen Fällen bis zum Jochbeinbogen hinauf (b, d). Spalten sich quere Muskeln vom Triangularis ab,

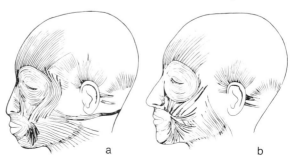

Abb. 6.48: Die Gesichtsmuskulatur heutiger Menschen: a) primitive; b) progressive Ausgestaltung. Bei a) fallen die grobe und breite Bündelung sowie die geringe Differenzierung im Mittelgesicht auf. Nach E. LOTH (1938) aus E. VON EICKSTEDT (1944–1963).

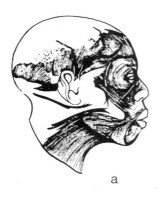
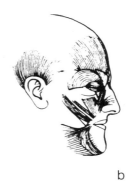

a b

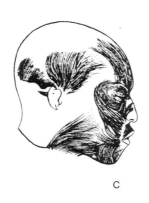

c d

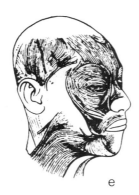
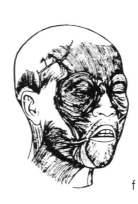

e f

Abb. 6.49: Die unterschiedliche Ausgestaltung der Gesichtsmuskulatur bei verschiedenen Menschenrassen: a) Neger aus dem Sudan: breite Bündelung der Muskeln, geringe Differenzierung im Mittelgesicht, mächtiger Orbicularis; b) Nordeuropäer: feine Bündelung, weitgehende Differenzierung mit deutlich abgegliedertem Zygomaticus und kleinem selbständigem Zygomaticus minor, kleiner Orbicularis;
c) Papua: grobe Bündelung, Fehlen des Risorius;
d) Australider Australier ähnlich a) und c): weites Herabreichen des Zygomaticus;
e) Polynesier (Hawaii): dicke, aber nicht grobe Bündelung, mächtiger Orbicularis, Wirbel am Frontalis;
f) Nordchinese: grobe Bündelung, geringe Differenzierung, starker Orbitalis mit besonders großem unterem Teil. Nach E. HUBER (1931) aus E. VON EICKSTEDT (1944–1963).

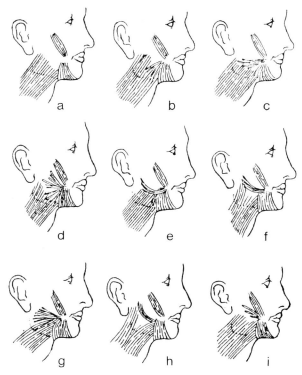

Abb. 6.50: Individuelle Varianten des Musculus risorius, triangularis und zygomaticus. Aus H. Braun und C. Elze (1954).

Abb. 6.51: Bei höheren Säugern, wie hier beim Hund, ergibt sich aus der Überlagerung der verschiedenen Verhaltenstendenzen zugeordneten Muskelkontraktionen eine Vielfalt von Ausdrükken. Hier sind jene dargestellt, die sich aus der Überlagerung von verschiedenen Intensitätsstufen von Angriff und Flucht ergeben. Von a) nach c) zunehmende Fluchtbereitschaft; von a) nach g) zunehmende Aggression. Aus K. Lorenz (1953).

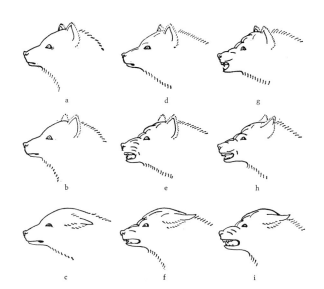

645

dann nennt man diese Risorius. Man erkennt die Zugehörigkeit zum Triangularis daran, daß die Fasern beider in den Muskelknoten seitlich vom Mundwinkel eng zusammenhängen. Der Risorius erzeugt die reizenden Lachgrübchen (»amoris digitulo impressum«). Bemerkenswerterweise könnten aber auch abgespaltene Faserzüge des Platysma einen der Funktion und Lage nach gleichen Quermuskel bilden. Man nennt ihn Risorius platysmatis (g, h). Man kann im allgemeinen präparatorisch gut feststellen, ob die Fasern am Mundwinkel im Niveau des oberflächlichen Triangularis oder des tieferen Platysma liegen. In seltenen Fällen gibt es schließlich auch Abzweigungen des Zygomaticus, die wie der Risorius liegen können. Damit ergibt sich ein ungeklärtes und hochinteressantes Problem, auf das in der Ausdrucksforschung nicht hingewiesen wird. Hier wird ein bestimmter Ausdruck durch drei verschiedene Muskeln erzeugt.

Bei freier Kombinierbarkeit der Muskelkontraktionen von Gesichtsmuskeln gäbe es eine Vielzahl möglicher Gesichtsausdrücke. Nun schließen sich einige Kombinationen physikalisch weitgehend aus. Man kann nicht den Mund aufmachen und zu gleicher Zeit schließen. Das schließt allerdings nicht aus, daß antagonistische Muskeln im Konfliktfall gleichzeitig aktiviert werden und man das auch sieht. Man kann z. B. lächeln und gleichzeitig dieses Lächeln durch Aktivierung anderer Muskeln unterdrücken (maskieren). Sicher ist die Zahl der möglichen Kombinationen außerordentlich groß. In der Praxis sehen wir dagegen kein buntes Allerlei von Grimassen, sondern nur wenige, stets wiederkehrende Verhaltensmuster.

Bei der Darstellung und der Untersuchung des mimischen Ausdrucks wird häufig von sogenannten reinen »Emotionen« ausgegangen. Diese treten in dieser Form jedoch sehr selten auf, sondern es werden häufig mehrere Emotionen gemischt. Eine Methode, solche Überlagerungen hypothetisch darzustellen, entwickelten W. MUSTERLE und O. E. ROSSLER (1986). Sie gestattet es, Gesichtsausdrücke als Computerbilder auf der Basis von einzelnen Muskelbewegungen zu generieren, verschiedene Überblendungen darzustellen und ihr Vorkommen zu überprüfen. K. LORENZ (1953) hat dies am Beispiel von Wut und Furcht beim Hund dargestellt (Abb. 6.51). Diese »Lorenz-Matrix« läßt sich aber auch auf den mimischen Ausdruck des Menschen übertragen.

WILFRIED MUSTERLE und OTTO E. ROSSLER (1986) erzeugten mit Hilfe eines Computer-Programmes realistische Gesichter des EKMANschen Typs, die Freundlichkeit, Überraschung, Ekel, Ärger und Trauer zeigten. Mit Computerhilfe mischte er diese verschiedenen Ausdrücke in mehreren Kombinationen nach dem Vorbild der LORENZ-Matrix. Die Abbildungen 6.52 und 6.53 zeigen Beispiele solcher Überlagerungen.

Unsere Wahrnehmung ist auf die Erkennung der einander überlagernden Erbkoordinationen abgestimmt und erkennt diese auch in ihren vielfältigen Überlagerungen und Abstufungen der Intensität. Außer simultaner Überlagerung gibt es noch sukzessive Kombinationen verschiedener Ausdrucksbewegun-

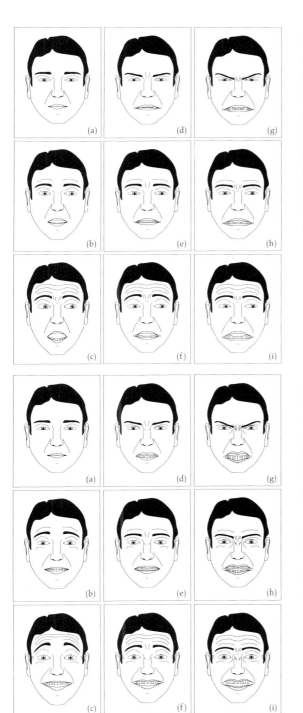

Abb. 6.52: Ergebnis der nach der »Lorenz-Matrix« durch einen Computer generierten Überlagerung von Angst-Überraschung und Wut. Von a) nach c) zunehmende Angst; von a) nach g) zunehmende Wut, e), f), h) und i) Überlagerungen. Es resultiert (i) der Ausdruck des Entsetzens. Wir können aufgrund solcher Computer-Simulationen Hypothesen über die Zusammensetzung bestimmter Ausdrücke bilden. Aus W. MUSTERLE und O. E. ROSSLER (1986).

Abb. 6.53: Nach der gleichen Methode wie in 6.52 generierte Überlagerungen von Gesichtsausdrücken der Zuwendung und Ablehnung. Von a) nach c) zunehmende Zuwendung, von a) nach g) zunehmende Ablehnung. Den resultierenden Ausdruck (i) finden wir in bestimmten Situationen sozialer Unsicherheit (Ängstlichkeit). Man kann also annehmen, daß in Situationen, in denen dieser Ausdruck gezeigt wird, Ablehnung und Zuwendung einander simultan überlagern. Aus W. MUSTERLE und O. E. ROSSLER (1986).

gen, im Konfliktfalle oft als Alternation, z. B. von Zuwende- und Abkehrbewegungen (Abb. 4.2–4.11).

Die meisten Ausdrucksbewegungen variieren in ihrer Intensität. Von Intentionsbewegungen bis zur voll ausschwingenden Erbkoordination gibt es meist alle Übergänge.

Die weitgehend transkulturellen Übereinstimmungen, sowohl nach Bewegungsablauf als auch nach Bedeutung, gestatten den Schluß, daß es sich bei vielen der mimischen Ausdrucksbewegungen um stammesgeschichtliche Anpassungen handelt. So bestätigt der Kulturenvergleich, was bereits das Studium taubblind Geborener ergab. Zur Ontogenese stellte J. E. STEINER (1973, 1974, 1979) fest, daß bereits Neugeborene auf süßen, sauren und bitteren Geschmack mit typischen Ausdrucksbewegungen antworten, die man bei Erwachsenen ebenfalls wiederfinden kann. Auf süß entspannt sich das Gesicht der Säuglinge, sie lächeln und machen leckende Saugbewegungen. Auf sauren Geschmack werden die Lippen vorgeschoben, die Nase wird gerunzelt, die Augen werden geschlossen, und oft schüttelt das Kind den Kopf. Erwachsene ziehen die Wangen zwischen die Zähne in einer Art Zahnschutzreaktion. Bitter löst Herabdrücken der Mundwinkel, Augenschluß und Vorstrecken der flachen Zunge aus – eine klare Reaktion des Ekels. Da nicht nur Säuglinge verschiedener Kulturen übereinstimmend so reagieren, sondern auch ohne Großhirn geborene Kinder (Azephale) sich so verhalten, handelt es sich wohl um angeborene Verhaltensmuster. Zu untersuchen wäre kulturvergleichend, wie weit sich auf den geschmacklichen Ausdruck beziehende Redewendungen (verbittert) wiederfinden.

Die vielfach zitierten Behauptungen von W. LaBarre (1947)* und R. L. Birdwhistell (1963, 1968, 1970), denen zufolge es keine universelle Sprache des Mienenspiels gibt, werden durch die Daten widerlegt. Ich halte es allerdings für wahrscheinlich, daß die Bedeutungsspektren kulturell in einem bestimmten Rahmen variieren. Quantifizierende Untersuchungen dazu fehlen.

---

* »Der Anthropologe begegnet jenen mit Vorbehalt, die bei menschlichen Wesen von einer ›instinktiven‹ Geste sprechen. «
»Ich habe festgestellt, daß man das Lächeln fast wie jedes andere Kulturmerkmal auch kartographisch erfassen kann. Und Lachen ist in gewisser Weise eine geographische Variable. Auf einer Landkarte des südwestlichen Pazifik könnte man vielleicht sogar Trennlinien zwischen der Heiterkeit der Papuas und anderen Gegenden einzeichnen, in denen die Düsternis der Kobuas und Melanesier vorherrscht. In Afrika stellte Gorer fest, daß der Neger durch Lachen oft Überraschung, Staunen, Verlegenheit oder gar Unbehagen ausdrückt; es ist nicht unbedingt und nicht einmal sehr häufig ein Zeichen für Vergnügen; die dem schwarzen Lachen unterstellte Bedeutung beruht auf der irrigen Annahme, daß ähnliche Symbole identische Bedeutungen haben müßten. So kommt es, daß selbst bei Vorhandensein der physiologischen Verhaltensweise ihre kulturelle und emotionelle Funktion unterschiedlich sein mag. Selbst innerhalb ein und derselben Kultur kann das Lachen heranwachsender Mädchen und das Lachen von Generaldirektoren funktionell völlig verschieden sein ... Es gibt keine natürliche Sprache der emotionellen Gestik« (W. LaBarre 1947 : 49–55).

Selbst so verbreitete und relativ einfache Gesichtsausdrücke wie das Lächeln hat man erst Ende der siebziger Jahre in unserer Kultur erforscht. R. L. Birdwhistell (1970) und andere behaupten, das Lächeln würde sowohl bei positiven wie auch bei negativen Emotionen auftreten. P. Ekman und Mitarbeiter (1980) zeigten, daß diese Aussage viel zu undifferenziert ist. Er ließ Personen einen Film vorführen, in denen ein Unfall zu sehen war (Arbeitsverletzung), und einen anderen freundlichen Film, in dem ein Gorilla und ein Hündchen vorkamen.

Es zeigte sich, daß die beiden Filme verschiedene Formen des Lächelns auslösten. Der freundliche Film mit dem Hündchen und dem Gorilla löste ein Lächeln aus, das durch Kontraktion des Zygomaticus major (Aktionseinheit 12) bewirkt wurde. Und nur diese Aktion ist offenbar ein positives Signal. Beim Unfallfilm wurde ein Lächeln durch Kontraktionen des Risorius, Buccinator oder Zygomaticus minor erzeugt. Aktionseinheit 12 fehlte allerdings auch nicht völlig. Sie wird aber durch den Unfallfilm nur 1/10mal so häufig aktiviert wie im Gorilla-Hund-Film. Ekman und Mitarbeiter meinen, daß man damit vielleicht das Negative verbergen will. Dafür würde auch sprechen, daß dieses Lächeln oft asymmetrisch war, wie das für ein gespieltes Lächeln typisch ist. Ich möchte dem noch hinzufügen, daß der Unfallfilm ja auch Ängste erweckt und Angst unter anderem Aktionen der Beschwichtigung auslöst. Das zeigt eine Feldstudie von P. Goldenthal und Mitarbeitern (1981). In einem Fall stand ein Komplize hinter einem Verkaufsstand im Universitätsgelände. Er erzählte Personen, die herankamen, um etwas zu kaufen, daß dies nicht sein eigentlicher Beruf sei, und bemühte sich dabei, den Personen den Eindruck zu vermitteln, sie hätten einen sozialen Einschätzungsfehler begangen. In einer zweiten Studie wurden Personen in eine Situation gebracht, in der sie glaubten, die Konversation zweier Personen zu unterbrechen. In beiden dieser sozial ungemütlichen Situationen lächelten die Personen mehr als in entsprechenden Kontrollsituationen. Offenbar besteht in solchen Situationen das Bedürfnis zu beschwichtigen. Daß das Lächeln nicht generell Ausdruck guter Laune ist, sondern ein ausgesprochen soziales Signal, zeigten R. E. Kraut und R. E. Johnston (1979). Sie registrierten das Verhalten von Personen in einer Kegelbahn. Dort lächelten sie nur, wenn sie sozial engagiert waren, also andere Kegelbrüder anschauten oder einen Erfolgstreffer erzielten. Lächeln ist also nicht einfach Ausdruck der Freude. Zuschauer bei einem Hockey-Spiel lächelten sowohl bei sozialen Interaktionen als auch bei Erfolg ihres Teams. Hier findet aber eine soziale Identifikation statt. Schönes Wetter beeinflußt unsere Laune, aber nicht signifikant das Auftreten des Lächelns, wie die Genannten in einer weiteren Untersuchung an Straßenpassanten belegen konnten.

Für eine Reihe von Gesichtsausdrücken des Menschen finden wir Homologa bei Schimpansen und anderen nichtmenschlichen Primaten. Wir zeigten dies für Lachen und Lächeln (Kap. 3.4), dessen Ableitung wir erörterten, und für das Schmollen. S. Chevalier-Skolnikoff (1973) stellt die verschiedenen Gesichtsausdrücke von Schimpansen in einer Übersicht zusammen, die noch eine Reihe weiterer, den unseren verwandter Gesichtsausdrücke erkennen läßt. Die in der Abbildung 6.54 gezeigten Ausdrücke des Schimpansen vergleichen sich mit entsprechenden des Menschen wie folgt:

Ausdruck des Schimpansen	Homologer Ausdruck des Menschen
a	Ärgerausdruck mit zusammengepreßten Lippen
c	Ärgerausdruck mit entblößten Zähnen
d, e, f	Lächeln
g	Schmollen und kindliches Bitten
h	Trauerausdruck des Erwachsenen
i	Weinen des Kindes
k	Lachen

A. JOLLY (1972) faßte einige der wichtigeren Gesichtsausdrücke verschiedener Primaten in einer Tabelle zusammen, die wir im »Grundriß der vergleichenden Verhaltensforschung« abgedruckt haben. Weiteres über Ausdrucksbewegungen nichtmenschlicher Primaten bei W. K. REDICAN (1975) und D. PLOOG (1980).

Wir haben bereits an einigen Beispielen den Ursprung mimischer Ausdrucksbewegungen besprochen: Züngeln vom Lecken, Zungezeigen vom Ausspucken, die Entstehung von Lachen aus dem Spielgesicht (Beißintention) und von Lächeln aus dem stummen Zähnezeigen, einer Beißintention zur Verteidigung.

Das Öffnen ebenso wie das Schließen der Sinnespforten bei angenehmen bzw. unangenehmen Sinneseindrücken wurde im übertragenen Sinne Ausdruck der Zuwendung bzw. Abwehr (siehe Augengruß, S. 633 ff.). Wollen wir nicht sehen, dann schließen wir die Augen oder wir wenden uns ab; nehmen wir unangenehme Gerüche wahr, dann halten wir den Atem an, pressen die Nasenflügel zusammen und rümpfen die Nase. Oft bewegen wir den Kopf in einer Intentionsbewegung der Abkehr zur Seite oder nach rückwärts. Diese Reaktion auf unangenehme visuelle und geruchliche Sinnesreize zeigen wir auch als Hochmutsgebärde. Wir bewegen den Kopf in einer Intentionsbewegung nach hinten, wodurch die Nase in Relation zum Auge hoch zu liegen kommt (»hochnäsig«). Oft rümpfen wir die Nase, schließen die Augenspalte und atmen sogar aus in übertriebener Ablehnung der vom verachteten Partner kommenden Sinnesreize.

Die Abbildung 6.44 zeigt den Antigruß eines abweisenden Yanomami, der sein Gesicht verschließt, so als wolle er alle Sinnesreize des Gegenüber ablehnen. Er wendet zugleich den Kopf in Rückwärtsbewegung ab. Das Verschließen der Sinnespforten beobachten wir auch, wenn eine Person einen üblen Geruch wahrnimmt (Abb. 6.55–6.57). Als »Nein« beobachten wir das in mehreren Varianten (Abb. 6.58, 6.59). Bei den Ayoreo wurde dieser Ausdruck zu einer Begleitbewegung des sachlichen Neins. Es kann auch ohne verbale Äußerung für ein sachliches Nein stehen. Die Ayoreo verneinen so, während wir in der gleichen Situation den Kopf schütteln – ein Beispiel für einen kulturell unterschiedlichen

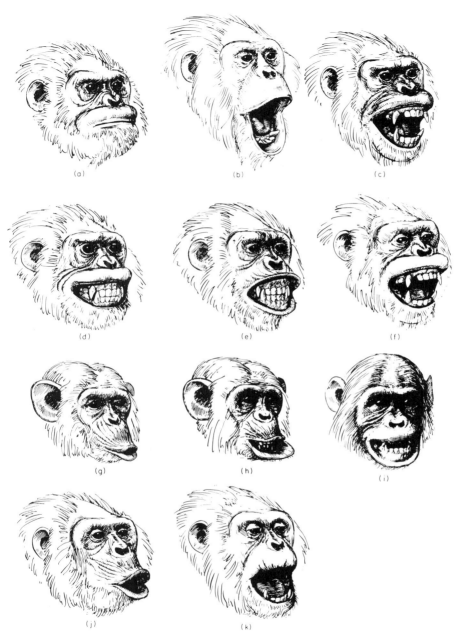

Abb. 6.54: Einige Gesichtsausdrücke der Schimpansen: a) Anstarren (»ärgerlich«); b) Waa-Gebell (»schimpfen«); c) Kreischen (ängstlich-ärgerlich); d) stummes Zähnezeigen mit zurückgezogenen Lippen (submissiv); e) stummes Zähnezeigen mit gewölbten Lippen (ängstlich-zugeneigt?); f) stummes Zähnezeigen mit offenem Mund; g) Schnute, Schmollmund; h) Jammergesicht (»whimper face«); i) Heulgesicht (Frustration, Trauer); j) »hoot-face«, freundliche Zuwendung ausdrükkend; k) Spielgesicht. Aus S. CHEVALIER-SKOLNIKOFF (1973).

Abb. 6.55: a) und b) Ein Yanomami-Mann bekam als Riechprobe eine übelriechende Acifetida-Probe auf den Handrücken: Mundschluß, Lidschluß und Naserümpfen. Foto: I. EIBL-EIBESFELDT.

Abb. 6.56: Eipo-Frau, die etwas ablehnt (Irian Jaya/West-Neuguinea). Sie mag den Geruch der Zahnpasta nicht. Sie wendet den Kopf ab und rümpft dabei die Nase. Foto: I. EIBL-EIBESFELDT.

Gebrauch eines im übrigen universell vorhandenen Verhaltensmusters. Die Ablehnbewegung der Ayoreo kommt ja universell bei Ablehnung unerwünschter Sinnesreize vor. Zum Ausdruck des Nein wird sie jedoch aufgrund kultureller Konventionen. Ebenso ist das griechische Nein als soziale Ablehngebärde allgemein verbreitet, als Nein dagegen nur bei einigen Mittelmeeranrainern sowie den Bewohnern Kleinasiens. Ich war früher der Ansicht, das verneinende Kopfschütteln würde sich von einem Abschütteln herleiten. Meine Filmaufnahmen von verneinenden Eipo (Neuguinea) belegen alle Übergänge von einem langsamen Abwenden über wiederholtes Abwenden zum Kopfschütteln. Es handelt sich wohl um eine ritualisierte Wegwendebewegung. Das stimmt auch mit der Deutung überein, die CHARLES DARWIN gab. Er leitet das verneinende Kopfschütteln von einer Ablehnbewegung des Säuglings nach Sättigung her. Da diese Art der Ablehnung keine sozialen Implikationen enthält, eignet sie sich besser als Begleitbewegung für eine sachliche Verneinung. Wir finden sie dementsprechend in einer Streuverteilung bei so verschiedenartigen Menschengruppen wie den Buschleuten (San), den Eipo und anderen Papuavölkern, Polynesiern, Europäern, Japanern, Eskimos, Waika-Indianern und vielen anderen.

Rein kulturell geformtes Mienenspiel ist relativ selten. Das Zuzwinkern mit einem Auge als Geste vertrauter Komplizenschaft wäre ein Beispiel. N. und E. A. TINBERGEN (1983) entdeckten in England, daß Lidheben in Verbindung mit

Abb. 6.57: Junge Eipo-Frau, die sich auf die verbale Anfrage, ob sie von der Zahnpasta eine Geruchsprobe haben wolle, ablehnend verhält. Sie wendet den Kopf ab und rümpft dabei die Nase. Aus einem mit 50 B/s aufgenommenen 16-mm-Film, Bild 1, 12, 28, 33, 39, 43, 47 und 51 der Sequenz. Foto: I. Eibl-Eibesfeldt.

653

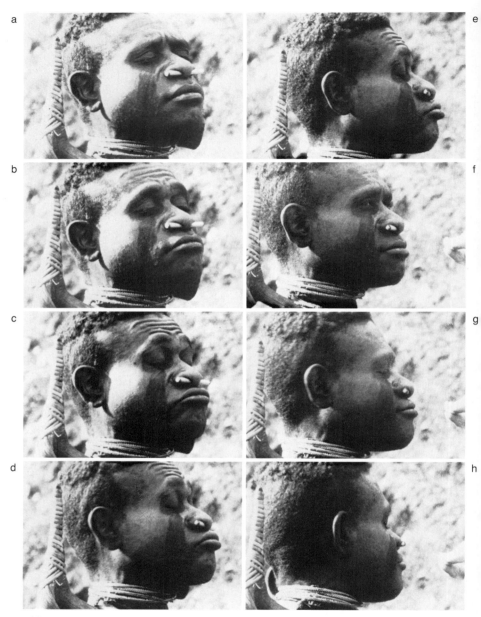

Abb. 6.58: Eipo-Mann (Irian Jaya/West-Neuguinea), der eine Knoblauchzehe ablehnt: Hochziehen der Augenbrauen, zugleich mit vertikalen Stirnfalten, Augenschluß und ablehnende Rückwärts- und Seitwärtsbewegung des Kopfes, Schnutenbildung. Das Beispiel illustriert das Brauenheben bei Entrüstung. Jame aus Malingdam, um den es sich hier handelt, ist übrigens nicht verstimmt. Er lächelt am Ende der Szene. Aus einem mit 50 B/s aufgenommenen 16-mm-Film, Bild 1, 10, 17, 21, 29, 76, 83 und 90 der Sequenz. Foto: I. EIBL-EIBESFELDT.

Abb. 6.59: Verneinung durch Augenschluß und Naserümpfen bei einem Ayoreo-Mann (Paraguay). Aus einem mit 50 B/s aufgenommenen 16-mm-Film, Bild 1, 27 und 42 der Sequenz. Foto: I. Eibl-Eibesfeldt.

Blickkontakt die besondere Funktion des Ermahnens hat. Die Augenlider werden dabei über die normale Hochhaltung emporgehoben und so einige Augenblicke lang gehalten. Dabei wird ein Teil des oberen Augenweißes sichtbar, das Auge blitzt auf. Das Mienenspiel bleibt dabei fast maskenhaft ruhig. Die Bewegung wird in P. Ekmans Liste als Aktionseinheit 5 geführt, aber nicht mit eigener Ausdrucksfunktion. Ich kenne diesen Blick als »strafenden Blick« und »Drohblick« auch aus Mitteleuropa und Bali, wo ich den Ausdruck 1973 filmte (Abb. 5.6, S. 532). Die Begleitbewegungen für Ja und Nein zeigen, daß kulturelle Konventionen oft an vorhandene, stammesgeschichtliche Anpassungen anknüpfen. Das erklärt die Streuverteilung bestimmter Verhaltensmuster.

Es gibt darüber hinaus viele Ähnlichkeiten des Prinzips. Man kann beobachten, daß Menschen verschiedener Kulturen in bestimmten Situationen zwar Verschiedenes, aber dennoch dem Prinzip nach Gleiches tun. Erschrecken Menschen, dann zeigen sie zunächst einige Verhaltensweisen, die man als Erbkoordination bezeichnen kann. Sie ziehen z. B. die Schultern hoch und schützen damit die verletzlichen Halsseiten. Auch der mimische Ausdruck der Überraschung ist universell (Abb. 6.60, 6.61). Gleichzeitig kommt es zu Abwehrhandlungen, wie Wegspreizen der offenen Hände und Abschütteln der Hände. Dazu kommen kulturell geprägte Verhaltensweisen. So schnippen überraschte Eipo-Männer, wie schon erwähnt, mit dem Daumennagel in schneller Folge gegen die Peniskalebasse. Das Verhalten soll die Gefahr durch Hinweis auf den Phallus bannen. Von wem auch immer die Gefahr ausgeht, der Mann begegnet ihr in diesem Falle mit einer Drohung, deren Wurzel im Primatenerbe verankert ist. Zugleich ruft er »Basam Kalje«. Die Worte bezeichnen das Bauchfett des Schweines. Das hat sakrale Bedeutung. Ganz ähnliche Anrufungen kennen auch wir. Wir rufen z. B. Jesus und Maria an und benützen so sakrale Worte als eine Art Schutzschild. Bei den Anrufungen von Heiligen in Flüchen handelt es sich wohl um ins Profane abgerutschte Beschwörungsrituale.

Manche dieser Prinzipähnlichkeiten sind überraschend. Wollen die Eipo aus-

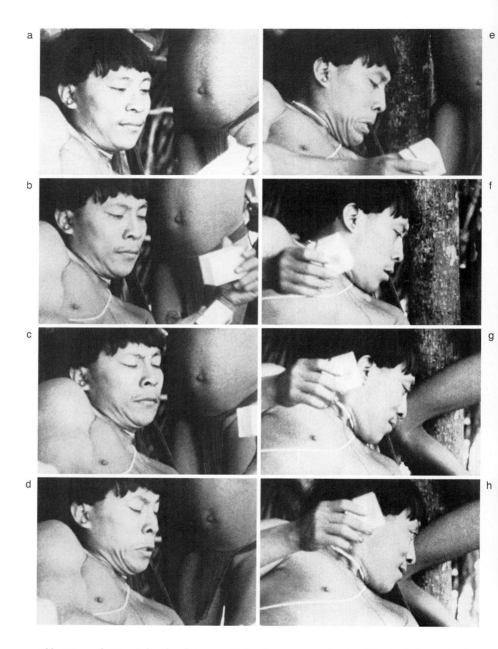

Abb. 6.60 und 6.61: Schreckreaktionen: Beiden Personen wurde eine Schachtel überreicht, bei deren Öffnung unerwartet etwas heraussprang – eine graue Stoffmaus beim Yanomami und eine Stoffschlange bei dem Mädchen.

Abb. 6.60: Die Reaktion des Yanomami-Mannes. Aus einem mit 48 B/s aufgenommenen 16-mm-Film, Bild 1, 17, 26, 32, 43, 56, 173 und 189 der Sequenz. Foto: I. Eibl-Eibesfeldt.

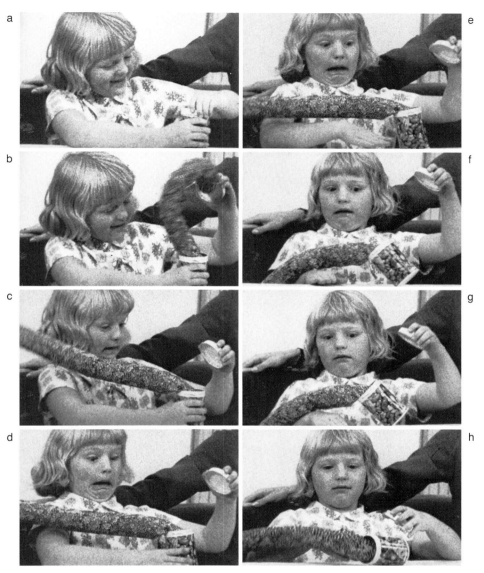

Fortsetzung nächste Seite

Abb. 6.61: Die Schreckreaktion des Mädchens (Deutschland). Die Abläufe ähneln einander verblüffend. Beim Mädchen ist die Sequenz etwas länger (siehe nächste Seite). Es folgen Verlegenheit und Lachen – Reaktionen, die in entsprechenden Situationen auch in anderen Kulturen beobachtet werden können. Aus einem mit 50 B/s aufgenommenen 16-mm-Film, Bild 1, 17, 34, 47, 51, 60, 68, 88, 101, 116, 136, 160, 180, 214, 223 und 245 der Sequenz. Foto: I. EIBL-EIBESFELDT.

Fortsetzung der Bildsequenz von S. 657 (Abb. 6.61)

drücken, daß sie sich *sehr* freuen, *sehr* traurig sind oder ihnen etwas *sehr* gut schmeckt, dann legen sie beide Hände mit den Handflächen seitlich an den Kopf (Abb. 6.62). Das Verhalten ist zunächst unverständlich, und es ist sicherlich kulturspezifisch, denn ich fand die Bewegung bisher in keiner anderen Kultur. Den Ursprung dieser Bewegung erkannte ich erst, als ich die gleiche Bewegung als Kopfschutzbewegung bei Knaben sah, die mit Graspfeilen aufeinander schossen.

Abb. 6.62: Wollen Eipo ausdrücken, daß ihnen etwas »sehr« gefällt, dann legen sie die Handflächen auf den Kopf, so als wollten sie ihn schützen – in bemerkenswerter Analogie zum verbalen »schrecklich« oder »zum Fürchten« gut. Aus einem 16-mm-Film. Foto: I. EIBL-EIBESFELDT.

Und als ich erfuhr, daß die Eipo, wenn sie verbal die Steigerung einer Empfindung ausdrücken, sagen, etwas sei »zum Fürchten gut«, war mir die Herkunft klar: Die Kopfschutzbewegung drückt dieses »zum Fürchten« aus. Dem Leser wird einfallen, daß auch wir solche Superlative verbal durch den Hinweis auf Furcht und Schrecken ausdrücken. Wir sagen, etwas ist »schrecklich« schön, es schmeckt »schrecklich« oder »furchtbar« gut, aber auch, es sei »schrecklich« traurig. Offenbar handelt es sich beim Schreck um einen besonders starken Eindruck, und daher kann man sehr starke Empfindungen durch den Hinweis auf diese Emotion gut beschreiben (I. EIBL-EIBESFELDT 1976).

Der Mensch kann ferner auch vorgegebene Ausdrücke künstlich verstärken. So gibt es einen Gesichtsausdruck der Wut, bei dem die Mundwinkel seitlich geöffnet und herabgezogen werden (Abb. 6.63). Den Ausdruck kann man verstärken, indem man die Mundwinkel mit den Fingern auseinander- und herabzieht. In mittelalterlichen Gemälden finden wir diesen Ausdruck als aggressive Spottge-

Abb. 6.63: Ein Yanomami, der den Fotografen spottend bedroht. Man beachte das für diesen Ausdruck typische Öffnen und Herabziehen der Mundwinkel. Foto: I. EIBL-EIBESFELDT.

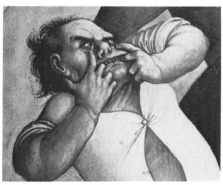

Abb. 6.64: Ausschnitt aus der »Verspottung Christi« von JAN VAN HEMESSEN (1544).

bärde, oft kombiniert mit Zungezeigen (Abb. 6.64), und wir zeigten eine entsprechende Gebärde der Trobriander (S. 542). Im bayrisch-österreichischen Dialekt gibt es für dieses Verhalten den Ausdruck »derblecken«, wobei blecken das alte Zeitwort für »Zähne zeigen« ist. Mittelhochdeutsch heißt blecken »sichtbar werden lassen«, althochdeutsch blecchen – blitzen, glänzen.

Eine bemerkenswerte Gebärde des Drohens ist das »Bartweisen« (I. EIBL-EIBESFELDT und CHR. SÜTTERLIN 1977, 1992). Bei Ärger ergreifen die Medlpa (Neuguinea) mit beiden Händen die Bartenden und ziehen sie auseinander. Den gleichen Ausdruck zeigen viele übelbannende (apotropäische) Figuren auf den romanischen und gotischen Kirchen Europas sowie Wächterfiguren und Ahnenfiguren in anderen Teilen der Welt (Abb. 6.65 und 6.66). Als Ausdruck der Verachtung strich man früher in Europa den Bart mit dem Handrücken von unten her in die Richtung des Adressaten (R. BILZ, brieflich). Im Mittelmeerraum ist das heute noch üblich, und auch Personen, die keinen Bart tragen, streichen sich mit dem Handrücken unter ihrem Kinn mehrmals in Richtung einer anderen Person, die sie verhöhnen wollen. Weiteres zur Natur- und Kunstgeschichte menschlicher Abwehrsymbolik in I. EIBL-EIBESFELDT und CHRISTA SÜTTERLIN (1992).

Die Gesichtsausdrücke vermitteln viele differenzierte Botschaften. Die ihnen zugrundeliegenden Bewegungskoordinationen sind universell anzutreffen und,

a

b

Abb. 6.65: a) Zunge zeigender Bartweiser von einem Kapitell in der romanischen Krypta des Freisinger Doms (Bayern). Foto: I. EIBL-EIBESFELDT. b) Mit Drohmine die Zähne zeigender Bartweiser vom gotischen Chorgestühl der Kathedrale von Ciudad Rodrigo (Spanien). Foto: I. EIBL-EIBESFELDT.

Abb. 6.66: Zwei bartweisende Ahnenfiguren der Baule (Elfenbeinküste, Afrika). Foto: I. EIBL-EIBESFELDT.

wie die Untersuchungen an Taubblinden zeigen, sicher zum größten Teil angeboren. Das gilt z. B. für das Lächeln, das als sogenanntes »reflektorisches Lächeln« bereits beim Neugeborenen auftritt.

Wieweit das Signalverständnis angeboren ist, muß offenbleiben. Das universell gleiche Ausdrucksverständnis könnte unabhängig und stets von neuem erworben werden, da ja die Ausdrucksbewegungen verläßlich bestimmte Stimmungslagen des Partners anzeigen. Als Argument für ein angeborenes Ausdrucksverständnis wird oft auf die Tatsache hingewiesen, daß wir auch auf höchst vereinfachte attrappenhafte Darstellungen von Gesichtsausdrücken stark ansprechen, und zwar ganz besonders in übernormaler Übertreibung. Außerdem fallen wir geradezu blindlings auf Attrappen menschlicher Gesichtsausdrücke herein, die uns in manchen Tierphysiognomien geboten werden. Der Adler erscheint uns »edel«, weil er einerseits überdachte Augen besitzt, was den Eindruck des entschlossen ein fernes Ziel Fixierenden mimt. Dazu kommt noch die schmale, im Mundwinkel herabgezogene Mundspalte. Das alles gibt eine perfekte Attrappe für den Ausdruck heldischer Entschlossenheit ab und macht den Adler zum perfekten Wappentier, obgleich nichts in seinem Wesen unserer heldischen Stimmungslage entsprechen dürfte. Der Adler schaut auch so, wenn er sich fürchtet. Das Kamel wiederum erscheint uns hochmütig, weil die Lage seiner Bogengänge seinen Kopf in eine Haltung zwingt, bei der die Nasenlöcher, relativ zu den Augen, hoch zu liegen kommen. Auch dieser »hochnäsige« Ausdruck hat nichts mit der wahren Stimmungslage zu tun. Aber da wir bei verächtlicher Ablehnung des Partners den Kopf in einer Rückwärtsbewegung anheben – eine Intentionsbewegung des Rückzugs vom Partner, den wir nicht mögen –, interpretieren wir den Ausdruck des Kamels falsch und empfinden es als unsympathisch. Andere Tiere empfinden wir wiederum als freundlich, weil sie ein Lächeln zur Schau tragen, ja wir übertragen sogar – nach K. LORENZ, der auf diese Zusammenhänge hinwies – dieses Mimikschema auf Hausfassaden, die wir als freundlich, einladend oder als hochmütig kühl empfinden. In diesem Zusammenhang sind die Versuche von A. ÖHMAN und U. DIMBERG (1978) von besonderer Bedeutung, da sie auf ganz andere Weise deutlich unterschiedliche und offenbar tief verwurzelte Bereitschaften belegen, auf verschiedene Gesichtsausdrücke anzusprechen.

Bietet man Gesichtsausdrücke als bedingte Reize für eine hautelektrische Antwort, dann stellt sich heraus, daß die bedingte Reaktion dann länger anhält, wenn man den Strafreiz (elektrischer Schock) mit der Darbietung eines Diapositivs bietet, das ein ärgerliches Gesicht zeigt. Paart man den Strafreiz mit der Darbietung eines Lächelns, dann kommt es zu keiner anhaltenden, bedingten Reaktion. Die Orientierung des Gesichts zum Betrachter hin ist bei diesen Versuchen ausschlaggebend. Waren die Bilder der Verärgerten nicht direkt dem Betrachter zugewandt, dann erlosch die bedingte Reaktion kurz nach Beendigung der Dressur. U. DIMBERG und A. ÖHMAN (1983) meinen, daß die wegschauende

Person nicht als drohend wahrgenommen wird, das Wegschauen könne sogar als beschwichtigend erlebt werden.

Die Mimik des Menschen wird vom limbischen System und dem Neocortex kontrolliert. Bei Verletzungen der Hirnrinde kann die Willkürmimik wegfallen, die spontane Stammhirnmimik kann dabei durchaus erhalten bleiben. Es gibt auch die umgekehrte Erkrankung: Bei Parkinson-Patienten fallen die spontanen Gemütsbewegungen aus. Die Patienten können jedoch willkürlich mimische Ausdrucksbewegungen produzieren. Durch die willkürliche Kontrolle der Gesichtsbewegungen können wir unseren Ausdruck kontrollieren. Wir können verhindern, daß man unsere wahren Intentionen abliest, ja wir können sogar Falsches signalisieren: »Facial cues are faking cues«, bemerken B. M. DePaulo und Mitarbeiter (1980)[*]. Menschen können ihre Mimik relativ gut beherrschen. Körperhaltung und Stimmlage wird im allgemeinen weniger gut kontrolliert. Am meisten verrät die Tonlage der Stimme (B. M. DePaulo und Mitarbeiter 1980). Die willentliche Beherrschung der Mimik und die damit mögliche Maskierung des Ausdruckes erleichtern sicher das reibungslose Zusammenleben von Menschen in Gruppen. Aber die willentliche Kontrolle der Gesichtsbewegungen ist nicht perfekt (P. Ekman 1987).

Die Fähigkeit, die Emotionalität der Mimik zu erfassen bzw. emotionell auf sie anzusprechen, ist in der rechten Hirnhälfte lokalisiert. In der linken Hirnhälfte liegt die Fähigkeit, Dinge zu benennen (Kap. 2.3).

Emotionen sind zunächst subjektive Erfahrungen. Man kann sie an sich selbst beobachten und feststellen, daß sie von bestimmten Ausdrucksbewegungen (Muskelreaktionen) begleitet werden, und auch physiologische Reaktionen typischer Art messen. Man kann auch Aussagen über das subjektive Erleben von anderen erhalten, und vergleicht man Beschreibungen von Vertretern verschiedener Kulturen, dann stellt man weitgehende Übereinstimmungen fest. Die Metaphern sind sehr treffend, und in den Hochsprachen gibt es für die Hauptkategorien der Emotionen feste Begriffe, womit sie weiter als natürliche Einheiten ausgewiesen sind: Wut, Ärger, Trauer, Freude, Überraschung und Ekel werden den Beschreibungen zufolge überall in ähnlicher Weise erlebt.

Die den Emotionen zugeordneten Ausdrucksbewegungen sind, soweit bekannt, in allen Kulturen gleich. In diesem Zusammenhang sind vor allem die von mir bei den Eipo gemachten Aufnahmen kommunikativer Verhaltensweisen interessant, da diese Menschen vor der Kontaktaufnahme durch unser Forscherteam[**] von zivilisatorischen Einflüssen unberührt waren. Wir hatten hier eine intakte neu-

---

[*] »Mimische Signale sind Signale der Täuschung.«

[**] Die Initiative zu dieser interdisziplinären, von der Deutschen Forschungsgemeinschaft als Schwerpunktprogramm geförderten Unternehmung ging von Gerd Koch und Klaus Helfrich vom Berliner Museum für Völkerkunde aus. Ich betreute die ethologische Datenerhebung.

steinzeitliche Kultur vor uns. Die Mimik dieser Menschen, von der wir in diesem Buch Beispiele bringen (Abb. 6.59–6.61 und viele andere), gleicht bis in feine Nuancen der unseren. Da diese Kultur so interessant ist, haben wir das kommunikative Repertoire in einer eigenen Monographie veröffentlicht (I. EIBL-EIBESFELDT, W. SCHIEFENHÖVEL und V. H. HEESCHEN 1989). Es handelt sich um die bisher vollständigste Dokumentation der Ausdrucksbewegungen, Rituale und wichtiger verbaler Äußerungen eines steinzeitlichen Volkes aus der Kontaktperiode. Die Übereinstimmungen zwischen unseren Gemütsbewegungen und jenen der Eipo sowohl nach Details des Bewegungsablaufes als auch nach Kontext des Auftretens sind so zahlreich, daß an dem gemeinsamen biologischen Erbe kaum gezweifelt werden kann. Ich betone dies, da die Universalität der Ausdruckskategorien mit dem linguistischen Argument angezweifelt wurde, man würde nicht überall die gleichen Ausdrücke kennen. So sei der Ausdruck »Schadenfreude« typisch deutsch (B. M. DEPAULO 1992). Ich kann versichern, auch in anderen Kulturen lacht man herzlich, wenn einem anderen ein kleines Mißgeschick zustößt! Daß man nicht überall auch ein Wort dafür hat, besagt noch gar nichts. Hier liegen die Verhältnisse ähnlich wie bei der Wahrnehmung der Farbkategorien, für die es auch nicht überall Begriffe gibt, die aber dennoch überall – gelegentliche Farbenblinde ausgenommen – wahrgenommen werden (Kap. 2.2.2).

Die verschiedenen Ausdrücke und damit auch die Emotionen sind von ausdrucksspezifischen Änderungen der Hauttemperatur und der Pulsschlagfrequenz begleitet. Bei Ärger steigt die Pulsrate, die Hauttemperatur sinkt dagegen. Bei Freude steigen Pulsfrequenz und Hauttemperatur leicht an, bei Widerwillen sinken beide Werte (P. EKMAN und Mitarbeiter 1983; Abb. 6.67).

Die ausdruckstypischen autonomen Reaktionen erhält man auch, wenn man Personen aufträgt, nach Anweisung bestimmte Muskeln zu kontrahieren, die für bestimmte Gesichtsausdrücke typisch sind, aber ohne ihnen aufzutragen, einen Ausdruck zu mimen (R. W. LEVENSON und Mitarbeiter 1990). Um zum Beispiel den Ausdruck des Ärgers zu erhalten, sagte man den Personen: a) Ziehe die Augenbrauen zusammen und herab. b) Hebe die oberen Augenlider. c) Drücke die Unterlippe nach oben und presse die Lippen zusammen. – Der Versuchsleiter war dabei nicht im gleichen Raum, er sah die Versuchsperson auf einem Bildschirm und gab seine Anweisungen über ein Kommunikationssystem. Auf diese Weise wurden Gesichtsausdrücke für Ärger, Angst, Trauer, Ekel, Freude und Überraschung induziert. Die autonomen Reaktionen (Pulsfrequenz, Hautleitwiderstand, Fingertemperatur, Muskeltonus) entsprachen in statistisch gesicherter Weise jenen, die für diese Ausdrücke normalerweise typisch sind. Nach ihren Gefühlen befragt, gaben die Versuchspersonen ferner statistisch gesichert an, sie hätten entsprechende Gefühlslagen erlebt. Natürlich wußte keiner, worum es ging. Es spricht wohl manches dafür, daß über die Rückmeldung der Muskeltätigkeit Gestimmtheit induziert wird. Die Vermutung, daß dies so sein könnte, hatte

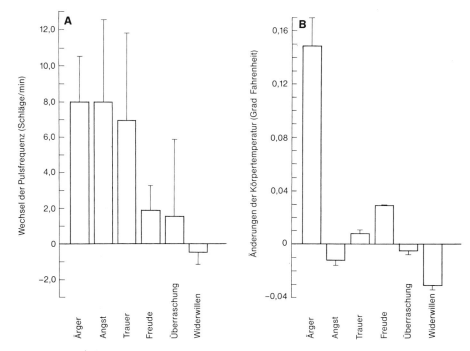

Abb. 6.67: Änderungen der Pulsfrequenz (A) und der Temperatur des rechten Fingers (B) bei willentlich herbeigeführten Gesichtsausdrücken. Aus P. EKMAN und Mitarbeitern (1983).

bereits FRIEDRICH NIETZSCHE*, und Selbstbeobachtung lehrt, daß man sich durch Aufsetzen einer freundlichen Miene in freundliche Stimmung versetzen kann.

Über das Betrachten freundlicher oder ärgerlicher Ausdrücke wird ebenfalls die betreffende Gestimmtheit angeregt. Ärgerliche Gesichter aktivieren den M. corrugator, freudige Gesichter den M. zygomaticus, wobei Frauen stärker auf die erfreuten Gesichter reagieren als Männer (U. DIMBERG und L. O. LUNDQUIST 1990). Interessant ist, daß eine induzierte gedrückte Stimmung länger anhält als eine entsprechend bewirkte heitere Stimmung (A. D. SIROTA und Mitarbeiter 1987).

6.3.1.2 Gesten, Körperhaltungen und Fortbewegungsweisen mit Ausdruckscharakter: Die meisten der Gebärden sind kulturell geformt. Eine Ausnahme macht das Zeigen mit dem Zeigefinger. Wir finden die Zeigegeste überall, und zwar bereits beim Säugling. Es gibt für diese Bewegung einen eigenen Muskel, den

---

* FRIEDRICH NIETZSCHE meinte, man müsse, um die Gefühle eines anderen zu verstehen, die körperlichen Bewegungen nachmachen, in denen sich die Gefühle manifestieren. Aufgrund der Verknüpfung von Bewegung und Empfindung würde sich dann ein ähnliches Gefühl einstellen.

Musculus extensor indicis longus. Gebärden untermalen, bilden ab, weisen hin und halten den Fluß der Konversation aufrecht (Abb. 6.68).

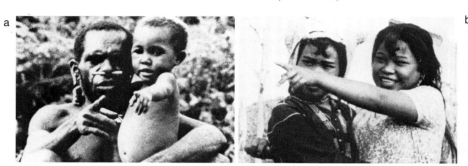

Abb. 6.68: Das Zeigen dürfte eine universale Geste sein: a) Eipo – Vater und Sohn, zeigend; b) Tboli-Mädchen, zeigend. Foto: I. Eibl-Eibesfeldt.

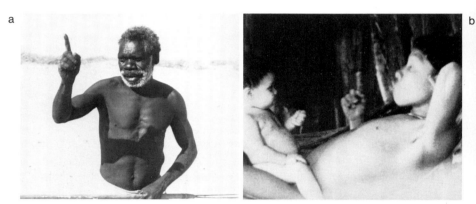

Abb. 6.69: Drohen mit erhobenem Zeigefinger: a) Australier (Gidjingali/Arnhemland); b) Yanomami, der einen auf seinem Bauch sitzenden Säugling scherzhaft ermahnt. Foto: I. Eibl-Eibesfeldt.

D. Efron (1941) bemühte sich um eine Klassifikation gestischen Ausdrucks. Embleme nannte er jene symbolisch sinnbildlichen Darstellungen, bei denen ein Zeichen eine ganz bestimmte Bedeutung hat. Ein *Emblem* ist z. B. das Ausbreiten der Hände, verbunden mit dem Achselzucken als Ausdruck der Ratlosigkeit – des »ich weiß nicht« – »ich kann nichts dafür«. Das Ermahnen mit dem erhobenen Finger gehört auch in diese Kategorie. Ich sah es bei den Eipo, den Buschleuten, den Himba, den Yanomami, den australischen Pintubi und Gidjingali. Es könnte sich um eine Universalie handeln (Abb. 6.69). Allerdings muß die stammesgeschichtliche Anpassung nicht als Bewegung vorliegen. Ich habe vielmehr den Verdacht, daß es sich um eine phallische Drohgebärde handelt, die aufgrund eines

»Vorurteils« der Wahrnehmung unabhängig immer wieder entsteht, und zwar unter Nutzung der vorhandenen Zeigegebärden, die nur neu orientiert wurden (als Fingerheben). Die Beobachtung, daß es in vielen Kulturen als unschicklich, ja selbst als aggressiver Akt gilt, wenn einer auf einen anderen zeigt, stützt diese Deutung. Bei !Kung-Kindern beobachtete ich richtige Fingerzeig-Duelle (Abb. 6.70).

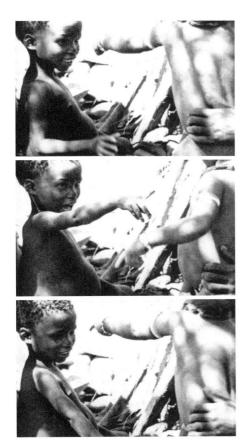

Abb. 6.70: Fingerzeig-Duell zweier um die Gunst der Mutter rivalisierender männlicher !Kung-Geschwister (zentrale Kalahari). Aus einem 16-mm-Film. Foto: I. EIBL-EIBES-FELDT.

Viele Embleme sind rein kulturell gestaltete Bewegungsmuster. So das »Lange-Nasezeigen«, das »Vogelzeigen«, das Signalisieren mit dem erhobenen Daumen, das kulturell ganz gegensätzliche Bedeutung hat, und vieles andere mehr. DESMOND MORRIS und Mitarbeiter (1979) haben zahlreiche Beispiele zusammengetragen. Sie zeigten, daß kulturell tradierte Bewegungen für die Bevölkerung bestimmter Gebiete so kennzeichnend sind wie Dialekte. Die Populationen grenzen sich in diesen Eigenheiten oft recht scharf voneinander ab (Abb. 6.71). In

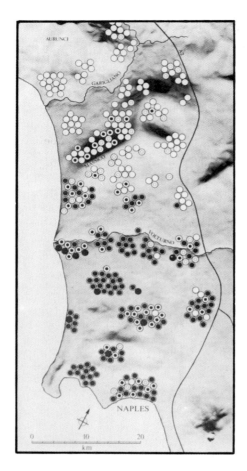

Abb. 6.71: Verbreitung des Verneinens durch Zurückwerfen des Kopfes (»sizilianisches Nein«) im Gebiet nördlich von Neapel. Die Bereiche sind ziemlich klar begrenzt; es ist zugleich die Nordgrenze des alten griechischen Verbreitungsgebietes in Italien. Zeichenerklärung: schwarz ausgefüllte Kreise: relativ häufiges Vorkommen; Kreise mit schwarzem Zentrum: relativ selten; weiße Kreise: fehlend. Aus D. MORRIS und Mitarbeiter (1979).

Italien fällt die Grenze zwischen Kopfschütteln und Verneinen durch Zurückwerfen des Kopfes mit der alten griechischen Besiedlungsgrenze zusammen – ein Beleg für das konservative Beharren solcher Merkmale.

P. EKMAN und W. V. FRIESEN (1975, 1976, 1978) und P. EKMAN (1979) unterschieden als weitere Kategorien die körperbezogenen Manipulationen und Illustratoren. Die körperbezogenen Manipulationen (EKMAN und FRIESEN nannten diese »body manipulators«, früher »self adapters«) dienen der Erregungsabfuhr. Sie sind wohl oft als »Übersprungbewegungen« (N. TINBERGEN 1940) zu deuten und bei allen Menschen zu beobachten. Auch in anderen Kulturen kratzt man sich bei Verlegenheit am Kopf oder beißt seine Fingernägel oder Lippen. Körperbezogene Verhaltensweisen können in hochstilistischer Form zu Ausdrucksbewegungen mit besonderer Funktion werden. Die Medlpa bezeugen durch Haareraufen bei Trauerfeiern ihre Anteilnahme.

Illustratoren (sprachbegleitende Gesten) sind eng an den Inhalt und Fluß der

Rede gebunden. Sie verleihen Nachdruck, indem sie ein Wort oder eine bestimmte Aussage akzentuieren. Dabei geht die verbale Betonung, etwa durch Lautstärke oder Tonhöhenänderung, mit der nichtverbalen (etwa durch Brauenheben, Nikken) synchron. Sie helfen, den Gesprächsverlauf zu segmentieren, indem sie quasi Satzzeichen setzen, und steuern die Interaktion zwischen den Partnern, indem sie mitteilen, wann einer die Sprechrolle zu übernehmen oder zu übergeben wünscht bzw. ob er noch die Sprecherrolle behalten möchte. Auch dafür gibt es eine eigene Nomenklatur. Man spricht von Wortführungs-, Fortsetzungs-, Übergabe- und Unterdrückungssignalen des jeweiligen Sprechers (S. D. Duncan 1974). Der Zuhörer sendet Rückmeldungen und Wortmeldungssignale. Efron und Ekman entwickelten und unterschieden namentlich folgende Kategorien: »Batons«, die ein Wort akzentuieren; »underliners«, die eine Phrase, Satz oder längere Aussage unterstreichen; »ideographs«, die die Richtung eines Gedankens nachzeichnen; »kinetographs«, die Aktionen abbilden; »pictographs«, die das abbilden, worüber man redet; »rhythmics«, die rhythmische Ereignisse untermalen; »spatials«, die räumliche Beziehungen abbilden, und »deictics«, die auf ein Referenzobjekt hinweisen.

Über den Einsatz dieser Bewegungen, insbesondere in schriftlosen Kulturen, ist nichts bekannt. Wir haben viele Aufnahmen von Zwiegesprächen der Buschleute, Eipo, Yanomami und anderer, die noch der Auswertung harren. Wir können aber bereits jetzt aussagen, daß die gleichen funktionellen Kategorien sprechbegleitender Bewegungen, die man bei uns beobachtet, auch in diesen Kulturen vorzufinden sind. Sie dürften auch nach recht ähnlichen Regeln eingesetzt werden, was wohl auch der Grund dafür ist, daß man die nichtverbalen, sprachbegleitenden Zeichen nicht erst mit besonderem Aufwand zusätzlich zur Sprache lernen muß. Man erwirbt die Kenntnisse gewissermaßen nebenbei, und in vielem scheint grundsätzlich Übereinstimmung zu herrschen. Ein interessantes, weitgehend unbeackertes Feld harrt hier der Bestellung.

Körperhaltung und Orientierung haben ebenfalls Mitteilungswert. Man gibt sich allgemein »aufrecht«, wenn man beeindrucken will, und wer den anderen, bildlich gesprochen, »überragt«, hat »höheres« Ansehen. Körpergröße wird mit Kraft und Macht gleichgesetzt. Männer unterstreichen daher ihre Körpergröße auf die verschiedenste Weise: durch Federschmuck, Pelzmützen und anderen Kopfputz. Auf die Schulterbetonung gingen wir bereits ein. Und entsprechend dem von Darwin entdeckten Prinzip der Antithese machen sich Menschen kleiner, indem sie den Kopf nicht aufrecht tragen, sondern senken, ihre Kopfbedeckung abnehmen und die Schultern hängen lassen, sich vielleicht sogar verbeugen, wenn sie sich demütig geben. Das ist in allen Kulturen, soweit bekannt, üblich; es dürfte sich also um eine Universalie handeln. Der Grad der im Verhalten ausgedrückten Unterwürfigkeit variiert allerdings kulturell. Man kann sich verbeugen, auf die Knie sinken oder sich im Fußfall unterwerfen. Das Prinzip bleibt stets das gleiche (Abb. 6.72–6.74).

Abb. 6.72: Laote, grüßend. Nach C. Bock aus I. Eibl-Eibesfeldt 1970.

Abb. 6.73: Ife (Yoruba), ihren Herrscher begrüßend. Aus K. Lang 1926 nach Frobenius.

Abb. 6.74: Grüßende Fulah-Frauen. Nach einer Fotografie von Passarge in K. Lang 1926.

Eine ebenfalls weitverbreitete Gebärde ist das Zukehren des Gesäßes bei gleichzeitiger Verbeugung. Es kommt in zwei Ausprägungen unterschiedlicher Bedeutung vor (Abb. 6.74). Eine Form, die sich vom primatenhaften, weiblichen Sexualpräsentieren ableitet, hat bei uns wie dort beschwichtigende Funktion. Bereits bei nichtmenschlichen Primaten ist das weibliche Sexualpräsentieren zur beschwichtigenden Grußgeste ritualisiert worden (W. Wickler 1967 a). Beim Menschen kommt es zunächst als sexuelle Präsentation in verschiedenen Tanzformen vor, ferner als demütiger Gruß (z. B. bei den Fulbe), als Spottgebärde im Sinne eines neckenden Herausforderns (Kap. 4.5), als Drohen und als frontales Schamweisen auf Amuletten (Abb. 6.75), die Böses vom Träger abhalten sollen. Schließlich gibt

Abb. 6.75: Frontales Schamweisen: a) sexuell präsentierende Tänzerin (Owa Raha/Salomonen). Zeichnung nach einem Foto von H. BERNATZIK; b) und c) Schamweisen auf Amuletten: b) japanischer Anhänger für Autoschlüssel. Auf der Gegenseite (in der Abb. unten) ein drohendes Teufelsgesicht. Der Glücksbringer kombiniert die Abschreckung mit dem sexuellen Appell; c) bayrischer Anhänger aus Silber.

es eine Reihe von Bräuchen, bei denen Frauen ihre Scham entblößen, etwa um ein Unwetter abzuhalten (Beispiele bei I. EIBL-EIBESFELDT und CH. SÜTTERLIN 1992, D. FEHLING 1974 und CH. SÜTTERLIN (im Druck).

Das anale Drohen unterscheidet sich von diesen Formen weiblichen Schampräsentierens in mehreren Punkten. Während sich Buschmann-Mädchen beim Sexualpräsentieren so tief verbeugen, daß ihre Schamspalte deutlich sichtbar wird, verbeugen sie sich beim Gesäßweisen weniger. Sie klemmen ferner oft Sand zwischen die Gesäßbacken, den sie dann bei der Verbeugung entleeren – ein deutlicher Hinweis auf eine Defäkation. Der Akt hat ausschließlich aggressive Bedeutung (Verhöhnen, Verspotten, Herausfordern). In dieser Funktion finden wir ihn weltweit. Die Eipo und die Yanomami ziehen dabei die Gesäßbacken auseinander, so daß ihr Anus zu sehen ist. Gleichzeitig lassen sie, wenn möglich, einen Wind abgehen, weiterer Indiz dafür, daß es sich hier um ein ritualisiertes

Defäkieren handelt. Da wir uns vor Fäkalien ekeln, könnte das Analdrohen unabhängig in verschiedenen Kulturen als abweisende Gebärde entwickelt worden sein. Dagegen dürfen wir für das weibliche Sexualpräsentieren eine ältere phylogenetische Wurzel annehmen, da wir diese Verhaltensweise bereits bei sehr vielen nichtmenschlichen Primaten finden.

Eine weibliche Beschwichtigungsgebärde, die man in sehr verschiedenen Kulturen findet, ist das Brustweisen. Bei den Eipo filmte ich, daß Frauen bei Überraschung ihre Brust fassen und drücken (Abb. 6.76). Stillende Frauen verspritzen dabei etwas Milch. H. BASEDOW (1906) berichtet von einer Patrouille, die in Zentralaustralien zwei eingeborene Frauen überraschte, die gerade eine Schlange kochten. Eine lief davon, die andere packte in ihrem Schreck ihre Brüste und spritzte Milch. Später befragt, wozu sie das getan hätte, gab sie an: um zu zeigen, daß sie Mutter sei und daß man ihr daher nichts tun möge. Ich habe diesen Ausdruck des Brustweisens auf balinesischen Figuren gefunden, die Dämonen abweisen sollen, ferner auf Ahnenfiguren in Neuseeland und auf Grabbeigaben der vorkolumbianischen Zeit Ecuadors und Mexikos (Abb. 6.77). Schließlich tritt die Muttergottes in verschiedenen europäischen Gemälden als Fürsprecher der Menschheit brustweisend vor Gott auf. CORTEZ berichtet, daß Montezuma seinen Soldaten Frauen entgegenschickte, die aus ihrer Brust den Angreifern Milch entgegenspritzten. Hier handelt es sich wohl um parallele Entwicklungen, denen die gleichen Vorstellungen zugrunde liegen.

Die Orientierung der Personen zueinander haben wir bereits verschiedentlich erwähnt; unter anderem betonten wir die Bedeutung des Blickkontaktes und der Gesicht-Gesicht-Orientierung in der Konversation. A. KENDON (1977) und R. D. DEUTSCH (1977) haben die Zueinander-Orientierung von Personen registriert, die stehend miteinander reden. Sie bieten dabei einander in der Regel die Vorderansicht. Steht man einander gegenüber, dann ist die Dyade geschlossen. Sie kann einem Dritten gegenüber geöffnet werden. Ist er willkommen, dann lösen sich die beiden bisher miteinander Sprechenden an der dem Dritten zugewendeten Seite voneinander und machen damit den Zutritt möglich. Wichtig ist, daß man zu solchen Dyaden und Triaden nicht ohne weiteres dazustoßen kann. Der Zutritt muß gewährt werden. Man kann sich aus einer solchen Verbindung auch nicht durch einfaches Weggehen lösen. Man muß vielmehr vorbereitend eine Intentionsbewegung der Abkehr machen, etwa kurz wegblicken und die Orientierung etwas ändern, so daß sich die Dyade öffnet. Aber man unterhält sich noch eine Weile weiter, um sich dann mit einigen Worten zu verabschieden oder auch nur zu entschuldigen. Das ist deshalb wichtig, weil ein abruptes Wegwenden Kontaktabbruch oder die Androhung eines solchen bedeutet. Dieser soll aber in der Situation freundlichen Auseinandergehens vermieden werden, und das wird durch die vorbereitenden Handlungen klar ausgedrückt.

Ranghohe schreiten bei zeremoniellen Anlässen »gemessenen Schrittes«. Paradeschritte demonstrieren Kraft und Disziplin der Truppe. Kleine Buben bewegen

Abb. 6.76: Eipo-Frau, wie sie erschrocken ihre Brust faßt und drückt. Dieses Brustweisen entwickelte sich in verschiedenen Kulturen unabhängig voneinander als abweisende, schützende Gebärde. Foto: I. EIBL-EIBESFELDT.

Abb. 6.77: Brustweisen auf verschiedenen Artefakten: a) weibliche Ahnenfigur (Maori, Neuseeland) apotropäischen Charakters. Neben abweisendem Zungezeigen und Abwehraugen weisen die Hände auf die Brust; b) weibliche Wächterfigur von Bali. Auf dem Kopf befindet sich eine kleine Plattform, auf der Opfergaben abgelegt werden können; c) weibliches Brustweisen, Zungezeigen und Abwehrblick: präkolumbianische Tonfigur aus Ecuador (Jamacoaque). Foto: I. EIBL-EIBESFELDT.

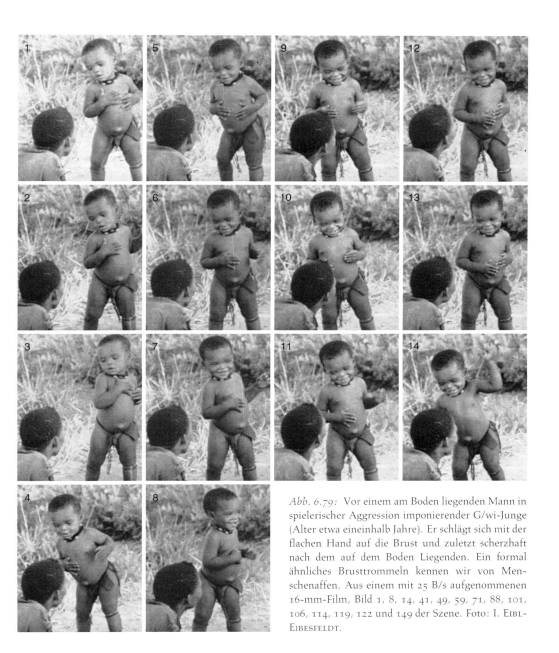

Abb. 6.79: Vor einem am Boden liegenden Mann in spielerischer Aggression imponierender G/wi-Junge (Alter etwa eineinhalb Jahre). Er schlägt sich mit der flachen Hand auf die Brust und zuletzt scherzhaft nach dem auf dem Boden Liegenden. Ein formal ähnliches Brusttrommeln kennen wir von Menschenaffen. Aus einem mit 25 B/s aufgenommenen 16-mm-Film, Bild 1, 8, 14, 41, 49, 59, 71, 88, 101, 106, 114, 119, 122 und 149 der Szene. Foto: I. EIBL-EIBESFELDT.

Abb. 6.78: Imponierschreitender Yanomami-Junge. Er schlägt sich dabei auf die Brust. Aus einem mit 25 B/s aufgenommenen 16-mm-Film, Bild 1, 6, 10, 15, 21, 25, 29, 34, 39, 43, 49, 53, 57, 63, 69, 74, 81, 85, 91, 95, 98, 103, 107 und 166 der Szene. Foto: I. EIBL-EIBESFELDT.

sich wiegend, mit ausholenden Schritten und Arme schwingend im Imponiergang. Oft schlagen sie sich dabei auf die Brust, ähnlich wie Gorillas. Vielleicht handelt es sich um Atavismen, um rudimentierende alte Imponierformen (Abb. 6.78, 6.79).

Wegen der weiteren Eingelenkung der Oberschenkel in die Hüften haben Frauen einen wiegenden Gang, der beim flirtenden Weggehen durch kurzes Stillhalten im Extremausschlag betont wird. Das »Gesäßwackeln« wird damit zum Signal, das oft noch modisch unterstützt wird. So bei den Himba durch den verlängerten Gesäßschurz, der beim Schreiten auffällig hin- und herschwingt. In Japan wird die kindliche Gehweise wohl im Sinne eines betreuungheischenden Appells ritualisiert. In Gegenwart hochrangiger männlicher Besucher verfallen Japanerinnen in Trippelschritte. Durch die engen Röcke wird dies auch modisch gefördert.

Zusammenfassung 6.3

Der Mensch signalisiert visuell durch Kleidung, Körperschmuck und Verhalten Gruppenzugehörigkeit, Rangstellung und eine Fülle von anderen Mitteilungen, vor allem solche, die spezifische Handlungsbereitschaften (Stimmungen) betreffen. Für letztere steht ihm ein differenziertes angeborenes Signalsystem in seiner Mimik zur Verfügung. Die meisten mimischen Ausdrucksbewegungen sind Universalien. Sie fungieren als Auslöser. Die elementaren Gesichtsausdrücke entwickeln sich auch bei taub und blind Geborenen. Zu manchen findet man Homologa bei nichtmenschlichen Primaten (Beispiel »Spielgesicht«). Die kulturenübergreifenden Ähnlichkeiten gehen bis oft in feinste Einzelheiten (Beispiel »Augengruß«). Da Ausdrucksbewegungen in verschiedenen Intensitäten auftreten und einander überdies überlagern können, kommt es zu einer Vielzahl möglicher Ausdrücke, die dennoch auf eine beschränkte Anzahl von Konstanten zurückgeführt werden können. Die meisten Ausdrucksbewegungen stehen auch unter willentlicher Kontrolle. Der Mensch kann daher auch Gestimmtheiten vortäuschen. Er kann ferner den Ausdrucksbewegungen kulturell bestimmte Bedeutung zuweisen (Beispiel: »Nein« der Griechen und »Nein« der Ayoreo). Ausdrucksbewegungen entstehen in einem Prozeß der Ritualisierung aus Vorläufern verschiedenster Art, sofern diese regelmäßig genug in bestimmten Situationen auftreten und damit dem einen als Indikator für die spezifische Handlungsintention des anderen dienen können. So wurden aus Verhaltensweisen der Ablehnung (Verschließen der Sinnespforten, Ausspucken, Abkehr) Ausdrucksbewegungen der Verneinung und Verweigerung; analog aus Verhaltensweisen der Zuwendung und Aufnahme Ausdrucksbewegungen der Bejahung.

Im Dienste der Signalgebung erfahren die Verhaltensweisen in einem Ritualisation genannten Prozeß typische Abänderungen. Sie werden vereinfacht, zugleich aber nach Bewegungsausschlag übertrieben, oft rhythmisch wiederholt und durch die Entwicklung zusätzlicher Strukturen in ihrer visuellen Wirksamkeit unterstützt. Beim Menschen geschieht dies oft durch kulturelle Attribute (Schminke, Kleidung). Neben stammesgeschichtlich entwickelten Ausdrucksbewegungen spielen kulturell tradierte eine wichtige Rolle. Auch sie erfahren im Prozeß der Ritualisierung Veränderungen, durch die das Verhalten als Signal einfach, auffällig und unverwechselbar wird. Die Wahrnehmung des Empfängers diktiert bei stammesgeschichtlichen und kulturell entwickelten Signalen parallele (analoge) Entwicklungen. Daher phänokopieren stammesgeschichtliche und kulturell entwickelte Rituale einander in weiten Bereichen. Zeigen ist eine universale Geste, wir dürfen ferner in den sprachbegleitenden Handbewegungen Universalien vermuten, obgleich die Gestik generell viel mehr kulturell geformt wird als die Mimik. Es gibt typisch männliche und typisch weibliche Körperhaltungen und -bewegungen. Überlegenheit und Submission wird auch in der Körperhaltung und Art der Fortbewegung ausgedrückt.

6.4 Interaktionsstrategien – die universale Grammatik menschlichen Sozialverhaltens

6.4.1 Die Struktur komplexer Rituale

Im Methodenkapitel führten wir aus, daß man menschliches Verhalten als Wegenetz beschreiben kann, das zu einem bestimmten Ziel führt. Mehrere Wege – wir sprachen von Strategien – können zu einem Ziele führen. Auf dem Wege dahin können Unterziele angestrebt werden. In den Wegenetzen zu den verschiedenen Handlungszielen gibt es Kreuzungspunkte, an denen die Person Handlungsalternativen wählen kann. Bevorzugte Folgen von Handlungsschritten nannten wir Strategien (S. 63). Es gibt Strategien verschiedener Ordnung, entsprechend den verschiedenen Handlungszielen. Strategien niederer Ordnung können instrumental im Dienste verschiedener Endziele stehen. Selbstdarstellung (Imponieren) kann z. B. dazu dienen, die eigene Rangstellung zu verbessern. Sie kann aber auch eingesetzt werden, um eine Aggression abzublocken. Sie kann schließlich im Rahmen eines Grußrituals präventiv dazu dienen, Dominanzbestrebungen des Grußpartners zu begegnen.

Wie in den hierarchisch organisierten Verhaltensabläufen der Tiere Verhaltensweisen untergeordneter Integrationsniveaus (Laufen, Schwimmen) als

»Werkzeughandlungen« im Dienste sehr verschiedener Funktionskreise eingesetzt werden, so können auch bestimmte Interaktionsstrategien als Werkzeughandlungen eingesetzt werden. Im verbalen Bereich wäre die Frage hierfür ein Beispiel. Sie wird in ganz verschiedenen Funktionszusammenhängen eingesetzt: in bindenden Ritualen, z. B. als Dokumentation der Anteilnahme, beim Streit zum Zwecke der Herausforderung.

Betrachten wir die menschlichen Umgangsformen, dann stellen wir zunächst einen bemerkenswerten Variationsreichtum fest. Nehmen wir Grußrituale als Beispiel, Verhaltensmuster also, die bei einer Begegnung zur Eröffnung einer freundlichen Interaktion ausgeführt werden. Wenn ein Yanomami (Waika-Indianer) als geladener Festgast das Dorf seiner Gastgeber betritt, dann macht er zunächst voll geschmückt einen kriegerischen Tanz. Die Waffen schwenkend, oft auch auf die Gastgeber zielend und mit scheinbar unnahbarer Miene, absolviert er tanzend ein eindrucksvolles Imponiergehabe. Mit diesem recht aggressiven Gebaren verbindet sich jedoch ein freundlicher Appell: Ein Kind tanzt mit ihm und schwenkt dabei grüne Palmwedel. Die antithetischen Appelle von Selbstdarstellung und Beschwichtigung können auch anders vorgetragen werden, z. B. indem statt der Kinder Mädchen mittanzen. Auch können die antithetischen Appelle nacheinander ablaufen, indem zunächst Kinder eintanzen, dann die imponierenden Krieger, wieder gefolgt von Kindern und so fort. Welche Variationen des Themas auch vorgeführt werden, immer finden wir jene gegensätzliche Kombination (Abb. 6.80).

Abb. 6.80: Die antithetische Kombination von Selbstdarstellung und Beschwichtigung in Ritualen freundlicher Begegnung: a) und b) Zum Feste geladene Yanomami-Krieger tanzen eine Runde im Shabono (»Dorf«) der Gastgeber. Sie verbinden ihre aggressive Selbstdarstellung mit einem freundlichen Appell über das Kind: in a) ist es ein kleiner Junge, in b) ein kleines Mädchen. Beide schwenken grüne Palmwedel in der Hand. Foto: I. EIBL-EIBESFELDT.

Wenn in Europa ein Staatsgast zu Besuch kommt, wird er mit dem militärischen Gepränge der Ehrenkompanie begrüßt, ja man schießt sogar Salut. Mit dieser aggressiven Selbstdarstellung verbindet der Gastgeber jedoch freundlich bindende Appelle: Ein Kind – in der Regel ein Mädchen – überreicht dem Staatsgast Blumen. – Wenn sich in Bayern die Bewohner verschiedener Dörfer zum traditionellen Schützenfest zusammenfinden, marschieren die Schützen in fast militärischer Ausrichtung. Aber ihnen voran, meist neben dem Fahnenträger, schreiten Kinder oder Ehrenjungfrauen (Abb. 6.81). Und wenn schließlich zwei

Abb. 6.81: Die Kombination von Selbstdarstellung und Beschwichtigung beim Aufmarsch der Gäste zu einem bayrischen Schützenfest. Vor den Männern marschieren Kinder oder junge Frauen. Foto: K. H. LEUPOLD.

Mitteleuropäer einander begrüßen, dann reichen sie sich die Hände und schütteln sie mit kräftigem Druck in einer Art Abschätzung der Kräfte. Gleichzeitig lächelt man freundlich, nickt einander zu und sagt Nettigkeiten.

Wenn anläßlich der Trauerfeierlichkeiten der Medlpa Gäste auf dem Festplatz der Trauergemeinde eintreffen, dann stürmen ihnen die Männer der Trauergruppe, Speere schwingend, in einer Art Scheinangriff entgegen. Diesen Kampfgruß verbinden sie aber mit einem freundlichen Appell. Hinter ihnen folgen Frauen, die grüne Cordylinenschößlinge in der Hand schwenken. Männer und Frauen umkreisen Ankömmlinge und führen sie dann zur Trauergruppe (I. EIBL-EIBESFELDT 1981 a). Die Tanzaufführungen der Balinesen anläßlich von Tempelfesten werden von einem Baristanz und einem Blumenopfertanz (Pendet) eingeleitet. Ersterer leitet sich von einem Kriegstanz ab und dient wohl der Selbstdarstellung, letzterer leitet sich von einem Tanz der Frauen zu den Schreinen im Tempel ab, bei dem sie Opfergaben darbringen. Erst nach diesen gegensätzlichen Appellen folgen die Legong-Aufführungen und die anderen unterhaltenden Darbietungen (I. EIBL-EIBESFELDT 1981 b). Baris und Pendet werden im Begrüßungstanz Puspa wresti kombiniert (Abb. 6.82).

Bei oberflächlicher Betrachtung sehen die gerade beschriebenen Rituale recht verschieden aus. Dem aufmerksamen Leser wird jedoch nicht entgangen sein, daß in allen Fällen Selbstdarstellung antithetisch mit Appellen der Beschwichtigung

Abb. 6.82: Im Begrüßungstanz Puspa wresti, der vor Tempelfesten aufgeführt wird, wird Kriegstanz mit einem Blumenopfertanz kombiniert. Foto: I. Eibl-Eibesfeldt.

und Bandstiftung kombiniert wird. Selbstdarstellung und Beschwichtigung sind offenbar wichtige strukturelle Elemente der Begrüßung bzw. der freundlichen Kontaktaufnahme. Die spezielle Form kann wechseln. Verhaltensweisen verschiedenen Ursprungs, aber auch verbale Äußerungen können einander dabei als funktionelle Äquivalente vertreten.

Es gibt dabei natürlich Variationen, bei denen die eine oder andere Komponente in den Vordergrund tritt. Ist man miteinander vertraut, dann tritt die Selbstdarstellung zurück und das Bindende in den Vordergrund. Aber gerade gute Freunde klopfen einander im Überschwang der Wiedersehensfreude oft recht kräftig auf die Schulter. Grüßt man Ranghohe, dann kann dies ferner auf sehr unterwürfige Art geschehen, fast ohne Selbstdarstellung. Will man mit Personen, die man weniger gut kennt, auf gleicher Stufe zusammenkommen, dann beobachtet man in der Regel die beschriebene Kombination von Selbstdarstellung und Beschwichtigung. Sie erklärt sich aus der schon beschriebenen Ambivalenz der zwischenmenschlichen Beziehungen. Der Mensch zeigt eine große Bereitschaft, repressive Dominanzbeziehungen herzustellen. Merkt er am Mitmenschen eine Schwäche, dann nützt er diese gerne aus, um eine Dominanzbeziehung herzustellen. Um das zu verhindern, wahren wir das Gesicht und geben uns stets stark. So blocken wir Rangstreit von vornherein ab. Durch Appelle über freundliche Akte, wie Geschenke überreichen, Lächeln oder Grußworte, teilen wir ferner mit, daß wir freundliche Beziehungen suchen oder bewahren möchten. Wie man sich im einzelnen selbst darstellt, wie man beschwichtigt und wie man ein Band stiftet, das wechselt, denn dafür stehen uns verschiedene Verhaltensweisen als funktionelle

Äquivalente zur Verfügung – angeborene ebenso wie kulturell geprägte, verbale Aussagen eingeschlossen. Das äußere Kleid – die Oberflächenstruktur – dieser Ereignisse wechselt, die zugrundeliegenden Regeln, die das Ereignis auf einer tieferen Ebene strukturieren, bleiben die gleichen. Wir können daher von einer universalen Strategie freundlicher Kontakteröffnung sprechen, wenn wir uns auf das der Strategie zugrundeliegende Regelsystem beziehen.

Die Begrüßung eröffnet im allgemeinen eine Folge weiterer Interaktionen, die wiederum eine typische Struktur aufweisen. Haben zwei Freunde einander begrüßt, dann folgt in der Regel eine kurze Unterhaltung. Man fragt einander nach dem Befinden und macht auch so triviale Feststellungen wie etwa, daß schönes Wetter sei, was der andere dann bestätigt. Tut er das nicht, dann werden wir in einer Erwartung enttäuscht, denn der tiefere Sinn dieses Bindegespräches ist – D. Morris (1968) sprach sehr treffend von »grooming talk« –, daß man Übereinstimmung sucht und bekundet. B. Malinowksi (1923) führte dafür den Begriff »phatische Kommunikation« ein. Die Art und Weise, wie eine Konversation eröffnet wird, kann dazu dienen, die Beziehungen zwischen den Personen zu ändern (J. Laver 1975). Wenn etwa ein Ranghoher das Gespräch mit der Floskel eröffnet »Ich denke, das Wetter ist schön«, dann verringert er den Rangabstand zu seinem Gesprächspartner und zwingt diesen zur augenblicklichen Solidarität. Ist man freundlich eingestimmt, dann kann man die Begegnung auch nützen, um bestimmte Anliegen vorzutragen und Sachliches zu besprechen. Die so geschaffene freundliche Atmosphäre ist geradezu Voraussetzung dafür. Wer mit der Tür ins Haus fällt, stößt auf Ablehnung. Danach geht man nicht formlos auseinander, sondern man teilt einander mit, daß man jetzt gehen müsse, verbal, indem man es direkt sagt, nichtverbal, indem man die Orientierung zum Partner so ändert, daß man langsam die Dyade öffnet. Schließlich verabschiedet man sich meist mit einem guten Wunsch (»Komm gut nach Haus, schlaf gut!«), was einem Geschenk gleichkommt.

Aber auch ein Vortrag folgt im Grunde diesem Muster. Er enthält nicht nur sachliche Mitteilungen; der Redner trägt vielmehr, vor allem vor Beginn und dann wieder am Ende, soziale Appelle vor. Er stellt sich selbst als kompetent dar, aber nicht zu sehr heraus.

Er eröffnet mit Selbstdarstellung, indem er etwa durch ein lateinisches Zitat beeindruckt oder sich irgendwie in auffälliger Weise als belesen darstellt. Scherzchen betonen die eigene Sicherheit und das »Über-der-Sache-Stehen«. Manche zieren sich mit der Bemerkung, daß sie nur dank der Überredungskunst des Einladenden gekommen seien, denn eigentlich sei man vielbeschäftigt. Zugleich aber beschwichtigt man, indem man die Zuhörer hochstellt, etwa durch Floskeln wie: es sei eine ganze besondere Ehre, vor diesem ausgezeichneten Publikum reden zu dürfen. Weitere Appelle dienen dazu, Verbundenheit zu stiften, etwa durch den Hinweis auf irgendeine Gemeinsamkeit, die den Vortragenden mit der Gesellschaft, dem Vortragsort, dem Land, oder was immer, verbindet, z. B. ein früheres Erlebnis. Nach dieser kurzen Einführung kommt man zum Sachlichen, kontrolliert aber das Mitgehen der Zuhörer. Man nimmt deren Aufmerksamkeit unbewußt wahr und richtet sich danach, flicht Bemerkungen ein, die ermuntern oder beschwichtigen. In einer Abschlußphase schließlich dankt man für die Aufmerksamkeit, man entschuldigt sich häufig, kurz: gibt sich submissiv, ganz ähnlich wie beim Abschied.

Wir beschrieben kurz die Eröffnung des Festes bei den Yanomami durch den Grußtanz der Gäste, mit der Präsentation antithetischer Appelle (Selbstdarstellung und Beschwichtigung). Auf diese Phase der Eröffnung folgt eine Phase der Interaktion, und auch hier bildet der formalisierte Abschied den Abschluß. Wir wollen den Ablauf gerafft schildern*:

Nachdem die Besucher einzeln zur Begrüßung hereingetanzt sind, tanzt die ganze Besuchergruppe gemeinsam, Frauen, Kinder und Mädchen gemischt. Dabei werden oft die Geschenke gezeigt, die man den Gastgebern mitbringt. Danach weist der Häuptling die verschiedenen Besucher einzelnen Familien zur Betreuung zu. Die Besucher hängen dort ihre Hängematten auf und legen sich in ihnen zur Ruhe. Dabei geben sie sich zunächst so, als würde ihnen alles, was um sie her passiert, völlig gleichgültig sein. Gerade weil bei den recht kriegerischen Yanomami der Besuch eines anderen Dorfes etwas im Grunde recht Gefährliches ist, gibt man sich unbekümmert und eiskalt**. Erst nach einer gewissen Zeit lockert sich die Haltung. Der Gastgeber bringt Bananensuppe, man plaudert und beginnt auch Drogen zu schnupfen***. Im Drogenrausch tanzen die Männer, und sie beschwören die Geister u. a. zum Kampf gegen die Feinde.

Man ist auf diese Weise in gemeinsamer Aggression vereint. Später kommt als weiteres einigendes Erleben die gemeinsame Totentrauer. Man beklagt die Verstorbenen der jüngsten Zeit und trinkt bei dieser Gelegenheit, in Bananensuppe vermengt, einen Teil der Totenasche, die man für diesen Zweck in Kalebassen aufbewahrte. – Und erst nachdem man sich so über wiederholte Einigungsbezeugungen eingestimmt hat, kommt es zu den Kontaktgesängen (himou). Immer ein Gastgeber und ein Gast tragen dabei in stark formalisierter Weise ihre Wünsche vor. Man fordert Geschenke und verspricht solche. In

---

* Hier nur in sehr gedrängter Darstellung. Eine genauere Beschreibung bei I. EIBL-EIBESFELDT (1971 a).

** Kommt ein einzelner oder eine kleine Gruppe von Kriegern ungeladen und außerhalb einer Festveranstaltung in ein Dorf zu Besuch, dann stellen sie sich zunächst regungslos auf dem freien Dorfplatz auf. Sie schauen dabei über ihre Gastgeber hinweg, als wären diese gar nicht anwesend. Sie beweisen dabei »Hoch-mut«. Sie geben sich überheblich, belegen aber zugleich Mut, indem sie sich quasi als Zielscheibe darbieten. Bei den Yanomami ist das in der Tat ein Risiko, da viele unausgeglichene Blutfehden herrschen und man ja nie genau weiß, ob nicht gerade ein Feind im besuchten Dorf anwesend ist.

*** Es handelt sich um ein Pulver aus Samen und Rinde einer Pflanze, das ein berauschendes Alkaloid enthält.

Wirklichkeit allerdings handelt es sich um eine Bekräftigung schon vorher geschlossener Kontrakte. Der Besucher beginnt, und die Partner können bei dem Kontraktgespräch auf dem Boden sitzen und einander umarmen oder sich gegenüberstehen. Die Rede wird in einer Art Singsang mit schnellem Rhythmus vorgetragen. Um die Worte an den Rhythmus anzupassen, werden sie geteilt, und die letzte Silbe der vorangegangenen Zeile wird am Anfang der nächsten immer wiederholt (K. Good 1988).

Ya ku weiketa (was soviel wie »ich will es sagen« bedeutet) wird in vier Zeilen vorgetragen:

1   ya ku
  2   ku wei
    3   wei ke
      4   ke ta

Auf jede Zeile antwortet der Zuhörer mit einer kurzen Interjektion oder damit, daß er die Phrase wiederholt. Es handelt sich bei dieser Vercodung fast um eine Art Geheimsprache, die nur Eingeweihte und Geübte wirklich verstehen. Damit bindet der Gesang nicht allein über die in ihm verwendeten Appelle, sondern auch dadurch, daß er Nichteingeweihte ausschließt.

Auch wird viel in Metaphern geredet. Ein Haumesser wird z. B. als die Frau des Weißen bezeichnet, so daß es erst eines tieferen Eindringens in die Kultur bedarf und auch dann nur mit Hilfe guter Informanden eine Übersetzung möglich ist. Der Inhalt von Rede und Wechselrede sind Geschenkaustausch, Versprechungen, gelegentlich auch Kritik am Partner. Geschenke werden oft auch vom Schenkenden herabgesetzt: »Nimm diese häßliche Kreatur!« – In Wirklichkeit will er einen prachtvollen Hund verschenken. Man setzt sich herab, um den anderen nicht durch Überheblichkeit zu beschämen und damit herauszufordern. Man drückt damit aus, daß man den anderen nicht zu einem Wettstreit einlädt.

Als Appelle kommen ferner in der Einleitung oft Hinweise auf Ereignisse, die Anteilnahme erwecken, etwa auf einen Überfall, bei dem der Appellierende einen Partner verlor oder sonst zu Schaden kam. Auf diese Interaktionsphase folgt meist am Tage danach die Phase des formalisierten Abschieds. In einer Art Zusammenfassung demonstriert man, meist am anderen Morgen, noch einmal Verbundenheit, indem man gemeinsam gegen die bösen Geister kämpft. Lärmend und mit Drohgebärden kriechen die Männer dazu unter die Pultdächer. Dann erfolgt ein neuerliches Paarsingen, zu dem sich diesmal alle männlichen Personen gleichzeitig paarweise zusammenfinden. Sie hocken, heftig gestikulierend und ihre Verbundenheit beteuernd, auf dem freien Platz, oft umarmen sie dabei einander im Sitzen. Das Himou ist allerdings stark abgekürzt. Das Spektakel währt nur einige Minuten. Es folgt der Geschenkaustausch zwischen Gastgebern und Gästen, und erst danach geht man auseinander. Im Grunde hat das Fest die gleiche Struktur wie das Grußritual: von der Begrüßung über die »grooming-talks« (gesellschaftlicher Plausch) bis zum Abschied. Wir wollen die Gemeinsamkeiten in einer Übersicht veranschaulichen:

Rituale freundlicher Begegnung (Grußrituale, Feste)

a) Eröffnungsphase (Begrüßung)
Aufgabe (Funktion): Selbstdarstellung, Bandstiftung und Beschwichtigung. Eröffnung freundlichen Kontaktes ohne Unterwerfung.
Beobachtete Verhaltensweisen des Imponierens: Imponiertanz, Handschütteln, militärischer Salut.
Beobachtete Verhaltensweisen der Beschwichtigung und Bandstiftung: Überreichen von Geschenken, Lächeln, Nicken, Augengruß, Umarmung, Kuß, Appell über das Kind.

b) Phase der Bandbekräftigung
Aufgabe (Funktion): Bekräftigung der Beziehung. Emotionelle Vertiefung der Bindung oft als Vorbereitung für sachliche Kontrakte (Geschäfte, Kriegsbündnisse).
Beobachtete Verhaltensweisen: Bekundung von Übereinstimmung und Anteilnahme in Dialogen. Bekundung von Gemeinsamkeit durch gemeinsames Handeln, gemeinsames Speisen, Tanzen, gemeinsamen Kampf gegen vorgestellte Feinde, gemeinsame Trauer.

c) Phase des Abschieds
Aufgabe (Funktion): Erhaltung des Bandes für die Zukunft. Beschwichtigung.
Beobachtete Verhaltensweisen: Geschenkaustausch oder als Äquivalent Austausch guter Wünsche. Gegenseitige Versicherung der Verbundenheit.

Unsere kulturenvergleichende Dokumentation zeigt, daß das äußere Kleid der sozialen Umgangsformen kulturell zwar erheblich variiert, daß diesen aber offenbar überall gleiche gestaltende Regeln zugrunde liegen. Dies gilt für einfache ebenso wie für komplexe Rituale. Eine Grußbegegnung und ein Yanomami-Fest zeigen im großen die gleiche Gliederung, aber auch in den einzelnen Phasen des Gesamtablaufes: Die Strategien der freundlichen Kontaktaufnahme, die Strategien der Bandbekräftigung und die Strategien des Abschiedes, aus denen sich das Ritual zusammensetzt, sind ebenfalls nach den gleichen Regeln strukturiert. Der Mensch verfügt offenbar über eine begrenzte Anzahl von Strategien, mit deren Hilfe er Bestimmtes erreichen kann.

Diese Strategien gehören zu den Universalien. Wie man es anstellt, Ansehen zu gewinnen, etwas von einer anderen Person zu bekommen, eine Aggression abzublocken, einen Mitmenschen abzuweisen oder einzuladen, das erfolgt in den verschiedenen Kulturen – wir wollen dazu noch Beispiele bringen – nach grundsätzlich gleichem Muster. Kleine Kinder handeln dabei im allgemeinen in Körperbewegungen – Erwachsene erreichen das gleiche mit Worten. Beide folgen dabei aber den gleichen Regeln. Es gibt demnach ein universales Regelsystem: eine universale Grammatik sozialen Verhaltens, die verbale und nichtverbale Interaktionen in gleicher Weise strukturiert. Abbildung 6.83 zeigt zwei Versuche eines Yanomami-Jungen, die Aggression eines Spielpartners abzublocken. Die erste Taktik, die Aggression über ein betontes Lächeln abzublocken, schlägt fehl. Der Junge greift an und schlägt zu. Nun wechselt der Angegriffene sein Verhalten. Er senkt den Kopf, zieht die Lider über die Augen, so daß er den Partner nicht mehr anschaut, und zeigt den Gesichtsausdruck des Schmollens. Obgleich der Partner nun erst recht zuschlagen könnte – er gibt sich ja durch das Wegsehen äußerst verletzlich preis –, geschieht nichts dergleichen. Der Angreifer geht weg.

In dem Verhalten sind zunächst einmal Appelle der Submission nachweisbar. Das Kopfsenken bei gleichzeitiger Schrägstellung gehört dazu. Es wäre jedoch falsch, wenn wir das Verhalten des Angegriffenen generell als Strategie der Aggressionsabblockung über einen submissiv-beschwichtigenden Appell interpretieren würden. Er unterwirft sich ja gar nicht, er geht aus der Auseinandersetzung als »Sieger« hervor. Er behauptet seinen Platz. Das entscheidende Verhaltenselement seiner Strategie besteht in der Androhung des Kontaktabbruches.

Eine solche Androhung ist wirkungsvoll, wenn wir sie einer Person gegenüber einsetzen, mit der wir verbunden sind. Als gesellige Wesen legen wir auf persönliche Bindung größten Wert. Wir verteidigen sie auch von frühen Kindesbeinen an gegen Rivalen. Mütter kennen sehr wohl, wie Geschwister um die Bindung mit der Mutter wettstreiten. Sie müssen erst mühsam lernen, daß die Mutter auch Bezugsperson für Geschwister, den Vater und viele andere mehr ist. Droht nun einer damit, einem Gruppenmitglied die Bindung zu kappen, dann alarmiert das jenen aufs höchste. Es droht so ein Besitzverlust besonderer Art: Ohne Bindung ist man isoliert und äußerst verwundbar. Verständlich, daß der vom Ausschluß Bedrohte schnell das Verhalten einstellt, das die Bindung gefährdet. Die in der Bildreihe im Eingangskapitel dargestellte Sequenz können wir fast kopiengetreu in europäischen oder japanischen Kindergärten beobachten. Es gibt dabei gewiß Variationen. Man kann sich, um einen Kontaktabbruch zu signalisieren, auch in seine Hängematte zurückziehen (Abb. 6.84); ja wir können dieses Verhalten auch in Worte fassen. Ein beleidigtes Kind sagt etwa: »Mit dir spiele ich nicht mehr« – oder: »Ich geh fort und komme nie wieder zu dir.« Erwachsene halten es ebenso. Verbales wie nichtverbales Verhalten beziehen sie auf eine Bindung und drohen damit, diese zu kappen. Auch die Redewendungen, die das ausdrücken, sind universal gleicher Art. Und daß unser Repertoire an Strategien begrenzt ist und wir bestimmte Dinge nur auf eine Art ausdrücken können, geht aus der schon im Aggressionskapitel erwähnten Tatsache hervor, daß wir

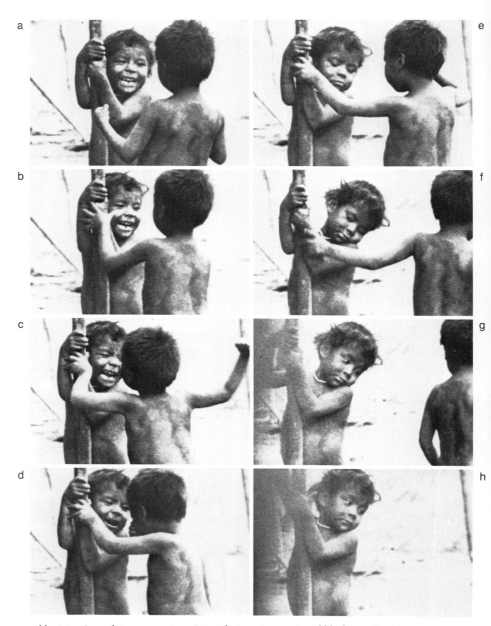

Abb. 6.83: Interaktionsstrategien: Beispiel einer Aggressionsabblockung. Ein Yanomami-Junge (Serra Parima) wird von einem anderen bedroht, der ihn verdrängen will. Im ersten Handlungsschritt lächelt er betont, was jedoch nicht verfängt. Er wird geschlagen, worauf er mit Blickabkehr (Kontaktverweigerung), Kopfsenken und Schmollen reagiert. Der Angreifer überläßt dem Angegriffenen daraufhin, ohne weiter zu stören, den Spielplatz. Aus einem mit 25 B/s aufgenommenen 16-mm-Film, Bild 1, 18, 46, 52, 63, 140, 151 und 159 der Sequenz. Foto: I. Eibl-Eibesfeldt.

uns auf internationaler Ebene ebenso geben wie in persönlichen Auseinandersetzungen. Staaten drohen bekanntlich mit dem Abbruch diplomatischer Beziehungen.

Die Abbruchsandrohung ist jedoch nur eine Strategie. Sie ist besonders wichtig, weil sie die Beziehung der Partner am wenigsten verletzt. Sie läßt, wie noch zu diskutieren, die meisten Handlungsalternativen offen. Aggression läßt sich ferner durch Gegendrohung oder Unterwerfung abblocken – aber diese Strategien lassen wenig weitere Alternativen zu. In einem Falle besteht die Gefahr der Eskalation in Kampf, obgleich eine Drohung sehr wirksam sein kann und in den meisten Fällen auch zum Erfolg führt. Man sieht daher häufig, daß auf Drohung Gegendrohung, auf Schlagen Zurückschlagen folgt. Im Falle der Unterwerfung nimmt man die Dominanz des anderen an. Auf eine weitere Form der Aggressionsabblockung durch Anbieten von Objekten gingen wir bereits ein (S. 489).

Aus der Objektbesitznorm ergibt sich eine Reihe von Regeln, die den sozialen Objekttransfer betreffen. Unter anderem besprachen wir, daß eine Person, die von einer anderen etwas erhalten möchte, diesen Wunsch so vorbringen muß, daß der andere nicht unter Zugzwang kommt: Es muß im Verhalten des Bittenden klar zum Ausdruck kommen, daß der andere als Besitzer des gewünschten Objekts respektiert wird. Greift einer einfach nach dem Objekt, das ein anderer gerade hält, dann ist dies ein Verstoß gegen die Etikette, ein aggressiver Akt, und wenn kein starkes Ranggefälle besteht, dann wird die Abgabe verweigert. Hält man dagegen bittend die Hand auf, wird einem bereitwillig gegeben. Entsprechendes gilt für das Fordern im Imperativ. Soll eine gute Beziehung erhalten bleiben, dann muß man behutsam vorgehen. Vielfach trägt man die Bitte »verblümt« vor. Ein Eipo, der eine Feder gern haben möchte, die ein anderer besitzt, wird kommentieren: »Eine nette Feder hast du da«; dann steht dem Besitzer die Entscheidung frei, zu geben oder nicht zu geben. Nur wenn die Partner einander sehr nahestehen, kann auch direkt erbeten werden.

P. Winterhoff-Spurk (1983) untersuchte das Zusammenwirken nichtverbaler und verbaler Kommunikationstechniken bei Rollenspielen, deren Inhalt sich auf direkte und indirekte Aufforderung bezog. Das Informationsdefizit indirekter Aufforderung konnte durch nichtverbale Zeichen wie längeren Blickkontakt ausgeglichen werden. Bei direkten Aufforderungen wurde durch das Zusatzzeichen Lächeln befriedet; ferner wurde der direkten Form durch Frageintonation der Charakter einer Bitte gegeben. Verbale und nichtverbale Botschaften verbinden sich so kompensatorisch und helfen die Botschaft gegen Mißverständnisse abzusichern.

Dazu paßt die Feststellung von J. S. Lockard (1980), daß in submissiver Haltung Bittende, die ihre Hand bettelnd ausstreckten, erfolgreicher waren als Personen, die dominant ohne Bettelgebärden, also fordernd, baten. Frauen waren im allgemeinen erfolgreicher beim Betteln als Männer, vor allem, wenn sie essende Männer ansprachen. Diejenigen, die aßen, boten außer den erbetenen

10 Cents* oft auch noch Essen an. Eine andere wichtige Strategie des Bittens besteht in der Begründung des Bedürfnisses. Man zeigt so, daß man etwas wirklich benötigt und nicht bloß habgierig ist. Das mindert den Widerstand gegen das Abgeben, zumal es auch die reziproke Verpflichtung impliziert, daß dem Geber geholfen wird, wenn er in Not ist.

Erzieherische Bemühungen unterstützen im allgemeinen diese Disposition. Ein bei den Eipo aufgenommenes Filmdokument möge dies belegen. Man sieht zwei Halbgeschwister. Der Bub ißt ein gegartes Stück Taro, seine Halbschwester greift danach, worauf der Bruder das Stück dem Zugriff entzieht. Nun kommt die Hand der Mutter des Buben ins Bild. Sie fordert auf, ihr das Tarostück zu geben, was er bereitwillig tut. Gespannt beobachtet er, wie die Mutter das Stück in zwei Teile bricht und ihm beide zurückgibt. Sie beachtet die Besitznorm, und nun, da er zwei Teile hat und sein Halbschwesterchen zuwartet, gibt er auch ab (Abb. 6.85, 6.86).

Unserem Nervensystem sind gewisse Erwartungen eingegeben. Der Mitmensch muß sich ihnen entsprechend verhalten, wenn eine harmonische Wechselbeziehung und Auseinandersetzung stattfinden soll. Nichtentsprechung löst vielfach Abwehr oder Rückzug aus. Ob jedoch den Erwartungen durch nichtverbales oder verbales Verhalten entsprochen wird, bleibt sich gleich. Wir haben das Bitten, Geben und Nehmen in der Eipo-Gesellschaft genauer untersucht, und zwar sowohl die nichtverbalen Strategien als auch deren verbale Übersetzung (V. Heeschen, W. Schiefenhövel und I. Eibl-Eibesfeldt 1980). Wir wollen letztere in einer Übersicht zusammenfassen (siehe Tab. 6.3).

---

* Zwei weibliche und zwei männliche Studenten hatten die Aufgabe, sich getrennt und auf verschiedene Weise 500 Personen oder Personengruppen zu nähern und sie um 10 Cents zu bitten. Bei unterwürfiger Annäherung ließen sie die Schulter hängen, hielten den Kopf gesenkt, vermieden den Augenkontakt und hielten die Rechte bettelnd ausgestreckt. Dominante näherten sich aufrecht, mit erhobenem Kopf, suchten Augenkontakt und streckten die Hand nicht aus.

Abb. 6.84: Eine Variante der Kontaktverweigerung: hier in einem Konflikt zwischen Mutter und Sohn (Yanomami/oberer Orinoko). Der Junge wollte der Mutter ein Stück Banane nehmen. Sie weist ihn ab (1), worauf er sich aus einem über seiner Hängematte hängenden Korb eine gekochte Banane holt und sie zu Boden wirft. Als die Mutter daraufhin nicht reagiert, hebt er die Banane auf, wirft sie weiter fort (2, 3), legt sich in die Hängematte, greint und dreht der Mutter den Rücken zu (4). Nun bietet die Mutter versöhnlich vorgekaute Banane an (5). Er bleibt abweisend und hüllt sich in seine Hängematte (6, 7). Die Mutter bietet zunächst freundlich (8), dann schimpfend (9) an. Er schlägt ihr daraufhin die angebotene Nahrung aus der Hand (10, 11). Er hat sich völlig in die Hängematte eingehüllt, den Rücken zu ihr gekehrt und verweigert den Kontakt, was sie erbost. Sie schlägt ihn, er heult. Im weiteren Verlauf dieses Geschehens holt ihn der Vater aus der Hängematte. Er trägt ihn zu sich in die Hängematte und laust ihn, was den Sohn schnell beruhigt. Aus einem mit 25 B/s aufgenommenen 16-mm-Film, Bild 1, 1162, 1168, 1581, 1738, 1794, 1930, 2168, 2177, 2191, 2198, 2218, 2224, 2228, 2274, 3184, 3350 und 5441 der Sequenz. Die letzten beiden Bilder wurden nach Unterbrechung der Aufnahmen gemacht. Foto: I. Eibl-Eibesfeldt.

Abb. 6.85: Ein Eipo-Junge (Irian Jaya/West-Neuguinea) ißt ein Stück Taro. Seine Halbschwester greift nach dem Stück; er entzieht es ihrem Zugriff. Seine Mutter interveniert und fordert ihn auf, das Tarostück abzugeben, was er befolgt. Die Mutter bricht das Tarostück in zwei Hälften und reicht ihm beide Stücke zurück. Sie beachtet die Besitznorm und überläßt ihm das Teilen. Er gibt seiner Halbschwester ab, und beide essen verträglich nebeneinander. Aus einem 16-mm-Film. Foto: I. EIBL-EIBESFELDT.

Abb. 6.86: Zwei etwa dreijährige Eipo-Mädchen. Sie sind Spielgefährten. Die im Bild links (Yoto) ißt an einem Stück Taro, von dem ihre Freundin (Metik, im Bild rechts) etwas abbekommen möchte. Sie zeigt dies nur durch ihr Mienenspiel, indem sie abwechselnd lächelt, schmollt, lächelt, aber nicht zugreift. Yoto neckt sie, indem sie ihr den Bissen vorhält und die Hand gleich wieder zurückzieht (e, f). Auf die Verweigerung reagiert Metik mit Schmollen. Sie respektiert jedoch das Besitzrecht von Yoto. Aus einem mit 25 B/s aufgenommenen 16-mm-Film, Bild 1, 86, 143, 166, 288, 291, 2531 und 2578 der Sequenz. Die lange Szene zeigt viele interessante Einzelheiten. Sie ist hier stark gerafft und ausschnittweise wiedergegeben. Foto: I. Eibl-Eibesfeldt.

Verbaler Akt	Zeitpunkt des Einsatzes	auftretend mit...	Alternative	typische oder mögliche Reaktion	bevorzugte Altersgruppen bzw. Teilnehmerkonstellation	Bedeutung, Funktion strategischer Vorteil
direkte Bitte	erster Sprecher	laute, feste Stimme, ausgestreckter Arm, Blick gerichtet auf mögliche Gabe u. Geber	(alle weiteren Eröffnungssequenzen)	Verweigerung, Abwenden vom Sprecher, Zurückziehen des Objekts	alle Altersgruppen	Aggressivität
direkte Bitte	nach erstem Sprecher oder mehreren eröffnenden Gesprächssequenzen	kurzer Blick auf Gesicht des Gebers, normale Stimme, Arm nicht ganz ausgestreckt	–	Übergeben des Objekts	alle Altersgruppen, ausgenommen Alte	bindende Verhaltensweise, Vermeidung von Abbruch der Kommunikation
indirekte Bitte	Eröffnungssequenz oder später	leklekana, Hinwendung zum Angesprochenen, Hautkontakt, ca. 2 sec während Blick auf Geber	direkte Bitte	Übergeben des Objekts, jedoch nicht sofort	alle Altersgruppen	Höflichkeit
indirekte Bitte	Eröffnungssequenz oder später	längerer Blickkontakt, ausgestreckter Arm, Streicheln von Gebers Kinn, pharyngaler, nasaler oder wimmernder Tonfall	–	Übergeben des Objekts, jedoch nicht sofort	Kinder, aber auch Jugendliche und Erwachsene	kann wiederholt werden; unterwürfiges kindliches Appellieren an elterliche Instinkte
humorvolle Bemerkung	nach vorläufigem Kontakt und einleitendem Stillschweigen	erneuter Blickkontakt, Einanderzuwenden	Geben und Nehmen, Szenenwechsel	–	alle Altersgruppen	Beginn der Zustimmung durch Ableitung der Aggressivität ins Verbale
Disputieren	nach direkter Bitte oder Verweigerung der direkten Bitte	–	Vormachen ohne verbale Erklärung	–	alle Altersgruppen	Appellieren an Normen und Regeln sozialen Verhaltens
Ausrufe	nach direkter Bitte oder Verweigerung der direkten Bitte	Abwendung vom Bittenden, Zurückziehen des Objekts, verlegenes Lächeln	Beginn einer neuen Dyade, Fortführung der alten, abseits sitzen, Lied singen	–	alle Altersgruppen	nicht-bindende Markierung
Ausruf bahai	nach Verweigerung von direkter Bitte	Abwendung des Gebetenen mit Pharyngal-Laut	–	–	alle Altersgruppen	Lächerlichmachen

Tab. 6.3: Verbales Agieren bei Handlungsweisen des Bittens, Gebens und Nehmens bei den Eipo.

Durch Teilen kann man Bindungen herstellen und bekräftigen, aber auch eine aggressive Komponente kommt zum Ausdruck (Kap. 4.9). Man kann durch Geben einen anderen zum Schuldner machen und selbst an Status gewinnen (Kap. 4.12.3). P. WIESSNER untersuchte anhand eines Drittels der von uns bei den Yanomami, Buschleuten und Trobriandern aufgenommenen Filme das nichtverbale Anbieten und Bitten innerhalb von Kindergruppen, und zwar nur zwischen Mitgliedern verschiedener Familien. In allen drei Gruppen gehorcht das Teilen einer Etikette, die durch den Respekt von Besitz gekennzeichnet ist. Wegnehmen stößt überall auf Ablehnung und Abwehr. Im übrigen gibt es bemerkenswerte Unterschiede. Bei den Yanomami wurde in 22 von 54 Fällen (41 %) angeboten, bei den Buschleuten war es nur in 8 von 64 Fällen (13 %) der Fall. Betteln mit offener Hand kam bei den Yanomami nur in 5 von 54 Fällen (9 %) vor, bei Buschleuten dagegen in 20 von 64 Fällen (31 %). Dazu paßt, daß bei den erwachsenen Buschleuten imponierende Selbstdarstellung auf Ablehnung stößt, während bei den Yanomami Selbstdarstellung akzeptabel ist und man mit Schenken prahlt. Bei den Trobriandern, bei denen das Zurschaustellen der Nahrung und nicht ihr Verzehr bewertet wird, ist Necken mit Nahrung besonders häufig. Auf 30 Ereignisse in Kindergruppen kam 10mal Necken (33 %). Bei den Yanomami dagegen wurde nur ein Necken von 54 Ereignissen (1 %) und bei den Buschleuten wurden nur 2 auf 64 (3 %) gezählt. Man bietet auch bei den Trobriandern richtig an, bittet aber seltener, da es in dieser Kultur beschämend ist, Hunger einzugestehen. Die sozialen Strategien des Teilens spiegeln bereits in Kindergruppen die sozialen und symbolischen Regeln wider, die in einer Gesellschaft gelten. Durch Bitten, Anbieten und Necken möglicherweise ausgelöste ambivalente Gefühle werden oft durch Scherzen gelöst.

P. BROWN und ST. LEVINSON (1978) untersuchten höfliche verbale Anfragen (Bitten) in Tamil (Südindien), Tzeltal (Mexiko) und Englisch mit zusätzlichen Sprachproben in Malagasy und Japanisch. Sie stellten übereinstimmend fest, daß kleine Bitten durch Betonung der Gruppenzugehörigkeit und/oder unter Berufung auf soziale Ähnlichkeit – also der Betonung einer Gemeinsamkeit – vorgetragen werden (Superstrategie der intimen Höflichkeit*). Größere Bitten erfordern formelle Höflichkeit durch konventionelle indirekte Sprechakte und Entschuldigung (Superstrategie der formellen Höflichkeit). Bitten, die so groß sind, daß sie eventuell auch abgeschlagen werden können, trägt der Bittsteller indirekt, also verblümt vor (Superstrategie des indirekten Hinweises = »off record« bei BROWN und LEVINSON).

Aber nicht nur die Größe der Bitte, auch der soziale Abstand der Interakteure

---

* BROWN und LEVINSON sprechen von positiver Höflichkeit im Unterschied zur negativen Höflichkeit. Ich möchte die wertenden Begriffe vermeiden und übersetze die beiden Superstrategien als intime Höflichkeit (positive H.) und formelle Höflichkeit (negative H. bei BROWN und LEVINSON).

bestimmt entscheidend mit, welche der drei Superstrategien gewählt wird. Und das zentrale Bedürfnis, um das es in allen Fällen geht, besteht darin, das Gesicht zu wahren. Keiner will sich etwas vergeben, niemand will sein öffentliches Selbstbild gefährden, aber auch das seines Ansprechpartners nicht; ähnlich wie man, wie vorhin erörtert, bei der Begrüßung darauf achtet, daß man sein Ansehen nicht gefährdet – und zugleich auch nicht das des Grußpartners, dem man zu diesem Behuf seine Achtung erweist. Das Ansehen ist ein entscheidender sozialer Schlüsselfaktor mit weitreichenden Konsequenzen für die Gestaltung und den Ablauf von Interaktionen.

Die Strategien des verbalen Bittens hängen davon ab, wie gesichtsgefährdend der Sprecher die Situation einschätzt.

Die drei Superstrategien setzen sich aus einer Reihe von Unterstrategien zusammen.

Bei der *intimen Höflichkeit* sind es drei:
1) Berufe dich auf eine gemeinsame Basis.
2) Baue eine kooperative Beziehung auf oder berufe dich notfalls auf eine fingierte.
3) Erfülle einige Wünsche des Adressaten.

Die Sprechakte, über die all dies erreicht wird, sind in den verschiedenen Sprachen dem Prinzip nach stets gleich. Man bezieht sich auf Gemeinsamkeit durch Verwendung der intimen Alltagssprache (»Mein Schätzlein ...«), indem man auf die Bedürfnisse des anderen eingeht, ihn seine Wertschätzung wissen läßt (»Du bist ein toller Kerl ..., kannst du mir ...«); ihm mitteilt, daß man in Ansichten und Werthaltungen übereinstimmt, und dazu auch über »sichere Themen« Übereinstimmung abtastet (»Ja, das Wetter ist heute wirklich schön ...«), Widerspruch meidet, scherzt und sich notfalls auch unklar ausdrückt und zu Zwecklügen greift.

Zum Aufbau der kooperativen Beziehungen gibt man zu erkennen, daß man die Bedürfnisse des anderen kennt, für seine Anliegen Verständnis zeigt, mit ihm übereinstimmt, eine reziproke Beziehung pflegt, anbietet und verspricht. Man bezieht den Partner ein, indem man den Plural »wir« spricht, statt von »ich« und »du«. Wünsche des Partners erfüllt man durch Gaben (gute Wünsche, Lob, Sympathiebekundungen).

Die *formelle Höflichkeit* zeichnet sich durch Distanz, Respekt und starke Konventionalisierung aus. Es handelt sich um jene Strategien, die die Seiten der Etikette-Bücher füllen. BROWN und LEVINSON zählen 5 Substrategien auf. Dank der Konventionalisierungen kann auch eine Strategie der direkten Anfrage eingesetzt werden. Damit man aber dadurch keinen Zwang auf den Partner ausübt, werden »indirekte Sprechakte« eingesetzt: »Könnten Sie vielleicht ...?«, »Gibt es noch Salz ...?«

Solche Sprechakte sind unmittelbar in andere Sprachen übersetzbar, und zwar bei Kulturen, die nicht im geringsten miteinander verwandt sind. – Man soll den

Partner nicht zwingen, ein Punkt, den wir bereits besprachen und den bereits das Kleinkind beachtet (S. 491 ff.). Dem Adressaten muß die Möglichkeit offenbleiben zu verweigern. Vorsichtige Anfrage, oft mit pessimistischem Unterton, kann man in diesem Zusammenhang feststellen (»Könnten Sie mir vielleicht ...?«), oder man minimalisiert die Bedrohung, indem man die eigene Bitte verkleinert (»Könnten Sie mir vielleicht ein einziges Blatt Papier leihen?«).

Ein besonders interessantes Beispiel dazu, weil es zunächst eine Fehldeutung nahelegt, verdanke ich Gunter Senft (mündliche Mitteilung). In der Sprache der Trobriander (im Kilivila) gibt es eine stereotype Aufforderung (Bitte): »mesta tobaki«, die man zunächst als direkte, unverblümte Bitte im Sinne von »Gib Tabak!« oder »Bring Tabak!« übersetzen würde.

Erst ein tieferes Eindringen in die Sprache enthüllt das »mesta« als eine Verschleifung des Verbs »kumeja« (Verbstamm: /meja/ verbunden mit dem Personal-Pronominal-Präfix der 2. Person /ku/) mit dem Nomen »sitana«.

»mesta tobaki« entstand aus: »kumeja sitana tobaki«, das heißt wörtlich: »Du bringst Teil Tabak«, in freier Übersetzung: »Gib mir ein *bißchen* Tabak!«

Ehrerbietung wirkt ähnlich. Man kann sie erweisen, indem man sich selbst herabsetzt und dabei oft auf Infantilismen regrediert, kichert, lacht, sich hilflos gibt*. Ferner, indem man den anderen durch die Anrede etwa im Plural oder mit Titel heraufsetzt. Eine weitere Substrategie besteht darin, dem Adressaten mitzuteilen, daß man ihn nicht behindern und belästigen will, indem man sich z. B. entschuldigt, beteuert, daß es einem leid tue etc.

Die Superstrategie der Verblümung setzt man bei hohem Risiko des Gesichtsverlustes ein. Der Sprecher drückt sein Anliegen so aus, daß Mehrdeutigkeit

---

* Wird in Südindien ein Mann niederer Kaste von einem Hochrangigen angesprochen, dann fängt er an zu kichern. »Detailed analyses of tapes from our Tamil Village shows that strategies for this mode of self-humbling are highly developed by low-caste (Harijan) speakers, but only used to high-caste persons of considerable power. For instance, in front of a landlord, a Harijan when reprimanded may giggle like an English child; when given instructions he may appear slow to comprehend; when speaking he may mumble and speak in unfinished sentences as if shy to express foolish thoughts; and when walking he may shuffle along. All this contrasts sharply with the same man bargaining with less powerful but still highcast persons, and there can be no doubt that this mumbling is a strategically selected style« (P. Brown und St. Levinson 1978 : 191). (»Detaillierte Analysen der Tonbänder aus unserem Tamilen-Dorf zeigen, daß die Strategien dieser Art der Selbsterniedrigung ganz besonders bei Sprechern aus der unteren Kaste (Harijan) entwickelt sind. Sie werden aber nur dann benutzt, wenn ein solcher Sprecher mit einer Person aus einer hohen Kaste spricht, die über besonders viel Macht verfügt. So kann z. B. ein Harijan, der von einem Landbesitzer gerügt wird, kichern wie ein englisches Kind; wenn er Instruktionen bekommt, stellt er sich begriffsstutzig an; wenn er redet, murmelt er und gibt nur halbe Sätze von sich, als ob er Angst hätte, dumme Gedanken auszudrücken; und wenn er geht, dann schlurft er nur so vor sich hin. All dies steht in scharfem Kontrast zu einer Situation, in der der gleiche Mann mit einem weniger mächtigen Gegenüber feilscht, obwohl auch dieser aus einer hohen Kaste kommt. Es gibt also keinen Zweifel, daß dieses Demutsverhalten aus strategischen Gründen gewählt wird. «)

angeboten wird. Er gibt Hinweise, aber überläßt die Interpretation dem Adressaten, dem damit ein Ausweg bleibt, falls er dem Wunsch nicht entsprechen will (»Was für ein heißer Tag«) (= Wie wäre es mit einem Trunk?); (»Es ist kalt im Zimmer«) (= Schließ doch das Fenster!).

Eine Person kann von einer Strategie zur anderen überspringen. Herrscht z. B. eine Verstimmung zwischen Ehepartnern, dann schafft dies Distanz und damit vorübergehend zunehmende Formalisierung. Umgekehrt können auch einander völlig Fremde Appelle fingierter Verbundenheit einsetzen, so beispielsweise, wenn ein Yanomami-Junge dem fremden Krieger, der ihn töten will, entgegen-ruft: »Mein Vater« (Beispiele zur Herstellung fingierter Verwandtschaftsbeziehungen bei EIBL-EIBESFELDT 1970, 1971, 1975).

Die Untersuchung von BROWN und LEVINSON ist überaus reich an Angaben, und sie belegt eine dem verbalen Bitten zugrundeliegende universale Tiefenstruktur. Dem beiderseitigen Bedürfnis der Interakteure, das Gesicht zu wahren, kann der Bittsteller nur in ganz bestimmter Weise entsprechen, etwa durch Verblü-mung der Anfrage (indirekte Ausdrucksweise) oder Selbstherabsetzung und dergleichen mehr. Es handelt sich um Universalien des Prinzips, aber auch solche der speziellen Qualität sind nachweisbar. Eine gleichmäßig hohe Tonlage ist z. B. für die Sprache der formellen Höflichkeit charakteristisch, eine kreischend quie-kende (»creaky voice«) für die intime Höflichkeit.

BROWN und LEVINSONS Ergebnisse konvergieren mit jenen der humanethologi-schen Strategienforschung, die verbale und nichtverbale Interaktionsstrategien auf die ihnen zugrundeliegende Tiefenstruktur erforscht. Die Genannten kritisie-ren im Zusammenhang mit ihrem Hinweis auf Universalien im Sprechverhalten W. LABARRE, der die Doktrin des kulturellen Relativismus mit endlosen Katalogen oberflächlicher Unterschiede im Ausdrucksverhalten begründet*.

Unsere bisherigen Ausführungen zur universalen Grammatik menschlichen Sozialverhaltens haben bereits einige allgemeine Regeln zutage gefördert. Wir wollen noch einige andere vorstellen: Beobachten wir, wie Kinder es anstellen, um andere zum Spielen einzuladen, dann können wir eine begrenzte Anzahl von Strategien beobachten. Häufig sieht man z. B., daß ein Kind das andere auffordert,

---

* »A final goal, perhaps, largely unnecessary nowadays, is to rebuff the once-fashionable doctrine of cultural relativity in the field of interaction. Weston LaBarre (1972), for instance, catalogues endless superficial differences in gesture as evidence of relativism in that sphere. We hope to show that superficial diversities can emerge from underlying universal principles and are satisfactorily accounted for only in relation to them« (BROWN und LEVINSON 1978:61). (»Ein letztes Ziel – heutzutage vielleicht weitestgehend überflüssig – ist, die einst sehr modische Doktrin der kulturellen Relativität auf dem Gebiet der Interaktionen zu widerlegen. Weston LaBarre (1972) führt unzählige oberflächliche Unterschiede der Gestik als Beweis des Kulturre-lativismus auf. Wir hoffen zeigen zu können, daß oberflächliche Unterschiede aus darunterlie-genden, universellen Prinzipien entstehen können und nur in Beziehung zu diesen zufrieden-stellend erklärt werden können.«)

indem es wegläuft, mit Spielgesicht wartet, und, wenn der andere, so Eingeladene folgt, wieder zurückläuft, wieder wartet und so fort. Dabei kann es bestimmte Spiellaute äußern, die man als »Kreischen vor Vergnügen« beschreiben kann. So wird in unermüdlicher Wiederholung eine Bereitschaft zum Folgen aufgebaut. Der zum Spiel Einladende kann den Partner auch berühren oder gar umarmen (Abb. 6.87). Es folgen dann Akte, in denen wechselseitige Einigkeit bezeugt wird.

Abb. 6.87: Ausschnitte aus einer längeren Filmsequenz, in deren Verlauf das nicht ganz dreijährige Eipo-Mädchen einen dreieinhalbjährigen Buben zum Spiel auffordert. Sie pendelt einige Male zwischen ihm und ihrer Mutter hin und her. Mit Spielgesicht und Umarmintention wirbt sie um ihn. Schließlich gehen sie, indem sie einander umfassen, fort. Aus einem mit 25 B/s aufgenommenen 16-mm-Film, Bild 1, 88, 251 und 354 der Sequenz, die allerdings nur das Ende einer sehr langen Szenenfolge darstellt. Foto: I. EIBL-EIBESFELDT.

Dabei kann die Initiative vom zum Spiel Einladenden auf den bisher folgenden Spielpartner übergehen, der nunmehr dem anderen etwas vormacht und damit schon die Bereitschaft, spielen zu wollen, ausdrückt. Nun ist es am anderen, nachzumachen und damit Einigkeit zu bekunden.

Die in der Bildreihe gezeigten Eipo-Mädchen bestupsen abwechselnd mit den Füßen die Tabakpflanzen. Sie könnten sich genausogut im Kreise um die Längsachse drehen, mit einem Stein werfen, einen Stock gegen die Unterlage schlagen. Hauptsache, einer macht es dem anderen nach und bezeugt so, daß er mitmacht, was erst durch die Wiederholung deutlich wird. Nach Ablauf dieser recht stereotypen Einleitung kommt es dann zu flexiblerem, variationsreicherem

Zusammenspiel. Natürlich gibt es auch andere Strategien, jemanden zum Mitspielen einzuladen (Abb. 6.88).

Abb. 6.88: Die beiden Eipo-Mädchen Yoto und Metik, wie sie sich zum gemeinsamen Spiel einstimmen. Wiederum ist nur ein kleiner Ausschnitt einer langen Filmszene gezeigt: Yoto forderte zuvor ihre Freundin zum Spiel auf, indem sie wiederholt zu einem Riedzaun lief. Die Freundin folgte, dann liefen beide wieder zu ihren Müttern. Zuletzt beginnt Metik, mit den Füßen die Tabakpflanzen zu bestupsen, was Yoto sogleich nachmacht. Die Serie zeigt zuerst Yoto, wie sie mit Spielgesicht zum Nachfolgen einlädt, und danach die beiden Kinder, wie sie einander an der Riedwand nachahmen. Bild 1, 378, 609 und 670 der mit 25 B/s aufgenommenen Filmszene. Wir bringen hier nur einen kleinen Ausschnitt vom Ende der Interaktion. Foto: I. Eibl-Eibesfeldt.

In Kindergärten beobachtete K. Grammer (1988), daß Kinder, die mit anderen mitspielen wollen, meist nicht einfach fragen, ob sie mitspielen dürfen, obgleich dies in 80 Prozent der Fälle zum Erfolg führt. Sie setzen zunächst jene Strategie ein, die die meisten Möglichkeiten offenläßt. Sie gesellen sich z. B. als Randspieler zur Gruppe und lassen sich allmählich ins Spiel einbeziehen. Es scheint, als würden generell zunächst die Strategien eingesetzt, die die meisten Optionen offenlassen.

Eine Sequenzanalyse für effektive Strategien zeigt folgende Handlungsschritte: Das Kind nähert sich der Zielperson, sieht sie an, verbalisiert auf die Zielperson bezogen, ohne diese jedoch direkt anzusprechen, adressiert sie auch nichtverbal unter anderem durch wiederholtes Hinschauen, bei weiterer Annäherung. Schließlich produziert es eine Variante des Verhaltens, das ihre Zielperson gerade tut, bis es akzeptiert wird. Nachahmung hat offensichtlich eine bindende Wirkung. Man kann durch Nachahmung sich anbiedern oder, wie am Beispiel der Eipo-Kinder gezeigt wurde, durch Vormachen zur Nachahmung und damit zum Mitspielen auffordern (H. SHIBASAKA und K. GRAMMER 1985).

Die hier geschilderte Strategie, durch Vormachen zum Nachmachen einzuladen und durch Nachmachen Einigkeit und damit Bereitschaft zum Zusammenspiel auszudrücken, liegt als Prinzip sehr vielen bindenden Ritualen zugrunde. Gemeinsames Tun bezeugt Einigkeit, Nachahmen Folgebereitschaft (I. EIBL-EIBESFELDT 1973). Das wird so auch in vielen Ritualen ausgedrückt, z. B. in Tänzen und Aufmärschen. Die äußerlich große Vielfalt der Rituale läßt sich im allgemeinen auf solche elementare Interaktionsstrategien zurückführen; sie sind deren kulturelle Ausdifferenzierung. Dabei können verschiedene Verhaltensweisen einander im Rahmen der die Strategie bestimmenden Regeln als funktionelle Äquivalente ersetzen.

Meine Mitarbeiter K. GRAMMER, R. SCHROPP und H. SHIBASAKA (1984) untersuchten die Struktur folgender Strategien: 1. Das Anbieten in agressiven Interaktionen mit dem Handlungsziel: Annahme des angebotenen Objektes. 2. Das Anschlußsuchen an eine Spielgruppe mit dem Handlungsziel: Mitspielen. 3. Das Unterstützen eines Partners durch Eingreifen in einen Konflikt mit dem Handlungsziel, diesen zugunsten des Unterstützten zu entscheiden.

Wurde ein Handlungsziel erreicht, dann wurde die Strategie als effektiv bezeichnet. Es zeigte sich, daß 1. effektive Strategien mehr Handlungsschritte als ineffektive enthalten; 2. erfolgreiche Strategien ferner langsam mit einer bestimmten Ablauffolge von Handlungsschritten aufgebaut werden. Dabei hält sich der Handelnde die Möglichkeit einer Intensivierung seiner Handlungsschritte offen. Kinder, die erfolgreich in Konflikte eingriffen, drohten zuerst. Damit hielten sie sich die Steigerung durch körperliche Aggression offen. 3. Schließlich berücksichtigen erfolgreiche Akteure auch die Handlungsmobilität des Partners, indem sie tunlichst keine ultimativen Strategien einsetzen, die den anderen zu einer sofortigen Entscheidung zwingen. Kinder, die z. B. den Kontakt zu einer Gruppe suchen, fragen wie gesagt selten direkt, ob sie mitspielen dürfen. Das würde zwar in der Mehrzahl der Anfragen zum Erfolg führen, die Ablehnung aber wäre ebenfalls endgültig. Die Kinder nähern sich daher als Randspieler der Gruppe, und sie stellen den verbalen Kontakt durch indirekten Bezug auf ihr Ziel »Mitspielen« her. Sie zeigen, erzählen, fragen und gewinnen so langsam den Anschluß. 4. Ultimativen Charakter hat dagegen stets das Anbieten von Objekten in aggressiven Interaktionen. Der Adressat muß annehmen oder ablehnen (Abb. 6.89, 6.90). Ulitimative Handlungsschritte sind daher nur aus einer überlegenen Position heraus erfolgreich. Ihr Vorteil besteht darin, daß sie den Verlauf einer Interaktion beschleunigen. Wenn gar keine Alternative bleibt, können sie auch von einem Untergeordneten eingesetzt werden. Ob ultimative Strategien zur Anwendung kommen oder nicht, hängt vom Interaktionstypus und der Bezie-

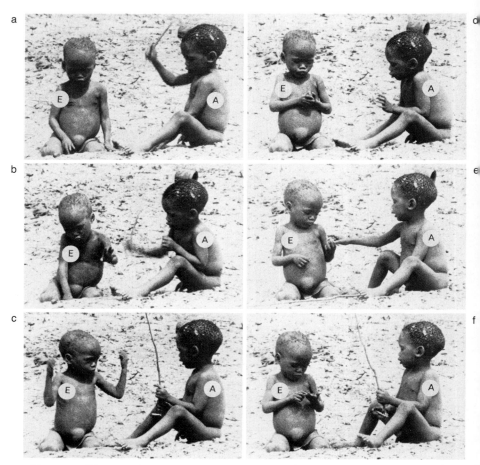

Abb. 6.89: Effektives Anbieten eines Objekts: a) zwei Buschmann-Kinder (Anbieter A + Empfänger E) sitzen auf dem Boden. A schlägt mit einem Stock nach einem Käfer; b) A schlägt aus Versehen mit dem Stock auf die Finger von E; c) E starrt A an und macht eine Schlagdrohung; (kurz darauf schlägt E gegen das Bein von A); d) während E schmollt und seine Finger betastet, nimmt A den am Boden liegenden Käfer auf; e) zur Beschwichtigung bietet A dem Empfänger E den Käfer an. E nimmt das Geschenk an; f) es folgen keine Aggressionen mehr. E untersucht den Käfer, dann spielen die beiden wieder zusammen. Aus einem mit 25 B/s aufgenommenen 16-mm-Film, Bild 1, 42, 190, 362, 536 und 567 der Sequenz. Foto: I. Eibl-Eibesfeldt.

Abb. 6.90: Ineffektives Anbieten eines Objekts: a) ein Yanomami-Bub (Empfänger E) droht einem jüngeren Buben (Anbieter A) einen Schlag an; b) A setzt sich und beobachtet E, der eine Stange gegen A richtet; c) der Anbieter A nimmt ein Objekt vom Boden auf und hält es dem drohenden Empfänger E beschwichtigend entgegen; d) E läßt kurz die Stange sinken, während A weiter anbietet; e) gleich darauf aber bedroht E den Anbieter A wieder mit der Stange. Er nimmt das Angebot nicht an; f) der Konflikt eskaliert. E attackiert A mit der Stange. A wehrt sich mit einem

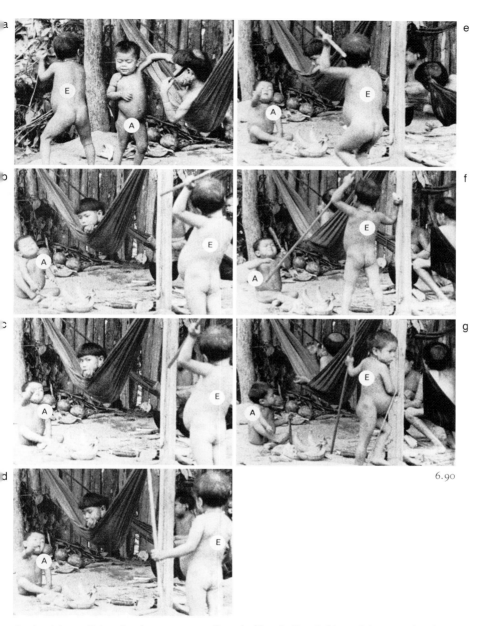

6.90

Stock; g) kurze Zeit später kommt es zum Kontaktabbruch. Der Anbieter A konnte mit seinem Geschenk den Empfänger E nicht beschwichtigen.

Aus einem mit 25 B/s aufgenommenen 16-mm-Film. Die erste Aufnahme gehört zu einer vorangegangenen Szene. Die Auszählung der Bilder beginnt daher mit dem zweiten Bild (b): Bild 1, 55, 85, 111, 672 und 859 der mit dem zweiten Bild beginnenden zweiten Szene. Foto: I. EIBL-EIBESFELDT.

hung der Interakteure zueinander ab. Bei jeder Interaktion riskiert es einer der Partner, daß er sein Gesicht (= Status) gefährdet, wenn er sein Ziel nicht erreicht. E. GOFFMAN, ein Pionier in der Erforschung menschlichen Alltagslebens, formulierte es treffend: »The study of face saving is the study of traffic rules of social interactions« (E. GOFFMAN 1967:12)*. 5. Wesentlich für das Gelingen einer Strategie ist schließlich der Interaktionspartner. Angebote an jüngere Kinder werden häufiger akzeptiert als solche an ältere. Ist die Zielperson ein Spielpartner des Kontaktsuchenden, dann sind seine Bemühungen um Kontaktaufnahme im allgemeinen erfolgreicher. Die Rangverhältnisse zwischen Interakteuren beeinflussen die Wahl der Zielpersonen, z. B. beim Eingreifen in Konflikte. Wir erwähnten bereits (S. 216), daß Kinder durch die Wahl ihres Verbündeten Einfluß auf die Rangverhältnisse der Gruppe nehmen können. Erfolgreiche unterstützen Kinder, die in jüngerer Zeit an Rang verloren haben, gegen andere, die in der Rangordnung gerade aufsteigen und damit die Position des Eingreifers bedrohen. Glückt der Eingriff, dann steigt der Unterstützte relativ zum Eingreifer, der Gegner aber fällt im Rang. So kann ein geschickter Eingreifer die Rangverhältnisse in der Gruppe manipulieren. Das können übrigens bereits Schimpansen (F. DEWAAL 1982).

Der Ablauf der Strategien ist also von der Antwort des Partners abhängig. Er soll ja dazu gebracht werden, so zu handeln, daß sich die Handlungsziele des Akteurs erfüllen. Der Partner soll abgeben, mitspielen, kooperieren oder auch den Platz räumen und dergleichen mehr.

Die Regeln sozialen Umganges werden in diesem Sinne wie bei jeder Art Kommunikation vom Adressaten diktiert. Auf die allgemeinen Prinzipien, die der Entwicklung von Signalen zugrunde liegen, gingen wir bereits ein (S. 617, Kontrastbetonung, Antithese, mimische Übertreibung etc.).

Für Strategien gilt ganz allgemein zunächst die zuletzt erarbeitete Regel, daß man sich so verhalten möge, daß möglichst viele Optionen offen bleiben. Die direkte Strategie beobachten wir nur, wenn der Handelnde mit dem von ihm gewünschten Erfolg sicher rechnen kann, und zwar ohne für ihn nachteilige Spätfolgen. Stimmen die Partner z.B. völlig überein und verlangt einer vom anderen kein großes Opfer, dann kann er ihn direkt fragen oder bitten, ja auch den freundlichen Imperativ verwenden, ohne mit einer Verstimmung rechnen zu müssen. Ist einer dominant und legt er auf weitere Beziehungen keinen Wert, dann kann er auch direkt fordern. In allen anderen Fällen gilt die Regel, daß man Zurückhaltung üben möge.

Ein weiteres allgemeines Prinzip ist das von M. MAUSS (S. 498 f.) in seinem Buch über das Geschenk hervorgehobene der Gegenseitigkeit. Es gilt, wie C. LÉVI-STRAUSS (1969) ausführte, nicht nur für freundlich kooperative Interaktionen,

---

* Die Erforschung des Gesichtwahrens ist gleichbedeutend mit der Erforschung der Verkehrsregeln sozialer Interaktionen.

sondern für Auseinandersetzungen jeglicher Art, auch für feindliche. Gleiches mit Gleichem zu vergelten, heißt das ursprüngliche Gesetz (Lex talionis). Kinder handeln beim Streit nach dieser Regel (S. 533 ff.; W. W. LAMBERT 1981, W. W. LAMBERT und A. TAN 1979).

Für jede Art von Interaktionen, bei der der Fortbestand eines partnerschaftlichen Verhältnisses gesichert bleiben soll, gilt ferner die Regel, daß man sich voraussagbar verhalten soll. Das gilt selbst für agonale Auseinandersetzungen (Krieg, Zweikampf), die zwar im Rahmen von Konventionen auch Listen gestatten, aber Arglistigkeit und Täuschung, die den Rahmen der Konventionen überschreiten, verbieten. Die Vorspiegelung falscher Absichten und andere Formen der Lüge können bei feindlichen Auseinandersetzungen auf Zeit gestattet sein, es muß aber darüber hinaus einen Rahmen für Voraussagbarkeit des Handelns geben, eine Basis des Vertrauens. Verträge galten darum früher als heilig. Man konnte sie kündigen, aber nicht brechen. Wir sind dabei, diese Errungenschaft einer langen und mühseligen kulturellen Entwicklung über Bord zu werfen, und das mag wohl unseren Untergang besiegeln.

Lüge und Täuschung sind wichtige Waffen im zwischenartlichen Verkehr. Ein Räuber wird seine Beute mit allen Mitteln zu überlisten suchen, und diesem wiederum kann jedes Mittel der Täuschung (z. B. durch Mimikry) recht sein, um dem sonst sicheren Tode zu entkommen. Zwischen Räubern und Beute gibt es ja bekanntlich kein Pardon. In dem Augenblick jedoch, wo sich partnerschaftliche Beziehungen entwickeln, sei es innerhalb einer Kleingruppe oder zwischen Staaten und Machtblöcken, muß eine gewisse Voraussagbarkeit selbst gegnerischen Verhaltens möglich sein. Ich betone diesen Punkt, da von manchen Soziobiologen die Meinung vertreten wird, daß es für ein Tier stets vorteilhaft sei, zu lügen und falsche Nachrichten zu geben: »The classical ethological explanation, that animals exchange information about their ›motivations‹ or ›intentions‹ makes little sense from an evolutionary point of view, because honest signalling about motivations would not be evolutionarily stable; it would always pay to misinform, and therefore it would pay to disbelieve« (J. MAYNARD-SMITH 1984 : 98)*.

Wie G. W. BARLOW und TH. E. ROWELL in einem Kommentar dazu richtig bemerken, fiel MAYNARD-SMITH leider einer schrecklichen Vereinfachung zum Opfer. Er sah Kommunikation nur im Rahmen agonaler Auseinandersetzung. Hier zahlt sich der Bluff aus. Aber es muß darüber hinaus selbst im Bereich innerartlichen Feindverhaltens Ebenen verläßlicher Verständigung geben, sonst gäbe es keine Turnierkämpfe, keine Submission und beim Menschen keinen Friedensschluß (Kap. 5.6.7). Selbst für den agonalen Bereich – zwischenartliches

---

* »Die klassische ethologische Erklärung, Tiere würden über ihre Motivationen oder Intentionen informieren, ergibt vom evolutionistischen Standpunkt wenig Sinn, da ehrliches Signalisieren evolutionistisch nicht stabil wäre. Es würde sich immer auszahlen zu täuschen, und deshalb würde es sich ebenfalls auszahlen, mißtrauisch zu sein.«

Feindverhalten ausgeschlossen – ist die Lüge ein Mittel, das sich nur in beschränkten Bereichen als adaptiv erweist. Wo immer Tiere und Menschen in irgendeiner Weise miteinander verbunden sind und einander nicht als anderer Art Zugehörige einstufen, muß es Bereiche der Verläßlichkeit geben, sonst ist die Verbindung zerstört. Bereits W. WICKLER (1971) betonte, daß im Tierreich Selektionsdrucke gegen Mißverständliches und Lügenhaftes bestehen und auf wahre Verständigung Wert gelegt wird.

Eine Beziehung wird geradezu an der gegenseitigen Voraussagbarkeit des Handelns bestimmt – ohne eine solche fände keine kommunikative Interaktion statt. Das könnte ihren wichtigsten Anpassungswert darstellen (H. KUMMER 1973). Das bedeutet, daß wir uns mit dem ersten Handlungsschritt auch in gewisser Weise verpflichten. Wir wollen beständig und berechenbar erscheinen. Manipulatoren nutzen das, indem sie uns zu einem Schritt in einer bestimmten Richtung veranlassen, etwa, etwas Gemeinnütziges zu tun. Die weiteren Schritte folgen bei den meisten zwanghaft in der gleichen Richtung. J. L. FREEDMAN und S. C. FRASER (1966) fragten eine Gruppe kalifornischer Hausbesitzer, ob sie bereit wären, in ihren Vorgärten große Plakate aufzustellen mit der Inschrift: Fahrt vorsichtig! Die Mehrheit lehnte das verunstaltende Schild ab. In einem anderen Stadtteil hatten die Genannten zwei Wochen, bevor sie die gleiche Frage stellten, den Hausbesitzern eine Petition zur Unterschrift vorgelegt, die in allgemeinen Floskeln aufforderte, Kalifornien sauber zu halten. Das hatten die meisten unterschrieben. Danach aufgefordert, das Schild aufzustellen, entsprachen sie dieser Bitte viel häufiger als die Hausbesitzer der ersten Gruppe. Sie hatten sich bereits als Bürger deklariert, die für gute Sachen einstehen, und wollten an diesem Selbstbild festhalten.

Neben diesen allgemeinen Regeln (Zurückhaltung üben, Gegenseitigkeit pflegen, Verläßlichkeit zeigen) gibt es speziellere Regeln, die für bestimmte Kategorien von Interaktionen gelten. Man kann dabei grob zwischen agonistischen und kooperativ-bindenden Strategien unterscheiden. Für die letzteren gilt, daß man auf den Partner keinen Dominanzdruck ausüben soll und umgekehrt solchen Intentionen des Partners vorbeugt. Man handelt also so, daß das Ansehen des Partners (sein »Gesicht«) nicht gefährdet wird, und zugleich so, daß man sein eigenes Ansehen nicht verliert. Das ist eine Grundregel jeder freundlichen Interaktion. Sie wird beim Werben ebenso beachtet wie beim Bitten oder bei der freundlichen Kontakteröffnung.

Wir haben dafür eine Reihe von Beispielen gebracht. Man darf auf seinen Partner keinen Zwang ausüben, ihn nicht in Verlegenheit bringen oder gar ihn erniedrigen. Man setzt dazu, wie wir ausführten, notfalls die eigene Leistung herab und dokumentiert verbal wie nichtverbal »Bescheidenheit«. Auf den Dank des von uns Beschenkten sagen wir: »Nicht der Rede wert!« Wir entbinden ihn damit einer Dankesschuld, die uns einen Vorteil einräumen könnte. Wir tun dies natürlich nicht ganz, aber wir mildern sie.

In den zeremoniellen Grußritualen der Bewohner von Rennell und Bellona (Polynesien) beteuern die Begrüßenden einander, daß ihre Heimat krankheits- und dämonengeplagt sei und daß der Grüßende nur wert sei, sich zu dem jüngeren Bruder des Gastgebers zu gesellen, daß er seinem Gastgeber das Gesäß küsse und so fort. Sein Grußpartner erwidert ähnlich bescheiden (S. H. ELBERT 1967). In den Kontraktgesängen der Yanomami kommen vergleichbare Redewendungen vor, so wenn einer, der dem anderen einen schönen Hund schenkt, dies, wie schon erwähnt, mit der Bemerkung tut: »Nimm diese armselige Kreatur!«

Darüber hinaus bestimmen angeborene Auslösemechanismen in sehr spezifischer Weise die Antworten auf bestimmte Reize oder Reizkonstellationen, und universale Motivationen veranlassen uns, diese auslösenden Situationen aufzusuchen oder herbeizuführen, Aversionen, sie zu meiden. Normen schließlich registrieren die Abweichung vom Soll. Die Existenz einer Objektbesitznorm hat z. B. weitreichende Konsequenzen. Erst die Existenz dieser Norm macht es möglich, den Objekttransfer in den Dienst der Bindung zu stellen und reziproke Austauschsysteme zu entwickeln. Ohne sie gäbe es nicht die Regeln des Bittens und Forderns. Ohne Norm der Tötungshemmung wiederum gäbe es keinen Gewissenskonflikt beim Töten und keine Sühnerituale. Die Angst des Menschen vor dem Mitmenschen im Konflikt mit der sozialen mitmenschlichen Attraktion gestaltet die Rituale der Begegnung und so fort.

Strategien können auf bewußten Handlungsplänen basieren. Bei den elementaren Interaktionsstrategien, die wir hier diskutierten, ist das jedoch bestenfalls in Teilbereichen der Fall. Der werbende junge Mann möchte bewußt ein Mädchen gewinnen, er plant den Kauf des Geschenkes, und er weiß auch, daß er sie damit erfreut und geneigt macht. Aber daß er bemüht ist, sein Gesicht zu wahren, und daß seine Annäherung deshalb so vorsichtig erfolgt; daß er von ambivalenten Gefühlen bewegt wird und daß er über kindliche Appelle Zugang sucht, wenn er sich zärtlicher Sprechweise bedient, oder betreuender, wenn er sie streichelt, das ist ihm nicht bewußt. Er zieht nicht zielstrebig die Register, sondern gehorcht einem Programm, das ihm eingegeben ist und das zum wesentlichen Teil auch auf stammesgeschichtlichen Anpassungen beruht. Daß z. B. gemeinsames Tun Einigkeit ausdrückt und herstellt und Alternation Harmonie, »wissen« bereits Kinder im vorsprachlichen Alter. Zur Spielaufforderung bauen sie spontan Rituale gemeinsamen Tuns auf (S. 697), und die Grundmuster der Koaktion und Alternation, die in den Ritualen der Erwachsenen eine so große Rolle spielen (Chorsingen, Duettieren, Kap. 4.3.5), beobachten wir bereits in der Mutter-Kind-Dyade. Der Säugling beherrscht die Technik bereits sehr früh. Die Alternation setzt die Fähigkeit voraus, abwarten zu können und im richtigen Augenblick zu übernehmen. Das kann sich phylogenetisch im Zusammenhang mit dem Geben und Nehmen entwickelt haben. Man übergibt auch die Rede und übernimmt sie, aber man schneidet einem anderen nicht das Wort ab. Man bittet bei passender Gelegenheit um das Wort.

Wir erwähnten ferner die Versteck- und andere Spiele – Spiele zwischen Mutter und Kind, die offensichtlich universell sind, wenn sie auch verschiedene Ausdifferenzierungen erfahren. D. TREVARTHEN (1979 : 556) schrieb dazu: »The rules of game are evidently not imparted by the mother although they may be culturated and ritualized as in ›pat-a-cake‹ or ›peek-a-boo‹. They are derived from rules of infants motivation which we are only beginning to discern.«*

Diese universalen Strukturen, die wir bei Analyse verschiedener Rituale aufdecken können, sind wohl Ausdruck ähnlich vorprogrammierter Hirntätigkeit des Menschen. Gewisse Erwartungen, Wahrnehmungen, Dränge, Denkzwänge, Motivationen, Lerndispositionen, ja sogar Bewegungskoordinationen können vorgegeben sein und damit die Handlungen innerhalb eines Wegenetzes vorzeichnen. Die Alternativen sind begrenzt und damit auch die Zahl der verfügbaren Strategien, die wir einsetzen können, um ein bestimmtes Ziel zu erreichen. In diesem Sinne sprechen wir von einer universellen Grammatik menschlichen Sozialverhaltens, und zwar einer allgemeinen, die die Regeln kommunikativen Verhaltens, gleich welcher Art, abdeckt, und einer speziellen, die den Ablauf ganz bestimmter Aktionen beschreibt.

Nach C. LÉVI-STRAUSS sind binärer Kontrast und Reziprozität die fundamentalen strukturierenden Prinzipien kulturellen Gestaltens. Er generalisiert damit einerseits das von M. MAUSS aufgefundene Prinzip der Gegenseitigkeit auf alle Typen von Interaktionen und das DARWINsche Prinzip der Antithese, indem er behauptet, daß logische Kategorien immer nach dem Prinzip des binären Kontrasts gebildet werden. Wir haben das als Neigung zur Polarisierung bereits erwähnt (S. 76 ff.). LÉVI-STRAUSS meint, eine derartige Dualität würde den meisten soziokulturellen Phänomenen zugrunde liegen. Das ist im Grunde die Essenz des Strukturalismus. Er spricht darüber hinaus noch sehr allgemein von universalen Strukturen und Funktionseigentümlichkeiten des menschlichen Hirns, die als »strukturales Unbewußtes« alle kulturellen Äußerungen gestalten.

LÉVI-STRAUSS hat sicher recht, wenn er diese zwei Prinzipien als »fundamental« bezeichnet. Nur sind sie, wie aus unseren bisherigen Ausführungen wohl klar wird, keineswegs die einzigen. Der ethologische Ansatz erlaubt es vielmehr, darüber hinaus zu präzisieren, in welcher Weise stammesgeschichtliche Anpassungen als Universalien auf den verschiedenen Ebenen des Handelns das Verhalten konkret strukturieren.

Mit der Entdeckung der universalen Interaktionsstrategien gelang der Humanethologie ein entscheidender Durchbruch. Die wie getrennt behandelten Gebiete der verbalen und nichtverbalen Kommunikation sind nun durch eine Theorie

---

* »Die Spielregeln werden offensichtlich nicht von der Mutter bestimmt, obwohl sie kultiviert und ritualisiert werden können, wie im ›pat-a-cake‹ oder im ›Kuckuck‹-Spiel. Sie stammen aus den Gesetzen der kindlichen Motivationen, die wir gerade erst zu erkennen beginnen.«

verbunden. Wir haben die Existenz eines universalen, aller Interaktion zugrunde-liegenden Regelsystems erkannt und können damit beginnen, die Grammatik menschlichen Sozialverhaltens zu erforschen. Die ersten Schritte in diese Richtung wurden unternommen.

6.4.2 Funktionelle Aspekte ritualisierten Verhaltens

Wir leben in einer Zeit, in der man meint, Sachlichkeit sei der Förmlichkeit vorzuziehen. Mit dem Kampfruf »Unter den Talaren der Muff von tausend Jahren« hat sich die Studentenbewegung der 60er Jahre gegen gewisse Erstarrungen im Ritual gewendet. Kritische Stimmen gab es zur Hochzeit des englischen Prinzenpaares (1981). Man meinte, das Geld für den Pomp wäre doch besser an die Armen verteilt worden. Kritisiert wird häufig der Aufwand des Auswärtigen Amtes für Empfänge und andere Aufgaben der Repräsentation.

Man kritisiert den Weihnachtsrummel als sinnentleert, und nüchterne Betrachtung läßt manches auf den ersten Blick als überflüssig erscheinen. – Aber nicht auf den zweiten Blick! Zwar stimmt es, daß viele unserer Bräuche merkantilisiert wurden, und es könnte wohl sein, daß manche Rituale ihre ursprüngliche Funktion einbüßten. Die meisten erfüllen jedoch nach wie vor wichtige Funktionen. Wir haben sie verschiedentlich aufgezeigt, wollen aber noch einmal zusammenfassen.

Zunächst sei in Erinnerung gerufen, daß Rituale der Kommunikation dienen. Das gilt für »Gute Nacht« und »Dankeschön« ebenso wie für den Salut bei einem Staatsbesuch oder den Wiener Opernball. Wer also etwas mitteilen will, kann gar nicht auf das Ritual verzichten. Fragt sich nur, ob der schlichte Weg der Mitteilung oder der oft kostspielig-aufwendige Weg vorzuziehen ist. In Salzburg promovieren Kandidaten noch in einem festlichen Akt, in München drückt man ihnen nach bestandener Prüfung die Hand. Die Urkunde wird mit der Post formlos zugeschickt*. Was ist besser? Nun, sicher verhält man sich in Salzburg »kultivierter«. Ein Festakt wird zelebriert. Man musiziert, hält Ansprachen, in denen die Universität, vertreten durch Dekan und Rektor, versichert, daß sie sich stets weiterhin mit den Abgehenden verbunden fühlt. Die Kandidaten werden zur Redlichkeit ermahnt und legen ihren Doktoreid ab, und zwar nicht nur die Mediziner. Auch die Naturwissenschaftler verpflichten sich nach der Eidesformel, nach bestem Willen nur die Wahrheit und nichts als die Wahrheit verbreiten zu wollen. Handelt es sich hier um reine Formalitäten? Vielleicht, aber erwiesen ist es nicht. Und eines ist gewiß: Die Verbundenheit, die dieser feierliche Akt mit der Universität, der akademischen Gemeinschaft und mit dem Lande stiftet, ist stark.

---

* Es besteht die groteske Situation, daß wir in Europa den Verfall des Brauchtums bei anderen Völkern beklagen, gleichzeitig aber die Zerstörung des eigenen Brauchtums mit großem Eifer betreiben.

Die Feier markiert, wie ein Initiationsritual, den Übertritt in einen neuen Lebensabschnitt. In ihr anerkennt die Gemeinschaft die Leistung der nunmehr Promovierten. Sicher genügt es im Grunde, wenn der Kandidat die amtliche Mitteilung, er hätte erfolgreich promoviert, per Post bekommt; aber viele zusätzliche Mitteilungen wie jene der Anteilnahme, der gegenseitigen Verpflichtung und der Einbindung in eine Gemeinschaft, entfallen. Dafür sind eben differenzierte Umgangsformen erforderlich.

Rituale vermitteln außerdem Sicherheit, zunächst, weil sie das Verhalten der Partner füreinander voraussagbar machen. Und danach besteht bereits sehr früh das Bedürfnis. Wenn z. B. aus der Kette der vertrauten Verhaltensweisen der Mutter ein Segment mit einer wichtigen Schlüsselinformation ausgeschaltet wird, reagieren vier Monate alte Säuglinge mit Unruhe und Kontaktverweigerung.

H. und M. Papoušek (1977) baten Mütter, sich von ihren Säuglingen für jeweils 15 Sekunden zu trennen, und zwar so, wie sie es normalerweise auch zu Hause tun würden. Die Mütter befolgten dies, indem sie sich jedesmal in typischer Weise von den Säuglingen verabschiedeten. Die Trennung erfolgte dabei schrittweise unter Beibehaltung des Augenkontaktes und mit wiederholten verbalen Erklärungen und Verabschiedungen. Kehrten die Mütter zurück, dann wendeten sich die Kinder ihnen freudig zu. In einer zweiten Versuchsserie verließen die Mütter ihre Kinder ohne solche Vorbereitung, während für drei Sekunden das Licht ausgeschaltet wurde. Nach 15 Sekunden kamen sie wieder. Auch hier begrüßten die Kinder ihre Mutter zunächst freudig. Nach wiederholtem Verschwinden der Mutter ohne Abschied lehnten die Kinder jedoch den Kontakt mit der Mutter ab, und zwar in typischer Trotzreaktion um so stärker, je mehr sich die Mutter um Kontakt bemühte. Diese Verhaltensänderungen wurden nicht durch das kurze Lichtabschalten bewirkt, denn wenn man das Licht in Gegenwart der Mutter ausschaltete, ohne daß diese zwischendurch verschwand, ergaben sich keinerlei Unterschiede im Verhalten der Kinder. – Diese Beobachtung paßt gut zu eigenen Beobachtungen, daß Kinder sich leichter vorübergehend von ihren Eltern trennen (z. B. wenn diese sie im Kindergarten zurücklassen), wenn diese den Vorgang als Abschiedsritual in stets gleicher Weise ausgestalten.

E. B. Greif und J. B. Gleason (1980) wiesen darauf hin, daß Kinder erst lernen müssen, zu bitten, zu danken oder »Auf Wiedersehen« zu sagen. Sie meinen, dieses Verhalten verdanke seinen Ursprung demnach rein kultureller Konvention. Das trifft zu, wenn man die spezifische Ausprägung ins Auge faßt. Es wäre jedoch falsch anzunehmen, daß es sich hier um Verhaltensweisen handle, für die wir überhaupt nicht vorbereitet wären. Auch dort, wo man nicht »bitte«, »danke« oder eine Abschiedsformel sagt, ja die Begriffe Dank und Gruß gar nicht kennt, gibt es funktionelle Äquivalente für Dank und Gruß. Die kritischen Punkte einer Interaktion, in denen die Weichen zu neuem Verhalten gestellt werden, werden in der Regel so markiert, daß der andere erkennen kann, was sein Partner vorhat. Das kann auf kulturspezifische Weise geschehen; aber obligatorisch ist, daß es geschieht, und insofern entspricht das Lernen der entsprechenden Etikette auch einer vorgegebenen Erwartung.

Das Bedürfnis des Menschen, den zwischenmenschlichen Umgang im Tages-, Jahres- und Lebenslauf über Rituale zu ordnen, ist sicher sehr stark. Bereits kleine Kinder erfinden ihre eigenen Konventionen, an die sie sich im Spiel halten. Rituale ordnen den Alltag, und sie geben damit Sicherheit – nicht umsonst gewinnt man Bräuche lieb, fühlt sich über sie in eine Gemeinschaft ähnlich Handelnder eingebettet, vor Unvorhersehbarem geschützt.

Wir haben bereits einmal darauf hingewiesen, daß dieses Sicherheitsbedürfnis des Menschen dazu führt, gedankliche Ordnungsgerüste in Form von Hypothesen in die Welt zu setzen, um sich dann an ihnen zu orientieren, u. a. in den religiösen Ritualen. Man hat in der Geschichte verschiedentlich versucht, Rituale abzuschaffen. Wo dies gelang, entstanden ebenso schnell neue – mit entsprechender Funktion. Das galt z. B. für das kommunistische Rußland: »There is a notable tendency in the new Ritual«, schreibt C. LANE (1979 : 256), »to create its own holy scripture, traditions, ritual attributes, saints and its holy places of pilgrimage. They are holy or sacred in the sense that they are given a timeless importance and are considered as a part of the unalterable order of things. Often Soviet writers will themselves use the word ›holy‹ to describe them.«[*]

LANE weist darauf hin, daß keine öffentliche Entscheidung fällt ohne Bezugnahme auf Lenin. »Lenin lebte, Lenin lebt, Lenin soll leben« liest man auf den Spruchbändern, und die Pilgerfahrten zum Lenin-Mausoleum sind ja allgemein bekannt. Entsprechende Entwicklungen finden wir auch in anderen Gesellschaften, z. B. in den USA. Über die Rituale des Nationalsozialismus gibt es eine bemerkenswerte Arbeit von S. TAYLOR (1981).

Viele dieser Rituale kann man als Ausdifferenzierung elementarer Interaktionsstrategien deuten, aber beileibe nicht alle. Wenn ein Buschmann der zentralen Kalahari vor der Jagd seine Orakelplättchen wirft, um zu erfahren, in welche Richtung er heute auf Jagd losziehen soll, dann knüpft dies natürlich an kein biologisches Programm an. Dennoch können wir auch die biologische Frage nach der eignungsfördernden Aufgabe stellen. Als Spekulation bietet sich an, daß durch das Orakelwerfen eine gleichmäßige Verteilung der Jagdzüge in verschiedene Richtungen und damit eine gleichmäßigere Nutzung des Reviers erreicht wird.

---

[*] »Es gibt eine bemerkenswerte Tendenz in dem neuen Ritual, eine heilige Schrift, eigene Traditionen, rituelle Symbole, Heilige und eigene heilige Wallfahrtsorte zu schaffen. Sie sind heilig und geweiht in dem Sinne, daß ihnen eine zeitlich unbegrenzte Bedeutung beigemessen wird und daß sie als ein Teil der unveränderlichen Ordnung der Dinge angesehen werden. Sowjetische Schriftsteller selbst benutzen häufig das Wort ›heilig‹, um diese Dinge zu beschreiben.«

Strategien und Rituale – letztere sind ja oft durch Konvention in besonderer Weise ausgestaltete und verfestigte Strategien – kann man nach Handlungszielen einteilen und sie in übergeordneten Kategorien, wie Bindung, Aggression etc., vereinen. Diese großen Kategorien sind als Ordnungshilfen zu denken. Sie umfassen Verwandtes, z. B. alles, was eine Bindung zwischen Menschen herstellt und festigt. Dazu gehören Mutter-Kind-Rituale ebenso wie die verschiedenen Strategien des heterosexuellen Werbens oder des Grüßens. Einzelne Verhaltensmuster freundlicher Zuwendung tauchen in allen drei Kategorien auf. Dennoch sind sie klar unterschieden.

Auf die hierarchische Ordnung der Strategien wiesen wir hin, ebenso auf die Tatsache, daß mit abnehmender Integrationsebene die Handlungsfreiheiten abnehmen. Eine Festlegung langer Handlungssequenzen erfolgt beim Menschen erst über kulturelle Ritualisierung. Bei manchen religiösen Ritualen ist jeder Schritt vorgeschrieben.

Die folgende Übersicht soll die verschiedenen Funktionen veranschaulichen und als Ordnungshilfe dienen:

Einteilung der Interaktionsstrategien nach funktionellen Gesichtspunkten*

1. *Strategien der Bandstiftung und Gruppenbindung (prosoziale oder synagonale Strategien**)*
   Funktion: Herstellung, Erhaltung und Reparatur sozialer Bindungen, Erhaltung der Gruppenharmonie und Gruppeneinheit

   a) *Strategien freundlicher Kontakteröffnung*
   Grußrituale, Strategien der Anbiederung
   Strategien heterosexueller Annäherung (Werben)
   Strategien der Spielaufforderung, Erkundung und Aufbau von Gemeinsamkeit

---

* Viele Strategien der unteren Ebenen sind zur Gänze oder in einigen Handlungsschritten ritualisiert. Sie können ferner in verschiedenen Funktionszusammenhängen auftreten, das Imponieren z. B. bei freundlicher Kontakteröffnung ebenso wie in agonistischen Auseinandersetzungen. Rangstreben kann unter dem Aspekt aggressiver Dominanz gesehen oder als Ordnungsleistung zum Zwecke der inneren Harmonie einer Gruppe aufgefaßt werden. In Stichworten geben wir Hinweise. Beispiele dazu haben wir in den vorangegangenen Abschnitten erörtert.

** Während sich für feindliches Verhalten der von *agon* (griechisch: Wettstreit) abgeleitete Begriff *agonistisch* (Endung latinisiert, *agonal* ist sprachlich besser) einbürgerte, fehlt ein entsprechender Begriff, unter dem man die verschiedenen Formen bindenden Verhaltens zusammenfassen könnte. Ich möchte dafür den Begriff *synagonal* (latinisiert synagonistisch) einführen. Er leitet sich ab von *synago* (griechisch: zusammenbringen, zusammenführen, befreunden, Verbindungen stiften, versöhnen, gastlich aufnehmen).

b) *Strategien der Bandbestärkung*

Rituale der Einigkeitsbezeugung (Rituale gemeinsamen Tuns in Koaktion und Alternation = Mutter-Kind-Rituale, Synchronisationsrituale, Bekundung der Anteilnahme und anderer Gemeinsamkeiten, Rituale gemeinsamen Kämpfens, z. B. gegen fingierte Feinde, Pflege gemeinsamer Werte, Indoktrination)

Rituale wechselseitiger Betreuung (Schenkrituale, Bewirtung, »grooming talk«)

c) *Strategien zur Erhaltung der Gruppenharmonie*

Strategien zur Erhaltung der Gruppennorm (Rügesitten, Spotten, Ausrichten, normerhaltende Aggression)

Strategien der Befriedung (Schlichten, Trösten)

Strategien des Beistehens (Unterstützen, Helfen)

Strategien der Bandreparatur (Versöhnen, Sich-Entschuldigen, Sühneleistung, Vermitteln)

Strategien der Aggressionsabblockung (Androhung des Kontaktabbruches, Submission, Mutter-Kind-Appelle, Strategien des Einlenkens)

Strategien zur Vermeidung von Herausforderung, Beschwichtigung (Verblümungssitten, demonstrative Respektierung der Besitznorm, Rituale der Anerkennung: Ehrerweisung, Lob, Selbstherabsetzung und andere Formen der Beschwichtigung)

2. *Strategien sozialen Lernens und Lehrens**

a) *Strategien sozialen Erkundens* (explorative Aggression, S. 549 ff., Imitation)

b) *Strategien der Unterweisung* (Ermunterung und erzieherische Aggression, Vormachen)

c) *Strategien des Zusammenspielens*

3. *Strategien des Rangstrebens*

a) *Strategien der Selbstdarstellung* (Selbstdarstellung als Betreuer, als Mächtiger, Potlatsch etc., S. 437 ff.)

b) *Strategien der Rangverteidigung*

c) *Rituale des Gehorsams* (Disziplinbestärkung)

---

* Die in den Kategorien 2 und 3 angeführten Strategien bedienen sich instrumental in bedeutendem Ausmaß der Aggression, z. B. als Mittel der Erziehung oder beim Rangstreben. Die dadurch auch gegen den Willen anderer erzielte Dominanz zielt aber nicht auf die Vertreibung des Dominierten ab, sondern dient vielfach dem Interesse der Dominierten, wie etwa im Falle erzieherischer Aggression. Sie sollen daher von feindlicher Aggression unterschieden werden.

4. *Strategien der Feindbekämpfung (agonale Strategien)*

a) *Strategien des Imponierens und Bluffens* (Demonstration auch vorgetäuschter körperlicher, geistiger oder wirtschaftlicher Macht)
b) *Strategien des Herausforderns*
c) *Strategien des Angreifens und Kämpfens* (ritualisierte Kämpfe)
d) *Strategien der Verteidigung*
e) *Strategien des Rückzuges*
f) *Strategien der Versöhnung und des Friedenstiftens*
g) *Strategien der Unterwerfung*

6.4.3 *Störungen kommunikativen Verhaltens*

In der anonymen Gesellschaft maskieren wir unseren Ausdruck. Wir wahren angstmotiviert das Gesicht und vermeiden es, Gefühle zu zeigen. Die Gründe haben wir ausführlich diskutiert (Kap. 4.2). Man möchte einerseits nicht zum Kontakt einladen, andererseits möchte man sich nicht verraten, vor allem keine Schwäche zeigen, damit andere die Situation nicht ausnützen, um ein repressives Dominanzverhältnis herzustellen. Das kann zu einer so eingefahrenen Gewohnheit werden, daß Menschen gelegentlich zur Kommunikation unfähig werden. Sie können sich dann selbst innerhalb ihres vertrauten Familienkreises nicht frei geben. Diese Art von Störung kommunikativen Verhaltens scheint gegenwärtig verbreitet zu sein, wenn man den Zulauf zu den Kommunikationstherapien als Indiz dafür verwenden darf.

Ein Sonderfall gestörten kommunikativen Verhaltens ist der Autismus. Hier lehnt der Mensch oft bereits im frühesten Kindesalter den Kontakt mit Mitmenschen ab. Sozialangst, insbesondere Angst vor dem Blickkontakt, dürfte ein entscheidender Faktor in der Genese dieses Verhaltens sein (E. A. und N. Tinbergen 1972, 1983). Es gibt aber auch noch andere Gründe, die einen Menschen zur Kontaktverweigerung bringen können. Wir erwähnten die Strategie der Androhung des Kontaktabbruches – das Schmollen.

Der ständig in Erwartungen Getäuschte zieht sich ebenfalls in sich selbst zurück. Manche Beschreibungen der Genese des frühkindlichen Autismus weisen auch in diese Richtung. Kinder können auf Fehlhaltungen ihrer Mutter, die ihre Erwartungen nicht erfüllt, mit Kontaktabbruch reagieren – vielleicht um nicht weiter verletzt und enttäuscht zu werden. Ich möchte das zur Diskussion stellen. Trifft die Annahme zu, dann würde es zwei grundsätzlich verschiedene Typen frühkindlichen Autismus geben, die verschiedene Therapien erfordern: den vom Kind ausgehenden, der in einer zu großen Angst des Kindes, und einen, der in einer Fehlhaltung der Mutter begründet ist. Wichtige therapeutische Hinweise zur Behandlung des angstbewirkten Autismus geben N. und E. A. Tinbergen

(1983). Sie raten, körperlichen Kontakt, aber nicht Blickkontakt, notfalls zu erzwingen, solange bis das Kind daran gewöhnt ist und die Angst überwunden hat.

Kommunikationsstörungen kommen auch dadurch zustande, daß einer sich unbeabsichtigt so verhält, daß andere sein Verhalten falsch interpretieren. Ein Therapeut erzählte mir von einem Mann, der über Kontaktschwierigkeiten klagte. Ihm konnte mit einer Brille geholfen werden. Der körperlich mächtige Mann hatte nämlich einen Sehfehler, den er dadurch korrigierte, daß er den Kopf leicht nach hinten neigte. Das verlieh ihm den Ausdruck des Hochmütigen und machte ihn unnahbar.

Zusammenfassung 6.4

Das äußerliche Kleid der menschlichen Umgangsformen variiert erheblich von Kultur zu Kultur. Bei genauerer Betrachtung lassen jedoch die Strategien sozialer Interaktion universale Aufbauprinzipien erkennen, die auf ein ihnen zugrundeliegendes universales Regelsystem hinweisen. Im Rahmen dieses Regelsystems können Verhaltensweisen verschiedenen Ursprungs, aber gleicher Funktion einander als funktionelle Äquivalente ersetzen, auch Sätze können für Handlungen eintreten. Was Kinder in allen Kulturen in prinzipiell gleicher Weise nichtverbal abhandeln, übersetzen Erwachsene in Worte. Ihr verbales Handeln folgt aber den gleichen Regeln der Etikette, die den entsprechenden nichtverbalen Interaktionen zugrunde liegen.

Diese Entdeckung der Austauschbarkeit verbalen und nichtverbalen Verhaltens eröffnet den Weg zur Erforschung der universalen Grammatik menschlichen Sozialverhaltens, der beide Bereiche umfaßt. Die bisher offene Kluft zwischen beiden Bereichen ist damit überbrückt. Neben ganz allgemeinen Regeln, die sich aus den Eigenheiten der menschlichen Wahrnehmung ergeben, bedingt die Motivationsstruktur des Menschen, insbesondere seine ambivalente Haltung Mitmenschen gegenüber, das Vorgehen der Interagierenden.

Eine der Grundregeln affiliativer Strategien ergibt sich unmittelbar aus der Angst des Menschen vor dem repressiven Dominanzstreben des Partners. Sie schreibt vor, daß man sich so verhält, daß man weder das Ansehen des Partners noch sein eigenes Gesicht gefährdet. Die Mischung von Selbstdarstellung und Beschwichtigung, das verblümte Vortragen von Wünschen, die Selbstherabsetzung als freundlicher Art der Submission beim Überreichen von Gaben und andere Eigentümlichkeiten freundlicher Interaktionen sind die unmittelbare Folge. Dazu gehört insbesondere auch die Regel, daß man dem Partner und damit sich selbst Möglichkeiten zu alternativem Handeln offenhält, also keine ultimativen Strategien verwendet. Direktheit oder Indirektheit einer Strategie wird unmittelbar vom Verhältnis der Akteure zueinander bestimmt. Von ihm hängt ja das Risiko der Ansehensgefährdung unmittelbar ab.

Normen spezifizieren den Ablauf von Strategien, so die Objektbesitznorm alle Interaktionen, bei denen ein Objekttransfer eine Rolle spielt. Wahrhaftigkeit, Reziprozität und Rücksichtnahme sind universale Grundregeln menschlichen Umgangs.

Nur reden will ich Dolche,
Keine brauchen.
W. SHAKESPEARE, Hamlet, 3. Aufzug, 2. Szene

6.5 Zur Ethologie sprachlicher Kommunikation

In der Wortsprache verfügt der Mensch über ein Zeichensystem, das er mit keinem anderen Tier teilt. Nur der Mensch verständigt sich mit seinesgleichen mit Hilfe jenes kulturell tradierten Wortschatzes, den er nach grammatikalischen Regeln zu Sätzen reiht. Im Rahmen der von der Grammatik vorgegebenen Regeln kann der Mensch mit dem ihm zur Verfügung stehenden Wortschatz frei auch völlig Neues gestalten und ausdrücken. Die Wortsprache ist ohne allen Zweifel das schöpferische Instrument, mit dessen Hilfe wir Menschen außerdem nie zuvor erdachte, neue Gedankengebäude entwerfen und neue Konzepte bilden. In diesem Sinne sagt man auch, das menschliche Kommunikationssystem der Sprache sei offen. Nur der Mensch kann mit Hilfe der Wortsprache argumentieren.

Da man oft von einer Sprache der Tiere hört, ist es notwendig, darauf hinzuweisen, daß es eine der Menschensprache vergleichbare Tiersprache nicht gibt. Was Tiere einander mitteilen, geschieht in der Regel mit Hilfe angeborener Kommunikationsweisen. Seltener wird dieser Code tradiert. Die Fähigkeit freier schöpferischer Kombination von Signalen fehlt Tieren. Die meisten Mitteilungen der Tiere beziehen sich auf ihre spezifische Handlungsbereitschaft: Sie signalisieren Gestimmtheit. Bienen können mit Hilfe ihrer Tänze auch Mitteilungen über die Lage von Futterquellen in Relation zu ihrem Stock machen, also über Dinge in ihrer Umwelt mitteilen – aber sie tun es mit Hilfe eines starr vorgegebenen Kommunikations-Codes, und sie müssen immer die Wahrheit sagen – sie können nicht lügen. Der Mensch kann das gelegentlich recht gut; er kann aber vor allem dank seiner Wortsprache objektunabhängig tradieren; d. h. er kann Wissen weitergeben über Dinge, die dazu nicht gegenwärtig sein müssen, und Fertigkeiten beschreiben, ohne diese dabei vorführen zu müssen. Bekanntlich gibt es bereits Vermittlung von Wissen bei Schimpansen und Makaken. Aber dabei muß immer einer dem anderen zusehen, wie man es macht. Die japanischen Makaken lernten, die ihnen angebotenen Süßkartoffeln zu waschen. Einer kam zufällig darauf, die anderen sahen es ihm ab. Und auf diese Weise wird dieses Wissen nun innerhalb der Makakenkolonie weitergegeben. Menschen können sich das Vormachen ersparen, indem sie sagen: »Kartoffeln wäscht man, bevor man sie ißt.« – Nur durch diese Leistung der Sprache war die explosive kulturelle Evolution des Menschen möglich. Nur wir Menschen können über Vergangenes und Künftiges reden. Sprache überwindet Zeit und Raum.

6.5.1 *Ursprung, Sprachwurzeln*

Über den Ursprung der Sprache ist viel diskutiert worden. Bei den Menschenaffen finden wir nichts einer Wortsprache Vergleichbares. Um so erstaunlicher ist, daß sie unter experimentellen Bedingungen kommunikative Fähigkeiten entwickeln, die man durchaus als sprachlich bezeichnen kann. B. T. und R. A. GARDNER (1975, 1980) lehrten eine Schimpansin eine vereinfachte Form der amerikanischen Taubstummensprache. Nach einem Jahr belegte sie nicht nur Dinge mit Zeichen, sie verfügte vielmehr frei über die Zeichensymbole, als wären diese Worte einer Sprache, und vermochte sowohl Wünsche zu äußern als auch Aussagen und Kommentare zu machen, einfache Dialoge zu führen, Emotionen auszudrücken und sogar Fragen zu stellen. Sie drückte dabei ein und denselben Wunsch oft durch die Aneinanderreihung verschiedener Symbole aus. Wenn ihre Trainerin (Suzan) z. B. auf eine Puppe stieg, die sie gerne haben wollte, dann konnte sie signalisieren: »foot up« (Fuß hoch), »Suzan up« (Suzan hoch), »open baby« (öffnen Baby), »baby up« (Baby hoch) etc. – Sie zeigte damit, daß sie über die Symbole recht frei verfügte. Ja, sie entwickelte auch spontan neue Begriffe, indem sie alte in neuer Weise vereinfachte. Ein Rettich wurde zu einer »cry hurt food« (weinen verletzen Nahrung), eine Wassermelone zu einer »drink fruit« (Trinkfrucht), eine Gartentüre zu einer »open flower« (öffnen Blumen).

Versuche von R. S. FOUTS (1975), D. M. RUMBAUGH und T. V. GILL (1977) und anderen haben unsere Kenntnisse über sprachähnliche Kommunikation bei Schimpansen vertieft. Mittlerweile hat man auch einem Gorilla die Zeichensprache beigebracht. Er beherrscht sie ebensogut wie Schimpansen (F. G. PATTERSON 1978). Die Fähigkeit, mit einem gelernten Symbolsystem Mitteilungen zu machen, dürfte erwiesen sein. Zur sprachlichen Kommunikation des Menschen bleiben jedoch noch einige wesentliche Unterschiede. Bemerkenswert ist, daß Schimpansen und Gorillas im Freien von dieser Fähigkeit, sich mit Hilfe erlernter Symbole zu verständigen, kaum Gebrauch machen. A. KORTLANDT (1972) beschrieb, daß die Schimpansen seines Untersuchungsgebietes die Bewegung, mit der sie ein Junges bei Gefahr auf den Rücken nehmen, als Warngeste nützen, was Schimpansen in anderen Gebieten nicht tun. Daß erst unter experimentellen Bedingungen bisher unbekannte Fähigkeiten offenbar werden, ist allerdings nicht selten. Komplizierte Systeme können oft mehr als das, worauf sie selektiert wurden (siehe auch S. T. Parker und K. R. Gibson 1979).

Wir wollen allerdings bei Menschenaffen nur von sprachähnlicher Kommunikation sprechen, denn zur Menschensprache bestehen noch eine Reihe erheblicher Unterschiede. So ist die Kindersprache schon im Zweiwortsatz in charakteristischer Weise strukturiert. Die Sätze werden als Einheiten markiert. Sie sind Bestandteile einer Konstruktion. Die Satzgrenzen werden durch Intonation, Tonhöhenänderung und andere nichtverbale Zeichen markiert. Das gilt auch für die Sprache der Taubstummen, die nach einem deklarierten Satz die Hände in die Ruhestellung zurückbringen, während sie die Hände bei einer Frage eine wahrnehmbare Zeitspanne lang in der Stellung des zuletzt gegebenen Zeichens halten (W. C. Stokoe und Mitarbeiter 1965).

Von Schimpansen wurden solche Begrenzungs- und Verbindungszeichen nicht beschrieben. Erst auf Befragung durch R. Brown (1970, 1974) gab B. T. Gardner (mündliche Mitteilung) an, daß Washoe Begrenzungszeichen verwendet habe, Gardner hatte aber nicht darauf geachtet. Da zu diesem interessanten Punkte keine weiteren Angaben gemacht wurden, sollten wir bis zum Beweis des Gegenteils davon ausgehen, daß Schimpansen keine solchen Begrenzungsmarkierungen vornehmen. R. Brown (1970, 1974) führt ferner aus, daß Kinder durch ganz bestimmte Reihung der Worte bereits im Zweiwortsatz ausdrücken, was geschieht. Legt man ihnen Zeichnungen vor, die etwa zeigen, wie ein Hund eine Katze beißt, und daneben, wie eine Katze einen Hund beißt, dann werden sie zu dem Bild, in dem der Hund die Katze beißt, sagen: »Hund beißt« (Agens-Aktion) oder »beißt Katze« (Aktions-Objekt) oder schließlich »Hund-Katze« (Agens-Objekt), nie aber »Katze beißt«. Die Ausdrücke folgen also in der logisch richtigen relationalen Anordnung. Entsprechend würde das Kind zum anderen Bild sagen: »Katze beißt«, »beißt Hund« oder »Katze-Hund«. Diese Unterscheidung mit Rücksicht auf die Reihenfolge der Elemente rechtfertigt den Schluß, daß das Kind strukturelle Bedeutungsunterschiede erkennt. Genau das aber können wir beim Schimpansen nicht feststellen. Gardeners Washoe verknüpfte die Wortzeichen in keiner festen Reihenfolge. Auch wurde beanstandet, daß Washoe nie Fragen gestellt habe. B. T. und R. A. Gardener (1975) haben auf diese Einwände geantwortet. Danach stellt Washoe Fragen, und sie war auch in der Lage zu verneinen.

Die Diskussion wurde durch eine Untersuchung von H. S. Terrace und Mitarbeitern (1979) neu belebt. Die Genannten zogen einen männlichen Schimpansen (Nim) von der zweiten Lebenswoche an auf und brachten ihm nach Gardeners Methode die Taubstummensprache bei. Die sehr sorgfältige statistische Auswertung von über 19 000 Mehrzeichen-Äußerungen ergab, daß die Schimpansen zwar keineswegs in zufälliger Weise zwei Worte kombinierten. Bestimmte Worte wie »more« erschienen meist an erster, andere wie »me« meist an zweiter Stelle. Es schien auch, als würde Nim den Unterschied zwischen »me give« und

»give me« erkennen. Kombinationen, die über zwei Zeichen hinausgingen, waren meist Wiederholungen, selten enthielten sie neue Informationen. Demgegenüber sind Wiederholungen in der Kindersprache höchst selten. Schließlich ergab die sorgfältige Auswertung der Videofilme, daß die wenigen gesicherten lexikalischen Regelmäßigkeiten in Zwei-Zeichen-Kombinationen vom Konversationspartner Mensch durch unbewußte Zeichengebung bedingt wurden. Fazit: »For the moment, our detailed investigation suggests that an ape's language learning is severely restricted. Apes can learn many isolated symbols (as can dogs, horses, and other nonhuman species), but they show no unequivocal evidence of mastering conversational semantic or syntactic organization of language« (S. 901)*.

Ähnlich kritisch äußerten sich Th. A. Sebeok und J. Umiker-Sebeok (1980) und J. Umiker-Sebeok und Th. A. Sebeok (1981). Die Frage nach einer Syntax in Washoes Zeichensprache muß noch offenbleiben.

E. H. Lenneberg (1974) betont, daß Sprache keineswegs bloß auf einem umfangreichen Repertoire von Assoziationen beruhe und daß daher ein kritischer Nachweis sprachlicher Kommunikation bei Schimpansen noch nicht erbracht sei. Zum kritischen Nachweis sprachlicher Kommunikation zwischen Mensch und Tier müßte folgender Versuch gelingen: 1. Ein Mensch stellt schriftlich eine Frage. 2. Ein anderer übersetzt sie in Zeichen für den Schimpansen. 3. Ein dritter Mensch beobachtet den zweiten und hält schriftlich fest, was er nach seinem Dafürhalten den Schimpansen gefragt hat. 4. Ein vierter beobachtet den Schimpansen und notiert schriftlich, was dieser antwortet, ohne dabei den Fragesteller (2) zu sehen. Mit dieser Technik haben die Gardeners nachweisen können, daß Schimpansen natürliche Sprechkategorien wie »Hund« für jede Art Hund und »Blume« für jede Sorte Blume benennen können (R. A. und T. Gardener 1984).

Über die Frage, was eigentlich die Anstöße zur Entwicklung der menschlichen Wortsprache waren, wurde viel spekuliert. Die Notwendigkeit der Kooperation bei Jagd und Arbeit wurde als eine der Ursachen angegeben. Aber gerade bei der Jagd reden Jäger nicht viel. Sie mag die nichtverbale Kommunikation gefördert haben, aber gewiß nicht die Entwicklung der Wortsprache. Volker Heeschen hat den Eipo stundenlang bei der Gartenarbeit und beim Hausbau zugesehen und aufgenommen, was sie dabei sprachen. Sie redeten viel, aber keine einzige Lautäußerung bezog sich auf den Arbeitsprozeß! Das stimmt völlig mit Angaben von P. Wiessner (mündliche Mitteilung) über die !Kung-Buschleute überein. Handwerkliche Fähigkeiten werden dort nie verbal vermittelt. Man lernt, indem man zuschaut. – Auch in der Ontogenese stellt sich die sprachliche Kooperation erst relativ spät ein, nämlich im Alter von vier Jahren (C. R. Brannigan und D. A.

---

* »Momentan zeigen unsere detaillierten Untersuchungen, daß die Sprachlernfähigkeit der Affen sehr begrenzt ist. Affen können mehrere isoliert stehende Symbole lernen (so wie es Hunde, Pferde und andere nichtmenschliche Arten können), aber sie zeigen nicht eindeutig, daß sie die Semantik eines Gesprächs oder den syntaktischen Aufbau der Sprache beherrschen. «

HUMPHRIES 1972). Sicher ist es von Vorteil, wenn man eine Fertigkeit auch objektunabhängig tradieren kann, aber diese Notwendigkeit stand offenbar nicht am Ausgangspunkt der Entwicklung.

Leider gibt es noch viel zu wenig kulturenvergleichendes Material über den Inhalt von Alltagsgesprächen. Wir verfügen über interessante Sprechproben von bestimmten Interaktionen, es mangelt aber an Erhebungen, die eine quantitative Auswertung nach Gesprächsinhalt gestatten. Quantitative Aussagen zur Thematik liegen nur für die !Kung-Buschleute (P. WIESSNER 1981 und mündliche Mitteilung) sowie für die Eipo (V. HEESCHEN 1987 a, 1988) vor. In beiden Kulturen drehte sich ein erheblicher Teil der Gespräche um Nahrung; bei den !Kung in einer Erhebung 59 Prozent aller Gespräche*! Man diskutiert, wo man Nahrung herbekommt, in welchen Sammelgebieten man was findet oder in welchen Gärten man arbeiten wird. Ein großer Teil der Nahrungsgespräche bezieht sich jedoch auf den sozialen Aspekt der Nahrung. Man diskutiert, wer wem abgab, und rügt zugleich jene, die nicht abgaben. In diesem Zusammenhang ist auch die Feststellung von V. HEESCHEN bemerkenswert, derzufolge ¾ aller Worterklärungen der zu den Mek-Sprechern gehörenden In Geben und Nehmen als Grundlage haben.

Es ist klar, daß die Leute von Kosarek, die In oder Yale, Wörter wie *essen* oder *nehmen* mit Beispielen aus dem Bereich des Tauschens, Gebens und Nehmens erklären müssen. Die überwältigende Bedeutung dieser primären Interaktionskreise zeigt sich aber darin, daß die Beispiele für Worterklärungen auch dann diesen Kreisen entnommen werden, wenn kein offenbarer Zusammenhang vorliegt. *Jene Interaktionen bilden das Modell überhaupt für Interaktionen.*

Beispiele:
irikildolamla   »Er baut (einen Zaun), er wehrt (Geister ab).
   Erklärung: Wenn du viel hast und nicht teilen willst und jemand kommt, dann versteckst du deine Sachen und ›hegst‹ sie (d. h., du baust einen Zaun darum).«
bulolamla   »Er sitzt für sich allein.
   Erklärung: Ich komme zu Leuten, die essen, aber ich bekomme nichts, ich sitze hier umsonst, für mich allein herum.«
likiblolamla   »Er täuscht, lügt.
   Erklärung: Wenn du viel Essen hast, wenn einer kommt, der etwas haben will, dann sagst du: ›Ich habe nur wenig‹ – du gibst wenig und versteckst das andere.«
Neben dieser Präokkupation mit Nahrung und Teilen ist das Kommen und Gehen der Personen Gegenstand eines guten Teils der täglichen Konversation. Bei

---

* P. WIESSNER nahm die Gespräche im August 1977 auf, der insofern von der Norm abwich, als die Mongongo-Nüsse in diesem Jahr ausfielen. Es herrschte also Nahrungsmangel, was die Gespräche über Nahrung mehr als üblich in den Vordergrund rückte. Aber auch in normalen Zeiten spielen sie eine große Rolle.

den Eipo gibt man sich nach HEESCHEN ständig Rechenschaft über Kommen und Gehen. Man kommentiert, daß jemand kommt, fragt, woher man kommt, und sagt, wohin man geht*. Dem liegt einerseits das Bedürfnis nach territorialer Kontrolle zugrunde, außerdem will man Bindungen über räumliche und zeitliche Trennung hinweg erhalten. Dazu dienen vor allem die Mitteilungen beim Abschied (S. 737 ff.), die weitere Verbundenheit und Wiederkehr versprechen und damit die Trennung zukunftsbezogen überbrücken. Die Überbrückung von Zeit und Raum ist für den Menschen von außerordentlicher Bedeutung; denn er ist der einzige Primate, der sich regelmäßig zur Jagd viele Stunden lang von seiner Gruppe entfernt – oft sogar über viel längere Zeitspannen.

Personen heiraten nach auswärts. Verbindlichkeiten werden in solchen Fällen sprachlich über Versprechen erhalten, wobei die aufgeschobene Gegenseitigkeit in Form der verzögerten Gegengabe eine äußerst wichtige banderhaltende Funktion erfüllt. Wohl erst mit Hilfe der Sprache wurden Zeit und Raum so überbrückt, daß Bindungen weiter bestehen konnten. Planungen für die Zukunft, der Aufbau von Allianzen wäre ohne eine Wortsprache kaum möglich. Auf die große Bedeutung verbalisierter Konfliktaustragung (Wortstreit) wiesen wir bereits hin (S. 564). Unsere Überlegungen sprechen dafür, daß die Erfüllung sozialer Funktionen für die Entwicklung der Wortsprache den entscheidenden Anstoß gab. Soziale Inhalte dominieren auch heute noch in den Alltagsgesprächen der vorindustriellen Gesellschaften. Sicher wird daneben auch sachliches Wissen vermittelt; aber diese Funktion tritt bei Naturvölkern hinter den sozialen Funktionen deutlich zurück. Eine Bedeutungsverschiebung trat erst mit der Entwicklung der technischen Zivilisation ein. Hier nimmt die Vermittlung von Sachwissen in Wort und Schrift einen großen Raum ein. Da so vieles von dem, worüber die Eipo sprechen, mit ihrer Orientierung zu tun hat, nimmt V. HEESCHEN an, daß die Sprache ursprünglich die Aufgabe hatte, dieser Orientierung zu dienen, und erst in zweiter Linie zu sozialen Interaktionen herangezogen wurde. Hier wäre ja auch die nichtverbale Kommunikation noch von herausragender Bedeutung. Aber abgesehen davon, daß die Frage nach dem Woher und Wohin nicht der Befriedigung eines geographischen Interesses dient, sondern der Orientierung im Geflecht der Gruppenbeziehungen oder, wenn ein Gruppenangehöriger wegwandert, der Sorge, es könnte

---

* V. HEESCHEN (mündliche Mittlg., vgl. auch 1988) gibt ein Beispiel für den typischen Ablauf eines solchen Kommentargespräches bei den Eipo wieder: A: Da kommt er. B: Fatere kommt da, sagt er. C: Fatere kommt da, sagt er. D: Er geht nach Munggona. A: Nach Munggona nicht, da war er schon. B: Nach Munggona nicht, sagt er. C: Nach Munggona geht er nicht, da war er schon, sagt er. Mehrere Sprecher: Ja, ja, so ist es. – Bei den Enga (Neuguinea) ist die Frage »Wo gehst du hin?« ein fester Bestandteil des Begegnungsgrußes. Bei der Antwort geben die Befragten meist falsche Angaben über ihr Ziel, da sie fürchten, die Information könne an einen Feind verraten werden (P. WIESSNER, persönliche Mitteilung). Die Antwort hängt wohl davon ab, wie die Interakteure zueinander stehen.

ihm etwas zustoßen, und ähnlichen im Grunde sozial motivierten Anliegen, bin ich der Meinung, daß das Bedürfnis, soziale Interaktionen auf einer sprachlichen Ebene zu ritualisieren und damit von affektbesetzten motorischen Aktionen abzukoppeln, ein Hauptanstoß für die Evolution der Sprache war. Statt Kampf verbaler Streit – das ist ein bedeutender Schritt zur Erhaltung des inneren Friedens. Zwar kann eine Zunge scharf sein, aber sie ist nur im übertragenen Sinne ein Dolch und führt selten zum Blutvergießen. Mit dem Namen gewinnt man schließlich Macht über Personen (daher die häufigen Namenstabus. Dinge nimmt das Wort in Besitz. Soziales und Sachorientierung fließen hier ineinander.

Damit sich eine Wortsprache überhaupt entwickeln konnte, mußte sich zuvor eine Reihe von Eigenschaften herangebildet haben. Sie wurden verschiedentlich als »Sprachwurzeln« diskutiert (A. GEHLEN 1940, O. KOEHLER 1954, CH. F. HOCKETT 1960). Es handelt sich gewissermaßen um Präadaptationen für das Sprechen, die sich in ganz anderen Funktionszusammenhängen entwickelten. Eine dieser Voraussetzungen zum Sprechen ist eine freie Verfügbarkeit über die Motorik.

Bei Tieren, die in reich strukturierter Umgebung leben, löst sich die Motorik von starren vorgegebenen Programmen. Sie zerfällt in kleinere Bewegungseinheiten, zwischen die sich Orientierungsbewegungen einschalten. Das erlaubt eine bessere Steuerung der Bewegung in Anpassung an wechselnde Umweltbedingungen, z. B. gezieltes Auftreten mit einem Fuß. Pferde können das schlecht. Im gebirgigen Gelände haben sie daher Schwierigkeiten. Als Bewohner der ebenen Steppe kommen Pferde mit einem relativ starren Bewegungsprogramm aus. Eine Gemse dagegen muß jeden Schritt gezielt setzen können. Dank der Befreiung von starren Programmen kann sie die Schrittlänge willkürlich variieren. Bei den großen nichtmenschlichen Primaten entwickelte sich die Willkürmotorik in Anpassung an das Greifhandklettern, Hand in Hand mit dem binokularen Sehen (S. 825). Sie mußten gezielt nach Zweigen greifen können, wollten sie nicht Gefahr laufen, abzustürzen. Sie mußten auch gezielt nach Früchten greifen können. Außerdem ist die Willkürmotorik Voraussetzung für die soziale Fellpflege und den Werkzeuggebrauch. Beobachtet man Schimpansen beim Termitenfischen, dann fällt auf, mit welcher Ruhe und Geduld die sonst so leicht erregbaren Tiere zu Werke gehen (I. EIBL-EIBESFELDT und J. GOODALL 1993). Die affektive Abkoppelung der Willkürmotorik ermöglicht gewissermaßen eine sachliche Auseinandersetzung mit der Umwelt. Für die weitere Entwicklung der Werkzeugkultur war das sicher eine Voraussetzung, denn sie erfordert ruhige Bewegungen, Präzision und Geduld. Noch heute sprechen wir von Objektivität und Sachlichkeit, wenn wir rationale Handlungsstrategien charakterisieren, und wir weisen damit sicher unbewußt auf diese Wurzeln der Sachlichkeit hin. Mit der Entwicklung der Rechtshändigkeit, die sich, wie neuere Untersuchungen von W. C. McGREW und Mitarbeitern (im Druck) ergaben, vor allem auf die werkzeugbenützende Hand beschränkt, und zwar vor allem auf deren präzis manipulatorischen Einsatz, kam es zu der schon besprochenen Lateralisation der Hemisphären (Kap. 2.3). Es ist sicher kein Zufall, daß die die Willkürmotorik der rechten Hand steuernden funktionellen Zentren sowie jene für die Sprache in der linken Hemisphäre angesiedelt sind. Die neuerdings von PATRICIA M. GREENFIELD (1991) geäußerten Überlegungen weisen in die gleiche Richtung. Sie bezieht sich auf die Entdeckung, daß dem Sprechen, der Fähigkeit, Objekte manuell zu kombinieren, und dem Werkzeuggebrauch zunächst ein gemeinsames neurales Substrat zugrunde liegen dürfte, das in den ersten beiden Lebensjahren des Menschen eine hierarchische Differenzierung erfahre, die schließlich nach dem zweiten Lebensjahr im Verlauf der weiteren kortikalen Differenzierung die Fähigkeit zu linguistischer Grammatik und zu komplexerer Objektkombination schafft. Sie postuliert ein homologes neuronales Substrat für Sprachproduktion und manipulatorisches Verhalten, eine Annahme, die durch die Auffindung von dem Brocaschen Areal homologen Regionen und neuronalen Schaltkreisen bei Affen gestützt wird (D. PLOOG 1988; weitere Literatur und eine lesenswerte Diskussion der Problematik in P. GREENFIELD 1991).

Mit der Sprache wird auch soziales Manipulieren im Sinne eines instrumentellen Einsatzes von Mitmenschen möglich, ein Gedanke, den wir in SUE D. PARKER (1985) wiederfinden. Sie sieht in dieser Funktion den entscheidenden Anstoß für die Sprachevolution. Aber ich meine, es gibt dafür nicht nur einen. Die Affektabkoppelung, die zunächst im Dienste affektentlasteten spielerischen Explorierens entwickelt und mit dem manipulatorischen Werkzeugeinsatz über die Lateralisation weiter perfektioniert wurde, schuf die Voraussetzungen für das Sprechen, das »Sachlichkeit« auch im sozialen Umgang ermöglichte, diese des weiteren auf die sprachliche Ebene verlagerte und damit affektentlastetere soziale Interaktionen zuließ (verbaler Streit statt Tätlichkeit) und schließlich den instrumentalen Einsatz von Mitmenschen und damit in gewisser Weise auch Politik. In einer schon länger zurückliegenden Arbeit vertreten S. T. PARKER und K. R. GIBSON (1979) die Ansicht, die Protosprache der ersten sprechenden Hominiden hätte etwa der Sprache heutiger Zweijähriger entsprochen und dazu gedient, Art und Lokalisation von Nahrung mitzuteilen und Hilfe für deren Einbringung zu rekrutieren. Das ist sicher eine weitere, von Anbeginn der Sprachevolution wichtige Aufgabe der Sprache, aber sicher nicht der einzige oder auch nur der entscheidende Anstoß für deren Evolution.

Bei Tieren, die viel lernen müssen, entwickelte sich ferner eine bemerkenswerte Verhaltenskategorie, die wir »Spiel« nennen. Eines der Hauptcharakteristika des Spieles ist die Abgehängtheit der Handlungen von den sie im Ernstfalle aktivierenden Antrieben (I. EIBL-EIBESFELDT 1950, 1951, 1987). Aus diesem Grunde können Tiere im Spiel frei Verhaltensweisen verschiedener Funktionskreise kombinieren, die einander im Ernstfalle ausschließen. Auch ist ein schnelles Wechseln von einer Tätigkeit in eine andere (etwa vom Spielangriff zur Spielflucht und umgekehrt) möglich, was die Trägheit emotioneller Beteiligung ausschließen würde. Die Befreiung der Verhaltensmuster von den autochthonen agonistischen Antrieben erlaubt es dem Tier, frei zu experimentieren und zu üben. Diese Fähigkeit, sich emotionell zu distanzieren, ist eine der wesentlichen Voraussetzungen für die freie Rede und Argumentation. Auch soziale Auseinandersetzungen werden dadurch auf eine sachlichere Ebene verschoben. Sie sind zwar nicht ganz vom Emotionellen abgehängt, aber eine gewisse Entspannung des Feldes (G. BALLY 1945) ist offensichtlich. Es fällt auch auf, daß die Sprache an Differenzierung verliert, wenn eine Person zu stark emotionell engagiert ist. Mit dem Verlust der »Beherrschung« – das Wort beschreibt es treffend – zerfällt häufig auch die Sprechkoordination. Der Erregte verspricht sich, stottert und hat oft auch Schwierigkeiten, Worte zu finden. Auf die kognitiven Voraussetzungen des Sprechens werde ich im Kapitel über die Ontogenese eingehen.

Einige Befunde der Neurophysiologie lassen vermuten, daß Selektion für verbesserte Lauterkennung – für einen relativ wehrlosen Bewohner der offenen Savanne sicher von höchster Bedeutung – bestimmte Strukturen des Hirns so änderte, daß diese auch für das Wortverständnis vorbereitet waren, während Selektion auf verbesserte Kommunikation durch Ausdrucksbewegungen andere Regionen für die erst recht spät entwickelte Fähigkeit zu lesen vorbereitete (N. R. VARNEY und J. A. VILENSKY 1980). Die Vorläufer der neuen, für das Sprechen und Sprachverständnis verantwortlichen Hirnstrukturen, wie die Brocasche Region, die wesentlich die Sprachmotorik kontrolliert, und die Wernickesche Region, bei deren Verletzung zwar nicht das Sprechen, wohl aber das Sprachverständnis gestört ist, könnten sich demnach zunächst ganz unabhängig voneinander im Dienste anderer Funktionen entwickelt haben.

Sicher gab auch die schon erwähnte Entwicklung der Werkzeugkultur entscheidende Impulse. Es fällt aber auf, daß die Werkzeugkultur unserer Vorfahren über mehrere hunderttausend Jahre von wenigen, recht einfachen und gleichbleibenden Werkzeugen, wie dem Faustkeil, beherrscht war. Erst vor etwa 50 000 bis 40 000 Jahren kam es zu einer reichen Entfaltung der Werkzeugkultur. Vielleicht hängt das mit der Entwicklung der Sprache zusammen, die es erlaubte, Wissen zu tradieren.

Auf die Bedeutung der Dialektbildung zur Kleingruppenabgrenzung bei einer in Neuland vordringenden Art wies J. HILL (1974) hin. Eigenschaften, die in verschiedenen Zusammenhängen entwickelt wurden, fügten sich zusammen, und eine neue Leistung wurde möglich.

I. G. MATTINGLY (1972) meint, daß Lallautabfolgen wie mama, papa, baba, bubu über angeborene Auslösemechanismen soziale Zuwendungsreaktionen der Säuglinge bewirken. Das Kind erkenne überdies bereits sehr früh individuelle Stimmvarianten der Mutter, was die individualisierte Bindung stärke. Später würden Dialekte in gleicher Weise Gruppenmitglieder binden. Und diese Funktionen seien ganz entscheidend für die Sprachevolution gewesen. Sprache wurde über Dialektbildung zu einem evolutionsfördernden Mechanismus (siehe kulturelle

Pseudospeziation, S. 37 ff.). Es lassen sich sicher noch viele andere selektionistische Vorteile des Sprechens aufzeigen.

Welche Vorfahren des *Homo sapiens* bereits sprachen, läßt sich heute nicht feststellen. Beim Neandertaler und beim *Homo erectus* hat die Mundhöhle noch nicht alle Umgestaltungen zum Sprechapparat erlebt, die *Homo sapiens* auszeichnen. Insbesondere der Raum zwischen Kehlkopfdeckel (Epiglottis) und Gaumensegel (Velum), das sogenannte »Ansatzrohr« des Rachens, hat sich noch nicht ausgebildet. Wie bei allen Säugetieren steht bei den nichtmenschlichen Primaten und beim Vormenschen der Kehlkopf sehr hoch. Der freie Rand der Epiglottis reicht dadurch über das Gaumensegel in den Nasenraum hinein, wodurch Atemweg und Nahrungsweg sicher voneinander getrennt werden. Das ist auch beim Säugling noch so, der daher zu gleicher Zeit trinken und atmen kann, ohne sich zu verschlucken. Erst im Laufe der Ontogenese kommt es zu einer Senkung des Kehlkopfes und damit auch zu einer Gefahr des Sich-Verschluckens. Die sichere Trennung von Atem- und Nahrungsweg wurde zugunsten des Sprechvermögens aufgegeben. Ferner vergrößerte sich im Laufe der Menschwerdung der Raum der Mundhöhle durch Wölbung des Gaumens, der bei Menschenaffen noch flach ist. Die Zunge hat dadurch einen größeren Spielraum, was für die Bildung der Gaumenlaute g, k und ch wichtig ist. Erst bei dieser Ausgestaltung des Mund-Rachen-Raumes wird es außerdem möglich, die Vokale a, i und u zu formen*. Der Neandertaler konnte das wahrscheinlich noch nicht (P. Lieberman 1977). Als weitere morphologisch wichtige Umgestaltung im Mundbereich muß die Ausbildung der geschlossenen Zahnreihen mit senkrecht stehenden Schneidezähnen genannt werden, die es erlaubt, die sogenannten Zahnlaute d, t, s und f zu erzeugen.

Die Bausteine der Sprache sind Klangeinheiten, die für sich keinen Sinn haben: die sogenannten Phoneme. Alle Sprachen haben eine phonologische Struktur. Die Möglichkeit der Verbindung von Phonemen zu Worten ist begrenzt, und alle Sprachen haben eine Silbenstruktur; d. h. Konsonanten verbinden sich mit Vokalen, was durch das Öffnen und Schließen des Mundes beim Sprechen bedingt wird. Lallsprechen, wie wir es in der frühen Mutter-Kind-Beziehung noch beobachten können, dürfte Vorläufer der Wortsprachen gewesen sein (J. H. Scharf 1981), wobei Lallworte wie mama, papa als Zuwendung auslösende Signale universal auftreten – die Linguisten sprechen von Globalwörtern. »Daß diese Lallwörter von Babies ›erfunden‹ wurden und nicht von den Erwachsenen, weil jedes Kind sie aufs neue babbelt, ist mittlerweile allgemein anerkannt: Sogar das Oxford Dictionary setzt hinter manche ›instinctive‹« (J. H. Scharf 1981 : 488). Daß sie wahrscheinlich als Auslöser wirken, erwähnten wir bereits (siehe oben). Bei Pongiden kommt echtes Lallen nicht vor. Wohl aber lallen auch

---

* Allerdings sind diese weniger wichtig als die Konsonanten. Es gibt eine Papua-Sprache, die nur den Vokal ə kennt.

taubgeborene Kinder. Selbst das von mir untersuchte taub und blind geborene Mädchen Sabine formte Lallwörter (I. EIBL-EIBESFELDT 1973). Demnach besteht auch ohne akustischen Anreiz und auch bei fehlender akustischer und visueller Rückmeldung die Fähigkeit – ja offenbar der Drang –, sich durch Brabbelworte zu äußern. Taubgeborene beginnen jedoch viel später zu lallen und Silben zu bilden als hörtüchtige Säuglinge, und sie lallen auch weniger. Für das Spielen mit Silben, was jeder gesunde Säugling praktiziert, bedarf es aber der Rückmeldung. Die Untersuchungen von W. S. CONDON und L. W. SANDER (1974) belegen eine angeborene Disposition des Säuglings, auf sprachliche Äußerungen zu reagieren. Bereits mit 12 bis 48 Stunden reagieren Säuglinge auf gesprochene Worte, nicht aber auf künstliche, gleich lautstarke Geräusche.

An Phonemen unterscheidet man Konsonanten, Vokale und die wohl sehr alten Klicklaute, die heute nur noch in den afrikanischen Hottentotten- und Buschmannsprachen vorkommen. Säuglinge bilden solche Klicklaute jedoch noch in aller Welt, und nach G. TEMBROCK (1975) lassen sich einige der Säuglingslaute des Schimpansen nur schwer von entsprechenden Lautäußerungen des Menschensäuglings unterscheiden.

J. H. SCHARF wies auf die Archaismen in den Sprachen hin. Im sogenannten marginalen, nicht zur Hochsprache gehörenden Wortgut finden sich oft emotional gefärbte Elemente, die gemeinanthropoid sind, nämlich »Reste des Schnalzwortsystems, das die Schimpansen gebrauchen, um Stimmungen auszudrücken«. SCHARF stützt sich dabei auf Arbeiten von R. STOPA (1972, 1975), die angeblich belegen, »daß alle Wörter der Schimpansensprache« gleichbedeutend im Buschmännischen vorhanden sind und daß die Schnalzblöcke des Buschmännischen – der altertümlichsten lebenden Sprache – in der Sprachevolution eine Lautverschiebung durchliefen, die es gestattet, auch elementares Wortgut afrikanischer und europäischer Hochkultursprachen aus archaischem Buschmann-Vokabular herzuleiten. Das scheint mir recht unglaubhaft und spekulativ. Die Äußerungen der Schimpansen haben mit der Wortsprache des Menschen wenig gemeinsam, und Klicklaute hörte ich von ihnen nie. Im Repertoire der Säuglinge treten Schnalzlaute in der Lallphase auf, verschwinden aber dann, um in den Buschmannsprachen neu gelernt zu werden. Aus dem Primaten-Laut-Inventar sollen ferner auch Phoneme und Phonemkomplexe stammen. Aber nicht alle Lallworte entstammen dem vormenschlichen Lautinventar. Die menschliche Sprache enthält nach Aussage der »Sprachstratigraphie« in ihrer tiefsten Schicht Pongidenerbe, das allerdings großenteils verschüttet ist. Im Buschmännischen soll es noch zutage treten. Die Tatsache, daß diese aber ihre Schnalzlaute nach der Lallphase sekundär als Bestandteil der Sprache erlernen müssen, läßt mich an STOPAS Interpretation zweifeln. Ich beobachtete, wie einzelne !Ko-Kinder Schnalzlaute spielerisch übten. Manche lernen sie ausgesprochen schwer. In einer zweiten Schicht enthält die menschliche Sprache spontan produziertes Lallwortgut. Die schon erwähnten Lallwörter gehören zu den angeborenen Universalien menschlichen Verhaltens. Ihr Bedeutungsspektrum umfaßt Verwandtschaftsbezeichnungen, Kinderernährung, Pronomina, elementare Verbwurzeln und Götternamen. Eine dritte Schicht umfaßt schließlich nach SCHARF die sogenannten Elementarparallelen, eine Untermenge von 300 Wörtern, die weltweit vorkommen. Es handelt sich dabei nicht um kindliches Sprachgut, wohl aber um uraltes.

6.5.2 Universalien, Vorprogrammierungen

Die kleinsten produzierbaren Einheiten der Sprache sind die Silben. Man kann nicht b oder p sprechen, sondern nur be oder bi oder pe. Bemerkenswert ist ferner, daß unsere Wahrnehmung Kontinua in Kategorien teilt, die wir als stimmhaft (b) und stimmlos (p) unterscheiden. Und wir nehmen immer nur b oder p wahr, auch wenn man uns künstlich erzeugte Übergänge vorspielt. Mißt man die Stimmanlaufzeit – das ist jene Zeit, die vom Lippenöffnen bis zum Anschwingen der Stimmbänder vergeht –, dann stellt man fest, daß wir bis zu einer Stimmanlaufzeit von 20 Millisekunden alles als b und danach alles als p wahrnehmen. Das ist auch bei Säuglingen und in allen Sprachen so. Erst später kann kulturell eine feinere oder andere Unterscheidung vorgenommen werden. Das Vietnamesische unterscheidet zum Beispiel drei Härtegrade von b. Im Französischen liegen die Grenzen anders (Abb. 6.91). Die angeborenen Kategorien können also durch kulturelle ersetzt werden.

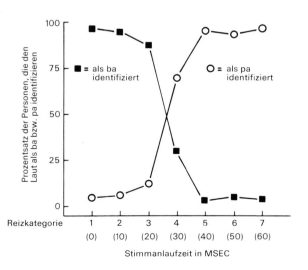

Abb. 6.91: Kategoriale Wahrnehmung: Bis zu einer Stimmanlaufzeit von 20 Millisekunden nehmen wir alles als *ba,* danach als *pa* wahr.

Durch die kategoriale Wahrnehmung wird künstlich eine Gliederung vorgenommen, die wohl überhaupt erst sprachliche Kommunikation ermöglicht. Bereits Säuglinge nehmen kategorial wahr, und zwar zunächst in verschiedenen Kulturen in gleicher Weise. Erst später kommt es zu kulturspezifischer Ausdifferenzierung. Kategoriale Hörwahrnehmung kann man auch bei nichtmenschlichen Primaten nachweisen. Sie wurde also nicht eigens für das Sprechen entwickelt, ist aber dennoch eine der Voraussetzungen dafür (A. M. LIBERMAN und D. B. PISONI 1977, P. D. EIMAS und Mitarbeiter 1973, L. LISKER und A. S. ABRAMSON 1964, P. MARLER 1979).

In der Sprachmelodie, vermutlich auch im Rhythmus, ist Information über die Emotionalität enthalten, die wir offenbar aufgrund eines uns angeborenen Ausdrucksverhältnisses entschlüsseln können; denn Menschen sind in der Lage, auch Texte, die in einer ihnen unbekannten Sprache gesprochen wurden, auf ihren Stimmungsgehalt zu beurteilen (siehe oben). K. SEDLÁČEK und Y. SYCHRA (1963, 1969) ließen den Satz »Toč už mám ustlané« (Das Bett ist schon gerichtet) aus »Aus dem Tagebuch eines Verschollenen« von LEOS JANÀCEK durch 23 verschiedene Schauspielerinnen verschieden interpretieren*.

Der Prozentsatz der Antworten auf die Rezitationsbeispiele, die sich auf die verschiedenen Kategorien bezogen (1. bloße Aussagen, 2. Liebesgefühle, 3. Freude, 4. Feierlichkeit, 5. Komik, 6. Ironie, Wut, 7. Trauer, Resignation, 8. Angst, Schrecken, Furcht), wurde festgestellt. Hatte eine bestimmte Interpretation in einer oder zwei sich ergänzenden Kategorien mehr als 60 Prozent der Wertungen erreicht, während die anderen Wertungen mehr oder weniger diffus in anderen Kategorien gestreut waren, dann wurde dieses Beispiel als prägnant emotionell gefärbt gewertet. Die subjektive Wertung zeigte große Übereinstimmung. Nicht nur die 70 tschechischen Versuchspersonen, auch Studenten aus Asien, Afrika und Lateinamerika, die des Tschechischen nicht mächtig waren, entnahmen der Sprachmelodie die affektive Information. Um die Ergebnisse dieser subjektiven Aussagen mit objektiven Daten vergleichen zu können, wurden Tonhöhe, Tonintensität und Klangspektogramm aufgenommen.

Die Ergebnisse sind in den beigefügten Aufnahmen zusammengefaßt (Abb. 6.92). Schraffiert eingezeichnet ist der Tonumfang des neutral gesprochenen Satzes. Ausgezogene Linien geben Beispiele für Melodien, bei deren Wertung der freudige Ausdruck überwog. Unterbrochene bezeichnen Sätze, die für erotische Emotionen charakteristisch waren. Das Diagramm zeigt deutlich, daß alle Melodien freudigen Charakters oberhalb des schraffierten Gebietes liegen. Erotische Sätze liegen tiefer, aber keiner reicht unter die schraffierte Zone.

---

* In diesem Satz verführt die Zigeunerin Zefka den Dorfjungen Janiček, wobei das Liebeswerben von Trauer und Resignation begleitet wird. Einem Teil der Schauspielerinnen wurde vorgeschrieben, welchen emotionellen Ausdruck (Freude, Trauer, neutral, sachlich) sie in den Satz legen sollten; anderen ließ man die Freiheit der spontanen Wahl, fragte aber danach, welche Gefühlsregung sie bei der Rezitation intendierten. Die Aufnahmen wurden 70 Hörern verschiedener Herkunft und Bildung vorgeführt.

Freudige Emotionen sind also durch eine deutliche Erhöhung der Stimmlage gekennzeichnet. Die freudigen und erotischen Sätze zeigen ferner zum Unterschied von den anderen Ausdruckskategorien eine doppelte Hebung der Melodiekontur.

Die nächste Abbildung zeigt den für Resignation, Trauer und Verbitterung typischen Melodieverlauf, wobei Beispiele ohne ironische Färbung mit vollen Linien ausgezeichnet, Beispiele mit ironischer Färbung durch unterbrochene Linien gekennzeichnet sind. Die negative Gefühlstönung wird klar durch eine Senkung der Stimmlage ausgedrückt. Die Melodie bleibt monoton, leicht absinkend in den tiefen Regionen. Bei belebtem melodischem Verlauf in tiefer Lage entsteht der Eindruck der Ironie.

Dieselbe verbale Äußerung kann also je nach Emotionalität des Ausdrucks verschiedene Bedeutungen haben (J. Jürgens 1971, F. Trojan 1975, J. Jürgens und D. Ploog 1976). Trojan beschrieb drei Gegensatzpaare vokaler Stimmungsäußerung:

1. Gepreßte Stimme und nichtgepreßte Stimme. Sie entsprechen den Empfindungen unangenehm – angenehm. Klangspektrographisch ist die gepreßte Stimme

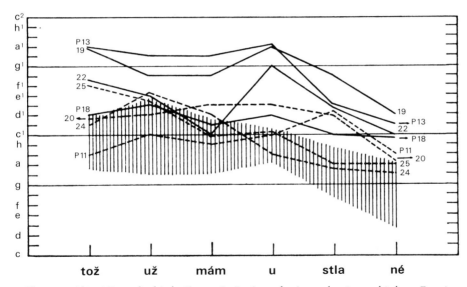

Abb. 6.92: a) bis c) Der tschechische Satz »tož už mám ustlané« wurde mit verschiedener Emotion gesprochen. Die Tonaufnahmen wurden sprachunkundigen Personen zur Bewertung des emotionellen Ausdrucks vorgespielt. Sie erkannten den emotionellen Hintergrund:
a) der tschechische Satz, in freudiger Tonlage gesprochen. Der Tonumfang, der den neutral gesprochenen Satz wiedergibt – den mittleren Wert gewissermaßen –, ist schraffiert gezeichnet. Freudige Emotionen und Liebesemotionen weisen hier eine Verbindung von höherer Stimmlage und belebtem melodischem Verlauf auf (voll ausgezogene Linien). Die unterbrochenen Linien bezeichnen Sätze, deren Tönung als erotisch (Liebeswerbung) gedeutet wurde. Diese Sprachmelodien liegen etwas tiefer als die freudigen Melodiebeispiele.

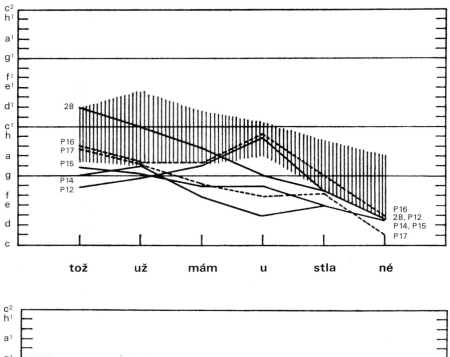

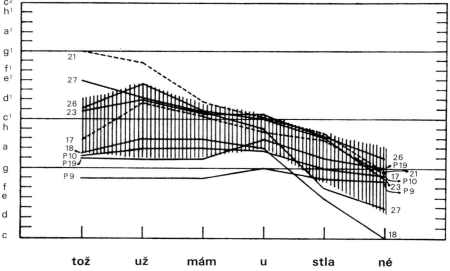

Fortsetzung der Bildunterschrift 6.92

b) Emotionen der Trauer und Resignation: Beispiele für Trauer sind mit vollen Linien gekennzeichnet, Beispiele mit ironischer Färbung durch unterbrochene Linien. Der Melodienverlauf bewegt sich klar unterhalb der schraffierten Zone der neutralen Werte. Charakteristisch ist der monotone, absinkende Melodienverlauf. Sätze mit ironischer Färbung und einer besonderen Betonung der Verbitterung zeigen die Tendenz, in tiefer Lage zu beginnen und zu enden.

c) Beispiele für einfache, ausdrucksmäßig »neutrale« Aussagen. Aus K. SEDLÁČEK und A. SYCHRA (1963).

durch einen erhöhten Anteil nichtharmonischer (geräuschhafter) Komponenten gekennzeichnet. Sie ist außerdem lauter.

2. Kraftstimme und Schonstimme, gekennzeichnet durch hohe bzw. niedere Schallintensität.

3. Bruststimme und Kopfstimme. Die Bruststimme, die Selbstsicherheit ausdrückt, ist durch tiefe Frequenzen charakterisiert – was übrigens die Redewendung »Er spricht im Brustton der Überzeugung« treffend bezeichnet. Die höhere Kopfstimme drückt eher ein Sich-überwältigt-Fühlen aus.

Die folgende, aus JÜRGENS und PLOOG übernommene Tabelle gibt die Emotionen für 8 Extrempositionen an:

	Kopfstimme	Bruststimme	
Gepreßte Stimme	Jammern	Verdruß	Schonstimme
Gepreßte Stimme	Angstschrei	Schimpfen	Kraftstimme
Nichtgepreßte Stimme	Zärtlichkeit	Genießen	Schonstimme
Nichtgepreßte Stimme	Jubeln	Imponieren	Kraftstimme

Tab. 6.4

Lächelt eine Person, während sie spricht, dann hebt sie zugleich die Tonlage ihrer Rede an. Personen, denen man Sprechproben Lächelnder und Nichtlächelnder vorführte, bezeichneten die Stimmen der Lächelnden als vergnügter (V. C. TARTTER 1980).

Die Stimmlage kann Ärger, Freude, Angst, Trauer, Langeweile und anderes ausdrücken. Sie markiert ferner zusammen mit dem Sprechrhythmus neben den kulturspezifischen Sprechstilen soziale Stellung, Geschlecht, Persönlichkeit und anderes mehr (K. R. SCHERER und H. GILES 1979; siehe auch S. 288 f.). Zuversicht wird z. B. durch eine starke Stimmführung und expressive Intonation (starke Tonhöhenschwankungen) sowie durch einen relativ schnellen, nicht unterbrochenen Redefluß ausgedrückt (K. R. SCHERER und J. J. WOLF 1973). Hohe Tonlagen und die hohen Vokale e und i charakterisieren sowohl Diminutive als auch unmittelbare Nähe. Wenn sich eine Person verstellt, dann wird die Tonlage ihrer Rede ebenfalls höher, und die illustrierenden nichtverbalen Begleitbewegungen nehmen ab. Sprechweise in niederer Stimmlage wird von Hörern als Ausdruck einer entspannten und geselligen Person interpretiert (P. EKMAN, W. V. FRIESEN und K. R. SCHERER 1976).

Niedrige und abfallende Tonlage am Satzende drückt Entschiedenheit aus, ansteigende und hohe Tonlage am Satzende dagegen Unentschiedenheit, Unsicherheit, auch bei Fragen. Die Tonhöhenvariation scheint universal einem recht einheitlichen Muster zu folgen. D. BOLINGER (1978) meint, daß die Sprechmelodien mit bestimmter Bedeutung so weit verbreitet seien, daß man sie wohl als einen »essentially human trait« (wesentliches Merkmal des Menschen) ansehen müsse: ». . . one should look to some still active physiological mechanisms, such as expiration and drop in subglottal air pressure or relaxation and untensing of the vocal cords or whether that is past history and we now carry traces in our genetic makeup that compel us to adopt certain definite patterns, the fact is that human speakers everywhere do essentially the same things with fundamental pitch« (D. BOLINGER 1978 : 518)*. Wir wiesen bereits auf die hohe Tonlage der zärtlichen Babysprache hin. Eine kulturenvergleichende Studie ergab, daß höhere Grundfrequenzen generell Zuneigung, Unterwürfigkeit und freundliche Intentionen ausdrücken. Da ein kleiner Lautgebungsapparat höhere Töne erzeugt, könnte dem primäre Assoziation zugrunde liegen, der Lauterzeuger sei klein und daher nicht bedrohlich. Die Lautgebung größerer Tiere und Menschen ist niederfrequenter und dementsprechend mit der sekundären Bedeutung von Dominanz und Aggression assoziiert (J. J. OHALA 1984).

Intonation entwickelt sich beim Kind als erstes linguistisches Kommunikationsmittel. Bereits mit 7 bis 8 Monaten, also im Lallstadium, kann man von Kindern die Intonation hören, die wir mit der Erwachsenensprache assoziieren: »So children are either born equipped with innate vocalisations that correspond to intonational pattern, or they are born equipped to learn such patterns with relative ease« (D. BOLINGER 1980 : 518)**. Man kann z. B. die Vermutung äußern, daß das Wimmern des Säuglings die Basis für ansteigende Intonationen und ihre Assoziation mit Wünschen ausdrückt, die man beobachten kann. Obgleich das Kind mehr ansteigende Intonation von den Eltern hört, sind fallende leichter zu lernen. L. MENN (1976) weist darauf hin, daß hohe Töne mit Schwäche und tiefe mit Stärke assoziiert werden. Er hält es für möglich, daß hier irgendwelche angeborenen Komponenten der Wahrnehmung diese Assoziation bedingen. Nach R. JAKOBSON (1941) wird u mit dunkel und groß assoziiert, i mit hell und klein. Künstlich synthetisierte Lautfolgen, in denen verschiedene akustische Parameter variiert worden waren, ordneten Versuchspersonen übereinstimmend ganz bestimmten Emotionen zu. Die folgende Tabelle gibt darüber Aufschluß:

---

* ». . . man sollte auf einige noch immer vorhandene physiologische Mechanismen schauen, wie z. B. das Ausatmen und den Druckabfall im Kehlkopf oder die Entspannung der Stimmbänder, oder ob all das der Vergangenheit angehört und wir heute in unserem genetischen Make-up andere Spuren haben, die uns dazu zwingen, ganz bestimmte Muster anzunehmen. Tatsache ist jedenfalls, daß menschliche Sprecher die Intonation überall in gleicher Weise verwenden.«

** »Entweder kommen die Kinder gleich mit angeborenen Lautäußerungen zur Welt, die den Intonationsmustern entsprechen, oder sie werden mit der Fähigkeit geboren, solche Muster sehr leicht zu lernen.«

akustische Parameter	Stärkegrad	emotionale Zuschreibungen (in abnehmendem Intensitätsgrad)
Amplitudenvariation	gering	Glück, Fröhlichkeit, Aktivität
	stark	Furcht
Tonhöhenvariation	gering	Ekel, Ärger, Furcht, Langeweile
	stark	Glück, Fröhlichkeit, Aktivität, Überraschung
Änderung des Tonhöhen-verlaufs	abwärts	Langeweile, Fröhlichkeit, Traurigkeit
	aufwärts	Furcht, Überraschung, Ärger, Stärke
Änderung des Tonhöhen-niveaus	wenig	Langeweile, Fröhlichkeit, Traurigkeit
	stark	Überraschung, Macht, Ärger, Furcht, Aktivität
Tempoveränderung	langsam	Traurigkeit, Langeweile, Ekel
	schnell	Aktivität, Überraschung, Glück, Fröhlichkeit, Macht, Furcht, Ärger
Veränderung der Umhül-lenden (envelope)	rund	Ekel, Traurigkeit, Furcht, Langeweile, Macht
	scharf	Fröhlichkeit, Glück, Überraschung, Aktivität
Filtrierung der Obertöne	gering (= viele Obertöne)	Fröhlichkeit, Langeweile, Glück, Traurigkeit
	stark (= wenige Obertöne)	Macht, Ärger, Ekel, Furcht, Aktivität, Überraschung

Tab. 6.5: Emotionale Zuordnungen, die signifikant mit akustischen Parametern korrelieren.
Aus K. R. SCHERER und J. S. OSHINSKY (1977)

Die reflexhaft auftretenden Interjektionen, die zunächst als Epiphänomen einer bestimmten Erregung auftreten, können zu intentional eingesetzten Lautsymbolen mit eindeutigem Codecharakter werden. K. R. SCHERER (1977) spricht von vokalen Emblemen und liefert eine genaue Beschreibung und Klassifikation.

Bemerkenswerterweise waren es in erster Linie Linguisten, die auf das Angeborene in der Sprache aufmerksam machten. N. CHOMSKY (1965, 1969, 1970) wandte sich scharf gegen die Versuche von B. F. SKINNER (1957), den Spracherwerb einzig über einfache Konditionierungsprozesse zu erklären. Verfolgt man, wie ein Kind die Sprache erlernt, dann stellt man fest, daß es die Sprache nicht als Kopie der Erwachsenensprache erwirbt. Es erfaßt vielmehr als erstes die Regeln der Grammatik, was unter anderem fehlerhafte Verallgemeinerungen zeigen. So kann ein Kind z. B. mit der Steigerung »guter« von »gut« aufwarten. Die Ausnahmen von der Regel werden immer erst später gelernt. Das Kind bringt demnach eine besondere Veranlagung mit, Regeln zu erfassen.

CHOMSKY postuliert ein dem Menschen angeborenes »Language Acquisition System«. J. S. BRUNER (1981) stellt dem eine entsprechende angeborene Lerndisposition – das Language Assistence System – der Mutter zur Seite, die ja mit erstaunlichem Feingefühl das Kind entwicklungsstufenadäquat unterweise. B. F. SKINNERS (1957) Ansicht, dem Spracherwerb würden einzig willkürliche Assoziationen zwischen irgendeinem Referenten und einer lautlichen Äußerung zugrunde liegen, ist sicher zu einfach. Bereits G. A. MILLER (1956) wandte sich dagegen, die schwierigen Probleme der menschlichen Sprache auf so einfache Prozesse zurückzuführen. So könne man bestenfalls die einfacheren 1 Prozent der psycholinguistischen Probleme behandeln. Bei einer solchen Reduzierung der Sprache auf Konditionierungsprozesse bleibe aber die wichtigste menschliche Fähigkeit unbeachtet, nämlich Symbole in neuer und sinnvoller Kombination zu arrangieren (G. A. MILLER 1962, 1974). In seiner Kritik der behavioristischen Assoziationstheorie des Spracherwerbs weist MILLER auf einige bemerkenswerte psychologische Aspekte der Grammatik hin, die die Annahme vorgegebener Programme im Sinne spezifischer Lerndispositionen vernünftig erscheinen lassen. Die psychologische Realität syntaktischer Kategorien gehört dazu. M. GLANZER (1962) fand, daß wir paarweise Zuordnungen von Worten leichter lernen, wenn wir Nonsense-Silben mit Inhaltswörtern (Nomina, Verben, Adjektive, Adverbien) verbinden, als Zuordnungen von Nonsense-Silben mit Funktionswörtern (Pronomina, Präpositionen, Konjunktionen). Ausdrücke wie YIG-FOOD oder MEF-THINK werden also bereitwilliger assoziiert als TAH-OF oder LEX-AND. Im Kontext von Dreierkombinationen lassen sich allerdings Funktionsworte leichter an Nonsense-Silben binden als Inhaltswörter, und dementsprechend lernt man TAH-OF-ZUM und KEX-AND-WOB schneller als YIG-FOOD-SEB oder MEF-THINK-YAT.

Wortassoziationstests zeigen ferner, daß unser lexikalisches Gedächtnis so organisiert ist, daß es akzeptable Aussagen beim grammatischen Sprechen erleichtert (G. A. MILLER 1974). So assoziieren wir mit dem Begriff Hund häufiger den Begriff Tier als umgekehrt mit dem Begriff Tier den Begriff Hund. Dem liegt wohl die gedankliche Verbindung zugrunde, daß alle Hunde Tiere sind.

Sätze sind stets Aussagen, die wahr oder falsch sein können, was für Assoziationen nicht gilt. Wir beurteilen Sätze, und ein Satz, der besagt: »Alle Tiere sind Hunde«, ist eben falsch. Die logische Aussage, die Prädikation (Zuordnung des Begriffes zum Inhalt) ist hier das zentrale Problem.

Bemerkenswert ist der Befund, daß taube Kinder ein Kommunikationssystem entwickeln, das sprachähnlich strukturiert ist, und zwar ohne Unterweisung durch die Eltern. Sie entwickeln von sich aus ein Zeichensystem von Gesten zum Verkehr untereinander und unterwerfen sich somit keineswegs nur passiv unterweisenden Einflüssen (S. GOLDIN-MEADOW und C. MYLANDER 1983).

SKINNERS Versuch, Spracherwerb und Sprachverhalten ausschließlich im Rahmen einer behavioristischen Lerntheorie zu erklären, wird heute von den Linguisten abgelehnt. Wir beherrschen nicht lediglich eine Liste von auswendig gelernten Wörtern und Sätzen, sondern sind, wie gesagt, in der Lage, neue Sätze zu bilden, die wir nie zuvor sprachen oder hörten, und entsprechend auch nie zuvor

Gehörtes verstehen. Wir verfügen nach N. CHOMSKY (1965, 1969, 1970) über eine generative Grammatik, deren Erwerb unter anderem auch durch »angeborene Ideen und Prinzipien« bestimmt wird. CHOMSKY nimmt an, daß das Kind, das eine Sprache erlernt, dabei von der vorgegebenen Annahme ausgeht, daß die von ihm empfangenen Daten einer bestimmten Sprache wohldefinierten Typs entstammen. Das Kind wäre demnach mit einem Vorwissen über die Natur der Sprache ausgerüstet – einer allgemeinen Definition von Grammatik. CHOMSKY spricht in diesem Zusammenhang von einem »angeborenen Schema«, das spezifiziert werde, wenn das Kind die Sprache erlerne.

E. H. LENNEBERG (1969 : 69/70) betont in diesem Zusammenhang, daß die Kapazität für eine generative Grammatik keineswegs nachgewiesen sei, wenn einer zeige, daß das Versuchsobjekt verschiedene Items verkette. »Das Wort generativ im Zusammenhang mit Grammatik bezieht sich nicht auf die Hervorbringung und Zusammensetzung von Sätzen. Es wird als abstrakte Metapher verwendet und bezeichnet Prinzipien, aus denen sich etwas herleiten läßt. «

Erfüllt eine universale Eigenschaft der Sprache ihre kommunikative Funktion in der vorgefundenen Weise am besten, dann ist ihre Eigenschaft funktionell erklärt. So entspricht die Wortordnung im Satz »Ich kam, um Dich zu sehen« dem zeitlichen Ablauf des geschilderten Ereignisses; sie bildet es ab, und diese Ikonizität erklärt sich funktionell. Dagegen ist die universale strukturabhängige Transformation, die es uns erlaubt, Ja- und Nein-Fragen durch Vertauschung der Stellung von Subjekt und Prädikat, Subjekt oder Endverb oder Subjekt und Hilfszeitwort zu stellen, nicht funktionell erklärbar. Sieht man einmal davon ab, daß ich allein durch Intonation den Satz »Der Mann, der die Katze tötete, hatte ein altes Gewehr« in einen Fragesatz verwandeln kann, so geschieht die grammatikalische Verwandlung durch die Umstellungen: »Hatte der Mann, der die Katze tötete, ein altes Gewehr?« Oder: »Tötete der Mann mit dem alten Gewehr die Katze?« Dagegen ist es nicht möglich, durch eine einfache Umkehrung der Wortkette die Frage zu formulieren, obgleich es keinen einsichtigen Grund gibt, weshalb eine einfache Umkehrung nicht ebenfalls ein funktionierendes Kommunikationssystem darstellen könnte (B. COMBRIE 1983). Das könnte aber in allgemeinen Gesetzen der menschlichen Wahrnehmung und Datenverarbeitung begründet sein. Ob sprachspezifische Anpassungen vorliegen, wäre zu prüfen.

T. G. BEVER (1970 a, b, c) fragt, ob nicht die meisten sprachlichen Universalien letzten Endes sprachlicher Ausdruck kognitiver Universalien seien. Die Universalität der Nomen-Verb-Unterscheidung könnte z. B. der sprachliche Ausdruck der allgemeinen kognitiven Unterscheidung zwischen Objekten und der Beziehung zwischen Objekten sein.

Diese Frage war Gegenstand zahlreicher Diskussionen. H. SINCLAIR DE ZWART (1974) und D. I. SLOBIN (1969, 1974) gehen in Anlehnung an J. PIAGET davon aus, daß das Sprechenlernen kognitive Strukturen voraussetzt, die sich zuvor entwickelten. Der Spracherwerb setzt dieser Ansicht zufolge kognitive Operationen voraus, die in der präverbalen sensomotorischen Periode (S. 781) entwickelt wurden. Insbesondere der Entwicklung der Symbolisierung wird große Bedeutung beigemessen. Die Sprache, so wird behauptet, hätte am Anfang dieselbe Funktion und dieselben Wurzeln wie das Symbolspiel (siehe oben). »Von der Forderung, spezifische, angeborene sprachliche Strukturen zu postulieren, wird nicht mehr viel übrigbleiben«, sagt SINCLAIR DE ZWART, »wenn man den Spracherwerb vom Kontext der vollständigen kognitiven Entwicklung betrachtet, speziell im Bezugsrahmen der Symbolfunktion.« Demgegenüber hebt D. MCNEILL (1974) hervor, daß zwar das Denken von der Entwicklung sensomotorischer Schemata abhängig sei, Sprache und Denken sich dagegen bei genauerem Hinsehen als weitgehend unabhängig voneinander erweisen würden. So würden bekanntlich selbst Schwachsinnige recht gut sprechen lernen.

Über die Frage, wieviel Denken zum Sprechen gehöre, besteht also keine Einigkeit. T. G. BEVER meint abschließend, daß die Identifizierung der kognitiven Mechanismen, deren sich die Sprache bediene, sie noch nicht in ihrem Status als sprachliche Strukturen erkläre, sowenig wie der Umstand, daß wir abstrakte Konzepte benennen können, deren Genese erklärt. »Die Entdeckung, daß bestimmte Aspekte der Sprache auf Mechanismen der Perzeption, des Lernens und der Kognition beruhen, liefert uns ein neues Problem, nämlich wie diese in menschliches kommunikatives Verhalten integriert werden« (T. G. BEVER 1970:65).

Dem Benennen liegt offenbar ein universelles Bedürfnis des Menschen zugrunde. Ein kleines Kind fragt unentwegt: Was ist das? – und es gibt sich zunächst einmal mit dem Namen völlig zufrieden. Mit dem Wort hat es etwas gewissermaßen »geistig« in Besitz genommen. Das Wort schafft ferner Ordnung. Wir haben uns das Objekt über den Begriff einverleibt; das vermittelt uns ein Gefühl der Sicherheit, der Macht über unsere Umwelt und eine Orientiertheit.

6.5.3 Begriffsbildung und sprachliches Handeln

In der Diskussion um den Beitrag stammesgeschichtlicher Anpassungen bei Spracherwerb und Sprachgebrauch konnte die Ethologie in den letzten Jahren eine Reihe von Denkanstößen vermitteln, indem sie zeigte, daß konkret sowohl auf der Ebene der Wortbildung als auch auf der Ebene sprachlicher Interaktion stammesgeschichtliche Anpassungen eine entscheidende Rolle spielen.

Die Metapher – der bildliche Ausdruck – hat Linguisten stets fasziniert (R. M. BILLOW 1977, S. ASCH 1955, 1968). Sie kommt in allen Sprachen vor und übersetzt im allgemeinen etwas ins Anschauliche. Das schon angesprochene Primat der optischen Wahrnehmung spiegelt sich darin. Die Eipo übersetzen nach VOLKER HEESCHEN fast jede Aussage über Gefühle ins Anschauliche. Trauer wird mit dem Bild des Einbrechens in einen Steg vermittelt. Als Ausdruck der Freude sagte einer: »Die Sonne scheint auf meine Brust.«

Die Metapher drückt immer eine Ähnlichkeit aus. Wenn ein Kind das erste Glas Sodawasser mit der Bemerkung kommentiert, daß es ihm so schmecke, als wäre sein Fuß eingeschlafen (B. SKINNER 1957), dann bezieht es sich auf die Erfahrung des Kribbelns, das beiden Wahrnehmungen gemeinsam ist. Solche Assoziationen beruhen auf individueller Erfahrung. Da ähnliche Erfahrungen auch von anderen Menschen gemacht werden, kommt es sicher oft zur parallelen Ausbildung ähnlicher Metaphern. Begriffe wie »heiß« werden in verschiedenen Sprachen genützt, um eine starke emotionelle Erregung auszudrücken. Die Eipo z. B. beschreiben ein starkes Gefühl als Wärme in der Leber. Bei den Thai und ebenso bei uns wird Hitze zur Metapher für sexuelle Erregung.

Manche der metaphorischen Entsprechungen dürften jedoch bereits durch stammesgeschichtliche Anpassungen vorbereitet sein. 12 Monate alte Kinder nehmen physisch nicht gegebene Ähnlichkeiten verschiedener Sinnesmodalitäten wahr, und zwar in Vorgängen, die gewöhnlich nicht kovariieren: Beim Vorspielen pulsierender Töne fixierten Säuglinge eine gleichzeitig gebotene gebrochene Linie länger als eine durchgehende. Desgleichen fixierten sie einen aufwärts gerichteten Pfeil länger, wenn sie gleichzeitig einen ansteigenden Ton hörten; dagegen einen abwärts gerichteten Pfeil, wenn auch die Tonhöhe abfiel (S. WAGNER und E. WINNER 1979). Es handelt sich hier um quasi metaphorische Entsprechungen.

Das universale Bild des Aufrechten, Überragenden, auf den Charakter einer Person bezogen, dürfte sich auf gewisse angeborene Ausdrucksmerkmale männlichen Imponierens der »unbeugsamen« Haltung beziehen. H. WERNER (1948), H. WERNER und B. KAPLAN (1963) wiesen auf unsere Neigung hin, Wahrnehmungen physiognomisch zu interpretieren*. Sie sprechen von einer dynamischen Schematisierung, die unsere mentalen Operationen einschließlich der Symbolisierung leite.

R. BROWN (1968) kritisierte das als Zirkelschluß: Dynamische Schematisierung führe zu »physiognomischer Wahrnehmung«, deren Vorhandensein die Existenz dynamischer Schematisierung belege. Bei Zugrundelegung ethologischer Theorie ergeben die Vorstellungen WERNERs aber durchaus Sinn. Das gilt auch für psychoanalytische Vorstellungen, die an JUNGS Archetypenvorstellung anknüpfen. »A live metaphor reveals a past forgotten experience«, schrieb E. SHARPE (1968)**. Wir wissen heute, daß stammesgeschichtliche Anpassungen unsere

---

* »... objects are predominantly understood through the motor and affective attitude of the subject ... Things perceived in this way may appear animate and, even though actually lifeless, seem to express some inner form of life ... A landscape for instance, may be gay or melancholy or pensive« (H. WERNER 1948 : 69). (»... Objekte werden überwiegend durch die Bewegungs- und Gefühlshaltung des Subjektes verstanden... Dinge, die auf diese Weise wahrgenommen werden, mögen lebendig erscheinen, selbst wenn sie tatsächlich leblos sind, und scheinen eine innere Form des Lebens auszudrücken... Eine Landschaft z. B. kann fröhlich oder melancholisch oder nachdenklich sein.«)

** »Eine lebendige Metapher enthüllt eine längst vergessene Erfahrung.«

Wahrnehmung und unser Denken in bestimmte Bahnen lenken, was manche, aber sicher nicht alle Universalien in der Begriffsbildung erklärt. VOLKER HEESCHEN und ich führten bei den Eipo in West-Irian Befragungen zur Begriffsbildung durch. Wir lösten dazu Selbstbeschreibungen aus und fanden in der Symbolik der Metapher ganz überraschende Übereinstimmung zu unserer Sprache. Ein Mann von Ansehen – also hohem Range – ist einer, dem »Blicke gegeben werden« (dildelamak). Ein Häuptling ist also einer, der, wie wir sagen würden, »Ansehen genießt«.

Man weiß aus der Primatenforschung, daß man den Rang eines Tieres am Verhalten der Gruppenmitglieder ablesen kann. Das Tier, das von den meisten anderen zur gleichen Zeit angeschaut wird, ist das ranghöchste. Es steht, wie M. R. A. CHANCE schrieb, im »focus of attention« (Zentrum der Aufmerksamkeit). Daß dies auch für Menschen gilt, haben an unserem Institut betriebene Forschungen von B. HOLD im Rahmen unseres Kindergartenprojektes belegt (Kap. 4.9). Die genannten verbalen Formulierungen drücken den gleichen Sachverhalt aus. Ranghohe stellen sich in den Blickpunkt der Aufmerksamkeit, bei uns z. B. durch Sitzordnung. Daß jemand symbolisch die anderen überragt, drückt sich in Worten aus. Jemand genießt »hohes« Ansehen, er oder sie ist »erhaben«, man schaut zu ihm auf. Umgekehrt hat einer eine niedrige Stellung oder niedere Gesinnung oder Herkunft. Diese Hoch-Tief-Symbolik finden wir ebenfalls bei den Eipo. Leute von hohem Ansehen werden »dubnang«: Gipfelleute oder Hochleute genannt. Die Kulturbringer der Mythologie stiegen von den Bergspitzen herab.

Eine behavioristische Erklärung von P. S. COHEN (1980) meint, alle Menschen würden als Kinder erfahren, daß Erwachsene mächtig und angesehen sind und daß sie mehr Vorteile genießen würden als sie. Sie würden dies mit der Größe der Erwachsenen assoziieren und deshalb Höhe als etwas Vorteilhaftes wahrnehmen. Die Tatsache, daß im Wirbeltierreich jedoch Größe generell »imponiert«, und zwar auch dort, wo ein Tier nie seine Eltern kennenlernt, indiziert eine alte Veranlagung.

Bei den Eipo gibt es ferner eine Rechts-Links-Symbolik, die sich mit der unseren weitgehend deckt. »Sirik« heißt rechts und »saboga sirik« der richtige Tabak. Wir sprechen ebenfalls von »recht« und »richtig«. Ich vermute einen Zusammenhang mit unserer »Händigkeit«. Unsere Werkzeugkultur ebenso wie viele unserer Rituale basieren u. a. auf der Rechtshändigkeit, die sich wohl stammesgeschichtlich entwickelte. Die Selektion wurde sicher auch durch den kulturellen Druck, der rechts als gut und richtig bezeichnet, gefördert.

Bemerkenswert ist ferner die Hell-Dunkel-Symbolik. »Fair« steht im englischen für anständig und hübsch. Man hat das einmal rassistisch interpretiert. Ich vermute einen Zusammenhang mit unserer Lebensweise als Tagwesen. Wir fürchten die Nacht, und das treibt uns dazu, bei Dunkelheit die Sicherheit eines Heims aufzusuchen. Der Tag dagegen ist die Zeit der Aktivität, die wir positiv begrüßen. Wir reden auch im Deutschen von einer strahlenden Persönlichkeit, einem sonnigen Gemüt, einem hellen Kopf. Unsere Interpretation wird dadurch gestützt, daß die dunkelhäutigen Eipo »korunye kanye« – »eine helle Seele« – sagen, wenn sie den Charakter einer Person als offen, strahlend kennzeichnen wollen. Sie sagen ferner »nani korunye« – »du mein Heller« –, wenn sie jemanden zärtlich anreden. »Nonge kunu dognobnil« heißt schließlich: »Mein Rumpf ist mir verschattet«, und das sagen sie, wenn sie etwas bedrückt.

Auf die parallelen Ausdrücke für die Steigerung »sehr« (sehr gut oder sehr traurig) wiesen wir hin. Ein Eipo drückt dies nonverbal durch schützendes Auflegen der Hände auf den Kopf aus wie einer, der erschrocken seinen Kopf vor einem Schlag schützt. Verbalisiert er die Steigerung, dann sagt er, etwas sei »zum Fürchten gut« oder »zum Fürchten traurig«, was durchaus unserem »schrecklich gut«, »furchtbar gut« etc. entspricht.

Begriffe spiegeln vielfach Vorstellungen, Normen, Empfindungen des Menschen wider, die offenbar universell sind. Bereits das Wort »Begriff« weist nach K. LORENZ« (1973) darauf hin, daß sich in unserer Begriffsbildung das Primat des Haptisch-Optischen manifestiert, das wohl altes Primatenerbe ist. LORENZ spricht auch davon, daß wir Einsicht in Zusammenhänge gewännen, »wie ein Affe in das Gewirr der Lianen«. Wir müssen uns Dinge »vorstellen«, Zusammenhänge »erfassen« können, sonst bleibt uns ein Geschehen »unbegreiflich«. Unsere höchsten geistigen Operationen sind dem Anschaulich-Begreiflichen verhaftet. Selbst Atommodelle versuchen wir uns anschaulich darzustellen, um gewisse Zusammenhänge zu begreifen. Wir wollen damit unsere Diskussion der Begriffsbildung beschließen und uns dem sprachlichen Handeln zuwenden. Wir wiesen bei der Diskussion der sozialen Interaktionsstrategien darauf hin, daß wir bestimmte elementare Interaktionsstrategien sowohl nichtverbal als auch verbal abhandeln, wobei Menschen der verschiedensten Kulturen den gleichen Regeln einer universalen Etikette folgen.

Ein Objekt im Imperativ zu fordern kommt, wie gesagt, einem Zugriff gleich und stößt auf Ablehnung. In Kulturen, in denen man Dominanzbeziehungen pflegt und das Rangstreben den Alltag prägt (z. B. auf den Trobriand-Inseln), kann aggressives Fordern zur Regel werden. In der Regel wird es aber als rüde empfunden, und Erfolg verspricht nur die mehr oder weniger verblümt vorgetragene Bitte. Bei den Buschleuten ebenso wie bei den Eipo macht man eine beiläufige Bemerkung über den Gegenstand des Wunsches, etwa: »kwelib fotong teleb« – »schöne Paradiesvogelfedern«; dann weiß der Partner, daß der andere sie eigentlich gerne hätte, und er kann abgeben oder auch begründen, weshalb das in diesem Falle gerade nicht möglich ist. Nur in besonderen Situationen, etwa bei vorliegendem Ranggefälle, kann direkt gefordert oder erbeten werden.

Ein anderes Beispiel wäre der Abschied. Es gehört zur Regel, daß man ihn vorbereitet. Nichtverbal geschieht dies, indem man sich in Intentionsbewegungen zur Seite wendet, die Dyade also öffnet. Das muß behutsam geschehen, denn eine abrupte Abwendung bedeutet einen Kontaktabbruch, und den will man ja vermeiden. Der Abschied soll ausdrücken, daß das Band auch über die räumliche Trennung erhalten bleibt. Dazu gibt man oft noch Gastgeschenke. Verbal geschieht dies, indem man ins Gespräch einfließen läßt, daß es nun schon spät sei oder daß man aus irgendeinem Grunde gehen müsse (wofür man sich oft fast entschuldigt), und dann schließt man noch mit einem verbalen Geschenk, einem guten Wunsch: »Petri Heil!«, »gute Fahrt!«, »auf Wiedersehen!« Auch diese Regeln werden mehr oder weniger ausgeprägt in allen Kulturen beachtet, bei verbaler wie bei nichtverbaler Verabschiedung. Im einfachsten Fall, wie bei den Yanomami oder Eipo, sagt einer: »Ich gehe« (I. EIBL-EIBESFELDT 1971). Bemerkenswert ist in diesem Zusammenhang ein Begründungszwang: »Ich gehe – es ist schon spät« – »ich bin heute sehr müde« – »ich gehe mich am Feuer aufwärmen« – und dergleichen mehr sagt ein Eipo in dieser Situation.

W. A. CORSARO (1979) meint, nur die wenigsten Vorschulkinder, die er beobachtete, hätten sich von anderen beim Weggang verabschiedet. Über 60 Prozent seien formlos weggegangen. Offenbar müsse der Abschied erst gelernt werden. Als Beispiel für ein informelles Weggehen ohne Abschied bringt er das Protokoll einer Unterhaltung, in deren Verlauf das Mädchen Barbara (3.8) die Mädchen Susan (3.9) und Linda (4.6) verläßt.

B–SL: I want to – I want Charlie Brown.

S–B: OK –

L–BS: You're gettin' it
[the TV] too close.

S–BL: OK, we'll turn on Charlie Brown.
(Pretends to change channel)
(L now gets up and stands on top of TV)
(B and S also stand up)

B–S: I'm tired. Oh –
(B suddenly runs off across outside yard to swings. Another child, Rita, is in one of the swings and the other swing is vacant. B runs to vacant swing. B made no verbal marking of her withdrawal and S and L show no awareness of her absence).

S–L: Hey, let's jump on the bug, L.
(S. points to a bug in front of the TV.)
This new dyadic episode continued for approximately 10 more minutes until teachers announced ›clean up time‹. (W. A. CORSARO 1979 : 333)

»The child«, schreibt CORSARO, »without comment or remark, merely left the ecological area where the interactive episode was underway.«* Was er dabei

---

* B–SL: Ich möchte – Ich möchte Charlie Brown (sehen).
  S–B: Einverstanden.
  L–BS: Du kommst zu nah dran (an den Fernseher).
  S–BL: Nun gut, schalten wir Charlie Brown ein.
  (Tut so, als wolle sie das andere Programm einschalten.)

offenbar nicht erkennt, ist, daß Barbara vor dem Weggehen erklärend sagt, sie sei müde, obgleich sie es offenbar nicht ist; sie geht ja schaukeln. Was stimmt, ist, daß die anderen diese Bemerkung nicht verbal erwidern. Ob sie die Nachricht nichtverbal bestätigen, läßt das Protokoll nicht erkennen. Aber selbst wenn sie überhaupt nicht reagierten, liegt von Barbaras Seite ein Abschied vor.

Man sagt, warum man geht, damit das Weggehen nicht als Kontaktabbruch interpretiert wird. V. HEESCHEN zitiert in diesem Zusammenhang ein dreijähriges Mädchen, das sagte: »Ich gehe zur Oma, weil so schönes Wetter ist.« In diesem Auseinanderklaffen der aktuell gegebenen Begründung und ihrer logischen Konsistenz wird der Begründungszwang besonders deutlich. »Im Gesichtsfeld eines anderen begleiten wir unser Tun, insbesondere unsere räumlichen Bewegungen gleichsam mit Beschwichtigungs- und Demutsgesten«, schreibt V. HEESCHEN (1988), der dabei in erster Linie an die Territorialität des Menschen denkt. Er weist in diesem Zusammenhang auf J. PIAGET (1975) hin, der Begründung um jeden Preis als einen Grundzug kindlichen Sprechens ansieht. Da dem Kind der Begriff des Zufalls fehle, gehe es davon aus, daß alles mit allem in Zusammenhang stehe und daher jede Begründung passend wäre. Damit ist aber die Frage nach dem Warum und nach der Motivation, wie HEESCHEN zu Recht bemerkt, nicht beantwortet. Er meint, das Kind würde bei den Versuchen, Neues auszuprobieren, automatisch in Situationen geraten, in denen es nicht wisse, was mit diesem oder jenem Partner gestattet oder verboten sei. Die Rechtfertigungen stärken ihm gewissermaßen das Rückgrat für seine aggressiven Explorationen; die ständigen Begründungen dienen dazu, seine Umwelt zu beschwichtigen, und damit wohl auch sich selbst. Begründungs- und Rechtfertigungszwänge beherrschen auch das Verhalten der Erwachsenen.

Doch zurück zum Handeln in Worten: Sätze können im Verlauf einer Interaktion ein Verhalten beschreiben – einen Kontaktabbruch z. B. durch die Feststellung: »Ich rede nicht mehr mit dir.« Es können ferner Worte als verbale Klischees wie Schlüsselreize eingesetzt werden, um ein bestimmtes Verhalten auszulösen. Eine vergleichende Untersuchung der Liebeslieder zeigt, daß bestimmte Appelle

---

        (L steht jetzt auf und stellt sich genau auf den Fernseher.)
        (B und S stehen jetzt auch auf.)
B–S: Ich bin müde. Oh –
        (B rennt plötzlich raus über den Hof zur Schaukel. Ein anderes Kind, Rita, sitzt auf der einen Schaukel, die andere ist leer. B rennt zu der leeren Schaukel. B machte keine verbale Äußerung darüber, daß sie sich zurückzog, und S und L scheinen ihre Abwesenheit nicht zu bemerken.)
S–L: Hei, springen wir 'mal auf den Käfer, L.
        (S. zeigt auf einen Käfer vor dem Fernseher.)
        Dieses Zweierspiel ging etwa noch 10 Minuten weiter, bis die Lehrer riefen: Zeit aufzuräumen!

»Das Kind«, schreibt Corsaro, »verließ einfach das ökologische Gebiet, wo die Interaktionen stattfanden, ohne Kommentar oder Bemerkung.«

immer wiederkehren, vor allem Mutter-Kind-Appelle. Die Geliebte wird z. B. als Vögelchen besungen – so in den Liebesliedern der Medlpa Neuguineas (I. EIBL-EIBESFELDT 1974, A. STRATHERN 1979).

Wir erwähnten in Kapitel 2.2.7 das primatenhafte phallische Imponieren des Mannes. Es kann völlig verbalisiert werden. Die verbalen Duelle türkischer Knaben zielen darauf ab, den Gegner in eine passive weibliche Rolle zu zwingen (A. DUNDES, J. W. LEACH und B. ÖZKÖK 1970). Er wird als unterwürfiger Anus bezeichnet, der die verbalen phallischen Attacken zu ertragen habe. Eine andere Strategie besteht darin, die Mutter oder Schwester des Gegners in Verruf zu bringen oder sie phallisch zu bedrohen. Der Angegriffene versucht seinerseits zu parieren, indem er dem Partner die passive weibliche Rolle aufzuzwingen sucht.

»Much of the skill in the duelling process consists of parrying phallic thrusts such that the would-be attacker is accused of receiving a penis instead. According to this code, a young boy defends and asserts his virile standing in his peer group by seeing to it that his phallus threatens the anus of any rival who may challenge him« (A. DUNDES und Mitarbeiter 1970 : 135)*. Die Erwiderung muß sich ferner auf die eröffnende Beleidigung reimen. Die meisten dieser verbalen Pässe sind traditionell festgelegt. Es ist also wichtig, möglichst viele dieser Reime zu kennen. Kann man nämlich nicht im Reim antworten, dann kommt das einer Niederlage gleich. Es ist noch besser, mit einem schlechten Reim zu antworten, als gar nicht, denn im letzteren Falle hat man sich in die weibliche Rolle unterwerfen lassen.

W. LABOV (1966, 1970) beschreibt vergleichbare ritualisierte Formen des Beleidigens von jungen Negern in Harlem. Auch deren verbale Duelle haben eine formale Struktur, und sie beinhalten obszöne Bemerkungen über Verwandte. Originalität und Übereinstimmung der Äußerungen mit den Strukturregeln werden anerkannt.

Der Mensch kann mit der Zunge kämpfen, er kann spotten, den anderen übertrumpfen oder auch im Gegenteil sich freundlich erniedrigen. Die Muster verbaler Erniedrigung des Gegners sind bei den Eipo im Prinzip den unseren sehr ähnlich. Man setzt den Gegner »herab«, man macht ihn »klein«, etwa, indem man ihn als Fliege (»bume«) oder Eidechse (»bal«) bezeichnet. Und man verschiebt die Auseinandersetzung auf ein zwischenartliches Niveau, indem man den Gegner dehumanisiert. Man kann ihn auch verhöhnen, indem man ihn als mängelbehafteten Menschen charakterisiert, etwa als einen, der übel riecht, feige ist, Inzest begeht und dergleichen mehr. – Zu »das Wort als Waffe« siehe F. KIENER (1983). Dreijährige Kinder, die gerade erst die Grundzüge ihrer Sprache erlernt haben und

---

* »Ein großer Teil der Fertigkeit in diesen Duellen besteht darin, die (verbalen, Ref.) Beckenstöße eines Angreifers zu parieren, den man dann damit verhöhnen kann, daß er selbst einen Penisstoß bekommen habe. Nach diesen Regeln verteidigt und sichert ein junger Bub seine Männlichkeitsposition in der Gruppe dadurch, daß er darauf achtet, daß sein Penis den Anus eines jeden Rivalen bedroht, der ihn vielleicht herausfordert.«

durch die Übersiedlung der Eltern in eine Umgebung mit einer anderen Sprache kommen, lernen übrigens von den anderssprachigen Kindern, mit denen sie spielen, zuallererst die Schimpfworte.

Bei der Diskussion der Interaktionsstrategien hoben wir hervor, wie wichtig es sei, das eigene Ansehen zu behaupten, aber gleichzeitig dem anderen Respekt zu erweisen; d. h. sein Ansehen nicht zu gefährden. Man lobt dazu den Partner, hebt oder bekräftigt also verbal dessen Rang. Oft gibt man sich sogar submissiv, und dann ist es am anderen, durch Gegenlob und Selbstherabsetzung auszugleichen. Auf ein Lob etwa zu antworten, jeder andere hätte das auch so gemacht oder gekonnt etc. Man setzt sich selbst herab, um auszudrücken, daß man den anderen nicht dominieren will (T. Monberg 1979). Das ist besonders schön in dem Beitrag von Samuel Elbert (1967) zu lesen. Auf der Bellona-Insel (Salomonen) ist es üblich, ein Geschenk, das man überreicht, in seiner Bedeutung herabzusetzen. »Nimm hier diesen miserablen kleinen Fisch!« Wir erwähnten Vergleichbares von den Yanomami (S. 683).

Handelt es sich um Ranghöhere, dann werden sie regelmäßig mit verbaler Unterwürfigkeit angesprochen. Häuptlinge und übersinnliche Mächte spricht ein Mann aus Bellona mit »tou noko« oder »tou tapungao« an, was soviel heißt wie: »Ich bin weniger wert als dein Gesäß« bzw. »ich bin weniger wert als die Sohle deines Fußes.«

Wenn bei den Tikopia Trauergäste kommen, Nahrung (kai) mitbringen und die Trauernden auffordern mitzuessen, dann sprechen sie nicht von Nahrung, sondern sie fordern ihre Partner auf, Wasser zu trinken (»inu se vai mou«; R. Firth 1975). Sie erklärten Firth, sie würden dies tun, damit niemand glaube, sie würden mit Nahrung prahlen. Auch die Geschenke, die man Häuptlingen gibt, werden als »vai« umschrieben. Dem Häuptling gegenüber trumpft man nicht auf, um ihn nicht herauszufordern; den Trauernden gegenüber nicht, um sie nicht zu beschämen. Ganz besonders unterwürfig geben sich die Tikopia gegenüber Göttern und Geistern. »Ich esse deine Exkremente« ist eine gebräuchliche Eröffnung ihrer Gebete. In manchen Gebieten Neuguineas lautet so eine Grußformel (I. Eibel-Eibesfeldt 1977). Für die Anrede scheint universal zu gelten, daß zwei Personen gleichen Ranges, die einander vertraut sind, einander mit der linguistischen Form anreden, mit der sie Untergeordnete anzureden pflegen. Im Verkehr mit Fremden gleichen Ranges gebraucht man dagegen die linguistischen Anredeweisen, die man einem Übergeordneten gegenüber verwendet (R. Brown 1965, R. O. Kroger und Mitarbeiter 1979).

Die bindende Funktion des Miteinander-Redens – D. Morris (1968) sprach sehr treffend von »grooming talk« – hat bereits B. Malinowski (1923) beschrieben. Man hat sie seither immer wieder hervorgehoben (B. C. und T. Luckmann 1970, D. E. Allen und R. F. Guy 1974, V. Heeschen 1980, 1987 a, 1988). Zum Bindegespräch gehört die beständige Antwort des Gesprächspartners, daß einer der Zuhörer durch Wiederholung von Sätzen und Worten Anteilnahme ausdrückt, Buschleute tun dies, wenn einer eine Geschichte erzählt. Wir nicken zumindest bestätigend beim Zuhören und geben so Antwort. Das hält das Gespräch in Fluß.

Sprechen zeigt stets eine gewisse Abkoppelung von den Antrieben, und diese Distanziertheit ist eine der Voraussetzungen für eine dialogartige Auseinandersetzung (siehe oben). Diese Fähigkeit äußert sich bereits in den Sprach-Spielen der Kinder. In ihnen werden nach V. Heeschen Rangverhalten und Aggressivität spielerisch in Sprache umgesetzt. Er gibt als Beispiel den Dialog zweier Mädchen wieder, die Verreisen spielen und dabei einander im Rangdisput zu übertrumpfen suchen:

A. »Ich nehme meiner Puppe alles mit.«
B. »Ich nehme meiner Puppe viel mit.«
A: »Ich nehme meiner Puppe vieler mit.«
B: »Ich nehme meiner Puppe noch vieler mit.«
A: »Ich nehme meiner Puppe noch mehr alles mit.«

Spiel und Wettstreit liegen hier eng beieinander.

Sprache ersetzt Handeln, und sie kann mit Worten alles ausdrücken. Sie tut es auf eine weniger mittelbare, eben auf ritualisierte Weise. Sie kann daher Aggressionen subtiler handhaben, etwa in Scherzpartnerschaften ausleben (S. 418). Sprache kann soziale Distanzen durch verschiedene Formen der Anrede ausdrükken, und sie kann zur Definition und Abgrenzung der Gruppe benutzt werden. So wie eine Lokalgruppe durch Eigentümlichkeiten des Dialektes gebunden und abgesetzt ist, so sind innerhalb solcher Lokalgruppen Kleingruppen wie Klan oder Freundesgemeinschaften durch geheimes Wissen und im besonderen durch eine Art »In-Sprache« definiert. Die Kontraktgesänge der Yanomami, die viele Verblümungen und Umschreibungen beinhalten, sind ein gutes Beispiel dafür (K. Good 1980).

Unabhängig davon, welche spezielle Strategie in einem Gespräch verfolgt wird, gibt es Regeln, die den Dialog an sich betreffen. Dazu gehört, daß man den anderen sprechen läßt und ihn nicht unterbricht. Es gilt als unhöflich, auch bei den Eipo. Man übergibt das Wort, indem man mit Intonation und anderen nichtverbalen Gesten mitteilt, daß man nun bereit ist zuzuhören (K. R. Scherer 1977, A. J. DeLong 1977). Man kann natürlich auch mit entsprechender Entschuldigung unterbrechen oder sich in ein Gespräch einschalten, aber dergleichen erfordert besondere Begründung und Vorgehensweisen. Wenn eine Person nicht unterbrochen werden will, weil sie mit ihrer Aussage noch nicht fertig ist, dann gibt sie dies durch pausenfüllende Lautäußerungen kund (K. R. Scherer 1977).

Vier- bis fünfjährige amerikanische Kinder signalisieren Gesprächsübergabe, indem sie nach dem letzten oder vorletzten Wort den Kopf nach links und (oder) unten bewegen. Die Abwärtsbewegung kann auch mit anderen Körperteilen, z. B. den Armen, durchgeführt werden (A. J. DeLong 1977).

Verhaltensweisen der Gesprächsübergabe, der verbalen Platzbehauptung und

-verdrängung sind in allen Kulturen zu beobachten. Man hat sie allerdings im Kulturenvergleich nicht genauer untersucht. Mir fiel immer auf, daß man sich selbst bei mangelhafter Sprachkenntnis dank der nichtverbalen Zeichen ziemlich gut verständigen kann. Und während man jede Vokabel und die Grammatik genau studieren muß, wird man im Nichtsprachlichen nicht eigens unterwiesen. Es fällt einem eher zu; wir machen automatisch offenbar das Richtige, weil, wie ich vermute, das Grundmuster der Begleitbewegungen ebenso wie die Intonation (siehe oben) zu den Universalien gehören dürften. Die spezielle Form der sprachbegleitenden Gesten läßt zwar kulturelle Zugehörigkeit erkennen (D. EFRON 1941). Daß man aber in bestimmten Situationen die Hände sinken oder offen läßt, den Blickkontakt sucht oder abbricht und dergleichen mehr, dürfte im Prinzip universal gleich sein.

Wir können festhalten, daß es konstante Funktionen des Sprechens und konstante Formen des Sprechens, also der Ausdrucksweise und der Formulierung, gibt. Wir finden ferner ethologische Konstanten in der Begriffsbildung. Sicherlich haben wir es bei der Sprache mit einem weitgehend offenen System zu tun. Es liegen ihr aber Programme für die Ausgestaltung durch Lernen zugrunde. An welcher Stelle Gelerntes eingesetzt wird, wie und wann erworben wird, das dürfte durch stammesgeschichtliche Anpassungen weitgehend vorgegeben sein.

Die Humanethologie bemüht sich um die Erforschung dieser Zusammenhänge, insbesondere auf dem Niveau der Sprechakte und Begriffsbildung. Die Etholinguistik (I. EIBL-EIBESFELDT 1979) ist durch die biologische Fragestellung charakterisiert: Warum sprechen wir in bestimmten Situationen so und nicht anders? Diese Frage kann man auf die unmittelbaren Ursachen beziehen – die Sprachphysiologie befaßt sich mit dieser Frage. Sie kann sich aber auch auf Funktion und Werdegang beziehen. Hier setzt die vergleichende Betrachtungsweise ein, aus der wir Hinweise auf konstante Funktionen und Formen des Sprechens und damit auch auf allfällige stammesgeschichtliche Programmierungen erhalten. Wir haben auf solche Universalien in den Sprechakten hingewiesen. Sie betreffen die Semantik (Bedeutungslehre) und auf einem höheren Niveau die verbalen Strategien des Handelns.

Verbale Interaktionsstrategien folgen dem Muster der nichtverbalen. Sie sind deren unmittelbare Übersetzung. Wir handeln in Worten und verwenden Worte und Sätze wie Auslöser. Ich sprach in diesem Zusammenhang von verbalen Klischees (I. EIBL-EIBESFELDT 1979). So kann selbst instinktives Verhalten verbalisiert und über diese Ritualisierungsstufe entschärft werden. Daß verbale und nichtverbale Interaktionen grundsätzlich einem gemeinsamen Regelsystem gehorchen und die Erforschung dieser universalen Grammatik menschlichen Sozialverhaltens ein Hauptanliegen der Humanethologie und damit insbesondere der Etholinguistik ist, haben wir bereits ausgeführt (Kap. 6.4.1).

Wir haben in den vorangegangenen Abschnitten vier Thesen vorgetragen:

1. Die These von der Austauschbarkeit nichtverbalen und verbalen Verhaltens als funktionelle Äquivalente.
2. Die These von der Triebdistanzierung über die Sprache.
3. Die These von der höheren Ritualisierungsstufe sprachlichen Verhaltens.
4. Die These vom Beitrag der Sprache zur Harmonisierung des Gruppenlebens im Sinne einer Entschärfung von Auseinandersetzungen. Sie ergibt sich aus den Thesen 2 und 3.

S. F. SAGER (1983) hat zu diesen Thesen Stellung genommen, sie dabei allerdings in einer vereinfachten Weise wiedergegeben. So präsentiert er meinen Standpunkt zur Äquivalenz, als würde ich verbales und nichtverbales Verhalten für gleich halten, was ich nicht tue. Und er meint auch, mein Konzept der Äquivalenz widerspreche der These der Ritualisierung und der Distanzierungshypothese. Denn entweder sei etwas mit etwas anderem äquivalent, dann könne es aber nicht gut zugleich auch anders sein. Er findet, daß unsere Aussage, Sprache sei nicht einfach Fortsetzung tierischen Verhaltens mit anderen Mitteln, sondern aus dem unmittelbaren Duktus von Reiz und Reaktion herausgelöst, dem Äquivalenzkonzept widerspricht. Die von uns hervorgehobene Distanzierung von der primären Triebstruktur scheint SAGER mit dem Äquivalenzkonzept nicht vereinbar.

SAGER hat mich nicht verstanden. Ich spreche ja von *funktioneller* Äquivalenz konkreter verbaler und nichtverbaler Akte und nicht generell von einer Äquivalenz verbalen und nichtverbalen Verhaltens. Des weiteren spreche ich von ins Verbale übersetzten Infantilismen, Rangdisputen, von Selbsterniedrigung oder -erhöhung und dergleichen mehr. Und nur auf die spezifische Funktion der Beschwichtigung, des Imponierens, der Konfliktlösung, Erniedrigung, Verabschiedung etc. bezieht sich die Aussage, eine funktionelle Äquivalenz liege vor. Die Funktionen können auf verschiedene Weise und auch mit verschiedener Effizienz gelöst werden. Ich beziehe mich auf die grundlegenden universalen Strategien sozialer Interaktion, auf Regeln der »Etikette«, die bei nichtverbalen und verbalen Interaktionen beachtet werden, in deren Rahmen die Interaktionspartner aber Worte oder nichtverbale Handlungen, die das gleiche signalisieren, einsetzen. Ich kann im schon beschriebenen Drohgruß Waffen schwenken, Salut schießen oder mit einem Plus-Gesicht einen Imponiertanz aufführen, und ich kann meine freundlichen Intentionen durch ein mittanzendes Kind, das Überreichen von Blumen oder auch verbal ausdrücken. Durch Sprache wird die Interaktion distanzierter, sie findet in einem emotionell mehr entlasteten Feld statt. Man kann reden und ist vom Zwang unmittelbaren Handelns befreit. Entreißt einer dem anderen mit Drohgebärde ein Objekt, dann erfordert das eine unmittelbare Reaktion des Partners. Verbal dagegen eröffnet eine drohende Äußerung oder eine Bitte eine Diskussion, die ohne Eskalation ins Tätliche zur Lösung des Konfliktes führen kann.

In diesem Sinne ist es gemeint, wenn ich von einer Ritualisierung im Sprachlichen spreche. Die Aussage lautet: Im Sprechen wurde gegenüber dem Nichtsprachlichen eine höhere Ritualisierungsstufe erreicht. Das heißt aber nicht, daß ein Sprechakt, der einem nichtverbalen Handlungsschritt funktionell äquivalent ist, diesem auch homolog sei. Gemeinsam ist in vielen Fällen das beiden zugrundeliegende Regelsystem. Und im Rahmen dieses Regelsystems, das in allen Kulturen gilt, wird nun Nichtverbales ins Verbale *übersetzt* – so wie man ja auch von einer Sprache in eine andere übersetzen kann, vom Chinesischen etwa ins Deutsche. Die Aussagen sind dann funktionell äquivalent. Das gilt aber nicht für die Sprachen, in der die Aussagen gemacht werden. Es handelt sich um eine Übersetzung, in diesem Fall von einer Sprache in eine andere. Werden motorische Handlungsschritte in verbalen Akten und auslösende Reize in verbalen Klischees ausgedrückt, dann findet eine Übersetzung in ein anderes Medium statt. Ein indirekter Abstammungszusammenhang ist nicht gegeben. Es gibt nicht den geringsten Hinweis dafür, daß nichtverbale und verbale Äquivalente durch Übergangsreihen verbunden werden können.

Man darf hier die Vergleichsebenen nicht vermengen. Es gibt ein konkret erforschbares Regelsystem, das auf Sollmustern, angeborenen Auslösemechanismen und anderen stammesgeschichtlichen Anpassungen basiert und Reaktionsbereitschaften ebenso wie Strategien in Form von Handlungsplänen (Wenn-dann-Anweisungen) bestimmt, und zwar in einer Weise, die viele Alternativen offenläßt und Ausgestaltungen aufgrund von individuellen Erfahrungen ermöglicht.

Dieses angeborene Regelsystem bildet die allen Menschen homologe Basis sozialen Verhaltens. Und nur auf dieser Ebene sowie auf der Ebene nichtverbalen Verhaltens können wir auch Homologa zum Verhalten nichtmenschlicher Primaten finden. Funktionelle Entsprechungen (Analogien) treffen wir dagegen auf allen Ebenen an.

Meine vierte These gibt SAGER als These der »Beschwichtigung« wieder, was nicht ganz zutreffend ist. In meinem Buch »Krieg und Frieden aus der Sicht der Verhaltensforschung« (1975, 1984) spreche ich von der Verbalisierung aggressiver Auseinandersetzungen (Wortstreit). Hier handelt es sich nicht um eine Beschwichtigung, wohl aber um eine Entschärfung der Auseinandersetzung durch Übertragung ins Verbale. In den Streitgesängen der Eskimos werden dabei hohe Ritualisierungsstufen erreicht.

In der Linguistik standen diese Fragen bisher nicht im Vordergrund (siehe dazu die Diskussion von V. HEESCHEN über sprachliches Handeln 1976 und 1980). Die Soziolinguistik und die anthropologische Linguistik, vertreten z. B. durch J. L. GUMPERZ und D. H. HYMES (1972) und D. H. HYMES (1970), untersuchten ähnlich wie wir das Sprachverhalten im natürlichen Kontext, wobei HYMES das methodische Werkzeug zur Erforschung der Sprechweisen erarbeitete. Es mangelt aber an einer übergreifenden Theorie. Das Verdienst dieser Richtung liegt im Methodologischen und in der Erarbeitung ausgezeichneter Beschreibungen. Untersucht wird, wer etwa mit wem spricht, welche Sprechverbote es gibt und in welchen Szenen gesprochen wird. Gespräche finden ja nicht nur zwischen zwei Personen statt. Eine Rügerede kann z. B. einen Dialog fingieren; in Wirklichkeit ist jedoch ein Dritter der eigentliche Adressat des laut zwischen zwei Personen stattfindenden Gesprächs. Untersucht wurden die verschiedenen Formen klassenspezifischen Sprechens, verbale Duelle und indirektes Bitten. J. SHERZER (1970) untersuchte das Sprechen bei den südamerikanischen Indianern, ihre Ruhmeslieder, Schimpfreden, diskutiert aber nicht den funktionellen Aspekt, was für die theoretische Enthaltsamkeit der Soziolinguisten bezeichnend ist. Neue Richtungen weisen die Arbeiten von J. S. BRUNER (1974, 1975 a, b) und D. WUNDERLICH (1970–1974), die die Logik des Sprechens und das, was man beim Sprechen tut, untersuchen.

In der Psycholinguistik erweckten N. CHOMSKYS Ausführungen zur generativen Grammatik Aufsehen. Er wird zwar nicht konkret, aber mit seinem Hinweis auf die Existenz eines »angeborenen Spracherwerbsystems« hat er wertvolle Anregungen vermittelt. Mit dem Begriff der »universalen Grammatik« meint er allerdings etwas ganz anderes als wir, wenn wir von einer universalen Grammatik sozialen Verhaltens sprechen. Wir haben dabei die Regeln im Sinn, nach denen verbale Interaktionen gestaltet werden, CHOMSKY dagegen die Regeln der Satzbaulehre. Unser Begriff deckt sich auch nicht mit E. W. COUNTS (1970) »biogrammar«. COUNT bezeichnet damit das soziale Potential, das größere systematische Tierkategorien auszeichnet und das auf gewissen Schlüsselerfindungen wie Brutpflege basiert. Er spricht in diesem Sinne von einer Biogrammatik der Vögel, Säuger und anderer Gruppen. Er bezieht sich aber nicht auf ein System von Regeln, das konkrete Verhaltensabläufe strukturiert. Fruchtbare Anregungen verdanken wir D. I. SLOBIN (1969), der die Spracherwerbsforschung neu inspirierte, indem er nach Universalien in den Strategien des Spracherwerbs forscht. C. E. SNOW und Mitarbeiter (1976), C. E. SNOW und C. A. FERGUSON (1977) und J. S. BRUNER (1974, 1975 a, b) studierten die Mutter-Kind-Dialoge. Eine empirisch orientierte Sprachforschung löst die mehr spekulative Richtung ab. Den ethologischen Ansatz pflegt S. F. SAGER (1983). Eine »Etholinguistik« (I. EIBL-EIBESFELDT) ist im Werden.

Zusammenfassung 6.5

Mit der Wortsprache verfügt der Mensch über ein System tradierter Zeichen, die er im Rahmen der durch die Grammatik festgelegten Regeln schöpferisch zu neuen, nie zuvor gemachten Aussagen kombinieren kann und die dennoch ein anderer sofort zu verstehen in der Lage ist. Sprache erlaubt es, Erfahrungen weiterzugeben und Wissen objektunabhängig zu tradieren, Mitteilungen über Beziehungen zwischen Objekten zu machen und schließlich verbal zu interagieren. Im Tierreich gibt es nichts, was auch nur im entferntesten dieser Wortsprache vergleichbar wäre. Schimpansen können zwar die Bedeutung vereinfachter Handzeichen der Taubstummensprache erlernen und sie sinnvoll zur Kommunikation verwenden; sie können sogar durch Neukombination von Symbolen neue Begriffe bilden, doch kommen sie über Zweiwortsätze nicht hinaus, und es fehlt eine syntaktische Organisation.

Für die Evolution der Sprache dürfte weniger die Notwendigkeit der Vermittlung von Sachwissen als die weitere Ritualisierung sozialer Interaktionen entscheidend gewesen sein. Verbaler Streit gefährdet die innere Harmonie einer kleinen Gruppe weniger als ein tätlicher Kampf. Die Alltagsgespräche von Naturvölkern haben, soweit bekannt, vor allem soziale Probleme zum Inhalt.

Einige Fähigkeiten, die Voraussetzung für die sprachliche Kommunikation sind, wurden von höheren Säugern in anderen Zusammenhängen entwickelt: so beim Spielen die Fähigkeit, Handlungen von den Antrieben abzuhängen, und die Willkürmotorik in Anpassung an das Greifhandklettern, den Nahrungserwerb und den Werkzeuggebrauch.

Sprechen ist triebdistanzierter als nichtverbales Handeln; es findet in einem emotionell entspannteren Feld statt und entschärft damit soziale Interaktionen.

Stammesgeschichtliche Anpassungen lassen sich auf der Ebene der Wahrnehmung (kategoriale Wahrnehmung), der Begriffsbildung, der tonalen Modalität und schließlich auf der Ebene sprachlichen Handelns nachweisen. Hier können verbale Akte im Rahmen eines vorgegebenen Regelsystems nichtverbale Handlungen als funktionelle Äquivalente ersetzen. Beispiele dafür wurden bereits in Kapitel 6.4 besprochen und hier durch weitere ergänzt.

Jede innerartliche Kommunikation basiert auf der wechselseitigen Annahme, daß die Interaktionspartner in voraussagbarer Weise agieren. Sie müssen ferner über einen gemeinsamen Kommunikationskode verfügen und von der Voraussetzung ausgehen, daß es der Partner ehrlich meint und in der Regel nicht lügt. Ethologen haben eine Reihe von Faktoren aufgedeckt, die den Ablauf einer Interaktion bestimmen. Sie wurzeln zum einen im biologischen, zum anderen im kulturellen Erbe. Sie wirken auf verschiedenen Ebenen. An der Basis schaffen motivierende Mechanismen bestimmte Handlungsbereitschaften, die wir subjektiv als emotionale Gestimmtheit erleben. Unser Streben nach Ansehen, das sich mit der Angst, das Gesicht zu verlieren, verbindet, beeinflußt praktisch alle unsere Interaktionen in unterschiedlichem Ausmaß, freundliche sowohl wie agonistische. Wir kombinieren daher oft Verhaltensweisen der Selbstdarstellung mit solchen, die freundliche Kontaktbereitschaft ausdrücken, wobei je nach Kontext einmal die eine, dann wieder die andere Komponente zurücktritt. Als allgemeine Regel beobachten wir, daß die Angst vor Ansehensverlust vorsichtige Vorgehensweisen bewirkt. Erfolgreiche Strategien sind durch Umwege und Indirektheit charakterisiert und, dem Grad der Intimität einer Beziehung entsprechend, durch mehr oder weniger verschleierte und metaphorische Ausdrucksweise. Die Vorsicht bedingt mehr Handlungsschritte als notwendig wären, könnten wir ungefährdet direkt vorgehen. Die Angst, eine freundliche Beziehung könnte durch eine Abfuhr gefährdet werden, beeinflußt auch unsere freundlichen Interaktionen.

Spezielle Motivationen bestimmen unsere Handlungsziele, vorschreibende Regeln unser konkretes Verhalten. Letztere basieren auf phylogenetischen und kulturell entwickelten Normen. In solchen Referenzmustern (Kap. 2.2.3) ist zum Beispiel die Objektbesitznorm kodifiziert, die alle Formen des Objekttransfers entscheidend mitbestimmt. Auf der Ebene konkreten Handelns bestimmen spezifische Verhaltensmuster den Gang der Dinge. Ein Lächeln kann zu direktem Vorgehen ermuntern und so helfen, die Umwege abzukürzen.

7. Verhaltensentwicklung (Ontogenese)

7.1 Entwicklungstheorien

Der Mensch kommt in vielen Punkten recht unfertig zur Welt. Das Bild vom hilflosen Reflexbündel müssen wir jedoch revidieren. Das Neugeborene kann nicht nur saugen, atmen, mit automatischen Suchbewegungen die Brust suchen, sich mit den Händen festklammern und im Kreuzgang kriechen. Es verfügt neben einem reichen Repertoire an Körperschutzbewegungen (Reflexen) auch über eine Reihe hochspezifischer Lautäußerungen mit bestimmter Funktion (S. 53 ff.) und eine beachtenswerte Kompetenz zur Kommunikation mit seiner Mutter (S. 282 ff.; C. TREVARTHEN 1979, T. G. BOWER 1977, D. N. STERN 1977, H. F. R. PRECHTL 1981). Es reagiert ferner angepaßt auf bestimmte visuelle, akustische und olfaktorische Reize und vermag solche Reizquellen zu lokalisieren (S. 274) – alles Fertigkeiten, die ziemlich komplizierte Strukturen als stammesgeschichtliche Anpassungen voraussetzen. Selbst so einfach scheinende Verhaltensmuster wie das Saugen darf man nach dem heutigen Wissensstand nicht einfach als »Saugreflex« beschreiben. Vielmehr handelt es sich beim Saugakt um ein recht komplexes motorisches Programm (H. F. R. PRECHTL 1981): Mit einer rhythmischen Drehbewegung des Kopfes (»Suchautomatismus«, H. F. R. PRECHTL und W. SCHLEIDT 1950) findet der Säugling die Brustwarze, die er mit den Lippen umfaßt, wobei der Suchautomatismus abgestellt wird. Taktile Reize lösen nunmehr die ebenfalls rhythmischen komplizierten Saugbewegungen aus, die eine genaue Abstimmung von Atem- und Schluckbewegungen erfordern. Beim Trinken werden außerdem die Nackenmuskeln gespannt, die Arme gebeugt, die Hände zur Faust geschlossen und die Beine gestreckt. Im Ligamentum iliofemorale Bertini, pars medialis besitzt der Säugling einen biologisch mechanischen Haltemechanismus der Beine, der es ihm als »Tragling« erleichtert, etwa auf der Hüfte der Mutter zu reiten oder sich mit seiner Bauchseite der Mutter anzuschmiegen (Abb. 7.1). Das Ligament verhindert beim jungen Säugling

749

Abb. 7.1: !Ko-Säugling (zentrale Kalahari), der auf der Hüfte der Mutter im Trageder in Spreiz-Beuge-Haltung reitet. Foto: I. Eibl-Eibesfeldt.

die Streckung des Hüftgelenks und fixiert seinen Oberschenkel in Spreiz-Beuge-Haltung. Neugeborene Menschenaffen verfügen über die gleiche Anpassung (B. Hassenstein 1981). Das Kind ist übrigens so an diese Haltung angepaßt, daß die normale Entwicklung der Hüftpfanne auf diese Weise physiologisch korrekt erfolgt. Europäische Kinder, die nicht so getragen werden, bedürfen bisweilen einer sogenannten Spreizwindel oder eines Spreizhöschens, damit späteren Hüftgelenkserkrankungen auf diese Weise vorgebeugt werden kann*.

Nicht alle Verhaltensweisen des Säuglings lassen eine Funktion erkennen: Manches, z. B. die unkontrollierten spontanen Bewegungen, ist wohl epiphänomenaler Ausdruck der Nerventätigkeit. Anderes, wie der Moro-Reflex, ist vermutlich Primatenerbe, das seine alte Funktion weitgehend einbüßte. Bei plötzlichem Loslassen breitet der Säugling die Arme weit haltsuchend seitlich aus und führt sie anschließend in einer Greifbewegung in der Körpermitte wieder zusammen (S. 56). Das reflektorische Greifen ist bei Frühgeburten am besten ausgeprägt. Siebenmonatskinder können sich sogar, mit den Händen frei hängend, an einer Leine festhalten (A. Peiper 1951, 1953). Nach der normalen Geburt vermögen sie das nicht mehr. Das spricht für einen Prozeß allmählicher Rückbildung. Immerhin kann sich ein Neugeborenes noch an den Haaren der Mutter oder an ihrer Kleidung festhalten und so absichern. Meist aber ballt es bloß beim Trinken die Hände. Die Nackenmuskulatur ist zunächst nicht stark genug, den Kopf sicher zu halten und Lagekorrekturen vorzunehmen. Der neuronale Mechanismus der Kopfbalance ist aber bereits voll ausgebildet, und der Säugling bemüht sich auch, den Kopf richtig einzustellen, kann es aber nur kurz, weil es ihm an Muskelkraft mangelt. Primäres Schreiten in Form eines abwech-

---

* Auf diesen Zusammenhang wies mich mein Mitarbeiter Wulf Schiefenhövel hin.

selnden Vorsetzens der Füße in Schreitkoordination kann man beim Neugeborenen auslösen, wenn man es sanft in aufrechter Haltung so führt, daß seine Füße die Unterlage berühren. Diese Fähigkeit verliert sich jedoch in den ersten Lebenswochen. Druck gegen die Fußsohle löst Gegendruck aus. So kann sich bereits das Neugeborene voranstemmen (S. 52). Der Säugling ist in der Lage, eine Schallquelle zu lokalisieren und den Kopf in die Richtung der Schallquelle zu drehen. Daß auch bei Blindgeborenen die Augen die Schallquelle fixieren, erwähnten wir. Das Verhalten wird von Müttern als Zuwendung interpretiert, und das mag wohl eine bedeutende Aufgabe dieses offensichtlich zentral programmierten Fixierens sein. Sehende können visuellen Reizen folgen; sie streben danach, scharfe Bilder zu sehen. Säuglinge lernen bestimmte Aufgaben, wenn sie dadurch unscharf projizierte Bilder scharfstellen können (S. 86). Der Menschensäugling ist also mit einer Reihe von Verhaltensprogrammen ausgerüstet, die wir als stammesgeschichtliche Anpassungen ansprechen können. Dem Typus nach ist er als »Tragling« (B. HASSENSTEIN 1973) zu bezeichnen. Er bedarf der Unterstützung durch die Mutter, im Unterschied zu den meisten übrigen Primatenjungen, die sich als »Elternhocker« aus eigener Kraft auf der Mutter halten können.

Nach der Geburt ändert sich das Verhalten. Diese Entwicklung als Prozeß der Ausdifferenzierung des Phänotyps erfolgt nach einem bestimmten Schema. Wir können rein deskriptiv eine Ablauffolge und verschiedene Phasen in der Verhaltensentwicklung feststellen. Entwicklung ist demnach einerseits das Ergebnis von Reifungsprozessen, andererseits wohl auch Ergebnis individuellen Lernens. In den Sammelwerken von H. THOMAE (1954), P. H. MUSSEN (1970), W. SPIEL (1980) und J. D. OSOFSKY (1979) ist die Kindesentwicklung in vielen Beiträgen beschrieben.

Bereits im ersten Lebensmonat beobachten wir eine Reihe von interessanten Änderungen im Verhalten, die auf eine Umstrukturierung und Neuorganisation zentralnervöser Funktionen hinweisen. So verschwinden einige bei der Geburt vorhandene Verhaltensmuster in den ersten vierzehn Tagen (primäres Schreiten, nach Objekten greifen), um erst später wiederaufzutauchen. Mit vier Monaten greift ein Säugling wieder gezielt nach Objekten; und wenn man genauer beobachtet, dann stellt man nunmehr eine deutliche Veränderung gegenüber dem Greifen des wenige Tage alten Säuglings fest. Es erfolgt nämlich nicht mehr das feste automatische Zupacken. Vielmehr kann der Säugling nach dem Objekt greifen, es in die Hand nehmen oder auch nur berühren, es wieder loslassen – kurz, er verfügt nun willkürlich über sein Greifen, ähnlich wie später über die Schreitbewegungen.

Man vermutet, daß eine »Kortikalisierung« eintritt, d. h. in einem Reifungsprozeß die Großhirnrinde zwischengeschaltet wird, so daß die ursprünglich automatische reflektorische Bewegung nunmehr als Willkürmotorik instrumental verfügbar wird. Daß die Verhaltensmuster während der Umstrukturierung verschwinden, ist wohl Begleiterscheinung dieser Umorganisation*. Das reflektorische Greifen wird übrigens nicht ausgeschaltet, sondern nur überlagert und kann durchaus noch neben dem willkürlich gesteuerten Greifen existieren. Das gilt auch für andere typisch säuglingshafte Verhaltensweisen (Suchautomatismus, Saugen), die im Laufe der Entwicklung verschwinden, im hohen Alter jedoch bei hirnatrophen Prozessen wiederauftauchen (G. PILLERI 1960 a, b, 1961). Daß selbst beim sekundären Schreiten Reifungsprozesse eine entscheidende Rolle spielen, beweist z. B. die Tatsache, daß Hopi-Kinder, die noch nach der traditionellen Methode aufs Wickelbrett geschnürt werden, gegenüber modernen Hopi-Kindern, die ungebunden aufwuchsen, also frei üben konnten, keinerlei Entwicklungsverzögerung zeigen (W. DENNIS 1940). Dennoch würde keiner, der ein Kind beim Gehenlernen beobachtet, daran zweifeln, daß Lernen beim Erwerb dieser Fertigkeit eine entscheidende Rolle spielt. Rein aus der Beobachtung kann man oft nicht mit Sicherheit feststellen, was an einer Fertigkeit nun gelernt wird und was heranreift. Reifung täuscht oft Lernen vor.

Entscheidend ist, daß der Mensch beim Schreiten seine Schritte gezielt aufsetzen kann (siehe auch das S. 720 ff. zur Entwicklung der Willkürmotorik Gesagte). Der Schrittgenerator ist zwar bei Geburt funktionsfähig**, aber es bedarf der kortikalen Kontrolle der Bewegungen (P. R. ZELAZO 1976, 1983). E. THELEN (1983, 1984) meint, für das Verschwinden und Neuauftauchen des Schreitens in der Entwicklung gebe es eine mechanische Erklärung: Das Kind wäre einfach physisch nicht in der Lage, gegen die Schwerkraft zu arbeiten, da es in den ersten Lebensmonaten starke Fettreserven anlege und daher an Gewicht rapide zunehme. Außerdem meint sie, man müsse zum Gehen ja nicht klug sein. Dieser Einwand ist jedoch nicht von Gewicht. Willkürliche Bewegungskontrolle ist zwar eine Voraussetzung für intelligentes Handeln, aber nicht unmittelbar mit Intelligenz gleichzusetzen. Die durchaus klugen Gänse können z. B. nicht gezielt über ein einfaches, auf ihrem Weg liegendes Hindernis steigen, was andere Vögel, die in Biotopen leben, in denen Hindernisse zahlreich sind, durchaus können.

Albanische Kinder band man im ersten Lebensjahr so eng in Wickelbänder ein, daß sie sich praktisch nicht bewegen konnten. Nur zum Baden befreite man sie kurz. Diese Kinder zeigten zunächst einen deutlichen Entwicklungsrückstand, wenn man sie aus den Wickeln befreite. Sie lernten normalerweise erst nach dem ersten Lebensjahr zu kriechen, und sie konnten erst spät greifen. Einmal befreit, holten sie den Entwicklungsrückstand jedoch schnell auf. Ein von L. DANZINGER und L. FRANKL (1934) untersuchtes zehnmonatiges Kind konnte zunächst nicht

---

* Auch andere Leistungen verschwinden vorübergehend. So kann das Neugeborene eine Schallquelle gut lokalisieren. Diese Fähigkeit geht mit einem Monat verloren und kehrt erst mit vier Monaten wieder.

** Die Koordination wird als reflektorisches Schreiten ausgelöst, wenn man das Neugeborene über die Unterlage führt (S. 52 f.). Wenn der Säugling in Rückenlage strampelt, zeigt er die gleiche Koordination (E. THELEN 1984).

einmal zwei Gegenstände gleichzeitig in der Hand halten. Seine Entwicklungsstufe entsprach der eines normal gehaltenen 5 Monate alten Kindes. Nachdem es
aber nur drei Stunden frei gespielt hatte, hatte es nach dem BÜHLERschen Babytest
einen Entwicklungsrückstand von rund 4 Monaten fast aufgeholt. Das weist auf
einen genetisch bestimmten Reifungszustand hin, der allerdings latent bleibt,
wenn das Kind seine Fähigkeiten nicht anwenden kann.

Bereits A. GESELL (1948) wies darauf hin, daß jedes Kind zwar ein einmaliges
Entwicklungsmuster zeige, dieses jedoch eine Variante eines allgemeinen Ent-
wicklungsplanes darstelle, der durch die Gene bestimmt sei. Umweltfaktoren
förderten und modifizierten die Entwicklung, aber sie würden nicht allein den
Fortschritt der Entwicklung bestimmen. Wie solche Programme im einzelnen den
Ablauf der Entwicklung bestimmen, muß noch erforscht werden. Interessante
Details dazu sind bekannt. So beobachtete D. G. FREEDMANN (1964, 1965), daß ein
blind geborenes Mädchen im dritten Monat intensiv das Spiel seiner Hände
beobachtete, so als könnte es sie sehen. Offenbar geschieht dies aufgrund eines
zentralen Fixierprogrammes, das dem Lernen aus Beobachtung und Eigentätigkeit zugrunde liegt. Über weitere Anpassungen im Dienste des Lernens siehe
Kapitel 2.2.6.

Zur Frage, ob genetische Unterschiede den Entwicklungsverlauf bei verschiedenen Rassen mitbestimmen, gibt es nur wenige Untersuchungen. In San Francisco
unter gleichen Bedingungen geborene chinesische und europäische Säuglinge
unterschieden sich bereits nach der Geburt deutlich in ihrem »Temperament«.
Chinesische Säuglinge beruhigten sich schneller, wenn sie weinten. Hielt man
ihnen die Nase zu, so daß sie durch den Mund atmen mußten, wehrten sie sich
weniger als europäische Säuglinge, die auch sonst gegen Belästigungen und
unangenehme Lagen mehr protestierten (D. G. FREEDMAN 1979).

Ganda-Kinder kommen frühreifer zur Welt als europäische Kinder. Sie können
bereits bei der Geburt den Kopf aufrecht halten. Der Entwicklungsvorsprung
beträgt etwa ein bis zwei Monate (M. GEBER 1958, 1960, 1961, M. GEBER und
R. DEAN 1957, 1958). Sie entwickeln sich im ersten Lebensjahr auch schneller. Sie
kriechen mit 5 bis 6 Monaten und laufen mit 9 Monaten. Europäische Säuglinge
kriechen dagegen erst mit 9 Monaten und laufen erst mit 14 bis 15 Monaten. In
der Entwicklung des sozialen Verhaltens stellte M. AINSWORTH (1967) einen
Entwicklungsvorsprung der Ganda-Kinder fest. Der Entwicklungsvorsprung
gleicht sich im dritten Lebensjahr aus. Im vierten Jahr haben die europäischen
Kinder nach dem GESELL-Test einen Entwicklungsvorsprung.

Der Säugling ist bereits früh erzieherischen Einflüssen ausgesetzt. Die Eltern
reagieren sehr unterschiedlich auf männliche und weibliche Säuglinge, z. T. wohl
als Antwort auf vorgegebene Unterschiede, z. T. wohl aber auch durch eigene
Vorstellungen über die künftigen Geschlechtsrollen geprägt (S. 488). Wie das
Kind so unbewußt geformt wird, lehren uns die Ashanti: Sie geben jedem Kind
einen Namen nach dem Tag, an dem es geboren wird. Man glaubt nun, daß mit

dem Wochentag bestimmte Eigenschaften des Charakters der Knaben schicksalhaft verbunden sind. Ein am Montag geborener Kwado ist nach diesem Glauben friedlich und ruhig, ein am Mittwoch geborener Kwaku ist dagegen aufbrausend, aggressiv und einer, der Streit sucht. Untersucht man die Jugendkriminalität der Ashanti, dann findet man unter den Kwado signifikant weniger Gesetzesbrecher als unter den Kwaku (G. Jahoda 1954). Offenbar formt die Erwartung der Erwachsenen den Charakter der Kinder, vermutlich durch selektive Verstärkung solcher Verhaltenszüge, die dem Vorurteil entsprechen.

Bei der Sozialisation eines Kindes spielen Geschwister und andere Kinder eine große Rolle, weil sie spontaner und unmittelbarer auf sein Verhalten reagieren und Fehlverhalten deutlich ablehnen, während Erwachsene oft toleranter sind. Schlägt der Säugling zu, dann schlägt ein Kind oft zurück oder zeigt sich durch Drohen verärgert, während Erwachsene darüber oft lachen. Stupst der Säugling ein anderes Kind mit dem Finger, so erfährt er aus der Antwort, daß man das nicht tut. Wirft ein Säugling einen anderen um, dann erfährt er aus den Reaktionen der Eltern, daß dies nicht gestattet ist.

Hier wird vor allem an der Feinsteuerung sozialen Verhaltens und beim Einsatz verschiedener Strategien viel gelernt; doch wäre es ein Fehler, das Kind als zunächst sozial inkompetent zu betrachten. Ich betone dies, da man noch in den 70er Jahren das Kleinkind bis weit ins zweite Lebensjahr hinein für sozial inkompetent hielt. Man meinte, es könne Bedürfnisse und Gefühle anderer gar nicht wahrnehmen und würde bis zum Ende des ersten Lebensjahres andere Kinder wie unpersönliche Objekte behandeln. Bis zum sechsten Monat, so meinte man, gelte dies auch für die Beziehungen zur Mutter. C. Trevarthen (1981) zeigte mittlerweile, daß bereits zwei Monate alte Säuglinge durch Gesichtsausdruck, Lautgebung und Gesten emotionelle Mitteilungen machen und über Gesicht und Gehör allein mit der Mutter in affektionelle Interaktion treten können (siehe auch S. 284). Werden seine Erwartungen nicht erfüllt, dann zeigt er sich bekümmert. Ebensowenig gilt, daß die Interaktionen mit Gleichaltrigen

Abb. 7.2: Zur sozialen Kompetenz von Säuglingen: Im Krabbelalter dominiert beim Explorieren das Haptische. Der Partner wehrt sich jedoch, so daß die Interaktion oft ins Aggressive eskaliert. Mütter wissen darum und trennen daher die Kleinen rechtzeitig. Beobachtungen dieser Art haben wohl zur Annahme verleitet, der Säugling sei sozial inkompetent. Das trifft nicht zu. Er versteht es durchaus, durch das Senden entsprechender Signale seine Mitmenschen so zu beeinflussen, daß sie Kontakt gewähren, abgeben oder von Angriffen ablassen. Was sie tun, hängt von ihrer Gestimmtheit und ihrem Partner ab. Die Abbildungsreihe zeigt zwei Himba-Säuglinge im Krabbelalter. Die Mütter haben sie zusammengesetzt, schreiten aber ein (i, k und u), als die Auseinandersetzung zu eskalieren droht. Die Kinder interagieren explorativ. Sie greifen einander ins Gesicht und wehren solche Annäherungen des anderen ab. Die Kinder wurden später enge Spielgefährten (siehe Abb. 4.77). Aus einem mit 25 B/s aufgenommenen 16-mm-Film, Bild 1, 78, 169, 197, 233, 251, 266, 305, 438, 507, 739, 783, 853, 940, 1059, 1078, 1155, 1185, 1193 und 1224 der Sequenz. Foto: I. Eibl-Eibesfeldt.

sich bestenfalls auf das Wegnehmen von Objekten beschränken, wobei das störende Kind wie ein hindernder Gegenstand und nicht wie ein feindlicher Sozialpartner behandelt werde. Das ist sicher falsch (siehe dazu auch C. O. ECKERMANN und J. L. WHATLEY 1977, H. RAUH 1984). Unsere Filmdokumente belegen eine erstaunliche soziale Kompetenz im vorsprachlichen Alter. Die hier vorgestellten, aus Filmen kopierten Filmreihen illustrieren besser als viele Worte, welcher Art die Erfahrungen sind, die Kinder mit anderen Kindern und Erwachsenen sammeln. Ferner, wie sie Kontakte auslösen, Aggressionen abblocken, schmollen, sozial erkunden und damit bereits im frühen Alter erstaunliche soziale Mitempfindung zeigen (Abb. 7.2.–7.17). Säuglinge im vorsprachlichen Alter zeigen einander, sie geben einander und vokalisieren aufeinander abgestimmt; sie lächeln, fordern einander zum Kontakt auf. Vor Ende des ersten Lebensjahres haben sie allerdings Schwierigkeiten, mit Gleichaltrigen ohne Hilfe Älterer umzugehen. Sie fassen einander ins Gesicht, werfen einander leicht um und nehmen einander Dinge weg. In diesem Alter sind die Auseinandersetzungen explorativ, und sie eskalieren oft in aggressiven Akten und Weinen des Partners. Im Umgang mit älteren Kindern und Erwachsenen sieht man dies nicht, da hier der erfahrene Partner auf das Verhalten des Kindes steuernd eingeht. Aber auch für diesen Umgang zeigt das Kind früh Kompetenz. Durch Hinweisen auf Objekte baut bereits ein Säugling eine »Konversation« auf, ähnlich, wie es Erwachsene über einen Konversations-Gegenstand später tun. Zur Entwicklung kommunikativen Zeigens siehe E. L. LEUNG und H. L. RHEINGOLD (1981).

Kinder explorieren viel im sozialen Bereich. Sie bieten freundlich an, dann wieder necken sie den Partner und lernen aus dessen Reaktionen. Explorativ-aggressiv erkunden sie ihren sozialen Handlungsspielraum (S. 550 ff.). Das Instrumentarium sozialen Verhaltens – wie das Freundlichkeit signalisierende Spielgesicht – ist ihnen zum Teil vorgegeben, ebenso einige Grundregeln sozialen Umganges. Aber wie man seine Impulse zügelt und welche der verfügbaren Register man zieht, kurz das, was man soziales Geschick nennt, das lernen sie.

Bereits im vorsprachlichen Alter zeigen Kinder das Bedürfnis, das Gesicht zu wahren. Ihre Scheu voreinander läßt sie so handeln, als würden sie das Risiko des Gesichtsverlustes als hoch einschätzen. Einer unserer Filme über die Eipo zeigt, wie zwei Mädchen im Alter von 2 bis 3 Jahren morgens eine Spielbeziehung aufbauen. Obgleich sie einander gut kennen, zeigen sie zunächst deutliche Scheu

---

Abb. 7.3: Konflikt und dessen Lösung zwischen zwei verschiedengeschlechtlichen, etwa einjährigen Säuglingen (Kaileuna/Trobriand-Inseln). Sie greift nach einem Kamm, den er hält; er protestiert; es kommt zu wiederholtem Schlagabtausch. Sie läuft zu ihrer Mutter, beißt sie in die Schulter, während er ihr das begehrte Objekt anbietet. Sie lächelt, bereits umgestimmt, trinkt kurz. Die Mutter bietet dann auch ihm und danach wieder ihrer Tochter die Brust an. Aus einem mit 25 B/s aufgenommenen 16-mm-Film, Bild 1, 27, 93, 123, 310, 345, 431, 544, 585, 636, 742, 1302, 1526 und 1655 der Sequenz. Foto: I. EIBL-EIBESFELDT.

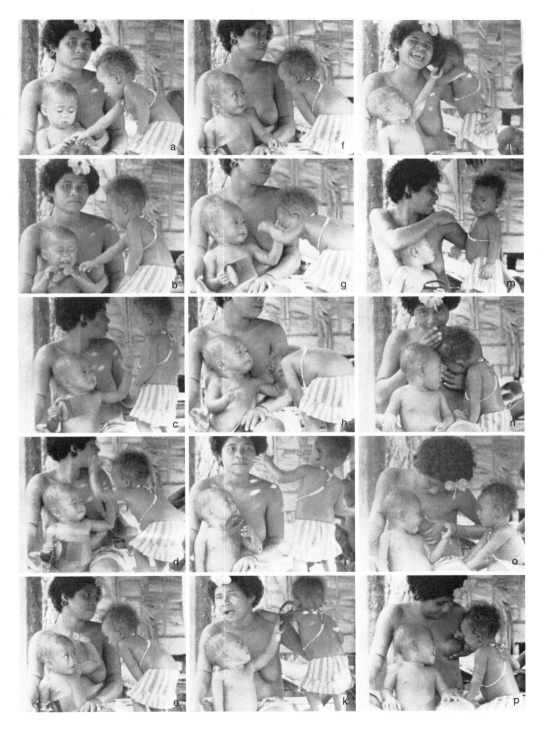

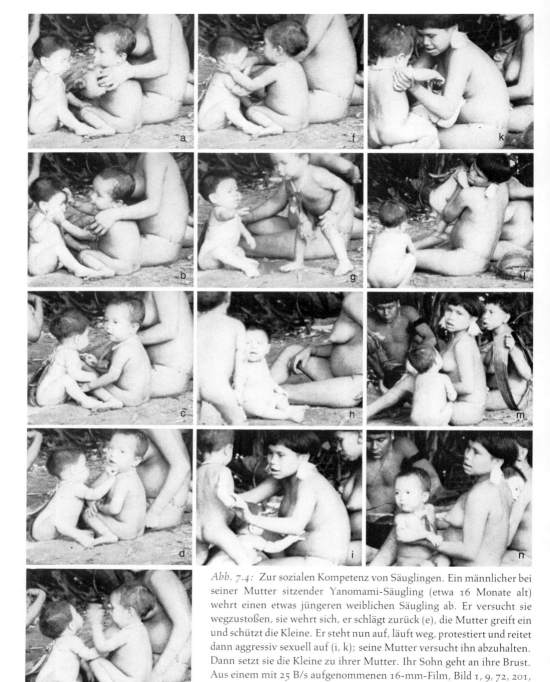

Abb. 7.4: Zur sozialen Kompetenz von Säuglingen. Ein männlicher bei seiner Mutter sitzender Yanomami-Säugling (etwa 16 Monate alt) wehrt einen etwas jüngeren weiblichen Säugling ab. Er versucht sie wegzustoßen, sie wehrt sich, er schlägt zurück (e), die Mutter greift ein und schützt die Kleine. Er steht nun auf, läuft weg, protestiert und reitet dann aggressiv sexuell auf (i, k); seine Mutter versucht ihn abzuhalten. Dann setzt sie die Kleine zu ihrer Mutter. Ihr Sohn geht an ihre Brust. Aus einem mit 25 B/s aufgenommenen 16-mm-Film, Bild 1, 9, 72, 201, 219, 241, 576, 1032, 1213, 1373, 1596, 2029 und 2757 der Sequenz. Foto: I. Eibl-Eibesfeldt.

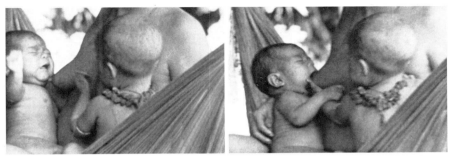

Abb. 7.5: Säuglinge zeigen ein gewisses Einfühlungsvermögen und freundliches Beistandsverhalten. Hier hilft ein etwa 15 Monate alter weiblicher Yanomami-Säugling einem etwas jüngeren Säugling, den seine Mutter als Babysitter zu sich nahm, an die Brust zu gelangen. Der fremde Säugling weinte. Foto: I. Eibl-Eibesfeldt.

Abb. 7.7: Wenn Bezugspersonen andere Säuglinge herzen, dann löst dies oft Aggressionen (»Eifersucht«) aus. Die etwa zehnjährige Base des stehenden, etwa ein Jahr alten G/wi-Jungen (die Mütter sind Schwestern) herzt einen weiblichen Säugling. Er greift den Säugling daraufhin an und schlägt auf ihn ein; später kratzt und stupst er die Kleine, bis das Mädchen zuletzt mit der Base weggeht. Aus einem mit 25 B/s aufgenommenen 16-mm-Film, Bild 1, 144, 164, 187, 201, 252, 266, 288 und 325 der Sequenz. Foto: I. Eibl-Eibesfeldt.

Abb. 7.6: Wie sich ein Säugling verhält, hängt von der Art des Bezugspartners ab. Ältere Kinder und Erwachsene sind kaum je Rivalen, sondern Partner, mit denen er Kontakt sucht. Sie stellen auch das soziale Experimentierfeld des Säuglings dar. Hier bemüht sich ein männlicher Eipo-Säugling im Krabbelalter ausdauernd um den Kontakt mit einem dreijährigen Mädchen. Er adressiert den Partner mit Spielgesicht, fordert mit ausgebreiteten Armen und Greifintentionen zum Kontakt auf und hält zuletzt die Partnerin fest. Aus einem mit 50 B/s aufgenommenen 16-mm-Film, Bild 1, 82, 178, 249, 312, 379, 496, 562 und 721 der Sequenz. Foto: I. Eibl-Eibesfeldt.

Abb. 7.8: Aus den Reaktionen der Partner erfährt der Säugling, was erlaubt ist und was Anstoß erregt. Der Yanomami-Junge reagiert auf das Zeigen mit Drohstarren und Abwehr. Erwachsene beantworten solche Kontaktinitiativen meist freundlich. Foto: I. Eibl-Eibesfeldt.

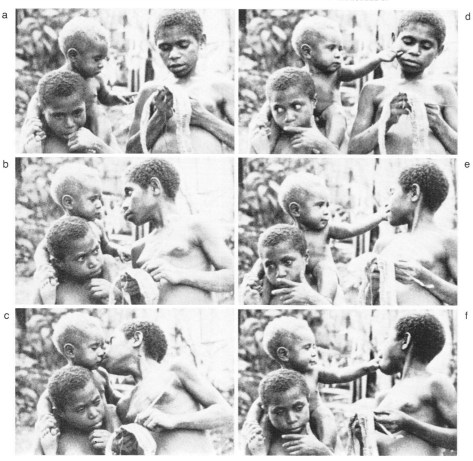

Abb. 7.9: Die junge In-Frau (Kosarek/West-Neuguinea) beantwortet die Kontaktinitiative des männlichen Schultersäuglings mit freundlicher Zuwendung und ermuntert ihn damit zum Weitermachen. Aus einem mit 25 B/s aufgenommenen 16-mm-Film, Bild 1, 103, 112, 201, 225 und 264 der Sequenz. Foto: I. Eibl-Eibesfeldt.

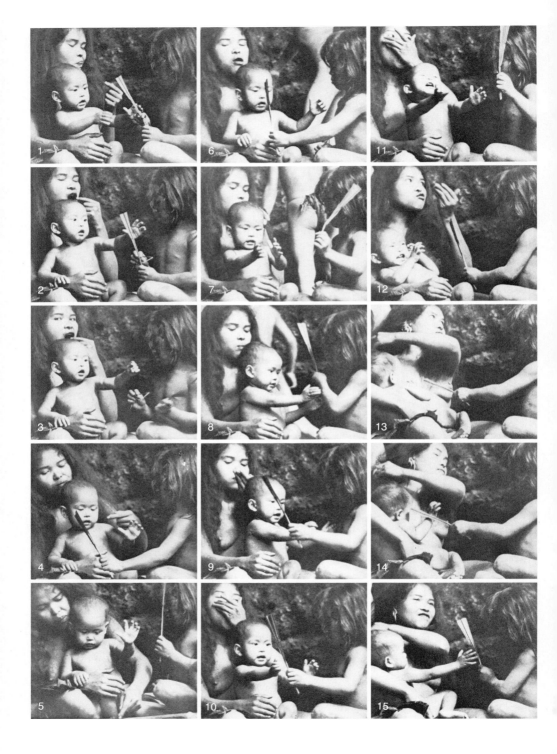

voreinander. Anstelle eines direkten Spielantrages wird das Spiel über viele Handlungsschritte aufgebaut. Eine fordert die andere auf, indem sie zu einer Riedumfriedung bei einer Hütte hinläuft, auffordernd zur Spielpartnerin blickt und, als diese kommt, zu ihrer Mutter – der sicheren Basis – zurückläuft. Ihre Gefährtin wird zu gleichem Tun mitgerissen. Wir beschrieben den Vorgang bereits S. 698 f. Zuletzt kommt es zum imitativen Bestupsen der Tabakpflanzen, eine macht vor, die andere ahmt nach. So bauen sie über gemeinsames Tun eine freundliche Beziehung auf. In Essenz beobachten wir hier ein wesensbestimmendes Merkmal vieler Rituale der Bindung.

Spontane morgendliche Begrüßung beobachten wir ebenfalls bei Kindern im vorsprachlichen Alter, ebenso die Markierung des Abschieds. Das Verhalten wird in der Regel in einer Einkleidung abgehandelt, die keineswegs einfach als Kopie des Erwachsenenverhaltens angesehen werden kann. Imitative Übernahme der Erwachsenenrolle können wir daneben ebenfalls beobachten. Kulturspezifische Rituale, wie etwa die der Begrüßung, werden im Spiegel sogar richtiggehend geübt (Abb. 7.18). Aber schon vorher ist eine dem Grußverhalten entsprechende Eröffnung eines freundlichen Kontaktes nachzuweisen. Bereits im Verhalten des Säuglings kann man die vier Hauptvarianten sozialer Beziehungen feststellen: freundlich – feindlich, dominant – submissiv.

Und er vermag über bestimmte Strategien diese Beziehungen herzustellen oder zu neutralisieren. Er kann z. B. auf verschiedene Weise über Androhung des Kontaktabbruches Aggressionen abblocken, über Gaben freundlichen Kontakt herstellen, sich wehren, angreifen, über Objekte zum Kontakt auffordern oder über Lächeln und Intentionsbewegungen des Umarmens. Der Säugling kann sich über solche Verhaltensweisen auch selbst darstellen als einer, der Betreuung braucht, als einer, der zärtlich ist, also Betreuung gibt, und imponierende Selbstdarstellung kann man bereits kurz nach dem ersten Lebensjahr nachweisen.

Die soziale Kompetenz von Säuglingen und Kleinkindern im vorsprachlichen Alter sei in folgender Übersicht zusammengestellt:

Übersicht über die sozialen Kompetenzen von Kindern im vorsprachlichen Alter:

Kleinkinder im vorsprachlichen Alter können:

1. zum Kontakt auffordern durch:
   a) Spiellaute
   b) Ausdrucksbewegungen (Mund-offen-Gesicht)

Abb. 7.10: Die Säuglinge sind aber auch Objekt für die Experimente älterer Kinder. Hier neckt ein Tasaday-Mädchen einen gleichgeschlechtlichen Säugling, indem sie ihm etwas vorhält und es ihm immer dann entzieht, wenn er zugreifen will. Erst als er weint, will sie ihm abgeben; er verweigert zunächst die Annahme, nimmt das Stück aber dann doch. Aus einem mit 25 B/s aufgenommenen 16-mm-Film, Bild 1, 16, 20, 74, 149, 233, 254, 287, 298, 314, 324, 358, 445, 475 und 600 der Sequenz. Foto: I. Eibl-Eibesfeldt.

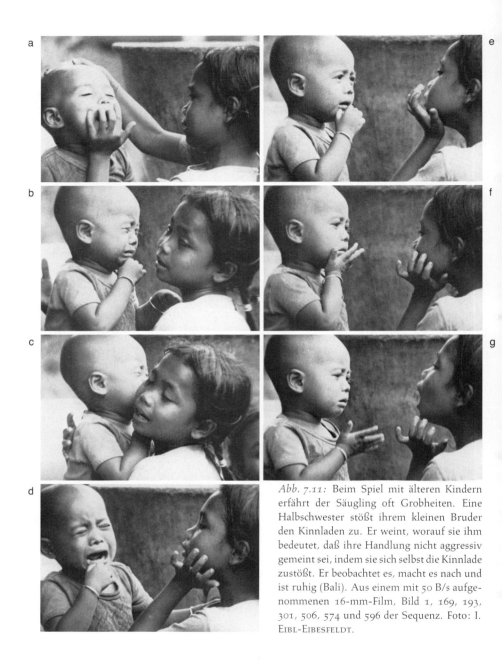

Abb. 7.11: Beim Spiel mit älteren Kindern erfährt der Säugling oft Grobheiten. Eine Halbschwester stößt ihrem kleinen Bruder den Kinnladen zu. Er weint, worauf sie ihm bedeutet, daß ihre Handlung nicht aggressiv gemeint sei, indem sie sich selbst die Kinnlade zustößt. Er beobachtet es, macht es nach und ist ruhig (Bali). Aus einem mit 50 B/s aufgenommenen 16-mm-Film, Bild 1, 169, 193, 301, 506, 574 und 596 der Sequenz. Foto: I. Eibl-Eibesfeldt.

Abb. 7.13: Freundliche Kontakte mit älteren Kindern überwiegen und bekräftigen das Urvertrauen. Zwei G/wi-Mädchen unterhalten einen weiblichen Säugling. Aus einem mit 25 B/s aufgenommenen 16-mm-Film, Bild 1, 9, 15 und 27. Foto: I. Eibl-Eibesfeldt.

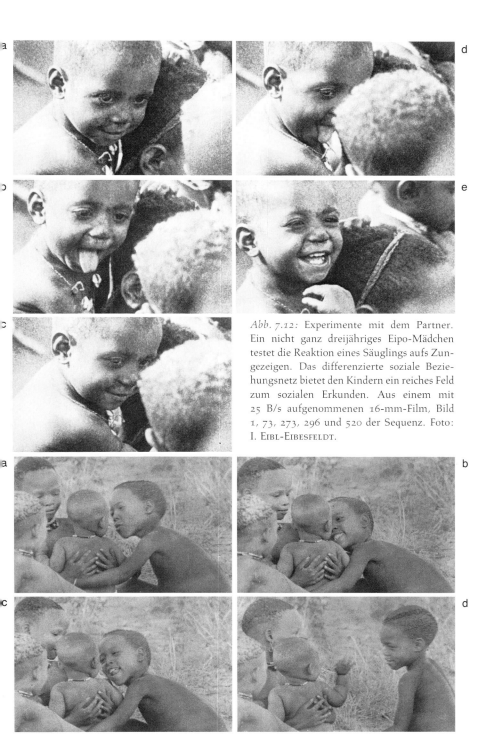

Abb. 7.12: Experimente mit dem Partner. Ein nicht ganz dreijähriges Eipo-Mädchen testet die Reaktion eines Säuglings aufs Zungezeigen. Das differenzierte soziale Beziehungsnetz bietet den Kindern ein reiches Feld zum sozialen Erkunden. Aus einem mit 25 B/s aufgenommenen 16-mm-Film, Bild 1, 73, 273, 296 und 520 der Sequenz. Foto: I. EIBL-EIBESFELDT.

Abb. 7.14: Mütter sind jedoch gelegentlich auch streng gegen ihre Kleinen und strafen erzieherisch. Eine G/wi-Mutter (zentrale Kalahari) ermahnt ihren etwa drei Jahre alten Sohn (man beachte das Fingerweisen), der nach einem Konflikt mit anderen Kindern verärgert heulte. Er schlägt nach ihr, beruhigt sich aber zuletzt an ihrer Brust. Die Mutter-Kind-Beziehung ist auch bei Naturvölkern mit vielen kleinen Konflikten belastet. Aus einem mit 50 B/s aufgenommenen 16-mm-Film, Bild 1, 55 und 154 der Sequenz. Foto: I. EIBL-EIBESFELDT.

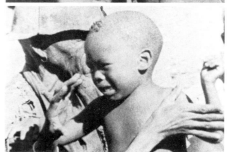

Abb. 7.15: Yanomami-Mutter, ihre Tochter bestrafend und wegstoßend, weil sie glaubte, sie wolle dem Kind ihrer Nachbarin – einem Gast – etwas wegnehmen. Sie boxte ihre Tochter, stieß sie weg. Man beachte den Ausdruck der Ablehnung im letzten Bild. Aus einem 16-mm-Film. Foto: I. EIBL-EIBESFELDT.

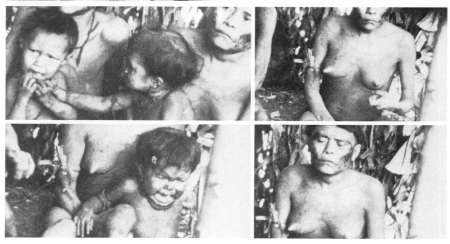

Abb. 7.16: Eine Himba-Mutter schlägt ihre kleine Tochter beim Klatschen des Rhythmus zu ihrem Gesang zu fest auf die Seiten. Das Kind protestiert und schmollt – und die Mutter hänselt es, indem sie den Angriff wiederholt, was beim Kind Protest und Schmollen auslöst. Aggressionen dieser Art zwischen Mutter und Kind sind auch bei den sogenannten Naturvölkern keine Seltenheit. Aus einem mit 25 B/s aufgenommenen 16-mm-Film, Bild 1, 6, 15, 28, 43, 67, 78 und 146 der Sequenz. Foto: I. Eibl-Eibesfeldt.

Abb. 7.17: Kontaktabbruchandrohung (S. 686 ff.) ist eine Waffe in der Auseinandersetzung mit der Mutter, über die der Säugling schon früh verfügt. Eine Yanomami-Mutter (oberer Orinoko) vernachlässigt ihren Säugling, der Kontakt sucht. Als sie sich ihm wieder zuwendet, wendet er sich im Protest ab. Erst nach kurzem Schmollen läßt er sich aufnehmen. Aus einem mit 25 B/s aufgenommenen 16-mm-Film, Bild 1, 234, 531, 574, 602, 839 und 998 der Sequenz. Foto: I. EIBL-EIBESFELDT.

Abb. 7.18: a) Yanomami in kriegerischer Pose; b) ein kleiner Yanomami, der mit Hingabe in der Erwachsenenpose verharrt. Foto: I. EIBL-EIBESFELDT.

    c) Umarmintentionen
    d) über Objekte als Vermittler durch:
        Hinweisen auf ein Objekt mit dem Zeigefinger
        Zeigen eines Objektes durch Vorhalten
        Überreichen eines Objektes
        Überreichen von Nahrung und Füttern
2. zum Spiel auffordern: indirekt:
    a) als Randspieler
    b) durch Herausforderung zur Nachahmung (Aufbau einer Gemeinsamkeit)
    direkt:
    c) durch Mitspielen oder Anbieten eines Spielobjektes
3. Objekte von anderen erwerben:
    a) durch Wegnehmen und Fordern, wobei das Kind mit Verteidigung rechnet, denn es entreißt und droht mimisch. Bereits im vorsprachlichen Alter reagieren sie auf Protest und geben dann zurück. Die Annahme wird aber dann vom Angegriffenen oft verweigert (Schmollen, Kontaktablehnung). Die Ontogenese der Besitznorm ist noch ungeklärt.
    b) indirekt durch Bekunden des Interesses, Erwartungshaltung mit Bittgebärde (Aufhalten der Hand) und Lächeln, Aufbauen einer Gemeinsamkeit durch Bekundung von Übereinstimmung
4. Kontakte lösen, ohne Kontaktabriß zu bewirken (Sich-Verabschieden)
5. Sich-selbst-Darstellen (um Ansehen und Gunst zu erwerben)
    a) als einer, der Betreuung sucht (»Kindchenappelle«)
    b) als einer, der Betreuung gewährt (»Fürsorgeappelle«)
    c) imponierend, um Achtung zu gewinnen, und/oder Dominanz über andere

6. Kontakt verweigern, um einen Partner zu »bestrafen«
   a) durch Schmollen und Abkehr (Blickverweigerung)
   b) durch Ablehnen von angebotenen Gaben
7. Aggressionen abblocken
   a) durch Beschwichtigen: Lächeln, Kopfneigen, Kopfsenken
   b) über Schmollen und Androhung des Kontaktabbruches, Blickvermeidung
   c) Anbieten von Objekten
8. Verteidigen durch Drohen und Kämpfen
   a) von Objekten
   b) von Partnern
   c) des eigenen Individualraumes
   d) der eigenen Rangposition
9. Angreifen
   a) als explorative Aggression
   b) als Beistehen
   c) zur Verteidigung der eigenen Person und von Objekten (präventiv)

Der Säugling erweist sich vom Tag der Geburt an als auf Kommunikation angelegt. Er sendet Signale und reagiert auf solche seiner Mitmenschen mit Zuwendung, Abkehr oder auch spezifischer mit Schmollreaktionen, Kontaktverweigerung oder indem er das Verhalten seiner Mitmenschen »spiegelt«, indem er z. B. mitweint. Für all dies brachten wir soeben Beispiele.

In der Mitte des zweiten Lebensjahres treten dann auf ganz neue Art auf den Mitmenschen bezogene Verhaltensmuster auf, die einen entscheidenden Entwicklungsschritt markieren. Das Kind beginnt, sich fürsorglich zu verhalten. Das Wohlbefinden eines anderen – auch seiner Puppe – wird ihm ein Anliegen. Es tröstet seine Puppe, entschuldigt sich, wenn es einer Person Schmerz zufügte, zeigt dabei auch Anzeichen eines schlechten Gewissens und vor allem offensichtlich Einfühlungsvermögen (Empathie). Drei Fallbeispiele aus C. Zahn-Waxler und G. Kochanska (1989) mögen das erläutern:

1. Ein 61 Wochen altes Kind schlägt mit seiner Tasse gegen die Unterlage und trifft dabei den Vater, der »autsch« sagt. Das Kind läßt die Schale fallen, schaut ernst, beugt sich zum Vater um einen Kuß. Als das Kind im Alter von 81 Wochen den Vater zufällig stößt und er ähnlich reagiert, umarmt es ihn sofort und betätschelt ihn.

2. Im Alter von 75 Wochen reißt das Kind ein anderes an den Haaren und schlägt es ins Gesicht. Die Mutter schimpft und erklärt auch, warum das Verhalten böse ist. Dann verläßt sie den Raum. Das Kind folgt ihr, sagt »ich«, zieht sich selbst an den Haaren und schlägt sich selbst ins Gesicht. Nach dieser Selbstzüchtigung kehrt es zur Spielgefährtin zurück, küßt sie und spielt freundlich mit ihr.

3. Mit 93 Wochen wirft das Kind seine Lieblingspuppe grob aus seiner Krippe und schleudert sie anschließend mit herausforderndem Ausdruck in die Spielzeugtruhe. Dann schaut es auf die Puppe und sagt mitfühlend mit traurigem Gesicht: »Baby weint.« Die Mutter erwidert darauf: »Du hast ihr wahrscheinlich weh getan.« Das Kind bittet die Mutter, die Puppe zu bringen, umarmt die Puppe und sagt: »Das Baby hat sich am Fuß verletzt.« Sie küßt den Fuß der Puppe, singt, schaukelt die Puppe, wickelt sie in eine Decke und versucht ihr die Flasche zu geben.

Beobachtet man die frühen Puppenspiele der Kinder, dann wird man feststellen, daß eine Puppe zunächst wie jeder andere Gegenstand behandelt wird. Sie wird untersucht, dabei grob behandelt, in die Ecke geworfen, oft auch zerlegt, ohne die geringsten Zeichen einer Anteilnahme. Eine solche setzt offenbar die Fähigkeit der Einfühlung (Empathie) voraus, und die fehlt dem Kleinkind zunächst. Das liegt nach DORIS BISCHOF-KÖHLER (1994) daran, daß es noch nicht zwischen eigenen und mitempfundenen Gefühlen unterscheiden kann. Wenn es sich durch Weinen anstecken läßt, dann ist ihm zwar traurig zumute, aber es lokalisiert dieses Gefühl erlebensmäßig in seinem Inneren. Es läßt sich von dem Gefühl eines Mitmenschen anstecken – was sicher eine Voraussetzung, aber nicht ausreichend für Einfühlung ist. Diese Fähigkeit setzt ein reflektiertes, bewußtes Ich voraus, das den anderen als Du erfaßt – als ein Du, mit dem man sich identifizieren kann. Die emotionale Basis der Einfühlung, ein Mitempfinden-Können, das wohl im Phänomen der Stimmungsübertragung höherer Wirbeltiere ihre Entsprechung hat, ist sicher sehr viel früher entwickelt. Wir erinnern an das Mitweinen Neugeborener (S. 88). Die für die Empathie entscheidende Differenzierung im emotionalen Erleben beruht nach BISCHOF-KÖHLER auf der um die Mitte des zweiten Lebensjahres beginnenden Fähigkeit zur Selbstobjektivierung, einem reflektierenden Ich-Bewußtsein. Erst wenn diese Fähigkeit herangereift ist und sich ein Kind im Spiegel erkennt, zeigt es auch angesichts der Notlage anderer Personen Mitgefühl, Besorgnis und Bereitschaft zur Hilfeleistung.

Diese Aussage stützt sich auf Experimente, in denen die Fähigkeit kleiner Kinder, sich im Spiegel zu erkennen, sowie deren Empathiefähigkeit in empathieauslösenden Situationen geprüft wurde. Zur Untersuchung der Empathiefähigkeit brachte eine dem Kind durch eine vorangehende Sitzung vertraute erwachsene Spielpartnerin einen Teddy mit. Im Verlauf des Spieles riß ein vorher präparierter Arm ab. Die Spielpartnerin gab sich daraufhin für 150 Sekunden traurig. Zeigte das Kind Anteilnahme, indem es den Teddy zu reparieren versuchte oder dazu die Mutter herbeiholte oder nachdrücklich auf das Geschehen aufmerksam machte, dann wurde sein Verhalten als empathisch eingestuft. Nichtempathische Kinder blieben unbeteiligt, verwirrt, manche spielten auch fröhlich allein weiter, kurz, sie zeigten keine Empathie. In einem anderen Experiment machte die erwachsene Spielpartnerin den Vorschlag, nach 15 Minuten gemeinsamen Spieles eine Quarkspeise zu essen. Beim Essen brach ihr Löffel ab, worauf die Spielpartnerin wieder 150 Sekunden Trauer mimte (Schluchzen und Aussage, daß sie nicht weiteressen könne). Empathie lag vor, wenn das Kind seiner Spielpartnerin den eigenen Löffel oder einen dritten auf dem Tisch dafür bereitgelegten Löffel anbot, die Mutter zur Spielpartnerin holte oder sie über das Unglück informierte.

Zum Selbsterkennen wurde dem Kind, ohne daß es den Vorgang erfaßte, ein blauer Fleck auf die Wange appliziert. Lokalisierte das Kind vor einem Spiegel diesen Fleck, indem es ihn berührte und von der Wange abzuwischen trachtete, dann galt dies als Indiz für das Erkennen des eigenen Spiegelbildes, und das Kind wurde als »fleckpositiv« registriert. Als »flecknegativ« galt es, wenn es nach dem Spiegel griff oder überhaupt nicht reagierte. Ein deutlicher Zusammenhang zwischen Empathie und Selbsterkennen ist offensichtlich. (Die Ergebnisse der beiden Experimente sind in Abb. 7.19 zusammengefaßt.)

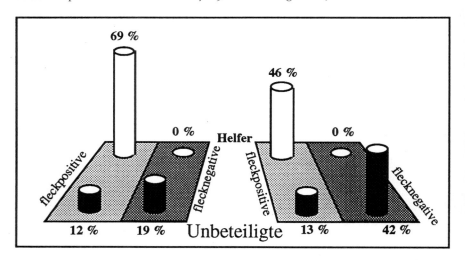

Teddy-Experiment   Löffel-Experiment

Abb. 7.19: Zusammenhang zwischen Empathie und Selbsterkennen im Teddy- und Löffel-Experiment. In der Abbildung sind nur die Gruppen berücksichtigt, deren Empathiestatus eindeutig bestimmt werden konnte, also Helfer und Unbeteiligte. Der vermutete Zusammenhang zwischen Selbsterkennen und Empathie bestätigt sich. Zu beachten ist, daß unter den Helfern in beiden Untersuchungen kein einziges flecknegatives Kind vorkommt. Die wenigen Unbeteiligten unter den fleckpositiven Selbsterkennern stellen keine Einschränkung des Ergebnisses dar, denn Selbsterkennen ist eine notwendige, aber keine zureichende Bedingung für Empathie (Rohwerte Teddy-Experiment: Helfer 18 : 0, Unbeteiligte 3 : 5; Löffel-Experiment: Helfer 11 : 0, Unbeteiligte 3 : 10). Aus D. BISCHOF-KÖHLER (1994).

Die stammesgeschichtliche Programmierung bereitet das Kind so vor, daß es ohne Mühe und ohne allzu viele Konflikte mit seinen Mitmenschen interagieren kann. Bei dieser Interaktion lernt es dann sein Verhalten weiter zu differenzieren, insbesondere die kulturspezifischen Ausgestaltungen, Umgangsformen und Rituale des Alltags. Aus den Reaktionen der Partner erfährt es schließlich, was diese mögen bzw. ablehnen (siehe auch explorative Aggression, S. 550ff.).

Bleiben »erwartete« Antworten aus, dann kann dies zu pathologischen Entwicklungen führen. Frauen, die den Blickkontakt mit ihren Säuglingen meiden, können durch dieses Fehlverhalten ihr Kind schädigen. Sensible Kinder können nach vergeblichen Bemühungen um den Kontakt die Kontaktinitiative einstellen (H. N. MASSIE 1980). Es ist sogar wahrscheinlich, daß manche Fälle von Autismus – aber sicher nicht alle – so zustande kommen.

Auf keinem anderen Gebiet ist die Neigung des Menschen, Meinungen zu polarisieren, so offensichtlich wie auf dem der Ontogenese. Ist die Entwicklung ein Prozeß, der streng programmiert abläuft, mit bestenfalls prägungsähnlich einwirkenden Umwelteinflüssen? Handelt es sich um Prozesse, bei denen im wesentlichen Lernerfahrungen, und damit die Umwelt, den Ablauf diktieren? Diese Fragen werden von vielen als Alternativen gestellt, und diese Polarisierung nach Extrempositionen beherrscht als Nature-Nurture-Streit seit Jahrzehnten die Szene, obgleich die Fragestellung im Grunde von biologischer Seite längst abgeklärt wurde und es daher des fruchtlosen Streites nicht mehr bedürfte (Kap. 2.1).

Wir erläuterten das Konzept der stammesgeschichtlichen Anpassung und machten klar, daß Ethologen den Begriff »angeboren« als Synonym für »stammesgeschichtlich angepaßt« verwenden und daß der Begriff sich immer auf eine spezifisch feststellbare Angepaßtheit bezieht. Mit anderen Worten: Verhaltensweisen, die ihre spezifische Angepaßtheit einem stammesgeschichtlichen Anpassungsprozeß verdanken, sind den Organismen ebenso oder ebensowenig angeboren wie irgendein Organ – ein Auge etwa, das sich ja auch in einem Prozeß der Selbstdifferenzierung entwickelt, und zwar ganz offensichtlich aufgrund der im Erbgut vorliegenden Entwicklungsanweisungen oder Rezepte. Entwicklung ist in diesem Sinne Wachstum. Im Falle stammesgeschichtlich angepaßten Verhaltens handelt es sich um Wachstum und Ausdifferenzierung von Nervennetzen, Sinnesorganen und Erfolgsorganen. Umwelteinflüsse können dabei in verschiedenster Weise einwirken. Es gibt dabei solche, mit denen der heranwachsende Organismus gewissermaßen »rechnet«. Die Modifikationsbreite ist das Ergebnis stammesgeschichtlicher Anpassungsvorgänge. Einflüsse, mit denen der Organismus im Laufe seiner Stammesgeschichte nicht konfrontiert wurde, bewirken natürlich auch Antworten. Dabei werden mitunter auch völlig neue Fähigkeiten sichtbar. Verschiedene Pflanzenparasiten nützen etwa die Fähigkeit der Pflanzen, auf bestimmte chemische Schlüsselreize Nährgewebe im Blatt zu bilden, für ihre Zwecke, indem sie sie zur Gallenbildung anregen. Gallengewebe ähnelt dem Fruchtgewebe, nur bildet die Pflanze dies auf das chemische Signal des Parasiten hin am falschen Ort. Genaugenommen handelt es sich um chemische Signalfälschung, auf die die Pflanze hereinfällt. Dabei können aber auch völlig neue

Potenzen offenbar werden, die normalerweise, d. h. von der Pflanze aus, nie aktiviert werden.

An Milieueinflüssen werden solche des inneren Milieus von solchen des äußeren unterschieden. Oft allerdings liegt eine Wirkungskette vor. Außeneinflüsse bewirken Änderungen des inneren Milieus, und diese ihrerseits bewirken Änderungen der Strukturen und auch des Verhaltens. Einige der »Milieueinwirkungen« sind Teil des genetisch vorgezeichneten Entwicklungsprogramms. Ich erinnere an das über die Arbeiten von H. Spemann und R. W. Sperry (S. 47) Gesagte.

Nach all dem stellt sich unsere Frage nach der Entwicklung des Verhaltens als Frage nach der aufgrund des vorgegebenen Programms vorliegenden Modifikationsbreite. Es ist dabei nicht nur die Frage zu stellen, welche fertigen Programme im menschlichen Verhalten zur Ausdifferenzierung kommen, sondern auch wie weit es Programme für die Programmierung im Laufe der Ontogenese gibt. In letzterem Fall ist das System offen, es nimmt Information aus der Umwelt auf, es ist aber darauf vorbereitet und kann daher durch bestimmte quasi erwartete Umweltreize sehr schnell determiniert werden. So gibt es für das Sprechenlernen eine offene Phase, in der besonders leicht gelernt wird. Sie endet mit der Pubertät, danach ist das Sprechenlernen bekanntlich mühsamer. Das mit 13½ Jahren in Kalifornien aufgefundene über 12 Jahre brutal isolierte Mädchen Genie konnte nicht mehr eine volle Sprachkompetenz erlernen (S. Curtiss 1977).

Die Programme können in verschiedener Weise offen sein. Es können an bestimmten Stellen Weichen in verschiedene Entwicklungsrichtungen gestellt werden, gewissermaßen im Sinne vorgegebener Reaktionsnormen. Es können Korrekturmöglichkeiten vorgesehen sein; es kann aber auch der Fall eintreten, daß Korrekturmöglichkeiten, nachdem einmal ein Weg beschritten wurde, nicht mehr gegeben sind, vergleichbar den Regulativ- und Mosaikkeimen von Drieschs. Ein Beispiel wäre die zentrale Ausschaltung eines Auges bei schielenden Kindern. Beginnt ein Kind während der ersten 5 Jahre zu schielen, dann wird ein Auge zentral ausgeschaltet. Tritt das Schielen erst nach dem 5. oder 6. Lebensjahr auf, dann kommt es zu keiner solchen irreversiblen Ausschaltung.

Wir wollen uns in diesem Abschnitt in erster Linie mit der Frage befassen, in welcher Weise die Umwelt an der Formung des Verhaltens beteiligt ist. Welche Art von Informationen werden an das Kind herangetragen, und wie verarbeitet es diese? Liegt Selektivität von seiner Seite vor? Ist es aktiv am Prozeß des Informationserwerbs beteiligt, oder ist es, wie B. F. Skinner annimmt, Wachs in den Händen der Erzieher? Mit anderen Worten: Sind dem Kinde besondere Lerndispositionen als stammesgeschichtliche Anpassungen mitgegeben, und gibt es entsprechende Strategien der Unterweisung? Wir haben ja bereits darauf hingewiesen, daß Mütter mit erstaunlichem Geschick, der jeweiligen Entwicklungsstufe ihrer Kinder entsprechend, auf deren Verhalten eingehen.

Als Lernen bezeichnet man im allgemeinen Prozesse des Informationserwerbs, die zu einer länger anhaltenden Modifikation des Verhaltens führen. Wir haben die verschiedenen Lerntypen bereits erörtert (Kap. 2.2.6). Sie führen zu adaptiven Modifikationen des Verhaltens. Unter normalen Bedingungen ändert sich das Verhalten eines Organismus aufgrund von Erfahrungen, so daß seine Eignung erhöht ist. Dies wird durch stammesgeschichtliche Anpassungen bewirkt, die wir als Lerndispositionen besprachen. Eine solche ist die Prägung (S. 121).

Aus der Sexualpathologie wissen wir, daß bestimmte sexuelle Erlebnisse in früher Kindheit sexuelle Präferenzen fixieren, R. von KRAFFT-EBING (1924) beschreibt unter anderem den Fall eines Schuhfetischisten, der mit seiner Frau nur dann sexuell verkehren konnte, wenn er einen Damenschuh vor die Augen brachte. Als Kind hatte ihn eine Hausgehilfin mit dem Schuh sexuell stimuliert. Es war sein erstes bewußtes sexuelles Erlebnis.

Schon früh hatten S. FREUD und andere Tiefenpsychologen aus den Symptomen und Berichten ihrer Patienten geschlossen, daß es in der Entwicklung sensible Perioden geben müsse. Kann ein Kind im Alter von ein bis zwei Jahren keine Bindung an Bezugspersonen eingehen, dann führt dies u. a. zu Depressionen. Wir erwähnten in diesem Zusammenhang die Untersuchungen von R. SPITZ (S. 263).

Viele Behauptungen über den prägenden Einfluß frühkindlicher Erfahrung sind allerdings höchst spekulativ*. So schloß man aus dem Schreien des Neugeborenen, es würde seine Geburt als Trauma erleben, und dies würde bleibende Spuren hinterlassen. Ganz abgesehen davon, daß der Nachweis dafür nie geliefert wurde, schreien auch Kaiserschnittentbundene, sobald sie zu atmen beginnen. Auch Vorstellungen wie jene, daß das Kind zunächst seiner Mutter gegenüber kannibalistische Impulse empfinde, daß es ferner die Mutter erst als Nahrungsquelle lieben lerne und erst über diese Futterdressur eine Bindung herstelle, gehören ins Reich der Phantasie. Als anale oder analsadistische Phase bezeichnet FREUD eine Entwicklungsstufe zwischen dem zweiten und vierten Lebensjahr, der eine orale vorangehe und eine phallische Phase folge. Das sexuelle Interesse bzw. der sexuelle Partialtrieb des Kindes wende sich der Afterregion zu, da die Ausscheidung mit lustvollen Erlebnissen verbunden ist. Später empfinde das Kind nicht nur Lustgewinn bei der Ausscheidung (= Zerstörung), sondern auch beim Zurückhalten. Die Ausscheidung wird dabei mit Besitz gleichgesetzt, und es wird von lustbetonter Zurückhaltung oder Sammlung eines Besitzes gesprochen. Weiter wird vermutet, daß eine Fixierung auf die anale Phase zur Ausbildung einer analen Persönlichkeit (»analen Charakters«) führe, mit übertriebenem Reinlichkeitssinn, übertriebener Ordnungsliebe, Geiz und Pedanterie.

Statistisch abgesicherte Beobachtungen, die diese Behauptungen stützen könn-

---

* D. G. BRIM und J. KAGAN (1980) warnen davor, frühe Kindheitserlebnisse überzubewerten. Sie sind der Ansicht, daß die ersten zwei bis drei Lebensjahre durch allgemeine Reifungsprozesse so kanalisiert werden, daß sich interindividuelle Unterschiede verwischen und, wenn entwickelt, doch durch spätere Erfahrungen ausgleichen lassen. Das dürfte für viele, aber doch nicht für alle Bereiche zutreffen.

ten, werden nicht geliefert. Aber ganz abgesehen davon ist es erstaunlich, daß man die Phase, in der der Mensch die Sprache erwirbt und sich als Individuum profiliert, nach der Beherrschung des Schließmuskels als »anale Phase« charakterisiert. Und weil das explorierende Kind auch destruktiv und aggressiv sein kann, ergänzt man »anal« noch mit »sadistisch«. Das soll also die Kleinen, die uns jauchzend mit ausgebreiteten Armen entgegenlaufen, bewegen, soll ihr eigentliches Wesen charakterisieren – eine fürwahr groteske Nomenklatur! Ein wenig sinister, wie so manches an traditionell psychoanalytischen Vorstellungen. So liest man viel über die »ödipale« Phase. Im vereinfachten Jargon, dessen sich vor allem Psychoanalytiker der zweiten und dritten Generation befleißigen – SIGMUND FREUD war viel vorsichtiger –, heißt es: »Das Kind wünscht sich mit dem Beginn der phallischen Phase eine Vereinigung mit dem gegengeschlechtlichen Elternteil, gleichzeitig wünscht es den gleichgeschlechtlichen Elternteil weg« (T. BROCHER 1971). Die Behauptung, das Kind wünsche eine sexuelle Vereinigung mit dem andersgeschlechtlichen Elternteil, taucht in vielen Varianten auf.

S. FREUD drückte sich allerdings viel differenzierter aus. Er sagte, in der ödipalen Phase werde zum erstenmal der sexuelle Partialtrieb auf andere Personen gerichtet. In dieser Phase erfolge eine Identifikation mit dem gleichgeschlechtlichen Elternpartner (oder bei schlechter Beziehung auch eine Ablehnung der Rolle). Der gleichgeschlechtliche Elternpartner werde kopiert und zum Gegengeschlecht eine Beziehung aufgenommen. Ein Junge äußert in dieser Phase durchaus, er werde einmal die Mutter heiraten: Das ist Ausdruck seiner Identifikation mit dem väterlichen Vorbild. Daß er deshalb mit der Mutter geschlechtlich verkehren und den Vater beseitigen will, ist reine Spekulation. In den Erinnerungen der Patienten wird manchmal von solchen Wünschen gesprochen. Das seien aber Deckerinnerungen, meint FREUD, mit denen Personen, die von ihren Eltern abgelehnt wurden, diese schmerzvolle Wirklichkeit phantasievoll überbauen. Die inzestuösen Wünsche oder Bedrohungen entstünden in der Phantasie und existierten nicht in der Realität (von Ausnahmen abgesehen). Bevor die Patienten für wahr halten, was sie schmerzt, konstruieren sie z. B. die Phantasie einer sexuellen Annäherung des Vaters (im Falle einer abgelehnten Tochter). Diese Übersteigerung ist für sie akzeptabler als die Hinnahme der Ablehnung. Sie nehmen in diesem Falle lieber die Rolle des Opfers an als die des verlassenen Kindes.

Die »ödipale Phase« ist eine wichtige Entwicklungsphase, in der sich das Kind mit seiner Geschlechtsrolle identifiziert. Kann es das aus irgendeinem Grunde nicht, so kommt es zu Entwicklungsstörungen. – Die Bezeichnung ödipal leitet allerdings in die Irre. Das Kind will nicht mit dem gegengeschlechtlichen Elternpartner verkehren (siehe Inzesttabu, Kap. 4.6) noch den gleichgeschlechtlichen Elternpartner ermorden. Auch die Vorstellungen von der Kastrationsfurcht der Knaben und dem Penisneid der Mädchen sind nicht wörtlich zu nehmen. Ein Sohn kann zwischen 4 und 7 Jahren Konflikte mit dem Vater erleben, der ja Verbote ausspricht. Rangdispute beginnen um diese Zeit. Der Sohn kann sich gegen den erzieherischen Druck wehren und den Vater, der ihn für Ungezogenheiten bestraft, wohl auch fürchten. Die Aussage, dieser Furcht liege die Sorge zugrunde, der Vater könnte den Sohn für seine inzestuösen Wünsche mit Kastration bestrafen, ist reine Spekulation. Ebensowenig liegt es in der Natur des Mädchens, in diesem Alter einen »Penisneid« zu entwickeln. Was es in patriarchalischen Gesellschaften erlebt, ist eine Bevorzugung des Bruders, der sich auch dank seiner körperlichen Kräfte leichter im Rangdisput durchsetzt. Nur in diesem Punkt möchte dann manches Mädchen »wie ein Junge« sein, d. h. nicht zurückgestellt sein.

Bei allen hier erläuterten Einschränkungen bleibt es dennoch ein unbestrittenes Verdienst der Psychoanalyse, auf sensible Perioden in der Entwicklung hingewiesen zu haben. Es gibt deren verschiedene. Das Urvertrauen erwirbt man im frühen Säuglingsalter mit dem Aufbau der persönlichen Beziehungen (Kap. 4.3.2). Die Identifikation mit der gleichgeschlechtlichen Geschlechtsrolle erfolgt zwischen dem 4. und 6. Jahr. Prägungen, die das Sexualobjekt betreffen, dürften vor und um die Pubertät erfolgen (S. 358). In dieser Zeit zeigt der junge Mensch auch eine besondere Bereitschaft, sich mit den Werten seiner Gesellschaft zu identifizieren; und werden ihm keine Werte angeboten, dann sucht er nach Vorbildern. In dieser Zeit identifiziert sich der junge Mensch mit politischen, religiösen, stammes- oder volksgemäßen Werten, die, einmal angenommen, offenbar recht fest haften.

Wie weit man bei solchen Fixierungen von Prägung sprechen sollte, ist viel diskutiert worden. Den Nachweis der Therapieresistenz kann man im allgemeinen erbringen. Da der Begriff Prägung aber ursprünglich für irreversible Lernvorgänge angewendet wird, empfiehlt es sich, beim Menschen zunächst von prägungsähnlichen Lernvorgängen zu sprechen.

In diesem Sinne empfiehlt auch H. Thomae (1954), die Prägung nicht nur auf das Auffüllen einer minimalen Leerstelle in einem extrem präformistischen Entfaltungs- und Verhaltensablauf zu beschränken. »Entwicklung als Prägung zu betrachten hieße danach, sie als einen Fall unwillkürlichen ›natürlichen‹ Lernens zu betrachten, wobei nicht so sehr die Angliederung von bestimmten Wissensinhalten an eine bestimmte Verhaltensstruktur, sondern die Festlegung des Verhaltens auf bestimmte ›Verhaltensmuster‹ im Vordergrund der Betrachtung stünde« (H. Thomae 1954: 242).

Thomae spricht von sozialer Prägung gleichbedeutend für Sozialisation als einem Prozeß, durch den ein Individuum, das zunächst mit vielen Verhaltensmöglichkeiten geboren wurde, zur Entwicklung eines Verhaltens geführt wird, das durch die Standards einer Gruppe definiert wird.

Sieht man von den schon vorgebrachten Einwänden ab, dann hat die Tiefenpsychologie sicher recht, daß frühkindliche Erfahrungen die spätere Persönlichkeit zu prägen vermögen. Das Maß an Zuwendung oder Vernachlässigung (S. 264f., 268) spielt hierbei ebenso eine Rolle wie etwa die Eindämmung des kindlichen Geltungs- und Tätigkeitsstrebens, die nach Freud die Entwicklung von Initiative und Selbstvertrauen beeinflussen. Permissive oder restriktive Erziehungsstile, Bestrafung und andere Erziehungspraktiken formen bestimmte Menschentypen.

Die einfachen Formeln aber, nach denen Frustration bei der Entwöhnung durch frühzeitige Sauberkeitsdressur und durch Unterbindung sexueller Aktivität aggressive Persönlichkeiten – ja sogar Nationaleigenschaften – präge, tolerante Einstellung im Pflegesystem mit später Entwöhnung, Stillen nach Bedarf, später Sauberkeitsgewöhnung und sexueller Permissivität dagegen eine freundliche Einstellung zu Mitmenschen, Großzügigkeit, Freigebigkeit und Friedfertigkeit bewirke, halten einer kritischen Prüfung nicht stand.

Wie mehrfach erwähnt, war für MARGARET MEAD (1930) die Tatsache einer frühen und schroffen Entwöhnung bei den Mundugumur der Grund für deren Aggressivität. Die Berg-Arapesh dagegen, welche nach Bedarf stillen und ihren Kindern viel Körperkontakt gewähren, seien aus diesem Grunde friedfertig (Tab. 7.1, 7.2). Das klingt alles recht plausibel, stimmt aber offenbar nicht. Die Arapesh führen z. B. Kriege (R. FORTUNE 1939). Wir erwähnten auch die kriegerischen Yanomami (oberer Orinoko), Eipo (West-Neuguinea) und Himba (Kaokoland, Westafrika), welche ihren Kindern viel Körperkontakt und Zuwendung gewähren und ebenfalls nach Bedarf stillen, jedoch alle aggressiv sind. Der Deutung von MEAD setzten wir jene einer Identifikation mit liebevollen Eltern entgegen, die unabhängig davon stattfindet, ob die Eltern kriegerisch sind oder nicht.

Erklärungen, die man in der völkerkundlichen und psychoanalytischen Literatur findet (E. H. ERIKSON 1950, W. DENNIS 1960, A. KARDINER 1939, 1945, C. KLUCKHOHN 1947, J. W. WHITING 1941, M. MEAD 1930) mögen durch ihre Simplizität bestechen. Das reicht aber für die Akzeptanz einer Erklärung nicht aus (H. ORLANSKY 1949). Es gibt außerdem zahlreiche Beispiele, die den einfachen Erklärungsversuchen direkt widersprechen. So zeichnen sich die Pueblo-Indianer durch eine ängstliche Haltung aus, obwohl sie als Kinder duldsam erzogen werden und wie die Navaho ein Maximum an Schutz und Bedürfnisbefriedigung erfahren.

Die Kaska sollen egozentrisch und introvertiert sein, die Hawaiianer ausgeglichen und extrovertiert. In beiden Kulturen erfahren die Kinder jedoch übereinstimmend keinerlei Zwang und werden nach Bedarf gestillt. Die Liste der Beispiele ließe sich vermehren. Sicher gibt es Einflüsse in der frühen Kindheit, die ein Verhalten prägungsähnlich fixieren, bisher sind jedoch zu diesem Thema mehr Spekulationen als Tatsachen veröffentlicht worden. Weitere Beispiele bei HANS THOMAE (1954), von dem wir auch die folgenden Tabellen übernehmen.

Über die Entwicklung der kognitiven Fähigkeiten* haben Biologen und

---

* Der Begriff Kognition wird im Schrifttum verschieden weit gefaßt. Im allgemeinen versteht man darunter jeden Akt der Wahrnehmung und des bewußten Denkens, also die Fähigkeit des Erkennens. Die kognitive Psychologie erforscht die Prozesse der Wahrnehmung und Informationsverarbeitung, der Gedächtnisspeicherung, Problemlösung, Planung und des zielstrebigen Handelns.

Psychologen aus Beobachtung und Experiment verschiedene Vorstellungen entwickelt, die man mit den Bezeichnungen Empirismus, Nativismus und Konstruktivismus zu charakterisieren sucht. Nach Auffassung der Empiristen wird Wissen im Laufe des individuellen Daseins von dem als unbeschriebenes Blatt in die Welt kommenden Menschen aus seiner Umwelt erworben – Wissen begründet sich einzig auf Erfahrungen. Der Behaviorismus hat in der Tat einige extreme Vertreter der Tabula-rasa-Vorstellung hervorgebracht (Kap. 2.1). Die Gegenposition wäre ein Nativismus, demzufolge die Entwicklung als extrem präformistischer Entfaltungsablauf anzusehen wäre, als Wissen in die Strukturen des Organismus eingebaut und daher im wesentlichen angeboren sei. Nun wäre es bei

Form der Frustration	sehr frühzeitige und schroffe Entwöhnung	frühzeitige und strikte Gewöhnung an Sauberkeit	strikte Unterbindung von sexueller Aktivität oder sexuellem Interesse
Name der ethnischen Gruppe	Mundugumur (Kopfjäger in Melanesien)	Tanala	Kwoma (Kopfjägerstamm in Melanesien)
hervorstechende Stammes- bzw. Nationaleigenschaften	sehr starke Aggressionen innerhalb und außerhalb der Familie; Selbstsicherheit und emotionale Ausgeglichenheit nur durch Kopfjägerei und Kannibalismus zu erhalten (MEAD)	ungewöhnliche persönliche Sauberkeit (mit Bezügen zum Waschzwang); Zwangscharakter; Anhäufung und Erhaltung von Eigentum sehr betont (KARDINER) Japaner und europäische Mittelklasse: Betonung von Sauberkeit, Perfektionismus und Ritual; starke Tendenz zum Konformismus, begleitet von Furcht, sich lächerlich zu machen (GORER); Betonung von Gehorsam, Sauberkeit und der Eigentumsbildung (verschiedene Autoren)	in der Entwicklung des Individuums ständige Zunahme der Aggression zu beobachten, die sowohl gegen Familienmitglieder wie gegen Außenstehende gerichtet ist; starke Furcht, vor allem vor Geistern; später starke Neigung zum Kriegführen und zur Kopfjägerei (WHITING)

Tab. 7.1: Angeblicher Zusammenhang zwischen Frustration in der frühkindlichen Entwicklung und Charakterprägung aufgrund ethnologischer Daten. Die hier und in Tabelle 7.2 als ursächlich aufgezeigten Zusammenhänge sind keineswegs nachgewiesen.

Aus H. THOMAE (1954)

Äußerung der toleranten Einstellung	Stillen nach dem Bedürfnis des Kindes; späte und langsame Entwöhnung	späte und allmählich erfolgende Sauberkeitsgewöhnung	Abwesenheit von Drohung und Strafe in bezug auf sexuelle Aktivitäten
Name der ethnischen Gruppe	Navaho	Sioux	Comanche
hervorstechende Stammes- oder Nationaleigenschaften	optimistische und freundliche Einstellung zur Welt u. zu den Mitmenschen; Vorwiegen eines Grundgefühls der Sicherheit u. Verläßlichkeit in der Welt (KLUCKHOHN)	allgemeine Großzügigkeit u. Freigebigkeit als Verhaltensnorm; geringes Haften am Eigentum (ERIKSON)	freie, ungehemmte expansive Persönlichkeitsentwicklung; keine Symptome für Existenz eines Ödipuskomplexes (KARDINER)
	Hopi	Berg-Arapesh	Aloresen
	starkes Gemeinschaftsgefühl u. Abhängigkeitsgefühl von der Gruppe; Aggressionen äußern sich höchstens in Form von Klatsch und gewissen Formen der Rivalität (DENNIS)	(allgemein sehr freundliche und tolerante Erziehung) Vertrauen der Kinder zur Erwachsenengeneration; keine starken Egoismen; Selbstsicherheit hängt von dem Gefühl ab, von den anderen geliebt zu werden. So gut wie keine Wutanfälle bei den Kindern; Aggressionen richten sich höchstens gegen Objekte (MEAD)	(bei Fehlen von elterlicher Fürsorge) ängstlich, mißtrauisch, ohne viel Interesse für die Welt, wenig Unternehmungsgeist u. Initiative (DUBOIS 1944)

Tab. 7.2: Angeblicher Zusammenhang zwischen toleranter Einstellung im Pflege- und Erziehungssystem einer ethnischen Gruppe und Charakterprägung.

Aus H. THOMAE (1954)

Kenntnis der wunderbaren morphologischen und physiologischen Bildungen, die wir in der organismischen Welt antreffen – man denke etwa an den Feinbau der Insektenantennen – nicht verwunderlich, wenn da und dort ein Biologe zu extrem nativistischen Vorstellungen neigte – nur habe ich trotz sorgfältigem Studium der Literatur keinen solchen »Nativisten« entdecken können. R. W. SPERRY wurde von J. PIAGET (1980) als ein solcher bezeichnet, ich kann aber nicht einsehen, weshalb. Worauf SPERRY hinweist – und das belegt er auch experimentell –, sind die Prozesse der neuronalen Selbstdifferenzierung (S. 47). Im Gegensatz zu den

	konkrete Operationen			formale Operationen	
Art der Stufe	sensomotorische Stufe	voroperatorische Stufe	konkretoperatorische Stufe	Unterstufe der Organisation	Unterstufe der Leistungsfähigkeit
Durchschnitt	0-1½ oder 2 Jahre	2–7 Jahre	7–11 Jahre	11–13 Jahre	15 Jahre
Art der verfügbaren Operationen	keine Operationen. Motorische Schemata, die nicht reversibel sind, ersetzen die Operationen, sie sind praktisch, aber nicht logisch, z. B. saugen, werfen, schauen		konkrete Operationen, z. B. Klassifikation (einfache und multiple), Aufreihung, Erhaltung (Invarianz)		formale Operationen, z. B. Deduktion, Permutation, Korrelation
Status der semiotischen Funktion	keine eigentliche Repräsentation, außer in Fällen, bei denen verinnerlichte Schemata oder Nachahmungen diese Funktion übernehmen, z. B. Augenschließen und Sichniederlegen als Symbol für Schlafen	Entwicklung von bildlichen Vorstellungen und Symbolisierung durch Nachahmung, Spiel, Zeichnen, Vorstellung, Sprache	Verfeinerung von Formen und Funktion der Sprache und der Vorstellung, z. B. Auftreten von antizipatorischen zusätzlich zu reproduktiven Vorstellungen	weitere Verfeinerungen sowie Abstraktionen und Verallgemeinerungen der Vorstellung und der Sprache im Vergleich zur Stufe der konkreten Operationen, z. B. formaloperatorische Begriffe	
Elemente des Denkens	kein richtiges Denken, daher keine Unterscheidung von Elementen möglich	Elemente des Denkens sind häufig Objekte und Individuen im Kontext	Elemente des Denkens sind Eigenschaften und Relationen		Elemente des Denkens sind Aussagen (Propositionen)
Organisatorische Strukturen der Operationen			acht Gruppierungen: vier parallele Klassen für die Behandlung von Operationen von Eigenschaften und vier für Operationen von Relationen		die Vierergruppe oder INRC-Gruppe und ein vollständiges kombinatorisches Schema

Tab. 7.3: Zusammenstellung der Stufen von Piaget mit ihren Definitionsmerkmalen und mittleren Altersangaben (nach J. Piaget 1970).

Stadium I (0–1 Monat): Wenn ein Objekt verschwindet, läßt das Kind kein spezielles Verhalten erkennen.

Stadium II (1–4 Monate): Die erste Suchaktivität des Kindes scheint sich auf ein andauerndes Starren auf den Ort zu beschränken, wo das Objekt zuletzt gesehen wurde.

Stadium III (4–9 Monate): Anfänge der Objektpermanenz sind jetzt möglich wegen der sich entwickelnden Greiffähigkeit des Kindes. Kinder werden nach ganz sichtbaren oder teilweise versteckten Objekten suchen.

Stadium IV (9–12 Monate): Das Kind sucht nun aktiv und erfolgreich nach vollständig versteckten Objekten. Wenn es jedoch ein Objekt an einem zweiten Ort versteckt sieht, wird es sofort nur am ersten Ort danach suchen, d.h. am Ort, wo es das Objekt zuerst gefunden hatte. Dies wird als ein Stadium-IV-Fehler bezeichnet.

Stadium V (12–18 Monate): Das Kind kann ungeachtet früherer Verstecke direkt an den Ort gehen, wo ein Objekt in sichtbarer Weise versteckt worden ist. Wenn jedoch ein Kind beobachtet, wie ein Objekt in eine Schachtel gelegt wird, die unter einem Schal verschwindet und dann wieder erscheint, wird es nur in der Schachtel suchen.

Stadium VI (18–20 Monate): Im obigen Versuch des unsichtbaren Versteckens wird das Kind jetzt unter dem Schal nach dem Objekt suchen. Zuletzt kann das Kind Objekte auffinden, die nicht nur in eine Schachtel gelegt, sondern auch von einem Versteck zum andern bewegt worden sind. Wird das Objekt nicht in der Schachtel gefunden, wird das Kind zuerst in der gleichen und schließlich in der umgekehrten Reihenfolge, in der es die Schachtel verschwinden sah, nach dem Objekt suchen.

Tab. 7.4: Die typischen Phasen in der Entwicklung des Objektbegriffes.

vor seinen Experimenten geäußerten Ansichten erweist sich die neuronale Organisation als nur beschränkt plastisch.

Daß deshalb alles angeboren sei, hat SPERRY nie behauptet. Die »nativistische« Position gibt es im Grunde nur in der Vorstellung ihrer Meinungsgegner, die zur Kontrastbetonung einen Strohmann aufbauen, um ihn zu dreschen. Extrem empiristische Positionen gab und gibt es dagegen durchaus (siehe z. B. Z. Y. KUO, S. 43, und B. F. SKINNER, S. 15). In der früheren Sowjetunion galt es als Lehrmeinung, daß die kindliche Sozialentwicklung als Lernprozeß zu interpretieren sei, in dessen Verlauf das Kind die sozialhistorischen Erfahrungen früherer Generationen übernehme (M. I. LISINA 1982, A. N. LEONTEV 1972, L. S. VYGOTSKY 1960). Auch das Bedürfnis eines Kindes, mit Mitmenschen zu kommunizieren, wird dieser Lehrmeinung zufolge gelernt, denn, so lautet ein erstaunliches Argument, hospitalisierte Kinder würden im Alter von 2–3 Jahren keinerlei Kommunikationsbedürfnis zeigen (M. Y. KISTYAKOVSKAYA 1970). Aber wir wissen doch, daß der Säugling bereits sehr früh Kontaktinitiative zeigt und daß institutionalisierte Kinder während der ersten Lebensmonate ebenso lächeln wie in Familien aufwachsende. Bald allerdings verkümmert das Lächeln bei Kindern,

Stadium / Alter	Bezeichnung	Schemaentwicklung	neue Fertigkeiten		Zusammenfassung
I 0–1 Monat	Die Betätigung der Reflexe	Primäre, d.h. unabhängige Schemata, kongenital organisiert	Leichte Modifikation primärer Schemata als Reaktion auf die Umwelt	Assimilation und Akkommodation sind beinahe undifferenziert	Die Aufmerksamkeit richtet sich auf Erwartungen u. den Gebrauch von Verhaltensschemata. Gewohnheiten beherrschen neue Beobachtungen, das Verhalten ist konservativ, auf Wiederholung ausgerichtet und vorwiegend assimilatorisch.
II 1–4 Monate	Die ersten erworbenen Adaptionen u. die primären Zirkulärreaktionen	Koordination der primären Schemata zu sekundären Schemata	Koordinationen führen zu neuen Resultaten, die wiederholt u. modifiziert werden	Koordinationen sind einfach und gehen nicht aus dem Bereich des kindlichen Körpers hinaus	
III 4–8 Monate	Die sekundären Zirkulärreaktionen u. die Vorgehensweisen, die dazu dienen, interessante Erscheinungen andauern zu lassen	Koordination der sekundären Schemata (motorische Gewohnheiten) zu Erwartungen	Koordinationen werden auf Objekte in der Umgebung ausgedehnt; beginnende Absicht Untersuchung des Verhaltens	Ein neues Resultat ist immer noch bloß zufällig entstanden und wird nur auf dieselbe Situation angewendet	
IV 8–12 Monate	Die Koordination sekundärer Schemata u. ihre Anwendung auf neue Situationen	Koordination der sekundären Schemata für vorgefaßte Ziele (beabsichtigtes Verhalten)	Schemata werden reversibel, beweglich; Koordination von Mittel und Zweck in jeder neuen Situation	Die verwendeten Mittel werden nur von bekannten Assimilationsschemata abgeleitet	Die Aufmerksamkeit richtet sich auf die beabsichtigte Differenzierung von Schemata in bezug auf Objekte; neue Beobachtungen beherrschen die Gewohnheiten; das Verhalten ist vorwiegend akkommodatorisch.
V 12–18 Monate	Die tertiären Zirkulärreaktionen u. die Entdeckung neuer Mittel durch aktives Ausprobieren	Elaboration der Koordination sekundärer Schemata; primitive Induktion (Schlußfolgerung)	Die Suche nach neuen Mitteln durch Differenzierung von schon bekannten Schemata	Neue Mittel werden nur durch äußerliches und physisches Herumtasten gefunden	
VI 18–24 Monate	Die Erfindung neuer Mittel durch geistige Kombination	Internalisierung der Handlungsschemata zu geistigen Schemata; primitive Deduktion; Beginn der Repräsentation	Neue Mittel werden durch geistige Kombinationen erfunden, die in plötzlichem Verständnis gipfeln	Alle sensomotorischen Fähigkeiten sind auf direkt wahrnehmbare Objekte begrenzt	

Tab. 7.5: Die traditionelle Auffassung von der Entwicklung der Interkoordination von Schemata, wie sie ursprünglich von PIAGET (1936: 382–384) vorgebracht und von FLAVELL (1936: 85–121), GINSBURG u. OPPER (1969: 20–73), HUNT (1961: 116–169) und PIAGET u. INHELDER (1966: 4–12) wiederholt wurde. Die Altersangaben sind Annäherungen.

die in Institutionen aufwachsen – offensichtlich, weil es ihnen an freundlicher sozialer Anregung mangelt (J. L. GEWIRTZ 1961). Ich möchte noch einmal darauf hinweisen, daß es keine extreme nativistische Position gibt, die die große Bedeutung des Lernens nicht wahrnehmen wollte. Aber daß ein Kind als unbeschriebenes Blatt zur Welt kommt, das können angesichts des mittlerweile gesammelten Wissens nur noch wirklichkeitsblinde Ideologen glauben.

Der »Konstruktivismus« J. PIAGETS (1975, 1976, 1980) nimmt an, daß das Kind aktiv – über ihm angeborene Strategien des Wissenserwerbs und aufbauend auf einigen wenigen vorgegebenen Verhaltensmustern in Interaktion mit der Umwelt – Wissen und Fertigkeiten konstruiere. Die Entwicklung vollziehe sich dabei in mehreren Entwicklungsstufen, deren jede die Voraussetzung für die nächsthöhere ist. Das spiegelt nach S. T. PARKER und K. R. GIBSON (1979) in gewisser Weise die phylogenetische Entwicklung der kognitiven Fähigkeiten innerhalb der Primaten wider – eine Ansicht, die allerdings nicht unwidersprochen geblieben ist.

PIAGET unterscheidet drei Entwicklungsstadien, die in mehrere Entwicklungsstufen unterteilt sind. Diese kann man noch weiter unterteilen. Tabelle 7.5 diene der Orientierung. Weitere Einzelheiten bei G. C. ANDERSON (1978) und E. D. NEIMARK (1978).

Kulturenvergleichende Untersuchungen ergaben eine grundsätzlich gleiche Ablauffolge der Entwicklung. Sie kann etwas verzögert oder beschleunigt sein; das Grundmuster der Ablauffolge wechselt jedoch nicht (J. S. CARLSON 1978, P. R. DASEN 1977).

In diesem Entwicklungsablauf spielen nach PIAGET zwei aufeinanderfolgende Prozesse eine große Rolle: der Prozeß der Vereinnahmung oder Assimilation von neuen Fakten, ein Informationsinput, dem der Prozeß der Akkommodation oder Angleichung folgt. Im Prozeß dieser Angleichung werden die basalen Konzepte oder Handlungsschemata aufgrund der gemachten Erfahrungen gewandelt. Es handelt sich also um eine adaptive Konstruktion von Denkmodellen oder Handlungsplänen.

PIAGETS Theorie basiert im Grunde auf der Lerntheorie. Man kann sie als behavioristische Theorie der Reflexverbindung interpretieren. Allerdings, und hierin unterscheidet sich PIAGET von den klassischen Behavioristen, betont er die aktive Rolle des Kindes, das eine es umgebende Welt von Objekten konstruiere (siehe auch S. 36 ff.), die in einem dreidimensionalen Raum vorgegeben und durch kausale und zeitliche Beziehungen verknüpft sind (S. 786 und P. WATZLAWICK 1981). Auch betont PIAGET, daß sich über die Integration basaler Elemente stets neue Systemeigenschaften ergeben, was eine Stufenfolge von Entwicklungsschritten bedingt. Jede neue Leistung baut auf bereits zuvor gebildeten Fähigkeiten und Fertigkeiten auf und setzt diese voraus. Am Anfang stehen einfache unbedingte Reaktionen. Aus dem konkreten Wahrnehmen und Handeln bilde das Kind Handlungsschemata, d. h. innere Repräsentationen für situationsgerechtes Handeln. Diese Schemata werden im Verlauf der Entwicklung erweitert und miteinander verknüpft, was neue kognitive Fähigkeiten bedingt. Wie weit diese interne Verschmelzung auch durch Reifungsprozesse bedingt wird, dazu drückt sich PIAGET nicht ganz klar aus. Er sagt allerdings (1980) ausdrücklich, daß es keine a priori angeborenen kognitiven Strukturen beim Menschen gäbe, eine Aussage, die sicher falsch ist (Kap. 2.2.2). Wichtig ist die Erkenntnis, daß das Kind aktiv den Aufbau dieser Handlungsschemata bewirkt. In diesem Punkt unterscheidet sich PIAGETs Ansicht ganz entscheidend vom klassisch behavioristischen Standpunkt, demzufolge der Mensch in seiner Entwicklung passiv auf Umweltreize reagiere: »Fifty years of experience have taught us that knowledge does not result from a mere recording of observations without a structuring activity on the part of the subject. Nor do any apriori or innate cognitive structures exist in man; the functioning of intelligence alone is hereditary and creates structures only through an organisation of successive actions performed on objects. Consequently, an epistemology conforming to the data of psychogenesis could be neither empiricist nor preformationist, but could consist only of a constructivism, with a continual elaboration of new operations and structures. The central problem, then, is to understand how such operations come about, and why, even though they result from nonpredetermined constructions, they eventually become logically necessary« (J. PIAGET 1980 : 23)*.

Das Objektüberreichen als soziale Handlung kann sich z. B. nach PIAGET erst entwickeln, nachdem das Kind über sensomotorische Kreisprozesse ein Objektkonzept entwickelt hat, also Objekte als permanent existierend erkannte, und ebenso ein entsprechendes Raumkonzept. Ferner muß es gelernt haben, Objekte auf Objekte zu beziehen, also Klötzchen aufeinanderstellen oder in Gefäße ablegen können. Dann erst könne es ein Objekt einem Mitmenschen anbieten, es in seine Richtung halten oder ablegen – und wenn dieser die Hand aufhält, auch in dessen Hand geben. In Dialogen des Gebens und Nehmens würde dies dann weiter eingeübt und zur sozialen Symbolhandlung der Kontaktaufnahme stilisiert, da das Kind aus der Reaktion des Partners die positive Wirkung des Geschenkeüberreichens ablese. Das kann über diese sozial bindende Funktion dann später zur Aufforderung werden, etwas mit dem Objekt zu tun.

---

* »Fünfzig Jahre Erfahrung haben uns gelehrt, daß Wissen nicht einfach dadurch entsteht, daß Beobachtungen ohne die Leistung des Strukturierens seitens des Wahrnehmenden gespeichert werden. Es gibt auch keine a priori oder angeborenen, kognitiven Strukturen beim Menschen ; nur das Funktionieren der Intelligenz ist ererbt und schafft Strukturen ausschließlich durch eine Organisation aufeinanderfolgender Handlungen, die an Objekten ausgeführt werden. Infolgedessen könnte eine den Daten der Psychogenese (dem Wachsen psychischer Fähigkeiten; Anm. d. Übers.) entsprechende Erkenntnislehre weder empiristisch sein, noch könnte sie davon ausgehen, daß bestimmte Strukturen von vornherein vorhanden sind. Sie könnte nur aus einem Konstruktivismus bestehen, wobei ständig neue Operationen und Strukturen erarbeitet werden. Das zentrale Problem ist daher, zu verstehen, wie solche Techniken entstehen und warum sie schließlich logisch notwendig werden, obwohl sie von nicht vorher festgelegten Konstruktionen herrühren. «

In diesem Ablauf sieht PIAGET eine Entwicklungslogik. Man muß zuerst zwei Objekte miteinander in Beziehung bringen können, ehe man gezielt überreichen kann, und gezieltes Überreichen ist wiederum eine Vorbedingung für den bindenden Gib-und-Nimm-Dialog. Legt man den Beobachtungen eine lerntheoretische Interpretation zugrunde, dann scheint die von PIAGET hervorgehobene Entwicklungslogik zwingend.

Aber aus der Beobachtung allein können wir nicht ableiten, daß die Entwicklung auch so verläuft. Eine zeitliche Abfolge impliziert keineswegs eine kausale Beziehung dieser Art. Auch bei Reifungsprozessen beobachtet man eine stufenweise Integration; wir erinnern an das über den Vogelflug Gesagte. Der Organismus konstruiert seine Welt in Interaktion mit der Umwelt, aber er bringt bereits ein Vorwissen mit, das im Laufe der Stammesgeschichte erworben wurde, ihm also angeboren ist. Die Untersuchungen von T. G. BOWER (1966, 1971, 1977), W. BALL und E. TRONICK (1971) belegen, daß Säuglinge bereits mit 14 Tagen visuelle Eindrücke mit taktilen Erwartungen verbinden (S. 86 ff.). Die Mechanismen der Reizlokalisation und Identifikation sind ebenfalls bereits beim Neugeborenen nachweisbar. Blinde Säuglinge verfolgen ihre Handbewegungen mit den Augen; die Vorläufer der visuellen Kontrolle sind also angeboren (siehe auch D. G. FREEDMAN 1965: 76). 16 Wochen alte Blinde greifen nach einer Schallquelle. Das Vermögen schwindet auch dann, wenn man die Verhaltensweise durch Belohnung zu bekräftigen sucht. Erst mit 10 Monaten ist diese auditiv-manuelle Koordination wieder nachzuweisen. Sie ist aber zunächst einmal ebenso wie die auditiv-visuelle Koordination beim Neugeborenen vorhanden.

Auch die Leistungen der Objektpermanenz und Objektkonstanz sind früher nachweisbar, als nach PIAGETS Entwicklungsschema zu erwarten wäre. Wenn ein Objekt hinter einem Schirm verschwindet, dann wissen wir, daß es weiterhin vorhanden ist. Nach den klassischen Entwicklungstheorien lernen wir das als Kind, indem wir hinter den Schirm greifen. T. G. BOWER (1977: 35) ließ vor Säuglingen Objekte durch einen Schirm verdecken und zog diesen nach verschiedenen Intervallen weg. War das Objekt danach verschwunden und das Zeitintervall nicht zu lang, dann reagierten bereits zwanzig Tage alte Säuglinge mit einer Erhöhung der Pulsschlagfrequenz. War das Objekt dagegen noch vorhanden, dann zeigte das Kind keine deutliche Reaktion: »It seems that even the very young infants know that an object is still there after it has been hidden, but if the time of occlusion is prolonged, they forget about the object altogether. The early age of the infants and the novelty of the testing situation make it unlikely that such a response has been learned.«*

---

* »Es scheint, als wüßten sogar Kleinkinder, daß ein Objekt noch vorhanden ist, nachdem es versteckt wurde; wird das Objekt über längere Zeit versteckt, vergessen sie es völlig. Das geringe Alter der Kinder und das Ungewohnte der Testsituation machen es sehr unwahrscheinlich, daß eine derartige Reaktion gelernt worden ist.«

Mit acht Wochen antizipieren die Kinder ein Objekt, das hinter einem Schirm verschwindet. Sie erwarten das Wiederauftauchen auf der anderen Seite und folgen mit den Blicken. Bleibt es aus oder erscheint es zu schnell, dann erregt sich das Kind. Es macht ihm aber nichts aus, wenn das Objekt inzwischen seine Form änderte, also etwa statt eines Balls ein Würfel erscheint. Das Bewegungsmuster muß stimmen, die Objektidentität muß dagegen offenbar in dieser Situation gelernt werden.

Die Welt des Säuglings ist also keineswegs so chaotisch unstrukturiert, wie man das nach den Vorstellungen der traditionellen Entwicklungspsychologie zunächst annehmen könnte. Das Kind wird mit einigen Annahmen über diese Welt geboren. Sie wurden als stammesgeschichtliche Anpassungen entwickelt und bilden als solche bestimmte Facetten der Wirklichkeit ab. Allerdings werden z. B. im Falle der Objektkonstanz zunächst verschiedene Regeln angewendet, je nachdem, ob sich das Objekt bewegt oder ruht. Es befolgt die zwei miteinander in Konflikt geratenden Regeln (T. G. Bower 1977):

Um ein Objekt zu finden, suche an seinem üblichen Ort.
Um ein Objekt zu finden, suche in Verfolgung des Pfads seiner Bewegung.

Erst später, wohl aufgrund von Erfahrungen, werden die Regeln angepaßter:

Um ein Objekt zu finden, das nicht in Bewegung gesehen wurde, suche an seinem üblichen Platz.

Um ein Objekt zu finden, das sich bewegte, suche in Verfolgung des Pfads seiner Bewegung.

Die Vermutung, daß die in der Entwicklung zuerst befolgten Regeln wohl auf Reifungsprozesse zurückzuführen sind, beruht auf den Fehlleistungen, die ja nicht durch entsprechende irreführende Erfahrungen des Kindes bedingt sind. Das Kind kann vielmehr bereits sehr früh Objekten folgen, und die wechseln nicht die Gestalt. Das Kind ist in dem Alter, in dem es diese Fähigkeit zeigt, auch durchaus in der Lage, sowohl Personen als auch verschiedene Objekte zu erkennen und voneinander zu unterscheiden.

Zusammenfassung 7.1

Die alte Gegenüberstellung von Empirismus und Nativismus ist heute sicher überholt. Die Versuche des Behaviorismus, alles Verhalten auf einfache Reiz-Reaktions-Verknüpfungen durch Erfahrung zurückzuführen, dürfen wohl als gescheitert angesehen werden. Unser Zentralnervensystem wird nicht erst über Sinneswahrnehmungen mit Inhalten gefüllt. Es ist vielmehr darauf vorbereitet, wahrzunehmen und zu handeln, und insofern kein unbeschriebenes Blatt. Dennoch überlebt der Behaviorismus in den Vorstellungen vieler Laien, und seine simplifizierenden Thesen wirken in der Pädagogik und der Boulevard-Psychologie und -Soziologie.

PIAGETs Konstruktivismus basiert zwar auch auf einer behavioristischen Reiz-Reaktions-Verknüpfung, doch spielt das Kind beim Wissenserwerb eine aktive Rolle. Es konstruiert seine Welt in einer logischen Aufeinanderfolge von Entwicklungsschritten. Jede neue kognitive Leistung baut auf zuvor gebildeten Fähigkeiten und Fertigkeiten auf und setzt diese voraus. Mit der Integration der basalen Fähigkeiten treten neue Systemeigenschaften zutage. Wieweit dabei Reifungs- und Lernvorgänge zusammenwirken, ist im einzelnen nicht geklärt. Eine streng nativistische Gegenposition zum Behaviorismus hat es nie gegeben. Die große Bedeutung des Lernens haben die Biologen zu jeder Zeit voll erkannt. Sie wiesen aber darüber hinaus auf die Bedeutung von Selbstdifferenzierungsvorgängen aufgrund der im Erbgut festgelegten Entwicklungsanweisungen hin und machten insbesondere auf angeborene Lerndispositionen aufmerksam.

PIAGET studierte die kognitive Entwicklung des Kindes an dessen Verhalten zu Objekten. Er übersah dabei, daß bereits wenige Monate alte Kinder Mitmenschen als Sozialpartner erfassen und mit bemerkenswerter sozialer Kompetenz zu interagieren vermögen. Ihre sozialen Fähigkeiten eilen der sonstigen kognitiven Entwicklung weit voran. Fürsorglich-einfühlsames Verhalten (Empathie) entwickelt sich um die Mitte des zweiten Lebensjahres. Es setzt Selbsterkenntnis (reflektierte Ich-Bewußtheit) voraus (D. BISCHOF-KÖHLER 1984).

7.2 Neugiererkunden und Spiel

Die Vorstellung, derzufolge das Kind ein passives Objekt in einer es formenden Umwelt sei, kann folglich als überholt gelten. PIAGETs Aussage, daß das Kind seine Umwelt konstruiere, ist richtig; wir fügen nur hinzu, daß es dazu reicher ausgestattet in die Welt kommt, als er annimmt. Es verfügt über ein Aprioriwissen, und zu diesen stammesgeschichtlichen Anpassungen gehören auch eine Reihe von Lerndispositionen, u. a. der Trieb zu erkunden, der im Deutschen sehr treffend als »Neu-Gier« bezeichnet wird.

Angetrieben von seiner Neugier setzt sich der Mensch von frühester Kindheit an aktiv mit seiner Umwelt auseinander; er sucht nach neuen Situationen, um daraus zu lernen. Er manipuliert die Gegenstände seiner Umwelt auf vielerlei Art, und seine Neugier endet erst, wenn ihm das Objekt oder die Situation vertraut wird oder wenn er die Aufgabe, die sich ihm stellte, gelöst hat. Und schließlich experimentiert der Mensch auch mit seiner sozialen Umwelt.

Die Neugier ist wohl älteres Erbe. Setzt man eine Ratte in eine ihr fremde

Umgebung, dann erkundet sie zunächst, beknabbert und beschnuppert die Gegenstände, bis sie sich orientiert hat. Neues fordert dazu heraus, und solange die Umwelt nicht erkundet ist, sind die meisten anderen Triebe, wie die des Nestbauens, Fressens, der Fortpflanzung u. a., unterdrückt. Bei der Ratte hat man im lateralen Hypothalamus und in der präoptischen Region Orte entdeckt, von denen man elektrische Aktivitäten ableiten kann, wenn die Ratte exploriert, und die sich Ratten im Selbstreizversuch gerne elektrisch stimulieren (B. R. KOMISARUK und J. OLDS 1968). Insbesondere junge Säugetiere sind von sich aus neugierig bemüht, sich in neue Situationen zu begeben und neue Objekte zu erkunden. Sie prüfen die Eigenschaften der Objekte mit allen Sinnen, wobei sie diese Objekte auch vom Ort wegbewegen und auf verschiedene Weise mit ihnen spielen. Raubtiere behandeln sie z. B. oft wie Beute. Diese spielerische Neugier ist ein typisches Jugendmerkmal. Das spielerische Experimentieren hat sich offenbar in Zusammenhang mit der Notwendigkeit, viel Erfahrungen zu sammeln, entwikkelt. Vor allem die höheren Säuger spielen, unter den Vögeln nur jene, die wie der Spechtfink *(Cactospiza pallida)* der Galápagos-Inseln Werkzeuge gebrauchen (I. EIBL-EIBESFELDT 1987).

Beim Menschen bleibt die Neugier zeitlebens ein hervorstechender Zug seines Verhaltens. Man hat ihn aus diesem Grunde zu Recht das »weltoffene Neugierwesen« genannt und die Neugier als persistierendes Jugendmerkmal gedeutet (K. LORENZ 1943). In der Tat konsumieren wir bis ins hohe Alter Neuigkeiten. Wir lesen Zeitungsmeldungen von Ereignissen, die uns im Grunde gar nicht betreffen, informieren uns über fremde Länder, neue Forschungsergebnisse, suchen Museen auf oder reisen selbst als Touristen, um Neues zu sehen und zu erleben. Ganze Wirtschaftszweige leben von unserer Neugier. Es gehört zu den schrecklichsten Strafen, wenn man uns diese Möglichkeiten, Neugier zu befriedigen, nimmt.

Die Annahme, daß stammesgeschichtliche Anpassungen sich von Geburt an als Lerndispositionen manifestieren, ist gut begründet. Bereits PIAGET (1953) wies darauf hin, daß der Säugling zu saugen aufhört, wenn er visuell exploriert. Man kann ferner zeigen, daß Kinder von sich aus neue Eindrücke suchen. Können sie nämlich durch Saugen an einem Schnuller sich selbst Diapositive projizieren, dann lernen sie das schnell. Es sind keineswegs nur physiologische Bedürfnisse im Sinne der Erhaltung einer Homöostase, die ein Kind dazu ermuntern, eine Aufgabe zu erlernen. In diesem Zusammenhang ist besonders auf die Bedeutung sozialer Belohnung hinzuweisen (J. L. GEWIRTZ 1961, H. J. RHEINGOLD 1961). Säuglinge lernen, Schalter in ihren Kopfkissen durch Kopfbewegung zu betätigen, wenn als Belohnung eine Person auftaucht und sie freundlich anspricht. PIAGET hat diese Disposition des Kindes beim Studium der kognitiven Entwicklung sicherlich vernachlässigt (C. TREVARTHEN und P. HUBLEY 1978).

Bewegt man über einem drei Monate alten Säugling ein diesem unerreichbares Mobile aus Klangstäben, dann löst dieses Ereignis lebhaftes Interesse aus, das allerdings nach einer Minute deutlich abflaut und nach drei Minuten erlischt. Bringt man daraufhin das Mobile in die Reichweite der Hände, so daß das Baby die Effekte selbst bewirken kann, dann exploriert es lange mit intensiver Aufmerksamkeit, und sein offensichtliches Vergnügen äußert sich auch in Vokalisationen. Der Säugling variiert sein Verhalten und kann bis zu einer halben Stunde aktiv bleiben, ehe er sich ermüdet abwendet (M. Papoušek 1984). Bereits der Säugling ist demnach erstaunlich motiviert, seine Umwelt aktiv zu erkunden. Bei passivem Beobachten erlahmt sein Interesse dagegen schnell.

Der Mensch lernt nicht nur allein. In seine Strategien des Informationserwerbs sind Sozialpartner fest eingeplant. Der Säugling erwartet die unterweisende Führung der Mutter, und er bemüht sich aktiv um Kommunikation (J. S. Bruner 1979). Er fordert zu Dialogen und zu Spielen auf und imitiert das Verhalten der Mutter, die ihrerseits das Verhalten des Kindes spiegelt (Kap. 4.3.2), und zwar in einer dessen Entwicklungsstufe angemessenen Weise (H. Papoušek 1969). Später werden Geschwister und andere Spielgefährten in die Interaktionen einbezogen. Das Kind erprobt dabei die Strategien sozialen Umganges (siehe auch explorative Aggression, S. 550ff.), erfährt aber darüber hinaus Anregungen aus der Spieltätigkeit der anderen. Es ahmt sie nach, variiert die Tätigkeiten jedoch und macht dabei Entdeckungen.

M. Verba und Mitarbeiter (1982) setzten mehrere Kinder im Alter von 20 und 24 Monaten um einen Tisch, auf dem sich eine größere Auswahl von Objekten befand: Objekte, mit denen man z. B. klopfen und hämmern konnte, solche, die sich ineinander stecken, an- und aufeinander legen ließen, und wieder andere, die man rollen, teilen und verformen konnte. Die Kinder spielten damit und schauten einander Tätigkeiten ab. Sie ahmten sie nach, variierten sie aber, und sie ermunterten sich so gegenseitig zum Experimentieren (Abb. 7.20). Es handelte sich um ein schöpferisches Aufgreifen von Ideen. Gelegentlich wurde das gemeinsame Tun zum bindenden Ritual, und bemerkenswert war, daß Kinder in diesem Alter bei dieser Gelegenheit Objektbesitz beachteten und geduldig darauf warteten, bis der Partner abgab, was der andere gerade gerne zum Spielen wollte. Ohne eine Objektbesitznorm wäre ein solches Zusammenspiel auch gar nicht möglich.

Neugier treibt das Kind an, seine Umwelt zu erforschen – die tote ebenso wie die belebte. Sobald das Kind in der Lage ist, Objekte aufzunehmen, sie wieder abzulegen, in andere Objekte hineinzustecken, beginnt es, Objekte instrumental einzusetzen. Es scheinen dabei einige Grundmuster der Exploration vorgegeben. Gibt man einem Säugling, der bereits sitzen, aber noch nicht laufen kann, einen Stock, dann kann man einige recht typische Verhaltensweisen beobachten. Der Stock wird z. B. gerne dazu benutzt, um auf den Boden, auf Objekte, aber auch Menschen zu schlagen. Der Schlag wird dabei von oben nach unten geführt. Ich habe das nicht nur in unserer Kultur, sondern auch bei den Yanomami, Eipo, Himba und anderen beobachtet. Es ist mir dabei nicht aufgefallen, daß eine Mutter einen so kleinen Säugling im Schlagen unterwiesen hätte. Erst viel später, als

Aufforderung, jemanden zu schlagen, sah ich solche Unterweisung – das Schlagen mit dem Stock wurde toleriert, solange es nicht zu eifrig praktiziert wurde, dann jedoch als lästig abgebremst. Der Stock wird ferner bereits früh zum Stochern und schließlich auch zum Graben benützt. Mit Steinen schlägt und wirft das Kind, ebenfalls in der deutlichen Intention, etwas zu bewirken. Es verfolgt aufmerksam, was sein Handeln mit dem Instrument zur Folge hat. Hierin drückt sich die Disposition zum Werkzeuggebrauch ganz deutlich aus. Es gibt in der Häufigkeit, mit der Stöcke und Steine als Werkzeuge in bestimmter Weise von Kindern benutzt werden, Geschlechtsunterschiede. Ich habe sie bei den Himba ausgezählt (siehe Tab. 7.6).

Wieweit gleichsinnige Unterschiede auch in anderen Kulturen zu finden sind, das bedarf noch einer genaueren Untersuchung. Die explorative Tätigkeit des Kindes wird auch als spielerisches Explorieren bezeichnet. Der Drang zu solcher Betätigung bleibt dem Menschen bis ins hohe Alter erhalten, und er ist gewiß die Wurzel der Forschung.

Die explorative Neugier bezieht sich jedoch auch auf den Mitmenschen. Wir sprachen bereits von der explorativen Aggression, mit der Kinder ihren sozialen Handlungsspielraum ausloten. Die Aggression wird hier zur Anfrage.

Objekte spielen nicht nur bei der instrumentellen Exploration der unbelebten Umwelt eine entscheidende Rolle. Mit zehn Monaten spielt ein Kind unermüdlich Dialoge des Gebens und Nehmens. Wir haben sie in allen uns bekannten Kulturen beobachtet (S. 485 ff.). Diese Fähigkeit entwickelt sich allmählich. In den ersten 6 Monaten beobachten wir weder Übergeben von Objekten, noch, daß sich das Kind mit Hilfe eines Objektes oder über Hinweise auf ein Objekt an einen Partner wendet. Es freut sich zwar, wenn andere etwas mit Objekten vormachen, aber entweder beschäftigt es sich ganz mit einem Objekt oder ganz mit einer Person. Dieser Konflikt zwischen Personen und Objekten ist mit 24 bis 28 Wochen stark ausgeprägt. Spielt das Kind mit einem Objekt, dann meidet es oft den Augenkontakt mit der Mutter, sich gewissermaßen von ihr ablösend. Es kann sich nicht beiden zugleich widmen. Es kann beim Spiel mit Objekten auch noch nicht kooperieren. Erst mit 45 bis 47 Wochen gibt ein Kind, wenn man es dazu auffordert, und kann nun unter Einbezug von Objekten auch kooperativ mit anderen zusammenspielen (C. Trevarthen und P. Hubley 1978).

Damit ist eine entscheidende Entwicklungsstufe erreicht, die das Experimentierfeld des Kindes enorm erweitert. Nun erst kann es sich im Zusammenspiel mit anderen entfalten.

Wir beobachten also, daß sich das Kind zuerst entweder Personen oder Objekten zuwendet. Gegen Ende des ersten Lebensjahres spielen Objekte dann bereits eine wichtige Rolle bei der Vermittlung sozialer Beziehungen, vor allem auch mit anderen Kindern. Von einigen Autoren wird nun behauptet, das Kind sei zunächst überhaupt nur an Objekten interessiert, es zeige erst sekundär auch Interesse an den Handlungen, die ein anderes Kind mit dem Objekt ausführe, und suche es

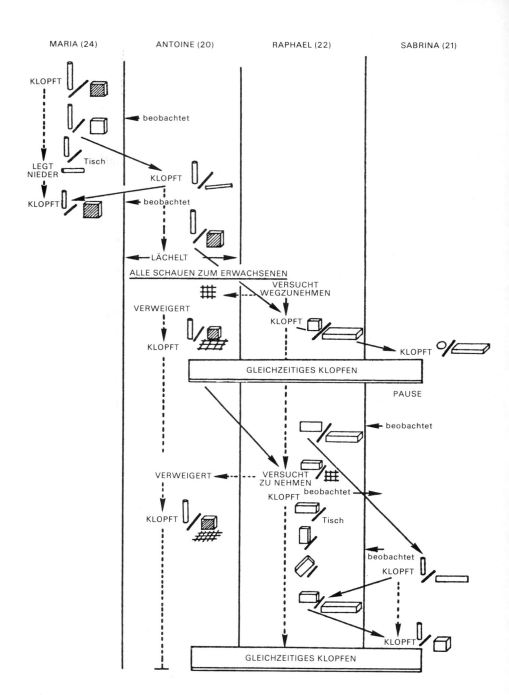

durch Lächeln und andere Verhaltensweisen zu beeinflussen (E. MÜLLER 1979, E. MÜLLER und J. BRENNER 1977). Nach D. P. AUSUBEL und E. V. SULLIVAN (1980) steht am Ausgangspunkt der Interaktion mit Gleichaltrigen sogar der Besitzstreit um Spielgegenstände. Gegen eine solche Ableitung von Peer-Beziehungen sprechen sowohl unsere kulturenvergleichenden Beobachtungen an Säuglingen, die wir bei der Besprechung der sozialen Kompetenz (S. 763 ff.) erörterten, als auch jene von D. L. VANDELL und Mitarbeitern (1980) und J. L. JACOBSON (1981), denen zufolge bereits sechs Monate alte Kinder auch ohne jede Mithilfe vermittelnder Objekte soziale Kontakte mit ihresgleichen aufnehmen können.

Die begriffliche Bestimmung dessen, was man Spiel nennt, bereitete lange Zeit große Schwierigkeiten. Man operierte mit Feststellungen, daß es sich um Tätigkeiten handele, denen der »Ernstbezug« fehle, die ohne bewußten Zweck aus Vergnügen an der Tätigkeit als solcher, zum Selbstzweck gewissermaßen und aus Freude am Gelingen, ausgeübt würden. Das stimmt zwar, gilt aber für sehr viele andere Tätigkeiten ebenso, die man nicht so ohne weiteres als Spiel bezeichnen würde. Die wenigsten jungen Männer, die sich um ein Mädchen bemühen, verbinden mit dieser Tätigkeit die bewußte Absicht, Vater eines pausbäckigen Säuglings zu werden! Auch der Versuch, Spiel als unreifes Verhalten abzutun, befriedigt nicht. Wohl gilt, daß im Spiel viel unausgereiftes Verhalten vorkommt, aber auch Erwachsene können spielen, und dann sind Spiel und Ernst meist deutlich unterschieden. Man vergegenwärtige sich einen spielerisch balgenden erwachsenen Hund. Kämpft der gleiche Hund mit einem Artgenossen, dann sieht das völlig anders aus. – Schon die Tatsache, daß im Grunde jeder weiß, wann ein Mensch oder ein Tier spielt, und daß kaum einer je ernsthaft behauptet, er habe ein Insekt oder ein Reptil spielen gesehen, weist darauf hin, daß hier unsere Gestaltwahrnehmung einen eigenständigen Verhaltenstypus erfaßt.

Abb. 7.20: Imitation ist häufig der erste Schritt zum schöpferischen Aufgreifen von Einfällen, die man dann variiert, was zu eigenen Entdeckungen führt. Zugleich bindet solch gemeinsames Tun, und oft dient Imitation zur Bekundung von Gemeinsamkeit. Die Abbildung zeigt die Interaktionen von vier 20 bis 24 Monate alten Kindern, die man an einen Tisch gesetzt hatte, auf dem sich verschiedene Gegenstände befanden. Maria begann mit einem Stab auf mehrere Würfel zu klopfen und legte dann den Stab ab. Antoine beobachtete das und klopfte nun mit seinem Stab auf den abgelegten Stab. Er schaute dabei die anderen lächelnd an. Maria nahm daraufhin wieder ihren Stab und klopfte erneut auf den Würfel. Antoine beobachtete das, dann nahm er einen großen Würfel, lächelte Maria und Raphael, die ihm zuschauten, an und begann mit einem Rohr gegen den Würfel zu klopfen. Zuerst hatte er den Würfel vor sich stehen, dann drückte er ihn gegen die Brust und klopfte weiter. Nun mischte sich der bisher beobachtende Raphael ein, nahm einen Würfel und schlug damit auf ein Brett, das er zwischen sich und seiner linken Nachbarin Sabrina ablegte. Sabrina fing daraufhin ohne Verzögerung an, mit einer Perle auf dieses Brett zu pochen, und lächelte dabei die anderen an. Gleichzeitig legte Antoine den großen Würfel auf die Unterlage und fuhr fort, mit dem Rohr darauf zu schlagen. Alle drei lachten einander zu diesem Zeitpunkt an und pochten gleichzeitig. Aus M. VERBA und Mitarbeiter (1982).

Tabelle A			Tabelle B		
Stockgebrauch im Spiel:			**Werfen mit Steinen:**		
	Jungen	Mädchen		Jungen	Mädchen
Schlagen auf Tiere (Hund, Kälber)	13	7	Aggressives Werfen auf Menschen	2	7
Schlagen auf Menschen	8	2	auf Hunde	6	3
Schlagen gegen Objekte (Zäune, Bäume etc.)	34	13	Spielerisches Geschicklichkeitswerfen, oft als Weitwerfen über die Kralhecke	149	44
Verschiedenes (Stochern, zwei Stöcke gegeneinanderschlagen, Umhertragen)	60	17			
	115	39		157	54

Tab. 7.6

Entscheidende Schritte zur Aufklärung der Zusammenhänge brachte der etholo-gische Ansatz, der die Beobachtung mit der Fragestellung verband, im Dienste welcher Aufgaben sich ein bestimmtes Verhalten – in diesem Falle das Spielen – wohl entwickelt haben mag. Die vergleichende Untersuchung tierischen Spiels lehrt zunächst, daß mit Ausnahme einiger weniger Vögel nur die Säugetiere spielen – Tiere also, die sich dadurch auszeichnen, daß sie sehr viele Fertigkeiten über Lernprozesse erwerben, und zwar über selbsttätiges Einüben. Das weist darauf hin, daß Spielen etwas mit Lernen zu tun hat. In der Tat spielen Raubtiere besonders viel. Das Beutefangen erfordert viel Geschick, und zur Technik der Überwältigung großer Beute lernt ein Raubtier sehr viel. Kleine Nagetiere dagegen spielen nur wenig, manche gar nicht. Auch praktizieren die Tiere im Spiel Fertigkeiten, deren Einübung für ihre Eignung wichtig ist. Eichhörnchen prakti-zieren Fluchtspiele, bei denen sie das Geschick üben, den Stamm zwischen sich und den Verfolger zu bringen. Bei Raubtieren liegt das Schwergewicht weniger bei solchen Entkomm-Spielen (I. EIBL-EIBESFELDT 1951). Sie praktizieren das Beutefangen, Überwältigen und schließlich auch den Kampf mit Rivalen. Der Spechtfink der Galápagos-Inseln – einer der wenigen Singvögel, die richtig spielen – spielt das Hervorstochern von Beute mit Werkzeugen, wenn er satt ist. Gekäfigte Vögel verstecken zu diesem Zwecke Mehlwürmer in Spalten, um sie anschließend mit einem Stöckchen im Schnabel herauszustochern (I. EIBL-EIBESFELDT und H. SIELMANN 1962). Der Übungswert des Spiels darf als erwiesen gelten; es gibt dafür auch experimentelle Befunde. Es paßt ferner dazu, daß Tiere vor allem in ihrer Kindheit und Jugend spielen – manche der höheren Säuger bleiben jedoch zeitlebens verspielt, sie behalten gewissermaßen ein Jugendmerk-mal bei.

Vergleichen wir einen Ernstkampf mit einem Spielkampf zweier Hunde, dann stellen wir fest, daß die spielenden Hunde zwar knurren mögen; sie geben aber durch Zusatzsignale wie Schwanzwedeln kund, daß sie friedlich sind. Solche

Spielsignale sind verbreitet. Iltisse springen im Kampfspiel übertrieben katzbukkelnd umher und äußern dazu als Stimmfühlungslaut ein leises Muckern. Das Spielgesicht des Menschen ist ein funktionell vergleichbares Signal (S. 191 ff.). Im Kampfspiel sind ferner soziale Hemmungen besonders ausgeprägt. Die Tiere beißen einander z. B. nie so fest, daß die Haut des Spielpartners durchbrochen wird, und faßt einer im Eifer des Gefechtes doch fester zu, dann äußert der Partner bestimmte Laute, die den Zubiß sofort hemmen. In bestimmte Körperteile beißen Hunde einander nur ganz sachte: Fassen z. B. die Fänge ineinander, dann greifen sie nur ganz zart. Weiter fällt auf, daß die kampfspielenden Tiere anscheinend »frei« die Rollen von Verfolger und Verfolgtem wechseln.

Das alles läßt auf eine unterschiedliche emotionale, und damit wohl auch motivationale, Grundlage von Spiel und Ernstkampf schließen. Im Ernstfall folgen die Bewegungen aufeinander in einer gewissen Ordnung, vom Drohen bis zum Kampf, der in der Regel mit der Unterwerfung oder Flucht des Verlierers endet. Im Spiel wechseln die Verhaltensmuster in bunter Folge, ja man kann sogar beobachten, daß Verhaltensweisen gemischt werden, die verschiedenen »Instinkten« im Sinne von TINBERGEN zuzuordnen sind (S. 127) und die sich im Ernstfall gegenseitig ausschließen, z. B. Verhaltensweisen des Beutefangens, des sexuellen Bereichs und der Jagd. Ich habe das dahingehend interpretiert, daß nicht der gesamte »Instinkt« im Sinne TINBERGENS in seiner hierarchischen Ordnung aktiviert wird. Vielmehr ist eine gesonderte Spielmotivation zu postulieren, die die verschiedenen Verhaltensweisen der niederen Integrationsniveaus, unabhängig von den normalerweise ihnen vorgesetzten Instanzen, zu aktivieren vermag. Die Bewegungen wären demnach im Spiel von den ihnen normalerweise vorgesetzten Instanzen abgehängt, und deshalb fehlt wohl die Emotionalität des Ernstaffektes, die bei autochthoner Aktivierung eines Instinktes zu beobachten ist. Der Spieldrang aktiviert gewissermaßen heterochthon die verschiedenen Bewegungsweisen. Sie werden dadurch wie Werkzeughandlungen frei verfügbar. Das Tier kann auf diese Weise mit seinem eigenen Bewegungskönnen experimentieren (I. EIBL-EIBESFELDT 1950, 1951, M. MEYER-HOLZAPFEL 1956). B. HASSENSTEIN hat die Verhältnisse in einem Funktionsschema veranschaulicht (Abb. 7.22). Weitere Literatur zum Spielverhalten: O. ALDIS (1975), E. M. AVEDON und B. SUTTON-SMITH (1971), J. CHATEAU (1964), R. FAGEN (1981), A. FLITNER (1975, 1976), P. MARTIN und T. M. CARO (1985), M. J. MEANEY und Mitarbeiter (1985), D. MÜLLER-SCHWARZE (1978), H. SBRZESNY (1976), H. B. SCHWARTZMANN (1978).

In der beschriebenen Fähigkeit, Handlungen von den Antrieben abzuhängen, liegt wohl die Wurzel dessen, was wir subjektiv als Freiheit erleben, nämlich die Fähigkeit, uns emotionell zu distanzieren und in einem so geschaffenen Freiraum zu planen und zu überlegen. Erst die Untersuchung der Tierspiele erlaubte es, diese Unterschiede zwischen Spiel und Ernst klar zu sehen, denn beim Menschen ist bereits das Alltagsverhalten – insbesondere wenn er sprachlich handelt – auch in Ernstsituationen in ein weniger starres Ablaufschema gezwungen; die Akte der einzelnen Handlungsschritte sind also stärker abgehängt und damit freier verfügbar. Man könnte auch sagen, sein ernsthaftes Handeln trägt in diesem Sinne Züge der spielerischen Freiheit – und man könnte auch das als persistierendes Jugendmerkmal (S. 822) deuten.

Eine Voraussetzung für das Spielen ist, daß die dem Ernstverhalten zugrunde liegenden motivierenden Systeme nicht durch starke physiologische Bedürfnisse (Hunger) und/oder äußere Umstände (Angst) aktiviert werden, denn sonst ist es dem Tier oder dem Menschen nicht möglich, seine Handlungen von den sie normalerweise aktivierenden Instanzen abzuhängen. Es bedarf dazu eines bereits etwas »entspannten Feldes«, wie G. BALLY (1945) ausführt.

Wir erwähnten bereits das von ihm beschriebene Beispiel des Hundes, der erst darauf kommt, einen nach beiden Seiten offenen Zaun, der ihn vom ausgelegten Köder trennt, zu umgehen, wenn der Köder etwas aus der unmittelbaren Geruchsnähe hinter dem Zaun abgerückt wird. Zuvor ist ihm diese vorübergehende Absetzung vom begehrten Objekt nicht möglich; die »Feldspannung« ist zu groß (Kap. 2.3). Als der Schimpanse Sultan mit den beiden zu kurzen Stöcken vergeblich versucht hatte, die von W. KÖHLER vor dem Käfig ausgelegte Banane herbeizuangeln, bekam er zunächst Wutanfälle und warf die Stöcke weg. Nach Abklingen der Erregung begann er sich spielerisch mit den Stöcken zu beschäftigen, und er steckte sie dabei wie zufällig zusammen. Nun wandte er sich der zwischendurch vernachlässigten Aufgabe zu und angelte die Banane herbei. Im »entspannten Feld« war ihm spielerisch die Aufgabenlösung geglückt. (W. KÖHLER 1921). Wir wissen, daß Menschen in einer spannungsentlasteten Umwelt kreativ und flexibel handeln. In der Politik bemüht man sich daher, über besondere Sozialtechniken eine gelöste Atmosphäre herzustellen. Humor wird dabei gern als ein Mittel eingesetzt, Spannungen zu lösen.

Es gibt natürlich auch Übergänge zwischen Spiel und Ernst, und gelegentlich eskaliert sogar, was als Kampfspiel begann, in echten Streit. In der Regel führt jedoch eine solche autochthone Aktivierung eines Dranges nur zur Ausrichtung der Spieltätigkeit, etwa als Kampfspiel, Jagdspiel oder Fluchtspiel. Beim Menschen wird dies in den Wettkampfspielen und im Sport deutlich. Hier sind die Grenzen zwischen Kampfspiel und ritualisiertem Kampf fließend. Und hier können Spiel und Ventilsitte, in der echte Kampfappetenzen ausgelebt werden, ineinander übergehen, und zwar nicht allein im Verbrauch allfälliger (hypothetischer) Triebenergien, sondern auch durch Sieg und die damit erreichte abschaltende Endsituation (»consummatory situation«, S. 105). Das in Abbildung 7.21 gezeigte Funktionsschaltbild mag die Zusammenhänge veranschaulichen.

Es liegen verschiedene Versuche vor, Spiele einzuteilen. Ein »natürliches« System ist schwer zu erstellen, da ja die Abhängung von den normalerweise vorgesetzten motivierenden Instanzen eine Vielfalt von Mischformen spielerischen Verhaltens gestattet. In der Praxis allerdings tendiert ein Spiel doch nach

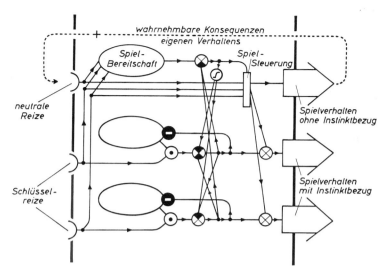

Abb. 7.21: Idealisierte, stark vereinfachte Darstellung einiger Funktionselemente des Spielverhaltens. In dem Teilsystem »Spielsteuerung« sind viele nicht gesondert formulierte Steuerfunktionen repräsentiert, z. B. das Abwechseln zwischen verschiedenen Spielhandlungen. – Dieses Schaltbild ist mit den Lernschaltbildern kombiniert zu denken – wie, wurde jedoch nicht untersucht. Aus B. HASSENSTEIN (1972).

dem einen oder anderen Funktionskreis. K. GROOS (1933) unterschied danach zwei große Kategorien: die Experimentierspiele oder allgemeinen Funktionsspiele und die speziellen Funktionsspiele.

Zu den Experimentierspielen gehören die verschiedenen Formen der Bewegungsspiele (Laufen, Springen), bei denen Geschick erworben wird, etwa Ballspiele, bei denen man Werfen und Fangen übt, Übungen der Selbstbeherrschung und viele andere Formen spielerischen Experimentierens, über die das Kind Objektkenntnis erwirbt und das eigene Bewegungskönnen erprobt.

In den speziellen Funktionsspielen werden nach GROOS speziellere Leistungen eingeübt: in den Jagdspielen z. B. das Jagen, in den Kampfspielen das Kämpfen, und so fort. Kinder üben dabei die Geschlechtsrollen ihrer jeweiligen Kultur ein, sie spielen Familie und ahmen einander nach.

Es ist klar, daß bei dieser Einteilung das Kugelspiel eines kleinen Kindes ein rein sensomotorisches Experimentierspiel ist, bei dem die Übung des Anvisierens und Werfens im Vordergrund steht. Beim älteren Kind dagegen wird es zum Wetteiferspiel, einer Art Kampfspiel also.

FR. QUEYRAT (1905) teilt wieder anders ein. Er unterscheidet Spiele, die durch Anlage überkommen sind (Kampf-, Jagd- und Verfolgungsspiele), Spiele der Nachahmung (Bogenspiel, spielerisches Hüttenbauen) und Spiele der Phantasie (Verwandlungen von Objekten, Beleben von Spielzeugen). Auch bei dieser Einteilung wird klar, daß ein Spiel natürlich mehreres zu gleicher Zeit sein kann.

Spielerisches Hüttenbauen kann z. B. Nachahmung und Phantasiespiel zugleich sein, und es können dabei auch Gerätschaften und Personen in der Phantasie vorgestellt werden.

Da weder der Inhalt noch das Motiv, die Funktion oder der Ursprung eindeutige Klassifizierungen liefern, versucht J. Piaget (1975) eine Einteilung nach den Strukturen, die ein Spiel aufweist, ohne Vorwegnahme der Theorie. Das versuchte schon D. N. Stern, als er individuelle Spiele, Spiele der Körper- und Objektbeherrschung, Konstruktionsspiele, Rollenspiele etc. von sozialen Spielen (Nachahmungsspiele, Kampfspiele etc.) unterschied. Aber auch hier läßt sich die Trennung nicht immer klar vornehmen.

Piaget (1975: 147) unterscheidet drei Typen von Strukturen, die das kindliche Spiel kennzeichnen: die Übung, das Symbol und die Regel; er unterscheidet dementsprechend Übungsspiele, Symbolspiele und Regelspiele.

Übungsspiele sind alle sensomotorischen Handlungen, die aus Vergnügen am Funktionieren ausgeführt werden, z. B. spielerisches Über-den-Graben-Springen. Er meint, diese Art Spiel sei für die Verhaltensweisen der Tiere typisch, da bei ihnen weder Symbole noch Fiktionen noch Regeln eine Rolle spielen würden. »Wenn die kleine Katze hinter einem toten Blatt oder einem Knäuel herläuft, haben wir keinen Grund anzunehmen, daß sie diese Gegenstände als Symbole für eine Maus ansieht.« Und zum Spielkampf einer Mutter mit ihren Jungen meint er: »Wenn eine Katze mit ihren Jungen mit Tatzenhieben und Bissen kämpft, weiß sie sehr wohl, daß dieser Kampf nicht ›ernst‹ ist, aber um dies zu erklären, ist es nicht notwendig, daß das Tier sich den ernsten Kampf vorstellte. Es genügt, daß die Gesamtheit der Bewegungen, die normalerweise der Anpassung im Kampf dienen, durch die mütterliche Liebe gebremst sind und so ›à blanc‹ funktionieren« (S. 147). Das mag so sein, aber was in der Katze vorgeht, wissen wir nun wirklich nicht.

Symbolspiele setzen die Vorstellung eines abwesenden Objekts voraus – was bei den Übungsspielen nicht der Fall sein soll. Für ein Kind wird z. B. eine Schachtel ein Automobil, oder Steinchen werden zu Personen oder Tieren.

Die *Regelspiele* setzen soziale Beziehungen voraus und entwickeln sich nach den Symbolspielen als dritte Kategorie.

Eine Sonderstellung nehmen die *Konstruktionsspiele* ein (Schiffbauen, Hausbauen). Sie definieren nach Piaget kein Stadium, sondern nehmen eine Position ein, die halbwegs zwischen Spiel und intelligenter Arbeit oder Spiel und Imitation liegt.

Auch Piagets Kategorien sind nicht in allen Punkten befriedigend. So könnte der Begriff Übungsspiele zur irrigen Annahme verleiten, daß in den Symbol- und Regelspielen nicht geübt wird, was er übrigens keineswegs impliziert. Es werden ja soziale Rollen und Disziplin trainiert. Aber das sollte uns nicht stören. Piaget hat die Stufenfolge der Entwicklung bei seiner Klassifikation im Auge. Die verschiedenen Einteilungsprinzipien können durchaus nebeneinander bestehen.

Sie beschreiben verschiedene Facetten der spielerischen Aktivität. Will man sich von jeder Deutung freihalten, dann kann man auch rein deskriptive Kategorien verwenden (z. B. »Tanzspiele«).

Buben und Mädchen spielen nicht gleich. Buben spielen aggressiver. Außerdem

Abb. 7.22: a) und b): Selbst noch Säugling, herzt das etwa zweijährige Yanomami-Mädchen eine Banane, als wäre sie ein Säugling. Foto: I. EIBL-EIBESFELDT.

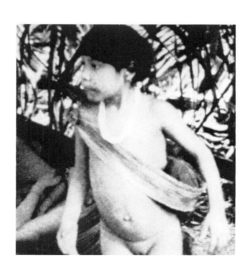

Abb. 7.23: Ein etwa zehnjähriges Yanomami-Mädchen trägt eine Bananenblüte als Puppe in einem Tragband. Foto: I. EIBL-EIBESFELDT.

besteht bei beiden Geschlechtern die Neigung, das eigene Geschlecht selektiv nachzuahmen, auch wenn dazu nicht eigens ermuntert wird. Mädchen zeigen dabei ein primäres Interesse an der Mutterrolle, die sie in Puppenspielen imitieren (Abb. 7.22–7.28). Wir wiesen darauf hin, daß dies auch im egalitären und feministischen Milieu des Kibbuz heranwachsende Mädchen tun, wobei besonders

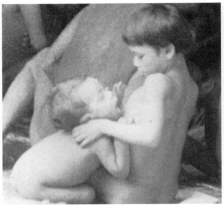 

Abb. 7.24: a) und b) An Säuglingen und Kleinkindern üben die Mädchen spielerisch ihre künftige Rolle als Mutter. Hier bietet ein Yanomami-Mädchen einem Kleinkind spielerisch die Brust. Foto: I. EIBL-EIBESFELDT.

Abb. 7.25: Die Tsama-Melone ist bei den !Ko (zentrale Kalahari) Puppenersatz. Foto: I. EIBL-EIBESFELDT.

bemerkenswert ist, daß sie aus der Fülle der angebotenen Frauenmodelle selektiv nur die Mutterrolle zum Vorbild nehmen. Die gelegentlich aufgestellte Behauptung, nur unsere Puppenindustrie würde die kleinen Mädchen zur Mütterlichkeit »verführen«, ist unsinnig. Kinder spielen auch in Kulturen ohne solches Angebot mit Puppen, und sie verwenden dazu die verschiedensten Ersatzobjekte. Sicher fördern das Gewährenlassen und die Orientierung am mütterlichen Vorbild die weitere Entwicklung dieser Dispositionen. Mädchen erwerben mütterliche Kompetenz und wissen sie bereits früh einzusetzen (Abb. 7.27). Daß Mädchen so

Abb. 7.26: Die knapp fünfjährige Koumbware (Alter geschätzt), mit einer Sandale als Puppenersatz spielend. Sie herzt sie, singt ihr vor und bestraft sie für ungebührliches Betragen durch Schläge mit einer Gerte. Sie singt: »Das ist auch ein Mensch, das ist mein Kind.« Sie wiederholt das und läßt auch die Sandale dazu auf ihrem Schoß tanzen. Aus einem 16-mm-Film. Foto: I. EIBL-EIBESFELDT.

liebevoll und fürsorglich werden, muß man ja nicht gerade negativ bewerten (vgl. dazu auch die Diskussion im Kapitel 4.7: Geschlechtsrollen). In den von uns besuchten Kulturen spielten die Kinder auch andere geschlechtstypische Tätigkeiten der Erwachsenen wie zum Beispiel deren Tänze (Abb. 7.29–7.31). Das heißt aber nicht, daß sie im Spiel nicht auch einmal eine andersgeschlechtliche Rolle übernehmen. Wenn die Kinder der !Ko den Trancetanz spielten, tanzten Mädchen mitunter in der Männerrolle (Abb. 7.31). Die Präferenz für die eigene Geschlechtsrolle ist jedoch deutlich, auch bei den Buben, die bei den Eipo, Himba, Buschleuten, Yanomami und Balinesen vor allem Kampf-, Wetteifer- und Jagdspiele sowie die Rituale der Männer üben (Abb. 7.32–7.34). Genaue Angaben die !Ko-Buschleute betreffend sind in H. SBRZESNYS (1976) ausgezeichneter Monographie enthalten.

Abb. 7.27: Dasselbe Himba-Mädchen wie in Abb. 7.26, zur gleichen Zeit aufgenommen. Eine Kousine von Koumbware weinte, weil die Mutter zum Melken ging. Was Koumbware im Spiel abhandelte, praktiziert sie nun am Säugling: Sie holt ihre Kousine zu sich auf den Schoß und singt ihr, den Rhythmus klatschend, vor. Aus einem 16-mm-Film. Foto: I. Eibl-Eibesfeldt.

Wir haben den Übungswert des Spielens betont und seine spannungsabführende Aufgabe als Ventilsitte in Kampf- und Wetteiferspielen der Erwachsenen einschließlich des Sportes. Spiel und Ritual gehen dabei ohne deutliche Grenzen ineinander über. Das gilt auch für bestimmte Spielformen, deren wesentliche Funktion die Bekräftigung und Herstellung einer Bindung ist. Bei den Buschleuten gibt es z. B. einen Melonenballtanz – einen Spieltanz, oder ein bindendes Ritual, wenn man so will –, bei dem es darauf ankommt, daß die Gruppe harmonisch als Einheit handelt, gebunden durch den Rhythmus und die Regeln des Spiels. Der Spieltanz wird nur von Frauen und Mädchen ausgeübt, die mit den Händen einen Rhythmus schlagen, der als »double beat« in zwei aufeinander abgestimmten Taktgruppen besteht. Die Frauen stehen in einer Riege; eine tanzt mit einer Melone in der Hand im Rhythmus vor die Riege, macht einige Tanzfiguren und wirft die Melone einer mittlerweile vor die Riege getretenen Nachtänzerin zu; diese fängt die Melone auf, tanzt wieder einige Figuren, um ihrerseits die Melone an die nächste abzugeben. So macht die Melone die Runde. Nicht immer ist die Riege stationär, oft tanzt die Frauengruppe dabei in einem Reigen. Bei dem Spiel kommt es darauf an, daß keine einen Fehler macht, so daß der harmonische Ablauf nicht gestört wird (H. Sbrzesny 1976).

Ein vergleichbares Kooperationsspiel der Männer ist der Heuschreckentanz. Auf die Sozialisation von Kindern wirken sich kooperative Spiele sehr positiv aus. Kanadische Kindergartenkinder (Alter etwa 5 Jahre), die systematisch über 18 Wochen zu kooperativen Spielen angeleitet wurden, teilten danach bereitwilliger Süßigkeiten untereinander als Kinder von Kontrollgruppen, die keine solchen Erfahrungen gesammelt hatten (T. D. Orlick 1981).

Aber auch Kampfspiele binden, und zwar jene, die im Kampf vereint sind, einschließlich derer, die sich mit der Kampfpartei identifizieren. D. Morris

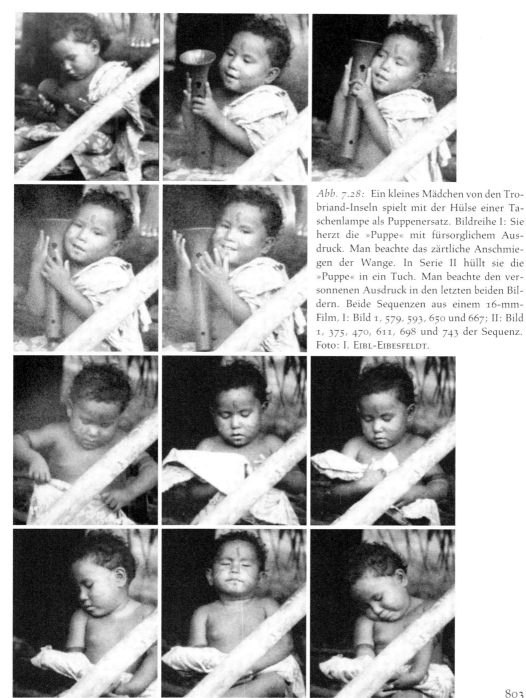

Abb. 7.28: Ein kleines Mädchen von den Trobriand-Inseln spielt mit der Hülse einer Taschenlampe als Puppenersatz. Bildreihe I: Sie herzt die »Puppe« mit fürsorglichem Ausdruck. Man beachte das zärtliche Anschmiegen der Wange. In Serie II hüllt sie die »Puppe« in ein Tuch. Man beachte den versonnenen Ausdruck in den letzten beiden Bildern. Beide Sequenzen aus einem 16-mm-Film, I: Bild 1, 579, 593, 650 und 667; II: Bild 1, 375, 470, 611, 698 und 743 der Sequenz. Foto: I. Eibl-Eibesfeldt.

Abb. 7.29 und *7.30:* Die Neigung, das eigene Geschlecht nachzuahmen und sich so mit der kulturtypischen Geschlechtsrolle zu identifizieren, erstreckt sich auf alle Lebensbereiche. So werden auch Tänze und Rituale von den Kindern im Spiel mit großer Hingabe geübt, z. B. die für Bali typischen Tänze (hier ein Blumenopfertanz »Pendet«). Ein etwa dreijähriges Mädchen übt diesen Tanz im Spiel aus eigenem Antrieb. Aus einem 16-mm-Film. Foto: I. Eibl-Eibesfeldt.

Abb. 7.31: Eine Gruppe von !Ko-Mädchen spielt »Trancetanz«. Dabei übernehmen zwei Mädchen die Rolle der tanzenden Männer. Foto: I. Eibl-Eibesfeldt.

Abb. 7.32: Eines der beliebtesten Spiele der Eipo-Jungen ist das Graspfeilspiel, bei dem sie mit den Stengeln harter Gräser aufeinander schießen. Sie üben dabei die verschiedenen Kampftechniken, einschließlich der Gebärden des Verhöhnens und Triumphierens. Foto: I. Eibl-Eibesfeldt.

Abb. 7.33: Selbst kleine Eipo-Buben spielen das Spiel mit Eifer. Aus einem mit 50 B/s aufgenommenen 16-mm-Film, Bild 1, 133, 141, 147 und 149 der Sequenz. Foto: I. Eibl-Eibesfeldt.

Abb 7.34: Eipo-Jungen spielen den ritualisierten Einzug der Gäste. Foto: I. EIBL-EIBESFELDT.

(1981) hat dies in einer ethologischen Analyse des Fußballspieles meisterhaft dargestellt. Fußball ist Spiel, Ventilsitte und zugleich noch mehr. Er trägt Züge einer Subkultur mit Parteien, die um Anerkennung kämpfen. Motivationen des Kämpfens werden dabei in ritualisierter Form ausgelebt in Katharsis und im Erfolgserlebnis des Sieges.

Spiel und Ernst sind, wie gesagt, hier nicht zu trennen. Aber das ist wohl auch für uns Menschen typisch. Wo endet schließlich das spielerische Experimentieren des Kindes, und wo beginnt die Forschung?

Zusammenfassung 7.2

Höhere Säuger und Vögel zeigen eine deutliche Appetenz nach Neuem, die sehr treffend als »Neugier« bezeichnet wird. Der Antrieb entwickelte sich bei Lerntieren im Dienste des Informationserwerbs. Neugier ist bei Tieren ein Jugendmerkmal. Beim Menschen hält sich dieser Trieb bis ins hohe Alter.

Ebenfalls im Dienste des Lernens entwickelte sich das Spiel. Im Spiel erscheinen Handlungen, wie jene des Kämpfens und Flüchtens, von den ihnen normalerweise vorgesetzten Instanzen abgehängt. Spielen ist in diesem Sinne emotionell entlastet. Der Spielende kann daher freier über seine Verhaltensweisen verfügen und mit ihnen experimentieren. Bereits der Säugling erkundet aktiv und spielt. Besondere Bedeutung kommt dem sozialen Explorieren zu, bei dem das Kind Interaktionsstrategien aufbaut und einübt. Es greift ferner beim Spiel mit Objekten Anregungen von Spielgefährten auf, imitiert, variiert diese Objektmanipulationen und macht dabei Entdeckungen. Im spielerischen Experimentieren liegt der Ursprung der Forschung.

7.3 Die Entwicklung der zwischenmenschlichen Beziehungen

Der Mensch lernt viel im sozialen Bereich. Er lernt, seine egoistischen Impulse zu zügeln, seine Aggressionen zu kontrollieren, Rücksicht auf andere zu nehmen und dabei auch die augenblickliche Befriedigung eigener Bedürfnisse zurückzustellen. Er erwirbt Menschenkenntnis und soziales Geschick im Umgang mit anderen und lernt zwischen Personen zu differenzieren, denen er vertrauen kann, und solchen, denen er mit Reserviertheit gegenübertreten soll. Er lernt Rangpositionen seiner Sozietät, das Wertsystem seiner Kultur und identifiziert sich mit seiner Geschlechtsrolle. Wie hier im einzelnen individuelle Erfahrungen und stammesgeschichtliche Anpassungen zusammenwirken, haben wir in den verschiedenen Kapiteln erörtert. So zeigten wir, daß der Mensch zum gegengeschlechtlichen Partner, mit dem er in geschwisterlicher Nähe aufwuchs, Inzesthemmungen entwickelt, und zwar aufgrund eines biologisch vorgegebenen Programms. Wir wollen hier einige noch nicht besprochene Aspekte der kindlichen Entwicklung betrachten, die seine Beziehungen zu Geschwistern und anderen Kindern betreffen.

7.3.1 Geschwisterliche Ambivalenz

Die Familien der meisten Säuger umfassen nur Kinder einer Altersklasse. Das Weibchen gebiert einen Wurf, den es gemeinsam aufzieht. Die Wurfgeschwister spielen miteinander, wobei bestimmte Strategien der innerartlichen und zwischenartlichen Auseinandersetzung (Kampf, Flucht, Beuteerwerb) geübt werden. Besondere Spielsignale verhindern, daß Spiel in Ernst eskaliert (I. EIBL-EIBESFELDT [7]1987). Erst wenn die Jungen selbständig werden und sich verstreuen, wirft das Weibchen erneut. Zwischen Geschwistern verschiedener Würfe bestehen daher keinerlei Geschwisterbande. Bei Säugern gibt es dazu nur wenige Ausnahmen. J. VAN LAWICK-GOODALL (1971) beschreibt, wie ein weibliches Schimpansenkind großes Interesse an dem nachgeborenen Geschwister zeigte und dieses zu berühren suchte, was die Mutter zunächst nicht gestattete. Später durfte das Kleine jedoch den Säugling halten und mit ihm spielen, und es zeigte viele Verhaltensweisen der Betreuung. Nach DIANE FOSSEY (1979) findet man auch beim Gorilla ältere Geschwister bevorzugt in der Nähe der Jüngeren, allerdings hier, weil sie sich weiterhin zur Mutter hingezogen fühlen. Spiele zwischen Geschwistern machen nur 10 Prozent aller Kinderspiele aus.

Erst beim Menschen sind Geschwister verschiedenen Alters in der Familiengemeinschaft verbunden, in einer Weise, die diese Bindung vor anderen auszeichnet; diese besondere Beziehung bleibt meist zeitlebens erhalten. Die Beziehung beginnt allerdings nicht ohne gewisse Spannungen. Wird ein Geschwisterchen geboren, dann bedeutet das für das Vorgeborene eine emotionelle Belastung. Das Neugeborene beansprucht nunmehr die Zuwendung der Mutter. Das Ältere muß lernen, die Bindung zu teilen, und reagiert darauf in der Regel mit Eifersucht. Es versucht, die Bindung an die Mutter zu verteidigen, und verstärkt auch seine Appelle um Betreuung, indem es u. a. häufig auf eine frühkindliche Entwicklungsstufe regrediert, wie ein Baby spricht, ja mitunter sogar bettnäßt. Es ist offensichtlich, daß der Mensch Bindungen an Mitmenschen nicht so ohne weiteres zu teilen gewillt ist, sondern dies vielmehr in einem oft schmerzlichen Prozeß der Anpassung lernt, ganz im Gegensatz zu der sehr frühen Bereitschaft, Objekte abzugeben und zu teilen (Kap. 4.12.1).

In unserer Kultur bereiten Mütter ihre Kinder im allgemeinen auf das Erscheinen des Geschwisters vor und stimmen es so auf das freudige Ereignis ein, so daß der Schock gemildert ist und die ja ebenfalls vorhandene Disposition freundlicher Kontaktaufnahme sich als Zuneigung durchsetzt. Das ältere Geschwister ist dann in der Regel auch bereits längere Zeit abgestillt und damit etwas weniger abhängig von der Mutter. Bei Naturvölkern ist dies etwas anders, da die Mütter hier oft drei Jahre und mehr stillen, so daß das Kind bis zum Erscheinen des Nachgeborenen in engster Abhängigkeit von der Mutter lebt. Diese Mutter-Kind-Einheit wird dann mit der Geburt eines Kindes recht abrupt gelöst.

Bei den !Ko- und den !Kung-Buschleuten und bei den Yanomami beobachtete ich in solchen Fällen ganz ausgeprägte Geschwisterrivalität (I. Eibl-Eibesfeldt 1972, M. Shostak 1982). Die Abbildungen 7.35 und 7.36 mögen das illustrieren. Die Rivalität war im dokumentierten Falle deshalb besonders ausgeprägt, weil die !Kung-Gruppe sich zum Zeitpunkt der Aufnahme in einzelne Familiengruppen aufgelöst hatte und der ältere Bruder keine Ablenkung in der Kinderspielgruppe finden konnte. Normalerweise hätte er hier Trost gefunden. Zwischen älterem und jüngerem Bruder kam es immer wieder zu Auseinandersetzungen. Der Ältere nahm dem Jüngeren das Spielzeug weg, suchte ihn zu schlagen und zu kratzen, und der Jüngere, nicht weniger aktiv, verteidigte seinen Platz an der Mutter, indem er mit den Beinen nach dem neben ihm sitzenden Bruder stieß, auch wenn dieser nicht aggressiv war. Die Mutter bewies in allen Fällen große Geduld. Sie strafte keinen der beiden, sondern hielt nur schützend die Hand zwischen sie. Auch bemühte sie sich, den Kleineren durch Spiele abzulenken. Wurde ihm ein Stöckchen geraubt, gab sie ihm ein anderes, und als er einmal mit einem Stein nach dem Bruder drohte, forderte sie ihn mit aufgehaltener Hand auf, den Stein abzugeben, was er sogleich tat. Sie scharrte mit dem Stein am Boden, reichte ihn dann dem Kleinen zurück – durch dieses Vorbild machte sie die Waffe zum Spielzeug: Er folgte dem Vorbild, reichte dann der Mutter den Stein – und so spielten beide (Abb. 7.36). Auch gegenüber dem Älteren bewies die Mutter Geduld. Allerdings ermunterte sie ihn nicht zum Kontakt. Sie gab sich vielmehr »überdrüssig«. Er dagegen bemühte sich mit verschiedenen Appellen um Kontakt: Er bot sich zum Lausen an, gab vor, sich etwas in den Fuß eingetreten zu

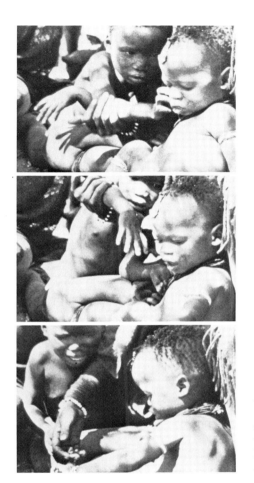

Abb. 7.35: Geschwisterrivalität bei den !Kung-Buschleuten. Der ältere Bruder will den jüngeren kratzen, der ihn von der mütterlichen Brust verdrängt hat. Die Mutter hält seinen Arm fest und drängt ihn zurück, ohne ihn zu strafen. Foto: I. EIBL-EIBESFELDT.

haben, greinte und zeigte sich anschmiegsam. Phasen aggressiver Rivalität wurden aber auch von Phasen freundlichen Zusammenspielens unterbrochen. Auch teilten die Geschwister gelegentlich Nahrung. Ihr Verhalten war also ambivalent.

Ähnliche Fälle von Geschwisterrivalität beobachtete ich auch bei den Yanomami. Auch hier war die Ambivalenz deutlich. Die älteren Geschwister umarmten und herzten die Jüngeren, und dann plötzlich, in einem unbeachteten Augenblick, kratzten sie sie oder drückten sie zu heftig. Auch ältere Mädchen verhielten sich in dieser Weise ambivalent; sie schienen mir jedoch weniger aggressiv und mehr betreuungsmotiviert als Buben. Die Eifersucht erstreckt sich nicht allein auf die Bindung zur Mutter. Auch der Vater ist ein Partner, um dessen Bindung man mit dem Geschwister rivalisiert (Abb. 7.37–7.39).

Trotz dieser anfänglichen Rivalität entwickelt sich normalerweise eine enge

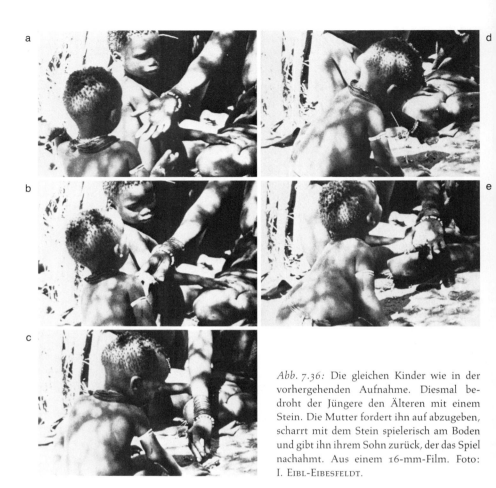

Abb. 7.36: Die gleichen Kinder wie in der vorhergehenden Aufnahme. Diesmal bedroht der Jüngere den Älteren mit einem Stein. Die Mutter fordert ihn auf abzugeben, scharrt mit dem Stein spielerisch am Boden und gibt ihn ihrem Sohn zurück, der das Spiel nachahmt. Aus einem 16-mm-Film. Foto: I. Eibl-Eibesfeldt.

freundliche Geschwisterbeziehung. Für die älteren Schwestern wird das nachgeborene Brüderchen oder Schwesterchen sehr schnell zum Gegenstand zärtlicher Betreuung. In den Stammeskulturen lebt sich ihr Bedürfnis, zu pflegen und zu betreuen, an ihrem Geschwisterchen aus. Sie brauchen selten Puppen. Die Mädchen tragen ihre kleinen Geschwister mit sich umher, herzen, küssen und füttern sie (Abb. 7.24). Auch spielen sie viel mit ihnen. Nur wenn die Kleinen zu greinen beginnen, geben sie diese schnell an die Mutter ab. Bei der Sozialisierung des Säuglings spielen ältere Geschwister sicher eine ausgezeichnete Rolle (T. S. Weisner und R. Gallimore 1977). Auch Jungen schalten sich dabei ein, allerdings seltener als Mädchen und auch nur für kurze Zeit (H. Barry, M. K. Bacon und I. L. Child 1957). Die älteren Kinder lernen auf diese Weise soziale Verantwortlichkeit. Sie werden gerügt, wenn sie nicht sorgfältig mit dem Kleinen umgehen, so daß es sich anstößt oder sonst zu Schaden kommt. Als ein

Abb. 7.37: Geschwisterliche Ambivalenz (Yanomami): Der Bruder blickt finster auf den kleinen Konkurrenten, mit dem sein Vater spielt. Die freundliche Zuwendung des Vaters zusammen mit dessen Unterweisung stimmen ihn um. Er ahmt den Vater nach und umarmt den kleinen Bruder. In unbeobachteten Momenten schlug und kratzte er ihn gelegentlich. Aus einem 16-mm-Film. Foto: I. Eibl-Eibesfeldt.

Buschmannsäugling von etwa 19 Monaten, der mit seiner Schwester unterwegs war, sich Fäkalien in den Mund stopfte, weil die Schwester nicht auf ihn aufpaßte, wurde die Schwester von Mutter und Großmutter gescholten, und sie erhielt sogar einige Klapse (I. Eibl-Eibesfeldt 1972).

Ihren jüngeren Geschwistern gegenüber geben sich Kinder, solange diese noch klein sind, erstaunlich tolerant. Die Geschwisterbindung hält vielfach zeitlebens an. Sie spielt im Leben der Erwachsenen in sehr vielen Kulturen eine außerordentlich große Rolle. Da Kinder am besten von jenen lernen, die ihnen ein paar Jahre voraus sind, fühlen sich jüngere Geschwister zu den älteren hingezogen. Das mildert die Rivalität unter den Geschwistern.

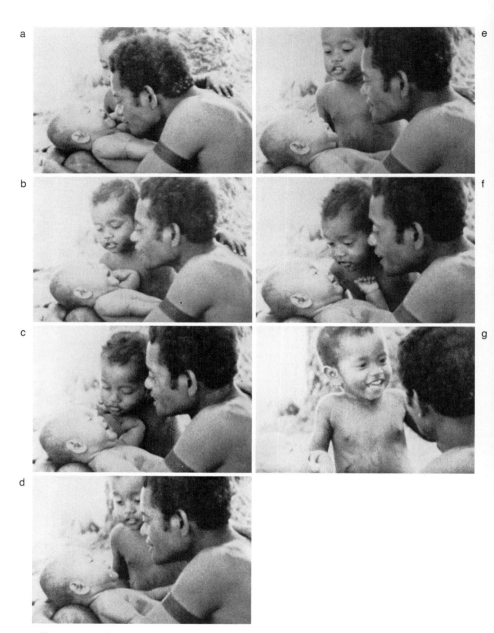

Abb. 7.38: Geschwisterliche Ambivalenz: Ein Vater beschäftigt sich zärtlich mit seiner kleinen Tochter (Kaileuna/Trobriand-Inseln). Der sonst sehr eifersüchtige ältere Bruder ahmt den Vater nach und blickt dann, gewissermaßen Anerkennung heischend, zu ihm. Die Väter ermuntern durch Zuwendung zu freundlichen Interaktionen dieser Art, und sie schelten und strafen, wenn ältere Geschwister den jüngeren etwas zuleide tun. Aus einem mit 25 B/s aufgenommenen 16-mm-Film, Bild 1, 9, 65, 109, 117, 180 und 536 der Sequenz. Foto: I. Eibl-Eibesfeldt.

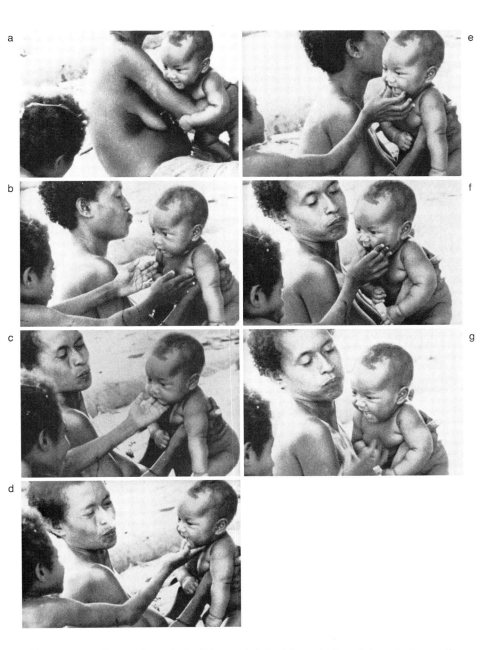

Abb. 7.39: Derselbe Säugling wie in Abb. 7.35 bei der Mutter in Interaktion mit dem großen Bruder. Seine Zuneigung wird durch keinerlei Rivalität getrübt. Er zeigt sie durch Umarmintention, Kinnkraulen und andere Formen zärtlicher Berührung, auf die der Säugling deutlich positiv anspricht. Aus einem mit 25 B/s aufgenommenen 16-mm-Film, Bild 1, 315, 370, 415, 480, 527 und 534 der Sequenz. Foto: I. Eibl-Eibesfeldt.

7.3.2 Kindergruppen – Kinderkultur

Bereits früh erlebt das Kind, daß es in eine größere Gemeinschaft eingebettet ist. Das gilt vor allem in den kleinen individualisierten Gemeinschaften, wie sie Dorf- und Stammeskulturen charakterisieren. Zwar ist das Kind auch in dieser Gemeinschaft zunächst auf wenige Bezugspersonen fixiert, unter denen Mutter und Vater ganz bevorzugte Stellung einnehmen, aber früh hat ein Kind Kontakte mit anderen. Sie sind nicht spannungsfrei, wie die Geschwisterrivalität zeigt (S. 810), aber doch im Grunde freundlich. Bereits innerhalb der Familie sind die Beziehungen einer Reihe von Regeln unterworfen, die mit zunehmendem Alter vom Kinde beachtet werden müssen. Das gilt z. B. für die abgestufte Formalisierung der Beziehungen (siehe Scherzpartnerschaft, Kap. 4.8), von der das Kleinkind allerdings noch nicht allzu viel verspürt. Es ist zunächst in eine Umgebung gestellt, die sich ihm zärtlich zuwendet. In kleinen Gemeinschaften, wie etwa in den Horden der Buschleute, steht ein Säugling geradezu im Zentrum freundlicher Aufmerksamkeit, vor allem, wenn er das Alter erreicht hat, in dem er auf freundliche Zuwendung seinerseits mit Zuwendung reagiert. Ich habe bei den !Ko-Buschleuten (Botswana, Kalahari) wiederholt ausgezählt, wie oft ein Kind von anderen Gruppenmitgliedern als den Eltern zum Kontakt aufgefordert wird. Es zeigte sich, daß praktisch kein Erwachsener und kein Kind an dem Säugling vorbeigehen, ohne ihn zumindest flüchtig anzureden oder zu betätscheln. Meist nimmt man den Säugling kurz zu sich, herzt ihn, spielt mit ihm und reicht ihn dann der Mutter zurück. An einem Tag pflegt in so einer kleinen Gemeinschaft praktisch jeder Erwachsene einmal freundlichen Kontakt mit einem Säugling (I. EIBL-EIBESFELDT 1971). Besonders intensiv bemühen sich allerdings kleine Mädchen um ihn, die ihn mit Ausdauer umhertragen und mit anderen um diese Gunst sogar konkurrieren.

Sobald ein Kind laufen kann, beginnt es, in die Kinderspielgruppe hineinzuwachsen. Es kann zunächst nicht mitspielen, sondern nimmt, betreut von einem Babysitter, als Randspieler an den Aktivitäten der Kinder teil. Bei Gruppenspielen schaut es zu; es ahmt die Älteren nach, aber eine direkte Teilnahme ist wegen seines Ungeschicks noch nicht möglich. Geselliges Zusammenspiel beschränkt sich auf einfache Spielchen mit dem Babysitter. Dreijährige Kinder schließen sich allerdings bereits der Kindergruppe an. In diesen Kindergruppen werden sie nun im eigentlichen Sinne erzogen. Die älteren Kinder erklären ihnen die Spielregeln. Sie ermahnen sie, wenn sie aus der Reihe tanzen, d. h. sich ungezogen verhalten: z. B. anderen etwas wegnehmen oder sonst Aggressionen zeigen. Die Sozialisierung des Kindes wird demnach im wesentlichen in der Kindergruppe vollzogen. Die Kleineren tasten über erkundendes Herausfordern (explorative Aggression, S. 760) ihren sozialen Handlungsspielraum aus. Die älteren Spielgefährten geben sich den Kleineren gegenüber zunächst sehr tolerant. Später allerdings weisen sie sie durchaus in ihre Schranken. So erfahren die Kinder im Zusammenleben in der

Kindergruppe, was bei anderen Anstoß erregt und welche Regeln sie beachten müssen. Das ist im Grunde in den meisten Kulturen so, in denen Menschen in überschaubaren Gemeinschaften leben.

Von den älteren Kindern wird auch die Vielzahl der Kinderspiele tradiert. Auszählreime und Spielregeln lernen die Buschmann-Kinder nicht von ihren Eltern, die vieles davon bereits vergessen haben, da sie es seit ihrer Kindheit nicht mehr spielten. Es gibt eine Kinderkultur, die unter Umgehung der Erwachsenen von den älteren auf die jüngeren Kinder übertragen wird. Innerhalb der Kindergruppe herrschen deutliche Rangordnungen (Kap. 4.9). Es sind dabei in der Regel die älteren Kinder, die im Zentrum der Aufmerksamkeit stehen. Bei den Buschleuten waren in den gemischten Kindergruppen meistens ältere Mädchen die ranghöchsten. Sie unterwiesen, schlichteten, straften, trösteten und organisierten die Spiele. Ältere Jungen waren in diesen Spielgruppen seltener zu sehen, da sich Buben dann gerne zu weiter umherstreifenden Jungengruppen vereinen, um z. B. Kleintiere zu jagen. Die Mädchen bleiben dagegen mit den kleineren Kindern näher am Heim zusammen, auch mit denen des anderen Geschlechts. Erwachsene nehmen auf das Verhalten der Kinder in den Kindergruppen nur wenig Einfluß. Nur wenn sie Protestweinen ihres Kindes hören oder lauten Streit, mischen sie sich ein, indem sie mahnend oder schimpfend die Stimme erheben.

Auf die bemerkenswerte soziale Kompetenz der Kleinkinder wiesen wir bereits hin. Im Vorschulalter reagieren sie bereits sehr differenziert auf die Stimmungen ihrer Spielgefährten. Von vergnügten Stimmungen werden sie angesteckt. Sie lachen z. B. mit, wenn andere mitlachen. Nehmen sie Äußerungen des Trauerns wahr, dann aktiviert das oft bereits bei den ganz Kleinen Mitgefühl, das sich darin äußert, daß sie tröstend abgeben und teilen (siehe auch unsere Bildreihe über den helfenden Säugling S. 759). Daneben gibt es auch die ansteckende Wirkung des Trauerns (Abb. 6.47, S. 643). Zeigt ein Kind Äußerungen des Schmerzes, dann beruhigen die anderen, und sie erkundigen sich nach der Ursache. Die Kinder zeigen diese Reaktionen spontan und nicht erst auf verbale Aufforderung. Fröhliche Kinder zeigen mehr emphatische Reaktionen als traurige (J. STRAYER 1980).

Während die Eltern-Kind-Beziehung wegen der Macht- und Kompetenzunterschiede von Eltern und Kindern asymmetrisch ist, sind die Beziehungen der Kinder untereinander ausgewogener. Sie sind durch Gegenseitigkeit und Kooperation charakterisiert (J. YOUNISS 1982). Eine über 8 Monate an 49 englischen Kindergartenkindern (3,6 bis 4,2 Jahre) durchgeführte Erhebung von R. HINDE und Mitarbeitern (1983) ergab übereinstimmend, daß Kinder nur im Umgang mit ihresgleichen neutrale Gespräche, freundliche Antworten, Erklären, aber auch Verweigern, Zurückweisen, Widerspruch und feindliche Abwehr zeigten, während das Verhalten zu Erwachsenen in der Kindergartensituation durch Abhängigkeit und Unselbständigkeit charakterisiert war. In der Familiensituation ist die Asymmetrie der Erwachsenen-Kind-Beziehung sicherlich gemildert, vor allem bei Naturvölkern. Hier treten insbesondere bestimmte Kategorien von Erwachsenen – bei Buschleuten die Großeltern – als Scherzpartner auf, zu denen man auch als Kind ein ungezwungenes Verhältnis hat (S. 418). In der Kindergruppe wächst das Kind in die Gemeinschaft, und es erlebt durch den Erwerb von sozialem und technischem Geschick eine Art sozialen Aufstieg, der sich mit einem Ansteigen seiner Rangposition verbindet. Die Älteren dominieren in freundlicher Weise über die Jüngeren. In der Kindergemeinschaft können sich die Kinder ihre Spielpartner wählen. Sie können sich mit Gleichgeschlechtlichen zusammenfinden, Andersgeschlechtliche aufsuchen oder exklusive Freundeszirkel bilden. Schließlich kann das Kind auch alleine spielen, wenn ihm danach zumute ist. Die Erwachsenen in solch traditionellen Gesellschaften nehmen das Treiben ihrer Kinder am Rande wahr. Sie greifen nur selten ein, zum Beispiel dann, wenn der Streit zwischen Kindern eskaliert und einer weint. Dann ergreifen die Angehörigen in der Regel die Partei des Weinenden und schimpfen den Aggressor aus. Buschleute neigen dazu, Weinende zu trösten, Yanomami und Himba dagegen ermuntern ebensooft zur Gegenaggression (Abb. 7.40).

Die hier geschilderten Verhältnisse trafen auch auf unseren Kulturbereich zu. Sie änderten sich erst mit der Ausbildung der anonymen Massengesellschaft und mit der im technischen Zeitalter fortschreitenden Zerstörung der Siedlungen durch den Verkehr. Kinder können sich nicht mehr so frei sozial und im Raume entfalten wie einst. Als Ersatz für die fehlende Möglichkeit, in nach Alter und Geschlecht gemischten Kindergruppen zu spielen, faßt man sie schon früh in Kindergärten zusammen. Hier finden sie sich bestenfalls mit verschiedenaltrigen Vorschulkindern zusammen. Ältere, erfahrene Kinder fehlen. Ihre ordnende und organisierende Funktion übernimmt die Kindergärtnerin. Aber sie ist nun einmal eine Erwachsene, zu fern dem Kindesalter, um sich wirklich noch einfühlen zu können. Kein Erwachsener vermag so unbeschwert die oft unsinnig anmutenden Auszählverschen herzusagen. Es fehlt dem Erwachsenen auch das emotionelle Engagement, das den kindlichen Vor- und Mitspieler auszeichnet. Mit dem Wegfallen der älteren, vorpubertären Kinder verlieren die Kleinen ihre anregendsten Spiel- und Sozialisationspartner außerhalb der Kernfamilie. Außerdem geht darüber auch die Kinderkultur zugrunde, denn diese wird nicht von Erwachsenen tradiert.

Abb. 7.40: Entgleist Kinderspiel in Streit, greifen Erwachsene ein. Der Himba-Junge im Bild rechts forderte seinen Spielgefährten heraus, unterlag aber dann im Streit. Er lief weinend nach Hause. Seine Großmutter drückte ihm eine Gerte in die Hand und ermunterte ihn zur Revanche. Er will jedoch nicht, worauf sie ihn schlägt. Aus einem mit 25 B/s aufgenommenen 16-mm-Film, Bild 1, 474, 529, 604, 740, 770, 954, 1026, 1076 und 1092 der Sequenz. Foto: I. EIBL-EIBESFELDT.

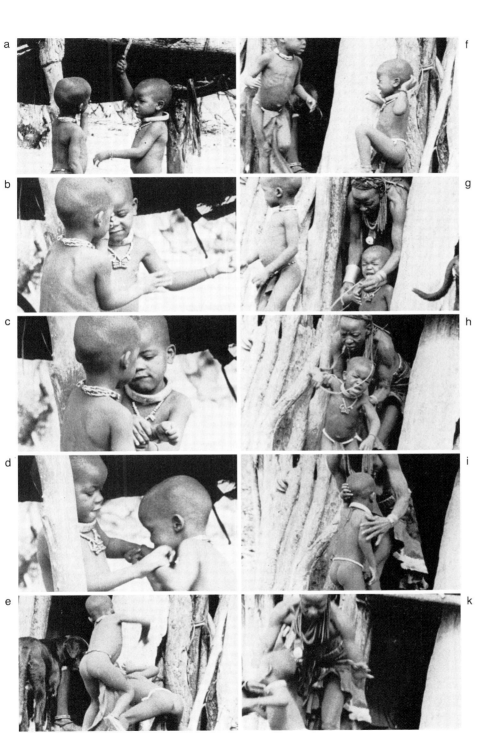

817

7.3.3 Adoleszenz

Die Adoleszenz ist ein Stiefkind der Entwicklungspsychologie. Sie ist durch einige bemerkenswerte Besonderheiten ausgezeichnet (G. E. WEISFELD und J. M. BERGER 1983). So kommt es um die Pubertät zu einem Wachstumsschub, der auch für andere Primaten, nicht aber für andere Säuger typisch ist. Beim Menschen ist dieser Wachstumsschub besonders auffällig. Der Mensch braucht eine lange Erziehung. Er muß mehr als jedes andere Säugetier lernen und damit auch lange führbar sein. Es ist sicher vorteilhaft, wenn das Kind zunächst körperlich klein und damit leitbar ist. Mit der Pubertät muß es jedoch körperliche und geistige Reife entwickeln, sich verteidigen und sich ernähren können und damit den Entwicklungsrückstand innerhalb einer relativ kurzen Zeit nachholen. Ein sexueller Dimorphismus ist dabei insofern festzustellen, als in allen Kulturen die Mädchen im allgemeinen früher das Alter der Pubertät erreichen als die Jungen. Mit der Pubertät erfolgt eine Umorientierung von der Familie auf die Gemeinschaft. Diese Phase ist zugleich eine Phase gesteigerter explorativer Aggression. Unseren Flegeljahren entsprechendes gibt es auch bei den Buschleuten der Kalahari. Die Ablösung von den Eltern und die Neuorientierung auf die Gemeinschaft hin wird in vielen Kulturen durch sogenannte Übergangsriten (Initiationsriten, A. VAN GENNEP 1909, G. H. HERDT 1982) markiert. Dazu wird der Initiant von der Gruppe und vom Alltagsleben rituell abgesondert und einer bestimmten Behandlung unterworfen sowie unterwiesen. Besonders Knaben haben dabei Entbehrungen zu erdulden. Die Unterweisung verbindet sich oft mit einer gewaltsamen Unterwerfung; schließlich erfolgt eine rituelle Wiederaufnahme in die Gemeinschaft, meist in Form einer symbolischen Wiedergeburt. Wir wollen das anhand von zwei Beispielen aufzeigen und dabei die Frage stellen, wie die Unterschiede in der männlichen und weiblichen Initiation zu deuten sind.

Bei Eintritt der ersten Regel wird ein !Ko-Buschmädchen für sechs Tage in einer Hütte abseits des Dorfes isoliert. Sie wird von ihrer Großmutter oder einer anderen alten Frau betreut und in ihren Rechten und Pflichten als Frau unterwiesen. Man lehrt sie, die Autorität alter Personen zu achten, sich nicht an fremden Feuern niederzulassen, ihren Mann nicht zu beschämen, ihre Pflichten als Ehegattin zu erfüllen und gewisse Tabus zu beachten, wie etwa jenes, während der Regel nicht die Jagdgeräte des Mannes zu berühren. Sie wird über Geburt und Säuglingspflege unterrichtet. H. J. HEINZ (1966) meint, daß sie dabei wohl nichts Neues erführe. Die Unterrichtung sei so etwas wie eine symbolische Zusammenfassung. Während der Zeit ihrer Isolierung tanzt die Gruppe jeden Morgen um ihre Hütte den Eland-Antilopen-Tanz, der deutliche Züge eines Fruchtbarkeitsrituals trägt.

Zum Abschluß der Zeremonie wird das Mädchen, wunderschön mit Perlen geschmückt, in einer Art Wiedergeburt als Frau in die Gemeinschaft zurückgeführt. Ihre Betreuerin führt sie, als wäre sie noch ein Kind, und stellt sie allen

Gruppenmitgliedern vor. Bei den G/wi-Buschleuten wird ihr auch das Land gezeigt. Das Mädchen wird beschenkt und so von jedem einzelnen symbolisch akzeptiert.

Auch die Initiation der jungen Buschmänner stellt eine Wiedergeburt dar, verbunden mit einer Unterweisung in die Pflichten der Erwachsenen. Die Initianten werden von alten Männern in den Busch geführt und müssen während der Phase ihrer Unterrichtung viele Entbehrungen erdulden. Sie müssen Kälte und Hunger ertragen, sie werden von den Alten nachts erschreckt und eingeschüchtert. Schließlich werden ihnen noch als Initiationszeichen Ziernarben geschnitten, eine höchst schmerzhafte und nicht ungefährliche Prozedur. Während der Zeit der Initiation werden die Jungen wie Kinder behandelt. Sie dürfen nicht allein gehen, sie werden gefüttert, dürfen nicht aufblicken, nichts mit den Händen berühren. Man versetzt sie in einen extremen Zustand der Abhängigkeit.

Diese künstliche Infantilisierung schafft die Bereitschaft, sich von den Alten unterweisen zu lassen. Die Technik wird bekanntlich auch angewendet, wenn Erwachsene durch Gehirnwäsche umerzogen werden sollen (I. EIBL-EIBESFELDT 1970). In Maos China fesselte man sie z. B. und ließ sie durch jene füttern, die sie zugleich unterwiesen. Da dem eine längere Isolation vorausging, waren die Opfer bereit, dem Betreuer zuzuhören, und in dem Maße, indem sie sich dessen Lehren öffneten, wurden die Beschränkungen abgebaut. Vor allem in den Initiationsritualen der Männer spielen in den verschiedensten Kulturen Isolation, Einschränkungen und Infantilisierung als Mittel des Gefügigmachens eine große Rolle. Die Jungen werden dabei oft grausam mißhandelt.

Man fragt sich, weshalb gerade die Männer einer so strengen Prozedur unterworfen werden. Ich bringe das mit der Notwendigkeit in Zusammenhang, einen Gruppengeist zu schaffen, dem Initianten ein die Familie übergreifendes Gruppenethos aufzuprägen (vgl. auch S. 841).

Der Mann muß etwas von der Familie abgelöst werden und sich auf einer anderen Ebene mit der Gruppe identifizieren. Er muß über die natürliche Loyalität zur Familie eine Loyalität zur Gruppe entwickeln. Männer müssen ja bereit sein, sich notfalls für ihre Gruppe aufzuopfern, und das erfordert eine besondere Indoktrination mit Werten der Gruppe. Durch die Entbehrungen wird nicht nur die Lernbereitschaft gefördert; das Ereignis wird auch zu einem einprägsamen Erlebnis, das man nicht vergißt. Die Aufnahme in den Männerklub kostet etwas. Hat einer das überstanden, dann stiftet dies ein starkes Band der Zusammengehörigkeit. Dieses Band wird oft durch die Einweihung in die Geheimnisse der Männer bekräftigt.

Die Frau dagegen braucht weniger mit Gruppenwerten indoktriniert zu werden. Sie bleibt mehr auf die Familie zentriert. Da sie ferner in den meisten Kulturen bei der Heirat ihre Familie verläßt und oft in eine andere Gruppe übersiedelt, darf sie ideologisch nicht allzusehr auf eine bestimmte Gemeinschaft fixiert werden.

Dazu kommt noch, daß die Rolle der Frau von vornherein klarer definiert und daher mit keinen Unsicherheiten behaftet ist. Sie bewährt sich für jedermann sichtbar im Kind. Die Frau hat damit eine natürliche Machtposition, während der Mann sich erst in der Auseinandersetzung mit anderen bewähren muß, sei es als Jäger, Krieger, Pflanzer oder Anführer. Er ist auf solche Bewährung hin selektiert worden und bedarf als einzelner der dauernden Anerkennung über Leistung. Ein Zug, der der Frau keineswegs fehlt – nur ist sie weniger davon abhängig als der Mann, dessen Streben nach Anerkennung viel ausgeprägter ist. Auch stellt die Identitätsfindung und die Loslösung von der Mutter den heranwachsenden Sohn vor viel größere Probleme als die Töchter, die sich ja voll mit den Müttern identifizieren können. In manchen Kulturen führt dies zu extremen Formen forcierter Absetzung.

Zusammenfassung 7.3

Jeder Mensch wächst in eine Gemeinschaft hinein. Er lernt dabei, wie er zu anderen steht, wem er ungezwungen gegenübertreten darf und wem er formell begegnen muß. Er fügt sich in seine Rangposition und erwirbt Geschick im sozialen Umgang. Das alles erfordert ein hohes Maß an sozialer Anpassungsfähigkeit und damit hohe soziale Intelligenz.

Bereits der Säugling differenziert und stellt individuelle Bindungen zu Bezugspersonen her, die er wie einen Besitz verteidigt. Die Bereitschaft, soziale Bindungen zu teilen, wird über oft schmerzhafte Lernprozesse erworben. Zwischen Geschwistern besteht zunächst Rivalität und eine deutliche Ambivalenz von Zuneigung und Ablehnung.

In der vorindustriellen Gesellschaft wächst ein Kind nach dem Abstillen in der Kinderspielgruppe heran, die aus Kindern verschiedenen Alters und Geschlechts besteht. In ihr vollzieht sich zum wesentlichen Anteil die Sozialisation des Kindes. In der Kinderspielgruppe unterweisen und führen die älteren Kinder, und sie tradieren ihr reiches Spielwissen. Es gibt eine Kultur des Kindes. Sie ist in der modernen Massengesellschaft gefährdet.

Der Übergang zum Erwachsenenalter wird durch Initiationsrituale markiert. Während der Initiation werden die Initianten von Alten in die Werte der Gruppe eingeweiht. Vor allem bei der Männerinitiation spielen Isolation, Mißhandlung und Infantilisierung als Mittel des Gefügigmachens eine große Rolle. Das fördert die Indoktrinierbarkeit mit einem den familialen Bereich übergreifenden Gruppengeist.

8. Der Mensch und sein Lebensraum – ökologische Betrachtungen

8.1 Ökotypus Homo sapiens: Menschwerdung und Verhalten

KONRAD LORENZ (1943) hat den Menschen einmal als den Spezialisten auf das Unspezialisiertsein charakterisiert und damit auf dessen Universalität hingewiesen. Aus einem etwas anderen Blickwinkel sieht HANS HASS (1994) ihn als Spezialisten auf vielseitige Spezialisierung, denn über die Werkzeuge werde der Generalist zum Spezialisten – zum Jäger, wenn er die Flinte nimmt, zum Fischer, wenn er zur Angel greift oder mit der Schaufel zum Gärtner. Und da er mit den Werkzeugen nicht verwachsen ist, kann er sie ablegen und gegen andere austauschen und damit seine Spezialisierung wechseln. Beide Charakterisierungen sind treffend. LORENZ führt am Beispiel eines fingierten sportlichen Wettkampfs aus, daß wir selbst in den körperlichen Leistungen jedem anderen Tier überlegen sind. Stellt man nämlich die Aufgabe, 100 Meter zu sprinten, danach mit einem Kopfsprung in einen Teich zu hechten, drei Gegenstände gezielt aus 5 Meter Tiefe heraufzutauchen, anschließend 100 Meter zu schwimmen, am anderen Ufer ein Seil zu ergreifen, daran 5 Meter hochzuklettern und anschließend einen 10 Kilometer langen Fußmarsch zu absolvieren, dann kann das jeder untrainierte, gesunde Mensch bis ins höhere Alter. Aber kein anderes Wirbeltier könnte da mithalten. Eine Gazelle läuft zwar schneller, versagt aber beim Tauchen und Klettern. Ein Schimpanse kann zwar besser klettern, aber bei allen übrigen Aufgaben schneidet er schlecht ab. Kurz, alle übrigen sind Spezialisten, der Mensch dagegen als Universalist beherrscht alle diese Fortbewegungsweisen ziemlich gut. Dazu kommt noch die Greifhand als universelles Werkzeug und eine gute Ausstattung mit Sinnesorganen. Schließlich erlaubt sein hochentwickeltes Gehirn die Entwicklung einer differenzierten Werkzeugkultur und befähigt ihn damit, sich verschiedensten Umweltanforderungen anzupassen. Er ist daher heute über die ganze Welt verbreitet. Ein Zoologe würde ihn als euryöke Spezies bezeichnen. Über spezielle kulturelle Anpassungen wird er zum Spezialisten für eine bestimmte Subsistenzstrategie in einem bestimmten Lebensraum.

Ein hervorstechender Wesenszug des Menschen ist ferner seine Neugier (Kap. 7.2). Zwar zeigen auch andere Säuger und die Vögel Neugierverhalten. Bei den meisten beschränkt sich die Phase aktiven Erkundens und Suchens nach neuen Eindrücken ebenso wie das spielerische Experimentieren mit Umweltbedingungen und nicht zuletzt mit dem eigenen Körper auf eine relativ kurze Spanne der Kindheit und Jugend. Beim Menschen bleibt dieser Trieb, Neues zu erkunden, bis ins hohe Alter erhalten. In einem seiner anregenden Filme hat HANS HASS in den späten sechziger Jahren Zeitrafferaufnahmen vorgestellt, die aus einiger Entfernung die Akropolis von Athen zeigen (H. HASS 1968). Wie Ameisen wimmeln die Menschen die Treppen hinauf und hinab. Ein Beobachter von einem anderen Stern, so kommentierte HASS, würde sich wohl fragen, was die hier alle tun. Weshalb diese Emsigkeit? Finden die Menschen hier Nahrung? Suchen sie hier einen Geschlechtspartner? Nichts von alledem trifft zu. Diese Menschen sind nur neugierig.

Um sich von der Macht dieses Antriebes eine Vorstellung zu machen, braucht man sich nur zu vergegenwärtigen, wie groß der Markt ist, der sich durch diesen Wesenszug des Menschen eröffnet. Letzten Endes beruhen alle wissenschaftlichen und technischen Errungenschaften auf Neugier. Forschung ist zweifellos im wesentlichen neugiermotiviert.

Beim Menschen, so könnte man sagen, bleibt das Jugendmerkmal Neugier zeitlebens erhalten. Der Mensch bewahrt sich damit bis ins hohe Alter einen jugendlichen Zug und bleibt damit aufgeschlossen – weltoffen. In diesem Zusammenhang sei auf die Fötalisationstheorie von L. BOLK (1926) hingewiesen. Er zeigt, daß der Mensch eine Reihe von morphologischen Besonderheiten aufweist, die als überdauernde Jugendmerkmale aufgefaßt werden können.

Wegen dieser Eigenschaften hat man den Menschen auch als »weltoffenes Neugierwesen« bezeichnet. Darüber hinaus gibt es noch viele andere Kurzdefinitionen. Er ist das politische, sprechende, kulturschaffende, werkzeuggebrauchende, denkende, vernünftige, spielende, vorausschauende Wesen. Er ist alles unter anderem, und er hat es dank des Zusammentreffens dieser erstaunlichen Begabungen nicht allein zum Kosmopoliten gebracht, der sich die ganze Biosphäre unterwarf. Vielmehr steht er an der Schwelle, den Weltraum zu erobern, falls er sich nicht vorher selbst auslöscht.

Er ist darüber hinaus aber noch ein biologischer Organismus geblieben, verhaftet in seiner Geschichte, gebunden an sein biologisches Erbe, zu dem er zwar betrachtend Abstand gewinnen kann, aus dem er sich jedoch hoffentlich nie als reines Vernunftwesen emanzipieren wird – verlöre er doch dann das, was wir unser »Herz« nennen! Unser Verstand, zunächst einmal als Instrument im Dienste des Überlebens entwickelt, hat zwar im Geistigen uns noch unbegreifliche Dimensionen erreicht, aber das archaisch Emotionelle bildet nach wie vor den

Kern unseres Wesens. Sehnsucht, Schmerz, Liebe und Haß bleiben die Leitmotive unserer höchsten künstlerischen Leistungen und zugleich die universale, angeborene Bezugsbasis für uns Menschen. Aus der Verbindung von Denken und Fühlen speist sich ein ganz wesentlicher Anteil unseres schöpferischen Daseins.

Zweifellos ist der Mensch dank seiner Kultur in der Lage, sich in die verschiedensten Umwelten einzunischen. Er gestaltet die Landschaft, bewässert Wüsten und baut klimatisierte Städte, die ihn schützen. Er ist heute überall auf unserem Planeten zu Hause. Allerdings scheint er nicht überall gleich glücklich zu sein; insbesondere die Ballungsgebiete der Großstädte bereiten ihm auch Unbehagen, was darauf hinweist, daß seiner Anpassungsfähigkeit gewisse Grenzen gesetzt sind. Sie ergeben sich aus seinem biologischen Werdegang, in dessen Verlauf der Mensch zunächst einmal als Jäger und Sammler herangebildet wurde, um sich dann in relativ kurzer Zeit als Pflanzer und Viehzüchter zu bewähren. Schließlich, quasi über Nacht, mutierte er in das Industriezeitalter der technisch zivilisierten Welt, dessen rasante Entwicklung ihm den Atem nimmt. Wir wollen diesen Weg nachvollziehen, weil dies, wie mir scheint, zum Verständnis unserer Existenzprobleme beitragen kann.

Bereits einige der Australopithecinen dürften gejagt haben, und ganz gewiß lebte der Mensch der Altsteinzeit als Wildbeuter und Sammler. Man kann daher davon ausgehen, daß der Mensch über 99 Prozent seiner Geschichte eine Lebensweise als Jäger und Sammler führte, die ihn dann auch biologisch geprägt haben dürfte. Ackerbau und Viehzucht begannen in den ersten Ansätzen erst vor 15 000 Jahren. Noch um Christi Geburt waren zwei Drittel unserer Erde von Jäger- und Sammlervölkern bewohnt.

Man nimmt an, daß sich die Hominisation oder Menschwerdung in einem Savannenhabitat vollzog, und zwar in Afrika. Am Ausgangspunkt dieser Entwicklung stand ein größerer baumbewohnender Primate, der sich als Hangler und Stemmkletterer fortbewegte. Das erforderte die Entwicklung des binokularen Sehens, Aufrichtung und Differenzierung zwischen Hinter- und Vorderextremitäten, die Entwicklung der Greifhand und die Entwicklung des Schultergelenks. Während bei den auf allen Vieren laufenden Affen, wie den Makaken und Pavianen, die Schulterblätter in günstiger Stützposition seitlich dem tonnenförmigen Brustkorb anliegen, ist das Schulterblatt beim Menschen als Ergebnis der Lebensweise seiner Ahnen (siehe unten) dorsal verlagert und das Schultergelenk daher nach der Seite gerückt, was dem Arm größere Bewegungsfreiheit gibt. Als relativ große Säuger konnten sich unsere äffischen baumbewohnenden Vorfahren nicht springend und krallenkletternd nach Art des Eichhörnchens und der kleinen Äffchen, auf den Zweigen laufend, fortbewegen. Sie mußten sich an den Ästen festhalten können und bewegten sich hangelnd oder stemmgreifkletternd fort, d. h. mit den Händen vorgreifend, den Körper nachziehend und zugleich mit den Hinterextremitäten nachschiebend. Im Hangeln waren sie weniger spezialisiert

823

als der Gibbon. Man spricht daher auch davon, daß die Ahnform eine semibrachiatorische Lebenweise führte.

Die Fortbewegungsweise hatte eine Reihe von Anpassungen zur Folge. Es entwickelte sich die Greifhand, während sich die Hinterbeine darauf spezialisierten, den Körper nach oben zu schieben und zu tragen, womit eine teilweise Aufrichtung vollzogen war. Das Greifhandklettern hatte jedoch eine Reihe weiterer Anpassungen zur Folge. Ein schwerer Greifhandkletterer darf keinen Fehlgriff oder Fehltritt tun. Er muß gut gezielt greifen können, und das setzt voraus, daß er vor dem Zugreifen oder auch Hinspringen die Entfernung zum Ziel gut abschätzen kann, weiter, daß er, was keineswegs selbstverständlich ist, gezielt zugreifen kann (siehe auch das über die Entwicklung der Willkürmotorik Gesagte, S. 720).

Im Dienste des Entfernungschätzens entwickelte sich das binokulare Sehen, wozu die Augen, die bei den Wirbeltieren ursprünglich seitlich am Kopf lagen, nach vorne auf etwa eine Ebene rückten. Dadurch wurde es möglich, nicht nur Entfernungen abzuschätzen, sondern auch räumliche Zusammenhänge unmittelbar einzusehen und über zentrale Repräsentation sogar räumlich einsichtig zu handeln: etwa Umwege »einzusehen«, die zu einem Ziel führen. Andere Wirbeltiere, die sich ebenfalls in reich gegliederter Umwelt kletternd und kriechend fortbewegen, haben in Konvergenz binokulares Sehen entwickelt, so unter den Fischen die bodenbewohnenden Grundeln und Schleimfische, die in ihrem ganzen Gehabe vor allem durch ihr unentwegtes Umherschauen auch recht intelligent wirken, was im Hinblick auf ihr Wegelernen zutrifft.

Beim gezielten Greifen und Auftreten handelt es sich um Fertigkeiten, die keineswegs jedes höhere Lebewesen beherrscht. Bei vielen Vögeln und Säugern, die im ebenen Gelände leben, ist die Motorik der Fortbewegung so stereotypisiert, daß ein niederes horizontales Hindernis nur schwer überstiegen werden kann. K. LORENZ (1973) beschreibt, daß Gänse an ein Brett, das ihnen den Weg versperrt, heranschreiten; und geht es mit der Schrittlänge nicht gerade zufällig so aus, daß sie mit einem Schritt darübersteigen können, dann kommen sie in Schwierigkeiten. Sie müssen oft zurückgehen und noch einmal anmarschieren, um dann zuletzt doch über das Hindernis zu stolpern. Sie können nicht gezielt die Schrittlänge so variieren, daß sie mühelos darübersteigen. Dazu muß das starre motorische Programm zuerst einmal in kleinere Einheiten zerlegt werden, die sich mit Orientierungsbewegungen (Taxien) in ständiger afferenter Rückmeldung verbinden. Dieser »Taxienreichtum« ermöglicht es, die Bewegung ständig zu kontrollieren, und das ist wohl eine Voraussetzung für die Entstehung der Willkürmotorik. Unsere Denk- und Anschauungsformen werden vom optisch-haptischen Erbe unserer baumkletternden Vorfahren bis auf den heutigen Tag entscheidend bestimmt (K. LORENZ 1943).

Die Abzweigung der Hominiden von den Menschenaffen (Pongiden) dürfte mit der im Miozän stattfindenden Klimaänderung im Zusammenhang stehen, die zu einer Schrumpfung der großen Regenwaldgebiete Afrikas und Asiens und zur Zunahme lichter Wälder und Savannen führte. Das zwang unsere Vorfahren in zunehmendem Maße, sich auf dem Boden aufzuhalten. Die bereits durch das Stemmklettern angebahnte Bipedie wurde nunmehr weiterentwickelt. Es war sicher vorteilhaft, wenn unsere Ahnen bei der Fortbewegung über die Grasdeckung hinweg nach Gefahren Ausschau halten konnten. Darüber hinaus hatten sie bei dieser Art der Fortbewegung die Hände frei, die als Greifhände ja bereits zum Ergreifen und Halten von Stöcken für den Werkzeuggebrauch vorangepaßt waren. Das in Anpassung an das Baumleben entwickelte binokulare Sehen gestattete es, Entfernungen gut einzuschätzen.

Die freie Hand erlaubt es, Stöcke zu tragen und diese als Waffe zu verwenden. In den von A. KORTLANDT (1972) durchgeführten Freilandversuchen mit ausgestopften Leoparden schlugen Schimpansen mit kraftvoll geführter Bewegung mit Stöcken auf den Leoparden ein. Sie warfen auch mit Holzstückchen, Steinen und anderen Objekten gezielt nach dem Feind. Dabei stellte sich heraus, daß Savannenschimpansen besser zielen und schlagen konnten als Waldschimpansen; nach KORTLANDT ein Hinweis dafür, daß die offene Savanne die Hominisation förderte. Das Gewirr von Ästen in einem Waldhabitat stellt sich einer solchen Verteidigungsstrategie entgegen. Er vertrat in diesem Zusammenhang die interessante These, daß die Ahnen der heute lebenden Schimpansen mit den ersten Hominiden um die Besiedelung der Savanne konkurrierten und dabei den kürzeren zogen. Sie wurden in den für die Hominiden ungünstigen Wald zurückgedrängt, wo ihre bereits entwickelten Fertigkeiten verkümmerten. Nur jene, die heute noch in einem Savannenhabitat leben, wissen Stöcke und Steine zur Feindabwehr einzusetzen. Es ist wahrscheinlich, daß diese Objekte zunächst zu Verteidigungszwecken benützt wurden, vielleicht auch, um Raubtiere von ihrer Beute zu verscheuchen, damit man sich einen Anteil holen konnte. Daß die Australopithecinen bereits Großwild jagten (R. A. DART 1953), wird heute wieder bezweifelt (L. R. BINFORD 1981).

Bei Untersuchung der Knochenreste jener Tiere, die man als Beutetiere der Australopithecinen ansah, fand man deutlich Bißspuren von großen Carnivoren, aber keinerlei Hinweise auf mechanische Zerlegung der Beute mit Hilfe von Steinwerkzeugen. Des weiteren konnte BINFORD feststellen, daß die Röhrenknochen des Großwildes – und um solche handelte es sich in den meisten Fällen – mit Steinen aufgeschlagen worden waren, offenbar um Mark zu extrahieren. Das war offenbar das Werk von Australopithecinen. Das romantische Bild vom »Raubaffen« wäre demnach zu revidieren. Er holte sich, was Raubtiere übrigließen, vor allem die Markknochen, die er mit Steinen aufschlug. Die runden Quarzitsteine, die L. LEAKEY in der Olduway-Schlucht fand und die er auch als Bola-Steine deutete, dienten vermutlich als Hammersteine zum Öffnen der Knochen. Dazu haben die Australopithecinen wahrscheinlich bereits Voranpassungen mitgebracht. Schimpansen schlagen mit Steinen Nüsse auf, und das tun vor allem

Weibchen, die darin geschickter sind. Ihre Schläge sind ausgewogener, ihre Feinmotorik ist besser (CH. und H. BOESCH 1981). Männer schlagen oft zu wuchtig zu und zertrümmern dabei Schale und Inhalt. Weibchen nehmen die Hammersteine auch auf Bäume mit. Der Schritt zum Aufklopfen von Röhrenknochen ist nach meinem Dafürhalten nicht groß. Die Weibchen als »Sammler« könnten hier entscheidende Anstöße zur Entwicklung des Werkzeuggebrauchs gegeben haben. Jagd auf Kleinwild (junge Gazellen, Affen) könnte daneben schon früh eine Rolle gespielt haben, denn solche Beute wird ebenfalls von Schimpansen ohne Hilfe von Waffen erjagt.

Die Großwildjagd dagegen dürfte von den Männern entwickelt worden sein, nachdem sie im innerartlichen Zwischenkonflikt Waffen weiterentwickelt hatten, die dann auch schnelles und sicheres Töten von Großwild ermöglichten. Voranpassung könnte der Stockgebrauch bei der Verteidigung gegen Freßfeinde gewesen sein (S. 545). Nicht der eigenen Gruppe Angehörige werden bei Natur- und Kulturvölkern häufig als Nichtmenschen bezeichnet, und damit wird der Konflikt kulturell auf eine zwischenartliche Ebene verschoben (S. 566). Sicher jedoch begann der Mensch nicht als Großwildjäger, sondern als Sammler und Kleinwildbeuter.

Das Sammeln erfordert bereits differenzierte Strategien und hat wohl den Werkzeuggebrauch gefördert. Neben den schon erwähnten Hammersteinen zum Aufschlagen hartschaliger Nüsse dürfte der Grabstock ein altes Instrument sein, ebenso einfache Beutel und Körbe zum Transport des Gesammelten.

Schimpansen verwenden neben Klopfsteinen auch Gerten und Stöckchen, um mit ihnen Termiten aus ihren Bauten zu stochern und zu angeln (J. VAN LAWICK-GOODALL 1968). Das Untersuchen von Hohlräumen auf ihren Inhalt hin, das Herausstochern und Aufschlagen hat sicher die kognitive Entwicklung der frühen Hominiden gefördert. S. T. PARKER und K. R. GIBSON (1979) weisen dem sogar primäre Bedeutung zu; sie sprechen von einem »extracting foraging model«* der Hominisation.

Die Kombination von Jagen und Sammeln dürfte die Arbeitsteilung der Geschlechter beim Nahrungserwerb gefördert haben. Die Männer, schon durch ihre größere Aggressivität, ihren Körperbau und ihre Rolle als Gruppenverteidiger dazu präadaptiert, dürften die nicht ungefährliche und auch weitere Exkursionen bedingende Jagd, die oft durch Kinder belasteten Frauen dagegen die Sammeltätigkeit übernommen haben. Es gibt nur wenige Ausnahmen von dieser Regel. Bei den Agta auf den Philippinen jagen auch Frauen, allerdings sind sie weniger erfolgreich als die ebenfalls jagenden Männer (P. B. GRIFFIN 1984).

Da keine Vorratswirtschaft betrieben werden konnte, war es wichtig, daß man alles teilte. Man mußte dazu wenigstens vorübergehend ortsfeste Lager haben, in die man das Erbeutete und Gesammelte zusammentrug. Das förderte die Entwick-

---

* »Extraktionsmodell der Nahrungssuche«

lung differenzierterer Formen sozialen Zusammenlebens. Es entwickelten sich
Regeln und Riten des Teilens, die den Gruppenzusammenhalt bestärkten. Im
Zusammenhang mit der Entwicklung der Werkzeugkultur entwickelten sich
Objektbesitz-Normen (Kap. 4.12.1).

Das Leben als Jäger und Sammler stellt hohe intellektuelle Anforderungen. Ich
möchte in diesem Zusammenhang auf eine Untersuchung von D. F. LANCY (1983)
hinweisen, der an Kindern zweier benachbarter Kulturen Neuguineas, den
Kilenge und den Mandok, die kognitiven Fähigkeiten testete. Beide Kulturen sind
Handelspartner, und sie teilen viele Aspekte ihrer Kultur; sie unterscheiden sich
nur in einem Punkt fundamental: Die Mandok sind maritime Jäger, Sammler und
Händler, während die Kilenge vom Gartenbau leben.

Die Kinder beider Gruppen, die zum Test herangezogen wurden, waren gleich
gut genährt und gesund. Die Mandok schnitten in den Versuchen viel besser ab als
die Kilenge. LANCY meint, das sei darauf zurückzuführen, daß die Lebensweise als
Jäger und Sammler mehr intellektuellen Einsatz erfordere und größere Anforderungen an Lern- und individuelle Anpassungsfähigkeit stelle. Die These sollte
man prüfen. Ein Schönheitsfehler ist nämlich die Tatsache, daß die Mandok auch
Händler sind, und das könnte die entscheidende Variable sein. Die mir näher
bekannten Eipo West-Neuguineas böten sich hier zu einer Vergleichsstudie an, da
sie Gartenbauer sind, zugleich aber vom Handel leben. Sie haben in diesem
Zusammenhang ein Zahlensystem bis 25 entwickelt. Sicher aber stellt das Jagen
und Sammeln besondere intellektuelle Anforderungen.

Das heranwachsende Kind muß viel lernen; das wieder bedingt lange Kindheit,
lange Kinderpflege und Ehigkeit. Im Dienste der Harmonisierung des Zusammenlebens der Gruppenmitglieder entwickelten sich ferner viele bindende und aggres-
sionsableitende Rituale, schließlich wohl auch die verborgene Ovulation und die
Schambarrieren. Ein in Gruppen lebender Primate wurde ehig mit deutlicher
Neigung zur Monogamie.

Im Gefolge der Lebensweise im Savannenhabitat erfolgte die weitere Aufrichtung zusammen mit der typischen Beckenrotation, genauer durch eine lordotische
Abbiegung der unteren Wirbelsäule. Während die Wirbelsäule der Affen wie die
der übrigen vierfüßigen Säuger als kyphotische Bogenbrücke gebaut ist, ist die
Wirbelsäule des Menschen zu einer S-förmig gebogenen, federnden Stütze
umfunktioniert worden. Becken, Gesäß und Beinmuskulatur erfuhren ebenfalls
starke Umwandlungen, ebenso die unteren Extremitäten. Der Fuß wurde zum
Lauf-Stand-Fuß.

Die mit der Aufrichtung erfolgten konstruktiven Änderungen haben keineswegs Perfektion erreicht. Es gibt Konstruktionsprobleme, mit denen die Selektion
noch nicht fertig wurde. Das untere Venensystem ist überlastet, was sich
gelegentlich in Krampfaderbildungen äußert. Das gleiche gilt für Wirbelsäule und
Knochenskelett der unteren Extremitäten, an denen es insbesondere im Alter zu
Abnützungserscheinungen kommt. Die Abbiegung der Wirbelsäule in der Lum-

bosakralgrenze führt dazu, daß die das Rumpfgewicht tragenden Lendenwirbel schräg auf dem Kreuzbein ruhen, was zum Abgleiten des letzten Lendenwirbels führen kann. Schließlich läßt auch die Feinmotorik des Gehens noch zu wünschen übrig. Bei meinen Aufenthalten bei Naturvölkern fiel mir die relativ hohe Zahl der Verletzungen an den unteren Extremitäten auf, die durch Sturz oder Anstoßen an Hindernisse verursacht worden waren (I. EIBL-EIBESFELDT 1976).

Der Einsatz von Werkzeugen zum Töten und Zerlegen von Beute und anderen Nahrungsmitteln und die Garung mit Hilfe des Feuers erlaubte eine Reduktion des Gebisses und damit der Schnauzenregion. Die Eckzähne bildeten sich zurück, und es entwickelte sich der für die Hominiden typische geschlossene Zahnbogen – ein wichtige Voraussetzung für die Bildung der Zahnlaute und damit der Entwicklung einer differenzierten Lautsprache.

Da mit der Rückbildung der Schnauzenregion der Schädelschwerpunkt nunmehr zentraler liegt, bedarf es nicht mehr der gewaltigen Nackenmuskulatur, um den Schädel zu halten. Er wird auf dem relativ schlanken Hals balanciert. Der schlanke, lange Hals ist ein typisches Artmerkmal von *Homo sapiens*, im Gegensatz zur »Stiernackigkeit« der Affen (G. OSCHE 1979). Ob wir aus diesem Grunde einen schlanken, langen Hals als besonders schön empfinden? Modisch wird er ja bei manchen Völkern in bisweilen grotesker Weise betont.

Angeborene Schönheitsideale könnten züchtend wirken. Im Zuge der Hominisation dürften sich evolutionsausrichtende ästhetische Präferenzen entwickelt haben, die auf eine Kontrastbetonung gegenüber dem Äffisch-Tierischen hinwirken (siehe S. 920 f.). Künstlerische Darstellungen von Menschen verschiedenster Kulturbereiche und verschiedenen rassischen Hintergrundes führen uns ein recht ähnliches Idealbild des Menschen vor Augen. So scheinen feine Gesichtszüge überall groben vorgezogen zu werden. Ich bin der Meinung, daß es hominisationsfördernde ästhetische Schemata gibt, die als Schönheitsideal die geschlechtliche Partnerwahl beeinflussen. Schönheitsideale, auch solche kultureller Prägung, können die Evolution des Menschen gewiß positiv beeinflussen. Der Ästhetik fällt damit eine besondere erzieherische Bedeutung zu, die Leitbilder setzt. Die positive Bewertung körperlicher Schönheit führt dazu, daß man schöne Personen generell positiver beurteilt als häßliche, ihnen gewissermaßen einen »Schönheitsbonus« gewährt (M. WEBSTER und J. E. DRISKELL 1983), was unseren Sinn für Gerechtigkeit verletzt.

Ein sehr auffälliges Merkmal des Menschen ist seine partielle Haarlosigkeit. D. MORRIS (1968) hat sie herausfordernd zum taxonomischen Merkmal erhoben, indem er den Menschen als »nackten Affen« bezeichnet. Der Haarverlust und die starke Entwicklung der Schweißdrüsen bildeten sich im Dienste der Thermoregulation. Beides erlaubt einem in warmen Gebieten jagenden Wesen, ausdauernde körperliche Leistungen zu vollbringen.

Bemerkenswerte Umwandlungen erfuhr schließlich die Hand im Zusammenhang mit der Werkzeugbenutzung und Werkzeugherstellung. Als hervorstechende Merkmale sind dabei der abspreizbare lange Daumen und die verbreiterten Endphalangen zu nennen, die es dem Menschen gestatten, Werkzeuge im »festen Präzisionsgriff« zu halten; das ist jener Griff, den wir z. B. verwenden, wenn wir einen Schraubenzieher betätigen (J. R. Napier 1962). Außerdem dürfte die Entwicklung der Werkzeugkultur die Ausbildung der Händigkeit gefördert haben, sicher zusammen mit der Entwicklung sozialer Konventionen, etwa des Zwei- kampfes oder der Begrüßung, aber eben auch, weil es vorteilhaft ist, wenn Werkzeuge von verschiedenen Personen in gleicher Weise verwendet werden können.

Bereits in der Altsteinzeit wurden Werkzeuge mit einfachen Ornamenten geschmückt (M. W. Conkey 1978). Darin drückt sich sicher ein ästhetisches Bedürfnis aus. Man verschönt durch Brandornamente und Einritzungen. Ein solcher einfacher Dekor hat jedoch noch andere Funktionen. Er kann auf zwei Ebenen als Erkennungszeichen dienen: zum einen als individuelle Kennzeich- nung, als Markierung des Eigentums, um Verwechslungen zu vermeiden und vielleicht auch als Schutz gegen Diebstahl. Ferner, wie P. Wiessner (1983) betont, auch um einer positiven Selbstdarstellung willen. Schönes Aussehen von Gerät und Person hebt Ansehen. Die ebenfalls in die Altsteinzeit (Moustérien) zurück- reichende Verwendung von Rötel weist darauf hin, daß solche Imagewerbung bereits damals eine große Rolle spielte.

Ich möchte in diesem Zusammenhang auch an die Bedeutung des Pfeilspitzen- austausches bei den Yanomami erinnern (S. 440). Die einfachen Bambusspitzen sind individuell verschieden. Jeder Mann sammelt solche von seinen Freunden in seinem Köcher, und er breitet sein soziales Beziehungsnetz vor anderen aus wie ein Pfau sein Rad. Es würde in diesem Fall natürlich genügen, daß er weiß, von wem er was bekam, und der andere ihm dies glaubt. Sicherlich ist es aber auch auf dieser Stufe schon vorteilhaft, wenn auch der andere sehen kann, daß es sich so verhält, wenn also jedermanns Pfeilspitzen individuell erkennbar sind. Das ist bei den Yanomami noch in einem anderen Zusammenhang von Bedeutung. Die Bambusspitzen werden ja im Krieg verwendet. In der sich kriegerisch darstellen- den Gemeinschaft gibt man kund, wer den Todesschuß gab, mit allen sich daraus ergebenden Konsequenzen einer Blutfehde.

Wie Wiessner feststellte, gibt es individuelle Kennzeichnung ferner bei Jägern und Sammlern, die etwa auf Vorrat und für den Handel oder Geschenketausch produzieren. Hier wird das individuelle Merkmal zur persönlichen Handels- marke. Für solche persönliche Kennzeichnung prägte Wiessner den Begriff »expressiver Stil«. Schließlich hat der Dekor ebenso wie andere nicht funktionelle, aber unverkennbare Merkmale eines Gerätes noch die Funktion, als Stilmerkmal zusammengehörige Gruppen zu binden, d. h. ihre Identität nach außen sichtbar zu machen (M. W. Conkey 1978). Wiessner spricht in diesem Fall von »emblemi- schem Stil«. Auch das reicht bis in die Altsteinzeit zurück. Es handelt sich um die erste Verbindung von Ideologie und Ästhetik, deren Ehe bis heute nicht gelöst ist.

Die Stilepochen Europas, Romanik, Gotik, Renaissance, Barock etc., sind lebendiger Ausdruck für die Einheit der europäischen Kulturen auf einer höheren Ebene der Integration. In der Tat fühlt man sich als Mitteleuropäer aus diesem Grunde in Leningrad in gewisser Weise ebenso zu Hause wie in London, Paris oder Florenz.

Die neue Ideologie der Massengesellschaft hat neue, die Menschheit verbindende Zeichen geschaffen. Erscheinungen wie die Rockmusik oder bestimmte Formen, sich zu bekleiden, finden wir heute als Stil der technisch zivilisierten Gesellschaft in der ganzen Welt. Die große Anzahl und die Verschiedenheit der durch eine einheitliche Ideologie verbundenen Menschen bedingt allerdings eine grobe Simplifikation der Symbole, die nicht unbedenklich ist.

Wann unsere Vorfahren das Feuer entdeckten, wissen wir nicht, der Peking-Mensch *(Homo erectus)* nützte es jedenfalls bereits. Daß sich die Hominisation in der afrikanischen Savanne vollzog, dürfte gesichert sein. Noch heute haben wir eine deutliche Vorliebe für den Savannenbiotop. G. ORIANS (1980) entwickelte eine »savannah theory« der Biotoppräferenz, in der er die Vermutung ausspricht, wir würden eine angeborene Präferenz für den Savannenbiotop zeigen. Er geht davon aus, daß dieser Biotop, in dem sich die Hominisation vollzog, für einen aufrecht gehenden Jäger und Sammler besonders günstig sei, daß also eine phylogenetische Biotopprägung stattgefunden habe. Im Regenwald sind die im Blätterdach verborgenen Früchte schwer zugänglich, und Wild ist schwer zu erbeuten. Außerdem ist man aus der Deckung vorgetragenen Angriffen durch Freßfeinde preisgegeben.

In der Savanne dagegen findet die Produktion am Boden statt. Hier findet ein Sammler die meisten Feldfrüchte, einschließlich der im Boden verborgenen, Flüssigkeit und Stärke speichernden Wurzeln, die bekanntlich wichtige Energielieferanten sind. Auch konzentriert sich hier das grasfressende Wild. Überdies ist der Mensch in dem übersichtlichen Gelände vor Überraschung sicher. Die Bäume sind Indikatoren für ausreichenden Niederschlag. Sie liefern ferner Brennholz und gewähren Schutz, ohne die Sicht zu nehmen, da sie ja einzeln oder in Gruppen über das im übrigen offene Gelände verstreut sind. In der Tat kann man feststellen, daß der Wald nicht unbedingt als etwas Freundliches empfunden wird. In den Märchen und Sagen der Europäer ist er von Geistern und vielen anderen gefährlichen Wesen bewohnt. Die baumlose Steppe empfinden wir aber als öde.

Unsere Ideallandschaften sind solche, die einer Savanne ähneln. Die Parkanlagen, die wir uns als Ideallandschaften schaffen, zeigen Baumgruppen und freie Rasenflächen, und zwar nicht nur bei uns. Fließende Gewässer, Klippen und Höhlen scheinen weitere Merkmale einer schönen Landschaft. In bezug auf Wasser besteht eine gewisse Ambivalenz, vielleicht weil stehende Gewässer in den Tropen Brutstätten für Parasiten und Stechmücken sind. In diesem Zusammenhang möchte ich noch darauf hinweisen, daß uns Pflanzen und insbesondere Blumen ästhetisch stark ansprechen. Selbst in unseren Großstadtwohnungen stellen wir grüne Pflanzen auf und kultivieren Blumen. Blatt-, Ranken- und Blumendekor begleiten uns auf Vorhängen, Teppichen, Tapeten, auf Keramik und anderen Gerätschaften. Man schenkt einander Blumen und trägt grüne Zweige als Friedenszeichen. Nun sind Blumen aber im tropischen Regenwald gar nicht so häufig zu sehen. Wenn dagegen die Kalahari blüht, dann präsentiert sich uns ein Blumenmeer von ungewöhnlicher Pracht.

Diese Vorliebe des Menschen für Pflanzen und Wasser drückt sich auch darin aus, wie er die ihn umgebenden Gerüche bewertet. Wie Befragungen von Personen nach besonders angenehmen bzw. unangenehmen Gerüchen ergaben (M. SCHLEIDT, P. NEUMANN und H. MORISHITA 1988), werden Pflanzen, Wasser, Natur sehr oft genannt und fast immer als besonders angenehm empfunden im Gegensatz zu allen anderen Textrubriken, wo unangenehme Empfindungen sehr deutlich sind (Abb. 8.1) Ich halte diese »Phytophilie« für eine angeborene Präferenz, die sich in Zusammenhang mit der Biotopwahl ausbildete. Sie bestimmt u. a. die Motive künstlerischen Gestaltens (S. 919).

In diesem Zusammenhang sind eine Reihe von Untersuchungen von Interesse, die die positive psychophysiologische Auswirkung einer bepflanzten Umgebung nachweisen. ROGER S. ULRICH (1984) prüfte die Berichte eines Krankenhauses in

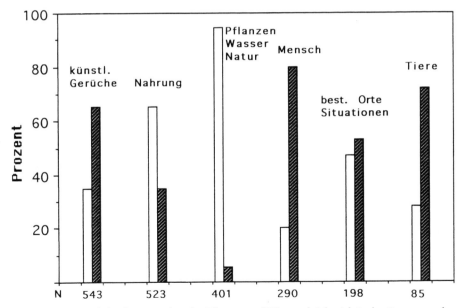

Abb. 8.1: Die Vorliebe der Menschen für Pflanzen und Wasser drückt sich in der Bewertung der ihn umgebenden Gerüche klar aus. Deutsche und japanische Versuchspersonen bewerten Gerüche, die aus ihrer Erinnerung aufsteigen: Weiße Säulen = angenehme Klassifizierung; schwarze Säulen = unangenehme Klassifizierung; N = wie oft wurde ein entsprechender Geruch genannt; Rubrik = Bereich, dem der Geruch entstammt. Nach M. SCHLEIDT, P. NEUMANN und H. MORISHITA (1988).

Pennsylvania (1972–1981) über die Heilerfolge von Patienten, denen man die Gallenblase entfernt hatte. Jene, die von ihrem Zimmer einen Ausblick auf Bäume hatten, erholten sich schneller (gemessen an der Aufenthaltsdauer) als jene benachbarter Zimmer des gleichen Traktes, denen die Wand eines anderen Gebäudes den Ausblick begrenzte. Sie brauchten auch weniger Schmerzmittel. In einer anderen Untersuchung bekamen erwachsene schwedische Personen beiderlei Geschlechts einzeln Diapositive vorgeführt, die entweder Landschaften mit Gewässern und Vegetation, Vegetation allein oder eine städtische Umgebung zeigten. Dabei wurde ein Elektroenzephalogramm abgenommen, die Pulsfrequenz registriert und anschließend in einer Befragung das Befinden ausgelotet. Die Diapositive der Naturkategorien – insbesondere jene, die auch Gewässer zeigten – erweckten angenehmere Gefühle als die Stadtansichten. Auch die hohen Alphawellen-Amplituden entsprachen dem wach-entspannten Zustand (R. S. ULRICH 1981).

Patienten, die in einer Zahnklinik warteten, fühlten sich an jenen Tagen weniger gestreßt, an denen ein großes Bild einer natürlichen Szene an der sonst weißen Wand des Warteraumes angebracht worden war (J. H. HEERWAGEN 1990). Stressierte man Personen durch die Vorführung eines Filmes über Arbeitsunfälle, dann erholten sie sich anschließend rasch, wenn man ihnen Filme vorführte, die eine natürliche Umgebung mit Wasser und Vegetation zeigten. Filme, die eine städtische Umgebung zeigten, übten keine nachweisbar beruhigende Wirkung aus (R. S. ULRICH und Mitarbeiter 1991). Neben Darstellungen von Gewässern und Pflanzen wirken sich auf das menschliche Gemüt auch Darstellungen fröhlicher Gesichter und von Tieren aus. Allerdings dürfen Tiere den Betrachter nicht anstarren, denn dann irritieren sie ihn nach einer gewissen Zeit. Angenehm entspannende Wirkung haben auch Aquarien (R. S. ULRICH 1991, dort weitere Literatur). Für die Gestaltung der städtischen Umwelt haben diese Befunde große Bedeutung (S. 872 ff.).

Der Mensch entwickelte sich in der afrikanischen Savanne und führte zunächst ein Leben als Jäger und Sammler. *Homo erectus*, der vor etwa 1,5 Millionen Jahren auftauchte, kannte bereits Jagdwaffen, Behausung, Kleidung und Feuer. Die ältesten Feuerstätten sind 750 000 Jahre alt. *Homo erectus* lebte bis vor 200 000 Jahren.

Die Ausgrabungen von Terra Amata legten etwa 300 000 Jahre alte Wohnstätten frei. Die ovalen Hütten waren 7 bis 17 Meter lang und 4 bis 6 Meter breit. Die Wände bestanden aus 7 Zentimeter starken Ästen und Stützbalken von 30 Zentimeter Durchmesser, die das Dach trugen. Die Siedlung wurde nur zu bestimmten Jahreszeiten benutzt, aber kontinuierlich über eine längere Zeit. Die Gruppen bewohnten offenbar ein bestimmtes Gebiet und pflegten stabile Traditionen. Die Gruppengröße lag bei etwa 20 bis 30 Personen. Man schätzt die Siedlungsdichte des *Homo erectus* für eine Person auf 25 Quadratkilometer, was eine Bevölkerungsdichte von 0,04 Personen pro Quadratkilometer ergibt.

Moderne *Homo-sapiens*-Formen tauchten vor etwa 80 000 Jahren auf. Im Aurignacien vor etwa 30 000 Jahren lebten in Mittel- und Osteuropa insgesamt 0,5 bis 1 Million Menschen und auf der Fläche der Bundesrepublik Deutschland (vor der Wiedervereinigung) etwa 25 000. Das bedeutet eine Dichte von 0,1 bis 0,2 Personen pro Quadratkilometer und damit eine Vermehrung um den Faktor 5 gegenüber der *Homo-erectus*-Bevölkerung.

Entsprechend geringe Bevölkerungsdichten bei kleinen Lokalgruppen finden wir bei den modernen Jäger- und Sammlervölkern. Die Größe der Lokalgruppen beträgt bei den !Kung durchschnittlich 25 Personen (8–40) (R. B. LEE 1979, L. MARSHALL 1976), bei den !Ko 35–45 (H. J. HEINZ 1975) und bei den G/wi 22–60 (G. B. SILBERBAUER 1972). Jede Lokalgruppe besteht aus 6 bis 15 Familien.

Das von einer Lokalgruppe beanspruchte Territorium umfaßt bei den !Kung 300–600 Quadratkilometer (R. B. LEE 1976), bei den G/wi 450–1000 Quadratkilometer (G. B. SILBERBAUER 1972). Bei den !Ko liegen die Verhältnisse ähnlich wie bei den G/wi (Schätzungen von P. WIESSNER nach H. J. HEINZ 1979).

Die Bevölkerungsdichte ist bei den genannten Stämmen sehr gering. Bezieht man sie auf das genützte Land – es gibt ja sehr viel ungenützte Wildnis –, dann kommt man zu folgenden Schätzungen: R. B. LEE (1979) gibt für das Gebiet um das Trockenzeit-Basislager der !Kung bei Dobe 41 Personen/100 Quadratkilometer an. Dieses Lager wird vier bis neun Monate im Jahr benützt. Wo Wasser das ganze Jahr über vorhanden ist, ist die Bevölkerungsdichte wesentlich höher. Bei den /xai/xai lag sie mit 150 Einwohner auf 100 Quadratkilometer wesentlich höher. Während der Sommerzeit verteilen sich die !Kung, und die Dichte fällt auf 20 Personen pro 200 bis 400 Quadratkilometer. Diese Bevölkerungsdichte entspricht etwa der, die man auch bei anderen Jäger- und Sammlervölkern findet. Für Alaska, Kanada und Sibirien werden 0,5 bis 0,005 Personen pro Quadratkilometer angegeben. Eine Bevölkerungsdichte von 0,05 ist am häufigsten. Die archäologische Evidenz weist in die gleiche Richtung (H. M. WOBST 1976). Im Mittel beträgt die Größe der Lokalgruppen bei Jäger- und Sammlervölkern etwa 25 Personen, was 6 bis 7 Familien entspricht.

Die Grundzüge menschlichen Gemeinschaftslebens sind bei den Jäger- und Sammlervölkern voll entwickelt. Die Menschen leben in individualisierten Verbänden, in denen jeder den anderen kennt und die sich aus drei Generationen umfassenden Familien zusammensetzen. Mann und Frau leben in ehelicher Dauerpartnerschaft. Die sozialen Beziehungen innerhalb der Gruppe sind differenziert und beständig. Die Lokalgruppen zeigen Beständigkeit und territoriale Gebundenheit. Gruppenübergreifende Allianzen bestehen. Wir erwähnten als Beispiel das Nexus-System der !Ko-Buschleute (S. 467). Erst durch solche Versicherungen auf Gegenseitigkeit können sich die kleinen Gemeinschaften erhalten.

In einem Nexus sind mehrere hundert Leute vereint. Sie bilden eine bevorzugte Fortpflanzungsgemeinschaft und sind theoretisch autark. Nach den Schätzungen von L. LIVI (1949) muß eine Population mindestens 500 Personen umfassen, um als endogame autonome Einheit zu überleben. Nach neueren Berechnungen von J. W. MacCluer und B. Dyke (1976) reichen aber unter bestimmten Voraussetzungen auch 100 bis 200 Personen aus.

Bereits bei Jäger- und Sammlervölkern finden wir Häuptlinge, die die Gruppen nach außen vertreten. Die Arbeitsteilung der Geschlechter ist ausgeprägt. Neben Völkern, die über scharfe Sozialkontrolle Egalität erzwingen (Buschleute), gibt es Gruppen mit straff hierarchisch organisierter Gemeinschaft, bei denen Erfolgreiche auch Besitz ansammeln (Kwakiutl). Wir finden Gruppenstolz, Xenophobie und Krieg.

Schon auf der Stufe des Jägers und Sammlers errang der Mensch ökologische Dominanz, die ihn zum Kosmopoliten befähigt. Da er kein Haarkleid hat, kann er sich mit Bekleidung auf verschiedene Weise gegen Witterungseinflüsse schützen und so Regenwald, Wüsten oder auch arktische Tundren besiedeln. Hütte und Feuer erstellen das ihm gemäße Heimklima. Der Glaube, daß der Mensch auf dieser Stufe ein Gefühl für die Natur habe und ihr gegenüber rücksichtsvoll auftrete, ist leider eine Rousseausche Verklärung. Auch der steinzeitliche Jäger und Sammler ist ausbeuterisch veranlagt, nur lebt er in so geringer Bevölkerungsdichte, daß der von ihm erzeugte Schaden sich in Grenzen hält. Immerhin gehen viele ausgestorbene Tierarten auf sein Konto. Auch hat er schon in der Altsteinzeit zur Versteppung des Landes beigetragen, da er Feuer legte, um sich die ihm gemäße offene Landschaft zu schaffen, auch um neuen Graswuchs anzuregen und damit das Wild anzulocken. Das tun Buschleute noch heute.

Für den altsteinzeitlichen Menschen – und auf dieser Stufe lebten wir über die längste Zeit unserer Geschichte – war es von Vorteil, sich bietende Chancen maximal zu nützen. Wir sind daher ausgesprochen exploitativ veranlagt. Was unser ausbeuterisches Verhalten betrifft, hat uns die Natur leider keine Bremsen angezüchtet, die einen pfleglichen Umgang mit ihr zur Folge hätte. Eng damit verbunden ist unser Kurzzeitdenken. Bei der Konkurrenz im Jetzt zählt wie bei einem Wettlauf, wer gegenwärtig bei maximalem Einsatz seiner Kräfte läuft, nicht wer sich schont, obgleich die Selektion später durchaus erweisen könnte, daß der besonnen sich Schonende, der pfleglich seine Umwelt Behandelnde die bessere Strategie verfolgte. Bei uns modernen Menschen wirkt sich dieses Erbe auch in einem ausgesprochenen Kurzzeitdenken aus. Wir unterwerfen uns dabei der Selektion. Diese höchst risikobehaftete Strategie gilt es zu überwinden. Wollen wir über unsere Vernunft die weitere Entwicklung mitbestimmen, dann müssen wir ein generationenübergreifendes Zukunftsethos entwickeln und die Falle des Kurzzeitdenkens und der mit ihr verbundenen exploitativen Grundhaltung vermeiden (Kap. 10).

Zusammenfassung 8.1

Die Hominisation (Menschwerdung) vollzog sich im afrikanischen Savannenhabitat, das uns noch heute in besonderer Weise anspricht. Der Mensch ist »phytophil«, d. h. er verfügt über ein ästhetisches Vorurteil als Ergebnis stammesgeschichtlicher Anpassung. Er findet Natur schön, und eine bepflanzte Umgebung, selbst wenn sie durch Bilder vorgetäuscht ist, wirkt sich positiv auf Gemüt und Gesundheit aus. Als Stemmgreifkletterer entwickelten die Menschenvorfahren das binokulare Sehen, die Greifhand, das Aufrechtgehen und die Fähigkeit, gezielt aufzutreten und zu greifen. Die Savanne mit ihrem ausgelichteten Baumbestand machte es notwendig, sich über grasbewachsene Flächen zu bewegen, was die Aufrichtung weiter förderte. Die Hände wurden damit frei, Werkzeuge zu tragen. Bereits Schimpansen benutzen Stöcke zur Verteidigung gegen Feinde, und man nimmt an, die Australopithecinen hätten wie sie gelegentlich gejagt und auch Raubtiere von der Beute vertrieben.

Die Lebensweise des Jägers und Sammlers förderte die Entwicklung von Lokalgruppen mit festen Wohnplätzen, an denen man die Nahrung zusammentrug und teilte. Neben einfachen Waffen dürften Tragbeutel, Grabstock und Werkzeuge zum Aufschlagen von Röhrenknochen und hartschaligen Früchten die ersten Werkzeuge gewesen sein, an deren Entwicklung unsere weiblichen Vorfahren wohl entscheidenden Anteil hatten. Bereits auf der Entwicklungsstufe des *Homo erectus* finden wir eine wohlentwickelte Werkzeugkultur, Behausung und Verwendung von Feuer. Dank seiner Universalität erwarb bereits der altsteinzeitliche Jäger und Sammler ökologische Dominanz. Als weltoffenes Neugierwesen und Universalist konnte er sich über die ganze Erde verbreiten, konnte Wüsten ebenso wie arktische Tundren und tropische Regenwälder besiedeln. Die Einnischung erfolgt über kulturell entwickelte Subsistenzstrategien.

Bereits auf der Stufe des Jägers und Sammlers lebt der Mensch familial in beständigen, territorial gebundenen Kleingruppen mit allen Merkmalen modernen Menschseins.

8.2 Von der individualisierten Gesellschaft zur Industriegesellschaft

> »Kein Mensch ist in der Lage, vier Milliarden ihm unbekannter Menschen zu lieben. Dagegen haben wir sehr wohl allen Grund zu einer kameradschaftlichen Gesinnung. Denn sozusagen alles, was unser ›Menschsein‹ ausmacht, verdanken wir einer anonymen Vielheit anderer Menschen, die vor uns lebten und deren Leistungsergebnisse uns gleichsam als Geschenk übermacht sind.«
>
> H. HASS (1981 : 198)

8.2.1 Die neolithische Revolution

In der jüngeren Steinzeit begann der Mensch an einigen Orten dieser Erde, Haustiere zu halten und Pflanzen zu kultivieren. Diese neue Subsistenzstrategie hatte weitreichende Folgen. Sie bekräftigte die ökologische Dominanz des Menschen und erlaubte eine dichtere Besiedlung unseres Planeten. Durch die Feldbestellung machte sich der Mensch von den Zufälligkeiten seiner Umgebung etwas weniger abhängig. Er erhöhte auch die Produktivität des Landes und damit dessen Kapazität, Menschen zu erhalten. Man spricht daher von einer neusteinzeitlichen Revolution.

Die Bandkeramiker als erste Ackerbauern Mitteleuropas bevölkerten 4500 v. Chr. mit einer Dichte von 1,45 Einwohner pro Quadratkilometer das Land. Auf dem Gebiet der Bundesrepublik Deutschland (vor der Wiedervereinigung) wären dies etwa 360 000 Menschen gewesen. Gegenüber dem altsteinzeitlichen Aurignacien bedeutet dies eine Vervielfachung um den Faktor 7, gegenüber *Homo erectus* eine um den Faktor 35.

Feldbestellung und Viehzucht erforderten eine Reihe von neuen kulturellen Anpassungen. Es entwickelten sich familiales oder individuelles Besitzrecht an Land und Vieh und besondere Regeln für den Erbgang dieser Güter. Die größere Bevölkerungsdichte bewirkte einen stärkeren Konkurrenzdruck zwischen Gruppen, die weniger leicht ausweichen konnten. Eine Verbesserung der Kriegstechnik sowie definierte Formen des Friedensschlusses und nachbarlicher Koexistenz bildeten sich heraus. Die Vernetzung von Gruppen erfolgte über ein größeres Gebiet. Es entwickelten sich Politik, Handel und eine arbeitsteilige Gesellschaft mit verschiedenen Berufen, und schließlich differenzierte Herrschaftsstrukturen dort, wo es wegen der kriegerischen Auseinandersetzungen solcher Führungshierarchien bedurfte. Wir erwähnten bereits als Beispiel die rinderzüchtenden

Himba, die kriegerische Tugenden pflegen und Gehorsam dem Häuptling gegenüber durch besondere disziplinerhaltende Rituale bekräftigen. Der Besitz der Ackerbauern ist oft begehrt und muß verteidigt werden. Es kommt zum Zusammenschluß von Gruppen und Stammesverbänden und schließlich auch zur Staatenbildung.

Die ökologische Dominanz des Menschen führt zu einem Geburtenüberschuß, so daß dort, wo keine Abwanderung erfolgen kann, besondere kulturelle Einrichtungen zur Bevölkerungskontrolle geschaffen werden. Es gibt sie zwar bereits in der Form von Post-partem-Tabus und Infantizid bei Buschleuten und anderen Jägern und Sammlern. Die Tabus werden aber nunmehr strenger eingehalten, und Infantizid wird vielfach zur festen Institution. Dort, wo er vermieden wird, wie etwa in unserer bäuerlichen Kultur, entwickelten sich andere Einrichtungen, wie das Zölibat und die Einrichtung der Heiratserlaubnis, die nur dann gewährt wurde, wenn der Mann den Nachweis erbringen konnte, daß er in der Lage war, eine Familie zu erhalten – sei es als Handwerker oder als Hoferbe. Verbunden damit war eine Tabuisierung des außerehelichen Verkehrs. Das wurde sicher nicht immer strikt eingehalten, doch half es in Mittel- und Westeuropa, über einige hundert Jahre die Bevölkerung bei einem Mittelwert zu halten.

Der bäuerliche Mensch ist Landschaftsgestalter. Er pflegt die Landschaft und verhindert Erosion und Erschöpfung der Krume, zumindest ist das bei den avancierten Garten- und Ackerbauern der Fall. Die gepflegte Kulturlandschaft ist überaus ansprechend, wohl weil sie offen ist wie die Savanne.

Durch seine bäuerliche Tätigkeit erzeugt der Mensch eine Vielzahl von Kleinbiotopen, und er trägt damit zur Differenzierung und Artenvielfalt bei. Es besteht eine Harmonie zwischen dem bäuerlichen Menschen und seiner Umwelt. Bei Hirtenvölkern ist dies nicht immer so. Dieses ökologisch angepaßte Wirtschaften ist das Ergebnis einer langen kulturellen Erfahrung. Sie funktionierte so gut, daß wir heute in Mitteleuropa durch blühende Landschaften mit kleinen Feldern, Wiesen, Hecken und Wäldchen fahren, die oft seit über 2000 Jahren bearbeitet und beweidet werden und die dennoch ohne alle Anzeichen von Erosion sind. Diese Situation wird erst durch die Industrialisierung der Landwirtschaft gefährdet. Hecken und Schutzwälder werden zerstört, um große Flächen bearbeiten zu können, schwere Maschinen verdichten den Boden, und intensive Düngung zerstört bis zu zwei Drittel aller Bodenorganismen, die ihn wider lockern könnten. Kilometerweit liegt das Land nach der Ernte umgebrochen brach. Der Regen, der nicht schnell genug eindringen kann, schwemmt die Krume weg. Ich glaube nicht, daß man Landwirtschaft auch nur hundert Jahre so betreiben kann, ohne die Böden zu zerstören, geschweige denn weitere 2000 Jahre.

Dort wo der Weidegrund allgemeines Eigentum ist, aber von Einzelpersonen genützt wird, beobachtet man oft – allerdings keineswegs immer –, daß mehr Tiere zur Weide gelassen werden, als das Land verkraftet, was schließlich zur Umweltzerstörung führt. Die Sahelzone Afrikas ist dafür ein eindrucksvolles

Beispiel. In Europa stellt sich das Problem bei der Nutzung von Gemeineigentum. Kurzfristige individuelle Interessen stehen hier gegen langfristige Gruppeninteressen. Wenn der einzelne Bauer eine Kuh mehr als eigentlich zulässig auf die Weide schickt, dann hat er davon einen Vorteil, denn die Kosten, die dadurch entstehen, werden von der Allgemeinheit getragen. GARRET HARDIN (1968) hat diese Problematik beschrieben. Den Nutzen hat er voll, der Schaden verteilt sich auf alle. Daß das allerdings nicht die zwangsläufige Folge von Gemeineigentum ist, haben J. L. GILLES und K. JAMTGAARD (1981) betont. Es bedarf allerdings dazu besonderer Kontrollen.

In biologischer Hinsicht dürften Ackerbau und Viehzucht den Menschen zunächst noch nicht einschneidend geändert haben. Dafür ist wohl die Zeit ihres Bestehens zu kurz. Die rassische Differenzierung erfolgte bereits auf der Stufe des Jägers und Sammlers. Allerdings gibt es einige physiologische Anpassungen, die vielleicht direkt mit der Viehzucht zusammenhängen. Bei Rinderhirten und Milchwirtschaft betreibenden Bauern ist der Prozentsatz der Lactosetoleranten sehr hoch. Nur wenige Prozent vermögen Milch als Erwachsene nicht zu verdauen. Bei Völkern, die keine Milchwirtschaft kennen, ist sie dagegen gering. Es ist jedoch nicht klar, in welchem Ausmaße diese Unterschiede genetisch bedingt sind (S. 40).

Die Dorfgemeinschaften der Pflanzer und Ackerbauern sind im allgemeinen größer als die der altsteinzeitlichen Lokalgruppen. Sie entsprechen jedoch ebenfalls als individualisierte Verbände der altsteinzeitlichen Gemeinschaft. Auch bilden Sippe und Familie nach wie vor den Kristallisationspunkt der Gemeinschaft. Kinder wachsen in Kinderspielgruppen auf, die verschiedene Altersklassen umfassen. Dabei spielen auch Jungen und Mädchen zusammen. Gelegentlich haben sich wohl im Zusammenhang mit der Notwendigkeit einer Geburtenkontrolle Regeln der Geschlechtermeidung entwickelt, die zusätzlich zu einer gewissen Trennung der Kinder nach Buben- und Mädchengruppen führen. Garten- und Ackerbauern sind im allgemeinen kriegerischer als Jäger und Sammler. Das hängt wohl mit ihren trotz Geburtenkontrolle großen reproduktiven Erfolgen zusammen. Die neue Subsistenzstrategie hat ihre ökologische Dominanz zweifellos verstärkt. Hatte bereits der Jäger und Sammler die Raubtiere praktisch besiegt, so beginnt der Garten- und Ackerbauer nun auch dem Hunger Schranken zu setzen. Ein starker Bevölkerungsdruck ist die Folge. Neben Krankheiten wird der Mensch zum größten Feind des Menschen. Der Feind ist der »andere«, dem man, wie bereits erwähnt, das Menschsein abspricht (S. 566).

Die mit der Viehzucht und der Feldbestellung verbundene Arbeit bewirkt, daß die Menschen etwas weniger Zeit füreinander haben als Jäger und Sammler. Vor allem dort, wo die Techniken der Garten- und Feldbestellung noch nicht hoch entwickelt sind und der Mensch allein ohne Hilfe von Haustieren die Arbeiten verrichtet, gilt, daß er im Schweiße seines Angesichts sein Brot verdient. Er hat Sicherheit gewonnen, aber Muße verloren.

Jäger und Sammler müssen nicht viel Zeit für die Nahrungsbeschaffung aufwenden. Zwei bis drei Stunden pro Tag verbringen die Frauen mit dem Sammeln, und der Erfolg ist unmittelbar. Mehr Zeit wird für die Nahrungszubereitung aufgewendet (R. B. LEE 1976), doch handelt es sich hier um eine Beschäftigung, der die Frauen in kleinen Gruppen obliegen, plaudernd, rauchend und gewiß nicht von der Uhr getrieben. Die Männer sind zum Jagen länger unterwegs, allerdings nicht täglich. Den übrigen Alltag verbringt man in der Gemeinschaft mit handwerklichen Verrichtungen, Spiel und anderen sozialen Interaktionen. Man spricht deshalb auch von mußeintensiven Gesellschaften.

Mit der Erfindung des Garten- und Ackerbaues wird der Mensch zunächst arm an Muße. Nachdem er die Technik der Feldbestellung verbessern konnte, überwindet er diese Phase. Im Jahresablauf der bäuerlichen Kultur Mitteleuropas wechseln arbeitsintensive und mußeintensive Phasen, die reicheres kulturelles Leben gestatten. Mit der industriellen Revolution verstrickte sich der Mensch wieder in eine arbeitsintensive Phase, aus der er sich erst in allerletzter Zeit über die Einführung arbeitsparender Techniken langsam befreit (I. EIBL-EIBESFELDT 1976). Der Fortschritt in der industriellen Gesellschaft wird allerdings mit einer gewaltigen Verunsicherung des einzelnen erkauft: Er kann seinen Arbeitsplatz verlieren. Eine solche existenzbedrohende Erfahrung durch Abhängigkeit von anderen droht keinem Wildbeuter. Ein Buschmann kann nicht arbeitslos werden.

8.2.2 Die Entwicklung der Großgesellschaft

8.2.2.1 Staatenbildung und Staatsautorität – die Problematik der Beziehung zwischen Regierenden und Regierten: Der Mensch lebte über die längste Zeit seiner Geschichte in Kleingruppen. Wir dürfen annehmen, daß sie ähnlich wie die heutigen traditionellen Kleingesellschaften auf Sippenbasis strukturiert und territorial abgegrenzt waren. Die Autorität der Führung beschränkte sich auf die Lokalgruppe. Persönliche Bekanntheit und egalisierender Normierungsdruck bremsten die Entwicklung repressiver Dominanzbeziehungen innerhalb der Gruppe (Kap. 4.8 und 4.9). Die Lokalgruppen waren zu Allianzen mit anderen befähigt, aber auch zum bewaffneten Konflikt, doch setzte die Wirtschaftsform des Jagens und Sammelns der Bevölkerungsdichte und damit dem Aufbau eines Machtpotentials enge Grenzen. Mit der Erfindung der Feldbestellung und Tierzucht konnten mehr Menschen in einem bestimmten Gebiet leben, und damit kam über die Konkurrenz der Gruppen eine Entwicklung in Gang, die zum Aufbau eines Machtpotentials und letztlich zur Staatenbildung führte. Für den Ausgang eines bewaffneten Konflikts waren nämlich außer der Waffentechnik und den kämpferischen Tugenden die Stärke der Gruppe, gemessen an der Zahl der rekrutierbaren Krieger, sowie deren militärisch-politische Führung ausschlaggebend. Die Selektion bevorzugte damit diejenigen, die größere Verbände politisch zusammenhalten und koordinierten Einsatz organisieren konnten. Die Konkurrenz der Gruppen förderte den Zusammenschluß vieler. Das brachte Belastungen mit sich, zweifellos aber auch Vorteile. So wurden Höchstleistungen in Kunst und Wissenschaft überhaupt erst durch die arbeitsteilige Großgesellschaft möglich. Nur sie verfügt über die nötigen Mittel, über Ausbildungsstätten und das erforderliche Reservoir von Begabungen. Andererseits wird die Freiheit der Individuen in den Großgesellschaften gegenüber dem Leben in der Kleingesellschaft erheblich eingeschränkt. Organisationen, wie die der Verwaltung, neigen in einer interessanten Eigendynamik zur zunehmenden Perfektionierung und zum Wachstum, und das engt zwangsläufig den Handlungsspielraum des einzelnen ein.

Der Staat entwickelte sich demnach zunächst als Organ des Bürgers auf dem Wege der Selektion. Die Schritte kann man bisweilen geschichtlich nachvollziehen. Oft gaben einzelne machtmotivierte Persönlichkeiten den Anstoß, indem sie z. B. mit Waffengewalt verschiedene Stämme zu einem Staatsgebilde vereinten. In der Konkurrenz mit anderen mußte sich ein solches Gebilde an der Selektion bewähren (R. B. FERGUSON 1984, P. CALVINOUX 1980, J. E. PFEIFFER 1977, R. COHEN und E. R. SERVICE 1978, M. FRIED 1961). In anderen Fällen wuchs eine Gemeinschaft über natürliche Vermehrung zu einem größeren Stammesverband und schließlich einer Staatsgemeinschaft heran. Da wir Menschen über die längste Zeit unseres Werdeganges in kleinen Gemeinschaften lebten, die auf der Basis persönlicher Bekanntheit verbunden waren, bereitet uns das Zusammenleben in größeren, anonymen Gesellschaften, so groß die Vorteile auch sind, doch auch gewisse Schwierigkeiten. Es bedarf besonderer Sozialtechniken der Führung, um eine solche Gemeinschaft zusammenzuhalten und den stets vorhandenen Spaltungstendenzen (siehe kulturelle Pseudospeziation, S. 37, 447) entgegenzuwirken.

Dies geschieht interessanterweise in aller Welt unter Berufung auf gemeinsame Abstammung und damit auf eine natürliche Verwandtschaft. Das trifft selbst für traditionelle steinzeitliche Gesellschaften zu, wenn solche über den individualisierten Kleinverband hinauswachsen. So gibt es bei den Mek-Sprechern im Bergland von West-Neuguinea erst in jüngerer Zeit besiedelte Täler, deren Bewohner in Dörfern leben, die einander in wechselnden Allianzen bekriegen. Politische Einheiten sind hier die auf sich gestellten Dorfgemeinschaften. In den länger besiedelten Tälern der Mek-Sprecher sind die Dörfer zu Tälergemeinschaften verbunden. Das ist zum Beispiel bei den Eipo des Eipomek-Tales so. Hier sind etwa 800 Menschen zu einer größeren Solidargemeinschaft vereint. Zum Aufbau des Gemeingefühls bedienen sich die Eipo zunächst des familialen Appells der gemeinsamen Abstammung. Ihr Ursprungsmythos berichtet von Kulturbringern, die als gemeinsame Ahnen der Gruppe von den Bergen herabstiegen und die durch Einfügung von Felsen in den morastigen Grund das Land bewohnbar machten. Immer wenn die Eipo ein sakrales Männerhaus bauen und danach die als heilig geltenden Schopfpalmen *(Cordylinen)* pflanzen, berufen sie sich auf diese Geschichte. Einer tanzt singend einen *Cordylinen*-Schößling zur Pflanzstätte, ein anderer ebenfalls singend einen Stein in eine kleine Kalebasse mit Wasser. In den Gesangstexten wird die Geschichte des Kulturbringers mitgeteilt, und durch das Einfügen des Steines in den Boden beim Setzen des Stecklings wird dessen Großtat symbolisch wiederholt. Ideologisch wird so das Gemeingefühl bekräftigt, ähnlich wie wir dies im Wort »Nation« betonen und auch in nationalen Festen. Des weiteren erfolgt bei den Eipo eine Vernetzung über ein Klansystem. Wir kennen von ihnen 11 Klane, die sich jeweils auf einen fingierten Vorfahren zurückführen. Die Mitglieder eines Klans gelten als blutsverwandt und sind einander daher zum Beistand verpflichtet. Kommt einer aus dem Tal in ein Dorf, in dem er niemanden näher kennt, dann kann er über die klanspezifischen Grußformeln (siehe I. EIBL-EIBESFELDT, W. SCHIEFENHÖVEL und V. HEESCHEN 1989) seinen Klangefährten finden, der ihn gastlich aufnehmen und ihm helfen muß. Schließlich initiieren die Eipo in Abständen von mehreren Jahren mehrere Jahrgänge der männlichen Jugend an einem Ort zur gleichen Zeit. Die gemeinsam Initiierten gelten als Brüder. Es werden also verschiedene Wege eingeschlagen, um ein Wir-Gefühl zu schaffen. Sie sind jenen, die moderne Nationen einschlagen, im Prinzip recht ähnlich.

Es bedarf aber mehr als nur der Schaffung eines Wir-Gefühls, um eine größere Gemeinschaft zusammenzuhalten: Es bedarf auch der Führung. In Kleingruppen-Gesellschaften, die auf der Sippenbasis und auf Grund persönlicher Bekanntheit verbunden sind, verhindert wie gesagt ein starker egalisierender Normierungs-druck, daß einzelne sich repressiv dominant über andere erheben. Führung basiert auf prosozialen Begabungen (Kap. 4.9). Solche Personen, die auch als Redner und Veranstalter von Festen sozialintegrative Aufgaben erfüllen, gibt es auch in Neuguinea. Aber die Autorität dieser Männer, die oft als »Big men« gelten, beschränkt sich nur auf die Lokalgruppe oder die Sippe. Eine darüber hinausge-hende Autorität fehlt selbst so avancierten Papuavölkern wie den Dani, Medlpa oder Enga.

Ohne besonders entwickelte Sozialtechniken der Führung können Menschen nur in begrenzter Zahl miteinander leben. Bei Jäger- und Sammlervölkern wachsen die Lokalgruppen selten über 100 Personen hinaus. Meist teilen sie sich vorher auf Grund innerer Reibereien. Die nach einem christlich-marxistischen Ethos lebenden Hutteriten Nordamerikas wissen, daß für diese Art Leben eine Gruppengröße von 150 Personen nicht überschritten werden sollte, weil dann die Zahl der die Zusammenarbeit Verweigernden und Abtrünnigen zunimmt und die kollektive Meinungsbildung erschwert wird. Daher teilen sich die Gruppen, wenn sie auf etwa 150 Personen herangewachsen sind.

Für die kulturelle Entwicklung größerer Solidargemeinschaften (Stämme, Völker, Nationen) ist die Ausbildung von Führungshierarchien Voraussetzung. Sie schafft auf verschiedenen Ebenen persönliche Verbundenheit. Ein Dorfoberhaupt kennt in der Regel alle Mitglieder seines Dorfes, und ist dieses Dorf über eine Führungshierarchie in eine größere Gemeinschaft eingebunden, dann kennt ein Dorfoberhaupt auch eine Reihe von anderen Dorfoberen, mit denen es politisch verbunden ist. Dieser Gemeinschaft von Dorfoberen kann wieder eine übergeordnete Führungsperson vorstehen. Sie kennt die ihr unterstellten Dorfoberhäupter und die ihr gleichgestellten Führungspersonen. Eine solche Führungshierarchie erlaubt niveauadäquate Problemlösungen. Auf der dörflichen Ebene werden die Probleme der dörflichen Gemeinschaft gelöst, auf der nächsthöheren Führungsebene die der mehrere Dörfer oder Lokalgruppen umfassenden größeren Gemeinschaft und so fort aufsteigend wie zum Beispiel in Deutschland von der Dorf-, Kreis-, Landes- bis zur Bundesebene.

Der Staat als Organisationsform muß seinen Bürgern Überlebensvorteile bieten; denn wenn sich die Zahl der Bürger kontinuierlich von Generation zu Generation vermindert oder wenn er in der Auseinandersetzung mit anderen unterliegt, dann fällt er mit seinen Bürgern der Ausmerze anheim. Eine der ersten Aufgaben der Staatsorgane und damit der politischen Führung dürfte der Schutz des Gemeinwesens durch Organisation der Verteidigung gewesen sein. Im Gefolge damit aber fiel ihm auch die Regelung aller Beziehungen zu anderen Gruppen zu, also alles, was z. B. Allianzen und Handel betraf.

Der Zusammenschluß vieler Menschen, die einander nicht kennen und deren agonale Neigungen daher nicht durch persönliche Bekanntheit abgeschwächt werden (Kap. 4.2), erfordert besondere Maßnahmen der Führung zur Erhaltung der Ordnung und inneren Harmonie. Gesetze schützen Besitz und andere Rechte der Bürger, und besondere Institutionen wie Militär und Polizei erzwingen notfalls mit Gewalt die Einhaltung der Regeln. Den Staatsorganen obliegt es, Spaltungstendenzen des Staates zu bekämpfen: propagandistisch durch Indoktrination, notfalls aber auch mit Gewalt. Mit der zunehmenden Entwicklung der Großgesellschaften übernimmt der Staat immer mehr Aufgaben: die Organisation des Verkehrs, der Kommunikation, des Unterrichtes, Handels, der sozialen Fürsorge und anderes mehr. Bis zu einem gewissen Grade ist diese Entwicklung positiv zu sehen, doch gibt es einen Punkt, an dem ein Optimum überschritten und der Bürger entmündigt wird.

Jedes organische System entwickelt eine Eigendynamik. Es wächst, vermehrt sich und gewinnt Macht. Das gilt in ganz besonderem Maße für die vom Menschen geschaffenen Organisationen. Hinter ihnen stehen ja Individuen, die zielstrebig sind und Machtgewinn suchen. Bis zu einem bestimmten Grade ist dies für die Gemeinde vorteilhaft. Aber die biologischen Systeme sind nach dem Optimalitätsprinzip konstruiert, und es gibt einen Umschlagpunkt, von dem an aus dem Guten ein Zuviel des Guten wird. Ruft man eine Organisation zur Trockenlegung von Mooren und Feuchtwiesen ins Leben, dann ist das für ein Gebiet mit vielen Feuchtwiesen sicher zunächst ein Segen. Aber einmal aktiv, baut eine solche Organisation einen Maschinenpark und einen Mitarbeiterstab auf, der beschäftigt sein will. Sie wächst, und sie wird nicht aufhören, tätig zu sein, bis auch die letzte Feuchtwiese, nunmehr zum Schaden der Gemeinschaft, trockengelegt ist. Der staatliche Ausbau des Straßennetzes ist ein höchst verdienstvolles Werk. Aber auch hier erleben wir die Überschreitung des Optimums – und es wird schwer sein, die schädliche Zubetonierung der Landschaft zu bremsen; denn eine Organisation will leben – und wachsen. Betraue ich eine Organisation mit der Aufgabe, elektrischen Strom zu erzeugen, dann wird sie das als Aufgabe ernst nehmen und nicht aufhören, bevor nicht der letzte geeignete Bach aufgestaut ist. Sie tut dies nicht aus irgendwelchen bösen, naturzerstörerischen Intentionen, sondern folgt einer Eigendynamik, die sie gar nicht selbst unter Kontrolle hat.

Schulung ist gut – und man meint allgemein, mehr Schulung sei daher noch besser. Nur: unsere Universitäten sind mittlerweile von Studenten bevölkert, deren Durchschnittsalter nahe dem durchschnittlichen Sterbealter früherer Zeiten liegt*. Ihre besten Jahre verbringen sie als Abhängige. Mit 17 Jahren müßten die jungen Leute an die Universität kommen und mit 23 bis 25 fertig sein. Aber wer könnte eine solche Reform durchsetzen? Der Trend geht eher dahin, die Promotion mehr und mehr gegen das Seniorenalter hinauszuschieben, obgleich das Mehr an Schule schließlich die Phantasie erstickt. Verwaltung und Wohlfahrt sind segensreich. Aber auch hier gibt es den Umschlagpunkt.

Die Interessen des Staates, repräsentiert durch seine Organe (Regierung, Verwaltung), und die Interessen der Bürger müssen sich im Grunde decken, wenn das System langfristig überleben soll. Interessenkonflikte zwischen Individual- und Gruppeninteresse sind jedoch kaum je zu vermeiden, vielleicht sogar ein wichtiges Regulativ gegen Verkrustungen. Das Rangstreben der einzelnen und der Organisation spielt dabei sicher eine nicht unerhebliche Rolle. Wenn es einer Person gelingt, eine Organisation als Werkzeug zur eigenen Machtvermehrung einzuspannen, dann hat sie ihr Machtpotential anderen gegenüber vermehrt. Diese erleben die Beschneidung ihrer Freiheit als Leidensdruck und werden sich zumindest innerlich dagegen auflehnen.

In einer staatlich organisierten Menschheit müssen die konkurrierenden Gruppen das Staatsinteresse als Gruppeninteresse vor dem Eigeninteresse der einzelnen rangieren lassen. Es bedarf dazu besonderer Sozialtechniken, wie jener der Indoktrination, um das zu erreichen. Wir erinnern daran, daß in alten Sagen der Held gefeiert wird, der die Interessen der Gruppe – repräsentiert durch den Fürsten – höher einschätzt als das Interesse seiner Sippe. In Maos China wurden Kinder gelobt und ausgezeichnet, die ihre eigenen Eltern als Volksverräter denunzierten. Das ist sicher ein Extremfall. Aber die neue Gruppenethik tendiert in diese Richtung, und sie ist wiederum bis zu einem gewissen Optimum sicherlich

---

* 1983 betrug das durchschnittliche Alter, in dem deutsche Studenten ihre erste Abschlußprüfung machten (Diplom, Magister, Staatsexamen), 27,5 Jahre. Zur Promotion gelangten sie im Durchschnitt mit 31,5 Jahren. Eine katastrophale Situation!

adaptiv. Ohne staatsbürgerliche Erziehung zerfällt eine Gemeinschaft. Indoktrination engt sie allerdings geistig ein. Ziel erzieherischer Bemühungen sollte daher die Bildung einer kritischen Liebe zur eigenen Gemeinschaft sein (I. Eibl-Eibesfeldt 1984).

Selektionistisch betrachtet funktioniert das auf die Dauer allerdings nur, wenn zwischen den Regierenden und den Regierten ein arbeitsteiliges Prinzip der Gegenseitigkeit herrscht, wenn also der oder die Herrschenden ihr Eigeninteresse ebenfalls dem Gruppeninteresse unterordnen.

Ein bemerkenswertes Dokument, das diese Haltung belegt, ist ein Brief Friedrichs II., den er während seines ersten Feldzuges im März 1741 an seinen Minister Heinrich Graf von Podewils schrieb: »Beiläufig gesagt: zweimal bin ich den österreichischen Husaren entwischt. Sollte mir das Unglück zustoßen, lebend gefangen zu werden, so gebiete ich Ihnen aufs strengste, und Sie haften mir mit Ihrem Kopf dafür, daß Sie sich während meiner Abwesenheit an keinem meiner Befehle kehren, daß Sie meinem Bruder ratend zur Seite stehen und daß ja der Staat nichts zu meiner Befreiung unternimmt, was unter seiner Würde ist...«

Das Staatsinteresse ist auch in diesem Falle dem Eigeninteresse überzuordnen, der Fürst in diesem Sinne ein Diener des Staates. Daß das nicht immer so ist, daß es durchaus exploitative und damit unverantwortliche Regierungen gegeben hat und gibt, ist genügsam bekannt, ebenso aber auch, daß sie sich auf die Dauer nicht bewährten.

Die Aufgabe der außenpolitischen Vertretung förderte die imponierende Selbstdarstellung der Herrschenden, die gewissermaßen zum Imponierorgan der Gemeinschaft wurden. Das führte u. a. zu kultureller Prachtentfaltung, deren künstlerische Niederschläge durchaus positive Errungenschaften darstellen.

In einem Staat werden die biologisch auf das Leben in Kleingruppen angepaßten Menschen in geordneten Verbänden, die aus sehr vielen Personen bestehen, vereint. Insofern ist der Staat eine künstliche, d. h. kulturelle Konstruktion, wie das schon Thomas Hobbes und John Locke sahen (H. Caton 1982).

Der Zusammenhalt wird durch ebenfalls kulturell entwickelte Sozialtechniken bewirkt, und die Frage, ob diese und generell die politischen Einrichtungen sich auch nach der Natur des Menschen richten sollten, wird viel diskutiert. Das Problem stellt sich natürlich nicht für jene, die eine Natur des Menschen im Sinne vorgegebener Verhaltenspositionen nicht für gegeben halten. Sie brauchen sich auch nicht zu fragen, welche politischen Ziele Aussicht auf Erfolg haben, sondern werden ihre Utopien von einem besseren Leben rücksichtslos durchzusetzen versuchen.

Beispiele für solche gesellschaftspolitischen Experimente liefert die Geschichte. Aus der jüngsten Gegenwart wäre Kambodscha unter den Roten Khmer zu nennen. Nach ihrem Sieg im Frühjahr 1975 säuberten sie die Hauptstadt Phnom Penh von ihrer Bevölkerung. Die Einwohner mußten die Stadt innerhalb von drei Tagen verlassen. Wer danach angetroffen wurde, wurde erschossen. Wohin man sich wenden sollte, wurde allerdings nicht gesagt. Kranke, Alte und Kinder starben zu Tausenden. Man verbrannte Bevölkerungsregister und Grundbücher, ebnete die Friedhöfe ein und schloß die meisten Tempel. Die Mönche kamen zur Umerziehung in Lager, Ärzten wurde ein Berufsverbot auferlegt, Silberschmiede wurden hingerichtet. Alle Bürger erhielten neue Namen. 25 Jahre Zwangsarbeit drohte jenen, die den alten gebrauchten. Die Welt sah übrigens dem Massenmorden zu und betrachtete das als innere Angelegenheit Kambodschas! Sie ließ ja auch nach der Besetzung Kambodschas durch Vietnam die Roten Khmer weiterhin als offizielle Vertretung des Landes gelten.

Aber sieht man von solchen Extremen ab, dann herrscht doch eine gewisse Übereinstimmung darin, daß der Staat die Freiheit des einzelnen nicht über Gebühr beschneiden sollte und die Sozialtechniken weniger Drohung und Zwang als Werbung und Belohnung verwenden sollten. Man sucht den Gemeinschaftssinn zu wecken und durch Überzeugung von der Richtigkeit der angestrebten Ziele Gefolgschaft zu erreichen. Am Anfang der Staatenbildung stehen allerdings oft Zwang und Unterdrückung. Stammeshäuptlingstümer wurden oft zwangsweise durch Krieg vereint. Waren die Besiegten nahe verwandt, dann wurden sie nach einer Weile meist auch ideologisch eingemeindet und gediehen unter dem Schutz des nunmehr gestärkten Verbandes. Die Zwangseinigung deutscher Stämme unter Karl dem Großen ist dafür ein Beispiel.

Zur Frage, ob die Großgesellschaft auf die Natur des Menschen Rücksicht nehmen solle, meint F. A. von Hayek (1983), daß die angeborenen Instinkte des Menschen nicht für die Gesellschaft geschaffen worden sind, in der wir heute leben. Das stimmt, aber es heißt nicht, daß wir alle Kleingruppenanpassungen überwinden müßten. Sie können durchaus auch in den Dienst einer modernen Gesellschaft gestellt werden, ja ein modernes Gesellschaftsleben wäre ohne sie gar nicht möglich. Das familiale Ethos ist, wie wir schon ausführten (Kap. 4.1), eine Voraussetzung für ein harmonisches Zusammenleben im Großverband. Wir übertragen es auf die uns unbekannten Gruppenmitglieder, wenn wir von ihnen als unseren Brüdern sprechen.

Wäre uns diese Disposition nicht als Voranpassung gegeben, dann könnten die Sozialtechniken des Staates in der Tat nur auf Zwang und Unterdrückung durch eine dominante Staatsführung beruhen. Thomas Hobbes sah das so, aber er hat nicht ganz recht. Zwang ist nur eines der Mittel, über die eine politische Führung verfügt, und sie tut gut daran, Gewalt nur in Notsituationen auf beschränkte Zeit einzusetzen. Eine Bereitschaft zur Unterordnung bringen wir sicher mit, und wir vermögen deshalb auch Dominanz für eine Weile zu ertragen. Stabiler ist jedoch ein Führer-Gefolgschafts-Verhältnis aus freier Wahl. Rangordnungen und damit die Bereitschaft zum Gefolgsgehorsam beobachten wir bereits in den individualisierten Kleingruppen. Sieht man genauer hin, dann wird man gewahr, daß in der Großgesellschaft im Grunde die gleichen sozialen Dispositionen benützt werden, die dem Menschen ein Zusammenleben im Kleinverband ermöglichen: die

Loyalität der Familie und Gruppe gegenüber; die Bereitschaft, Führungspersönlichkeiten zu folgen, zu teilen, sich mit Gruppenmitgliedern zu identifizieren und die eigene Gruppe von der Fremdgruppe zu unterscheiden; die Xenophobie, die Bereitschaft zu territorialer Abgrenzung und zu kollektivem Zusammenschluß und kollektiver Aggression bei Bedrohung. Die Infantilisierung durch Angst mit der durch sie induzierten, erhöhten Gefolgsbereitschaft wird durchaus auch in modernen Staaten als Mittel benützt, Menschenmassen an eine Führung zu binden (S. 119). Man veranstaltet Gruppenfeste, Nationalfeiertage und dergleichen mehr. Neu ist, daß der Staatsbürger sich mit einer durch gemeinsame Symbole, Bräuche und Sprache ausgezeichneten anonymen Gemeinschaft identifiziert. Je einheitlicher das Staatsvolk ist, desto leichter gelingt ihm das. Unterschiede zu anderen werden akzentuiert; das geschieht bereits in den Kleingruppen (S. 411 f.).

Auch die Führungseigenschaften, die man in der anonymen Gesellschaft anerkennt, sind im Prinzip die gleichen wie in einer Kleingesellschaft. Der Häuptling ist nicht nur erhaben, mächtig, ehrfurchtgebietend, in diesem Sinne also dominant. Er ist zugleich einer, der Frieden halten kann, der Spannungen auszugleichen vermag, der großzügig und fürsorglich ist, verteilt etc. (siehe S. 424). Mit der zunehmenden Anonymisierung der größeren Gemeinschaften wächst allerdings die Neigung, repressive Dominanzbeziehungen aufzubauen. Das schafft Unruhe und Instabilität, denn gegen repressive Dominanz rebellieren Menschen und es kommt zu ständigen Machtkämpfen. Der Bereitschaft, fürsorgliche Führung anzuerkennen, entsprechen jene Regierungsformen, in denen Führungspersönlichkeiten sich zur Wahl stellen – und auch wieder abgewählt werden können, wie das in den modernen Demokratien üblich ist. (Was nicht heißt, daß diese nicht allesamt verbesserungsfähig wären.)

Den staatstragenden Anlagen zur Gemeinschaftsbildung stehen spaltende Tendenzen gegenüber, denen eine Staatsführung entgegenwirken muß. EMILE DURKHEIM (1964) meint, der Mensch könnte sich nur mit einer beschränkten Anzahl von Menschen identifizieren. Ist die Gruppe klein, gelingt die Identifikation, wird sie größer, würden sich Untergruppen bilden. Ist die Gruppe klein, empfindet der Mensch die Ähnlichkeit mit anderen als bindend. Nimmt die Dichte zu, dann werden sie eher eine Quelle der Spannung, und die Individuen setzen sich voneinander ab. E. H. ERIKSON sprach von »kultureller Pseudospeziation« (S. 37). Wir scheinen genetisch darauf programmiert zu sein, Ähnlichkeit als Indikator genetischer Verwandtschaft zu interpretieren und in die als verwandt Erkannten altruistisch zu investieren. In den traditionellen Nationalstaaten, in denen einander auch physisch-anthropologisch ähnliche Menschen eine Gemeinschaft bilden, ist es daher nicht besonders schwierig, über Sprache, Brauchtum und zusätzliche erzieherische Beeinflussung (Indoktrination) die für das Überleben eines Staates notwendige Identifikation zu bewirken. Das Zusammenleben verschiedener autochthoner Völker in *einem* Staatsverband funktioniert harmonisch, wenn keines der Völker die Dominanz eines anderen fürchten muß (Beispiel: Schweiz). Zur Problematik multikultureller *Immigrationsgesellschaften* siehe EIBL-EIBES-FELDT (1994).

Es scheint für Staaten eine optimale Größe zu geben. Wird sie überschritten, dann wird er durch den notwendigen bürokratischen Apparat und die automatisch wachsende Steuerlast zu repressiv, fördert Staatsverdrossenheit und damit den Zerfall. Wahrscheinlich kann man dem durch eine föderalistische Strukturierung entgegenwirken (L. KOHR 1983). Diese gewährt auch dem Bedürfnis nach Pflege lokaler Eigenart einen Freiraum, was sicherlich zum inneren Frieden beiträgt.

Das Bekenntnis zum Staat als dem Interessenverband der Vielen muß dabei allerdings gewährleistet sein. Es bedarf dazu des Bandes eines gemeinsamen Wertsystems, einer staatstragenden Ideologie. Früher war dies häufig das Bekenntnis zu einem Herrscherhaus im Verbund mit einer Staatsreligion. Und wo dies der Fall war, konnte man sich zwar viel an Liberalität leisten – nur eines nicht: eine religiöse Spaltung, denn sie hätte zwangsläufig die Spaltung des Staates zur Folge gehabt. Aus diesem Grunde waren ja die Kämpfe zwischen Protestanten und Katholiken im 16. und 17. Jahrhundert so heftig. Erst als der Nationalstaat zur tragenden Ideologie wurde, konnten sich Staaten einen religiösen Pluralismus leisten.

Die Verwerfung des Nationalismus nach dem Zweiten Weltkrieg führte in einigen Staaten Europas zu einem ideologischen Vakuum. Man meinte, das Bekenntnis zur Demokratie würde genügen. Aber Demokratie ist eine Verfahrenstechnik zur Auswahl der Regierenden, die auf sehr allgemeinen ideologischen Prinzipien der Freiheit und Gleichheit basiert, welche mit unterschiedlicher Interpretation heute allen Staaten – auch Diktaturen – als Bekenntnis zugrunde liegen. An sich ein positiver Minimalkonsens. Allerdings: »Nur der Freiheit gehört unser Leben« sang man auch im Dritten Reich. Die Schlagworte erlauben doch eine weite Interpretation!

Immerhin hat man sich in der von den meisten Staaten unserer Erde unterzeichneten Charta für Menschenrechte zu allgemein verbindlichen Werten bekannt, und diese müssen bei der Konstruktion von Staatsideologien wohl berücksichtigt werden. An die Stelle der traditionellen Nationalismen dieses Jahrhunderts, die dazu neigten, nationale Überheblichkeit und Rücksichtslosigkeit (»My country, right or wrong«) zu fördern, muß ein kritischer Patriotismus treten, der das Bekenntnis zum eigenen Staat, zur eigenen Kultur und ihrer Pflege mit einer Wertschätzung und Anerkennung anderer Kulturen verbindet. Das würde auch der Entwicklung eines weltumspannenden Humanitarismus förderlich sein. Er dürfte in der Praxis am besten aus der Position innerlich gefestigter Ethnien möglich werden. Ein Bekenntnis zu einem weltumspannenden Humanitarismus ohne Absicherung durch Einbindung in die Gemeinschaft eines Staates oder Volkes dürfte die erstrebte Harmonisierung zwischenmenschlichen Zusammenlebens dagegen weniger fördern, da sie leicht einem Anarchismus Vorschub leistet. So wie wir aus dem Eingebundensein in eine Familie erst die Fähigkeit erwerben, uns auch mit anderen Mitmenschen der Gruppe zu verbrüdern, so finden wir aus der sicheren Einbindung in die Gemeinschaft eines Staates oder eines Volkes zur Bereitschaft, in allen Menschen Brüder zu sehen. Die Erweiterung des familialen Ethos zu einem die Menschheit verbindenden ist in Stufen möglich und setzt eine stufenweise Identifikation voraus. Das Bedürfnis, einer Gemeinschaft anzugehören und sich mit ihr zu identifizieren, ist bei uns Menschen stark ausgeprägt. Der Mensch sucht sowohl nach individueller als auch nach sozialer Identität (H. Tajfel 1982). Das Menschheitskonzept ist dagegen ein kulturelles Ideal, das zunächst keiner soziobiologischen Realität entspricht. Es handelt sich um ein kulturell gesetztes Ziel, das sicher anstrebenswert ist, da es zu einer Gemeinschaft miteinander kooperierender Staaten führen könnte. Wir müssen uns aber darüber klar sein, daß eine solche nur auf der Basis der Gegenseitigkeit funktionieren kann (siehe Reziprozität, S. 498 ff.).

Eine der größten Erfindungen der Menschen ist sicher die aufgeschobene Reziprozität zwischen entfernt Verwandten und Nichtverwandten. Sie schuf ein Netzwerk von Sozialversicherungen, das es dem Menschen erlaubte, in den verschiedensten Umwelten zu siedeln. Für nahe Verwandte rentiert sich Altruismus genetisch. Für entfernt Verwandte ist dies weniger der Fall, und bezieht man in die familialen Verhaltensweisen des Gebens Nichtverwandte ein, dann entwickeln sich Kontrollmechanismen. Die Personen beginnen den ökonomischen Gewinn zu berechnen. Die reziproken Austauschbeziehungen begründen sich nicht allein auf dem Bedürfnis nach sozialen Bindungen, sondern auch auf ökonomischen Erwägungen, die sicherstellen, daß keiner der Partner zu kurz kommt. Schon in den sippenbegründeten Gesellschaften sind soziale und ökonomische Probleme engstens miteinander verknüpft, was zu dauerndem Rechnen und Hadern führt. Trivers meint sogar, daß sich Hand in Hand mit der Ausbildung des reziproken Altruismus auch unsere Fähigkeit zu rechnen entwickelte.

Die Problematik der Staatsautorität ergibt sich aus der schon erläuterten Machtdynamik der Organisationen, die auch den Verwaltungsapparaten einer Regierung eigen ist. Der Staatsapparat kann sich auf diese Weise verselbständigen. Belastet er das Gemeinwesen, dann korrigiert die Ausmerze den Fehler durch die Vernichtung der Einrichtung, aber dabei geht häufig nicht nur das herrschende System in die Brüche, sondern die geschwächte Gemeinschaft läuft ebenfalls Gefahr, Beute besser organisierter Staaten zu werden. Es ist allerdings nicht ganz auszuschließen, daß sich Staatsformen entwickeln, die so durchorganisiert sind, daß keinerlei Freiraum für den einzelnen bleibt, und die sich dennoch halten, weil sie sich als überlebenstüchtig erweisen. Eine solche Entwicklung würde jedoch unserem individualistischen Wertempfinden widerstreben. Und auch rational dürfte begründbar sein, daß ein weltoffener Generalist sich mehr evolutive Möglichkeiten offenhält als ein perfekt an seine Gegenwart angepaßter Spezialist.

Da der Staat eine geschichtlich recht neue Erfindung ist, ist es nicht verwunderlich, daß sich die Menschheit bezüglich der Staatsformen noch im Experimentierstadium befindet. Niemand kann guten Gewissens fertige Rezepte anbieten, wohl aber lassen sich einige Leitlinien aufzeigen. Dazu gehört die Empfehlung, zu Neuanpassungen bereit und neuen Gedanken gegenüber offen zu sein. Gerade das aber scheint das schwierigste, denn an die Stelle, wo uns das Wissen um das Wie aus Sachkenntnis fehlt, setzen wir die Überzeugung, um Sicherheit zu gewinnen – und das führt zu ideologischer Verhärtung.

Die politischen Wissenschaften bemühen sich neuerdings durch Einbeziehung biologischer Fragestellung und Methodik um ein Verständnis der hier behandelten Erscheinungen. Eine Reihe von sehr wichtigen Beiträgen sind in H. FLOHR und W. TÖNNESMANN (1983) zusammengestellt. Von diesen sind insbesondere zu nennen die Beiträge von S. M. HINES, ST. A. PETERSON, R. D. MASTERS und P. MEYER. Des weiteren sei hingewiesen auf die Schriften von R. L. CARNEIRO (1970, 1978), H. CATON (1981, 1982), H. J. M. CLAESSENS und P. SKALNIK (1978), P. CLASTRES (1976), R. COHEN und E. R. SERVICE (1978), P. COLINVAUX (1980), P. A. CORNING (1981), L. KRADER (1968), H. S. LEWIS (1981), J. E. PFEIFFER (1977) und E. R. SERVICE (1978).

> »Überbevölkerung und Überorganisation haben die moderne Metropole geschaffen, in welcher ein wirklich menschliches Leben mit vielfältigen, persönlichen Beziehungen fast unmöglich geworden ist. Daher muß man, wenn man die seelisch-geistige Verarmung der Einzelmenschen und ganzer Gesellschaften vermeiden will, die Großstadt verlassen und die kleinen Gemeinden wiederbeleben oder andernfalls die Großstadt vermenschlichen, indem man innerhalb ihres Netzwerkes mechanischer Organisationen die städtischen Äquivalente kleiner Landgemeinschaften aufbaut, in welchen die Individuen als Gesamtpersönlichkeiten zusammenkommen und zusammenarbeiten können, nicht als bloße Verkörperungen spezialisierter Funktionen.«
>
> A. HUXLEY (1981 : 363)

8.2.2.2 *Das Miteinander der Vielen:* Das Leben in der Großgesellschaft wird nicht nur vom Verhältnis zwischen Regierenden und Regierten belastet. Außer den Einschränkungen durch eine Verwaltung empfinden wir das Miteinander in den Ballungsgebieten belastend aus Gründen, die wir zum Teil bereits aufzeigten, die wir uns aber in diesem neuen Zusammenhang in Erinnerung rufen wollen.

Die Probleme zwischenmenschlichen Zusammenlebens erwachsen u. a. aus der schon besprochenen Tatsache (Kap. 4.2), daß Mitmenschen Merkmale besitzen, die sowohl freundliche Zuwendung als auch Ablehnung auslösen. Daraus resultiert eine deutliche Ambivalenz der zwischenmenschlichen Beziehungen. Wir erwähnten, daß persönliche Bekanntheit die angstauslösende Wirkung bestimmter Merkmale des Mitmenschen stark abschwächt, weshalb wir uns im Kreise der »Vertrauten« geborgen fühlen. In der anonymen Massengesellschaft sind wir dagegen in erster Linie von Fremden umgeben. Das agonale System wird aktiviert, insbesondere dessen Fluchtkomponente. Unser Verhalten ist daher in Richtung auf Mißtrauen verschoben, und wir erleben demgemäß den Mitmenschen als Stressor. Um mit dieser Situation zurechtzukommen, entwickelte der Städter eine Reihe von Strategien der Kontaktvermeidung. Er vermeidet z. B. den Blickkontakt mit Fremden.

Die Kontaktvermeidung beschränkt sich jedoch nicht nur auf den Blickkontakt. In den großen Städten verhalten sich Menschen selbst dann, wenn andere in Not geraten, so, als ginge sie der Mitmensch nichts an, und sie verweigern den Beistand (C. McCauley und J. Taylor 1976). Unter anderem aus dem Grunde, weil sich die Verantwortung verdünnt und jeder meint, der andere wäre für Hilfe zuständig. Wir wiesen auch darauf hin, daß die Großstadtbewohner in der Öffentlichkeit unentwegt ihr Gesicht wahren und es auch tunlichst vermeiden, Schwäche zu zeigen; einerseits sicher auch aus Rücksichtnahme, um andere nicht mit privaten Problemen zu belästigen, zum anderen aus Angst, andere könnten Schwächen ausnützen.

Eine weitere Strategie der Anpassung besteht darin, provozierende Merkmale abzulegen. Das gilt vor allem für den Mann, der Sender von vielen distanzhaltenden Signalen ist, während die Signale der Frau eher bindende Verhaltensweisen der Kontaktnahme aktivieren. Wir beobachten dementsprechend eine Uniformierung des Mannes in Unscheinbarkeit. Der eher graue Alltagsanzug verbirgt herausfordernde Individualität (S. 478), gleiches bewirkt das Rasieren. Auf die geruchliche Tarnung der Individualität durch den Gebrauch von Desodorants wiesen wir hin (Kap. 6.1). Wenn persönliche Verbundenheit fehlt, ist der Mensch generell bereiter, aggressiv zu reagieren und seinen Vorteil gegenüber den ihm Unbekannten rücksichtsloser wahrzunehmen.

Das ist einer der Gründe, weshalb in der Anonymität die Kriminalität gedeiht. Man gibt sich dem Fremden gegenüber weniger verantwortlich. Th. S. Weisner (1979) verglich das Verhalten von Stadt- und Landkindern in Kenia. Stadtkinder waren weniger freundlich, mehr dominant und aggressiv gegenüber ihresgleichen als Landkinder. Ähnliche Entwicklungen zeichnen sich in Neuguinea ab (M. C. Madsen und D. F. Lancy 1981). Die Zunahme an Aggressivität im städtischen Milieu ist demnach nicht nur auf unseren Kulturkreis beschränkt. Allerdings – das sei auch in Erinnerung gerufen – hat das Leben in der anonymen Gesellschaft auch seine angenehmen Seiten.

In der individualisierten Gemeinde lebt der einzelne zwar in Geborgenheit, aber nur solange er sich der Norm gemäß verhält. Er steht unter ständiger Beobachtung, und diese unentwegte Kontrolle kann für jene außerordentlich belastend sein, die dank gewisser Sonderbegabungen im Kleinverband eine Außenseiterrolle einnehmen. Diese finden selten eine Möglichkeit, ihre Sonderbegabungen sinnvoll in den Dienst der Gemeinde zu stellen und tanzen dadurch als Sonderlinge aus der Reihe. Die Großstadt bietet solchen Menschen die Möglichkeit, eigene Wege zu gehen, ohne dem ständigen Normierungsdruck ausgesetzt zu sein. Darüber hinaus bietet die Vielzahl der Menschen auf engem Raum auch Möglichkeiten der Begabungsentfaltung, da sich für Sonderbegabungen auch Gleichgesinnte und Interessenten finden.

Deshalb meint N. LUHMANN (1982 : 13) auch: »Es ist sicher ein Fehlurteil, wenn man die moderne Gesellschaft als unpersönliche Massengesellschaft charakterisiert und es dabei beläßt.« Nur ein Teil der Beziehungen ist unpersönlich, aber man findet auch leichter Gleichgesinnte und kann bestimmte Beziehungen durchaus pflegen und intensivieren. Viele allerdings haben echte Schwierigkeiten in der anonymen Gesellschaft, Gleichgesinnte zu finden, und das führt sie in die Arme von Sekten und anderen Organisationen, die Geborgenheit anbieten.

In den Großstädten tauchte in den letzten zwei Jahrzehnten zunehmend das Problem der radikalen jugendlichen Minderheiten auf. Die Eidgenössische Kommission für Jugendfragen in Bern kam aufgrund einer Untersuchung der Jugendkrawalle in Zürich zu dem Ergebnis, daß Entfremdung, Lieblosigkeit und Kommunikationsverlust die bewegenden Gründe für die Unruhen waren. Slogans wie »Nieder mit dem Packeis« und Aussagen wie »Wir haben nichts zu verlieren außer unserer Angst« belegen dies sehr deutlich. Es stellt sich heraus, daß in der Großstadt das soziale Beziehungsnetz (Vater, Mutter, Kinder) einfach zu klein ist, um allen sozialen Bedürfnissen des heranwachsenden Menschen gerecht zu werden.

Die Anonymität der zwischenmenschlichen Beziehungen und die Bindungslosigkeit des Menschen stellen wohl die sozialen Kernprobleme unserer Gesellschaft dar. Sie werden leider nicht in ihrer vollen Tragweite erkannt, wie man an vielen Maßnahmen der Verwaltung erkennen kann. So hat man erst kürzlich in Deutschland im Rahmen einer Verwaltungsreform kleine Gemeinden zugunsten zentraler Verwaltungen aufgelöst. Das vereinfacht zwar die Verwaltung und verbilligt sie auch, zugleich aber sind die zwischenmenschlichen Beziehungen anonymer geworden. Man hat auch viele der kleinen Dorfschulen aufgelöst, und neuerdings strebt man in Schulen Leistungskurse wechselnder Zusammensetzung an, was die Klassengemeinschaft zerstört. – Das wird von einigen Ideologen begrüßt, weil sie meinen, gegen jede Art von Zusammenschlüssen ankämpfen zu müssen, da Gruppenbildung Diskrimination zwischen Gruppenangehörigen und Gruppenfremden bedeute. Man übersieht dabei, daß differenzierte soziale Bindungen unseren Bedürfnissen entsprechen, auch Gruppenbildung innerhalb von Gruppen.

Bei Naturvölkern gibt es sie ebenfalls. So werden, wie schon erwähnt, bei den Eipo Neuguineas immer einige Jahrgänge junger Männer aus einem ganzen Tal gemeinsam initiiert. Sie bilden dann zeitlebens eine Initiationsgruppe. Ein Gefühl der Zusammengehörigkeit bindet und verpflichtet sie. Daneben haben sie noch

Familienbindungen, Klanbindungen, Bindungen an eine Dorfgemeinschaft, Bindungen an Handelspartner – kurz, es besteht ein kompliziertes Netzwerk von Bindungen und damit auch empfundenen Verpflichtungen, die den einzelnen in der Gemeinschaft absichern. Jede Bindung ist auf ihre Art wichtig; sie erfüllen alle auf verschiedene Weise die sozialen Bedürfnisse des Menschen, wie sein Bedürfnis nach Ansehen, Geborgenheit, Beistand, Spiel, Diskussion, Meinungsaustausch, Rat und vieles andere mehr. Man kann durchaus verschiedenen Gruppen angehören; man pflegt in ihnen in der Regel verschiedene Arten sozialer Beziehungen und trainiert damit soziale Eigenschaften, die gerade für die heutigen Anforderungen eines Lebens in der Großgemeinschaft von höchster Bedeutung sind.

Dazu gehört insbesondere die Entwicklung einer Vertrauensbasis. Das kann nicht oft genug betont werden, da gerade manche Berufspolitiker zu meinen scheinen, die Lüge sei ein gesellschaftlich akzeptables Instrument der Politik; und auch die Tagespresse nimmt es damit nicht mehr allzu genau. Wir akzeptieren das eigentlich auch; nur glauben wir eben niemandem mehr so richtig. Wir nehmen nur noch unsere engeren Freunde und Familienangehörigen beim Wort. Wie aber kann man in der Außenpolitik vertrauenswürdiger Partner sein, wenn man das bereits in der Innenpolitik nicht fertigbringt! Angesichts der Gefahren internationaler Konflikte muß dieser Mangel immer wieder in Erinnerung gerufen werden. Schließlich würde ein Nuklearkrieg das Ende der Zivilisationen, wenn nicht der Menschheit bedeuten (R. P. TURCO und Mitarbeiter 1983).

Eine gesunde Vertrauensbasis würde innenpolitisch auch die Angst mildern, die viele junge Menschen für Ideologien so anfällig macht. Sicherheit bietet in diesem Sinne die Bindung an eine Heimat, die bei der heutigen Mobilität erschwert wird, ferner die ideologische Einbindung in eine Gemeinschaft. Das Bekenntnis zum eigenen Volkstum und zur eigenen Kultur bietet sich an*.

Ein solches Bekenntnis schließt einen Pluralismus religiöser und politischer Art keineswegs aus; und es muß auch nicht zwangsläufig zu einem aggressiven Ethnozentrismus führen, der alles andere ablehnt. Im Gegenteil, je sicherer sich Menschen in der Bewahrung ihrer eigenen Werte fühlen können, desto aufgeschlossener und freundlicher treten sie ihren Nachbarn gegenüber. Man lernt die Vielfalt der Kulturen als Wert erst dann schätzen, und man trägt dazu durch die Pflege des eigenen kulturellen Erbes bei. Die negativen Formen des Ethnozentrismus entwickeln sich ja erst aus einer Frontstellung heraus, d. h. wenn Gruppen sich in ihrer Ethnizität bedroht fühlen – sei es kriegerisch durch Fremdherrschaft oder durch Unterwanderung.

---

* Wir sprachen bereits davon, daß die Rituale des Alltags den Menschen in die Gemeinschaft einbinden helfen. In einem falsch verstandenen Rationalismus hält man sie für überflüssig und trägt damit zur Verunsicherung bei. Das drängt viele in die Hände der Sekten. Aber wenn nicht im engsten Familienkreis jemand davon betroffen ist, verhalten wir uns, als ginge uns das nichts an. Höchstens eine Tragödie wie jene der Anhänger des Reverend Jim Jones in Guyana bringt uns kurz zum Aufhorchen. Aber das geschah 1978 und ist damit längst vergessen.

Biologen denken in anderen Zeitabläufen. Sie wissen, daß Vielfalt, im Tierreich durch Arten und Unterarten und beim Menschen über die biologische Subspeziation hinausgehend in kultureller Vielfalt, die Strategie der Absicherung ist, über die sich das Leben erhält. Uns Menschen stört allerdings die oft feindliche Abgrenzung gegen andere. Hier gilt es, neben der Pflege des kulturellen Selbstbewußtseins – ohne die vor allem die traditionellen Stammeskulturen zum Untergang verurteilt sind – zur Wertschätzung des anderen zu erziehen. Das geschieht am besten im nachbarlichen Nebeneinander, also mit klarer territorialer Abgrenzung. Dann kann jede Gruppe über Fortpflanzungsraten, Umweltpflege, wirtschaftliche Maßnahmen und dergleichen mehr selbst bestimmen. Der Wunsch, Menschen zu helfen, die in Not waren, wirtschaftliche Interessen und mangelnde Voraussicht haben in einigen Ländern der westlichen Welt dazu geführt, daß die Einwanderung die Grenzen der assimilatorischen Kraft erreichte. Statt der erwartenden Verbrüderung kam es zur Abgrenzung und zu Spannungen. Überfremdungsfurcht entwickelte sich mit allen negativen Folgen und eine, wie mir scheint, sehr gefährliche Anfälligkeit für die Parolen extremer politischer Gruppierungen. Einwanderung und kulturellen Austausch hat es immer gegeben, das störte den inneren Frieden nicht, solange es sich in Grenzen hielt, ja es trug zur gegenseitigen Befruchtung bei. So sollte es auch bleiben. Grundsätzlich gilt, daß die verschiedenen Ethnien nicht nur das Recht, sondern auch die Verpflichtung haben, ihre eigene Existenz abzusichern. Nur wenn sie überleben, können sie ihren positiven Beitrag zur Vielfalt der Weltkulturen leisten. Und überleben bedeutet nun einmal überleben in eigenen Nachkommen – eine Trivialität, die jene zu vergessen scheinen, die darauf drängen, ihr Land allen Bedürftigen zur Einwanderung zu öffnen. Das geht auf Kosten der Chancen ihrer eigenen Enkel und trägt darüber hinaus nicht zu der von allen gewünschten Harmonisierung der zwischenmenschlichen Beziehungen bei. Wir Menschen sind als Bürger dieser Erde einander zur Hilfe verpflichtet, und zwar über die Landesgrenzen hinweg. Selbstaufopferung scheint jedoch nicht der vernünftige Weg. Wir müssen unsere Gedanken mehr auf präventive Strategien konzentrieren, auf Maßnahmen also, die verhindern helfen, daß die Not vor allem in den Ländern der dritten Welt weiter zunimmt. Zur Diskussion der Problematik siehe EIBL-EIBESFELDT (1994). Die Meinung, ein Weltfriede könne nur hergestellt werden, wenn alles sich zu einer Weltkultur vermenge und alle Grenzen fallen würden, zieht nicht in Betracht, daß alles Leben nach Vielfalt strebt, indem es neue Wege sucht. Nur eine extrem repressive Verwaltung könnte diese Dynamik der »Suche nach einer besseren Welt« (K. POPPER) unterbinden.

Zusammenfassung 8.2

Mit der Erfindung der Feldbestellung und Tierzucht bekräftigte der Mensch seine ökologische Dominanz, und der Aufbau eines größeren Bevölkerungspotentials leitete Entwicklungen ein, die kulturelle Höchstleistungen ermöglichten, aber auch zu bedrohlicher Degradation der Umwelt und zum Aufbau eines gefährlichen Machtpotentials der Großgesellschaften führten.

Die bewaffnete Konkurrenz der Gruppen führte zur Bildung von organisierten Staaten; denn wer im Falle eines Konfliktes mehr Krieger organisieren konnte, war im Vorteil. Es bildeten sich Staatsführungen, die die Verteidigung organisierten, für Zusammenhalt und inneren Frieden sorgten und deren Organe immer mehr Aufgaben übernahmen, die bis dahin dem einzelnen oder dem Familienverband oblagen.

Das bedeutete einerseits Entlastung, andererseits führte die Entwicklung zu einer zunehmenden Entmündigung des Bürgers und zur Einengung seiner Freiheiten. Die Problematik der Beziehung zwischen Regierung und Regierten ist keineswegs gelöst. Die Menschheit befindet sich hier seit dem Beginn der geschichtlichen Zeit im Experimentierstadium. Es geht dabei insbesondere um die Frage, wie weit die Freiheiten des einzelnen im Dienste der Allgemeinheit eingeschränkt werden dürfen und wie weit die sozialen Techniken auf die Natur des Menschen Rücksicht nehmen sollten. Wichtig für jede Entscheidung muß die Einsicht sein, daß zwischen Regierenden und Regierten eine reziproke Abhängigkeit besteht und Fehlanpassungen über Gruppenselektion letztlich die Korrektur auf Kosten beider erzwingen.

In der Praxis nehmen die Sozialtechniken nicht nur Rücksicht auf die menschliche Natur, sie nützen auch alle jene Anlagen, die bereits auf der Stufe des Jägers und Sammlers ein Gruppenleben herbeiführen, als da sind: die Bereitschaft, geschlossene Gruppen zu bilden, Rangordnungen aufzubauen, die Territorialität, die Bildung des Gruppenbewußtseins mit bewußter Absetzung von anderen, die Xenophobie, das familiale Ethos und die vielen Verhaltensmechanismen, die Bindung herbeiführen. Über Indoktrination wird das familiale Ethos zum Gruppenethos erweitert und über ersteres gestellt. Ohne Bekenntnis zum Staat dürfte ein Staatengebilde kaum über längere Zeit überleben. Die staatsbindende Ideologie muß jedoch nicht notwendigerweise zur feindseligen Absetzung von anderen führen, noch wird durch sie ein kultureller Pluralismus ausgeschlossen. Bekenntnis schließt Verstehensbereitschaft nicht aus. Die Vernunft sollte vor der Überzeugung stehen, da letztere ohne dieses Korrektiv leicht zu ideologischer Verhärtung führt.

Vom Menschen geschaffene Organisationen entwickeln eine eigene Dynamik, die u. a. vom Machtstreben ihrer Träger angetrieben wird. Dabei wird das Optimum der Funktionserfüllung im Dienste des Gemeinwohls, gemessen an der Gruppeneignung, überschritten. So wie es ein Zuviel an Gutem in Schule oder beim Straßenbau geben kann, so kann es auch ein Zuviel an Verwaltung, ein Zuviel an Staat geben. Das führt zum Rangstreit zwischen den Bürgern, die ihre Freiheiten verteidigen, und der staatlichen Verwaltung – ein Konflikt, der das allgemeine Wohl zu beider Schaden gefährdet. Es ist daher wichtig, das Optimalitätsprinzip zu erkennen und auf den optimalen Beitrag einer Organisation zur Gruppeneignung zu achten.

Dem friedlichen Miteinander der Menschen in der anonymen Großgesellschaft steht die Angst des Menschen vor dem Mitmenschen bremsend entgegen. Man muß sie in Rechnung stellen und alles meiden, was sie verstärkt. Alles, was Vertrauen bekräftigt und damit Angst besänftigt, ist in diesem Sinne zu begrüßen. Die heute so gebräuchliche Lüge als Mittel der Politik ist dagegen aufs schärfste zu bekämpfen. Sie gefährdet nicht nur den inneren, sondern auch den zwischenstaatlichen Frieden.

8.3 Zur Ethologie des Siedelns und Wohnens

»Schade, daß Beton nicht brennt« lautet die Überschrift eines Aufsatzes im »Zeitmagazin« vom 16. Juli 1982, den ich gerade vor mir liegen habe. In der Tat bedrücken die monotonen grauen Betonstrukturen der Großstadt, gleich ob sie sich nun in Wohnblöcken oder im »Brutalstil« der neuen Universitäten à la Bielefeld oder Bochum äußern.

Die Verstädterung hat in den letzten 200 Jahren rapide zugenommen. In Deutschland ging die Landbevölkerung zwischen 1800 und 1925 von 75 Prozent auf 22,8 Prozent zurück (Abb. 8.2). 1982 betrug ihr Anteil 15,4 Prozent. Ähnliche

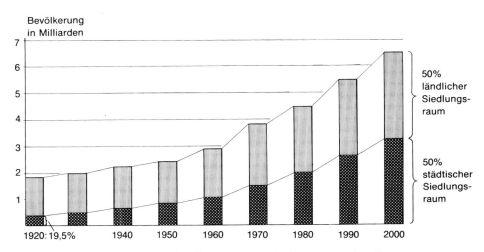

Abb. 8.2: Die Zunahme der Stadtbevölkerung im Vergleich zur Gesamtbevölkerung. Aus W. ENGELHARDT (1979).

Entwicklungen zeichnen sich in anderen Industriestaaten, aber auch in den Entwicklungsländern ab. Von 1950 bis 1978 verdoppelte sich die städtische Bevölkerung der Welt. Hält der augenblickliche Trend an, dann kann man bis zum Jahre 2000 mit einer weiteren Verdoppelung rechnen; dann wird die Mehrheit der Weltbevölkerung in Städten leben und damit in einer naturfernen Kulturlandschaft, die das menschliche Anpassungsvermögen vor einige Probleme stellt, mit denen sich die Städtebauer auseinandersetzen müssen.

Gegenwärtig bieten die großen Städte zwar viele Attraktionen. Viele Städter beklagen aber die Naturferne dieser Kulturlandschaft. Die Großstadt ist durch das Vorherrschen toter Strukturen gekennzeichnet. Die Straßenzüge sind mit Asphalt oder Beton bedeckt, graue Häuserzeilen mit einförmigen, wenig strukturierten Fassaden beherrschen das Stadtbild. Durch den starken Straßenverkehr wird der Fußgänger auf die Gehsteige verwiesen, auf denen Gedränge herrscht. Die Straßen werden zu Verbindungswegen, eignen sich jedoch nicht mehr zum Aufenthalt. Man hat das Schädliche dieser Entwicklung durchaus erkannt und versucht heute, mit Fußgängerzonen Abhilfe zu schaffen.

Die Stadt lebt zudem von der Zufuhr von Fremdenergie. Elektrizität und Wärme werden im allgemeinen durch die Verbrennung fossiler Brennstoffe (Öl und Kohle), in einem gewissen Umfang auch durch Wasserkraft und Atomenergie erzeugt. Ersteres belastet zusammen mit den Auspuffgasen der Automobile die Luft, die stark verunreinigt ist (H. SCHAEFER und W. FLASCHAR 1978, H. SCHAEFER 1978). Kohlenmonoxid und Schwefeldioxid gehören neben Bleiverbindungen zu den Schadstoffen, die die Stadtumwelt in besonderer Weise belasten. Dazu kommen noch Ruß und Staub, die das Sonnenlicht filtern. Auch sonst ist die Stadt schmutzig. Um die Abfälle zu beseitigen und die Abwässer zu reinigen, bedarf es eines großen Aufwandes. Die selbstreinigenden Kräfte des Ökosystems reichen dazu nicht mehr aus. Belastend ist ferner der Lärm, insbesondere der des Straßenverkehrs. Zu diesen Belastungen kommen noch solche, die sich aus dem Zusammenleben von Menschen ergeben, die einander nicht kennen.

Will man die Stadtumwelt wohnlicher gestalten, dann muß man gewisse soziale und ökologische Bedürfnisse des Menschen berücksichtigen; Bedürfnisse, die sich unter anderem aus reiner Motivationsstruktur ergeben, die nicht allein Produkt unserer gegenwärtigen Umwelt, sondern auch Produkt einer langen stammesgeschichtlichen Entwicklung ist, die unsere Persönlichkeit mitprägte.

Die Ansprüche des Menschen an seine Umwelt sind sehr vielseitig und keineswegs im einzelnen erforscht. Man kann sie jedoch aus seinem Verhalten einigermaßen schließen. So lehrt uns die »Blechlawine« an den Wochenenden, daß der Mensch ein Bedürfnis nach »Natur« hat. Das heißt, er will sich in frischer Luft und Sonne bewegen, in unverbauter Landschaft mit Baumgruppen, Wiesen, Gewässern. Dabei besteht offenbar auch das Bedürfnis, sich ein solches Gebiet anzueignen, d. h. eine territoriale Bindung herzustellen. Wie stark der Wunsch des Städters ist, ein Territorium im Grünen zu besitzen, geht aus Untersuchungen von UDO HANSTEIN hervor (zitiert nach K. BUCHWALD 1978), der fand, daß viele Taunusbesucher die Gewohnheit haben, ein bestimmtes Waldgebiet immer wieder aufzusuchen und quasi über die Wochenenden in Besitz zu nehmen. »Was bedeutet es, wenn z. B. die Taunusbesucher trotz ihrer durch das Auto gegebenen Beweglichkeit und eines reichen Angebotes attraktiver Plätze zu einem großen Teil immer an den gleichen Ort kommen? Stumpfsinn oder Gewohnheit bieten gewiß nicht die rechte Erklärung. Ergreifen sie, die vielleicht kein Haus und keinen Garten zu eigen haben, gewissermaßen Besitz von einem ganz bestimmten Fleckchen Grund und Boden? Haben sie ihre Lagerplätze, ihren Weg, ihren Blick, ihre Bank aufgesucht und innere Beziehungen geknüpft, die mit der Zeit immer enger werden? Eine ganze Landschaft ist zu groß, zu unüberschaubar, um in der wenigen Zeit, die dafür zur Verfügung steht, mit ihr vertraut zu werden. Von einem kleinen Ausschnitt dagegen kann man innerlich – und für einige Dutzend Stunden im Jahr auch äußerlich – Besitz ergreifen. Über diese Fragen sollten wir nachdenken. Wenn die Vermutung richtig ist, daß hier – trotz oder gerade wegen der heutigen Mobilität – ein Stückchen Heimat gesucht wird« (K. BUCHWALD 1978).

Der Mensch hat sicher ein Bedürfnis, aus der ihn umgebenden Natur ein Stück als sein Territorium auszuklammern und innerhalb dieses Territoriums sein Heim einzurichten. Befragungen in Deutschland ergaben, daß 70 bis 80 Prozent der Bevölkerung das Einfamilienhaus mit Garten zum Wohnen vorziehen.

In der Tat folgte auf eine Phase der Konzentration in Großstädten eine Phase der Auflockerung, die zur viel beklagten Zersiedelung der Stadtumgebung führt und zu einer hohen Belastung der Straßen durch den Individualverkehr (siehe auch W. MOEWES 1978). Die Vorteile des Stadtlebens gingen dabei verloren, die Familien isolierten sich, ohne ganz die Vorteile eines Landlebens zu gewinnen. Beim Leben im Einfamilienhaus mit Garten wird die territoriale Gruppe auf die Familie reduziert; und wenn es nicht gelingt, mit den Nachbarn eine Gemeinde zu bilden, dann wird nur das territoriale Bedürfnis, nicht aber das ebenfalls starke Bedürfnis nach dem individualisierten Verband befriedigt.

Dem Bedürfnis nach Abschließung und Abgrenzung tritt das Bedürfnis nach Kontakt und Geselligkeit zur Seite, und ideal ist es, wenn man beides nach persönlichem Bedarf suchen kann. Das kann jeder Buschmann und jeder steinzeitlich lebende Papua. Er braucht nur aus seiner Wohnhütte oder seinem Haus zu treten und findet sich schon auf dem Platz vor dem Haus inmitten einer Gemeinschaft – und er kann sich in seine Hütte zurückziehen, wenn er Ruhe und Privatheit haben will. Wenn der Bewohner einer Vorstadtsiedlung aus dem Hause tritt, ist er dagegen allein; und wenn er es in der Großstadt tut, dann ist er inmitten von Fremden, die an ihm vorbeihasten und die er selbst scheut, da er sie nicht kennt. Das Bedürfnis nach Privatheit ist in beiden Fällen abgesättigt, eine Einbindung in eine größere Gemeinde wird jedoch vermißt, und der einzelne kann sie nur schwer finden. Es mangelt dazu an Begegnungsstätten. Eine humane

Städteplanung muß solche vorsehen. Sie muß die Möglichkeit zu sozialen Kontakten schaffen, es im übrigen aber dem einzelnen überlassen, sein Leben zu gestalten. Eine Nachbarschaftsideologie, die darauf abzielt, solche Kontakte dadurch zu erzwingen, daß Begegnungen unvermeidlich sind, könnte zu Gereiztheit, Kontaktablehnung und Konflikten führen. Dem Bedürfnis nach Privatheit muß genauso entsprochen werden wie jenem nach Sozialkontakt.

Diesen Grundbedürfnissen kommt die Anlage der Siedlungen bei allen Naturvölkern, die mir bekannt sind, entgegen. Bei den G/wi-Buschleuten der Kalahari sind die kleinen Rundhütten um einen zentralen Platz angeordnet, bei den Waika-Indianern am oberen Orinoko gilt gleiches für die Pultdächer, unter denen die einzelnen Familien ihre Hängematten aufgespannt haben. Bei den Eipo findet sich die Dorfgemeinde an jedem Morgen zum geselligen Beisammensein auf den Männer- und Frauenplätzen ein, bevor sie zur Arbeit in die Gärten zieht. Darüber hinaus haben die Männer noch ihr Männerhaus, in dem die initiierten Männer am Spätnachmittag zusammenkommen, nach Lust und Laune, und auch um männliche Besucher zu empfangen. Wo Klima und Insekten den Aufenthalt im Freien erschweren, findet man oft Gemeinschaftshäuser, die dem Bedürfnis nach Geselligkeit außerhalb des Familienlebens entgegenkommen (Abb. 8.3–8.7).

Das eigene Heim besteht im einfachsten Fall aus einem Windschirm. Er schützt gegen Sonne, Wind und Regen und sichert auch Privatheit, ein Bedürfnis, das überall nachzuweisen ist. Selbst dort, wo mehrere Familien ein Gemeinschaftshaus bewohnen, hat jede Familie ihren eigenen Schlafplatz und ihre eigene Feuerstelle. Es bedarf im Grunde nicht viel, um das Bedürfnis nach Privatheit in einer Gesellschaft zu erfüllen und Schutz vor Witterungseinflüssen, Insekten und Freßfeinden zu finden. Die kleine Rundhütte der Buschleute erfüllt dieses Bedürfnis ebenso wie das Pultdach der Yanomami oder der Windschirm der Agta. Gegen Raubtiere schützen bereits ein Wall aus dornigen Zweigen und das Feuer. Größere Anforderungen stellt der Schutz vor dem feindlichen Nachbarn. Wo solche Feinde eine größere Rolle spielen, legt man die Orte so an, daß man ein freies Vorfeld hat, das eine unbemerkte Annäherung erschwert. Typisch für das Bergland von Neuguinea sind z.B. Siedlungen auf Bergrücken, die schwer angegriffen werden können. Unsere Vorliebe für Ausblick und überschaubares Gelände um unser Heim mag auf dieses Sicherheitsbedürfnis zurückzuführen sein.

Es wäre nun falsch, würde man aus der Einfachheit vieler menschlicher Behausungen schließen, der Mensch brauche eigentlich nicht viel mehr als ein Dach über dem Kopf und ein Abteil, das ihn von der Gemeinschaft trennt. Der Buschmann, der in seiner kleinen Hütte schläft, verbringt viele Stunden des Tages auf dem Platz unmittelbar davor oder in der näheren Umgebung, mit seinen Kindern spielend, handwerkliche Tätigkeiten verrichtend, Nahrung zubereitend, essend, mit anderen plaudernd und rauchend. Diese Umgebung der Hütte mit ihren vielfältigen Funktionszuweisungen muß die moderne Wohnung erfüllen, und zwar in zunehmendem Maße, wohnt man doch immer seltener um einen Platz und damit auch vor seinem Hause. Das war in Mitteleuropa ohnedies nur in der warmen Jahreszeit möglich. In gewisser Hinsicht war man in unseren Breiten auch daran angepaßt, einen gewissen Teil des Jahres im Schutze eines Hauses zu verbringen, das dann auch mehr als nur den Schlafraum bieten mußte.

Bereits die Gesellschaft der Naturvölker differenziert zwischen Kernfamilie, Großfamilie, Sippe, Freundeskreis und Lokalgruppe (individualisierter Verband der Horde oder Dorfgemeinschaft), die meist in enger räumlicher Nachbarschaft leben und unter anderem meist auch ein gemeinsames Territorium teilen. Darüber hinaus gibt es Territorien-übergreifende Vernetzungen durch Klanzugehörigkeit, Initiationszugehörigkeit und andere kulturell definierte Gemeinsamkeiten. Die Einbindung in diese verschiedenen Gemeinschaften vermittelt dem einzelnen zusätzlich eine gewisse Sicherheit. Er kennt seine Beziehung zu den verschiedenen Personen, weiß, von wem er notfalls auch Hilfe erwarten kann. In seinem System gegenseitiger Verpflichtungen, die mit dem Lebensalter wechseln, ist das Leben des einzelnen in die Gemeinschaft zumeist vertrauter Leute eingebettet und abgesichert.

Dem modernen Großstadtmenschen ging ein Teil dieses Beziehungsnetzes verloren. Die Familie ist im wesentlichen auf die Kernfamilie beschränkt. Hier gilt es, den Menschen durch entsprechende Maßnahmen des Wohnungs- und Städtebaus aus seiner Isolation zu lösen und ihm Aufbau und Erhaltung eines differenzierten sozialen Beziehungsnetzes zu ermöglichen. Das setzt neben den schon angesprochenen Infrastrukturen, wie Stätten zwangloser Begegnung, auch Möglichkeiten des nachbarlichen Zusammenwohnens mehrerer Generationen voraus.

Das Bedürfnis nach territorialer Inbesitznahme eines Raumbezirkes könnte durch Wohnungseigentum erfüllt werden. Durch Einrichtung kann jeder seiner Wohnung die individuelle Note geben. Dabei ist zu bedenken, daß heute die Wohnung auch Raum für gesellige Zusammenkünfte bereitstellen sollte. Früher traf man sich zumindest in der guten Jahreszeit vor dem Haus. Heute muß man sich in der Wohnung mit anderen treffen. Die »gute Stube« ist in diesem Sinne daher nicht als Luxus zu betrachten. Eine Wohnung ist eben auch ein »Organ« des Menschen, über das er sich vor den anderen darstellt. Diese Funktion hat insbesondere für Personen mit niederen und mittleren Einkommen »psychohygienische« Bedeutung. Künstler und Wissenschaftler, die in der Welt der Phantasie und der eigenen Gedanken leben und die über andere Mittel der Selbstdarstellung und Ego-Befriedigung verfügen, können eher eingeschränkte Wohnverhältnisse ertragen als Menschen, denen diese Repräsentation ihres Selbst fehlt. Gerade für diejenigen, die es sich am wenigsten aus eigenen Mitteln leisten können, bedürfte es großzügiger geplanter Wohnungen.

Die Erfüllung der hygienischen Bedürfnisse: Bad, Toilette, Küche und die Erfüllung eines gewissen Raumanspruches reichen nicht hin, um die sozialen

Abb. 8.3: a) Den primären Wohnbedürfnissen genügt ein Windschirm. Er schützt vor Sonne, Regen, Wind und sichert Privatheit. Agta-Familie (Luzon/Philippinen) unter einem Windschirm. b) Hütte der !Ko-Buschleute (zentrale Kalahari). Auch hier sind die primären Wohnbedürfnisse auf einfache Art erfüllt. Die Rundhütte bietet besseren Witterungs- und Raubfeindschutz als der Windschirm. Fotos: I. Eibl-Eibesfeldt.

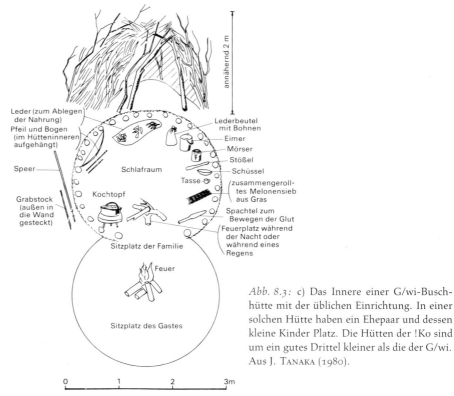

Abb. 8.3: c) Das Innere einer G/wi-Buschhütte mit der üblichen Einrichtung. In einer solchen Hütte haben ein Ehepaar und dessen kleine Kinder Platz. Die Hütten der !Ko sind um ein gutes Drittel kleiner als die der G/wi. Aus J. Tanaka (1980).

Abb. 8.3: d) Ein typisches Lager der G/wi. Die arabischen Ziffern bezeichnen die Hütten und Windschirme (w). Intakte Hütten sind mit einem Punkt markiert. Römische Ziffern zeigen bevorzugte Aufenthaltsorte außerhalb der Hütten an. s = Schattenbaum, unter dem man sich zu Gesprächen und den täglichen Verrichtungen zusammenfindet. Hier schlafen auch Junggesellen. Sp = Spielbaum, Baum, an dem die Kinder ihre Schaukel befestigt haben.

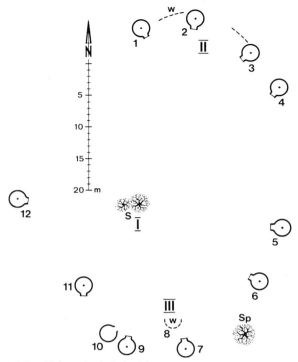

Die Bewohner und ihre Verwandtschaftsbeziehungen:

1: Koa/ui ♂ ⚭ ≠ kuzara sind die Großeltern von Kwekenni und Chru (2). Koa/ui's Sohn seiner früheren Frau (Ka) lebt in Hütte 7;

2: Khosara ♂ ⚭ Kwekenni. Ihre unverheiratete Schwester lebt ebenfalls hier, ohne mit Khosara verheiratet zu sein. Khosaras Schwester lebt in Hütte 6;

3: ≠ gon//gukwe ♂ ⚭ Tschatschwa. Der Alte gilt als »Eigentümer« des Dorfes. In der gleichen Hütte der 15jährige Sohn seines Bruders (/rare). Sie sind die Eltern von Khosara (2) und /gan /gai (6). ≠ gon//gukwe ist außerdem Vater von Ditaku (4), ≠ oakwa (7), Gukwe (9 und 10) und Chrokwa (11). Eine Tochter von /gan/gai (//ikwi), die mit einem Mann einer anderen Lokalgruppe verheiratet ist, kommt mit ihrem kleinen Sohn (Daukwi) und ihrer Tochter (Hauhiwi) oft zu Besuch;

4: Ditaku ♂ ⚭ Djoutschwe; Töchter Chaba (4 Jahre) und Kerese (14 Jahre); Söhne Tatje (9 Jahre) und Semenoa (15 Jahre); Semenoa stammt aus einer anderen Ehe von Ditaku;

5: unbewohnt;

6: ≠ auge ♂ ⚭ /gan/gai; Tochter: /runkwe (10 Jahre); Sohn Aliese (16 Jahre). Bruder von /gan /gai in 2, Halbgeschwister (gleicher Vater) sind ≠ oakwa ♀ (7 u. 8)/gukwe ♂ (9 u. 10) und Chrokwa ♀ (11 u. 12);

7 und 8: Ka ♂ ⚭ oakwa; Tochter: /noa/noa (4 Jahre); Sohn: Garocha (etwa 15 Jahre). Ferner ≠ oakwas Schwester ≠ atsa und deren Enkelin Batscharelwang (etwa 11 Jahre);

9 und 10: //gukwe ♂ ⚭ chaukwa; Tochter: /auna (3 Jahre); Söhne: /uita (5 Jahre), /eacha (8 Jahre). //gukwe ist der Stiefbruder von Ditaku. Seine Stiefgeschwister sind /oakwa und Chrokwa;

11 und 12: Djinakwe ♂ ⚭ G≠ei; Töchter: Kwesse (5–6 Jahre) und (8 Jahre); Sohn: Krea//achu (16 Jahre). G≠ei ist die Tochter von Keamandu, der meist unter dem Schlafbaum ohne Hütte schläft. Djinakwe ließ sich kurz vor der Erhebung scheiden. Er zog weg, und G≠ei bildete mit der Schwester von //gukwe (Chrokwa) und deren etwa 2½jährigem Sohn Tutu einen gemeinsamen Haushalt.

861

Abb. 8.4: Die aus den Windschirmen entwickelten Pultdächer der Yanomami (oberer Orinoko) orientieren sich um einen oft geräumigen freien Platz. Das sichert die Gemeinschaft gegen feindliche Überfälle. Im Kriegsfall schirmt noch ein Palisadenzaun die kleine Gemeinde nach außen hin ab. Foto: I. Eibl-Eibesfeldt.

a

b
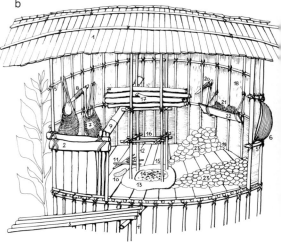

Abb. 8.5: a) Die Wohneinheit der Eipo ist das Familienhaus. Diese Häuser haben einen runden Grundriß mit einem Durchmesser von 2,5 bis 3 Metern. Der Boden des Hauses ist etwa einen Meter über dem Erdboden eingeflochten. Um die zentrale Feuerstelle wohnen die polygyne Familie und oft noch einige Haustiere (Schweine und Hunde). Ein Dorf besteht aus mehreren solchen Häusern. Dazu kommt noch ein sakrales Männerhaus, das initiierten Männern und Gästen vorbehalten ist, und ein Frauenhaus. Foto: I. Eibl-Eibesfeldt.
b) Blick in das Innere einer Eipo-Familienhütte: 1. Satteldach aus Pandanusblättern; 2. untere Bretter der Einstiegsöffnung; 3. Aufstiegsbalken für Schweine; 4. äußere Hauspfeiler; 5. ringförmige Verstrebung; 6. Rindenschüssel; 7. Netze mit Zunder für die Feuersäge; außerdem in den Netzen u. a. Farnblätter für Kopfunterlage und Schlafstelle der Kleinkinder; 8. Steinbeil für Männer; 9. Bambusrohrbehälter für Trinkwasser; 10. Reibstein, dessen Oberfläche mit Kristallen besetzt ist; damit wird Taro gerieben; 11. Bodenbelag aus Baumrinde; 12. Feuerzange; mit ihr werden Nahrungsmittel in der Asche gewendet; 13. Lehm der Feuerstelle; 14. Feuerstelle;

15. 4 Pfosten der Feuerstelle; 16. Querverstrebungen zwischen den 4 Pfosten der Feuerstelle; zum Aufwärmen von Füßen und Händen als Stütze und zum Trocknen z. B. von Tabak; 17. Feuerholz, das zum Trocknen über das Feuer gelegt wird; 18. Planken der Hauswand; 19. untere Rindenverkleidung gegen Luftzug; 20. Steinbeil für Frauen; kleiner und weniger sorgfältig hergestellt als das Männersteinbeil; 21. alte Netze; alte Netze werden nicht weggeworfen. Bei täglichen Routinearbeiten nicht benötigte Gegenstände werden darin aufbewahrt; außerdem mehrfach vorhandene Objekte, z. B. Steinmesser, Schweinestricke, Schmuck wie Schweinezahnkette, Vogelknochen-Hüftgürtel, geflochtene Schärpe aus Orchideenbast, Hinterhauptschmuck, Armreifen etc.; 22. Ablagebrett; 23. Steinwall als Begrenzung des Schweineabteils; 24. Tabakpflanzung direkt am Haus. Aus T. MICHEL (1983).

Abb. 8.6: Die meisten Verrichtungen des Alltags ebenso wie die geselligen und musischen Aktivitäten spielen sich bei Naturvölkern günstiger Klimabereiche im Freien ab. Nur dort, wo es das Klima erfordert, werden diese Tätigkeiten unter Dach gebracht. Damit erst werden sekundäre Wohnbedürfnisse geschaffen. a) G/wi-Frauen beim Melonenballtanz; b) G/wi bei der Melonenkernernte im Feld; c) zwei Halbschwestern der !Ko-Buschleute beim Durchbohren von Straußeneiplättchen; d) Vater und Sohn der !Ko-Buschleute beim gemeinsamen Musizieren mit dem Spielbogen. Alle Aufnahmen wurden in der zentralen Kalahari gemacht. Foto: I. EIBL-EIBESFELDT.

Abb. 8.7: Die Kaluli am Mt. Bosavi (Neuguinea) leben in Langhäusern, die etwa 100 Personen beherbergen. Die Gemeinschaft besteht aus Kernfamilien, die mehreren Klans angehören. Männer und Frauen leben durch eine 1.30 Meter hohe, geflochtene Wand getrennt. Es gibt ferner allgemeine Aufenthaltsorte für Frauen und Männer. Und auf der Veranda treffen sich alle.
a) Blick auf den Eingang ins Langhaus mit der Veranda; b) die zentrale Halle mit den zu beiden Seiten angeordneten Schlafabteilen der Männer; c) Grundriß eines Langhauses; d) räumlich-schematische Darstellung des Langhauses; e) Längs- und Querschnitt durch das Langhaus. Fotos und Skizzen von GEORGE LOUPIS. Beschreibung in G. LOUPIS (1983).

Bedürfnisse des Menschen zu stillen. Man hat in einigen Städten Südamerikas geglaubt, man würde Slumbewohner durch die Umsiedlung in Wohnsilos mit allen hygienischen Infrastrukturen glücklicher machen. Doch blühte der Vandalismus gerade in diesen sozialen Projekten. Die Menschen richteten ihre Aggressionen gegen die öffentlichen Einrichtungen und ließen die eigenen Wohnungen verwahrlosen. Mit der Höhe der Wohnsilos nahmen die Anonymität und die Kriminalität zu (R. RAINER 1978).

Man hatte nicht die sozialen Bedürfnisse bedacht. In ihren oft an die Hänge des Stadtrandes geklebten Siedlungen leben die Armen der tropischen Großstädte zwar gedrängt unter schlechten hygienischen Bedingungen. Aber jeder hat sein eigenes winziges Häuschen, aus Pappe, Wellblech und Brettern. Und jeder hat Nachbarn, die er kennt. Und die Kinder haben Kontakt mit anderen. Sie spielen im Schmutz, aber mit ihren Freunden, und überdies meist im Freien, denn jedes der winzigen Häuschen hat einen ebenso winzigen Garten, in dem Baummelonen, Gemüse und Blumen in rostigen Dosen gezogen werden und Hühner umherlaufen. Das ist eine anregendere Umgebung für jung und alt als eine Zelle im Hochhaus, die zwar hygienisch ist, in der man aber sozial isoliert lebt und in die selten die Sonne hineinschaut. Deshalb geht man in Städten wie Caracas bei der Slumsanierung heute anders vor. Man installiert Wasser, Elektrizität und sorgt für Abwasserbeseitigung und läßt den Bewohnern Zeit, ihre kleine Residenz selbst

Abb. 8.7: c

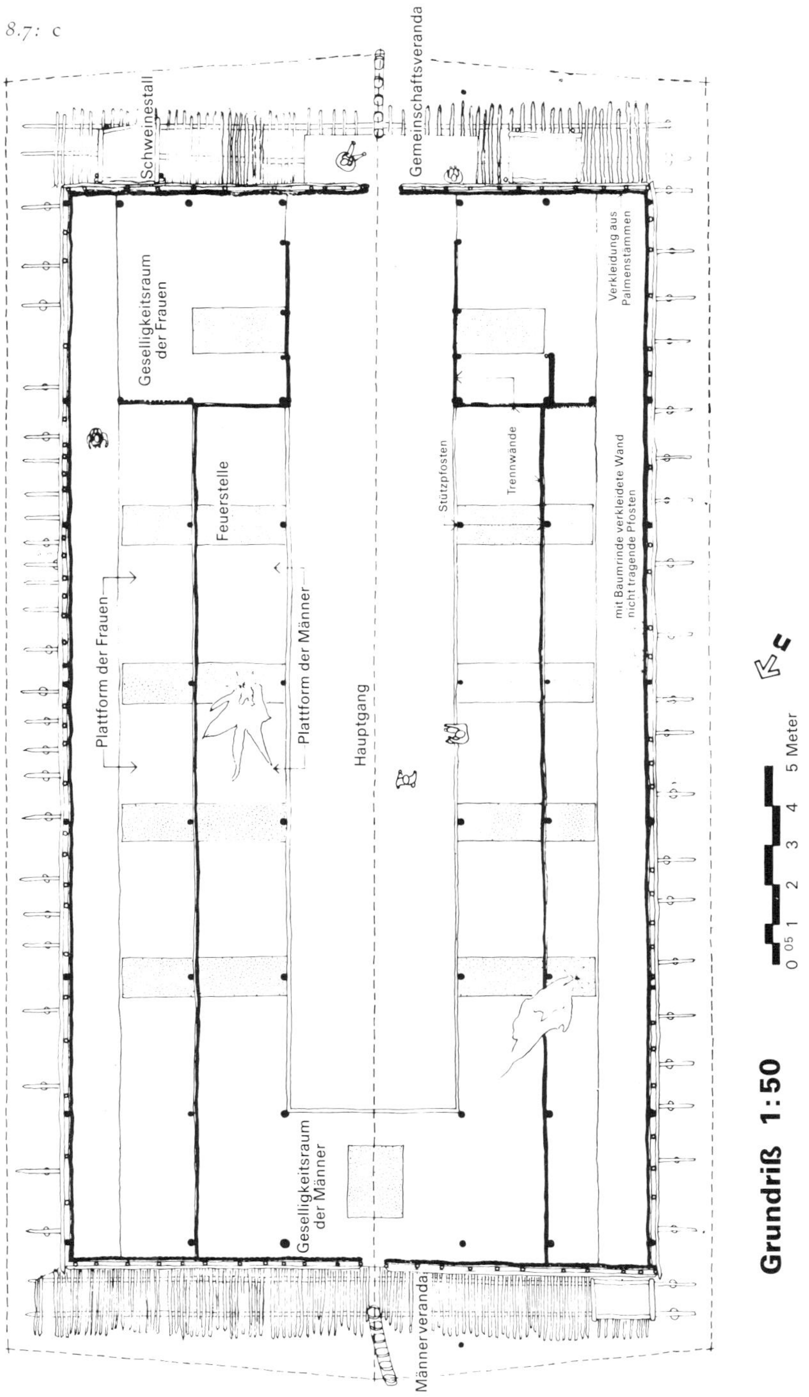

Schweinestall

Gemeinschaftsveranda

Geselligkeitsraum
der Frauen

Verkleidung aus
Palmenstammen

Feuerstelle

Stützpfosten

Trennwände

Plattform der Frauen

Plattform der Männer

mit Baumrinde verkleidete Wand
nicht tragende Pfosten

Hauptgang

Geselligkeitsraum
der Männer

Männerveranda

Grundriß 1:50

0 0.5 1   2   3   4   5 Meter

Abb. 8.7: d

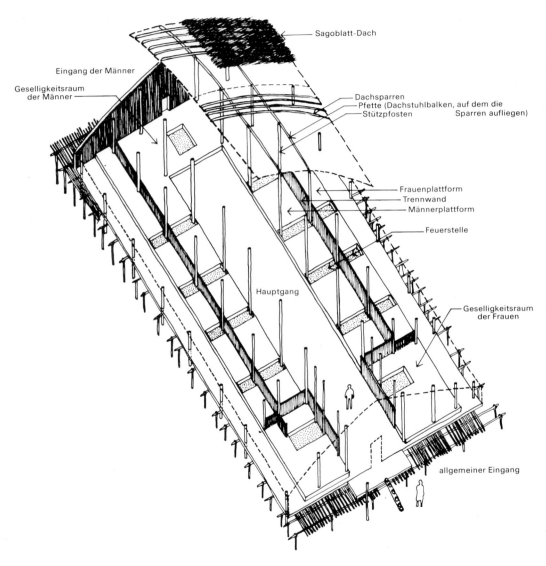

866 *Bildlegende zu den Abbildungen 8.7 d und 8.7 e siehe Seite 864*

Abb. 8.7: e

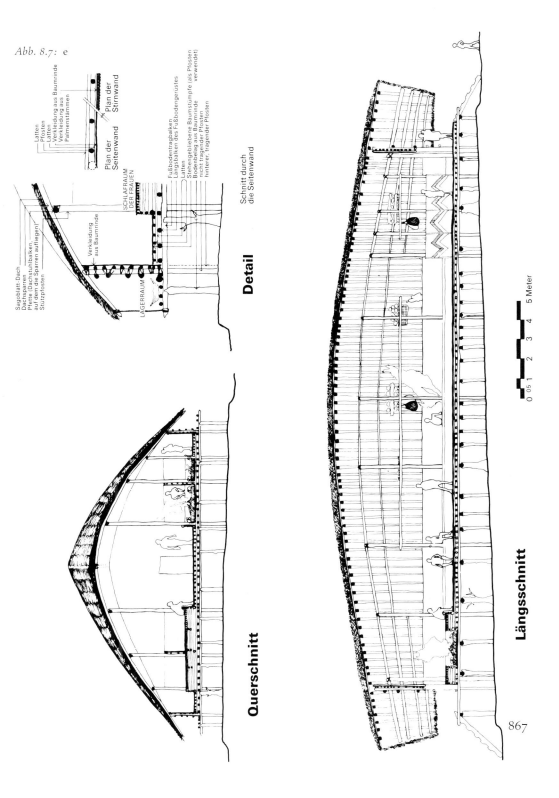

auszubauen und zu verbessern. Und man sieht, wie die aus Kartons und Blechabfällen gebauten Häuschen allmählich mit zunehmendem Wohlstand der Bewohner durch einfache Ziegel- und Holzbauten, oft mit buntem Anstrich, ersetzt werden (Abb. 8.8). Die Berücksichtigung sozialer Faktoren ist beim Wohnungsbau ebenso wichtig, wenn nicht wichtiger als die Hygiene.

Abb. 8.8: a) Siedlungsblöcke am Stadtrand von Caracas. Am Hang im Hintergrund die Siedlung der Armen; b) bis d) Ausschnitte aus solchen Siedlungen. Durch Eigeninitiative werden die zunächst ärmlichen Bauten verbessert. Die Bewohner leben hier glücklicher als in den Hochbauten, die man zur Verbesserung ihres Loses entwarf. Foto: I. EIBL-EIBESFELDT.

Die Stadtlandschaft selbst sollte anregend sein und den Bewegungsraum des Menschen nicht allzusehr einengen. Wir Menschen bringen als Erbe ein starkes Bewegungsbedürfnis mit, das viele von uns, die heute in Büros ihren Unterhalt verdienen, nicht mehr beruflich ausleben. Um so wichtiger ist, daß die Wohnumgebung zum Spaziergang einlädt. Die grauen Häuserschluchten, an denen links und rechts der Verkehr vorbeiflutet, sind dazu nicht geschaffen. Licht, Luft und freier Bewegungsraum sind vonnöten, dazu Grünanlagen mit abwechslungsreicher Bepflanzung und strukturierte »lebendige« Häuserfassaden, die dem Auge in Farbe und Form Abwechslung bieten. Hier kann sich die Individualität einer Gemeinde ausdrücken, was wiederum die Identifikation ihrer Bürger mit ihr erleichtert.

Während der soziale Wohnungsbau nach dem Ersten Weltkrieg von einem humanistischen Architekturkonzept getragen wurde, was sich im architektonischen Ausdruck widerspiegelt, baute man nach dem Zweiten Weltkrieg kasernenhafte Wohnblöcke, für die sich der Begriff »Menschensilos« einbürgerte. »Gleichförmig anonyme Volumina werden multipliziert, ohne Raumbildung, ohne Identifikationsanreiz. Dazwischen: Distanzgrün; das Ganze geordnet, als wären es Lagerhäuser. Die eigene Wohnung kann nur durch das Abzählen der Blöcke und Ablesen der Hausnummer gefunden werden. Die Zeugnisse dieser Fehlentwicklung stehen von Rom über Wien bis zum Polarkreis – die Unterschiede sind nur graduell. In Schweden ist die Landschaft schöner, in England sind es die Betonfertigteile. Wenn man von der graduell schlechteren Bauweise absieht, fügt sich auch der Wohnbau des Ostblocks in dieses Schema. Würde ein ironischer Kobold zwei solcher europäischer Stadtrandsiedlungen über Nacht vertauschen, niemand würde am Morgen den Unterschied bemerken. Die angestrebte Einheit Europas wurde im sozialen Wohnungsbau triste Wirklichkeit« (K. FREISITZER und H. GLÜCK 1979 : 38).

Die Häuserfronten gewachsener Städte sind abwechslungsreich gestaltet und vielfach von künstlerischer Ausdruckskraft. Wir wiesen bereits darauf hin, daß in ihnen oft Elemente des menschlichen Ausdrucks in stilisierter Form verschlüsselt werden. Manche Häuserfronten erinnern an freundliche Gesichter, sie sind »einladend«; andere vermitteln Sicherheit im Schutz der festen Mauern, oder sie beeindrucken erhaben. Und vor allem geben sie dem Spiel der eigenen Phantasie Nahrung. Eine Stadt kann schön und wohnlich sein, d. h. allen Bedürfnissen des Menschen entsprechen.

Künstlerische Visionen, technische Rationalität und ökonomisches Denken ohne Rücksicht auf menschliche Bedürfnisse führten dazu, daß unsere Städte unwohnlich wurden. Es entstanden jene gewaltigen Wohnblöcke, die für den Bewohner Naturferne und soziale Isolation bedeuten (Abb. 8.9–8.11). Die Kinder sollen auf einfallslos eingerichteten Spielplätzen ihre Erkundungs- und Spielbedürfnisse ausleben. Die Straße gehört dem Verkehr (Abb. 8.12).

Man sieht heute ein, daß diese Art Städteplanung eine Fehlentwicklung war, und man bemüht sich, durch Städtesanierung und neue Konzepte des Massenwohnbaus Abhilfe zu schaffen. Neue Hochbauweisen stehen dabei in Konkurrenz mit neuen Konzepten des verdichteten Flachbaues. Man streitet darum, welches die bessere Lösung sei. Ich glaube, daß beides nebeneinander bestehen kann, daß es sich bei beiden um ausbaufähige Konzepte des humanen Massenwohnungsbaues handelt, deren Weiterentwicklung betrieben werden sollte. Wir wollen sie kurz an einigen Beispielen erörtern.

Der Wiener Architekt HARRY GLÜCK stellte sich die Frage, welche Bedürfnisse der Mensch aufgrund stammesgeschichtlicher »Konditionierung« an das Wohnen stelle und wie der soziale Massenwohnbau sie erfüllen könne. Wohlhabende bauen in der Regel so, daß diese Bedürfnisse erfüllt sind, und hier wird dem Einfamilienhaus im Grünen mit Ausblick aufs Land und einem eigenen Gewässer (Schwimmbad) der Vorzug gegeben. Eine Umfrage ergab, daß dies auch der

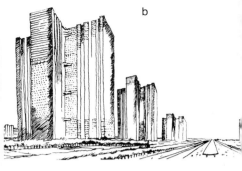

Abb. 8.9: a), b) Visionen der Idealstadt nach Le Corbusier und c) die Stadt Brasília. Aus W. BOESIGER und H. GIRSBERGER (1967).

Wunsch der weniger Bemittelten ist. Dieses Bedürfnis nach Naturnähe hat sicher eine phylogenetische Wurzel. Wir sind zunächst einmal phylogenetisch auf ein Savannenhabitat konditioniert (S. 830). Wir lieben aber nicht nur einen bestimmten Landschaftstyp – dem sich dann lokale Heimatprägungen überlagern können –, sondern insbesondere Pflanzen. Es ist auffällig, wie wir unsere naturfernen Stadtwohnungen mit Topfpflanzen und Pflanzendekor verschiedenster Art anheimelnd gestalten – obgleich wir ja nicht unbedingt als Pflanzenesser auf die Weide gehen. Ranken und Blüten schmücken Vorhänge, Decken und viele andere Gegenstände des täglichen Gebrauchs. Ich spreche deshalb von einer »Phytophilie«, die unsere ästhetische Präferenz prägt und die uns anzeigt, welche Lebensräume für unsere Existenz günstig sind (S. 831). Wasser ist dafür ebenfalls ein verläßlicher Indikator, vor allem fließendes. Daß wir Ausblick auf ein freies Vorfeld schätzen, dürfte unserem Sicherheitsbedürfnis entspringen, sowohl der Angst vor Raubfeinden als auch der vor feindlichen Mitmenschen.

Wir lieben aber Natur noch aus anderen Gründen. Sie spornt uns zur Aktivität an. In der Natur können wir uns Bewegung verschaffen. Frische Luft und Sonne regen unseren Kreislauf an und aktivieren die homöostatischen Systeme der Temperaturregelung. Wie alle biologischen Systeme – die Motorik, die Sinnesorgane etc. – haben sie ihre Funktionslust, die bewirkt, daß wir tätig diese Systeme üben und damit ihrer Degeneration vorbeugen. Wir sprechen sehr treffend von Bewegungslust, Sinnenlust und dergleichen. Und so wollen wir gelegentlich den frischen Wind verspüren, ja sogar hin und wieder einmal schwitzen.

H. GLÜCK hat die für den sozialen Massenwohnbau relevanten primären Bedürfnisse des Menschen in einer Liste zusammengestellt, an deren weiterer

Abb. 8.10: Neustadtviertel in Ostberlin. Das Wirtschaftssystem allein erklärt nicht den Verfall der Baukultur. Man baut in Ost und West die gleichen »Wohnscheiben«. Die Wurzeln liegen in den künstlerischen Visionen der zwanziger Jahre. Die Technokratie herrscht unabhängig von politischen Ideologien. Foto: P. WEISH.

Abb. 8.11: Das »kinderpsychologische Stahlrohrgestell« auf Asphalt entspricht der Architektur dieses Neustadtviertels von Linz. Foto: B. LÖTSCH.

a

b

Abb. 8.12: Das Auto hat in vielen Städten den Menschen von der Straße verdrängt. Kinder können hier nicht mehr spielen, Erwachsene einander nicht mehr begegnen. Die Stadt wurde dadurch inhuman: a) Straße in Caracas. Sieht man vom Verkehr ab, ist sie tot. Foto: I. EIBL-EIBESFELDT. b) Auch heute noch werden in den Dörfern rücksichtslos Verkehrsschneisen gelegt, die ein Straßenleben zerstören. Die Vorgärten müssen dafür weichen. Die Zerstörung des dörflichen Ortskernes von Hedepers: Die begradigte Ortsdurchfahrt wird zu einer Rennbahn für Autofahrer. Foto: JÜRGEN KUMLEHN.

Begründung Vertreter der Soziologie, Psychologie und Ethologie arbeiteten*. GLÜCK schlug Maßnahmen für die Befriedigung dieser Bedürfnisse vor und setzte sie in einigen Großprojekten bereits in die Wirklichkeit um. Als Alternative zum bisherigen sozialen Wohnungsbau entwickelte er das Konzept der »gestapelten Einfamilienhäuser« mit Kleingrünanlage auf jeder Terrasse (Mini-Schrebergarten) (Abb. 8.13). Die in großem Gedränge lebenden Japaner praktizieren derglei-

Abb. 8.13: Das Konzept des gestapelten Einfamilienhauses als eine mögliche Lösung auf dem Wege zu einem humanen Massenwohnbau. Für Mütter mit Kindern sind die unteren Etagen zu empfehlen, da im Freien spielende Kinder den Sicht- und Rufkontakt mit der viel an die Wohnung gebundenen Mutter benötigen (Wien, Favoriten, Inzersdorferstr.) Foto: I. EIBL-EIBESFELDT.

chen bereits seit langem. Sie schaffen die Illusion einer Landschaft mit Gewässer, Felsen und Bäumen auf wenigen Quadratmetern Raum.

Das soziale Bedürfnis nach ungezwungener Kontaktstiftung löste GLÜCK in dem Projekt Wien-Alt Erlaa durch die Einrichtung großer Schwimmbäder auf den Dächern der Wohnblocks. Sie werden viel genützt (K. FREISITZER und H. GLÜCK 1979). Und hier bilden sich Gruppen, die die ebenfalls eingeplanten kommunalen Hobbyräume nützen. In vergleichbaren Anlagen, denen das Bad fehlte, waren die Hobbyräume ungenützt. Die Annäherung muß zwanglos in Stufen erfolgen, und dafür eignet sich offenbar ein großzügig angelegtes Bad. In einer anderen vergleichbaren Anlage, in der das Bad klein und in einem Raum untergebracht war, erfüllte es den Zweck der Zusammenführung nur unzureichend.

Die mittlerweile 6000 Bewohner des Alt-Erlaa-Projektes identifizieren sich mit ihrer neuen Heimat. Die kommunalen Einrichtungen leiden nicht unter Vandalismus, so daß sich der Mehraufwand auch kostenmäßig lohnt. Es gibt eine eigene Zeitschrift und über ein Dutzend Vereine. Innerhalb der großen Gemeinde bilden sich nachbarschaftliche Untergruppen der Bewohner eines Treppenhauses. Um

---

* Die Teilnehmer der Arbeitsgruppe waren I. EIBL-EIBESFELDT, K. FREISITZER, E. GEHMACHER, H. GLÜCK und H. HASS.

Mittel für ähnliche Projekte im Rahmen einer Stadtsanierung zu gewinnen, könnte man daran denken, den Bewohnern die Möglichkeit anzubieten, über langfristige Abzahlungen die Wohnungen als Eigentum zu erwerben. Das würde dem Bedürfnis nach Besitz und Sicherheit entgegenkommen und zugleich die Verwurzelung der Familie in einer engeren Heimat fördern.

Viele Städteplaner haben mittlerweile erkannt, daß das raumbezogene Verhalten des Menschen durch stammesgeschichtliche Anpassungen in bestimmter Weise vorgezeichnet ist. H. GLÜCK spricht von stammesgeschichtlicher Konditionierung. Auf die so entstandenen Bedürfnisse muß man Rücksicht nehmen. »Der Mensch unterliegt«, schreibt W. MOEWES, »sehr wahrscheinlich einer Anzahl genetisch bedingter Antriebe seines raumbezogenen Verhaltens, die, ohne Schaden zu nehmen, langfristig nicht mißachtet werden dürfen« (W. MOEWES 1978 : 181).

Das in Terrassenbauweise gestapelte Einfamilienhaus ist sicher ein Konzept, das vielen Bedürfnissen des Menschen entgegenkommt. Im Rahmen des sozialen Massenwohnbaues allen in gleicher Weise mit einem Wohnbautyp zu entsprechen dürfte unmöglich sein. So haben Eltern mit Kleinkindern Schwierigkeiten, wenn sie in den oberen Etagen wohnen. Das Kind, das vor dem Hause spielt, möchte zumindest Rufkontakt mit der Mutter haben, und diese möchte in der Lage sein, die Aktivitäten des Kleinkindes zu überwachen. Die Möglichkeiten dazu sind genommen, wenn die Familie in einem der oberen Stockwerke wohnt. Des weiteren ist bei der Anlage von Spielplätzen darauf zu achten, daß Kleinkinder – wieder aus dem Bedürfnis nach Kontakt mit der Bezugsperson – vor allem um den Eingang zum Stiegenhaus und zur Wohnung herum spielen (H. ZINN 1981, R. RAINER 1978).

Die Bewegung »ökologisches Bauen« des Instituts für Umweltwissenschaften der Österreichischen Akademie der Wissenschaften (B. LÖTSCH, P. WEISH) möchte im Bemühen um eine menschengerechte Städteplanung ganz vom Hochbau abkommen. Sie hebt die Bedeutung hofartig umschlossener Gartenräume als mikroklimatische Frischzellen und Kommunikationsstätten hervor (B. LÖTSCH 1981, 1986), und sie bemüht sich einerseits um »Hinterhofsanierung« und um verdichtete Flachbauten, die in großstädtischer Umgebung um Innenhöfe angeordnet sind. Bis zu einer gewissen Höhe verbrauchen Hochbauten genausoviel Platz wie ein verdichteter Flachbau. Man knüpft damit an alte Traditionen des Städtebaus an, die sowohl in unserer Kultur als auch in anderen Kulturen anzutreffen sind (Abb. 8.14–8.20). Für Kleinkinder sind die Innenhöfe ideal. Ältere Kinder jedoch fühlen sich durch die Begrenzung an allen vier Seiten eingeengt und streben auf die Straße hinaus. Eine alle Bedürfnisse in gleicher Weise befriedigende Lösung gibt es zur Zeit noch nicht. Die Verfechter der verschiedenen Projekte sollten bereit bleiben, voneinander im Interesse eines humanen Massenwohnbaus zu lernen. BERND LÖTSCH hat in vielen Schriften das Konzept einer »Ökostadt« erarbeitet. Seine Thesen sollten Beachtung finden in

Abb. 8.14: Die von H. TESSENOW um 1907 entworfenen Einfamilien-Reihenhäuser für Arbeiter verbanden Gartenstadtidee, »Stadthaus« und »verdichteten Flachbau« mit sozialen Überlegungen. Sinnvolle Tätigkeit an frischer Luft, gesicherter Spielraum für Kinder und die Möglichkeit zu Sozialkontakten vor dem Haus wurden geboten. Aus G. WANGERIN und G. WEISS (1976).

dem gemeinsamen Bemühen der Städteplaner, urbanes Erleben mit der Gesundheit und Wohnzufriedenheit der Bürger in Einklang zu bringen (B. LÖTSCH 1986, 1994, dort weitere Literatur).

Wir sollten akzeptieren, daß es verschiedene Lösungsmöglichkeiten für das Problem humanen Wohnens gibt. Alle haben ihre Vor- und Nachteile. Wichtig scheint mir, daß wir uns hier für Experimente offenhalten, für Alternativen: sei es Altstadtsanierung, verdichteter Flachbau oder der Terrassenhochbau. Das größte Hindernis für eine humane Stadt bildet nach wie vor der Autoverkehr. Er sollte im Stadtbereich reduziert und womöglich unter die Straßen verlegt werden; gleiches gilt für den Garagenbau.

Der Mensch lebt über die längste Zeit seiner Geschichte »naturnah«, und er verbrachte einen großen Teil seines Tages jagend, sammelnd und sozial interagierend außerhalb seiner vier Wände. Seine Umgebung war anregend und entsprach in ihrer Differenziertheit seiner Neugier, seinem Trieb zum Erkunden. Das Heim war in erster Linie Schlafstätte, die Schutz vor Feinden und Witterungseinflüssen bot und Privatheit für die Kernfamilie. Mit der Verstädterung übernimmt die Wohnung in zunehmendem Maße auch andere Funktionen, und es entwickelt sich »Wohnkultur« mit allen Problemen und Chancen (V. MAYER 1989).

Abb. 8.15–8.18: Von gewachsenen Urbankulturen lernen: Intime Altstadthöfe – private Freiräume trotz hoher Wohndichte. Das Geheimnis hieß: Hofkultur. Haus- und Gartenmauer sichern auf kleinster Fläche mehr Intimität, Sicht-, Lärm-, Staubschutz und private Nutzbarkeit als offene 600–1200 Quadratmeter große Gärten isolierter Einzelhäuser, welche den 5fachen Landschaftsverbrauch bedingen und hauptsächlich Kulissen- und Pufferfunktion erfüllen (um Fremde »auf Distanz zu halten«) – denn intensiv benutzt wird meist nur ein kleiner Bereich beim Haus.

Abb. 8.15: Isfahan: Eine Altstadt aus Einfamilien-Atriumhof-Häusern. Trotz hoher Dichte menschengerechtes, klimatisch eingepaßtes Wohnen. Foto: B. Lötsch.

Abb. 8.16: Hofhaus eines kleinen Beamten in Isfahan. Foto: B. Lötsch.

Ein Stiefkind der Städteplaner sind nach wie vor die öffentlichen und halböffentlichen Plätze der Wohnumgebung. Gerade in der anonymen Großgesellschaft kommt ihrer sozialintegrativen Funktion höchste Bedeutung zu. Die Wohnzufriedenheit hängt entscheidend von der Platzgestaltung in der näheren Wohnumgebung ab. Plätze können nur dann Menschen zueinander führen, wenn Menschen auf ihnen verweilen. Dazu müssen sie einladend sein und Anregung bieten. Es bedarf der Verweilzonen mit Bänken, eines geschickten gärtnerischen Arrangements mit Schattenbäumen und Ausblick.

Wir wollen nicht eingeengt, aber auch nicht ungedeckt sein. Der Mensch ist ein ängstliches Geschöpf; Behaglichkeit bedeutet Sicherheit. In einer entspannten freundlichen Stimmung ist der Mensch eher bereit, den Kontakt mit anderen aufzunehmen. Der ästhetischen Gestaltung der Plätze kommt dabei besondere Bedeutung zu. Wenn Künstler Strukturen errichten, die die Leute verärgern oder bedrücken und traurig stimmen, dann übersehen sie, daß die ohnedies gestreßten Bewohner einer Großstadt in der Wohnumgebung Entspannung brauchen. Schönes lädt zur Beschaulichkeit ein, – stimmt froh. Ein sowohl geschickt wie künstlerisch hochwertig gestalteter Brunnen kann sich als sozialintegrativ höchst wirksam erweisen, weil er Menschen anzieht, weil Kinder gerne mit dem Wasser spielen, weil es beruhigt, dem plätschernden Wasser zuzusehen (I. EIBL-EIBESFELDT 1994).

Zusammenfassung 8.3

Die menschliche Behausung ist ein Produkt der kulturellen Entwicklung. Es gibt keinen biologischen Vorläufer für das Heim und damit auch keine vorgegebenen Handlungspläne, wohl aber vorgegebene Bedürfnisse, die das künstliche Organ Heim erfüllen muß. Die primären Wohnbedürfnisse sind der Schutz vor klimatischen Unbilden (Hitze, Kälte, Regen, Wind, Sonne), Schutz des persönlichen Eigentums und die Privatheit eines ungestörten, auch vor feindlicher Überraschung sicheren Ruheplatzes. Diese Primärbedürfnisse erfüllt bereits eine Buschmannhütte.

Abb. 8.19: Hof Kolonitzgasse, Wien 3. Bez. 1980 a) vor und b) nach Gestaltung durch das Institut für Umweltwissenschaften und Naturschutz, Wien (LÖTSCH, STIFTER, WEISS und ÖNB-Jugend) im Auftrag des ORF für Jörg MAUTHES Fernsehspiel »Familie Merian«.
Hofrevitalisierung in Wiener Gründerzeitviertel unter starker Beteiligung der Bewohner. Alte Frauen, die längst resigniert hatten, sonnen sich nun auf ihrem »Rivieraplatzerl«, Kinder erhalten Spielraum. Die Mieter lernten einander durch die vom ORF initiierten Diskussionen kennen, wurden dadurch zur »Nachbarschaft«.
Teichufer, Feuchtbiotope – sie bieten die größte Artenvielfalt, die höchste Erlebnisdichte – werden zum prägenden Abenteuer für staunende Kinderaugen. Der angelegte Gartenteich wurde zur Attraktion für die Kinder der Umgebung. Foto: B. LÖTSCH.

a

b

Abb. 8.17: Englisches Stadthaus mit privatem Hofgarten. York. Foto: R. STIFTER.

Abb. 8.18: Altwiener Hof aus der Gründerzeit des vorigen Jahrhunderts. Foto: B. LÖTSCH.

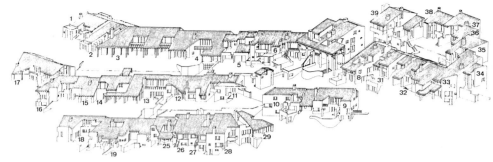

Abb. 8.20: Seldwyla – Beispiel für verdichteten Flachbau und Planungsdemokratie für Individualisten: Ein Exempel des Anfangs setzte der Architekt ROLF KELLER (bekannt durch sein Buch »Bauen als Umweltzerstörung«) in Zumikon bei Zürich. Die Bebauungsdichte ist viel höher als die der Villensiedlungen der Umgebung, der Planungsprozeß mit den rund 40 Familien des gehobenen Mittelstandes wurde zum erfolgreichen Partizipationsmodell und schuf eine »Dorfgemeinschaft«. Zeichnung R. KELLER aus U. SCHÄFER (1979).

In klimatisch ungünstigen Zonen müssen zumindest für einen Teil des Tages oder Jahres auch noch andere Funktionen unter Dach gebracht werden, so das Bedürfnis nach kommunaler Geselligkeit, nach Kontakt mit der größeren Gemeinde, der sich bei Buschleuten auf dem Platz vor den Hütten abspielt. Auch die Möglichkeit, im Hause Gäste zu empfangen und verschiedene handwerkliche Tätigkeiten zu verrichten, muß gegeben sein. Diesen Zwecken dienen bei Naturvölkern oft eigene Gemeinschaftshäuser. Sie sind häufig zugleich Imponierorgan der Gemeinde, überragen die anderen Häuser und sind sehr oft auch prächtig geschmückt. Die kleinen Siedlungen der ländlichen vorindustriellen Gesellschaften bleiben jedoch in die Natur eingebettet. Die Bedürfnisse nach Naturnähe, nach Pflanzenwuchs, Sonne, klimatischem Anreiz und Wasser werden in der unmittelbaren Wohnumgebung erfüllt. Mit der Entwicklung der Großstadt muß auch auf diese Bedürfnisse im Rahmen der Wohnbauplanung Rücksicht genommen werden. Die Pflanzenvorliebe (Phytophilie) führt dazu, daß Stadtbewohner sich Pflanzen als Ersatznatur in den Wohnbereich holen und Pflanzendekor auf den Artefakten anbringen.

In Unkenntnis der ethologischen Bedürfnisse des Menschen hat der moderne Massenwohnungsbau zunächst nur an die Erfüllung der primären Wohnbedürfnisse (Klimaschutz, Privatheit) sowie an die Erfüllung der in der Stadt notwendigen Vorsorge für die hygienischen Bedürfnisse und die Kochgelegenheit gesorgt. Daß zum Gedeihen psychische Hygiene ebenso notwendig ist, übersah man. Man isolierte die Menschen, hielt sie naturfern, nahm ihnen die Möglichkeit, sich zu einer kleinen Gemeinde zusammenzufinden, sich mit ihr zu identifizieren und Eigentum zu erwerben. Mit dem Konzept des gestapelten Einfamilienhauses in Form von Terrassenhochbauten samt eingeplanten Begegnungszonen, die auch die sportlichen Bedürfnisse erfüllen und ein zwangloses Bekanntwerden ermögli-

chen, ist ein entscheidender Schritt zur Humanisierung des sozialen Massenwoh-
nungsbaus getan. Neue Konzepte des verdichteten Flachbaues und der Hinterhofsanierung tragen ebenfalls entscheidend dazu bei. Eine vielversprechende Zusammenarbeit zwischen Städteplanern, Architekten, Politologen, Soziologen und
Biologen bahnt sich in diesem Bereich an. Im Rahmen der Stadtsanierung ist an
eine Kompartimentierung zu denken durch Schaffung von Infrastrukturen wie
Plätzen, die eine Gemeindebildung erleichtern.

8.4 Gesellschaftsordnung und menschliches Verhalten

> »›Frei wie der Vogel‹, sagen wir und beneiden die beschwingten Ge-
> schöpfe um ihr Vermögen unbeschränkter Bewegungsfreiheit in allen
> drei Dimensionen. Aber leider vergessen wir die Dronte. Jeder Vogel,
> der gelernt hat, sich einen guten Lebensunterhalt aus dem Boden zu
> wühlen, ohne gezwungen zu sein, seine Flügel zu gebrauchen, wird bald
> auf das Vorrecht des Fliegens verzichten und für immer auf dem
> Erdboden bleiben. Ein Gleiches trifft auch auf die Menschen zu. Wenn
> das Brot dreimal täglich regelmäßig und reichlich geboten wird, werden
> viele ganz zufrieden sein, vom Brot allein zu leben oder zumindest von
> Brot und Zirkusspielen allein.«
>
> A. Huxley (1981 : 366)

8.4.1 Zielsetzungen einer Überlebensethik

Die Menschheit steuert einer kritischen Phase ihrer Entwicklung zu. Ressourcenerschöpfung und Massenvermehrung zeichnen sich ab und damit Konflikte, deren
Konsequenzen noch nicht abzusehen sind. Kleineren Völkern droht die Vernichtung sowohl durch friedliche Einschmelzung als auch durch gewaltsame Unterdrückung und Ausrottung. Der Vielfalt der Kulturen droht der Untergang in der
Monotonie einer Weltkultur. Die Massengesellschaft hat uns neben vielen positiv
zu bewertenden Errungenschaften Probleme beschert, mit denen wir uns auseinandersetzen müssen. Leitgedanke bei diesem Bemühen kann vernünftigerweise
nur das Überleben in Nachkommen sein. Dies muß die erste Zielsetzung einer
Überlebensethik sein.

Unser Wissen um das Evolutionsgeschehen vermittelt uns jedoch weiter in die

Zukunft reichende Perspektiven, neue Möglichkeiten der Planung, aber auch neue Verantwortlichkeiten. Wir wissen, daß von den im Kambrium lebenden Arten nur wenige in heute existierenden Nachkommen überleben und daß ein noch geringerer Prozentsatz von ihnen in neuen Entwicklungslinien erblühte. Dabei gilt, daß Spezialisten sich meist noch weiter spezialisieren und damit das, was ich die evolutive Potenz nenne, weiter einengen. Organismen verrennen sich gewissermaßen durch immer perfekteres Einnisten in eine Nische wie in eine Sackgasse, aus der sie zuletzt nicht mehr herausfinden. Ändert sich die Umwelt und geht dabei die Nische verloren, dann ist Neuanpassung vielfach nicht mehr möglich.

Aus Schlangen dürften sich kaum je wieder Pflanzenfresser entwickeln; dazu ist die Spezialisierung zu weit fortgeschritten. Aus ähnlichem Grunde dürften Wale kaum mehr zu Steppenbewohnern werden. Die Entwicklung geht immer von relativ unspezialisierten Formen aus, die potentiell viele Alternativen offenhalten. Aus der fünffingrigen Vorderextremität der ersten Landtetrapoden konnten sich sowohl ein Pferdehuf als auch die Pfote der Raubkatzen und der Flügel der Fledermaus entwickeln.

Die weiteren Entwicklungsmöglichkeiten dieser nunmehr spezialisierten Vorderbeine sind jedoch begrenzt. Ein universelles Instrument blieb dagegen die menschliche Hand. Ihre evolutive Potenz ist hoch. Instrumentell und unter der Führung des Gehirns verwirklicht sich diese Potenz vor allem in der weiteren kulturellen Evolution künstlicher Organe der Werkzeugkultur. Vielseitigkeit erhöht die Chancen, im Strom des Lebens zu überdauern. Demnach sollte nicht die beste gegenwärtige Anpassung, sondern die Erhaltung der Vielseitigkeit und damit die Erhaltung der evolutiven Potenz ein Leitwert jeder Planung sein. Bestangepaßt ist auch eine Sacculina, die ihre Vielseitigkeit im Verlauf ihrer Anpassung zum perfekten Parasiten verlor. Aus dem differenzierten Krebs mit Sinnesorganen und Fortbewegungsorganen wurde ein wurzelartiges Gebilde mit Keimdrüsen, das den Wirtskörper durchwächst: eine perfekte Anpassung. Das Aussterben ihrer Wirtsart dürfte der Parasit wohl kaum überdauern.

Als bestangepaßt könnten sich auch totalitäre Staatsgebilde erweisen, etwa der Art, wie sie in den Utopien von A. Huxley und G. Orwell beschrieben wurden. Wie wir jedoch noch ausführen werden, bestehen Gründe für die Annahme, daß solche Gesellschaftsformen eine Einengung der evolutiven Potenz zur Folge haben.

Eine Überlebensethik wird die Normen im Dienste der skizzierten Zielsetzungen entwickeln und dabei Nahziele und Fernziele unterscheiden. Ein Fernziel wäre etwa die Verbesserung unserer biologischen Konstruktion im Sinne einer »Höherentwicklung« der typisch menschlichen Eigenschaften, wie Rationalität, Moralität, Auffassungsvermögen, schöpferische Begabung und anderes mehr – ein höchst problematisches und auch kontroverses Gebiet.

Während zur Frage, ob und wie eine Verbesserung unserer Art erstrebenswert wäre, keine leichte Übereinstimmung zu finden ist, darf man das Überleben des

Menschen in Nachkommen gewiß als erstrebenswertes Ziel anerkennen. Demnach würden wir uns also richtig verhalten, wenn unser Handeln ein solches Überleben sichert. In dieser allgemeinen Fassung erscheint das als trivial. Ein Blick auf das Geschehen der letzten fünfzig Jahre lehrt allerdings, daß sich die Menschheit und ihre Führung keineswegs dieser Selbstverständlichkeit bewußt sind. Aber selbst wenn sie es wäre – die diesem Ziel entgegenstehenden Probleme sind so vielschichtig, daß Anweisungen zum richtigen Handeln keineswegs so offenkundig sind, wie man das zunächst annimmt. Gewiß, es leuchtet ein, daß wir den Weltfrieden erreichen müssen. Aber wie wir schon ausführten (Kap. 5.6.7), es genügt eben nicht, sich friedfertig zu gebärden.

8.4.2 *Um die Erhaltung des biologischen Gleichgewichtes: Differenzierung statt quantitatives Wachstum*

Den meisten Menschen ist heute bewußt, daß sich ein biologisches Gleichgewicht zwischen uns Menschen und der uns umgebenden Natur einstellen muß. Nur bauen die einen auf die selbstregulativen Kräfte, die sie auch in der Natur beobachten, während die anderen ihre Hoffnung auf die einsichtig planende Vernunft begründen. Worin besteht im Kern das Problem?

Der britische Nationalökonom THOMAS ROBERT MALTHUS hatte bereits 1798 darauf hingewiesen, daß ein unkontrolliertes Bevölkerungswachstum in der Regel dazu führt, daß die Bevölkerungszahl sich über die Grenze der Tragfähigkeit des Lebensraums hinaus vermehrt, so daß schließlich die Ernährungsbasis nicht ausreicht, um die Menschen zu ernähren. Diese Bevölkerungstheorie wurde zuvor bereits von GIOVANNI BOTERO (1559) formuliert. Man hat sie als zu einfach kritisiert. Es gibt zweifellos viele andere Variable, die das Bevölkerungswachstum beeinflussen. Im Kern jedoch hat sich diese Bevölkerungstheorie bewährt. Das Wachstum der Menschheit erfolgt exponential.

Legt man den Berechnungen den Gebietsstand Deutschlands von 1937 zugrunde, dann lebten um 1300 etwa 12 Millionen Einwohner auf diesem Gebiet; um 1700 waren es 15 Millionen, dann erfolgte ein rascher Anstieg:

1800	23 Mio. Einwohner	1875	43 Mio. Einwohner
1825	28 Mio. Einwohner	1900	56 Mio. Einwohner
1850	35 Mio. Einwohner	1914	67 Mio. Einwohner

(Berechnungen nach K. BUCHWALD 1978)

Die Bevölkerungsdichte betrug: 1780 38 Einwohner/km²; 1914 125 Einwohner/km²; 1973 255 Einwohner/km² (BRD); 1993 227 Einwohner/km² (BRD nach der Wiedervereinigung). Diese Bevölkerungsexplosion erstreckt sich nicht allein auf die großen Industrienationen Europas. Auch global ist ein exponentielles Bevölkerungswachstum festzustellen. Bis zum Jahr 2000 dürften auf dieser Erde 6 bis 7 Milliarden Menschen leben. Das Bevölkerungswachstum verläuft dabei in verschiedenen geographischen Großregionen unterschiedlich. Der Anteil der Entwicklungsländer dürfte um das Jahr 2000 76,5 Prozent der Gesamtbevölkerung ausmachen (W. ENGELHARDT 1978; Abb. 8.21).

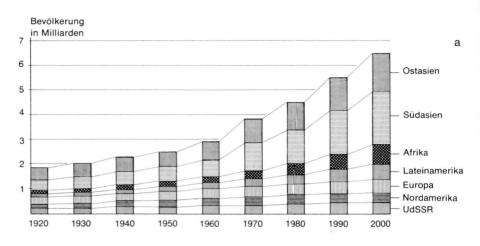

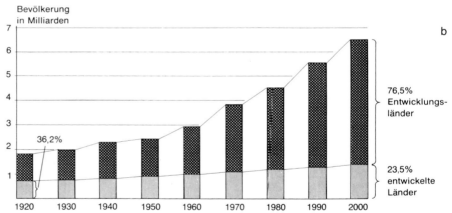

Abb. 8.21: a) Das unterschiedliche Wachstum der Bevölkerung in den verschiedenen Großregionen der Erde; b) das unterschiedliche Wachstum der Bevölkerung in Entwicklungsländern und entwickelten Ländern. Aus W. ENGELHARDT (1978).

Für Europa zeichnet sich kein Zuwachs ab. In einigen seiner Regionen nimmt die autochthone Bevölkerung sogar deutlich ab, was eine Anpassung an die bereits überforderte Tragekapazität der Länder bedeuten könnte, würde nicht über die Zuwanderung geburtenfreudiger Bevölkerungen aus kulturfernen Bereichen dieser positive Effekt annulliert. Zur Problematik solcher Entwicklungen, die sich in Europa erst anbahnen, liefern die Vereinigten Staaten von Amerika ein eindrucksvolles Beispiel. Laut »Time Magazine« vom 9. 4. 1990 betrug die prozentuelle

Zunahme der verschiedenen Bevölkerungsgruppen in den Jahren 1980–1988 für die Asiaten rund 55 %, die Afroamerikaner 32 %, die Ladinos 11 % und die Weißen knappe 4 %. Pro Tausend der Gesamtbevölkerung betrug der Bevölkerungszuwachs durch natürliches Bevölkerungswachstum und Einwanderung der Afroamerikaner, Ladinos und Asiaten ein Vielfaches des Zuwachses der Weißen und bei Anhalten dieses Trends würden die Weißen im Jahr 2056 laut »Time Magazine« in der Minderheit sein (Abb. 8.22). Global rechnen die Experten nach H. J. Schöps (1993) mit folgender Entwicklung:

	Bevölkerung 1990	Bevölkerung 2025
Europa:	500 Millionen	500 Millionen
ehem. Sowjetunion:	250 Millionen	350 Millionen
Nordamerika:	250 Millionen	450 Millionen
Lateinamerika:	450 Millionen	750 Millionen
Afrika:	650 Millionen	1600 Millionen
Asien:	1800 Millionen	3200 Millionen
Ostasien:	1300 Millionen	1700 Millionen

Der Bevölkerungszuwachs erfolgt vor allem in den heutigen Notgebieten der Erde. In Afrika vermehrt sich die Bevölkerung um rund 3 % pro Jahr. Zwar ist auch hier ein leichter Rückgang der Gesamtfruchtbarkeitsrate zu vermerken. Zwischen 1950 und 1955 betrug die Gesamtfruchtbarkeitsrate in Afrika 6,65 Kinder pro Frau, 1980–85 6,40. Die Vergleichszahlen für die entwickelten Länder

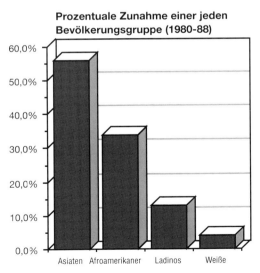

Abb. 8.22-1: Die prozentuale Zunahme der verschiedenen Bevölkerungsgruppen der Vereinigten Staaten von Amerika in den Jahren 1980–1988 durch Einwanderung und Geburtenzuwachs. Nach Angaben des »Time Magazine« vom 9. 4. 1990 aus I. Eibl-Eibesfeldt (1994).

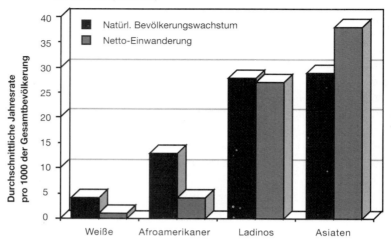

Abb. 8.22-2: Der Bevölkerungszuwachs der verschiedenen Bevölkerungsgruppen der Vereinigten Staaten von Amerika in den Jahren 1980–1988, aufgeschlüsselt nach Geburtenzuwachs (natürliches Bevölkerungswachstum) und Netto-Einwanderung. Nach Angaben des »Time Magazine« vom 9. 4. 1990 aus I. EIBL-EIBESFELDT (1994).

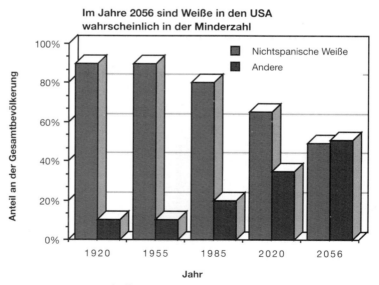

Abb. 8.22-3: Prognostizierte Bevölkerungsentwicklung der USA bei Anhalten des in den achtziger Jahren beobachteten Trends. Im Jahre 2056 befände sich die weiße Bevölkerung in der Minorität. Nach Angaben des »Time Magazine« vom 9. 4. 1990 aus I. EIBL-EIBESFELDT (1994).

waren 2,83 und 1,93. (Weitere Angaben bei J. Schmid 1992 und R. Münz und R. Ulrich 1994). Diese leichte Abnahme der Gesamtfruchtbarkeitsrate reicht jedoch bei weitem nicht aus, um die Probleme der Dritten Welt, die ja vor allem von der Bevölkerungsexplosion heimgesucht wird, zu lösen. Indien wird z. B. voraussichtlich von 864 Millionen (1993) auf 1440 Millionen im Jahr 2025 anwachsen. Um nur den gegenwärtigen ärmlichen Zustand zu erhalten, müßten bei dieser Entwicklung jährlich 127 000 neue Schulen eingerichtet, 373 000 Lehrer eingestellt, vier Millionen Arbeitsplätze geschaffen und wenigstens zehn Millionen Tonnen zusätzliche Nahrungsmittel produziert werden (H. J. Schöps 1993). Die Weltgetreideproduktion stieg bis 1987 auf 500 Millionen Tonnen, sank aber danach dramatisch bis auf unter 300 Millionen Tonnen im Jahre 1993. Dementsprechend reichte der Weltvorrat an Getreide 1987 für 104 Tage und 1993 nur noch für 64 Tage. Die pro Kopf verfügbare Getreideanbaufläche sinkt seit Ende der fünfziger Jahre stetig. Die industrialisierte, die Böden ausbeutende Landwirtschaft kompensiert diesen Schwund durch intensive maschinelle Bodenbearbeitung und hohe Düngerzufuhr. Sie investiert dabei in eine Kalorie, die sie erntet, 6 bis 8 Kalorien an fossilen Energieträgern und schädigt dabei die Krume. Es gehört nicht allzu große Intelligenz dazu, um die sich abzeichnende Krise zu erkennen. (Siehe auch den zweiten »Club of Rome«-Bericht von Alexander King und Bertrand Schneider 1993.)*

Ursachen für die Bevölkerungsexplosion sind vor allem die Verbesserung der hygienischen Verhältnisse, der Fortschritt der Medizin und die industrielle Revolution unter Nutzung der fossilen Brennstoffe. Gleichzeitig entfielen Beschränkungen, die Eheschließung und zeitliche Folge der Geburten im Sinne einer Bevölkerungskontrolle regelten. Legt man als Schätzung zugrunde, daß um Christi Geburt 250 Millionen Menschen auf der Erde lebten, dann brauchte die Menschheit bis zur Verdoppelung dieser Zahl etwa 1600 Jahre (1650), für die zweite Verdoppelung (1850) nur noch 200, für die dritte (1950) hundert und für die vierte (1976), durch die die Bevölkerungszahl auf über 4 Milliarden hochschnellte, nur noch 26 Jahre! Die jährliche Wachstumsrate, die über viele Jahrtausende 0,2 Prozent betrug, belief sich 1970 um 2 Prozent oder in Zahlen 70 Millionen Menschen pro Jahr! In den letzten zehn Jahren haben sich die jährlichen

---

* Zwischen 1970 und 1986 ging die Pro-Kopf-Produktion an Lebensmitteln in 64 von 114 ernährungsdefizitären Ländern zurück. 1987 sank die Weltnahrungsmittelproduktion um 4 %, so daß der Weltverbrauch von Getreide über der Produktion zu liegen kam. (FAO-Aktuell, 19, Mai 1988, Bundesministerium für Ernährung, Landwirtschaft und Forsten, Bonn). Alles Anzeichen, daß wir eine Krisensituation erreicht haben, die wir durch massiven Einsatz fossiler, aber eben nur begrenzt vorhandener, Energieträger kaschieren. Das geht auf die Dauer nicht. Die ökologische Tragekapazität der Erde ist begrenzt. Außerdem sollten wir uns nicht danach richten, wieviele Menschen auf unserer Erde bei extremer Einschränkung gerade noch leben können. Es geht auch um die kulturelle Tragekapazität, bei deren Überschreitung Hochkulturleistungen nicht mehr möglich sind (Garret Hardin 1986).

Zuwachsraten etwas verringert. Immerhin betrug die jährliche Zuwachsrate der Weltbevölkerung 1975 noch 64 Millionen. 1993 waren es schon 100 Millionen, und man rechnet in zehn Jahren mit einem Zuwachs von einer Milliarde Menschen! Das entspricht der heutigen Bevölkerung Afrikas und Südamerikas zusammengenommen.

Die Ressourcen an Öl und Rohstoffen dürften kaum hinreichen, allen diesen Menschen einen europäischen Standard zu vermitteln, ganz abgesehen davon, daß der CO_2-Ausstoß und die Versäuerung der Luft durch Schwefeldioxid bereits jetzt bedenkliche Ausmaße erreichen, obgleich in den Ländern der dritten Welt keineswegs jeder ein Auto fährt (Abb. 8.23). Die Kluft zwischen armen und

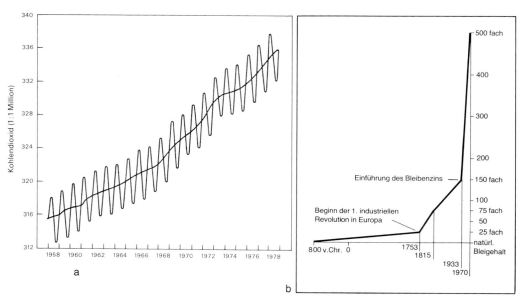

Abb. 8.23: Mit der u. a. durch die Nutzung fossiler Brennstoffe geförderten Massenvermehrung des Menschen kommt es zu Umweltbelastungen, die die Zukunft des Menschen ernsthaft gefährden. Über die Verschmutzung der Flüsse, Seen und Meere ist viel berichtet worden. Insektizide findet man heute selbst in den Pinguinen der Antarktis. Die stetige Zunahme des Kohlendioxids kann man der Grafik a) entnehmen. Sie stellt die Ergebnisse von Messungen auf Mauna Loa in Hawaii dar, also einem Punkt weitab von jeder Industrie. Die Messungen sind so empfindlich, daß sie auch die Sommer- und Winterschwankungen der nördlichen Halbkugel widerspiegeln. Durch Fotosynthese wird im Sommer mehr CO_2 der Luft entnommen. Entsprechende Messungen liegen aus der Antarktis vor. Sie zeigen einen gleichen Verlauf. Welche Folgen diese Änderungen haben werden, kann man noch nicht absehen. Immerhin wäre eine Klimakatastrophe möglich, und die Grafik zeigt deutlich, daß unser »Luftmeer« in Wahrheit nur eine dünne Hülle unseres Planeten ist, die keineswegs unbeschränkt belastet werden kann. Durch das Waldsterben rückte die Gefahr der SO_2-Belastung in den Blickpunkt der Aufmerksamkeit. a) aus R. REVELLE (1982) nach Messungen von CH. D. KEELING; b) aus K. BUCHWALD (1980) nach M. MUROZUMI, I. CHOW und C. PATTERSON (1969).

reichen Nationen hat sich übrigens seit 1960 um das Doppelte verbreitert. Das jährliche Durchschnittseinkommen lag nach einer Aufstellung von 1979 (R. L. SIVARD 1980) in den Industrieländern bei 5690 US-Dollar, in den Entwicklungsländern bei 530 US-Dollar.

Eine Neuerschließung von Kulturland ist in beschränktem Maße möglich. Allerdings wird der jährliche Zugewinn durch Verwüstung schon vorhandenen Kulturlandes mehr als aufgehoben. So hat sich die Sahara in den letzten 50 Jahren um rund 100 Millionen Hektar ausgedehnt. Sie rückt in einem 5000 Kilometer langen Gürtel im Jahresdurchschnitt um etwa 10 Kilometer südwärts vor. Die übrigen Wüsten der Erde vergrößern sich alljährlich um etwa 5 bis 7 Millionen Hektar. Versuche, die tropischen Regenwälder Südamerikas in großem Stil zu kultivieren, führten bisher nicht zum gewünschten Erfolg, da sich die Lateritböden schnell erschöpfen und das neugewonnene Kulturland einer raschen Auswaschung und Erosion anheimfällt.

Der Mensch zapft bereits die gesamte Biosphäre an. Er holt sich pflanzliche, tierische und mineralische Rohstoffe aus aller Welt, und er beutet vor allem die fossilen Brennstoffe Kohle und Öl aus, was globale Änderungen des Naturhaushaltes zur Folge hat. So führt die Zunahme des Kohlendioxid-Gehalts der Atmosphäre zusammen mit der industriellen Abwärme zu einer globalen Erwärmung der Erde (G. M. WOODWELL 1978). Der Treibhauseffekt kann gefährlich werden. Man spricht von der Möglichkeit des Abschmelzens der Polkappen, damit einer Überflutung der Tiefebenen und Küstenstädte, und von einer Ausbreitung der Wüstengürtel.

Weit problematischer ist jedoch die Tatsache, daß die Menschheit auf der Basis einer sich nicht regenerierenden, begrenzt vorhandenen Energiequelle eine bisher in diesen Ausmaßen noch nie dagewesene Massenvermehrung erlebt. Der Zusammenbruch dieser Bevölkerungsblase ist vorgezeichnet. Die Erdöl- und Kohlevorräte sind begrenzt. Auch bei der Rate des gegenwärtig eingeschränkten Verbrauchs von rund 3 Milliarden Tonnen pro Jahr (1973 : 2,8 Milliarden) ist das Ende abzusehen, gleich ob man nun wie H. GRUHL (1975) eine Reserve von 500 Milliarden Tonnen oder optimistisch das Drei- oder Vierfache davon annimmt[*]. Ähnlich sieht es mit anderen Rohstoffen aus.

DAVID PIMENTEL und Mitarbeiter (1994) berechneten, wie viele Menschen sich in den USA ernähren und energetisch versorgen könnten, wenn nur noch die sich regenerierenden Energiequellen (Sonne, Wasser, Wind und landwirtschaftliche Produkte) zur Verfügung stehen. Bei Einschränkung des gegenwärtigen Pro-Kopf-Energieverbrauchs auf die Hälfte kommen sie auf 200 Millionen. Die globale

---

[*] Daß Erdöl vielleicht erst in 80 oder 100 Jahren ausgeht, Aluminium erst in 260 Jahren und Chrom erst in 360 Jahren, mag unsere Generation beruhigen, aber nicht die Biologen, die in ganz anderen Zeiträumen zu denken gewohnt sind und die aus den Zeugnissen der Erdgeschichte wissen, daß die meisten Arten, die einst lebten, ausstarben und Überleben somit die seltene Bewährung ist.

ökologische Tragekapazität errechnet sich bei gleichem Ansatz mit 1–2 Milliarden Menschen. Für die Schweiz wird bei Zugrundelegung des heutigen Pro-Kopf-Energieverbrauchs eine Tragekapazität von 900 000 Menschen angegeben (G. PILLET 1992).

Wie die Entwicklung der Menschheit bei weiterer Vermehrung verlaufen dürfte, das haben D. L. MEADOWS und Mitarbeiter (1972) auf Anregung des Club of Rome vorgestellt. Man hat an Einzelheiten des Modells Kritik geübt, so an der Gewichtung negativer Faktoren. Für die Ausbeutung und Belastung der Erde nahm man exponentielle Prognosen an, während sie wahrscheinlich »nur« linear sein dürfte. Aber auch die günstigeren Annahmen von C. FREEMAN und M. JAHODA (1973) kommen zu der grundsätzlich gleichen Folgerung, daß es so nicht mehr lange weitergehen kann. Es wurden noch eine Reihe von anderen Einwänden erhoben, die jedoch nicht den Kern der Aussage betreffen (W. WÜLKER 1976 a, b). Informativ sind auch die Darstellungen von H. GRUHL (1975), K. STEINBUCH (1973) und F. VESTER (1972), und schließlich sei auf einige der frühen Warner hingewiesen (R. CARSON 1962, R. DEMOLL 1954, F. OSBORN 1948, B. und M. GRZIMEK 1959). Im Lichte dieser Publikationen klingen die Versicherungen von H. KAHN (1977) nicht recht überzeugend. Vorschläge zur Verbesserung bringt das Buch »Das Ende der Verschwendung« von D. GABOR und Mitarbeitern (1976) und weitere Empfehlungen an die Staatsmänner das von J. TINBERGEN (1977) herausgegebene Werk »Wir haben nur eine Zukunft«.

Ein wirksames Gegensteuern wird durch die Konkurrenzsituation erschwert. Im Kampf um internationale Rangpositionen und damit ums Überleben strebt jede Nation auf eine Vermehrung ihrer Macht, und zwar über die Vermehrung ihres Menschenpotentials und ihrer industriellen Produktivität. Diese Maximierungsstrategie hat sich bewährt. Nur wird nach dem Optimalitätsprinzip der Punkt erreicht, an dem ein rein quantitatives Wachstum die Gemeinschaft schwächt.

Ähnlich führt das industrielle Wachstum als Folge der Konkurrenz der Blöcke zu einer schädlichen, umweltzerstörenden und die Eignung der Staaten belastenden Überproduktion, bei der überdies wichtige Rohstoffreserven vergeudet werden. In diesem Punkte scheint die Menschheit durch die Existenz konkurrierender Blöcke in einem Teufelskreis gefangen. Soziologen, Wirtschaftler und Politiker haben sich in den letzten 100 Jahren bedingungslos einer Wachstumsideologie verschrieben, die eine Ideologie des Wettstreites ist, der immer schärfere Formen annimmt. Man spricht oft von Wirtschaftskriegen.

Konkurrenz wird man nun weder ausschalten können noch wollen; sie ist die jede Entwicklung vorantreibende Kraft. Sie muß sich jedoch auf qualitative Leistungen konzentrieren. Ein Verhalten, das sich an der Wunscherfüllung von Zielgruppen orientiert (H. HASS 1983) und im Service und anderen qualitativen Leistungen mit anderen Anbietern wetteifert, wäre eine Alternative.

Eng verknüpft mit diesen Problemen ist die Frage, wie weit man die wirtschaftliche Entwicklung den selbstregulativen Prozessen des Marktes überlassen sollte und in welchem Ausmaße staatlich-planwirtschaftliche Maßnahmen zweckdienlich sind. Zu diesen beiden Fragenkomplexen – quantitatives versus qualitatives Wachstum und Selbstregulation versus zentrale Verwaltung – einige grundsätzliche Bemerkungen:

In einem begrenzten System bedeutet Wachstum zunächst immer Wachstum auf Kosten anderer. Das treibt gewiß die Entwicklung voran und ist in diesem Sinne evolutionsfreundlich, langfristig gesehen jedoch problematisch, da die Dynamik solcher Wirtschaftskämpfe dazu führt, daß Rohstoffe im Übermaß verbraucht werden. Die kulturelle Evolution setzt hier im wirtschaftlichen Bereich die gleichen Maximierungsstrategien ein, die die biologische Evolution über Jahrmillionen erfolgreich, wie es scheint, anwendete. Also, wird man sagen, ist gegen das Prinzip im Grunde nichts einzuwenden. Ich bin anderer Ansicht und möchte das begründen.

Zunächst gilt, daß Organismen ihre Vermehrung normalerweise nicht von sich aus einschränken. Sie nützen vielmehr opportunistisch vorhandene Nahrungsquellen aus, um ihre Biomasse zu maximieren. In guten Jahren vermehren sich die Lemminge und Feldmäuse so stark, daß weder Raubfeinde noch Krankheiten eine drastische Einschränkung der Individuenzahl bewirken können. Das führt schließlich zu einer Erschöpfung der Weidegründe, zunehmender Irritabilität der Individuen und schließlich zu einer Massenabwanderung sowie zu einem Dichtestreß-induzierten Bevölkerungszusammenbruch. Dadurch reduziert sich die Individuenzahl stark, die Weiden erholen sich, und der Zyklus kann von neuem beginnen. Nicht immer ist die Entwicklung so drastisch, denn Krankheiten, Feinde, in einigen Fällen vielleicht auch autoregulative Prozesse verhindern ein übermäßiges Anschwellen der Populationen. Die Selbstregulation tritt allerdings immer erst bei Überbevölkerung ein. Sie besteht etwa darin, daß Tiere, die keine Reviere gründen können, nicht zur Fortpflanzung kommen oder unter dem Dichtestreß vorübergehend steril werden. Zunächst allerdings stehen sie unter einem Druck, der als erste Alternative Abwanderung forciert.

Organismen sind offenbar so konstruiert, daß sie ihren Fortpflanzungserfolg maximieren. Und diese Maximierungsstrategie hat sich bewährt. Daß ein Bevölkerungszusammenbruch mit den zu vielen aufräumt, stört den Lebensstrom nicht; denn in den Zeiten der »Konjunktur« ist er, bildlich gesprochen, über seine Ufer getreten; er hat in zahlreichen neuen Rinnsalen neue Wege gefunden und Nischen, in denen einzelne ein neues Weiterkommen finden, auch nach dem Zusammenbruch der Massen. Die Strategie kostet Individuen, aber mit denen geht die Natur bekanntlich großzügig um. Auch Arten sind ja im Lebensstrom vorübergehende Erscheinungen. Und viele enden als Sackgasse der Evolution mit ihrem Aussterben. Von den im Kambrium lebenden Arten haben nur die wenigsten in heute lebenden Nachkommen überlebt.

Die kulturelle Evolution phänokopiert vor allem im wirtschaftlichen Bereich in vielen Punkten die organismische Evolution. So decken sich die Anpassungsfronten der Organismen und der Betriebe des Menschen im Prinzipiellen (H. Hass 1970). Bei beiden kommt es auf die Erwirtschaftung einer positiven Energie-bilanz an. Hier wie dort fallen Kosten des Aufbaus, der Erhaltung, der Reser-vebildung, der Reparatur und Abwehr von Störeinflüssen, der Verteidigung, der Erschließung und des Schutzes der Märkte und schließlich des Erwerbs-aktes an – des Vorgangs also, über den nicht allein die Kosten eingebracht werden, sondern eine positive Energiebilanz erwirtschaftet wird, die auch Vermehrung und Neuanpassung ermöglicht. Beim Erwerbsakt kommen als Konkurrenzfaktoren Präzision und Schnelligkeit zum Tragen. – Bei dieser Gemeinsamkeit ist es keineswegs verwunderlich, daß die Strategien der freien Marktwirtschaft in vielen Punkten jenen der biologischen Evolution gleichen. Der Überlebenserfolg entscheidet in beiden Fällen, und die Selektion ist streng.

Vertreter der freien Marktwirtschaft wie F. A. von Hayek (1979) bauen auf solche selbstregulativen Kräfte. Nach dem Vorbild der Natur treten sie für ein freies Spiel der Kräfte ein, und das bedeutet, daß jeder Betrieb seine Einnahmen zu maximieren trachtet, und zwar über hohe Produktionszahlen und die Erschlie-ßung neuer Märkte. Das erfordert Einfallsreichtum und Risikobereitschaft, da ja viele Betriebe mit ähnlichen Produkten um die gleichen Märkte konkurrieren, neue Märkte zu erschließen trachten und dabei einander über Leistungen auszu-stechen suchen.

Bisher hat sich diese Strategie im wirtschaftlichen Bereich bewährt, und zählt man die Zahl der Innovationen, etwa gemessen an neuen Patenten, dann erweist sich ein freies, marktwirtschaftliches System in seiner evolutionistischen Dyna-mik sicherlich als den bisher existierenden planwirtschaftlichen überlegen. Aller-dings basiert eine solche Maximierungsstrategie immer auf der rücksichtslosen Ausbeutung der Rohstoffquellen und der Menschen. In der Konkurrenz mit anderen scheint dies zumindest kurzfristig vorteilhaft. Der augenblickliche Erfolg zählt.

Diese Strategie ist aber mit großen Risiken behaftet. Den Konjunkturen folgen Krisen, die viele Existenzen vernichten und damit Menschen in Not bringen. Nun zählt auf der Stufe der biologischen Evolution der einzelne nicht. Im Menschen ist sich die Evolution – wie Teilhard de Chardin es ausdrückte – zum erstenmal ihrer selbst bewußt geworden: Der einzelne zählt. Es ist daher verständlich und wohl auch richtig, daß er planend Zusammenbrüche, Not und Leid zu vermeiden trachtet. Aus Einsicht in die Zusammenhänge ist Planen seiner Art gewiß gemäß. In der Tat greift man auch in der freien Marktwirtschaft in die Dynamik des Geschehens vernünftig steuernd ein. Zum Beispiel gibt es Antitrust-Gesetze, die verhindern, daß eine Gruppe eine Monopolstellung einnimmt. Man bemüht sich ferner u. a., durch antizyklische Steuerung die Amplitudenausschläge von Kon-junkturen und Krisen auszugleichen.

In den zentralen Verwaltungswirtschaften hatte die zentrale Planung eine

Vorrangstellung. Das Problem der Arbeitslosigkeit hatte man hier, wie es scheint, besser unter Kontrolle, aber in der Konkurrenz mit den freien, marktwirtschaftlichen Wirtschaftssystemen taten sich die Planwirtschaften schwer. Da der einzelne durch Eigenleistung seine wirtschaftliche Stellung nur wenig verbessern konnte, mangelte es an individueller Herausforderung und damit auch an Innovationen. Planwirtschaften sind wenig risikobereit. Man will Sicherheit, und das bremst Neuerungen. In Analogie zur biologischen Evolution könnte man sagen, sie sind nicht mutationsfreundlich. In der Konkurrenz mit anderen Wirtschaftssystemen schneiden sie daher weniger gut ab.

Im Grunde geht es in den Planwirtschaften um sozialen Ausgleich und die Verringerung des sozialen Risikos, nicht aber um eine ressourcenorientierte umweltbewußte Wirtschaftsplanung. Als Kollektiv versuchen diese Wirtschaftsblöcke ihre Leistung, gemessen am Bruttosozialprodukt, ebenfalls zu maximieren. Und hier wie dort sind die Politiker am Wachstum orientiert. Das ergibt sich leider fast zwangsläufig aus der Konkurrenzsituation der Völker und der Wirtschaftsblöcke. Über Wachstum und damit Machtzuwachs kann man andere verdrängen. Und dafür nimmt man eben die Erschöpfung der Vorräte in Kauf, vor allem der allgemeinen Güter. Die Problematik haben wir schon als die der »Allmende« kennengelernt. Luft ist, global gesehen, Gemeinbesitz. Wenn einer sie mit Einschränkungen nützt, indem er seine Produktionsanlagen mit kostspieligen entgiftenden Filtern versieht, dann trägt er zwar zur Lebensqualität bei, aber das ist kein unmittelbarer Konkurrenzvorteil; und nützt ein anderer die Luft ohne Einschränkungen, dann produziert er billiger. Es bedarf also internationaler Vereinbarungen.

Sollten diese in absehbarer Zeit nicht erreichbar sein, dann sollte jeder Wirtschaftsblock es für sich versuchen, selbst wenn dies zu einer gemäßigten Abschließung führen würde. Das setzt natürlich eine gewisse Autarkie voraus, die ja zur grundsätzlichen Absicherung nicht ganz unzweckmäßig ist. Die internationale Verflechtung des Handels als Mittel der Bindung auf Gegenseitigkeit braucht deswegen nicht extrem eingeschränkt zu werden. Ich erinnere wieder an das Optimalitätsprinzip. Es gibt ein Optimum der Verflechtung und gegenseitigen Abhängigkeit. Es ist dringend erforderlich, daß wir aus Einsicht in die ökologischen Zusammenhänge rational lösbare Probleme auch mit Hilfe unserer Vernunft lösen. Wer nur der »schöpferischen Selektion« vertraut, gerät leicht in die »Falle des Kurzzeitdenkens« (I. Eibl-Eibesfeldt 1994), die Bereitschaft dazu wurde uns durch eben diese Art der Selektion angezüchtet. In der Tat zählt im Wettlauf der Gegenwart, wer jetzt schneller läuft und nicht was danach folgt. So kann man auch in evolutionistische Sackgassen geraten. Das sollte eine rationale Zielsetzung vermeiden, indem sie Langzeitfolgen abzuwägen sucht. Das wiederum setzt die Entwicklung eines generationenübergreifenden Überlebensethos voraus (siehe Kap. 10).

Von einer solchen rationalen Lebensgestaltung sind wir allerdings noch recht weit entfernt. Man kann dafür genug Beispiele anführen. Etwa die Ölkrise: Erst als die erdölproduzierenden Länder den Ölpreis erhöhten, wurde den Politikern offenbar bewußt, daß es sich um eine beschränkt verfügbare Energiequelle handelt. Und das scheint heute bereits wieder vergessen.

Die von den Experten vor der Ölkrise errechneten Zahlen zum Energieverbrauch und Wirtschaftswachstum bis zum Jahre 2000 muten heute erschreckend naiv an*. Dennoch stützen sich auf solche Expertisen Bevölkerungspolitik und Wirtschaftsplanung. Wer die Konjunkturzyklen seit Kriegsende verfolgt, kann ablesen, daß die Zuwachsraten von Zyklus zu Zyklus kleiner werden, dennoch schwärmen Politiker vom quantitativen Wachstum.

Oft sind es Interessen bestimmter Lobbys, die vernünftige Maßnahmen blokkieren. Obgleich die Bundesrepublik Deutschland jedes Jahr etwa 10 000 Verkehrstote und ein Vielfaches an Verletzten beklagt, kann eine vernünftige Geschwindigkeitsbegrenzung nicht durchgesetzt werden. Und obgleich mehr als das Zehnfache davon, nämlich 140 000 Menschen, jährlich an den Folgen des Rauchens zugrunde gehen, wird weiterhin mit dem Image des Männlichen, Draufgängerischen, Sportlich-Feschen für dieses Rauschgift geworben, und die Schulbehörden wußten nichts Besseres zu tun, als in falsch verstandenem Liberalismus Raucherzimmer in den Schulen einzurichten.**

G. P. EHESTORF schrieb angesichts der 140 000 Rauchertoten, die wir alljährlich zu beklagen haben: »Um die Zahlen begreiflich zu machen, muß man sie mit anderen Zahlen vergleichen. In den Schreckensjahren der Französischen Revolution starben 100 000 Menschen eines gewaltsamen Todes. Diese hunderttausend

---

* Eine Graphik im »Spiegel« (10/1983 : 86) zeigt die verschiedenen Bedarfsprognosen in Steinkohleeinheiten (= Wärmeinhalt von 1 kg Steinkohle). Die Schätzungen des Bedarfs für 1985 lagen 1973 bei 610 Mio. Tonnen SKE. 1974 wurden sie mit rund 500 Mio. schon niedriger angesetzt. 1977 war man mit der Schätzung bei 480 Mio. und 1981 bei 430 Mio. angelangt. Der tatsächliche Bedarf war damals fallend, er lag bei 350 Mio. Tonnen. Wenn man bedenkt, daß auf solchen Expertisen letztlich die langfristigen Planungen für Kraftwerkbau ebenso wie viele andere volkswirtschaftliche Entscheidungen basieren, kommt einem das Grausen.

** 1981 wurden in der Bundesrepublik Deutschland von 17 Mio. Rauchern 130 Mrd. Zigaretten geraucht. Dafür wurden 20 Mrd. DM ausgegeben. Der Staat bezog daraus 11 Mrd. Mark Steuern. Die Folgekosten für Krankheiten betrugen 13–20 Mrd. DM (Angaben aus »Psychologie heute«, April 83). Das Doppelte wurde damals für Alkohol ausgegeben. Die Zahl der Alkoholkranken geht in der BRD in die Millionen. – In den Vereinigten Staaten von Amerika gingen 1983 350 000 Todesfälle auf durch das Rauchen verursachte Krankheiten zurück. Die durch Rauchen verursachten Gesundheitsschäden betrugen 13,6 Mrd. Dollar; nimmt man die indirekten Kosten durch Arbeits- und Produktionsausfälle dazu, dann kommt man auf 25,8 Mrd. Dollar. Aus diesen Gründen hat man seit 1971 die Zigarettenwerbung in den elektronischen Medien verboten. Dank massiver Aufklärung nimmt die Zahl der Raucher seit 1977 ab. Sie sank bei Männern bis 1983 von 52 auf 35 %, bei Frauen von 34 auf 29 % und bei Jugendlichen von 29 auf 20 %. Das sind beachtenswerte Erfolge, die uns zu denken geben sollten.

Todesopfer sind noch nach nahezu zwei Jahrhunderten ein Schrecken für Freiheit, Gleichheit, Brüderlichkeit und ähnliche Bestrebungen. 140 000 Rauchertote aber nehmen wir kaum zur Kenntnis. 140 000, das sind z. B. sämtliche Einwohner der Stadt Wolfsburg. Oder von Bremerhaven. Oder von Darmstadt.«

EHESTORF kontrastiert die Gleichgültigkeit gegenüber den Rauchertoten mit der Hysterie angesichts der Tollwut-Toten, von denen es zwischen 1965 bis 1979 etwa ein Dutzend gab. Weniger als ein Fall pro Jahr also. Das hat aber genügt, daß Medizinalbehörden und Jägerschaft übereinkamen, sämtliche Füchse auszurotten. »Auch das mag berechtigt sein. Aber wenn man diesen Aufwand, diesen brutalen Eingriff in die Umwelt damit vergleicht, daß bei 140 000 jährlichen Rauchertoten nichts geschieht, als daß eben die entsetzliche Zahl genannt wird, dann ist das schon mehr als seltsam« (G. P. EHESTORF, »Die Zeit«, 1. 6. 1979 : 63).

Die Großgesellschaft hat dem Menschen viele Möglichkeiten eröffnet. Zu den Errungenschaften der Wissenschaft und Technik kommen Höchstleistungen im künstlerischen Bereich, der Sieg über die Seuchen, die Ablösung alter Herrschaftsstrukturen durch liberal-demokratische Regierungsformen, die Idee der sozialen Gerechtigkeit, die Idee einer weltumspannenden Kooperation, die Emanzipation der Frau, die Akzeptanz verschiedener Wertsysteme und die Ausbildung eines Menschheitsbewußtseins, wie es sich in der Charta der Vereinten Nationen ausdrückt. Die Massengesellschaft hat aber auch neue Ängste geboren und ökologisch wie im zwischenmenschlichen Bereich zu einer deutlichen Verschlechterung der Lebensqualität geführt. Die rücksichtslose Ausplünderung des Planeten im Verbund mit der Massenvermehrung hat zu ökologischen Katastrophen geführt, und weitere, noch viel umfangreichere zeichnen sich ab. Sie sind abwendbar, vorausgesetzt, wir nehmen die Wirklichkeit zur Kenntnis.

»Der Mensch ist etwas, das überwunden werden soll. Was habt ihr getan, ihn zu überwinden?
Alle Wesen bisher schufen etwas über sich hinaus: und ihr wollt Ebbe dieser großen Flut sein und lieber noch zum Tier zurückgehen als den Menschen überwinden?«

FRIEDRICH NIETZSCHE, in: »Also sprach Zarathustra«

8.4.3 Die Erhaltung der evolutiven Potenz

Dank seiner Universalität hat der Mensch nicht allein die Fähigkeit, sich wechselnden Verhältnissen anzupassen. Er hat auch die Begabung, sich Ziele zu setzen und danach seine Gesellschaftsordnung auszurichten. Das eröffnet bisher nie dagewesene Chancen, aber auch Gefahren. Die Zielsetzungen, wie immer sie auch aussehen mögen, bestimmen den weiteren Kurs der kulturellen Entwicklung und damit letztlich auch die weitere biologische Evolution.

Es gilt daher, Tendenzen der Gegenwart zu deuten, und zwar im Hinblick auf ihre Auswirkungen: die evolutive Potenz, die den Menschen – seine Chancen auf Höherentwicklung – betrifft. Bekanntlich haben Generalisten im allgemeinen bessere Aussichten, sich wandelnd im Lebensstrom zu erhalten, als Spezialisten. Die Aussichten für uns Menschen, in direkten Nachkommen auch noch in Millionen Jahren zu leben, auf kulturell und biologisch fortgeschrittenem Stande, der uns Gegenwärtigen den Rang des »missing link« zuweisen würde, sind keineswegs schlecht – vorausgesetzt, wir überleben die Krisen der Gegenwart.

Es gibt allerdings kulturelle Entwicklungen, die diese Potenzen einengen könnten. Sie wurden in den erwähnten utopischen Romanen von G. ORWELL (1949) und A. HUXLEY (1981) treffend geschildert. In beiden Modellen verliert der einzelne seine Individualität. Er geht in einem Staatsganzen auf. Er wird verwaltet, und sein Handeln wird von fremdem Willen bestimmt. In beiden Gesellschaftsformen wird ferner die persönliche Bindung, also das, was wir Liebe nennen, abgeschafft. Ehe, Familie und Freundesbindungen sind verpönt. Es gibt nur die Loyalität und Bindung an die Gemeinschaft, vertreten durch Repräsentanten der Regierungsgewalt und durch Symbole. Technische Mittel überwachen das Privatleben und damit die Einhaltung der Verordnungen. Und diese Mittel stehen im Dienste der ideologischen Indoktrination, die suggeriert, daß man das alles gerne aus freiem Willen befolge.

In den weiteren Einzelheiten divergieren die Modelle von ORWELL und HUXLEY. Keines ist jedoch wirklichkeitsfremd. ORWELLs Modell liegt die Herrschaft eines Parteiapparates unter der Führung des »Großen Bruders« zugrunde, einer tyrannischen Vaterfigur, die Liebe, Ehrfurcht und Gehorsam abfordert. Die Pflege von Feindbildern und dauernder Krieg bewirken Solidarisierung der Massen und bekräftigen den Gefolgsgehorsam. Den Alltag bestimmen puritanische Ideale.

Ansätze zu solchen Entwicklungen gab und gibt es. Wegen der Neigung des Menschen, sich bei Angst infantil zu gebärden und sich starken Führungspersönlichkeiten anzuvertrauen (siehe Angstbindung, S. 119, 253), entwickeln sich solche Verhältnisse vor allem in Notzeiten. Und es ist sicherlich kein Zufall, daß gerade diese Systeme – aber keineswegs nur sie – über das propagandistische Suggerieren vermeintlicher Bedrohungen diese Angstmotivation zu erhalten trachten. Allerdings scheint es schwer, den Menschen dauernd gewaltsam und über die Angst zu beherrschen. Die Geschichte lehrt, daß er dagegen rebelliert.

Viel gespenstischer, weil wirklichkeitsnäher, ist das Modell des totalitären Staates, das A. HUXLEY in seiner »Schönen Neuen Welt« zeichnet. Hier nützt die Staatsführung das Glücksstreben des Menschen und erfüllt dessen Lustmechanismen so perfekt, daß er zuletzt über seinen Hedonismus entmündigt wird. Er sinkt auf die Entwicklungsstufe des abhängigen, zufriedenen, weil der Sorgen enthobenen Kindes. Bereits während ihrer künstlichen Aufzucht werden die Menschen so indoktriniert, daß sie für die jeweilige Rolle, in der sie leben werden, emotionell programmiert sind. Sie entwickeln einen Klassenstolz und verrichten freudig die Arbeiten, für die sie herangezogen wurden. Neben der direkten Beeinflussung der physiologisch-körperlichen Entwicklung erfolgt die prägende Indoktrination durch Dauerberieselung mit Phrasen, Slogans und Liedern unter Einsatz aller technischen Raffinessen. Das Leben des einzelnen ist im übrigen lustvoll. Er ist stolz auf seine Stellung, liebt seine Arbeit, die ihn nicht überanstrengt, da die Arbeitszeiten kurz sind. Für die Unterhaltung in der Freizeit wird vom Staat gesorgt. Man kann Sport treiben, auf Reisen gehen, man ist immer in lustiger Gesellschaft und beteuert in Gesängen bei verdummenden Massenritualen, wie glücklich man ist. Unterhaltung raffiniertester Art wird geboten – auch über Drogen, die nicht gesundheitsschädlich sind und nur glücklich machen. Sexuelle Freiheit ist gestattet, vorausgesetzt, man wechselt immer wieder den Partner, denn Liebe ist verpönt. Huxley zeichnet das Bild einer durch und durch hedonistischen Gesellschaft, die von einer Elite über die Lustmechanismen der einzelnen gegängelt wird.

Dem Leser wird auffallen, daß Entwicklungen in dieser Richtung schon weit gediehen sind. Wir leben in einer Wohlfahrtsgesellschaft, die den einzelnen durch freundliches Umsorgen in ein soziales Netz einhüllt, ihn infantilisiert und dadurch abhängig und leitbar macht.

Besonders weit scheint diese Entwicklung in Schweden gediehen zu sein. Im »Spiegel« (43/1983) erschien ein sehr aufschlußreicher Artikel von Wulf Küster, der geradezu Erstaunliches über die Bevormundung durch die Verwaltung, insbesondere die Fürsorge, berichtet. Unter anderem wird aus dem Recht der Frau auf Arbeit über die Besteuerung ein emanzipationsfördernder Zwang gemacht. Auch wenn die Frau gar nicht will, wird sie auf den Arbeitsmarkt gedrängt; denn es ist unmodern und unwürdig, als Hausfrau und Mutter zu leben. In Wirklichkeit steckt das Eigenleben eines Apparates dahinter, der mit all seinen Fürsorgeeinrichtungen beschäftigt sein will. Was würde man mit den Kindertagesheimen und all den Pädagogen und Sozialfürsorgern machen, wenn die Mütter selbst für ihre Kinder sorgten? Auch hier wieder ein Zuviel des Guten. Erschreckend ist, daß die Regierung sich dem Problem verschließt und es nicht wahrhaben will, auch wenn man sie darauf hinweist, wie das »Spiegel«-Interview mit Olof Palme in der gleichen Nummer der Zeitschrift lehrt. Erst diese selbstgerechte Verhärtung macht das Ganze zu einem Problem – die mangelnde Bereitschaft, aus Fehlern zu lernen.

Differenzierung bedeutet in der organischen Entwicklung immer Integration und Unterordnung von Teilen; auf die Entwicklung der Massengesellschaften übertragen, bedeutet dies Integration und Unterordnung des einzelnen innerhalb eines Staatsapparates. Wahrscheinlich dürfte eine Kombination der von Huxley und Orwell geschilderten Herrschaftsstrategien unter Betonung des hedonistischen Elements am effektivsten sein. Wie auch immer sich diese Integration des einzelnen in den totalitären Staat vollziehen mag: Bewährt sie sich, dann handelt es sich um einen Anpassungsvorgang. Und warum sollte es uns verwehrt sein, uns zu perfekten Großverbänden unter Aufgabe der Individualität zusammenzuschließen, wenn das unsere Eignung fördert?

Selbst wenn wir die bestmögliche Anpassung an jeweils gegebene Umweltbedingungen ins Auge fassen, können wir dagegen schwer mehr sagen, als daß uns solche Entwicklungen – weil wir eben noch Individuen sind – gefühlsmäßig zuwider sind. Wenn aber das absolute Aufgehen des Individuums in der größeren Gemeinschaft zu einer besseren Angepaßtheit der Menschen führt und zugleich der Harmonisierung zwischenmenschlichen Zusammenlebens dient, dann, so könnte man argumentieren, müßten sich eben auch unsere Wertvorstellungen mit dieser Entwicklung wandeln, denn diese sind ja gewiß zunächst einmal an den gegenwärtigen Zustand angepaßt. Evolution besteht nicht einfach im konservativen Beharren, sondern in steter Neuanpassung.

Das ist durchaus richtig. Aber ebenso richtig ist, daß Verhaltensweisen und Zielvorstellungen Schrittmacher der Evolution sind und daß wir über entsprechende Zielvorstellungen unsere Zukunft entscheidend mitgestalten können. Dabei sollten wir die Erhaltung der weiteren evolutiven Potenz im Auge behalten. Allzu großes Spezialistentum – auch wenn es zum Zeitpunkt des Entstehens bestangepaßt ist – kann sich evolutionistisch als Sackgasse erweisen, indem es die Möglichkeit weiteren Artenwandels und damit von Neuanpassung einengt. Nun liegen die evolutionistischen Chancen des Menschen in seiner Universalität begründet, und diese wiederum basiert auf der Gemeinschaft relativ autonomer Individuen. Die Erhaltung der Individualität und damit der schöpferischen Vielfalt von einzelnen sollte daher eine Zielvorstellung bleiben. Nur mit ihrer Hilfe dürfte es gelingen, sich der systemimmanenten Automatik der Großgesellschaften entgegenzustellen, die das Individuum einzuschmelzen droht. Sicher könnte es auch einem Großprimaten gelingen, seine Individualität nach dem Vorbild der Insektenstaaten völlig aufzugeben – und das kann durchaus bestangepaßt sein. Wir sollten es nur nicht wollen, denn eine solche Entwicklung würde unsere evolutiven Chancen einengen. Eine Großgesellschaft verantwortlicher, familial verbundener Individuen kann gewiß ebenso gut funktionieren.

Das in der modernen Massengesellschaft entwickelte antiindividualistische Sozialethos preist Tugenden an, die zur Untugend würden, ginge darüber das Individuum zugrunde. Nach WILLIAM WHYTE (1958) sind die Schlagworte dieser neuen Ethik Anpassung, Einordnung, sozialgerichtetes Verhalten, Teamwork, Gruppenloyalität, Gruppendynamik, Gruppendenken, dynamische Konformität und anderes mehr. Sie erfüllen ihre gemeinschaftsbindende Funktion im positiven Sinne, wenn daneben auch die individualistischen und familialen Werte bestehen bleiben. Wird der einzelne über eine solche Indoktrination entmachtet, dann ist die Entwicklung bedenklich. Allerdings rebelliert der Mensch gegen einen solchen Kollektivismus. Gegenwärtig scheint sogar der Individualismus auszuufern – wohl als Gegenreaktion. In dem Bemühen um Anpassung an die Herausforderung der Großgesellschaft können wir sicher keinen geraden Kurs steuern, aber eine Milderung der Pendelausschläge wäre wohl wünschenswert.

Die anonyme Gesellschaft neigt dazu, eine Gesellschaft ohne Liebe zu sein. Sie richtet sich gegen persönliche Beziehungen und setzt an ihre Stelle das Kollektiv. Dem frühen Sozialismus waren persönliche Beziehungen verdächtig. Aus diesem Grunde versuchte man u. a. auch die Familie abzuschaffen und durch die größere Gemeinschaft zu ersetzen. Man wollte nicht diskriminieren, sondern jedermann gleich verbunden sein. Diese Experimente glückten jedoch bisher nicht, und eine Rückbesinnung auf die Familie findet statt. Die familiale Veranlagung des Menschen steht einem Leben ohne enge persönliche Beziehungen zu Mitmenschen entgegen (Kap. 4.3.1). Aber repressive Ideologien könnten sie letztlich zerbrechen. Es ist in diesem Zusammenhang bemerkenswert, daß die sonst wesentlich unterschiedenen totalitären Utopien von G. ORWELL und A. HUXLEY in einem Punkt übereinstimmen: Dauerhafte heterosexuelle Liebesbeziehungen gelten als verpönt.

Die anonyme Gesellschaft belastet den Menschen mit vielen Problemen. Bringt er die Anlagen mit, um diese zu bewältigen? K. LORENZ meint, daß der heutige Mensch zwar die Forderung, seinen ihm unbekannten Mitmenschen so zu lieben wie sich selbst, verstandesmäßig als richtig erkennen würde, daß er jedoch seiner Anlage gemäß nur jene aus vollem Herzen lieben könne, die er auch kenne. Man müsse daher zunächst auf die biologische Evolution des neuen Menschen warten. Nun stimmt es sicher, daß wir jene, die wir persönlich kennen, in besonderem Maße lieben und schätzen lernen. Haben wir aber im individualisierten Verband die Fähigkeit zur Nächstenliebe voll entwickelt, dann können wir über Identifikation durchaus auch zu den uns unbekannten Gruppenmitgliedern eine emotionelle Bindung herstellen. Diese Fähigkeit hat ja mit zunehmender Kommunikation auch zur Entwicklung einer neuen Humanität geführt. Aber nur Menschen, die in persönlichen Bindungen geborgen leben, sind solcher Nächstenliebe fähig. Mit anderen Worten – individualistische Werte und persönliche Bindungen stehen der Loyalität zur anonymen Großgemeinschaft keineswegs entgegen. Sie sind vielmehr die Voraussetzung dafür.

Zusammenfassung 8.4

Massenvermehrung und Ressourcenerschöpfung bedrohen die Zukunft der Menschheit; zugleich eröffnen sich auch neue Chancen, mit Hilfe energiesparender Techniken die Lebensqualität zu verbessern und dem Menschen Freiheiten zu schöpferischer kultureller Entfaltung zu ermöglichen.

Eine Abkehr vom quantitativen zum qualitativen Wachstum ist dafür Voraussetzung. Eng damit verbunden ist die Entwicklung einer Überlebensethik. Sie sollte sich nicht allein am Kriterium gegenwärtiger Angepaßtheit ausrichten;

denn auch Involution, d. h. Abbau von Differenzierungen, kann sich in bestimmten Situationen als angepaßt erweisen, ebenso wie jede andere extrem einseitige Spezialisierung. Solche Entwicklungen engen die künftige evolutive Potentialität ein. Der Mensch als Spezialist auf Unspezialisiertsein hat große Chancen, sich im Lebensstrom zu erhalten und weiterzuentwickeln, doch drohen ihm Gefahren; denn systemimmanente Prozesse der Integration und Subordination im Staatsgefüge führen zunehmend zum Verlust der Universalität und Individualität der Person.

In den utopischen Romanen von G. ORWELL und A. HUXLEY sind solche Entwicklungen geschildert. Sie sind in Teilbereichen eingetroffen. Beide skizzieren einen Überwachungsstaat, der individuelle Bindungen – Liebe also – mit Verbot belegt. Das HUXLEYsche Modell ist der Wirklichkeit näher, da in ihm die Menschen über ihre Lustmechanismen gegängelt werden. Wohlfahrtsstaaten tendieren aus der schon besprochenen Dynamik der Organisationen in diese Richtung. Das Optimalitätsprinzip sollte daher im Bewußtsein bleiben.

Der Vorschlag, die Entwicklung den selbstregulierenden Kräften der Evolution zu überlassen, im wirtschaftlichen Bereich also den Kräften des Marktes, überzeugt auf den ersten Blick. Das Lernen aus Irrtümern ist jedoch schmerzlich und kostspielig, außerdem kann es zu Entwicklungen führen, die unseren Vorstellungen von Freiheit und Individualität entgegenstehen. Zielsetzungen und ein bestimmtes Maß an Planung und Steuerung sind notwendig. Es muß allerdings Freiraum für Experimente in allen Lebensbereichen da sein, sonst erstarrt das System mangels Innovationen.

9. Das Schöne und Wahre: Der ethologische Beitrag zur Ästhetik

In Wissenschaft, Kunst und vernunftbegründeter Moral erhebt sich der Mensch wohl am meisten über seine Tierverwandten. Kultur wird hier zur zweiten Natur und entfaltet sich auf einer für uns Menschen typischen Ebene mit weitreichenden Konsequenzen für das Schicksal unserer Art. Die verschiedenen Richtungen der Geisteswissenschaften haben sich in vielen geistreichen Abhandlungen mit diesen Leistungen auseinandergesetzt. Ein historischer Überblick würde aber den Rahmen unserer Untersuchung sprengen. Wir wollen uns darauf beschränken, den biologischen Beitrag zum Verständnis dieser Erscheinungen aufzuzeigen. Wir wollen sie getreu unserer ethologischen Fragestellung nach Geschichte, Aufgabe und Funktionsweise durchleuchten und dabei auch die enge Verbindung zwischen biologischem und kulturellem Erbe aufzeigen.

9.1 Ästhetik und bildende Kunst

Ästhetik wurde ursprünglich als die Lehre vom Schönen definiert. Nun wird gerade in der Kunst nicht immer nur das Schöne dargestellt. Picassos Gemälde »Guernica« ist nicht schön im klassischen Sinne, aber zweifellos ein packendes Kunstwerk höchster Ausdruckskraft. Im klassischen Drama wird die Faszination des Schrecklichen ausgespielt und ästhetisch wahrgenommen. Vielfach wird Ästhetik heute daher als Lehre von den Sinnesempfindungen oder Lehre von der

Erkenntnis durch Sinnesempfindungen – in getreuer Übersetzung des griechischen Wortes *aistanomai* – bezeichnet. Eine solche Fassung scheint mir jedoch zu weit, ist doch das Angesprochenwerden ein wesentliches Merkmal ästhetischer Wahrnehmung. Der Mensch registriert das Wahrgenommene nicht unberührt, er kann vielmehr einer Faszination verfallen. Sinneslust und kognitive sowie emotionale Lust werden erlebt; oft werden Appetenzen geweckt und in gewisser Weise befriedigt. Wir bewerten überdies das Wahrgenommene als schön, häßlich, interessant, schrecklich, erhebend, bedrückend, melancholisch, fröhlich und so fort und das scheint ein Charakteristikum der ästhetischen Wahrnehmung zu sein, zum Unterschied vom sachlichen, unbeteiligten zur-Kenntnis-nehmen. Die solchem Erleben zugrundeliegenden Mechanismen erforscht die Ästhetik, die ich demnach als Wissenschaft von der erlebnisbezogenen »bewertenden Wahrnehmung« bezeichne. Auch kognitive Prozesse können ästhetische Empfindungen wecken (Kap. 9.5.4). Zur Ästhetik im Spiegel der Wahrnehmungstheorien siehe CH. SÜTTERLIN (1994).

Man kann die ästhetische Wahrnehmung getrennt von jedem künstlerischen Wirken untersuchen, doch ist ein solches Vorgehen einseitig. Kunst ist schließlich die Fertigkeit, jene Mechanismen im Betrachter zu aktivieren, die unserer ästhetischen Wahrnehmung zugrunde liegen, so daß eine ästhetische Erfahrung zustande kommt. Kunst als Selbstzweck appelliert allein an die ästhetische Wahrnehmung, deren subjektive Korrelate auf der sinnesphysiologischen Wahrnehmungsebene Sinneslust und die Lust am Erkennen sind. Des weiteren kann die aufmerksamkeitsbindende Wirkung des ästhetischen Erlebnisses genützt werden, um gegen diesen Hintergrund Mitteilungen vorzutragen. Ethische Normen, ideologische Leitsätze und dergleichen können so bekräftigt werden. Das Kunstwerk wird damit zum Medium im Rahmen eines kommunikativen Systems, das als funktionelles Ganzes gesehen werden muß. Methodisch kann man allerdings Teile dieses Systems auch für sich betrachten, und wir wollen dies tun, indem wir uns zunächst mit der ästhetischen Wahrnehmung befassen.

Unsere Wahrnehmung wird durch unser Wissen bestimmt. Wir sehen z. B. Profile und Figuren in Wolken. Dieses Wissen basiert einerseits auf individuellen Erfahrungen. Es gibt jedoch auch ein Vorwissen aufgrund stammesgeschichtlicher Erfahrung. Zu diesem Vorwissen gehört z. B., daß wir gewisse Objekte als dreidimensionale Körper wahrnehmen (siehe dazu die auf S. 86f. erwähnten Versuche von W. BALL und F. TRONICK 1971). Auch die Konstanzleistungen (Objekt-, Form-, Bewegungs- und Farbkonstanz) müssen nicht erst in jedem individuellen Leben neu erworben werden. Sie beruhen auf stammesgeschichtlichen Anpassungen, und die Regelmechanismen, bei denen Rückmeldungen nach vorgegebenen Programmen mit Sollerwartungen verrechnet werden, sind sogar gegen individuelle Erfahrungen abgesichert. Viele der Vorurteile unserer visuellen Wahrnehmung wurden von der Gestaltpsychologie aufgedeckt. Die visuellen Illusionen sind in dieser Hinsicht recht lehrreich, zeigen sie uns doch, daß wir selbst wider besseres Wissen »Falsches« zwingend wahrnehmen, etwa unterschiedliche Größe zweier objektiv gleichlanger Strecken im Falle der MÜLLER-LYER-Illusion.

Die Gestaltpsychologie hat eine Reihe von Gesetzmäßigkeiten der visuellen Wahrnehmung erarbeitet, von denen einige auch für andere Wahrnehmungsbereiche gelten. Wir haben sie bereits vorgestellt (S. 66 ff.). In allen Fällen handelt es sich um aktive integrierende Leistungen der Wahrnehmung. Unsere Wahrnehmung beruht auf vorgegebenen Programmen, aufgrund deren wir kategorisieren, interpretieren und aktiv nach Regelmäßigkeiten suchen. Das setzt u. a. Mechanismen voraus, die es uns ermöglichen, uns vom einmal Wahrgenommenen wieder abzulösen, um von neuem aus anderer Sicht wahrzunehmen. NECKERS Würfel illustriert dieses Prinzip trefflich (S. 76).

Unsere Wahrnehmung bemüht sich ferner, Ordnung in den visuellen Erscheinungen zu suchen. Dabei erfaßt sie das regelhafte Allgemeine zuerst und sieht Abweichungen im Detail danach: Bieten wir dem Auge für einen Bruchteil einer Sekunde ein Dreieck, dem eine Spitze fehlt, dann sehen wir ein ganzes Dreieck. Asymmetrien und andere Unregelmäßigkeiten in einfachen geometrischen Figuren werden von der Wahrnehmung ausgeglichen. Wir ergänzen in Richtung auf Regelmäßigkeit und Symmetrie. Bilaterale Symmetrie erweist sich dabei auf die Vertikale bezogen (E. H. GOMBRICH 1982).

Dadurch, daß wir uns bemühen, im Gesehenen Regelmäßigkeiten zu entdekken, reduzieren wir das Maß an Information, mit der wir konfrontiert worden sind – wir bilden »Superzeichen« (H. FRANK 1960, M. SCHUSTER und H. BEISL 1978). Und das ist im Alltag von großer Wichtigkeit. Wir müssen Umweltgegebenheiten in allgemeineren Kategorien wiedergeben können: Bäume als Bäume, Häuser, Vögel, Fische etc. Das heißt, wir müssen zunächst allgemeine Schemata bilden, aufgrund deren wir Kategorien von Geschehnissen oder Objekten wiedererkennen. Sonst könnten wir uns nicht orientieren, sondern müßten jeden Baum von neuem kennenlernen, denn bekanntlich gleicht keiner dem anderen.

Um einen Baum als Baum, eine Fichte als Fichte und ein Gesicht als Gesicht zu erkennen, müssen wir über zentrale Abbilder verfügen, über Referenzmuster (Kap. 2.2.3), gegen die einkommende Sinnesmeldungen verglichen werden. In ihnen muß eine Art Typus- oder Idealbild vorgegeben sein, in dem das für einen Baum oder spezifischer für eine Fichte charakteristische festgehalten ist, ein *Schema*, um den von KONRAD LORENZ eingeführten Begriff zu verwenden (von *template* spricht man in der angelsächsischen Literatur). Solche Schemata können sich auf Grund von Lernerfahrungen bilden, und das ist sicher für die meisten der Fall. Sie können uns aber auch angeboren sein. Bei der Schematabildung durch Lernen handelt es sich um eine abstrahierende Leistung der Wahrnehmung. Ihr Zustandekommen dürfte darauf beruhen, daß bei wiederholten Erfahrungen, etwa der Wahrnehmung bestimmter Objekte oder beim Erleben bestimmter Situationen, das Gemeinsame gewissermaßen herausgefiltert wird, da es als das

Wiederkehrende stärkere Gedächtnisspuren hinterläßt. Das gilt nicht nur für die visuelle, sondern für alle Wahrnehmungen, ja für alle geistigen Operationen, wie beim internalisierten Spiel mit Engrammen, gleich ob es sich um bewußte oder unbewußte Denkoperationen handelt (siehe Kap. 3.1). Dabei besteht nach meinem Dafürhalten die Gefahr der Selbstindoktrination, wenn die Gedanken allzusehr um dasselbe kreisen. Dann wird zur Wirklichkeit, was man erdacht hat (I. EIBL-EIBESFELDT 1988), die Bilder der Phantasie nehmen reale Gestalt an. Das geschieht vor allem, wenn das Gedachte emotionell besetzt ist. Freiheit des Denkens setzt die Fähigkeit einer vorübergehenden Abkoppelung vor allem von der agonistischen Emotionalität voraus (Kap. 2.3).

Wie über wiederholte Erfahrungen das einer Objektkategorie Gemeinsame herausgefiltert wird, kann man sich durch ein photographisches Experiment veranschaulichen. Kopiert man Porträts von Personen so übereinander, daß die wiederholt exponierten Stellen einander verstärken, dann erhält man ein Mittelbild, das gewissermaßen den Typus repräsentiert*. In dem hier vorgestellten Beispiel (Abb. 9.1) kopierte HANS DAUCHER 20 Porträts von 20 Münchner

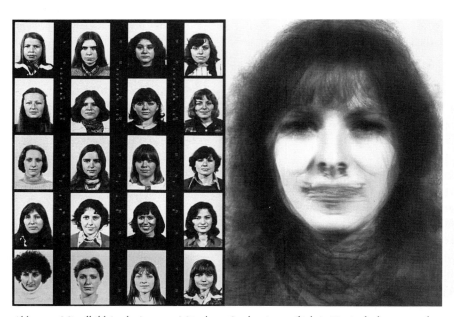

Abb. 9.1: Mittelbild (rechts) aus 20 Münchner Studentinnen (links). Die Aufnahmen wurden so übereinander kopiert, daß sich die gemeinsamen Züge verstärkten. Das Mittelbild entspricht dem »Typus« oder »Idealbild« der Population. Foto: H. DAUCHER (1967).

---

* Die Methode ist in die Anthropologie schon lange eingeführt. Siehe z. B. W. Z. RIPLEY: The Races of Europe, London 1900.

Studentinnen übereinander. Die einzelnen Bilder wurden unterbelichtet, so daß erst wiederholt belichtete Konturen hervortraten. Das so produzierte Mittelbild ist interessanterweise wohlgefällig, es entspricht etwa einem mitteleuropäischen Schönheitsideal. HANS DAUCHER (1967) interpretiert den Vorgang als »statistisches Lernen«. Aber auch eine andere Deutung ist möglich, und sie liegt deshalb nahe, weil wir das Typusbild als schön bewerten (I. EIBL-EIBESFELDT 1988, 1989), was ja zunächst unerklärlich bleibt. Nehmen wir dagegen an, daß diesen Werten ein uns angeborenes Referenzmuster als Leitbild zugrunde liegt, dann haben wir für diese ästhetische Präferenz eine Erklärung gefunden. Ein Selektionsdruck, der zur Ausbildung solcher zentraler Schemata geführt haben könnte, wäre die Absicherung einer gewissen Populationstreue bei der sexuellen Partnerwahl. Es wäre noch herauszufinden, wie populationsspezifisch die physiognomischen und anderen Partnerleitbilder des Menschen sind*. Wären sie sehr spezifisch, dann könnte dies auch für prägungsähnliche Lernprozesse sprechen nach dem Prinzip: »Heirate Partner, die jenen ähnlich sind, mit denen du aufgewachsen bist.« Schließlich könnte so ein allgemeineres human- oder großgruppenspezifisches Leitbild durch Prägung spezifiziert werden. Ein Partnerleitbild dieser Art, ob angeboren oder erworben, fördert assortive Verpaarung. R. THORNHILL und S. W. GANGESTAD (1993) meinten, das symmetrische Durchschnittsgesicht könnte bevorzugt werden, weil es Parasitenresistenz anzeige. Das scheint mir weit hergeholt. Jedes Leitbild dieser Art muß symmetrisch sein, da es ja dem statistischen Durchschnitt der Population, dem Typus, entspricht.

JUDITH H. LANGLOIS und L. A. ROGMAN (1990) experimentierten mit computergenerierten Durchschnittsgesichtern. Ihre Testpersonen fanden das Durchschnittsgesicht attraktiver als die Gesichter der einzelnen Personen, aus denen sie diese Durchschnittsgesichter komponiert hatten. LANGLOIS und ROGMAN sprechen sich für die Annahme spezieller »Schönheits-Detektoren« aus, lassen aber die Frage offen, ob diese uns Menschen angeboren sind oder im frühen Leben erworben werden. Für eine angeborene Präferenz spricht, daß bereits 2–3 Monate alte Säuglinge von Erwachsenen zuvor als schön bewertete Bilder von Gesichtern länger betrachten als unattraktive (J. LANGLOIS und Mitarbeiter 1987). 12 Monate alte Kinder spielen länger mit attraktiven Puppen, und sie zeigen weniger Scheu vor Fremden, die eine attraktive (von Erwachsenen als schön bewertete) Gesichtsmaske tragen, als vor solchen mit unattraktiver Maske (J. LANGLOIS und Mitarbeiter 1990).

In einer anderen Studie von V. S. JOHNSTON und M. FRANKLIN (1993) wurden

---

* Das klassische Schönheitsideal der griechischen Antike scheint für uns Europäer ziemlich allgemeine Gültigkeit zu haben. Wieweit es sich mit den Schönheitsidealen anderer Zivilisationen deckt oder in welchen Bereichen es sich mit deren Idealbild überlappt, wäre zu untersuchen. Die Idealgesichter der japanischen, chinesischen Kunst sowie anderer Völker des tropischen Asiens finden wir Europäer durchaus schön.

20 männliche und 20 weibliche Versuchspersonen gebeten, mit Hilfe eines Computerprogramms ein idealschönes Frauengesicht zu entwickeln. Das Programm erlaubte es, die die Form des Weichgesichts und die Gesichtszüge bestimmenden Merkmale einzeln anthropometrisch zu variieren, bis sie der betreffenden Person am besten gefielen. Die in der ersten Generation entwickelten Gesichter wurden auf ihre Schönheit hin bewertet, und mit den schönsten – den geeignetsten – wurde mit Crossing over und Mutationen mit dem Computer weiter »gezüchtet«. Die so erzeugten Tochtergenerationen wurden wieder bewertet, nach Eignung weitergekreuzt und so fort über mehrere Generationen, bis das schönste Gesicht entwickelt war. Interessanterweise entsprach es nicht ganz dem Durchschnitt der Population. Das stützt die Annahme, daß die Schönheit eines Frauengesichts Ergebnis einer noch stattfindenden sexuellen Zuchtwahl ist (Abb. 9.2 und 9.3). Das Alter der Idealschönen wurde von den Versuchspersonen als 24,9 Jahre geschätzt, und das ist etwa das Alter der maximalen Fruchtbarkeit der heutigen Vertreter einer europäischen Population. Der geringe Nasen-Kinn-Abstand indiziert, daß es sich um eine Frau handelt, die während des Adoleszenzwachstumsschubs weniger dem Einfluß der pubertären Nebennierenandrogene ausgesetzt war, was eine höhere als durchschnittliche Fruchtbarkeit zur Folge haben könnte (siehe auch S. 920 ff. »Kindschema«, »Paedomorphie«).

Die Annahme uns angeborener zentraler Schemata oder Leitbilder für die ästhetische Bewertung von Gesichtern wird schließlich durch neurophysiologische Befunde gestützt, die zeigen, daß es bei Primaten eine eigene Region der Hirnrinde gibt, die auf Reize anspricht, die ein Gesicht charakterisieren (Abb. 9.4; G. G. Gross und Mitarbeiter 1994). Solche spezifisch dem Gesichtererkennen zugeordnete Hirnregionen kennt man auch vom Menschen. Sie sind nicht mit jenen identisch, die persönliches Erkennen eines Gesichtes vermitteln und bei deren Zerstörung ein Mensch das Gesicht einer ihm bekannten Person nicht mehr erkennt (Prosoagnosie, S. 621), wohl aber noch ein Gesicht als Gesicht.

Die ästhetische Wahrnehmung basiert also einerseits auf genetischen Vorprogrammierungen, andererseits auf Lernerfahrungen. Auf einer sinnesphysiologischen Integrationsebene sind sie in den elementaren, uns angeborenen Prozessen der Wahrnehmungsphysiologie begründet. Auf einer nächsthöheren, artspezifischen Ebene – man könnte zur Absetzung von der wahrnehmungsphysiologischen von einer ethologischen Ebene sprechen – sind es spezifisch menschliche Vorurteile der Wahrnehmung, wie unsere ästhetische Vorliebe für Pflanzen (Phytophilie) oder auf den Mitmenschen bezogene Schönheitsideale, die ansprechen. Schließlich gibt es noch die kulturspezifischen, durch die Umwelt aufgeprägten ästhetischen Präferenzen, auf die wir noch zu sprechen kommen.

Viele moderne Maler wie Maurits C. Escher nützen die basalen Eigenschaften ästhetischer Wahrnehmung bewußt und konzentrieren sich in ihrem Schaffen auf das Spiel mit ihnen. So ist das Entdecken von Superzeichen lustbetont, ebenso wie das Entdecken einer Gesetzmäßigkeit im erkennenden Einfall – das Aha-Erlebnis

Abb. 9.2: Die Unterschiede der Proportionen und Gesichtszüge (Mund, Lippen) der komponierten »Idealschönen« und das Durchschnittsbild der weißen Studentenpopulation Neu-Mexikos, mit denen JOHNSTON und FRANKLIN experimentierten. Aus V. S. JOHNSTON und M. FRANKLIN (1993).

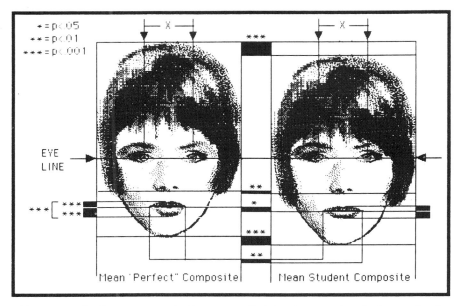

Abb. 9.3: Die als schönste eingestufte Komposition (links) und eine mit den gleichen Merkmalen, aber in den Proportionen eines Mittelbildes der Population. Aus V. S. JOHNSTON und M. FRANKLIN (1993).

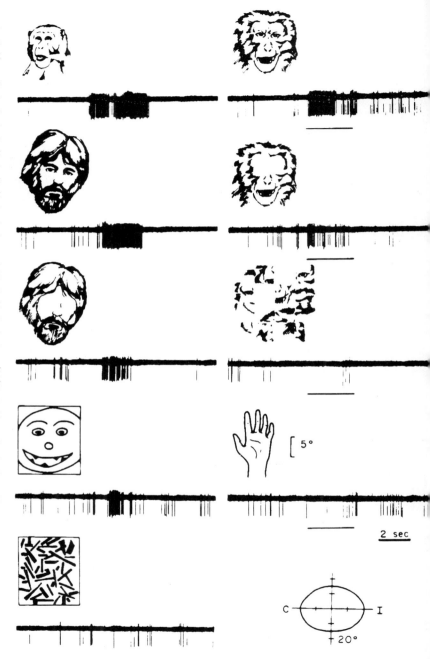

Abb. 9.4: Antworten einzelner Nervenzellen aus dem temporalen Kortex eines Rhesusaffen. Die Bilder zeigen die visuellen Reizmuster und darunter die entsprechende neuronale Antwort. Jeder Strich entspricht einem Nervenimpuls. Die Spezifität auf Gesichtsreize ist bemerkenswert. Affengesichter mit Augen lösen die stärksten Antworten aus. Bei Fehlen der Augen sinkt die Zahl der nervösen Entladungen. Sie bleibt aber noch höher als die Entladungsfrequenz auf ein durcheinandergemischtes Affengesicht, auf eine Hand oder auf unregelmäßige Striche. Auch ein stark schematisiertes Gesicht erzielt starke Antworten. Nach G. G. GROSS und Mitarbeitern (1981) aus J. P. CHANGEUX (1994).

(S. 952). Es ist lustvolles Erlebnis, wenn man in einem Suchbild die versteckten Zeichen und Mitteilungen entdeckt.

Die Abschlußbretter der Boote der Trobriand-Insulaner sind mit schönen ornamentalen Schnitzereien versehen. Sie laden zum Betrachten ein. Sie sind aber nicht nur schön; in der ornamentalen Verschlüsselung entdeckt der Betrachter Figuren von symbolischer Bedeutung. Im abgebildeten Beispiel (Abb. 9.5) sieht man eine zentrale Menschenfigur, die einer polynesischen Tiki-Figur recht ähnlich ist. Betrachtet man sie länger, dann sieht man allerdings, daß die Augen dieser Figur die Augen von zwei in Seitenansicht dargestellten Vögeln sind. Das ganze Brett ist schließlich als Gesicht konzipiert. Man entdeckt also verschiedene Figuren, die nach dem Prinzip des Vexierbildes verschlüsselt sind. Diese Art der Verschlüsselung ist in der Eingeborenenkunst Neuguineas ziemlich weit verbreitet und bedingt ihren besonderen Reiz, da sie Entdeckerfreuden bewirkt.

Wiedererkennen vermittelt Vertrautheit und Orientiertheit. Ist etwas zu komplex, so daß man keinerlei Regularität entdecken kann, dann mangelt es an ästhetischer Attraktivität, aber ebenso, wenn die Ordnung allzuleicht zu sehen ist. Generell werden Regelmäßigkeiten mit geringerem Speicheraufwand erfaßt und daher als angenehm und befriedigend wahrgenommen.

Die Tendenz zu kategorisieren und zu schematisieren, die, wie gesagt, nicht notwendigerweise auf angeborenen Schemata beruhen muß, aber oft zumindest eine angeborene Lerndisposition voraussetzt, äußert sich in vielen Lebensbereichen, und sie spiegelt sich auch in den Zeichnungen von Kindern. Das möge Abbildung 9.6 verdeutlichen. Ein siebenjähriges Mädchen war aufgefordert worden, seine Mutter zu zeichnen. Es zeichnete das typische Schema-Gesicht, ohne irgendein für die Mutter charakteristisches Merkmal. Erst auf die neuerliche Aufforderung, doch die Mutter zu zeichnen und sich dabei nach dem Vorbild zu richten, verzichtete das Mädchen auf die Projektion ihres internalisierten allgemeinen, in diesem Fall, wie schon begründet, wohl angeborenen Gesichtsschemas und malte »naturalistisch« nach dem Vorbild.

E. Sander (1931) untersuchte das Prinzip der »guten Gestalt« in einfachen geometrischen Formen und fand, daß Personen das Quadrat ansprechend finden, ferner ein Rechteck, dessen Seiten sich wie 1 : 1,63 verhalten (Goldener Schnitt). Quadrate, die etwas von der Quadratform abweichen, werden als »schlechte Quadrate«, bei größeren Abweichungen als »schlechte Rechtecke« wahrgenommen. Wird schließlich eine Seite des Rechtecks zu lang im Verhältnis zur anderen, dann sieht man es nicht mehr als Rechteck, sondern als Balken. Sander zeigt nun, daß dieses Prinzip der guten Gestalt in der Architektur Verwendung findet und die verschiedene Wirkung verschiedener Baustile erklärt. Die Renaissance-Architektur legt ihren Proportionen das ideale Quadrat und das ideale Rechteck zugrunde; ihre Proportionen basieren auf dem Goldenen Schnitt. Sie zieht ferner rechte Winkel und Kreisbogen anderen Formen vor und plaziert die Fenster in metrisch regelmäßigen Reihen. Die horizontalen Strukturen sind symmetrisch angeord-

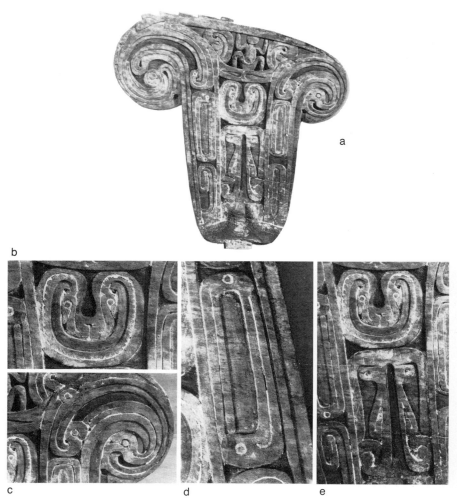

Abb. 9.5: Lagim (Abschlußbrett) eines Bootes von Kaileuna (Trobriand). Seine Funktion ist es, das Boot vor Gefahren zu schützen (a). Als Superzeichen soll es zunächst ein Gesicht darstellen. Die Komposition besteht im wesentlichen aus Vogelköpfen, deren Augen man klar erkennen kann (b–e). Die Schnäbel sind zu ornamentalen Schleifen ausgezogen, die sich mit anderen Schnäbeln und Vogelköpfen verbinden. Vögel spielen in der Mythologie der Trobriander eine wichtige Rolle. In der Mitte fügen sich vier Vögel zu einer menschenähnlichen Figur zusammen, die an einen polynesischen Tiki erinnert (e). Die Augen der Figur sind zugleich die Augen von zwei Vögeln in Seitenansicht, deren Schnabel nach außen abwärts weist (c). Der Mund mit vielen kleinen Zähnen umfaßt in extremer Stilisierung den ganzen Kopf. Wir kennen ganz ähnliche Gesichtsdarstellungen von Figuren aus Hawaii. Der Körper der Figur ist ebenfalls aus zwei Vögeln aufgebaut, deren Augen die Brüste bilden. Die Vögel sitzen seitlich (e) am zentralen, phallusartig nach oben führenden Zentralteil der Figur. Man findet ähnliche Vogeldarstellungen in vielen Ornamenten, z. B. auf den Yams-Häusern. Zuoberst sehen wir ein »heraldisches Weibchen«, mit gespreizten Beinen schamweisend. Foto: I. Eibl-Eibesfeldt.

a b

Abb. 9.6: Zwei Zeichnungen eines siebenjährigen Mädchens, das seine Mutter auf Aufforderung porträtierte. In freier Zeichnung projiziert das Kind ein Schema mit den typischen Merkmalen. Erst auf Aufforderung, die Mutter so zu zeichnen, wie das Kind sie sehe, änderte sich die Strategie der Darstellung. Sie richtete sich nach dem Modell und stellte die individuellen Züge der Mutter (Augenbrauen, Haare und Wangenfalten) dar. Aus A. Nguyen-Clausen (1987).

net. Das bewirkt eine ruhige Schönheit, die zum Verweilen einlädt. Im Kontrast dazu induziert die Barock-Architektur durch kleine Unvollkommenheiten – Abweichungen von den Idealformen – im Betrachter Spannungen, die Aufregung, Unruhe und Leidenschaften erwecken. Barock-Architektur wirkt dadurch dynamisch, sie vermittelt das Erleben von Geschehen. Die stilistischen Merkmale, über die das bewirkt wird, sind unvollkommene Quadratformen, Rechtecke mit etwas übertriebenen Breiten oder Längen. Die Bögen sind elliptisch und weit, die Winkel spitz, und die Symmetrieachsen befinden sich nicht genau in der Mitte. Die perfekte Form der Renaissance ist überwunden. Die beinahe perfekten Formen erregen den Betrachter.

Die unterschiedliche Spezialisierung der beiden Hirnhälften (S. 131 ff.) führt dazu, daß alles, was im linken Gesichtsfeld (links von einem zentralen Fixierpunkt) erscheint, primär mit der rechten Hemisphäre gesehen, d. h. ganzheitlich gefühlsmäßig verarbeitet wird. Was im rechten Gesichtsfeld (mit der linken Hemisphäre) gesehen wird, wird zunächst einer rational sachbezogenen Analyse unterzogen. Das schlägt sich im künstlerischen Gestalten nieder. Linkslastige

Bilder erweisen sich generell als emotionsträchtiger; ebenso ist die gefühlsmäßig aktivierende Wirkung von Bildern nicht gegen deren Umkehrung resistent (E. PÖPPEL und CH. SÜTTERLIN 1983). Ästhetische Präferenzen basaler Art sind nicht auf den Menschen beschränkt. In Wahlversuchen mit Affen, Waschbären und verschiedenen Vögeln zeigte B. RENSCH (1957, 1958), daß Tiere ähnliche ästhetische Präferenzen zeigen wie wir Menschen. Auch sie ziehen in Musterwahlversuchen regelmäßige Formen unregelmäßigen und Symmetrie der Asymmetrie vor. Untersuchen wir ferner die Farbkleider und Zeichnungsmuster von Fischen, Vögeln und Säugern, dann stellen wir fest, daß Aufmerksamkeit auf ähnliche Weise gebunden und geführt wird wie bei uns Menschen. Vom Untergrund abgehobene Flecken ziehen die Aufmerksamkeit auf sich, parallele konvergierende Linien oder Fleckenreihen führen die Aufmerksamkeit zu einem gewissen Ort. Umrahmung des Körperumrisses hält die Aufmerksamkeit in einem bestimmten Bezirk, mit Hilfe der LYER-Illusion täuschen Tiere Größe vor und so fort (H. B. COTT 1957, V. GEIST 1978). In der Mode werden die gleichen Prinzipien genützt (Abb. 9.7–9.10).

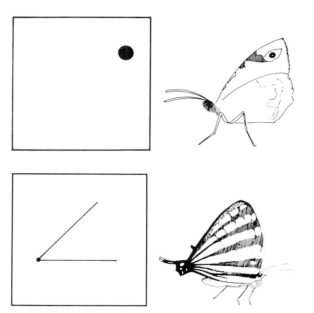

Abb. 9.7: Aufmerksamkeitsführende Muster bei Tieren: Kontrastierende Punkte und Flecken ziehen die Aufmerksamkeit auf sich. Sie lenken bei Fischen und Schmetterlingen oft vom Kopf ab. Der Samtfalter *(Eumenis semele)* illustriert dieses Prinzip. Aus V. GEIST (1978).

Abb. 9.8: Konvergierende Linien führen die Aufmerksamkeit zum Schnittpunkt hin. Beim tropischen Schmetterling *(Thecla togarna)* wird so die Aufmerksamkeit von Raubfeinden auf den »Pseudokopf« am Hinterende der Flügel hingelenkt. Aus V. GEIST (1978).

DESMOND MORRIS (1968) ließ Schimpansen malen. Die Produkte wirkten auf den menschlichen Betrachter durchaus ansprechend. Die Schimpansen hatten die Blätter in ausgewogener Weise bemalt. Sie hatten den vorgegebenen Rahmen beachtet und balanciert gefüllt. Gab ihnen MORRIS ein Blatt, auf dem bereits eine Seite mit einem Quadrat oder einem Kreis bemalt war, dann malten die Schimpansen bevorzugt auf der freien Seite, im Gegengewicht also. Später verbanden sie die

Abb. 9.9: Die Aufmerksamkeit kann durch »Umrahmung« in einem bestimmten Bildfeld gehalten werden. Das geschieht z. B. durch Farbgebung des Felles bei der Oryx-Antilope. Aus V. GEIST (1978).

Abb. 9.10: Aufmerksamkeitsführende Muster in der Mode: Eine Falte an der Vorderseite des Rockes öffnet sich beim Schreiten. Die konvergierenden Linien leiten den Blick nach oben. Rote Zierknöpfe (ohne andere Funktionen) unterstützen die Aufmerksamkeitsbindung. Foto: I. EIBL-EIBESFELDT.

beiden Strukturen mit ein paar Malstrichen. Die Affen entwickelten ferner individuelle Stile. Einer erzeugte fächerartige Gebilde, die er variierte. Gab man den Tieren verschiedene Farben, dann plazierten sie diese nicht übereinander. Hatte das Tier z. B. mit einer Farbe einen Fächer gemalt, dann plazierte es die andersfarbigen Pinselstriche zwischen jene der ersten Struktur. Die Aktivität erinnerte an Spiel und wurde als Selbstzweck ausgeübt. Bemerkenswert war, daß die Tiere wußten, wann sie fertig waren, und sich weigerten, ein »Gemälde« durch weiteres Bemalen zu zerstören.

Als ich von diesen Versuchen hörte, ging ich mit Pinsel, Farbe und Blättern in den Tierpark Hellabrunn in München und ließ zwei weibliche Schimpansen malen. Sie taten dies auf Anhieb und mit sichtbarem Vergnügen. Dabei füllte die ranghohe das ganze Blatt in ausgewogener Weise, während die rangniedere Schimpansin nur ein Fleckchen an der unteren Bildkante bemalte. Gab man ihr eine weitere Farbe, dann malte sie diese darüber, wobei sie so fest aufdrückte, daß sie schließlich das Blatt aufrieb. Sie verhielt sich so, als getraute sie sich nicht in den offenen Raum (siehe Tafel IX in EIBL-EIBESFELDT 1987 : 512). Mich erinnerte dies stark an die Projektionstests der Psychologen. Diese erkennen aus der Art, wie eine Person z. B. einen Baum malt, bestimmte Persönlichkeitsmerkmale.

MORRIS hat übrigens seine Schimpansenmalerei in einer Kunstgalerie mit Bildern moderner Künstler ausgestellt, ohne die »Künstler« zu nennen. Niemand erkannte den tierischen Ursprung, und viele priesen die Malereien als besonders vitale Zeugnisse der abstrakten Bewegungsmalerei.

Von den dem Bildmalen zugrundeliegenden allgemeinen Prinzipien sind die folgenden acht beim Schimpansen anzutreffen:

1. Die Aktivität wird um ihrer selbst willen durchgeführt.
2. Die Komposition wird kontrolliert.
3. Der Raum mit Gefühl für Rhythmus und Regelmaß gefüllt.
4. Durch Übung wird die Leistung differenzierter.
5. Es entwickeln sich individuelle Stile, die variiert werden.
6. Ein Bild wird als fertig angesehen, wenn ein bestimmter optimaler Zustand der Ordnung erreicht ist.
7. Es gibt für die Affenzeichnung charakteristische Anordnungen, also allgemeinverbindliche Schemata, die befolgt werden.
8. Individuelle Charaktereigenschaften drücken sich aus.

Der Schimpanse produziert allerdings keine Gemälde, um sich hinterher an ihnen zu erfreuen. Es handelt sich um Expressionen des Augenblicks. Im Freien zeigt er keinerlei Manifestationen ästhetischen Verhaltens, sieht man davon ab, daß er sich gelegentlich mit belaubten Ästen drapiert. Das filmte ich von einem jungen Schimpansenmännchen in Kigoma. Hoch oben auf einem gewaltigen Baum hatte er sich einen belaubten Ast um die Schulter gelegt. Aufrecht tänzelnd schritt er auf einem dicken Querast auf und ab, deutlich vor seiner Mutter imponierend. Von gefangenen Schimpansen hat W. KÖHLER (1921) ähnliches berichtet. Geradezu aufregend sind die Beobachtungen des Ehepaares GARDENER (B. T. GARDENER und R. A. GARDENER 1978) an ihrer Schimpansin Moja. Sie kritzelte gerne. Eines Tages ließ sie die Kreide fallen und signalisierte »all done«. Auf Rückfrage, was sie denn da gemacht hätte (»what that?«), signalisierte sie »Vogel«. Und bestand darauf. Ein anderes Mal kritzelte sie Blumen, Beeren, und sie ließ sich in ihrer Interpretation nie irre machen.

Kinder kritzeln zunächst ebenfalls. Und sie erzählen dazu Geschichten. Ein auf einem Platz konzentriertes Gekritzel wird zum Auto; ein Bogen – es fährt; ein weiteres Gekritzel – Zusammenstoß (Abb. 9.11). Aus der Altsteinzeit kennen wir als älteste Spuren künstlerischer Betätigung Ritzzeichnungen in Form einfacher, meist paralleler Linien (Abb. 9.12). Da sie durchlochte Steinplättchen zieren, haben sie möglicherweise übelbannende Bedeutung (F. D'ERRICO 1992). Dafür spricht, daß man auf einem solchen Objekt eine stark schematisierte Scham zu

Abb. 9.11: In frühen Kinderzeichnungen rangiert die Zeichenbildung vor dem Abbild. Allerdings versucht das Kind, Merkmale des Dargestellten in die Zeichenbildung eingehen zu lassen. a) Zeichnung eines ein Jahr und neun Monate alten Kindes, das beim Zeichnen erzählte: »Lastwagen hier drinnen ... fährt raus ... zusammenstößt.« b) Zeichnung eines Kindes im Alter von einem Jahr und sieben Monaten, das beim Zeichnen erzählte: »Kaninchen ... hüpft, hop ... hop ... hop.« Aus J. G. Prinz von Hohenzollern und M. Liedtke (1987).

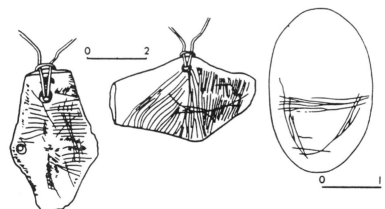

Abb. 9.12: Anhänger mit Ritzzeichnung aus dem Azilien oder ovaler Stein mit Ritzung aus dem Barma Margineda (ebenfalls jüngere Altsteinzeit), die möglicherweise eine stark schematisierte weibliche Scham darstellt. Aus F. D'Errico (1992).

erkennen glaubt. Ferner kennen wir schematisierte apotropäische Schamdarstellungen von steinzeitlichen Höhlenmalereien in Europa. Jenen Linien, die nichts bildlich darstellen, könnte bei der Herstellung Bedeutung zugewiesen worden sein. Dann stünden sie als Symbol für etwas wie Schriftzeichen. Daß dergleichen bei auf steinzeitlicher Stufe lebenden Kulturen vorkommt, lernten wir bei den westlichen Vertretern der Mek-Sprecher, den Yalenang und Lauenang, kennen. Deren sakrale Schilde sind mit Linien verziert, die Felder umgeben und die rot, weiß und schwarz gefärbt sind. Man würde sie für Dekoration halten (Abb. 9.13).

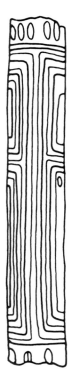

Abb. 9.13: Sakraler Schild aus einem Männerhaus bei Kosarek (Mek-Kultur, Yalenang). Aus I. Eibl-Eibesfeldt (1992).

Volker Heeschen (1994) hat jedoch festgestellt, daß bei der Herstellung dieser Linien gesprochen wird und den Linien so Bedeutung zugemessen wird. Sie symbolisieren Nahrungsmittel oder Jagdbeute, und die Männer beschwören bei der Herstellung deren Gedeihen. Die Schilde werden in Notzeiten angefertigt und erinnern an den Ahn, der den Schild mitbrachte, an dem die ersten Menschen die erste Nahrung aßen. Ist der Schild fertig, wird er feierlich im Männerhaus aufgestellt.

Als wir Vertreter dieser Kultur, die keine bildlichen Darstellungen kennen, zeichnen ließen, mischten sie die bildliche Darstellung mit einer Art symbolischer Beschreibung. Die Organe eines Körpers waren zum Teil zu Zeichen reduziert – ein Strich für den Mund –, die in einer Reihung entlang einer Körperachse narrativ aufgezählt wurden (Abb. 9.14). Diese starke Neigung zu symbolisieren und in einer Art Beschreibung darzustellen, halten wir im allgemeinen für das Fortgeschrittenere, aber es scheint eher das Umgekehrte der Fall zu sein. Ich erinnere an den Symbolismus der Churingas der Zentralaustralier (Abb. 4.85).

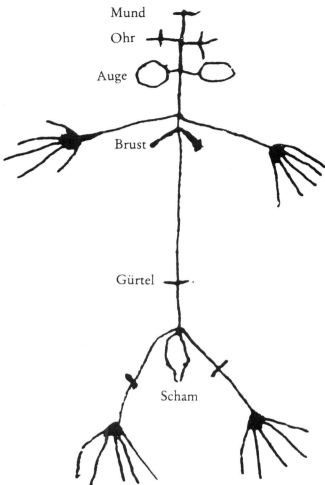

Abb. 9.14: Zeichnung eines Eipo-Mannes, die eine Frau darstellt. Bemerkenswert ist die stark schematisierte Darstellung. Aus I. EIBL-EIBESFELDT (1976).

Die Linien und Kreise stellen Landmarken, Wanderwege, Rastplätze und dergleichen Spuren eines Totem-Ahnen dar. Verblüffend ähnliche Darstellungen kennt man von einem 25 000 Jahre alten Mammutzahn aus Pawlow in Südmähren (Abb. 9.15). Nach Ansicht von H. MÜLLER-BECK und J. ALBRECHT (1987) sowie R. HÄBERLEIN (1990) handelt es sich um eine Skizze der Landschaft um Pawlow. Sie glauben einen Flußlauf und Bergkämme wiederzuerkennen. Ich halte es für wahrscheinlich, daß der bildlichen Darstellung die Niederschrift von Zeichen voranging. Das scheint auf den ersten Blick verblüffend, ist aber weniger überraschend, wenn man bedenkt, daß bereits Tiere über Zeichen (zum Beispiel Symbolhandlungen) kommunizieren (CH. SÜTTERLIN und I. EIBL-EIBESFELDT im Druck).

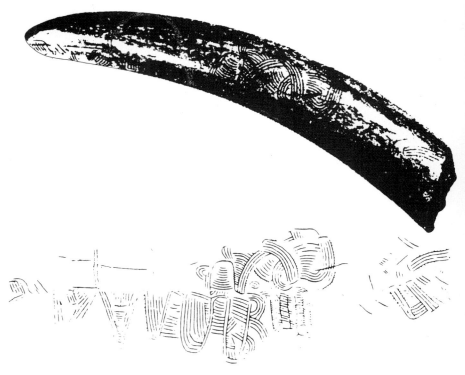

Abb. 9.15: Die Pawlow-Landschaft auf dem Endstück eines Mammutstoßzahns (Länge: 37 Zentimeter). Sie ist aus vier Motiven kombiniert: wellenartige Linie als Flußverlauf im Talgrund, parallele Felder, darüber Rutschzonen an den Hängen, der mehrfache Bogen steht für Kuppen der Berge, der Doppelkreis in der Mitte für den Ort der Siedlung. Aus R. HÄBERLEIN (1990).

Zusammenfassung 9.1

Die ästhetische Wahrnehmung bindet Aufmerksamkeit. Sie kann sowohl auf genetischen Vorprogrammierungen unseres Wahrnehmungsapparates als auch auf Lernerfahrungen basieren. Wir unterscheiden drei Ebenen ästhetischer Wahrnehmung: 1. die wahrnehmungsphysiologische, 2. die ethologische und 3. die kulturelle. Den auf basalen physiologischen Prozessen basierenden Prozessen der Wahrnehmung entspricht als subjektives Korrelat die Sinnes- und Erkenntnislust. Auf der ethologischen Ebene spricht der in vielem spezifisch menschliche, affektiv besetzte, emotionale Bereich an, der über angeborene oder erworbene auslösende Schemata aktiviert wird. Die Leitbild- oder Typusbildung wurde am Beispiel der Gesichtswahrnehmung erörtert. Neurophysiologische und ethologische Befunde sprechen für das Vorhandensein angeborener Leitbilder zum Gesichtererkennen. Die ästhetischen Bewertungen auf der kulturellen Ebene sind ebenfalls affektiv besetzt. Wir werden in den folgenden Kapiteln auf menschenspezifische und kulturspezifische Aspekte ästhetischer Wahrnehmung näher eingehen. Die Künstler spielen mit den Vorurteilen unserer Wahrnehmung, indem sie ästhetische Erlebnisse der verschiedensten Art auslösen, oft zu diesem Zwecke allein. Außer dieser »Kunst um der Kunst willen« wird das ästhetische Fascinans oft genutzt, um die Aufmerksamkeit zu fesseln und gegen den Hintergrund des ästhetischen Erlebens einprägsam Nachrichten, zum Beispiel ideologischen Gehalts, zu transportieren. Kunst wird damit zu einem Mittel der Kommunikation. Individualgeschichtlich geht die Zeichenbildung der Abbildung voraus. Manches spricht dafür, daß dies auch für den historischen Werdegang gilt.

Die basalen Prozesse ästhetischer Wahrnehmung wurden im visuellen Bereich von den Gestaltpsychologen erforscht. Sie decken aktive und lustbetonte Prozesse der Wahrnehmung auf; z. B. die Suche nach Ordnung und Regelhaftigkeit und insbesondere die Superzeichenbildung, die von einem lustvollen Erleben des Erkennens begleitet ist. Das Verbergen von Superzeichen in ornamentaler Verkodung ist bereits in der Eingeborenenkunst weit verbreitet. Im Suchbild wird das Prinzip bei uns spielerisch genützt. Ansprechend empfinden wir auch Symmetrie, gute Gestalt, rhythmische Wiederholung und bestimmte Proportionen der idealen Figur. Ästhetische Präferenzen so basaler Art kann man bei höheren Tieren nachweisen, die im Wahlversuch z. B. regelmäßige Muster unregelmäßigen Mustern vorziehen. Schimpansen malen im Versuch zwar nicht zum Zweck der Kommunikation, wohl aber aus spielerischem Antrieb. Dabei kommen einige auch dem Bildmalen des Menschen zugrunde liegende Prinzipien zum Ausdruck, u. a. Individualität. Der historische Werdegang bildlicher Darstellung dürfte vom Zeichen über das Schemabild zum Abbild fortgeschritten sein.

9.2 *Artspezifische Vorurteile der Wahrnehmung von ästhetischer Relevanz*

Das Verhalten des Menschen wird unter anderem durch angeborene Sollmuster und Auslösemechanismen kontrolliert (S. 62, 104). Die Wahrnehmung bestimmter Reize löst bestimmte Emotionen und Appetenzen aus – oder befriedigt sie –, und da man die auslösenden Reize im Attrappenversuch bieten kann, kann man über ihre künstliche Darbietung auf der Klaviatur der menschlichen Emotionen spielen, um sich selbst und anderen affektiv getönte Erregungszustände zu verschaffen oder solche abzubauen. Der Mensch strebt ja zum einen nach Ruhe und Geborgenheit, zum anderen zeigt er Appetenz nach Abwechslung, Aufregung und Spannung, die allerdings dann wieder gelöst werden muß.

D. Fehling (1974) untersuchte, welche Bedingungen ein Heim behaglich und geborgen machen. Es muß zunächst einmal Deckung bieten. Die dicken Mauern alter Bauten vermitteln u. a. dieses Gefühl von Sicherheit. Wir finden ferner Nischen behaglich, und wir erwähnten, daß Personen im Restaurant zunächst einmal die Nischentische besetzen, und zwar gerne mit dem Rücken zur Wand. Ausblick über ein freies Vorfeld gehört ebenfalls zu den Bedürfnissen nach Sicherheit. Wir wollen wissen, was um uns vorgeht, wohl um vor Überraschungen geschützt zu sein (siehe auch Sichern, S. 548f.). Der starke Anreiz von Häusern mit Ausblick beruht darauf. Es handelt sich hier um Anpassungen im Dienste der Feindvermeidung, die als archaisches Erbe auch das Verhalten des modernen Menschen beeinflussen (I. Eibl-Eibesfeldt und Chr. Sütterlin 1992). Die Anpassungen liegen im Bereich der Wahrnehmung und führen dazu, daß wir zum Verweilen, Ruhen und Wohnen Örtlichkeiten mit bestimmten Eigenschaften aufsuchen. Zu diesem Komplex von Anpassungen gehört auch unsere Angst vor Nacht und Dunkelheit. Wir sind Tagtiere, und es ist daher nicht erstaunlich, daß wir hell mit positiven Werten versehen, also etwa von einem strahlenden Charakter oder sonnigen Gemüt sprechen, und umgekehrt dem Dunklen negative Gefühlswerte zuweisen. Es gibt düstere Stimmungen, und es kann einem nächtlich ums Gemüt sein. Dieser Hell-Dunkel-Symbolismus ist auch in anderen Kulturen nachzuweisen (Kap. 6.5.3).

Entgegen der früher gängigen Meinung, die Farbkategorien würden kulturell geprägt, wissen wir durch Farbzuordnungsversuche, daß normalsichtige Menschen überall die gleichen Grundfarben sehen (S. 82 f.). Bereits vier Monate alte Säuglinge unterscheiden die Kategorien Blau, Grün, Gelb und Rot (M. H. Bornstein 1975).

Worauf die offenbar ebenfalls kulturenübergreifend ähnliche gefühlsmäßige Bewertung von Farben beruht, wissen wir nicht. Es herrscht weitgehend Übereinstimmung darüber, daß Gelb und Rot als warme Farben gelten, wobei Rot als besonders lebhaft und anregend empfunden wird. Man wird hier zu einigen Spekulationen angeregt. Einerseits sind viele Früchte rot, und unsere Vorfahren waren Vegetarier und Fruchtesser. Außerdem ist Rot die Farbe des Blutes. Als mein Enkel Fabian im Alter von drei Jahren im Farbfernsehen sah, wie zwei kämpfende Leguane zu bluten begannen, zeigte er sich aufs höchste verstört und begann zu weinen. Die Farbe hat etwas Alarmierendes. Ebenso wie Schwarz wird sie daher oft in militärischen Uniformen verwendet. Elitetruppen haben oft schwarze Uniformen. Den Herrscher ziert Purpur.

Bei den Medlpa in Neuguinea gilt der schwarze Bart als einschüchterndes Merkmal männlicher Dominanz. Kommt man friedlich zu Festen zusammen, dann wird er häufig weiß übermalt. Im Kulturvergleich zeichnen sich die Farben Schwarz, Weiß (hell) und Rot auch insofern ab, als sie fast überall mit eigenen Worten benannt werden (A. Strathern 1979, 1983).

Als kühle, ruhige Farben gelten Blau und Grün. Räume, die rot-orange ausgemalt waren, wurden von Versuchspersonen als 3 bis 4 Grad Celsius wärmer eingeschätzt als blau-grün bemalte Räume. Beide Räume hatten jedoch die gleiche Temperatur von 15 Grad Celsius (J. ITTEN 1961). Die warmen Farben aktivieren nachweislich das autonome Nervensystem, was zur Erhöhung des Pulsschlages und des Blutdruckes führt (F. BIRREN 1950). Wenn wir die Inneneinrichtung unserer Wohnungen betrachten, dann fällt, wie bereits erwähnt, der Reichtum an Blumen und Pflanzendekor auf. Vorhänge, Teppiche, Polsterungen, ja sogar Gebrauchsporzellan sind mit Blumen bemalt und bedruckt. Bilderrahmen zeigen Rankenmuster, Lampenschirme sind Blumenkelchen nachempfunden usw. Zierpflanzen verschiedenster Art werden in Töpfen gezogen, Balkone werden in kleine Gärten verwandelt. Der Stadtmensch, dem das Grün offenbar fehlt, beschafft es sich in ästhetisch ansprechenden Attrappen oder holt es sich in natura. Der Gedanke liegt nahe, daß sich hier eine alte Präferenz für eine bestimmte Umwelt ausdrückt. Unsere Vorfahren konnten als Vegetarier nur in einem vegetationsreichen Gebiet gedeihen, daher die »Phytophilie« (S. 831). Wir erinnern in diesem Zusammenhang an unsere deutliche Präferenz für ein Savannenhabitat (S. 830), die sich u. a. in der Gestaltung unserer Parkanlagen ausdrückt. In diesen ästhetischen Präferenzen manifestieren sich wohl stammesgeschichtliche, man könnte auch sagen »primäre« Umweltprägungen. Diesen überlagern sich sekundär gewiß kulturelle Umweltprägungen verschiedenster Art, wie sie sich in der romantisierenden Landschaftsmalerei, etwa der Holländer, mit ihren wolkenschweren Flachlandschaften oder den Gebirgslandschaften süddeutscher Heimatmaler äußern.

In unserer ästhetischen Wahrnehmung spielen jedoch insbesondere auf den Mitmenschen bezogene Vorurteile eine bedeutende Rolle. Wir neigen z. B. dazu, Gesichter und Gesichtsausdrücke auch in toten Dingen zu sehen. K. LORENZ (1943) wies darauf hin, daß wir dazu neigen, Häuserfassaden als Gesichter zu interpretieren. Wir sehen in den einzelnen Fassadenelementen Nasen, Augen, Mund und lesen aus ihrer Beziehung zueinander bestimmte Ausdrücke heraus, wie Freundlichkeit, Hochmut oder Erstaunen. Fenster werden z. B. gerne als Augen interpretiert, die Gesimse darüber als Augenbrauen und so fort. Auch unsere lebende Umwelt wird physiognomisch interpretiert, und Wappentiere werden als Symbole für Mut und Entschlossenheit nach physiognomischen Merkmalen beurteilt. Diese Neigung zur Physiognomisierung ist jedoch nur ein Spezialfall einer allgemein anthropomorphen Einstellung. Wir bewerten Tiere mit menschlichem Maß als edel oder unedel, mutig oder niedlich. Das beruht auf dem Ansprechen angeborener Auslösemechanismen, die im Dienste der zwischenmenschlichen Kommunikation entwickelt wurden.

Bemerkenswert ist in diesem Zusammenhang die idealisierende Darstellung des Menschen sowohl in seinen Taten als auch in seinem Aussehen. Das Idealbild des Mutigen, Anständigen, Hochherzigen und Gütigen wird beispielhaft in Taten vorgestellt. Leitbilder für die Werte der Loyalität werden präsentiert, auch in ihren Konflikten. Wir erwähnten Abrahams Opfer, das den Konflikt zwischen Loyalität zur Familie und der Loyalität zum Herrscher als dem Vertreter der höheren Ordnung und der Gemeinschaft illustriert. Erst der Mensch stellt kulturell Gemeinnutz vor Eigennutz und damit über die Familieninteressen. Der Kunst – insbesondere der Dichtkunst – kommt hier eine große wertvermittelnde Bedeutung zu (S. 948 ff.).

Von besonderem Interesse ist auch die idealisierende Darstellung der menschlichen Gestalt. Schlank, muskulös, groß und mit breiten Schultern wird der Mann in Skulptur und Mode in verschiedenen Kulturen und zu verschiedenen Zeiten dargestellt. Die Frau tritt uns in zwei Formtypen entgegen, die man als paläolithische und klassische Venus bezeichnet. Dem könnte ein verschiedenes rassenidealtypisches Bild entsprochen haben. Wahrscheinlicher scheint mir jedoch, daß die breithüftigen, großbusigen, paläolithischen Figuren reife Muttergestalten darstellen und nicht junge Frauen.

Das ideale menschliche Antlitz zeichnet sich durch Ebenmaß aus, das durch einen schmalen Nasenrücken, ein Zurücktreten der bei den *Praesapiens*-Formen noch sehr ausgeprägten Prognathie und eine zunehmende Dominanz des Hirnschädels über den Gesichtsschädel charakterisiert ist. Die Kunst Chinas, Europas und die Bantu-Kunst Afrikas tendieren bei der Darstellung des menschlichen Antlitzes in diese Richtung. Gesichter mit diesem Ebenmaß werden als schön empfunden, auch wenn das Ideal keineswegs häufig in der Population verwirklicht ist. Bei den Eipo West-Neuguineas führte W. Schiefenhövel eine Befragung von Informanten zum Komplex Heirat, Zuneigung, Schönheit und Attraktivität durch. Er erhielt dabei oft zur Antwort: »X ist ein schöner Mann, er hat eine schöne Nasenform (u yal).« Auch hier ist das Ideal des feineren Nasenrückens keineswegs allzuoft verwirklicht. In umfangreichen Attrappenversuchen fand B. Rensch (1963), daß der Idealtypus des Europäers sich durch feine Gesichtszüge, eine zierliche, nicht allzu große Nase und Bartlosigkeit auszeichne, was keineswegs dem Durchschnitt entspreche. Er meint, es würde sich um Jugendmerkmale handeln. Ich vermute, daß es sich um eine universelle Erscheinung handelt, der als Präadaption das »Kindschema« (siehe oben) zugrunde liegt. Wir empfinden ja an einer Frau bestimmte kindliche Merkmale als ausgesprochen lieblich. Sie werden in zeichnerischen Darstellungen der Trivialkunst oft in übertriebener Weise herausgestellt. Würde die Vermutung zutreffen, dann hätten wir in dieser Präferenz einen die sexuelle Zuchtwahl ausrichtenden Faktor, der die Selektion moderner hominider Merkmale förderte (Abb. 9.16; siehe auch S. 828). Es handelt sich dabei wohlgemerkt um die für das Kind charakteristische Zierlichkeit der Gesichtszüge und anderer körperlicher Merkmale und nicht um die Merkmale, die einen Säugling als niedlich charakterisieren (S. 99). Daß es Kindmerkmale sind, die zur Schönheit eines menschlichen Antlitzes beitragen, wird durch eine Reihe von Arbeiten gestützt. So werden in beiden Geschlechtern feinere Züge des Untergesichts und insbesondere ein kleiner Mund als attraktiv empfunden

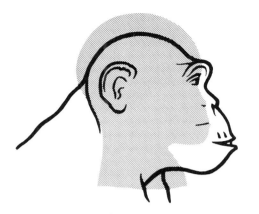
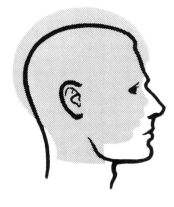

Abb. 9.16: Das kindliche Gesicht zeigt bereits bei den Menschenaffen feinere Züge und einen gegenüber dem Hirnschädel zurücktretenden Gesichtsschädel. Das darauf angepaßte »Kindschema« mag züchtend die weitere Verfeinerung des menschlichen Antlitzes im Verlauf der Hominisation bewirkt haben und noch bewirken.

(R. Fauss 1988). Nach M. R. Cunningham (1986) zeichnen sich attraktive Frauengesichter durch große Augen, kleine Nasen und ein kleines Kinn aus. Zu diesen Kindmerkmalen kommen die Reifemerkmale: ausgeprägte Backenknochen, schmale Wangen und ausdrucksvolle, hohe Augenbrauen. Kindmerkmale und Erwachsenenmerkmale sind es, die in einer bestimmten Kombination ein attraktives Gesicht ergeben. Auch das in Abbildung 9.3 vorgestellte Idealgesicht einer Frau zeigt eine kindlichere Mund-Kinn-Region als der Durchschnitt einer Studentinnenpopulation. In diesem Zusammenhang ist der Hinweis interessant, dies könnte ein Indikator für eine geringere Androgeneinwirkung während der pubertären Wachstumsphase sein (S. 904; zur Attraktivität kindlicher Gesichtszüge siehe auch B. J. M. Riedl 1990 und D. Jones und K. Hill 1993). Frauen mit nach Cunninghams Befragungen schönen Gesichtern wurden von den Interviewten auch als höherrangig eingestuft, und die Männer gaben an, daß sie solche Frauen auch gerne ausführen, mit ihnen sexuelle Beziehungen eingehen und Kinder aufziehen würden. Sie zeigten sich auch besonders geneigt, den Schönen gegenüber altruistisches Verhalten zu zeigen. Schöne Menschen haben grundsätzlich Vorteile vor weniger schönen. Es gibt einen Schönheitsbonus (K. K. Dion 1986, K. K. Dion und Mitarbeiter 1990, S. G. West und T. J. Brown 1975, G. E. Weisfeld und Mitarbeiter 1984). In diesem Zusammenhang erinnern wir an die Versuche von H. Langlois und Mitarbeitern (1987), die ergaben, daß Säuglinge bereits im Alter von 2–3 Monaten attraktive Gesichter unattraktiven vorziehen. Die Verfasser dieser Veröffentlichung folgern daraus:

»The results call for a radical reorientation of thinking about the origins of physical attractiveness preferences and stereotypes. Whether intrinsic to the nervous system of the infant or to the spatial characteristics of faces, the tendency to detect and prefer certain faces over others is present very early in life, long before any significant exposure to contemporary cultural standards, definitions, and stereotypes. Our results argue against the common assumption that physical attractiveness is arbitrarily defined, culturally dependent, and only gradually learned. Rather, the findings suggest that the rudimentary beginnings of preferences for attractiveness may be present in infancy and that a universal standard of attractiveness overlaid with cultural and temporal variation may exist« (H. LANGLOIS und Mitarbeiter 1987 : 367)*.

Schönheit ist sicher nicht ausschließlich eine erworbene Geschmacksangelegenheit. Behauptungen zum Gegenteil (J. E. CAPUTI 1984) begründen sich nicht auf wissenschaftlichen Untersuchungen, sondern präsentieren ein Wunschbild, das der Angst vor ungerechter Diskriminierung entspringt. Doch sind die Versuche, die uns angeborenen ästhetischen Vorurteile durch die Propagierung des Häßlichen zu unterdrücken und zu zerstören, selbst höchst repressiv und damit problematisch.

Zusammenfassung 9.2

Leitbilder und Auslösemechanismen bewirken für unsere Art spezifische Wahrnehmungsweisen. Sie sind sowohl auf Merkmale unserer Umwelt angepaßt (Beispiel »Phytophilie«) als auch auf solche unserer Mitmenschen, die vielfach als Auslöser dienen. Unsere Wahrnehmung projiziert dank der in sie eingebauten Vorurteile anthropomorphisierende Menschenmerkmale in die Umwelt. Wir physiognomisieren z. B. Tiergesichter und Häuserfassaden und belegen selbst Bäume, Felsen und Wolken mit menschlichen Ausdrucksinhalten. Idealisierende Darstellungen des menschlichen Körpers lassen neben kulturspezifischen Ausformungen universale Züge erkennen. Unter anderem zieht der Mensch feine Gesichtszüge, eine gut entwickelte Stirnpartie (und damit einen großen Hirnschädel) und einen schlanken Hals den gröberen, die altmenschliche Stufe kennzeichnenden Merkmalen des Körperbaus vor. Hier liegt vielleicht eine durch das »Kindschema« mitbestimmte Präferenz vor, die die Partnerwahl bei vielen Völkern gleichsinnig beeinflußt.

---

* Die Ergebnisse zwingen zu einem radikalen Umdenken, was den Ursprung der Bevorzugung physischer Schönheit und Stereotype betrifft. Ob nun im Nervensystem des Kindes festgelegt oder in der räumlichen Anordnung von Gesichtern, die Tendenz, bestimmte Gesichter vor anderen auszuwählen oder vorzuziehen, ist in einem sehr frühen Lebensalter vorhanden, lange vor irgendwelchen signifikanten Einflüssen zeitgenössischer kultureller Werte, Definitionen oder Stereotypen. Unsere Ergebnisse widersprechen der gängigen Annahme, daß physische Schönheit willkürlich definiert, kulturell abhängig sei und bloß allmählich gelernt werde. Die Ergebnisse deuten eher darauf hin, daß die rudimentären Anfänge der Bevorzugung von Schönheit bereits in der Kindheit vorliegen, und daß wohl ein universeller Schönheitsstandard existiert, der kulturellen und zeitweiligen Variationen unterworfen ist.

9.3 Kunst als Kommunikation

Der Künstler, gleich ob er nun Bilder malt, Figuren schnitzt, Theaterstücke schreibt, dichtet oder Musikstücke komponiert, richtet sich an Mitmenschen und gelegentlich auch an überirdische Wesen, die er aber wie Mitmenschen anspricht. Er will sie stimmungsmäßig beeinflussen, sie z. B. erfreuen und freundlich stimmen, ergreifen, die Phantasie anregen, kurz: ihre Aufmerksamkeit fesseln und vor dem Hintergrund des einprägsamen ästhetischen Erlebnisses eine Nachricht vermitteln, z. B. religiöse Werte oder politische Grundsätze. Gelingt ihm das nicht, dann bleibt sein Kunstwerk nichtssagend, in des Wortes ureigenster Bedeutung. Das im Kunstwerk Dargestellte ist im Dienste der Signalgebung gegenüber dem natürlichen Vorbild meist deutlich abgeändert, unter Hervorhebung und Übertreibung bestimmter Merkmale. K. SCHLOSSER (1952) spricht von einem »Signalismus« in der Kunst. Diese durch die Ethologie seither weiter entwickelten Ansätze griff CHRISTA SÜTTERLIN (siehe Literaturverz.) für breit angelegte kulturenvergleichende Untersuchungen auf.

Ursprünglich war wohl alles künstlerische Schaffen an gewisse Zwecke gebunden. Man schuf Werkzeuge, markierte sie individuell als Eigentum und verzierte sie zugleich mit einfachsten Ornamenten. Man musizierte zum Tanz, aus Anlässen der Trauer, sang Kinder in den Schlaf, goß das zu tradierende Wissen in Reime, da man dieses so leichter behielt und weitergeben konnte, und erlebte dabei ästhetischen Genuß, der zuletzt zum eigenen Motiv wurde: zum schöpferischen Gestalten aus Freude am Schönen, zur eigenen Erlebnissteigerung und zur Erbauung der Gefährten. Meist allerdings verbindet sich Kunst noch mit anderen Zwecken, etwa zur Selbstdarstellung vor anderen. Ästhetische Selbstdarstellung spielt bereits im Werbeverhalten der Tiere eine große Rolle, und die sexuelle Zuchtwahl fördert bestimmt die Ausbildung ästhetisch wirksamer Merkmale. Im »Grundriß der vergleichenden Verhaltensforschung ([7]1987) habe ich eine Reihe von Beispielen beschrieben, von denen die Laubenvögel wohl am eindrucksvollsten sind. Ich erinnere an den Maibaumlaubenvogel. Hier dekoriert das Männchen seine blütenartige Hochzeitslaube, indem es Blüten in die grüne Mooswand im Hintergrund der Bühne steckt und einen Wall von Blüten und Früchten vor der Laube errichtet. Häuptlinge, Adelige, Staatsoberhäupter und andere Personen von Rang und Ansehen stellen sich im Reichtum – identisch mit Macht – dar. Sie benützen dazu gerne Objekte der Kunst als Mittel, da diese einen außergewöhnlichen Aufwand an Arbeitszeit und Geschick erfordern, was ja im Leistungstausch den Wert eines Objektes ausmacht.

Die Gruppe stellt sich über Ranghohe bereitwillig selbst dar. Man betrachtet sie mit einem gewissen Stolz als Repräsentanten der Gruppe, deren Macht, Reichtum, Können und Werte sie spiegeln. Die Prachtbauten islamischer Fürsten dienten ebenso diesem Zweck wie die Schlösser und Parkanlagen europäischer

Herrscher. Sie dienten als Imponierorgan, als Schmuck der Gruppe – und haben heute noch die gleiche Funktion, weshalb man sie mit Liebe und viel Geld pflegt. Das Bedürfnis zu solcher Selbstdarstellung der Gruppe ist groß, und diese Bereitschaft, Höchstleistungen für die Symbolfiguren der Gruppe zu vollbringen, war wohl mit entscheidender Antrieb für die Entwicklung der Kunst. Zwang allein hätte das wohl kaum vermocht. Wir sind, wie gesagt, heute noch stolz auf diese Leistungen, als spiegelten sie unsere persönlichen Begabungen. Und wir nennen stolz die Großen unseres Landes: die Dichter, Denker, Musiker und Maler. Und wir sind stets etwas betreten, wenn sie in ihrer Lebensführung nicht völlig einem Idealbild entsprechen (M. WARNKE 1984).

Selbstdarstellung über künstlerische Leistung ist alt. Bereits bei Naturvölkern stellen sich Individuen und Gruppen so dar. Handwerkliches Geschick bei der Herstellung von Werkzeugen steht dabei oft am Beginn der Entwicklung eines nur noch der Selbstdarstellung dienenden Schmuckkörpers. Die Eipo Irian Jayas (West-Neuguinea) erzeugen Netze, die sie zur Bezahlung von Steinbeilrohlingen verwenden, die aus Steinbrüchen außerhalb ihres Wohngebietes stammen. Beide Handelspartner investieren Arbeit in die Produkte, die damit zu Wertobjekten werden. Nun kann man den Wert eines Produktes erhöhen, indem man noch mehr Arbeit in es investiert. Man kann z. B. die Netze durch Einflechten von Orchideenbast dekorieren, man kann sie besonders groß und die Maschen etwas kleiner machen, man kann die Fasern färben und so Muster erzeugen. Das alles steigert den Wert des Netzes. Die Eipo tun dies auch. Sie erzeugen u. a. besonders schöne Netze, die von den Männern als Schmuck beim Tanz auf dem Rücken getragen werden (Abb. 9.17 a). Oft sind sie zusätzlich mit einigen Federn geschmückt.

Es beginnt also eine Ritualisierungsreihe, die damit endet, daß das Netz schließlich seine Funktion als Netz völlig einbüßt und als dekoratives Tanznetz nurmehr das Substrat für einen reichen Federschmuck abgibt. Das Netz wurde zum Schmuck. Diese Stufe ist bei den In erreicht, die der gleichen Sprachfamilie wie die Eipo angehören, aber eine andere Sprache sprechen (Abb. 9.17 b). Ähnliche Entwicklungen kennt man aus anderen Teilen Neuguineas. Äxte sind Wertgegenstände, da ihre Herstellung einen hohen Arbeitsaufwand erfordert. Man kann diesen erhöhen, indem man Klingen fein poliert. Das tun z. B. die Yali. Solche Äxte sind dann nicht mehr Gebrauchsäxte, sondern »Geld«. Man bezahlt damit z. B. den Brautpreis. Im Gebiet von Sentani erzeugte man Äxte mit schön geschnitztem Stiel und Klingenhalterung, die ebenfalls nicht mehr dem eigentlichen Zweck dienten, sondern als Wertgegenstand fungierten. Mit den Zeremonialäxten der Mount-Hagen-Leute verhält es sich ähnlich. In seiner »Biologie der Uniform« weist O. KOENIG (1968, 1970) nach, wie über Funktionswandel Befestigungsschnüre zu aufwendigen Zierschnüren und Kordeln werden und Knöpfe zu kostbaren Zierknöpfen.

Im Körperschmuck und der Körperbemalung verbinden sich ästhetische

Abb. 9.17: Die Eipo (a) tragen bei Festen besonders sorgfältig gearbeitete große Netze als Tanznetze auf dem Rücken. Die Netze werden oft mit einigen Federn geschmückt. Aus ihnen entwickelten sich Schmucknetze. Sie wurden dabei zu einem Substrat für bunte Federn und als Netze funktionslos (b). a: Eipomek-Tal; b: Kosarek/West-Neuguinea. Foto: VOLKER HEESCHEN.

Bedürfnisse mit anderen Funktionen. Blumenschmuck im Haar etwa dient gewiß zur Verschönerung. Man schmückt auf den Trobriand-Inseln Kinder mit Blumen, wohl nur aus Freude am Schönen, und man schminkt das Gesicht in ästhetisch durchaus ansprechender Weise. Vielfach aber verbindet man mit dem Blumenschmuck auch andere Mitteilungen. Eine Hibiskusblüte, die sich ein junges Mädchen hinters linke Ohr steckt, bedeutet, daß sie noch frei ist. Hinter dem rechten Ohr signalisiert sie: »Vergeben!« Die runden Perlenplättchen, mit denen die !Kung-Frauen (Kalahari) sich und ihre Kinder schmücken, wirken zugleich auch als Abwehraugen. Der prachtvolle Kopfschmuck, mit dem sich die Medlpa-Männer (Neuguinea) zum Tanze schmücken, dient der Verschönerung und der imponierenden Selbstdarstellung, denn die Federn lassen den Tänzer durch Vergrößerung seiner Person mächtiger erscheinen, zugleich stellen sie seinen Reichtum aus. Auch die Körperbemalung ist nicht allein Ausdruck ästhetischer Bedürfnisse. Schwarz ist die Farbe der Aggression, sie wird als drohend empfunden. Männer färben ihr Gesicht bei festlichen Anlässen schwarz. Sie setzen diesen Farben jedoch die freundlichen Farben Rot, Weiß und Gelb entgegen. Ihren dunklen Bart stäuben sie mit heller Asche ein (A. STRATHERN 1983). Die Yanomami legen bei Festen oft dunkle Kriegsbemalung an, kleben aber in

Antithese helle Daunenfedern von Greifvögeln in ihre Haare oder auf ihre Stirnbinden. Im übrigen ist die Körperbemalung der Yanomami Bekleidung und Dekor. Beide Geschlechter bemalen sich und die Kinder mit roten oder braunen Kringeln, Wellenlinien und anderen Mustern in individueller Weise. Die Himba reiben ihre Haut mit einem Pigment aus Fett und Hämatitstaub ein. Hier dient die Körperbemalung der Dekoration und dem Schutz vor Sonne. Verbreitet ist schließlich die Kennzeichnung der Gruppenzugehörigkeit durch Körperbemalung, Tätowierung und Schmuck.

Viele der »primitiven« Kunstschöpfungen dienen der Kommunikation mit Geistern und anderen nichtmenschlichen Wesenheiten, denen man anthropomorphisierend menschliche Wahrnehmungsweisen unterstellt. Man schreckt sie durch Drohmienen und phallisches Präsentieren (S. 122 ff.), weist sie mit der Handfläche von sich, beschwichtigt sie auch, indem man in Antithese auch freundliche Signale bietet oder es überhaupt nur bei freundlich beschwichtigenden Appellen beläßt. Die Nachrichten werden dabei oft nicht weiter verschlüsselt. Vielmehr bietet man die Signale vielfach recht direkt und in übertriebener Weise, nach dem Prinzip der übernormalen Attrappe (S. 93). Das gilt für die abweisenden Drohaugen, die in apotropäischen Figuren und Mustern eine so große Rolle spielen (O. KOENIG 1975), ebenso wie für die Darstellung der Zubeißdrohung durch das Fletschen übertrieben großer Zähne in übertrieben großen Mäulern. Gebäude, in denen sich Einzelpersonen, Familien oder eine Gruppe symbolisch darstellen, überragen alle in Dominanz. Diese Hochsymbolik läßt sich übertreiben, und wetteifern mehrere, dann nimmt das oft groteske Formen an (Abb. 9.18–9.24).

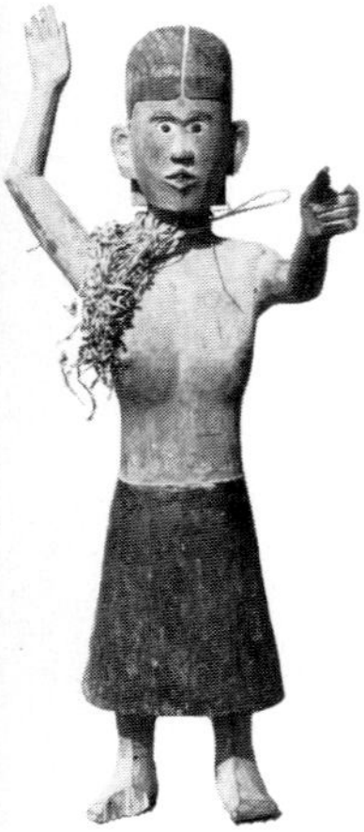

Abb. 9.18: Drohaugen und Abwehrgesten: Objekte künstlerischen Gestaltens lassen bei Naturvölkern ihre Funktionsbezogenheit klar erkennen. Diese dämonenabweisende Frauenfigur von den Nikobaren (Kondul) zeigt Drohaugen, eine abweisend erhobene und eine abwehrend vorgestreckte Hand, deren Daumen »phallisch« vom Körper weg weist. Foto: I. EIBL-EIBESFELDT.

Aber auch zu unserer Erbauung nutzen wir das Prinzip der übernormalen Reizschlüssel in der Kunst. Es gibt eine hedonistische Kunst und Ästhetik, in der der Mensch einen hohen Grad von Raffinesse und Kultiviertheit erreicht.

Schließlich bedienen wir uns der starken Appelle über Auslöser oft nur, um Aufmerksamkeit zu binden und dann ein ganz anderes Anliegen vorzutragen. Das wird besonders deutlich bei der Werbung, die sich oft des sexuellen Blickfangs bedient, um dann für ganz andere Dinge, z. B. für Autoreifen zu werben. Der Appell über das Kind, der zugleich freundlich stimmt und beschwichtigt, wird ebenfalls gerne verwendet. Er hat den Vorteil, daß man Kindchensignale ohne weiteres klar und übertrieben bieten kann. Das Herzige wirkt nicht obszön. Die eigentliche Nachricht wird mit dem Angenehmen, Aufregenden, Interessanten

Abb. 9.19: Rechts und links vom Eingang eines Hauses in Kathmandu (Nepal) sind Abwehraugen zum Schutz der Wohnung angebracht: über dem Türstock religiöse Motive, ferner Vögel und Blumen als ästhetischer Ausdruck des Bedürfnisses nach Naturnähe (Phytophilie). Foto: I. Eibl-Eibesfeldt.

Abb. 9.20: Abwehraugen am Bug eines balinesischen Auslegerbootes. Foto: I. Eibl-Eibesfeldt.

assoziiert und prägt sich ein. Das Spiel mit den Auslösern, ob verschlüsselt oder nicht, dient in solchen Fällen dem Zweck, andere Nachrichten zu vermitteln. Die ästhetische Wirkung der Auslöser wird instrumentell eingesetzt, ähnlich wie wir das für die basaleren Prozesse ästhetischer Wahrnehmung aufzeigten. Vielfach werden dabei kulturelle Werte vermittelt.

Unter Nutzung gewisser Auslöser des Imponiergehabens werden in Männerporträts Herrscher vorgestellt – zum Zwecke der Identifikation mit diesen Größen. Schlachtenbilder und andere Darstellungen der Geschichte, die das Interesse wecken, dienen in dieser ansprechenden Verpackung zugleich dem Zweck, historische Ereignisse – gegenwärtige und zukünftige – zu rechtfertigen (G. C. Rump 1978, 1980). Politische und religiöse Einstellungen können auf diese Weise geformt und eingeprägt werden. Kunst dient hier der Vermittlung von Werten und damit auch der Indoktrination, und zwar bereits auf der Stufe der Jäger und Sammler. Bei den zentralaustralischen Stämmen dienen z. B. Felsmalereien diesem Zweck. An den heiligen Stätten, den symbolischen Zentren der Stammesterritorien (S. 470), finden wir auf den Felsen Darstellungen der Totem-Ahnen. Sie werden bei Initiationsritualen aufgefrischt und dienen der Symbolidentifikation. Zu diesen heiligen Stätten haben nur die Männer Zugang.

Initianten durchleben während der Initiationsrituale große Entbehrungen und

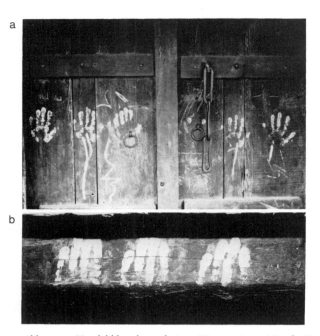

Abb. 9.21: Handabklatsche auf einer Tür zu einem Munda-Haus (Dorf Kamre in der Provinz Ranchi in Indien). Sie sollen Gefahr vom Haus abhalten. In Ornamenten und Amuletten werden diese expressiven Gesten künstlerisch verarbeitet. Foto: I. Eibl-Eibesfeldt.
b) Die Handabklatsche wurden durch die Wiederholung fast ornamental. Foto: I. Eibl-Eibesfeldt.
Abb. 9.22: Türkisches Amulett in Gestalt einer Hand mit Abwehrauge. Abwehrhand und Auge sind hier zu einem Symbol vereint. Foto: I. Eibl-Eibesfeldt.

Abb. 9.23 und *9.24:* Die Symbolik des Überragenden als Ausdruck der Dominanz in der Architektur (s. a. A. Rapoport 1982). 9.23 Steingaden in Bayern. 9.24 In San Gimignano (Italien) wetteiferten die Bürger miteinander um Ansehen, indem sie sich gegenseitig in der Höhe der Türme ihrer Häuser zu übertrumpfen suchten. Nach einer Ansichtskarte.

Schmerzen. Gleichzeitig werden ihnen Belehrungen zuteil, die die Geschichte der Totem-Ahnen, damit ihrer Gruppe, und andere Geheimnisse betreffen. Vor Frauen müssen sie sie hüten. Ich habe mich oft gefragt, warum die Männerinitiation eine so große Rolle im Leben der Naturvölker spielt. Im Laufe der Zeit wurde mir klar, daß dies aus der Notwendigkeit erwächst, Männer auf Gruppenwerte zu prägen. Familiale Werte brauchen kaum besonders bekräftigt zu werden. Daß ein Mann aber bereit sein muß, eine Gruppe zu verteidigen und notfalls für diese Gruppe sein Leben zu lassen, erfordert besondere Indoktrination. Die Initiation mit all ihren Härten und Erniedrigungen schafft diese Bereitschaft, Lehren anzunehmen (S. 818 f.), die Symbole der Gruppe zu akzeptieren und das Gruppenethos notfalls über das familiale zu stellen. Das kommt vor allem in der Dichtkunst deutlich zum Ausdruck.

Kunst dient vielfach dazu, den Zusammenhang einer Gruppe zu festigen und sie zugleich gegen andere abzusetzen. Das gilt z. B. für das Liedgut und die Tänze. Verweilt man unter Buschleuten der Kalahari, dann werden einem die einfachen Melodien der Tanzspiele, die Mädchen und Frauen unentwegt singen, geradezu zu einem anheimelnden Leitmotiv des Buschmannalltags. Lebt man in einem balinesischen Dorf, dann hört man unentwegt die Melodien der Gamelanorchester. Man übt sie fast täglich, spielt sie anläßlich der Tempelfeste, und die kleinen Mädchen summen die Leitmotive und tanzen dazu im Spiel. Das künstlerische Erbe verbindet und grenzt ab. In der folgenden Untersuchung über Stil sei darauf noch näher eingegangen.

Kunst wird gerne mit dem Begriff schön assoziiert, und das hat gewiß seine Berechtigung. Zwar sind nicht alle Kunstwerke schön; es gibt auch den künstlerischen Ausdruck des Schrecklichen. Das kann dazu dienen, Menschen einen Spiegel vorzuhalten, sie aufzuwühlen und nachdenklich zu stimmen, wie Francisco de Goya es mit der Darstellung der Kriegsgreuel oder Käthe Kollwitz es mit der des sozialen Elends tat. Die Dramatik und Spannung dieser Kunstwerke führen zur Selbstbesinnung; sie machen Probleme zwischenmenschlichen Zusammenlebens bewußt und stehen somit im Dienst der Vermittlung sittlicher Werte.

In ähnliche Richtung zielt der Protest gegen die Wertblindheit des modernen Städtebaus. Im Kampf gegen die grauen Betonwände wurde die Spraydose zum Instrument künstlerischen Ausdrucks. Man spricht zu Recht von einer Graffiti-Kunst, wenn man an die humorvollen und ästhetisch ansprechenden Schöpfungen Harald Naegelis denkt (Abb. 9.25).

Kunst ist schließlich auch Ausdruck der menschlichen Spielfreude und Neugier. Der Künstler erprobt, auf welche Art er Effekte erzielen kann, z. B. über stufenweise Abstraktion – etwa so, wie ein Psychologe die Mechanismen der Wahrnehmung erforscht. Abstraktion bedeutet dabei einerseits Informationsverlust, andererseits aber auch plakative Hervorhebung des Essentiellen. Hier gibt es verschiedene Ebenen der Abstraktion. Rembrandts Porträts, die aus einem

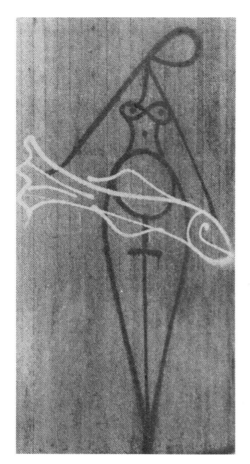

Abb. 9.25: Kunst als Protest: Der Brutalstil moderner Architekten provozierte HARALD NAEGELI zu Anschlägen, die zweifellos künstlerische Ausdruckskraft dokumentieren und die vom kahlen Beton ausstrahlende Kälte mildern. Das Bild illustriert übrigens das auf S. 100 diskutierte Körperumrißschema der Frau, das dem des Mannes (auf der Spitze stehendes Dreieck) geradezu entgegengesetzt ist. Aus »Die Zeit« vom 30. 9. 1983.

dunklen Hintergrund zu leuchten scheinen, heben sich durch künstlerische Abstraktion von der Natur ab. Sie enthalten aber außerdem noch unendlich viele subtile Aussagen über die dargestellten Persönlichkeiten. Je mehr ich abstrahiere, desto weniger von diesen Informationen kann ich vermitteln, desto plakativer wird das Kunstwerk. In den spontanen Malereien der Tachisten (Aktionsmaler) kommen nur noch die elementaren ästhetischen Projektionen zum Ausdruck, die wir auch in der Schimpansenmalerei wahrnehmen. In der Tat hatten Experten in eine Kunstausstellung eingeschleuste Schimpansenmalereien als Menschenwerk besprochen und sich über sie in der üblichen Lobhudelei moderner Experten ergangen, hinter der sich die Hilflosigkeit moderner Kunstkritiker so gerne verbirgt (D. MORRIS 1963). Dazu hat ROBERT EDERER (1982) einige sehr treffende, scharfe Bemerkungen gemacht.

Ein bemerkenswertes Phänomen der Neuzeit ist der Destruktivismus der Antikunst. Mit dem Slogan »Alles ist Kunst, und jeder ist Künstler« zielt eine

Gruppe von Antikünstlern bewußt darauf ab, Kunst ad absurdum zu führen. So gelang es JOSEPH BEUYS, die zwei »Gebrauchten Leichentische« anzubringen. Sie wurden mit öffentlichen Geldern um zwei Millionen Österreichische Schillinge angekauft! Der Protest eines Abgeordneten »Seid Ihr von Gott und der Welt verlassen!« wurde als »reaktionär-faschistoid« verdammt (R. EDERER 1982). Von MARCEL DUCHAMP, der ein Urinoir als Kunstwerk verkaufte, gibt es ein bemerkenswertes Selbstgeständnis: »Neo-Dada, Neuer Realismus, Pop-Art, Assemblage ist billigstes Vergnügen und lebt von dem, was Dada tut. Mit meinem Urinoir gedachte ich, den ästhetischen Rummel zu entmutigen. Nun benützen sie die ready mades, um an ihnen ›ästhetischen Wert‹ zu entdecken. Ich warf ihnen das Urinoir als Herausforderung ins Gesicht – und nun bewundern sie es als das Ästhetisch-Schöne« (Zitat nach R. EDERER 1982 : 147).

ARIK BRAUER (1983) endet seine kritische Auseinandersetzung mit der gegenstandslosen Malerei – er spricht auch von modernen »Unkünsten« – mit der Feststellung: »Gemeinsam ist allen geschilderten modernistischen Bestrebungen indes die Tendenz, menschliche Wertvorstellungen umzudrehen. Unbewußt ist interessanter als bewußt, Zufall besser als menschliche Begabung, Affenschwanz und Hundepfote besser als die Meisterhand. Das Unvermögen, das Mißlungene wird zum Stil erkoren. Abfall ist ein beliebtes Material, Marmor und Silber dagegen nicht. Häßlichkeit ist gut, schön ist schlecht. Grauen und Grausamkeit stellen die Lieblingsthemen dar, Romantik und Poesie verachteter Kitsch. Worauf letztlich also all dies hinausläuft, ist die Verneinung des Menschen als intelligentes, Zivilisationen schaffendes Wesen. Soll das wirklich alles sein . . .?«

Es ist in der Tat so ziemlich alles an Museen verkaufbar. Staatsgelder kaufen »In Brot hineingebackenen Abfall«, katalogisieren ihn mit einer Nummer, versehen ihn mit Zitaten und Expertisen, die von der »Faszination des Objektes« faseln. Diese Antikunst ist offensichtlich auf eine Zerstörung der Kunst aus. Ihre Mittel der Dehumanisierung hat R. EDERER sehr einsichtig in einer kritischen Darstellung erörtert.

Betrachten wir das Geschehen wertend, dann wird uns klar, daß Kunst sich natürlich nicht nur in den Dienst der Vermittlung hoher Werte stellen kann. Sie kann auch gezielt auf Wertzerstörung hinarbeiten, auf eine Brutalisierung und Entmenschlichung. Ihre Intentionen können, mit anderen Worten, schlicht böse* sein.

---

* Im Sinne von die Mitmenschen schädigend – sei es über die Entmutigung von Einzelpersonen, über die Verursachung von Wertblindheit oder über Pervertierung, die zur Störung der zwischenmenschlichen Beziehungen führt.

Zusammenfassung 9.3

Der Künstler vermag durch das intuitive Setzen von Sinnesreizen ästhetisches Erleben zu aktivieren und bis ins Extrem zu steigern. Das kann um des hedonistischen Selbstzwecks willen geschehen. Doch sind starke Erlebnisse dieser Art auch gemeinschaftsbindend und außerdem Mittel positiver Selbstdarstellung vor anderen; denn künstlerisches Schaffen verbindet Können mit Leistung und ist damit Spiegel des Vermögens einer Person oder Gruppe. Vielfach werden vor dem Hintergrund des durch ein Kunstwerk wachgerufenen einprägsamen und aufmerksamkeitsbindenden Erlebnisses Mitteilungen geboten, die z. B. ethische Normen der Gruppe, Gruppenloyalität und dergleichen mehr bekräftigen.

Der Künstler kann dabei ganz bestimmte Emotionen anklingen lassen und so die Person zur Aufnahme bestimmter Mitteilungen in spezifischer Weise einstimmen: aggressiv, wenn an kämpferischen Einsatz für die Gruppe appelliert werden soll; demütig ergriffen, wenn es um die Identifikation mit dem erhabenen höheren Ganzen geht, und so fort. Kunst dient so der Wertvermittlung und Werteinprägung. Sie dient ferner dem Schönen und dort, wo sie es nicht tut, doch dem Guten, indem sie etwa über die Darstellung des Schrecklichen gesellschaftskritisch zur Einkehr bewegt. Es gibt allerdings auch eine Faszination des Schrecklichen.

9.4 Kulturelle Ausformungen: Eine Betrachtung über Stil und Stilisierung

Wir haben zwar wiederholt auf kulturelle Ausgestaltungen künstlerischen Verhaltens hingewiesen, im Vordergrund stand aber bisher die Frage nach den angeborenen Grundlagen künstlerischer Wahrnehmung und künstlerischen Gestaltens. Wir wiesen auf unser Bedürfnis hin, Ordnung zu erkennen, Regelmäßigkeiten zu erfassen, zu kategorisieren und damit letzten Endes Orientiertheit zu gewinnen, die mit einem belohnenden Erleben der Einsicht einhergeht. Einige dieser ganz basalen Prinzipien ästhetischer Wahrnehmung teilen wir mit höheren Wirbeltieren. Auf einer anderen Ebene liegen die stammesgeschichtlichen Anpassungen, die für uns Menschen typische Vorurteile der Wahrnehmung bedingen. Sie äußern sich u. a. in unserer Neigung, unsere Umwelt zu anthropomorphisieren.

Wir wollen uns nunmehr den kulturell aufgeprägten Wahrnehmungsweisen zuwenden, deren Aufgabe es ist, Gruppenidentität zu fördern. Dem Stil kommt dabei besondere Bedeutung zu. Er drückt bindende Gemeinsamkeiten aus. Indem er Ähnlichkeiten in Kleidung, Baustil und anderen künstlerischen Äußerungen betont, schafft er eine die Familien- und Sippengrenzen übergreifende Vertrautheit. Stil wirkt in diesem Sinne als gruppenbindend. Das kann auf verschiedenen Ebenen geschehen, und dementsprechend gibt es verschiedene Ebenen der Identität. Die Völker Europas haben ihre lokalen und völkischen Ausprägungen in Tracht, Bauweise und anderen Eigentümlichkeiten künstlerischen Stils. Darüber hinaus gibt es die Stilepochen der Romantik, Gotik, Renaissance, des Barock und so fort, die Europa vom Atlantik bis weit ins europäische Rußland, von Skandinavien bis zum Mittelmeer als kulturelle Einheit kennzeichnen. Sie wurde und wird als »abendländisch« empfunden, allen Spaltungstendenzen zum Trotz. Vergleichbares gilt für die Kunst des Islam. Die Spontaneität und Sicherheit, mit der sich Gruppen wie Punker und Rocker voneinander in der Mode absetzen, lehrt, daß Menschen unbewußt und schnell symbolisieren und daß sie über materielle Symbole manches präziser ausdrücken als mit Worten (I. HODDER 1982).

Bemerkenswerterweise erfüllt Stil diese abgrenzende und zusammenfassende – man könnte auch sagen: ideologische – Funktion bereits bei Jäger- und Sammlervölkern. P. WIESSNER (1984) untersuchte die Beziehung zwischen dem Stil von Artefakten und sozialen Faktoren bei den !Kung-, G/wi- und !Ko-Buschleuten und fand, daß der Stil verschiedene Funktionen erfüllt. Auf der Gruppenebene dienen bestimmte stilistische Eigentümlichkeiten der Pfeilspitzen als Kennzeichen – Embleme – der linguistischen Zugehörigkeit. Das hilft, die Diskrimination zwischen Lokalgruppen zu überwinden, und einigt eine größere Population, welche Risiken teilt.

Die Buschleute können mit einem Blick feststellen, ob ein Pfeil von einer Person der eigenen Sprachgruppe oder einer fremden kommt, und sie sind dementsprechend in der Lage, vorauszusagen, ob der Besitzer oder Hersteller dieses Pfeils ähnlichen Werten und Verhaltensnormen gehorcht oder nicht. Sind verschiedene Gruppen miteinander bekannt, dann signalisieren die stilistischen Unterschiede die verschiedenen Werte und machen die Interaktion voraussagbar und weniger belastend. Pfeile dagegen, die von unbekannten fremden Gruppen kommen, lösen spontan starke Reaktionen der Furcht und des Unbehagens bei den !Kung aus. Die Konversationen, die WIESSNER angesichts völlig fremder Pfeilspitzen aufnahm, drehten sich um Schreckenserzählungen von Mord und anderen schaurigen Ereignissen der Vergangenheit. Stilistische Mitteilungen, die die Identität betreffen, fanden sich auch in anderen Artefakten, in der Körperdekoration und in der Kleidung der Buschleute. Neben Gruppenstilen gab es individuelle Stile, die die Individualität einer Person kennzeichnen. Der ästhetische Appell diente in einem solchen Fall der positiven Selbstdarstellung. Befragt, warum sie so viel Mühe aufwendeten, um Kleidung und Objekte zu dekorieren, gaben die !Kung zur Antwort, sie täten dies, um zu zeigen, daß sie über Dinge Bescheid wüßten und auch rührig seien (»... one who knows things and does things«), ferner um auf Personen des anderen Geschlechts attraktiv zu wirken.

Diese Beweggründe für die Herstellung und den Besitz von Objekten ästhetischen Wertes sind allgemein. Ästhetische Selbstdarstellung spielt im Werbeverhalten und in der Aufrechterhaltung sexueller Beziehungen eine große Rolle. Der individuelle Stil weist eine Person als fleißig aus. Das macht ihn zum wertvollen Handelspartner, z. B. im Rahmen der von P. WIESSNER untersuchten reziproken Tauschpartnerbeziehung (S. 416f.).

Bei der Untersuchung der Stilformen der Perlstirnbänder verschiedener !Kung-Gruppen entdeckte P. WIESSNER (1984a) noch weitere wichtige Zusammenhänge. Bei den in Kleingruppen noch in ihrem traditionellen Wohngebiet lebenden Buschmanngruppen herrschten einfache reguläre Muster vor (Abb. 9.26). In

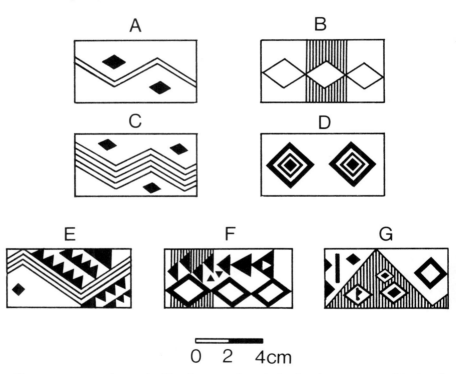

Abb. 9.26: Varianten der Geschenkbandmuster (Glasperlenbänder) der !Kung: A und B: Grundmuster; C und D: weiterentwickelte Stile; E, F und G.: Muster, die mit der Tradition brechen. Aus P. WIESSNER (1984a).

Tsumkwe, wo viele Buschleute aus verschiedenen Gruppen zusammenkamen, tauchen konfuse Muster auf, die Übertreibungen und mangelnde Ordnung aufweisen. Sie sind überladen und erwecken den Eindruck einer Instabilität und Unsicherheit, als würde hier nach einer neuen Ordnung gesucht. Die !Kung selbst sagen, es sieht aus, als würden viele Leute durcheinander reden. Zu den traditionellen einfachen Mustern sagen sie dagegen, das sei so, wie wenn einer auf die Jagd gehe.

P. Wiessner fand ferner, daß man die Hxaro-Gaben eigens im Stil des Geschenkpartners, nach dessen Geschmack anfertigt. Man setzt also nicht das eigene Signal ins fremde Gebiet und vermeidet so jeden Ansatz zu Dominanz. Das hat sich aus dem Kontext des Austauschs heraus so entwickelt. Bei den !Kung werden die Stirnbänder dem Gastgeber bei der Ankunft des Gebers überreicht als Gegenleistung für einen ausgedehnten Aufenthalt. Den bevorzugten Stil des Gastgebers zu berücksichtigen drückt Respekt vor ihm und seinen Rechten an seinem eigenen Territorium aus. Stilformen, die für den Austausch gewählt und dann in einem anderen Zusammenhang gebraucht wurden, mögen anders funktionieren, zum Beispiel, um Tauschbeziehungen zu dokumentieren.

Es gibt noch viele andere Funktionen des individuellen Stils. Ich erinnere daran, daß die Waika (Yanomami) Bambuspfeilspitzen austauschen, um damit ihr soziales Beziehungsnetz vor anderen ausbreiten und dokumentieren zu können. Das vermittelt Ansehen (S. 440). Stil wird auch benützt, um Nachrichten, die über ästhetische Wahrnehmung dargeboten werden, so zu verschlüsseln, daß sie nur Gruppenmitgliedern zugänglich werden.

Werden bildliche Darstellungen zu Ornamenten verwendet, dann unterliegen sie häufig einem Prozeß der Vereinfachung und Schematisierung – man spricht auch von Stilisierung. Es werden zunächst die prägnanten Merkmale hervorgehoben, nach Überschreitung eines Optimums erfahren sie dann eine so weite Schematisierung, daß sie zu reinen Zeichen werden, deren Ursprung man erst über vorhandene Zwischenformen rekonstruieren kann. W. Wickler und U. Seibt (1982) haben an präkolumbianischen Wirteln die Entwicklung von der naturalistischen Darstellung zum Ornament (Abb. 9.27) dargestellt. Da die Leserichtung von der naturalistischen Repräsentation zur ornamentalischen geht, kann man im Kulturenvergleich auch die Herkunft der Motive ableiten. Mit der gleichen Methode belegte A. Lommel (1962) die Ornamentalisierung von Menschenfiguren auf Papuaschilden (Abb. 9.28 und 9.29).

Der Prozeß der Stilisierung erinnert in vielem an den Prozeß der Ritualisierung, bei dem es im Dienste der Signalgebung zur Vereinfachung bei gleichzeitiger Förderung der Prägnanz kommt. Auch die Wiederholungstendenz ist deutlich. Ob es sich bei der künstlichen Stilisierung um einen bewußten Prozeß der Abstraktion handelt oder um eine Wandlung, die sich in vielen Schritten auf dem Wege des oftmaligen Kopierens automatisch vollzog, wird man nicht immer entscheiden können. Beides kommt wohl vor. Wenn ein Künstler eine Tier- oder Menschenfigur in ornamentaler Weise verwendet, dann bemüht er sich oft um eine schematisierte vereinfachte Form. Die zahlreichen Übergänge, die wir bei den Wirteln finden (W. Wickler und U. Seibt 1982), zeigen aber, daß auch der andere Weg der Entstehung realisiert wird. Und er dürfte nicht selten sein. Auf den

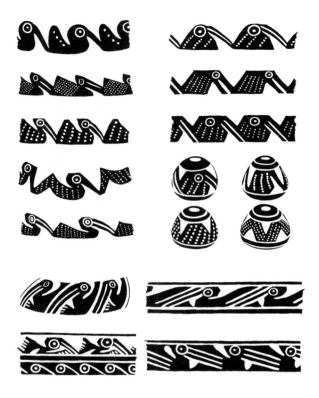

Abb. 9.27: Die Entwicklung stilisierter Pelikan-Elemente auf alt-ekuadorianischen Spinnwirteln. Die Reduktion kann bis zum geometrischen Ornament gehen, das ohne die Übergangsstufen nicht zu deuten wäre. Aus W. WICKLER und U. SEIBT (1982).

Trobriand-Inseln bemühten wir uns, durch Informanteninterviews herauszufinden, welche Symbole die Schnitzer in die Abschlußbretter ihrer Boote schnitzen. Einige Alte wußten es, aber bei vielen war das Detailwissen bereits verlorengegangen. Sie schnitzten nach der Erinnerung »wie ihre Väter«, und mit dem mangelnden Wissen um die Symbolik wurden die Darstellungen weiter vereinfacht zum Ornament.

Ähnliche Entwicklungen kann man an balinesischen Figuren feststellen, die sich aus geisterabweisenden Figuren entwickeln. Diese zeigen ursprünglich neben einem Drohgesicht und phallischem Präsentieren abweisende Handgebärden und/oder Gesäßweisen. Mit der Entwicklung des Tourismus ist eine neue Generation von Schnitzern damit beschäftigt, diese traditionellen Figuren, deren ursprüngliche Bedeutung vielfach vergessen wurde, für Touristen zu schnitzen. Das Phallische wird dabei übertrieben und auch das Drohgesicht. Aber man schnitzt auch noch die anderen Gebärden, ohne zu wissen, worum es geht. Sie sehen wie vestigiale Ausschmückungen aus. – In vielleicht bewußt geschaffener Vereinfachung kann man ähnliche Entwicklungen auf japanischen Amuletten finden, die weibliches Schamweisen darstellen (I. EIBL-EIBESFELDT 1970).

Abb. 9.28: Die Ornamentalisierung von Menschengestalten in der Kunst der Papua. Die Menschengestalten werden zunehmend abstrakt. Dem Prozeß dürfte die Eigenschaft der Gestaltwahrnehmung zu schematisieren (siehe Schematabildung, S. 901 ff.) zugrunde liegen: a) zeigt die Profildarstellung einer Ahnenfigur aus dem Asmat-Gebiet von West-Neuguinea (Lorenz-Fluß); b) zeigt einen ebenfalls aus dem Asmat-Gebiet stammenden Schild mit der abstrahierten Profildarstellung eines Menschen; c)–e) zeigen drei Darstellungen von stilisierten Menschenfiguren von Schilden aus West-Neuguinea. Aus A. LOMMEL (1962).

Abb. 9.29: Drei Darstellungen stark stilisierter Menschenfiguren auf Schilden aus West-Neuguinea. Aus A. LOMMEL (1962).

Zusammenfassung 9.4

Stil ist ein Mittel, Zugehörigkeit zu signalisieren. Es kann sich um individuellen Stil oder um den Stil einer Gruppe handeln. Beides findet man bereits bei Jägern und Sammlern. In der Kunst des Islam und in der christlich-abendländischen Kunst wird die bindende Wirkung der gemeinsamen ästhetischen Prägung auf bestimmte Kunststile besonders deutlich. Der Prozeß der Stilisierung über die figürliche Darstellung bis hin zum Ornament zeigt viele Gemeinsamkeiten mit der im Dienste der Signalbildung stattfindenden Ritualisierung von Verhaltensweisen zu Signalen. Es tritt Vereinfachung und Pointierung ein und zugleich eine Vereinheitlichung, die das Signal stets wiedererkennbar macht.

9.5 Zur Ethologie von Musik, Tanz und Dichtung

9.5.1 Musik

Musik appelliert unmittelbar an unsere Empfindungen. Rhythmen ziehen bereits bei niederen Wirbeltieren gewisse physiologische Prozesse in Phase. So kann man mit einem Metronom die Kiemendeckelbewegungen von Fischen in Phase ziehen und verlangsamen oder beschleunigen. Spielt man Personen, deren Herzschlag man zuvor durch eine Übung beschleunigte, Wiegenlieder vor, dann nimmt die Pulsfrequenz schneller ab als in Kontrollgruppen, die nichts oder die Jazz zu hören bekommen (J. KNEUTGEN 1964, 1970). Wiegenlieder aus den verschiedensten Kulturen wirken so. Ihnen ist gemeinsam, daß sie in Melodie und Rhythmus den langsamen Atemrhythmus des Einschlafenden nachvollziehen.

Wir dürfen annehmen, daß es verschiedene basale Rhythmen gibt, die menschliches Verhalten spezifisch beeinflussen, und zwar kulturenübergreifend auf ähnliche Weise. Bestimmte Rhythmen beruhigen, andere erregen. Ob darüber hinaus spezifische Rhythmik-Muster als Auslöser spezifische Emotionen wie Aggression oder liebevolle Zuneigung aktivieren, also spezifischer stimmen, wissen wir nicht. Fest steht die auf- oder abregende Wirkung von Rhythmen, ferner ihre koordinierende Wirkung auf Menschen in Gruppen, die nach dem Muster der Koaktion oder Alternation (S. 285 f.) zu gleichzeitigem oder partnerschaftlich aufeinander abgestimmtem, abwechselndem Tun veranlaßt und in Phase gezogen werden.

Bei den Melodien gibt es sicher auch primäre Leitmotive. Personen können Helden-, Jagd-, Kriegs-, Trauer-, Wiegen- und Liebeslieder, die aus sehr verschiedenen Kulturen stammen, mit großer Sicherheit der richtigen Kategorie zuordnen (R. EGGEBRECHT 1983, M. SCHRÖDER 1978). Wir erinnern ferner an die Versuche von K. SEDLACEK und A. SYCHRA (1963), S. E. TREHUB und Mitarbeiter (1993 a, b), A. M. UNYK und Mitarbeiter (1992), die zeigten, daß nichttschechisch sprechende Personen die Stimmung eines tschechisch gesprochenen Satzes dennoch richtig interpretieren. Emotionen der Freude und Liebe waren durch höhere Stimmlage und lebhafteren melodischen Verlauf gekennzeichnet (siehe auch Babysprache, S. 288 ff.). Emotionen der Trauer und Resignation bewegten sich im Melodienverlauf klar unterhalb der Zone neutral gesprochener Sätze (S. 727 ff.). Die Analyse einiger Variablen in der Musik verschiedener Völker ergab bemerkenswerte Übereinstimmungen, wie die der Arbeit von RAINER EGGEBRECHT entnommenen Tabellen 9.1–3 und die Sonogramme (Abb. 9.30) zeigen. Ein Vergleich der vokalen und instrumentalen Musik von sieben außereuropäischen Kulturen (D. EPSTEIN 1985, 1988) ergab, daß der Takt auch über längere Pausen mit erstaunlicher Präzision eingehalten wird, was für die Existenz eines inneren Takt-Schrittmachers spricht. Tempoänderungen innerhalb eines Stückes oder zwischen den verschiedenen Sätzen standen stets in einem relativ einfachen ganzzahligen Verhältnis zueinander, wie beispielsweise 1 : 2, 2 : 3, 3 : 4 oder umgekehrt. Das gilt für die europäische Klassik ebenso wie für die Musik außereuropäischer Stammesgesellschaften. Auf eine Reihe weiterer Universalien wies LEONARD BERNSTEIN (1976) in seinem höchst anregenden Buch hin.

Musik packt unmittelbarer als die visuelle Kunst. Sie richtet sich in erster Linie an unsere Emotionen, wobei die primären Leitmotive als Auslöser in mehr oder weniger verschlüsselter Form geboten werden. Vermutlich werden auch übernormale Klangattrappen konstruiert, traurige Weisen etwa, die mehr rühren als das natürliche Klagen und Weinen. Auch kann der Künstler durch das richtige Betätigen der Reizschlüssel verschiedene Emotionen in Aufeinanderfolge auslösen und so das »Seelenleben« des Zuhörers in einer Weise aufwühlen, die normalerweise nie erlebt werden kann. Hier werden sicher Spannungen aufgebaut und im Sinne einer Katharsis gelöst.

Durch ständige Wiederholung eines Rhythmus oder einer Melodie können

ANALYSE EINIGER VARIABLEN DER SAN-BUSCHMANN-MUSIK

	LIEBESLIED	TRAUERLIED	NORMALES LIED
TEMPO	= 116 (Moderato)	= 76 (Adagio)	= 92 (Andante)
LAUTSTÄRKE	mittlere Amplitude	geringe Amplitude	mittlere Amplitude
RHYTHMUS	7/8:	4/4:	4/4:
OBERTÖNE	viele Harmonische	wenig Obertöne	Obertöne durchschnittlich
TONRAUM	d^2 bis ais^3	cis^1 bis gis^1	fis bis fis^2
MELODIE			
MELODIE-KONTUR			

Tabelle 9.1

ANALYSE EINIGER VARIABLEN DER PYGMÄEN-MUSIK

	ALLTAGSLIED	FREUDIGES LIED	KRIEGSLIED	TRAUERLIED
TEMPO	= 106 (Andante)	= 160 (Allegro)	= 120 (Moderato)	= 66 (Adagio)
LAUTSTÄRKE	mittlere bis breite Amplitude	breite Amplitude	stark schwankende Amplitude	geringe Amplitude
RHYTHMUS	regelmäßig – gerade oder ungerade	6/8:	4/4:	2/4:
OBERTÖNE	durchschnittlich	viele Obertöne	wenige Obertöne (scharfe, gestoßene Laute)	Obertöne eher unterdurchschnittlich (Jammern)
TONRAUM	gis^1 bis dis^2	gis^1 bis cis^3	fis^1 bis gis^3	cis^1 bis h^1
MELODIE				
MELODIE-KONTUR				

Tabelle 9.2

	Tonhöhe	Melodie-Variationen	Tonhöhenverlauf	Klangfarbe
Freude	hoch	stark	gemäßigt, erst auf und dann ab	viele Obertöne
Trauer	niedrig	gering	abwärts	weniger Obertöne
Erregung	variiert	stark	stark auf und ab	kaum Obertöne
Ausgeglichenheit	mittel	mittel	gemäßigt	eher mehr Obertöne

	Tempo	Lautstärke	Rhythmus
Freude	schnell	laut	ungleichmäßig
Trauer	langsam	leise	gleichmäßig
Erregung	mittel	stark schwankend	sehr unregelmäßig
Ausgeglichenheit	mittel	mittlere Lautstärke	gleichmäßig

Tab. 9.3: Emotionale Attributierungen in Korrelation mit akustischen Parametern.

Zustände der Trance, des Außer-sich-Geratens bewirkt werden. Vermutlich geraten bei dem dauernd wiederholten gleichen Reizanstoß Neuronenkreise ins Schwingen, wobei in Resonanz immer größere Neuronenpopulationen erfaßt werden, ähnlich wie bei einem epileptischen Anfall. Auf diese Weise entstehen veränderte Bewußtseinszustände. Auch die Arabeske in ihrer Wiederholung kann den Beschauer zur Ekstase führen.

Die ästhetische Wirkung der Musik wird durch die für bestimme Zeitepochen und Kulturen spezifische Verschlüsselung entscheidend mitbestimmt. Und wie bei den visuellen Künsten kommt es auf Originalität und Einmaligkeit der Leistung an. Leitmotive werden neu geschaffen und variiert, und der Hörer genießt das Erlebnis des Wiederentdeckens, das ihm auch Orientiertheit und Vertrautheit vermittelt. Musik wird meist um ihrer selbst willen produziert – das heißt nicht, daß sie nur hedonistischer Selbstzweck ist. Gerade wegen ihrer uns so stark ansprechenden Art eignet sie sich auch für jene Zwecke, die wir bereits bei der Besprechung der visuellen Kunst nannten. Dazu verbindet sie sich allerdings häufig, wie im Lied, mit dem Wort. Im Lied gebotene Textinhalte merkt man sich leicht. Daher benützt man Lieder zur politischen Indoktrinierung und auch im Unterricht (H. ELTERMAN 1983). Wir wollen Textproben zu den Liedern im Abschnitt über Poetik vorstellen.

Musik steht häufig im Dienste der Gruppenbindung. Bei der Marschmusik ist dies ebenso offensichtlich wie beim Chorsingen. Und ähnlich wie der Stil in der visuellen Kunst kann auch Musik zum gruppenbindenden Mittel werden. Während meiner Arbeit auf Bali hörte ich als Hintergrundmelodie immer wieder die Gamelanorchester, aber auch die Kinder summten im Spiel die Melodie des Legong-Tanzes. Wir gehen wohl nicht fehl, wenn wir behaupten, daß solche Leitmotive einen starken, die Gruppenidentität mitprägenden Einfluß ausüben. Bei den !Ko-Buschleuten waren es die einfachen Melodien der Melonenballtänze, die immer wieder aufklangen, so daß ich sie freundlich, fast heimatlich mit dem Buschmannleben und der Kalahari assoziiere.

Zu den Versuchen, die musikalischen Aspekte des Sprechens in der Musik aufzuspüren, kommt die Suche nach grammatischen Parallelen zwischen Musik und Sprache (R. JACKENDOFF und F. LEHRDAHL 1982). Dieser »generativen

POLEN

Wiegenlied

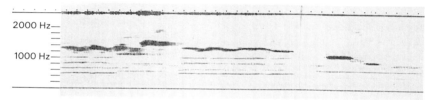

Liebeslied

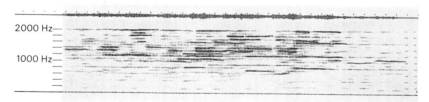

Trauerlied

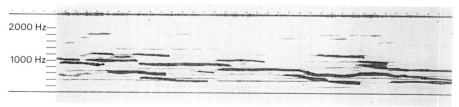

Abb. 9.30: Sonogramme von Lied- und Musiktypen verschiedener Völker. Nach R. EGGEBRECHT (1983).

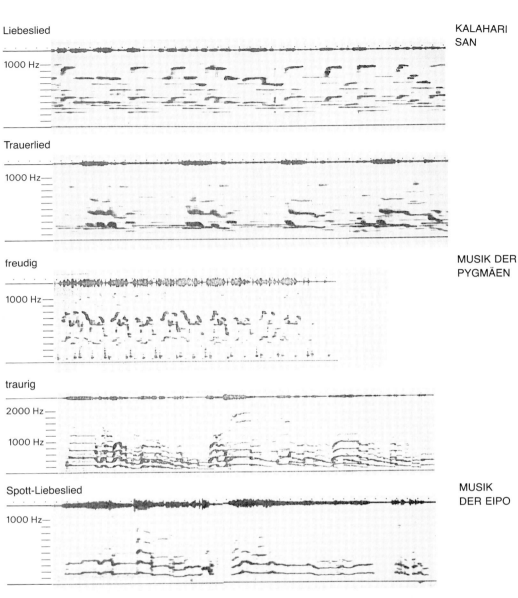
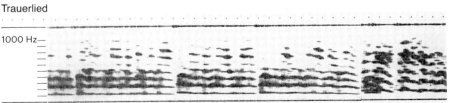

943

Musiktheorie« zufolge erfaßt unsere Wahrnehmung außer der Oberflächenstruktur (Tonhöhe, Lautstärke, Timbre) auch eine unterliegende Tiefenstruktur, weshalb man Musik auch in Transformationen erkennt. In der Wahrnehmung findet demnach eine stufenweise Reduktion statt, ähnlich wie sich eine Partitur für bestimmte Instrumente ablesen läßt. – Eine Übereinstimmung mit dem Rhythmus der nichtreduzierten Teile muß jedoch gewahrt bleiben. Abweichungen erzeugen Spannungen und werden zu diesem Zweck auch eingeführt, aber durch In-Phase-Kommen auch wieder gelöst. Die Tiefenstruktur kann man in einem Dendrogramm veranschaulichen. Voraussetzung jeder Transformationsgrammatik ist jedoch die Rekonstruierbarkeit (»recoverability«). Diese ist aber hier nach einer Reduktion nicht mehr möglich. Damit bleibt ein entscheidendes Kriterium dieser Theorie unerfüllt. Es bleibt die Feststellung, daß wir einen Grundrhythmus heraushören. Zur Erklärung des Wiedererkennens von transformierten Melodien reichen im übrigen die schon erwähnten Gesetze der Gestaltwahrnehmung aus.

Der Sinn für musikalische Harmonie beruht auf der biologisch vorgegebenen Fähigkeit, aus einem Akkord einen einzelnen Ton zu extrahieren, der mit dem in der Theorie bekannten »Grundton« übereinstimmt (scheinbare Tonhöhe der Psychoakustik). Diese Wahrnehmungsleistung beruht auf einer konstanten Verrechnung harmonischer Intervalle zwischen den einzelnen Partialtönen und stellt eine bemerkenswerte Abstraktion dar, da die virtuelle Tonhöhe im angeschlagenen Akkord physikalisch nicht gegeben sein muß. Parallelen zu analogen zentralen Verarbeitungsstrategien beim Erkennen und Einschätzen von menschlichen Sprachlauten legen die Annahme phylogenetisch erworbener Lernprogramme nahe (E. TERHARDT 1982, 1984).

9.5.2 Tanz

Tanz ist gewissermaßen Musik, ausgedrückt in Bewegung. Viele der Prinzipien und Funktionen, die wir bereits bei Besprechung der Musik abhandelten, gelten auch für den Tanz. Er kann als Schauspiel vor einem Publikum ablaufen, oft als strukturiertes Ritual, wie etwa die Tanzaufführungen bei Tempelfesten in Bali (I. EIBL-EIBESFELDT 1976), die mit einem Baris und einem Blumenopfertanz eröffnen. Die kriegerische Selbstdarstellung im Baris wird so in Aufeinanderfolge mit Appellen freundlicher Beschwichtigung kombiniert und folgt damit einem allgemeinen Prinzip freundlicher Kontakteröffnung.

Einige Merkmale der geschlechtstypischen Bewegungsmuster weiblicher und männlicher Selbstdarstellung im Schautanz sind wohl universal. Das gilt für die abrupten Bewegungen und die Kraftdemonstrationen des Männertanzes in Sprüngen, für seine frontale Orientierung zum Betrachter, für sein Vorstürmen, die gespreizte Haltung von Armen und Beinen. Der Körper wird als Ganzes kraftvoll vorgestellt. Frauen bieten ihren Körper geschmeidiger und in verschiedenen Ansichten dar. Unter anderem spielt Koketterie eine große Rolle. Die natürliche Ambivalenz – Zuwendung und scheue Abkehr – wird in Haltung und Bewegung ausgespielt, und die sexuellen Reize werden präsentiert. Dies geschieht durch Andeutung in verschiedener Form oder durch kurzfristiges Darbieten, wie etwa beim Gesäßweisen im französischen Can-Can, indem mit einer Drehung des Körpers kurz die Röcke hochgeworfen werden oder ein Bein angehoben wird (siehe Sexualpräsentieren, S. 353, 672).

Tanz als Interaktion zwischen Tänzern findet viele Ausprägeformen. Sie stehen oft im Dienste der Partnerbewerbung und können dabei als Paartänze oder Gruppentänze ablaufen. In diesen Tänzen finden die Partner heraus, ob sie miteinander harmonieren, und zwar dürfte die Leichtigkeit, mit der sie ihre Bewegungen synchronisieren, direkter Ausdruck gegenseitigen Verständnisses sein. Wir erwähnten das Tanim Het der Medlpa als Beispiel (S. 335 f.). Besonders reizvoll sind Gruppentänze, bei denen man mit seinem Partner beginnt, im Verlauf des Tanzes kurz mit anderen Tanzpartnern Kontakt aufnimmt, um dann wieder zur eigenen Partnerin zurückzukommen. Sie bereichern die Möglichkeiten der Kontaktaufnahme. Viele der Volkstänze (Polonaise etc.) sind von dieser Art. Gruppentänze, wie etwa die österreichischen Landler, sind interessant wegen der ausdrucksvollen und zugleich hochritualisierten Form männlicher und weiblicher Selbstdarstellung vor dem Partner. Das gut aufeinander abgestimmte Handeln bleibt jedoch die Essenz tänzerischer Interaktion.

Gruppentänze dienen auch zur Demonstration von Einigkeit und damit zur Festigung der Gruppenidentität. Soll diese nach außen hin dargestellt werden, dann dominieren die Muster der Koaktion des gleichzeitigen Handelns. Wenn hundert Krieger gleichzeitig im Tanz mit dem Fuß aufstampfen, gleichzeitig schwenken oder, wie bei den Schweinefesten der Medlpa, im Gleichtakt auf der Stelle springen, dann vermittelt dies nach außen den Eindruck der Geschlossenheit. Es handelt sich hier um Tänze, bei denen sich die Gruppe vor anderen als Einheit darstellt. Der inneren Bindung dienen Tänze, in denen die Gruppenmitglieder in einer Art Synchronisationsritual aufeinander abgestimmt handeln. Solche Tänze bindender Funktion sind etwa die Melonenballtänze der Frauen bei den Buschleuten (!Ko, !Kung und G/wi) der Kalahari. Bei diesen Tänzen kommt es darauf an, daß keine der genau aufeinander abgestimmten Partnerinnen einen Fehler macht, so daß die Gruppe als Einheit handelt. Das geschieht natürlich nur, wenn jede in die Regeln eingeweiht ist und diese auch beherrscht, sonst tanzt sie eben aus der Reihe und schließt sich damit aus der Gruppe aus. Tänze definieren wie die Stile in der visuellen Kunst Gruppenzugehörigkeit.

Durch Tanz können schließlich geänderte Bewußtseinszustände herbeigeführt werden. Das wird besonders deutlich in den Trancetänzen, z. B. der Kalahari-Buschleute (I. EIBL-EIBESFELDT 1972, 1980). Das Phänomen ist gut dokumentiert, die Physiologie dieser Trance muß allerdings noch untersucht werden. Endorphine spielen dabei eine große Rolle (siehe oben). Im Tanz manifestiert sich schließlich auch gelegentlich der Wunsch des Menschen nach Souveränität über seine biologische Natur, der Wunsch nach Selbstbeherrschung und Kultivierung. Die Köperbeherrschung im Tanz wird gelegentlich dazu benutzt, diesen Triumph des Menschen über seine erste Natur darzustellen. Der Legong-Tanz der Balinesen ist ein gutes Beispiel dafür. Die Bewegungsmuster dieses Tanzes sind so »unnatürlich«, daß die Tänzerin sie nicht ohne weiteres dem Vorbild absehen kann. Der Tanz muß vielmehr durch Bewegungsführung erlernt werden. Zuletzt jedoch erreicht die Tänzerin die Meisterschaft, und die aufgeprägten Bewegungen werden mit der Grazie und Eingeschliffenheit natürlicher Bewegungen ausgeführt (Abb. 9.31, 9.32).

Abb. 9.31: Im Tanz überwindet der Mensch in mehrfacher Weise seine erste Natur. Er kultiviert seine Bewegungen wie im Legong-Tanz der Balinesen zu höchster Kunstfertigkeit und gestaltet so die Bewegung zum ästhetisch höchst anmutigen Ritual.

Abb. 9.32: Im Trancetanz der !Ko-Buschmänner kämpft der Tänzer mit Dämonen und leidet für seine Gruppe. Ein Helfer stützt ihn von hinten. Fotos: I. Eibl-Eibesfeldt.

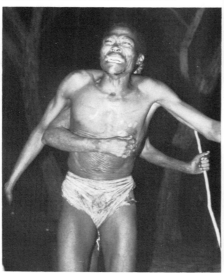

9.5.3 Poetik

Die kreative Wortsprache unterscheidet uns von allen Tieren. Dementsprechend wäre zu erwarten, daß der Mensch sich in den Kunstformen der Lyrik, Prosa und des Dramas am weitesten von seiner biologischen Natur entfernt, sich also frei von den Einschränkungen stammesgeschichtlicher Anpassungen entfaltet – sieht man von den Vorprogrammierungen allgemeinster Art ab, die unserer Fähigkeit, eine Wortsprache zu erwerben und zu sprechen, zugrunde liegen. In der Tat können wir Menschen Sätze formulieren, die noch nie zuvor geschrieben oder gesprochen wurden. Sie müssen allerdings den Regeln der Satzlehre der jeweiligen Sprache gehorchen. Wir führten ferner aus, daß es eine innere Logik der Sprache gibt, derzufolge auch eine grammatikalisch richtige Aussage als unstimmig empfunden wird. Schließlich wiesen wir auf die Tatsache hin, daß verbale und nichtverbale Interaktionen von einem offenbar universalen Regelsystem beherrscht werden, das die Formen auch der verbalen Interaktion strukturiert (Kap. 6.5.3). Universalien, die auf ähnlichen Wahrnehmungen und Denkweisen beruhen, gibt es schließlich in der Bildung von Metaphern.

Die fundamentale Einheit in der Dichtkunst ist die Zeile. Sie hat nicht nur eine charakteristische Zeit von 2,5 – 3 Sekunden, sondern sie ist so gut wie immer eine rhythmische, semantische und syntaktische Einheit. Nach F. Turner und E. Pöppel (1983) gilt das generell für die Dichtung in allen bisher daraufhin untersuchten 14 Kulturen*. Es werden auf diese Weise andere linguistische Rhythmen mit dem basalen akustischen Zeitrhythmus (S. 84) in Verbindung gebracht. Dies bewirkt ein unsere Empfindungen befriedigendes Zusammenpassen und erleichtert das Behalten. Als eine weitere universale Charakteristik der Dichtkunst gilt, daß bestimmte ausgezeichnete Elemente der Zeile oder von Zeilengruppen durch das ganze Gedicht hindurch konstant bleiben und so die Wiederholung eines Musters indizieren. Das universale Metrum von 3 Sekunden entspricht unserem biologischen Jetzt. Die Länge der Silben wiederum entspricht der Minimum-Periode, in der eine Antwort auf einen akustischen Reiz stattfinden kann (etwa $^1/_3$ Sekunde). Das Versmaß (poetic meter) beinhaltet also die beiden niederfrequenten Rhythmen der menschlichen Hörwahrnehmung. Die Rhythmen prägen sich ein: Auch wenn man die Worte vergessen hat, behält man den Rhythmus im Ohr. Die rhythmische Wiederholung induziert, ähnlich wie in Fällen der Trance (B. Lex 1979), eine Aktivierung des gesamten Hirns. Die musischen und gestaltwahrnehmenden Fähigkeiten des Rechtshirns werden durch den Rhythmus des Versmaßes zur Zusammenarbeit mit dem die linguisti-

---

* Latein, Griechisch, Englisch, Chinesisch, Japanisch, Französisch, Eipo, Ndembu (Zambia), Spanisch, Italienisch, Ungarisch, Uralisch, Slawisch und Keltisch.

947

schen Fähigkeiten beinhaltenden Linkshirn gebracht, wobei der Hörantrieb des Rhythmus tiefere Schichten des Nervensystems so anspricht, daß sie die kognitiven Funktionen des Gedichtes bekräftigen, ähnlich wie das auch beim Tanz der Fall ist, wo über einen treibenden Rhythmus geänderte Zustände des Gemütes und der Wahrnehmung bewirkt werden, insbesondere solche, die ein Gefühl sozialer Verbundenheit bewirken. Vielleicht war der erste Tanz zugleich das erste Gedicht.

Die gleiche Gesetzmäßigkeit dürfte für Prosa gelten. Die Kunst der Präsentation – auch in wissenschaftlichen Abhandlungen – besteht in der intuitiven Beachtung des Zeilenrhythmus, in dem man die kognitiv erfaßbaren Einheiten bietet. Man merkt dies u. a., wenn man von Verlagsseite gezwungen wird, Worte einzusparen, um eine Zeile zu gewinnen. Selbst wenn es sich nur um die Streichung weniger Füllworte handelt, empfindet man dies schmerzlich, denn ihr Wegfall stört den Rhythmus der Präsentation, der Vortrag wird holperig. Gleiches gilt, wenn man bei Neuauflagen Einfügungen vornehmen muß. Hier hilft es, wenn man nicht Sätze, sondern neue Absätze einfügt, die wie die Strophe eines Gedichtes eine Einheit bilden.

Trotz dieser Gebundenheit ist das Wort zweifellos das freieste Kommunikationsmittel, über das wir verfügen. Es erlaubt sachliche Mitteilungen, unabhängig von Emotionen, ebenso wie emotionale Appelle mit abgestufter Unmittelbarkeit. Die Möglichkeit, Aussagen verbal zu verschlüsseln – in der verblümten Sprache etwa –, bildet eine der wichtigen Grundlagen der Poesie. Das Spiel mit Metaphern ist der allegorischen Darstellung in den visuellen Künsten direkt vergleichbar. Hier wie dort erlebt man die Freude am Entdecken der verborgenen Mitteilung. Worte und Phrasen können Emotionen wachrufen, und zwar unmittelbar in ihrer Funktion als verbale Klischees, d. h. als ins Sprachliche übersetzte soziale Auslöser (Kap. 6.5.3) oder in Assoziation mit solchen. Sie können als Thema auch immer wiederkehrende soziale Beziehungsmuster darstellen und dabei in differenzierterer Form, als es in der visuellen Kunst und der Musik möglich ist, Werte vermitteln und bekräftigen. Uns angeborene ethische Beziehungsschemata (K. Lorenz 1943) werden dabei angesprochen. Eine noch größere Bedeutung kommt der Dichtung jedoch bei der Vermittlung kultureller Werte zu.

Im Laufe seiner kulturellen Entwicklung stellt der Mensch das Gruppenethos über das Familienethos. Gleichzeitig entwickelt er eine Kriegsethik, wobei über kulturelle Indoktrinierung die Tötungshemmungen gegenüber Mitmenschen fremder Gruppen abgebaut werden (S. 566) und die Bereitschaft, sich für die Gruppe zu opfern, anerzogen wird. Die Höherstellung der Gruppenwerte vor den Werten der Familie bedarf unentwegter Bekräftigung, da die Familie den Menschen zunächst nähersteht als die Gruppe und es nicht »natürlich« ist, Gruppeninteresse dem Familien- und Sippeninteresse vorzuziehen. Lyrik, Drama und Prosa haben den Konflikt zwischen Familien- und Gruppenethos seit den Anfängen der

Dichtkunst beschrieben und sich dabei in den Dienst des Aufbaus einer Gruppenethik gestellt. Eine Durchsicht von Liedtexten belegt dies leicht.

Die Texte knüpfen dabei an familiale vorhandene Werte an und übertragen diese auf die Gruppe. Der Liedtext eines Garderegiments – er stammt aus der Zeit des Ersten Weltkrieges – lautet:

>>Wir tragen die Litze der Garde am Rock,
im Herzen die Treue und Ehre,
den Glauben an Deutschland, den Glauben an Gott,
den Willen zur Waffe, zur Wehre ...«

Von Frau und Kind wird nicht gesprochen, Loyalität mit der Familie bedarf keiner besonderen Indoktrinierung. Wenn Begriffe aus dem Bereich der Familie überhaupt verwendet werden, dann im übertragenen Sinne, um das Familienethos auf die Gruppe zu übertragen (»Brüder, zur Sonne, zur Freiheit ...«).

Heimatbindung wird ebenfalls durch Lieder und Gedichte gefestigt, bemerkenswerterweise schon auf der Stufe der Jäger und Sammler. Die Nama-Hottentotten, die im Gebiet der Walfischbucht als Jäger und Sammler der Küste lebten, priesen die See in Preisliedern. Die angrenzend im Landesinneren lebenden Nama begrüßten bei der Rückkehr nach längerer Abwesenheit ihr Land, indem sie Wasser mit dem Mund auf den Boden sprühten und dabei ausriefen:

>>/i //naoxan !hutse
!gaise !khoi !oa te re
eibe mutsi!«

>>Du Land meiner Vorfahren,
Komm mir entgegen,
Schon habe ich dich erblickt.«*

Als weiteres Beispiel möchte ich einen Gesang der Trobriand-Insulaner wiedergeben, den INGRID BELL-KRANNHALS übersetzte. Er wird bei den abendlichen profanen Tänzen gesungen und hat wehmütige Gedanken eines jungen Menschen zum Inhalt, der zur Schulung seine Heimatinsel verließ**. Das Lied ist ein weiteres gutes Beispiel für die grundsätzliche Gleichheit menschlicher Empfindungen, die nicht durch Dressur erworben werden kann. Erfahrung assoziiert sie im Rahmen eines obligaten Lernens mit einer ganz bestimmten Heimat.

Die Eipo West-Neuguineas preisen in den Gesängen die Berge ihrer Heimat,

---

* Text und Übersetzung von KUNO BUDACK (1983).

** Von den Trobriandern besuchte weiterführende Schulen gibt es auf Goodenough und in Alotau.

1. Akowana odaba koya
I looked up on top of the mountain(s)
ich schaute hinauf zu den Bergen

2. akululu u agisi
I looked down I saw
ich schaute hinunter und sah

3. kiwaula ula valu nanugu iomau
in a haze, cloud my village my mind was heavy
verschwommen mein Dorf, mein Geist war schwer

4. kapisisi segwaya
how sad about the friends
schade um die Kameraden

5. oioi kapisisi sedayasi
– how sad about all my friends
oh wie schade um meine Freunde

6. o pilatala wolola tamayaisi
on the far side for a long time the two of us come here
in der Ferne. So lange sind wir zwei schon hier

7. migisi itamwau
their faces are lost (hidden)
ihre Gesichter sind vergessen

8. ginigini saina bwoyna
education very good
Schulbildung ist sehr gut

9. kala bwoina davalusi
very good for our village
sehr gut für unser Dorf

10. ilagoki omapula iomau sainela
goes too high the price it is hard very
aber der Preis dafür ist sehr hoch

von denen ihre Kulturbringer herabstiegen, und sie rufen sie im Kampfe an, um die Hilfe der Ahnen zu erbitten (V. HEESCHEN 1982). Die Mechanismen, die genutzt werden, um Heimatliebe und Gruppenidentität zu festigen, sind demnach bei Naturvölkern die gleichen wie bei uns. Das gilt auch für die Vermittlung anderer Werte durch Dichtung und Lied. Die Himba singen bei geselligem Zusammensein Preislieder, in denen sie die Taten mutiger Ahnen verherrlichen (S. 205), ähnlich wie wir es in Liedern und Sagen tun. In Spottliedern werden oft Rügen vorgetragen und Normen gepflegt. Lieder und Gedichte eignen sich auch als Mittel der Werbung, gestattet die verblümte Ausdrucksweise doch eine sachte Annäherung an den Partner, ein Abtasten von dessen Bereitschaft und ein Auseinandergehen ohne Bruch, falls der Partner den Antrag abweisen sollte. Man hat ja nicht direkt gefragt und wurde daher auch nicht so abgewiesen, daß bestehende soziale Bindungen darunter leiden müssen. Einige Appelle der Werbung, so die Verwendung von Infantilismen (S. 334), sind universal.

In den Kontraktgesängen der Yanomami (K. GOOD 1980) fällt der reichliche Gebrauch von Metaphern auf. Außerdem erfolgt eine Verschlüsselung durch eine regelhafte Zerteilung des Textes in kurze Zeilen aus wenigen Silben und durch Wiederholung der letzten Silbe in der folgenden Zeile.

Die ästhetischen Kriterien für die Bewertung dichterischer Leistungen liegen u. a. in der geschickten Verwendung der Metapher, wobei wie in der bildlichen Darstellung Verfremdung Aufmerksamkeit bindet. Die Aussage darf nicht zu direkt, aber auch nicht zu unklar ankommen. Für die Lieder der Eipo gilt ebenso wie für die unsrigen, daß sie nicht monoton sein sollen. Regelmäßiger Aufbau und Gliederung in gereimte Strophen erleichtern die Bildung von Superstrukturen und damit das Wiedererkennen und Memorieren. Ein Gedicht wird durch die Verschlüsselung zu einer Herausforderung, ebenso wie ein Bild. Eine Aufmerksamkeitsbindung erfolgt, und eine Erwartungshaltung wird aufgebaut, deren Erfüllung im befreienden Verstehen (»aha«) eine Katharsis erlebt.

Zu den positiv erlebten Gefühlswerten der Wahrnehmung gehört ferner die Freude am Wiedererkennen. Stil prägt, macht vertraut und bindet ein. So wird ein Spottlied mit seiner scherzhaften Verkleidung der Rüge vom Adressaten nicht als ausgesprochen negativ erlebt. Er wird ja mit der kulturell codierten Nachricht als Gruppenmitglied angesprochen. Metaphern regen an wie Vexierbilder. Sie erlauben die Entdeckung neuer Gedankenverbindungen. In ihrer geschickten Verwendung liegt ein Gutteil dichterischen Könnens begründet.

Bereits bei Naturvölkern singt man schließlich Lieder um ihrer selbst willen. Das folgende von V. HEESCHEN (1984 a) aufgenommene Lied sang eine Eipo-Frau aus reiner Freude am Nachvollzug eines früheren Erlebnisses, auf das in dem Lied verschlüsselt* angespielt wird.

Wirye wit, cange wit, dikle wit.	Bruder des wirye-Vogels, Bruder des cang-Baums, Bruder des dikle-Baums.
Wirye numdam bongobnil.	Der wirye-Vogel liegt mir nah am Nabel.
Na doubne dundam, na wena wendam.	Meine Falle ist dabei zu quetschen, meine Falle ist dabei zu fangen.

---

* Die erste Zeile nennt unverfänglich einige Namen. Aber WIRYE ist auch der LIMNE SI, der »Scheinname« des Geliebten. Die Falle meint die Vagina. Auch das cang-Holz der ersten Zeile scheint unverfänglich, aber CANG bedeutet auch »lang«, womit auf die Erektion des Penis angespielt ist. Froschnamen verweisen auf Frauen, hier auf das Grasröckchen der Frau.

Wirye num titinil.	Der wirye-Vogel bleibt hängen an meinem Nabel,
Cang kim bongobnil.	das cang-Holz liegt auf meiner Scham.
Toktokana ton dobromane-buk,	Nachdem ich den toktokana-Frosch weggenommen habe,
Mokmokana ton dobrobmane-buk.	nachdem ich den mokmokana-Frosch weggenommen habe.
Kim bongana num titine titinil.	Auf der Scham liegend, am Nabel festhakend, hakt er sich mir fest.

Liebeslieder dieser Art singt man auch, wenn man völlig allein ist, aus einer vergnügt-besinnlichen Stimmung heraus. Das Lied erscheint damit von sozialen Funktionen befreit.

9.5.4 Wissenschaft und Kunst

Wir haben damit einige Bereiche der ästhetischen Wahrnehmung und künstlerischen Gestaltung angesprochen. Es ging dabei vor allem darum, zu zeigen, daß über verschiedene Sinneseingänge offenbar recht verwandte Wahrnehmungen hervorgerufen werden. Empfindungen der Harmonie, der Ordnung, der Spannung und Spannungslösung, das Bedürfnis, Superzeichen zu bilden, die Freude beim Erkennen und Wiedererkennen von Gestalten durch das Orientierung vermittelnde Aha-Erlebnis – dies alles erleben wir sowohl beim Anblick der Werke der bildenden Kunst als auch beim Hören von Musik und Lesen von Gedichten. Offenbar werden die verschiedenen Sinneseingänge letztlich über die gleichen interpretierenden Instanzen zusammengeführt und verarbeitet.

Wir haben ferner in allen Bereichen das Spiel der Kunstschaffenden mit den übernormalen Auslösern angetroffen und erfahren, daß die Werke der bildenden Künste, ebenso wie die der Dichtung und Musik, sowohl als Selbstzweck, also aus Freude an der ästhetischen Wahrnehmung der Kunstwerke, produziert werden, daß aber auch die ästhetische Wahrnehmung oft dazu dient, Wahrnehmung zu binden und über die Sensation des Angenehmen, Interessanten, Aufwühlenden oder auch Schönen Assoziationen zu anderen Mitteilungen zu knüpfen, die sich einprägen sollen. Wir fanden, daß die bildende Kunst dabei ebenso im Dienste der Normenvermittlung steht wie etwa die Dichtkunst. Weitere Bereiche des künstlerischen Gestaltens, wie Drama und Schauspiel, wären noch zu diskutieren.

Der Schauspieler betont in Mienenspiel und Körperhaltung das Essentielle. Im japanischen Kabuki-Theater wird Eifersucht der Frau durch eine sehr einfache, stilisierte Verhaltensweise vorgeführt: Der Schauspieler, der die Frauenrolle darstellt, beißt in ein Tüchlein, der Kopf wird dabei leicht hin und her gewiegt. Die Aggression, die sich gegen ein Objekt richtet, und die leichte motorische Unruhe beschreiben den Gefühlszustand. Der Schauspieler porträtiert die Leidenschaftlichkeit und Zerrissenheit des Menschen, seine Konflikte, und hält ihm so den

Spiegel vor. Zugleich bedient er sich der Verschlüsselung, der verblümten Aussage.

Stimmungsübertragung ist jedoch nur eines der didaktischen Mittel, um Engagement herbeizuführen. Einen ganz anderen Weg beschreibt BERTOLT BRECHT im epischen Theater, das an die Vernunft appelliert und über eine Verfremdung des Dargestellten auf der Bühne das Problembewußtsein weckt. Während früher das Schöne Hauptgegenstand der Kunst war, ist heute ihr Gegenstand »die Wirklichkeit, der wir nicht ins Auge sehen wollen« (K. E. LOGSTRUP 1973 : 319).

Zu erörtern wäre auch, was uns an einer Bewegungsfolge oder generell an Verhaltensabläufen ästhetisch anspricht. Wir erwähnten nur kurz beim Tanz, daß es u. a. der glatte, wohlkoordinierte Bewegungsablauf ist, aber auch das Können, welche die Beherrschtheit des eigenen Körpers demonstrieren. Wir sprachen vom Legong und könnten hier nachtragen, daß uns aus diesem Grunde auch die Leistungen der Artisten in Zirkus und Sportarena so ansprechen. Beherrschtheit des Körpers und des Geistes wird universal als Tugend aufgefaßt, und entsprechend empfinden wir ganz allgemein kultiviertes Verhalten als schön, unkultiviertes als unschön. Es beleidigt unser ästhetisches Empfinden, wenn einer mit beiden Händen in die Schüssel langt und sich den Mund vollstopft. Auf Pantomime und die vielen Formen des Schauspiels können wir hier nicht weiter eingehen.

Wir wollen nur noch auf einige Beziehungen zwischen Wissenschaft und Kunst hinweisen. Die wichtigste Gemeinsamkeit dürfte wohl darin bestehen, daß in beiden die Entdeckung als ästhetisches Erlebnis der Einsicht empfunden wird. Der Wissenschaftler entdeckt Zusammenhänge, er sieht sie mit Hilfe seiner Gestaltwahrnehmung. Man kann ferner seine Arbeitsweise, die Art, wie er Probleme löst, ästhetisch als elegant oder unelegant bewerten, z. B. nach der Originalität der Gedankengänge, nach dem Aufwand im Verhältnis zum Ergebnis usw. Es sind die gleichen Prinzipien, die S. MARGULIES (1977) für die Schönheit von Schachlösungen erarbeitete. Kunst und Wissenschaft teilen ferner die Freude am spielerischen Experimentieren. Daß beide »die Wahrheit« verkünden wollen, gehört zu den anspruchsvollen Behauptungen. Aber sicher verhelfen beide zu neuen Sehweisen und Einsichten über diese Welt. Beide sind in diesem Sinne kreativ.

Kunst vermittelt Ansichten. Sie beschreibt die Welt aus einer neuen, uns ungewohnten Sicht und weist damit auf Zusammenhänge hin, die bei alltäglicher Betrachtung nicht sichtbar werden. Solche neuen Sehweisen eröffnet aber auch die Wissenschaft. In diesem Sinne bemühen sich beide um ein vertieftes Wissen über diese Welt, um Einsichten, um eine Deutung der Welt (CH. SÜTTERLIN 1994). Kunst lotet die subjektiven Tiefen des Menschen aus, sie vermittelt außerdem Glaubensinhalte und andere Werte, ist also im wesentlichen normativ. Hier meint man einen prinzipiellen Unterschied zur Wissenschaft zu sehen, die sich ja um die ansprechende Vermittlung von objektivem Wissen bemüht.

Aber auch das durch die Kunst vermittelte Wissen betrifft Gegebenheiten. Nur sind diese eben im wesentlichen kultureller Art. Objektiv mag Glaubensinhalten nichts in der außermenschlichen Welt entsprechen. Kulturell dagegen sind sie als Konzepte und Denkweisen existent, sie sind kulturelle Realität. Ferner ist nicht nur die Kunst normativ ausgerichtet. Der Wissenschaftler bemüht sich aus Einsicht in die Zusammenhänge und aus dem Wissen um die Vorgänge der Evolution ebenfalls um Begründung von Normen. Kunst und Wissenschaft vermitteln Normen und teilen damit ihre enge Beziehung zur Ethik. Und beide basieren auf dem ästhetischen Erleben des Erkennens und der Erkenntnisvermittlung.

Zusammenfassung 9.5

Ästhetische Wahrnehmung bedeutet bewertende Wahrnehmung von Harmonie, Ordnung, Erleben der Superzeichenentdeckung sowie Spannungsaufbau und Spannungslösung durch Manipulation der die Emotionen aktivierenden Schlüsselreize und Auslöser. Diese schon für den visuellen Bereich festgestellten Regelhaftigkeiten gelten auch für den akustischen Bereich. Musik appelliert dabei sehr unmittelbar an die Gefühle. Sie wird des künstlerischen Genusses wegen viel um ihrer selbst willen produziert. Wegen ihres starken emotionellen Appells eignet sie sich jedoch in Verbindung mit verbaler Instruktion in ganz besonderer Weise zur Wertvermittlung. Wissenschaft und Kunst haben das spielerische Experimentieren, die Freude an der Superzeichenentdeckung und den Offenbarungsanspruch gemein. Letzterer bezieht sich in der Kunst hauptsächlich auf den normativen Bereich, während sich die Wissenschaft um eine objektiv nachvollziehbare Beschreibung der Welt bemüht. Die Grenzen sind jedoch nicht scharf zu ziehen.

10. Das Gute: Der Beitrag der Biologie zur Wertlehre

»Was gefällt, ist erlaubt« (»S' ei piace, ei lice«).
TORQUATO TASSO, in: »Aminta«
»Was erlaubt ist, gefällt« (»Piaccia, se lice«).
GIOVANNI BATTISTA GUARINI, in: »Il Pastor fido«

Unser Verhalten wird entscheidend durch Normen bestimmt. Das heißt, wir richten uns wertend nach Regeln, die in zentralen angeborenen oder erworbenen Referenzmustern (S. 104) vorgegeben sein müssen und die unser »Gewissen« konstituieren. Das Wort nimmt treffend Bezug auf Wissen über das, was richtig und damit gut ist beziehungsweise falsch und damit schlecht. Verstöße gegen die Normen erleben wir als Unbehagen (»schlechtes Gewissen«). Waren es Mitmenschen, die sich normwidrig verhielten, dann bewerten wir deren Verhalten als schlecht. Oft reagieren wir sogar mit Empörung. Normgerechtes Verhalten erleben wir indes als befriedigend, man vermutet, daß hirnchemische Prozesse dafür verantwortlich sind (siehe S. 974).

Die Normen, nach denen wir unser Verhalten richten, sind verschiedenen Ursprungs. In bestimmten Situationen handeln Menschen auf Grund eines universalen Gerechtigkeitsgefühls (W. FIKENTSCHER 1992, R. D. MASTERS und M. GRUTER 1992). Diese sogenannte Gefühlsmoral richtet sich nach stammesgeschichtlichen Vorgaben. An sie kann ein kultureller Überbau anknüpfen oder sie auch überlagern und neu orientieren. Schließlich gibt es rational begründete Normen.

Auch für die gesellschaftliche kulturelle Normierung sind wir auf mehrerlei Art durch stammesgeschichtliche Anpassungen vorbereitet. Wir erwähnten die Bereitschaft zur sozialen Identifikation mit dem gleichgeschlechtlichen Elternteil, die Bereitschaft zur sozialen Imitation, die Bereitschaft, einer Autorität Folge zu leisten und anderes mehr. Werte, die auf Grund freiwilliger Identifikation übernommen werden, unterscheidet man als »Identifikate« von dressurmäßig anerzogenen »Dressaten«. Moralisch handeln heißt, der Sitte gemäß, also sittlich handeln (von lateinisch *mos*, Sitte Brauch). Wegen der raschen, ja sich geradezu überstürzenden kulturellen Entwicklung haben manche Normen ihre ursprüngliche Angepaßtheit eingebüßt. Sie wurden zu historischen oder phylogenetischen Belastungen und müssen durch neue, über Einsicht gewonnene ergänzt oder ersetzt werden. Die durch Normen festgelegten Werte können wir nach Funktionen in zwei Hauptkategorien einteilen. Es gibt Werte und dementsprechend Tugenden des agonistischen Systems (Mut, Ritterlichkeit, Gehorsam) und des prosozialen (fürsorglichen) Systems (Mildtätigkeit, Liebe, Treue).

Bei Tieren beobachten wir »moralanaloges« Verhalten (K. LORENZ 1963). Manche opfern sich zum Beispiel für ihre Jungen auf, stehen bedrohten Artgenossen bei, respektieren Partnerbeziehungen und schonen in bestimmten Situationen Artgenossen, die sich ihnen im Verlauf eines Kampfes durch Demutsverhalten unterwerfen. Es sind kritische Stellen im Sozialleben der Tiere, die durch stammesgeschichtliche Anpassungen abgesichert sind (W. WICKLER 1971).

Kommt es beim Tier zu Normenkonflikten, z. B. wenn ein Muttertier von einem Freßfeind bedroht wird und gleichzeitig vom Drang, die Jungen zu verteidigen, und von dem Impuls zu flüchten bewegt wird, gewinnt der stärkere Antrieb die Oberhand. K. LORENZ (1963) sprach in diesem Zusammenhang sehr treffend von einem »Parlament der Instinkte«. Das Tier gehorcht seiner jeweils stärkeren biologischen Neigung. Es überwindet sich nicht aus Einsicht und Vernunft und kann nicht gegen eine triebfundierte Neigung handeln. Das ist beim Menschen grundsätzlich anders. Er kann ebenfalls aus biologischer Neigung gut und richtig handeln, darüber hinaus ist er jedoch zu vernunftbegründetem moralischem Handeln befähigt. Das setzt eine Freiheit der Entscheidung voraus, die darin besteht, daß etwa im Fall eines Normenkonfliktes oder einer völlig neu sich ergebenden Situation über Denkprozesse die Folgen verschiedener Handlungsalternativen durchgespielt und abgewogen werden. Die Entscheidung kann in Übereinstimmung mit den biologischen Normen erfolgen, sich aber auch gegen unsere Triebnatur richten. Ein vernunftbegründetes moralisches Handeln, zu dem nur wir Menschen befähigt sind, setzt voraus, daß wir uns vom emotionalen Bereich vorübergehend abkoppeln können. Rationalität erfordert einen affektentlasteten »klaren Kopf«. Wir haben uns bereits ausführlicher mit diesem Problem befaßt und auch die Evolution dieser Freiheit besprochen, die nichts mit Indeterminiertheit zu tun hat (Kap. 2.3). IMMANUEL KANT war der Meinung, man könne nur dann von moralischem Handeln sprechen, wenn einer seine Neigungen im Dienste eines höheren Zieles überwinde. Das ist eine Frage der Definition.

KANT begründet seine Ethik ganz auf Vernunft und Einsicht: Man müsse sich die Frage stellen, ob das, was man zu tun im Begriffe sei, auch zum allgemeinen Gesetz erhoben werden könne, ob man also wollen könne, daß andere so handeln wie man selbst. In der Praxis ist einer, der so fragt, bereits engagiert, z. B. aus einem Gefühl der Verantwortung gegenüber der Gemeinschaft.

Die vernunftbegründete Moral ist sicher ein spätes Produkt der kulturellen Evolution und damit als »höhere« Leistung einzuschätzen, ob sie aber immer höhere Wertschätzung genießen muß, das sei dahingestellt. FRIEDRICH SCHILLER bezog sich auf diese Problematik, als er in Antwort auf IMMANUEL KANTS Forderung des kategorischen Imperativs antwortete: »Gerne dien' ich den Freunden, doch tu' ich es leider mit Neigung, Und so wurmt es mir oft, daß ich nicht tugendhaft bin. Da ist kein anderer Rat, Du mußt suchen, sie zu verachten, Und mit Abscheu alsdann tun, wie die Pflicht Dir gebeut« (FRIEDRICH SCHILLER, Epigramm aus »Die Philosophen«). In seiner Abhandlung »Über Anmut und Würde« führt SCHILLER aus, Tugend sei nichts anderes als eine »Neigung zu der Pflicht«. Und wie sehr auch Handlungen aus Neigung und Handlungen aus Pflicht in objektivem Sinne einander entgegenständen, so sei dies in subjektivem Sinne nicht so, und der Mensch dürfe nicht nur, er solle vielmehr Lust und Pflicht in Verbindung bringen. »Er soll seiner Vernunft mit Freuden gehorchen. Nicht um sie wie eine Last wegzuwerfen oder wie eine grobe Hülle von sich abzustreifen, nein, um sie aufs innigste mit seinem höheren Selbst zu vereinbaren, ist seiner reinen Geistesnatur eine sinnliche beigesellt« (SCHILLERS Werke, hrs. von O. GÜNTTER und G. WITKOWSKI, Bd. 17 : 346). Wenn wir einem Freunde beistehen oder aus Liebe für unseren Partner in spontanem Entschluß unser Leben opfern, handeln wir gewiß moralisch, aber auf einer instinktiven Ebene. Es gibt sicherlich Fälle, in denen die vernunftbegründete Moral höher einzuschätzen und ihr Vorrang einzuräumen ist. Daß sie sich stets mit empfundener Menschlichkeit verbinden sollte, werden wir noch erörtern.

Die Beziehung zwischen Neigung und vernunftbegründeter Moral stellte KONRAD LORENZ (1943) am Beispiel der Gruppenverteidigung dar. Das Affekterlebnis der Begeisterung, mit dem der Mensch sich sogar für seine Gruppe aufopfert, zeigt die instinktive Grundlage dieses Verhaltens. »Was aber den Mann in schweren Lebenslagen anhält, seinen Entschlüssen treu zu bleiben, die er in der Stunde der Begeisterung gefaßt hat, das ist die kategorische Frage. Wenn ein Mensch viele Nächte nicht geschlafen hat, verlaust und verschmutzt und mit Durchfall behaftet ist, dann geht die angeborene Reaktion der Begeisterung ... restlos verloren, und jedes andere Wesen würde nun den Kampf abbrechen und nach Hause laufen. Daß der Mensch dies nicht tut, sondern nun doch auf seinem Posten bleibt, ist ausschließliche Leistung der kategorischen Selbstbefragung, die sein Verhalten in größeren Zeitabschnitten als Einheit sieht und Handlungen veranlaßt, die nicht nur der Stimmung des Augenblicks entspringen« (K. LORENZ 1943 : 386). Sie entspringt jedoch einem tief empfundenen Gefühl der Verpflichtung – das wollen wir hinzufügen –, und das ist weder Ergebnis einer Überlegung noch reines Dressat, sondern biologisches Erbe.

In der Entwicklungspsychologie wird die Ontogenese moralischen Handelns und der Wertvorstellungen so dargestellt, als würden die Kinder, der Autorität der Eltern gehorchend, zunächst in Erwartung von Lohn und Strafe handeln und später die moralischen Regeln und Prinzipien verinnerlichen. Die äußere Verhaltenssteuerung über Lohn und Strafe werde dabei durch innere Kontrollen ersetzt.

Außerdem finde in der Entwicklung ein Wechsel vom »selbstzentrierten Verhalten« zu einem Verhalten statt, in dem auch das Wohlbefinden anderer in zunehmendem Maße berücksichtigt wird. Die vernunftbegründete souveräne Entscheidung steht am anderen Ende dieser Entwicklung (A. COLBY und Mitarbeiter 1983). In dieser Interpretation ist das spontane Handeln aus Sympathie und Mitleid, wie es Kleinkinder oft zeigen, nicht berücksichtigt. Es handelt sich vielmehr um die Darstellung der Entwicklung erworbener Werturteile, die man über Befragungen zur Begründung bestimmten Verhaltens ermittelte. Die hier skizzierte Ontogenese geht nach J. PIAGET (1932) und L. KOHLBERG (1969, 1981) in einer regelhaften Folge von Entwicklungsschritten vor sich, wobei Erfahrung und Reifungsprozesse ineinandergreifen.

Soziales Lernen spielt zweifellos eine große Rolle – das Kind übernimmt so die Werte der Kultur. Aber freundliches und damit »gutes« Handeln aus Zuneigung zeigt bereits das Kleinkind, das eine Gabe als Freundschaftszeichen überreicht (Kap. 4.12.1), und »Sympathie« der elementarsten Art äußert das Neugeborene, das mitweint, wenn es Weinen hört.

Gelegentlich wird das Angeborensein gewisser Normen mit dem Hinweis angezweifelt: Wenn diese oder jene Hemmung angeboren wäre, dann bedürfte es ja nicht der Gesetze. So hat man u. a. gegen die Annahme einer angeborenen Inzesthemmung argumentiert (Kap. 4.6). Was dabei übersehen wird, ist, daß es auch im Bereich des genetisch determinierten Verhaltens, wie bei jeder anderen genetisch bestimmten Struktur, Variationen sowohl modifikatorischer als auch genetischer Art gibt. Die Abweichungen müssen erfaßt und kontrolliert werden, sonst könnten sie an Zahl zunehmen. Altruistisches Verhalten könnte durch Betrüger ausgenützt und letztlich sogar so weit zurückgedrängt werden, daß das soziale System darunter zusammenbricht. So wie die Strategie des »Vergeltens« bei Tieren verhindert, daß die Kommentkämpfer von den beschädigend kämpfenden Mutanten verdrängt werden (Kap. 2.4), so verhindern die kulturellen Tabus und Gesetze, daß der Prozentsatz der immer wieder auftretenden, von der Norm abweichenden Varianten schädigende Ausmaße für das Überleben der Genpoolgemeinschaft erreicht.

In diesem Zusammenhang muß auch die normative Kraft des Faktischen diskutiert werden. Oft heißt es, man könne ein Verhalten doch nicht als schlecht, übel, krank oder wie auch immer negativ bewerten, wenn es regelmäßig bei einem bestimmten Prozentsatz der Bevölkerung auftrete. A. KINSEY und Mitarbeiter (1966) möchten mit dieser Argumentation sogar Abweichungen wie Sodomie als »natürlich« hinstellen*. Was bei solchen Argumentationen übersehen wird, ist

---

* Zitat nach EIBL-EIBESFELDT (1970) »Liebe und Haß«: »Über die Sodomie schreibt Kinsey: ›Es liegen Berichte von auf Farmen aufgewachsenen Leuten vor, die in ständiger Furcht vor der Entdeckung ihrer Vergangenheit lebten. Der Arzt, der diesen Individuen versichern kann, daß ihre Betätigung biologisch und psychologisch ein Teil der normalen Verhaltensweise der Klasse Säugetiere ist und daß Kontakte in einem hohen Prozentsatz der männlichen Landbevölkerung

der Unterschied zwischen statistischer und idealer Norm. Selbst wenn eines Tages 80 Prozent der Bevölkerung einen gestörten Insulinstoffwechsel aufweisen sollten, würden wir dennoch kaum zögern, von einer Zunahme der Zuckerkrankheit zu sprechen und sicherlich nicht jene Minorität, die ohne Spritze leben kann, als abnorm oder krank bezeichnen. Wir wissen ja um die ideale Norm, gemessen an der Angepaßtheit. Statistische Normen besagen nichts über das Soll.

Aus der Tatsache, daß der Mensch in der kulturellen Evolution die biologische Evolution bis zu einem gewissen Grade überwindet, resultiert, daß gelegentlich biologische Normen mit neueren kulturellen Normen in Konflikt geraten: ein Kriegsethos z. B. mit der Tötungshemmung oder ein Staatsethos mit dem familialen Ethos (S. 948). Dabei kann durchaus der Fall eintreten, daß primäre Normen durch sekundäre überwunden werden müssen, man also unter Selbstüberwindung im Dienste einer höheren Sache gegen tiefverwurzelte Neigungen handelt.

Solche Selbstüberwindung wird oft als moralisch besonders hoch bewertet, so wenn sich ein Mann für sein Volk aufopfert unter Hintanstellung familialer Interessen. Das kann bis zur Pervertierung der Moral gehen. Symbolisch wird in Abrahams Opfer der Gefolgsgehorsam als höchster Wert dargestellt. Eine neue Ethik, die mit der Staatenbildung aufkam, steht hier mit der archaischen Kleingruppenethik im Konflikt. Wir kommen darauf noch zurück.

Es gibt aber auch noch auf anderen Ebenen Wertkonflikte. Staatsinteressen und humanitäre Werte liegen oft im Widerstreit, und aus Überzeugung für das Gute werden nicht selten Verbrechen gegen die Menschlichkeit begangen, unter Berufung auf die höhere Mission, den wahren Glauben, die Schaffung des neuen Menschen, der neuen Gesellschaft, der Freiheit, der Gleichheit oder der Brüderlichkeit. Daß Werte durch einseitige Übertreibung zu Untugenden werden können, hängt damit zusammen, daß unser naiver Bewertungsmaßstab »gut – böse« als Gegensatzpaar konzipiert ist. Das setzt im Kontrast ab und schafft klare Kategorien, führt aber auch dazu, daß wir dazu neigen, Werte immer entlang einer eindimensionalen Skala nach Extremwerten zu klassifizieren. Nächstenliebe ist eine Tugend. Je mehr Nächstenliebe – so werten wir unbefangen –, desto besser also, und je weniger Nächstenliebe, desto schlechter.

In Wirklichkeit ordnen sich biologische Vorgänge in der Regel um adaptive Mittelwerte, und die Angepaßtheit nimmt mit der Entfernung von diesen nach beiden Seiten hin ab (W. WICKLER 1971). So kann auch jede Tugend durch Polarisierung zur Untugend werden, Mut und Aufopferungsbereitschaft ebenso wie Nächstenliebe.

---

vorkommen, kann erheblich zur Lösung der Konflikte beitragen.‹ Abgesehen davon, daß die Argumentation nicht stichhaltig ist, muß noch festgestellt werden, daß die Aussage, Vergleichbares sei bei Säugetieren eine normale Erscheinung, ganz falsch ist. Wir kennen von freilebenden Wildtieren weder zwischenartliche Paarungen noch Homosexualität. Künstlich können wir solche Erscheinungen durch Prägung erzielen.«

Im Zweiten Weltkrieg wurden von den Nationalsozialisten Mut und Einsatzbereitschaft einseitig übertrieben, bis hin zum Fehlen jeder Rücksichtnahme auf andere Werte. Das geschah insbesondere auf Kosten der Nächstenliebe und Menschlichkeit, die auch den Feind als Menschen zu behandeln gebietet. Ein gleichzeitig elitär übersteigertes Selbstwertgefühl führte zum Mord an Mitmenschen, die anders dachten oder anderen Ethnien angehörten. Ein solches Verhalten setzte ein Mißtrauen in die Welt, von dem sich die Weltöffentlichkeit bis heute nicht erholt hat.

Heute scheint die westliche Welt, vermutlich in einer Gegenreaktion auf die einseitige Betonung heroischer Tugenden im Kriege, im Begriff zu sein, altruistische Tugenden in ähnlicher Polarisierung zu übertreiben und damit in letzter Konsequenz wieder die Harmonie zwischenmenschlichen Zusammenlebens zu stören. Es ist gut zu geben, und es gibt wohl kein Volk, das sich nicht zu einer Ethik des Teilens und Gebens bekennt. Der Freigebige genießt z. B. bei den Buschleuten, Yanomami oder Eipo Ansehen. Gibt er aber zu viel, dann erweckt dies Befremden, und das gilt für viele andere Kulturen, denn dann wird das Geben als ein Versuch der Dominanz aufgefaßt. Bandstiftung durch Geben ist auf Reziprozität angelegt. Bekommt einer zuviel, dann kann er nicht mit adäquaten Gegengaben antworten und wird beschämt. Geben kann zum aggressiven Akt werden. Beim Potlatsch hat großzügiges Beschenken und Bewirten die Demütigung der Gäste in einem Wettstreit zum Ziel. Das ist vielleicht einer der Gründe, weshalb die reichen Industriestaaten mit ihren Gaben an die Dritte Welt nicht immer deren Liebe, sondern oft Ablehnung und Neid einhandeln. Hilfe, auf die der unterstützte Partner nicht als Partner mit einer Gegenleistung antworten kann, erweckt im Grunde Unbehagen. Man will nicht Schuldner sein. Man lehnt die dadurch bewirkte Dominanz der anderen ab.

Nächstenliebe und Freigebigkeit sind Tugenden, wird aber das Optimum überschritten, dann werden sie zu Untugenden – mag die Intention des Spenders auch noch so gut sein. Einzig die Eltern-Kind-Beziehung ist davon ausgenommen. Diese Beziehung basiert primär nicht auf Reziprozität. Baut man eine solche Beziehung zu erwachsenen Mitmenschen auf, dann entmündigt man in gewisser Hinsicht den Partner. Das gilt im Grunde auch für ein Zuviel an Sozialleistungen innerhalb eines Staates. Man kann durchaus zuviel des Guten tun; es gibt »Tugendexzesse«. Eine solche Feststellung impliziert nicht unlautere Intentionen der Helfenden. Auch die wohlmeinende Sozialhilfe innerhalb eines Staates kann sich zu einem solchen Netz auswachsen, das zuletzt die Freiheiten des einzelnen über das Maß des Erträglichen beschneidet und persönliche Initiative lähmt.

Wir neigen allzuleicht dazu, unreflektiert aus einer spontanen Bewegung des Gemütes heraus zu helfen, und richten dabei Schaden an. Es ist z. B. durchaus richtig, in Katastrophengebiete Medikamente, Decken, Lebensmittel und dergleichen zu schicken. Tut man das gleiche zeitlich unbefristet für Länder, die wegen Überbevölkerung an chronischem Hunger leiden, dann verschlimmert diese Hilfe das Problem, da sie zu weiterem Bevölkerungswachstum verhilft und notwendige Reformen hinausschiebt, ja sogar vorhandene Gewerbe über die billigen Spenden abwürgt.

Nicht nach den Folgen zu fragen ist nicht nur ein Merkmal der primären gefühlsbegründeten Ethik. Auch kulturell aufgeprägten Gesinnungen folgen wir häufig unter dem Druck der Emotionen der Loyalität blindlings. MAX WEBER (1919, neu herausgegeben 1981) unterschied dementsprechend zwischen einer Gesinnungsethik, die nicht nach Folgen fragt, und einer ihr konträr entgegenstehenden Verantwortungsethik. Der Gesinnungsethiker handelt aus Überzeugung, und wenn die Folgen seines Tuns übel sind, dann ist er nicht verantwortlich, denn er handelte in höherem Auftrag. Verantwortlich ist die Welt, sind die Mitmenschen in ihren Unvollkommenheiten, in ihrem Mangel an Einsicht, oder eben der Wille Gottes. Nicht daß einer keinerlei Verantwortung fühlte, aber sie bewegt sich auf einer von der Praxis zwischenmenschlichen Zusammenlebens entfernten höheren Ebene, so z. B. wenn er sich verantwortlich fühlt, die Flamme des Protestes gegen soziale Ungerechtigkeiten zu erhalten. Der Verantwortungsethiker dagegen rechnet mit den Schwächen der Menschen und wälzt die Folgen eigenen Tuns nicht ab.

Welcher Zweck heiligt nun welche Mittel? Was für Entscheidungshilfen gibt es in Fällen von Normenkonflikten? Gibt es unter den primären und sekundären Normen solche, die wir als allgemeinverbindlich anerkennen müssen?

Das Bemühen um eine Begründung der Normen reicht zurück bis in die Antike. Man berief sich auf göttliche Eingebung und auf intuitives Wissen um Gut und Böse, bemühte sich aber auch um eine rationale Begründung. Gesichtspunkte der Zweckmäßigkeit gingen dabei ebenso in die Erwägungen ein wie das Konzept der Gegenseitigkeit, wobei als Zielvorstellungen meist der soziale Friede, das individuelle Glück und das allgemeine Wohl ins Auge gefaßt werden.

Der Rationalismus und der aus ihm hervorgegangene Konstruktivismus nehmen an, der Mensch habe die Einrichtungen der Gesellschaft und der Kultur einsichtig erarbeitet und könne sie daher jederzeit aufgrund neuer Einsichten und in Anpassung an neue Erfordernisse ändern. VOLTAIRE forderte: »Wenn ihr gute Gesetze haben wollt, dann verbrennt die, die ihr habt, und macht euch neue« (zitiert nach F. A. VON HAYEK 1979). Nur was wir als rationale Zweckschöpfung erkennen, sollte demnach unsere Anerkennung finden. Die Beteuerung, daß unser moralischer Code eine rationale Erfindung sei, wird bis in die Gegenwart wiederholt, so bei P. SINGER (1981). F. A. VON HAYEK erhebt dagegen zu Recht Einspruch. Viele unserer kulturellen Bräuche und Gepflogenheiten entstanden ohne jede Einsicht, einfach weil sie sich bewährten. Kultur, sagt VON HAYEK, ist weder natürlich noch künstlich, weder genetisch übermittelt noch mit dem Verstand geplant. »Sie ist eine Tradition erlernter Regeln des Verhaltens, die niemals erfunden worden sind und deren Zweck das handelnde Individuum gewöhnlich nicht versteht« (F. A. VON HAYEK 1979 : 10). Und er geht schließlich so weit zu behaupten, wir wären gar nicht in der Lage, Kultur zu planen: »Unser Gehirn ist ein Organ, das zwar befähigt ist, Kultur aufzunehmen, aber nicht zu entwerfen« (S. 15). Das ist natürlich eine provozierende Feststellung und sollte nicht so interpretiert werden, als wären rationale Bemühungen zur Ableitung zumutbaren Verhaltens zwecklos. Von Hayek weist nur sehr richtig darauf hin, daß viele kulturelle Normen bisher eben nicht einsichtig gewonnen wurden, sondern da sind, weil sie sich im Wettstreit mit anderen selektionistisch bewährten, ferner daß sicher auch weiterhin die Selektion das entscheidende Wort mitsprechen wird. Kultur in ihrer Gesamtheit dürfte außerdem für eine rationale Planung zu wenig überschaubar sein. Deswegen braucht man aber Überkommenes nicht unbesehen hinzunehmen. Man kann und soll kulturelle Werte auf ihre Funktion hin prüfen. Wir schleppen sicher auch im Brauchtum mancherlei als historische Belastung mit.

Ein absolutes Infragestellen aller Werte würde allerdings zur Zerstörung der Kultur führen (siehe dazu die Ausführungen über Traditionsabriß, S. 40). In diesem Zusammenhang wendet sich von Hayek gegen die Zerstörung von Werten durch »wissenschaftlichen Irrtum«. Er zitiert dazu den kanadischen Psychiater George Brock Chisholm, der fünf Jahre Generalsekretär der Weltgesundheitsorganisation war, danach erster Präsident der World Federation of Mental Health, also gewiß eine Persönlichkeit internationalen Ansehens. Chisholm will das Konzept für Recht und Unrecht ausrotten. Er schrieb (1946:9):

»The reinterpretation and eventually eradication of the concept of right and wrong which has been the basis of childtraining, the substitution of intelligent and rational thinking for faith in the certainties of the old people, these are the belated objectives of practically all effective psychotherapy ... The suggestion that we should stop teaching children moralities and rights and wrongs and instead protect their original intellectual integrity has of course to be met by an outcry of heretic or iconoclast, such as was raised against Galilei for finding another planet ... If the race is to be freed from its crippling burden of good and evil, it must be psychiatrists who take the original responsibility. This is a challenge which must be met ... With the other human sciences, psychiatry must now decide what is to be the immediate future of the human race. No one else can ...«*

---

* »Die Neuauslegung und möglicherweise sogar Ausrottung des Konzeptes von Recht und Unrecht, das die Basis der Kindererziehung gewesen ist, der Ersatz des Glaubens an die Überzeugungen der alten Leute durch intelligentes und rationales Denken – das sind die späten Ziele praktisch jeder effektiven Psychotherapie ... Wenn man dem Vorschlag folgt, daß wir Kindern keine Moral, daß wir nicht mehr lehren sollen, was Recht und Unrecht ist und daß wir statt dessen ursprüngliche intellektuelle Integrität bewahren sollen, muß man natürlich mit einem Entrüstungsgeschrei und der Anklage der Ketzerei oder Bilderstürmerei rechnen, so wie sie gegen Galilei erhoben wurde, weil er einen neuen Planeten entdeckt hatte ... Wenn die Menschheit von ihrer lähmenden Bürde des ›Gut und Böse‹ befreit werden soll, müssen

Man kann nicht gerade sagen, daß B. CHISHOLM Bescheidenheit plagt. Eine kritische Hinterfragung der Werte, nicht aber pauschale Ablehnung des Überlieferten ist zu fordern. Die Biologie kann dabei Hilfe leisten. Sie bringt zunächst einmal das Wissen um unser stammesgeschichtliches Gewordensein ein und weist damit auf das Alter bestimmter Normen und ihre feste Verankerung im Erbe hin. Wir haben zwar betont, daß man primären Normen nicht notwendigerweise folgen müsse; aber immerhin lehrt uns diese Tatsache, daß der Mensch doch den Erziehungsbemühungen in gewissen Richtungen auch Widerstände entgegensetzt. Auch können die primären Normen ein gutes Regulativ gegen eine allzu gefühlskalte intellektuelle Planung sein. Wir empfinden nun einmal Sympathie mit Mitmenschen, und versagen wir jemandem Beistand, dann erleben wir die Regung unseres schlechten Gewissens. Nur bei oberflächlicher Betrachtung kann man zur Meinung des kulturellen Relativismus kommen, daß alles relativ und unverbindlich sei. Kindstötung gilt bei uns als Verbrechen, bei vielen Naturvölkern als Pflicht. Wir wiesen aber darauf hin, daß man nirgendwo seine Kinder »leichten Herzens« tötet (S. 269 f.). Eine Tötungshemmung muß überwunden werden.

Die uns Menschen angeborene Tötungshemmung wird auch im Krieg ausgeschaltet. Dem biologischen Normenfilter, der zu töten verbietet, wird ein kultureller Normenfilter überlagert, der Töten zur Pflicht macht, es zur guten Tat erhebt. Dazu bedarf es einer massiven Indoktrinierung, in deren Verlauf u. a. der Gegner quasi als Nichtmensch präsentiert wird. Erleichtert wird das Töten ferner durch den Einsatz wirksamer Distanzwaffen. Der biologische Normenfilter wird aber dadurch nicht ausgeschaltet. Es kommt zu einem Normenkonflikt, den wir als schlechtes Gewissen erleben.

In diesem Sinne dürfen wir uns wohl glücklich schätzen, daß nicht alle Normen kulturell relativ sind und daß keineswegs nur das als »gut« zu gelten hat, was Ideologien jeweils dazu erheben. In der biologischen Norm der Tötungshemmung liegt sicher eine der Wurzeln unseres Bedürfnisses nach Frieden begründet. Dazu kommt sicherlich auch noch die Angst, aber die Friedenssehnsucht ist älter als die Atombombe (I. EIBL-EIBESFELDT 1975). Weitere biologische Normen von Bedeutung sind die Objektbesitznorm, die wir bereits erörterten und die dem Gebot »Du sollst nicht stehlen« zugrunde liegt, die Partnerbesitznorm, die uns gebietet, Partnerbindungen zu achten. Daß ferner Aufrichtigkeit, Loyalität, Gehorsam ebenfalls ihre biologische Grundlage haben, erwähnten wir; aber auch, daß nicht alle uns mitgegebenen Normen heute noch adaptiv sind – ich erinnere insbesondere an die Intoleranz Außenseitern gegenüber. Hier müssen wir dem »gesunden

---

Psychiater die eigentliche Verantwortung übernehmen. Dieser Herausforderung muß man sich stellen ... Zusammen mit den anderen Humanwissenschaften muß die Psychiatrie jetzt über die nahe Zukunft des Menschen entscheiden. Niemand anders kann es ...«

Volksempfinden« wohl unsere Ratio entgegenstellen und Neigungen aus Einsicht unterdrücken oder in harmloser Weise z. B. in Scherzpartnerschaft ventilieren.

Wie aber soll sich eine Person in einem Konflikt zwischen zwei primären Normen entscheiden – etwa in einem Konflikt zwischen Gehorsam und Mitleid? Und wie, wenn eine kulturelle Norm einer biologischen widerstreitet?

Zwischen biologischen Normen bestehen gleitende Hierarchien. Gestimmtheit und äußere Umstände verleihen einmal dem Mitleid, das andere Mal dem Gehorsam mehr Gewicht. In den Versuchen von S. MILGRAM (S. 441) erwies sich die An- oder Abwesenheit der Autorität als entscheidende Variable. Durch Erziehung zu einer autoritätskritischen Haltung kann ich die Gewichtung der beiden Normen sicher entscheidend beeinflussen. Aber damit ist noch nichts über das Soll gesagt.

Das können wir erst, wenn wir uns über die erstrebenswerten Ziele einig sind. Daß das Überleben in Nachkommen als erstrebenswertes Ziel gelten muß, leuchtet ein. Wer nicht genetisch überlebt, stirbt aus. Bejaht man das Leben, dann muß man alles, was lebensfördernd ist, ebenfalls bejahen. Eine Ethik des Selbstmordes kann man vernünftigerweise nicht vertreten.

Allerdings müssen wir uns bei genetischen Argumentationen vor einem ethischen Relativismus hüten, wie er von einigen Soziobiologen suggeriert wird*. Geht man von der These aus, daß die Einheiten der Selektion das

---

* R. D. MASTERS (1982 : 284) neigt dazu, ethische Normen des Menschen individualselektionistisch zu begründen: »In the economists model of market behavior, as in the strategists theory of games or the political economists model of collective goods, no single substantive preference or way of life is ›good‹ in itself. Rather, moral and ethical standards are derived from the interests and advantages of individuals – not vice versa . . . Again, evolutionary biology follows a similar tradition. For animals, as for humans, the inclusive fitness theorist does not usually argue that there is but one ›natural‹ way of life (ALEXANDER 1978). Such concepts as ›species benefit‹ have been replaced by analysis of cost and benefits to individuals, and since individual organisms vary depending on environment and life experience, there seems to be no single ›way‹ for all animals – and still all humans – to behave ›properly‹ (R. D. MASTERS 1980 a, 1981). In practical terms, neither traditional theology nor any single culture standard of social worth can claim to be the ›natural‹ basis for moral or political values.« (»In dem Modell der Wirtschaftler über das Marktverhalten, in der Spieltheorie oder in dem Modell der kollektiven Güter in der Volkswirtschaft ist keine Präferenz, kein Lebensstil von sich aus gut. Vielmehr lassen sich die moralischen und ethischen Normen von den Interessen und Vorteilen der Individuen herleiten – und nicht umgekehrt . . . Nochmals, die Evolutionsbiologie folgt einer ähnlichen Tradition. Im Falle der Tiere wie auch für Menschen behaupten die Wissenschaftler, die sich mit Individualselektion beschäftigen, üblicherweise nicht, daß es nur *ein* ›natürliches‹ Verhalten gäbe (ALEXANDER 1978). Solche Konzepte wie ›Arterhaltung‹ wurden ersetzt durch eine Analyse der Kosten und des Nutzens für das Individuum, und da individuelle Organismen unterschiedlich sind in der Abhängigkeit von ihrer Umwelt und ihrer Erfahrung, scheint es nicht nur einen ›Weg‹ für alle Tiere – und auch für alle Menschen – zu geben, wie sie sich ›richtig‹ verhalten sollten (MASTERS 1980a, 1981). Bezogen auf die Praxis heißt das, daß weder die traditionelle Theologie noch ein einziger kultureller Standard sozialer Werte den Anspruch erheben kann, die ›natürliche‹ Basis für moralische oder politische Werte zu sein.«)

Individuum und die ihm Blutsverwandten sind, dann handelt sicher jeder richtig, der ausschließlich sein Eigeninteresse sowie das seiner Sippe vertritt, und das war wohl für weite Strecken der Evolution gültig. Sobald jedoch die Gruppe zur Selektionseinheit wird, gilt dies nurmehr mit Einschränkung. Die Gruppen bis hinauf zu den modernen Staaten bilden Interessens- und Schicksalsgemeinschaften, ohne die der einzelne gar nicht überleben könnte. Schädigt eine Person die Gruppe, der er angehört, dann mag er zwar kurzfristig einen Vorteil erlangen. Verbreitet sich jedoch sein Genom – oder auch nur die Gewohnheit seines rücksichtslosen Auftretens als Tradition –, dann mindert das die Eignung der Gruppe und führt auf diesem Weg letztlich auch das Aussterben der weniger Gruppenloyalen herbei. Während TINBERGENs Möwen »richtig« handeln, wenn sie die Jungen ihrer Nachbarn in der gleichen Brutkolonie töten und so Konkurrenten für die eigenen Nachkommen aus dem Wege schaffen, ist ein entsprechendes Verhalten beim Menschen ohne jede Frage abzulehnen, da hier das Gruppeninteresse über das Individualinteresse zu stellen ist. Daß daneben Individualinteressen zu Recht bestehen, soll damit nicht angezweifelt werden. Nur dürfen sie nicht grundsätzlich gegen das Gruppeninteresse durchgesetzt werden. Daß im übrigen in der Praxis Eltern in erster Linie ihre Kinder betreuen und jeder so seine Interessen verfolgt, ist in der Regel zugleich im Interesse der Gruppe, da das emotionelle Engagement garantiert, daß jedes Gruppenmitglied sich auf diese Weise für einen bestimmten Sektor der Gruppe vorbehaltlos einsetzt.

Bei den in Gruppen lebenden Säugern wirkt die Auslese sicher sowohl auf der Ebene des Individuums als auch auf der der Gruppe und beim Menschen vielleicht sogar auf mehreren Ebenen, da er ja in mehrere ineinandergeschachtelte Solidargemeinschaften eingebettet ist. Die Menschheit selbst dürfte allerdings keine Einheit darstellen, an der die Selektion angreift. Sie besteht vielmehr aus miteinander scharf um begrenzte Ressourcen konkurrierenden Populationen. Auf reziproker Basis könnten diese sich jedoch zu einer größeren Interessengemeinschaft verbünden, etwa in dem Bemühen, die Lebensgemeinschaften dieser Erde vor der ökologischen Katastrophe zu retten. Es ist aber von keinem Volk der Erde zu verlangen, daß es sich für die Menschheit opfert. Das widerspräche allen Prinzipien der Evolution und ist daher auch moralisch nicht vertretbar.

Damit, daß man jeder Menschengruppe das Recht zugestehen muß, sowohl biologisch als auch kulturell ihr Eigeninteresse (Gruppeninteresse) zu vertreten, erhalten diese aber nicht automatisch das Recht, anderen Gruppen gegenüber rücksichtslos aufzutreten.

Vielmehr besteht die Verpflichtung zu gegenseitiger Rücksichtnahme. Wieso eigentlich? wird mancher fragen, der von der biologischen Einsicht ausgeht, daß es nur auf das Überleben in eigenen Nachkommen ankommt.

Mehrere Gründe können genannt werden: Zunächst einmal konnten wir wohl mit aller Deutlichkeit nachweisen, daß wir Menschen über die Tatsache der ethnischen und rassischen Aufsplitterung hinweg ein gemeinsames biologisches

Erbe teilen, das Verbundenheit empfinden läßt, sobald wir den persönlichen Umgang mit Menschen anderer Kulturen pflegen. Dazu kommt noch das Bewußtsein um die kulturellen Leistungen der anderen Völker. Sie trugen alle dazu bei, unser Leben zu verschönen. Das schafft ein Gefühl der Verpflichtung, aus Fairneß, wenn man so sagen will. Schließlich können wir auch Vernunftgründe vorbringen. Im KANTschen Sinne kann kaum einer wollen, daß die internationalen Beziehungen weiterhin vom Faustrecht beherrscht werden. Und denken wir gar an den Weiterbestand des Menschen als Art, dann kann ich mir nicht genug an Vielfalt menschlicher Kulturen wünschen, stellt doch jede ein Experiment der Absicherung unserer Art im Lebensstrom dar.

Ein gedeihliches Miteinander setzt jedoch einen neuen sozialen Kontrakt auf internationaler Ebene voraus, der das Ressourcenmanagement, und hier vor allem den Umgang mit allgemeinen Gütern wie Luft und Wasser, regelt. Zur Zeit neigt jeder dazu, Allgemeingüter maximal zu nutzen und dabei die Probleme (Kosten) anderen aufzuhalsen.

Sowohl das Handeln des Mannes als auch das der Frau wird von familialen Wertungen bestimmt, und wir tragen diese Wertungen auch in die Gesellschaft hinein. Dabei kommen auffällige geschlechtstypische Unterschiede im Sinne einer unterschiedlichen Gewichtung der Werte zum Vorschein. Der Mann zieht Grenzen im kulturellen und im territorialen Bereich – und er ist bereit, diese mit hohem Einsatz zu verteidigen, notfalls auch durch Kampf. Die Wertungen der Frau bilden dazu ausgleichendes Gegengewicht. Frieden, der Schutz des Lebendigen, Wohlstand und Sicherheit bestimmen ihr Denken und Handeln.

Dabei kommt es allerdings, wie A. GEHLEN (1969) aufweist, zu einem Gegensatz zwischen dem ausgeweiteten Familienethos der Friedlichkeit und dem wachsamen eines gerüsteten Staates. Er schreibt:

»Der Pazifismus, der Hang zur Sicherheit und zum Komfort, das unmittelbare Interesse am mitfühlbaren menschlichen Detail, die Staatswurstigkeit, die Bereitschaft zur Hinnahme der Dinge und Menschen, wie es so kommt, das sind doch Qualitäten, die ihren ursprünglichen und legitimen Ort im Schoße der Familie haben und in denen folglich der Feminismus seine starke Farbe dazutut, denn die Frau trägt instinktiv in alle Wertungen die Interessen der Kinder hinein, die Sorge für Nestwärme, für verringertes Risiko und Wohlstand. Hier liegen die Vorbedingungen zu einer endlosen Erweiterung des Humanitarismus und Eudaimonismus, wenn die Gegengewichte, die im Staatsethos liegen, kompromittiert, verboten oder verfault sind« (A. GEHLEN 1969 : 149). GEHLEN spricht in diesem Zusammenhang von »Moralhypertrophie«, weist aber darauf hin, daß auch jene, die sie vertreten, den Staat als Verwahrer von Werten brauchen und eine weltumspannende Verbrüderung sich nur in einer pluralistischen Welt verschiedener Vaterländer entwickeln kann, es sei denn, man bejahe die Diktatur einer Weltherrschaft.

Die Ethisierung der Ideale des Wohllebens und die Mitleidsethik der modernen westlichen Welt, die unter dem Schlagwort eines weltumspannenden Humanitarismus die unterschiedslose Nächstenliebe zur Pflicht machen, wandelt den Staat vom Hüter des Rechts zur Milchkuh. Gehlen weist in diesem Zusammenhang auf interessante geschichtliche Parallelen hin. Der Aufstieg des griechischen Humanismus fand in der Spätantike nach grausamen Kriegen entlang der Handelsräume statt. Im Alexanderreich kam es zu einem Ausgleich zwischen Barbaren und Hellenen und zu anderen höchst positiven Entwicklungen: Städte der Feinde wurden nicht mehr zerstört, Gefangene wurden freigelassen, und Frauen gewannen zunehmenden Einfluß auf die Politik. Menschenfreundlichkeit wurde zur öffentlichen Meinung. Sklaven wurden geschützt. Soziale Fürsorge entwickelte sich und Tierliebe. – Aber darüber rückten Staatsinteressen in den Hintergrund, die Einsatzbereitschaft für die Gemeinde ließ nach, und der zuletzt überforderte Staat steuerte auf Bankrott zu. Eine Zeit des Verfalls schloß sich an. Ähnliche Entwicklungen gab es in Rom unter Marc Aurel. Auch hier folgte auf eine glückliche, humanitäre Phase durch einseitige Polarisierung der Werte zuletzt ein Niedergang.

Wir sind hier wieder mit der bereits diskutierten Frage der Ausgewogenheit konfrontiert. Auf eine heroische, aber unmenschliche Phase der Geschichte folgte der notwendige Umschwung in eine humanitäre Phase mit einem Überschießen ins andere Extrem. Das müßte aber keineswegs so sein. Humanitäre und staatliche Interessen stehen nicht notwendigerweise im Widerspruch. Zu einem Konflikt kommt es erst, wenn über das Bedürfnis nach augenblicklichem Wohlleben alle langfristige Staatsinteressen in Vergessenheit geraten.

Wir tragen dabei an einem Erbe, auf das bereits Herbert Spencer in seinen »Principles of Ethics« hinwies. Der Konflikt resultiert aus der Tatsache, daß alle Gesellschaften gezwungen sind, sich nach außen zu verteidigen und im Innern Freundschaft zu halten.

Es entwickelten sich aus dieser Notwendigkeit bei den Gruppenmitgliedern zwei Gruppen von Gefühlen und Gedanken, eine Ethik der Feindschaft und eine Ethik der Freundschaft, die nebeneinander bestanden, was zu Widersprüchlichkeiten führte, und die, wie wir ergänzen können, auch ihre stammesgeschichtlichen Wurzeln haben. Den Konflikt müssen wir lösen, denn die Ethik der Feindschaft stört das zwischenmenschliche Zusammenleben. Das bedeutet jedoch nicht notwendigerweise die Auflösung aller Abgrenzungen. Sie erscheinen mir im Interesse eines Weltfriedens vielmehr geboten. Ich sehe unsere besten Chancen, wie gesagt, in einem weltweiten sozialen Kontrakt, der ein ausgewogenes Gruppeninteresse mit einem auf Gegenseitigkeit begründeten Humanitarismus verbindet. Humanitäres Interesse hat nicht notwendigerweise die Auflösung der Staaten zur Folge, und jene, die dafür plädieren, sehen nicht, daß solche Selbstauflösung fast automatisch zu einer Weltregierung mit der Gefahr einer Weltdiktatur überleiten würde. Wir brauchen wohl internationale Organisationen, aber mit genau begrenzten Befugnissen. Die Souveränität der Völker muß erhalten bleiben. Nur das garantiert das Überleben der verschiedenen Ethnien in eigenen Nachkommen. Ein verträgliches Miteinander in einer globalen Völkergemeinschaft setzt allerdings voraus, daß die einzelnen souveränen Staaten ihre Bevölkerungspolitik so gestalten, daß die Tragekapazität ihrer Länder nicht dramatisch überschritten wird, damit andere Länder nicht durch den Immigrationsdruck ihrer Nachbarn in Schwierigkeiten geraten. Das ist vor allem dann der Fall, wenn Einwandernde sich in einem bereits dicht bevölkerten Gebiet als eigene ethnische Solidargemeinschaft abgrenzen. In Krisenzeiten kann es dann bei der Konkurrenz um begrenzte Ressourcen zu Schwierigkeiten kommen, vor allem wenn die Einwanderergruppen überdies höhere Reproduktionsraten aufweisen als die sie aufnehmende Bevölkerung (I. EIBL-EIBESFELDT 1994). Im Interesse des inneren und äußeren Friedens sollte man das stets bedenken.

Die bisherige Ethik war im wesentlichen an der Gegenwart orientiert. Zukünftiges wurde von den Hochreligionen zwar als Belohnung oder Strafe in Aussicht gestellt. Für die Gegenwart galten das individuelle Glück und das allgemeine Wohl als terminale Werte – und in ihren Diensten stand dann eine Reihe von instrumentalen Werten, die nach Nützlichkeit in der Verfolgung dieses Ziels abgeleitet wurden. Dazu gehört das bereits erwähnte Prinzip der Gegenseitigkeit (Reziprozität). Auf ihrer Grundlage stellte THOMAS HOBBES in seinem »De Cive« eine Reihe von natürlichen Gesetzen auf wie: daß man Verträge einhalten müsse, das gegebene Wort nicht breche, liebenswürdig sei und dergleichen mehr. Sie sind als »natürlich« unmittelbar einsichtig, weil sie zum Teil auf angeborenen Programmen der Gegenseitigkeit basieren (Kap. 6.4.1). IMMANUEL KANTS Forderung »Handle nur nach derjenigen Maxime, durch die du zugleich wollen kannst, daß sie allgemeines Gesetz werde« basiert auf Erwägungen der Nützlichkeit und Gegenseitigkeit. Seine Gedankengänge zum ewigen Frieden sind ebenfalls davon bestimmt.

Soziale Kontrakte, die auf Gegenseitigkeit beruhen, beinhalten auch Regulativa für den Fall, daß ein Partner die Erwartung der Gegenseitigkeit nicht erfüllt. Im Tierreich werden diejenigen, die sich nicht an die artspezifischen Regeln eines Turnierkampfes halten, ohne Hemmung beschädigend angegriffen. Ähnlich aktivieren beim Menschen jene, die sich nicht an die Regeln der Reziprozität halten, Aggressionen und schließen sich aus der Gemeinschaft aus, und zwar ganz gleich, ob es sich um Verstöße gegen Normen handelt, die kulturell oder biologisch geprägt wurden. Es fragt sich nun, ob alle sozialen Verbindlichkeiten auf diesem Prinzip der Gegenseitigkeit beruhen. Für die moralische Verpflichtung der Eltern gegenüber ihren Kindern dürfte Reziprozität nicht Voraussetzung sein. Eltern sorgen für ihren Nachwuchs, auch wenn sie keine Gegenleistung erwarten. Sie opfern sich für diesen sogar bis zum Tod auf. Man kann natürlich die freundlichen Signale des Kindes (Kap. 4.3.3) als Belohnung für geleistete Dienste ansehen und damit eine Reziprozität konstruieren. Man kann ferner feststellen, daß bei Naturvölkern die Kinder für die alten Eltern sorgen. Aber es ist gewiß kein

Versorgungsdenken, das Eltern ihre Kinder betreuen läßt, sondern eine primäre, sich nicht auf Überlegung gründende Zuneigung der Liebe, die ihre Entsprechung im Brutpflegeverhalten der Säuger hat. Bei den meisten von ihnen sorgen sich Mütter aufopfernd um den Nachwuchs, obwohl er sich beim Selbständigwerden zerstreut und meist keinerlei weiteren Kontakt mit der Mutter behält. Es gibt also Fürsorge ohne Gegenleistung. Daß solcher Altruismus auch als genetische Eigensucht ausgelegt werden kann, braucht uns in diesem Zusammenhang nicht zu stören. Der Begriff ist, wie wir ausführten (Kap. 2.4), schlecht gewählt. Wichtig ist, daß solche durchaus individualselektionistisch entwickelten Dispositionen neue Fähigkeiten bedingen, z. B. für altruistisches Handeln auch Nichtverwandten gegenüber. Das wird in vielen der soziobiologischen Diskussionen übersehen, so von N. G. Blurton-Jones (1984) und J. Maynard Smith (1984), die lange darüber rätseln, wie sich wohl reziproker Altruismus in die Bereitschaft zu geben individualselektionistisch entwickelt haben könnte, da doch, wie sie meinen, der erste, der damit anfing, sicher auf keine Gegenliebe stieß. Genau das ist aber nicht der Fall, denn war einmal Brutpflege etabliert, dann waren alle in ähnlicher Weise altruistisch motiviert, und es bedurfte nicht erst eines zufälligen Zusammenkommens zweier Mutanten. Die Erfindung der Brutpflege war, wie ich ausführte, eine Sternstunde der Verhaltensevolution (Kap. 4.1). Sie lieferte die Werkzeuge zum Freundlichsein, und in ihr entwickelte sich die Fähigkeit zu individualisierter Bindung – zur Liebe also –, die gleichzeitig die Wirkung agonaler Signale abschwächt. War dieser Familialisierungsmechanismus einmal im Rahmen der Brutpflege entwickelt, dann bedurfte es nicht besonders viel, auch andere über das Bekanntwerden als Austauschpartner altruistisch einzubinden.

Gruppenmitglieder fühlen sich in den kleinen individualisierten Verbänden wohl familial verbunden. Sie differenzieren zwar zwischen Familien und Sippenangehörigen einerseits und den Gruppenmitgliedern andererseits. Sie treten aber im Notfall, etwa der Gruppenverteidigung, emotional für sie ein. Die Verbundenheit der Gruppenmitglieder ist auf eine Erweiterung des Gruppenethos zurückzuführen und beruht auf der persönlichen Bindung der einander gut Bekannten. Ich schlage vor, von einer primären, quasi-familialen Verbundenheit der Gruppenmitglieder zu sprechen.

Anständiges Verhalten gegenüber den Gruppenmitgliedern braucht hier keine besondere Bekräftigung. Dies wird erst mit der Bildung anonymer größerer Gemeinschaften nötig. Dann erst braucht man Recht und Rechtsprechung und Sozialtechniken der Führung und Indoktrination, um ein übergreifendes Zusammengehörigkeitsgefühl aufzuprägen.

Mit der Entwicklung der anonymen Großgruppen, der Stammes-, Volks- und Staatsverbände, mußte künstlich ein Gruppenethos geschaffen werden, das die einander Fremden zu einer Gruppe verband. Für diese Erweiterung des familialen Ethos mußte neben der primären Verbundenheit zur Familie, Sippe und individualisierten Kleingruppe eine sekundäre Bindung an unbekannte »Brüder und

Schwestern« bewirkt werden; ja, die Männer mußten dafür sogar bereit werden, familiale Interessen im Kriegsfalle hinter die Gruppeninteressen zurückzustellen. Das geht zunächst gegen die Natur. Seinen Familienangehörigen und Freunden hilft man unbesehen. Daß man aber im Interesse der größeren Gemeinschaft Familieninteresse zurückstellen soll, dazu bedarf es einer besonderen Indoktrination. Die Dramen der Griechen und die Sagen der Germanen ranken sich um den Konflikt zwischen Loyalität zur Familie (Sippe) und zur Gruppe; und sie beschreiben die Loyalität zur Gruppe, vertreten durch den Fürsten, als den obersten Wert (E. R. McDonald 1981)*. Außerdem bedarf es zum Schutz der Gruppeninteressen gesetzlicher Regelungen, denn man fühlt sich der Gruppe und dem unbekannten Mitbürger weniger verbunden als seinen Bekannten und Verwandten. Deshalb behandelt man Gemeinbesitz in der Regel rücksichtsloser als privates Eigentum. Ein Bauer wird seine Weide schonen und nicht zu viele Rinder auftreiben. Auf einer kollektiven Weide dagegen wird er versuchen, möglichst viele von seinen Rindern unterzubringen. Das Problem ist als die »tragedy of the commons« (das Problem der Allmende) bekannt (G. Hardin 1968). Wir können es in allen Bereichen der Großgesellschaften beobachten, heute auch im globalen Bereich. Man denke nur an die Schädigung der Biosphäre durch Raubbau und Umweltverschmutzung.

Die sogenannte »staatsbürgerliche Gesinnung«, die Voraussetzung für verantwortliches Handeln im anonymen Verband ist, muß mühsam anerzogen werden, da das Eigen- und Kleingruppeninteresse in jedem einzelnen überwiegt. Wir sind als familiale Wesen allerdings so programmiert, daß wir uns mit anderen auf familialer Basis identifizieren können, selbst über Symbole. Dank dieser Anlagen bringen wir es bis zum gefühlsmäßigen Engagement für die Gemeinschaft, den Staat oder das Volk. Es bedarf dazu jedoch eines bindenden Bekenntnisses, einer Ideologie. Wir sind darauf im einzelnen bereits eingegangen und sprachen uns für einen kritischen Patriotismus aus, der sich mit einem Bekenntnis zur ethnischen Pluralität verbindet.

Wie wir bei der Begründung der Gruppenethik an die primäre familiale Ethik anknüpfen können, so können wir auch für die Entwicklung einer Überlebensethik an vorliegenden Anpassungen anknüpfen, nämlich am familialen Ethos der Fürsorglichkeit, zu der verantwortliche Vorausplanung notfalls mit Selbsteinschränkung zugunsten der Kinder und Enkel gehört. Wir brauchen dieses Ethos im Wissen um die Folge weiterer Generationen nur auf diese auszudehnen und ein

---

* Hegel (zitiert nach A. Gehlen 1969 : 123) deutet in diesem Sinne die Sage vom Muttermord des Orestes. Agamemnon opfert als König seine Tochter dem Interesse der Griechen und zerreißt damit das Band der familialen Liebe, das ihn mit seiner Tochter und seiner Gattin Klytämnestra verband. Klytämnestra rächt sich am heimkehrenden Gatten. Ihr Sohn Orest ehrt die Mutter, muß aber – wir würden sagen: aus Staatsräson – das Recht des Vaters vertreten und seine Mutter töten.

Generationen übergreifendes Überlebensethos zu entwickeln. Die Diskussion bewegt sich in diese Richtung (P. A. CORNING 1976); allerdings sind wir von einer Internalisierung dieser Werte noch weit entfernt.

Im New York Times Magazine (19. 1. 1975) schrieb ROBERT HEILBRONNER: »Will mankind survive? . . . Who cares? It is clear that most of us today do not care – or at least do not care enough. How many of us would be willing to give up some minor convenience – say the use of aerosols – in the hope that this might extend the life of man on earth by a hundred years? Suppose we knew with a high degree of certainty that humankind would not survive a thousand years unless we gave up our wasteful diet of meat, abandon all pleasure driving, cut back on every use of energy that was not essential to the maintenance of a bare minimum. Would we care enough for posterity to pay the price of its survival? I doubt it . . .«* Daraus folgt jedoch nicht, daß wir in diesem Punkte verzagen müßten und eine Überlebensethik keine Chance hätte. Es gibt immerhin bereits eine große Anzahl in dieser Richtung Engagierter. Die Rufe einer RACHEL CARSON (1962) verhallten nicht ungehört. Ich erinnere in diesem Zusammenhang an die prinzipielle Bereitschaft des Menschen, kulturelle Wertvorstellungen anzunehmen. Seine »Indoktrinierbarkeit« ist zwar problematisch, hat aber zweifellos auch positive Seiten.

Die Erweiterung des Familienethos über das Gruppenethos erfolgte kulturell. Nun handelt der Mensch bereits vorsorglich für sich und seine Kinder, aber diese Vorsorglichkeit mit der Bereitschaft, sich selbst notfalls auch einzuschränken, gilt für gegenwärtige Familienmitglieder. Daß wir künftigen Generationen verpflichtet sein könnten, da es eine Verpflichtung zum Überleben gibt, ist keineswegs eine allgemein anerkannte Zielsetzung. Wir müssen um diese erst werben. Die Verpflichtung erwächst aus dem Wissen um Vergangenheit und Zukunft. Wir wissen, daß fast alles, was wir heute nützen, die Straßen ebenso wie die Sprache und die Vielzahl anderer kultureller Einrichtungen, zum geringsten Teil auf eigenen Leistungen beruht. Wir verdanken diese Einrichtungen den Leistungen unserer Ahnen. Dieses Wissen verpflichtet uns, über die Generation unserer Kinder hinauszudenken. Für das emotionelle Engagement liegen die Werte des Familienethos bereit.

---

* »Wird die Menschheit überleben? . . . Wen bekümmert das? Es ist klar, daß sich die meisten von uns heute nicht darum kümmern – oder wenigstens nicht in ausreichendem Maße. Wie viele von uns wären bereit, einige weniger wichtige Annehmlichkeiten aufzugeben – sagen wir mal den Gebrauch der Aerosole – in der Hoffnung, daß der Mensch hundert Jahre länger auf der Erde leben könnte? Angenommen, wir wüßten mit hoher Wahrscheinlichkeit, daß die Menschheit die nächsten tausend Jahre nicht überleben würde, falls wir nicht unsere üppigen Eßgewohnheiten aufgeben, Vergnügungsfahrten unterlassen und unseren Energieverbrauch nicht auf das Maß drosseln, das zum Erhalt der Systeme notwendig ist – würden wir uns genügend um die Nachwelt kümmern und den Preis für ihr Überleben zahlen? Ich bezweifle das . . .«

Die Einsicht in unserer stammesgeschichtliches Gewordensein läßt uns aber noch in anderer Weise in die Zukunft blicken. Wir wissen um den Artenwandel und sprechen von Höherentwicklung und nicht bloß von Weiterentwicklung im Sinne einer immer perfekteren Angepaßtheit. Perfekte Angepaßtheit, so führten wir aus, kann auch über Entdifferenzierung stattfinden, Parasiten liefern dafür eindrucksvolle Beispiele. Auch Aufgabe der Individualität beim Zusammenschluß zu höher organisierten Staatengebilden, etwa nach dem Muster der Insekten, kann bessere Angepaßtheit ergeben. Dennoch schrecken wir vor Utopien der Art zurück, wie sie ALDOUS HUXLEY und GEORGE ORWELL vorstellen. Das liegt sicher in unserer Konzeption als universalistische Individuen begründet. Bei unserer gegenwärtigen Motivationsstruktur stoßen Beschneidungen der individuellen Freiheit auf emotionelle Ablehnung. Es könnte aber einer Ideologie gelingen, die Massen zu überzeugen, daß es gut sei, wesentliche Freiheitsbereiche einem höheren Ganzen zu opfern, und dann würde diese Zielsetzung allmählich wohl auch in die biologische Evolution nachziehen. Deshalb haben wir so ausdrücklich darauf hingewiesen (Kap. 8.4.3), daß es nicht nur auf gegenwartsbezogene Bestangepaßtheit, sondern mehr noch auf Beibehaltung der evolutiven Potenz ankommt. Die Entwicklung geht mit den universalistisch veranlagten Formen weiter. Folglich sollten wir nicht allzuviel von unserer Individualität und unserem Universalismus aufgeben.

Wir haben jedoch darauf aufmerksam gemacht, daß die individuelle Freiheit durch systemimmanente Prozesse zunehmender Selbstorganisation und Ordnung bedroht ist. Mit jedem Gesetz, mit jeder Verordnung, mit jedem neuen Brauch werden Handlungsfreiheiten eingeschränkt. Der Mensch, der darauf selektiert wurde, Handlungsalternativen wählen zu können, und der sein Verhalten doch erstaunlich frei und selbst bestimmen kann, läuft Gefahr, sich über zunehmende Reglementierung die Freiheiten zu nehmen. Er muß sich dieser Gefahr bewußt bleiben und stets um seine Freiheit kämpfen. Dabei sollte er das Optimalitätsprinzip im Auge behalten. Zu wenig kulturelle Gebundenheit verunsichert; ein Zuviel davon würde uns hingegen unfrei machen wie ein Insekt, das im wesentlichen den Zwängen seiner Instinkte folgen muß.

Es gehört zu den guten Traditionen Europas, von Generation zu Generation Brauchtum, Erziehung, Wirtschaft, politisches System und andere festgefügte Ordnungen kritisch zu hinterfragen. Dieses Erbe der Griechen hat uns vor der Erstarrung bewahrt. Wir sollten es behutsam pflegen und wachsam alle Entwicklungen verfolgen, die eine Fremdbestimmung unseres Verhaltens herbeiführen. Das gilt insbesondere für die moderne Medientechnik, die sich leicht zu einem Instrument der Beherrschung auswachsen kann.

Der Mensch hat allen anderen Organismen eines voraus: Er kann sich Ziele setzen. Bereits damit ändert er die Selektionsbedingungen, denen er sich aussetzt. Natürlich ist jede Zielsetzung mit Risiken behaftet, ebenso wie die Strategien auf den Wegen über die Zwischenziele, da sie nie im voraus mit Sicherheit als die überlebensfördernden richtigen erkannt werden können. Aber wir können Fehler rechtzeitig korrigieren.

»Alles Lebendige sucht nach einer besseren Welt.« Mit dieser Feststellung eröffnet KARL POPPER das Vorwort zu einer Aufsatzsammlung. Die betreffende Formulierung wendet sich gegen die klassische Selektionstheorie, die dem Organismus nur eine passive Rolle im Evolutionsgeschehen zuerkennt. Tiere erkunden bereits auf den untersten Entwicklungsstufen. Sie lernen, suchen und stellen sich somit aktiv den Problemen des Lebens. Wir Menschen tun dies als Zielsetzer und Lebensplanentwerfer in besonderer Weise. Neugier, Wagemut und Optimismus im Verbund mit prosozialen Anlagen und der Fähigkeit zu vernunftbegründeter Moral befähigen uns dafür in besonderer Weise. Wir sind jedoch in vielfältiger Weise verführbar. Wir lassen uns zum Beispiel gerne einreden, daß wir konsumieren sollen, um das Leben zu genießen, daß wir verbrauchen sollen, damit es Wachstum gibt. Erst allmählich wächst die Einsicht, daß wir damit die Lebensgrundlagen künftiger Generationen zerstören. Die Falle des Kurzzeitdenkens gilt es zu überwinden (S. 891).

In den zwischenmenschlichen Beziehungen gilt es, das Mißtrauen abzubauen. Es belastet die Beziehungen der einzelnen im Staate ebenso wie die zwischenstaatlichen. Dazu haben die ungezählten Vertrauensbrüche in den Kriegen des zwanzigsten Jahrhunderts beigetragen. IMMANUEL KANT forderte, daß Gegner sich auch im Kriege voraussagbar verhalten müßten, sonst sei ein späterer Friede unmöglich. Gegen dieses Gebot haben wir uns in besonderer Weise im Zweiten Weltkrieg versündigt, so daß wir friedensunfähig wurden und dem Gesetz der Vergeltung ausgeliefert waren. Erst jetzt, nach vielen Jahren, beginnen sich neue Vertrauensbeziehungen anzubahnen. Für die Erhaltung des inneren Friedens wäre es sicher von Vorteil, wenn sich auch in der Großgesellschaft Vertrauen bilden könnte. Aber wie soll das zustande kommen, wenn der einzelne täglich erfährt, wie Politiker heute dies und morgen genau das Gegenteil verkünden – daß die Lüge also zum politischen Alltag gehört? Mißtrauen und Existenzangst belasten das Leben in der anonymen Massengesellschaft. Diese Grundstimmung verunsichert und schafft nicht gerade eine günstige Voraussetzung für ein vertrauensvolles Verhältnis zum Nachbarn.

In diesem Zusammenhang finde ich einige Ausführungen von H. MOHR (1979) bemerkenswert, der meint, die politische Lüge, intellektuelle Verführung und primitive Manipulierung müßte gegenüber einer auf einsichtiger Rationalität und intellektueller Anständigkeit begründeten Politik zurücktreten. Ein solches Ethos wäre instrumental nach dem Vorbild des wissenschaftlichen Ethos zu konzipieren, das übrigens in der heutigen Zeit das einzige kulturelle Universalethos ist. Es basiert auf der Grundannahme des wissenschaftlichen Realismus, der Grundvoraussetzung der Gedankenfreiheit und der Freiheit der Forschung, ferner auf der Annahme, daß Erkenntnis gut sei und demnach zuverlässiges Wissen stets besser als Ignoranz. Im Dienste der Erreichung dieses Zieles werden die Forderungen erhoben, ehrlich, undogmatisch, genau, fair und ohne Vorurteil zu sein, sich stets zu bemühen, ein Problem zu lösen, Alternativen zu prüfen, keine Informationen abzuweisen und keinen Kompromiß zu schließen, empirische Daten als letzte Appellationsinstanz zu verwenden, und noch einige andere mehr technische Forderungen, wie etwa, in den Aussagen präzise zu sein.

Ein ähnliches Partialethos ließe sich auch für das politische Zusammenleben ausarbeiten; allerdings betont MOHR zu Recht, daß das Postulat optimaler gesellschaftlicher Vernünftigkeit dem Wesen des Menschen möglicherweise nicht gerecht würde. Wo die Freiheit des Individuums bedroht würde, sei dem Rationalismus eine Grenze gesetzt. – Das scheint mir allerdings nicht zwingend. Eine am Überleben und damit an der Erhaltung der evolutiven Potenz orientierte Ethik kann auch Individualismus und Pluralität rational begründen. Im übrigen muß die Forderung nach Anständigkeit im politischen Verkehr zum Primat erhoben werden. Dazu gehören die Tabuisierung der politischen Lüge und der Verteufelung des politischen Gegners, die sachliche und aufrichtige Argumentation, der Abbau der Kommunikationsbarrieren, was u. a. die Sicherung des eigenen Selbstwertgefühls über das Bekenntnis zur eigenen Gemeinschaft zur Voraussetzung hat; denn nur aus innerlich gefestigter Position ist der Mensch ohne Angst freundlich. Der gemeinsame Wunsch zu überleben verbindet die Völker über das Trennende hinweg, und daraus könnte sich eine Überlebensethik entwickeln, die zum Frieden führt. Sie stellt uns nämlich vor Aufgaben, die Kooperation erfordert; und Zusammenarbeit bindet. Allein ist keiner der Staaten in der Lage, mit dem Problem der Überbevölkerung, Ressourcenverknappung und Umweltzerstörung fertig zu werden. Unser unbedingtes Engagement für unsere Kinder könnte der gemeinsame Ausgangspunkt für unser Bemühen sein. Wie wäre es, wenn wir symbolisch wechselseitig Partnerschaften für die Kinder übernehmen würden? Vielleicht führt dies zu persönlichen Beziehungen. Es entspricht ja der Neigung des Menschen, über persönliche Bekanntschaft Feindseligkeit abzubauen. Voraussetzung dafür ist die Achtung vor der Vielfalt der Kulturen und Völker in ihrer Eigenart, die Anerkennung der Existenz verschiedener Wertsysteme; kurz, Toleranz im Sinne einer Verstehensbereitschaft, die nicht notwendigerweise Aufgabe eigener Wertvorstellungen bedeutet. Im Gegenteil, in der Pflege der ethnischen Pluralität liegt, wie wiederholt betont, eine wesentliche Absicherung unserer Zukunft.

Zum Abschluß noch einige Bemerkungen zur Hirnchemie normgerechten Verhaltens. Bereits 1958 beobachtete J. OLDS, daß Ratten schnell lernten, einen Hebel zu betätigen, wenn sie sich damit an bestimmten Hirnorten elektrisch reizen konnten. Diese Orte repräsentieren offenbar ein zentrales Belohnungssystem. Wir wissen heute, daß es sich um Dopamin-Neuronen im ventralen, tegmentalen Teil des Mittelhirns (VTA) und im *Nucleus accumbens* (NAc) handelt. Auf diese neuronalen Systeme wirken auch Drogen ein. Sie lösen Gefühle der Befriedigung aus, indem sie direkt oder indirekt die Ausschüttung von Überträgersubstanzen – in diesem Falle *Dopamin* – bewirken, die auch normalerweise »richtiges« Verhalten belohnen und damit bekräftigen. *Amphetamin* löst Dopaminausschüttung direkt aus. *Kokain* wirkt indirekt, indem es die Resorbtion bereits ausgeschütteten Dopamins blockiert und damit dessen Wirkweise über Akkumulation verstärkt und verlängert. *Opiate* wirken ebenfalls indirekt auf die VTA-Neuronen. Diese werden normalerweise durch Zwischenneuronen tonisch gehemmt, die den Neurotransmitter GABA (Gamma-Aminobuttersäure) freisetzen, den wichtigsten hemmenden Neurotransmitter des Hirns. Diese GABA-Zwischenneuronen besitzen auch Opiatrezeptoren und diese hemmen normalerweise über endogene (selbst erzeugte) Opiate wie *Enkephalin* (siehe auch Kap. 2.2.4) die GABA-Ausschüttung und enthemmen damit die Dopamin-Neuronen des Mittelhirns (ST. H. HYMAN 1994). Die Drogen werden langsamer abgebaut als die endogen erzeugten Überträgersubstanzen. Sie wirken länger und stärker, stellen damit gewissermaßen übernormale hirnchemische Attrappen dar. Man kann allerdings auch ohne Drogen hirnchemische Prozesse aktivieren, die angenehme Gefühle oder Rauschzustände vermitteln (Beispiel Trancetanz S. 945) und das bis zur Sucht kultivieren. Der Mensch kann so auch tugendsüchtig werden und sich an seiner Tugendhaftigkeit berauschen; im agonistischen Bereich als Held, im fürsorglichen als »Heiliger« (I. EIBL-EIBESFELDT 1988).

Zusammenfassung 10

Der Mensch handelt moralisch aus Gefühl, aus Gewohnheit und schließlich aus Überlegung. Für die Normenfindung ist die Orientierung am Überlebenswert wichtig. Als Gruppenwesen muß der Mensch dabei das allgemeine Wohl der Gruppe im Auge behalten. Solange der Mensch im Kleinverband lebt, steht er den Gruppenmitgliedern aus empfundener angeborener Neigung bei. Das ist in geringerem Maße der Fall, wenn es sich um ihm fremde Gruppenmitglieder handelt. Um hier ein soziales Engagement zu bewirken, bedarf es besonderer Techniken der Erziehung, die das familiale Ethos auf die Großgruppe übertragen helfen. Ein Überlebensethos hat generationenübergreifendes Verantwortungsbewußtsein zur Voraussetzung. Nur dann wird der Mensch bereit sein, mit seinen Ressourcen pfleglich umzugehen und eine kooperative Weltgemeinschaft der Völker anzustreben. Um seine evolutive Potenz zu erhalten, darf der Mensch seine individuelle Freiheit nicht vollends an ein Systemganzes verlieren.

Schlußwort

Biologen denken evolutionistisch. Das »Ist« stellt für sie eine Momentaufnahme im Fluß des Werdens dar, das durchaus erforschbaren Gesetzen unterliegt. In diesem dynamischen Geschehen tritt der Mensch als der erste Zielsetzer auf. Nicht, daß er sich über seine Utopien den Gesetzen der Evolution entzöge oder gar aus der Natur heraustrete, aber er unterwirft sich ihr nicht passiv. Er kann seine weitere Entwicklung in die Hand nehmen. Das eröffnet ihm große Chancen. Allerdings können ihn seine Träume, wie die Geschichte lehrt, auch in die Irre leiten. Die Bereitschaft, aus Erfahrungen zu lernen und Fehler rechtzeitig zu korrigieren muß daher jede Zielsetzung begleiten.

Wonach aber sollen wir uns bei der Zielsetzung orientieren? Wie frei sind wir, uns Ziele zu setzen? Daß uns die Natur kein Vorbild sein kann, wird heute allgemein gesehen (W. WICKLER [5]1981). Schon THOMAS H. HUXLEY (1984) meinte, die Prozesse und Produkte der Evolution wären moralisch nicht akzeptabel und würden dem ethischen Fortschritt der Menschheit entgegenstehen (siehe auch Diskussion in G. C. WILLIAMS 1988). Vor ihm beklagte bereits ARTHUR SCHOPENHAUER das Elend dieser Welt, in der jedes höhere Leben davon lebe, anderes hochorganisiertes Leben zu vernichten.

Eine artneutrale Moral kann es nicht geben. »Why do we find it admirable, to foster children but not tadpoles?«[*] fragt SARAH BLAFFER-HRDY (1988) und gibt damit zugleich auch die Antwort. Auch die Frage, ob die Natur oder die Evolution gut oder böse ist, oder ob es uns vielleicht besser nicht gäbe, weil wir so zerstörerisch in die biologischen Gleichgewichte eingreifen, ergibt wenig Sinn. Die Natur ist zunächst wie sie ist, und Spinnen wird man kaum zum Vegetarismus bekehren. Und wir Menschen sind nun einmal da und müssen das wohl hinnehmen. Wir spiegeln diese Welt bewußt mit unseren Werten, erkennen dabei unsere Mängel und bemühen uns darum, mit ihnen fertig zu werden. Das muß selbst ein Misanthrop zugeben: Es gab kaum eine Zeit zuvor, in der sich so viele Menschen der sozialen und ökologischen Probleme bewußt waren wie heute. Darin sehe ich Grund für Optimismus.

---

[*] »Weshalb finden wir es bewundernswert, Kinder aufzuziehen und nicht Kaulquappen?«.

Zu Hoffnung gibt insbesondere unsere spezifisch humane Moralität Anlaß. Die unsere Zielsetzungen bestimmenden Wertungen entwickelten sich als Anpassungen im Dienste der Eignung. Sie sind bei uns Menschen durch die familialen Werte der Fürsorglichkeit, des Mitgefühls und der Sympathie bestimmt und bilden die emotionelle Basis für das, was wir humanitäres Engagement nennen. Man kann darüber streiten, ob es sich bei der fürsorglichen Moralität um einen evolutionistischen Fortschritt im Sinne einer »Höherentwicklung« handelt. Ich bin dieser Ansicht, denn mit der Liebe und Fürsorglichkeit wurde das affektive Spektrum der höheren Wirbeltiere bereichert, und dieses Mehr an Differenziertheit eröffnete der Evolution neue Alternativen. Sie könnten von der Prädominanz repressiver Agonalität wegführen. Die Evolution der Liebe und Fürsorglichkeit war daher nach meinem Dafürhalten eine »Sternstunde« in der Verhaltensevolution der Wirbeltiere.

Aber wie immer einer das bewerten mag, die Liebe findet beim Menschen in Form der nicht nur familienbezogenen Nächstenliebe eine spezifische Ausdifferenzierung und sie wirkt als biologische Vorgabe damit auch im kulturellen Bereich normativ. Wir schätzen grundsätzlich Freundschaft höher als Gegnerschaft, und zwar aus affektiv getöntem Engagement, demnach aus Veranlagung. Damit wäre auch die so oft gehörte Behauptung, es ließe sich aus der Natur kein positiver Lebensentwurf ableiten, dahingehend zu ergänzen, daß sich aber wohl aus unserer Menschennatur ein humanitärer Lebensentwurf ableiten ließe. Wir brauchen dazu nicht erst unsere Natur zu überwinden, sondern jene ihrer Facetten kultivieren, die unsere destruktiv-repressiven Aggressionsformen unter Kontrolle bringen.

Unsere prosoziale Emotionalität bildet dafür eine gute aber keineswegs ausreichende Grundlage. Wir müssen überdies unseren Intellekt gebrauchen und die Wirklichkeit wahrnehmen. So gilt es zur Kenntnis zu nehmen, daß diese Loyalitäten zu Mitmenschen nach Nähe abgestuft sind. Zuerst kommt die eigene Familie, dann die Sippe und der Freundeskreis und so fort. Wir neigen zum Nepotismus und Ethnozentrismus. Das Bedürfnis, Verwandte zu unterstützen und, wie CHRISTIAN VOGEL betonte, »die eigene Rasse mehr als die andere, und das eigene Vaterland mehr als ein anderes Land« (S. 47), war evolutionistisch gesehen erfolgreich. »Wir können uns selbstverständlich« – meint VOGEL – »in vielem bewußt gegen unsere Programme wenden. Die Freiheitsgrade haben wir natürlich erreicht. Aber wir müssen dann unter Umständen auch sagen, daß wir uns aus der Evolution verabschieden.« (CH. VOGEL 1988 : 47). Das sollten wir natürlich nicht tun.

Ich sprach in diesem Zusammenhang davon, das »Überleben als Richtwert« anzuerkennen und bei allen Zielsetzungen in Rechnung zu stellen (I. EIBL-EIBESFELDT 1991). Das trug mir den Vorwurf ein, vom So-Sein auf das Sollen geschlossen und damit die Sünde des »naturalistischen Fehlschlusses« begangen zu haben (V. S. E. FALGER 1994). In einer Entgegnung darauf erwiderte FRANK

SALTER (1994), dieser Vorwurf wäre nur dann berechtigt, wenn ich aus der Tatsache, daß alle Arten Strukturen und Verhaltensweisen im Dienste des Überlebens entwickelten, geschlossen hätte, daß damit auch alle überleben sollten oder das Recht hätten zu überleben. Das tat ich jedoch nicht. Ich betonte vielmehr wiederholt, daß es kein für uns erkennbares Interesse irgendeiner Art Natur an irgendeiner Art Lebewesen gibt. Wohl aber würde jedes Individuum ein Überlebensinteresse als Eigeninteresse vertreten. Darauf wurden alle, uns Menschen inbegriffen, in einer langen Stammesgeschichte ausgelesen und entsprechend programmiert. Damit muß rechnen, wer immer vor politische Entscheidungen gestellt ist. So zu tun, als bräuchte man Wissen nicht zur Kenntnis zu nehmen, ist unverantwortlich. Überdies ist es durchaus gebräuchlich, daß Politiker sich zum Beispiel von Wirtschaftswissenschaftlern beraten lassen. Biologisches Wissen auszuklammern, wäre angesichts der uns konfrontierenden ökologischen, demographischen und sozialen Probleme absurd. Hier handelt es sich um Lebenserscheinungen, und Biologie ist bekanntlich die Wissenschaft vom Leben.

Es genügt keineswegs, »gut« sein zu wollen. Man muß sich überdies an der Wirklichkeit orientieren, um aus ihr zu lernen, unter anderem auch, wie man es nicht machen sollte (W. WICKLER [5]1981). Viele der heutigen, selbsternannten Volkserzieher, einige Vertreter der kritischen Theorie inbegriffen, meinen, es genüge, einem moralischen Imperativ zu folgen, die Empirie könne man vernachlässigen. Ein solches Vorgehen mag bei Diskussionen des Seelenheils angehen. Offenbarungswissen braucht man nicht naturwissenschaftlich zu begründen. Politische Zielsetzungen sind jedoch von dieser Welt. Und wer das allgemeine Wohl und Glück sucht, sollte auch die Rahmenbedingungen des Möglichen ausloten. Wer nur aus Überzeugung ohne Wissen handelt, wird leicht zum Überzeugungstäter. Diese pflegen sich dann, wenn es schiefging, mit einem »das haben wir aber nicht gewollt« davonzuschleichen.

Wir beobachten eine Ideologisierung der Diskussion so ziemlich aller ökologischen und sozialen Gegenwartsprobleme, der Fragen der Bevölkerungskontrolle, Migration, Gleichberechtigung, multikulturellen Koexistenz, ebenso wie der Fragen sozialer Gerechtigkeit. Freiheit und Gleichheit degenerierten zu Schlagworten, derer sich auch Demagogen totalitärer Prägung schamlos bedienen. Aber fast noch gefährlicher ist ihr unreflektierter Gebrauch durch naive aber dafür oft um so aggressivere Moralisten. Sie haben uns zum Ende dieses Jahrtausends die »politisch korrekte Sprache« (politically correct speech) beschert, ein »Neusprech«, das im wesentlichen dazu dient, bestimmte Sachverhalte zu verschleiern. Vor allem soll alles Wissen um genetische Programmierungen im Verhalten und um genetisch bedingte Unterschiede zwischen den Geschlechtern und Populationen tunlichst mit einem Tabu belegt werden. Wer sich nicht an die Sprachregelung hält, setzt sich der Verfolgung durch die Tugendwächter aus, die selbst vor Diffamierung nicht zurückscheuen. DAVID POPENOE (1993) wagte es, im »Journal of Marriage and the Family« eine Lanze für die Familie zu brechen. Er trat für familiale Werte ein und begründete dies mit den Bedürfnissen des heranwachsenden Kindes. Judith Stacey (1993) griff ihn daraufhin in der gleichen Zeitschrift an und beschuldigte in einem Rundumschlag gleich jeden, der von familialen Werten spreche, des Rassismus, Sexismus und der Homophobie. Dies sind heute die drei gebräuchlichsten Wortkeulen, mit denen die Tugendwächter auf jeden eindreschen, der auf genetisch bedingte Grenzen des Machbaren, das heißt, auf vorgegebene Modifikationsbreiten hinweist. Die Beispiele ließen sich beliebig mehren. Es sei nur an die Angriffe gegen Arthur Jensen, Philip Rushton oder Edward Wilson erinnert. Roger Pearson (1991) hat sich mit den die Diskussion belastenden Vorurteilen in vorbildlicher Weise auseinandergesetzt. Gegen das neue Buch von Richard Herrnstein und Charles Murray (1994) erhebt sich gerade ein Sturm der Entrüstung. »Die neue IQ-Debatte schürt den Rassismus« lautet der Tenor.

Die Gefahr besteht leider wirklich. In einer Diskussion um die politischen Aspekte der Soziobiologie fand ich eine in diesem Zusammenhang aufschlußreiche Bemerkung. Ullica Segerstråle fragte einen Gegner soziobiologischer Thesen, was wohl wäre, wenn es sich herausstellte, daß es doch unwiderlegbare Evidenz für Rassenunterschiede gäbe. Die erstaunliche Antwort lautete: »Well, then I had to become a racist.« (U. Segerstråle in J. G. M. van der Dennen 1992). Diesem einfältigen Kurzschluß unterliegen viele. Aber er ist nicht zwingend. Rassismus basiert auf der einseitigen Selbstüberschätzung einer Population, die im elitären Wahn das Recht ableitet, andere, auf die sie herabblickt, zu dominieren. Man kann aber Unterschiede auch ohne solche Überheblichkeit akzeptieren. Sicherlich wird man sich auf Grund eines solchen Wissens auch die Frage stellen, ob man zum Beispiel Menschen, die mit der technischen Zivilisation kraft ihrer andersartigen Begabung weniger leicht zurechtkommen, nicht besser ihr Leben nach ihrem Wunsch gestalten läßt. Es gibt auch eine fürsorgliche Dominanz der Wohltäter, die schwer erträglich ist. Sie kann sich sogar inhuman auswirken, wenn sie traditionellen Kulturen unser System des freien Wettbewerbs aufzwingt, dem einige möglicherweise nicht gewachsen sind.

Was schließlich die Gefahr des Mißbrauchs betrifft, so ist es sicher wichtig, auf sie hinzuweisen und sich vor simplizistischer Problemdarstellung zu hüten. Wir sollten uns an die Fakten halten und unsere Erkenntniswege aufzeigen, so daß sie nachvollzogen werden können. Aber wir sollten kein Wissen unterdrücken. »It's the most complete knowledge that's the most responsible«, meint William R. Charlesworth (1990). In diesem Sinne habe ich mich nach besten Kräften bemüht, der Aufklärung zu dienen. Als eine wichtige Aufgabe der Humanethologie sehe ich die weitere Pflege des Gesprächs und der praktischen Zusammenarbeit über die traditionellen Grenzen der Disziplinen hinweg. Im besonderen gilt mein Bemühen der weiteren Überbrückung der Kluft zwischen den biologischen Wissenschaften und den Geisteswissenschaften.

Danksagung

In den letzten 30 Jahren verbrachte ich fast ein Viertel der Zeit bei fremden Menschen, meist solchen, die man Naturvölkern zurechnet. Sie werden diese Zeilen wohl kaum je lesen, dennoch möchte ich für die gastliche Aufnahme gleich zu Beginn besonders danken. Vielleicht kommen dem einen oder dem anderen ihrer Nachfahren die Zeilen zu Gesicht; das würde mich freuen. Meine Arbeit belegt ja vor allem eins: die erstaunliche Einheit des Menschlichen. Und es ist ein grundsätzlich freundliches Bild. Damit sollen diese Menschen nicht idealisiert werden, das wäre eine Verzerrung der Wirklichkeit. Sie sind Menschen wie wir, bewegt von den gleichen Leidenschaften, Begierden, aber auch von der gleichen genuinen Freundlichkeit und von der gleichen verspielten Neugier, die auch uns bewegt, und diese grundsätzliche Gemeinsamkeit ließ uns stets in relativ kurzer Zeit den Weg in die kleinen Gemeinden finden. Wir waren immer gut aufgehoben, und dafür danke ich.

Dann gilt natürlich mein Dank meinen Familienangehörigen, die mich ja oft entbehren mußten. Im ersten Teil meiner wissenschaftlichen Karriere war ich über vier Jahre auf zoologischen Expeditionen und danach noch etwas länger auf Menschenforschung unterwegs. Meiner Frau Lorle und meinen Kindern Bernolf und Roswitha danke ich für frischen Mut und gute Laune.

Konrad Lorenz, den ich 35 Jahre als meinen väterlichen Freund betrachten durfte, förderte meine Arbeit auf jede nur erdenkliche Weise. Er zeigte sich meinen Ideen aufgeschlossen, und er war mir stets ein Vorbild. Seinen Gesprächen verdanke ich unendlich viel. Und einem weiteren engen Freund möchte ich hier meine besondere Dankbarkeit aussprechen: Hans Hass, der mich vor vierzig Jahren in die Riffe der Karibischen See führte, lieferte mir in den frühen sechziger Jahren durch die Entwicklung der Spiegelobjektive den Schlüssel für die kulturenvergleichende Dokumentationsarbeit. Den unvergeßlichen Tauchexpeditionen auf der »Xarifa« folgten nicht weniger abenteuerliche Expeditionen zu Menschen, auf denen wir neue Dokumentationstechniken erprobten. Seit dieser Zeit arbeiten wir gemeinsam an der Herausgabe des Humanethologischen Filmarchivs der Max-Planck-Gesellschaft. Und manche der hier wiedergegebenen Gedanken entwickelten sich auf den gemeinsamen Reisen.

Dann möchte ich meinen langjährigen Expeditionsgefährten danken. Auch sie haben mir, ganz abgesehen von ihrer Hilfe, durch ihre menschliche Gegenwart die Aufenthalte im Feld verschönt. Ich danke deshalb von Herzen: Kuno Budack, Volker Heeschen, Hans Joachim Heinz, Harald Herzog, Dieter Heunemann, Wulf Schiefenhövel und Heide Sbrzesny-Klein. Ich danke meinen Mitarbeitern am Institut und meinen vielen Freunden in Europa und Übersee, insbesondere meinen Kollegen Jürgen Aschoff, Ingrid Bell-Krannhals, Norbert Bischof, William Charlesworth, Mario von Cranach, Derek Freeman, Elke und Karl-Friedrich Fuhrmeister, Inga Goetz, Karl Grammer, Anna Guggenberger, Bernhard Hassenstein, Klaus Helfrich, Eckhardt Hess, Les Hiatt, Barbara Hold, Franz Huber, Hermann Kacher, Erich Klinghammer, Gerd Koch, Otto Koenig, Renate Krell, Cornelia von Laue-Canady, Ernie Reese, Margret und Wolfgang Schleidt, Reinhard Schropp, Gunter Senft, Christa Sütterlin, Pauline Wiessner-Larsen und Wolfgang Wickler.

Mein besonderer Dank gilt den Regierungen von Australien, Botswana, Indonesien, Papua-Neuguinea, der Philippinen, Südwestafrikas, Südafrikas und Venezuelas, die unsere Arbeit insbesondere durch Gewährung der Arbeitserlaubnis förderten und die uns auch sonst nach bestem Können unterstützten. Im Felde wurde uns stets zuvorkommende Hilfe seitens der Missionen zuteil. Im einzelnen sei die Hilfe der Salesianischen Mission in Venezuela genannt. In der Serra Parima war in den frühen siebziger Jahren auch die New Tribes Mission freundlicher Gastgeber. Auch in Irian Jaya und Papua-Neuguinea halfen uns die Missionen durch Gastlichkeit, durch Bereitstellung von Transporthilfen und ihrer Infrastrukturen. Mißklänge durch unterschiedliche Auffassungen über Methoden der Herbeiführung des Kulturwandels ließen sich nicht immer vermeiden, sie förderten jedoch das gegenseitige Verständnis.

Hervorheben möchte ich die Hilfe der deutschen und österreichischen Botschaften, ohne die manches Vorhaben nicht hätte verwirklicht werden können, wie uns überhaupt behördlicherseits stets viel Entgegenkommen gezeigt wurde. Das gilt insbesondere für das Auswärtige Amt in Bonn.

Die wissenschaftlichen Organisationen der Bundesrepublik Deutschland haben unsere Arbeit stets auf das großzügigste gefördert. Die Max-Planck-Gesellschaft richtete eine eigene Forschungsstelle der Pflege des neuen Faches ein und erlaubte durch Bereitstellung der nötigen Mittel den Aufbau eines Dokumentationsprogrammes. Der Generalverwaltung und den Präsidenten der Max-Planck-Gesellschaft sei daher besonders gedankt. Dr. Edmund Marsch stand mir in vielen Situationen als Ratgeber bei.

Des weiteren ist es mir ein Bedürfnis, der Förderung durch die Deutsche Forschungsgemeinschaft zu gedenken. Ohne ihre Mithilfe wäre die Mitwirkung an einigen entscheidenden interdisziplinären Projekten versagt geblieben. Einzelprojekte wurden ferner von der Fritz-von-Thyssen-Stiftung, der Werner-von-Reimers-Stiftung und dem Maison de l'Homme gefördert. Die A.-von-Gwinner-

Stiftung gewährte mir in den ersten Jahren meiner humanethologischen Feldforschung entscheidende Starthilfe. Durch größere Geldspenden an die Max-Planck-Gesellschaft zur Förderung der humanethologischen Arbeit halfen Günter Haakert und die Firma Nestlé, denen ich besonders danken möchte.

Schließlich möchte ich die lange, schöne Zusammenarbeit mit dem Institut für den Wissenschaftlichen Film in Göttingen hervorheben und seinem Direktor, Herrn Hans Karl Galle und seinem Vorgänger Dr. G. Wolf, von Herzen dafür danken.

Bibliographie

ABBOTT, L. (1975): Paternal Touch of the Newborn: Its Role in Paternal Attachment. Thesis, Boston University, Boston, MA.

ABRAMOVITCH, R. (1976): The relation of attention and proximity to dominance in pre-school children. In: CHANCE, M. R. A. und LARSEN, R. R. (Hg.): The Social Structure of Attention. London (Wiley), 153–177.

– (1980): Attention structures in hierarchically organized groups. In: OMARK, D. R., STRAYER, F. F. und FREEDMAN, D. G. (Hg.): Dominance Relations. New York/London (Garland STPM Press), 381–396.

ADAMS, D. (1989): The Seville Statement on violence and why it is important. Journal of Humanistic Psychology, 29, 328–337.

ADAMS, J. P. (1964): Adolescent personal problems as a function of age and sex. J. Genet. Psychol., 104, 207–214.

ADDIEGO, F., BELZER, E., COMOLLI, J., MOGER, W., PERRY, J. und WHIPPLE, B. (1981): Female ejaculation: A case study. J. Sex. Res., 17, 13–21.

ADLER, CH. (1977): Mechanismen der Gruppenbindung. Aggression und Aggressionskontrolle der Eskimos im Thuledistrikt. Diss. München.

AHRENS, R. (1954): Beiträge zur Entwicklung des Physiognomie- und Mimikerkennens. Z. Exp. Angew. Psychol., 2, 412–454.

AINSWORTH, M. D. S. (1963): The development of infant–mother interaction among the Ganda. In: Foss, B. M. (Hg.): Determinants of Infant Behavior, London (Methuen), 67–104.

– (1967): Infancy in Uganda: Infant Care and the Growth of Love. Baltimore, MD (John Hopkins University Press).

– (1969): Object relations, dependency and attachment: A theoretical review of the infant–mother relationship. Child Develop., 40, 969–1025.

– (1973): The development of infant–mother–attachment. In: CALDWELL, B. M. und RICCIUTI, H. N. (Hg.): Child Development Research. Chicago (The University of Chicago Press), 1–95.

– (1977): Attachment theory and its utility in cross-cultural research. In: LEIDERMAN, P. H., TULKIN, St. R. und ROSENFELD, A. (Hg.): Culture and Infancy, Variations in the Human Experience. New York/London (Academic Press), 49–67.

ALDIS, O. (1975): Play Fighting. New York (Academic Press).

ALEXANDER, R. D. (1974): The evolution of social behavior. Ann. Rev. Ecol. Syst., 5, 325–383.

– (1977): Natural selection and the analysis of human sociality. In: GOULDEN, C. E. (Hg.): The Changing Scenes in the Natural Sciences, 1776–1976. Philadelphia (Academy of Nat. Sciences, Sp. Publ. 12), 283–337.

– (1978): Natural selection and societal laws. In: ENGELHARDT, T. und CALLAHAN, D. (Hg.): Morals, Science, and Society, Vol. 3. Hastings-on-Hudson, NY (Hastings Ctr. Inst. Soc.).

- (1979): Evolution and culture. In: CHAGNON, N. A. und IRONS, W. (Hg.): Evolutionary Biology and Human Social Behavior: An Anthropological Perspective. North Scituate, MA (Duxbury Press), 59–79. (a)
- (1979): Evolution, social behavior, and ethics. In: ENGELHARDT, T. und CALLAHAN, D. (Hg.): The Foundations of Ethics and Its Relationship to Science, Vol. 4. Hastings-on-Hudson. NY (The Hastings Center), 124–155. (b)
- (1979): Darwinism and Human Affairs. Seattle (University of Washington Press). (c)
- (1987): The Biology of Moral Systems. New York (Aldine de Gruyter).

ALLAND, A. (1972): Cultural evolution: The Darwinian model. Social Biol., 19, 227–239.

ALLAND, A. und McCAY, B. (1973): The Concept of Adaptation in Biological and Cultural Evolution. In: HONIGMAN, J. (Hg.): Handbook of Social and Cultural Anthropology. Chicago (Rand McNally), 142–178.

ALLEMANN-TSCHOPP, G. (1978): Geschlechtsrollen. Bern (Hans Huber).
- (1979): Geschlechtsrollen. Versuch einer interdisziplinären Synthese. Bern/Stuttgart/Wien (Hans Huber).

ALLEN, D. E. und GUY, R. F. (1974): Conversion Analysis. The Sociology of Talk. Den Haag (Mouton Press).

ALLESCH, G. J. VON (1931): Die nicht-euklidische Struktur des phänomenalen Raumes. Jena (Gustav Fischer).

ALLEY, T. R. (1981): Head shape and the perception of cuteness. Developmental Psychology, 17 (5), 650–654.

ALMAGOR, U. (1977): Raiders and Elders: A Confrontation of Generations among the Dassanetch. In: FUKUI, K. und TURTON, D. (Hg.): Warfare among East African Herders. Senri Ethnological Studies, No. 3, Museum of Ethnology. Japan (Osaka Press), 119–145.

ALS, H. (1977): The newborn communicates. J. Commun., 27, 66–73.

ALS, H., TRONICK, E. und BRAZELTON, T. B. (1979): Analysis of face-to-face interaction in infant–adult dyads. In: LAMB, M. E., SUOMI, S. J. und STEPHENSON, G. R. (Hg.): Social Interaction Analysis: Methodological Issues. Madison (Univ. of Wisconsin Press), 33–76.

ALT, F. (1983): Frieden ist möglich. Die Politik der Bergpredigt. München (Piper).

ALTMAN, I. (1975): The Environmental and Social Behavior. Monterey, CA (Brooks/Cole Publ. Comp.).

ALTMANN, J. (1974): Observational study of behavior: Sampling methods. Behaviour, 49, 227–265.

AMATO, P. R. (1983): The effects of urbanization on interpersonal behavior. Field studies in Papua New Guinea. J. Cross-Cultural Psychol., 14, 353–367.

AMBROSE, J. A. (1960): The Smiling and Related Responses in Early Human Infancy. An Experimental and Theoretical Study of their Course and Significance. University of London, Ph. D. Dissert. Vol. 2.
- (1961): The development of the smiling response in early infancy. In: FOSS, B. M. (Hg.): Determinants of Infant Behaviour, Vol. I. London (Methuen), 179–196.
- (1969): Stimulation in Early Infancy. London (Academic Press).

AMOORE, J. E., PELOSI, P. und FORRESTER, L. J. (1977): Specific anosmias to 5α-Androst-16-en-3-one and w-pentadecalactone: The urinous and musky primary odours. Chem. Senses and Flavour, 2, 401–425.

AMOORE, J. E., POPPLEWELL, J. R. und WHISSELL-BUECHY, D. (1975): Sensitivity of women to musk odor: No menstrual variation. J. Chem. Ecol., 1, 291–297.

AMTHAUER, R. (1966): Psychologische Grundfragen der Berufswahl. VDI-Nachrichten, 20 (48).

ANASTASIA, A. (1958): Differential Psychology. New York (Anastasi).

ANDERSON, G. C. (1978): Der Ursprung der Intelligenz und die sensomotorische Entwicklung des Kindes. In: STEINER, G. (Hg.): Die Psychologie des 20. Jahrhunderts. 7. Piaget und die Folgen. Zürich (Kindler), 94–120.

ANDERSON, P. (1983): The reproductive role of the human breast. Current Anthropol., 24, 25–45.

ANDERSON, S. W. und JAFFE, J. (1972): The Difinition, Detection and Timing of Vocalic Syllables in Speech Signals. Scientific Report No. 12 of Communication Sciences, New York State, Psychiatric Institute.

ANDERSSON, Y., LAGERCRANTZ, H., WINBERG, J. und ÖFVERHOLM, U. (1978): Konjunctivit, mimik och synoeteende hos nyfödda barn före och elfter Cre-de-profylax. Läkartidningen, 75, 302–304.

ANGRICK, M. (1983): Endorphine. Pharmazie Unserer Zeit, 12, 129–134.

ANISFELD, M. (1991): Review – neonatal imitation. Developmental Review, 11, 60–97.

ANTONELLI, A. (1979): Small Beginnings: The Effects of Social Behavior on Cognitive Development in the First Three Months. Paper presented at the British Psychological Society Developmental Section Annual Conference. University of Southampton.

ARCH, E. C. (1993): Risk-taking. A motivational basis for sex differences. Psychological Reports, 73, 3–11

ARCHAVSKY, I. A. (1952): Immediate breastfeeding of newborn infant in the prophylaxis of the so-called physiological loss of weight. Vopr. Pediat., 20, 45–53.

ARDREY, R. (1966): The Territorial Imperative. New York (Atheneum).

ARGYLE, M. (1969): Social Interaction. London (Methuen).

ARGYLE, M. und COOK, M. (1976): Gaze and Mutual Gaze. Cambridge (Cambridge Univ. Press).

ARGYLE, M., FURNHAM, A. und GRAHAM, J. A. (1981): Social Situations. Cambridge (Cambridge Univ. Press).

ARIES, PH. (1978): Geschichte der Kindheit. München (dtv Wissenschaft).

ARLETTI, R., BENELLI, A. und BERTOLINI, A. (1992): Oxytocin involvement in male and female sexual behavior. In: PEDERSEN, C. A., CALDWELL, J. D., JIRIKOWSKI, G. F. und INSEL, T. R. (Hg.): Oxytocin in Maternal, Sexual, and Social Behaviors. New York (New York Academy of Sciences), 180–193.

ARNHEIM, R. (1965): Kunst und Sehen. Eine Psychologie des schöpferischen Auges. Berlin (De Gruyter).

ASCH, S. E. (1951): Effects of group pressure upon the modification and distortion of judgments. In: GUETZKOW, H. (Hg.): Groups, Leadership, and Men. Pittsburgh, PA (Carnegie Press).

– (1955): On the use of metaphor on the description of persons. In: WERNER, H. (Hg.): On Expressive Language. Worcester, MA (Clark University Press).

– (1958): The Metaphor: A Psychological Inquiry. In: TAQURI, R. und PETRULLO, L. (Hg.): Person, Perception, and Interpersonal Behavior. Stanford, CA (Stanford University Press).

ASCHOFF, J. (1981): A survey on biological rhythms. In: ASCHOFF, J. (Hg.): Handbook of Behavioral Neurobiology, Vol. 4. London/New York (Plenum), 3–10. (a)

– (1981): Freerunning and Entrained Circadian Rhythms. In: ASCHOFF, J. (Hg.): Handbook of Behavioral Neurobiology, Vol. 4. London/New York (Plenum), 81–93. (b)

– (1981): Annual rhythms in man. In: ASCHOFF, J. (Hg.): Handbook of Behavioral Neurobiology, Vol. 4. London/New York (Plenum), 475–487. (c)

ASCHOFF, J. und WEVER, R. (1980): Über Reproduzierbarkeit circadianer Rhythmen beim Menschen. Klin. Wochenschr., 58, 323–335.

– (1981): The circadian system of man. In: ASCHOFF, J. (Hg.): Handbook of Behavioral Neurobiology, Vol. 4. London/New York (Plenum), 311–331.

ASPEY, W. P. und BLANKENSHIP, J. E. (1977): Spiders and snails and statistic tales: Application of multivariate analyses to diverse ethological data. In: HAZLETT, B. A. (Hg.): Quantitative Methods in the Study of Behavior. New York/London (Academic Press), 75–120.

– (1978): Comparative ethometrics: Congruency of different multivariate analyses applied to the same ethological data. Behav. Proc., 3, 173–195.

ATTILI, G. und BENIGNI, L. (1979): Interazione sociale – ruolo sessuale e comportamento verbale: lo stile retorico naturale del linguaggio femminile nell' interazione faccia a faccia. In: Societa di Linguistica Italiana (Hg.): Retorica e Scienze. Rom (Bulzoni), 261–280.

ATTILI, G., HOLD, B. und SCHLEIDT, M. (1982): Relationship among Peers in Kindergarten: A Cross-Cultural Study. Paper presented an the IXth Congress of the International Primatological Society, Atlanta, Georgia, USA, 8–13 August, 1982.

AUSTEN, S. (1979): Mutter-Kind-Interaktionen unmittelbar nach der Geburt. Paper presented at 6. Meeting der Int. Studiengemeinschaft für pränatale Psychologie (ISPP), Basel, 4. 9. 1979.

AUSUBEL, D. P. und SULLIVAN, E. V. (1980): Das Kindesalter. Fakten – Probleme – Theorie. München (Juventa).

AVEDON, E. M. und SUTTON-SMITH, B. (1971): The Study of Games. New York (Wiley).

BABAD, Y. E., ALEXANDER, I. E. und BABAD, E. Y. (1983): Returning the smile of the stranger: Developmental patterns and socialization factors. Monogr. Soc. Res. Child Develop., 48, [203], 5.

BACHOFEN, J. J. (1861): Das Mutterrecht. Stuttgart.

BADINTER, E. (1981): Die Mutterliebe. München (Piper).

BAENNINGER, R. und GRECO, M. (1991): Some antecedents and consequences of yawning. The Psychological Record, 41, 453–460.

BAERENDS, G. P. (1956): Aufbau tierischen Verhaltens. In: KÜKENTHAL, W. (Hg.): Handbuch der Zoologie, Vol. 8 (10), 1–32.

BAERENDS, G. P. und DRENT, R. H. (1970): The Herring Gull's egg. Behaviour Suppl., 17.

BAHUCHET, S. (1983): Territoriality and Values among the Aka Pygmies in the Central African Republic. Paper presented at the 3rd Intern. Conf. on Hunters and Gatherers, Werner-Reimers-Stiftung, Bad Homburg 13–16 June, 1983.

BAILEY, K. G. (1987): Human paleopsychology. In: NEUMANN, G. G. (Hg.): Origins of Human Aggression. New York (Human Sciences Press), 50–63.

BAILEY, W. T. (1982): Affinity: An ethological perspective of the infant-father relationship in humans. Infant Behav. Develop., 5 (special ICIS issue), 12.

BAKEMAN, R. und BROWNLEE, J. R. (1982): Social rules governing object conflicts in toddlers and preschoolers. In: RUBIN, K. H. und ROSS, H. S. (Hg.): Peer Relations and Social Skills in Childhood. New York (Springer), 99–111.

BAKER, J. W. und SCHAIE, K. W. (1969): Effects of aggression »alone« or with »another« on physiological and psychological arousal. J. Personality Social Psychol., 12, 80–96.

BALL, W. und TRONICK, F. (1971): Infant responses to impending collision, optical and real. Science, 171, 818–820.

BALLY, G. (1945): Vom Ursprung und von den Grenzen der Freiheit, eine Deutung des Spieles bei Tier und Mensch. Basel (Birkhäuser).

BANDURA, A. (1973): Aggression: A Social Learning Analysis. Englewood Cliffs, NJ (Prentice Hall).

BANDURA, A. und WALTERS, R. H. (1963): Social Learning and Personality Development. New York (Ronald Press).

BANDURA A., UNDERWOOD, B. und FROMSON, M. E. (1975): Disinhibition of aggression through diffusion of responsibility and dehumanization of victims. J. Res. Personality, 9, 253–269.

Barash, D. P. (1977): Sociobiology and Behavior. New York/Amsterdam (Elsevier).

Barber, N. (1990): Home color as a territorial marker. Perceptual and Motor Skills, 71, 1107–1110.

Barbujani, G. und Sokal, R. R. (1990): Zones of Sharp Genetic Change in Europe are also Linguistic Boundaries. Proc. National Acad. Sci. USA, 87, 1816–1819.

Barkow, J. H. (1979): Human ethology: Empirical wealth, theoretical death. Behav. Brain Sci., 2, 27.

Barlow, G. W., (1972): A paternal role for bulls of the Galapagos Islands sea lions. Evolution, 26, 307/8.

Barlow, G. W. und Rowell, T. E. (1984): The contribution of game theory to animal behavior. (Open Peer Commentary for J. Maynard-Smith.) Behav. Brain Sci., 7, 101–103.

Barnard, A. (1978): The kin terminology system of the Nharo Bushmen. Cah. Etud. Afr., 72, 607–629.

Barnard, C. J. (1980): Flock feeding and time budgets in the House Sparrow (*Passer domesticus* L.). Anim. Behav., 28, 295–309.

Barner-Bárry, C. (1983): Zum Verhältnis zwischen Ethologie und Politik: Macht, Dominanz, Autorität und Aufmerksamkeitsstruktur. In: Flohr, H. und Tönnesmann, W. (Hg.): Politik und Biologie. Berlin (Paul Parey), 101–110.

Barnes, D. M. (1988): Meeting on the mind. Science, 239, 142–144. (Report on the meeting of the American College of Neuropsychopharmacology with reference to the discoveries of Saul Schanberg, Tiffany Field, and Gary Evonuik.)

Baron, R. A. (1977): Human Aggression. New York (Plenum Press).

Baron, R. A. und Ball, R. L. (1974): The aggression inhibiting influence of non-hostile humor. J. Exp. Social Psychol., 10, 23–33.

Barrett, J. E. (1972): Schedules of electric shock presentation in the behavioral control of imprinted ducklings. J. Exp. Analysis Behav., 18, 305–321.

Barry, H., Bacon, M. K. und Child, I. L. (1957): A cross-cultural survey of some sex differences in socialization. J. Abnormal Social Psychol., 55, 327–332.

Barth, F. (1959/1960): The land use patterns of migratory tribes of South Persia. Norsk. Geogr. Tidsk, 17, 1–11.

Bartlett, T. Q., Sussman, R. W. und Cheverud, J. M. (1993): Infant killing in primates: A review of observed cases with specific reference to the sexual selection hypothesis. American Anthropologist, 95 (4), 958–990.

Barton, S., Birns, B. und Ronch, J. (1971): Individual differences in the visual pursuit behavior of neonates. Child Develop, 42, 313–319.

Basedow, H. (1906): Anthropological notes on the western coastal tribes of the northern territory of South Australia. Trans. Roy. Soc. S. Austr., 31, 1–62.

Bateson, B. (1989): Is aggression instinctive? In: Groebel, J. und Hinde, R. A. (Hg.): Aggression and War. Cambridge (Cambridge University Press), 35–47.

Bateson, G. und Mead, M. (1942): Balinese Character: A Photographic Analysis. Special Publication of the New York Academy of Science, II. New York.

Beaglehole, E. (1932): Property: A Study in Social Psychology. New York (Macmillan).

Beauvoir, S. de (1968): Das andere Geschlecht – Sitte und Sexus der Frau. Hamburg (Rowohlt).

Becker-Carus, Ch., Buchholtz, Ch., Etienne, A., Franck, D., Medioni, J., Schöne, H., Sevenster, P., Stamm, R. A. und Tschanz, B. (1972): Motivation, Handlungsbereitschaft, Trieb. Z. Tierpsychol., 30, 321–326.

Beit-Hallahmi, B. (1981): The Kibbutz family. Revival or survival. J. Family Issues, 2, 259–274.

BEIT-HALLAHMI, B. und RABIN, A. I. (1977): The Kibbutz as a social experiment and as a childrearing laboratory. Amer. Psychol., 32, 532–541.

BELL, A. P. und WEINBERG, M. S. (1978): Homosexuality: A Study of Diversity among Men and Women. New York (Simon and Schuster).

BELL, A. P., WEINBERG, M. S. und HAMMERSMITH, S. K. (1981): Der Kinsey Institut Report über sexuelle Orientierung und Partnerwahl. München (Bertelsmann).

BELL, F. L. (1934): Warfare among the Tanga. Oceania, 5, 253–279.

BELL-KRANNHALS, I. (1984): Was sich liebt, das versteckt sich – Interaktionsmuster zwischen Liebenden auf Kaileuna Island. Paper presented at meeting of the DFG-priority program »Verbale Interaktion«, 27 January, 1984, Seewiesen.

– (1990): Haben um zu geben. Eigentum und Besitz auf den Trobriandinseln, Papua New Guinea. Basler Beiträge zur Ethologie, 31. Basel (Wepf und Co.).

BELSKY, J. (1980): Child maltreatment. Amer. Psychol., 35, 320–335.

BELZER, E. (1981): Organic expulsion of women: A review and heuristic inquiry. J. Sex. Res., 17, 1–12.

BENARD, CH. und SCHLAFFER, E. (1980): Der Mann auf der Straße. Hamburg (Rowohlt).

BENBOW, C. P. und STANLEY, J. C. (1980): Sex differences in mathematical ability: Fact or artifact? Science, 210, 1262–1264.

– (1983): Sex differences in mathematical reasoning ability: More facts. Science, 222, 1029–1031.

BENEDECK, T. (1952): Psychosexual Functions in Woman. New York (Ronald Press).

BENEDICT, R. (1935): Patterns of Culture. London (Routledge and Kegan Paul Ltd.).

BENNETT, J. H., RHODES, F. A. und ROBSON, H. N. (1959): A possible genetic base for Kuru. Amer. J. Hum. Genet., II, 169–187.

BENNETT, J. W. (1969): Northern Plainsmen: Adaptive Strategies and Agrarian Life. Chicago (Aldine).

– (1976): The Ecological Transition: Cultural Anthropology and Human Adaptation. New York (Pergamon).

BEN-RAFAEL, E. und WEITMAN, S. (1984): The reconstituation of the family in the Kibbutz. European Journal of Sociology, XXV, 1–27.

BENTLEY, D. R. (1971): Genetic control of an insect neuronal network. Science, 174, 1139–1141.

BENTLEY, D. R. und HOY, R. R. (1972): Genetic control of the neuronal network generating cricket song patterns. Animal Behav., 20, 478–492.

BENTON, D. (1982): The influence of androstenol – a putative human pheromone – on mood throughout the menstrual cycle. Biol. Psychol., 15, 249–256.

BERGER, P. L. und LUCKMANN, T. (1970): Die gesellschaftliche Konstruktion der Wirklichkeit. Eine Theorie der Wissenssoziologie. Frankfurt/M. (S. Fischer).

BERGHE, P. L. VAN DEN (1979): Human Family Systems. New York (Elsevier).

– (1981): The Ethnic Phenomenon. New York (Elsevier).

BERGMAN, B. A. (1971): The Effects of Groups Size, Personal Space and Success Failure on Physiological Arousal, Test Performance and Questionnaire Responses. Doctoral dissertation, Temple University, Philadelphia, Univ. Microfilm No. 71–31072.

BERKOWITZ, L. (1962): Aggression: A Social Psychological Analysis. New York/London (McGraw-Hill).

– (1970): Aggressive humor as a stimulus to aggressive responses. J. Personality Social Psychol., 16, 710–717.

BERNSTEIN, L. (1976): The Unanswered Question. Cambridge, MA (Harvard Univ. Press).

BERTAUX, P. (1963): Mutation der Menschheit. Neuauflage 1983. Frankfurt/M. (Suhrkamp).

BERTRAM, B. C. R. (1976): Kin selection in lions and in evolution. In: BATESON, P. P. und HINDE, R. A. (Hg.): Growing Points in Ethology. Cambridge (Cambridge University Press).

Bettelheim, B. (1954): Symbolic Wounds. New York (Collier Books).
– (1977): Kinder brauchen Märchen. Stuttgart (DVA).
Beuchelt, E. und Ziehr, W. (1979): Schwarze Königreiche. Frankfurt/M. (W. Krüger).
Bever, T. G. (1970): The cognitive basis for linguistic structures. In: Hayes, J. R. (Hg.): Cognition and the Development of Language. New York (Wiley), 279–352. (a)
– 1970): The influence of speech performance on linguistic structures. In: Flores d'Arcais, G. B. und Levelt, W. J. M. (Hg.): Advances in Psycholinguistics. Amsterdam (North Holland Publ. Comp.), 4–30. (b)
– (1970): The Nature of Cerebral Dominance in Speech Behavior of the Child and Adult. Mechanisms of Language Development. New York/London (Academic Press). (c)
Bicchieri, M. G. (1969): The Differential Use of Identical Features of Physical Habitat in Connection with Exploitative Settlement and Community Patterns: The Bambuti. Contributions to Anthropology: Band Societies. Proc. Conf. Band Organ. Ottawa, Nat. Museum. Can. Bull., 230, 65–72.
– (1973): Hunters and Gatherers Today. New York (Holt, Rinehart und Winston).
Bigelow, A. (1977): Infants' Recognition of Mother. Paper presented to the Society for Research in Child Development, New Orleans.
Bigelow, R. S. (1970): The Dawn Warriors: Man's Evolution Toward Peace. London (Hutchinson).
Billow, R. M. (1977): Metaphor: A review of the psychological literature. Psychol. Bull., 84, 81–92.
Bilz, R. (1944): Zur Grundlegung einer Paläopsychologie. I. Paläophysiologie; II. Paläopsychologie. Schweizerische Z. Psychol., 3, 202–212, 272–280.
– (1965): Der Subjektzentrismus im Erleben der Angst. In: Ditfurth, H. v. (Hg.): Aspekte der Angst. Stuttgart.
Binford, L. R. (1981): Bones, Ancient Man, and Modern Myths. New York/London/Toronto (Academic Press).
Biocca, E. (1970): Yanoama: The Narrative of a White Girl Kidnapped by Amazonian Indians. New York (E. P. Dutton).
Birdsell, J. B. (1968): Some predictions for the Pleistocene based on equilibrium systems among recent hunter-gatherers. In: Lee, R. B. und DeVore, I. (Hg.): Man the Hunter. Chicago (Aldine), 229–240.
Birdwhistell, R. L. (1960): Kinesics and communication. In: Carpenter, E. und McLuhan, M. (Hg.): Explorations in Communication. Boston (Beacon Press), 54–64.
– (1963): The kinesic level in the investigation of the emotions. In: Knapp, P. H. (Hg.): Expression of the Emotions in Man. New York (International Universities Press), 123–139.
– (1968): Communication without words. In: Alexandre, P. (Hg.): L'Aventure Humaine. Encycl. Sci. de l'Homme, Vol. 5. Paris (Kister, S. A.), 157–166.
– (1970): Kinesics and Context. Philadelphia (University of Pennsylvania Press).
– (1973): Kinesics and Context. Essays on Body-Motion Communication. Harmondsworth, Middlesex (Penguin Books Ltd.).
Birren, F. (1950): Color Psychology and Therapy. New York (McGraw-Hill).
Bischof, N. (1972): The biological foundations of the incest taboo. Social Sci. Inform., 11, 7–36. (a)
– (1972): Inzuchtbarrieren in Säugetiersozietäten. Homo, 23, 330–351. (b)
– (1973): Die biologischen Grundlagen des Inzesttabus. In: Reinert, G. (Hg.): Bericht über den 27. Kongreß der Deutschen Gesellschaft für Psychologie, Kiel 1970. Göttingen (C. J. Hogrefe), 115–142.
– (1975): A system's approach toward the functional connections of attachment and fear. Child Develop., 46, 801–817.

- (1981): Aristoteles, Galilei, Kurt Lewin – und die Folgen. In: MICHAELIS, W. (Hg.): Bericht über den 32. Kongreß der Deutschen Gesellschaft für Psychologie in Zürich 1980, Bd. I. Göttingen/Toronto/Zürich (C. J. HOGREFE), 17–39.

BISCHOF-KÖHLER, D. (1990): Frau und Karriere in psychobiologischer Sicht. Zeitschrift für Arbeits- und Organisationspsychologie, 34 (1), 17–28.

- (1994): Selbstobjektivierung und fremdbezogene Emotionen. Identifikation des eigenen Spiegelbildes, Empathie und prosoziales Verhalten im 2. Lebensjahr. Zeitschrift für Psychologie, 202 (4).

BIXLER, R. H. (1981): The incest controversy. Psychol. Rep., 49, 267–283.

- (1983): Homosexual twin incest avoidance. J. Sex. Res., 19, 296–302.

BLAFFER-HRDY, S. (1974): Male-male competition and infanticide among the langurs (*Presbytis entellus*) of Abu, Rajasthan. Folia Primatol., 22, 19–58.

- (1976): Care and exploitation of non-human primate infants by conspecifics other than the mother. In: ROSENBLATT, J. S., HINDE, R. A., SHAW, E. und BEERS, C. (Hg.): Advances in the Study of Behavior. New York (Academic Press), 101–158.

- (1977): Infanticide as a primate reproductive strategy. Amer. Sci., 65, 40–49. (a)

- (1977): The Langurs of Abu. Cambridge, MA (Harvard University Press). (b)

- (1979): Infanticide among animals: A review, classification, and examination of the implications for the reproductive strategies of females. Ethol. Sociobiol., 1, 13–40.

- (1981): The Woman That Never Evolved. Cambridge, MA (Harvard University Press).

- (1982): Positivist thinking encounters field primatology, resulting in agonistic behavior. Soc. Sci. Inform., 21, 245–250.

- (1988): Comments on George Williams' Essay on Morality and Nature. Zygon, 23, 409–411.

BLEEK, D. F. (1930): Rock-Paintings in South Africa. London (Methuen).

BLEHAR, M. C., LIEBERMAN, A. F. und AINSWORTH, M. D. S. (1977): Early face-to-face interaction in its relation to later infant-mother attachment. Child Develop., 48, 181–194.

BLOCK, J. H. (1976): Debatable conclusions about sex differences. Contemp. Psychol., 21, 517–522. (a)

- (1976): Assessing sex differences: issues, problems and pitfalls. Merrill-Palmer Quart., 22, 283–308. (b)

BLOCK, N. (1979): A Confusion about innateness. (Commentary). Behav. Brain Sci., 2, 27–29.

BLURTON-JONES, N. G. (1972): Ethological Studies of Child Behaviour. Cambridge (Cambridge University Press).

- (1976): Growing points in human ethology: Another link between ethology and the social sciences? In: BATESON, P. P. G. und HINDE, R. A. (Hg.): Growing Points in Ethology. London (Cambridge University Press), 427–450.

- (1984): A selfish origin for human sharing: Tolerated theft. Ethol. Sociobiol., 5, 1–3.

BLURTON-JONES, N. G. und KONNER, M. J. (1973): Sex differences in behaviour of London and bushman children. In: MICHAEL, R. P. und CROOK, J. (Hg.): Comparative Ecology and Behaviour of Primates. London (Academic Press), 689–750.

BOAL, F. (1969): Territoriality on the Shankill-Falls Divide, Belfast. Irish Geogr., 6, 30–35.

BOAS, F. (1895, 1970): The Social Organization and the Secret Societies of the Kwakiutl Indians. Report of the U.S. National Museum. New York (Johnson Reprint Corporation).

- (1911, rev. 1938): The Mind of Primitive Man. New York (Macmillan).

- (1928): Anthropology and Modern Life. New York (Norton).

- (1938): General Anthropology. New York (Heath).

BOEHM, C. (1993): Egalitarian behavior and reverse dominance hierarchy. Current Anthropology, 34, 227–254.

BOEHN, M. v. (1976, rev. 1982): Die Mode. Eine Kulturgeschichte vom Barock bis zum Jugendstil. Adapted by I. Loschek. München (Bruckmann).

BOESCH, CH. und BOESCH, H. (1981): Sex differences in the use of natural hammers by wild chimpanzees. A preliminary report. J. Hum. Evol., 10, 585–593.

BOESIGER, W. und GIRSBERGER, H. (1967): Le Corbusier 1910–1965. Zürich (Verlag für Architektur – Artemis).

BOHANNAN, P. (Hg.) (1967): Law and Warfare. Studies in the Anthropology of Conflict. Garden City, NY (Natural History Press).

BOINSKI-MCCONNELL, H. und BURGESS, R. L. (1978): The Effect of Physical Attractiveness on Family Interaction Patterns in Problem and Non-Problem Families. The Pennsylvania State University.

BOLINGER, D. (1978): Intonation across languages. In: GREENBERG, J. H., FERGUSON, CH. A. und MARAVCSIK, E. A. (Hg.): Universals of Human Language. Vol. 2: Phonology. Stanford, CA (Stanford University Press), 471–524.

– (1980): Intonation and »nature.« In: FOSTER, M. L. und BRANDES, ST. H. (Hg.): Symbol as Sense. New York (Academic Press), 9–24.

BOLK, L. (1926): Das Problem der Menschwerdung. Jena.

BOLLES, R. C. (1979): The functional significance of behavior. Behav. Brain Sci., 2, 29–30.

BOLLES, R. C. und FANESLOW, M. S. (1982): Endorphins and behavior. Annu. Rev. Psychol., 33, 87–101.

BOLLIG, M. und KLEES, F. (1994): Überlebensstrategien in Afrika. In: Colloquium Africanum 1, Heinrich-Barth-Institut, Köln.

BOLTON, R. (1984): The hypoglycaemia-aggression hypothesis: Debate versus research. Current Anthropol., 25, 1–53.

BOOTH, A. und EDWARDS, J. N. (1980): Fathers: The invisible parent. Rex Roles, 6, 445–456.

BOOTH, D. A. und KIRK-SMITH, M. D. (1980): Effect of Androstenone on Choice of Location in Other's Presence. Joint Congress on Chemoreception ECRO IV and ISOT VII, Noordwijkerhout, Holland, S. 175.

BORGIA, G. (1980): Human aggression as a biological adaption. In: LOCKARD, J. L. (Hg.): The Evolution of Social Behavior. New York (Elsevier), 165–191.

BORKENAU, P. (1993): Reicher Mann und schöne Frau? Zwei Studien zu Geschlechtsunterschieden in der Partnerpräferenz. Zeitschrift für Sozialpsychologie, 289–297.

BORNSTEIN, M. H. (1975): Qualities of colour vision in infancy. J. Exp. Child Psychol., 19, 401–419.

– (1979): The pace of life: Revisited. Intern. J. Psychol., 14, 83–90.

BORNSTEIN, M. H. und BORNSTEIN, H. G. (1976): The pace of life. Nature, 259, 557–558.

BOULDING, K. E. (1978): Sociobiology or Biosociology? Society, Sept./Oct., 28–34.

BOWER, T. G. R. (1966): Slant perception and shape constancy of infants. Science, 151, 832 ff.

– (1971): The object in the world of the infant. Sci. American, 225, 30–38.

– (1977): A Primer of Infant Development. San Francisco (Freeman).

BOWER, T. G. R., BROUGHTON, J. M. und MOORE, M. K. (1970): The coordination of vision and touch in infancy. Perception Psychophys., 8, 51–53. (a)

– (1970): Infant responses to approaching objects: An indicator of response to distal variables. Perception Psychophys., 9, 193–196. (b)

BOWLBY, J. (1958): The nature of the child's tie to his mother. Intern. J. Psycho-Analysis, 39, 350–373.

– (1969): Attachment and loss. In: MASUD, M. und KHAN, R. (Hg.): Attachment 1. London (Hogarth Press), The Int. Psycho-Analytical Library, No. 79. (a)

– (1969): Mütterliche Zuwendung und geistige Gesundheit. München (Kindler Taschenbücher »Geist und Psyche«). (b)

– (1973): Attachment and loss. In: MASUD, M. und KHAN, R. (Hg.): Separation and Anger 2. London (Hogarth Press), The Int. Psycho-Analytical Library, No. 95.

BOYD, R. und RICHERSON, P. J. (1982): Cultural transmission and the evolution of cooperative behavior. Hum. Ecol. 10, 325–351.

BRADLEY, C. F., ROSS, S. E. und WARNYCA, J. (1983): A prospective study of mothers' attitudes and feelings following cesarean and vaginal births. Birth, 10, 79–83.

BRAIN, P. F. und BENTON, D. (1981): The Biology of Aggression. Alphenaan den Rijn, Netherlands (Sijtoff and Noordhoff).

BRAMEL, D., TAUB, B. und BLUM, B. (1968): An observer's reaction to the suffering of his enemy. J. Personality Social Psychol., 8, 384–392.

BRANNIGAN, C. R. und HUMPHRIES, D. A. (1972): Human Non-Verbal Behaviour, a Means of Communication. In: BLURTON-JONES, N. G. (Hg.): Ethological Studies of Child Behaviour. Cambridge (Cambridge University Press), 37–64.

BRAUER, A. (1983): Kunst – Restkunst – Unkunst. München (R. P. Hartmann).

BRAUN, H. und ELZE, C. (1954): Anatomie des Menschen, Bd. 1. Heidelberg (Springer).

BRELAND, K. und BRELAND, M. (1966): Animal Behavior. New York (Macmillan).

BRIM, O. G. und KAGAN, J. (1980): Constancy and Change in Human Development. Cambridge, MA (Harvard University Press).

BRISLIN, R. W. (1980): Cross-cultural research methods. In: ALTMAN, I., RAPOPORT, A. und WOHLWILL, J. F. (Hg.): Human Behavior and Evironment, Vol. 4. London/New York (Plenum Press), 47–82.

BROAD, F. (1976): The Effect of Breast Feeding on Speech Development. J. La Leche League of New Zealand.

BROCHER, T. (1971): Psychosexuelle Grundlagen der Entwicklung. In: HASSENSTEIN, B. (Hg.): Verhaltensbiologie des Kindes. Opladen (Leske Verlag).

BRONNER, S. J. (1982): The haptic experience of culture. Anthropos, 77, 351–361.

BRONOWSKI, J. und BELLUGI, U. (1980): Language, name and concept. In: SEBEOK, T. A. und UMIKER-SEBEOK, J. (Hg.): Speaking of Apes. New York (Plenum Press), 103–113.

BROOKFIELD, H. C. und BROWN, P. (1963): Struggle for Land. London (Oxford University Press).

BROOKSBANK, B. W. L., BROWN, R. und GUSTAFSSON, J.-A. (1974): The Detection of 5α-androst-16 en-3α-ol in human male axillary sweat. Experientia, 30, 864–865.

BROUDE, G. J. (1976): Cross-cultural patterning of some sexual attitudes and practices. Behav. Sci. Res., 11, 227–262.

BROWN, G. L., GOODWIN, F. K. und BUNNEY, W. E., JR. (1982): Human aggression and suicide: Their relationship to neuropsychiatric diagnoses and serotonin metabolism. In: HO, B. T. (Hg.): Serotonin in Biological Psychiatry. New York (Raven Press), 287–307.

BROWN, L. R. (1981): World population growth, soil erosion, and food security. Science, 214, 995–1002.

BROWN, P. und LEVINSON, ST. (1978): Universals in language usage: Politeness phenomena. In: GOODY, E. N. (Hg.): Questions and Politeness Strategies in Social Interaction. Cambridge/New York (Cambridge University Press), 56–290.

BROWN, R. (1965): Social Psychology. New York (Free Press).

– (1968): Words and Things. New York (Free Press).

– (1974): Die ersten Sätze von Kind und Schimpanse. In: LEUNINGER, H., MILLER, M. H. und MÜLLER, F. (Hg.): Linguistik und Psychologie, Vol. 2. Frankfurt/M. (Fischer Athenaeum), 30–52.

BROWNLEE, F. (1943): The social organization of the !Kung Bushmen of the Northwestern Kalahari. Africa, 14, 124–129.

BROWNTREE, L. R. und CONKEY, M. W. (1980): Symbolism and the cultural landscape. Ann. Assoc. Amer. Geographers, 70, 459–474.

BRUNER, J. S. (1974): Nature and uses of immaturity. In: CONNOLLY, K. und BRUNER, J. S. (Hg.): The Growth of Competence. London (Academic Press), 11–48.

– (1975): The ontogenesis of speech-acts. J. Child Language, 2, 1–19. (a)

– (1975): From communication to language: A psychological perspective. Cognition, 3, 255–287. (b)

– (1981): The social context of language acquisition. Language Commun., 1, 155–178.

BRUNER, J. S. und KOSLOWSKI, B. (1972): Visually preadapted constituents of manipulatory action. Perception, 1, 3–14.

BUCHWALD, K. (1978): Umwelt, Mensch, Gesellschaft, Die Entstehung der Umweltproblematik. In: BUCHWALD, K. und ENGELHARDT, W. (Hg.): Handbuch für Planung, Gestaltung und Schutz der Umwelt, 1. Die Umwelt des Menschen. München (BLV), 1–46.

– (1980): Umwelt und Gesellschaft zwischen Wachstum und Gleichgewicht. In: BUCHWALD, K. und ENGELHARDT, W. (Hg.): Handbuch für Planung, Gestaltung und Schutz der Umwelt. 4. Umweltpolitik. München/Wien/Zürich (BLV), 1–32.

BUCHWALD, K. und ENGELHARDT, W. (Hg.) (1978): Handbuch für Planung, Gestaltung und Schutz der Umwelt, 1. Die Umwelt des Menschen. München (BLV).

BUCKHALT, J. A., RUTHERFORD, R. B. und GOLDBERG, K. E. (1978): Verbal and nonverbal interaction of mothers with their Down's Syndrome and non-retarded infants. Amer. J. Mental Deficiency, 82, 337–343.

BUDACK, K. F. R. (1983): A harvesting people on the South Atlantic coast. S. Afr. J. Ethnol., 6, 1–7.

BULLOCK, T. H. (1961): The origins of patterned nervous discharge. Behaviour, 17, 48–59.

BULLOCK, T. H. und HORRIDGE, G. A. (1965): Structure and Function in the Nervous System of Invertebrates, 2 Vols. San Francisco (Freeman).

BUNGE, M. (1979): Some topical problems in biophilosophy. J. Social Biol. Structures, 2, 155–172.

BURCKHARDT, L. (1981): Das Menschenbild des Architekten. In: MICHAELIS, W. (Hg.): Bericht über den 32. Kongreß der Deutschen Gesellschaft für Psychologie in Zürich 1980, Bd. 1. Göttingen/Toronto/Zürich (C. J. Hogrefe), 73–80.

BURD, A. P. und MILEWSKI, A. E. (1981): Matching of Facial Gestures by Young Infants: Imitation or Releasers? Vortrag anläßlich der Tagung der Society of Research in Child Development, Boston, April, 1981.

BURGESS, R. L. und CONGER, R. D. (1978): Family Interaction in Abusive Neglectful and Normal Families. The Pennsylvania State University.

BURGHARDT, G. M. (1975): Chemical prey preferences polymorphism in newborn garter snakes, *Thamnophis sirtalis*. Behaviour, 52, 202–225.

BUSCH, F. und McKNIGHT, J. (1973): Parental attitudes and the development of the primary transitional object. Child Psychiat. Hum. Develop., 4, 12–20.

BUSHNELL, I. W. R., SAI, F. und MULLIN, J. T. (1989): Neonatal recognition of the mother's face. British Journal of Developmental Psychology, 7, 3–15.

BUSS, A. H. (1961): The Psychology of Aggression. New York (Wiley).

BUSS, D. (1988): The evolution of human intrasexual competition: Tactics of mate attraction. Journal of Personality and Social Psychology, 54, 616–628.

– (1989): Sex differences in human mate preferences: Evolutionary hypotheses tested in 37 cultures. Behavioral and Brain Sciences, 12, 1–49.

BYGOTT, J. D. (1972): Cannibalism among wild chimpanzees. Nature, 238, 410–411.

CALDWELL, J. D. (1992): Central oxytocin and female sexual behavior. In: PEDERSEN, C. A., CALDWELL, J. D., JIRIKOWSKI, G. F. und INSEL, T. R. (Hg.): Oxytocin in Maternal, Sexual, and Social Behaviors. New York (New York Academy of Sciences), 166–179.

CALHOUN, J. B. (1962): Population density and social pathology. Sci. Amer., 206 (2), 139–148.

CALVINOUX, P. (1980): The Fates of Nations. A Biological Theory of History. New York (Simon und Schuster).

CAMPBELL, D. T. (1974): Evolutionary epistemology. In: SCHILLP, P. (Hg.): The Library of Living Philosophers, Vol. 14, 1 and 2: The Philosophy of Karl Popper, Vol. 1, 413–463. Lasalle (Open Court).

– (1975): On the conflicts between biological and social evolution and between psychology and moral tradition. Amer. Psychol., 30, 1103–1126.

CAMPELL, B. und PETERSEN, W. E. (1953): Milk let-down and orgasm in human female. Hum. Biol., 25, 165–168.

CAMPOS, J. J., HIATT, S., RAMSAY, D., HENDERSON, C. und SVEJDA, M. (1977): The emergence of fear on the visual cliff. In: LEWIS, M. und ROSENBLUM, L. (Hg.): The Origins of Affect. New York (Wiley).

CAMRAS, L. A. (1977): Facial expressions used by children in a conflict situation. Child Develop., 48, 1431–1435.

CANDLAND, D. K. und MASON, W. A. (1968): Infant monkey heartrate: Habituation and effects of social substitutes. Develop. Psychobiol. 1, 254–256.

CAPLAN, A. L. (1979): Sociobiology, human nature and psychological egoism. J. Social Biol. Structures, 2, 27–38.

CAPORAEL, L. R. (1981): The paralanguage of caregiving: Baby talk to the institutionalized aged. J. Personality Social Psychol., 40, 876–884.

CAPUTI, J. E. (1984): Beauty secrets: Tabooing the ugly woman. In: R. B. BROWNE (Hg.): Forbidden Fruits: Taboos and Tabooism in Culture. Bowling Green, Ohio (Bowling Green University Popular Press), 36–56.

CARLSON, J. S. (1978): Kulturenvergleichende Untersuchungen im Rahmen von Piaget's Theorie. In: STEINER, G. (Hg.): Die Psychologie des 20. Jahrhunderts. 7. Piaget und die Folgen. Zürich (Kindler), 709–728.

CARNEIRO, R. L. (1970): A theory of the origin of the state. Science, 169, 733–738.

– (1978): Political expansion as an expression of the principle of competitive exclusion. In: COHEN, R. und SERVICE, E. (Hg.): Origins of the State. The Anthropology of Political Evolution. Philadelphia, PA (Institute of the Study of Human Issues), 205–223.

CARSON, R. (1962): Silent Spring. Boston (Houghton Mifflin).

CARTER, C. S., WILLIAMS, J. R., WITT, D. M. und INSEL, T. R. (1992): Oxytocin and social bonding. In: PEDERSEN, C. A., CALDWELL, J. D., JIRIKOWSKI, G. F. und INSEL, T. R. (Hg.): Oxytocin in Maternal, Sexual, and Social Behaviors. New York (New York Academy of Sciences), 204–211.

CASHDAN, E. A. (1980): Egalitarianism among hunters and gatherers. Amer. Anthropol., 82, 116–120.

– (1983): Territoriality among human foragers: Ecological models and an application to four Bushman groups. Current Anthropol., 24, 47–55.

CASSIDY, J. H. (1979): Half a century on the concepts of innateness and instinct. Survey, synthesis and philosophical implications. Z. Tierpsychol., 50, 364–386.

CASTETTER, E. F. und BELI, W. H. (1951): Yuman Indian Agriculture. Albuquerque, NM (University of New Mexico Press).

CATON, H. (1981): Domesticating nature: Thoughts on the ethology of modern politics. In: WHITE, E. (Hg.): Sociobiology and Politics. Boston (Heath), 99–134.

– (1982): Biosocial Science: Knowledge for Enlightened Political Leadership. Paper presented at Annual Meeting of American Political Science Association, Denver, 11–14 Sept., 1982.

CAVALLI-SFORZA, L. L. (1981): Human evolution and nutrition. In: KRETSCHMER, N. und WALCHER, D. N. (Hg.): Food, Nutrition and Evolution. New York (Masson Publ. Inc.).

– (1991): Genes, peoples and languages. Scientific American, 11, 72–78.

CAVALLI-SFORZA, L. L., MINCH, E. und MOUNTAIN, J. L. (1992): Coevolution of genes and languages revisited. Proc. Natl. Acad. Sci. USA, 89, 5620–5624.

CAVALLI-SFORZA, L. L. und PIAZZA, A. (1992): Human genomic diversity in Europe: A summary of recent research and prospects for the future. European Journal of Human Genetics, Review, 4/59.

CAVALLI-SFORZA, L. L., PIAZZA, A., MENOZZI, P. und MOUNTAIN, J. (1988): Reconstruction of human evolution: Bringing together genetic, archaeological and linguistic data. Proc. Natl. Acad. Sci. USA, 85, 6002–6006.

CERNOCH, J. M. und PORTER, R. H. (1985): Recognition of maternal axillary odors by infants. Child Development, 56, 1593–1598.

CHAGNON, N. A. (1968): Yanomamö, The Fierce People. New York (Holt, Rinehart und Winston).

– (1971): Die soziale Organisation und die Kriege der Yanomamö-Indianer. In: FRIED, M., HARRIS, M. und MURPHY, R. (Hg.): Der Krieg. Zur Anthropologie der Aggression und des bewaffneten Konflikts. Stuttgart (Fischer), 131–189.

– (1974): Studying the Yanomamö. New York (Holt, Rinehart und Winston).

– (1976): Yanomamö, the true people. National Geog. Magazine, 150, 211–222.

– (1979): Mate competition, favoring close kin, and village fissioning among the Yanomamö Indians. In: CHAGNON, N. A. und IRONS, W. (Hg.): Evolutionary Biology and Human Social Behavior: An Anthropological Perspective. North Scituate, MA (Duxbury Press), 86–132.

– (1988): Life histories, blood revenge, and warfare in a tribal population. Science, 239, 985–992.

CHAGNON, N. A. und IRONS, W. (1979): Evolutionary Biology and Human Social Behavior: An Anthropological Perspective. North Scituate, MA (Duxbury Press).

CHANCE, M. R. A. (1967): Attention structures as the basis of primate rank orders. Man, 2[NS], 503–518.

CHANCE, M. R. A. und LARSEN, R. R. (Hg.) (1976): The Social Structure of Attention. London (Wiley).

CHANGEUX, J. P. (1994): Creative processes. Art and neuroscience. Leonardo, 27 (3), 189–201.

CHARLESWORTH, W. (1978): Some models for the evolution of altruistic behavior between siblings. J. Theoret. Biol., 72, 297–319.

– (1981): Comments on S. L. Washburn's review of Kenneth Bock's »Human Nature History«: A response to sociobiology. Hum. Ethol. Newsl., 22–23 Sept., 1981.

– (1990): It's the Most Complete Knowledge That's Most Responsible. Human Ethol. Newsletter, 5 (13), 1990.

– (1991): The development of the sense of justice. American Behavioral Scientist, 34, 350–370.

CHARLESWORTH, W. R. und DZUR, C. (1987): Gender comparisons of preschoolers behavior and resource utilization in group problem solving. Child Develop., 58, 191–200.

CHATEAU, J. (1969): Das Spiel des Kindes. Paderborn (Ferdinand Schöningh).

CHESSER, E. (1957): The Sexual, Marital, and Family Relationship of the English Woman. New York (Roy).

CHEVALIER-SKOLNIKOFF, S. (1973): Facial expression of emotion in nonhuman primates. In: EKMAN, P. (Hg.): Darwin and Facial Expression. New York/London (Academic Press), 11–89.

CHEYNE, J. A. und EFRAN, M. G. (1972): The effect of spatial and interpersonal variables on the invasion of group control territories. Sociometry, 35, 477–489.

CHISHOLM, G. B. (1946): The Re-establishment of Peacetime Society. The William Alanson White Memorial Lectures, 2nd series, Psychiatry IX, No. 3. Text citation from: HAYEK, F. A. v. (1975): Die Irrtümer des Konstruktivismus. Tübingen (C. B. Mohr Paul Siebeck), 30.

CHOMSKY, N. (1965): Aspects of the Theory of Syntax. Cambridge. MA (MIT Press).

– (1969): Language and the mind. Psychol. Today Magazine, 13, 424–432.

– (1970): Sprache und Geist. Frankfurt/M. (Suhrkamp).

CIALDINI, R. B. u. a. (1975): Reciprocal concessions procedure for inducing compliance: The door-in-the-face technique. J. Personality Social Psychol., 31, 206–215.

– (1984): Influence. How and Why People Agree to Things. New York (William Morrow).

CLAESSEN, H. J. M. und SKALNIK, P. (Hg.) (1978): The Early State. Den Haag (Mouton).

CLARK, L. (1970): Is there a difference between a clitoral and a vaginal orgasm? J. Sex Res., 6, 25–28.

CLARKE-STEWART, K. A. (1978): And daddy makes three: The father's impact on mother and child. Child Develop., 49, 466–478.

– (1980): The father's contribution to children's cognitive and social development in early childhood. In: PEDERSEN, F. A. (Hg.): The Father-Infant Relationship: Observational Studies in a Family Setting. New York (Holt, Rinehart und Winston).

CLASTRES, P. (1974): Society Against the State. New York (Urizen Books).

CLAUS, R. und ALSING, W. (1976): Occurrence of 5α-androst-16 en-3α-on, a boar pheromone in man and its relationship to testosterone. J. Endocrinol., 68, 483–484.

CLAUSEWITZ, K. VON (1937, 15. Aufl.): Vom Kriege. Herausgegeben von K. Linnebach. Berlin.

CLIFTON, R., SIQUELAND, E. R. und LIPSITT, L. P. (1972): Conditioned headturning in human newborns as a function of conditioned response requirements and states of wakefulness. J. Exp. Child. Psychol., 13, 43–57.

COHEN, P. S. (1980): Psychoanalysis and cultural symbolization. In: FOSTER, M. L. und BRANDES, SR. H. (Hg.): Symbol as Sense. New York (Academic Press), 45–70.

COHEN, R. und SERVICE, E. R. (Hg.) (1978): Origins of the State. The Anthropology of Political Evolution. Philadelphia, PA (Inst. for the Study of Human Issues).

COLBY, A., KOHLBERG, L., GIBBS, J. und LIEBERMAN, M. (1983): A longitudinal study of moral judgment. Monogr. Soc. Res. Child Develop., 48 [Ser. No. 200], 1–124.

COLE, P. M., JENKINS, P. A. und SHOTT, C. T. (1989): Spontaneous expressive control in blind and sighted children. Child Development, 60, 683–688.

COLGAN, P. W. (Hg.) (1978): Quantitative Ethology. New York (Wiley).

COLINVAUX, P. A. (1980): The Feats of Nations. A Biological Theory of History. New York (Simon und Schuster).

– (1982): Towards a theory of history: Fitness, niche and clutch of *Homo sapiens*. J. Ecol., 70, 393–412.

COLLIS, G. M. und SCHAFFER, H. R. (1975): Synchronization of visual attention in mother-infant pairs. J. Child Psychol. Psychiat., 16, 315–320.

COMER, R. J. und PILIAVIN, J. A. (1972): The effects of physical deviance upon face-to-face interaction. The other side. J. Personality Social Psychol., 23, 33–39.

COMRIE, B. (1983): Form and function in explaining language universals. Linguistics, 21, 87–103.

CONDON, W. S. und SANDER, L. W. (1974): Neonate movement is synchronized with adult speech: Interactional participation and language acquisition. Science, 183, 99–101.

CONKEY, M. W. (1978): Style and information in cultural evolution: Toward a predictive model for the paleolithic. In: REDMAN, CH. L. u. a. (Hg.): Social Archaeology Beyond Subsistence and Dating. New York (Academic Press), 61–85.

COOK, M. (Hg.) (1981): The Bases of Human Sexual Attraction. London/New York (Academic Press). (a)

– (1981): Social skill and human sexual attraction. In: COOK, M. (Hg.): The Bases of Human Sexual Attraction. London/New York (Academic Press), 145–177. (b)

CORNING, P. A. (1976): Toward a survival oriented policy science. In: SOMIT, A. (Hg.): Biology and Politics. Recent Explorations. Den Haag/Paris (Mouton), 127–154.

- (1981): Rethinking categories and life. Behav. Brain Sci., 4, 286–288. (a)
- (1981): A Synopsis of a General Theory of Politics. Paper presented at the Annual Meeting of the American Political Science Association, Sept., New York. (b)
- (1983): Politik und Evolution: Kybernetik und Synergismus in der Entstehung komplexer Gesellschaften. In: FLOHR, H. und TÖNNESMANN, W. (Hg.): Politik und Biologie. Berlin (Paul Parey), 38–60. (a)
- (1983): The Synergism Hypothesis. New York (McGraw-Hill). (b)

CORSARO, W. A. (1979): We're friends, right?: Childrens' use of access rituals in nursery school. Language Soc., 8, 315–336.

COSS, R. G. (1972): Eye-like Schemata: Their Effect on Behaviour. Thesis, University of Reading, PA.
- (1973): The cut-off hypothesis: Its relevance to the design of public places. Man-Environ. Systems, 3, 417–440.
- (1978): Development of face aversion by the jewel fish (*Hemichromis bimaculatus*, Gill. 1862). Z. Tierpsychol., 48, 28–46.

COTT, H. B. (1957): Adaptive Coloration in Animals. London (Methuen).

COUNT, E. W. (1959): Eine biologische Entwicklungsgeschichte der menschlichen Sozialität. Homo, 10, 1–35.
- (1970): Das Biogramm. Anthropologische Studien. Frankfurt/M. (S. Fischer).

CRAIG, W. (1918): Appetites and aversions as constituents of instincts. Biol. Bull. Woods. Hole, 34, 91–107.

CRANACH, M. v. (1976): Methods of Inference from Animal to Human Behavior. Den Haag/ Paris (Mouton).

CRANACH, M. v. und VINE, I. (Hg.) (1973): Social Communication and Movement. London (Academic Press).

CRANACH, M. v., KALBERMATTEN, U., INDERMÜHLE, K. und GUGLER, B. (1980): Zielgerichtetes Handeln. Bern/Stuttgart/Wien (Hans Huber).

CREUTZFELDT, O. (1979): Repräsentation der visuellen Umwelt im Gehirn (Mustererkennung und Schlüsselreize). Verhandl. Deut. Zool. Ges., 5–18.

CRONIN, C. L. (1980): Dominance relations and females. In: OMARK, D. R., STRAYER, F. F. und FREEMAN, D. G. (Hg.): Dominance Relations. New York (Garland STPM Press), 299–318.

CÜCELOGLU, D. M. (1970): Perception of facial expressions in three cultures. Ergonomics, 13, 93–100.

CULBERTSON, G. H. und CAPOREAL, L. R. (1983): Baby talk speech to the elderly. Personality Soc. Psychol. Bull., 9, 305–312.

CULLEN, E. (1960): Experiments on the effects of social isolation on reproductive behaviour in the three-spined stickleback. Animal Behav., 8, 235.

CUNNINGHAM, M. R. (1986): Measuring the physical in physical attractiveness: Quasi-experiments on the sociobiology of female facial beauty. J. Personality Soc. Psychol., 50, 925–935.

CURTISS, S. (1977): Genie: A Psycholinguistic Study of Modern-Day »Wild Child«. New York (Academic Press).

CUTLER, W. B., PRETI, G., KRIEGER, A., HUGGINS, G. R., GARCIA, C. R. und LAWLEY, H. J. (1986): Human axillary secretions influence women's menstrual cycles: The role of donor extract from men. Hormones Behav., 20, 463–473.

CUTTING, J. E. und ROSNER, B. (1974): Categories and boundaries in speech and music. Perception Psychophy., 16, 564–570.

DAANJE, A. (1950): On the locomotory movements in birds and the intention movements derived from it. Behaviour, 3, 48–98.

DABBS, J. M. (1992): Testosterone and occupational achievement. Social Forces, 70, 813–824.

DACY, M., WILSON, M. und WEGHORST, S. J. (1982): Male sexual jealousy. Ethol. Sociobiol., 3, 11–27.

DALDRY, A. D. und RUSSELL, P. A. (1982): Sex differences in the behavior of preschool children with novel and familiar toys. J. Genet. Psychol., 141, 3–6.

DAMAS, D. (Hg.) (1969): Contributions to Anthropology: Ecological Essays. Natural Museum of Canada. Bull. No. 230, Anthropological Series No. 86.

DAMASIO, A. R. (1985): Prosopagnosia. In: TINS – March 1985. Amsterdam (Elsevier Science Publishers B.V.), 132–135.

DAMON, F. H. (1982): Calendars and calendrical rites on the northern side of the Kula ring. Oceania, 52, 221–239.

DANIELLI, J. S. (1980): Altruism and the internal reward system. J. Soc. Biol. Structures, 3, 87–94.

DANN, H. D. (1972): Aggression und Leistung. Stuttgart (Klett).

DANNHAUER, H. (1973): Geschlecht und Persönlichkeit. Berlin (Deutscher Verlag der Wissenschaften).

DANZINGER, L. und FRANKL. L. (1934): Zum Problem der Funktionsreifung. Z. Kinderforsch., 43, 219–225.

DART, R. A. (1949): The bone-bludgeon hunting technique of *Australopithecus*. S. Afr. Sci., 2, 150–152.

– (1953): The predatory transition from ape to man. Intern. Anthropol. Linguistic Rev., 1, 201–218.

DARWIN, CH. (1859): Origin of Species. New York (Philosophical Library).

– (1872): The expression of emotion in man and animals. London (Murray).

DASEN, P. R. (1977): Piagetian Psychology: Cross-cultural Contributions. New York (Gardener Press).

DAUCHER, H. (1967): Künstlerisches und rationalisiertes Sehen. Gesetze des Wahrnehmens und Gestaltens. Schriften der pädagogischen Hochschulen Bayerns. München (Ehrenwirth Verlag).

– (1979): Psychogenetic Aspects of aesthetics. Report INSIA-Congress in Adelaide (unveröffentlichtes Manuskript).

DAVIS, A. und OLESEN, V. (1971): Communal work and living: Notes on the dynamics of social distance and social space. Sociol. Social Res., 55, 191–202.

DAVIS, F. C. (1981): Ontogeny of circadian rhythms. In: ASCHOFF, J. (Hg.): Handbook of Behavioral Neurobiology, 4. London/New York (Plenum Publ. Corp.), 257–274.

DAWKINS, R. (1968): The ontogeny of a pecking preference in domestic chicks. Z. Tierpsychol., 25, 170–186.

– (1976): The Selfish Gene. London (Oxford University Press).

– (1978): Replicator selection and the extended phenotype. Z. Tierpsychol., 47, 61–76.

– (1979): Defining sociobiology. Nature, 280, 47–428. (a)

– (1979): Twelve misunderstandings of kin selection. Z. Tierpsychol., 51, 184–200. (b)

DAWKINS, R. und KREBS, J. R. (1978): Animal signals: Information or manipulation? In: J. R. KREBS und N. B. DAVIES (Hg.): Behavioural Ecology. Oxford (Blackwell), 282–309.

DAY, R. H. (1972): Visual spatial illusions: A general explanation. Science, 175, 1335–1340.

DEAG, J. M. und CROOK, J. H. (1971): Social behaviour and »agonistic buffering« in the wild barbary macaque *Macaca sylvana* L. Folia Primatol., 15, 183–200.

DECASPER, A. H. und FIFER, W. P. (1980): Of human bonding: Newborns prefer their mother's voice. Science, 208, 1174–1176.

DECHATEAU, P. und ANDERSSON, Y. (1976): Left-side preference for holding and carrying newborn infants, II. Doll-holding and carrying from 2 to 16 years. Develop. Med. Child Neurol., 18, 738–744.

DeChateau, P. und Wiberg, B. (1977): Long-term effect on mother-infant behaviour of extra contact during the first hour postpartum, I. First observations at 36 hours. Acta Paediatr. Scand., 66, 137. (a)

– (1977): Long-term effect on mother-infant behaviour of extra contact during the first hour postpartum, II. Follow-up at three month. Acta Paediatr. Scand., 66, 145 ff. (b)

DeChateau, P., Holmberg, H. und Winberg, J. (1978): Left-side preference in holding and carrying, I. Mothers holding during the first week of life. Acta Paediatr. Scand., 67, 169–175.

Degenhardt, A. und Trautner, H. M. (1979): Geschlechtstypisches Verhalten. Mann und Frau in psychologischer Sicht. München (C. H. Beck).

Delcomyn, F. (1980): Neural Basis of Rhythmic Behavior. Science, 210, 492–498.

Delgado, J. M. R. (1979): Cerebral building blocks and behavioral mechanisms. Behav. Brain Sci., 2, 31–32.

DeLong, A. J. (1977): Yielding the floor: The kinesic signals. J. Commun., 27, 98–103.

Demoll, R. (1954): Bändigt den Menschen. München (Bruckmann).

Demott, B. (1980): Inzest. Der Angriff auf das letzte Tabu. Psychol. Heute, 7, 14–18.

Dennen, J. G. M. van der (1992): The Sociobiology of Sex Differences and the Battle of the Sexes. Groningen (Origin Press).

Dennis, W. (1940): The effect of cradling practices upon the onset of walking in Hopi children. J. Genet. Psychol., 56, 77–86.

– (1941): Infant development under conditions of restricted practice and of minimal social stimulation. Genet. Psychol. Monogr., 23, 143–189.

– (1960): Causes of retardation among institutional children. Iran. J. Genet. Psychol., 96, 47–59.

DePaulo, B. M. (1992): Nonverbal behavior and self-presentation. Psychological Bulletin, 111, 203–243.

DePaulo, B. M., Zuckerman, M. und Rosenthal, R. (1980): Modality effects in the detection of deception. In: Wheeler, J. (Hg.): The Review of Personality and Social Psychology. New York (Sage Publ.).

D'Errico, F. (1992): Technology, motion and the meaning of epipaleolithic art. Current Anthropology, 33, 94–109.

Deutsch, R. D. (1977): Spatial Structurings in Everyday Face-to-Face Behavior. Orangeburg, NY (The Assoc. for the Study of Man-Environment Relations, Inc.).

– (1979): On the isomorphic structure of endings: An example from everyday face-to-face interaction and Balinese Legong dance. Ethol. Sociobiol., 1, 41–57.

Devereux, G. (1983): Baubo – die personifizierte Vulva. Curare, Sonderband 1/83, Braunschweig (Vieweg), 117–120.

DeVore, I. (1971): The evolution of human society. In: Eisenberg, J. F. und Dillon, W. S. (Hg.): Man and Beast: Comparative Social Behavior. Smithsonian Annual III. Washington, D. C. (Smithsonian Inst.), 297–311.

DeWaal, F. B. M. (1978): Exploitative and familiarity dependent support strategies in chimpanzees. Behaviour, 17, 268–312.

– (1989): Peacemaking Among Primates. Cambridge, Massachusetts (Harvard University Press), London.

DeWaal, F. B. M. und van Roosmalen, A. (1979): Reconciliation and consolation among chimpanzees. Behav. Ecol. Sociobiology, 5, 55–66.

Diamond, M. (1993): Homosexuality and bisexuality in different populations. Archives of Sexual Behavior, 22, 291–310. (a)

- (1993): Some genetic considerations in the development of sexual orientation. In: HAUG, M. u. a. (Hg.): The Development of Sex Differences and Similarities in Behavior, 291–309. (b)

DICKEY, E. C. und KNOWER, F. H. (1941): A note on some ethnological differences in recognition of simulated expressions of the emotions. Amer. J. Sociol., 47, 190–193.

DIFRANCO, D., MUIR, D. W. und DODWELL, P. C. (1978): Reaching in very young infants. Perception, 7, 385–392.

DIMBERG, U. (1982): Facial reactions to facial expressions. Psychophysiology, 19, 643–647.

DIMBERG, U. und LUNDQUIST, L. O. (1990): Gender differences in facial reactions to facial expressions. Biological Psychology, 30, 151–159.

DIMBERG, U. und ÖHMAN, A. (1983): The effects of directional facial cues on electrodermal conditioning to facial stimuli. Psychophysiology, 20, 160–167.

DINGWALL, W. O. (1979): The evolution of human communication systems. In: WHITAKER, H. und WHITAKER, H. A. (Hg.): Studies in Neurolinguistics, Vol. 4. New York (Academic Press), 1–95.

DION, K. K., BERSCHEID, E. und WALSTER, E. (1972): What is beautiful is good. J. Personal. Social Psychology, 24, 285–90.

DIVALE, W. T. (1971): An explanation for primitive warfare: Population control and the significance of primitive sex ratios. New Scholar, 2, 173–192.

- (1972): System population control in the middle and upper Paleolithic: Inferences based on contemporary hunter-gatherers. World Archaeol., 4, 222–243.

DODD, J. und JESSELL, T. M. (1988): Axon guidance and the patterning of neuronal projections in vertebrates. Science, 242, 696–699.

DÖRNER, D. und REITHER, F. (1978): Über das Problemlösen in sehr komplexen Realitätsbereichen. Z. Exp. Angew. Psychol., 25, 527–551.

DÖRNER, D. und VEHRS, W. (1975): Ästhetische Befriedigung und Unbestimmtheitsreduktion. Psychol. Rev., 37, 321–334.

DÖRNER, G. (1980): Sexual differentiation of the brain. Vitamins Hormones, 38, 325–381.

- (1981): Sex hormones and neurotransmitters as mediators for sexual differentiation of the brain. Endokrinology, 78, 129–138.

DÖRNER, G., ROHDE, W., STAHL, F., KRELL, L. und MASIUS, W. G. (1975): A neuroendocrine predisposition for homosexuality in men. Sex. Behav., 4, 1–8.

DOLGIN, K. G. und SABINI, J. (1982): Experimental manipulation of a human non-verbal display: The tongue show effect and observers' willingness to interact. Anim. Behav., 30, 935–936.

DOLLARD, J. und MILLER, N. E. (1950): Personality and Psychotherapy. New York (McGraw-Hill).

DOLLARD, J., DOOB, L. W., MILLER, N. E., MOWRER, O. H. und SEARS, R. R. (1939): Frustration and Aggression. New Haven (Yale University Press).

DOTY, R. L. (1976): Reproductive endocrine influences upon human nasal chemoreception: A review. In: DOTY, R. L. (Hg.): Mammalian Olfaction, Reproductive Processes and Behavior. New York/London (Academic Press), 295–321.

DOTY, R. L., APPLEBAUM, S., ZUSHO, H. und SETTLE, R. G. (1985): Sex differences in odor identification ability: A cross-cultural analysis. Neuropsychologia, 23, 667–672.

DOTY, R. L., SNYDER, P., HUGGINS, G. und LOWRY, L. D. (1981): Endocrine, cardiovascular and psychological correlates of olfactory sensitivity changes during human menstrual cycle. Journal of Comp. Physiol. Psychology, 95, 45–60.

DRAEGER, D. F. und SMITH, R. W. (1980): Comprehensive Asian Fighting Arts. Tokio/New York/San Francisco (Kondansha Intern. Ltd.).

DRAPER, P. (1976): Social and economic constraints on child life among the !Kung. In: LEE, R.

und DeVore, I. (Hg.): Kalahari Hunter-Gatherers. Cambridge, MA (Harvard University Press).

– (1978): The learning environment for aggression and anti-social behavior among the !Kung. In: Montagu, A. (Hg.): Learning Non-Aggression. New York/Oxford (Oxford University Press), 31–53.

Duchen, M. R. und McNeilly, A. S. (1980): Hyperprolactinaemia and long-term lactational amenorrhoea. Clin. Endocrinol., 12, 621–627.

Duchenne, B. (1862): Mécanisme de la Physionomie Humaine ou Analyse Electrophysiologique de l'Expression des Passions. Paris (Baillière).

Duerr, H.-P. (1993): Obszönität und Gewalt. Der Mythos vom Zivilisationsprozeß. Frankfurt am Main (Suhrkamp Verlag).

Dum, J., Gramsch, Ch. und Herz, A. (1983): Activation of hypothalamic β-endorphin pools by reward induced by highly palatable food. Pharmacol. Biochem. Behav., 18, 443–447.

Duncan, S. D. (1974): On the structure of speaker-auditor interaction during speaking turns. Language Soc., 2, 161–180.

Duncan, S. D. und Fiske, D. W. (1977): Face-to-Face Interaction. Hillsdale, NJ (Lawrence Erlbaum).

Dundes, A., Leach, J. W. und Özkök, B. (1970): The strategy of turkish boys' verbal duelling rhymes. J. Amer. Folklore, 83, 325–349.

Dunkeld, J. (1978): The Function of Imitation in Infancy. Dissertation, Univ. of Edinburgh.

Dunkeld, J. und Bower, T. G. R. (1976): Infant Response to Impending Optical Collision. Cited after: Bower, T. G. R.: A Primer of Infant Development. San Francisco (Freeman).

Dunn, K. und Dunn, R. (1977): How to Raise Independent and Professionally Successful Daughters. Englewood Cliffs, NJ (Prentice Hall).

Durden-Smith, J. und Desimone, D. (1983): Sex and the Brain. New York (Arbor House).

Durham, W. H. (1976): Resource competition and human aggression, a review of primitive war. Quart. Rev. Biol., 51, 385–415.

– (1979): Toward a coevolutionary theory of human biology and culture. In: Chagnon, N. A. und Irons, W. (Hg.): Evolutionary Biology and Human Social Behavior: An Anthropological Perspective. North Scituate, MA (Duxbury Press), 39–59.

Durkheim, E. (1964): The Division of Labor in Society. New York (Free Press).

Dusak Sexton, L. (1982): Wok Meri: A woman's savings and exchange system in Highland Papua New Guinea. Oceania, 52, 167–198.

Dworking, E. S. und Efran, J. S. (1967): The angered: Their susceptibility to varieties of humor. J. Personality Soc. Psychol., 6, 233–236.

Dyson-Hudson, N. (1966): Karimojong Politics. London (Oxford University Press).

Dyson-Hudson, N. und Dyson-Hudson, R. (1969): Subsistence herding in Uganda. Sci. Amer., 220, 76–89.

– (1970): The food production system of a semi-nomadic society. The Karimojong, Uganda. In: McLoughlin, P. F. M. (Hg.): African Food Production Systems: Cases and Theory. Baltimore, MD (John Hopkins Press), 91–124.

Dyson-Hudson, R. und Smith, E. A. (1978): Human Territoriality: An ecological reassessment. Amer. Anthropol., 80, 21–41.

Dyson-Hudson, R. und Van Dusen, R. (1972): Foodsharing among young children. Ecol. Food Nutr., 1, 319–324.

Eals, M. und Silverman, I. (1994): The hunter-gatherer theory of spatial sex differences: Proximate factors mediating the female advantage in recall of object array. Ethology and Sociobiology, 15, 95–105.

ECKERMANN, C. O. und WHATLEY, J. L. (1977): Toys and social interactions between infant peers. Child Develop., 48, 1645–1656.

EDER, D. und HALLINAN, M. T. (1978): Sex differences in children's friendship. Amer. Soc. Rev., 43, 237–249.

EDERER, R. (1982): Die Grenzen der Kunst. Wien/Graz/Köln (Hermann Böhlaus Nachf.).

EDNEY, J. J. (1972): Property, possession and permanence: A field study in human territoriality. J. Appl. Social Psychol., 2, 275–282.

EDNEY, J. J. und JORDAN-EDNEY, N. L. (1974): Territorial spacing on a beach. Sociometry, 37, 92 ff.

EFRON, A. (1985): The sexual body: An interdisciplinary perspective. J. Mind. Behav., 6, [Special Issues 1, 2].

EFRON, D. (1941): Gesture and Environment. New York (King's Crown Press).

EGGEBRECHT, R. (1983): Sprachmelodische und musikalische Forschungen im Kulturvergleich. Dissertation, Universität München.

EIBL-EIBESFELDT, I. (1950): Über die Jugendentwicklung des Verhaltens eines männlichen Dachses (*Meles meles* L.) unter besonderer Berücksichtigung des Spieles. Z. Tierpsychol., 7, 327–355. (a)

– (1950): Beiträge zur Biologie der Haus- und der Ährenmaus nebst einigen Beobachtungen an anderen Nagern. Z. Tierpsychol., 7, 558–587. (b)

– (1951): Zur Fortpflanzungsbiologie und Jugendentwicklung des Eichhörnchens. Z. Tierpsychol., 8, 370–400.

– (1955): Ethologische Studien am Galápagos-Seelöwen *Zalophus wollebaeki* Sivertsen. Z. Tierpsychol., 12, 286–303. (a)

– (1955): Über Symbiosen, Parasitismus und andere zwischenartliche Beziehungen bei tropischen Meeresfischen. Z. Tierpsychol., 12, 203–219. (b)

– (1955): Der Kommentkampf der Meerechse (*Amblyrhynchus cristatus* Bell) nebst einigen Notizen zur Biologie dieser Art. Z. Tierpsychol., 12, 49–62. (c)

– (1958): Das Verhalten der Nagetiere. In: KÜKENTHAL, W. (Hg.): Handbuch der Zoologie, Vol. 8 (10). 1–88.

– (1959): Der Fisch *Aspidontus taeniatus* als Nachahmer des Putzers *Labroides dimidiatus*. Z. Tierpsychol., 16, 19–25.

– (1962): Freiwasserbeobachtungen zur Deutung des Schwarmverhaltens verschiedener Fische. Z. Tierpsychol., 19, 165–182.

– (1963): Angeborenes und Erworbenes im Verhalten einiger Säuger. Z. Tierpsychol., 20, 705–754.

– (1967): Concepts of ethology and their significance for the study of human behavior. In: STEVENSON, H. W. (Hg.): Early Behavior, Comparative and Developmental Approaches. New York (Wiley), 127–146.

– (1970): Liebe und Haß. Zur Naturgeschichte elementarer Verhaltensweisen. München (Piper; Serie Piper 113, 1976). (a)

– (1970): Männliche und weibliche Schutzamulette im modernen Japan. Homo, 21, 175–188. (b)

– (1971): Eine ethologische Interpretation des Palmfruchtfestes der Waika (Venezuela) nebst einigen Bemerkungen über die bindende Funktion von Zwiegesprächen. Anthropos, 66, 767–778. (a)

– (1971): Filmbeiheft: !Ko-Buschleute (Kalahari) – Schamweisen und Spotten. Homo, 22, 261–266. (b)

– (1972): Die !Ko-Buschmanngesellschaft: Gruppenbindung und Aggressionskontrolle. Monographien zur Humanethologie. München (Piper).

- (1973): Der vorprogrammierte Mensch. Das Ererbte als bestimmender Faktor im menschlichen Verhalten. Wien (Molden), München (dtv 4177) 1976. (a)
- (1973): The expressive behavior of the deaf-and-blind born. In: CRANACH, M. v. und VINE, I. (Hg.): Social Communication and Movement. London (Academic Press), 163–194. (b)
- (1974): Medlpa (Mbowamb) – Neuguinea – Werberitual (Amb Kanant). Homo, 25, 274–284.
- (1975): Krieg und Frieden aus der Sicht der Verhaltensforschung. München (Piper).
- (1976): Menschenforschung auf neuen Wegen. Die naturwissenschaftliche Betrachtung kultureller Verhaltensweisen. Wien, München, Zürich (Fritz Molden).
- (1977, 8. Aufl. 1991): Galápagos. Die Arche Noah im Pazifik. München (Piper). (a)
- (1977): Ambivalenz von Zuwendung und Abkehr im Begegnungsverhalten des Menschen. Partner-Beratung, 14, 113–118. (b)
- (1978): Der Mensch und seine Umwelt: Ethologische Perspektiven. In: BUCHWALD, K. und ENGELHARDT, W. (Hg.): Handbuch für Planung, Gestaltung und Schutz der Umwelt. München/Bern/Wien (BLV), 102–115. (a)
- (1978): Territorialität und Aggressivität der Jäger- und Sammlervölker. In: STAMM, R. A. und ZEIER,H. (Hg.): Die Psychologie des 20. Jahrhunderts. Band 6: Lorenz und die Folgen. Zürich (Kindler), 477–494. (b)
- (1978): Public places in society: Ethological perspectives. In: The Public Square, a Space for Culture. Cultures, Vol. V. (The Unesco Press and la Baconnière), 105–113. (c)
- (1979): Functions of ritual. Ritual and ritualization from a biological perspective. In: CRANACH, M. v., FOPPA, K., LEPENIES, W. und PLOOG, D. (Hg.): Human Ethology: Claims and Limits of a New Discipline. London (Maison des Sciences de l'Homme and Cambridge University Press), 3–93. (a)
- (1979): Human ethology: Concepts and implications for the science of man. Behav. Brain Sci., 2, 1–57. (b)
- (1979): !Ko-Buschleute (Kalahari) – Grashüpferspiel der Männer. Homo, 30, 49–54. (c)
- (1980): G/wi-Buschleute (Kalahari) – Krankenheilung und Trance. Homo, 31, 67–78.
- (1981): Medlpa (Mbowamb) – Neuguinea – Ritual der Totentrauer. Homo, 32, 59–70. (a)
- (1981): Gesellschaftsordnung und menschliches Verhalten aus dem Blickwinkel der Evolution. In: KALTENBRUNNER, K.-G. (Hg.): Wir sind Evolution. München (Herder Bücherei), 78–93. (b)
- (1982): Patterns of parent-child interaction in a cross-cultural perspective. In: OLIVERIO, A. und ZAPPELLA, M. (Hg.): The Behaviour of Human Infants. London (Plenum Press), 177–217. (a)
- (1982): Warfare, Man's indoctrinability and group selection. Z. Tierpsychol., 60, 177–198. (b)
- (1982): Interactionism, content, and language in human ethology studies. Behav. Brain Sci., 5 [2], 273–274. (c)
- (1983): Das nichtverbale Ausdrucksverhalten. In: Kindlers Enzyklopädie Der Mensch, 5, 186–222, München (Kindler).
- (1984): Ursprung und soziale Funktion des Objektbesitzes. In: EGGERS, CH. (Hg.): Bindungen und Besitzdenken beim Kleinkind. München/Wien/Baltimore (Urban und Schwarzenberg), 29–50.
- (1985): !Kung-Buschmänner (Südwestafrika, Kungveld) Geschwister-Rivalität, Mutter-Kind-Interaktionen. Göttingen (Publ. Wiss. Filmen), Biologie, 17, 3–12.
- (1987): Grundriß der vergleichenden Verhaltensforschung. 7. überarb. und erweiterte Aufl., München (Piper).
- (1988): Der Mensch, das riskierte Wesen. 5. Aufl. 1993, München (Piper).
- (1989): Bali (Indonesien) – Pendet-Blumenopfertanz. Göttingen (Publ. Wiss. Film), Ethnologie, 16, 8.

- (1989): Bali (Indonesien) – Begrüßungstanz puspa wresti. Göttingen (Publ. Wiss. Film), Ethnologie, 16, 5.
- (1990): Dominance, submission and love: Sexual pathologies from the perspective of ethology. In: FEIERMAN, J. R. (Hg.): Pedophilia – Biosocial Dimensions. New York, Berlin u. a. (Springer), 150–175.
- (1991): Das verbindende Erbe. Köln (Kiepenheuer und Witsch), 1993 München (Heyne).
- (1992): Und grün des Lebens goldner Baum – Erfahrungen eines Naturforschers. Köln (Kiepenheuer und Witsch).
- (1994): Wider die Mißtrauensgesellschaft. Streitschrift für eine bessere Zukunft. München (Piper). (a)
- (1994): Das Schöne und seine Bedeutung für die Erziehung. In: SEIBERT, N., SERVE, H. J. (Hg.): Bildung und Erziehung an der Schwelle zum dritten Jahrtausend. München (PimS-Verlag), 662–673. (b)

EIBL-EIBESFELDT, I. und GOODALL, J. (1992): *Pan troglodytes (Pongidae)*, Termitenfischen. Göttingen (Publ. Wiss. Filmen), Biologie, 21, 89–100.

EIBL-EIBESFELDT, I. und HASS, H. (1966): Zum Projekt einer ethologisch orientierten Untersuchung menschlichen Verhaltens. Mitteil. Max-Planck-Ges., 6, 383–396.
- (1967): Neue Wege der Humanethologie. Homo, 18, 13–23.
- (1985): Sozialer Wohnungsbau und Umstrukturierung der Städte aus biologischer Sicht. In: EIBL-EIBESFELDT, I., HASS, H., FREISITZER, K., GEHMACHER, E. und GLÜCK, H. (Hg.): Stadt und Lebensqualität, Stuttgart, Wien (DVA, ÖBV).

EIBL-EIBESFELDT, I. und HERZOG, H. (1985): Yanomami, Patanoetheri (Venezuela, Oberer Orinoko) Mutter-Kind-Interaktionen (männlicher Säugling). Göttingen (Publ. Wiss. Filmen), Biologie, 17, 28.
- (1987): Yanomami, Patanoetheri (Venezuela, Oberer Orinoko) Männer im Umgang mit Säuglingen. Göttingen (Publ. Wiss. Film.), Biologie, 19, 8.

EIBL-EIBESFELDT, I. und KACHER, H. (1982): Bali (Indonesien) – Legong-Tanz. Homo, 33, 46–56.

EIBL-EIBESFELDT, I. und MATTEI-MÜLLER, M. C. (1990): Yanomami wailing songs and the question of parental attachment in traditional kinbased societies. Anthropos, 85 (4–6), 507–515.

EIBL-EIBESFELDT, I. und SIELMANN, H. (1962): Beobachtungen am Spechtfinken *Cactospiza pallida*. J. Ornithol., 103, 92–101.

EIBL-EIBESFELDT, I. und WICKLER, W. (1968): Die ethologische Deutung einiger Wächterfiguren auf Bali. Z. Tierpsychol., 25, 719–726.

EICHLER, M. (1981): The inadequacy of the monolithic model of the family. Canad. Sociol., 6, 367–388.

EICKSTEDT, E. v. (1940, 1963): Die Forschung am Menschen. Stuttgart (F. Enke).

EIMAS, P. D., COOPER, W. E. und CORBIT, J. D. (1973): Some properties of linguistic detectors. Perception Psychophys., 13, 247–252.

EIMAS, P. D., SIQUELAND, E. R., JUSCZYK, P. und VIGORITO, J. (1971): Speech perception in infants. Science, 171, 303–306.

EISENBERG, J. F. (1981): The Mammalian Radiation. Chicago/London (Univ. Chicago Press).

EISENBERG, L. (1971): Persistant problems in the study of the biopsychology of development. In: TOBACH, E., ARONSON, L. und SHAW, E. (Hg.): The Biopsychology of Development. New York (Academic Press), 515–529.

EKMAN, P. (Hg.) (1973): Darwin and Facial Expression. New York/London (Academic Press). (a)
- (1973): Cross-cultural studies of facial expression. In: EKMAN, P. (Hg.): Darwin and Facial Expression. New York/London (Academic Press), 169–222. (b)

- (1979): About brows: Emotional and conversational signals. In: CRANACH, M. V., FOPPA, K., LEPENIES, W. und PLOOG, D. (Hg.): Human Ethology. Cambridge (Cambridge University Press), 169–202.
- (1981): Mistakes when deceiving. Ann. NY Acad. Sci., 364, 269–278.
- (1985): Telling Lies. New York (Berkley Books).
EKMAN, P. und FRIESEN, W. V. (1975): Unmasking the Face. Englewood Cliffs. N. J. (Prentice Hall).
- (1976): Measuring facial movements. Environ. Psychol. Nonverbal Behav., 1, 56–75.
- (1978): Facial Action Coding System. Palo Alto, CA (Consulting Psychologists Press Inc.).
EKMAN, P., FRIESEN, W. V. und ANCOLI, S. (1980): Facial signs of emotional experience. J. Personality Social Psychol., 39, 1125–1134.
EKMAN, P., FRIESEN, W. V. und ELLSWORTH, P. (1971): Emotions in the Human Face. New York (Pergamon Press). (a)
EKMAN, P., FRIESEN, W. V. und O'SULLIVAN, M. (1988): Smiles when lying. J. Personality Social Psychol., 54, 414–420.
EKMAN, P., FRIESEN, W. V. und SCHERER, K. R. (1976): Body movement and voice pitch in deceptive interaction. Semiotica, 16, 23–27.
EKMAN, P., FRIESEN, W. V. und TOMKINS, S. S. (1971): Facial affect scoring technique: A first validity study. Semiotica, 3, 37–58. (b)
EKMAN, P., HAGER, J. C. und FRIESEN, W. V. (1981): The symmetry of emotional and deliberate facial actions. Psychophysiology, 18, 101–106.
EKMAN, P., LEVENSON, R. W. und FRIESEN, W. V. (1983): Autonomic nervous system activity distinguishes among emotions. Science, 221, 1208–1210.
ELGAR, M. A. und CATTERALL, C. P. (1981): Flocking and predator surveillance in house sparrows: Test of an hypothesis. Anim. Behav., 29, 868–872.
ELLIOTT, A. N., O'DONOHUE, W. T. und NICKERSON, M. A. (1993): The use of sexually anatomically detailed dolls in the assessment of sexual abuse. Clinical Psychology Review, 13, 207–221.
ELLIS, H. (1906): Sexual Selection in Man. Philadelphia, PA (F. A. Davis).
ELLIS, L. (1985): On the rudiments of possessions and property. Social Sci. Inform., 24, 113–143.
- (1986): Evidence of neuroandrogenic etiology of sex roles from a combined analysis of human, nonhuman primate and non-primate mammalian studies. Person. Individ. Diff., 7, 519–552.
- (1991): A synthesized (biosocial) theory of rape. Journal of Consulting and Clinical Psychology, 59, 631–642.
ELLIS, L. und AMES, M. A. (1987): Neurohormonal functioning and sexual orientation: A theory of homosexuality-heterosexuality. Psychol. Bull., 101, 233–258.
ELSNER, N. und HUBER, F. (1973): Neurale Grundlagen artspezifischer Kommunikation bei Orthopteren. Fortsch. Zool., 22, 1–48.
ELTERMAN, H. (1983): Using popular songs to teach sociology. Teaching Sociol., 10, 519–538.
ELWIN, V. (1968): The kingdom of the young. London (Oxford University Press).
EMBER, C. R. (1978): Myths about hunter-gatherers. Ethnology, 17, 439–448.
EMBER, M. und EMBER, C. R. (1979): Male-female bonding: A cross-species study of mammals and birds. Behav. Sci. Res., 14, 37–56.
ENDICOTT, K. und LAMPELL-ENDICOTT, K. (1983): The Sociology of Land Use among the Batek of Malaysia. Paper presented at the 3rd Intern. Conf. on Hunters and Gatherers, Werner-Reimers-Stiftung, Bad Homburg, 13–16 June, 1983.
ENGELHARDT, W. (1978): Bevölkerungsentwicklung. In: BUCHWALD, K. und ENGELHARDT, W.

(Hg.): Handbuch für Planung, Gestaltung und Schutz der Umwelt, 1. Die Umwelt des Menschen. München (BLV), 46–55.

– (1979): Verstädterung. In: BUCHWALDT, K. und ENGELHARDT, W. (Hg.): Handbuch für Planung, Gestaltung und Schutz der Umwelt, 1. München (BLV), 55–60.

ENGELS, FR. (1884): Der Ursprung der Familie, des Privateigentums und des Staates. Neuabdruck. In: MARX, K. und ENGELS, FR. (Hg.): Ausgewählte Schriften, Bd. 2. Berlin (Dietz Verlag), 155–301.

ENGEN, T. (1982): The Perception of Odors. New York (Academic Press).

EPSTEIN, D. (1979): Beyond Orpheus. Studies in Musical Structure. Cambridge (MIT Press).

– (1985). Tempo relations: A cross-cultural study. Music Theory Spectrum (J. Soc. Music Theory), 7, 34–71.

– (1988): Tempo relations in music: A universal? In: RENTSCHLER, I., HERZBERGER, B. und EPSTEIN, D. (Hg.): Beauty and the Brain. Basel, Boston, Berlin (Birkhäuser), 91–116.

ERDAL, D. und WHITEN, A. (1994): On human egalitarianism: An evolutionary product of Machiavellian status escalation? Current Anthropology, 35 (2), 175–183.

ERIKSON, E. H. (1950): Childhood and Society. New York (N. W. Norton).

– (1966): Ontogeny of ritualization in man. Phil. Trans. Roy. Soc. London; B251, 337–349.

ERTEL, S. (1975): Überzeugung, Dogmatismus, Wahn. IX. Int. Kolloquium der Société Int. de Psychopathologie de l'expression. Hannover.

– (1981): Wahrnehmung und Gesellschaft. Prägnanztendenzen in Wahrnehmung und Bewußtsein. Semiotik, 3, 107–141.

ESCOFFIER, J., MALYON A., MORIN, SR. und RAPHAEL, S. (1980): Homophobia: Effects on scientists. Science, 209, 340.

ESSER, A. H. (1970): Interactional Hierarchy and Power Structure on a Psychiatric Ward. In: HUTT, S. J. und HUTT, C. (Hg.): Behavior Studies in Psychiatry. Oxford/New York (Pergamon), 25–59.

ESSOCK-VITALE, S. M. und McGUIRE, M. T. (1980): Predictions derived from the theory of kin selection and reciprocation assessed by anthropological data. Ethol. Sociobiol., 1, 233–243.

– (1985): Women's lives viewed from an evolutionary perspective, I. Sexual histories, reproductive success, and demographic characteristics of a random sample of American women. Ethology and Sociobiology, 6, 137–154.

EWER, R. F. (1968): Ethology of Mammals. London (Logos Press).

EWERT, J. P. (1974): Neurobiologie und System-Theorie eines visuellen Mustererkennungsmechanismus bei Kröten. Kybernetik, 14, 167–183. (a)

– (1974): The neural basis of visually guided behavior. Sci. Amer., 230, 34–42. (b)

EWERT, O. M. (1983): Eine historische Nachbemerkung zu Neuberger, Merz und Selg: Imitation bei Neugeborenen – eine kontroverse Befundlage (Kurzartikel). Z. f. Entwicklungspsychologie und Pädagog. Psychologie, 15, 277–279.

EYSENCK, H. J. (1976): Sex and Personality. London (Open Books).

FAGEN, R. (1981): Animal Play Behaviour. Oxford (Oxford University Press).

FAGOT, B. I. (1978): The influence of sex of child on parental reactions to toddler children. Child Develop., 49, 459–465.

FALGER, V. S. E. (1994): Biology as Scientific Argument in Political Debates. A Resurgent Problem in Europe. European Sociobiological Society, 33, 2–12. Groningen (Origin Press).

FANTZ, R. L. (1966): Pattern discrimination and selective attention as determinants of perceptual development from birth. In: KIDD, A. H. und RIVOIRE, J. L. (Hg.): Perceptual Development in Children. New York (Int. Universities Press).

FAUBLÉE, J. (1968): Note Sur l'Economie Ostentatoire. Rev. Tiers-Monde, 9, 17–23.

Fauss, R. (1988): Zur Bedeutung des Gesichts für die Partnerwahl. Homo, 37, 188–201.

Fay, R. E., Turner, C. F., Klassen, A. D. und Gagnon, J. H. (1989): Prevalence and patterns of same-gender sexual contact among men. Science, 243, 338–348.

Fehling, D. (1974): Ethologische Überlegungen auf dem Gebiet der Altertumskunde. Monographien zur klassischen Altertumskunde, 61. München (C. H. Beck).

Feierman, J. R. (1990): Pedophilia – Biosocial Dimensions. New York, Berlin u. a. (Springer).

Feinman, S. (1980): Infant response to race, size, proximity, and movement of strangers. Infant Behav. Develop., 3, 187–204.

Feinman, S. und Gill, G. W. (1977): Females' responses to males' beardedness. Perceptual and Motor Skills, 44, 533–534.

Feldman, J., Brody, N. und Miller, St. (1980): Sex differences on non-elicited neonatal behaviors. Merrill-Palmer Quart., 26, 63–73.

Felipe, N. und Sommer, R. (1966): Invasions of personal space. Social Problems, 14, 206–214.

Fentress, J. C. (Hg.) (1976): Simpler Networks and Behavior. Sunderland, MA (Sinauer).

Ferguson, C. A. (1964): Baby talk in six languages. In: Gumperz, J. L. und Hymes, D. H. (Hg.): Directions in Sociolinguistics. The Ethnography of Communication. New York (Holt, Rinehart und Winston), 103–114. (1972).

Ferguson, R. B. (1984): Warfare, Culture and Environment. Studies in Anthropology. New York/London (Academic Press).

Ferguson, R. F. (1918): The Zulus and the Spartans: A comparison of their military systems. Harvard Afr. Stud., 2, 198–227.

Fernald, A. (1985): Four-month-old infants prefer to listen to mothers. Infant Behav. Develop., 8, 181–195.

Fernald, A. und Simon, Th. (1984): Expanded intonation contours in mothers' speech to newborns. Develop. Psychol., 20, 104–113.

Ferrari, M. (1981): An observation of the infant's response to strangers: A test for ecological validity. J. Genet. Psychol., 139, 157–158.

Feshbach, S. (1961): The stimulation vs. cathartic effects of a vicarious aggressive activity. Abnormal Social Psychol., 63, 381–385.

– (1964): The function of aggression and the regulation of aggressive drive. Psychol. Rev., 71, 257–272.

Feshbach, S. und Singer, R. (1971): Television and Aggression. San Francisco (Jossey-Bass).

Field, T. M., Cohen, D., Garcia, R. und Greenberg, R. (1984): Mother-stranger face discrimination by the newborn. Infant Behav. Develop., 7, 19–25.

Field, T. M, Schanberg, S. M., Scafidi, F., Bauer, Ch. R., Vega-Lahr, N., Garcia, R., Nystrom, J. und Kuhn, C. M. (1986): Effects of tactile kinesthetic stimulation on preterm neonates. Pediatrics, 77, 654–658.

Field, T. M., Woodson, R., Greenberg, R. und Cohen, D. (1982): Discrimination and imitation of facial expressions by neonates. Science, 218, 179–181.

Fikentscher, W. (1992): The Sense of Justice and the Concept of Cultural Justice. Legal Anthropology. In: R. D. Masters und M. Gruter (Hg.): The Sense of Justice. Biological Foundations of Law. Newbury Park-London (SAGE-Publications), 106–127.

Finkelhor, D. (1980): Sex among siblings: A survey of prevalence, variety, and effects. Arch. Sex. Behav., 9, 171–194.

Firestone, S. (1970): The Dialect of Sex. The Case of Feminist Revolution. Toronto (Bantam Books).

Firth, R. (1975): Symbols, Public and Private. London (Allen und Unwin).

Fisek, M. A. und Ofshe, R. (1970): The process of status evolution. Sociometry, 33, 327–346.

Fisher, A. E. (1955): The Effects of Differential Early Treatment on the Social and Exploratory

Behavior of Puppies. Doctoral Diss. Pennsylvania State Univ. Zitiert in: RAJECKI, D. W., LAMB, M. E. und OBMASCHER, P. (1978): Toward a general theory of infantile attachment: a comparative review of aspects of the social bond. The Behavioral and Brain Sciences, 3, 417–464.

FISHER, E. (1979): Woman's Creation: Sexual Evolution and the Shaping of Society. New York (McGraw-Hill).

FISHER, S. (1973): The Female Orgasm: Psychology, Physiology, Fantasy. New York (Basic Books).

FLITNER, A. (1975): Spielen-Lernen, München (Piper).

– (1976): Das Kinderspiel. München (Piper).

FLOHR, H. und TÖNNESMANN, W. (1983): Selbstverständnis und Grundlagen von Biopolitics. In: FLOHR, H. und TÖNNESMANN, W. (Hg.): Politik und Biologie. Berlin (Paul Parey), 11–30. (a)

– (Hg.) (1983): Politik und Biologie. Berlin (Paul Parey). (b)

FORD, C. S. und BEACH, F. A. (1969): Formen der Sexualität. Hamburg (Rororo-Sexologie).

FORD, M. R. und LOWERY, C. R. (1986): Gender differences in moral reasoning: A comparison of the use of justice and care orientations. J. Personality Social Psychol., 50, 777–783.

FORTUNE, R. F. (1939): Arapesh warfare. Amer. Anthropol., 41, 22–41.

FOSSEY, D. (1977): The Behavior of the Free-Ranging Mountain Gorillas of the Virungas. Film shown at the 15th meeting of the Society of Anthropology and Human Genetic, Hamburg.

– (1979): Development of the mountain gorilla (Gorilla gorilla beringei). The first thirty-six month. In: HAMBURG, D. A. und McCOWN, E. R. (Hg.): The Great Apes. Menlo Park, CA (Benjamin/Cummings), 138–184.

FOUTS, R. S. (1975): Communication with chimpanzees. In: KURTH, G. und EIBL-EIBESFELDT, I. (Hg.): Hominisation und Verhalten. Stuttgart (Fischer), 137–158.

FOX, C. A., ISMAIL, A. A. A., LOVE, D. N., KIRKHAM, K. E. und LORAINE, J. A. (1972): Studies on the relationship between plasma testosterone levels and human sexual activity. J. Endocrinol., 52, 51–58.

FOX, N. (1977): Attachment of kibbutz infants to mother and metapelet. Child. Develop., 48, 1228–1239.

FOX, R. (1988): The Seville Declaration: Anthropology's auto-da-fe. Academic Questions, 1, 35–47.

FRAIBERG, S. (1975): The development of human attachments in infants blind from birth. Merrill-Palmer Quart., 21, 315–334.

FRANK, H. (1960): Über grundlegende Sätze der Informationsästhetik. Grundlagenstudien aus Kybernetik. Geisteswissenschaft, 1, 25–32.

FRANK, J. D. (1967): Muß Krieg sein? Psychologische Aspekte von Krieg und Frieden. Darmstadt (Verlag Darmstädter Blätter, Schwarz und Co.).

FRASHER, R., BROGAN, D. R. und NURSS, J. R. (1980): Effect of model's age and sex upon modification of children's sex-typed toy preferences. Intern. J. Women's Stud., 3, 161–172.

FREEDMAN, D. G. (1964): Smiling in blind infants and the issue of innate vs. acquired. J. Child Psychol. Psychiat., 5, 171–184.

– (1965): Hereditary control of early social behavior. In: FOSS, B. M. (Hg.): Determinants of Infant Behavior. London (Methuen).

– (1969): The survival value of the beard. Psychology today, 3 (10), 36–39.

– (1979): Human Sociobiology. A Holistic Approach. New York (Free Press, Macmillan).

FREEDMAN, J. L. und FRASER, S. C. (1966): Compliance without pressure: The foot-in-the-door technique. J. Personality Social Psychol., 4, 195–203.

FREEMAN, C. und JAHODA, M. (1973): Zukunft aus dem Computer? Neuwied (Luchterhand).

FREEMAN, D. (1966): Social anthropology and the scientific study of human behaviour. Man, 2, 330–342.
– (1983): Margaret Mead and Samoa. The Making and Unmaking of an Anthropological Myth. Cambridge, MA (Harvard University Press).
– (1984): Inductivism and the test of truth: A rejoinder to Lowell D. Holmes and others. In: Fact and Context in Ethnography; the Samoa Controversy. Canberra Anthropology Special Volume, The Australian National University, 101–192.
FREISITZER, K. und GLÜCK, H. (1979): Sozialer Wohnbau, Entstehung – Zustand – Alternativen. Wien (Molden).
FREUD, A. (1946): The psychoanalytic study of infantile feeding disturbance. Psychoanal. Study Child, 2, 119–132.
FREUD, S. (1913): Totem und Tabu. Leipzig/Wien (Heller). Neudruck: S. Freud Studienausgabe, Bd. IX. Frankfurt/M. (S. Fischer), 291–444.
FREY, S. und POOL, J. (1976): A New Approach to the Analysis of Visible Behavior. Forschungsberichte aus dem Psychologischen Institut der Universität Bern.
FRIED, M. H. (1961): Warfare, military organization, and the evolution of society. Anthropologica, 3, 134–147
FRIED, M., HARRIS, M. und MURPHY, R. (Hg.) (1968): War: The Anthropology of Armed Conflict and Aggression. Garden City, NY (Natural History Press).
FRISCH, K. v. (1941): Über einen Schreckstoff der Fischhaut und seine biologische Bedeutung. Z. Vergl. Physiol., 29, 46–145.
FROBENIUS, L. (1903): Weltgeschichte des Krieges. Jena (Thüringer Verlagsanstalt).
FRODI, A. M. und LAMB, M. E. (1978): Sex differences in responsiveness to infants: A developmental study of psychological and behavioral responses. Child Develop., 49, 1182–1188.
– (1980): Infants at risk for child abuse. Infant Mental Health J, 1, 240–247. (a)
– (1980): Child abusers' responses to infant smiles and cries. Child Develop., 51, 238–241. (b)
FRODI, A. M., LAMB, M. E., LEAVITT, L. A., DONOVAN, W. L., NEFF, C. und SHERRY, D. (1978): Fathers' and mothers' responses to the faces and cries of normal and premature infants. Develop. Psychol., 14, 490–499.
FROMM, E. (1974): Anatomie der menschlichen Destruktivität. Stuttgart (DVA). (a)
– (1974): Lieber fliehen als kämpfen. Bild Wissenschaft, 10, 52–58. (b)
– (1976): Haben und Sein. Stuttgart (DVA).
FRUTH, B. und HOHMANN, G. (1993): Ecological and behavioral aspects of nest building in wild bonobos (Pan paniscus). Ethology, 94, 113–126. (a)
– (1993): Field observations on meat sharing among bonobos (Pan paniscus). Folia Primatol., 60, 225–229. (b)
– (1994): Comparative analyses of nest building behavior in bonobos (Pan paniscus) and chimpanzees (Pan troglodytes). In: WRANGHAM, R. W., McGREW, W. C., DE WAAL, F. B. M und HELTNE, P. G. (Hg.): Chimpanzee Cultures. Cambridge (Harvard University Press).
FRY, H. K. (1934): Kinship and descent among australian aborigines. Trans. Roy. Soc. S. Australia, 58, 14–21.
FTHENAKIS, W. E. (1983): Der Vater als sorge- und umgangsberechtigter Elternteil. In: REMSCHMIDT, H. (Hg.): Kinderspsychiatrie und Familienrecht. Stuttgart (Ferdinand Enke).
FUKUI, K. und TURTON, D. (1979): Introduction to: Warfare among East African herders. Nat. Mus. Ethnol. (Osaka, Japan), 3, 1–13.
FULLARD, W. und REILING, A. M. (1976): An investigation of Lorenz's babyness. Child Develop., 47, 1191–1193.
FURBY, L. (1978): Possessions: Toward a theory of their meaning and function throughout the life cycle. Life Span Develop. Behav., 1, 297–336.

GABOR, D., COLOMBU, U. und GALLI, R. (1976): Das Ende der Verschwendung. Stuttgart (Deutsche Verlagsanstalt).

GALLISTEL, C. R. (1980): The Organisation of Action. A New Synthesis. Hillsdale, NJ (Erlbaum).

GANGESTAD, S. W., THORNHILL, R. und YEO, R. A. (1994): Facial Attractiveness, Developmental Stability, and Fluctuating Asymmetry. Ethology and Sociobiology, 15, 73–85.

GARCIA, J. und ERVIN, F. R. (1968): Gustatory-visceral and telereceptor-cutaneous conditioning – Adaptation in internal and external milieus. Commun. Behav. Biol., 1, 389–415.

GARCIA, J., McGOWAN, B. K., ERVIN, F. R. und KOELLING, R. A. (1968): Cues: Their relative effectiveness as a function of the reinforcer. Science, 160, 794–795.

GARDNER, B. T. und GARDNER, R. A. (1975): Evidence for sentence constituents in the early utterances of child and chimpanzee. J. Exp. Psychol. Gen., 104, 244–267.

– (1980): Two comparative psychologists look at language acquisition. In: NELSON, K. E. (Hg.): Children's Language, Vol. 2. New York (Halsted Press).

GARDNER, B. T. und WALLACH, L. (1965): Shapes of figures identified as a baby's head. Perceptual Motor Skill, 20, 135–142.

GARDNER, R. und HEIDER, K. G. (1968): Gardens of War: Life and Death in the New Guinea Stone Age. New York (Random House).

GARDNER, R. A. und GARDNER, B. T. (1978): Comparative psychology and language acquisition. Ann. New York Acad. Sci., 309, 37–76.

– (1984): A vocabulary test for chimpanzees (*Pan troglodytes*). J. Comp. Psychol., 98, 381–404.

GAREIS, B. (1978): Statistische Zusammenhänge von frühkindlicher Deprivation und späterer Jugendkriminalität. In: NITSCH, K. (Hg.): Was wird aus unseren Kindern. Heidelberg (Hüthig Verlag), 76–80.

GARRETT, J. C., HARRISON, D. W. und KELLY, P. L. (1989): Pupillometric assessment of arousal to sexual stimuli: Novelty effects or preference? Archives of Sexual Behavior, 18, 191–201.

GAULIN, ST. J. C. und SCHLEGEI, A. (1980): Paternal confidence and paternal investment: A cross-cultural test of a sociobiological hypothesis. Ethol. Sociobiol., 1, 301–309.

GAZZANIGA, M. S., BOGEN, J. R. und SPERRY, R. W. (1963): Laterality effects in somaesthesis following cerebral commissurotomy in man. Neuropsychologia, 1, 209–221.

– (1965): Observations in visual perception of the cerebral hemisphere in man. Brain, 88, 221–236.

GAZZANIGA, M. S., LEDOUX, J. E. und WILSON, D. H. (1977): Language, praxis and the right hemisphere: Clues to some mechanism of consciousness. Neurology, 24, 1144–1147.

GEBER, M. (1958): The psychomotor development of African children in the first year, and the influence of maternal behavior. J. Soc. Psychol., 47, 185–195.

– (1961): Développment psychomoteur des petits Baganda de la naissance à six ans. Schweiz. Psychol. Anwendungen, 20, 345–357.

GEBER, M. und DEAN, R. F. A. (1957): The state of development of newborn African children. Lancet, 272, 1216–1219. (a)

– (1957): Gesell test on African children. Pediatrics 20, 1055–1065. (b)

– (1958): Psychomotor development in African children: The effects of social class and the need for improved tests. Bull. WHO, 18, 471–476.

GEDDA, L. (1971): Body odour genetically determined. J. Amer. Med. Assoc., 217, 486.

GEEN, R. G. und O'NEAL, E. C. (Hg.) (1976): Perspectives on Aggression. New York (Academic Press).

GEEN, R. G. und QUANTY, M. B. (1977): The catharsis of aggression: An evaluation of a hypothesis. Advan. Exp. Social Psychol., 10, 1–37.

GEER, J. P. VAN DE (1971): Introduction to Multivariate Analysis for the Social Sciences. San Francisco (W. H. Freeman).

GEHLEN, A. (1940): Der Mensch, seine Natur und seine Stellung in der Welt. Berlin/Frankfurt (Athenaeum).

GEIST, V. (Hg.) (1978): Life Strategies, Human Evolution, Environmental Design. New York (Springer).

GENNEP, A. VAN (1960): The Rites of Passage. Chicago (The University of Chicago Press), London (Routledge und Kegan Paul Ltd.) [Originaltitel (1908): Les rites de passage.].

GERSON, M. (1978): Family, Women and Socialization in the Kibbutz. Lexington, MA (Lexington Books).

GESCHWIND, N. (1979): Specializations of the human brain. Sci. Amer., 241 (3), 158–168.

GESELL, A. (1946): The ontogenesis of infant behavior. In: CARMICHAEL, L. (Hg): Manual of Child Psychology. New York (Wiley).

GEWIRTZ, J. L. (1961): A learning analysis of the effects of normal stimulation, privation and deprivation on the acquisition of social motivation and attachment in determinants of infant behavior. In: FOSS, B. M. (Hg.): Determinants of Infant Behavior, Vol. 1. London (Methuen), 213–290.

GHISELIN, M. T. (1974): The Economy of Nature and the Evolution of Sex. Berkley/Los Angeles/London (University of California Press).

GIBBS, F. A. (1951): Ictal and non-ictal psychiatric disorders in temporal lobe epilepsy. J. Nervous Mental Dis., 113, 522–528.

GIBSON, E. J. und WALK, R. D. (1960): The visual cliff. Sci. Amer., 202, 64–71.

GILL, T. V. (1977): Conversations with Lana. In: RUMBAUGH, D. M. (Hg.): Language Learning by a Chimpanzee. The Lana Project. New York (Academic Press), 225–246.

GILLES, J. L. und JAMTGAARD, K. (1981): Overgrazing in pastoral areas – the commons reconsidered. Sociol. Ruralis, 21, 129.

GINSBURG, H. J., FLING, SH., HOPE, M. L., MUSGROVE, D. und ANDREWS, CH. (1980): Maternal holding preferences: A consequence of newborn head-turning response. Child Develop., 50, 280–281.

GLADUE, B. A., GREEN, R. und HELLMAN, R. R. (1984): Neuroendocrine response to estrogen and sexual orientation. Science, 225, 1496–1499.

GLANZER, M. (1962): Grammatical category: A rote learning and word association analysis. J. Verbal Learning Verbal Behav., 1, 31–41.

GODELIER, M. (1978): Territory and property in primitive society. Social Science Inform., 17, 399–426.

GOETZE, D. (1977): Castro, Nkrumah, Sukarno. Eine vergleichende Untersuchung zur Strukturanalyse charismatischer politischer Führung. Berlin (Dietrich Reimer).

GOFFMAN, E. (1959): The Presentation of Self in Everyday Life. New York (Anchor Books).

– (1963): Behavior in Public Places: Notes on the Social Organisation of Gatherings. New York (Free Press, Macmillan).

– (1971): Relations in Public. London (Allen Lane, Penguin Press).

– (1976): Gender advertisements. Stud. Anthropol. Visual Commun., 3, 2.

GOLANI, I. (1969): The Golden Jackal. Tel Aviv (The Movement Notation Society).

GOLDBERG, D. C., WHIPPLE, B., FISHKIN, R. E., WAXMAN, H., FINK, P. J. und WEISBERG, M. (1983): The Grafenberg spot and female ejaculation.: A review on initial hypotheses. J. Sex Marital Therapy, 9, 27–37.

GOLDBERG, S. und LEWIS, M. (1969): Play behavior in the year-old infant: Early sex differences. Child Develop., 40, 21–31.

GOLDENTHAL, P., JOHNSTON, R. E. und KRAUT, R. E. (1981): Smiling, appeasement, and the silent bared-teeth display. Ethol. Sociobiol., 2, 127–133.

GOLDFOOT, D. A., WESTERBORG-VAN LOON, H., GROENEVELD, W. und KOOS SLOB, A. (1980): Behavioral and physiological evidence of sexual climax in the female stump-tailed macaque (*Macaca arctoides*). Science, 208, 1477–1479.

GOLDIN-MEADOW, S. und MYLANDER, C. (1983): Gestural communication in deaf children: Noneffect of parental input on language development. Science, 221, 372–374.

GOLDMAN, M. und FORDYCE, J. (1983): Prosocial behavior as affected by eye contact, touch, and voice expression. J. Social Psychol., 121, 125–129.

GOLDSCHMIDT, R. B. (1940): The Material Basis of Evolution. New Haven (Yale University Press).

GOLDSTEIN, A. G. und JEFFORDS, J. (1981): Status and touching behavior. Bull. Psychosom. Soc., 17, 79–81.

GOMBRICH, E. H. (1982): Ornament und Kunst. Schmucktrieb und Ordnungssinn in der Psychologie des dekorativen Schaffens. Stuttgart (Klett-Cotta).

GOOD, K. R. (1982): Limiting Factors in Amazonian Ecology. Paper presented at the 81st Meeting Amer. Anthropol. Assoc., Washington, 4 December, 1982.

– (1988): Ritualized Contract-Chants among the Yanomami. In: Publikationen des Human-ethologischen Tonarchivs der Max-Planck-Gesellschaft, Nr. 1, Begleitpublikation zum Tondokument Nr. 1. Andechs (Mimeo).

GOOD, P. R., GEARY, N. und ENGEN, T. (1976): The effects of estrogen on odor detection. Chem. Senses Flavour, 2, 45–50.

GOODALL, J. (1986): The Chimpanzees of Gombe, Patterns of Behavior. Cambridge MA/London (Belknap Press of Harvard University Press).

GOODALL, J., BANDORA, A., BERGMANN, E., BUSSE, C., MATAMA, H., MPONGO, E., PIERCE, A. und RISS, D. (1979): Intercommunity interactions in the chimpanzee population of the Gombe National Park. In: HAMBURG, D. A. und McCOWN, E. R. (Hg.): The Great Apes. Menlo Park, CA (The Benjamin/Cummings).

GOODENOUGH PITCHER, E. und HICKEY SCHULTZ, L. (1983): Boys and Girls at Play: The Development of Sex Roles. New York (Praeger).

GOODMAN, C. S. und BASTIANI, M. J. (1984): How embryonic nerve cells recognize one another. Sci. Amer., 251 (6), 50–58.

GOODMAN, C. S., BASTIANI, M. J., DOE, C. Q., DU LAC, S., HELFAND, ST. L., KUWADA, J. Y und THOMAS, J. B. (1984): Cell recognition during neuronal development. Science, 225, 1271–1279.

GOODWIN, G. (1971): Western Apache Raiding and Warfare. Tucson (University of Arizona Press).

GORDON, R. J. (1984): The !Kung in the Kalahari exchange: An ethnohistorical perspective. In: SCHRIRE, C. (Hg.): Past and Present in Hunter-Gatherer Studies. Orlando/New York/London (Academic Press), 195–224.

GOTTLIEB, G. (1976): Early development of species-specific auditory perception in birds. In: GOTTLIEB, G. (Hg.): Neural and Behavioral Specificity. New York (Academic Press).

GOTTMAN, J. M. (1983): How children become friends. Monogr. Soc. Res. Child Develop., 48, Nr. 3.

GOULD, S. J. (1980): The Panda's Thumb. New York/London (W. W. Norton).

GOWER, D. B. (1972): 16-unsaturated C_{19} steroids. A review of their chemistry, biochemistry and possible physiological role. J. Steroid Biochem., 3, 45–103.

GOWER, D. B., BIRD, S., SHARMA, P. und HOUSE, F. R. (1985): Axillary 5α-androst-16en-3α-on in men and women: Relationships with olfactory acuity to odorous 16-androstenes. Experientia, 41, 1134–1136.

GRAFENBERG, E. (1950): The role of urethra in female orgasm. Intern. J. Sex., 3, 145–148.

GRAHAM, C. A. und MCGREW, W. C. (1980): Menstrual synchrony in female undergraduates living on a coeducational campus. Psychoneurendocrinology, 5, 245–252.

GRAHAM, E. E. (1973): Human Warfare: An Analysis of Ecological Factors from Ethnohistorical Sources. Paper read at the 9th Intern. Congr. of Anthropological and Ethnological Sciences, Chicago.

GRAMMER, K. (1979): Helfen und Unterstützen in Kindergruppen. Diplomarbeit des Zoologischen Instituts. Universität München.

– (1982): Wettbewerb und Kooperation: Strategien des Eingriffs in Konflikte unter Kindern einer Kindergartengruppe. Diss. Univ. München, Fachbereich Biologie.

– (1985): Verhaltensforschung am Menschen: Überlegungen zu den biologischen Grundlagen des »Umwegverhaltens«. In: SVILAR, M. (Hg.): Mensch und Tier. Bern, 273–318.

– (1988): Biologische Grundlagen des Sozialverhaltens. Darmstadt (Wissenschaftliche Buchgesellschaft).

– (1989): Human courtship behaviour: Biological basis and cognitive processing. In: RASA, A., VOGEL, C., VOLAND, E. (Hg.): The Sociobiology of Sexual and Reproductive Strategies. Beckenham (Croom Helm), London (Chapman and Hall), 147–169.

– (1993): 5α-androst-16en-3α-on: A male pheromone? A brief report. Ethology and Sociobiology, 14, 1–7. (a)

– (1993): Signale der Liebe. Hamburg (Hoffmann und Campe). (b)

GRAMMER, K. und EIBL-EIBESFELDT, I. (1990): The ritualisation of laughter. In: KOCH, W. A. (Hg.): Natürlichkeit der Sprache und der Kultur: Acta Colloquii. Bochumer Beiträge zur Semiotik, 18. Bochum (Brockmeyer), 192–214.

GRAMMER, K., SCHROPP, R. und SHIBASAKA, H. (1984): Contact, conflict and appeasement – children's interaction strategies. The use of photography. Intern. J. Visual Sociol., 2, 59–74.

GRAMMER, K., SCHIEFENHÖVEL, W., SCHLEIDT, M., LORENZ, B. und EIBL-EIBESFELDT, I. (1988): Patterns on the face: The eyebrow flash in cross cultural comparison. Ethology, 77, 270–299.

GRANT, E. C. (1965): The contribution of ethology to child psychiatry. In: HOWELL, J. G. (Hg.): Modern Perspectives in Child Psychiatry. Edinburgh (Oliver and Boyd).

– (1968): An ethological description of non-verbal behavior during interviews. Brit. J. Med. Psychol., 41, 177–184.

– (1969): Human facial expression. Man 4 [NS], 525–536.

GRAY, J. P. und WOLFE, L. D. (1983): Human female sexual cycles and the concealment of ovulation problem. J. Soc. Biol. Structures, 6, 345–352.

GREED, G. W. (1984): Sexual subordination: Institutionalized homosexuality and social control in Melanesia. Ethnology, 23, 157–176.

GREEN, J. A., JONES, L. E. und GUSTAFSON, G. E. (1987): Perception of cries by parents and nonparents: Relation to cry acoustics. Develop. Psychol., 23, 370–382.

GREEN, St. und MARLER, P. (1979): The analysis of animal communication. In: KING, F. A. (Hg.): Handbook of Behavioral Neurobiology, Vol. 3: Social Behavior and Communication. New York/London (Plenum Press), 73–158.

GREENBERG, M. und MORRIS, N. (1982): Engrossment – the newborn's impact upon the father. In: CATH, S. H., GURWITT, A. R. und ROSS, J. M. (Hg.): Father and Child, Developmental and Clinical Perspectives. Boston (Little, Brown [Reprint from Amer. J. Orthopsychiat., 44 (1974), 520–530]).

GREENE, P. J., MORGAN, CH. J. und BARASH, D. P. (1980): Hybrid vigor: Evolutionary biology and sociology. In: LOCKARD, J. (Hg.): The Evolution of Human Social Behavior. New York (Elsevier).

GREENFIELD, P. M. (1991): Language, tools and brain: The ontogeny and phylogeny of hierarchically organized sequential behavior. Behavioral and Brain Sciences, 14, 531–595.

GREENLEES, I. A. und MCGREW, W. C. (1994): Sex and age differences in preferences and tactics of mate attraction: Analysis of published advertisements. Ethology and Sociobiology, 15, 59–72.

GREIF, E. B. und GLEASON, J. B. (1980): Hi, thanks and goodbye: More routine information. Language Soc., 9, 159–166.

GRELLERT, E. A. (1982): Childhood play behavior of homosexual and heterosexual men. Psychol. Rep., 51, 607–610.

GRELLERT, E. A., NEWCOMB, M. D. und BENTLER, P. M. (1982): Childhood play activities of male and female homosexuals and heterosexuals. Arch. Sex. Behav., 11, 451–478.

GRIESER, D. L. und KUHL, P. K. (1988): Maternal speech to infants in a tonal language: Support for universal prosodic features in motherese. Develop. Psychol., 24 (1), 14–20.

GRIFFIN, P. B. (1984): Forager resource and land use in the humid tropics: The Agta of Northeastern Luzon, the Philippines. In: SCHRIRE, C. (Hg.): Past and Present in Hunter-Gatherer Studies. New York/London (Academic Press), 95–121.

GRIMM, H. (1983): Psycholinguistische Aspekte der frühen Sprachanbahnung. Sozialpädiatr. Praxis Klinik, 5, 589–593.

GROEBEL, J. (1986): International research on television violence: Synopsis and critique. In: HUESMANN, L. R. und ERON, L. D. (Hg.): Television and the Aggressive Child: A Cross National Comparison. New York (Lawrence Erlbaum Associates).

GROOS, K. (³1933): Die Spiele der Tiere. Jena (Gustav Fischer).

GROSS, G. G., BRUCE, C. J., DESIMONE, R., FLEMING, J. und GATTAS, R. (1981): Cortical visual areas of the temporal lobe. In: WOOLSEY, C. N. (Hg.): Cortical Sensory Organization 2, 8. Totowa, N.J. (Humana Press).

GROSSMANN, K. E. (1977): Frühe Einflüsse auf die soziale und intellektuelle Entwicklung. Z. Pädagogik, 23, 847–880.

– (1978): Die Wirkung des Augenöffnens von Neugeborenen auf das Verhalten ihrer Mütter. Geburtshilfe Frauenheilk., 38, 629–635.

GROSSMANN, K. E. und GROSSMANN, K. (1982): Eltern-Kind-Bindung in Bielefeld. In: IMMELMANN, K., BARLOW, G., PETRINOVICH, L. und MAID, M. (Hg.): Verhaltensentwicklung bei Mensch und Tier. Berlin (Paul Parey), 794–799.

GRÜSSER, O. J. (1983): Mother-child holding patterns in western art: A developmental study. Ethol. Sociobiol., 4, 89–94.

GRUHL, H. (1975): Ein Planet wird geplündert. Frankurt/M. (S. Fischer).

GRUSEC, J. E. und BRINKER, D. B. (1972): Reinforcement for imitation as a social learning determinant with implications for sex-role development. J. Personality Social Psychol., 21, 149–158.

GRUTER, M. (1979): Origins of legal behavior. J. Social Biol. Structures, 2, 43–51.

– (1982): Biologically based behavioral research and the facts of law. J. Social. Biol. Structures, 5, 315–323.

GRZIMEK, B. und GRZIMEK, M. (1959): Serengeti darf nicht sterben. Berlin (Ullstein).

GUENTHER, M. G. (1981): Bushman and hunter-gatherer territoriality. Z. Ethnol., 106, 109–120.

GUGLIELMINO, C. R., ZEI, G. und CAVALLI-SFORZA, L. L. (1991): Genetic and Cultural Transmission as Revealed by Names and Surnames. Human Biology, 63, 607–627.

GUMPERZ, J. L. und HYMES, D. H. (Hg.): Directions in Sociolinguistics. The Ethnography of Communication. New York (Holt, Rinehart und Winston).

GUSTAVSON, A. R., DAWSON, M. E. und BONETT, D. G. (1987): Androstenol, a putative human pheromone, affects human (*Homo sapiens*) male choice performance. Journal of Comp. Psychology, 101, 210–212.

GUTHRIE, E. R. (1952): The Psychology of Learning. New York (Harper).

GUTHRIE, R. D. (1976): Body Hot Spots. New York (Van Nostrand-Reinhold).

HÄBERLEIN, R. (1990): Kartenähnliche Darstellungen im Eiszeitalter. In: Kartographische Nachrichten, 5, 185–187.

HABERMAS, J. (1957): Können Konsumenten spielen? Frankfurter Allgem. Zeitung, No. 88, 13. April, 1957.

HAILMAN, J. P. (1967): The ontogeny of an instinct. Behaviour Suppl., 15, 1–196.

HALDANE, J. B. S. (1955): Population genetics. New Biol., 18, 34–51.

HALES, D. J., LOZOFF, B., SOSA, R. und KENNELL, J. H. (1977): Defining the limits of the maternal sensitive period. Develop. Med. Child. Neurol., 19, 454–461.

HALL, E. T. (1966): The Hidden Dimension. New York (Doubleday).

HALL, K. R. R. (1966): Social learning in monkeys. J. Zool., 148, 15–87.

HALLOWELL, A. I. (1940): Aggression in Saulteaux society. Psychiatry, 3, 395–407.

HALLPIKE, C. R. (1973): Functionalist interpretations of primitive warfare. Man, 8, 451–470.

HAMBLIN, R. L. (1958): Leadership and crisis. Sociometry, 20, 322–335.

HAMBURG, B. A. (1974): The psychobiology of sex differences. An evolutionary perspective. In: FRIEDMAN, R. C., RICHART, R. M. und VAN DE WIELE, R. L. (Hg.): Sex Differences in Behavior. New York/London (John Wiley), 373–392.

HAMER, D. H., HU, S., MAGNUSON, V. L., HU, N. und PATTATUCCI, A. M. L. (1993): A linkage between DNA markers on the X chromosome and male sexual orientation. Science, 261, 321–327.

HAMILTON, W. D. (1964): The genetical evolution of social behavior. J. Theoret. Biol., 7, 1–52.

– (1967): Extraordinary sex ratios. Science, 156, 477–488.

– (1972): Altruism and related phenomena, mainly in social insects. Ann. Rev. Syst., 3, 193–232.

HAMM, M., RUSSELL, M. und KOEPKE, J. (1979): Neonatal Imitation? Vortrag anläßlich der Tagung der Society for Research in Child Development, San Francisco, March, 1979.

HARDIN, G. (1968): The tragedy of the commons. Science, 162, 1243–1248.

– (1986): Cultural Carrying Capacity: A biological approach to Human Problems. Bioscience, 36, 599–606.

HARRELSON, A. L. und GOODMAN, C. S. (1988): Growth cone guidance in insects: Fasciclin II is a member of the immunoglobulin superfamily. Science, 242, 700–708.

HARRIS, M. (1968): The Rise of Anthropological Theory. New York (T. Y. Crowell).

– (1971): Culture, Man and Nature: An Introduction to General Anthropology. New York (Crowell).

– (1974): Cows, Pigs, Wars and Witches: The Riddles of Culture. New York (Random House).

– (1975): Culture, People and Nature: An Introduction to General Anthropology. New York (Crowell).

– (1977): Cannibals and Kings: The Origins of Cultures. New York (Random House). (a)

– (1977): When men dominate women. New York Times Magazine, 46. (b)

– (1979): The Yanomamö and the causes of war in band and village societies. In: MARGOLIS, M. und CARTER, W. (Hg.): Brazil: Anthropological Perspectives. Essays in Honor of Charles Wagley. New York (Columbia University Press), 121–132.

HARRIS, P. und MACFARLANE, J. A. (1974): The growth of the effective visual field from birth to seven weeks. J. Exp. Child Psychol., 18, 340–348.

HARTUP, W. W. (1975): The origins of friendship. In: LEWIS, M. und ROSENBLUM, L. A. (Hg.): Friendship and Peer Relations. New York (Wiley), 1–26.

HASS, H. (1968): Wir Menschen. Wien (Molden).

– (1970): Das Energon. Wien (Molden).

– (1981): Vorteil des Menschen: Er kann sein »Energon« verändern. In: Das neue Erfolgs- und Karrierehandbuch für Selbständige und Führungskräfte. Geretsried (Verlag Beste Unternehmensführung), 157–198.

- (1994): Der Hyperzeller. Hamburg (Carlsen Verlag).
HASSENSTEIN, B. (1966): Kybernetik und biologische Forschung. In: GESSNER, F. (Hg.): Handbuch der Biologie, Bd. 1/2: Allgemeine Biologie. Frankfurt/M. (Athenaion), 629–719.
- (1972): Bedingungen für Lernprozesse – teleonomisch gesehen. Nova Acta Leopoldina [N. F.], 37, 289–320. (a)
- (1972): Verhaltensbiologische Aspekte der frühkindlichen Entwicklung und ihre sozialpolitischen Konsequenzen. Mannheimer Forum 72 (Boehringer), 168–203. (b)
- (1973): Verhaltensbiologie des Kindes. München (Piper). (a)
- (1973): Kindliche Entwicklung aus der Sicht der Verhaltensbiologie. Kinderarzt, 21, 134–136, 191–192, 260–265, 407–410. (b)
- (1977): Faktische Elternschaft. Ein neuer Begriff der Familiendynamik und seine Bedeutung. Familiendynamik, 2, 104–125.
- (1981): Biologisch bedeutsame Vorgänge in den ersten Lebenswochen. In: HÖVELS, O., HALBERSTADT, E., LAEWENICH, V. v. und ECKERT, I., (Hg.): Geburtshilfe und Kinderheilkunde. Stuttgart (Georg Thieme), 56–71.
- (1982): Sexualentwicklung des Kindes in verhaltensbiologischer Sicht. In: HELLBRÜGGE, TH. (Hg.): Entwicklung der kindlichen Sexualität, München (Urban und Schwarzenberg).
- (1983): Funktionsschaltbilder als Hilfsmittel zur Darstellung theoretischer Konzepte in der Verhaltensbiologie. Zool. Jb. Physiol., 87, 181–187.
HAUSFATER, G. (1979): Comments/discussions on Eibl-Eibesfeldt, I. (1979). Human ethology: Concepts and implications for the science of man. Behav. Brain Sci., 2, 36–37.
HAUSFATER, G. und VOGEL, CH. (1982): Infanticide in langur monkeys (genus Presbytis): recent research and a review of hypotheses. In: CHIARELLI, A. B. und CORRUCCINI, R. S. (Hg.): Advanced Views in Primate Biology. Berlin/Heidelberg (Springer), 160–176.
HAVEMANN, R. (1980): Morgen. Die Industriegesellschaft am Scheideweg. München (Piper).
HAWKES, K. (1977): Co-operation in Binumarien: Evidence for Sahlin's model. Man, 12 [NS] 459–483.
- (1983): Kin selection and culture. Amer. Ethnol., 10, 345–363.
HAYDUK, L. A. (1978): Personal space: An »evaluation« and orienting overview. Psychol. Bull., 85, 117–133.
- (1983): Personal space: Where we now stand. Psychol. Bull., 94, 293–335.
HAYDUK, L. A. und MAINPRIZE, ST. (1980): Personal space of the blind. Social Psychol. Quart., 43, 216–223.
HAYEK, F. A. v. (1975): Die Irrtümer des Konstruktivismus. Walter-Eucken-Institut, Vorträge und Aufsätze 51, Tübingen (J. C. B. Mohr).
- (1977): Drei Vorlesungen über Demokratie, Gerechtigkeit und Sozialismus. Walter-Eucken-Institut, Vorträge und Aufsätze 63, Tübingen (J. C. B. Mohr).
- (1979): Die drei Quellen der menschlichen Werte. Walter-Eucken-Institut, Vorträge und Aufsätze 70, Tübingen (J. C. B. Mohr). (a)
- (1979): Liberalismus. Walter-Eucken-Institut, Vorträge und Aufsätze 72, Tübingen (J. C. B. Mohr). (b)
- (1980/1981): Recht, Gesetzgebung und Freiheit. Eine neue Darstellung der liberalen Prinzipien der Gerechtigkeit und der politischen Ökonomie, 3 Bde. Landsberg a. Lech (Verlag Moderne Industrie).
- (1983): Die überschätzte Vernunft. In: RIEDL, R. und KREUZER, F. (Hg.): Evolution und Menschenbild. Hamburg (Hoffmann und Campe), 164–192.
HAYES, L. A. und WATSON, J. L. (1981): Neonatal imitation: Fact or artifact? Develop. Psychol., 17, 655–660.
HAYNES, H. M., WHITE, B. L. und HELD, R. (1965): Visual accommodation in human infants. Science, 148, 528–530.

HEALEY, CH. (1984): Trade and sociability: Balanced reciprocity as generosity in New Guinea Highlands. Amer. Ethnol., 11, 42–60.

HECAEN, H. und ALBERT, M. L. (1978): Human Neural Psychology. New York (Wiley).

HEDIGER, H. (1934): Zur Biologie und Psychologie der Flucht bei Tieren. Biol. Zentralbl., 54, 21–40.

HEERWAGEN, J. H. (1990): Psychological aspect of windows and window design. In: SELBY, R. J., ANTHONY, K. H., CHOI, J. und ORLAND, B. (Hg.): Proceedings of the 21st Annual Conference on the Environmental Design Research Association. Oklahoma City (EDRA), 269–280.

HEESCHEN, V. (1976): Überlegungen zum Begriff »Sprachliches Handeln«. Z. German. Linguistik, 4, 273–301.

– (1980): Theorie des sprachlichen Handelns. In: Althaus, H. P., Henne, H. und Wiegand, H. E. (Hg.).: Lexikon der germanistischen Linguistik. Tübingen (Niemeyer), 259–267.

– (1982): Stil und Inhalt der Lieder und Tanztexte der Eipo. Vortrag auf Einladung der DFG im Rahmen des Symposiums »Mensch, Kultur und Umwelt im zentralen Bergland von Westneuguinea«. Berlin.

– (1984): Ästhetische Form und sprachliches Handeln: Sprechen auf der Suche nach einem Partner. Vortrag auf der Jahrestagung der Gesellschaft für Sprachwissenschaft, Bielefeld. (a)

– (1984): Durch Krieg und Brautpreis zur Freundschaft. Vergleichende Verhaltensstudien zu den Eipo und Yalenang. Baessler Archiv (N. F.), 32, 113–144. (b)

– (1984): Singen bei der Arbeit. Publ. zum Film E 2522: HEESCHEN, V. und HEUNEMANN, D.: Singen bei der Arbeit. Göttingen (IWF). (c)

– (1987): Rituelle Kommunikation in verschiedenen Kulturen. Zeitschrift für Literaturwissenschaft und Linguistik, 65, 82–104.

– (1989): Humanethologische Aspekte der Sprachevolution. In: GESSINGER, J. und RAHDEN, W. (Hg.): Theorien vom Ursprung der Sprache. Berlin (De Gruyter).

– (1990): Ninye bún. Mythen, Erzählungen, Lieder und Märchen der Eipo im zentralen Bergland von Irian Jaya (West-Neuguinea), Indonesien. Berlin (Reimer).

– (1993): Musik aus dem Bergland West-Neuguineas (Irian Jaya). – Eine Klangdokumentation untergehender Musikkulturen der Eipo und ihrer Nachbarn. Kommentar: Artur Simon mit Beiträgen von Ekkehard Royl sowie Übertragungen der Gesangstexte und Anmerkungen hierzu von Volker Heeschen. Im Beiheft zu: Musik aus dem Bergland West-Neuguineas (Irian Jaya). – Eine Klangdokumentation untergehender Musikkulturen der Eipo und ihrer Nachbarn, Vol. I–II. Museum Collection Berlin. CD 20. Berlin, Staatliche Museen zu Berlin Preußischer Kulturbesitz, 22–73.

– (1994): Das Kelabi-(Sabalhe-)Kultbild im Mek-Gebiet, Iran Jaya, Indonesien. Baessler-Archiv, Neue Folge, Band XLII.

HEESCHEN, V., SCHIEFENHÖVEL, W. und EIBL-EIBESFELDT, I. (1980): Requesting, giving and taking: The relationship between verbal and nonverbal behavior in the speech community of the Eipo, Irian Jaya (West New Guinea). In: KEY, R. M. (Hg.): The Relationship of Verbal and Nonverbal Behavior. Den Haag/Paris/New York (Mouton), 139–166.

HEIMANN, M., NELSON, K. E. und SCHALLER, J. (1989): Neonatal imitation of tongue protrusion and mouth opening: Methodological aspects and evidence of early individual differences. Scandinavian Journal of Psychology, 30 (2), 90–101.

HEINROTH, O. (1910): Beiträge zur Biologie, insbesondere Psychologie und Ethologie der Anatiden. Verh. 5. Int. Ornith. Kongr. Berlin, 589–702.

HEINZ, H. J. (1966): The Social Organization of the !Ko-Bushmen. Masters Thesis. Johannesburg, University of South Africa.

– (1967): Conflicts, Tensions and Release of Tensions in a Bushmen Society. The Institute for the Study of Man in Africa, Isma Papers, 23, 2–21.

- (1972): Territoriality among the Bushmen, in general, and the !Ko, in particular. Anthropos, 67, 405–416.
- (1979): The nexus complex among the !Ko-Bushmen of Botswana. Anthropos, 74, 465–480.

HEINZ, H. J. und MAGUIRE, B. (1974): The Ethno-Biology of the !Ko-Bushmen. Their Ethno-Botanical Knowledge and Plant Lore. Occ. Papers 1, Botswana Soc., Gaborone.

HELLBRÜGGE, TH. (1967): Chronophysiologie des Kindes. Verhandl. Deut. Ges. Innere Med., 73, 895.

HELLER, A. (1980): The emotional division of labor between the sexes. Soc. Prax., 7, 205–218.

HELMUTH, H. (1967): Zum Verhalten des Menschen: Die Aggression. Z. Ethnol., 92, 265–273.

HENLEY, N. M. (1973): Status and sex: Some touching observations. Bulletin of the Psychonomic Society, 2, 91–93.

- (1977): Body Politics: Power, Sex, and Nonverbal Communication. Englewood Cliffs, NJ (Prentice Hall).

HERDT, G. H. (1982): Rituals of Manhood. Male Initiation in Papua New Guinea. Berkeley (University of California Press).

HERRNSTEIN, R. und MURRAY, CH. (1994): The Bell Curve. New York (FreePress).

HERSKOVITS, M. J. (1950): Man and His Works: The Science of Cultural Anthropology. New York (Knopf).

HERZ, A. (1984): Biochemie und Pharmakologie des Schmerzgeschehens. In: ZIMMERMANN, C. M. und HANDWERKER, H. O. (Hg.): Schmerz. Berlin (Springer), 61–86.

HESLIN, R., NGUYEN, T. D. und Nguyen, M. L. (1982): Meaning of touch from a stranger or same sex person. J. Nonverbal Behav., 7, 147–157.

HESS, E. H. (1973): Imprinting: Early Experience and the Developmental Psychology of Attachment. New York (Van Nostrand).

- (1975): The Tell-Tale Eye. New York (Van Nostrand Reinhold).
- (1977): Das sprechende Auge. München (Kindler).

HEWES, G. H. (1957): The anthropology of posture. Sci. Amer., 196, 123–132.

HEWES, G. W. (1973): An explicit formulation of the relationship between tool-using, tool-making and the emergence of language. Visible Language, 72, 101–127.

- (1977): Language origin theories. In: RUMBAUGH, D. M. (Hg.): Language Learning by a Chimpanzee. The Lana Project. New York (Academic Press), 3–53.

HEYMER, A. (1981): »Schnelles Brauenheben« im Kontext verschiedener sozialer Interaktionen. Homo, 32 (3, 4), 1981.

HICKS, D. J. (1965): Imitation and retention of film-mediated aggressive peer and adult models. J. Personality Social Psychol., 2, 97–100.

HILGARD, E. R. und BOWER, G. H. (^{3}1973): Theorien des Lernens, 2 Bde. Stuttgart (Klett).

HILL, J. H. (1974): Possible continuity theories of language. Language, 50, 134–150.

HILL, W. W. (1936): Navaho Warfare. New Haven (Yale Univ. Publications in Anthropology, 5).

HINDE, R. A. (1966): Animal Behaviour: A Synthesis of Ethology and Comparative Psychology. New York/London (McGraw-Hill).

- (1974): Biological Basis of Human Social Behaviour. New York (McGraw-Hill).
- (1984): Why do sexes behave differently in close relationships? J. Soc. Personal Relationships, 1, 471–501.

HINDE, R. A. und BARDEN, L. A. (1985): The evolution of the teddy bear. Anim. Behav., 33, 1371–1372.

HINDE, R. A. und STEVENSON-HINDE, J. (1976): Towards understanding relationships: Dynamic stability. In: BATESON, P. P. G. und HINDE, R. A. (Hg.): Growing Points in Ethology. Cambridge (Cambridge Univ. Press), 451–479.

HINDE, R. A., EASTON, D. F., MELLER, R. E. und TAMPLIN, A. (1983): Nature and determinants of preschoolers' differential behavior to adults and peers. Brit. J. Develop. Psychol., 1, 3–19.

HINES, S. M. JR. (1983): Die Ursprünge des Staates: Traditionelle Interpretationen, aktueller Forschungsstand und der emergente Charakter des Staates. In: FLOHR, H. und TÖNNESMANN, W. (Hg.): Politik und Biologie. Berlin (Paul Parey), 68–79.

HIRST, G. (1982): An evaluation of evidence for innate sex differences in linguistic ability. J. Psycholinguistic Res., 2, 95–113.

HITE, S. (1976): The Hite Report: A Nationwide Study of Female Sexuality. New York (Dell).

HJORTSJÖ, C.-H. (1969): Man's Face and Mimic Language. Malmö (Studentlitteratur).

HOBBES, T. (1968): Leviathan. London (Penguin).

HOCKETT, C. F. (1960): Logical considerations in the study of animal communication. Amer. Inst. Sci. Publ., 7, 392–430. Dasselbe: Z. Tierpsychol., 23, 250–254.

HODDER, I. (1982): The Present Past. London (Batsford).

HOEBEL, B. G. (1983): Neurogene und chemische Grundlagen des Glücksgefühls. In: GRUTER, M. und REHBINDER, M. (Hg.): Der Beitrag der Biologie zu Fragen von Recht und Ethik. Schrift. Rechtssoziol. Rechtstatsachenforsch., 54, 87–109.

HOEBEL, E. A. (1967): Song duels among the Eskimo. In: BOHANNAN, P. (Hg.): Law and Warfare. New York (Natural History Press), 255–262.

HÖRMANN, L. v. (1877): Tiroler Volkstypen. Wien.

HOFFMANN-KRAYER, E. und BÄCHTOLD-STÄUBLI, H. (1930): Haberfeldtreiben. Handwörterbuch des deutschen Aberglaubens, III. Berlin (de Gruyter), 1291.

– (1933): Katzenmusik. Handwörterbuch des deutschen Aberglaubens, IV. Berlin (de Gruyter), 1125–1132.

HOHENZOLLERN, PRINZ VON J. G. und LIEDTKE, M. (1987): Vom Kritzeln zur Kunst. Stammes- und individualgeschichtliche Komponenten der künstlerischen Fähigkeiten. Bad Heilbrunn/Obb. (Jul. Klinkhardt).

HOHMANN, G. und FRUTH, B. (im Druck): Food Sharing and Status in Unprovisioned Bonobos (*Pan paniscus*): Preliminary Results. In: WIESSNER, P. und SCHIEFENHÖVEL, W. (Hg.): Food and The Status Quest. Harvard (Marion Berghahn).

HOKANSON, J. E. (1970): Psychophysiological evaluation of the catharsis hypothesis. In: MEGARGEE, E. I. und HOKANSON, J. E. (Hg.): The Dynamics of Aggression. New York (Harper und Row), 74–86.

HOKANSON, J. E. und SHETLER, S. (1961): The effect of overt aggression on physiological tension level. J. Abnormal Social Psychol., 63, 446–448.

HOLD, B. (1974): Rangordnungsverhalten bei Vorschulkindern. Homo, 25, 252–267.

– (1976): Attention structure and rank specific behaviour in pre-school children. In: CHANCE, M. R. A. und LARSEN, R. R. (Hg.): The Social Structure of Attention. London (Wiley), 177–201.

– (1977): Rank and behaviour: An ethological study of pre-school children. Homo, 28, 158–188.

HOLD, B. und SCHLEIDT, M. (1977): The importance of human odour in non-verbal communication. Z. Tierpsychol., 43, 225–239.

HOLD-CAVELL, B. (1983): Die Entwicklung und Bedeutung des Ansehens von Kindern im Kindergarten. Universität Regensburg, Institut für Psychologie.

HOLD-CAVELL, B. und STÖHR, C. (1986): The significance of attention structure: when do children attend to each other? Bull. d'Ecol. Ethol. Humaines, 5, 24–36.

HOLD-CAVELL, B. C. L. und D. BORSUTZKY (1986): Strategies to obtain high regard: Longitudinal study of a group of preschool children. Ethol. Sociobiol., 7, 39–56.

HOLST, E. v. (1935): Über den Prozeß der zentralen Koordination. Pflügers Arch., 236, 149–158.

- (1936): Versuche zur Theorie der relativen Koordination. Pflügers Arch., 237, 93–121.
- (1937): Baustein zu einer vergleichenden Physiologie der lokomotorischen Reflexe bei Fischen, II. Z. Vergl. Physiol., 24, 532–562.
- (1939): Die relative Koordination als Phänomen und als Methode zentralnervöser Funktionsanalyse. Erg. Physiol., 42, 228–306.
- (1955): Regelvorgänge der optischen Wahrnehmung. 5th Conf. Soc. Biol. Rhythm. Stockholm, 26–34.
- (1957): Aktive Leistungen der menschlichen Gesichtswahrnehmung. Stud. Generale, 10, 231–243.

HOLST, E. v. und MITTELSTAEDT, H. (1950): Das Reafferenz-Prinzip. Naturwissenschaften, 37, 464–476.

HOLST, E. v. und SAINT-PAUL, U. v. (1960): Vom Wirkungsgefüge der Triebe. Naturwissenschaften, 18, 409–422.

HOLZAPFEL, M. (1940): Triebbedingte Ruhezustände als Ziel des Appetenzverhaltens. Naturwissenschaften, 28, 273–280.

HOOFF, J. A. R. A. VAN (1969): The facial display of the catarrhine monkeys and apes. In: MORRIS, D. (Hg.): Primate Ethology. New York (Garden City), 9–98.
- (1971): Aspecten van Het Sociale Gedrag En De Communicatie Bij Humane En Hogere Niet-Humane Primaten (Aspects of the Social Behavior and Communication in Human and Higher Non-Human Primates). Rotterdam (Bonder-Offset).
- (1973): A structural analysis of the social behavior of a semi-captive group of chimpanzees. In: CRANACH, M. VON und VINE, I. (Hg.): Social Communication and Movement. New York (Academic Press), 75–162.
- (1976): The comparison of facial expression in man and higher primates. In: CRANACH, M. v. (Hg.): Methods of Inference from Animal to Human Behaviour. Chicago (Aldine) Den Haag/ Paris (Mouton), 165–196.
- (1982): Categories and sequences of behaviour: Methods of description and analysis. In: SCHERER, K. und EKMAN, P. (Hg.): Handbook of Methods in Nonverbal Behavior Research. Cambridge/London/New York (Cambridge University Press), 362–439.

HOON, P. W., BRUCE, K. und KINCHLOE, B. (1982): Does the menstrual cycle play a role in sexual arousal? Psychophysiology, 19, 21–27.

HORVATH, TH. (1979): Correlates of physical beauty in men and women. Soc. Behav. Personality, 7, 145–151.
- (1981): Physical attractiveness: The influence of selected torso parameters. Arch. Sex. Behav., 10, 21–24.

HOSPERS, J. (1969): Introductory Readings in Aesthetics. New York (The Free Press/Collier).

HOYLE, G. (1984): The Scope of Neuroethology. Behav. Brain Sci., 7, 367–412.

HRDY, S. B. siehe BLAFFER-HRDY, S.

HUBEL, D. H. und WIESEL, T. N. (1962): Receptive fields, binocular interactions and functional architecture in the cat's visual cortex. J. Physiol., 160, 106–154.
- (1963): Receptive fields of cells in striate cortex of very young, visually inexperienced kittens. J. Neurophysiol., 24, 994–1002.

HUBER, E. (1931): Evolution facial Muscles. In: WEBSTER, R. C., SMITH, R. C. und SMITH, K. F. (1983): Face lift, 2. Etiology of platysma cording and its relationship to treatment. Head and Neck Surg., 6, 590–595.

HUBER, F. (1974): Neuronal background of species-specific acoustical communication in orthopteran insects (Gryllidae). In: BROUGHTON, W. B. (Hg.): The Biology of Brains. Symposia of the Inst. of Biol., No. 21., Chapt. 4, 61–88. Oxford (Blackwell).
- (1977): Lautäußerungen und Lauterkennen bei Insekten (Grillen). Rheinisch-Westfälische Akad. Wiss., Vorträge Nr. 265, Opladen (Westdeutscher Verlag).

– (1983): Neural correlates of orthopteran and cicada phonotaxis. In: HUBER, F. und MARKL., H. (Hg.): Neuroethology and Behavioral Physiology. Berlin (Springer), 108–135.

HÜCKSTEDT, B. (1965): Experimentelle Untersuchungen zum »Kindchenschema«. Z. Exp. Angew. Psychol., 12, 421–450.

HUGHES, A. L. (1981): Female infanticide: Sex ratio manipulation in humans. Ethol. Sociobiol., 2, 109–111.

HULL, D. L. (1978): Scientific bandwagon or travelling medicine show? Society, Sept./Oct., 50–59.

HULSEBUS, R. C. (1973): Operant conditioning of infant behavior: A review. Advan. Child Develop. Behav., 8, 111–158.

HUMPHREY, T. (1969): Postnatal repetition of human pre-natal activity sequences with some suggestions of their neuroanatomical basis. In: ROBINSON, R. J. (Hg.): Brain and Early Behavior. New York (Academic Press).

HUNSPERGER, R. W. (1954): Reizversuche im periventrikulären Grau des Mittel- und Zwischenhirns (Film). Helv. Physiol. Acta, 12, C4–C6.

HUNT, G. T. (1940): The Wars of the Iroquois: A Study in Intertribal Trade Relations. Madison, WI (University of Wisconsin Press).

HUXLEY, A. (1932): Brave New World. London (Chatto und Windus).

– (1959): Brave New World Revisited. London (Chatto und Windus).

– (²1981): Schöne neue Welt, und: Dreißig Jahre danach oder Wiedersehen mit der Schönen Neuen Welt. München (Piper).

HUXLEY, T. H. (1894): Evolution and Ethics and other Essays. New York (D. Appleton).

HYMAN, St. E. (1994): Why does the Brain prefer Opium to Broccoli? Harvard Rev. Psychiatry, 2, 43–46.

HYMES, D. H. (1970): The ethnography of speaking. In: FISHMAN, J. A. (Hg.): Readings in the Sociology of Language. Paris/Den Haag (Mouton), 94–138.

IKEDA, K. und KAPLAN, W. O. (1970): Unilaterally patterned neural activity of a mutant gynandromorph of *Drosophila melanogaster*. Amer. Zool., 10, 311.

IMMELMANN, K. (1965): Prägungserscheinungen in der Gesangsentwicklung junger Zebrafinken. Naturwissenschaften, 52, 169–170.

– (1966): Zur Irreversibilität der Prägung. Naturwissenschaften, 53, 209.

– (1970): Zur ökologischen Bedeutung prägungsbedingter Isolationsmechanismen. Verhandl. Deut. Zool. Ges., 64, 304–314.

– (1975): Ecological significance of imprinting and early learning. Annu. Rev. Ecol. Systematics, 6, 15–37.

IMPERATO-McGINLEY, J., PETERSON, R. E., GAUTIER, T. und STURLA, E. (1979): Androgens and the evolution of the male gender-identity among male pseudohermaphrodites with 5αreductase deficiency. New Eng. J. Med., 300, 1233–1237.

ISAAC, G. (1978): The foodsharing behavior of protohuman hominids. Sci. Amer., 238, 90–108.

ITTEN, J. (1961): Kunst der Farbe. Subjektives Erleben und objektives Erkennen der Wege zur Kunst. Ravensburg (Maier).

IZARD, C. E. (1968): The emotions and emotion constructs in personality and culture research. In: CATTELL, R. B. (Hg.): Handbook of Modern Personality Theory. Chicago (Aldine).

– (1971): The Face of Emotion. New York (Appleton-Century-Crofts).

– (1981): Die Emotionen des Menschen. Weinheim (Beltz).

JACKENDORFF, R. und LERDAHL, F. (1982): A grammatical parallel between music and language. In: CLYNES, M. (Hg.): Music, Mind and Brain, New York (Plenum), 83–119.

JACKLIN, C. N. und MACCOBY, E. E. (1978): Social behaviour at thirty-three months in samesex and mixed-sex dyads. Child Develop., 49, 557–569.

JACOBSON, J. L. (1981): The role of inanimate objects in early peer interaction. Child Develop., 52, 618–626.

JACOBSON, S. W. (1979): Matching behavior in the young infant. Child Develop., 50, 425–430.

JAFFE, Y., SHAPIR, N. und YINON, Y. (1981): Aggression and its escalation. J. Cross-Cultural Psychol., 12, 21–36.

JAHODA, G. (1954): A note on Ashanti names and their relationship to personality. Brit. J. Psychol., 45, 192–195.

JAKOBSON, R. (1941): Kindersprache, Aphasie und allgemeine Lautgesetze. Språkvetenskapliga Sällskapets i Uppsala, Förhandlingar, 1–83.

JAMES, W., (1890): Principles of Psychology. New York (Holt, Rinehart und Winston).

JANSHEN, D. (1989): Frauen gestalten Technik. Pfaffenweiler (Centaurus).

JANTSCH, E. (1979): Sociobiological and sociocultural process: A non-reductionist view. J. Social Biol. Structures, 2, 87–92.

JARVIE, I. C. (1983): The problem of the ethnographic real. Current Anthropol., 24, 313–325.

JENSEN, A. R. (1980): Bias in Mental Testing. New York (The Free Press). (a)

– (1980): Multiple book review of bias in mental testing: Behav. Brain Sci., 3, 325–371. (b)

– (1983): The definition of intelligence and factor-score indeterminancy. Behav. Brain Sci., 6, 313–315.

JESSEN, E. (1981): Untersuchungen zur Geschlechtererkenung – Die Zuordnung einfacher geometrischer Formen zu Mann und Frau in verschiedenen Altersstufen und Kulturen. Dissertation, Ludwig-Maximilian-Universität München.

JETTMAR, K. (1973): Die anthropologische Aussage der Ethnologie. In: GADAMER, H.-G. und VOGLER, P. (Hg.): Neue Anthropologie, Vol. 4. Kulturanthropologie. Stuttgart (Thieme).

JOHNSON, R. N. (1972): Aggression in Man and Animals. Philadelphia/London (Saunders).

JOHNSON, R. S. (1982): Food, other valuables, payment and the relative scale of Ommura ceremonies (New Guinea). Anthropos, 77, 509–523.

JOHNSTON, V. S. und FRANKLIN, M. (1993): Is beauty in the eye of the beholder? Ethology and Sociobiology, 14, 183–199.

JOLLY, A. (1972): The Evolution of Primate Behavior. New York (Macmillan).

JONES, D. und HILL, K. (1993): Criteria of facial attractiveness in five populations. Human Nature, 271–296.

JOUVET, M. (1972): Le discours biologique. Rev. Med., 16–17, 1003–1063.

JÜRGENS, J. (1971): Soziales Verhalten, Kommunikation und Hirnmechanismen. Umschau, 71, 799–802.

JÜRGENS, J. und PLOOG, D. (1976): Zur Evolution der Stimme. Arch. Psychiatr. Nervenkr., 222, 117–137.

KAGAN, J. (1971): Change and Continuity in Infancy. New York (Wiley).

KAHN, H. (1977): Vor uns die guten Jahre. Wien (Molden).

KAHN-LADAS, A., WHIPPLE, B. und PERRY, J. D. (1982): The G-Spot and Other Recent Discoveries about Human Sexuality. New York (Holt, Rinehart und Winston).

KAISER, G. (1978): Comment/discussion. In: NITSCH, K. (Hg.): Was wird aus unseren Kindern? Heidelberg (Hüthig Verlag), 34–45.

KAISSLING, K. E. (1971): Insect olfaction. In: BEIDLER, L. M. (Hg.): Handbook of Sensory Physiology, Vol. 4. Chemical Senses. Berlin (Springer), 351–431.

KAISSLING, K. E. und PRIESNER, E. (1970): Die Riechschwelle des Seidenspinners. Naturwissenschaften, 57, 23–38.

KAITZ, M., MESCHULACH-SARFATY, O., AUERBACH, J. und EIDELMAN, A. (1988): A reexamination of newborns' ability to imitate facial expressions. Develop. Psychol., 24, (1), 3–7.

KALBERMATTEN, U. (1979): Handlung, Theorie, Methode – Ergebnisse. Dissertation, Universität Bern. Zürich (Juris Verlag).

KALBERMATTEN, U. und CRANACH, M. v. (1980): Hierarchisch aufgebaute Beobachtungssysteme zur Handlungsanalyse. In: WINKLER, P. (Hg.): Methoden zur Analyse von Face-to-Face-Situationen. Stuttgart (Metzler).

KALLMAN, F. J. (1952): A comparative twin study on the genetic aspects of male homosexuality. J. Nerv. Mental Dis., 115, 283.

KALMUS, H. (1955): The discrimination by the nose of the dog of individual human odours and in particular of the odours of twins. Brit. J. Anim. Behav., 3, 25–31.

KALNINS, I. V. und BRUNER, J. S. (1973): Infant sucking used to change the clarity of a visual display. In: HULSEBUS, R. C.: Operant Conditioning of Infant Behaviour, a Review. Advan. Child Develop. Behav., 8.

KALTENBACH, K., WEINRAUB, M. und FULLARD, W. (1980): Infant wariness toward strangers reconsidered: Infants' and mothers' reactions to unfamiliar persons. Child Develop., 51, 1197–1202.

KALZ, G. (1990): Familie und Arbeitswelt – das Für und Wider institutioneller Betreuung in der Frühkindheit. In: Kinder haben, als Familie leben – Verzichte oder Chancen? Deutsche Liga für das Kind in Familie und Gesellschaft. Neuwied (Strüder Verlag), 21–31.

KANDEL, E. R. (1976): Cellular Basis of Behavior. An Introduction to Behavioral Neurobiology. San Francisco (W. H. Freeman).

KANT, I. (1795): Zum ewigen Frieden. Ein philosophischer Entwurf. In: CASSIRER, E. (Hg.): Immanuel Kants Werke, Bd. 4. Berlin 1923, 424–474.

KAPLAN, H., HILL, K., HAWKES, K. und HURTADO, A. (1984): Food sharing among Ache hunter-gatherers of Eastern Paraguay. Current Anthropology., 25, 113–115.

KAPLAN, M. A. (1979): Is species selfishness a viable concept? J. Social Biol. Structures., 2, 1–7.

KARDINER, A. (1939): The Individual and His Society. New York (Columbia University Press).

– (1945): The Psychological Frontiers of Society. New York (Columbia University Press).

KARSTEN, R. (1923): Blood revenge, war, and victory feasts among the Jibaro Indians of Eastern Ecuador. Bur. Amer. Ethnol. Bull. 79.

KATZ, R. J. und STEINER, M. (1979): Dream and motivation: a psychobiological approach. J. Social Biol. Structures, 2, 141–154.

KAUFFMAN-DOIG, F. (1979): Sexual Behaviour in Ancient Peru. Lima-Surquillo (Kompactos).

KAY, P. und KEMPTON, W. (1984): What is the Sapir-Whorf hypothesis? Amer. Anthropol., 86, 65–79.

KEEGAN, J. (1976): The Face of Battle. New York (Viking Press).

KEEGAN, J. und DARRACOTT, J. (1981): The Nature of War. New York (Holt, Rinehart und Winston).

KEESING, R. M. (1981): Cultural Anthropology. A contemporary Perspective. New York (Holt, Rinehart und Winston).

KELLER, H. (1979): Die Entstehung von Geschlechtsunterschieden im ersten Lebensjahr. In: DEGENHARDT, A. und TRAUTNER, H. M. (Hg.): Geschlechtstypisches Verhalten. München (C. H. Beck), 122–144.

– (1980): Gaze and Gaze Aversion in the First Months of Life. Institut für Psychologie der Technischen Universität Darmstadt, 80/5. (a)

– (1980): Beobachtung, Beschreibung und Interpretation von Eltern-Kind-Interaktionen im ersten Lebensjahr. Beobachtungsmanual für die ersten 4 Lebensmonate. Institut für Psychologie der Technischen Universität Darmstadt, 80/8. (b)

KELLER, H., GAUDA, G. und MIRANDA, D. (1980): Beobachtung, Beschreibung und Interpretation von Eltern-Kind-Interaktionen im ersten Lebensjahr. Skalen zur Beurteilung »Angemessenes Elternverhalten«. Institut für Psychologie der Technischen Universität Darmstadt.

KELLER, H. und ROTHMUND, H. (1981): Zur Genese von Beziehungen zwischen Mutter und Kind I: Blickkontakt und Blickkontaktvermeidung in den ersten 3 Lebensmonaten. Zeitschrift für Klinische Psychologie, 10, 195–220.

KENDON, A. (1977): Spatial organization in social encounters: The F-formation system. In: KENDON, A. (Hg.): Studies in Semiotic. Bloomington, IN (Indiana University Press), Lisse (The Peter de Ridder Press).

KENDON, A. und FERBER, A. (1973): A description of some human greetings. In: MICHAEL, R. P. und CROOK, J. H. (Hg.): Comparative Ecology and Behaviour of Primates. London (Academic Press), 591–668.

KENNEDY, J. M. (1980): Blind people recognizing and making haptic pictures. In: HAGEN, M. (Hg.): The Perception of Pictures. London/New York (Academic Press), 263–303.

– (1982): Haptic Pictures. In: SCHIFF, W. und FOULKE, E. (Hg.): Tactual Perception. Cambridge/London/New York (Cambridge University Press), 305–331.

– (1983): What can we learn about pictures from the blind? Amer. Sci., 71, 19–26.

KENNELL, J., JERAULD, R., WOLFE, H., CHESLER, D., KREGER, N., McALPINE, W., STEFFA, M. und KLAUS, M. (1974): Maternal behavior one year after early and extended postpartum contact. Develop. Med. Child Neurol., 16, 172–179.

KENNELL, J., TRAUSE, M. und KLAUS, M. (1975): Evidence for a sensitive period in the human mother. In: BRAZELTON, T., TRONICK, E., ADAMSON, L., ALS, H. und WISE, S. (Hg.): Parent-Infant Interaction. New York (Elsevier/Excerpta Media/North Holland), 87–101.

KENNY, C. T. und FLETCHER, D. (1973): Effects of beardedness on person perception. Perceptual and Motor Skills, 37, 413–414.

KENRICK, D. T. und KEEFE, R. C. (1992): Age preferences in mates reflect sex differences in human reproductive strategies. Behavioral and Brain Sciences, 15, 75–133.

KENRICK, D. T., SADALLA, E. K., GROTH, G. und TROST, M. R. (1990): Evolution, traits, and the stages of human courtship: Qualifying the parental investment model. Journal of Personality, 58 (1), 97–115.

KEPHART, W. M. (1976): Extraordinary Groups. New York (St. Martin Press).

KEUPP, L. (1971): Aggressivität und Sexualität. München (Goldmann).

KEVERNE, E. B. (1978): Olfactory cues in mammalian sexual behaviour. In: HUTCHINSON, J. P. (Hg.): Biological Determinants of Sexual Behaviour. Chichester/New York (Wiley), 727–763.

KEVERNE, E. B. und KENDRICK, K. M. (1992): Oxytocin facilitation of maternal behavior in sheep. In: PEDERSEN, C. A., CALDWELL, J. D., JIRIKOWSKI, G. F. und INSEL, T. R. (Hg.): Oxytocin in Maternal, Sexual, and Social Behaviors. New York (New York Academy of Sciences), 83–101.

KEVERNE, E. B., LEVY, F., POINDRON, P. und LINDSAY, D. R. (1983): Vaginal stimulation: An important determinant of maternal bonding in sheep. Science, 219, 81–83.

KIENER, F. (1986): Das Wort als Waffe. Zur Psychologie der verbalen Aggression. Göttingen (Vandenhoeck und Ruprecht).

KIMURA, D. (1992): Sex differences in the brain. Scientific American, 266, (9), 81–87.

KING, A. und SCHNEIDER, B. (1992): Die erste globale Revolution. Club of Rome. Frankfurt/Main (Horizonte Verlag).

KING, G. E. (1980): Alternative uses of primates and carnivores in the reconstruction of early hominid behavior. Ethol. Sociobiol., 1, 99–109.

KINSEY, A. C. u. a. (1966): Das sexuelle Verhalten des Mannes. Frankfurt/M. (Fischer Verlag).

KINSEY, A. C., POMEROY, W. B. und MARTIN, C. E. (1954): Das sexuelle Verhalten der Frau. Berlin/Frankfurt/M. (Fischer, Athenaeum).

KINSEY, A. C., POMEROY, W. B., MARTIN, C. E. und GEBHARD, P. (1948): Sexual behavior in the human female. In: DIAMOND, M.: Homosexuality and bisexuality in different populations. Archives of Sexual Behavior, 22, 291–310.

KIRKENDALL, L. A. (1961): Premarital Intercourse and Interpersonal Relationships. New York (Julian Press).

KIRK-SMITH, M. und BOOTH, D. A. (1980): Effect of androstenone on choice of location in other's presence. In: STARRE, H. VAN DER (Hg.): Olfaction and Taste, VII. London (IRL Press), 397–400.

KIRK-SMITH, M., BOOTH, D. A., CARROLL, D. und DAVIES, P. (1978): Human social attitudes affected by androstenol. Research communications in psychology. Psychiat. Behav., 3, 379–384.

KISTYAKOVSKAYA, M. Y. (1970): The Development of Movement in Children during the First Year of Life. Moskau (Pedagogika).

KITCHER, P. (1985): Vaulting Ambition: Sociobiology and the Quest for Human Nature. Cambridge, MA (MIT Press).

– (1987): Precis of vaulting ambition. Behav. Brain Sci., 10, 61–100.

KITZINGER, S. (1984): Sexualität im Leben der Frau. München (Biederstein).

KLAUS, M. und KENNELL, J. (1976): Parent-to-infant attachment. In: HULL, D. (Hg.): Recent Advances in Pediatrics. Edinburgh/London/New York (Churchill Livingstone), 129–152.

KLAUS, M., KENNELL, J., PLUMB, N. und ZUEHLKE, S. (1970): Human maternal behavior at the first contact with her young. Pediatrics, 46, 187–192.

KLAUS, M., JERAULD, R., KREGER, N., McALPINE, W., STEFFA, M. und KENNELL, J. (1972): Maternal attachment: Importance of the first post-partum days. New Engl. J. Med., 286, 460–463.

KLAUS, M., TRAUSE, M. und KENNELL, J. (1975): Does human maternal behaviour after delivery show a characteristic pattern? In: BRAZELTON, T., TRONICK, E., ADAMSON, L., ALS, H. und WISE, S. (Hg.): Parent-Infant Interaction. New York (Elsevier/Excerpta Media/North Holland), 69–95.

KLECK, R. E., BUCK, P. L., GOLLER, W. C., LONDON, R. S., PFEIFFER, J. R. und VUKCEVIC, D. P. (1968): Effect of stigmatizing conditions on the use of personal space. Psychol. Rep. 23, 111–118.

KLEITMAN, N. (1963): Sleep and Wakefulness. Chicago (University of Chicago Press).

KLEITMAN, N. und ENGELMANN, T. C. (1953): Sleep characteristics of infants. J. Appl. Physiol., 6, 269–282.

KLOPFER, P. (1971): Mother love: What turns it on? Amer. Sci., 59, 404–407.

KLUCKHOHN, C. (1947): Some aspects of Navaho infancy and early childhood. Psychoanal. Soc. Sci., 1, 37–86.

KLÜVER, H. und BUCY, P. C. (1937): »Psychic blindness« and other symptoms following bilateral temporal lobectomy in rhesus monkeys. Amer. J. Physiol., 119, 352–353.

KLUTSCHAK, H. W. (1881): Als Eskimo unter Eskimos. Wien (Hartleben).

KNAUFT, B. M. (1991): Violence and sociality in human evolution. Current Anthropology, 32, 391–428.

KNEUTGEN, J. (1964): Beobachtungen über die Anpassung von Verhaltensweisen an gleichförmige akustische Reize. Z. Tierpsychol., 21, 763–779.

– (1970): Eine Musikform und ihre biologische Funktion. Über die Wirkungsweise der Wiegenlieder. Z. Exp. Angew. Psychol., 17, 245–265.

KNOWLES, E. S. (1972): Boundaries around social space: Dyadic responses to an invader. Environ. Behav., 4, 437–447.

– (1973): Boundaries around group interaction: The effect of group size and member status on boundary permeability. J. Personality Social Psychol., 26, 327–332.

KNOWLES, N. (1940): The torture of captives by the Indians of Eastern North America. Proc. Amer. Phil. Soc. 82(2).

KOCH, K. F. (1970): Cannibalistic revenge in Jalé society. Nat. History, 79, 40–51.

– (1974): War and Peace in Jalémo: The Management of Conflict in Highland New Guinea. Cambridge, MA (Harvard University Press).

KOEHLER, O. (1954): Vorbedingungen und Vorstufen unserer Sprache bei Tieren. Zool. Anz. Suppl., 18, 327–341.

KÖHLER, W. (1921): Intelligenzprüfungen an Menschenaffen. Berlin (Springer); Neudruck 1963.

KOELEGA, H. S. und KÖSTER, E. P. (1974): Some experiments on sex differences in odor perception. Ann. NY Acad. Sci., 237, 234–246.

KÖNIG, H. (1925): Der Rechtsbruch und sein Ausgleich bei den Eskimos. Anthropos, 20, 276–315.

KOENIG, L. (1951): Beiträge zu einem Aktionssystem des Bienenfressers *(Merops apiaster L.)*. Z. Tierpsychol., 8, 169–210.

KOENIG, O. (1968): Biologie der Uniform. Naturwiss. Med., 5, 3–19, 40–50.

– (1969): Verhaltensforschung und Kultur. In: ALTNER, G. (Hg.): Kreatur Mensch. München (Moos-Verlag), 57–84.

– (1970): Kultur und Verhaltensforschung. München (dtv).

– (1975): Urmotiv Auge, München (Piper).

KOEPKE, J. E., HAMM, M., LEGERSTEE, M. und RUSSELL, M. (1983): Neonatal imitation: Two failures to replicate. Infant Behav. Develop., 6, 97–102.

KOHLBERG, L. A. (1966): A cognitive-developmental analysis of children's sex-role concepts and attitudes. In: MacCoby, E. E. (Hg.): The Development of Sex Differences. Stanford (Stanford University Press), 82–173.

– (1969): Stage and Sequence: The cognitive-developmental approach to socialization. In: GOSLIN, D. A. (Hg.): Handbook of Socialization Theory and Research. Chicago (Rand McNally), 347–480.

– (1981): Essays on Moral Development. Vol. 1: The Philosophy of Moral Development: Moral Stages and the Idea of Justice. New York (Harper and Row).

KOHL-LARSEN, L. (1943): Auf den Spuren des Vormenschen. Deutsche Afrika-Expedition 1934–36 und 1937–39. Stuttgart (Strecker und Schröder).

– (1958): Wildbeuter in Ostafrika. Die Tindiga, ein Jäger- und Sammlervolk. Berlin (Reimer).

KOHR, L. (1983): Die überentwickelten Nationen. Salzburg (Alfred Winter).

KOLODNY, R. C., u. a. (1971): Plasma testosterone and semen analysis in male homosexuals. New Engl. J. Med., 285, 1170.

KOMISARUK, B. R. und OLDS, J. (1968): Neuronal correlates of behavior in freely moving rats. Science, 161, 810–812.

KONECNI, V. J. und DOOB, A. N. (1972): Catharsis through displacement of aggression. J. Personality Social Psychol., 23, 379–387.

KONECNI, V. J. und EBBESEN, E. B. (1976): Disinhibition vs. the cathartic effect: Artifact and substance. J. Personality Social Psychol., 34, 352–365.

KONISHI, M. (1964): Effects of deafening on song development in two species of juncos. Condor, 66, 85–102.

– (1965): Effects of deafening on song development of American robins and black-headed grosbeaks. Z. Tierpsychol., 22, 584–599. (a)

– (1965): The role of auditory feedback in the control of vocalization in the white-crowned sparrow. Z. Tierpsychol., 22, 770–783. (b)

KONNER, M. J. (1972): Aspects of the developmental ethology of a foraging people. In:

BLURTON-JONES, N. G. (Hg.): Ethological Studies of Child Behaviour. Cambridge (Cambridge University Press), 285–304.

– (1975): Relations among infants and juveniles in comparative perspective. In: LEWIS, M. und ROSENBLUM, L. A. (Hg.): Friendship and Peer Relations. New York (John Wiley), 99–129.

– (1977): Evolution of human behavior development. In: LEIDERMAN, P. H., TULKIN, ST. R. und ROSENFELD, A. (Hg.): Culture and Infancy, Variations in the Human Experience. New York (Academic Press), 69–109. (a)

– (1977): Infancy among the Kalahari Desert San. In: LEIDERMAN, P. H., TULKIN, ST. R. und ROSENFELD, A. (Hg.): Culture and Infancy, Variations in the Human Experience. New York (Academic Press), 287–328. (b)

– (1981): Evolution of human behavior development. In: MUNROE, R. H., MUNROE, R. L. und WHITING, B. B. (Hg.): Handbook of Cross-cultural Human Development. New York/London (Garland STPM Press), 3–51.

– (1982): The Tangled Wing. Biological Constraints on the Human Spirit. New York (Holt, Rinehart and Winston).

KONNER, M. J. und WORTHMAN, C. (1980): Nursing frequencies, gonadal hormones, and birth spacing among !Kung hunter-gatherers. Science, 207, 788–791.

KORNER, A. F. (1969): Neonatal startles, smiles, erections and reflex sucks as related to state, sex and individuality. Child Develop., 40, 1039–1053.

– (1971): Individual differences at birth: Implications for early experience and later development. Amer. J. Orthopsych., 41, 608–619.

– (1974): Methodological considerations in studying sex differences in the behavioral functioning of newborns. In: FRIEDMAN, R. D., RICHART, R. M. und VANDE WIELE, R. L. (Hg.): Sex Differences in Behavior. New York/London (Wiley), 373–392.

KORTLANDT, A. (1972): New Perspectives on Ape and Human Evolution. Stichting voor Psychobiologie, Zoologisch Laboratorium Amsterdam.

KORTMULDER, K.(1968): An ethological theory of the incest taboo and exogamy. Current Anthropol., 9, 437–449.

KOVACH, J. K. (1970): Critical period or optimal arousal? Early approach behavior as a function of stimulus, age, and breed variables in chicks. Develop. Psychol., 3, 88–97.

KOVACH, J. K. und HESS, E. H. (1963): Imprinting: Effects of painful stimulation on the following response. J. Comp. Physiol. Psychol., 56, 461–464.

KRADER, L. (1968): Formation of the State. Englewood Cliffs, NJ (Prentice Hall).

KRAFFT-EBING, R. v. ([17]1924): Psychopathia sexualis. Stuttgart.

KRAUSS, F. J. (1965): Das Geschlechtsleben des japanischen Volkes. Hanau (Schustek).

KRAUSS, R. M., CURRAN, N. M. und FERLEGER, N. (1983): Expressive conventions and the cross-cultural perception of emotion. Basic Appl. Soc. Psychol., 4, 295–305.

KRAUT, R. E. und JOHNSTON, R. E. (1979): Social and emotional messages of smiling: An ethological approach. J. Personality Social Psychol., 37, 1539–1553.

KRIEGER, D. T. (1983): Brain peptides: What, where, and why? Science, 222, 975–985.

KROEBER, A. L. (1915): Eighteen professions. Amer. Anthropol., 17, 283–288.

KROGER, R. O., CHENG, K. und LEONG, I. (1979): Are the rules of address universal? A test of Chinese usage. J. Cross-Cultural Psychol., 10, 395–414.

KRUIJT, J. (1964): Ontogeny of social behaviour in Burmese red jungle fowl *(Gallus gallus spadiceus)*. Behaviour Suppl. 12.

KÜHN, H. (1958): Auf den Spuren des Eiszeitmenschen. München (Paul List).

KUENZER, P. (1993): Doch noch einmal Schlüsselreize, ja oder nein? In: Biologie in unserer Zeit. Beilage »Biologen in unserer Zeit«, 5, 65–66.

KÜSTER, W. (1983): Ungeborgenheit, Isolierung und Verzweiflung. Spiegel, 43, 185–212.

KUGUIMUTZAKIS, J. (1985): Imitation in Newborns 10–45 Minutes Old. Uppsala Psychological Reports No 376, Dept. Psychology Univ. Uppsala, Sweden ISSN 0348–3908.

KUMMER, H. (1973): Aggression bei Affen. In: PLACK, A. (Hg.): Der Mythos vom Aggressionstrieb. München (Paul List), 69–91.

KUMMER, H., GÖTZ, W. und ANGST, W. (1974): Triadic differentiation: An inhibitory process protecting pair bonds in baboons. Behaviour, 49, 62–87.

KUO, Z. Y. (1932): Ontogeny of embryonic behavior. J. Exp. Biol., 61, 395–430, 453–489.

– (1967): The Dynamics of Behavior Development. New York (Random House).

KURLAND, J. A. (1979): Paternity, mother's brother, and human sociality. In: CHAGNON, N. A. und IRONS, I. (Hg.): Evolutionary Biology and Human Social Behavior. North Scituate, MA (Duxbury Press), 145–180.

KURODA, S. (1980): Social behavior of the pygmy chimpanzees. Primates, 21(2), 181–197.

KUTASH, I. L., KUTASH, S. B. und SCHLESINGER, L. D. (Hg.) (1978): Perspectives on Murder and Aggression. San Francisco/Washington (Jossey Bass).

LABAN, R. (1956): Principles of Dance and Movement Notation. New York (Dance Horizons Republication).

LABARRE, W. (1947): The cultural basis of emotions of gestures. J. Personality, 16, 49–68.

– (1954): The Human Animal. Chicago/London (The University of Chicago Press).

LABORIT, H. (1980): L'inhibition de l'action. Paris (Masson).

LABOV, W. (1966): The Social Stratification of English in New York City. Washington (Center for Applied Linguistics).

– (1970): The study of language in its social context. Stud. Generale, 23, 30–87.

LACOSTE-UTAMSING, CH. DE und HOLLOWAY, R. L. (1982): Sexual dimorphism in the human corpus callosum. Science, 216, 1431–1432.

LAGERCRANTZ, H. und SLOTKIN, TH. A. (1986): The stress of being born. Sci. Amer., 254(4), 92–102.

LAMB, M. E. (1975): Forgotten contributors to child development. Hum. Develop., 18, 245–266.

– (1976): The role of the father: An overview. In: LAMB, M. E. (Hg.): The Role of the Father in Child Development. New York (Wiley), 1–63. (a)

– (1976): Effects of stress and cohort on mother- and father-infant interaction. Develop. Psychol., 12, 435–443. (b)

– (1976): Twelve-month olds and their parents: Interaction in a laboratory playroom. Develop. Psychol., 12, 237–244. (c)

– (1977): The Relationships between Mothers, Fathers, Infants and Siblings in the First Two Years of Life. Paper presented at the Biennial Conference of the Int. Soc. for the Study of Behavioral Development, Pavia: Italien. (a)

– (1977): Father-infant and mother-infant interaction in the first year of life. Child Develop., 48, 167–181. (b)

LAMB, M. E. und HWANG, C. PH. (1982): Maternal attachment and mother neonate bonding: A critical review. Advan. Develop. Psychol., 2, 1–39.

LAMB, M. E., FRODI, A. M., HWANG, C. PH., FRODI, M. und STEINBERG, J. (1982): Mother- and father-infant interaction involving play and holding in traditional and nontraditional Swedish families. Develop. Psychol., 18, 215–221.

LAMBERT, W. W. (1981): Toward an integrative theory of children's aggression. Ital. J. Psychol., 8, 153–164.

LAMBERT, W. W. und TAN, A. L. (1979): Expressive styles and strategies in the aggressive actions of children of six cultures, Ethos, 7, 19–36.

LAMPRECHT, J. (1993): Besprechung des Buches von H.-M. Zippelius: Die vermessene Theorie. Ethology, 95, 257–259. (a)

– (1993): Sind die Ergebnisse von N. TINBERGEN Artefakte? In: Biologen in unserer Zeit, 67–69. (b)

LANCASTER-JONES, F. (1963): A Demographic Survey of the Aboriginal Population of the Northern Territory with Special Reference to Buthurst Island Mission. Canberra (Australian Inst. of Aboriginal Studies).

LANCKER, D. VAN (1991): Personal Relevance and the Human Right Hemisphere. Brain and Cognition, 17, 64–92.

LANCY, D. F. (1983): Cross-cultural studies in cognition and mathematics. In: The Coevolution of Culture, Cognition and Schooling, Vol. 8. New York (Academic Press), 185–211.

LANDY, D. und MATTEE, D. (1969): Evaluation of an aggressor as a function of exposure to cartoon humor. J. Personality Social Psychol., 9, 237–241.

LANE, C. (1979): Ritual and ceremony in contemporary Soviet society. Sociol. Rev., 27, 253–278.

LANGLOIS, J. H. und ROGGMAN, L. A. (1990): Attractive faces are only average. American Psychological Society, 1 (2), 115–121.

LANGLOIS, J. H., ROGGMAN, L. A.und RIESER-DANNER, L. A. (1990): Infants' differential social responses to attractive and unattractive faces. Developmental Psychology, 26 (1), 153–159.

LANGLOIS, J. H., ROGGMAN, L. A., CASEY, R. J., RITTER, J. M., RIESER-DANNER, L. A. und JENKINS, V. Y. (1987): Infant preferences for attractive faces: Rudiments of a stereotype? Develop. Psychol., 23(3), 363–369.

LATTIMORE, D. (1951): The steppes of Mongolia and the characteristics of steppe nomadism. In: American Geographic Society (Hg.): Inner Asia Frontiers of China. New York (Capital Publ.), 53–102.

LAVER, J. (1975): Communicative functions of phatic communion. In: KENDON, A., HARRIS, R., KEY, R. M. und RITCHIE, M. (Hg.): Organisation of Behavior in Face-to-Face-Interaction. Den Haag (Mouton), 215–238.

LAWICK-GOODALL, J. VAN (1968): The behavior of free-living chimpanzees in the Gombe Stream Reserve. Anim. Behav. Monogr., 1, 161–311.

– (1971): Wilde Schimpansen. Reinbek (Rowohlt). (a)

– (1971): In the Shadow of Man. Boston/London (William Collins). (b)

– (1975): The behavior of the chimpanzee. In: KURTH, G. und EIBL-EIBESFELDT, I. (Hg.): Hominisation und Verhalten. Stuttgart (G. Fischer), 74–136.

LAWLER, L. B. (1962): Terpsichore. The Story of the Dance in Ancient Greece. Dance Perspectives, 13. New York (Johnson's Reprint Corp.).

LAYARD, J. (1942): Stone Men of Malekula. London (Chatto and Windus).

LEACOCK, E. B. (1978): Women's status in egalitarian society: Implications for social evolution. Current Anthropol., 19, 247–275.

– (1981): Myths of Male Dominance: Collected Articles on Women Cross-Culturally. New York (Monthly Review Press).

LEBZELTER, V. (1934): Eingeborenenkulturen von Süd- und Südwestafrika. Leipzig (Hiersemann).

LEDOUX, J. E., WILSON, D. H. und GAZZANIGA, M. S. (1977): A divided mind: Observations on the conscious properties of the separated hemisphere. Ann. Neurol., 2, 417–421.

– (1979): Beyond commissurotomy: Clues to consciousness. In: KING, F. A. (Hg.): Handbook of Behavioral Neurobiology, Vol. 2. New York/London (Plenum Press), 543–554.

LEE, R. B. (1968): What hunters do for a living. In: LEE, R. B. und DEVORE, I. (Hg.): Man the Hunter. Chicago (Aldine), 30–48.

– (1969): Eating Christmas in the Kalahari. Nat. History, 78, 14–22, 60–63.

- (1972): !Kung spatial organization. An ecological and historical perspective. Hum. Ecol., 1, 125–147.
- (1973): The !Kung Bushmen of Botswana. In: BICCHIERI, M. G. (Hg.): Hunters and Gatherers Today. New York (Holt, Rinehart and Winston), 327–368.
- (1976): !Kung spatial organization: An ecological and historical perspective. In: LEE, R. B. und DEVORE, I. (Hg.): Kalahari Hunter-Gatherers. Cambridge, MA (Harvard University Press), 73–97.
- (1979): The !Kung San. Men, Women and Work in a Foraging Society. Cambridge (Cambridge University Press).
LEE, R. B. und DEVORE I. (1968): Man the Hunter. Chicago (Aldine).
LEE, V. E. und BRYK, A. S. (1986): Effects of single-sex secondary schools on student achievement and attitudes. Journal of Educational Psychology, 78, 381–395.
LEHNER, P. (1979): Handbook of Ethological Methods. New York (Garland STPM Press).
LEHRMAN, D. S. (1953): A critique of Konrad Lorenz's theory of instinctive behavior. Quart. Rev. Biol., 28, 337–363.
- (1970): Semantic and conceptual issues in the nature-nurture problem. In: ARONSON, L. R., TOBACH, E., LEHRMAN, D. S. und ROSENBLATT, J. S. (Hg.): Development and Evolution of Behavior. San Francisco (Freeman), 17–52.
LEIBMAN, M. (1970): The effects of sex and race norms on personal space. Environ. Behav., 2, 208–246.
LEIFER, A., LEIDERMAN, P., BARNETT, C. und WILLIAMS, J. (1972): Effects of mother-infant separation on maternal attachment behavior. Child Develop., 43, 1203–1218.
LEMAGNEN, J. (1952): Les phénomènes olfacto-sexuels chez l'homme. Arch. Sci. Physiol., 6, 125–160.
LENNEBERG, E. H. (1964): A biological perspective of language. In: LENNEBERG, E. H. (Hg.): New Directions in the Study of Language. Cambridge, MA (MIT Press), 65–88.
- (1967): Biological Foundations of Language. New York/London (John Wiley).
- (1974): Ein Wort unter uns. In: LEUNINGER, H., MILLER, H. M. und MÜLLER, F. (Hg.): Linguistik und Psychologie, Bd. 2. Frankfurt/M. (Fischer Athenaeum), 53–70.
LEONHARD, K. (1966): Über die Entstehung einer Form von Homosexualität durch ein Prägungserlebnis. Leopoldina, 12, 44–152.
LEONTEV, A. N. (1977): Activity, Consciousness, and Personality. Moskau (Gospolitizdat).
LEUNG, E. H. L. und RHEINGOLD, H. L. (1981): Development of pointing as a social gesture. Develop. Psychol., 17, 215–220.
LE VAY, S. (1991): A Difference in Hypothalamic Structure Between Heterosexual and Homosexual Men. Science, 253, 1034–1037.
LEVELT, W. J. M. (1987): Hochleistung in Millisekunden-Sprechen und Sprache verstehen. Max-Planck-Gesellschaft, Jahrbuch 1987, 61–77. (Hg.): Generalverwaltung der Max-Planck-Gesellschaft München. Göttingen (Vandenhoeck und Ruprecht).
- (1989): Speaking – From Intention to Articulation. Cambridge, MA (MIT Press).
LEVENSON, R. W., EKMAN, P. und FRIESEN, W. V. (1990): Voluntary facial action generates emotion – specific autonomic nervous system activity. Psychophysiology, 27, 363–384.
LEVI-MONTALCINI, R. (1981): Views on human aggressive behavior and on wars. In: VALZELLI, I. und MORGESE, I. (Hg.): Aggression and Violence: A Psycho/Biological and Clinical Approach. Mailand (Edizioni Saint Vincent), 21–30.
LÉVI-STRAUSS, C. (1949): Les Structures Elémentaires de la Parenté. Paris (Presses Universitaires de France).
- (1969): The Elementary Structures of Kinship. Boston (Beacon Press).
LEVY, J. (1972): Lateral specialization of the human brain: Behavioral manifestations and

possible evolutionary basis. In: Kiger, J. A. (Hg.): The Biology of Behavior. Corvallis, OR (Oregon State University Press).

– (1978): Lateral differences in the human brain in cognition and behavioral control. In: Buser, P. (Hg.): Cerebral Correlates of Conscious Experience. New York/Amsterdam (North Holland Publ.), 285–298.

Lewis, H. S. (1981): Warfare and the origin of the state. In: Claessen, H. J. M. und Skalnik, P. (Hg.): The Study of the State. Den Haag (Mouton).

Lewis, M. (1969): Infants' responses to facial stimuli during the first year of life. Develop. Psychol., 1, 75–86.

Lewis, M. und Weintraub, M. (1974): Sex of parent × sex of child – Socio-emotional development. In: Friedman, R. C., Richart, R. M. und Vande Wiele, R. L. (Hg.): Sex Differences in Behavior. New York/London (Wiley), 165–189.

Lewis, M., Young, G., Brooks, J. und Michaelson, L. (1975): The beginning of friendships. In: Lewis, M. und Rosenblum, L. (Hg.): Friendship and Peer Relations. New York (Wiley).

Lewis, R. A. (1972): A developmental framework for the analysis of premarital dyadic formation. Family Process, 11, 17–48.

Lewontin, R. C. (1974): The Genetic Basis of Evolutionary Change. New York/London (Columbia University Press).

– (1977): Sociobiology – A caricature of Darwinism. In: Suppe, F. und Asquith, P. (Hg.): PSA 1976, Vol. 2. PSA Lansing, MI.

Lex, B. W. (1978): The neurobiology of ritual trance. In: D' Aquili, E. G., Laughlin, C. D. und McManus, J. (Hg.): The Spectrum of Ritual. New York (Columbia Univ. Press), 117–151.

Ley D.und Cybriwsky, R. (1974): Urban graffiti as territorial markers. Ann. Assoc. Amer. Geogr., 64, 491–505.

Ley, R. G. und Koepke, J. E. (1982): Attachment behavior outdoors: Naturalistic observations of sex and age differences in the separation behavior of young children. Infant Behav. Develop., 5, 195–201.

Leyhausen, P. (1965): Über die Funktion der relativen Stimmungshierarchie (dargestellt am Beispiel der phylogenetischen und ontogenetischen Entwicklung des Beutefangs von Raubtieren). Z. Tierpsychol., 22, 412–494.

– (1983: Kleidung: Schutzhülle, Selbstdarstellung, Ausdrucksmittel. In: Sitta, B. (Hg.): Menschliches Verhalten, seine biologischen und kulturellen Komponenten, untersucht an den Phänomenen Arbeitsteilung und Kleidung. Freiburg/Schweiz (Universitätsverlag).

Liberman, A. M. und Pisoni, D. B. (1977): Evidence for a special speech-perceiving subsystem in the human. In: Bullock, T. H. (Hg.): Recognition of Complex Acoustic Signals. Life Sciences Research Report, 5, Berlin-Dahlem-Konferenzen. Berlin (Abakon), 59–76.

Lieberman, A. F. (1977): Preschoolers' competence with a peer: Relations with attachment and peer experience. Child Develop., 48, 1277–1287.

Lieberman, P. H. (1977): The phylogeny of language. In: Sebeok, T. A. (Hg.): How Animals Communicate. Bloomington, IN (Indiana University Press), 3–25.

Liebowitz, M. R. (1983): The Chemistry of Love. Boston/Toronto (Little Brown).

Lief, H. (1976): Introduction to sexuality. In: Sadock, B. J., Kaplan, H. I. und Freedman, A. M. (Hg.): The Sexual Experience. Baltimore (Williams und Wilkins), 1–6.

Liegle, L. (1971): Familie und Kollektiv im Kibbuz. Weinheim (Julius Meltz Verlag).

Limber, J. (1980): Language in child and chimp? In: Sebeok, T. A. und Umiker-Sebeok, J. (Hg.): Speaking of Apes. New York (Plenum).

Lind, J., Vuorenkoski, V. und Wasz-Hoeckert, O. (1973): The effect of cry stimulus on the temperature of the lactating breast of primiparae: A thermographic study. In: Morris, N. (Hg.): Psychosomatic Medicine in Obstetrics and Gynaecology. Basel (S. Karger).

LIPETZ, V. E. und BEKOFF, M. (1982): Group size and vigilance in pronghorns. Z. Tierpsychol., 58, 203–216.

LISINA, M. I. (1982): The development of interaction in the first seven years of life. In: HARTUP, W. W. (Hg.): Review of Child Development Research, Vol. VI. Chicago (The Univ. of Chicago Press), 133–174.

LISKER, L. und ABRAMSON, A. S. (1964): A cross-language study of voicing in initial stops: Acoustical measurements. Word, 20, 384–422.

LIVI, L. (1949): Considérations théorétiques et practiques sur le concept de »minimum de population«. Population, 4, 754–756.

LIVSHITS, S. G., SOKAL, R. R. und KOBYLIANSKI, E. (1991): Genetic Affinities of Jewish Populations. Am. Journal of Human Genetics, 49, 131–146.

LOCKARD, J. S. (1980): Evolution of Human Social Behavior. New York (Elsevier). (a)

– (1980): Studies of human social signals: Theory, method and data. In: LOCKARD, J. S. (Hg.): The Evolution of Human Social Behavior. New York (Elsevier). (b)

LOCKARD, J. S., DALEY, P. C. und GUNDERSON, V. M. (1979): Maternal and paternal differences in infant carry: US and African data. Amer. Natur., 113, 235–246.

LÖTSCH, B. (1981): Ökologische Überlegungen für Gebiete hoher baulicher Dichte. Inform. Raumentwick., 7/8, 415–433.

– (1984): Auf der Suche nach dem menschlichen Maß. Teil 1: Habitatsgestaltung für den Homo sapiens. Garten und Landschaft, H. 1, 34–40. (a)

– (1984): Auf der Suche nach dem menschlichen Maß. Teil 2: Wohnbaualternativen. Menschensilo oder Schrebergarten. Garten und Landschaft, H. 6. (b)

– (1991): Stadtökologie als Politik. In: KATZMANN, W., SCHROM, H. (Hg.) (1991): Umweltreport Österreich. 2. überarb. Aufl., Wien (Kremayr und Scheriau), 314–365.

LOGSTRUP, K. E. (1973): Ästhetische Erfahrung in Dichtung und bildender Kunst. In: GADAMER, H. G. und VOGLER, P. (Hg.): Neue Anthropologie 4, Kulturanthropologie. Stuttgart (Georg Thieme), 286–320.

LOMMEL, A. (1962): Motiv und Variation in der Kunst des zirkumpazifischen Raumes. Publikationen des Staatl. Museums für Völkerkunde, München.

LORENZ, K. (1935): Der Kumpan in der Umwelt des Vogels. J. Ornithol., 83, 137–413.

– (1937): Über die Bildung des Instinktbegriffes. Naturwissenschaften, 25, 289–300, 307–318, 325–331.

– (1941): Vergleichende Bewegungsstudien an Anatiden. J. Ornithol., 89, 194–294.

– (1943): Psychologie und Stammesgeschichte. In: HEBERER, G. (Hg.): Die Evolution der Organismen. Jena (Gustav Fischer), 105–127. (a)

– (1943): Die angeborenen Formen möglicher Erfahrung. Z. Tierpsychol., 5, 235–409. (b)

– (1950): Ganzheit und Teil in der tierischen und menschlichen Gemeinschaft. Stud. Generale, 9, 555–599.

– (1953): Die Entwicklung der vergleichenden Verhaltensforschung in den letzten 12 Jahren. Zool. Anz. Suppl., 16, 36–58.

– (1959): Die Gestaltwahrnehmung als Quelle wissenschaftlicher Erkenntnis. Z. Angew. Exp. Psychol., 6, 118–165.

– (1961): Phylogenetische Anpassung und adaptive Modifikation des Verhaltens. Z. Tierpsychol., 18, 139–187.

– (1963): Das sogenannte Böse. Wien (Borotha-Schoeler).

– (1965): Evolution and Modification of Behavior. Chicago, IL (Chicago University Press).

– (1966): Stammes- und kulturgeschichtliche Ritenbildung. Mitteil. Max-Planck Ges., 1, 3–30; Naturwiss. Rundschau, 19, 361–370.

– (1971): Der Mensch biologisch gesehen. Eine Antwort an Wolfgang Schmidbauer. Stud. Generale, 24, 495–515.

- (1973): Die Rückseite des Spiegels. Versuch einer Naturgeschichte menschlichen Erkennens. München (Piper).
- (1978): Vergleichende Verhaltensforschung. Wien/New York (Springer).
- (1983): Der Abbau des Menschlichen. München/Zürich (Piper).

LORENZ, K. und TINBERGEN, N. (1939): Taxis und Instinkthandlung in der Eirollbewegung der Graugans. Z. Tierpsychol., 2, 1–29.

LORENZ, K. und WUKETITS, F. M. (Hg.) (1983): Die Evolution des Denkens. München/Zürich (Piper).

LOUPIS, G. (1983): The Kaluli longhouses. Oceania, 53, 358–383.

LUCKMANN, B. C. und LUCKMANN, T. (1977): Gespräch und Unterhaltung. In: Reden und reden lassen. Stuttgart/Hamburg/München.

LUERS, F. (1919): Volkskundliches aus Steinberg beim Achensee in Tirol. Bayr. Hefte Volksk., 4, 106–130.

LUHMANN, N. (1982): Liebe als Passion. Zur Codierung der Intimität. Frankfurt/M. (Suhrkamp).

LUMHOLTZ, C. (1890): Among Cannibals. An Account of Four Years' Travels in Australia and of Camp Life with the Aborigines of Queensland. London.

MacCLUER, J. W. und DYKE, B. (1976): On the minimum size of endogamous populations. Social Biol., 23, 1–12.

MacCOBY, E. E. und JACKLIN, C. N. (1974): The Psychology of Sex Differences. Stanford, CA (Stanford University Press).

MacCOBY, J. (1980): Sex differences in aggression: A rejoinder and reprise. Child Develop., 51, 964–980.

MacDONALD, K. (1983): Production, social controls, and ideology: Toward a sociobiology of the phenotype. J. Soc. Biol. Structures, 6, 297–317.

MacFARLANE, J. A. (1975): Olfaction in the development of social preferences in the human neonate. In: The human neonate in parent-infant interaction. Ciba Found. Symp., 33, 103–117.

MACKEY, W. C. (1979): Parameters of the adult-male-child bond. Ethol. Sociobiol., 1, 59–76.

MacLEAN, P. D. (1970): The Triune brain, emotion and scientific bias. In: SCHMITT, F. O., QUARTON, G. C., MELNECHUK, TH. und ADELMAN, G. (Hg.): The Neurosciences. 2nd study program. New York (The Rockefeller University Press), 336–349.

MADSEN, M. C. und LANCY, D. F. (1981): Cooperative and competive behavior: Experiments related to ethnic identity and urbanization in Papua New Guinea. J. Cross-Cultural Psychol., 12, 389–408.

MAJOR, B. und HESLIN, R. (1982): Perceptions of cross-sex and same-sex nonreciprocal touch: It is better to give than to receive. J. Nonverbal Behav., 6, 148–162.

MAJOR, B., SCHMIDLIN, A. M. und WILLIAMS, L. (1990): Gender patterns in social touch: The impact of setting and age. Journal of Personality and Social Psychology, 58(4), 634–643.

MALINOWSKI, B. (1920): War and weapons among the natives of the Trobriand Islands. Man, 20(5).
- (1922): Argonauts of the Western Pacific. New York (Dutton).
- (1923): The problem of meaning in primitive languages. In: OGDEN, C. K. und RICHARDS, I. A. (Hg.): The Meaning of Meaning. London (Routledge and Kegan Paul), 296–336.
- (1926): Crime and Custom in Savage Society. New York (Harcourt, Brace and Co.), London (Kegan Paul, Trench, Trubner).
- (1929): The Sexual Life of Savages in North-Western Melanesia. New York (P. R. Reynolds).

MALLICK, S. K. und MCCANDLESS, B. R. (1966): A study of catharsis of aggression. J. Personality Social Psychol., 4, 591–596.

MALTHUS, TH. R. (1978): Essay on the Principle of Population. London (Johnson).

MANING, F. E. (1876): Old New Zealand: A Tale of the Good Old Times; and a History of the War in the North. London.

MARCHANT, L. F., MCGREW, W. C. und EIBL-EIBESFELDT, I. (im Druck, 1995): Is human handedness universal? Ethological analyses from three traditional cultures. Ethology.

MARCUSE, H. (1967): Das Ende der Utopie. Berlin (V. Maikowski, Kleine revolutionäre Bibliothek 6). (a)

– (1967): Der eindimensionale Mensch. Neuwied/Berlin (Luchterhand). (b)

MARGOLESE, M. S. (1970): Homosexuality: A new endocrine correlate. Horm. Behav., 1, 151.

MARGULIES, S. (1977): Principles of beauty. Psychol. Rep., 41, 3–11.

MARKL, H. (1974): Die Evolution des sozialen Denkens der Tiere. In: IMMELMANN, K. (Hg.): Verhaltensforschung. München (Kindler; Supplement zu Grzimeks Tierleben).

– (1976): Aggression und Altruismus. Coevolution der Gegensätze im Sozialverhalten der Tiere. Konstanzer Universitätsreden. Konstanz (Universitäts-Verlag).

– (1980): Ökologische Grenzen und Evolutionsstrategie-Forschung. Festvortrag gehalten am 19. Juni 1980 in der Rheinischen Friedrich-Wilhelms-Universität zu Bonn anläßlich der Jahresversammlung der DFG. Mitteilungen der DFG 3/80.

MARLER, P. (1976): Sensory templates in species-specific behavior. In: FENTRESS, J. (Hg.): Simpler Networks and Behavior. Sunderland, MA (Sinauer Assoc.).

– (1978): Perception and Innate Knowledge. Proc. 13th Nobel Conf. »The Nature of Life«, 111–139.

– (1979): Development of auditory perception in relation to vocal behavior. In: CRANACH, M. v., FOPPA, K., LEPENIES, W. und PLOOG, D. (Hg.): Human Ethology. London/New York (Cambridge University Press), 663–681.

MARLER, P. und PETERS, S. (1977): Selective vocal learning in a sparrow. Science, 198, 519–521.

MARLER, P., ZOLOTH, ST. und DOOLING, R. (1981): Innate programs for perceptual development: An ethological view. In: GOLLIN, E. S. (Hg.): Developmental Plasticity. Behavioral and Biological Aspects of Variations in Development. New York/London (Academic Press), 135–172.

MARMOR, J. (1976): Homosexuality and sexual orientation disturbances. In: SADOCK, B. J., KAPLAN, H. J. und FREEDMAN, A. M. (Hg.): The Sexual Experience. Baltimore (Williams and Wilkins), 374–391.

MARR, D. (1982): Vision. New York (W. H. Freeman).

MARSHALL, D. S. (1971): Sexual behavior on Mangaia. In: MARSHALL, D. S. und SUGGS, R. C. (Hg.): Human Sexual Behavior. New York (Basic Books), 103–162.

MARSHALL, L. (1959): Marriage Among the !Kung Bushmen. Africa, 29, 335–365.

– (1960): !Kung Bushmen Bands. Africa, 30, 325–355.

– (1965): The !Kung Bushmen of the Kalahari Desert. In: GIBBS, J. L. (Hg.): Peoples of Africa. New York (Holt, Rinehart and Winston), 241–278.

– (1976): The !Kung of Nyae Nyae. Cambridge, MA (Harvard University Press).

MARTIN, P. und CARO, T. M. (1985): On the functions of play and its role in behavioral development. Advan. Study Behav., 15, 59–103.

MASSIE, H. N. (1980): Pathological interactions in infancy. In: FIELD, T. M. (Hg.): High Risk Infants and Children Adult and Peer Interactions. New York/London (Academic Press), 79–97.

MASTERS, R. D. (1976): The impact of ethology on political science. In: SOMIT, A. (Hg.): Biology and Politics. Den Haag/Paris (Mouton), 197–233.

- (1981): Evolutionary Biology and the Welfare State. Vortrag anläßlich der Jahresversammlung der American Political Science Association, Sept., New York. (a)
- (1981): Linking ethology and political science: Photographs, political attention, and presidential elections. In: WATTS, M. W. (Hg.): Biopolitics: Ethological and Physiological Approaches. New Directions for Methodology of Social and Behavioral Science, No. 7. San Francisco (Jossey Bass), 61–80. (b)
- (1981): Empirical Analysis of Photographs in Presidential Campaigns. Vortrag auf der Jahresversammlung der American Political Science Association, Sept., New York. (c)
- (1982): Is sociobiology reactionary ? The political implication of inclusive-fitness theory. Quart. Rev. Biology, 57, 275–292.
- (1983): Ethologische Ansätze in der Politikwissenschaft. In: FLOHR, H. und TÖNNESMANN, W. (Hg.): Politik und Biologie. Berlin (Paul Parey), 80–101.
- (1993): Beyond Relativism. Science and Human Values. New England, Hannover/London (University Press).
MASTERS, R. D. und GRUTER, M. (1992): The Sense of Justice. Biological Foundations of Law. Newbury Park-London (SAGE-Publications).
MASTERS, W. H. (1960): Sexual response cycle of human female. West. J. Surg., 54, 93–120.
MASTERS, W. H. und JOHNSON, V. E. (1966): Human Sexual Response. Boston (Little Brown).
- (1970): Human Sexual Inadequacy. Boston (Little Brown).
MATAS, L., AREND, R. A. und SROUFE, L. A. (1978): Continuity of adaption in the second year: The relationship between quality and later competence. Child Develop., 49, 547–556.
MATTINGLY, I. G. (1972): Speech cues and sign stimuli. Amer. Sci., 60, 327.
MAURER, D. (1985): Infants' perception of facedness. In: FIELD, T. und FOX, N. A. (Hg.): Social Perception in Infancy. New Jersey (Ablex), 73–100.
MAURER, D. und SALAPATEK, P. (1976): Developmental changes in the scanning of faces by young infants. Child Develop., 47, 523–527.
MAUSS, M. (1968): Die Gabe. Form und Funktion des Austausches in archaischen Gesellschaften. Frankfurt/M. (Suhrkamp).
MAXWELL-WEST, M. und KONNER, M. J. (1976): The role of the father: An anthropological perspective, in: LAMB, M. E. (Hg.): The Role of the Father in Child Development. New York (Wiley), 185–217.
MAYER, V. (1989): Wohnfunktion und Wohnverhalten. Aspekte der volkskundlichen Erforschung von Wohnkultur am Beispiel Wiens. Österreichische Zeitschrift für Volkskunde, 92 (3), 206–227.
MAYNARD-SMITH, J. (1964): Group selection and kin selection. Nature, 201, 1145–1147.
- (1974): The theory of games and the evolution of animal conflict. J. Theoret. Biol., 47, 209–221.
- (1984): Game theory and the evolution of behaviour. Behav. Brain Sci., 7, 95–125.
MAYNARD-SMITH, J. und PRICE, G. R. (1973): The logic of animal conflicts. Nature, 246, 15–18.
MAYR, E. (1950): Ecological factors in speciation. Evolution, 1, 263–288.
- (1970): Evolution und Verhalten. Verhandl. Deut. Zool. Ges., 64, 322–336.
- (1976): Evolution and the Diversity of Life. Cambridge, MA (Belknap Press, Harvard Univ. Press).
MAZUR, A. (1976): Effects of testosterone on status in small groups. Folia Primatol., 26, 214–226.
- (1977): Interpersonal spacing on public benches in »contact« vs. »noncontact« cultures. J. Social Psychol., 101, 53–58.
MAZUR, A. und LAMB, TH. A. (1980): Testosterone, status, and mood in human males. Hormones Behav., 14, 236–246.

Mazur, A., Rosa, E., Faupel, M., Heller, J., Leen, R. und Thurman, B. (1980): Physiological aspects of communication via mutual gaze. Amer. J. Sociol., 86, 50–74.

McAllister, L. B., Scheller, R. H., Kandel, E. R. und Axel, R. (1983): In situ hybridization to study the origin and fate of identified neurons. Science, 222, 800–808.

McBride, G., King, M. G. und James, J. W. (1965): Social proximity effects on galvanic skin responses in adult humans. J. Psychol., 61, 153–157.

McBurney, D. H., Levine, J. M. und Cavanaugh, P. H. (1977): Psychophysical and social ratings of human body odour. Personality Social Psychol. Bull., 3, 135–138.

McCabe, J. (1983): FDB marriage: Further support for the Westermarck hypothesis of the incest taboo? Amer. Anthropol., 85, 50–69.

McCarthy, F. und McArthur, M. (1960): The food quest and the time factor in aboriginal economic life. In: Mountford, C. P. (Hg.): Records of the American-Australian Scientific Expedition to Arnhem Land. Melbourne.

McCauley, C. und Taylor, J. (1976): Is there overload of acquaintances in the city? Environ. Psychol. Nonverbal Behav., 1, 41–55.

McClintock, M. K. (1971): Menstrual synchrony and suppression. Nature, 229, 244–245.

McDonald, D. L. (1978): Paternal behaviour at first contact with the newborn in a birth environment without intrusions. Birth Family J., 5, 123–132.

McDonald, E. R. (1981): The cultural roots of ideology: Hagen's concept of honor in the Nibelungenlied, Mankind Quart., 21, 179–204.

McGraw, M. B. (1943): Neuromuscular Maturation of the Human Infant. New York (Columbia University Press).

McGrew, W. C. (1972): An Ethological Study of Children's Behavior. London (Academic Press).

– (1975): Patterns of plant food sharing by wild chimpanzees. Proc. Intern. Congr. Primatol., 5, 304–309.

McGuinness, D. (1981): Auditory and motor aspects of language development in males and females. In: Ansara, A. u. a. (Hg.): The Significance of Sex Differences in Dyslexia. Towson (The Orton Soc., Inc.).

McGuinness, D. und Pribram, K. H. (1979): The origins of sensory bias in the development of gender differences in perception and cognition. In: Bortner, M., u. a. (Hg.): Cognitive Growth and Development: Essays in Memory of Herbert G. Birch. New York (Brunner/Mazel), 3–56.

McGuire, M. T. und Raleigh, M. J. (1986): Behavioral and physiological correlates of ostracism. Ecol. Sociobiol., 7, 149–156.

McKenzie, B. und Over, R. (1983): Young infants fail to imitate facial and manual gestures. Infant Behav. Develop., 6, 85–95.

McKnight, D. (1982): Conflict, healing and singing in an Australian aboriginal community. Anthropos, 77, 491–508.

McLean, I. G. (1983): Paternal behaviour and killing of young in arctic ground squirrels. Anim. Behav., 31, 32–44.

McNally, R. J. (1987): Preparedness and phobias: A review. Psychol. Bull., 101(2), 283–303.

McNeill, D. (1974): Vorsymbolische Sprache. Anfänge der Grammatikentwicklung. In: Leuninger, H., Miller, M. H. und Müller, F. (Hg.): Linguistik und Psychologie, Bd. 2. Frankfurt/M. (Fischer Athenäum), 110–121.

– (1980): Sentence structure in chimpanzee communication. In: Sebeok, T. A. und Umiker-Sebeok, J. (Hg.): Speaking of Apes. New York (Plenum), 145–160.

Mead, M. (1930): Growing up in New Guinea. New York (William Morrow).

– (1935): Sex and Temperament in Three Primitive Societies. New York (William Morrow).

– (1949): Male and Female. New York (William Morrow).

– (1965): Leben in der Südsee, München (Szczesny).

MEADOWS, D. L., MEADOWS, D. H., ZAHN, E. und MILLING, P. (1972): Grenzen des Wachstums. Stuttgart (Deutsche Verlagsanstalt).

MEANEY, M. J. und STEWART, J. (1985): Sex differences in social play: The socialization of sex roles. Advan. Study Behav., 15, 1–58.

MEDICUS, G. (1987): Toward an etho-psychology: A phylogenetic tree of behavioral capabilities proposed as a common basis for communication between current theories in psychology and psychiatry. Ethology and Sociobiology, 8, 131–150.

MEGARGEE, E. I. (1969): Influence of sex roles on the manifestations of leadership. J. Appl. Psychol., 53, 377–382.

MEGITT, M. J. (1962): Desert People. Sydney (Angus and Robertson).

– (1965): Desert People. A Study of the Walbiri Aborigines of Central Australia. Chicago/London (University of Chicago Press). (a)

– (1965): The Lineage System of the Mae Enga of New Guinea. New York (Barnes and Noble). (b)

MEISELMAN, K. C. (1979): Incest. San Francisco (Jossey Bass).

MEISSNER, K. (1976): Homologieforschung in der Ethologie. Jena (Gustav Fischer).

MELROSE, D. R., REED, H. C. B. und PATTERSON, R. L. S. (1971): Androgen steroids associated with boar odour as an aid to the detection of oestrus in pig artificial insemination. Brit. Vet. J., 127, 495–502.

MELTZOFF, A. N. (1981): Imitation, intermodal cooperation and representation in early infancy. In: BUTTERWORTH, G. (Hg.): Infancy and Epistemology. Brighton (Harvester Press), 88–114.

MELTZOFF, A. N. und MOORE, M. K. (1977): Imitation of facial expression and manual gestures by human neonates. Science, 198, 75–78.

– (1983): The origins of imitation in infancy: Paradigm, phenomena, and theories. In: LIPSITT, L. P. und ROVEE-COLLIER, C. K. (Hg.): Advances in Infancy Research, Vol. 2. Norwood, NJ (Ablex Publ. Corp.), 265–301. (a)

– (1983): Methodological issues in studies of imitation: Comments on McKenzie and Over and Koepke et al. Infant Behav. Develop., 6, 103–108. (b)

– (1983): Newborn infants imitate adult facial gestures. Child Develop., 54, 702–709. (c)

MENDELSON, M. J. und HAITH, M. M. (1976): The relation between audition and vision in the human newborn. Monogr. Soc. Res. Child Develop., 41, 1–72.

MENN, L. (1976): Pattern, Control, and Contrast in Beginning Speech: A Case Study in the Development of Word Norm and Word Function. Thesis, University of Illinois.

MERZ, F. (1965): Aggression und Aggressionstrieb. In: THOMAE, H. (Hg.): Handbuch der Psychologie, Bd. 2: Motivation. Göttingen (C. J. Hogrefe), 569–601.

METZGER, W. (1936, ²1954): Gesetze des Sehens. Frankfurt/M. (Suhrkamp).

– (1953): Psychologie. Darmstadt (Steinkopff).

MEYER, P. (1983): Macht und Gewalt im Evolutionsprozeß. Eine biosoziologische Perspektive. In: FLOHR, H. und TÖNNESMANN, W. (Hg.): Politik und Biologie. Berlin (Paul Parey), 60–68.

MEYER-HOLZAPFEL, M. (1956): Das Spiel bei Säugetieren. Handb. Zool., 8(10), 1–36.

MICHAEL, R. P., BONSALL, R. W. und WARNER, P. (1975): Human vaginal secretions: Volatile fatty acid content. Science, 186, 1217–1219.

MICHEL, TH. (1983): Interdependenz von Wirtschaft und Umwelt in der Eipo-Kultur von Moknerkon: Bedingungen für Produktion und Reproduktion bei einer Dorfschaft im zentralen Bergland von Irian Jaya (West-Neuguinea), Indonesien. In: HELFRICH, K., JACOBSHAGE, V., KOCH, G., KRIEGER, K., SCHIEFENHÖVEL, W. und SCHULTZ, W. (Hg.): Mensch, Kultur und Umwelt im zentralen Bergland von West-Neuguinea, Vol. 11. Berlin (Reimer).

MIDGLEY, M. (1979): Gene-juggling. Philosophy, 54, 439–458.

MILGRAM, ST. (1963): Behavioral study of obedience. J. Abnormal Social Psychol., 67, 372–378.

- (1966): Einige Bedingungen von Autoritätsgehorsam und seiner Verweigerung. Z. Exp. Angew. Psychol., 13, 433–463.
- (1974): Obedience to Authority: An Experimental View. New York (Harper and Row).

MILLER, A. (1980): Am Anfang war Erziehung. Frankfurt/M. (Suhrkamp).

MILLER, G. A. (1956): The magical number seven, plus or minus two: Some limits on our capacity for processing information. Psychol. Rev., 63, 81–97.
- (1974): Einige psychologische Aspekte der Grammatik. In: LEUNINGER, H., MILLER, M. H. und MÜLLER, F. (Hg.): Linguistik und Psychologie, Bd. 1. Frankfurt/M. (Fischer Athenäum), 3–31. (a)
- (1974): Vier philosophische Probleme der Psycholinguistik. In: LEUNINGER, H., MILLER, M. H. und MÜLLER, F. (Hg.): Linguistik und Psychologie, Bd. 2. Frankfurt/M. (Fischer Athenäum), 215–238. (b)

MILLER, J. L. und JUSCZYK, P. W. (1989): Seeking the neurobiological bases of speech perception. Cognition, 33, 111–137.

MILLS, J. N. (1974): Development of circadian rhythms in infancy. In: DAVIS, J. A. und DOBBING, J. (Hg.): Scientific Foundations of Pediatrics. London (Heinemann).

MILLS, M. und MELHUISH, E. (1974): Recognition of mother's voice in early infancy. Nature, 252, 123–124.

MINEKA, S. und COOK, M. (1987): Social learning and the acquisition of snake fear in monkeys. In: ZENTALL, T. und GALEF, G. (Hg.): Social Learning. New York (Plenum), 51–73.

MINTURN, L. und LAMBERT, W. W. (1969): Mothers of Six Cultures. New York/London (Wiley).

MISCHKULNIG, M. (1989): Kindchenschema und Ärgerreduktion. Zeitschrift für experimentelle und angewandte Psychologie, Bd. XXXVI, 4, 567–578.

MITFORD, N. (1956): Noblesse Oblige. An Enquiry into the Identifiable Characteristics of the English Aristocracy. New York/London (Harper and Row).

MITSCHERLICH, M. (1984): Die Bedeutung des Übergangsobjektes für die Entfaltung des Kindes. In: EGGERS, CH. (Hg.): Bindungen und Besitzdenken beim Kleinkind. München/Wien/Baltimore (Urban und Schwarzenberg), 185–203.

MODEL, P. G., BORNSTEIN, M. B., CRAIN, ST. M. und PAPPAS, G. D. (1971): An electron microscopic study of the development of synapsis in cultured fetal mouse cerebrum continuously exposed to xylocaine. J. Cell Biol., 49, 362–371.

MOEWES, W. (1978): Stadt-Land-Verbund. Ein neues Leitbild für eine zukünftige Siedlungsstruktur. Schriftenreihe Wissenschaft und Technik, Technische Universität Darmstadt, 175–218.

MOHNOT, S. M. (1971): Some aspects of social changes and infant-killing in the hanuman Langur *Presbytis entellus* (Primates: *Cercopithecidae*) in Western India. Mammalia, 35, 175–198.

MOHR, A. (1971): Häufigkeit und Lokalisation von Frakturen und Verletzungen am Skelett vor- und frühgeschichtlicher Menschengruppen. Ethnogr. Archäol. Z., 12, 139–142.

MOHR, H. (1979): Wissenschaft und Ethik. In: HASSENSTEIN, B., MOHR, H., OSCHE, G., SANDER, K. und WÜLKER, W. (Hg.): Freiburger Vorlesungen zur Biologie des Menschen. Heidelberg (Quelle und Meyer), 184–221.

MOIR, C. (1934): Recording the contradictions of human pregnant and non-pregnant uterus. Trans. Edinburgh Obst. Soc., 54, 93–120.

MONBERG, T. (1979/80): Self-abasement as part of a social process. Folk 21–22, 125–132.

MONEY, J. (1960): Phantom orgasm in the dreams of paraplegic men and women. Arch. General Psychiatry, 3, 373–382.
- (1986): Lovemaps. New York (Irvington Publishers).

MONEY, J. und DALÉRY, M. D. (1976): Iatrogenic homosexuality: Gender identity in seven 46,

XX chromosomal females with hyperadrenocortical hermaphroditism born with a penis, three reared as boys, four reared as girls. J. Homosexuality, 1(4), 357–371.

MONEY, J. und EHRHARDT, A. A. (1972): Man and Woman, Boy and Girl: The Differentiation and Dimorphism of Gender Identity from Conception to Maturity. Baltimore (John Hopkins University Press).

MONTAGNER, H. (1978): L'enfant et la communication. Paris (Pernoud-Stock).

MONTAGU, A. (1976): The Nature of Human Aggression. New York (Oxford University Press).

– (1971): Touching: The Human Significance of the Skin. New York/London (Columbia University Press).

MONTROSS, L. (1944): War through the Ages. New York/London (Harper and Brothers).

MOORE, F. L. (1992): Evolutionary precedents for behavioral actions of oxytocin and vasopressin. In: PEDERSEN, C. A., CALDWELL, J. D., JIRIKOWSKI, G. F. und INSEL, T. R. (Hg.): Oxytocin in Maternal, Sexual, and Social Behaviors. New York (New York Academy of Sciences), 156–165.

MOORE, J. (1984): The evolution of reciprocal sharing. Ethol. Sociobiol., 5, 5–14.

MOORE, M. M. (1985): Nonverbal courtship patterns in women: Context and consequences. Ethol. Sociobiol., 6, 237–247.

MORATH, M. (1977): Differences in the non-crying vocalizations of infants in the first four months of life. Neuropädiatrie, 8, 543–545.

MORAWETZ, W. (1994): Ökologische Grundwerte in Österreich – Modell für Europa? Biosystematics and Ecology Series Supplement, Wien (Österreichische Akademie der Wissenschaften).

MORENO, F. B. (1942): Sociometric status of children in a nursery school group. Sociometry, 4, 395–411.

MOREY, R. V., JR. und MARWITT, J. P. (1973): Ecology, Economy and Warfare in Lowland South America. Paper read at the 9th Intern. Congress of Anthropological and Ethnological Sciences, Aug./Sept. 1973, Chicago.

MORGAN, B. J. T., SIMPSON, M. J. A., HANBY, J. P. und HALL-CRAGGS, J. (1976): Visualizing interaction and sequential data in animal behavior: Theory and application of cluster analysis methods. Behaviour, 56, 1–43.

MORGAN, CH. J. (1979): Eskimo hunting groups, social kinship, and the possibility of kin selection in humans. Ethol. Sociobiol., 1, 83–86.

MORGAN, L. H. (1877): Ancient Society, or Researches in the Lines of Human Progress from Savagery, Through Barbarism to Civilisation. London (Macmillan).

MORGAN, S. W. und MAUSNER, B. (1973): Behavioral and fantasied indicators of avoidance of success in men and women. J. Personality, 41, 457–470.

MORINAGA, S. (1933): Untersuchungen über die Zöllnersche Täuschung. Jap. J. Psychol., 8, 195–242.

MORISHITA, H. und SIEGFRIED, W. (1983): Erkennen von Emotionen in der Mimik von Kabuki-Schauspielern. Vergleich japanischer und europäischer Einstufungen von 17 Bildern. Unveröffentlichtes Manuskript.

MORRIS, D. (1957): »Typical intensity« and its relation to the problem of ritualization. Behaviour, 11, 1–12.

– (1963): Biologie der Kunst. Düsseldorf (Rauch Verlag).

– (1968): The Naked Ape: A Zoologist's Study of the Human Animal. New York (McGraw-Hill).

– (1977): Manwatching: A Field Guide to Human Behavior. New York (Abrams), London (Jonathan Cape), Lausanne (Elsevier).

– (1981): Das Spiel – Faszination und Ritual des Fußballs. München/Zürich (Droemer-Knaur).

MORRIS, D., COLLETT, P., MARSH, P., und O'SHAUGHNESSY, M. (1979): Gestures, Their Origins and Distribution. London (Jonathan Cape).

MOSS, H. A. (1974): Early sex differences and mother-infant interactions. In: FRIEDMAN, R. C., RICHART, R. M. und VANDE WIELE, R. L. (Hg.): Sex Differences in Behavior. London/New York (Wiley), 149–163.

MOYER, K. E. (1968/69): Internal impulses to aggression. Trans. NY Acad. Sci. (2nd Ser), 31, 104–114.

– (1971): Experimentelle Grundlagen eines physiologischen Modells aggressiven Verhaltens. In: SCHMIDT-MUMMENDEY, A. und SCHMIDT, H. D. (Hg.): Aggressives Verhalten. München (Juventa). (a)

– (1971): The Physiology of Hostility. Chicago (Markham). (b)

– (1981): A Physiological model of aggression with implications for control. In: VALZELLI, I. und MORGESE, I. (Hg.): Aggression and Violence: A Psycho/Biological and Clinical Approach. Mailand (Edizione Saint Vincent), 72–81.

– (1987): Violence and Aggression: A Physiological Perspective. New York (Paragon House).

MÜHLMANN, W. E. (1940): Krieg und Frieden: In: Kulturgeschichtliche Bibliothek, Rh. II, Bd. 2. Heidelberg (Winter's Universitäts-Buchhdlg.).

MUELLER, E. (1979): (Toddlers + toys) = (An autonomous social system). In: LEWIS, M. und ROSENBLUM, L. A. (Hg.): The Child and Its Family. New York/London (Plenum), 169–194.

MUELLER, E. und BRENNER, J. (1977): The origins of social skills and interaction among playgroup toddlers. Child Develop., 48, 854–861.

MÜLLER, H. und KÜHNE, K. (1980): Zur Analyse interaktiver Episoden. Unveröffentlichte Lizentiatsarbeit, Universität Bern 1974. In: CRANACH, M. v., KALBERMATTEN, U., INDER-MÜHLE, K. und GUGLER, B. (Hg.): Zielgerichtetes Handeln. Bern/Stuttgart/Wien (Hans Huber), 186 ff.

MÜLLER, K. E. (1984): Die bessere und die schlechtere Hälfte: Ethnologie des Geschlechterkonflikts. Frankfurt/New York (Campus Verlag).

MÜLLER-BECK, H. und ALBRECHT, G. (1987): Die Anfänge der Kunst vor 30 000 Jahren. Stuttgart (Theiss).

MÜLLER-SCHWARZE, D. (Hg.) (1978): Evolution of Play Behaviour. Stroutsburg, PA (Dowden, Hutchinson and Ross).

MÜNZ, R. und ULRICH, R. (1994): Bevölkerungswachstum und Familienplanung in Entwicklungsländern. Demographie aktuell, 4. Lehrstuhl Bevölkerungswissenschaften der Humboldt-Universität zu Berlin.

MÜSCH, H. (1976): Exhibitionismus, Phalluskult und Genitalpräsentieren. Sexualmedizin, 5, 358–363.

MUNCY, R. J. (1973): Sex and Marriage in Utopian Communities: 19th Century America. Bloomington, IN (University of Indiana Press).

MURDOCK, G. D. (1949): Social Structure. New York (Macmillan).

MURDOCK, G. P. und WHITE, D. R. (1969): Standard Cross-Cultural Sample. Ethnology 8, 329–369.

MURDOCK, P. M. (1967): Ethnographic Atlas. (University of Pittsburgh Press, PA.)

MUROZUMI, M., CHOW, I. und PATTERSON, C. (1969): Chemische Konzentration von Bleiteilchen, von Staub und Seesalz in den Schneeschichten von Grönland und dem Südpol. Zitiert nach: Deutsche Zeitung – Christ und Welt vom 29. 1. 1971.

MURPHY, R. F. (1957): Intergroup hostility and social cohesion. Amer. Anthropol., 59, 1018–1035.

– (1960): Headhunter's Heritage. Berkeley (University of California Press, CA).

MURRA, J. (1958): On Inca political structure. In: System of Political Control and Bureaucracy in Human Societies. Seattle (Washington University Press), 30–41.

– (1972): El »control vertical« de un maximo de pisos ecologicos en la economia de las sociedades andinas. Visita de Pedro de Leon. Univ. Huanuco (Peru).

MURRAY, L. (1977): Infants' Capacities for Regulating Interactions with Their Mothers and the Function of Emotions. Thesis, University of Edinburgh.

MURRAY, L. und TREVARTHEN, C. (1986): The infant's role in mother–infant communications. J. Child. Language, 13, 15–29.

MUSSEN, P. H. (Hg.) (1970): Carmichael's Manual of Child Psychology, Vol. I and II. New York (Wiley).

MUSSEN, P. H. und RUTHERFORD, M. (1963): Parent–child relations and parental personality in relation to young children's sex role preferences. Child Develop., 34, 589–607.

MUSTERLE, W. A. (1984): Linear-Kombinationen aus stimmungsreinen Computer-Faces. Vortrag am Institutsseminar des Instituts für Theoretische Chemie am 2. Sept. 1984, Universität Tübingen.

MUSTERLE, W. und RÖSSLER, O. E. (1986): Computer faces: The human Lorenz matrix. BioSystems, 19, 61–80.

NAAKTGEBOREN, C. und BONTEKOE, E. H. M. (1976): Vergleichend-geburtskundliche Betrachtungen und experimentelle Untersuchungen über psychosomatische Störungen der Schwangerschaft und des Geburtsablaufes. Z. Tierzüch. Züchtungsbiol., 93, 264–320.

NANCE, J. (1975): The Gentle Tasaday: A Stone Age People in the Philippine Rain Forest. New York/London (Harcourt, Brace, Jovanovich).

– (1977): Tasaday, Steinzeitmenschen im philippinischen Regenwald. München (Paul List).

NANEZ, J. E. (1988): Perception of impending collision in 3-to 6-week-old human infants. Infant Behavior and Development, 11, 447–463.

NANSEN, F. (1903): Eskimoleben. Leipzig (Meyer).

NAPIER, J. R. (1962): The evolution of the hand. Sci. Amer., 207, 56–63.

NEIMARK, E. D. (1978): Die Entwicklung des Denkens beim Heranwachsenden. In: STEINER, G. (Hg.): Die Psychologie des 20. Jahrhunderts. 7: Piaget und die Folgen. Zürich (Kindler), 155–171.

NELSON, E. W. (1896/97): The Eskimo About Bering Strait. Annual Report 18, Vol. 1, Washington, D. C.: Bureau of American Ethnology.

NESBITT, P. D. und STEVEN, G. (1974): Personal space and stimulus intensity at a southern California amusement park. Sociometry, 37, 105–115.

NETTING, R. M. C. (1968): Hill farmers of Nigeria: Cultural ecology of the Kofyar of the Jos Plateau. Amer. Ethnol. Soc. Monogr. 46.

– (1971): The Ecological Approach in Cultural Study. McCaleb Modules in Anthropology. Reading, MA (Addison-Wesley).

NETTLESHIP, M. A., DALEGIVENS, R. und NETTLESHIP, A. (Hg.) (1975): War, Its Causes and Correlates. Den Haag (Mouton).

NEUBERGER, H., MERZ, J. und SELG, H. (1983): Imitation bei Neugeborenen – eine kontroverse Befundlage. Zeitschrift für Entwicklungspsychologie und pädagog. Psychologie, 15, 267–276.

NEUHAUS, H. (1981): Wie antihomosexuell sind Sexualkundebücher? Sexualpädagogik Familienplanung, 9, 28–30.

NEUMANN, G. H. (1977): Vorurteile und Negativeinstellungen Behinderten gegenüber – Entstehung und Möglichkeiten des Abbaues aus der Sicht der Verhaltensbiologie. Rehabilitation, 16, 101–106.

– (1981): Normatives Verhalten und aggressive Außenseiterreaktionen bei gesellig lebenden Vögeln und Säugern. Forschungsberichte des Landes Nordrhein-Westfalen, Nr. 3014. Opladen (Westdeutscher Verlag).

NEVERMANN, H. (1941): Ein Besuch bei Steinzeitmenschen. Stuttgart (Franckh'sche Verlags-handlung).

NEWCOMB, W. W. (1950): A Re-examination of the causes of Plains warfare. Amer. Anthropol., 52, 317–330.

NEWMAN, J. und McCAULEY, C. (1977): Eye contact with strangers in city, suburb and small town. Environ. Behav., 9, 547–558.

NEWTON, N. (1958): Influence of let-down reflex in breast feeding on mother–child relationship. Marriage Family Living, 20, 18–20.

NGUYEN-CLAUSEN, A. (1987): Ausdruck und Beeinflußbarkeit der kindlichen Bildnerei. In: PRINZ VON HOHENZOLLERN, J. G. und LIEDTKE, M. (Hg.): Vom Kritzeln zur Kunst. Bad Heilbrunn (Julius Klinkhardt).

NIEMEYER, C. L. und ANDERSON, J. R. (1983): Primate harassment of matings. Ethol. Sociobiol., 4, 205–220.

NITSCH, K. (Hg.) (1978): Was wird aus unseren Kindern? Gesellschaftspolitische Folgen frühkindlicher Vernachlässigung. Heidelberg (Hüthig).

NOEL, G. L., SUH, H. K. und FRANTZ, A. G. (1972): Induction of Prolactin by Breast Stimulation in Humans. Excer. Med. Internat. Cong. Ser. 256.

NOTTEBOHM, F. (1970): Ontogeny of bird song. Science, 167, 950–966.

OBONAI, T. (1935): Contributions to the study of psychophysical induction. VI. Experiments on the Müller-Lyer illusion. Jap. J. Psychol., 10, 37–39.

OBONAI, T. und ASANO, T. (1937): Contributions to the study of psychophysical induction. IX. The study of the retinal irradiation. Jap. J. Psychol., 12, 1–12.

OBONAI, T. und HINO, H. (1930): Experimentelle Untersuchungen über die Wahrnehmung der geteilten Flächenräume. Jap. J. Psychol., 5, 2–5.

O'CONNOR, S. M., VIETZE, P. M., HOPKINS, J. B. und ALTMEIER, W. A. (1977): Postpartum Extended Maternal-Infant Contact: Subsequent Mothering and Child Health. San Francisco (Soc. for Pediatric Research).

OETTINGEN, G. v. (1985): Erziehungsstil und Sozialordnung. Beobachtungen in zwei englischen Kindergärten. Dissertation des Fachbereichs Biologie der Universität München.

ÖHMAN, A. und DIMBERG, U. (1978): Facial expressions as conditioned stimuli for electrodermal responses: A case of preparedness. J. Personality Social Psychol., 36, 1251–1258.

OHALA, J. J. (1984): An ethological perspective on common cross-language utilization of F_o of voice. Phonetica, 41, 1–16.

OLDS, J. (1956): Pleasure centers in the brain. Sci. Amer., 193, 105–116.

– (1958): Selfstimulation in the Brain. Science, 127, 315–324.

OLLER, D. K. und EILERS, R. E. (1988): The role of audition in infant babbling. Child Develop., 59, 441–449.

OMARK, D. R. und EDELMAN, M. S. (1976): The development of attention structures in young children. In: CHANCE, M. R. A. und LARSEN, R. R. (Hg.): The Social Structure of Attention. London (Wiley), 119–153.

OMARK, D. R., STRAYER, F. F. und FREEDMAN, D. G. (1980): Dominance Relations: An Ethological View of Human Conflict and Social Interactions. New York/London (Garland STPM Press).

ORIANS, G. H. (1980): Habitat selection: General theory and applications to human behavior. In: LOCKARD, S. J. (Hg.): The Evolution of Human Social Behavior. New York (Elsevier), 49–66.

ORLANSKY, H. (1949): Infant care and personality. Psychol. Bull, 46, 1–48.

ORLICK, T. D. (1981): Positive socialization via cooperative games. Develop. Psychol., 17, 426–429.

ORWELL, G. (1949): 1984. Harmondsworth (Penguin Books).

OSBORN, F. (1948): Our Plundered Planet. New York (Little Brown).

OSCHE, G. (1979): Kulturelle Evolution: Biologische Wurzeln, Vergleich ihrer Mechanismen mit denen des biologischen Evolutionsgeschehens. In: HASSENSTEIN, B., MOHR, H., OSCHE, G., SANDER, K. und WÜLKER, W. (Hg.): Freiburger Vorlesungen zur Biologie des Menschen. Heidelberg (Quelle und Meyer), 33–50. (a)

– (1979): Vom Tier zum Menschen – Schlüsselereignis der morphologischen und verhaltensbiologischen Evolution. In: HASSENSTEIN, B., MOHR, H., OSCHE, G., SANDER, K., und WÜLKER, W. (Hg.): Freiburger Vorlesungen zur Biologie des Menschen. Heidelberg (Quelle und Meyer), 7–32. (b)

OSOFSKY, J. D. (1979): Handbook of Infant Development. New York (Wiley).

OSTERMEYER, H. (1979): Ehe, Isolation zu zweit? Frankfurt/M. (Fischer Taschenbuch).

OTTERBEIN, K. F. (1970): The Evolution of War. New Haven (HRAF Press).

OTTERSTEDT, C. (1993): Abschied im Alltag. München (Iudicium Verlag).

OVERMAN, W. H. JR. und DOTY, R. W. (1982): Hemispheric Specialization Displayed by Man but not Macaques for Analysis of Faces. Neuropsychologia, 20(2), 113–128.

PACIORNIK, M. und PACIORNIK, C. (1983): Birth and rooming-in: Lessons learned from the forest Indians of Brazil. Birth, 10, 115–130.

PACKARD, V. (1958): Die geheimen Verführer. Düsseldorf (Econ).

– (1963): The Pyramid Climbers. New York/London (McGraw-Hill).

PALLUCK, R. J. und ESSER, A. H. (1971): Controlled experimental modification of aggressive behavior in territories of severely retarded boys. Amer. J. Mental Deficiency, 76, 23–29. (a)

– (1971): Territorial behavior as an indicator of changes in clinical behavioral condition of severely retarded boys. Amer. J. Mental Deficiency, 76, 284–290. (b)

PANKSEPP, J. (1981): Brain opioids – A neurochemical substrate for narcotic and social dependence. In: COOPER, S. J. (Hg.): Theory in Psychopharmacology, Vol. 1. London (Academic Press), 149–175.

– (1982): Toward a general psychobiological theory of emotions. Behav. Brain Sci., 5, 407–467.

– (1985): Mood changes. In: FREDERIKS, J. A. M. (Hg.): Handbook of Clinical Neurology, Vol. 1 (45): Clinical Neuropsychology. Amsterdam/New York (Elsevier), 271–285.

– (1986): The neurochemistry of behavior. Annu. Rev. Psychol., 37, 77–107.

PANKSEPP, J., HERMAN, B. H., WILBERG, T., BISHOP, P. und DEESKINAZI, F. G. (1978): Endogenous opioids and social behavior. Neurosci. Biobehav. Rev., 4, 473–487.

PAPOUŠEK, H. (1969): Individual variability on learned responses in human infants. In: ROBINSON, R. J. (Hg.): Brain and Early Behavior. London (Academic Press).

PAPOUŠEK, H. und PAPOUŠEK, M. (1977): Die ersten sozialen Beziehungen: Entwicklungschance oder pathogene Situation. Praxis Psychother., 3, 97–108.

PAPOUŠEK, M. (1984): Wurzeln der kindlichen Bindung an Personen und Dinge: Die Rolle der integrativen Prozesse. In: EGGERS, CH. (Hg.): Bindungen und Besitzdenken beim Kleinkind. München/Wien/Baltimore (Urban und Schwarzenberg), 155–184.

PAPOUŠEK, M. und NICHID, S. C. H. (1991): Tone and intonation in Mandarin babytalk to presyllabic infants: Comparison with registers of adult conversation and foreign language instruction. Applied Psycholinguists, 12, 481–504.

PARKE, R. D. (1980): The family in early infancy: Social interactional and attitudinal analyses. In: PEDERSEN, F. (Hg.): The Father–Infant Relationship: Observational Studies in a Family Context. New York (Praeger), 44–70.

PARKE, R. D. und O'LEARY, S. E. (1976): Father–mother–infant interaction in the newborn period: Some findings, some observations, and some unresolved issues. In: RIEGEL, K. und

MEACHAM, J. (Hg.): The Developing Individual in a Changing World. Vol. II, Social and Environmental Issues, Den Haag (Mouton), 653–664.

PARKE, R. D. und SAWIN, D. B. (1975): Infant characteristics and behavior as elicitors of maternal and paternal responsibility in the newborn period. Soc. Res. Child Develop. Denver.

– (1977): The family in early infancy: Social interactional and attitudinal analysis. Soc. Res. Child Develop. New Orleans.

PARKE, R. D. und SUOMI, ST. JR. (1980): Adult male-infant relationships: Human and nonhuman primate evidence. In: IMMELMANN, K., BARLOW, G., MAIN, M. und PETRINO-VITCH, L. (Hg.): Behavioral Development: The Bielefeld interdisciplinary Project. New York (Cambridge University Press).

PARKER, S. (1976): The precultural basis of incest taboo: Toward a biosocial theory. Amer. Anthropol., 78, 285–305.

PARKER, S. T. und GIBSON, K. R. (1979): A developmental model for the evolution of language and intelligence in early hominids. Behav. Brain Sci., 2, 367–408.

PARMELEE, A. H. (1961): A study of one infant from birth to eight months of age. Acta Paediat., 50, 160–170.

PASSARGE, S. (1907): Die Buschmänner der Kalahari. Berlin (D. Reimer).

PASTOR, D. L. (1980): The Quality of Mother–Infant Attachment and Its Relationship to Toddlers' Initial Sociability with Peers. Paper presented at the Intern. Conference on Infant Studies. New Haven, April, 1980.

PASTORE, R. E. (1976): Categorical and perception: A critical re-evaluation. In: HIRSCH, S. K. u. a. (Hg.): Hearing and Davis: Essays Honoring Hallowell Davis. St. Louis (Washington University Press).

PATTERSON, F. G. (1978): The gestures of a gorilla: Language acquisition in another Pongid. Brain Language, 5, 72–97.

PATTERSON, M. L., MULLENS, S. und ROMANO, J. (1971): Compensatory reactions to spatial intrusion. Sociometry, 34, 114–121.

PATTERSON, R. L. S. (1968): Identification of 3α-hydroxy-5α-androst-16-ene as the musk odour component of boar sub-maxillary salivary gland and its relationship to the sex odour taint in pork meat. J. Sci. Food Agri., 19, 434–438.

PEARSON, K. G. (1972): Central programming and reflex control of walking in the cockroach. J. Exp. Biol., 56, 173–193.

PEARSON, R. (1991): Race, Intelligence and Bias in Academe. Washington D.C. (Scott-Townsend Publishers).

PEDERSEN, C. A., CALDWELL, J. D., JIRIKOWSKI, G. F. und INSEL, T. R. (Hg.) (1992): Oxytocin in Maternal, Sexual, and Social Behaviors. Annals of the New York Academy of Sciences, Bd. 652.

PEDERSEN, C. A., CALDWELL, J. D., PETERSON, G., WALKER, C. H. und MASON, G. A. (1992): Oxytocin activation of maternal behavior in the rat. In: PEDERSEN, C. A., CALDWELL, J. D., JIRIKOWSKI, G. F. und INSEL, T. R. (Hg.): Oxytocin in Maternal, Sexual, and Social Behaviors. New York (New York Academy of Sciences), 58–70.

PEIPER, A. (1951): Instinkt und angeborenes Schema beim Säugling. Z. Tierpsychol., 8, 449–456.

– (1953): Schreit- und Steigbewegungen beim Neugeborenen. Arch. Kinderheilk., 147, 135.

PENTLAND, B., PITCAIRN, T. K., GRAY, J. M. und RIDDLE, W. (1987): The effects of reduced expression in Parkinson's disease on impression formation by health professionals. Clin. Rehab., 1, 307–313.

PEPLAU, A. (1976): Fear of success in dating couples. Sex Roles, 2, 249–258.

PERRY, J. und WHIPPLE, B. (1981): Pelvic muscle strength of female ejaculators: Evidence in support of a new theory of orgasm. J. Sex Res., 17, 22–39.

PERSSON-BENBOW, C. und STANLEY, J. (1980): Sex differences in mathematical ability: Fact or artifact? Science, 210, 1262–1264.

PETERSON, N. (1963): Family ownership and right of disposition in Sukkertoppen District, West Greenland. Folk, 5, 270–281.

– (1972): Totemism yesterday: Sentiment and local organization among the Australian aborigines. Man, 7, 12–32.

– (1975): Hunter-gatherer territoriality: The perspective from Australia. Amer. Anthropol., 77, 53–68.

– (1979): Territorial adaptations among desert hunter-gatherers: The !Kung and Australians compared. In: BURNHAM, P. C. und ELLEN, R. F. (Hg.): Social and Ecological Systems. London/New York (Academic Press), 111–129.

PETERSON, ST. A. (1983): Biosoziale Korrelate politischen Verhaltens. In: FLOHR, H. und TÖNNESMANN, W. (Hg.): Politik und Biologie. Berlin (Paul Parey), 127–132.

PFEIFFER. J. E. (1969): The Emergence of Man. New York (Evanston), London (Harper and Row).

– (1977): The Emergence of Society: A Prehistory of the Establishment. New York (McGraw-Hill).

PHILLIPS, S., KING, S. und DUBOIS, L. (1978): Spontaneous activities of female versus male newborn. Child Develop., 49, 590–597.

PIAGET, J. (1932): The Moral Judgment of the Child. London (Kegan Paul).

– (1953): The Origin of Intelligence in the Child. London (Routledge and Kegan Paul).

– (1970): Mémoire et Intelligence. In: La Mémoire. Symposium de l'Association de Psychologie de langue française. Paris (Presses Universitaires de France), 169–178.

– (1975): Nachahmung, Spiel und Traum. Die Entwicklung der Symbolfunktion beim Kinde. Stuttgart (Klett). (a)

– (1975): Sprechen und Denken des Kindes. Düsseldorf (Schwann). (b)

– (1976): Psychologie der Intelligenz. München (Kindler, Kindler-Taschenbuch 2167).

– (1980): The psychogenesis of knowledge and its epistemological significance. In: PIATTELLI-PALMARINI, M. (Hg.): Language and Learning. The Debate between Jean Piaget and Noam Chomsky. Cambridge, MA (Harvard University Press), 23–34.

PIAZZA, A., CAPELLO, N., OLIVETTI, E. und RENDINE, S. (1988): A Genetic History of Italy. Annual of Human Genetics, 52, 203–313.

PILLERI, G. (1960): Über das Auftreten von »Kletterbewegungen« im Endstadium eines Falles von Morbus Alzheimer. Arch. Psychiatr. Nervenkunde, 200, 455–461. (a)

– (1960): Kopfpendeln (»Leerlaufendes Brustsuchen«) bei einem Fall von Pickscher Krankheit. Arch. Psychiatr. Nervenkunde, 200, 603–611. (b)

– (1961): Orale Einstellung nach Art des Klüver-Bucy-Syndroms bei hirnatrophischen Prozessen. Schweiz. Arch. Neurol. Neurochir. Psychiatr., 87, 286–298.

PIMENTEL, D., HARMAN, R., PACENZA, M., PECARSKY, J. und Pimentel, M. (1994): Natural Ressources and an Optimum Human Population. Population and Environment, 15, 347–369.

PITCAIRN, T. K. und SCHLEIDT, M. (1976): Dance and decision: An analysis of a courtship dance of the Medlpa, New Guinea. Behaviour, 58, 298–316.

PITCAIRN, T. K. und STRAYER, F. F. (1984): Social attention and group structure: Variations on Schubert's »Winterreise«. J. Social Biol. Struct., 7, 369–376.

PLEGER, J. (1976): Das Phänomen der Aggression. Dissertation. Erziehungswissenschaft an der Pädagogischen Hochschule Ruhr, Bd. I + II. Dortmund–Herne.

PLOOG, D. (1964): Verhaltensforschung und Psychiatrie. In: GRUHLE, H.-W., JUNG, R.,

MAYER-GROSS, W. und MÜLLER, M. (Hg): Psychiatrie der Gegenwart, Bd. 1/1. Berlin/ Göttingen/Heidelberg (Springer), 291–443.
– (1966): Experimentelle Verhaltensforschung. Nervenarzt, 37, 443–447.
– (1969): Psychobiologie des Partnerschaftsverhaltens. Nervenarzt, 40, 245–255.
– (1972): Kommunikation in Affengesellschaften und deren Bedeutung für die Verständigungsweisen des Menschen. In: GADAMER, H. G. und VOGLER, P. (Hg.): Neue Anthropologie, Bd. 2. Stuttgart (Thieme/dtv-Wissenschaftl. Reihe), 98–178.
– (1980): Soziologie der Primaten. In: KISKER, K. P., MEYER, J.-E., MÜLLER, C. und STRÖMGREN, E. (Hg.): Psychiatrie der Gegenwart, Bd. 1/2. Berlin (Springer, 2. Aufl.), 379–544.
– (1988): Neurobiology and pathology of subhuman vocal communication and human speech. In: TODT, D., GOEDEKING und SYMMES, D. (Hg.): Primate Vocal Communication. Berlin (Springer).
PLOOG, D., BLITZ, J. und PLOOG, F. (1963): Studies on social and sexual behavior of the squirrel monkey *(Saimiri sciureus)*. Folia Primatol., 1, 29–66.
PLOOG, D., HOPF, S. und WINTER, P. (1967): Ontogenese des Verhaltens von Totenkopf-Affen *(Saimiri sciureus)*. Psychol. Forsch., 31, 1–41.
PLUTCHIK, R. (1980): A general psychoevolutionary theory of emotion. In: PLUTCHIK, R. und KELLERMAN, H. (Hg.): Emotion: Theory, Research, and Experience, Vol. 1. New York (Academic Press).
PÖPPEL, E. (1978): Time perception. In: HELD, R., LEIBOWITZ, H. W. und TEUBER, H.-L. (Hg.): Handbook of Sensory Physiology, Vol. III, Heidelberg (Springer), 713–729.
– (1982): Lust und Schmerz. Berlin (Severin und Siedler).
– (1983): Musikerleben und Zeitstruktur. In: KREUZER, F. (Hg.): Auge macht Bild, Ohr macht Klang, Hirn macht Welt. Salzburger Musikgespräch, Wien (Franz Deutike), 76–87.
– (1984): Grenzen des Bewußtseins: Über Wirklichkeit und Welterfahrung. Stuttgart (Deutsche Verlagsanstalt).
PÖPPEL, E. und SÜTTERLIN, CH. (1983): Wahrnehmungs-Asymmetrie und Gestaltung von Links und Rechts in Bildern. Neuropsychologische Aspekte der ästhetischen Wahrnehmung. Symposium »Biology of Esthetics« Reimers-Stiftung, Bad Homburg.
PÖPPEL, E., HELD, R. und FROST, D. (1973): Residual visual function after brain wounds involving the central visual pathways in man. Nature, 243, 295–296.
POPENOE, D. (1993): American Family Decline, 1960–1990: A Review and Appraisal. Journal of Marriage and the Family, 55 (3). (a)
– (1993): National Family Wars. Journal of Marriage and the Family, 55, (3). (b)
POPP, J. und DEVORE, I. (1979): Aggressive competition and social dominance theory. In: HAMBURG, D. und MCCOWN, E. (Hg.): The Great Apes. Menlo Park, CA (Benjamin Cummings), 317–338.
POPPER, K. R. (1973): Objektive Erkenntnis. Ein evolutionärer Entwurf. Hamburg (Hoffmann und Campe).
PORTER, R. H. und MOORE, J. D. (1981): Human kin recognition by olfactory cues. Physiol. Behav., 27, 493–495.
PORTISCH, H. (1970): Friede durch Angst: Augenzeuge in den Arsenalen des Atomkrieges. Wien (Molden).
POSHIVALOV, V. P. (1986): Ethological pharmacology as a tool for animal aggression research. In: BRAIN, P. F. und RAMIREZ, M. (Hg.): Cross-Disciplinary Studies on Aggression. Sevilla (Publicaciones de la Universidad de Sevilla), 17–49.
POULSON, C. L., NUNES, L. R. P. und WARREN, S. F. (1989): Imitation in infancy: A critical review. Advances in Child Development and Behavior, 22, 271–300.
PRECHTL, H. F. R. (1953): Stammesgeschichtliche Reste im Verhalten des Säuglings. Umschau, 21, 656–658.

- (1958): The directed head turning response and allied movements of the human baby. Behaviour, 13, 212–242.
- (1981): The study of neural development as a perspective of clinical problems. In: CONNOLLY, K. J. und PRECHTL, H. F. R. (Hg.): Maturation and Development. London (W. Heinemann Med. Books), 198–215.

PRECHTL, H. F. R. und LENARD, H. G. (1968): Verhaltensphysiologie des Neugeborenen. In: LINNEWEH, F. (Hg.): Fortschritte der Pädologie, Bd. II. Berlin (Springer), 88–122.

PRECHTL, H. F. R. und SCHLEIDT, W. M. (1950): Auslösende und steuernde Mechanismen des Saugaktes, I u. II. Z. Vergl. Physiol., 32, 252–262, 33, 53–62.

PREMACK, D. (1971): Language in the chimpanzee? Science, 172, 808–822.

PRETI, G., CUTLER, W. B., GARCIA, C. R., HUGGINS, G. R. und LAWLEY, H. J. (1986): Human axillary secretions influence women's menstrual cycles: The role of donor extracts of females. Hormones Behav., 20, 474–482.

PRIBRAM, K. H. (1979): Behaviourism, phenomenology and holism in psychology: A scientific analysis. J. Social Biol. Structures, 2, 65–72.

PRIOLEAU, L., MURDOCK, M. und BRODY, N. (1983): An analysis of psychotherapy versus placebo. Behav. Brain Sci., 6, 275–310.

PROSHANSKY, H. M. (1966): The development of intergroup attitudes. In: HOFFMAN, L. W. und HOFFMAN, M. L. (Hg.): Review of Child Development Research, Vol. 2. New York (Russell Sage Found.), 311–371.

PROVINE, ROBERT, R. (1986): Yawning as a stereotyped action pattern and releasing stimulus. Ethology, 72(2), 89–176, 109–122.

PURIFOY, F. E. (1981): Endocrine-environment interaction in human variability. Annu. Rev. Anthropol., 10, 141–162.

QUANTY, M. (1976): Aggression catharsis: Experimental investigation and implications. In: GEEN, R. G. und O'NEAL, E. C. (Hg.): Perspectives on Aggression. New York (Academic Press), 99–132.

QUEYRAT, FR. (1905): Les Jeux des Enfants. Paris (Alcan).

RADCLIFFE-BROWN, A. R. (1930): The social organization of Australian tribes. Oceania, 1, 34–63.

RADER, N., BAUSANO, M. und RICHARDS, J. E. (1980): On the nature of the visual-cliff-avoidance response in human infants. Child Develop., 51, 61–68.

RADNITZKY, G. und BARTLEY, W. W. (Hg.) (1987): Evolutionary Epistemology, Theory of Rationality, and the Sociology of Knowledge. La Salle, IL (Open Court Publ.).

RAGAN, J. M. (1982): Gender displays in portrait photographs. Sex Roles, 8, 33–43.

RAINER, R. (1978): Kriterien der wohnlichen Stadt. Graz (Akademische Druck- und Verlagsanstalt).

RAJECKI, D. W., LAMB, M. E. und OBMASCHER, P. (1978): Toward a general theory of infantile attachment: A comparative review of aspects of the social bond. Behav. Brain Sci., 3, 417–464. (a)

RAJECKI, D. W., LAMB, M. E. und SUOMI, S. J. (1978): Effects of multiple peer separation in domestic chicks. Develop. Psychol., 14, 397–387. (b)

RALEIGH, M. J., MCGUIRE, M. T., BRAMMER, G. L., POLLACK, D. B. und YUWILER, A. (1991): Serotonergic Mechanisms promote dominance acquisition in adult male vervet monkeys. Brain Research, 559, 181–190.

RANCOURT-LAFERRIERE, D. (1979): Some semiotic aspects of the human penis. VS (Versus), 24, 37–82.
- (1983): Four adaptive aspects of the female orgasm. J. Soc. Biol. Structures, 6, 319–333.

RAPOPORT, A. (1982): The Meaning of the Built Environment. Beverly Hills (Sage).

RAPPAPORT, R. A. (1968): Pigs for the Ancestors. New Haven/London (Yale University Press).

RASMUSSEN, K. (1980): People of the Polar North. London (Ed. G. Herring).

RATTNER, J. (1970): Aggression und menschliche Natur. Olten (Walter).

RAUH, H. (1984): Soziale Interaktion und Gruppenstruktur bei Krabbelkindern. In: EGGERS, CH. (Hg.): Bindungen und Besitzdenken beim Kleinkind. München/Wien/Baltimore (Urban und Schwarzenberg), 204–232.

RAUSCH, G. und SCHEICH, H. (1982): Dendritic spine loss and enlargement during maturation of the speech control system in the Mynah bird *(Gracula religiosa)*. Neurosci. Lett., 29, 129–133.

RAZRAN, G. H. S. (1938): Conditioning away social bias by the luncheon technique. Psychol. Bull, 35, 693.

REDICAN, W. (1975): Facial expressions in nonhuman primates. In: ROSENBLUM, L. A. (Hg.): Primate Behavior, Vol. 4. London (Academic Press), 103–194.

REGAN, D. T. (1971): Effects of a favor and liking on compliance. J. Exp. Social Psychol., 7, 627–639.

REICH, W. (1949): Die sexuelle Revolution. Frankfurt/M. (Fischer).

REIMARUS, H. S. (1762): Allgemeine Betrachtungen über die Triebe der Thiere, hauptsächlich über ihre Kunsttriebe. Hamburg.

REIS, D. J. (1974): Central neurotransmitters in aggression. In: FRAZIER, S. H. (Hg.): Aggression. Proceedings (Research Publications) of the Association for Nervous and Mental Diseases. Baltimore (Williams and Wilkins), 119–148.

REISSLAND, N. (1988): Neonatal imitation in the first hour of life: Observations in rural Nepal. Developmental Psychology, 24, 464–469.

REMANE, A. (1952): Die Grundlagen des natürlichen Systems der vergleichenden Anatomie und der Phylogenetik. Leipzig (Geest und Portig).

RENFREW, C. (1991): Archaeology, Genetics and Linguistic Diversity. Man (N. S.), 27, 445–478.

RENGGLI, F. R. (1976): Angst und Geborgenheit. Soziokulturelle Folgen der Mutter-Kind-Beziehung im ersten Lebensjahr. Ergebnisse aus der Verhaltensforschung, Psychoanalyse und Ethnologie. Hamburg (Rowohlt).

RENSCH, B. (1957): Ästhetische Faktoren bei Farb- und Formbevorzugungen von Affen. Z. Tierpsychol., 14, 71–99.

– (1958): Die Wirksamkeit ästhetischer Faktoren bei Wirbeltieren. Z. Tierpsychol., 15, 447–461.

– (1963): Versuche über menschliche »Auslöser-Merkmale« beider Geschlechter. Z. Morphol. Anthropol., 53, 139–164.

REYNOLDS, P. C. (1982): Affect and instrumentality: An alternative view on Eibl-Eibesfeldt's human ethology. Behav. Brain Sci., 5, 267–273.

REYNOLDS, V. (1966): Open grounds in human evolution. Man, 1, 441–452.

RHEINGOLD, H. L. (1961): The effect of environmental stimulation upon social and exploratory behavior in the human infant. In: FOSS, B. M. (Hg.): Determinants of Infant Behavior, Vol. 1. London (Methuen), 143–177.

RHEINGOLD, H. L. und ADAMS, J. L. (1980): The significance of speech to newborns. Develop. Psychol., 16, 397–403.

RHEINGOLD, H. L. und ECKERMAN, C. (1973): Fear of the stranger: A critical examination. In: REESE, H. W. (Hg.): Advances in Child Development and Behavior, 8. New York (Academic Press), 185–222.

RICHARDS, J. E. und RADER, N. (1981): Crawling-onset age predicts visual cliff avoidance in infants. J. Exp. Psychol. Hum. Perception Performance, 7(2), 382–387.

RICHERSON, P. J. (1977): Ecology and human ecology: A comparison of theories in the biological and social sciences. Amer. Ethnol., 4, 1–26.

RIEDL, B. I. M. (1990): Morphologisch-metrische Merkmale des männlichen und weiblichen Partnerleitbildes in ihrer Bedeutung für die Wahl des Ehegatten. Homo, 41, 72–85.

RIEDL, R. (1979): Biologie der Erkenntnis. Die stammesgeschichtlichen Grundlagen der Vernunft. Berlin/Hamburg (Paul Parey).

– (1981): Die Folgen des Ursachendenkens. In: WATZLAWICK, P. (Hg.): Die erfundene Wirklichkeit. München/Zürich (Piper), 67–90.

RIGHARD, L. und ALADE, M. O. (1990): Clinical practice. The Lancet, 336, 1105–1107.

RINGLER, N. M., KENNELL, J. H., JARVELLA, R., NAVOJOSKY, B. J. und KLAUS, M. H. (1975): Mother-to-child speech at 2 years: Effects of early postnatal contact. J. Pediatr., 86, 141–144.

RINGLER, N. M., TRAUSE, M. A., KLAUS, M. H. und KENNELL, J. (1978): The effects of extra postpartum contact and maternal speech patterns on children's IQs, speech, and language comprehension at five. Child Develop., 49, 862–865.

ROBBINS, J. H. (1980): Breaking the taboos: Further reflections on mothering. J. Human Psychol., 20, 27–40.

ROBINSON, CH. L., LOCKARD, J. S. und ADAMS, R. M. (1979): Who looks at a baby in public. Ethol. Sociobiol., 1, 87–91.

ROBSON, K. S. (1967): The role of eye-to-eye contact in maternal-infant-attachment. J. Child Psychol. Psychiatry, 8, 13–35.

ROEDER, K. D. (1955): Spontaneous activity and behavior. Sci. Monthly, 80, 362–370.

RÖDHOLM, M. (1981): Early Mother–Infant and Father–Infant Interaction. Göteborg.

RÖHRIG, L. (1967): Gebärde, Metapher, Parodie. Düsseldorf (Pädagogischer Verlag Schwann).

ROHNER, R. P. (1975): They Love Me, They Love Me Not: A World-Wide Study of the Effects of Parental Acceptance and Rejection. New Haven (HRAF Press).

– (1976): Sex differences in aggression: Phylogenetic and enculturation perspective. Ethos, 4, 57–72.

ROPER, M. K. (1969): A survey of evidence for intrahuman killing in the Pleistocene. Current Anthropol., 10, 427–459.

ROSE, F. G. G. (1960): Classification of Kin, Age Structure and Marriage among the Groote Eylandt Aborigines. A Study in Method and a Theory of Australian Kinship. Berlin (Akademischer Verlag).

ROSE, R., BERNSTEIN, I. und GORDON, T. (1975): Consequences of social conflict on plasma testosterone levels in rhesus monkeys. Psychosomat. Med., 37, 50–61.

ROSENBLUM, L. A. (1971): Infant attachment in monkeys. In: SCHAFFER, H. R. (Hg.): The Origins of Human Social Relations. New York (Academic Press).

ROSENBLUM, L. A. und HARLOW, H. F. (1963): Approach-avoidance conflict in the mother-surrogate situation. Psychol. Rep., 12, 83–85.

ROSENFELD, H. M. (1982): Measurement of body motion and orientation. In: SCHERER, K. R. und EKMAN, P. (Hg.): Handbook of Methods in Nonverbal Behavior Research. Cambridge/London/New York (Cambridge University Press), 199–286.

ROSENZWEIG, M. R. und LEIMAN, A. L. (1982): Physiological Psychology. Lexington, MA (C. D. Heath).

ROSSI, A. S. (1975): A biosocial perspective on parenting. Daedalus, 106, 1–32.

ROTERING-STEINBERG, S. und BOHLE, G. (1991): Frauen-Kooperation. Forum Lehrerfortbildung, 20, 19–22.

ROTHCHILD, J. und WOLF, S. B. (1976): The Children of the Counterculture. New York (Doubleday).

ROTHMANN, M. und TEUBER, E. (1915): Einzelausgabe der Anthropoidenstation auf Teneriffa:

I. Ziele und Aufgaben der Station sowie erste Beobachtungen an den auf ihr gehaltenen Schimpansen. Berlin. 1.–20. Abhandlungen Preußische Akademie der Wissenschaften.

RUBIN, R. T., REINISCH, J. M. und HASKETT, R. F. (1981): Postnatal gonadal steroid effects on human behavior. Science, 211, 1318–1324.

RUBINSHTEIN, S. L. (1973): Fundamentals of General Psychology. Moskau (Uchpedgiz).

RUDOLPH. W. (1968): Der kulturelle Relativismus. Forschungen zur Ethnologie und Sozialpsychologie, Bd. 6. Berlin (Dunker und Humblot).

RUMBAUGH, D. M. und GILL, T. V. (1977): Lana's acquisition of language skills. In: RUMBAUGH, D. M. (Hg.): Language Learning by a Chimpanzee. The Lana Project. New York (Academic Press), 165–192.

RUMP, G. CH. (1988): Bildstruktur–Erkenntnisstruktur. Gegenseitige Bedingungen von Kunst und Verhalten. Kastellaun (A. Henn Verlag).

– (1980): Verhaltensforschung und Kunstgeschichte. In: HAHN, M. und SCHUSTER, M. (Hg.): Fortschritte der Kunstpsychologie. Frankfurt/M. (P. A. Lang).

RUSE, M. (1979): Sociobiology: Sense or Nonsense? Dordrecht/Boston/London (D. Reidel).

RUSSELL, J. A. (1991): Culture and the categorization of emotions. Psychological Bulletin, 110(3), 426–250.

RUSSELL, M. J. (1976): Human olfactory communication. Nature, 260, 520–522.

RUSSELL, M. J., MENDELSON, T. und PEEKE, H. V. S. (1983): Mother's identification of their infant's odors. Ethol. Sociobiol., 4, 29–31.

RUSSELL, M. J., SWITZ, G. M. und THOMPSON, K. (1980): Olfactory influences on the human menstrual cycle. Pharmacol. Biochem. Behavior, 12, 737–738.

SACKETT, G. P. (1966): Monkeys reared in isolation with pictures as visual input: Evidence for an innate releasing mechanism. Science, 154, 1468–1473.

SADOCK, S. B. J. und SADOCK, V. A. (1976): Techniques of coitus. In: SADOCK, S. B. J., KAPLAN, H. J. und FREEDMAN, A. M. (Hg.): The Sexual Experience. Baltimore, MD (Williams and Wilkins), 206–216.

SADOCK, S. B. J., KAPLAN, H. J. und FREEDMAN, A. M. (Hg.): (1976): The Sexual Experience. Baltimore, MD (Williams and Wilkins).

SAGER, S. F. (1981): Sprache und Beziehung. Linguistische Untersuchungen zum Zusammenhang von sprachlicher Kommunikation und zwischenmenschlicher Beziehung. Tübingen (Max Niemeyer Verlag).

– (1983): Die Manifestation universaler Verhaltensdispositionen im Verbalverhalten. Zwischenbericht zum DFG-Projekt SA 346/1–2.

SAGI, A. (1981): Mothers' and non-mothers' identification of infant cries. Infant Behav. Develop., 4, 37–40.

SAGI, A. und HOFFMANN, M. L. (1978): Emphatic distress in the newborn. Develop. Psychol., 12, 175–176.

SAGI, A., LAMB, M. E., SHOHAM, R., DVIR, R. und LEWKOWICZ, K. S. (1985): Parent–infant interaction in families on Israeli kibbutzim. Intern. J. Behav. Develop., 8, 273–284.

SAHLINS, M. D. (1960): The origin of society. Sci. Amer., 204, 76–87.

– (1976, rev. 1977): The Use and Abuse of Biology. An Anthropological Critique of Sociobiology. Ann Arbor (University of Michigan Press).

SAL, F. S. VOM und HOWARD, L. S. (1982): The regulation of infanticide and parental behavior: Implications for reproductive success in male mice. Science, 215, 1270–1272.

SALAMONE, F. A. (1982): Persona, identity and ethnicity. Anthropos, 77, 475–490.

SALING, M. M. und COOKE, W. L. (1984): Cradling and transport of infants by South African mothers: A cross-cultural study. Current Anthropol., 25, 333–335.

SALK, L. (1973): The role of the heartbeat in relations between mother and infant. Sci. Amer., 228, 24–29.

SALTER, F. (1994): Comments on the Naturalistic Fallacy, Science & Politics. European Sociobiological Society Newsletter, 35, 17–26. Groningen (Origin Press).

SALZEN, E. A. (1967): Imprinting in birds and primates. Behaviour, 28, 232–254.

SALZMAN, F. (1979): Aggression and gender. In: HUBBARD, R. und LOWE, M. (Hg.): Genes and Gender, II: Pitfalls in Research on Sex and Gender. New York (Gordian Press).

SANDAY, P. R. (1980): Margaret Mead's view of sex roles in her own and other societies. Amer. Anthropol., 82, 340–348.

SANDER, F. (1931): Gestaltpsychologie und Kunsttheorie. Ein Beitrag zur Psychologie der Architektur. Neue Psychol. Stud., 8, 311–334.

SANO, T. (1983): A catalogue of the facial behavior patterns of Japanese preschool children. J. Anthropol. Soc. Nippon, 91, 323–336.

SAVAGE-RUMBAUGH, E. S. und RUMBAUGH, D. M. (1982): Ape-language research is alive and well: A reply. Anthropos, 77, 568–573.

SAVIN-WILLIAMS, R. C. (1979): Dominance hierarchies in groups of early adolescents. Child Develop., 50, 923–935.

– (1980): Social interactions of adolescent females in natural groups. In: FOOT, H., CHAPMAN, T. und SMITH, J. (Hg.): Friendship and Social Relations in Children. Sussex (Wiley).

– (1987): Adolescence: An Ethological Perspective. Berlin (Springer).

SAWIN, D. B. (1981): Fathers' interactions with infants. In: WEISS-BOURD, B. und MUSICK, J. S. (Hg.): Infants: Their Social Environments. Washington (Nat. Assoc. Educat. of Young Children), 147–167.

SBRZESNY, H. (1976): Die Spiele der !Ko-Buschleute. Monographien zur Humanethologie 2. München (Piper).

SCANZONI, J. (1972): Sexual Bargaining: Power Politics in the American Marriage. Englewood Cliffs, NJ (Prentice Hall).

SCHAAL, B., MONTAGNER, H., HERTLING, E., BOLZONI, D., MOYSE, A. und QUICHON, A. (1980): Les stimulations olfactives dans les relations entre l'enfant et la mère. Reprod. Nutr. Develop., 20, 843–858.

SCHAEFER, H. (1978): Humanökologisch-anthropologische Grundlagen der Umweltgestaltung. In: BUCHWALD, K. und ENGELHARDT, W. (Hg.): Handbuch für Planung, Gestaltung und Schutz der Umwelt. 1. Die Umwelt des Menschen. München (BLV). (a)

– (1978): Schlußbetrachtung. In: NITSCH, K. (Hg.): Was wird aus unseren Kindern? Gesellschaftspolitische Folgen frühkindlicher Vernachlässigung. Heidelberg (Hüthig), 100–119. (b)

SCHAEFER, H. und FLASCHAR, W. (1978): Energiewirtschaft und Umweltbeeinflussung. In: BUCHWALD, K. und ENGELHARDT, W. (Hg.): Handbuch für Planung, Gestaltung und Schutz der Umwelt. 1. Die Umwelt des Menschen. München (BLV).

SCHÄFER, U. (1979): Herausgefordert – Bewohner und Architekten diskutieren mit Journalisten. Bauen Wohnen, 1/2, 6–10.

SCHAFFER, H. R. (1966): The onset of fear of strangers and the incongruity hypothesis. J. Child Psychol. Psychiatry, 7, 95–106.

– (Hg.) (1977): Studies in Mother–Infant Interaction. London/New York (Academic Press).

SCHAFFER, H. R. und EMERSON, P. E. (1964): The Development of Social Attachments in Infancy. Monographs of the Society for Research in Child Development 29.

SCHALLER, J., CARLSSON, S. G. und LARSSON, K. (1979): Effects of extended post-partum mother–child contact on the mother's behavior during nursing. Infant Behav. Develop., 2, 319–324.

SCHARF, J. H. (1981): Os incae, Blutgruppe 0 und boreische Sprachverwandtschaft. Anat. Anz., 150, 175–211. (a)

– (1981): Das erste Wort? Morph. Jahrbuch 127. (b)

SCHEBESTA, P. (1941): Die Bambuti-Pygmäen vom Ituri, II. Inst. Royal Colonial Belge. Bruxelles (Librairie Falk).

SCHEGLOFF, E. (1968): Sequencing rules in conversational openings. Amer. Anthropol., 70, 1075–1095.

SCHELLER, R. H. und AXEL, R. (1984): How genes control an innate behavior. Sci. Amer., 250, 44–52.

SCHELLER, R. H., JACKSON, J. F., McALLISTER, L. B., ROTHMAN, B. S., MAYERI, E. und AXEL, R. (1983): A single gene encodes multiple neuropeptides mediating a stereotyped behavior. Cell, 32, 7–22.

SCHELLER, R. H., JACKSON, J. F., McALLISTER, L. B., SHWARTZ, J. H., KANDEL, E. R. und AXEL, R. (1982): A family of genes that codes for ELH, a neuropeptide eliciting a stereotyped pattern of behavior in aplysia. Cell, 28, 707–719.

SCHELSKY, H. (1955): Soziologie der Sexualität. Hamburg (Rowohlt).

SCHEMAN, J., LOCKARD, J. S. und MEHLER, B. L. (1977): Anatomical influence on bookcarrying behavior. Bull. Psychonomic Soc., 93, 367–370.

SCHENKEL, R. (1956): Zur Deutung der Phasianidenbalz. Ornith. Beobacht., 53, 182–201.

SCHERER, K. R. (1972): Judging personality from voice: A cross-cultural approach to an old issue in interpersonal perception. J. Personality, 40, 191–210.

– (1977): Affektlaute und vokale Embleme. In: ROSNER, R. und REINECKE, H. P. (Hg.): Zeichenprozesse – Semiotische Forschung in den Einzelwissenschaften. Wiesbaden (Athenaion), 199–214.

– (1979): Personality markers in speech. In: SCHERER, K. R. und GILES, H. (Hg.): Social Markers in Speech. Cambridge/London/New York (Cambridge University Press).

SCHERER, K. R. und EKMAN, P. (Hg.) (1982): Handbook of Methods in Nonverbal Behavior Research. Cambridge/London/New York (Cambridge University Press).

SCHERER, K. R. und GILES, H. (Hg.) (1979): Social Markers in Speech. Cambridge/London/New York (Cambridge University Press).

SCHERER, K. R. und OSHINSKY, J. S. (1977): Cue utilization in emotion attribution from auditory stimuli. Motivation Emotion, 1, 331–346.

SCHERER, K. R., UNO, H. und ROSENTHAL, R. (1972): A cross-cultural analysis of vocal behavior as a determinant of experimenter expectancy effects – A Japanese case. Intern. J. Psychol., 7, 109–117.

SCHERER, K. R., WALBOTT, G. und SCHERER, U. (1979): Methoden zur Klassifikation von Bewegungsverhalten. Ein funktionaler Ansatz. Z. Semiotik, 1, 177–192.

SCHERER, K. R. und WOLF, J. J. (1973): The voice of confidence: Paralinguistic cues and audience evaluation. J. Res. Personality, 17, 31–44.

SCHETELIG, H. (1979): Die Bedeutung des Stillens in der Ernährung des Säuglings. Fortschr. Med., 97, 349–352.

SCHIEFENHÖVEL, G. und SCHIEFENHÖVEL, W. (1978): Eipo, Irian Jaya (West-Neuguinea) – Vorgänge bei der Geburt eines Mädchens und Änderung der Infantizid-Absicht. Homo, 29, 121–138.

SCHIEFENHÖVEL, W. (1979): Aggression and Aggression-Control among the Eipo, Highlands of West-Neuguinea. Poster Paper XVI. International Ethological Conference, Vancouver.

– (1980): »Primitive« Childbirth – Anachronism or Challenge to »Modern« Obstetrics? In: BALLABRIGA, A. und GALLART, A. (Hg.): Proceedings of the 7th European Congress of Perinatal Medicine, Barcelona, 40–49.

– (1982): Die natürliche Geburt – Wie Eipo-Kinder auf die Welt kommen. Neue Zürcher Zeitung, 113, (19. 5. 82), 33.

- (1983): Geburten bei den Eipo. In: SCHIEFENHÖVEL, W. und SICH, D. (Hg.): Die Geburt aus ethnomedizinischer Sicht. Wiesbaden (Vieweg), 41–56. (a)
- (1983): Der ethnomedizinische Beitrag zur Diskussion um die optimale Geburtshilfe. In: SCHIEFENHÖVEL, W. und SICH, D. (Hg.): Die Geburt aus ethnomedizinischer Sicht. Wiesbaden (Vieweg), 241–246. (b)
- (1984): Bindung und Lösung – Sozialisationspraktiken im Hochland von Neuguinea. In: EGGERS, CH. (Hg.): Bindungen und Besitzdenken beim Kleinkind. München/Wien/Baltimore (Urban und Schwarzenberg), 51–80.

SCHIEFENHÖVEL, W. und BELL-KRANNHALS, I. (1986): Wer teilt, hat teil an der Macht: Systeme der Yams-Vergabe auf den Trobriand-Inseln, Papua Neuguinea. Mitteil. Anthropol. Ges. Wien, 116, 19–39.

SCHIEFENHÖVEL, W. und SICH, D. (Hg.) (1983): Die Geburt aus ethnomedizinischer Sicht. Beiträge und Nachträge zur IV. Internationalen Fachtagung der Arbeitsgemeinschaft Ethnomedizin über traditionelle Geburtshilfe und Gynäkologie in Göttingen. Wiesbaden (Vieweg).

SCHINDLER, H. (1980): Humanethologie und Ethnologie. Z. Ethnol., 105, 67–93.
- (1982): Language, alliance and descent. Anthropos, 77, 524–532.

SCHJELDERUP-EBBE, TH. (1922): Soziale Verhältnisse bei Vögeln. Z. Psychol., 90, 106–107. (a)
- (1922): Beiträge zur Sozialpsychologie des Haushuhns. Z. Psychol., 88, 225–252. (b)

SCHLEIDT, M. (1980): Personal odor and nonverbal communication. Ethol. Sociobiol., 1, 225–231.
- (1985): Beziehungen zwischen Riechen, Pheromonen und Abhängigkeit. In: KEUP, W. (Hg.): Biologie der Sucht. 5. wiss. Sympos. der Dtsch. Hauptstelle gegen die Suchtgefahren, Hamm (Arbeitsgemeinsch. der Fachverlage).
- (1987): A universal time constant operating in human short-term behaviour repetitions. Ethology, 77, 67–75.

SCHLEIDT, M. und GENZEL, C. (1990): The significance of mother's perfume for infants in the first weeks of their life. Ethology and Sociobiology, 11, 145–154.

SCHLEIDT, M., HOLD, B. und ATTILI, G. (1981): A cross-cultural study on the attitude towards personal odors. J. Chem. Ecol., 7, 19–31.

SCHLEIDT, M., NEUMANN, P. und MORISHITA, H. (1988): Pleasure and disgust: memories and associations of pleasant and unpleasant odours in Germany and Japan. Chem. Senses, 13, 279–293.

SCHLEIDT, M., PÖPPEL, E. und EIBL-EIBESFELDT, I. (1987): A universal constant in temporal segmentation of human short-term behaviour. Naturwissenschaften, 74, 289–290.

SCHLEIDT, W. M. (1962): Die historische Entwicklung der Begriffe »Angeborenes auslösendes Schema« und »Angeborener Auslösemechanismus«. Zeitschrift für Tierpsychologie, 19, 697–722.
- (1973): Tonic communication: Continual effects of discrete signs in animal communication systems. J. Theoret. Biol., 42, 359–386.

SCHLOSSER, K. (1952): Körperliche Anomalien als Ursache sozialer Ausstoßung bei Naturvölkern. Z. Morphol. Anthropol., 44, 220–236. (a)
- (1952): Der Signalismus in der Kunst der Naturvölker. (Biologisch-psychologische Gesetzlichkeiten in den Abweichungen von der Norm des Vorbildes.) Arbeiten a. d. Mus. f. Völkerkunde der Univ. Kiel, I. Kiel (Mühlau). (b)
- (1952): Der Rangkampf biologisch und ethnologisch gesehen. Act. IV. Congress Intern. Sci. Anthropol. Ethnol., Wien, 2, 43–50. (c)

SCHMID, J. (1987): Bevölkerung als Faktor kultureller Evolution. Zeitschrift für Bevölkerungswissenschaft, 1, 29–52.
- (1992): Das verlorene Gleichgewicht. Eine Kulturökologie der Gegenwart. Stuttgart, Berlin, Köln (W. Kohlhammer).

SCHMIDBAUER, W. (1971): Jäger und Sammler. München (Selecta Verlag).

– (1973): Territorialität und Aggression bei Jägern und Sammlern. Anthropos, 68, 548–558.

SCHMIDT-MUMMENDEY, A. und SCHMIDT, H. D. (Hg.) (1971): Aggressives Verhalten. München (Inventa).

SCHNEIDER, D. (1962): Electrophysiological investigation on the olfactory specificity of sexual attracting substances in different species of moths. J. Insect. Physiol., 8, 15–30.

SCHNEIDER, H. (1975): Entwicklung und Sozialisation der Primaten. München (tuduv Verlagsges).

SCHNEIDER, W. (1976, ³1983): Wörter machen Leute. Magie und Macht der Sprache. München (Piper).

SCHNEIRLA, T. C. (1966): Behavioral Development and Comparative Psychology. Quart. Rev. Biol., 41, 283–302.

SCHOBER, H. und RENTSCHLER, I. (1979): Das Bild als Schein der Wirklichkeit. München (Moos Verlag).

SCHOECK, H. (1980): Der Neid. München/Wien (Herbig).

SCHÖPS, J. (1993): In jeder Sekunde fünf Menschen mehr. Spiegel Spezial. Die Erde 2000. Wohin sich die Menschheit entwickelt, 4, 138–147.

SCHOETZAU, A. und PAPOUŠEK, H. (1977): Mütterliches Verhalten bei der Aufnahme von Blickkontakt mit Neugeborenen. Z. Entwicklungs Pädagog. Psychol., 9, 231–239.

SCHRÖDER, M. (1978): Untersuchungen zur Identifikation von Klageliedern aus verschiedenen Kulturen. Analyse der rhythmischen Struktur der Testlieder. Diplomarbeit an der Ludwig-Maximilians-Universität München.

SCHROPP, R. (1982): Das Anbieten von Objekten als Strategie im Umfeld aggressiver Interaktionen. Diplomarbeit an der Ludwig-Maximilians-Universität München.

SCHUBERT, G. (1973): Biopolitical behavior: The nature of the political animal. Polity, 6, 240–275.

– (1975): Biopolitical behavioral theory. Political Sci. Rev., 4, 402–428.

– (1981): The sociobiology of political behavior. In: WHITE, E. (Hg.): Sociobiology and Human Politics. Lexington, MA (D. C. Heath & Co., Lexington Books), 193–238.

– (1982): Infanticide by usurper hanuman langur males: A sociobiological myth. Soc. Sci. Inform., 21, 199–244.

– (1983): The structure of attention: A critical review. J. Soc. Biol. Struct., 6, 65–80. (a)

– (1983): Soziobiologie und politisches Verhalten. In: FLOHR, H. und TÖNNESMANN, W. (Hg.): Politik und Biologie. Berlin (Paul Parey), 111–126. (b)

SCHULTZE-WESTRUM, TH. (1974): Biologie des Friedens. München (Kindler).

SCHUMACHER, A. (1982): On the significance of stature in human society. J. Human Evol., 11, 697–701.

SCHUSTER, M. und BEISL, H. (1978): Kunst-Psychologie »Wodurch Kunstwerke wirken«. Köln (DuMont).

SCHUSTER, R. H. (1978): Ethological theories of aggression. In: KUTASH, I. L., KUTASH, S. B., SCHLESINGER, L. B. u. a. (Hg.): Violence. Perspectives on Murder and Aggression. San Francisco, CA (Jossey Bass), 74–100.

SCHWARTZMAN, H. B. (1978): Transformations. The Anthropology of Children's Play. New York/London (Plenum Press).

SCHWARZER, A. (1976): »Das ewig Weibliche ist eine Lüge.« Simone de Beauvoir über die Situation der Frauen nach dem Jahr der Frau. Der Spiegel, 15.

SCOTT, J. P. (1960): Aggression. Chicago (Chicago University Press).

SEAL, H. L. (1966): Multivariate Statistical Analysis for Biologists. London (Methuen).

SEARLE, J. R. (1983): Intentionality. Cambridge (Cambridge Univ. Press).

SEARS, R. R., RAU, L. und ALBERT, R. (1965): Identification and Child Rearing. Stanford, CA (Stanford University Press).

SEAY, B., ALEXANDER, B. K. und HARLOW, H. F. (1964): Maternal behavior of socially deprived rhesus monkeys. J. Abnorm. Soc. Psychol., 69, 345–354.

SEBEOK, TH. A. und UMIKER-SEBEOK, J. (Hg.) (1980): Speaking of Apes. New York/London (Plenum Press).

SEDLAČEK, K. und SYCHRA, A. (1963): Die Melodie als Faktor des emotionellen Ausdrucks. Folia Phoniatr., 15, 89–98.

– (1969): The Method of Psychoacoustic Transformation Applied to the Investigation of Expression in Speech and Music. Kybernetika Cislo 1, Rocnik 5.

SEGALL, M., CAMPBELL, D. und HERSKOVITS, M. (1966): The Influence of Culture on Visual Perception. Indianapolis, IN (Bobbs-Merrill).

SEITELBERGER, F. (1981): Neurobiologische Grundlagen der menschlichen Freiheit. In: BÖHME, W. (Hg.): Mensch und Kosmos. Herrenalber Texte, 33. Frankfurt (Lembeck), 26–47.

SEITZ, A. (1940): Die Paarbildung bei einigen Cichliden. Z. Tierpsychol., 4, 40–84.

SELIGMAN, M. E. P. (1970): On the generality of the laws of learning. Psychol. Rev., 77, 406–418.

– (1971): Phobias and preparedness. Behav. Therapy, 2, 307–320.

SENFT, G. (1982): Tonband T 3 A. (Mündliche Mitteilung).

SERGENT, J. und BINDRA, D. (1981): Differential Hemispheric Processing of Faces: Methodological Considerations and Reinterpretations. Psychological Bulletin, 89, (3), 541–554.

SERVICE, E. R. (1962): Primitive Social Organization and Evolutionary Perspective. New York (Random House).

– (1971): Primitive Social Organization. New York (Random House).

– (1978): Classical and modern theories of the origins of government. In: COHEN, R. und SERVICE, E. R. (Hg.): Origins of the State: The Anthropology of Political Evolution. Philadelphia, PA (Institute for the Study of Human Issues), 21–34.

SEYWALD, A. (1977): Körperliche Behinderung. Frankfurt a. M./New York (Campus).

– (1980): Anstoßnahme an sichtbar Behinderten. Rheinstetten (Schindele).

SHAFTON, A. (1976): Conditions of Awareness: Subjective Factors in the Social Adaptations of Man and Other Primates. Portland, OR (Riverston Press).

SHARPE, E. (1968): Psycho-physical problems revealed in language: An investigation of metaphor. In: BRIERLYE, M. (Hg.): Collected Papers on Psychoanalysis. London (Hogarth, The International Psychoanalytical Library Nr. 36).

SHELLEY, W. B., HURLEY, H. J. und NICHOLS, A. C. (1953): Axillary odor. A.M.A. Arch. Dermatol. Syphilol., 68, 430–446.

SHEPHER, J. (1971): Mate selection among second generation kibbutz adolescents and adults: Incest avoidance and negative imprinting. Arch. Sex. Behav., 1, 293–307.

– (1983): Incest – A Biosocial View. New York/London (Academic Press).

SHERIF, M. und SHERIF, C. W. (1966): Groups in Harmony and Tension. New York (Octagon).

SHERMAN, J. A. (1978): Sex-Related Cognitive Differences. Springfield, IL (Charles C. Thomas).

SHERZER, J. (1970): La parole chez les Abipones. L'Homme, 10, 42–76.

SHETTLEWORTH, J. S. (1975): Reinforcement and the organisation of behavior in golden hamsters. Hunger, environment and food reinforcement. J. Exp. Psychol. Anim. Behav. Processes, 104, 56–87.

SHIELDS, W. M. und SHIELDS, L. M. (1983): Forcible rape: An evolutionary perspective. Ethol. Sociobiol., 4, 115–136.

SHIGETOMI, C. C., HARTMANN, D. P. und GELFAND, D. M. (1981): Sex differences in children's altruistic behavior and reputations for helpfulness. Develop. Psychol., 17, 434–437.

SHORT, R. V. (1984): Breast feeding. Sci. Amer., 250, 23–29.

SHORTER, E. (1977): Die Geburt der modernen Familie. Hamburg (Rowohlt).

SHOSTAK, M. (1981): Nisa, Life and Words of a !Kung Woman. Cambridge, MA (Harvard University Press).

SIEGEL, B. (1970): Defensive structuring and environmental stress. Amer. J. Sociol., 76, 11–32.

SIEGFRIED, W. (1983): Development of Space and Time Strutures in Opening Phases of Dance Groups. Symposium on Biological Aspects of Aesthetics. Organized by the Werner-von-Reimers-Stiftung, Bad Homburg, 10.–13. Juni.

– (1988): Dance, the fugitive form of art – Aesthetics as behavior. In: RENTSCHLER, I., HERZBERGER, B. und EPSTEIN, D. (Hg.): Beauty and the Brain. Basel, Boston, Berlin (Birkhäuser), 117–148.

SILBERBAUER, G. B. (1972): The G/wi Bushmen. In: BICCHIERI, M. G. (Hg.): Hunters and Gatherers Today. New York (Holt, Rinehart and Winston), 271–326.

– (1973): Socio-Ecology of the G/wi Bushmen. Thesis, Dept. Anthropol. and Sociol., Monash University.

SILVERMAN, I. und EALS, M. (1991): Sex differences in spatial abilities: Evolutionary theory and data. In: BARKOW, J., COSMIDES, L. und TOOBY, J. (Hg.): The Adapted Mind: Evolutionary Psychology and the Generation of Culture. New York (Oxford University Press).

SIMNER, M. L. (1971): Newborns' response to the cry of another infant. Develop. Psychol., 5, 136–150.

SINCLAIR-DE-ZWART, H. (1974): Psychologie der Sprachentwicklung. In: LEUNINGER, H., MILLER, M. H. und MÜLLER, F. (Hg.): Linguistik und Psychologie. Bd. 2. Frankfurt/M. (Fischer Athenäum), 73–109.

SINGER, D. (1968): Aggression arousal, hostile humor, catharsis. J. Personality Social Psychol. Monogr. Suppl., 8, (Vol. 1, Pt. 2).

SINGER, P. (1981): The Expanding Circle: Ethics and Sociobiology. Oxford (Clarendon).

SIPES, R. G. (1973): War, sports and aggression: An empirical test of two rival theories. Amer. Anthropol., 75, 64–86.

SIQUELAND, E. R. und LIPSITT, L. P. (1965): Conditioned headturning in human newborns. J. Exp. Child Psychol., 3, 356–376.

SIROTA, A. D., SCHWARTZ, G. E. und KRISTELLER, J. L. (1987): Facial muscle activity during induced mood states: Differential growth and carry-over of elated versus depressed patterns. Psychophysiology, 24, 691–699.

SIVARD, R. L. (1980): Entwicklung der Militär- und Sozialausgaben in 140 Ländern der Erde. UN-Texte, 25, WMSE-Report 1979.

SKINNER, B. F. (1938): The Behavior of Organisms. New York (Appleton Century Crofts).

– (1957): Verbal Behavior. London (Methuen).

– (1971): Beyond Freedom and Dignity. New York (Knopf).

SKOLNICK, A. (1973): The Intimate Environment. Boston (Little Brown).

SKRZIPEK, K. H. (1978): Menschliche »Auslösermerkmale« beider Geschlechter. I. Attrappenwahluntersuchungen der Verhaltensentwicklung. Homo, 29, 75–88.

– (1981): Menschliche »Auslösermerkmale« beider Geschlechter. II. Attrappenwahluntersuchungen des geschlechtsspezifischen Erkennens bei Kindern und Erwachsenen. Homo, 32, 105–119.

– (1982): Menschliche »Auslösermerkmale« beider Geschlechter. III. Untersuchung der Verhaltensentwicklung mit reduzierten Attrappen. Homo, 33, 1–12.

– (1983): Stammesgeschichtliche Dispositionen der geschlechtsspezifischen Sozialisation des Kindes – eine experimentelle humanethologische Analyse. Homo, 34, 227–238.

SLABY, R. G. und FREY, K. S. (1975): Development of gender constancy and selective attention to same-sex models. Child Develop., 46, 849–856.

SLOBIN, D. I. (1969): Questions of Language Development in Cross-Cultural Perspective. Working Paper No. 14, Language-Behavior Research Laboratory, Berkeley, CA.

– (1974): Kognitive Voraussetzungen der Sprachentwicklung. In: LEUNINGER, H., MILLER, M. H. und MÜLLER, F. (Hg.): Linguistik und Psychologie. Bd. 2. Frankfurt/M. (Fischer Athenäum), 122–165.

SMITH, H. W. (1981): Territorial spacing on a beach revisited: A cross-national exploration. Soc. Psychol. Quart., 44, 132.

SMITH, K. J. (1977): The Behavior of Communicating. Cambridge, MA (Harvard University Press).

SMITH, L. und MARTINSEN, H. (1977): The behavior of young children in a strange situation. Scand. J. Psychol., 18, 43–52.

SMITH, P. K. (1979): The ontogeny of fear in children. In: SLUCKIN, W. (Hg.): Fear in Animals and Man. New York, (Van Nostrand Reinhold), 164–198.

SMITH, P. K. und DAGLISH, L. (1977): Sex differences in parent and infant behavior in the home. Child Develop., 48, 1250–1254.

SMITH, P. K., EATON, L. und HINDMARCH, A. (1982): How one-year-olds respond to strangers: A two-persons situation. J. Genet. Psychol., 140, 147–148.

SMITH, P. M. (1979): Sex markers in speech. In: SCHERER, K. R. und GILES, H. (Hg.): Social Markers in Speech. London (Cambridge University Press), 109–146.

SNEATH, P. H. und SOKAL, R. (1973): Numerical Taxonomy. San Francisco, CA (W. H. Freeman).

SNOW, C. E., ARLMAN-KUPP, A., HASSING, Y., JOBSE, J., JOOSTEN, J. und VORSTER, J. (1976): Mother's speech in three social classes. J. Psycholing. Res., 5, 1–20.

SNOW, C. E. und FERGUSON, C. A. (Hg.) (1977): Talking to Children. Input and Acquisition. Cambridge (Cambridge University Press).

SNOW, M. E., JACKLIN, C. N. und MACCOBY, E. E. (1983): Sex-of-child differences in father–child interaction at one year of age. Child Develop., 54, 227–232.

SNYDER, S. H. (1980): Biological Aspects of Mental Disorder. New York (Oxford Univ. Press).

– (1984): Drug and neurotransmitter receptors in the brain. Science, 224, 22–31.

SNYDERMAN, G. S. (1948): Behind the tree of peace. A sociological analysis of Iroquois warfare. Pa. Archeologist, 18, 3–4.

SOBOTTA, J. und BECHER, H. ([17]1972): Atlas der Anatomie des Menschen, Bd. 1. München/ Berlin/Wien (Urban und Schwarzenberg).

SOKAL, R. R. (1991): The Continental Population Structure of Europe. Annual Review Anthropology, 20, 119–140.

SOKAL, R. R. und Mitarbeiter (1990): Genetics and language in European populations. The American Naturalist, 135, 2.

SOMIT, A. (Hg.) (1976): Biology and Politics. Recent Explorations. Den Haag/Paris (Mouton).

SOMIT, A. und SLAGTER, R. (1983): Biopolitics: Heutiger Stand und weitere Entwicklung. In: FLOHR, H. und TÖNNESMANN, W. (Hg.): Politik und Biologie. Berlin (Paul Parey), 30–37.

SOMMER, R. und BECKER, F. D. (1969): Territorial defense and the good neighbor. J. Personality Social Psychol., 11, 85–92.

SOMMER, V. (1993): Die evolutionäre Logik der Lüge bei Tier und Mensch. Ethik und Sozialwissenschaften, 4, 439–449.

SORENSON, E. R. (1967): A research film program in the study of changing man: Research filmed material as a foundation for continued study of non-recurring human events. Current Anthropol., 8, 443–469.

– (1976): The Edge of the Forest. Land, Childhood and Change in a New Guinea Protoagricultural Society. Washington, D. C. (Smithsonian Inst. Press).

Sorenson, E. R. und Gajdusek, D. C. (1966): The study of child behavior and development in primitive cultures. Pediatrics Suppl., 37, 149–243.

Sostek, A. M., Scanlon, J. W. und Abramson, D. C. (1982): Postpartum contact and maternal confidence and anxiety: A confirmation of short-term effects. Infant Behav. Develop., 5, 323–329.

Soussignan, R. und Koch, P. (1985): Rhythmical stereotypes (leg-swinging) associated with reductions in heart-rate in normal school children. Biol. Psychol., 21, 1–7.

Spalding, D. A. (1873): Instinct with original observation on young animals. MacMillan's Mag., 27, 282–283. Neudruck: Brit. J. Anim. Behav., 2, 1–11, 1954.

Sparling, D. W. und Williams, J. D. (1978): Multivariate analyses of avian vocalizations. J. Theoret. Biol., 74, 83–107.

Spemann, H. (1938): Embryonic Development and Induction. New Haven (Yale University Press).

Sperry, R. W. (1945): The problem of central nervous reorganization after nerve regeneration and muscle transposition. Quart. Rev. Biol., 20, 311–369. (a)

– (1945): Restoration of vision after crossing of optic nerves and after contralateral transplantation of eye. J. Neurophysiol., 8, 115–28. (b)

– (1964): The great cerebral commissure. Sci. Amer., 210, 42–52.

– (1965): Selective communication in nerve nets: Impulse specificity vs. connection specificity. Neurosci. Res. Program Bull., 3, 37–43.

– (1971): How a brain gets wired for adaptive function. In: Tobach, E., Aronson, L. R. und Shaw, E. (Hg.): The Biopsychology of Development. London (Academic Press), 27–44.

– (1974): Lateral specialisation in the surgically separated hemispheres. In: Schmitt, F. O. und Worden, F. G. (Hg.): The Neurosciences-Third Study Program. Cambridge (MIT Press).

Sperry, R. W. und Preilowski, B. (1972): Die beiden Gehirne des Menschen. Bild der Wissenschaft, 920–928.

Spiel, W. (1980): Die Psychologie des 20. Jahrhunderts, Bd. 12: Konsequenzen für die Pädagogik, 2. Zürich (Kindler).

Spiro, M. E. (1954): Is the family universal? Amer. Anthropol., 56, 839–846.

– (1958): Children of the Kibbutz. Cambridge, MA (Harvard University Press).

– (1979): Gender and Culture: Kibbutz Women Revisited. Durham, North Carolina (Duke University Press).

Spitz, R. (1965): The First Year of Life. New York (International University Press).

– (1968): Die anaklitische Depression. In: Bittner, G. und Schmid-Cords, E. (Hg.): Erziehung in früher Kindheit. München (Piper).

Sroufe, L. A. (1977): Wariness of stranger and the study of infant development. Child Develop., 48, 731–746.

Stacey, B. (1980): Infant-mother attachment: A social psychological perspective. Soc. Behav. Personality, 8, 33–40.

Stacey, J. (1993): Good Riddance to »The Family«: A Response to David Popenoe. Journal of Marriage and the Family, 55 (3).

Stahl, F., Doerner, G., Ahrens, L. und Graudenz, W. (1976): Significantly decreased apparently free testosterone levels in plasma of male homosexuals. Endokrinologie, 68, 115–117.

Stamps, J. A. und Barlow, G. W. (1973): Variation and stereotypy in the displays of Anolis geneus (Sauria: Iguanidae). Behaviour, 47, 67–94.

Stanjek, K. (1978): Das Überreichen von Gaben: Funktion und Entwicklung in den ersten Lebensjahren. Z. Entwicklungspsychol. Pädagog. Psychol., 10, 103–113.

– (1979): Die Entwicklung des menschlichen Besitzverhaltens. Dissertation der Fak. Biologie der Ludwig-Maximilians-Universität München (Materialien aus der Bildungsforschung, 16, Max-Planck-Institut für Bildungsforschung Berlin).

STAUB, E. und NOERENBERG, H. (1981): Property rights, deservingness, reciprocity, friendship: The transactional character of children's sharing behavior. J. Personality Social Psychol., 40, 271–289.

STEIN, L. (1980): The chemistry of reward. In: ROUTTENBERG, A. (Hg.): Biology of Reinforcement: Facets of Brain-Stimulation Reward. New York (Academic Press), 109–132.

STEINBUCH, K. (⁷1973): Kurskorrektur. Stuttgart (Seewald).

STEINER, G. (Hg.) (1978): Die Psychologie des 20. Jahrhunderts. 7. Piaget und die Folgen. Zürich (Kindler).

STEINER, J. E. (1973): The gustofacial response: Observation on normal and anencephalic newborn infants. In: BOSMA, J. F. (Hg.): Symposium on Oral Sensation and Perception – IV (Development in the Fetus and Infant). Bethesda, MD (Dhew and Fogarty Int. Center), 254–278.

– (1974): Innate discriminative human facial expression to taste and smell stimulation. (Discussion paper). Ann. NY Acad. Sci., 237, 229–233.

– (1979): Human facial expressions in response to taste and smell stimulation. Child Develop. Behav., 13.

STEINER, J. E. und HORNER, R. (1972): The human gustofacial response. Israel J. Med. Sci., 8, 32.

STEKLIS, H. D. und RALEIGH, M. J. (1979): Behavioral and neurobiological aspects of primate vocalization and facial expression. In: STEKLIS, H. D. und RALEIGH, M. J. (Hg.): Neurobiology of Social Communication in Primates. New York (Academic Press), 257–282.

STENT, G. S., KRISTAN, W. B., FRIESEN, W. O., ORT, C. A., POON, M. und CALABRESE, R. L. (1978): Neuronal generation of the leech swimming movement. Science, 200, 1348–1557.

STEPHENS, W. N. (1962): The Oedipus Complex: Cross-Cultural Evidence. New York (Free Press of Glencoe).

– (1963): The Family in Cross-Cultural Perspective. New York (Holt, Rinehart and Winston).

STERN, D. N. (1971): A micro-analysis of mother–infant interaction behavior regulating social contact between a mother and her 3 ½ months old twins. J. Amer. Acad. Child Psychiatry, 10, 501–517.

– (1974): Mother and infant at play: The dyadic interaction involving facial, vocal and gaze behaviours. In: LEWIS, M. und ROSENBLUM, L. (Hg.): The Effect of the Infant on Its Caregiver. London (Wiley), 187–214.

– (1977): The First Relationship, Mother and Infant. Cambridge, MA (Harvard University Press).

STERN, D. N., BEEBE, B., JAFFE, J. und BENNETT, S. L. (1977): The infant's stimulus world during social interaction: A study of caregiver behaviours with particular reference to repetition and timing. In: SCHAFFER, H. R. (Hg.): Studies on Interactions in Infancy. London (Academic Press), 177–203.

STERN, D. N., SPIEKER, S. und MACKAIN, K. (1982): Intonation contours as signals in maternal speech to prelinguistic infants. Develop. Psychol., 18, 727–735.

STEWARD, J. H. (1938): Basin-Plateau aboriginal sociopolitical groups. Bureau Amer. Ethnol. Bull., 120.

STEWART, R. B. (1983): Sibling attachment relationships: Child–infant interactions in the strange situation. Develop. Psychol., 19, 192–199.

STEWART, V. M. (1973): Tests of the »Carpentered World« hypothesis by race and environment in America and Zambia, Intern. J. Psychol., 8, 83–94.

STIFTER, C. A. und MOYER, D. (1991): The regulation of positive affect: Gaze aversion activity during mother-infant interaction. Infant Behavior and Development, 14, 111–123.

STOKOE, W. C., CRONEBERG, C. G. und CASTERLINE, D. (1965): A Dictionary of American Sign Language. Washington, D. C. (Gallaudet College Press).

STOLLER, R. J. (1979): Perversion – die erotische Form von Haß. Hamburg (Rowohlt). Deutsche Übersetzung von STOLLER, R. J. (1975): Perversion: The Erotic Form of Hatred. New York (Pantheon Books).

STOPA, R. (1972): Structure of Bushman and Its Traces in Indo-European. Krakau (Polska Akademia Nauk).

– (1975): Evolution der Sprache. Nova Acta Leopoldina, 42 [N. F.] 218, 355–375. Vorgelegt auf der Jahrestagung der Deutschen Akademie der Naturforscher Leopoldina, Halle, Oktober 1973.

STRATHERN, A. (1971): The Rope of Moka: Big-Men and Ceremonial Exchange in Mount Hagen, New Guinea. London/New York (Cambridge University Press).

– (1974): Medlpa Amb Kenan. Courting Songs of the Medlpa people. Institute of Papua New Guinea Studies (The printery Port Moresby).

– (1979): Ongka. A Self-Account by a New Guinea Big-Man. London (Duckworth).

– (1983): Biology and Aesthetics: Some Thoughts from Papua New Guinea. Paper presented at the 3rd International Conference on Hunters and Gatherers, Reimers-Stiftung, Bad Homburg, Juni 1983.

STRATTON, P. (Hg.) (1982): Psychobiology of the Human Newborn. Chichester/New York (Wiley). (a)

– (1982): Rhythmic function in the newborn. In: STRATTON, P. (Hg.): Psychobiology of the Human Newborn. Chichester/New York (Wiley), 119–145. (b)

STRAYER, J. (1980): A Naturalistic study of empathic behaviors and their relation to affective states and perspective-taking skills in preschool Children. Child Develop., 51, 815–822.

STREHLOW, C. (1915): Die Aranda- und Loritja-Stämme in Central-Australien. Veröffentlichungen des Städtischen Völkerkundemuseums Frankfurt/M., 4, 1–78.

STREHLOW, T. G. (1970): Geography and totemic landscape in Central Australia: A functional study. In: BERNDT, R. M. (Hg.): Australian Aboriginal Anthropology. Nedland, W. Australia (University of W. Australia Press), 92–140.

STUBBE, H. (1985): Formen der Trauer. Eine kulturanthropologische Untersuchung. Berlin (Dietrich Reimer Verlag).

STUDDERT-KENNEDY, M. (1982): Die Anfänge der Sprache. In: IMMELMANN, K., BARLOW, G., PETRINOVICH, L. und MAIN, M. (Hg.): Verhaltensentwicklung bei Mensch und Tier. Das Bielefeld-Projekt. Berlin/Hamburg (Paul Parey), 640–667.

SUGAWARA, K. (1984): Spatial proximity and bodily contact among the Central Kalahari San. Af. Study Monogr. Suppl., 3, 1–43.

SUGIYAMA, Y. (1964): Group composition, population density and some sociological observations of Hanuman langurs (Presbytis entellus). Primates, 5, 7–37.

SÜTTERLIN, CH. (1987): Mittelalterliche Kirchenskulptur als Beispiel universaler Abwehrsymbolik. In: VON HOHENZOLLERN, J. G., LIEDTKE, M. (Hg.): Vom Kritzeln zur Kunst. Stammes- und individualgeschichtliche Komponenten der künstlerischen Fähigkeiten. Bad Heilbrunn (Klinkhardt).

– (1992): Schreck-Gesichter. Symbole des magischen Alltags. In: BLASCHITZ, G., HUNDSBICHLER, H. u.a. (Hg.): Symbole des Alltags, Alltag der Symbole. Graz (ADV).

– (1993): Kindsymbole. Von Puppen und Teddys. In: SCHIEFENHÖVEL, W. und Mitherausgeber: Eibl-Eibesfeldt, sein Schlüssel zur Verhaltensforschung. München (Realis Verlag), 118–123. (a)

– (1993): Ethologische Aspekte des Gestus weiblicher Schampräsentation. EAZ Ethol.-Archäol. Zeitschrift, 34, 354–379. (b)

– (1994): Die Rolle der Kunst und Ästhetik. In: SEIBERT, N. und SERVE, H. J. (Hg.): Bildung und Erziehung an der Schwelle zum dritten Jahrtausend. München (PimS-Verlag), 336–362. (a)

– (1994): Das Hornmotiv als Dominanzsymbol. In: LIEDTKE, M. (Hg.): Kulturethologie – Über die Grundlagen kultureller Entwicklungen. München (Realis Verlag). (b)

– (1994): Körperschemata im universellen Verständnis. In: MICHEL, P. (Hg.): Die biologischen und kulturellen Wurzeln des Symbolgebrauchs beim Menschen. Schriften zur Symbolforschung, Bd. 9. Bern (Lang Verlag). (c)

SÜTTERLIN, CH. und EIBL-EIBESFELDT, I. (im Druck): Zeichen und Abbild. Zu den Ursprüngen künstlerischen Gestaltens. Naturwissenschaft und Kunst – Kunst und Naturwissenschaft. Versuche der Begegnung. Symposium, Univ. Leipzig 1994.

SUTTON-SMITH, B. (1979): The play of girls. In: KOPP, C. B. und KIRKPATRICK, M. (Hg.): Becoming Females: Perspectives and Development. New York (Plenum), 229–257.

SVAARE, B. B. (1983): Hormones and Aggressive Behavior. New York (Plenum Press).

SWADESH, M. (1948): Motivations in Nootka warfare. Southwest. J. Anthropol., 4, 76–93.

SWEET, L. (1965): Camel pastoralism in North Arabia and the minimal camping unit. In: VAYDA, A. P. (Hg.): Environment and Cultural Behavior. Garden City, NY (Natural History Press), 155–180.

SWEET, W. H., ERVIN, F. und MARK, V. H. (1969): The relationship of violent behaviour to focal cerebral disease. In: GARATTINI, S. und SIGG, E. B. (Hg.): Aggressive Behaviour. Amsterdam (Excerpta Media Foundation), 336–352.

SYMONS, D. (1980): The evolution of human sexuality. (Multiple Book Rev.) Behav. Brain Sci., 3, 171–214.

SZALAY, F. S. und COSTELLO, R. K. (1990): Evolution of permanent estrus displays in hominids. Journal of Human Evolution, 20, 439–464.

TAJFEL, H. (Hg.) (1978): Differentiation between Social Groups. London/New York (Academic Press).

– (1982): Social Identity and Intergroup Relations. Cambridge (Cambridge Univ. Press).

TANAKA, J. (1980): The San Hunter-Gatherers of the Kalahari. A Study in Ecological Anthropology. Tokio (University of Tokyo Press).

TARTTER, V. C. (1980): Happy talk: Perceptual and acoustic effects of smiling on speech. Perception Psychophys., 27, 24–27.

TAUB, E., ELLMAN, ST. J. und BERMAN, A. J. (1965): Deafferentiation in monkeys. Effects on conditioned grasp response. Science, 151, 593–594.

TAUBER, M. A. (1979): Sex differences in parent–child interaction styles during a free-play session. Child Develop., 50, 981–988.

TAYLOR, S. (1981): Symbol and ritual under national socialism. Brit. J. Sociol., 32, 504–520.

TAYLOR PARKER, S. (1985): A social-technological model for the evolution of language. Current Anthropology, 26, 5.

TAYLOR PARKER, S. und GIBSON, K. R. (1979): A developmental model for the evolution of language and intelligence in early hominids. The Behavioral and Brain Sciences, 2, 367–408.

TELEKI, G. (1973): Predatory Behavior of Wild Chimpanzees. Lewisburg (Bucknell University Press).

TEMBROCK, G. (1975): Phonetische Eigenschaften von Primatenlauten im Evolutions-Aspekt. Nova Acta Leopoldina, 42 [N. F.] (mit Tonaufnahmen), 218, 343–353.

TERHARDT, E. (1982): Die psychoakustischen Grundlagen der musikalischen Akkordgrundtöne und deren algorithmische Bestimmung. In: DAHLHAUS C. und KRAUSE, M. (Hg.): Tiefenstruktur der Musik. Technische Universität, Berlin, 23–50.

– (1984): The concept of musical consonance: A link between music and psychoacoustics. Music Perception, 1, 276–295.

TERRACE, H. S. (1979): Nim. New York (Alfred A. Knopf).

TERRACE, H. S., PETITTO, L. A., SANDERS, R. J. und BEVER, T. G. (1979): Can an ape create a sentence? Science, 206, 891–902.

THELEN, E. (1980): Determinants of amounts of stereotyped behavior in normal human infants. Ethol. Sociobiol., 1, 141–150.

THOMAE, H. (Hg.) (1954): Handbuch der Psychologie 3: Entwicklungspsychologie. Göttingen (C. J. Hogrefe).

– (1983): Learning to walk is still an »old« problem: A reply to Zelazo (1983). J. Motor Behav., 15, 139–161.

– (1984): Learning to walk: Ecological demands and phylogenetic constraints. In: LIPSITT, L. P. und ROVEE-COLLIER, C. (Hg.): Advances in Infancy Research, Vol. 3. Norwood, NJ (Ablex), 213–260.

THOMMEN, E., REITH, E. und STEFFEN, CH. (1993): Gender-related book-carrying behavior: A reexamination. Perceptual and Motor Skills, 76, 355–362.

THOMPSON, E. P. (1972): Rough Music. Le Charivari anglais. Ann. ESC, 27, 285–312.

THOMPSON, R. A. und LIMBER, S. P. (1990): »Social Anxiety« in infancy-stranger and separation reactions. In: LEITENBERG, H. (Hg.). Handbook of Social and Evaluation Anxiety. New York (Plenum), 85–137.

THORNHILL, R., GANGESTAD, S. W. (1993): Human facial beauty: Averageness, symmetry and parasite resistance. Human Nature.

THORNHILL, R. und WILMSEN-THORNHILL, N. (1983): Human rape: An evolutionary analysis. Ethol. Sociobiol., 4, 137–173.

THORPE, W. H. (1958): The learning of song patterns by birds, with special reference to the song of the chaffinch (Fringilla coelebs). Ibis, 100, 535–570.

– (1961): Sensitive periods in the learning of animals and men. A study of imprinting with special reference to the introduction of cyclic behavior. In: THORPE, W. H. und ZANGWILL, O. L. (Hg.): Current Problems in Animal Behavior. Cambridge (Cambridge University Press), 194–224.

TIEGER, T. (1980): On the biological basis of sex differences in aggression. Child Develop., 51, 943–963.

TIGER, L. (1969): Men in Groups. New York (Random House).

– (1976): Ions of emotion and political behavior: Notes on prototheory. In: SOMIT, A. (Hg.): Biology and Politics. Paris (Mouton), 263–267.

TIGER, L. und FOX, R. (1966): The zoological perspective in social science. Man, 1, 75–81.

– (1971): The Imperial Animal. New York (Holt, Rinehart and Winston).

TIGER, L. und SHEPHER, J. (1975): Women in the Kibbutz. New York (Harcourt, Brace Jovanovich, Inc.).

TINBERGEN, E. A. und TINBERGEN, N. (1972): Early Childhood Autism – An Ethological Approach. Fortschritte der Verhaltensforschung 10. Berlin (Parey).

TINBERGEN, J. (Hg.) (1977): Wir haben nur eine Zukunft. Opladen (Westdeutscher Verlag).

TINBERGEN, N. (1940): Die Übersprungbewegung. Z. Tierpsychol., 4, 1–40.

– (1948): Social releasers and the experimental method required for their study. Wiss. Bull., 60, 6–52.

– (1951): The Study of Instinct. London (Oxford University Press).

– (1955): Tiere untereinander. Berlin (Parey).

– (1959): Einige Gedanken über »Beschwichtigungsgebärden«. Z. Tierpsychol., 16, 651–665.

– (³1963): The Herring Gull's World. A Study of the Social Behavior of Birds. London (Collins).

– (1981): On the history of war. In: VALZELLI, I. und MORGESE, I. (Hg.): Aggression and

Violence: A Psycho/Biological and Clinical Approach. Mailand (Edizione Saint Vincent), 31–38.

TINBERGEN, N., BROEKHUYSEN, G. J., FEEKES, F., HOUGHTON, J. C. W., KRUUK, H. und SZULC, E. (1962): Eggshell removal by the blackheaded gull (*Larus ridibundus* L.): A behavior component of camouflage. Behaviour, 19, 74–117.

TINBERGEN, N., IMPEKOVEN, M. und FRANCK, D. (1967): An experiment on spacing-out as a defense against predation. Behaviour, 28, 307–321.

TINBERGEN, N. und KUENEN, D. J. (1939): Über die auslösenden und richtungsgebenden Reizsituationen der Sperrbewegung von jungen Drosseln *(Turdus m. merula* L. und *T. e. ericetorum Turton)*. Z. Tierpsychol., 3, 37–60.

TINBERGEN, N. und TINBERGEN, E. A. (1983): »Autistic« Children: New Hope for a Cure. London (Allen and Unwin).

TOBACH, E. (1976): Evolution of behavior and comparative method. Intern. J. Psychol., 11, 185–201.

TOBACH, E., GIANUTSOS, J., TOPOFF, H. R. und GROSS, C. G. (1974): The Four Horsemen: Racism, Sexism, Militarism and Social Darwinism. New York (Behavioral Publications).

TOBIAS, PH. V. (1964): Bushman-hunter-gatherers. A study in human ecology. In: DAVIS, D. H. S. (Hg.): Ecological Studies in Southern Africa. Den Haag (W. Junk).

TOMKINS, S. S. und MCCARTER, R. (1964): What and where are the primary affects? Some evidence for a theory. Percept. Motor Skills, 18, 119–158.

TOMODA, Z. (1937): The perception of figures as dependent upon their form and size. Jap. J. Psychol., 12, 433–450.

TORNAY, S. (1979): Armed conflicts in the lower Oma Valley, 1970–1976. Senri Ethnol. Stud., 3, 97–117.

TRAMITZ, CH. (1990): . . . auf den ersten Blick. Wiesbaden (Westdeutscher Verlag).

– (1993): Irren ist männlich. Weibliche Körpersprache und ihre Wirkung auf Männer. München (C. Bertelsmann).

TRANEL, D. und DAMASIO, A. R. (1993): Prosopagnosia. In: SMITH, B. und ADELMAN, G. (Hg.): Neuroscience Year, Suppl. 3. Boston, Berlin, Basel (Birkhäuser), 134–135.

TRAUTNER, H. M. (1979): Psychologische Theorien der Geschlechtsrollen-Entwicklung. In: DEGENHARDT, A. und TRAUTNER, H. M. (Hg.): Geschlechtstypisches Verhalten. München (C. H. Beck), 50–84.

TREHUB, S. E., UNYK, A. M. und TRAINOR, L. J. (1993): Maternal Singing in Cross-Cultural Perspective. Infant Behavior and Development, 16, 285–295. (a)

– (1993): Adults Identify Infant-Directed Music Across Cultures. Infant Behavior and Development, 16, 193–211. (b)

TREVARTHEN, C. (1975): Growth of visuomotor coordination in infants. J. Human Movement Stud., 1, 57.

– (1979): Instincts for human understanding and for cultural cooperation: Their development in infancy. In: CRANACH, M. V., FOPPA, K., LEPENIES, W. und PLOOG, D. (Hg.): Human Ethology, Claims and Limits of a New Discipline. London/Cambridge (Cambridge University Press), Paris (Maison des Sciences de l'Homme), 530–571.

– (1983): Interpersonal abilities of infants as generators for transmission of language and culture. In: OLIVERIO, A. und ZAPPELLA, M. (Hg.): The Behavior of Human Infants. New York/London (Plenum), 145–176.

TREVARTHEN, C. und HUBLEY, P. (1978): Secondary intersubjectivity: confidence, confiding and acts of meaning in the first year. In: LOCK, A. (Hg.): Action, Gestures and Symbol: The Emergence of Language. London (Academic Press), 183–229.

TRIANDIS, H. C. und LAMBERT, W. W. (1958): A restatement and test of Schlosberg's theory of emotion with two kinds of subjects from Greece. J. Abnormal Social Psychol., 56, 321–328.

TRIPP, C. A. (1975): The Homosexual Matrix. New York (Signet).

TRIVERS, R. L. (1971): The evolution of reciprocal altruism. Quart. Rev. Biol., 46, 35–37.

– (1972): Parental investment and sexual selection. In: CAMPBELL, B. (Hg.): Sexual Selection and the Descent of Man, 1871–1971. London (Heinemann), 136–179.

– (1974): Parent offspring conflict. Amer. Zool., 14, 249–264.

TROJAN, F. (1975): Biophonetik. Mannheim (Bibliograph. Institut-Wissenschaftsverlag).

TRONICK, E., ALS, H., ADAMSON, L., WISE, S. und BRAZELTON, T. B. (1978): The infant's response to entrapment between contradictory messages in face-to-face interaction. Amer. Acad. Child Psychiatry, 1–13.

TURCO, R. P., TOON, O. B., ACKERMAN, T. P., POLLACK, J. B. und SAGAN, C. (1983): Nuclear winter: Global consequences of multiple nuclear explosions. Science, 222, 1283–1292.

TURKE, P. W. (1984): Effects of ovulatory concealment and synchrony on protohominid mating systems and parental roles. Ethol. Sociobiol., 5, 33–44.

TURNBULL, C. M. (1961): The Forest People. London (Chatto and Windus).

– (1965): The Mbuti Pygmies. An ethnographic survey. Anthropol. Papers. Amer. Mus. Nat. Hist., 50, 282.

TURNER, F. und PÖPPEL, E. (1983): The neural lyre: Poetic meter, the brain and time. Poetry, August 1983, 277–309.

TURNEY-HIGH, H. H. (1949): Primitive War, Its Practices and Concepts. Columbia, SC (University of South Carolina Press).

TURTON, D. (1979): War, peace and Mursi identity. Senri Ethnol. Stud., 3, 179–210.

TYLER, D. S. (1979): Time-sampling, a matter of convention. Anim. Behav., 27, 801–810.

TYRELL, H. (1978):Family as the original institution – Recent speculation regarding an old question. Kölner Z. Sozio. Sozial-Psychol., 30, 611–651.

TYSON, J. E. (1977): Nursing and prolactin secretion: principal determinants in the mediation of puerperal infertility. In: CROSSIGNANI, P. G. und ROBYN C. (Hg.): Prolactin and Human Reproduction. New York (Academic Press).

TYSON, J. E., CARTER, J. N., ANDREASSON, B., HUTH, J. und SMITH, B. (1978): Nursing mediated prolactin and luteinising hormone secretion during puerperal lactation. Fertility Sterility, 30, 154–162.

ULTAN, R. (1978): Size-sound symbolism. In: GREENBERG, J. H., FERGUSON, C. A. und MARAVCSIK, E. A. (Hg.): Universals of Human Language, 2 Phonology. Stanford, CA (Stanford University Press), 525–568.

ULRICH, R. S. (1979): Visual landscapes and psychological well-being. Landscape Research, 4(1).

– (1981): Natural versus urban scenes. Some psychophysiological effects. Environment and Behavior, 13, 523–556.

– (1984): View through a window may influence recovery from surgery. Science, 224, 420–421.

– (1991): Effects of interior design on wellness: Theory and recent scientific research. Journal of Health Care Interior Design, 3, 97–109.

ULRICH, R. S., SIMONS, R. F., LOSITO, B. D., FIORITO, E., MILES, M. A. und ZELSON, M. (1991): Stress recovery during exposure to natural and urban environments. Journal of Environmental Psychology, 11, 201–230.

UMIKER-SEBEOK, J. und SEBEOK, TH. A. (1981): Clever Hans and smart simians. The selffulfilling prophecy and kindred methodological pitfalls, Anthropos, 76, 89–165.

– (1982): Rejoinder to the Rumbaughs. Anthropos, 77, 574–578.

UNYK, A. M., TREHUB, S. E., TRAINOR, L. J. und SCHELLENBERG, E. G. (1992): Lullabies and

Simplicity: A Cross-Cultural Perspective. Society for Research in Psychology of Music and Music Education, Canada, Psychology of Music, 20, 15–28.

UYENOYAMA, M. K. (1979): Evolution of altruism under group selection in large and small populations in fluctuating environments. Theoret. Popul. Biol., 15, 58–85.

UYENOYAMA, M. K. und FELDMAN, M. W. (1980): Theories of kin and group selection: A population genetics perspective. Theoret. Popul. Biol., 17, 380–414.

VALZELLI, L. und MORGESE, L. (Hg.) (1981): Aggression and Violence: A Psychobiological and Clinical Approach. Proceedings of the First St. Vincent Special Conference, 14/15 Oct., 1980. Centro Culturale e congressi, Saint Vincent.

VANDELL, D. L., WILSON, K. S. und BUCHANAN, N. R. (1980): Peer interaction in the first year of life: An examination of its structure, content, sensitivity to toys. Child Develop., 51, 481–488.

VARNEY, N. R. und VILENSKY, J. A. (1980): Neuropsychological implications for preadaptation and language evolution. J. Human Evol., 9, 223–226.

VAYDA, A. P. (1960): Maori Warfare. Polynesian Society Maori Monographs, 2. Wellington.

– (1961): Expansion and warfare among swidden agriculturalists. Amer. Anthropol., 63, 346–358.

– (1967): Research on the functions of primitive war. Peace Res. Soc. Intern. Pap. Bd. 7.

– (1970): Maoris and muskets in New Zealand: Disruption of a war system. Political Sci. Quart., 85, 560–584.

– (1971): Phases in the process of war and peace among the Marings of New Guinea. Oceania, 42, 1–24. (a)

– (1971): Hypothesen zur Funktion des Krieges. In: FRIED, M., HARRIS, M. und MURPHY, R. (Hg.): Der Krieg. Frankfurt/M. (S. Fischer), 103–110. (b)

VAYDA, A. P. und McCAY, B. (1975): New directions in ecology and ecological anthropology. Ann. Rev. Anthropol., 4, 293–306.

VAYDA, A. P. und RAPPAPORT, R. A. (1968): Ecology, cultural, and non-cultural. In: CLIFTON, J. A. (Hg.): Introduction to Cultural Anthropology. Boston (Houghton Mifflin), 477–497.

VEDDER, H. (1937): Die Buschmänner Südwestafrikas und ihre Weltanschauung. South Afr. J. Sci., 24, 416–436.

VERBA, M., STAMBAK, M. und SINCLAIR, H. (1982): Physical knowledge and social interaction in children from 18 to 24 months of age. In: FORMAN, G. (Hg.): Action and Thought: Sensory Motor Schemes to Symbolic Operations. London/New York (Academic Press), 267–296.

VEREBEY, K. (1982): Opioids in mental illness theories, clinical observations and treatment possibilities. Ann. N. Y. Acad. Sci., 398.

VESTER, F. (1972): Das Überlebensprogramm. München (Kindler).

VICEDOM, C. F. und TISCHNER, H. (1943/48): Die Mbowamb. Band I. Die Kultur der Hagenbergstämme. Monograph. zur Völkerkunde 1. Hamburg.

VIERLING, J. S. und ROCK, J. (1967): Variations in olfactory sensitivity to exaltolide during the menstrual cycle. J. Appl. Physiol., 22, 311–315.

VINACKE, W. E. (1949): The judgement of facial expressions by three national-racial groups in Hawaii: I. Caucasian faces. J. Personality, 17, 407–429.

VINING, D. (1982): On the possibility of reemergence of a dysgenic trend with respect to intelligence in American fertility differentials. Intelligence, 6, 241–264. (a)

– (1982): Fertility differentials and the status of nations: A speculative essay on Japan and the West. Mankind Quart., 22, 311–353. (b)

– (1986): Social versus reproductive success: The central theoretical problem of human sociobiology. Behav. Brain Sci., 9, 167–216.

VINTER, A. (1985): L'Imitation chez le Nouveau Né: imitation, représentation et mouvement dans les premiers mois de la vie. Neuchâtel/Paris (Delacheaux).

– (1986): A developmental perspective on behavioral determinants. Acta Psychol., 63, 337–349.

VOGEL, CH. (1977): Geschlechtstypisches Verhalten bei nichtmenschlichen Primaten – zugleich ein Beitrag zur Evolution geschlechtstypischen Verhaltens beim Menschen. Vorgelegt auf der Jahrestagung der Gesellschaft für Anthropologie und Humangenetik, Hamburg, 21, Sept. 1977. (a)

– (1977): Primatenforschung – Beiträge zum Selbstverständnis des Menschen. Vortragsreihe der Niedersächsischen Landesregierung zur Förderung der wiss. Forschung in Niedersachsen. Göttingen (Vandenhoek und Ruprecht). (b)

– (1979): Der Hanuman-Langur *(Presbytis entellus)*, ein Paradeexemplar für die theoretischen Konzepte der »Soziobiologie«? Verhandl. Deut. Zool. Ges., 73–89.

– (1988): Sind es die Gene? Ein Gespräch mit Professor Dr. Christian Vogel. Psychologie Heute, 15, 45–47.

– (1989): Vom Töten zum Mord. Das wirkliche Böse in der Evolutionsgeschichte. München/ Wien (C. H. Hanser Verlag).

VOGEL, CH. und LOCH, H. (1984): Reproductive parameters. Adult-male replacements, and infanticide among free-ranging langurs *(Presbytis entellus)* at Jodhpur (Rajasthan), India. In: HAUSFATER, G. und BLAFFER HRDY, S. (Hg.): Infanticide: Comparative and Evolutionary Perspectives. New York (Aldine), 237–255.

VOGEL, CH., VOLAND, E. und WINTER, M. (1979): Geschlechtstypische Verhaltensentwicklung bei nichtmenschlichen Primaten. In: DEGENHARDT, A. und TRAUTNER, H. M. (Hg.): Geschlechtstypisches Verhalten. München (C. H. Beck), 145–181.

VOLLMER, G. (1975): Evolutionäre Erkenntnistheorie. Stuttgart (Hirzel).

– (1983): Mesokosmos und objektive Erkenntnis – Über Probleme, die von der evolutionären Erkenntnistheorie gelöst werden. In: LORENZ, K. und Wuketits, F. M. (Hg.): Die Evolution des Denkens. München/Zürich (Piper), 29–91.

VOSSEN, A. (1971): Die Früherfassung zerebral geschädigter Kinder. Deut. Ärzteblatt, 68, 3136–3144.

VRUGT, A. und KERKSTRA, A. (1984): Sex differences in nonverbal communication. Semiotica, 50, 1–41.

VYGOTSKY, L. S. (1960): Selected psychological Research. Moskau (APN RSFSR).

DE WAAL, F. (1982): Chimpanzee Politics – Power and Sex among Apes. London (Jonathan Cape).

– (1986): The integration of dominance and social bonding in primates. The Quart. Rev. Biol., 61, 459–479.

WADE, M. J. (1978): A critical review of the models of group selection. Quart. Rev. Biol., 53, 101–114.

– (1980): Kin selection: Its components. Science, 210, 665–667.

WAGNER, SH. und WINNER, E. (1979/80): Metaphorical Mapping in Human Infants. Paper presented at the Eastern Psychological Association meetings, April, 1979.

WALLHÄUSSER, E. und SCHEICH, H. (1987): Auditory imprinting leads to differential 2-deoxy-glucose uptake and dendritic spine loss in the chick rostral forebrain. Develop. Brain Res., 31, 29–44.

WALSH, D. und HEWITT, J. (1985): Giving men the come-on: Effect of eyecontact and smiling in a bar environment. Perceptual and Motor Skills, 61, 873–874.

WALTERS, R. H. und THOMAS, E. L. (1963): Enhancement of punitiveness by visual and audiovisual displays. Canad. J. Psychol., 17, 244–255.

WANGERIN, G. und WEISS, G. (1976): Heinrich Tessenow. Essen (Verlag Richard Bacht).

WARBURTON, D. M. (1975): Brain, Behavior, and Drugs: Introduction to the Neurochemistry of Behaviour. London (Wiley).

WARNER, W. L. (1930): Murngin Warfare. Oceania, 1, 457–494.

WARNKE, M. (1984): Politische Architektur in Europa. Köln (Dumont).

WASHBURN, S. L. und HAMBURG, D. A. (1965): The implications of primate research. In: DeVORE, I. (Hg.): Primate Behavior. New York (Holt, Reinhart and Winston), 607–622.

– (1968): Aggressive behavior in old world monkeys and apes. In: JAY, P. C. (Hg.): Primates: Studies in Adaptation and Variability. New York (Holt, Rinehart and Winston), 458–478.

WASSERMAN, G. A. und STERN, D. N. (1978): An early manifestation of differential behavior toward children of the same and opposite sex. J. Genet. Psychol., 133, 129–137.

WATERS, W., MATAS, L. und SROUFE, L. A. (1975): Infants' reactions to an approaching stranger: Description, validation and functional significance of wariness. Child Develop., 46, 348–356.

WATERS, E., WIPPMAN, J. und SROUFE, L. A. (1979): Attachment, positive effect and competence in the peer group. Child Develop., 50, 821–829.

WATSON, J. S. (1971): Cognitive-perceptual development in infancy: Setting for the seventies. Merrill-Palmer Quart., 17, 139–152.

– (1972): Smiling, cooing, and »The Game«. Merrill-Palmer Quart., 18, 323–329.

– (1977): Depression and the perception of control in early childhood. In: SCHULTERBRANDT, J. G. und RASKIN, A. (Hg.): Depression in Childhood: Diagnosis, Treatment and Conceptual Models. New York (Raven).

– (1979): Perception of contingency as a determinant of social responsiveness. In: THOMAN, E. B. (Hg.): Origins of the Infant's Social Responsiveness. Hillsdale, NJ (Lawrence Erlbaum Associates), 33–64.

WATSON, J. S. und RAMSEY, C. T. (1972): Reactions to response-contingent stimulation in early infancy. Merrill-Palmer Quart., 18, 219–227.

WATZLAWICK, P. (Hg.) (1981): Die erfundene Wirklichkeit. Beiträge zum Konstruktivismus. München/Zürich (Piper).

WAWRA, M. (1985): Aufschauverhalten und Gruppengröße beim Menschen. Diplomarbeit, Zoologisches Institut der Universität Freiburg im Breisgau.

WEBER, M. (1981): Der Beruf zur Politik. Berlin (Duncker und Humblot).

WEBSTER, M. JR. und DRISKELL, J. E. (1983): Beauty as status. Amer. J. Sociol., 89, 140–165.

WEDGWOOD, C. H. (1930): Some aspects of warfare in Melanesia. Oceania, 1, 5–33.

WEINBERG, S. K. (1955): Incest Behavior. New York (Citadel).

WEISFELD, C. C., WEISFELD, G. E. und CALLAGHAN, J. W. (1982): Female inhibition in mixed-sex competition among young adolescents. Ethol. Sociobiol., 3, 29–42.

WEISFELD, C. C., WEISFELD, G. E., WARREN, R. A. und FREEDMAN, D. G. (1983): The spelling bee: A naturalistic study of female inhibition in mixed-sex competition. Adolescence, 18, 695–708.

WEISFELD, G. E. (1980): Social dominance and human motivation. In: OMARK, D. R., STRAYER, F. F. und FREEDMAN, D. G. (Hg.): Dominance Relations. An Ethological View of Human Conflict and Social Interactions. New York/London (Garland STPM Press), 273–286.

WEISFELD, G. E. und BERGER, J. M. (1983): Some features of human adolescence viewed in evolutionary perspective. Human Develop., 26, 121–133.

WEISFELD, G. E., BLOCK, S. A. und IVERS, J. W. (1984): Possible determinants of social dominance among adolescent girls. J. Genet. Psychol., 144, 115–129.

WEISFELD, G. E., OMARK, D. R. und CRONIN, C. L. (1980): A longitudinal and cross-sectional study of dominance in boys. In: OMARK, D. R., STRAYER, F. F. und FREEDMAN, D. G. (Hg.):

Dominance Relations: An Ethological View of Human Conflict and Social Interactions. New York/London (Garland STPM Press), 205–216.

Weisner, Th. S. (1979): Urban-rural differences in sociable and disruptive behavior of Kenya children. Ethnology, 18, 153–172. (a)

– (1979): Some cross-cultural perspectives on becoming female. In: Kopp, C. B. und Kirkpatrick, M. (Hg.): Becoming Female. New York (Plenum), 313–332. (b)

Weisner, Th. S. und Gallimore, R. (1977): My brother's keeper: Child and sibling caretaking. Current Anthropol., 18, 169–199.

Weitzman, E. D. (1982): Chronobiology of man. Sleep, temperature and neuroendocrine rhythms. Human Neurobiol., 1, 173–183.

Weizsäcker, C. Fr. von (1977): Der Garten des Menschlichen. Beiträge zur geschichtlichen Anthropologie. München (Hanser).

Werner, H. (1948): Comparative Psychology of Mental Development. New York (Follett).

Werner, H. und Kaplan, B. (1963): Symbol Formation. New York (Wiley).

Wertheimer, M. (1927): Gestaltpsychologische Forschung. In: Saupes Einführung in die neuere Psychologie. Osterwieck/Harz.

West, M. M. und Konner, M. J. (1976): The role of the father: An anthropological perspective. In: Lamb, M. E. (Hg.): The Role of the Father in Child Development. New York (Wiley), 185–216.

West, S. G. und Brown, T. J. (1975): Physical attractiveness, the severity of the emergency and helping: A field experiment and interpersonal simulation. J. Exp. Social Psychol., 11, 531–538.

West-Eberhard, M. J. (1975): The evolution of social behavior by kin selection. Quart. Rev. Biol., 50, 1–33.

Westermarck, E. (1894): The History of Human Marriage. London (Macmillan).

Westin, A. (1970): Privacy and Freedom. New York (Atheneum).

Wever, R. (1975): The circadian multi-oscillator system of man. J. Chronobiol., 3, 19–55.

– (1978): Grundlagen der Tagesperiodik beim Menschen. In: Heimann, H. und Pflug, B. (Hg.): Rhythmusprobleme in der Psychiatrie. Stuttgart/New York (Fischer), 1–23.

– (1980): Die Tagesperiodik des Menschen. Grundlagen und Probleme. »Betriebsärztliches«, 1, 1–32.

Wex, M. (1979): »Weibliche« und »männliche« Körpersprache als Folge patriarchalischer Machtverhältnisse. Hamburg (Verlag M. Wex).

Whitam, F. L., Diamond, M. und Martin, J. (1993): Homosexual orientation in twins: A report on 61 pairs and three triplet sets. Archives of Sexual Behavior, 22, 188–206.

White, L. (1959): The Evolution of Culture. New York (McGraw-Hill).

Whiting, B. B. und Edwards. C. P. (1973): A cross-cultural analysis of sex-differences in the behavior of children aged three through eleven. J. Social Psychol., 91, 171–188.

Whiting, J. W. M. (1941): Becoming a Kwoma. New Haven, CT (Yale University Press).

Whyte, W. (1965): Herr und Opfer der Organisation. Düsseldorf (Econ).

Wickler, W. (1965): Über den taxonomischen Wert homologer Verhaltensmerkmale. Naturwissenschaften, 52, 441–444.

– (1966): Ursprung und biologische Deutung des Genitalpräsentierens männlicher Primaten. Z. Tierpsychol., 23, 422–437.

– (1967): Socio-sexual signals and their intraspecific imitation among primates. In: Morris, D. (Hg.): Primate Ethology. London (Weidenfeld and Nicolson), 69–147. (a)

– (1967): Vergleichende Verhaltensforschung und Phylogenetik. In: Heberer, G. (Hg.): Die Evolution der Organismen. Stuttgart (Fischer), 420–508. (b)

– (1968): Mimikry-Signalfälschung in der Natur. München (Kindler).

– (1969): Sind wir Sünder? Naturgesetze der Ehe. München (Droemer).

- (1971): Die Biologie der Zehn Gebote. München (Piper); Neuausgabe 1975 (Serie Piper 72).
- (1977): Vom Ursprung sozialer Abhängigkeiten. Vortrag der Max-Planck-Gesellschaft, November 1976, Regensburg. Max-Planck-Gesellschaft, Jahrbuch 1977, 86–102.
- (1978): Die Evolution unsozialen Verhaltens. Berl. Münch. Tierärztl. Wochschr., 91, 486–488. (a)
- (1978): Abnormes Sozialverhalten als Strategie des gesunden Individuums. Festvortrag, Oktober 1978, Regensburg, 61. Fortbildungstagung für Ärzte. (b)
- (1979): Pre-Wilsonian sociobiology. Z. Tierpsychol., 49, 433–434.
- (1981): Die Biologie der zehn Gebote. Warum die Natur für uns kein Vorbild ist. 5. Auflage, München (Piper Verlag).

WICKLER, W. und SEIBT, U. (1977): Das Prinzip Eigennutz. Ursachen und Konsequenzen sozialen Verhaltens. Hamburg (Hoffmann und Campe).
- (1981): Monogamy in crustacea and man. Z. Tierpsychol., 57, 215–234.
- (1982): Song splitting in the evolution of dueting. Z. Tierpsychol., 59, 127–140. (a)
- (1982): Alt-Ekuadorianische Spinnwirtel und ihre Bildmotive. Beitr. Allgem. Vergleich. Archäol., 4, 315–419. (b)

WICKLER, W. und UHRIG, D. (1969): Bettelrufe, Antwortszeit und Rassenunterschiede im Begrüßungsduett des Schmuckbartvogels. Z. Tierpsychol., 26, 651–661.

WIEPKEMA, P. R. (1961): An ethological analysis of the reproductive behavior of the bitterling (*Rhodeus amarus* Bloch). Extr. Arch. Néerland. Zool., 14, 103–199.

WIESSNER, P. (1977): Hxaro: A Regional System of Reciprocity for Reducing Risk among the !Kung San. Ph. D. Diss., University of Michigan, Ann Arbor, University Microfilms.
- (1980): History and Continuity in !Kung San Reciprocal Relationships. Paper presented at 2. Int. Conference on Hunting and Gathering Societies, Quebec, September 1980.
- (1981): Measuring the impact of social ties on nutritional status among the !Kung San. Soc. Sci. Inform., 20, 641–678. (a)
- (1982): Risk, reciprocity and social influences on !Kung San economics. In: LEACOCK, E. R. und LEE, R. B. (Hg.): Politics and History in Band Societies. London (Cambridge University Press), 62–84.
- (1983): Style and social information in Kalahari San projectile points. Amer. Antiquity, 48, 253–276.
- (1984): Reconsidering the behavioral basis for style: A case study among the Kalahari San. J. Anthropol. Archaeol., 3, 190–234. (a)
- (1984): Foodsharing among Children in four Cultures. Paper prepared for a Symposium of the Reimers Foundation on Ritual Aspects of Food. Bad Homburg, Dezember, 1984. (b)
- (im Druck): Leveling the Hunter: Constraints on the Status Quest in Foraging Societies. In: WIESSNER, P. und SCHIEFENHÖVEL, W. (Hg.): Food and the Status Quest: An Interdisciplinary Perspectice. (Berghahn Books), 22.

WILEY, R. H. (1973): The strut display of the male sage grouse: A »Fixed« action pattern. Behavior, 47, 129–152.

WILHELM, H. J. (1953): Die !Kung-Buschleute. Jahr. Museums Völkerkunde (Leipzig), 12, 91–189.

WILLIAMS, B. J. (1974): A model of band society. Amer. Antiquity, 39, 1–138.
- (1980): Cognitive Limitation and Hunting Band Size. Vortrag auf der 2. Int. Conference on Hunting and Gathering Societies, Quebec, 19.–24. Sept. 1980; Proceed., 147–172.
- (1981): A critical review of models in sociobiology. Ann. Rev. Anthropol., 10, 163–192.

WILLIAMS, G. C. (1966): Adaptation and Natural Selection: A Critique of Some Current Evolutionary Thought. Princeton, NJ (Princeton University Press).
- (1988): Huxley's Evolution and Ethics in Sociobiological Perspective. Zygon, 23, 383–407.

WILLIAMS, J. E. und BEST, D. L. (1982): Measuring Sex Stereotypes. Beverley Hills, CA (Sage).

WILLIS, F. N. und BRIGGS, L. F. (1992): Relationship and touch in public settings. Journal of Nonverbal Behavior, 16, 55–63.

WILMSEN, E. N. (1989): Land Filled with Flies. A Political Economy of the Kalahari. Chicago und London (The University of Chicago Press).

WILSON, D. S. (1975): A theory of group selection. Proc. Natl. Acad. Sci. U.S., 72, 143–146.

– (1977): Structured demes and the evolution of group-advantageous traits. Amer. Natur., 111, 157–185.

WILSON, E. O. (1963): Pheromones. Sci. Amer., 208, 100–114.

– (1975): Sociobiology: The New Synthesis. Cambridge, MA (Belknap Press – Harvard University Press).

– (1976): The social instinct. Bull. Amer. Acad. Arts Sci., 30, 11–25.

– (1978): Altruism. Harvard Mag. Nerv. Dev., 23–28.

WINBERG, J. und DeCHATEAU, P. (1982): Early social development: Studies of infant-mother interaction and relationship. In: HARTUP, W. W. (Hg.): Review of Child Development Research, Vol. VI. Chicago (The University of Chicago Press), 1–44.

WINKELMAN, M. (1986): Trance states: A theoretical model and cross-cultural analysis. Ethos, 14, 174–203.

WINKELMAYER, R., EXLINE, R. V., GOTTHEIL, E. und PAREDES, A. (1971): Cross-cultural differences in judging emotions. (Unveröffentlicht.) In: EKMAN, P. (Hg.) (1973): Darwin and Facial Expression. New York – London (Academic Press), 201.

WINSLOW, J. T., HASTINGS, N., CARTER, C. S., HARBAUGH, C. R. und INSEL, T. R. (1993): A role for central vasopressin in pair bonding in monogamous prairie voles. Nature, 365, 545–547.

WINTERHOFF-SPURK, P. (1983): Die Funktionen von Blicken und Lächeln beim Auffordern. Europäische Hochschulschriften, Reihe 6, Psychologie. Frankfurt/Bern/New York (Peter Lang).

WIRTZ, P. und RIES, G. (1992): The pace of life – reanalysed: Why does walking speed of pedestrians correlate with city size? Behavior, 123 (1–2).

WIRTZ, P. und WAWRA, M. (1986): Vigilance and group size in *Homo sapiens*. Ethology (Z. Tierpsychol.), 71, 283–286.

WITELSEN, S. F. und KIGAR, D. L. (1988): Individual differences in the anatomy of the corpus callosum: Sex, hand preference, schizophrenia, and hemisphere specialisation. In: GLASS, A. (Hg.): Individual Differences in Hemisphere Specialisation, New York (Plenum), 55–91.

WITKIN, H. A., GOODENOUGH, D. R. und KARP, S. A. (1967): Stability of cognitive style from childhood to young adulthood. J. Personality Social Psychol., 7, 291–300.

WITTELSON, S. (1978): Sex differences in the neurology of cognition: Psychological, social, educational and political implications. In: SULLEROT, E. (Hg.): Le Fait Féminin. Paris (Fayard), 289–303.

WITTIG, M. und PETERSEN, A. (Hg.) (1979): Sex-Related Differences in Cognitive Functioning. New York/London (Academic Press).

WOBST, H. M. (1976): Locational relationship in paleolithic society. J. Human Evol., 5, 49–58.

– (1977): Stylistic behavior and information exchange. In: CLELAND, C. E. (Hg.): Papers for the Director: Research Essays in Honor of James B. Griffin. Anthropology Papers. Museum of Anthropology, University of Michigan, 61, 317–342.

WOGALTER, M. S. und HOSIE, J. A. (1991): Effects of cranial and facial hair on perceptions of age and person. Journal of Social Psychology, 131 (4), 589–591.

WOLF, A. P. (1966): Childhood association, sexual attraction and the incest taboo: A Chinese case. Amer. Anthropol., 68, 883–898.

– (1970): Childhood association and sexual attraction: A further test of the Westermarck hypothesis. Amer. Anthropol., 72, 503–515.

– (1974): More on Childhood Association and Fertility in Taiwan. (Unveröffentlichtes Manuskript).

WOLFGANG, J. und WOLFGANG, A. (1968): Personal Space – An Unobtrusive Measure of Attitudes Toward the Physically Handicapped. Proceedings of the 76th Annual Convention of the American Psychological Association, 653–654.

WOOD, D. R. (1986): Self perceived masculinity between bearded and nonbearded males. Perceptual and Motor Skills, 62, 769–770.

WOODBURN, J. (1968): Stability and flexibility in Hadza residential groupings. In: LEE, R. B. und DEVORE, I. (Hg.): Man the Hunter. Chicago (Aldine), 103–110.

WOODHOUSE, H. C. (1987): Inter- and intragroup aggression illustrated in the rock paintings of South Africa. S. Afr. J. Ethnol. 10 (1), 42–48.

WOODWELL, G. M. (1978): The carbon dioxide question. Sci. Amer., 238, 34–43.

WRIGHT, Q. (rev. 1965): A Study of War. Chicago (University of Chicago Press).

WÜLKER, W. (1976): Weltmodelle. Biologie Unserer Zeit, 6, 148–155.

– (1976): Die großen Kreisläufe der Natur. In: TODT, D. (Hg.): Funkkolleg Biologie, Begleittext, Sendg. 23, Weinheim (Beltz).

WUNDERLICH, D. (1970/71): Pragmatik, Sprechsituation, Deixis. Lili, 1/2, 153–190.

– (1973): Probleme einer linguistischen Pragmatik. Papiere zur Linguistik, 4, 1–19.

– (1974): Grundlagen der Linguistik. Reinbek (Rowohlt). (a)

– (1974): Pragmatik. Einleitung und Referenzsemantik. In: Lehrgang Sprache. Einführung in die moderne Linguistik. Basel/Tübingen (Weinheim), 789–811. (b)

WYNNE-EDWARDS, V. C. (1962): Animal Dispersion in Relation to Social Behaviour. London (Oliver and Boyd).

YELLEN, J. E. und HARPENDING, H. (1972): Hunter-gatherer populations and archaeological inference. World Archaeol., 4, 244–253.

YENGOYAN, A. A. (1968): Demographic and ecological influences on aboriginal Australian marriage sections. In: LEE, R. B. und DEVORE, I. (Hg.): Man the Hunter. Chicago (Aldine), 185–199.

YERKES, R. M. und YERKES, A. W. (1929): The Great Apes. New Haven: CT (Yale Univ. Press).

YOGMAN, M. W. (1981): Games fathers and mothers play with their infants. Infant Mental Health J., 2, 241–248.

– (1982): Development of the father–infant relationship. In: FITZGERALD, H., LESTER, B. und YOGMAN, M. W. (Hg.): Theory and Research in Behavioral Pediatrics. Vol. 1. New York (Plenum), 221–279. (a)

– (1982): Observations on the father–infant relationship. In: CATH, S. H., GURWITT, A. R. und ROSS, J. M. (Hg.): Father and Child: Developmental and Clinical Perspectives. Boston (Little, Brown), 101–122. (b)

YOKOYAMA, S. und FELSENSTEIN, J. (1978): A model of kin selection for an altruistic trait considered as a quantitative character. Proc. Natl. Acad. Sci. U.S., 75, 420–422.

YONAS, A., PETTERSEN, L. und LOCKMAN, J. J. (1979): Young infants' sensitivity to optical information for collision. Canad. J. Psychol., 33, 268–276.

YOUNG, M. V. (1971): Fighting with Food. Leadership, Values, and Social Control in a Massim Society. Cambridge (Cambridge University Press).

YOUNISS, J. (1982): Die Entwicklung und Funktion von Freundschaftsbeziehungen. In: EDELSTEIN, W. und KELLER, M. (Hg.): Perspektivität und Interpretation: Beiträge zur Entwicklung sozialen Verstehens. Frankfurt/M. (Suhrkamp), 78–108.

ZAHN-WAXLER, C. und KOCHANSKA, G. (1989): The Origins of Guilt. Nebraska Symposium on Motivation, 36, 183–258.

ZAPOROZHETS, A. V. (1978): The significance of early periods of childhood for formation of children's personality. In: ANTSYFEROVA, L. I. (Hg.): Principles of Development in Psychology. Moskau (Nauka).

ZASTROW, B. VON und VEDDER, H. (1930): Die Buschmänner. In: SCHULZ-EWERTH, E. und ADAM, L. (Hg.): Das Eingeborenenrecht: Togo, Kamerun, Südwestafrika, die Südseekolonien. Stuttgart (Strecker und Schröder).

ZEI, G., GUGLIELMINO, C. R., SIRI, E., MORONI, A. und CAVALLI-SFORZA, L. L. (1983): Surnames as Neutral Alleles: Observations in Sardinia. Human Biology, 55, 357–365. (a)

– (1983): Surnames in Sardinia. Fit of Frequency Distributions for Neutral Alleles and Genetic Population Structure. Ann. Human Genetics, 47, 329–352. (b)

ZELAZO, P. R. (1976): From reflexive to instrumental behavior. In: LIPSITT, L. P. (Hg.): Developmental Psychobiology: The Significance of Infancy. Hillsdale, NJ (Lawrence Erlbaum).

– (1983): The development of walking: New findings on old assumptions. J. Motor Behavior, 2, 99–137.

ZESKIND, PH. S. und LESTER, B. M. (1978): Acoustic features and auditory perception of the cries of newborns with prenatal and perinatal complication. Child Develop., 49, 580–589.

ZETTERBERG, H. (1966): The secret ranking. Journal of Marriage and the Family, 134–142.

ZILLMANN, D. (1986): Effects of prolonged consumption of pornography. In: MULVEY, E. P. und HAUGAARD, J. L. (Hg.): Report of the Surgeon General's Workshop on Pornography and Public Health. Washington, D.C. (U.S. Public Health Service and U.S. Department of Health and Human Services), 98–135.

ZINN, H. (1981): Sozialisation von Kindern und Jugendlichen unter beengten Wohn- und Wohnumfeldbedingungen. Inform. Raumentwickl., 7/8, 435–444.

ZINSER, H. (1981): Der Mythos des Mutterrechts. Frankfurt/M. (Ullstein).

ZIPPELIUS, M. (1992): Die vermessene Theorie. Eine kritische Auseinandersetzung mit der Instinkttheorie von Konrad Lorenz und verhaltenskundlicher Forschungspraxis. Wiesbaden (Vieweg).

ZIVIN, G. (1977): Facial gestures predict preschoolers' encounter outcomes. Soc. Sci. Information, 16, 715–730. (a)

– (1977): On becoming subtle: Age and social rank changes in the use of a facial gesture. Child Develop., 48, 1314–1321. (b)

– (1982): Watching the sands shift: Conceptualizing development of nonverbal mastery. In: FELDMAN, R. S. (Hg.): The Development of Nonverbal Communication in Children. New York (Springer).

Angaben zu den aus Filmen kopierten Bildsequenzen

Die Abbildungen aus den mit der Spiegeltechnik aufgenommenen Filmen (Kap. 3.3) erscheinen auch im Buch spiegelbildlich. Wir geben im Folgenden die Aufnahmetechnik (Sp = Spiegelaufnahme; dir = Direktaufnahme) und die Aufnahmefrequenz (B/sec) an.

2.10	Sp/25	4.35	Sp/25	5.21	Sp/25	6.90	Sp/25
2.11	Sp/25	4.36	Sp/25	5.22	dir/25	7.2	Sp/25
2.15	dir/50	4.39	Sp/25	5.23	dir/25	7.3	Sp/25
2.17	Sp/25	4.41	dir/25	5.24	Sp/25	7.4	Sp/25
3.18	Sp/25	4.42	Sp/25	6.2	dir/25	7.5	Sp/25
3.19	Sp/25	4.44	Sp/25	6.5	Sp/25	7.6	Sp/50
3.21-1	Sp/50	4.48	dir/50	6.23	Sp/25	7.7	dir/25
3.21-2	Sp/50	4.49	Sp/25	6.24	dir/25	7.8	Sp/25
3.21-3	Sp/25	4.51	Sp/25	6.25	dir/25	7.9	Sp/25
3.22	Sp/25	4.52	Sp/25	6.26	Sp/25	7.10	Sp/25
3.23	Sp/25	4.55	Sp/25	6.40	Sp/25	7.11	Sp/50
3.24	dir/50	4.77	Sp/50	6.43	dir/25	7.12	Sp/25
3.25-1	Sp/50	4.88	Sp/25	6.46	Sp/25	7.13	dir/25
4.1	Sp/25	4.89	Sp/25	6.47	Sp/25	7.14	Sp/50
4.2	Sp/25	4.90	Sp/50	6.56	Sp/50	7.15	Sp/25
4.3	Sp/50	4.91	Sp/25	6.57	Sp/50	7.16	Sp/25
4.4	Sp/50	4.92	Sp/25	6.58	dir/50	7.17	dir/25
4.5	Sp/25	4.93	Sp/50	6.60	Sp/48	7.22	Sp/50
4.6	dir/50	4.94	dir/25	6.61	Sp/50	7.23	Sp/25
4.7	dir/50	4.95	Sp/25	6.62	dir/50	7.24	Sp/25
4.8	dir/25	5.1	Sp/25	6.63	dir/50	7.26	Sp/25
4.9	dir/25	5.3	Sp/50	6.70	Sp/25	7.27	Sp/25
4.10	dir/50	5.5	Sp/25	6.76	Sp/50	7.31	Sp/50
4.11	dir/25	5.6	Sp/50	6.78	Sp/25	7.33	dir/50
4.26	Sp/25	5.7	Sp/50	6.79	Sp/25	7.35	Sp/25
4.27	Sp/25	5.8	Sp/50	6.83	dir/25	7.36	Sp/25
4.28	Sp/50	5.9	Sp/50	6.84	Sp/25	7.37	Sp/25
4.30	Sp/25	5.10	dir/25	6.85	Sp/25	7.38	Sp/25
4.31	dir/25	5.11	dir/25	6.86	dir/25	7.39	Sp/25
4.32	Sp/25	5.13	Sp/25	6.87	Sp/25	7.40	Sp/25
4.33	Sp/50	5.15	Sp/50	6.88	Sp/25		
4.34	Sp/25	5.18	Sp/25	6.89	dir/25		

Filmveröffentlichungen

In Zusammenarbeit mit dem Institut für den Wissenschaftlichen Film in Göttingen wurde eine Reihe von Filmeinheiten fertiggestellt und veröffentlicht, die wir in folgender Liste zusammenstellen.

Humanethologische Filme der Enzyklopaedia Cinematographica (E) und des Humanethologischen Filmarchivs der Max-Planck-Gesellschaft (HF)*:

EIBL-EIBESFELDT, I.: Ausdrucksverhalten eines taubblind-geborenen
Mädchens (Deutschland) — E 2724–HF 49
- !Ko-Buschmänner (Botswana, Kalahari) Schamweisen und Spotten — E 2721–HF 1
- !Ko-Buschmänner (Botswana, Kalahari) Sprungspiel der Männer »//oli«
(Heuschrecke) — E 2955–HF 40
- !Ko-Buschmänner (Botswana, Kalahari) Ausschnitte aus einem Trancetanz — E 2954–HF 44
- !Ko-Buschmänner (Botswana, Kalahari) Tranceritual »guma« — E 2953–HF 45
- !Kung-Buschmänner (Südwestafrika, Kungveld) Geschwister-Rivalität,
Mutter-Kind-Interaktionen — E 2720–HF 41
- G/wi-Buschmänner (Botswana, Zentralkalahari) Krankenheilung und
Trance – Teil I — E 2682–HF 93
- G/wi-Buschmänner (Botswana, Zentralkalahari) Krankenheilung und
Trance – Teil II — E 2683–HF 94
- G/wi-Buschmänner (Botswana, Zentralkalahari) Krankenheilung und
Trance – Teil III — E 2684–HF 95
- G/wi-Buschmänner (Botswana, Zentralkalahari) Melonenspieltänze der
Frauen — E 2832–HF 134
- G/wi-Buschmänner (Botswana, Zentralkalahari) Verwendung der Tsama-
Melone zur Ernährung — E 3059–HF 191
- G/wi-Buschmänner (Botswana, Zentralkalahari) Verwendung der Tsama-
Melone zur Körperpflege — E 3060–HF 200
- Himba (Südwestafrika, Kaokoland) Mutter-Kind-Interaktionen — E 2725–HF 100
- Himba (Südwestafrika, Kaokoland) Ritual des »Okumakera« — E 2723–HF 101
- Himba (Südwestafrika, Kaokoland) Soziale Kompetenz einer Vierjährigen — E 3075–HF 157

---

* Die Filme werden in Gemeinschaftsproduktion veröffentlicht und sind seit 1985 zu den Bedingungen des Instituts für den Wissenschaftlichen Film, Nonnenstieg 72, 37075 Göttingen, zu erwerben bzw. entleihbar. Weitere Filmveröffentlichungen (Trobriand, Yanomami, Himba und Buschleute) folgen.

- Himba (Südwestafrika, Kaokoland) Mutter mit Säugling   E 3042–HF 188
- Himba (Südwestafrika, Kaokoland) Verhalten von Männern mit Säuglingen   E 3041–HF 189
- Himba (Südwestafrika, Kaokoland) Kindergemeinschaft   E 3040–HF 190
- Himba (Südwestafrika, Kaokoland) Kußfütterung   E 3076–HF 197
- Bali (Indonesien) »Legong« Werbeverhalten des Königs Lasem »legong«   E 2687–HF 63
- Bali (Indonesien) »Pendet« Blumenopfertanz   E 2679–HF 98
- Bali (Indonesien) »Puspa wresti« Begrüßungstanz   E 3027–HF 195
- Tasaday (Philippinen, Mindanao) Säuglinge in der Gruppe   E 2763–HF 107
- Tasaday (Philippinen, Mindanao) Säuglinge mit Eltern   E 2764–HF 108
- Medlpa (Ost-Neuguinea, Zentrales Hochland) Werbetanz »amb kenan«, »tanim het«   E 2871–HF 57
- Medlpa (Ost-Neuguinea, Zentrales Hochland) Totentrauer, Trauern und Trösten   E 2722–HF 75
- Eipo (West-Neuguinea, Zentrales Hochland) Tragen, Übergeben und Herzen von Säuglingen   E 2688–HF 102
- Eipo (West-Neuguinea, Zentrales Hochland) Interaktionen von Kleinkindern mit Spielaufforderung   E 2689–HF 103
- Eipo (West-Neuguinea, Zentrales Hochland) Säuglinge explorierend und mit Erwachsenen interagierend   E 2690–HF 104
- Eipo (West-Neuguinea, Zentrales Hochland) Kampfspiel der Buben mit Graspfeilen   E 2872–HF 105
- Eipo (West-Neuguinea, Zentrales Hochland) Männertanz »sang mote«   E 2685–HF 106
- Eipo (West-Neuguinea, Zentrales Hochland) Verhalten der Säuglinge während der Gartenarbeit der Mütter   E 2868–HF 109
- Eipo (West-Neuguinea, Zentrales Hochland) Männlicher Säugling, Zuwendung der Dorfbewohner   E 28766–HF 112
- Eipo (West-Neuguinea, Zentrales Hochland) Kinder beim Ratespiel »mana«   E 2728–HF 113
- Eipo (West-Neuguinea, Zentrales Hochland) Kinderspiel »Rodeln« auf Baumrinde   E 2726–HF 114
- Eipo (West-Neuguinea, Zentrales Hochland) Kreiselspiel der Kinder   E 2727–HF 115
- Eipo (West-Neuguinea, Zentrales Hochland) Kinderspiel – Bauen eines Hausmodells   E 2729–HF 116
- Eipo (West-Neuguinea, Zentrales Hochland) Interaktionen zwischen einem Knaben und einem Mädchen   E 2767–HF 119
- Eipo (West-Neuguinea, Zentrales Hochland) Interaktionen zweier 3-jähriger Mädchen   E 2768–HF 120
- Eipo (West-Neuguinea, Zentrales Hochland) Kontaktaufforderung von Schulterkindern   E 2769–HF 121
- Eipo (West-Neuguinea, Zentrales Hochland) Liebkosen eines Hundes   E 2770–HF 122
- Eipo (West-Neuguinea, Zentrales Hochland) Zärtliche Zuwendung von Männern und Knaben zu einem Einjährigen   E 2771–HF 124
- Eipo (West-Neuguinea, Zentrales Hochland) Exploration und Kontaktsuche eines Säuglings im Krabbelalter   E 2772–HF 125
- Eipo (West-Neuguinea, Zentrales Hochland) Lausen   E 2762–HF 127
- Eipo (West-Neuguinea, Zentrales Hochland) Verlegenheitsreaktion auf Blickkontakt und Lächeln   E 2838–HF 129
- Eipo (West-Neuguinea, Zentrales Hochland) Mütter und »Tanten« im Umgang mit Säuglingen   E 2865–HF 130

- Eipo (West-Neuguinea, Zentrales Hochland) Männertanz »sang mote« als Kinderspiel — E 2686–HF 131
- Eipo (West-Neuguinea, Zentrales Hochland) Flechtspiel »dungkula« — E 2830–HF 133
- Eipo (West-Neuguinea, Zentrales Hochland) Spielerische Aggression eines 3 ½jährigen Jungen — E 2837–HF 139
- Eipo (West-Neuguinea, Zentrales Hochland) Morgendliche Interaktionen von Kindern — E 2839–HF 140
- Eipo (West-Neuguinea, Zentrales Hochland) Spielaufforderung eines 6 Monate alten Säuglings — E 2840–HF 141
- Eipo (West-Neuguinea, Zentrales Hochland) Soziale Kontakte eines Säuglings mit Frauen — E 2841–HF 142
- Eipo (West-Neuguinea, Zentrales Hochland) Frauen mit Schulterkindern, Morgendliche Unterhaltung — E 2842–HF 143
- Eipo (West-Neuguinea, Zentrales Hochland) Betreuung des Säuglings bei der Gartenarbeit — E 2867–HF 149
- Eipo (West-Neuguinea, Zentrales Hochland) Mimik und Gestik Provozierte Zustimmung und Ablehnung, soziale Kontaktbereitschaft — E 2983–HF 152
- Eipo (West-Neuguinea, Zentrales Hochland) Mimik und Gestik, Ausdruck des Erschreckens und der Überraschung — E 2943–HF 153
- Eipo (West-Neuguinea, Zentrales Hochland) Fadenspiel — E 2922–HF 155
- Eipo (West-Neuguinea, Zentrales Hochland) Zusammenwirken der Gemeinschaft beim Wohnhausbau — E 2957–HF 163
- Eipo (West-Neuguinea, Zentrales Hochland) Kampfspiele von Buben auf dem Dorfplatz — E 2984–HF 164
- Eipo (West-Neuguinea, Zentrales Hochland) Umgang mit Schweinen — E 2986–HF 165
- Eipo (West-Neuguinea, Zentrales Hochland) Mund-zu-Mund-Fütterung, Liebkosen, Entfernen von Ektoparasiten bei Hunden — E 1985–HF 166
- Eipo (West-Neuguinea, Zentrales Hochland) Bau und Demonstration von Gewichts- und Schwippgalgenfallen — E 2761–HF 175
- Eipo (West-Neuguinea, Zentrales Hochland) Kampfspiel der Buben mit Graspfeilen (Zeitlupe) — E 3079–HF 178
- Eipo (West-Neuguinea, Zentrales Hochland) Graspfeile werfende Buben: Ausdrucksstudien — E 3081–HF 179
- Eipo (West-Neuguinea, Zentrales Hochland) Spielerisches Herausfordern und Sich-Balgen zweier Buben — E 3078–HF 180
- Eipo (West-Neuguinea, Zentrales Hochland) Mimik und Gestik: Spotten, Grimassieren und Gesäßweisen — E 3080–HF 181
- Eipo (West-Neuguinea, Zentrales Hochland) Vorgespielte Interaktionen — E 3077–HF 182
- Eipo (West-Neuguinea, Zentrales Hochland) Demonstration des rituellen Pflanzens einer Cordyline — E 3037–HF 183
- In (West-Neuguinea, Zentrales Hochland) Interaktionen eines 3jährigen Mädchens mit Mutter und Kindern der Nachbarschaft — E 2730–HF 110
- In (West-Neuguinea, Zentrales Hochland) Interaktionen zweier Knaben im vorsprachlichen Alter — E 2765–HF 111
- Fa (West-Neuguinea, Zentrales Hochland) Schlachten und Garen eines Schweines — E 3036–HF 176
- Fa (West-Neuguinea, Zentrales Hochland) Erster Kontakt mit weißen Besuchern — E 3035–HF 177
- Trobriander (Ost-Neuguinea, Trobriand-Inseln, Kaile'una) Interaktionen einer 3½jährigen mit Spielgefährten — E 2942–HF 156

- Yanomami, Ihiramawetheri und Kashorawetheri (Venezuela, Oberer Orinoko) Erstbegegnung mit weißer Besucherin — E 2863 – HF 148
- Yanomami, Patanoetheri (Venezuela, Oberer Orinoko) Mädchen betreuen Säuglinge — E 2988 – HF 168
- Yanomami, Patanoetheri (Venezuela, Oberer Orinoko) Interaktionen zweier sechsjähriger Mädchen — E 2987 – HF 169
- Yanomami, Patanoetheri (Venezuela, Oberer Orinoko) Rasieren einer Tonsur — E 2956 – HF 170
- Yanomami, Patanoetheri (Venezuela, Oberer Orinoko) Geisterbeschwörung im Yopo-Rausch und Abstreifzauber — E 3039 – HF 196

EIBL-EIBESFELDT, I. und BUDACK, K.: Himba (Südwestafrika, Kaokoland) Ein vierjähriges Mädchen beim Betreuen eines Kleinkindes und beim Puppenspiel — E 2980 – HF 171
- Himba (Südwestafrika, Kaokoland) Kuhspiel — E 2981 – HF 172
- Himba (Südwestafrika, Kaokoland) Solitärspiel eines 4jährigen Mädchens und Bewältigung von Störungen durch ein Kleinkind — E 3002 – HF 174

EIBL-EIBESFELDT, I. und GOODALL, J.: *Pan troglodytes* (Pongidae) Termitenfischen — E 3012 – HF 194

EIBL-EIBESFELDT, I. und HERZOG, H.: Yanomami, Patanoetheri (Venezuela, Oberer Orinoko) Yopo-Rausch, Tanz und Geisterbeschwörung (hekuramou) zur Initiation eines Medizinmann-Anwärters – Teil I — E 2834 – HF 136
- Yanomami, Patanoetheri (Venezuela, Oberer Orinoko) Yopo-Rausch, Tanz und Geisterbeschwörung (hekuramou) zur Initiation eines Medizinmann-Anwärters – Teil II — E 2835 – HF 137
- Yanomami, Patanoetheri (Venezuela, Oberer Orinoko) Yopo-Rausch, Tanz und Geisterbeschwörung (hekuramou) zur Initiation eines Medizinmann-Anwärters – Teil III — E 2836 – HF 138
- Yanomami, Patanoetheri (Venezuela, Oberer Orinoko) Interaktionen eines weiblichen Kleinkindes mit Mutter und anderen Bezugspersonen — E 2861 – HF 144
- Yanomami, Patanoetheri (Venezuela, Oberer Orinoko) Männer im Umgang mit Säuglingen — E 2862 – HF 145
- Yanomami, Patanoetheri (Venezuela, Oberer Orinoko) Weinen und Trösten — E 2864 – HF 146
- Yanomami, Patanoetheri (Venezuela, Oberer Orinoko) Mutter-Kind-Interaktionen (männlicher Säugling) — E 2860 – HF 147
- Yanomami, Patanoetheri (Venezuela, Oberer Orinoko) Bejahung, Verneinung und andere Ausdrucksbewegungen in Gesprächen — E 3073 – HF 198
- Yanomami, Patanoetheri (Venezuela, Oberer Orinoko) Ausschnitte aus einem Fest (Eintanzen der Gäste, Himou und Abgang) — E 3061 – HF 199

EIBL-EIBESFELDT, I. und SENFT, G.: Trobriander (Ost-Neuguinea, Trobriand-Inseln, Kaile'una) Fadenspiele »ninikula« — E 2958 – HF 167

HEESCHEN, V. und EIBL-EIBESFELDT, I.: Eipo (West-Neuguinea, Zentrales Hochland) Dit-Gesang der Männer — E 2833 – HF 135
- Eipo (West-Neuguinea, Zentrales Hochland) Der Linguist V. Heeschen im Zwiegespräch mit Männern — E 2869 – HF 150
- Eipo (West-Neuguinea, Zentrales Hochland) Die Frau Danto im Gespräch mit dem Linguisten V. Heeschen — E 2870 – HF 151

HEYMER, A.: Bayaka-Pygmäen (Zentralafrika) Soziales Lausen bei Frauen und Mädchen — E 2989 – HF 83

- Bayaka-Pygmäen (Zentralafrika) Soziales Lausen zwischen Mädchen und einem jungen Mann — E 2990–HF 84
- Bayaka-Pygmäen (Zentralafrika) Reaktionen von Kleinkindern auf einen Fremden — E 2991–HF 85
- Bayaka-Pygmäen (Zentralafrika) Geben, Nehmen und Teilen — E 2992–HF 86
- Bayaka-Pygmäen (Zentralafrika) Mutter-Kind-Beziehung und allomaternales Verhalten — E 2993–HF 87
- Bayaka-Pygmäen (Zentralafrika) Schnelles Brauenheben und andere Ausdrucksbewegungen im sozialen Kontext — E 3082–HF 88
- Bayaka-Pygmäen (Zentralafrika) Spielen zweier Geschwister vor den Wohnhütten — E 3083–HF 158
- Bayaka-Pygmäen (Zentralafrika) Das Mädchen Molebo und seine soziale Integration in die Gruppe der Erwachsenen — E 3089–HF 159
- Bayaka-Pygmäen (Zentralafrika) Verhalten eines Säuglings in der Gruppe von Frauen und Kindern — E 3087–HF 160
- Bayaka-Pygmäen (Zentralafrika) Mimik: Junge Personen — E 3084–HF 161/1
- Bayaka-Pygmäen (Zentralafrika) Mimik: Alte Personen — E 3085–HF 161/2
- Bayaka-Pygmäen (Zentralafrika) Kinderbetreuung im Lager — E 3086–HF 162

SCHIEFELHÖVEL, G. und SCHIEFENHÖVEL, W.: Eipo (West-Neuguinea, Zentrales Hochland) Vorgänge bei der Geburt eines Mädchens und Änderung der Infantizid-Absicht — E 2680–HF 70

SCHIEFENHÖVEL, W.: Eipo (West-Neuguinea, Zentrales Hochland) Hochschwangere bei der Gartenarbeit — E–HF 91
- Eipo (West-Neuguinea, Zentrales Hochland) Baumbestattung und Totenklage — E 3038–HF 184
- In (West-Neuguinea, Zentrales Hochland) Schwierige Erstgeburt — E 2831–HF 118

SCHIEFENHÖVEL, W. und EIBL-EIBESFELDT, I.: Eipo (West-Neuguinea, Zentrales Hochland) Behandlung einer Pfeilwunde — E 2800–HF 132
- Eipo (West-Neuguinea, Zentrales Hochland) Behandlung eines Panaritiums — E 2923–HF 154

SCHIEFENHÖVEL, W. und SCHIEFENHÖVEL, G.: Eipo (West-Neuguinea, Zentrales Hochland) Geburt eines Mädchens einer Primapara — E 2681–HF 90

SCHIEFENHÖVEL, W. und SIMON, F.: Eipo (West-Neuguinea, Zentrales Hochland) Anfertigen eines Nackenschmucks »Mum« — E 2437
- Eipo (West-Neuguinea, Zentrales Hochland) Kastrieren eines Schweines — E 2456
- Eipo (West-Neuguinea, Zentrales Hochland) Vorgänge anläßlich der zeremoniellen Übergabe einer Nassa-Stirnbinde — E 2457
- Eipo (West-Neuguinea, Zentrales Hochland) Wundbehandlung einer infizierten Wunde — E 2510
- Eipo (West-Neuguinea, Zentrales Hochland) Durchbohren der Nasenscheidewand — E 2511
- Eipo (West-Neuguinea, Zentrales Hochland) Durchbohren des Ohrläppchens — E 2512
- Eipo (West-Neuguinea, Zentrales Hochland) Ab- und Anlegen von Hüftgürtel und Peniskalebasse — E 2513
- Eipo (West-Neuguinea, Zentrales Hochland) Schleifen von Steinklingen am Kirimye — E 2550
- Eipo (West-Neuguinea, Zentrales Hochland) Kinderspiele »taruk linglingana« und »mana« — E 2551
- Eipo (West-Neuguinea, Zentrales Hochland) Körperbemalung der Mädchen — E 2557
- Eipo (West-Neuguinea, Zentrales Hochland) Herstellung von Nasenstäben aus Kalzit (Arbeitssituation in der Gruppe) — E 2777

- Eipo (West-Neuguinea, Zentrales Hochland) Schäften eines Steinbeils — E 2906
- Eipo (West-Neuguinea, Zentrales Hochland) Ein Vormittag in Imarin — E 2635
- Eipo (West-Neuguinea, Zentrales Hochland) Wundbehandlung mit Schweinefett und Wärmeanwendung — E 2509
- SCHIEFENHÖVEL, W., SIMON, F. und HEUNEMANN, D.: Eipo (West-Neuguinea, Zentrales Hochland) »mote« ein Besuchsfest in Munggona — E 2803
- Eipo (West-Neuguinea, Zentrales Hochland) Sammeln von Wasserinsekten — E 2538
- HEUNEMANN, D. und HEINZ, H.-J.:* Feuerbohren und Tabakrauchen — E 1822
- Sprungspiel der Männer (//oli) — E 1823
- Herstellen eines Giftpfeils — E 1824
- Jagd auf Springhasen — E 1825
- Federstabspiel der Männer »xhana« — E 1826
- Aufheben eines Speise-Verbotes — E 1827
- Bau einer Schlingfalle — E 1828
- Herstellen eines Speeres für die Springhasenjagd — E 1829
- Festtanz »guma« — E 1830
- Stockwurfspiel der Männer »//ebi« — E 1831
- Herstellen eines Jagdspeeres — E 1847
- Herstellen eines Köchers — E 1848
- Mädchen-Initiation — E 1849
- Bau einer Hütte — E 1850
- Herstellen eines Jagdbogens — E 1851
- Tauschhandel an einer Wasserstation — E 1852
- Ballspiel der Frauen »dam« — E 2024
- Kalahari-Wettstreit »Jäger und Tier« Gestenspiel — E 2105
- Spiel Honigdachs mit Zurechtweisung von Spielern wegen Regelverstoßes — E 2106
- Spiel »Oryx Antilope« mit einer Auseinandersetzung zwischen zwei Spielgruppen — E 2107
- Herstellen von Perlen aus Straußeneierschalen — E 2108
- Herstellen eines Kopfschmuckbandes aus Perlen von Straußeneierschalen — E 2109
- Anfertigen und Anbringen von Frauenkopfschmuck — E 2110
- Tätowieren von Stirn und Schläfen — E 2111
- Anfertigen einer Tragtasche aus Gazellenleder — E 2112
- Herstellen einer Puderdose aus einem Schildkrötenpanzer — E 2113
- Herstellen eines Holzmörsers — E 2114
- Herstellen und Benutzen eines Mattensiebs; Gesichtsreinigung — E 2115
- Anfertigen einer Köchertragtasche aus Gazellenhaut — E 2116
- Herstellen eines Umhangs aus Antilopenfell — E 2117
- Herstellen eines Seiles für die Schlingfalle — E 2118
- Sammeln, Zubereiten und Verzehren von »Veld-Kost« durch Frauen — E 2119
- Verlegen eines Wohnsitzes einer Buschmanngruppe — E 2120
- Fangspiel »Strauß« — E 2121
- Spiel »Oryx-Antilope« — E 2122
- Spielen eines Monochords (Buschmann-Geige) — E 2123
- Spielen einer Bogenlaute mit Unterhaltungsgesang — E 2124
- Spielen des Musikbogens — E 2125
- Spielen eines Lamellophones mit Unterhaltungsgesang — E 2126
- Stimmen eines Lamellophones — E 2127
- Herstellen von Sandalen — E 2303

* Alle Filme: !Ko-Buschmänner (Botswana, Kalahari).

– Herstellen eines Giftmörsers	E 2302
HEUNEMANN, D. und SCHIEFENHÖVEL, W.: Eipo (West-Neuguinea, Zentrales Hochland) Aggression gegen eine getötete Zauberin	HF 92
HEUNEMANN, D., SIMON F. und BLUM, P.: Eipo (West-Neuguinea, Zentrales Hochland) Bau einer Schwerkraftfalle	E 2659
HEUNEMANN, D., SIMON F. und SCHIEFENHÖVEL, W.: Eipo (West-Neuguinea, Zentrales Hochland) Verzehr von Pflanzensalz	E 2566
– Eipo (West-Neuguinea, Zentrales Hochland) Frauen schlachten und garen zwei Schweine	E 2902
– Eipo (West-Neuguinea, Zentrales Hochland) Herstellen einer Maultrommel	E 2558
– Eipo (West-Neuguinea, Zentrales Hochland) Herstellen einer Peniskalebasse »sanyum«	E 2654
HEUNEMANN D., SIMON F. und SIMON, A.: Eipo (West-Neuguinea, Zentrales Hochland) Spielen einer Maultrommel	E 2559
HEUNEMANN, D., SIMON F. und WALTER, S.: Eipo (West-Neuguinea, Zentrales Hochland) Gartenbauarbeiten (Hochbeetbau)	E 2660
HEUNEMANN, D. und SBRZESNY, H.:* Herstellen einer Tabakspfeife aus einem Röhrenknochen	E 2304
– Anfertigen eines Armreifs aus Grashalmen	E 2305
– Anfertigen einer Halskette aus »Duftstäbchen«	E 2306
– Herstellen eines Löffels aus einem Schildkrötenpanzer	E 2307
– Sammeln und Verzehren von »Veld-Kost«	E 2308
– Herstellen und Anlegen eines Männer-Lendenschurzes	E 2309
– Jagen und Zubereiten eines Springhasen; Krankenbehandlung	E 2310
– Anfertigen eines Frauen-Schurzes	E 2315
– Anfertigen von Zierstäbchen für die Mädchen-Initiation	E 2316
– Speerjagd auf eine Oryx-Antilope	E 2317
KOCH, G., SCHIEFENHÖVEL, W. und SIMON, F.: Eipo (West-Neuguinea, Zentrales Hochland) Neubau des sakralen Männerhauses in Munggona	E 2675

---

* Alle Filme: G/wi Buschmänner (Botswana, Zentralkalahari).

Register

Autorenregister

Abbott, L. 317
Abramovitch, R. 426
Abramson, A. S. 726
Abramson, D. C. 1058
Adams, D. 983
Adams, J. L. 279
Adams, J. P. 379
Adams, R. M. 319
Adamson, L. 1064
Addiego, F. 346
Adler, Ch. 460
Ahrens, L. 1058
Ahrens, R. 93
Ainsworth, M. 244, 259,
   753
Alade, M. O. 273
Albert, M. L. 621
Albert, R. 1055
Albrecht, J. 915
Aldis, O. 795
Alexander, I. E. 986
Alexander, R. D. 25, 46,
   138, 147, 150, 964
Alland, A. 984
Allemann-Tschopp, G. 400
Allen, D. E. 741
Allesch, G. J. v. 66
Alley, T. R. 94, 97 f.
Almagor, U. 578
Als, H. 984
Alsing, W. 387
Alt, F. 594
Altman, I. 478, 480

Altmann, J. 209
Altmeier, W. A. 1042
Amato, P. R. 252
Ambrose, J. A. 292
Ames, M. A. 393
Amoore, J. E. 600
Amthauer, R. 380 ff.
Anastasia, A. 380
Ancoli, S. 1005
Anderson, G. C. 784
Anderson, J. R. 343
Anderson, P. 348
Anderson, S. W. 288
Andersson, Y. 275
Andreasson, B. 1064
Andrews, Ch. 1011
Angrick, M. 110
Angst, W. 498
Anisfeld, M. 90
Antonelli, A. 985
Arch, E. C. 376
Archavsky, I. A. 274
Ardrey, R. 475
Arend, R. A. 1035
Argyle, M. 527
Aries, Ph. 257, 266
Arletti, R. 235
Arlman-Kupp, A. 1057
Asano, T. 1042
Asch, S. E. 450, 734
Aschoff, J. 109 ff.
Aspey, W. P. 213
Attili, G. 160, 602

Atzwanger, K. 252
Auerbach, J. 1023
Austen, S. 53, 271
Ausubel, D. P. 793
Avedon, E. M. 795
Axel, R. 49

Babad, E. Y. 986
Babad, Y. E. 986
Bachofen, J. J. 324
Bacon, M. K. 810
Badinter, E. 255, 266
Bächtold-Stäubli, H. 555
Baenninger, R. 616
Baerends, G. P. 226
Bahuchet, S. 460
Bailey, J. B. 360 f.
Bailey, K. G. 110, 118
Bailey, W. T. 317 f.
Bakeman, R. 490
Baker, J. W. 544
Baldwin, J. D. 360
Baldwin J. I. 360
Ball, R. L. 543
Ball, W. 86 f., 786, 900
Bally, G. 130, 722, 796
Bandura, A. 523 f., 544,
   567 f.
Barash, D. P. 138
Barber, N. 480
Barbujani, G. 40
Barden, L. A. 94
Barkow, J. H. 46, 138

Barlow, G. W. 50, 258, 703
Barnard, A. 418
Barner-Bárry, C. 25
Barnes, D. M. 599
Barnett, C. 1030
Baron, R. A. 518, 543
Barrett, J. E. 121
Barry, H. 810
Barth, F. 473
Bartlett, Th. Q. 142
Bartley, W. W. 28
Barton, S. 274
Basedow, H. 672
Bastiani, M. J. 47
Bateson, G. 987
Bausano, M. 70
Bayer-Klimpfinger, S. 476
Beach, F. A. 332, 360
Beaglehole, E. 482
Beauvoir, S. de 401
Becher, H. 625 ff.
Becker, F. D. 480
Becker-Carus, Ch. 229
Beebe, B. 1059
Beisl, H. 26, 74 f., 901
Beit-Hallahmi, B. 399 f.
Bekoff, M. 1032
Beli, W. H. 586
Bell, A. P. 342, 360
Bell, F. L. 581
Bell-Krannhals, I. 169, 332, 344, 420, 483, 502 f., 949
Bellugi, U. 992
Belsky, J. 287
Belzer, E. 346
Benard, Ch. 252
Benbow, C. P. 382
Benedeck, T. 384
Benedict, R. 437 f.
Benigni, L. 383
Bennett, J. H. 586
Bennett, J. W. 988
Bennett, S. L. 1059
Ben-Rafael, E. 255
Bentler, P. M. 1014
Bentley, D. R. 988
Benton, D. 543, 600 f.
Berger, J. M. 818
Berger, P. L. 988
Berghe, P. v. d. 150

Bergman, B. A. 478
Bergmann, E. 1012
Berkowitz, L. 543 f.
Berman, A. J. 1061
Bernatzik, H. 671
Bernstein, I. 1049
Bernstein, L. 988, 939
Bertaux, P. 988
Bertram, B. C. R. 140
Best, D. L. 388
Bettelheim, B. 302, 348
Beuchelt, E. 443
Bever, T. G. 733 f.
Bicchieri, M. G. 459 f.
Bigelow, A. 989
Bigelow, R. S. 516
Billow, R. M. 734
Bilz, R. 159, 520, 660
Bindra, D. 621
Binford, L. R. 825
Biocca, E. 564, 577
Birdsell, J. B. 149, 307
Birdwhistell, R. L. 161, 648 f.
Birns, B. 274
Birren, F. 919
Bischof, N. 32, 49, 229 ff., 250, 367, 369
Bischof-Köhler, D. 407, 771 f., 788
Bishop, P. 1043
Bixler, R. 365, 369
Blaffer-Hrdy, S. 406, 976
Blankenship, J. E. 213
Bleek, D. F. 461, 573
Blehar, M. C. 990
Blitz, J. 1046
Block, J. H. 376, 388
Block, N. 990
Block, S. A. 1068
Blum, B. 992
Blurton-Jones, N. G. 148, 159, 376, 506, 969
Boal, F. 481
Boas, F. 437
Bock, C. 670
Boehm, C. 428
Boehn, M. v. 102
Boesch, Ch. 826
Boesch, H. 826

Boesiger, W. 869, 870
Bogen, J. R. 1010
Bohannan, P. 573
Bohle, G. 408
Boinski-McConnell, H. 991
Bolinger, D. 729 f.
Bolk, L. 991, 822
Bolles, R. C. 46, 110
Bolton, R. 991
Bolzoni, D. 1051
Bonsall, R. W. 1037
Bontekoe, E. 280
Booth, A. 318
Booth, D. A. 600
Borgia, G. 991
Borkenau, P. 331
Bornstein, H. G. 250
Bornstein, M. B. 1038
Bornstein, M. H. 250 f., 918
Borsutzky, D. 427 ff.
Botero, G. 881
Boulding, K. 138
Bower, G. H. 259
Bower, T. G. R. 70 f., 86 f., 118, 749, 786 f.
Bowlby, J. 25, 259, 262, 265
Boyd, R. 150
Bradley, C. F. 992
Brain, P. F. 543
Bramel, D. 544
Brannigan, C. 159, 717
Brauer, A. 931
Braun, H. 645
Brazelton, T. B. 984, 1064
Brecht, B. 953
Breland, K. 114
Breland, M. 114
Brenner, J. 793
Briggs, L. F. 608
Brim, O. G. 992
Brinker, D. 390
Brislin, R. W. 992
Broad, F. 275
Brocher, T. 776
Brody, N. 1007, 1047
Broekhuysen, G. J. 1063
Brogan, D. R. 1008
Bronner, S. J. 992
Bronowski, J. 992
Brookfield, H. C. 586

Brooks, J. 1031
Brooksbank, B. W. 600
Broude, G. J. 992
Broughton, J. M. 991
Brown, G. L. 543
Brown, L. R. 992
Brown, P. 586, 693, 695 f.
Brown, R. 716, 735, 741
Brown, T. J. 921
Brownlee, F. 462
Brownlee, J. R. 490
Browntree, L. R. 992
Bruce, K. 1020
Bruner, J. S. 86, 731, 746, 790
Bryk, A. S. 407
Buchanan, N. R. 1065
Buchholtz, Ch. 987
Buchwald, K. 857, 881, 886, 993
Buck, P. L. 1025
Buckhalt, J. A. 993
Bucy, P. C. 546
Budack, K. F. R. 170, 456, 949
Bullock, T. H. 993
Bunge, M. 993
Bunney, W. E. Jr. 992
Burckhardt, L. 993
Burd, A. 90
Burgess, R. L. 991, 993
Burghardt, G. M. 146
Busch, F. 297
Bushnell, I. W. R. 274
Buss, A. H. 544
Buss, D. M. 329 ff.
Busse, C. 1012
Bygott, J. D. 458

Calabrese, R. L. 1059
Calhoun, J. B. 994
Calvinoux, P. 840, 994
Campbell, D. T. 28, 138
Campell, B. 348
Campos, J. 69 f.
Camras, L. A. 994
Candland, D. K. 119
Capello, N. 1045
Caplan, A. L. 994
Caporael, L. R. 288

Caputi, J. E. 922
Carlson, J. S. 784
Carlsson, S. G. 1052
Carneiro, R. L. 849, 994
Caro, T. 795
Carroll, D. 1025
Carson, R. 888, 971
Carter, C. S. 994
Carter, J. N. 1064
Casey, R. J. 1029
Cashdan, E. A. 436, 467
Cassidy, J. H. 994
Casterline, D. 1060
Castetter, E. F. 586
Caton, H. 844, 849
Catterall, C. P. 1005
Cavalli-Sforza, L. L. 37 ff.
Cavanaugh, P. H. 1036
Cernoch, J. M. 278
Chagnon, N. A. 34, 138, 158, 270, 563, 584, 586
Chance, M. R. A. 213, 423, 736
Chardin, T. d. 890
Charlesworth, W. 138, 150, 406, 556, 979
Chateau, J. 795
Cheng, K. 1027
Chesler, D. 1024
Chesser, E. 346
Chevalier-Skolnikoff, S. 649 ff.
Cheverud, J. M. 142
Cheyne, J. A. 479
Child, I. L. 810
Chisholm, G. B. 962 f.
Chomsky, N. 731, 733, 746
Chow, I. 886
Cialdini, R. B. 507
Claessen, H. J. M. 849
Clark, L. 346
Clarke-Stewart, K. A. 313
Clastres, P. 849
Claus, R. 387
Clausewitz, K. v. 516, 576
Clifton, R. 996
Cohen, D. 1007
Cohen, P. S. 736
Cohen, R. 840, 849
Colby, A. 958

Cole, P. M. 59
Colgan, P. 209 f.
Colinvaux, P. A. 849
Collett, P. 1040
Collis, G. M. 996
Colombu, U. 1010
Comer, R. J. 451
Comolli, J. 346, 983
Comrie, B. 733
Condon, W. S. 277 f., 724
Conger, R. D. 993
Conkey, M. W. 829
Cook, M. 117, 328, 527
Cooke, W. L. 291
Cooper, W. E. 726, 1004
Corbit, J. D. 726, 1004
Corning, P. A. 25, 849, 971
Corsaro, W. A. 738
Coss, R. G. 527
Costello, R. K. 350, 352
Cott, H. B. 910
Count, E. W. 746
Craig, W. 105
Crain, St. M. 1038
Cranach, M. v. 162 f.
Creutzfeldt, O. 997
Croneberg, C. G. 1060
Cronin, C. L. 405, 426 f.
Crook, J. H. 998
Cüceloglu, D. M. 639
Culbertson, G. H. 997
Cullen, E. 997
Cunningham, M. R. 921
Curran, N. M. 1027
Curtiss, S. 774
Cutler, W. B. 603
Cutting, J. E. 997
Cybriwsky, R. 481

Daanje, A. 615
Dabbs, J. M. 384
Dacy, M. 998
Daglish, L. 377
Daldry, A. D. 376
Dalegivens, R. 573
Daléry, J. 393
Daley, P. C. 1032
Damas, D. 998
Damasio, A. R. 621
Damon, F. H. 998

1083

Danielli, J. S. 998
Dann, H. D. 523, 547
Dannhauer, H. 380
Danzinger, L. 752
Darracott, J. 582
Dart, R. A. 518, 574, 825
Darwin, Ch. 42, 138, 140,
    187, 598, 622, 652, 706
Dasen, P. R. 784
Daucher, H. 902 f.
Davies, P. 1025
Davis, A. 476
Davis, F. C. 998
Dawkins, R. 62, 138, 598,
    423
Day, R. H. 66, 68 f.
Deag, J. M. 998
Dean, R. 753
DeCasper, A. H. 278
DeChateau, P. 274 ff., 291
DeEskinazi, F. G. 1043
Degenhardt, A. 379
Delcomyn, F. 107
Delgado, J. M. R. 46
DeLong, A. J. 742
Demoll, R. 888
Demott, B. 341
Dennen, J. G. M. van der
    979
Dennis, W. 752, 778, 780,
    304
DePaulo, B. M. 663 f.
D'Errico, F. 912 f.
Desimone, D. 383, 392
Deutsch, R. D. 479, 672
Devereux, G. 999
DeVore, I. 456, 458, 460
DeWaal, F. B. M. 191, 346,
    425, 588, 702
Diamond, M. 340
Dickey, E. 639
DiFranco, D. 86
Dimberg, U. 662, 665
Dingwall, W. O. 1000
Dion, K. K. 921
Disney, W. 94, 97
Divale, W. T. 458, 587
Dodd, J. 47
Dodwell, P. C. 1000
Doe, C. Q. 1012

Doermer, C. s. Tramitz, C.
Dörner, D. 34, 74 f.
Dörner, G. 358 f.
Dolgin, K. G. 616
Dollard, J. 259, 518, 524
Donovan, W. L. 1009
Doob, A. N. 544
Doob, L. W. 1000
Dooling, R. 1034
Doty, R. L. 387, 621
Draeger, D. F. 564
Draper, P. 376, 435
Drent, R. H. 226
Driesch, H. 774
Driskell, J. 828
Dubois, L. 780
Duchamp, M. 931
Duchen, M. R. 304
Duchenne, B. 622
Du Lac, S. 1012
Dum, J. 1001
Duncan, S. D. 1001
Dundes, A. 740
Dunkeld, J. 86, 90
Dunn, K. 403
Dunn, R. 403
Durden-Smith, J. 383, 392
Durham, W. H. 584
Durkheim, E. 846
Dusak Sexton, L. 1001
Dusen, R. v. 485
Dvir, R. 1051
Dworking, E. S. 543
Dyke, B. 834
Dyson-Hudson, N. 474
Dyson-Hudson, R. 485
Dzur, C. 406

Eals, M. 384 f.
Easton, D. F. 1019
Eaton, L. 1057
Ebbesen, E. B. 544
Eckermann, C. O. 242, 756
Edelman, M. S. 426, 433
Eder, D. 379
Ederer, R. 930 f.
Edney, J. J. 480 f.
Edwards, C. P. 376
Edwards, J. N. 318
Efran, J. S. 543

Efran, M. G. 479
Efron, A. 267
Efron, D. 666, 743
Eggebrecht, R. 289 f., 316,
    939
Ehestorf, G. 893
Ehrhardt, A. A. 319, 391
Eibl-Eibesfeldt, I. 26, 40, 43,
    46, 51, 59, 85, 88, 105,
    119, 122, 124 f., 135, 142,
    146, 148 f., 157, 166, 177,
    184 ff., 204, 232 f., 236,
    242, 252, 258, 266, 269,
    286 f., 295 f., 297, 308,
    324, 335, 362, 367, 421,
    425, 435, 465, 469, 492 f.,
    498, 514, 522, 527, 559,
    566, 588, 592, 604, 611,
    613, 616, 659 f., 664, 671,
    679, 689, 696, 699, 720 f.,
    724, 738, 740 f., 743, 789,
    794 f., 807 f., 811, 814,
    819, 828, 841, 844, 853,
    872, 876, 891, 902 f., 912,
    915, 918, 936, 944 f., 963,
    968, 977
Eichler, M. 257
Eickstedt, E. v. 643 f.
Eidelman, A. 1023
Eilers, R. E. 1042
Eimas, P. D. 726
Eisenberg, J. 258
Eisenberg, L. 1004
Ekman, P. 170 f., 220, 597,
    623, 630 ff., 636, 639,
    649, 655, 663 ff., 668, 729
Elbert, S. 705, 741
Elgar, M. A. 1005
Elliott, A. N. 366
Ellis, H. 367
Ellis, L. 362, 393
Ellman, St. J. 1061
Ellsworth, P. 1005
Elsner, N. 1005
Elterman, H. 941
Elwin, V. 1005
Elze, C. 645
Ember, C. R. 203, 469
Ember, M. 203
Emerson, P. E. 259, 265

Endicott, K. 469
Engel, F. 256
Engelhardt, W. 855, 882
Engelmann, T. C. 111 f.
Engels, Fr. 256, 324 f.
Engen, T. 602, 1012
Epstein, D. 180, 939
Erdal, D. 428
Erikson, E. H. 37, 412, 778, 780
Ertel, S. 76 ff.
Ervin, F. 117
Escoffier, J. 1006
Esser, A. H. 479
Essock-Vitale, S. M. 150, 338
Etienne, A. 987
Evers, L. 340
Evonuik, G. 599
Ewer, R. F. 258
Ewert, J. P. 49, 63
Ewert, O. M. 90
Exline, R. V. 1070
Eysenck, H. J. 346

Fagen, R. 795
Fagot, B. I. 388
Falger, V. S. E. 977
Faneslow, M. S. 110
Fantz, R. L. 93
Faublée, J. 438
Faupel, M. 1036
Fauss, R. 921
Fay, R. E. 340
Feekes, F. 1063
Fehling, D. 26, 125 f., 671, 918
Feierman, J. R. 363
Feinman, S. 237, 352
Feldman, J. 138, 376
Feldman, M. W. 1065
Felipe, N. 477
Felsenstein, J. 138
Fentress, J. C. 45, 49, 51, 107
Ferber, A. 1024
Ferguson, C. A. 288, 746
Ferguson, R. B. 1007
Ferguson, R. F. 581, 840
Ferleger, N. 1027

Fernald, A. 288, 290
Ferrari, M. 242
Feshbach, S. 518, 524, 543 f.
Field, T. M. 90 ff., 599
Fifer, W. P. 278
Fink, P. J. 1011
Finkelhor, D. 365
Firestone, S. 401
Firth, R. 741
Fisek, M. A. 440
Fisher, A. E. 119
Fisher, E. 255
Fisher, S. 346
Fishkin, R. E. 1011
Fiske, D. W. 1001
Flaschar, W. 856
Flavell 783
Fletcher, D. 352
Fling, Sh. 1011
Flitner, A. 795
Flohr, H. 25, 849
Ford, C. S. 360
Ford, G. S. 332
Ford, M. R. 1008
Fordyce, J. 611
Forrester, L. J. 984
Fortune, R. F. 297, 581, 778
Fossey, D. 488, 807
Fouts, R. S. 715
Fox, C. A. 349
Fox, N. 265
Fox, R. 1062
Fraiberg, S. 242, 274, 284
Franck, D. 987
Frank, H. 901
Frank, J. D. 435
Frankl, L. 752
Franklin, M. 903, 905
Fraser, S. C. 704
Frasher, R. 403
Freedman, A. M. 1050
Freedman, D. G. 86, 274, 753, 786
Freedman, J. L. 704
Freeman, C. 888
Freeman, D. 256, 328, 352
Freisitzer, K. 869, 872
Freud, A. 258 f.
Freud, S. 360, 366, 525, 569, 577, 775 f.

Frey, K. S. 390
Frey, S. 162
Fried, M. H. 573, 840
Friedrich II. 844
Friesen, W. O. 1059
Friesen, W. V. 171, 597, 623, 630 f., 639, 668, 729
Frisch, K. v. 232
Frobenius, L. 573
Frodi, A. M. 287
Fromm, E. 482, 497, 520 f., 523
Fromson, M. E. 986
Frost, D. 1046
Fruth, B. 484
Fry, H. K. 419
Fthenakis, W. E. 320
Fukui, K. 585
Fullard, W. 94, 387
Furby, L. 482
Furnham, A. 985

Gabor, D. 888
Gajdusek, D. C. 165
Galli, R. 1010
Gallimore, R. 810
Gallistel, C. R. 107
Gangestad, S. W. 903
Garcia, C. R. 997, 1047
Garcia, J. 117
Garcia, R. 1007
Gardner, B. T. 94, 715 ff., 912
Gardner, R. 581, 610
Gardner, R. A. 715 ff., 912
Gareis, B. 268
Garrett, J. C. 354
Gauda, G. 1024
Gaulin, St. J. C. 147
Gautier, T. 1021
Gazzaniga, M. S. 131, 1010
Geary, N. 1012
Geber, M. 753
Gedda, L. 600
Geen, R. G. 544
Geer, J. v. d. 213
Gehlen, A. 21, 720, 966 f., 970
Gehmacher, E. 872
Geist, V. 910 f.
Gelfand, D. M. 1056

Gennep, A. v. 818
Genzel, C. 278
George, W. 353
Gerson, M. 255
Geschwind, N. 619
Gesell, A. 753
Gewirtz, J. L. 784, 789
Ghiselin, M. T. 152
Gianutsos, J. 1063
Gibbs, F. A. 546
Gibbs, J. 1011
Gibson, E. J. 69
Gibson, K. R. 716, 721, 784, 826
Giles, H. 729
Gill, T. V. 715
Gilles, J. L. 838
Ginsburg, H. J. 291
Girsberger, H. 870
Gladue, B. A. 359
Glanzer, M. 732
Gleason, J. B. 708
Glück, H. 869f., 872f.
Gmeiner, H. 268
Godelier, M. 25, 460, 482
Goethe, J. W. v. 21
Goetz, W. 498
Götz, W. 1028
Goetze, D. 443
Goffman, E. 25, 252, 386, 565, 702
Golani, I. 160
Goldberg, D. C. 346
Goldberg, K. E. 993
Goldberg, S. 388
Goldenthal, P. 649
Goldfoot, D. A. 1012
Goldin-Meadow, S. 732
Goldman, M. 611
Goldschmidt, R. B. 30
Goldstein, A. G. 1012
Goller, W. C. 1025
Gombrich, E. H. 901
Good, K. R. 159, 495, 683, 742, 951
Good, P. R. 387
Goodall, J. siehe auch La-wick-Goodall, J. v. 135, 143, 325f., 456f. 720
Goodenough, D. R. 1070

Goodenough Pitcher, E. 377
Goodman, C. S. 47
Goodwin, F. K. 992
Goodwin, G. 1012
Gordon, R. J. 467
Gordon, T. 1049
Gorer, G. 648
Gottheil, E. 1070
Gottlieb, G. 1012
Gottman, J. M. 1012
Gould, S. J. 1012
Gower, D. B. 387, 600
Grafenberg, E. 346
Graham, C. A. 602
Graham, E. E. 1013
Graham, J. A. 985
Grammer, K. 170, 172ff., 213ff., 328, 331f., 352, 425, 433, 569, 600, 635, 639, 647, 698f.
Gramsch, Ch. 1001
Grant, E. C. 159
Graudenz, W. 1058
Gray, J. M. 1045
Gray, J. P. 345
Greco, M. 616
Greed, G. W. 1013
Green, J. A. 284
Green, R. 1011
Green, St. 120
Greenberg, M. 316f.
Greenberg, R. 1007
Greene, P. J. 1013
Greenfield, P. M. 721
Greenlees, I. A. 331
Greif, E. B. 708
Grellert, E. A. 359
Grieser, D. L. 288
Griffin, P. B. 467, 826
Grimm, H. 290
Groebel, J. 544
Groeneveld, W. 1012
Groos, K. 797
Gross, C. G. 1063
Gross, G. G. 904, 906
Grossmann, K. 272
Grossmann, K. E. 1014
Grüsser, O. J. 291
Gruhl, H. 887f.
Grusec, J. E. 390

Gruter, M. 1014
Grzimek, B. 1014
Grzimek, M. 888
Guardini, G. 955
Guenther, M. G. 468
Güntter, O. 957
Gugler, B. 997
Guglielmino, C. R. 40
Gumperz, J. 745
Gunderson, V. M. 1032
Gustafson, G. E. 1013
Gustafson, J.-A. 992
Gustavson, A. R. 600
Guthrie, E. R. 1014
Guthrie, R. D. 563
Guy, R. F. 741

Habermas, J. 1015
Häberlein, R. 915f.
Hager, J. C. 1005
Hailman, J. P. 1015
Haith, M. M. 274
Haldane, J. B. S. 139
Hales, D. J. 276
Hall, E. T. 476, 480
Hall, K. R. R. 1015
Hall-Craggs, J. 1039
Hallinan, M. T. 379
Hallowell, A. I. 1015
Hallpike, C. R. 586
Hamblin, R. L. 440
Hamburg, B. A. 388
Hamburg, D. A. 432
Hamilton, W. D. 138f., 147
Hamm, M. 90
Hammer, D. H. 360
Hammersmith, S. K. 988
Hanby, J. P. 1039
Hanstein, U. 857
Hardin, G. 838, 885, 970
Harlow, H. F. 119
Harpending, H. 416
Harrelson, A. L. 47
Harris, M. 159, 366, 503, 505, 573, 584
Harris, P. 274
Hartmann, D. P. 1056
Hartup, W. W. 1015
Haskett, R. F. 1050
Hass, H. 26f., 33, 158,

1086

165 ff., 821 f., 836, 872, 888, 890

Hassenstein, B. 49, 115, 207, 226 ff., 234, 264 f., 342, 355, 550, 556, 750 f., 795, 797

Hassing, Y. 1057

Hausfater, G. 200

Havemann, R. 341

Hawkes, K. 149

Hayduk, L. A. 1016

Hayek, F. v. 33, 415, 845, 890, 961 f.

Hayes, L. A. 90

Haynes, H. M. 1016

Healey, Ch. 1017

Hécaen, H. 621

Hediger, H. 520

Heerwagen, J. H. 832

Heeschen, V. 421, 473, 492 f., 514, 570, 591, 664, 689, 717 ff., 739, 741 f., 745, 841, 914, 950 f.

Hegel, G. W. F. 970

Heider, K. G. 581

Heilbronner, R. 971

Heimann, M. 90

Heinroth, O. 42, 50

Heinz, H. J. 169, 269, 418, 466 ff., 467 f., 818, 833

Held, R. 1046

Helfand, St. L. 1012

Helfrich, K. 169, 663

Hellbrügge, Th. 113

Heller, A. 405

Heller, J. 1036

Hellman, R. E. 1011

Helmuth, H. 458

Henderson, C. 994

Henley, N. M. 386, 608

Herdt, G. H. 818

Herman, B. H. 766

Herrnstein, R. 979

Herskovits, M. J. 1018, 1055

Herz, A. 110, 1001

Herzog, H. 169, 287, 295, 308

Herzog-Schröder, G. 169

Heslin, R. 608, 611 f.

Hess, E. A. 352, 354 ff.

Hess, E. H. 120 f., 622 ff.

Heunemann, D. 166 f., 1079 f.

Hewes, G. 386

Hewitt, J. 331

Heymer, A. 1018

Hiatt, S. 994

Hickey Schultz, L. 377

Hicks, D. J. 523

Hilgard, E. R. 258

Hill, G. W. 352

Hill, J. H. 722

Hill, K. 921

Hill, W. W. 582

Hinde, R. A. 94, 164, 328, 426, 815

Hindmarch, A. 1057

Hines, S. M. Jr. 849

Hino, H. 72

Hirst, G. 1019

Hite, S. 346

Hjortsjö, C.-H. 162, 170, 623, 628 ff.

Hobbes, T. 844 f., 968

Hockett, C. F. 720

Hodder, I. 933

Hoebel, B. G. 1019

Hoebel, E. A. 564

Hörmann, L. v. 564

Hoffmann, M. L. 88

Hoffmann-Krayer, E. 555, 1019

Hohenzollern, J. G. Prinz v. 913

Hohmann, G. 484

Hokanson, J. E. 543 f.

Hold, B. 160, 170, 213, 377, 479, 424 ff., 601

Hold-Cavell, B. 427 ff.

Holloway, R. 132

Holmberg, H. 999

Holst, E. v. 49, 51, 79, 83, 106, 115 f., 127, 226, 519, 544

Holzapfel, M. 1037

Hooff, J. v. 162, 193, 212

Hoon, P. W. 348

Hope, M. L. 1011

Hopf, S. 1046

Hopkins, J. B. 1042

Horner, R. 284

Horridge, G. A. 993

Horvath, Th. 354

Hosie, J. A. 352

Hospers, J. 1020

Houghton, J. C. K. 1063

Howard, L. S. 142

Hoy, R. R. 988

Hoyle, G. 107

Hrdy, S. siehe Blaffer-Hrdy 140

Hubel, D. H. 49

Huber, E. 643 f.

Huber, F. 49, 63, 88, 1005

Hubley, P. 789, 791

Hückstedt, B. 94 f.

Huggins, G. R. 997, 1047

Hughes, A. L. 147

Huhn, D. 340

Hull, D. L. 138

Hulsebus, R. C. 86

Hume, D. 28

Humphrey, T. 1021

Humphries, D. A. 159, 718

Hunsperger, R. W. 519

Hunt, G. T. 586, 783

Hurley, H. J. 1055

Hurtado, A. 1023

Huth, J. 1064

Huxley, A. 849, 879, 894 f., 897 f., 972, 976

Hwang, C. Ph. 288

Hyman, St. E. 1021

Hymes, D. H. 745

Ikeda, K. 1021

Immelmann, K. 120

Impekoven, M. 1063

Imperato-McGinley, J. 392

Indermühle, K. 997

Inhelder 783

Irons, W. 138

Isaac, G. 1021

Ismail, A. A. A. 1008

Itten J. 919

Ivers, J. W. 1068

Izard, C. E. 114, 639

Jackendorff, R. 942

Jacklin, C. N. 376, 379, 390
Jackson, J. F. 1052
Jacobson, J. L. 793
Jacobson, S. W. 90
Jaffe, J. 288
Jaffé, Y. 567
Jahoda, G. 754
Jahoda, M. 888
Jakobson, R. 730
James, J. W. 478
James, W. 42
Jamtgaard, K. 838
Janaćek, L. 726
Jantsch, E. 1022
Jarvella, R. 1049
Jarvie, I. 165
Jeffords, J. 1012
Jensen, A. R. 979
Jerauld, R. 1025
Jessell, T. M. 47
Jessen, E. 100
Jettmar, K. 25
Jobse, J. 1057
Johnson, R. N. 519
Johnson, R. S. 1022
Johnson, V. E. 327, 405
Johnston, R. E. 649
Johnston, V. S. 903, 905
Jolly, A. 650
Jones, D. 921
Jones, J. 852
Jones, L. E. 1013
Joosten, J. 1057
Jordan-Edney, N. L. 481
Jouvet, M. 545
Jürgens, J. 727
Jung, C. G. 122
Jusczyk, P. 1004

Kacher, H. 177, 184 ff., 605, 610
Kagan, J. 1022
Kahn, H. 888
Kahn-Ladas, A. 346
Kaiser, G. 268
Kaissling, K. E. 63
Kaitz, M. 1023
Kalbermatten, U. 162, 426, 997
Kallmann, F. J. 1023

Kalmus, H. 600
Kalnins, I. V. 86
Kaltenbach, K. 244
Kalz, G. 267
Kandel, E. R. 51, 107, 1052
Kant, I. 85, 589, 956 f., 968, 973
Kaplan, B. 735
Kaplan, H. 150
Kaplan, H. J. 1023
Kaplan, M. A. 138
Kaplan, W. O. 1021
Kardiner, A. 778 f.
Karp, S. A. 1070
Karsten, R. 582
Katz, R. J. 1023
Kauffmann-Doig, F. 335
Kay, P. 83
Keegan, J. 582
Keeling, C. 886
Keesing, R. M. 500
Keller, H. 286 f., 302, 318, 388
Keller, R. 878
Kempton, W. 83
Kendon, A. 672
Kennedy, J. M. 103
Kennell, J. H. 271, 274 ff., 281
Kenny, C. T. 352
Kenrick, D. T. 331
Kephart, W. M. 345
Kerscher, I. 339
Keupp, L. 1024
Keverne, E. B. 235, 387
Kiener, F. 564, 740
Kigar, D. L. 383
Kimura, D. 383
Kinchloe, B. 1020
King, A. 885
King, G. E. 203, 320, 495
King, M. G. 478
King, R. A. 259
King, S. 1045
Kinsey, A. C. 328, 340, 346, 348, 360
Kirkendall, L. A. 337
Kirkham, K. E. 1008
Kirk-Smith, M. 600
Kistyakovskaya, M. Y. 782

Kitcher, P. 150
Kitzinger, S. 362
Klaus, M. H. 271, 274 ff., 281, 317
Kleck, R. E. 451
Klees, F. 991
Kleitman, N. 111 f.
Klopfer, P. 235
Kluckhohn, C. 778, 780
Klüver, H. 546
Klutschak, H. W. 459
Knauft, B. M. 428
Kneutgen, J. 292, 938
Knower, F. H. 639
Knowles, E. S. 479
Knowles, N. 582
Kobylianski, E. 1032
Koch, G. 169, 663
Koch, K. F. 581, 592
Koch, P. 1058
Kochanska, G. 770
Koehler, O. 720
Köhler, W. 796, 912
Koelega, H. 600
Koelling, R. A. 1010
König, H. 459, 564
Koenig, L. 1026
Koenig, O. 23, 437, 614, 924, 926
Koepke, J. E. 90, 376
Köster, E. P. 600
Koestler, A. 441
Kohlberg, L. A. 391, 958
Kohl-Larsen, L. 460
Kohr, L. 847
Kolodny, R. C. 358
Komisaruk, B. R. 789
Konecni, V. J. 544
Konishi, M. 1026
Konner, M. J. 110, 138, 242, 297, 304 f., 310 f., 322, 376, 574
Koos Slob, A. 1012
Korner, A. F. 390
Kortlandt, A. 715, 825
Kortmulder, K. 369
Koslowski, B. 86
Kovach, J. K. 121
Krader, L. 849
Krafft-Ebing, R. v. 775

Krauss, F. J. 198, 335, 775
Krauss, R. M. 1027
Kraut, R. E. 649
Krebs, J. 598
Kreger, N. 1025
Krell, L. 1000
Krell, R. 167
Krieger, A. 997
Krieger, D. T. 108
Kroeber, A. L. 1027
Kroger, R. O. 741
Kruijt, J. 1027
Kruuk, H. 1063
Kühn, H. 575, 462
Kühne, K. 490
Kuenen, D. J. 1063
Kuenzer, P. 65
Küster, W. 895
Kuguimutzakis, J. 90
Kuhl, P. K. 288
Kumlehn, J. 871
Kummer, H. 498, 704
Kuo, Z. Y. 43, 782
Kurland, J. A. 147
Kuroda, S. 484
Kuwada, J. Y. 1012

Laban, R. 160
LaBarre, W. 366, 402, 648, 696
Laborit, H. 422
Labov, W. 740
Lacoste-Utamsing, Ch. d. 132
Lagercrantz, H. 273
Lamb, M. E. 287, 313, 316, 318, 1009
Lamb, Th. 431 f.
Lambert, W. W. 639, 703
Lampell-Endicott, K. 469
Lamprecht, J. 65
Lancaster-Jones, F. 307
Lancker, D. van 621
Lancy, D. 827, 850
Landy, D. 543
Lane, Ch. 709
Lang, K. 670
Langlois, J. H. 903, 921 f.
Larsen, R. R. 213, 423
Larsson, K. 1052

Lattimore, D. 473
Laver, J. 681
Lawick-Goodall, J. v. siehe auch Goodall, J. 195, 325, 423, 452, 456 f., 484, 607, 807, 826
Lawler, L. B. 354
Lawley, H. J. 997, 1047
Layard, J. 577
Leach, J. W. 740
Leacock, E. B. 407
Leakey, L. 825
Leavitt, L. A. 1009
Lebzelter, V. 462
Le Corbusier 870
LeDoux, J. E. 132, 134
Lee, R. B. 416 f., 435, 456, 458, 460, 463 ff., 833, 839
Lee, V. E. 407
Leen, R. 1036
Legerstee, M. 1026
Lehner, P. 212
Lehrdahl, F. 942
Lehrman, D. 43, 45
Leibman, M. 478
Leiderman, P. 1030
Leifer, A. 1030
Leiman, A. L. 110, 1050
LeMagnen, J. 387, 599
Lenard, H. 88
Lenneberg, E. H. 717, 733
Leong, I. 1027
Leonhard, K. 358
Leontev, A. N. 782
Lester, B. M. 1071
Leung, E. H. L. 756
Leupold, K. 679
Le Vay, S. 360
Levelt, W. J. M. 25, 84
Levenson, R. W. 664, 1005
Levi-Montalcini, R. 1030
Levine, J. M. 1036
Levinson, St. 693, 695 f.
Levi-Strauss, C. 25, 366, 420, 507, 702, 706
Levy, F. 1024
Levy, J. 131, 383
Lewis, H. S. 849
Lewis, M. 159, 388, 390
Lewis, R. A. 337

Lewkowicz, K. S. 1051
Lewontin, R. C. 1031
Lex, B. W. 947
Ley, D. 481
Ley, R. C. 376
Leyhausen, P. 100, 107
Liberman, A. M. 726
Lieberman, A. F. 1031
Lieberman, M. 996
Lieberman, P. 723
Liebowitz, M. R. 114, 328
Lief, H. 341
Liegle, L. 1031
Limber, J. 250
Lind, J. 284
Lindsay, D. R. 1024
Lipetz, V. E. 1032
Lipsitt, L. P. 118
Lisina, M. I. 782
Lisker, L. 726
Livi, L. 833
Livshits, G. 40
Loch, H. 142
Lockard, J. S. 291, 386, 687
Locke, J. 844
Lockman, J. J. 1071
Lötsch, B. 873 f.
Logstrup, K. E. 953
Lommel, A. 935, 937 f.
London, R. S. 1025
Loraine, J. A. 1008
Lorenz, B. 737
Lorenz, K. 22, 24, 28 f., 43, 50 f., 86, 93, 98 f., 106, 120 f., 154 ff., 188, 206 f., 226, 233, 235, 285, 302, 327, 334, 450, 475, 522 f., 525, 528, 557, 584, 645, 662, 789 f., 821, 824, 897, 901, 919, 948, 956 f.
Loth, E. 643
Loupis, G. 864 f.
Love, D. N. 1008
Lowery, C. R. 1008
Lozoff, B. 1015
Luckmann, B. C. 741
Luckmann, T. 741
Luers, F. 564
Luhmann, N. 328, 851
Lumholtz, C. 578

Lundquist, L. O. 665

MacCluer, J. W. 834
MacCoby, E. E. 376, 379, 390
MacCoby, J. 1033
MacDonald, K. 34
MacFarlane, J. A. 274, 278
MacKain, K. 1059
Mackey, W. C. 319
MacLean, P. D. 135 f.
Madsen, M. 850
Maguire, B. 1018
Mainprize, St. 1016
Major, B. 608
Malinowski, B. 257, 332, 344, 499 ff., 582, 681, 741
Mallick, S. K. 544
Malthus, Th. R. 881
Malyon, A. 1006
Maning, F. E. 576
Marcuse, H. 434
Margolese, M. S. 358
Margulies, S. 953
Mark, V. H. 1061
Markl, H. 31, 138, 519, 599
Marler, P. 104, 120, 726
Marmor, J. 358
Marr, D. 77
Marroquin, J. 77
Marsh, P. 1040
Marshall, D. S. 344
Marshall, L. 269 f., 463, 466, 833
Martin, C. E. 1025
Martin, P. 795
Martinsen, H. 244
Marwitt, J. P. 585
Masius, W. G. 1000
Mason, W. A. 119
Massie, H. N. 773
Masters, R. D. 26, 444, 849, 964
Masters, W. H. 327, 348, 405
Matama, H. 1012
Matas, L. 476
Mattee, D. 543

Mattei-Müller, M.-C. 169, 266
Mattingly, I. G. 722
Maurer, D. 93
Mausner, B. 405
Mauss, M. 498 f., 503, 505, 706
Maxwell-West, M. 311
Mayer, V. 874
Mayeri, E. 1052
Maynard-Smith, J. 138, 143, 703, 969
Mayr, E. 35 f., 138
Mazur, A. 431 f., 476
McAllister, L. B. 49, 1052
McAlpine, W. 1025
McArthur, M. 307
McBride, G. 478
McBurney, D. H. 1036
McCabe, J. 368
McCandless, B. R. 544
McCarter, R. 598
McCarthy, F. 307
McCauley, C. 251 f., 850
McCay, B. 984, 1065
McClintock, M. K. 602
McDonald, D. L. 1036
McDonald, E. R. 970
McGowan, B. K. 1010
McGraw, M. B. 52
McGrew, W. C. 159, 331, 484, 602, 720
McGuinness, D. 384
McGuire, M. T. 110, 150, 338
McKenzie, B. 90
McKnight, D. 1036
McKnight, J. 297
McLean, I. G. 142
McNally, R. J. 117
McNeill, D. 734
McNeilly, A. S. 304
Mead, M. 165, 256, 297, 309, 319, 328, 371 f., 374, 400, 558, 778 f.
Meadows, D. H. 1037
Meadows, D. L. 887
Meaney, M. J. 795
Medicus, G. 206 f.
Medioni, J. 987

Megargee, E. I. 405
Megitt, M. J. 472, 572, 586
Mehler, B. L. 386
Meindl, J. R. 352
Meiselman, K. C. 365
Meissner, K. 188
Melhuish, E. 278
Meller, R. E. 1019
Melrose, D. R. 387
Meltzoff, A. N. 88 f., 90, 92
Mendelson, M. J. 1037
Mendelson, T. 274
Menn, L. 730
Merz, F. 518
Merz, J. 1042
Meschulach-Sarfaty, O. 1023
Metzger, W. 74
Meyer, P. 849
Meyer-Holzapfel, M. 106, 233, 795
Michael, R. P. 387
Michaelson, L. 1031
Michel, Th. 863
Midgley, M. 138
Milewski, A. E. 90
Milgram, St. 441 f., 572, 964
Miller, A. 445
Miller, G. A. 732
Miller, N. E. 259, 1000
Miller, St. 1007
Milling, P. 1037
Mills, J. N. 1037
Mills, M. 278
Mineka, S. 117
Minturn, L. 1038
Miranda, D. 1024
Mischkulnig, M. 98
Mitford, N. 437
Mitscherlich, M. 498
Mittelstaedt, H. 226
Model, P. G. 47
Moewes, W. 857, 873
Moger, W. 983
Mohnot, S. M. 140 f.
Mohr, A. 575
Mohr, H. 1038
Moir, C. 348
Monberg, T. 741

Money, H. 331
Money, J. 319, 393
Montagner, H. 489, 1051
Montagu, A. 523, 574
Montross, L. 582
Moore, J. 148
Moore, J. D. 601
Moore, M. K. 88f., 90, 92
Moore, M. M. 328, 331
Morath, M. 53f.
Moreno, F. B. 214
Morey, R. V. Jr. 585
Morgan, B. J. T. 213
Morgan, C. T. 259
Morgan, Ch. J. 147
Morgan, L. H. 324
Morgan, S. W. 405
Morgese, L. 110
Morin, Sr. 1006
Morinaga, S. 72
Morishita, H. 219f., 222ff.,
   831
Moroni, A. 1072
Morris, D. 21, 23, 324, 328,
   334, 349, 437, 616, 667f.,
   681, 741, 802f., 828, 910,
   930
Morris, N. 316f.
Moss, H. A. 390
Mowrer, O. H. 1000
Moyer, K. E. 520, 522, 546
Moyse, A. 1051
Mpongo, E. 1012
Mühlmann, W. E. 573, 582
Mueller, E. 1040
Müller, H. 490
Müller, K. E. 409
Müller-Beck, H. 915
Müller-Schwarze, D. 795
Münz, R. 885
Müsch, H. 362
Muir, D. W. 1060
Mullens, S. 478
Muncy, R. J. 345
Murdock, G. D. 1040
Murdock, M. 1047
Murdock, P. M. 322
Murozumi, M. 886
Murphy, R. F. 573, 584
Murra, J. 474

Murray, Ch. 979
Murray, L. 284, 286, 533
Musgrove, D. 1011
Mussen, P. H. 391, 751
Musterle, W. A. 646f.
Mylander, C. 732

Naaktgeboren, C. 280
Nader, N. 70
Nance, J. 574
Nansen, F. 459
Napier, J. R. 829
Nañez, J. E. 87
Navojosky, B. J. 1049
Neff, C. 1009
Neimark, E. D. 784
Nelson, E. W. 459
Nesbitt, P. D. 478f.
Netting, R. M. C. 1041
Nettleship, A. 573
Nettleship, M. A. 573, 587
Neuberger, H. 90
Neuhaus, H. 341
Neumann, G. H. 447, 453
Neumann, P. 831
Nevermann, H. 501
Newcombe, M. D. 1014
Newcombe, W. W. 1042
Newman, J. 251f.
Newton, N. 348
Nguyen, M. L. 611f.
Nguyen, T. D. 611f.
Nguyen-Clausen, A. 909
Nichols, A. C. 1055
Niemeyer, C. L. 343
Nietzsche, F. 26, 34, 81,
   665, 893
Nitsch, K. 1042
Noel, G. L. 304
Noerenberg, H. 485
Nottebohm, F. 1042
Noyes, J. 345
Nunes, L. R. P. 1047
Nurss, J. R. 1008

Obmascher, P. 1047
Obonai, T. 72
O'Connor, S. M. 1042
Öfverholm, U. 985
Öhmann, A. 662

Oettingen, G. v. 170
Özkök, B. 740
Ofshe, R. 440
Ohala, J. J. 730
Olds, J. 118, 789
O'Leary, S. E. 1044
Olesen, V. 476
Olivetti, E. 1045
Oller, D. 1042
Omark, D. R. 426f., 433
O'Neal, E. C. 1010
Opper 783
Orians, G. H. 830
Orlansky, H. 778
Orlick, T. D. 802
Ort, C. A. 1059
Orwell, G. 894f., 897f., 972
Osborn, F. 888
Osche, G. 828
O'Shaughnessy, M. 1040
Oshinsky, J. S. 731
Osofsky, J. D. 751
Ostermeyer, H. 340
O'Sullivan, M. 1005
Otterbein, K. F. 573, 577
Otterstedt, C. 511
Over, R. 90
Overman, W. 621

Paciornik, C. 282, 1043
Paciornik, M. 280, 282
Packard, V. 437
Palluck, R. J. 479
Pancer, S. M. 352
Panksepp, J. 108, 110, 114,
   598
Papoušek, H. 118, 286, 708,
   790
Papoušek, M. 286, 288, 708,
   790
Pappas, G. D. 1038
Paredes, A. 1070
Parke, R. D. 313, 316, 318
Parker, H. 399, 407
Parker, S. 369, 407
Parker, S. T. 716, 721, 784,
   826
Parmelee, A. H. 1044
Passarge, S. 462, 670
Pastor, D. L. 1044

Pastore, R. E. 1044
Patterson, C. 886
Patterson, F. G. 715
Patterson, M. L. 478
Patterson, R. L. S. 387
Pawlow, I. 115
Pearson, K. G. 1044
Pearson, R. 979
Pechstein, J. 264
Pedersen, C. A. 235
Peeke, H. V. S. 1050
Peiper, A. 750
Pelegrini, R. J. 352
Pelosi, P. 984
Pentland, B. 1045
Peplau, A. 405
Perry, J. 346, 983
Persson-Benbow, C. 1045
Peters, S. 120
Petersen, A. 382
Petersen, R. E. 1021
Petersen, W. E. 348
Peterson, N. 459, 471 f.
Peterson, St. A. 849
Petitto, L. A. 1062
Pettersen, L. 1071
Pfeiffer, J. E. 840, 849
Pfeiffer, J. R. 1025
Phillips, S. 376
Piaget, J. 87, 733, 739,
   780 ff., 798, 958
Piazza, A. 40
Pierce, A. 1012
Piliavin, J. A. 451
Pillard, R. C. 360
Pilleri, G. 752
Pillet, G. 885
Pisoni, D. B. 726
Pitcairn, T. K. 336, 423,
   1045
Pleger, J. 521
Ploog, D. 25, 123, 650, 727
Ploog, F. 1046
Plumb, N. 1025
Plutchik, R. 114
Podewils, H. v. 844
Pöppel, E. 75, 84 f., 910, 946
Poindron, P. 1024
Pomeroy, W. B. 1025
Pool, J. 162

Poon, M. 1059
Popenoe, D. 978
Popp, J. 1046
Popper, K. R. 24, 29, 32,
   36 f., 85, 208, 853, 973
Popplewell, J. R. 984
Porter, R. H. 278, 601
Portisch, H. 592
Poshivalov, V. P. 110
Poulson, C. L. 90
Prechtl, H. F. R. 53, 56, 88,
   749
Preilowski, B. 131
Premack, D. 1047
Preti, G. 602, 997
Pribram, K. H. 384
Price, G. R. 143
Priesner, E. 1023
Prioleau, L. 1047
Proshansky, H. M. 1047
Provine, R. R. 616
Purifoy, F. E. 1047

Quanty, M. B. 544
Queyrat, Fr. 797
Quichon, A. 1051

Rabin, A. I. 400
Radcliffe-Brown, A. R.
   418 f.
Rader, N. 1047
Radnitzky, G. 28
Ragan, J. M. 386
Rainer, R. 864, 873
Rajecki, D. W. 111 f., 259
Raleigh, M. J. 110
Ramsay, D. 994
Ramsey, C. T. 118
Rancourt-Laferriere, D. 126,
   346
Raphael, S. 1006
Rapoport, A. 1048
Rappaport, R. A. 472, 571,
   581
Rasmussen, K. 459
Rattner, J. 547
Rau, L. 1055
Rauh, H. 756
Rausch, G. 122
Razran, G. H. S. 1048

Redican, W. 650
Reed, H. C. B. 1037
Regan, D. T. 506
Reich, W. 339
Reiling, A. M. 94, 387
Reimarus, H. S. 42
Reinisch, J. M. 1015
Reis, D. J. 517
Reissland, N. 90
Reither, F. 34
Remane, A. 188
Rendine, S. 1045
Renfrew, C. 37
Renggli, F. R. 260
Rensch, B. 910, 920
Rentschler, I. 64, 69
Revelle, R. 886
Reynolds, P. C. 1048
Reynolds, V. 456, 458
Rheingold, H. L. 242, 279,
   756, 789
Rhodes, F. A. 586, 988
Richard, L. 273
Richerson, P. J. 150
Riddle, W. 1045
Riedl, B. I. M. 921
Riedl, R. 281
Ries, G. 250
Rieser-Danner, L. A. 1029
Righards, J. E. 70
Ringler, N. M. 275
Ripley, W. Z. 902
Riss, D. 1012
Ritter, J. M. 1029
Robbins, J. H. 341
Robinson, Ch. 95
Robson, H. K. 988
Robson, H. N. 586
Robson, K. S. 273
Rock, J. 600
Roeder, K. D. 1049
Rödholm, M. 317
Röhrig, L. 1049
Rössler, O. E. 646 f.
Roggman, L. A. 903, 1029
Rohde, W. 1000
Rohner, R. P. 559, 400
Romano, J. 478
Ronch, J. 274
Roper, M. K. 575

Rosa, E. 1036
Rose, F. G. 307
Rose, R. 431
Rosenblum, L. A. 119
Rosenfeld, H. M. 160
Rosenthal, R. 999, 1052
Rosenzweig, M. V. 110
Rosmalen A. van 589
Rosner, B. 997
Ross, S. E. 992
Rossi, A. S. 319
Rotering-Steinberg, S. 408
Rothchild, J. 445, 550
Rothman, B. S. 1052
Rothmann, M. 195
Rothmund, H. 302
Rousseau, J.-J. 456
Rowell, T. E. 703
Rubin, R. T. 392
Rubinshtein, S. L. 1050
Rudolph, W. 438
Rumbaugh, D. M. 715
Rump, G. Ch. 927
Ruse, M. 1050
Rushton, Ph. 979
Russell, M. J. 90, 278,
   601 f., 1026
Russell, P. A. 376
Rutherford, M. 391
Rutherford, R. B. 993

Sabini, J. 616
Sackett, G. P. 103, 240
Sadock, S. B. 349
Sadock, V. A. 349
Sager, S. F. 744 f., 746
Sagi, A. 88, 279, 314
Sahlins, M. D. 458, 460
Saint-Paul, U. v. 49, 127,
   545
Sal, F. v. 142
Salamone, F. A. 1051
Salapatek, P. 1035
Saling, M. M. 291
Salk, L. 291
Salter, F. 978
Salzen, E. A. 121
Salzman, F. 371
Sanday, P. R. 401
Sander, F. 907

Sander, L. W. 277 f., 724
Sanders, R. J. 1062
Sano, T. 641
Savage-Rumbaugh, E. S.
   1051
Savin-Williams, R. C. 406,
   423, 432
Sawin, D. B. 313, 316
Sbrzesny, H. 377, 795,
   801 f.
Scanlon, J. W. 1058
Scanzoni, J. 405
Schaal, B. 278, 601
Schaefer, H. 856
Schäfer, U. 878, 1051
Schaffer, H. R. 259, 265
Schaie, K. W. 544
Schaller, J. 276
Schanberg, S. 599
Scharf, J.-H. 723 ff.
Schebesta, P. 460
Schegloff, E. 1052
Scheich, H. 122
Schellenberg, E. G. 1065
Scheller, R. H. 49
Schelsky, H. 362 f.
Scheman, J. 386
Schenkel, R. 1052
Scherer, K. R. 161, 729,
   731, 742
Scherer, U. 1052
Schetelig, H. 276
Schiefenhövel, G. 269, 280,
   603
Schiefenhövel, W. 56,
   169 f., 269, 280, 292, 297,
   308, 344, 492 f., 499,
   502 f., 514, 556, 559, 570,
   578, 586, 603, 611 f., 664,
   689, 841, 920
Schiller, F. v. 957
Schindler, H. 25
Schjelderup-Ebbe, Th. 422
Schlaffer, E. 252
Schlegel, A. 147
Schleidt, M. 85, 95, 99, 160,
   170, 278, 336, 479, 601 f.,
   831
Schleidt, W. M. 53, 602,
   749

Schlosser, K. 451, 923
Schmid, J. 885
Schmidbauer, W. 269, 459
Schmidt, H. D. 523
Schmidt-Mummendey, A.
   523
Schmitt, A. 252
Schmitt, D. P. 329 ff.
Schneider, B. 885
Schneider, D. 63
Schneider, H. 234
Schneider, W. 565
Schneirla, T. C. 1054
Schober, H. 64, 69
Schoeck, H. 436
Schöne, H. 229, 987
Schöps, H. J. 883, 885
Schoetzau, A. 1054
Schröder, M. 939
Schropp, R. 170, 489, 699
Schubert, G. 26, 142, 423
Schultze-Westrum, Th. 572
Schumacher, A. 434
Schuster, M. 26, 74 f., 901
Schuster, R. H. 1054
Schwartz, J. H. 1052
Schwartzman, H. B. 795
Schwarzer, A. 401
Scott, J. P. 519
Seal, H. 213
Searle, J. R. 1055
Sears, R. R. 391, 1000
Seay, B. 119
Sebeok, Th. 717
Sedlaček, K. 726, 939
Segall, M. 71 f.
Segerstråle, U. 979
Seibt, U. 138, 144 ff., 203,
   329, 935 f.
Seitelberger, F. 1055
Seitz, A. 227
Selg, H. 1042
Seligman, M. E. 117
Senft, G. 169, 327, 695
Sergent, J. 621
Service, E. R. 459, 840, 849
Sevenster, P. 987
Seywald, A. 447
Shafton, A. 1055
Shakespeare, W. 714

Shapir, N. 1022
Sharpe, E. 735
Shelley, W. B. 600
Shepher, J. 368f., 393, 396, 400
Sherif, C. 412, 433
Sherif, M. 412, 433
Sherman, J. A. 403
Sherry, D. 1009
Sherzer, J. 746
Shetler, S. 543
Shettleworth, J. S. 118
Shibasaka, H. 170, 699
Shields, L. M. 146, 1056
Shields, W. M. 146, 1056
Shigetomi, C. C. 376
Shoham, R. 1050
Short, R. V. 304
Shorter, E. 266, 328
Shostak, M. 338, 348, 373f., 808
Sich, D. 280
Siegel, B. 1056
Siegfried, W. 175ff., 219, 222ff.
Sielmann, H. 794
Silberbauer, G. B. 465, 833
Silverman, I. 384f.
Silverman, R. 259
Simner, M. L. 1056
Simon, Th. 288
Simpson, G. G. 29
Simpson, M. J. A. 1039
Sinclair, H. 1065
Sinclair-de-Zwart, H. 733f.
Singer, D. 543
Singer, P. 1056
Singer, R. 524, 544
Sipes, R. G. 544f.
Siqueland, E. R. 118, 1004
Siri, E. 1072
Sirota, A. D. 665
Sivard, R. L. 593, 887
Skalnik, P. 849
Skinner, B. F. 115, 731f., 735, 774, 782
Skolnick, A. 256, 266
Skrzipek, K. H. 101, 355, 357, 388
Slaby, R. G. 390

Slagter, R. 26
Slobin, D. I. 733, 746
Slotkin, Th. A. 273
Smith, B. 1064
Smith, E. A. 474
Smith, H. W. 481
Smith, K. J. 1057
Smith, L. 244
Smith, P. K. 117, 250, 377
Smith, R. E. 259
Smith, R. W. 564
Sneath, P. 213
Snow, C. E. 746
Snow, M. E. 390
Snyder, S. H. 110
Snyderman, G. S. 582
Sobotta, J. 625ff.
Sokal, R. R. 40, 213
Somit, A. 26
Sommer, R. 477, 480
Sommer, V. 598
Sorenson, E. R. 165
Sosa, R. 1015
Sostek, A. M. 276
Soussignan, R. 1058
Spalding, D. A. 42
Sparling, D. W. 213
Spemann, H. 774
Spencer, H. 967
Sperry, R. W. 47, 131, 133, 774, 780, 782
Spieker, S. 1059
Spiel, W. 751
Spiro, M. E. 201, 344, 390, 393, 395ff., 402, 495
Spitz, R. 237, 263f., 775
Sroufe, L. A. 242, 476
Stacey, B. 265
Stacey, J. 979
Stahl, F. 359, 1000
Stambak, M. 1065
Stamm, R. A. 987
Stamps, J. A. 50
Stanjek, K. 297, 489, 498
Stanley, J. C. 382
Staub, E. 485
Steffa, M. 1025
Stein, L. 1059
Steinberg, J. 1028
Steinbuch, K. 888

Steiner, G. 1059
Steiner, J. E. 59, 284, 648
Steiner, M. 1023
Steklis, H. D. 1059
Stent, G. S. 49, 107
Stephens, W. N. 348
Stern, D. N. 265, 285f., 288, 299, 304, 377, 749, 798
Steven, G. 478f.
Stevenson Hinde, J. 164
Steward, J. H. 1060
Stewart, R. B. 265
Stewart, V. M. 72
Stifter, R. 877
Stöhr, C. 427f.
Stokoe, W. 716
Stoller, R. J. 362
Stopa, R. 724
Storm, Th. 327
Strathern, A. 335, 440, 505, 590, 592, 740, 918, 925
Stratton, P. 111
Strayer, F. F. 423
Strayer, J. 815
Strehlow, C. 576
Strehlow, T. G. 472
Stubbe, H. 511
Studdert-Kennedy, M. 1060
Sturla, E. 1021
Sütterlin, Ch. 26, 97, 124, 126, 660, 671, 900, 910, 915, 918, 923, 953
Sugawara, K. 611, 613
Sugiyama, Y. 140
Suh, H. K. 1042
Sullivan, E. V. 793
Suomi, St. Jr. 1044, 1048
Sussmann, R. W. 142
Sutton-Smith, B. 404, 795
Svaare, B. B. 543
Svejda, M. 994
Swadesh, M. 582
Sweet, L. 586
Sweet, W. H. 546
Switz, G. M. 1050
Sychra, A. 726, 939
Symons, D. 345f.
Szalay, F. S. 350, 352
Szulc, E. 1063

Tajfel, H. 414, 848
Tamplin, A. 1019
Tan, A. L. 703
Tanaka, J. 860
Tartter, V. C. 729
Tasso, T. 955
Taub, B. 992
Taub, E. 116
Tauber, M. A. 388
Taylor, J. 252, 850
Taylor, S. 709
Teleki, G. 484
Tembrock, G. 724
Terhardt, E. 944
Terrace, H. S. 716
Tessenow, H. 874
Teuber, E. 195
Thelen, E. 752
Thomae, H. 751, 777 ff.
Thomas, E. L. 524
Thomas, J. B. 1012
Thommen, E. 386
Thompson, E. P. 555
Thompson, K. 1050
Thompson, R. A. 250
Thornhill, R. 146, 903
Thorpe, W. H. 104, 120
Thurman, B. 1036
Tieger, T. 376
Tiger, L. 379, 393, 396
Tinbergen, E. A. 287, 652, 712
Tinbergen, J. 888
Tinbergen, N. 43, 50 f., 63, 65, 88, 189, 237, 287, 479, 652, 668, 712, 795, 965
Tischner, H. 592
Tobach, E. 1063
Tobias, Ph. v. 1063
Tönnesmann, W. 25, 849
Tomkins, S. S. 598
Tomoda, Z. 1063
Topoff, H. R. 1063
Tornay, S. 570
Trainor, L. J. 1063
Tramitz, Ch. 328, 331 f.
Tranel, D. 621
Trause, M. 1025, 1049
Trautner, H. M. 379, 390 f.
Trehub, S. E. 939

Trevarthen, C. 284, 286, 749, 754, 789, 791
Trevarthen, D. 86, 706
Triandis, H. C. 639
Tripp, C. A. 1064
Trivers, R. L. 138, 147, 150, 503
Trojan, F. 727
Tronick, E. 786
Tronick, F. 86 f., 900
Tschanz, B. 987
Turco, R. P. 852
Turke, P. W. 602
Turnbull, C. M. 460
Turner, F. 946
Turney-High, H. 573
Turton, D. 578, 585
Tyler, D. S. 209
Tyrell, H. 257, 325 f.
Tyson, J. E. 304

Uhrig, D. 233
Ulrich, R. 885
Ulrich, R. S. 831 f.
Ultan, R. 1064
Umiker-Sebeok, J. 717
Underwood, B. 986
Uno, H. 1052
Unyk, A. M. 939
Uyenoyama, M. K. 138

Valero, H. 564, 577
Valzelli, L. 109
Vandell, D. L. 793
Varney, N. R. 722
Vayda, A. 577, 582, 585
Vedder, H. 462
Vehrs, W. 74 f.
Verba, M. 790, 793
Vereby, K. 110
Verplanck, W. 115
Vester, F. 888
Vicedom, C. 592
Vierling, J. S. 599
Vietze, P. M. 1042
Vigorito, J. 1004
Vilensky, J. A. 722
Vinacke, W. E. 639
Vine, I. 997
Vining, D. 1066

Vinter, A. 90
Vogel, Ch. 141 f., 326, 388 f., 571, 977
Voland, E. 1066
Vollmer, G. 25, 28 f.
Voltaire 961
Vorster, J. 1057
Vossen, A. 55 f.
Vrugt, A. 1066
Vukcevic, D. P. 1025
Vuorenkoski, V. 1032
Vygotsky, L. 782

Wade, M. J. 138
Wagner, Sh. 735
Walbott, G. 1052
Walk, R. D. 69
Wallach, L. 94
Wallhäusser, E. 122
Walsh, D. 331
Walters, R. H. 523 f.
Wangerin, G. 874
Warburton, D. M. 114, 572
Warner, P. 1037
Warner, W. L. 578, 586
Warnke, M. 924
Warnyca, J. 992
Warren, R. A. 1067
Warren, S. F. 1047
Washburn, S. L. 432
Wassermann, G. A. 377
Wasz-Hoeckert, O. 1032
Waters, E. 242, 476
Waters, W. 1067
Watson, J. L. 90
Watson, J. S. 118
Watzlawick, P. 784
Wawra, M. 548
Waxman, H. 1011
Weber, M. 961
Webster, M. 828
Wedgewood, C. 578
Weghorst, S. J. 998
Weinberg, M. S. 988
Weinberg, S. K. 365
Weintraub, M. 390
Weisberg, M. 1011
Weisfeld, C. C. 405
Weisfeld, G. E. 405, 427, 433, 818, 921

Weish, P. 871, 873
Weisner, Th. 376, 810
Weiss, G. 874
Weitman, S. 255
Weitzman, E. D. 110
Weizsäcker, C. Fr. v. 593, 1068
Werner, H. 735
Wertheimer, M. 1068
West, M. M. 322
West, S. G. 921
West-Eberhard, M. J. 138
Westerborg-van Loon, H. 1012
Westermarck, E. 367
Westin, A. 477
Wever, R. 108 f., 111
Wex, M. 386
Whatley, J. L. 756
Whipple, B. 346, 983, 1011
Whissell-Buechy, D. 984
White, B. L. 1016
White, D. R. 322
White, L. 366
Whiten, A. 428
Whiting, B. B. 376
Whiting, J. W. M. 778 f.
Whyte, W. 896
Wiberg, B. 276
Wickler, W. 27, 122 f., 125, 138, 188, 201, 203, 233, 324, 329, 350, 670, 704, 935 f., 956, 959, 976, 978
Wiepkema, P. 212
Wiesel, T. N. 49
Wiessner-Larsen, P. 148, 169, 374, 416 f., 465 ff., 503, 592, 693, 717 f., 829, 833, 933 ff.
Wilberg, T. 1023
Wiley, R. 50

Wilhelm, H. J. 576
Williams, B. J. 138, 150, 469
Williams, G. C. 138 f., 976
Williams, J. 213, 388, 1030
Wilmsen, E. 468
Wilmsen-Thornhill, N. 146
Wilson, D. S. 138
Wilson, E. O. 137 f., 146, 148, 150, 979
Wilson, K. S. 1065
Wilson, M. 998
Winberg, J. 274 f., 985, 999
Winkelman, M. 1070
Winkelmayer, R. 639
Winner, E. 735
Winslow, J. T. 328, 348
Winter, M. 1066
Winter, P. 1046
Winterhoff-Spurk, P. 687
Wippman, J. 1067
Wirtz, P. 250
Wise, S. 1064
Witelsen, S. F. 383
Witkin, H. A. 377
Witkowski, G. 957
Wittelson, S. 384
Wittig, M. 382
Wobst, H. 149, 833
Wogalter, M. S. 352
Wolf, A. P. 367 f.
Wolf, J. J. 729
Wolf, S. B. 445, 550
Wolfe, H. 1024
Wolfe, L. D. 345
Wolfgang, A. 450
Wolfgang, J. 450
Wood, D. R. 352
Woodburn, J. 416, 458, 460
Woodhouse, H. C. 460
Woodson, R. 1007

Woodwell, G. M. 887
Worthman, C. 304 f.
Wright, Q. 565, 573, 576, 585
Wülker, W. 888
Wuketits, F. M. 1033
Wunderlich, D. 746
Wynne-Edwards, V. C. 1071

Yellen, J. E. 416
Yengoyan, A. A. 419
Yerkes, A. W. 323
Yerkes, R. M. 323, 1071
Yinon, Y. 1022
Yogman, M. W. 313 f., 317 f.
Yokoyama, S. 138
Yonas, A. 86
Young, G. 1031
Young, M. V. 1071
Youniss, J. 815

Zahn, E. 1037
Zahn-Waxler, C. 770
Zaporozhets, A. V. 1072
Zastrow, B. v. 462
Zei, G. 40
Zelazo, P. R. 752
Zeskind, Ph. S. 1072
Zetterberg, H. 332
Ziehr, W. 443
Zillmann, D. 342
Zinn, H. 873
Zinser, H. 375
Zippelius, M. 65
Zivin, G. 619
Zoloth, St. 1034
Zuckerman, M. 999
Zuehlke, S. 1025

Sachregister

Aale, desafferenzierte 51, 72, 106 f.

AAM s. angeborene auslösende Mechanismen 93, 101 f., 129, 917

Abdressur 115

Abkoppelung (Affekt) 742, 902, 956

Ablehnen 451, 638, 652
– durch Zungevorstrecken 650

Abreaktion 107

Abschied 509, 648, 708, 737 f., 763

Abstammung 21

Abstammungslinie 420

Abstandhalten 425 f., 475

Abstraktion 929, 935

Absturzscheu 70

Abwehr
–, Augen 124, 925, 928
–, Figuren 126, 936
–, Hand (Indien) 928
–, Zauber 509

Ache (Paraguay), Teilen 150

Achselzucken 666

Adoleszenz 379, 818 ff.

Adoptivkinder 149

Adrenalin, Noradrenalin 108, 273, 280

Äquivalente, funktionelle 744

Äquivalenzkonzept 744

Ästhetik 899
–, biologische 899
– kultivierten Verhaltens 952

ästhetische Präferenz 828, 870, 903
–, Leitbild 99
– bei Tieren 910

Affekte 79

Affen 119, 122, Kap. 4.3, 823
–, geschlechtstypisches Verhalten 389

Aggression 516 ff.

–, auslösende Reizsituation 525
–, Bewegungsmuster 528
–, bindende Funktion 235, 827
–, Definition 517
–, erzieherische 307 f., 553
–, explorative 540, 550 f., 756, 791
–, Frustrationshypothese 524
–, Funktion 549
–, Genese 523
–, innerartliche 516 ff.
–, Kontrolle 568
–, motivierende Mechanismen 535
–, mütterliche 308
–, normangleichende 447, 449, 766 f.
–, normerhaltende 436, 447, 452 f.
–, sexuelles Verhalten, Geschlechtsunterschiede 361
–, spielerische 675
–, Stau 543
–, Theorien, ethologische 522, 525
–, Trieb s. Motivation
–, Trieblehre 525

Aggressionsabblockung 163, 532 f., 685 f., 763
–, Strategien der 489, 685

agonales Verhalten 242, 519

Agta (Luzon, Philippinen) 467, 826
–, Verlegenheit 248
–, Wohnen 860

Aha-Erlebnis 155, 901, 951

Akkomodation 67, 82, 86, 782

aktionsspezifische Energie 106

Allelfrequenzen 40

Allianz 412, 839

Allianzen (Buschleute) 417, 466

–, Eipomek-Tal 473

Allmende 891, 970

Alltagsgespräche 718 ff.

Aloresen 780

Alternation 285, 705, 939
– und Koaktion 705

Alter und Rang 434

Altersprachtkleid 352, 435

Altruismus 138, 150, 152 f., 848, 969
–, reziproker 150, 503, 848, 969

altruistisches Verhalten 149, 376, 506, 958

Ambivalenz
– von Zuwendung und Abkehr 237, 242, 254, 329, 526
– der zwischenmenschlichen Beziehungen 237, 298, 332, 475, 571, 807, 849

Aminstoffwechsel 107

Amulette 122, 124 f.

Analogie 188, 201, 203 f.

Anarchismus 847

Anbieten, effektives (s. a. Geben) 489, 699 ff.

Andamesen (Territorialität) 459

Androgene 358, 374, 392 f.

Androstenol 387, 600

Androstenon 358, 387, 600

angeboren 42 ff., 128, 773

angeborene auslösende Mechanismen (AAM) 63, 88, 599, 917

Angst 548, 917 f., 974
–, Bindung 119 f., 235, 253, 443
–, Motivation 478 f.
– und sexuelles Verhalten, Geschlechtsunterschiede 360 f.
–, Sozialangst 287

Anonymität der zwischen-

1097

menschlichen Beziehungen 252 f., 850 f.
Anpassung 27 ff., 33, 36, 40 ff., 87, 187, 880, 896, 918
–, genetische 40
– in der Rezeptorik 63
–, kulturelle 26, 126, 325
–, stammesgeschichtliche 15 ff., 23 f., 29 f., 41 f., 62, 72, 88, 122, 154, 201, 207, 242, 257 ff., 326, 452, 522, 596 f., 705, 751, 787, 953, 977
Anschauungsformen 86
Ansehen (Rang) 213 ff., 406, 424, 437, 440, 585, 736
Anstoßnehmen 160, 448
Antikunst 930
Antithese, Prinzip der 533, 590, 667
Antrieb, neurogener 107
Aplysia 49
Appell 252, 678, 944
Appelle der Betreuung 334
–, infantile 204, 334
Appetenz 105, 107
–, aggressive 543
– nach Anerkennung 374
–, bedingte 116
– nach Partnernähe 232
–, Verhalten, hierarchischer Aufbau 127, 129
Aranda (Australien) 576
Arapesh 297, 400, 559, 778, 780
Architektur, Barock 909
–, Renaissance 907
Armensiedlungen (Südamerika) 864
Artenvergleich 190
Aruntasystem 419
Ashanti 753
Assimilation 784
Assoziationen 116
Attraktivität 331, 921
Attrappen, übernormale 926
–, Versuch 65, 88, 93 f., 917
Aufforderung 331

aufmerksamkeitsbindende 614, 960 bzw. – leitende Strukturen 614, 960
Aufmerksamkeitskriterium 213, 424, 428
Aufmerksamkeitsstruktur 160, 213, 423, 426, 736
Aufreitdrohung 122
Aufzucht unter Erfahrungsentzug 45, 302
Augen
–, Gruß 33, 61, 175, 290, 622, 632, 634 ff.
–, Kontakt 252, 272 f., 333
–, Muskeln 82
– öffnen, Funktion des 638
–, Sprache 332, 621
–, Symbolik 928
Ausdrücke, antithetische 637
Ausdruck der Angst 632
– von Ärger 632
– von Freude 221
– von Hochmut 638
– von Interesse 632
– in der Kunst 933
–, Maskieren des 252, 254
– von Trauer 221, 509
– von Überraschung 638
– von Wut 632, 646 f., 659
Ausdrucksbewegungen 50, 56, 59, 61, 65, 190, 337, 596, 598, 614 ff., 619, 639
– des Schmerzes 510
–, Gehalt 220
–, Gesten 665
–, kulturelle Verbreitungsgrenzen 668
–, Säugling 282 ff.
–, Übersetzung ins Verbale 659
–, Ursprung (Ableitung) 614
Ausdrucksverstehen 616
– von Kabuki (Japan) 219 ff.
– im Kulturenvergleich 641
–, Universalität 641, 648
Auslachen 448
Auslöser 65, 126, 613, 937, 939

–, Brust 351
–, Gesäß 349 f.
–, Lächeln 282
–, sexuelle 348, 387, 614
–, visuelle 387, 613
–, Weinen 298
Außenreiz 227
Außenseiter 447 f.
Ausstoßreaktion 447, 449
Australier, Aggression 580 f., erzieherische 556
–, Beschwichtigungsgebärde 672
–, Felsmalereien 927
–, Fremdenfurcht 527
–, Initiation 927 f.
–, Territorialität 455
–, Totem 455
Australopithecinen 575, 823, 825
Ausweichreaktion 88
Autismus 287, 712 f., 773
Autoaggression 242
Automatismen 107, 115
Automimikry 350
Autoritätsgehorsam s. Gefolgsgehorsam
Aversion, bedingte 115, 117
Avunkulat 147
Ayoreo, Verneinen 650, 652, 655

Babysprache 288, 309, 313, 321, 730, 939
Bali 169, 245
–, Augengruß 240
–, Augensymbolik (Dämonenabwehr) 927
–, Baris-Tanz 944
–, Brustweisen (Abweisen) 672
–, Drohgebärde 531
–, Drohstarren 531
–, explorative Aggression 764
–, Kopfschutzreaktion 61
–, Legong-Tanz 177, 942, 946
–, Musik 942

–, ritualisiertes Füttern 483
Bandbekräftigung 684, 711
Bart, sekundäres Geschlechtsmerkmal 351
–, einschüchterndes Merkmal 918
Bartweisen 660 f.
Batak (Philippinen) 469
Bauen, Bedürfnisse, physiologische 117 f.
–, ökologisches 873
Beduinen (Kampf) 586
Befriedung (Schlichten, Trösten) 711
Begabungen 131
Begrüßung 680 f., 694
Begrüßungstanz 680
Behaglichkeit, Merkmale der 918
Behaviorismus 15 f., 779
Beistehen 711
Beißintention 190, 193, 448
Bejahen (Mimik) 652
Beleidigen, ritualisierte Form 740
Beleidigtsein (Yanomami) 689
Beo (*Gracula religiosa*) 122
Beobachtung, distanzierte bzw. teilnehmende 158
Beschädigungskämpfe 143 f., 533
Bescheidenheit 500, 704
Beschwichtigung 500, 678
–, antithetische Kombination 678
Beschwichtigungsgebärde 672
–, Brustweisen als 672
Besitz 35, 482 ff.
–, Geben 483
–, Land 455 f.
–, Nahrung 483 ff.
–, Norm 426, 455, 482 f.
–, Objekte 483, 489, 689, 705
–, Partner als 324, 482, 498
–, privater 495
–, Rang 440, 497
–, soziale Funktion 482 ff.

–, Teilen 483 ff.
besitzergreifende Verhaltensweisen 386
Besitzverteilung 35
Bestattungsriten 510
Betreuungsverhalten 204, 233, 317
Betreuungshandlungen 93
Betteln 237, 689
Beute 130
Bevölkerungsdichte 833, 836, 839, 881
–, Explosion 11, 881, 885
–, Kontrolle 587, 837 f., 885
–, Wachstum 881
Bewegungsabläufe 85
–, Koordinationen 131
–, Muster 51, 70, 92, 115, 291, 528 ff., 667, 944
Bewirtung 126
Beziehungen 25, 265, 418, 703
–, formalisierte 418
–, zwischenmenschliche 807 ff.
Beziehungsnetz 265, 320, 859
Bezugspersonen 240, 250, 258 ff., 263, 287, 320, 775
Biami (Neuguinea) 487
Bienen 714
Bindemodelle, soziale 414
Bindung 258, 693
–, individualisierte 204, 233, 235, 258, 266 ff., 327, 402, 969
–, Mechanismen der 234
–, Partner 232
–, persönliche 252, 685, 809
–, soziale 416, 549, 684 f.
Binumarian (Neuguinea) 149
biologische Erkenntnistheorie 28
–, Normen, Optimalitätsprinzip 445
–, Wertlehre (Ethik) 955
biologisches Erbe 112
–, Gleichgewicht 881
Biotop, Präferenz 830

–, Savanne 830
Bitten 687 f., 737
–, verbales Agieren 692, 695 f.
Blickkontakt 240 f., 252, 274, 284, 287, 290, 332, 475, 596, 621 f., 672
Blindgeborene
–, Fixierprogramm 86, 751
–, Mienenspiel 59, 274, 284, 638
–, Reaktionen auf Schlüsselreize 103
–, Zeichnungen 103
Blit (Mindanao, Philippinen) 196
–, orale Zärtlichkeit 196
–, Verlegenheit 249
Blutsverwandtschaft 149
Blutzuckerspiegel 105
Bodenerschöpfung 837
Bodi (Paraniloten), Krieg 577
Bonobo (*Pan paniscus*) 323, 346, 349, 484
Botenstoffe (Hirn) 109
Brauchtum 149, 446, 960, 972
Brauenbewegungen s. a. Augengruß 170 ff., 277, 632 f., 637 f.
–, Ableitung als Ausdruck 635
–, Ausdrucksfunktion 633
Brustsuchen, rhythmisches 53
Brusttrommeln 675 f.
Brustweisen (Beschwichtigung) 672 f.
–, Australien, Mexiko, Neuguinea (Eipo) 672
–, Bali 673
–, Ekuador, Neuseeland 672 f.
Brutalisierung 268, 362, 931
Brutpflege 204, 233, 235, 258, 614, 969
–, Fürsorge 149
–, Handlung 93
–, Verteidigung 549

Buchfink, Gesang 104
Bumerang 580
Bunkerversuche 111
Buschleute, Kalahari 156, 169, 205, 295, 297
–, Allianzen, Nexus 417, 466
–, Anbieten 700
–, Babysprache 289
–, Felsmalereien (Krieg) 461, 573
–, Flegeljahre 818
–, Fraueninitiation 818
–, Fremdenfurcht 242
–, Geschenkpartnerschaften (hxaro) 416, 466, 495
–, Individualismus 410 f.
–, Infantizid 270, 837
–, Jagderfolg 126
–, Magie 573 f.
–, Musik 940, 943
–, Scherzpartner 418
–, soziale Körperpflege 613
–, Stil 933
–, Stillen 304
–, Tänze 175, 929, 943
–, Teilen 485, 693
–, Territorium 462 f.

Caniden 320
Chemotherapie 110
Chinesen 34
Christentum 34 f.
Chromosomen 392
circadiane Periodik s. Tagesperiodik
Copuline 387
Cordyline 472, 679, 841

Dachs (Meles meles) 16, 119, 130
Dämonenabwehr, Bali 927
–, Nepal 927
–, Nikobaren 927
Dani (Neuguinea), Begrüßung 610
–, Krieg 581
Dank 708
Darstellung, idealisierende 920

Darwinfinken (Geospizidae), Galápagosinseln 17, 187
Dassanetsch (Äthiopien), Aggression 577
Datenerhebung 87, 157 ff., 209, 226
Datenverarbeitung 63, 82
Dauerfamilie, eheliche 324
–, Partnerschaft, eheliche 322 ff., 328, 345, 833
Dauerlicht 111
Dauerstillen 304
Dehumanisierung 931
– des Gegners 566 f.
Demokratie 847
Dendriten 107
Dendrogramm 212, 944
Denken, kollektivistisches 414
Denkformen 85
Depression 109
Deprivation 45, 264 f.
Desynchronisation 111
Determinismus 150
Devianz 340, 362
Dialektbildung 667, 722 f.
Dichtkunst 946
Diebstahl, tolerierter 148
Distanzillusion 69
Distanzkulturen 476
Distanzzonen 480
–, persönliche 565
Dogmatismus-Quotient 78 f., 80 f.
–, Index 78 f.
Dokumentation 165, 187
–, Kulturvergleich 165 ff., 187
Dominanz 422 ff., 517, 585, 960
–, Beziehungen 425 f., 680, 839
–, fürsorgliche 422, 424, 431, 504
–, Imponieren 334, 425
–, Lust 361
–, männliche 255
–, prosoziale 407, 424
–, protektive 425

–, repressive 362, 423 f., 428, 504, 680, 846
– in der Sexualität 327, 361
Dopamin 108 f., 974 f.
Dreieck 100
Dressate 955
Drogen 109 f., 253
Drohaugen s. Abwehraugen 124
Drohblick 532, 655
Drohen, anales 671 f.
–, Gebärde 124, 477, 531, 537 f., 666, 683
–, Gruß 235, 679
–, Imponieren 517
–, Mimik, Rhesusaffen 103
–, phallisches 122 ff., 530
–, Starren 242, 528 f., 533
–, Verhalten 569, 655
Dschelada (Theropithecus djelada) 350
Dsimakani (Neuguinea), erzieherische Aggression 553
Duelle 578
–, verbale 740, 746
Duftmarkieren 604
Dunkelangst 918
Durchschnittsgesicht 903
Durst 105

Efferenzkopie 82
Egalität 393, 403, 436, 834
Ehe 602
–, Formen, Sim-Pua-Ehe (Formosa) 367
Ehebrecher 556
Ehigkeit 322 ff.
Ehrfurcht 443
Eichhörnchen 44 f., 367
Eifersucht 338, 952
–, Säugling 760, 808
Eigendynamik der Organisationen 842
Eigeninteresse 152
Eignung 23, 29, 31, 35, 63, 153, 904
Einebnung (Gestaltwahrnehmung) 73 f.
Einheiten, territoriale 411

Einigkeit 699
Eipo (Neuguinea) 56, 60, 169, 585, 590, 827, 851
–, Ablehnung (Mimik) 652 ff.
–, Alltagsgespräche 718 f.
–, Ansehen 434, 736
–, Augengruß 171, 293
–, Bindungen 852
–, Bitten 692
–, Brustweisen 672
–, Fremdenscheu 242
–, Geben 504, 692, 718
–, Geburt 280
–, Gesäßweisen 671
–, Geschenketausch 499
–, Geschlechtertrennung 309
–, Graspfeilspiel 805
–, Hals-Reaktion 60
–, Infantizid 269
–, Innergruppenkonflikt, Krieg 578 f.
–, Kannibalismus 570
–, Klan 420
–, Klanexogamie 420
–, Knabenspiele, Kampfspiele 805, 806
–, Kußfüttern 199
–, Musik 943
–, Mutter-Kind-Interaktionen 282
–, Nehmen 718
–, Phallokryptschnippen 655
–, Preislieder 949
–, Säugling, Kontaktinitiative 760
–, Säugling, soziales Explorieren 761
–, Selbstdarstellung, künstlerische Leistung 505, 924
–, soziale Körperpflege 613
–, Spielaufforderung 696 ff.
–, Spielgesicht 191
–, Stillen 307 f.
–, Teilen 690
–, Territorialität 455
–, Töten 570
–, Trauergesang 512

–, Trösten 298
–, Übersetzung nichtverbalen Ausdrucks in verbalen 659
–, Ursprungsmythos 840
–, Vater-Kind 308 ff.
–, Verlegenheit 246
–, Wohnen 862
–, Zeigen (Gestik) 666
Ejakulation 106
Eltern-Kind-Beziehung 259, 287, 318, 444, 815
Emanzipation der Frau 255, 325, 401
Emanzipationstraining 297
Embleme 667, 933
Emotionen 112 ff., 132 f., 220 f., 619, 663 f., 727
Empathie 770 ff.
Empirismus 779
Endorphin 943
–, Ausschüttung 953
–, Spiegel 109
Endsituation, abschaltende 105
Energiebilanz, positive 26, 41, 890
Energon 26
Enga (Australien), Kriege 572, 586, 592
Enkephaline 108
Entenvögel 50
Entfernungsschätzen 824
Enthaltsamkeit 586
Entindividualisierung 851
Entwicklungsphasen, Deutung 774
–, analsadistische 776
–, ödipale 776
–, orale 776
–, phallische 775
Entwicklung, Psychologie 87, 955
–, Quotient 263 f.
Entwicklungsverzögerung der Kinder 263 f.
Epiphänomen 30
Erbgut 137 f.
Erbkoordination 43, 49 ff., 61, 107, 128, 646

–, Definition 49
Erkennen, angeborenes 62
Erkenntnis 24, 32, 973
Erkenntnistheorie, biologische 28
Erkenntnisvermittlung 954
Erkunden, soziales 711
Erregungsstau 107
Erwerbkoordination 107, 115, 131
Erziehung in Kindergruppen 814
– bei den Himba 817
Eskimos 147, 487
–, Teilen 485
–, Territorialität 459
Ethik 954, 967
– der Feindschaft 967
– der Freundschaft 967
–, Kriegs- 959
–, Mitleids- 966
–, Überlebens- 11, 879, 891, 970
–, Verantwortung 959
Ethnozentrismus 266, 852
Etholinguistik 744 f.
Ethologie, Geschichte der 16
– der Kleidung 614
–, quantifizierende 209
– des Wohnens 855 ff.
Ethos des Teilens 34, 149, 960
–, familiales 149, 268, 845, 966, 975
–, Generationen- 970
–, Gruppen- 149, 235, 819, 840, 948, 971
–, männliches 966
–, politisches 973
–, Sozial-, antiindividualistisches 896
–, Staats- 959, 966 f.
–, weibliches 966
–, wissenschaftliches 973
–, Zukunfts- 834
Eugenik 22
Europa 582
Evolution freundlichen Verhaltens 204
–, kulturelle 33

1101

–, Schrittmacher der 40
evolutive Potenz 880, 893, 972 ff.
evolutiver Wandel 30
Exhibitionismus 362
Exogamie-Gradient 370
Exploration 540

Falter 63, 910
Familie 322 ff., 410 ff., 807, 814
–, familiales Ethos s. Ethos
–, familiale Veranlagung 254
Familialisierung 325 f.
Familienkinder 264
Farbkategorien 82 f., 664, 918
–, Konstanz 79, 82
–, Symbolik 918
Faserbündel (Hirn) 132
Feindbekämpfung, Strategien der 712
–, Verhalten 519
–, Vermeidung 232, 918
Feldspannung 130, 796
Felsmalerei 460, 927
Feminismus 397
Feststruktur 681
Fetischismus 356 f.
Feuerländer (Territorialität) 459
Filmdokumentation, Archivierung 165 ff.
–, Auswertung 170
–, Laufbild 164, 187
–, Methode 187
–, Zeitlupe 166
Fingerzeigduelle 667
Fischschwarm 232
fixed action pattern 93
Fixierblick, strafender 532, 655
Fixierprogramm, zentrales 86, 274
Flegeljahre 818
Flirt, Signale 332 ff.
–, Züngeln 615 f.
Fluchtsystem 547
Flüche 655

Fötalisationstheorie 822
Folgen frühkindlicher Erfahrung 779
Fore (Neuguinea), Gesichtsausdruck 639
Formkonstanz 50 f., 161
Fortpflanzung 35, 136
Fortpflanzungserfolg 140, 149
Fortpflanzungsgemeinschaften 37, 149, 833
Frauen, Darstellungen 96
–, Initiation 818
–, Kämpfe 562 f.
–, Schema 350
Frauenbewegung 375, 400
freie Marktwirtschaft 890
Freigebigkeit 960
Freiheit 130 f., 583, 795 f., 972 ff.
– des Denkens 902
Fremdenfurcht 240 ff., 260, 446, 527
–, Scheu 104, 446, 475, 525 f.
Freude, Stimmlage 726 f.
Freundschaftsindex 159, 216
Friede 572, 592
–, Vertrauen 973
Friedensschluß 589 ff., 703
–, Hagenbergstämme (Neuguinea) 590
–, Tsembaga 589
Friedfertigkeit, Australopithecinen 576
–, Genese 559
–, Pithecanthropus-Gruppe 575
–, Steinzeitmenschen 575
Frosch 97
Fruchtbarkeit 330
Fruchtbarkeitsrate 883
Fruchtbarkeitsritual 818
Frustration, frühkindliche und Charakterprägung 524, 778
Führungshierarchie 423, 433, 836, 841
Funktionsschaltbild 49, 227 f.

Fußballspiel 806
Futterbetteln, Lachmöwe 189
–, submissives 189
–, Wolf 189
Futterversteckhandlung 44 f.

Gähnen 616
Gebärden 665 ff.
Gebärende 603
Geben 483, 692, 718, 960
– zur Aggressionsabblockung 490, 700
–, Konflikt 487
–, verbales Agieren 692
–, Verweigern 488
Geborgenheit (bei der Mutter) 605
Geburt (Brasilianerin) 282
–, natürliche 280
–, Stellung 321
–, Verhaltung 280
Gefahren, Bannen von 122
Gefolgsgehorsam 205, 422, 442, 444, 571, 845, 959
–, Experimente zum 441 ff.
Gegenseitigkeit 505 f., 702, 848, 966
Gehgeschwindigkeit 250
Gehorsam als Jugendmerkmal 444
–, Rituale 205, 560, 711
Gemeinbesitz s. Allmende 838
Gemeingefühl 841 ff.
Gene 29, 30, 37, 49, 137 f., 139 f., 152
Generatorsysteme 128
Geruch, individueller 479, 601
–, Erkennen 242, 479, 601
–, Erkennen, Säugling 278
–, Wahrnehmung 387, 393
Geruchssinn 132
–, Markierung 118
Gesäßweisen 124, 353, 671, 676, 945
Gesang 120
Geschenke 498, 680, 682 f., 702 f., 705, 738, 741

—, Tausch 373, 416 f., 495, 498 f., 592, 683
Geschlechtertrennung (Eipo) 309
geschlechtliche Arbeitsteilung 258, 371, 402
Geschlechtsdifferenzierung (Hormone) 392, 826, 834
—, Liebe, individuelle 324 f.
—, Merkmale 349
—, Moral 338
Geschlechtsrollen 98, 371 ff., 404
—, Differenzierung, Bekräftigung 387 ff.
—, Entwicklung 201, 388, 801
—, Identifikationstheorien 390 f., 777
—, Lerntheorien 388
—, Prägung 777
—, Spiel 313, 801 ff.
Geschlechtsspezifisches Verhalten 372, 387
Geschlechtstypische Unterschiede, Adoleszenz 376 f., 379
—, Verhalten 372, 387
Geschlechtsunterschiede 132, 379, 388, 544
— im Betreuungsverhalten 314
— im Explorierverhalten 794
— in der Intelligenzstruktur 380
— in den Interessen bei Kindern 377
— der Männer und Frauen 380, 386
— im Puppenspiel 293, 799
—, sprachliche Begabung 382
—, sprachliche Überlegenheit der Frauen 381
— im Verhalten 373
— im Verhalten der Kleinkinder 318 f., 377
— im Verhalten der Säuglinge 375
—, Wettbewerbsverhalten

Knaben – Mädchen 388, 426
Geschlechtsverhalten, Emanzipation des 323
Geschlechtszuweisung, Grenzen der erzieherischen 392
Geschmack 648
geschwisterliche Ambivalenz 807 ff.
Geschwisterrivalität 295, 497, 808 ff.
Geselligkeit, Wurzeln der 204, 233 f., 858
Gesellschaft, anonyme 250, 850, 897
—, egalitäre 373, 393, 436
—, individualisierte 833, 836
—, mußeintensive 839
— ohne Liebe 897
Gesellschaftsordnung 879 ff., 893
Gesetz der Ähnlichkeit 72
— der Erfahrung 72
— der Nähe 73
— der Umschlossenheit 72
— von Figur und Grund 73
Gesicht, Muskeln 162, 622 f., 625 ff., 643 f.
—, Muskulatur, individuelle Variationen 641, 643
—, Muskulatur, rassische Unterschiede 641
Gesichtsattrappen 93
Gesichtsausdruck s. Mimik 59, 221, 284, 619
— erkennen 93, 904
—, Schimpanse 621
Gesichtsverlust, Angst vor 331, 565, 593, 695, 702
Gesicht wahren 252, 437, 705, 712, 756
—, ultimative Strategien 699
Gesicht-zu-Gesicht-Orientierung 276, 321, 364, 619
Gestalt, gute 74, 76, 907
Gestalt, Psychologie 65, 72, 154, 900
—, Wahrnehmung 72, 75, 131, 154 ff., 161, 944, 953

Gestalterkennen 154
Gestaltgesetze 72
Gestik 665
—, Klassifikation des Ausdrucks 666
—, Steigerung, nichtverbale 659
—, universale, Zeigen 665 ff.
Gestimmtheit 108, 128, 598, 964
Gewebeflüssigkeit 105
Gewissen 48, 442, 955, 963
GG-Rubbing 484
Gibbon 258, 824
Gidjingali 603, 666
Gleichziehen, Spirale des 594
Glockensignal 114, 116
Glukoserezeptoren 105
Glutamin 109
Glyzin 109
Goldener Schnitt 907
Goldfisch 292
Gorilla 195, 488, 573, 715 (Zeichnungen)
—, Geschwister 807
Grabbeigaben 509
Graugänse 233, 327, 343
Greifen 116
Greifintentionen 86
Greifhandklettern 720, 824
Grillen 63
Grimassieren 293
Größenkonstanz 79, 82
Großgesellschaft 11, 34, 253, 257, 268, 411, 431, 839 ff., 842, 845
Großhirnhälften 131
Gruppe, individualisierte 415 ff.
— als einigender Mechanismus 411, 413 ff.
Gruppenaggression 413, 585
Gruppenbildung, Experimente zur 412
Gruppenbindung 710
— durch Musik 942
Gruppen, Ehe 324
—, Ethos 149 f., 204, 235, 929, 948, 967

1103

–, Harmonie 711
–, Identität 411, 446 ff.,
    481, 933, 945
–, Interesse 843 f., 963
–, Loyalität 481, 819
–, Norm 411, 446 f., 452,
    711
–, selektion 139, 149, 236,
    423, 839, 965, 968
–, selektionistische Modelle
    150
–, Tänze 943
–, Territorien 411, 457, 481
–, Werte 583
–, Zugehörigkeit 414, 932
Gruß 161, 609, 670 f., 708
–, Partner 611
–, Tanz 682
Grußformel 741
– in Europa 681
–, Ritual 165, 190, 670 f.,
    678, 684, 705
–, Yanomami 678
G/wi-Buschleute 61, 169,
    197, 239
–, Brust, sexueller Auslöser
    351
–, Erziehung, Strafe 766
–, Imponieren 675
–, Kopfschutzreaktion 61
–, Kußfüttern 195
–, Säugling, Eifersucht 760
–, Säugling, Kontaktsuche
    760
–, Schweißritual 603
–, Stil 932
–, Tanz 945
–, Trancetanz 603
–, Territorialität 465
–, Wohnen 855

Haaraufrichter 585
Haarkleid 100, 530
Händigkeit 291 f., 564, 736,
    829
Hagenbergstämme (Neugui-
    nea), Friedensschluß 590
–, Tanz 505
Hals-Schulter-Reaktion 61

Hamar (Paraniloten), Krieg
    577
Hamster 118, 204
Handel 499 f., 505, 891
Handeln, verbales 734 f.
Handeln, Voraussagbarkeit
    des 704
Handgreifreflex s. Säugling
Handkontakt 609
Handlungsbereitschaft
    105 ff., 108 f., 549, 598
Handlungsschritte 105, 127,
    162, 335, 699
Handlungstheorie 163
Hanuman-Languren
    (Presbytis entellus) 140 ff.
Haushuhn 595
Hausmaus 45, 367
Hautkontakt (Säugling) 276,
    293, 607
Hautpflege 611
Hazda, Territorialität 460
Heimatbindung 602, 949
Heimkinder 263, 268
Heiratspartner 419
Heiratsregeln, kulturelle
    370, 419 f.
Helfen 213 ff.
Hell-Dunkel-Symbolik 736,
    918
Hemisphären-Spezialisie-
    rung 131, 909
Hemmung, bedingte 118
Herabsetzen des Gegners
    741
– des Geschenkes 741
Hermen 124
Hierarchiekonzept 127 f.
Himba (Rinderhirten, Kao-
    koland, Südwestafrika)
    169, 204 f., 244, 306, 837
–, Drohstarren 529, 535
–, Erziehung 767
–, Geben 492
–, Kußfüttern 199
–, Milchritual 205
–, Preislieder 950
–, Säugling 58, 306, 754
–, Schmollen 767
–, Spielgesicht 194

–, Tänze 33
–, Vater-Kind 308
–, Vergeltung, Anleitung
    zur 817
–, Verlegenheit 244
Hirn 131 f., 135, 543, 722
–, dreieiniges (tripartite
    brain) 136
–, viereiniges (fourpartite
    brain) 136
Hirnamine 104, 328
Hirnchemie, Überträgersub-
    stanzen 110, 974 f.
hirnchemische Prozesse
    114
–, Stimmungsübertragung
    durch 114
Hirn, Hormone 104
–, Opioide 108 f.
–, Reizung, elektrische 127,
    519, 545
–, Stamm 108
Hirtenvölker (Territorium)
    415, 473
Hochmut 638
Hoch-Tief-Symbolik (Rang)
    434, 736
Hockerfigur 123
Höflichkeit, intime, formelle
    693 f.
Hörsinn 132
Hominisation 100, 823, 825
Homöostase 48, 105
Homoiologien 188
Homologie 188, 201, 203,
    208
–, Kriterium 188, 201, 208
–, phyletische 191, 201, 208
Homosexualität 339 ff.,
    358 ff.
–, Verbreitung der 339
Hopi, Kinderentwicklung
    780
Horizontal-Vertikal-Illusion
    71
Hormonreflex 599
Hospitalismus 262 f.
Hottentotten (Territoriali-
    tät) 205, 456
Hüftenbetonung, Mode 102

–, Trobriander 102
Hühner, Rangordnung 422
–, Küken 110, 119, 127
Humanethologie 18
–, Definition 22, 24, 26
–, Fragestellung 21
–, Funktion 23
–, Methoden 24, 202
–, Vergleichen 207
Humanitarismus 965
Humor 543
Hund 144 f., 119, 130, 793
–, Überlagerungsmimik
    645 f.
Hunger 105
Hutteriten 35, 841
Hymenoptera 139
Hyperphasie 105
Hypothalamus 105
Hypersexualität 342

Idealbild und Hominisation
    828, 921
Idealgestalt, des menschli-
    chen Antlitzes 904, 920
– des menschlichen Körpers
    920
Identifikate 955
Identifikation bei Kindern
    391, 776
–, selektive 390
Identifikationstheorien
    390 f., 414
Ideologien 34 f., 253, 323,
    583, 847
Illusionen, visuelle 66, 69,
    72, 900
Imitation 88 ff., 390, 793,
    953
Immigration 965
Immigrationsdruck 965
Imponieren 426, 478, 517
–, aggressives 532
–, Dominanz- 334
–, phallisches 123, 361 f.,
    740, 926
–, Werbe- 334
Imponiergehabe 204, 530,
    927
–, Schreiten 675

–, Trommeln (Brusttrom-
    meln) 675
In 297, 761
Individualdistanz 480
Individualgeruch 600
Individualinteresse 963
Individualraum 478
Individualselektion 138 f.
Individualismus (Busch-
    leute) 416
Individualität 896
Indoktrination 566 f., 843 f.,
    947, 961, 967, 973
Induktoren 46
Industrialisierung der Land-
    schaft 837
Industriegesellschaft 403,
    836
infantile Appelle 334
Infantilisierung 254, 819,
    846
Infantilismen 190, 204, 334,
    444
Infantizid 141 f., 257, 269 f.,
    837
–, Hanuman-Languren
    140 f.
–, Löwe 141
Informationserwerb 41, 43
Initiationsriten 818 f.
–, Frauen (Buschleute) 818
–, Männer (Buschleute) 819
–, Männer (Australier) 472,
    927
Inka (Territorialität) 474
Innang = In (Neuguinea)
    238, 297, 499
–, Fremdenscheu 238
–, Säugling, Kontaktinitia-
    tive 761
–, Spielgesicht 192
–, Territorialität 473
–, Vater-Kind-Beziehung
    297
–, Verhalten, zärtliches,
    freundliches 308
Instinkthandlung 43, 50 f.,
    106, 227
Integrationsleistungen 87
Integrationsniveau 44

Intelligenzstruktur, Mann-
    Frau 380
Interaktionsstrategien 337,
    677 ff., 706, 709 f.
– zur Aggressionsabblok-
    kung 685
– bei Gesichtsverlust 695
–, Mann-Frau, Nachgeben
    407
– verbalen Handelns 694
Intimdistanz 480
Intoleranz 452, 455
Intonation 288, 730
Invarianzhypothese 24
Investment, elterliches 147
Inzest 341, 365 ff.
–, Hemmungen 367, 419,
    956
–, Meidung 365 ff.
–, Tabu 48, 342, 365 ff.,
    420, 507, 776
Italienerinnen, Sprache 383

Jäger 149, 403
Jäger und Sammler 411,
    414, 573, 823, 839
–, Aggression 459
–, Allianzen 833, 417
–, Bevölkerungsdichte
    832
–, fließende Organisation,
    angebliche 416
–, Friedfertigkeit 459, 573
–, Teilen 484 f.
–, Territorien 415, 456,
    458 f.
Jagdrevier 709
Jale 581
Jalémó (Neuguinea), Frie-
    denswille 590
Jungetöten s. Infantizid
    141 f.

Kabuki-Theater (Japan)
    219 ff., 950
Kaluli (Mt. Bosavi), Woh-
    nen 864 ff.
Kambodscha, gesellschafts-
    politische Experimente
    844

Kampfappetenz 106, 545
–, Lust 585
–, Spiele 795
–, Sport 545
Karamojong (Uganda), Territorialität 474
Kastrationsfurcht 348, 360
Katecholamine 109, 543
Kategorisierung, soziale 159, 414
Katharsis 543, 949
Katze 546
Kernfamilie, Problematik 326, 404
Kettenreflexe 106
Kibbuz 201, 255, 259, 344, 368, 393 ff., 476
–, Kinderspiel 313, 398
Kilenge (Neuguinea) 827
Kindchenappeal 94, 285, 926
–, Schema 95 ff., 285, 356, 920
Kinder, Entwicklungslogik 784
–, Entwicklungsverzögerung 818
–, Erziehung 814
–, Gruppen 214, 814 ff.
–, Kind-Beziehungen 120, 816
–, Kultur 814 ff.
–, Rangaufstieg 424 ff., 433, 816
–, rangniedere, Merkmal 425
–, soziales Beziehungsnetz 816
–, Sozialisation 816
–, Spiel 771, 815 f.
–, Spiel, Geschlechtsunterschiede 380, 398
–, Spielgruppen, japanische 425
Kindergärten, Selbstdarstellung, Rang in 214, 425
Kinderkrippen 267
Kindesmißbrauch 362
Kindesmißhandlung 119 f., 257, 277, 287

Kindstötung s. Infantizid 256, 269
Kinnkraulen 307, 612 , 813, 961
Klan 420, 841
Klansystem 472
Kleinfamilie 257
Kleingruppenabgrenzung 839
Kleinverbände 250, 254, 258, 840
Kleptomanie 362
Klippe, visuelle 70
Knabenspiele 805
Koaktion 285, 705, 937, 943
–, Geschlechtsrollen 393 ff.
!Ko-Buschleute 169, 177, 195
–, Aggression, explorative 555, 814
–, Drohstarren 531
–, Geschwisterrivalität 808
–, Kinder-Drohen 542
–, Kußfüttern 195
–, Mienenspiel 641
–, Nexus-System 466 f.
–, Objektstreit 540
–, Säugling, Spreiz-Beuge-Haltung 750
–, Schamweisen 344, 450
–, Schnalzlaute 724
–, Sexualpräsentieren 450
–, Sozialisation 814 ff.
–, Spielgruppen 377, 804
–, Spotten 343, 449
–, Stil 932
–, Tanz 177, 802, 942
–, Trancetanz 801, 804, 947
–, Vater-Kind 315
–, Wohnen 860
–, Zeichnungen, Jungen-Mädchen 377
–, Züngeln 617
–, Zungezeigen 448
Kodierungssystem 162, 164
Koedukation 407
Körper, Bemalung 925
–, Haltungen (Ausdruck) 386, 665 ff.

–, Kontakt 293, 295
–, Pflege, soziale 118, 200, 611
–, Proportionen 97
–, Schmuck 924
–, Umrißschema 101, 349, 355, 928
Koexistenz 589
kognitive Fähigkeiten 778 f.
Koitus, Stellungen 349
Kollision 86 f.
Kommentkämpfe s. Turnierkämpfe
Kommunalbindung 572
Kommunalisierungsappetenz 572
Kommunikation 596 ff., 706 f.
–, Barrieren 594
–, geruchliche 599 ff.
–, Kunst als 923
–, nichtverbale 719
–, sprachliche 383, 714 ff.
–, stammesgeschichtliche Anpassungen 596
–, taktile 604 ff.
–, verbales Verhalten 599
–, visuelle 613 ff.
kommunikative Störungen 712 f.
– im Mutter-Kind-Verhalten 287
Konflikt 11, 65, 571
–, Geben und Behalten 487
Konformität 850 f.
Konstanzleistungen der Wahrnehmung 79, 900
Konstruktivismus 779, 784, 959
Kontakt 231
–, Abbruch 284, 302, 532 f., 569, 685, 739
–, Anbahnung, heterosexuelle 328, 609
–, Aufnahme 333, 684, 785, 943
–, Aufnahme über Objekte 485, 489
– als Ausdruck von Rang 608

–, Bereitschaft 242
– als Beruhigung 609
– als freundliche Zuwendung 608
–, Initiative 286 f.
–, körperlicher 321, 604 ff.
–, Kulturen 476
–, Laute (Rhesusaffe) 103
–, Scheu 332
–, Suche 65, 121, 237, 301
–, Vermeidung 252, 254, 287, 850
–, Verweigerung 689, 858
–, Zonen 857
Kontiguitätstheorie 117
Kontrast, binärer 706
–, Betonung 156
Kontraktgesänge (Yanomami) 383, 492, 682, 742, 949
Konventionen 419, 450 f., 568, 577, 582
Konvergenz 82, 188, 203
Kooperationsspiel 806
Kopfjagd (Mundurucu) 584
Kopf, Schütteln 668
–, Schutzreaktion 62, 658 f.
Kopf-Schulter-Reaktion 60
Korallenfische 17, 63
Kormoran (flugunfähiger) 190
Kortikalisation 131, 751
Kosten-Nutzen-Rechnung 137, 143 ff., 153, 474
Kränkungssyndrom 287
Krieg 516 ff., 545, 560, 565, 587, 834
–, Aufgaben des 588
–, Bevölkerungskontrolle durch 587
–, Definition 565
–, Erscheinungsformen 573
–, Funktion 585 ff.
–, Geschichte des 573 ff.
–, Konventionen 577
– als pathologisches Phänomen 587
–, Ritualisierung 577 ff.
–, Schimpansen 573

Kriegführung, ideologische bzw. psychologische 582
Kriegsethik 149, 946
Kriegsverluste 587
Kukukuku (Neuguinea) 471
Kula-System (Trobriand-Inseln) 499
Kultivierung, erzieherische 557
Kulturethologie 23
Kulturenvergleich 162, 194, 201 f.
–, Dokumentation 166
!Kung-Buschleute, Aggression 573 ff.
–, Alltagsgespräche 718
–, Augengruß 634
–, Geschenketausch (hxaro) 373, 416, 505, 935
–, geschlechtliche Arbeitsteilung 373
–, Geschwisterrivalität 808 ff.
–, Kuß 200
–, Orakelwerfen 709
–, Sprechen 717 f.
–, Stil 933
–, Tanz 945
Kunst als Ausdruck 933
– als Kommunikation 923, 926
– als Protest 925
Kunst und Wissenschaft 952
Kurzzeitdenken 891
Kuß 194 f., 291, 335, 483, 613
Kußfüttern 194 f., 335, 483
Kwakiutl-Indianer (Potlatsch) 126, 438, 504

Lachen 193 f., 448, 543, 623, 628
Lachmöwe 189, 237
Lächeln 95, 114, 175, 193, 273, 282, 596 f., 623, 628, 646 ff., 680
Lagim (Abschlußbrett der Boote, Trobriand-Inseln) 907
Laktosetoleranz 40, 838

Lallwörter 723 f.
Landbindung, mythische 472
Lateralisation 131, 383, 909
–, Geschlechtsunterschiede 132, 383
Laubenvögel 923
Lausen 612 f.
Lauterkennung 722
Leerlauf 107, 227
Lehren, soziales 711
Leitbilder, ästhetische 99
–, internalisierte 104, 332, 903
Leitmotive (Musik) 939
Legong-Tanz s. Bali
Lerndispositionen 31, 117, 120, 129, 234, 391, 774 f., 788
Lernen 115 ff., 711, 743, 774 f.
–, assoziatives 115
– aus Erfahrung 41, 116
– am Erfolg 114
–, motorisches 116
–, obligatorisches 120
–, operantes 116, 208
–, soziales 711
Lerntheorien 114, 388, 523 f., 732, 784
Liberalisierung 338
Libido, sexuelle 348
Liebe 11, 152, 204, 233 ff., 260, 328, 337, 967
–, romantische 327 f.
–, sekundäre Verstärkertheorie 259
Liebesentbehrung 559, 779
Liebeslieder 334, 740, 950
Liebkosung (des Säuglings) 276
Lieder 947
Lied als Kunstwerk 949
–, physiologische Folgen 938
– der Trobriand-Insulaner 949
Linguistik 731
–, anthropologische 745
Lokomotion 535

1107

Lokomotionsbewegungen
107
Lorenz-Matrix 646 f.
Loyalität 149, 441, 444, 503,
919
Lüge 598
–, politische 852, 971 f.

Macht 126, 440, 443 f.
Mädchenspiel 800
Männerhaus 840, 858
–, Initiation 929
–, Kleidung 124
Makaken 32, 258, 488,
714 f., 823
Mandok (Neuguinea) 827
Mangaian (Cook-Inseln) 344
Mann 99
Maori, Aggression 436, 577
Masochismus 362
Massai, Körperkontakt 297
Massaker 572
Massengesellschaft 816,
830, 850, 879, 971
–, Vermehrung 887
–, Wohnbau 869
Maximierungsstrategien
888 f.
Mechanismen der Bindung
233
Medlpa (Neuguinea), Toten-
trauer 592
–, Werberitual (Tanim-
Hed) 335, 945
Meerechsen 17, 146, 204,
518
Meerkatzen (Cercopithecus),
Rang 110
–, Wachesitzen 122 f.
Meidereaktion (Schreck,
Flucht) 115
Melanesier, Krieg 578, 580
Mensch, Aufrichtung 827
–, Indoktrinierbarkeit 153
–, ökologische Dominanz
837
–, Sonderstellung 22
–, Spezialist für Unspeziali-
siertsein 821
–, Weltoffenheit 823

Menschenaffen, Zeichen-
sprache 61, 489, 715 f.
Menschenrechte, Charta der
847
Menschwerdung und Ver-
halten 821 ff.
Menstruationszyklus 601 f.,
818
–, Synchronisation 602
Metapher 683, 734 ff.
Methoden, statistische 209
Methodik 154
Metronomschläge 84
Mickey Mouse 94, 96
Mienenspiel s. Mimik
Milchritual (Himba) 205
Milieutheorie 15, 459
Militär, Rüstungsausgaben
516, 593
Mimik 59, 221, 284, 619
–, Aktionseinheiten 162,
175, 630
–, Begleitbewegungen der
Bejahung und Vernei-
nung 652
–, Erkennen 221
–, Homologa, Schimpanse
650
–, Kodierungssystem 164,
630
–, Kulturenvergleich 648
–, physiologisch unter-
schiedliche Reaktion auf
668
–, Überlagerungs- 646 f.
Mimikerkennen der Fore
(Neuguinea) 639
Mimikry 27, 375
Minusgesicht 619
Mißtrauen 250, 253
Mitgefühl 131
Mitleid 442, 571 f., 962
Mobilität 252
Mode 101
Modelle 226
–, gruppenselektionistische
148
–, Trieb- 227
Modellkulturen 169
Molch, Embryogenese 46

Monogamie 34, 322 f.
Monotropie 265, 324
– des Kindes 258 f., 402
Monstren, hoffnungsvolle,
vielversprechende 30 f.,
36
Moral 954 ff.
–, vernunftbegründete
957
moralanaloges Verhalten
955
Moralhypertrophie 966
Morphologie 188, 208
morphologische Strukturen
88
Moschussubstanzen 387,
599
Motivation 105 f., 556
–, Aggression 525
–, neurogene 106
–, soziales Wirkungsgefüge
230
– und Lernen 114 ff.
motivierende Mechanismen
105
Motorik 86, 92
Müller-Lyer-Illusion 66, 71,
154, 901
Mund-offen-Gesicht 61,
190 ff.
– der Buschleute 195
– der Eipo 194
– der Innang 192
– der Schimpansen 191
– der Trobriander 194
– der Yanomami 193
Mundugumur (Neuguinea)
297, 400, 558 f., 778 f.
Mundurucu (Kopfjagd) 586
Murngin (Australien), Krieg
580, 586
Mursi (Paraniloten), Krieg
578
Musik 938
–, Gruppenbindung 942
–, Leitmotive, Superzeichen
in der Musik 938 f.
Musiktheorie, generative
944
Mutationen 138

Mutterfolger 234
Mutterhocker 234
Mutter-Kind-Beziehung
   204, 234, 253, 604
–, Bindung 204, 256 ff.,
   279, 321
–, Bindungstheorien 258 ff.
–, Kontakt, früher 234,
   269 ff., 277
Mutter-Kind-Verhalten
   282
–, Babysprache 288 ff., 939
–, Betätscheln 293
–, Blickkontakt 321
–, Dyade 257 f., 320
–, Erkennen des eigenen
   Kindes 278
–, Gesicht-zu-Gesicht-
   Orientierung 276
–, Hautkontakt nach der
   Geburt 275
–, Hautkontakt, Guatemala
   276
–, Interaktionen 279, 286,
   308, 321, 754
–, Interaktionsstrategien
   282 ff.
–, Körperkontakt (Ersatzob-
   jekte, Übergangsobjekte)
   297
–, Kommunikationsstörun-
   gen 287
–, mütterliche Aggression
   307, 766
–, Pseudodialog 286
–, Rufkontakt 873
–, Signale 258, 282
–, Trösten 298
–, Wiegen 291
–, zärtliches Verhalten 272,
   286, 291
Mutterliebe 265

Nachahmung s. auch Säug-
   ling, Imitation 88 f., 698
Nachbarschaft 150
Nachkommen 136
Nächstenliebe 40, 152, 268,
   957, 965
Nahrung 105

–, Anbieten 569
–, Präferenzen 146
–, Transfer s. Teilen
Nama-Hottentotten, Lieder
   456, 947
Nativismus 779
Naturgesetze 85
Naturnähe 263
–, Bedürfnis nach 870
Natur-Umwelt-Diskussion
   17, 43, 156
Nayar (Südindien) 375
Necken (explorative Aggres-
   sion) 765
Nehmen 693
–, verbales Agieren 692
Neigungsstruktur, zentrale
   36
Nekkerscher Würfel 75, 901
neolithische Revolution
   836 ff.
Nepotismus 149
Nervenzellen 109, 122
Nestbau, symbolischer 484
Nestflüchter 233, -hocker
   233
Neugeborene s. a. Säugling
   51, 56
–, Anpassung an Kommu-
   nikation mit der Mutter
   278
–, Ausdrucksrepertoire 284
–, Fixierprogramm 86
–, geruchliches Erkennen
   der Mutter 278
–, Kennenlernen der müt-
   terlichen Stimme 278
–, Wirkung des Augenöff-
   nens auf die Mutter 272
Neugier 105 f., 118, 250,
   788 ff., 822
Neuroethologie 130
– der menschlichen Freiheit
   130 f.
Neurohormone 108
Neuronen 360, 941
–, Schaltkreise 112 f.
Neuropeptide 49
Neurotransmitter 107 f.
Nexus 468, 833

Niedlichkeit 97 f.
Nikobarer 509
Nomaden (Territorien) 415
Noradrenalin 108
Norepinephrinspiegel 109
Norm 962
–, Abweichung 104
Normen 15, 48, 528, 948,
   953 ff.
–, Filter 571
–, Konflikt 571, 954, 961
–, Kontrolle 411, 449
Novocain-Injektion 82

Objektbesitz 482
–, Norm 484, 687 ff., 705,
   961
Objekt, Gedächtnis 384
–, Konstanz 69, 786
–, Permanenz 786
–, Prägung 120 f., 358
–, Streit 426, 537
–, Transfer, Regeln 483,
   687, 705
Objektivität 157 f., 160 f.
Ökologie 821
ökologisches Bauen 873
Oestrus 325, 343 f.
Ojibwa (USA), Territorien
   474
Oneida-Gemeinschaft 345
Ontogenese 44 f., 749 ff.,
   773
– der Akkommodation 784
– der Assimilation 784
– der Charakterprägung 779
– Entwicklungslogik 786
– Entwicklungsstufen nach
   Piaget 780 ff., 956
– der kognitiven Fähigkeit
   778
– Phasen der Entwicklung
   des Objektbegriffes 782
– psychoanalytische Deu-
   tungen der 777
– stufenweise Integration
   des Verhaltens 784
– Systemeigenschaften 207
Opiate 109

1109

Optimalitätsprinzip 888, 893, 970
orale Zärtlichkeit 196
Orang-Utan 195
Ordnungsliebe, kognitive 74, 99, 901
Ordnungslust der Sinne 901
Organe, künstliche 33
Orgasmus 106, 200, 323, 345 ff., 387
–, Funktion des 346
Orientierung (Eipo) 719
ornamentale Verschlüsselung 907
Ornamentalisierung (Papua) 935
Ornamente, präkolumbianische 935
Orthogenese 36
Ortsgebundenheit, territoriale 416
Owens-Valley-Paiute (Territorium) 474
Oxytocin 234 f., 328
–, Ausschüttung 274, 295, 304, 347, 599

Paarbildung, heterosexuelle 235 f., 337, 369
Pädophilie 341
Paraniloten, Töten 577
Parteiprogramm 80
Partnerbindung, heterosexuelle 203, 232, 345 ff.
–, Beziehungen 344
–, Sexualakt im Dienste der 236, 323 f., 327, 346
–, Treue 329, 498
Partner, Suche 535
–, Verlust 327, 509
–, Wahl 99
Pathologieanfälligkeit der Primaten 142 f.
Patriarchat 323
Pavian 119, 253, 488, 823
–, Weibchenbesitz 498
Pazifismus 964
Penishülle 123 f.
–, Kalebasse 655

Persönlichkeit, charismatische 443
Pfeilspitzentausch (Yanomami) 440, 830
Pflanzer und Ackerbauern 838
Phänotyp 29, 41
Phallokrypten 123 f.
Phallus 122 f.
Phantasie 106
Phenyläthylamin 109
Pheromone 519, 527, 600 f.
Philanderie 323, 338
Physiognomisierung 919
Phytophilie 831, 870, 919
Pintubi 242
Pithecanthropus-Gruppe 575
Planwirtschaft 891
Plasma-Testosteron-Spiegel 358, 431
Platzgestaltung 876
Pluralismus, ethnischer 454, 853, 968, 972
Plusgesicht 619
Poetik 946
Pointierung 72
Polarisierung, Neigung zur 706 (s. a. Prägnanztendenz)
– von Werten 589
Politik 516
Polygynie 34, 309, 322, 327
Polynesien 705 (Grußritual)
Pornographie 342, 362
Potenz, evolutive 880, 893, 970 f.
–, prospektive 46
Potlatsch (Kwakiutl) 126, 437, 504, 958
Prachtentfaltung, kulturelle 844
Präadaptionen 204, 720
Präferenzkurve 216, 387
Prägnanz 72, 935
–, Druck 76, 155
–, Tendenz 66, 74, 76 f., 99, 129, 155

Prägung 122, 777 (s. a. Objektprägung)
–, sexuelle 358, 777
Präsentieren des Gesäßes 353
–, sexuelles im Tanz 945
Preislieder 205, 560, 948
Prestige 440, 585
Prestigeökonomie 438
Primaten 190 f., 389, 549,
–, Rang 736
Prioritätsrecht 482, 490
Programme, Offenheit 774
Projektionsbahnen 92
Prolaktinausschüttung 295, 304
Proportionsmerkmale (Säugling) 93
Prosopagnosie 619, 621, 904
protokulturelles Verhalten 32
Pseudospeziation, kulturelle 37, 149, 358, 411, 447, 840, 846
Psychoanalyse 365, 775
–, Entwicklungsphasen, Deutung durch 777
Psycholinguistik 746
Pubertät 100 f., 355, 367, 379, 818
Pulsfrequenz 665
Pupillenreaktion 352, 622
– als Ausdruck 624
Puppenspiel 366, 799
Pygmäen, Musik 940
–, Territorialität 460

Rammstoß 90
Rang und Alter 434
– bei Kindern 213 f., 425 f., 433, 702
–, Kriterien 213, 425
–, Kriterium Zentrum der Aufmerksamkeit 423 f., 736
–, Mimikry 437
–, Stellung, Vorteil 406, 423, 432 ff., 843
–, Streben 126, 583, 711

–, Streit (Potlatsch, Kwa-
  kiutl) 422, 437
–, Verteidigung 711
Rangordnung 48, 226,
  422 ff., 504, 702, 815, 845
–, Gewinner-Verlierer-
  Unterschied des Plasmate-
  stosteronspiegels 432
–, Hochsymbolik 434, 926
–, Primaten 423, 736
–, rangniedere Kinder,
  Merkmale 425
Raphe-Kern 108
Rationalismus 959, 972
Ratten, Neugier 788 f.
Rauchertote 892
Raumkonstanz 79, 83
Reafferenz 82
Reaktionen, bedingte 114
Realismus, kritischer 24
–, hypothetischer 29
Rechtshändigkeit s. Händig-
  keit
Rechts-links-Symbolik 736
Recht-Unrecht-Konzept 962
Rededuelle 125
Reduktionismus 156
Referenzmuster (als Leit-
  bild) 99, 104, 129, 154,
  244, 901
Reflexkonzept 16, 106
Regelmäßigkeiten 76
Regelspiele 798
Regelsystem 35, 74, 419,
  597
Reifung 751, 786
–, musikalische 937
Reifungsprozesse (Wahr-
  nehmung) 103
Reiz 88, 116
–, Filter 88
–, Konfigurationen 88
–, Schlüssel, sexuelle vi-
  suelle 387
–, Situation 520, 525 ff.
Reizung, taktile 284, 293,
  599
Relativismus, ethischer 962
–, kultureller 15, 696, 961

Repräsentation, künstleri-
  sche 923
Reptiliensexualität 361
Ressourcensicherung 585
Reue (schlechtes Gewissen)
  569 f.
Reviergesang 519
Rezeptoren 109
Reziprozität 126, 503 ff.,
  848, 958, 966
Rhesus-Affen 103, 116 ff.,
  240, 387, 431, 546
–, Umfangen 605
Rhythmen, biologische 105,
  110 ff.
– in der Dichtkunst 947
– in der Musik 938
Rhythmenforschung 111
Rinderhirtenvölker, Kampf
  440, 585
Risikoappetenz 106
Ritterlichkeit 582
Rituale 677 ff., 684, 707 ff.
–, bindende (Tanz) 158,
  699, 827
– gemeinsamen Tuns 698 f.
– des Kommunismus 709
–, kulturelle 709
– des Nationalsozialismus
  709
–, Oberflächenstruktur 684
–, Tiefenstruktur 684
– der Totentrauer 40, 195,
  509, 682, 935
Ritualisierung 616
– des Kampfes 589
– im Sprachlichen 744 ff.
Ritzzeichnungen 912
Rivalenkämpfe 143
Rollenspiel 687
Rubinscher Becher 72
Rügesitten 553 f., 746, 950
Rüstung, Ausgaben 516
–, Wettlauf 593
Rufkontakt zur Mutter 873

Sadismus 362, 521
Säugling s. a. Neugeborene
  69 ff., 749 ff.
–, Abschied 763

–, explorative Aggression
  549 ff.
–, aktive Rolle 790
–, Alternation 285
–, Anpassung an Kommu-
  nikation mit der Mutter
  273, 790
–, Anpassungen 751
–, Aufzucht unter Erfah-
  rungsentzug 302
–, Augenwischreaktion 56
–, Auslöser 88
–, Begrüßung 763
–, Bindung 233 ff., 802
–, Bindung, Vater 316
–, Dialoge 791
–, Erbkoordination 50
–, erzieherische Einflüsse
  753
–, Erziehung, Strafe 766 f.
–, Explorierverhalten 788 ff.
–, Fixieren 274, 751, 865
–, Fremdenscheu 237 ff.,
  244, 260 f.
–, Fußgreifreflex 52
–, genetische Unterschiede
  (Europäer, Chinesen,
  Ganda, Ashanti) 753
–, geruchliches Erkennen
  278, 601
–, Geschlechtsunterschiede
  791, 794
–, Geschlechtsunterschiede
  im Explorierverhalten
  794
–, Geschlechtsunterschiede
  im Verhalten 376
–, Gesichtsausdrücke 58 f.
–, Gesichtererkennen 93
–, Greifen 750 f.
–, Greifintention 760
–, Handgreifreflex 52, 258
–, Handhang 51
–, Hautkontakt 276, 299
–, Imitation-Nachahmung
  88 ff., 793, 800
–, Ko-Aktionen 285
–, Körperkontakt 321
–, Kontaktabbruch 768
–, Kontaktinitiative 302

–, Kontaktsuche 300 f.
–, Kopf 94
–, Kreuzgangkoordination 52 f.
–, Lautäußerungen (Kontaktlaut, Schlaflaut, Trinklaut, Unmutslaut, Wohligkeitslaut) 53 ff., 754
–, Lernen 789
–, Liebkosung durch die Mutter 276
–, Moro-Reaktion 56, 750
–, Mundbewegung 81
–, Neugier, explorative 788, 790 f.
–, Objektbesitz 790
–, Objekte in der Sozialbeziehung 785, 791
–, Ontogenese der Objektbeziehung 791
–, Ontogenese der Tagesperiodik 111
–, Protogreifen 86
–, Reflexe 56
–, Rolle des Körperkontaktes 276, 558
–, Saugbewegungen 749
–, Schreiten, Ontogenese 750
–, Schreiten, primäres 52, 750 f.
–, Schreiten, reflektorisches 752
–, Silbernitratbehandlung 274
–, soziale Kompetenz 282 f., 301, 754 f., 758 ff.
–, Sozialisierung 754 f., 810
–, Spreiz-Beuge-Haltung 750
–, Suchautomatismus 43, 53, 273, 749, 752
–, Trinken 53, 56, 304 f., 750
–, Verhalten, instrumentelles 794
–, Verhalten, soziales 765 ff.

–, Verhaltensentwicklung, Theorien zur 749 ff.
–, Vokalisation (Zyklus) 111
–, Wahrnehmung 71
–, Werkzeuggebrauch (Stock) 791
Samenblase 106
Samoaner 147, 256, 328
Samtfalter s. Falter
San s. Buschleute
Satellitenmännchen 146
Saugen, physiologische Folgen 274 f.
Savannen-Biotop, Habitat 823 f., 830, 870, 919
Schafe, Oxytocin-Ausschüttung 235
Schaltkreise, neuronale (s. Neuronen) 112 f.
Scham, geschlechtliche 342 ff., 368
Schamschnur (Yanomami) 342
Schamweisen 350 f., 449, 671, 934
Schattenfall 62
–, Projektion 87
–, Wurf 86
Schauspieler 952
Schema 90, 244, 903
Schenken s. Geben
Scherzpartner 418, 742, 816
Scheu, Universalität 250 f., 337, 475
Schild 914
Schimpanse 325, 452, 796
–, Besitz 483
–, Drohen 457, 542
–, Gesichtsausdruck 621, 651
–, Geschwister 807
–, Imponierhaltung 530
–, Imponierverhalten 423, 912
–, körperlicher Kontakt 452, 607 f.
–, Kußfüttern 195
–, Malerei 910

–, normerhaltende Aggression 453
–, Rang 423 f., 702
–, Schnalzlaute 724
–, Spielgesicht 193
–, Teilen 148, 484
–, Termitenfischen 135, 720, 826
–, Territorialität 457
–, Trauer 509
–, Warngeste 715
–, Werkzeuggebrauch 135, 720, 825
–, Wutanfälle 143
–, Zeichensprache 715 ff.
–, Zwischengruppenaggression 573
Schimpfen 741
Schimpfworte 741
Schläfenlappenepilepsie 546
Schlaf (REM-Schlaf) 111, 545
–, Aktivität 109
Schlagdrohung 538
Schlangenfurcht 117
Schlichten 711
Schlüsselereignis 235
Schlüsselreize 64, 103, 129, 387, 421, 527, 739, 773, 921
Schmerz 527, 815
–, Empfindung 108
Schmollen 284, 569, 641, 686, 691
Schmuck 614
Schönheitsbonus 434, 828, 921
Schönheitsideal 451, 828, 903
Schopfpalmen s. Cordylinen 841
Schreckreaktion 124, 656 f., 659
Schreiten, ritualisiertes 672, 674, 676
Schulterbetonung (Mann) 99 ff., 597, 614
–, Kabuki-Schauspieler 101
Schwanzschlag 90
Schweinefest 590

Schweißrituale 603
Seelöwe (Galápagos) 258
Segnen 609 f.
Sehen, binokulares 67, 823 f.
–, scharf 86
Seitenpräferenz beim Tragen von Säuglingen 291
Seitensprung 323, 338
Selbstdarstellung 331, 505, 678 ff., 711, 829, 859
–, ästhetische 923, 934
–, antithetische Kombination (Yanomami) 678
– in Bayern 679
– in Kindergärten 427 f.
–, positive 334, 337, 829
–, Strategien der 428, 711
– im Tanz 678, 942
–, verbale 427 f.
Selbstdifferenzierung 29 f., 43 f., 128, 780
–, Erkennen 772 f.
–, Herabsetzung 682, 685, 741, 889
–, Mord 111
–, Sucht, genetische 138, 140
–, Überwindung 959
Selektion 11, 28 ff., 136 ff., 153, 840, 903, 960
–, Gruppen- 139, 506, 840
–, Individual- 138
–, sexuelle 147
–, Sippen- 139, 411
–, Verwandtschafts- 139
Semantik 743
sensible Periode 121, 234, 277
Sensorik 92
Serotonin 108 ff., 543
Sevilla Statement 588 f.
Sexualakt im Dienste der Partnerbindung 324 f.
Sexualdelikt 342
–, Pathologie 356, 362, 775
–, Präsentation, weibliche 350 f., 449, 671
Sexualität 323 ff., 337 f.
–, Moral 324, 337
–, Pheromon 63

–, Präsentieren 670
–, Trieb 105
sexuelle Befreiung 339
Shoshoni (Territorialität) 474
Sicherheit 260, 708
–, Mutter als Bezugsbasis 260
Sichern (Aufschauen) 166, 547 f., 918
Siedlungsdichte und Gehgeschwindigkeit 250
Signale 17, 24, 65, 232, 596, 614
–, aggressionsauslösende 237
–, angstauslösende 240, 250, 297
–, auffordernde 331
–, auslösende 88
–, Drohsignal 240
–, sexuelle 349
–, soziosexuelle 123
–, visuelle 613
Signalverständnis (Gesichtsausdrücke) 662
Singammer (Melospiza melodia) 120
Sippenverbände, Selektion 411
Sitte 449, 955
Solidargemeinschaft 840 f., 963 f.
Sollmuster 104, 120, 129, 451, 917
Sollwert 231
Sonderstellung, Mensch 22
Sonjo, Umfangen 605
soziale Bindemodelle 414
–, Funktionen 719
–, Identität 848
–, Körperpflege 200, 335, 612
–, Kompetenz, Säugling 282 f., 301, 754, 758 ff.
–, Motivation, Wirkungsgefüge der 230
sozialer Wohnungsbau 868, 872

soziales Beziehungsnetz 265, 320, 829
–, Explorieren 765
Sozialisation aggressiven Verhaltens 557 ff.
– in Kindergruppen 814
Sozialisationspraktiken, kulturspezifische 558 f.
Sozialtechniken 840 f., 843 f.
Sozialverhalten, Interaktionsstrategien 677
–, menschliches 17, 327, 677
–, universale Grammatik 413, 707
Soziobiologie 18, 136 ff., 150 f.
–, Berechnungen 144
–, Modelle 148
Soziolinguistik 746
Spechtfink (Cactospiza pallida) (Werkzeuggebrauch) 794
Speerspitzentheorie 36
Sperling (Werben) 204
Spiel 313, 398, 721, 788 ff.
–, Abhängigkeit der Handlungen von Antrieben 131, 721, 795
–, Aufforderung 103, 696 ff., 705
–, Einteilungsversuche 796
–, Identifikation mit Erwachsenenrollen 799
–, Kampfspiele 319, 796, 802
–, Knabenspiele 805
–, Kooperationsspiel (Buschfrauen, Buschmänner) 802
–, Mädchen- 799
–, Merkmale des 793 ff.
–, Mutter-Kind 706
–, Puppenspiel 799 f., 803
–, Regelspiele 798
–, Struktur 216
–, Symbolspiele 798
–, Übungsspiele 798
–, Zeit mit Kindern (Vater) 319

Spielgesicht s. Mund-offen-
Gesicht
Spielgruppen 814, 377
–, gleichgeschlechtliche 318
Spinnenfurcht 117
Split-Brain-Versuche 132
Sport 545
Spotten 343, 448, 451
Spott, Gebärde 448 ff., 571,
659 f.
–, Lied 948
Sprache 134, 149, 201,
714 ff., 975
–, akustische Parameter
(emotionale Zuordnun-
gen) 731
–, Archaismen 724
–, Emotionen 726 ff.
–, Erwerb 715, 734
–, Evolution 132, 720 ff.,
747
–, Intonation, Ontogenese
730
–, kategoriale Wahrneh-
mung 83 f., 725 f.
–, Melodie 726 f., 939
–, Universalien 725 ff.
–, Ursprung der 715 f.
–, Vorprogrammierungen
725 ff.
Sprachen 37, 40
sprachliche Begriffsbildung
734
–, Prägnanztendenz 77
sprachliches Handeln 734 ff.
–, Verhalten 744 f.
Sprechen, Auseinanderset-
zungen, Entschärfen
durch 744
–, bindende Funktion 742
–, Distanzierung durch 744
–, Präadaptation 720
–, soziale Funktion 383, 720
–, Voranpassungen 720
Staatenbildung 837, 839 f.
Staatsautorität 839, 848
Staatsinteresse 843 f., 963
Stadtplanung und menschli-
che Bedürfnisse 253,
873 ff.

Städte, Armensiedlungen
864
–, Eroberung durch den
Verkehr 856
–, Innenhöfe 873
–, Massenwohnbau 253,
869
–, ökologisches Bauen 873
–, Planung 858
–, Platzgestaltung 876
–, Sanierung 874
–, Umwelt 856
–, Verdrängung des Men-
schen von der Straße 856
Stammhirnmimik 663
Star 107
Starren 241
–, Droh- 241, 527
Statistik 209
Status 255
Statussymbole 437
Steatopygie (Khosan) 350
Steinzeit (Aggression) 575 f.
Stichling 127, 479
Stil 830, 932
– und Bindung 933
–, Funktionen des 933
Stilisierung 932
– von Menschenfiguren
(Papua) 935
Stillen 274, 302, 321, 780
– nach Bedarf 295
Stillzeit 307
Stimmanlaufzeit 725
Stimmausdruck, Emotiona-
lität 726 ff.
–, Bruststimme 729
–, gepreßte Stimme 727 ff.
–, Kopfstimme 729
–, Kraftstimme 729
Stimme, mütterliche, Er-
kennen durch Neugebo-
rene 278
Stimmlage 729
– bei Freude, bei Resigna-
tion, bei Trauer 728, 939
Stimmungen 105
Stimmungsübertragung 88,
114, 771, 950
Stockduelle 578

Strafreize 116, 118 f., 441,
544, 567 f., 662
Strategien 128, 163, 677,
702, 704
– des Abstandhaltens 477
– der Aggressionsabblok-
kung 489, 699 ff.
– der Annäherung 332
–, effektive 699
–, evolutionsstabile 143
– der Feindbekämpfung 712
– des Gesichtwahrens 704
–, indirekte 693
–, Interaktions- 677
– der Kontaktvermeidung
850
–, Maximierungs- 888 f.
– der Mütter im Umgang
mit dem Säugling 285
–, reproduktive 140
– der Selbstdarstellung 711
–, Super- 693 ff.
–, synagonale 710
–, verbale 743
– des Vergeltens 146
– der Verläßlichkeit 704
–, weibliche 406
– des Werbens 329
Streicheln der Genitalregion
(als Gruß) 611
Streit zwischen Kleinkin-
dern 534
Streß 108
Strukturierungsprozesse 77
Strumpfbandnatter (Tham-
nophis sirtalis) 146
Subkulturen, Stil 932
Submission (submissives
Verhalten, Unterwerfung)
533, 682, 685
Subsistenzstrategie 822,
836, 838
Suchautomatismus 53, 88,
749
Suchverhalten 105
Sucht 109
Sumpfammer (Melospiza
georgiana) 104
Sühnerituale 569 f., 577, 705
Superzeichen 901, 950

–, Entdeckung 904
Symbolspiele 798
Symmetrie 73 f.
Sympathie 11, 89, 956, 961
Synapsen 107
Synchronisationsprozesse
  177, 336
Systemeigenschaften der
  Ontogenese 155, 207, 784

Tabus, kulturelle 342, 837
–, Nahrungs- 581
Tabuzonen, Berührung der
  611
Tätscheln 604
Täuschung 598, 703
Tagesperiodik 108 ff.
Tanala 779
Tanim-Hed (Medlpa, Neu-
  guinea, Werberitual) 335,
  943
Tanz, als bindendes Ritual
  336, 801, 806
– der Buschleute 177, 947
– in der Gruppe 945
– als Gruß (Yanomami) 678
– der Himba 175
–, Legong (Bali) 177, 679 f.
–, Spieltanz 802
Tasaday (Mindanao, Philip-
  pinen) 241, 607, 612
–, Fremdenfurcht 242, 527
–, Friedfertigkeit 574
–, körperlicher Kontakt 607
–, Säugling 763
–, soziale Körperpflege 612
–, soziales Erkunden 762
–, Stillen 306
Taubblinde 61, 242
–, Aggression, Bewegungs-
  muster 528
–, Mimik 61
–, Umklammern 606
Taube, Zeichensprache
  (spontane Entwicklung)
  715 ff., 732
Tauschen (Wortbegriffe)
  718
Tauschpartner 416 f.

Tboli (Mindanao, Philippinen)
–, Umklammern 606
–, Verlegenheit 247
–, Zeigen (Gestik) 666
Teddybär 94, 97
Teilen von Nahrung 148,
  483 ff., 689 ff.
Templates 104
Termitenfischen s. Schim-
  pansen 826
Territorialität 158, 455 ff.,
  479, 859
–, Definition 455 f.
–, kulturelle Ausformungen
  469 ff.
– der Australier 455, 470
– der Buschleute 460
– der Innang 473
– bei Jägern und Sammlern
  459
– der Pygmäen 460
territoriale Einheiten 411
Testosteron 358, 392
Testosteronspiegel, Abhän-
  gigkeit von Erfolg und
  Mißerfolg 348, 384,
  432
Theorien 85
Tikopia (Trauernde) 741
Töten (Paraniloten) 569
Tötungshemmung 257,
  568 ff., 705, 946, 961
Toleranz 453, 972
– gegenüber Kindern 780
– gegenüber Minderheiten
  452 f.
– und Charakterprägung
  780
Totem 455, 470, 927
Totenbestattung 472
Totentrauer (Medlpa, Neu-
  guinea) 592
–, Yanomami 682
Tradieren, objektunabhän-
  gig 32, 718
–, Makaken 32
Traditionsabriß 40, 960
Traditionshomologien
  201 f., 208

Tragling 234, 258, 749 f.
Trance 573, 945
–, Physiologie der 943
Trancetanz 943
–, Buschleute 947
Transmittersubstanzen s. a.
  Überträgersubstanzen 107
Trauer 115, 327, 509, 589
  (Rituale), 632, 642, 679,
  739
Trauergesang 266, 512
Treculien (Treculia africana)
  484
Trennungsangst 259 f.
–, Schmerz 265, 321
–, Schock 262
Treibhauseffekt 887
Treppenillusion 76
Trieb, Befriedigung 105, 556
–, Druck 106
–, Handlungen 43, 50
–, Lehre (Aggression) 525
–, Modell (Lorenzsches)
  227 f.
Triebe 105 ff., 130, 363,
  444
Trobriand-Insulaner, Au-
  gengruß 169, 332, 344
–, Brauenheben-Kontaktbe-
  reitschaft 633
–, Geschenketausch (Kula-
  System) 499
–, geschwisterliche Ambiva-
  lenz 812 f.
–, Klanverwandte 420
–, Lied 947
–, Ornamentsymbolik 907,
  936
–, Säugling, soziale Kompe-
  tenz 756
–, Spielgesicht 194
–, Spott, Zungezeigen 542
–, Teilen 693
–, Umfangen 605
–, Vater, Kußfüttern 310
–, Yams-Ritual 439
Trösten 307, 409 f.
Trophallaxis 235
Trotzreaktion 708

1115

Tsembaga (Neuguinea),
Krieg 584
–, Territorium 472, 584
–, Waffenstillstand 589f.
Tugend 559, 954, 958
Tugenden, kriegerische
559f., 589
Turnierkämpfe 17, 143 f.,
518, 522, 533, 563, 569,
580, 966

Übelkeit 117
Übergaberituale 500
Überlagerungsmimik 646 f.
–, Hund 645
–, Mensch 647
Überlebensethik 11, 879f.,
969, 971 ff.
Überraschung, Ausruf der
655
Übersprungbewegung 668
Überträgersubstanzen 104,
107
Übervölkerung 959, 972
Übungsspiele 800
Uhr, innere 110
Umarmen 604, 697
Umfangen (Schützen) 605
Umspringbilder 75
Umweltbelastungen 594,
886
Umweltreize 105
universale Grammatik
menschlichen Sozialver-
haltens 596
Universalien 165, 198,
203 ff., 328, 469, 725 ff.
Universalität des Ausdrucks
61
Unrecht 962
Unterordnung, Bereitschaft
zur 441, 842
Unterstützen 213 f.
Unterweisung 711
Unterwerfung 424, 519
Unterwerfungslust 361
Ursachendenken 28, 117
Urvertrauen 268, 777
Utopien (Huxley, Orwell)
844, 894, 970

uxorilokales Wohnen 420

Vater-Kind-Bindung 316f.
Vater – Mutter, Unter-
schiede im Verhalten zum
Säugling 313 f.
Vater, Verhalten 308 f., 391
–, Spielzeit mit Kindern 309
Vaterschaft 147
Ventilsitten 543 f., 802, 806
Verärgerung 544
Veranlagung, familiale 254
Verantwortung, Verdün-
nung der 567
Verantwortungsethik 959
verbales Agieren 689
– Duellieren 740
Verblümung 693, 695
Verbreitungsgrenzen, geo-
graphische, von Aus-
drucksbewegungen 668
Vergeltung 146, 451, 533,
590f., 703
–, Anleitung zur 817
Vergewaltigung 362
Vergleichen 187, 203, 207
Vergleichstäuschungen 67
Verhalten, agonales 519
–, ausbeuterisches 834
–, fluchtmotiviertes 302
–, geschlechtstypisches,
spezifisches 389
–, possessives 497
–, protokulturelles 32
–, ritualisiertes 707
–, sexuelles 323
–, verbales 742
–, zärtliches 233, 291, 313,
321
Verhaltensabläufe, Beschrei-
bung 159, 163
–, Entwicklung 264
–, Kategorisierung 159
–, Motivationen 36
–, Muster, infantile 254
–, Störungen 384
Verhaltensweisen, bindende
204, 233, 242, 850
Verkehrstote 892
Verläßlichkeit 704

Verlegenheit 239 ff., 668
Verletzungen 575
Verliebtheit 115, 328, 347
Verneinung, Mimik 655
–, Gestik 655, 668
–, sprachbegleitende Gestik
669
Verpaarungshemmung 368
Verschärfung 74
Verschlüsselung, ornamen-
tale 907
Versmaß 945
Verstädterung 855
Verstärkertheorie, sekun-
däre 259
Verteufelung 571
Vertrauen 268, 337, 589,
852, 973
Verwahrlosung, frühkind-
liche 268
Verwandtschaftskoeffizient
150
Vexierbild 907
virilokales Wohnen 420
visceral-limbisches System
114
Vogelgesang 44, 104, 120,
201, 233
Vokalisation (Zyklus b.
Säuglingen) 111
Vorprogrammierungen
(Sprache) 725 ff.
Vorurteil 72, 154f., 917,
972

Wachesitzen, Meerkatze
122 f.
Wachstumsideologie 888
Wächterfiguren 123, 509,
673
Waffen 566, 571, 582
Waffenstillstand (Neugui-
nea) 580, 590
Wahrnehmung 24, 62 ff.,
73, 75 ff., 99, 101, 129,
154, 646
–, ästhetische 90, 904
– von ästhetischer Relevanz
917

–, akustische Risikowahrnehmung 950
–, erlebnisbezogene 900
–, kategoriale 66, 83 f., 85 f., 129
–, Physiologie 904
–, visuelle 77, 103
Walbiri s. Australier
Warngeste (Schimpansen) 715
Wegenetzkonzept 127 f., 163 f., 677
Wegnehmen, tolerieren 506
Wegnehmhemmung 508
Wehenschwäche, psychogene 280
Weinen 23, 53, 88, 115, 266, 282, 509, 956
– des Verlassenseins 260
Welt 36, 858
–, Getreideproduktion 885
–, Kultur 453, 853, 879, 965
–, Offenheit, Mensch 823
–, 123 (Popper) 32
Werbeimponieren 334
Werben 51, 327 ff., 711
–, Appelle der Betreuung 334
–, Infantilismen 98, 204, 334
–, Strategien des 329, 705
Werberitual (Medlpa, Neuguinea) 335
Werbesendung 98
Werkzeug, Gebrauch 720, 825 f.
–, Handlungen 535, 546, 549, 678
–, Kultur 476, 487, 829
Werte, humanitäre 955
–, Polarisierung der 589, 795, 956
Wert, Gegenstand 505, 924
–, Haltungen 955
–, Konflikte 957
–, Lehre 955 f.
–, Objekte, Ursprung 505, 924
–, System 847

Wertungen, familiale 40, 964
– der Frau 964
– des Geschlechts 964
Wettbewerbssituation, schulische 426
–, sportliche 426
Wettrüsten, Eskalation 593
Wettstreit 405, 888
Wiegen 291
Wiegenlieder 942
Willkürmimik 663
–, Motorik 720, 824
Wirklichkeit 24, 28, 49, 154 f., 951
Wirkungsgefüge der sozialen Motivation 250, 974
Wiru (Neuguinea) 335
Wodaasse-Peul (Schafhirten) 473
Wohlbehagen 108
Wohlfahrtsgesellschaft 895
Wohnen, Ethologie des (s. a. Agta, Eipo, G/wi-Buschleute, Kaluli, !Ko-Buschleute, Yanomami) 855 ff.
–, uxorilokales 420
–, virilokales 420
Wolf 189, 258
Wortgefecht 564 f.
Wortsprache 597, 714 ff., 720
Wutanfälle 546
Wutausdruck 528, 659

Xenophobie 242 ff., 411, 834, 846
Xylocain 47

Yams-Ritual (Trobriand) 439
Yanomami (Venezuela) 34, 169, 196, 198, 266, 286, 308
–, Ablehnung (Mimik) 650
–, Aggression 577
–, Ambivalenz 526, 811
–, Anbieten 700 f.
–, Augengruß 314

–, Babysprache 289
–, Babysprache, Vater 316
–, Bekleidung, symbolische 343
–, Beleidigtsein 693
–, Drohstarren 761
–, Fremdenscheu 242
–, Geben, Säugling 486
–, Gesäßweisen 671
–, Geschwisterrivalität 808
–, Grußritual 682
–, Himou 683
–, Identifikation bei Kindern 778
–, Imponieren 675
–, Infantizid 270
–, Kämpfen 563 f.
–, Körperbemalung 926
–, körperlicher Kontakt 295, 321, 606, 609
–, Kontaktabbruch 768
–, Kontaktverweigerung 688
–, Kontraktgesänge 383, 492, 683, 705, 949
–, Krieg 577, 584, 586
–, Kußfüttern 198
–, Mädchenspiel 799 f.
–, Mienenspiel 641
–, Mimik (Trauer) 642 f.
–, Objektstreit 490
–, Pfeilspitzentausch 440, 499, 829, 935
–, Puppenspiel 799 f.
–, Säugling, soziale Kompetenz 758 f.
–, Schamschnur 342
–, Schreckreaktion 656, 659
–, Schulterbetonung 101
–, Selbstdarstellung 678
–, soziale Körperpflege 611
–, Spielgesicht 193
–, Spotten 448, 542, 671
–, Teilen 693
–, Territorialität 158, 584
–, Töten 586
–, Totentrauer 510, 512, 682
–, Trösten 307
–, Umklammern 606

1117

–, Vater (Babysprache) 309
–, Vater-Kind 308 f.
–, Werben 336
–, Wohnen 477, 862
–, zärtliches Verhalten 336
–, Züngeln 617, 620, 621
–, Zungezeigen 448
Yuma 585

Zärtlichkeitsfüttern 204
Zebrafinken *(Taeniopygia castanotis)* 120
Zeichensprache, Schimpanse 715 f.
–, Gorilla 715 f.
–, Menschenaffen 715 f.
–, Taube 724

Zeichnungen Blindgeborener 103
–, Jungen – Mädchen (Buschleute) 378
Zeigen (Gestik) 666 f.
Zeiteinheit 84
Zeitgeber 110
Zeit, Interpretation 85
–, Schätzung 85
–, Wahrnehmung, Kategorien der 85
Zentralnervensystem 122
Ziegen, Oxytocinausschüttung 235, 347
Zielsetzung (Überlebensethik) 30, 879, 896
– der Humanethologie 21
Zielvorstellungen 127 f.

Zubeißdrohung 926
Züngeln 244, 617 ff.
Zufall 30, 209
Zuflucht 119
Zungezeigen 89, 297, 307, 316, 542, 615 ff., 661
Zuwendung, freundliche 95, 608, 761
Zweikämpfe 562 ff.
Zwillinge 600
Zwischengruppenaggression 159, 565
zwischenmenschliche Beziehungen 332, 807 ff.
–, Zusammenleben 849